W0257765

Roland Süße (Hrsg.)

Theoretische Grundlagen der Elektrotechnik 1

Roland Süße (Hrsg.)

Theoretische Grundlagen der Elektrotechnik

von
Dr.-Ing. Peter Burger
Dr.-Ing. habil. Ute Diemar
Univ.-Prof. Dr. rer. nat. habil. Bernd Marx
Juniorprofessor Dr.-Ing. Tom Ströhla
Priv.-Doz. Dr.-Ing. habil. Roland Süße

Teubner

Roland Süße (Hrsg.)

Theoretische Grundlagen der Elektrotechnik 1

von
Dr.-Ing. Peter Burger
Dr.-Ing. habil. Ute Diemar
Univ.-Prof. Dr. rer. nat. habil. Bernd Marx
Juniorprofessor Dr.-Ing. Tom Ströhla
Priv.-Doz. Dr.-Ing. habil. Roland Süße

Mit 320 Abbildungen und 70 Tabellen

Teubner

Bibliografische Information Der Deutschen Bibliothek
Die Deutsche Bibliothek verzeichnet diese Publikation in der Deutschen Nationalbibliografie;
detaillierte bibliografische Daten sind im Internet über <http://dnb.ddb.de> abrufbar.

Herausgegeben von
Priv.-Doz. Dr.-Ing. habil. Roland Süße, Technische Universität Ilmenau

Die Autoren:
Dr.-Ing. Peter Burger, Technische Universität Ilmenau
Dr.-Ing. habil. Ute Diemar, Steinbeiß GmbH, Ilmenau
Univ.-Prof. Dr. rer. nat. habil. Bernd Marx, Technische Universität Ilmenau
Juniorprofessor Dr.-Ing. Tom Ströhla, Technische Universität Ilmenau
Priv.-Doz. Dr.-Ing. habil. Roland Süße, Technische Universität Ilmenau

1. Auflage Oktober 2005

Alle Rechte vorbehalten
© B. G. Teubner Verlag / GWV Fachverlage GmbH, Wiesbaden 2005

Softcover reprint of the hardcover 1st edition 2005

Der B. G. Teubner Verlag ist ein Unternehmen von Springer Science+Business Media.
www.teubner.de

Das Werk einschließlich aller seiner Teile ist urheberrechtlich geschützt. Jede Verwertung außerhalb der engen Grenzen des Urheberrechtsgesetzes ist ohne Zustimmung des Verlags unzulässig und strafbar. Das gilt insbesondere für Vervielfältigungen, Übersetzungen, Mikroverfilmungen und die Einspeicherung und Verarbeitung in elektronischen Systemen.

Die Wiedergabe von Gebrauchsnamen, Handelsnamen, Warenbezeichnungen usw. in diesem Werk berechtigt auch ohne besondere Kennzeichnung nicht zu der Annahme, dass solche Namen im Sinne der Waren- und Markenschutz-Gesetzgebung als frei zu betrachten wären und daher von jedermann benutzt werden dürften.

Umschlaggestaltung: Ulrike Weigel, www.CorporateDesignGroup.de

Gedruckt auf säurefreiem und chlorfrei gebleichtem Papier.

ISBN-13: 978-3-322-80089-3   e-ISBN-13: 978-3-322-80088-6
DOI:10.1007/ 978-3-322-80088-6

Vorwort

Das vorliegende Werk bietet die Grundlagen der Theorie der Elektrotechnik und ihrer
Methode an, verwendet Numerik, will anregen, neue Wege zu gehen, Kreativität för-
dern, vielseitig verbinden, scharf unterscheiden, lässt neue Horizonte entstehen. Es ging
in seiner Struktur aus Vorlesungen und Forschungsprojekten hervor, die ich über mehrere Jahrzehnte an der Technischen Universität Ilmenau zur Theorie der Elektrotechnik
für Studierende und Doktoranden aller Fakultäten gelesen bzw. mit ihnen bearbeitet
habe.

In den Jahren von 1994 bis 2002 gab der Herausgeber die umfangreichere Hochschul-
lehrbuchreihe *Theoretische Elektrotechnik* in fünf Bänden heraus. Dieses Kompendium
bietet sich nicht nur als bewährtes Lehrbuch mit den klassischen Theorien und Methoden an, sondern stellt die neuen Erkenntnisse so vor, wie sie entstanden sind. Dieses
Vorgehen wird beibehalten. Lesen wir zum Grund dazu bei *Maxwell*[1] nach. In seiner
bahnbrechenden Abhandlung „A treatise on electricity and magnetism" führt dieser
überaus weitsichtig aus:

> „Vor meinem Studium der elektrischen Erscheinungen hatte ich mir vorge-
> nommen, keine mit diesem Themenkreis zusammenhängende Mathematik
> zu lesen, solange ich Faradays[2] Werk, *Experimentelle Untersuchungen über
> Elektrizität*, nicht gründlich durchgearbeitet hatte .... Im Laufe dieser Ar-
> beit bemerkte ich bald, dass Faradays Methode, die Vorgänge zu betrach-
> ten, ihrem Wesen nach ebenfalls eine mathematische ist, obzwar er sich
> nicht der üblichen mathematischen Symbole bedient. Ich sah auch, dass
> seine Methode die Möglichkeit bietet, sie in die Sprache der gewöhnlichen
> Mathematik übersetzen und so mit den Methoden der Berufsmathematiker
> übersetzen zu können .... Für Studierende eines jeglichen Wissensgebiets
> ist es von großem Nutzen, die diesbezüglichen Originalwerke zu lesen; die
> Wissenschaft kann nämlich dann vollständig angeeignet werden, wenn sie
> sich im Zustand des Entstehens befindet; und das ist im Fall Faradays Un-
> tersuchungen verhältnismäßig leicht".

Die *Theorie der Elektrotechnik* wurde nach Maxwell aus der Physik mit deren technischer Nutzung und dem Übergang zur Serienproduktion elektrischer Geräte und Anlagen entwickelt. Bereits im Studienjahr 1885/86 hielt H. Hertz an der Universität
Fridericana Karlsruhe eine Vorlesung *Theoretische Grundlagen der Elektrotechnik*.

Der Begriff *Theoretische Elektrotechnik* repräsentiert drei verschiedene Bedeutungen.
Mit ihm wird eine meist zweisemestrige Vorlesung im Anschluss an die Allgemeine

---

[1]Maxwell, J. C. (13.06.1831 - 05.11.1879): A treatise on electricity and magnetism. Vol. II, 1873,
preface, S. 173-174.

[2]Faraday, M. (22.09.1791 - 25.08.1867): Faraday wird als bedeutender Experimentalphysiker seiner
Zeit angesehen. Am 28. August 1831 entdeckte er das Induktionsgesetz und konstruierte damit die
erste Dynamomaschine.

Elektrotechnik bezeichnet, welche ausschließlich den unverzichtbaren Stoff des elektromagnetischen Feldes in seinen Grundlagen abhandelt. Er steht für ein Fachgebiet an elektrotechnischen Fakultäten. An der Technischen Universität Ilmenau besteht unter demselben Begriff die Besonderheit einer bewährten Studienrichtung, innerhalb derer Studierende den Bachelor und anschließend den Master erwerben können. Der wissenschaftliche Nachwuchs kann auf dem Gebiet der Theoretischen Elektrotechnik promovieren und anschließend habilitieren, so dass in Ilmenau geschlossene bewährte Ausbildung zur Qualifikation über den Master hinaus führt. Das wiederum wirkt vielseitig fördernd auf diese Ausbildung in Umfang und Breite zurück.

Die in diesem Werk angebotenen Inhalte sind didaktisch so aufbereitet, dass diese bei bekannter Differenzial-, Integral- und Vektorrechnung auch von jenen Studierenden verstanden werden können, die noch nicht über Kenntnisse der Vektoranalysis verfügen oder diese gerade erst erlernen. Alle später erforderlichen mathematischen Teilgebiete sind, begonnen mit der Variationsrechnung, der nachfolgenden Tensorrechnung (schließt für Tensoren 1. Stufe, auch Vektoren genannt, die Vektoranalysis ein) bis hin zur Funktionalanalysis in klarer Form so zusammengestellt, dass nach ihrem Studium die Voraussetzungen zum Verständnis aller anderen Kapitel über die Theorie der Elektrotechnik vorliegen.

Dieses Werk ist einerseits ein Grundlagenbuch, führt aber in vielen Kapiteln über die Grundlagen hinaus, um nicht nur Studierenden, sondern auch dem wissenschaftlichen Nachwuchs, Wissenschaftlern sowie Praktikern neue Theorien und Methoden anzubieten. Beide Bände enthalten alles Wesentliche über die Theorie der Elektrotechnik von der Klassik bis zur Moderne. Sie geben selbst entwickelte Theorien, Methoden und Verfahren zur Analyse, Synthese und Modellierung von elektrischen Netzwerken, elektromechanischen Systemen und elektromagnetischen Feldern wieder. Denn andere Wissenschaften wie Maschinenbau, Mechatronik, Biomechatronik, Automatisierungstechnik, technische Physik u. a. bedienen sich derer in zunehmender Weise. Um Studierenden und Kollegen aus diesen Wissenschaften den Zugang zu erleichtern, enthält das Werk Beispiele und Anwendungen aus der Mechanik und der Elektromechanik.

Das Manuskript wurde von den Studierenden der Studienrichtung „Theoretische Elektrotechnik" J. Bumberger, B. Ebert und G. Vogt durchgesehen. Ihre Anregungen sind in den Text aufgenommen worden.

Der Herausgeber und Autor dankt den Co-Autoren P. Burger, U. Diemar, B. Marx und T. Ströhla für deren Beiträge und für die intensive Mitarbeit zum Gelingen dieses Werkes, Herrn Dr.-Ing. T. Mohr für Arbeiten zur Synthese von Schaltungen mit vorgegebenem Bifurkationsverhalten und dem Lektor vom Verlag B.G. Teubner, Herrn Dr. M. Feuchte, für die Unterstützung bei der Verlegung. Bei meiner Ehefrau Gerda bedanke ich für das Verständnis während der Entstehung des Manuskripts.

Ilmenau, im Mai 2005   *Roland Süße*

Inhaltsverzeichnis

Kapitel 1

Einleitung und Zielstellung

Die Elektrotechnik hat sich in ihrer etwa 150-jährigen Geschichte zu einer umfassenden Wissenschaft entwickelt und wirkt mit ihren Anwendungen und Produkten heute auf alle Bereiche unseres Lebens ein. Sie ist eine der am besten durchdrungenen Ingenieurwissenschaften. In ihr kann man mathematisch fundiert die Entwicklung des wissenschaftlichen und ingenieurtechnischen Wissens nachvollziehen.

In den letzten Jahrzehnten des 19. Jahrhunderts bildeten sich die Ingenieurwissenschaften heraus, weil Forscher zunehmend die Frage nach Anwendungen von Entdeckungen und Erkenntnissen stellten. Als epochales Beispiel gilt die technische Verwertung des Selbsterregungsvorganges durch Werner v. Siemens im Jahre 1866 zur Umwandlung von mechanischer Energie in elektrische Energie. Der Elektrogenerator und in umgekehrter Weise der Elektromotor erlaubten große Energiemengen in andere umzuwandeln, mittels Übertragungsnetzen Elektroenergie über weite Entfernungen einfacher, schneller, billiger und mit wesentlich besseren Wirkungsgraden als mechanische Energie zu transportieren und letztere Arbeit verrichtend vielseitig zu nutzen.

Die Theorie der Elektrotechnik entwickelte sich in ihren Anfängen innerhalb der Physik und spaltete sich mit dem großtechnischen Werden nach 1880 von dieser ab.

Über elektrostatische Anziehungskräfte berichtet bereits im Altertum Thales von Milet (626 – 547 v. u. Z.). Aber erst seit der Mitte des 18. Jahrhunderts beschäftigte man sich intensiver mit Elektrostatik. Der französische Physiker Charles A. de Coulomb (1736 – 1806) führte zwischen 1784 und 1789 umfangreiche Messungen aus und bestätigte das nach ihm benannte Coulombsche Gesetz. Oersted begründete im Jahre 1820 experimentell den Elektromagnetismus mittels der Ablenkung eines Magneten durch den elektrischen Strom. Ohm formulierte nach umfangreichen Versuchen 1826 das Gesetz der Elektrizitätsleitung und in seiner 1827 erschienenen Monographie „Die galvanische Kette, mathematisch erklärt" verbal die Beziehungen zwischen Strömen und den Spannungen. Gustav Kirchhoff gab diesen Erkenntnissen in den nach ihm benannten

Gesetzen zur Berechnung der Strom- und Spannungsverhältnisse in elektrischen Leitersystemen eine mathematische Form. Michael Faraday gelang am 28. August 1831 der Nachweis der elektromagnetischen Induktion und kurz danach die Konstruktion des ersten Dynamos. Von ihm stammen die Entdeckungen der Selbstinduktion, des Induktionsgesetzes, der Grundgesetze der Elektrolyse, des Diamagnetismus und der Drehung der Polarisationsebene des polarisierten Lichts in einem Stoff durch ein magnetisches Feld. Er führte die „Kraftlininen" ein und sagte damals aus, dass Kraftlinien zwischen elektrisierten oder magnetischen Körpern den Raum um diese in einen besonderen Zustand versetzen. Heute ist der Begriff „Kraftlinien" durch den allgemeineren Begriff der „Feldlinien" ersetzt.

Mit diesem gesicherten Wissen lag jedoch keines Falles eine Theorie der Elektrotechnik vor. Diese Entdecker erkannten einzelne Bestandteile, die noch nicht unter einheitlichen Gesichtspunkten zusammengefasst worden waren. Von einer vielseitig genutzten Technik im Ergebnis einer oder mehrerer Theorien konnte man damals ebenfalls noch nicht sprechen, obwohl erste Produkte entworfen und in geringen Stückzahlen produziert worden waren.

Jede Theorie wird im Verlaufe von mehreren Jahren oder Jahrzehnten aufgestellt, nach dem aus vielfältigen Beobachtungen, Sammlungen von Daten, Fakten, Messungen, modellierten Erscheinungsformen, u. a. durch Systematisierung, mittels Vergleich, Verallgemeinerung und Abstraktion übergeordnete Merkmale, wesentliche Zusammenhänge und Folgerungen aus dem überarbeiteten Wissen hergeleitet worden sind. Nach präziseren Annahmen und aufgestellten Hypothesen schließen sich zu beweisende Behauptungen (Sätze, Theoreme, Lemmata) an, die in ihrer Gesamtheit nach weiteren genaueren verfeinerten Beobachtungen, Experimenten und Kontrollrechnungen zu reproduzierbarem Wissen führen. Dieses Vorgehen wiederholt sich mehrfach bis erste Regeln, Gesetze, von denen später einzelne zu Grundgesetzen aufsteigen, Methoden und Prinzipien entstehen, die eine Theorie begründen und deren wesentliche Bestandteile bilden.

Verfolgen wir in groben Zügen die Herausbildung der Theorie der Elektrotechnik weiter. Für eine Theorie elektrischer Netzwerke auf der Grundlage der oben angegebenen wissenschaftlichen Erkenntnisse bestand um 1831 noch keine Notwendigkeit. Denn elektrische Netzwerke bedurften bis zur technischen Realisierung weiterer Entdeckungen, des Einfließens von Ergebnissen aus anderen Wissenschaften (Physik, Mechanik, Chemie, Metallurgie) und vor allem potentieller Nutzer. Diese Erfordernisse, eine Theorie nach sich ziehend, bestanden erst nach 1867.

Am deutlichsten erkennt man ein derartiges Werden an der Entwicklung der Theorie des Elektromagnetismus. Die Theorie elektromagnetischer Felder begann J. C. Maxwell ab 1855 durch die Zusammenfassung des bisherigen Wissens zu entwickeln und schrieb seine Gleichungen, abstrakte Abbilder wissenschaftlichen Wissens, in der 1862 verlegten Abhandlung „On physical lines of force" erstmals nieder. Im Jahre 1873 erschien sein umfassendes zweibändiges Werk „A treatise on electricity and magnetism".

Welche Zeiträume die Aufstellung einer Theorie vom Anfang bis heute beansprucht, zeigt auch die Form, in der Maxwell seine Gleichungen nieder geschrieben hat. Die

Operationen der Vektoranalysis konnten von ihm nicht verwendet werden, weil diese noch nicht im ausgearbeiteten Kalkül vorlagen. Ein Faksimile der ursprünglichen Maxwellschen Gleichungen ist in „Simonyi, K.: Kulturgeschichte der Physik" abgedruckt.

Maxwell sagte auf der Grundlage seiner theoretischen Ergebnisse die Möglichkeit von elektromagnetischen Wellen voraus. Heinrich Hertz gelang knapp drei Jahrzehnte später der Nachweis dieser Wellen. Im Jahr 1888 bewies er experimentell an der Universität Karlsruhe deren Erzeugung und Abstrahlung, die Eigenschaft der Interferenz, die Reflexionseigenschaft und bestätigte ihren Empfang.

Zu diesem Zeitpunkt liegt eine Theorie zum Elektromagnetismus innerhalb der Physik vor. Von einer Theorie der Elektrotechnik zu sprechen wäre verfrüht, denn dazu bedurfte es der Abspaltung von der Physik, weiterer Theorien, beispielsweise der über elektrische Übertragungsnetze, der über elektrische Maschinen, der Elektronik u. a. sowie typischer Ingenieurmethoden, die noch nicht ausgearbeitet waren.

Max Planck begründete die Theoretische Physik und stellte am 14. Dezember 1900 vor der Berliner Akademie erstmals seine Quantentheorie vor. Zwischenzeitlich wurde die Maxwelltheorie von Physikern mehrerer Generationen, insbesondere von A. Einstein, bis zum Jahre 1915 verallgemeinert und unter der Hinzunahme anderer Gebiete der Physik bis zur heute gültigen vierdimensionalen Feldtheorie, die verschiedenartige Felder, also auch Gravitationsfelder, Schrödinger-Felder, Dirac-Felder, thermische Felder, u. a. einschließt, ausgebaut. Ernst Schmutzer stellte Ende der 50er Jahre seine projektive fünfdimensionale Feldtheorie vor. Eine Gruppe um den amerikanischen Physiker Edward Witten denkt gegenwärtig über den Aufbau einer 10-dimensionalen Feldtheorie nach.

Man erkennt hieraus deutlich, welche Zeiträume der Aufbau von Theorien erfordert und wie sich die Herausbildung einer Wissenschaft nur in Wechselwirkung mit anderen Wissenschaften oder einzelner Wissenschaftsdisziplinen vollzieht. Für jede Wissenschaft muss außerdem als Conditio sine qua non (unerlässliche Bedingung) ein geistig kultureller oder gegenständlicher Bedarf der Menschheit vorhanden sein. Dieser Bedarf erzeugt den erforderlichen Druck auf die Gesellschaftsformation zur Ausbildung befähigter Wissenschaftler, der Bereitstellung finanzieller Mittel, der Energien und der Materialien.

In der Tat hat bis heute keine andere Wissenschaft als die der Elektrotechnik für die Entwicklung der menschlichen Kultur tiefgreifendere Veränderungen nach sich gezogen. Für nahezu alle Lebensbereiche ersinnen Techniker vollkommenere Erfindungen, Bauelemente, Geräte, elektrotechnische Systeme (der Großcomputer ist nur eines von vielen), mechatronische Baugruppen, die Biomechatronik durchläuft ihre Entstehungsphase, u. a. um Erleichterungen und Vorzüge zu schaffen.

Nach dieser Übersicht zur Entwicklung der Elektrotechnik schließt sich an, welche Forderungen an ein Werk zu den theoretischen Grundlagen einer Wissenschaft zu stellen sind. Eine davon besteht in der Begriffsbildung. Wir setzen dazu im Kapitel 2 mit den Fragestellungen: „Was ist eine Definition?", wie wird das Wort „Begriff" definiert und „Was versteht man unter einer Wissenschaft?" fort. Daran folgen die philosophischen

Definitionen weiterer Begriffe, wie „Beobachtung", „Problem", „Hypothese" „Theorie", „Gesetz", „Methode" u. a. welche im weiteren Verlauf der Darlegungen spezifisch an die (einzelwissenschaftlichen) Theorien, hier die Elektrotechnik, anzupassen sind, weil diese immer wieder Verwendung finden und in Relation zu anderen Begriffen stehen.

Dem Leser sollen so nicht nur Theorien und Methoden vermittelt werden, sondern in mehreren Kapiteln auch, wie man zu neuen Erkenntnissen gelangt, welche Vorgehensweisen dabei einzuschlagen und wie die Fragestellungen zu präzisieren sind. Da die heutigen Theorien einer Einzelwissenschaft sich aus einer Vielzahl von Beobachtungen, Annahmen, Theoremen, Hypothesen, Gesetzen, Prinzipien u. a. zusammensetzen, besteht die Wahl über die Art und Weise des Aufbaus eines wissenschaftlichen Buches. Dabei ist es möglich, Axiome und Grundgesetze an den Anfang zu stellen, um daraus vom Allgemeinen über das Besondere auf das Einzelne zu schließen, d. h., deduktiv vorzugehen. Beginnt man mit einem oder wenigen Phänomenen, um vom Einzelnen über das Besondere dem Allgemeinen, dem Gesetzmäßigen zuzustreben, bezeichnet man dies als induktives Vorgehen.

Individuelle Erkenntnisvorgänge, auch bei erfahrenen Forschern, als Abbild realen Geschehens (das gilt auch für die Denkprozesse selbst) beschreiten jedoch nur in wenigen Ausnahmen, und das häufig partiell, in ihrer „Reinheit" eine dieser Vorgehensweisen, denn sie setzen sich aus mannigfaltigen gedanklichen Abläufen zusammen, aus deren Ergebnissen abstrakte Abbilder entstehen, die in eine Theorie eingeordnet und letztlich einer Wissenschaft zugeordnet werden.

Unter dem Erkenntnisvorgang soll nicht nur das Erlernen einer Methode oder das Aneignen einer Theorie bzw. eines Teils davon verstanden werden, sondern auch die systematische Suche nach neuen Methoden, die Erweiterung einer existierenden Theorie und die Anwendung auf zu lösende technische Aufgaben mit dem Hauptziel der Entwicklung eines später zu produzierenden nutzbaren Produktes. Der Erkenntnisvorgang vollzieht sich, verflochten mit stets begleitenden psychischen Erlebnissituationen, anfänglich in unvollständiger, später in äußerst komplexer Weise. Die tatsächlich im Denken des Forschers vor sich gehenden Erkenntnisvorgänge verlaufen weder rein deduktiv noch rein induktiv, sondern in einem formal logischen wie dialektischen Wechselverhältnis über Widersprüche, dem Abwechseln von Quantität und Qualität und vielem anderen hin bis zum dialektischen Wechselverhältnis, dass eine bestätigte Methode gleichzeitig Theorie und eine Theorie gleichzeitig Methode ist.

Der Aufbau beider Bände wird deshalb weder dem rein deduktiven noch dem rein induktiven Vorgehen untergeordnet, sondern auch an Erkenntnisvorgängen orientiert.

Es fehlte in verschiedenen Epochen wissenschaftlichen Werdens nicht an Versuchen, die Erkenntnisvorgänge übersichtlicher zu gestalten. Dazu nutzt man seit Jahrhunderten den Ausdruck „System" in sowohl unterschiedlichen Zusammenhängen als auch in Abhängigkeit von der historischen Entwicklung mit verschiedenartigen Bedeutungsnuancen. Daher existiert in den Wissenschaften eine Vielzahl von Systembegriffen, die dem jeweiligen Zusammenhang entsprechen. Es sei deshalb darauf hingewiesen, dass an Stelle für dieselben oder ähnliche Gegebenheiten auch andere Begriffe, wie „Ganzheit", „Struktur", „Organismus" u. a. gebraucht werden.

Beispielsweise wird in der Elektrotechnik von verschiedenen Autoren zur Systematisierung gern die von der Kybernetik - Wissenschaft von dynamischen Systemen - her bekannte Systemtheorie herangezogen. Diese Versuche endeten jedoch ohne nennenswerte Erfolge, weil sich die stets vielschichtigen Erkenntnisvorgänge, gleich innerhalb welcher Wissenschaft bzw. Wissenschaften nicht in ein Schema, ob einfach, gestuft oder komplex aufgebaut, pressen lassen. Sollte das im Einzelfall möglich werden, dann handelt es sich um einen gedanklich eng begrenzten Vorgang oder es wird eine ganz bestimmte Seite überbetont oder verabsolutiert. Das führt letztlich zu einer Denkweise, welche die universellen Zusammenhänge der Gegenstände und Erscheinurgen und ihrer Abbilder in Form von Theorien und Methoden ignoriert.

Das Kapitel 3 beginnt mit der Beschreibung elektrischer Netzwerke, um daran anschließend die wichtigsten Methoden zur Berechnung linearer Gleich- und Wechselstromnetzwerke vorzustellen. Die Kirchhoffschen Gesetze, bekannt auch als Knoten- und Maschensatz, heißen auch Grundgesetze, weil mit ihnen die wesentlichen Vorgänge in jedem elektrischen Netzwerk zu analysieren sind. Im Ergebnis der Berechnungen liegen die Ströme und Spannungen an einer beliebigen Stelle im Netzwerk zu jedem Zeitpunkt vor.

Diese Berechnungen heißen Abbilder der tatsächlich stattfindenden Ereignisse im materiell aufgebauten elektrischen Netzwerk. Jedes dieser Ereignisse (Spannungsabfälle, Stromflüsse, Energieumwandlungen, Signalerzeugung, Signalsendung, u. a.) findet an einem ganz bestimmten Ort statt und vollzieht sich zu einem festen Zeitpunkt. Viele kausal verknüpfte Ereignisse ergeben einen räumlich und zeitlich ablauferden Vorgang. Demzufolge gelingt es, wenn auch auf verschiedene Art und Weise, die Abbilder der materiellen Vorgänge in einem ein-, mehr- oder vieldimensionalen mathematischen Raum abzubilden. Jedem Punkt eines solchen Raumes, festgelegt durch seine Koordinaten, bezogen auf eine Basis (Gesamtheit linear unabhängiger Grundvektoren, im Spezialfall Einheitsvektoren), ist dann ein ganz bestimmter Zustand des elektrischen Netzwerkes zugeordnet.

Im Falle einer Koordinatentransformation werden diese Zustände in ein und demselben Raum eindeutig umkehrbar auf andere Koordinaten einer neuen Basis abgebildet. Das bedeutet, die elektrischen Vorgänge bleiben dieselben. Man sagt auch dazu, sie sind invariant gegenüber einer Transformation der Koordinaten. Es wird also denselben elektrischen Vorgängen zu einem bestimmten Zweck eine neue mathematische Basis zugrunde gelegt. Zum Beispiel deshalb, weil sich in einem angepassten Koordinatensystem Vorteile bei den Berechnungen einstellen.

Die Wahl des mathematischen Raumes hängt sowohl von den elektrotechnischen Gegebenheiten als auch vom Zweck der theoretischen Untersuchungen ab. Als Räume werden in den nachfolgenden Kapiteln der euklidische Raum, der Banachraum, der Hilbertraum, der riemannsche Raum, u. a. verwendet. Diese Räume können gerad- oder krummlinig, orthogonal oder nicht orthogonal, ein- oder mehrdimensional sein. Als Koordinaten gelangen Orts- und/oder die Zeitkoordinate zur Anwendung. Es werden verallgemeinerte Koordinaten definiert. Die Zeit kann unabhängige Koordinate, aber auch Parameter sein.

Das Kapitel 4 stellt die Netzwerktheorie vor. Das Ziel besteht darin, wesentliche Eigenschaften herzuleiten, die ausschließlich von der Struktur des Netzwerkes, jedoch nicht von den in ihm enthaltenen Bauelementen abhängen. Sie sind unter dem Begriff „Topologie" des elektrischen Netzwerkes bekannt.

Für jedes lineare oder nichtlineare Netzwerk kann über seine Zweige und Knoten eine Fundamentalmaschenmatrix und eine Fundamentalschnittmengenmatrix aufgestellt werden, die in direktem Zusammenhang mit den Maschen- und Knotengleichungen stehen. Der Vorteil dieses Vorgehens garantiert die Unabhängigkeit der Gleichungen. Der Nutzer umgeht besonders bei Netzwerken mit einer Vielzahl von Zweigen und Knoten das Risiko, abhängige Gleichungen aufzustellen.

In diesem Kapitel werden die wichtigsten Sätze (Theoreme) über lineare Netzwerke angegeben. Daran schließen sich die Zweitortheorie (Vierpoltheorie) mit ihren mathematischen Beschreibungsmöglichkeiten, wie Admittanzgleichungen, Impedanzgleichungen und einfache Ersatzschaltungen für Vierpole sowie darauf aufbauend die Grundlagen elektrischer Filter an.

Lineare elektrische Netzwerke stellen eine Idealisierung realer Netzwerke dar, denn diese sind von einigen Ausnahmen abgesehen fast immer nichtlinear. Es sind die nichtlinearen Bauelemente, die eine Vielfalt quantitativ und qualitativ neuer Verhaltensweisen erzeugen und deshalb zu neuen technischen Anwendungen führen. Die unter dem Begriff „nichtlineare Einrichtungen" zusammen gefassten Bausteine, wie Gleichrichter, Frequenzvervielfacher, Frequenzteiler, Modulator, Demodulator, u. a. würden ohne nichtlineare Bauelemente nicht funktionieren können. Aus diesem Grunde und wegen ihrer ständig steigenden Anwendung bietet das Kapitel 5 ausführlich die Beschreibung und die Berechnung nichtlinearer elektrischer Netzwerke an.

Allen nichtlinearen elektrischen Netzwerken, Geräten und Anlagen ist gemeinsam, dass mindestens ein Bauelement eine von der Geraden abweichende Kennlinie aufweisen muss. Dadurch gelten die Linearitätseigenschaften nicht mehr und das Prinzip von der Superposition kann nicht zur Berechnung angewendet werden. Die Kirchhoffschen Gesetze gelten uneingeschränkt, weil zu deren Herleitung eine diesbezüglich einschränkende Voraussetzung nicht erforderlich ist.

Die analytische oder numerische Lösung der aufgestellten Beschreibungsgleichungen, meist Differenzialgleichungen, setzen einen Startpunkt voraus. Dieser kann nicht beliebig gewählt werden. Es existieren viele verschiedene nichtlineare Baugruppen, bei denen beispielsweise als Folge der Mehrdeutigkeit von Bauelementekennlinien für einen gewählten Startpunkt innerhalb eines Gebietes die gesuchte Lösung nicht erreicht wird. Sogar der Nachweis der Existenz einer oder mehrerer Lösungen bereitet beträchtliche Schwierigkeiten wegen des mathematischen Aufwandes für die qualitativ anspruchsvollen Modelle.

Das Kapitel 5 über nichtlineare Netzwerke beginnt mit der Klassifizierung der Bauelemente auf Grund typischer Kennlinien und zeigt auf, welche Parameter sich bei der Untersuchung von statischen bzw. dynamischen Vorgängen bewähren. Zur Vereinfachung der Berechnungen dient die Normierung von Kennlinien, Kennlinienfunktionen und Gleichungen. Die Normierung der Variablen auf Vorzugswerte, wie Anfangs- oder Endwerte, Maximal- oder Minimalwerte u. a. überführt dimensionsbehaftete physikalische oder elektrotechnische Größen in solche ohne Dimension.

Die mathematischen und technischen Vorteile sprechen für sich. Durch eine sinnvolle am Zweck orientierte Zusammenfassung von Konstanten verringert sich durch die Normierung die Anzahl der Parameter in den Gleichungen. Die normierte Darstellung ermöglicht die Berechnung und Dimensionierung von nichtlinearen Bauelementen, z. B. die Anzahl der Windungen einer Spule mit Eisenkern, auch dann, wenn die Werte vorhandener Parameter noch nicht bekannt sind.

Bei der Schaltungsanalyse nichtlinearer Bauelemente steht der Ingenieur stets vor der Aufgabe, für ihre Kennlinien mathematische Funktionen zu finden. Die Suche nach analytischen Ausdrücken für gemessene oder vorgegebene Kennlinien heißt Approximation. Eine allumfassende, nur Vorteile aufweisende Approximationsmethode existiert nicht. Der Kennlinienverlauf (monoton, ein- bzw. mehrdeutig, stetig, stetig differenzierbar, Extremwerte, Wendepunkte), der Arbeitsbereich, die Maßstäbe an den Koordinatenachsen, die Größe der zulässigen Approximationsfehler, die nach der Approximation auszuführenden mathematischen Operationen zum Zwecke einer mathematischen Weiterbehandlung, o. ä. entscheiden über die Auswahl des Funktionstyps und die zu wählende Approximationsmethode.

Mit MATHEMATICA, MATLAB, MAPLE, etc. stehen dem Forscher zur Approximation nebst weiteren Berechnungen mit der Nutzung der Rechentechnik vielseitige Hilfsmittel zur Verfügung. Diese Hilfsmittel erlauben die Interpolation gemessener Kurvenpunkte, die Veränderung von Maßstäben u. a.

Von besonderem Interesse erweist sich die mit erheblichem Aufwand verbundene Approximation von Hystereseeigenschaften der Bauelemente. Hysteresekurven unterliegen in jeder Achsenrichtung einem mehrdeutigen Verlauf und hängen wegen der komplizierten Materialeigenschaften meist von einer Vielzahl von Parametern ab. Damit ist nicht nur der gewählte Funktionstyp entscheidend für die Qualität der Approximation, sondern auch die Berücksichtigung der Kennwerte des Materials ist für den Erfolg der Modellierung und späterer Berechnungen zur Analyse oder zur Synthese von Schaltungen ausschlaggebend. Aus der Sicht elektrotechnischer Anwendungen sind verschiedene Approximationsmethoden, die mit arctan-Funktionen, die mit Exponentialfunktionen, die nach Wong, die nach Rivas, Zamaro, Martin, Pereira, das Preisach-Modell, das Verfahren von Jiles-Atherton u. a. aufgeführt.

Die Zusammenstellung der Approximationsmethoden erfolgt auch unter dem Ziel, die Analyse elektrischer Netzwerke, Schaltungen und elektromechanischer Anordnungen über die allgemeineren Variationsmethoden (Kapitel 8, 9 und 10) auszuführen.

Zur Berechnung nichtlinearer elektrischer Netzwerke existiert eine Fülle von Methoden. Diese unterscheiden sich nach dem Zweck der Schaltung (Oszillator, Frequenzwandler, Stabilisator), nach der mathematischen Methode (analytisch, Lösung durch Reihenentwicklung, numerisch, topologisch, geometrisch, grafisch), nach der Art der Lösung (eindeutig, mehrdeutig, periodisch, nicht periodisch, Bifurkationsverhalten), nach der

Auswertung und der Weiterverarbeitung der Rechenergebnisse bei Berücksichtigung ganz spezieller Eigenschaften (Bauelementetypen, Materialien, thermisches Verhalten, Randbedingungen). Aus diesen Klassifizierungsmerkmalen heraus und deren Kombinationen geht hervor, dass vor der Lösung der Beschreibungsgleichungen (meistens gewöhnliche Differenzial- bzw. Integrodifferenzialgleichungen) quantitative Aussagen über die Existenz und über die Anzahl der Lösungen zu finden sind.

Damit die vielen Analysemethoden auf Gemeinsamkeiten zurückgeführt werden können, ziehen die Autoren im Kapitel 6 die Funktionalanalysis heran. Die gesamte moderne Analysis basiert heute auf der Funktionalanalysis, d. h. auf der Lösung von Operatorgleichungen und Extremalproblemen. Sie stellt als elegante mathematische Theorie allgemeine Hilfsmittel zur Verfügung, um mathematische Aufgaben, wie Variationsprobleme, gewöhnliche oder partielle Differenzialgleichungen und Integralgleichungen in übersichtlicher Art und Weise zu lösen. Weiterhin erlaubt die numerische Funktionalanalysis, die Struktur und die Konvergenz von Näherungsverfahren in einheitlicher Weise zu untersuchen. Denn Algebra, Analysis, Geometrie und Topologie sind durch sie in einer Metatheorie „verschmolzen".

Der Mehraufwand zur Einarbeitung in diese Theorie wird dadurch abgegolten, dass sehr verschiedene Aufgaben der nichtlinearen Elektrotechnik und damit der Elektrotechnik nebst angrenzenden Wissenschaften generell mit Hilfe eines mathematischen Kalküls lösbar sind. Das zeigen wir durch die Lösung charakteristischer Differenzialgleichungen der Elektrotechnik (van der Polsche Differenzialgleichung, siehe [115], Seiten 152-178, Duffingsche Differenzialgleichung im Kapitel 7). Über die Funktionalanalysis wird der Nachweis der Existenz von Lösungen, die Art der Lösung, ihre Stabilität und die Konstruktion der Lösung nachgewiesen. Denn unter einheitlichen Gesichtspunkten können bei stabiler Lösung Amplituden- und Frequenzabschätzungen angegeben werden, lässt sich das Phasendiagramm zeichnen, der Anfangspunkt für eine periodische Lösung des gestörten Systems festlegen, u. v. a. m. finden.

Im fünf Bände umfassenden Werk ist in großem Maße Bezug zur Variationsrechnung genommen worden, um grundlegende Aufgabenstellungen und zunehmend die Theorie der Elektrotechnik als Variationsproblem darzustellen, denn die so gewonnenen Lösungen sind Extremalaussagen. Die Funktionalanalysis beweist, dass die bekannten Euler-Lagrange-Gleichungen aus dem Gateaux-Differenzial hergeleitet werden können. Bei der Untersuchung von Bifurkationsproblemen kann mittels des impliziten Funktionentheorems und einer Voraussetzung an die Linearisierung der Operatorengleichung das Aufsuchen von Lösungen der Gleichungen in unendlich dimensionalen Räumen (unendlich viele Variable und Gleichungen) auf die Lösung von endlich vielen Gleichungen mit endlich vielen Variablen reduziert werden. Dieses Vorgehen wird unter dem Begriff „Ljapunow-Schmidt-Reduktion" geführt.

Wir wollen im Werk auch aufzeigen, in welcher Weise die Erkenntnis verläuft und stellen deshalb die neuen Ergebnisse (Theorien, Methoden, Anwendung mathematischer Methoden) so dar, wie diese entstanden sind, denn jede wissenschaftliche Erkenntnis steigt von einem konkreten Ausgangspunkt (-zustand) zum Abstrakten und dann zu einer höheren Form des Konkreten auf. Das bedeutet, die Erkenntnis analysiert das

Konkrete, bildet Begriffe, Definitionen, Theoreme (Sätze) und Herleitungen als abstraktes Ergebnis und gelangt weiterführend zu Neuem auf qualitativ und quantitativ höherer Stufe in Form von veränderten, neuen Methoden und Theorien. Anfänglich notwendige Beobachtungen und dabei erlebte Erfahrungen rücken in den Hintergrund, werden nebensächlich und verschwinden schließlich gänzlich.

Im Kapitel 7 zur Anwendung der Funktionalanalysis besteht das Konkrete in nichtlinearen Phänomenen, beispielsweise einer Aufgabenstellung zur Berechnung eines Signalverlaufs in einem vorgestellten oder erdachten technischen Gebilde. Durch die mathematische Modellierung charakteristischer Eigenschaften der in der Schaltung, dem mechanischen Aufbau oder einem elektromechanischen Gerät enthaltenen Bauelemente bilden sich unter Berücksichtigung der zutreffenden Gesetze (selbst allgemeine Abbilder tatsächlichen Verhaltens; die Erfüllung der Bedingungen für diese Gesetze sei vorausgesetzt) abstrakte Abbilder in Form von normierten Differenzial- oder Integralgleichungen heraus. Diese Gleichungen sind dann mit den abstrakten Methoden der Funktionalanalysis hinsichtlich wesentlicher Eigenschaften zu lösen. Als Ergebnis auf höherer konkreter Stufe liegen analytische Lösungen oder Reihenentwicklungen über das elektrische oder mechanische Verhalten durch die Darstellung von Amplituden- und Frequenzgängen, Phasendiagrammen, Bifurkationsaussagen, Aussagen zum chaotischen Verhalten u. v. a. m. vor.

Der Vorgang vom Konkreten zum Abstrakten und wieder zum Konkreten schließt die Analyse mit ein, besteht jedoch nicht nur aus ihr, da in diesen noch andere Aspekte, beispielsweise solche des Vergleichens, des Folgern, des Beweisens, eingehen. Im weiteren Verlauf der Ausführungen wird jedoch nicht bei den erzielten Ergebnissen nicht stehen geblieben. Der Aufstieg zu einer höheren Form des (letzten) Konkreten bezogenen auf den (augenblicklichen) Erkenntniszustand (Vorliegen wesentlicher Eigenschaften) schreitet fort, so dass nach vielen weiteren Untersuchungen über abstrakte Zwischenergebnisse qualitativ und quantitativ neue Aussagen. also Eigenschaften, Verhaltensweisen, Parameter, etc. zu Schaltungen, elektrotechnischen Systemen, ..., gefunden werden, die zum Zeitpunkt der Ausgangssituation nicht vorgelegen haben.

Zur Erläuterung des eben Dargelegten gehen wir hier gedanklich zu den Berechnungen von Spannungen und Strömen in einem linearen Gleichstromnetzwerk zurück. Die Aufgabe zur Berechnung dieser physikalischen Größen stellt unter den eben aufgeführten Gesichtspunkten keine wissenschaftliche Aufgabenstellung dar, weil die Grundgesetze bekannt sind und mehrere zum Erfolg führende Berechnungsmethoden vorliegen. Die Berechnung dieser Größen bleibt jedoch allzeit eine ingenieurtechnische Aufgabe, denn abgesehen vom Erlernen dieser Methoden erfolgen die Berechnungen zum Zwecke der Bewältigung praktischer Probleme. Die Frage hinsichtlich der Wissenschaftlichkeit einer neuen Aufgabenstellung stellt sich sofort, wenn nach einer bisher nicht bekannten Methode gesucht und diese letztlich gefunden würde.

Das Kapitel 8 legt der Theorie der Elektrotechnik die Variationsrechnung zugrunde. Bernoulli gab im Jahre 1696 durch die Formulierung der Aufgabe der „Brachistochrone" eine wesentliche Anregung zur Entwicklung der Variationsrechnung. Er stellte die

Frage nach der Bahnkurve, die eine Masseteilchen zwischen zwei in verschiedener Höhe gelegenen Punkten reibungsfrei unter dem Einfluss eines homogenen Schwerefeldes durchlaufen muss, damit die Zeitdauer ein Minimum annimmt.

Darauf aufbauend entstand in einem längeren Zeitraum über das Prinzip der virtuellen Arbeit der Lagrange–Formalismus, worunter die Aufstellung der Langrange–Funktion und die Lösung der Euler–Lagrange–Gleichung verstanden wird. Der Lagrange–Formalismus liefert Extremalaussagen.

Es sind verallgemeinerte Lagekoordinaten und verallgemeinerte Geschwindigkeiten definiert. „Verallgemeinerte" heißt, dass eine Bewegung im Sinne mechanischer Bewegungen nicht vorliegen muss. Das ist beispielsweise dann der Fall, wenn in einem elektrischen Netzwerk das Strom-Spannungs-Verhalten zu untersuchen ist.

Dieser Formalismus eignet sich zur Beschreibung und Untersuchung beliebiger „Bewegungsprobleme". Mit ihm können ohne zusätzliche Analogien alle Energieformen des Systems erfasst werden.

Wenn die im System wirkenden verallgemeinerten Kräfte von Interesse sind, dann ist es zweckmäßig, statt der verallgemeinerten Geschwindigkeiten die verallgemeinerten Impulse zu verwenden. Über die klassische Legendre-Transformation, ein Sonderfall der so genannten Berührungstranformationen, gelangt man zum Hamilton-Formalismus. Die Hamilton-Funktion hängt auch von den verallgemeinerten Impulsen ab. Die Ableitung nach diesen Impulsen liefert die verallgemeinerten Kräfte. Zudem besteht beim Hamilton-Formalismus der gravierende Vorteil, dass die aufgestellten Bewegungsgleichungen ein Differenzialgleichungssystem erster Ordnung ergeben, die sich mit den bekannten analytischen oder numerischen Verfahren lösen lassen.

Bei konservativen Systemen existiert für beide Formalismen eine klassische Theorie. Jede technische Aufgabenstellung muss jedoch die Verluste im System mit in die Betrachtungen einbeziehen, weil ohne deren Berücksichtigung eine Umsetzung in ein materielles Produkt scheitert.

Den Anfang in diesem Kapitel bildet die klassische Darstellung der Legendre-Transformation in der Ebene, um später zum f-dimensionalen Fall überzugehen. Es wird eine dissipative (Verlust behaftete) Zustandsfunktion aufgestellt, die bei Anwendung dieser Transformation ebenfalls den Übergang zum Hamilton-Formalismus sicher stellt. Damit sind auch die nicht konservativen Systeme einer mathematischen Beschreibung über diesen Formalismus zugeführt.

Das Ziel des Kapitels 9 besteht darin, den Leser anschaulich in die Theorie der Elemente höherer (in diesem Band "höherer ganzzahliger" Ordnung) Ordnung einzuführen. Sie sind im Fachgebiet „Theoretische Elektrotechnik" der Technischen Universität Ilmenau entwickelt worden. Nach ihrer Definition werden deren Haupteigenschaften hergeleitet und an Anwendungen wird die Existenz dieser Elemente nachgewiesen.

Die Elemente höherer Ordnung sind eine neue Theorie. Sie eröffnen qualitativ und quantitativ neue Möglichkeiten in der Elektrotechnik, in der Mechanik, in der Elektromechanik und darüber hinaus. Sie ermöglichen anders als bisher Bauelementecharakteristiken darzustellen oder bekannte auf anderem Wege nachzubilden. Mit ihnen lassen sich elektrische Filter zweiter, sechster, zehnter oder höherer Ordnung konstruieren.

Die klassischen Bauelemente ohmscher Widerstand, Kapazität und Spule (Elemente nullter bzw. erster Ordnung) sind nur drei von abzählbar vielen Elementen. Die Nachrichtentechniker benutzen für bestimmte Elemente zweiter Ordnung, welche durch Frequenztransformationen entstehen, die gekünstelt anmutenden Begriffe „Superinduktivität" bzw. „Superkapazität".

Dieses Kapitel verbindet vorn vorgestellte Theorien und Methoden miteinander. Der Lagrange- und der Hamilton-Formalismus werden unter Einbeziehung der Elemente höherer Ordnung erweitert. Das bezieht sich auch auf die verschiedenen Formulierungen, wie die Ladungs- und die Flussformulierung. Es ist eine Systematik zur Aufstellung der L, D-Modelle für die bekannten Formulierungsarten unter Einbeziehung der Elemente höherer Ordnung angegeben. Die Anwendung der Methoden erfolgt auf die so genannten SQUID's (Superconducting Quantum Interferenz Device) und auf elektrische Filter.

Den Abschluss des neunten Kapitels bildet die Anpassung des Hamilton-Formalismus an die Tensorrechnung. Damit kann die Abbildung von Berechnungen in andere mathematische Räume, wie den riemannschen Raum, vorgenommen werden. Es lassen sich so die Vorteile dieser Räume bei allen Untersuchungen nutzen.

Bei allen elektrotechnischen Aufgabenstellungen, Untersuchungen, Berechnungen, Abbildungen und Konstruktionen nehmen die Wandler eine Sonderstellung ein, weil sie meistens in Schaltungen, Geräten und Anlagen die entscheidenden Umwandlungen ausführen. Sie sind selbst einzelne Bauelemente oder bestehen aus Bauelementegruppen. Sie verbinden andere Bauelemente, Geräte oder Systeme miteinander.

In Fortführung der bisher aufgeführten Ergebnisse sind im Kapitel 10 die Wandler systematisiert und für lineare Wandler (gesteuerte Quellen, ideale Transformatoren, Gyratoren, Zirkulatoren), nichtlineare Wandler (nichtlineare gesteuerte Quellen, Analogbausteine, Traditoren, Operationsverstärker) und die wichtigsten Typen von Transistoren die L, D-Modelle aufgestellt und zu berücksichtigende Integrabilitätsbedingungen angegeben. Damit besteht theoretisch wie praktisch der Zugang zum Lagrange- sowie zum Hamilton-Formalismus und folgerichtig der Einbeziehung der Wandler in diese Analysemethoden.

Das Kapitel 11 bietet eine Synthesetheorie analoger Schaltungen an. Die Systemsynthese ist weitaus schwerer zu verstehen als die Analyse, jedoch zur Lösung praktischer Aufgaben unerlässliche Bedingung. Dabei existieren aus der Sicht der Synthese mehrere Vorgehensweisen, um aus elektrotechnischen Vorgaben mindestens eine Beschreibungsgleichung aufzustellen und technisch zu realisieren. Man kann in einem ersten Vorgehen gegenständliche Modelle aufbauen und in Versuchen über Veränderungen an diesen zu verbessertem Verhalten gelangen.

Hier wird ein systematisches überschaubares Vorgehen zur Synthese angeboten. Die Synthese ist in vier Syntheseetappen unterteilt: Die mathematische Synthese, die Struktursynthese (Topologie und Bauelemente), die Äquivalenzetappe und die technische Realisierung. Über die Approximation geforderter Systemeigenschaften gelangt man mit Hilfe mathematischer Funktionen und deren Umformung zu einer oder einem System von Beschreibungsgleichungen, meist Differenzialgleichungen, aus denen mit Methoden der Struktursynthese eine Schaltungsstruktur (Topologie) sowie die Bauelemente hervorgehen. Die Äquivalenzetappe dient der Suche nach weiteren technischen Möglichkeiten, um dadurch beispielsweise nicht erwünschte Bauelemente zu umgehen. Die Etappe der Realisierung bewirkt den Vollzug des Aufbaus der elektronischen Schaltung, des Gerätes bzw. des Gesamtsystems.

Der Weg vom Konkreten zum Abstrakten und zum Konkreten auf höherer Stufe wird unter der Zuhilfenahme vorangestellter theoretischer Ergebnisse erneut beschritten und die Ergebnisse praktisch umgesetzt. Das Kapitel 12 gibt eine neue Methode zur Synthese elektronischer Schaltungen mit Bifurkationsverhalten in einer höheren Einheit wieder, konkret weil anschaulich und materiell reproduzierbar. In einem vielschichtigen dialektischen Wechselprozess wird, beginnend mit der Funktionalanalysis als Einzelnes (hier eine ganz bestimmte umfassende, anspruchsvolle mathematische Theorie), über das Besondere (hier eine Synthesetheorie einer Einzelwissenschaft) zu einem Ganzen (hier die gesuchten elektronischen Schaltungen) zusammengesetzt. Dazu sind die in den Kapiteln 6, 7 und 11 enthaltenen mathematischen und elektrotechnischen Theorien gleichzeitig allgemeine Methode. Denn aus den Erkenntnissen der Funktionalanalysis, der Modellierung und der Synthese analoger elektrischer Netzwerke entstand eine Methode, die ihrerseits bezogen auf den wissenschaftlichen Gegenstand und die während ihrer Entstehung vollzogenen Erkenntnisvorgänge als neue Theorie zur Realisierung mehrerer Bifurkationstypen aufsteigt. Anders ausgedrückt heißt das, die Theorien und die Methoden bedingen sich wechselseitig. Die Theorien verifizieren eine oder mehrere Methoden und mit diesen bilden sich eine oder mehrere umfassendere Theorien heraus.

Band 2

Der Band 2 bietet in Fortsetzung von Band 1 weitere Theorien und Methoden zur Analyse, Synthese und Modellierung elektrischer Netzwerke an.

Er enthält die Theorie elektromagnetischer Felder einschließlich der speziellen Relativitätstheorie und die klassischen Methoden zu ihrer Berechnung. Ein umfangreiches Kapitel befasst sich mit den numerischen Methoden (Finite Differenzen Methode, Finite Elemente Methode, Randelementemethode) zur Berechnung von statischen, stationären und rasch veränderlichen Feldern.

Jeder Ingenieur verfügt über Kenntnisse in Analysis einschließlich der Differenzial- und Integralrechnung. Erweitert man Differenziation bzw. Integration auf gebrochene Werte, bildet beispielsweise eine $n/m = 5/8$ Ableitung bzw. Integration, dann gehören diese Operationen zum Kalkül der fraktionalen Rechnung (fractional calculus) oder der gebrochenen Differenzial- und Integralrechnung. Dieser Kalkül wird auch mit dem Begriff „fraktionale Differenziation" bezeichnet. Die gebrochene Ordnung kann rational oder irrational, reell oder komplex sein.

Da die fraktionale Differenziation in den Ingenieurwissenschaften an Bedeutung gewinnt und zur Erweiterung vieler Theorien beiträgt, wird in den Band 2 das Kapitel „Berechnung von elektrischen Netzwerken mit fraktionalen Bauelementecharakteristiken" aufgenommen. Nach einer geschichtlichen Darstellung und den mathematischen Grundlagen zum Kalkül wird nachgewiesen, wie sich mit Hilfe der rationalen fraktionalen Differenziation die Eigenschaften dieser Bauelemente bzw. ganzer Schaltungen mit wesentlich größerer Genauigkeit approximieren und somit auch berechnen lassen.

Parallel zur Einführung der gebrochenen Differenzialrechnung in der Theorie der Elektrotechnik vollzieht sich eine Ausdehnung der Elemente höherer Ordnung auf andere Klassen. Die im Kapitel 9 wiedergegebenen Elemente höherer ganzzahliger Ordnung werden auf Elemente höherer rationaler Ordnung erweitert. Die mathematische Grundlage ist der Operator von Riemann-Liouville. Durch diese Erweiterung ändert sich im Abschnitt 9.2 die Darstellung der α-β-Ebene in der Weise, dass nun jedem Punkt mit rationalen Koordinaten genau ein Bauelement zugeordnet ist.

Da mit der Übernahme der fraktionalen Differenziation die Variationsrechnung, die Tensorrechnung und in ihr im speziellen die Operatoren der Vektoranalysis gebrochene Ordnungen annehmen können, existiert ein Ausgangspunkt zur Erweiterung bestehender Theorien. Diese werden die bekannten Theorien der Elektrotechnik und anderer Wissenschaften als Sonderfall bei ganzzahliger Differenziation bzw. Integration einschließen. Das wird insbesondere für den Lagrange-Formalismus gezeigt.

Die Ingenieurwissenschaften weisen seit ihrer Entstehung sie charakterisierende einzelwissenschaftliche Theorien, Methoden und Gegenstände auf, aber die Verflechtung unter ihnen nimmt aus Gründen der Optimierung technischer Geräte und Systeme ständig zu. Neue Fachgebiete bilden sich heraus. Die Wechselwirkungen zwischen Elektrotechnik, Automatisierungstechnik, Maschinenbau, Mechatronik, Biomechatronik u. a. sind zu berücksichtigen. Gesucht sind verallgemeinerte Theorien, einheitliche domänen- und wissenschaftsübergreifende Modellierungswerkzeuge und Methoden zur Optimierung unter Einbeziehung aller wesentlichen im System vorkommenden Energien. Um diesen Entwicklungen zu entsprechen schließt der Band 2 ein umfangreiches Kapitel zur Synthese wichtiger elektromechanischer Wandler und ihrer Dimensionierung ein.

Kapitel 2

Begriffe, Wissenschaft und Prinzipien

2.1 Definition des Begriffes *Wissenschaft*

Die Autoren legen dem Leser ein zweibändiges Hochschullehrbuch zu den theoretischen Grundlagen der Elektrotechnik vor. In ihm sind Theorien und Methoden vorgestellt, solche die bereits klassisch wurden und andere neueren Datums, die teilweise nicht nur die Elektrotechnik ihr eigen nennen darf, weil seit Jahren vielfältige Beziehungen zu anderen Wissenschaften bestehen. Aus diesen Gründen und weil die geistige Auseinandersetzung mit wissenschaftlichen Inhalten Interesse erwecken soll, wird darzulegen sein, was sich hinter dem Terminus *Wissenschaft* verbirgt und zudem wie dieser definiert ist.

Wir müssen jedoch davor klären, was eine Definition ist und was unter einem *Begriff* verstanden wird, weil der Terminus *Wissenschaft* selbst zu den Begriffen gehört.

Jede *Definition* ist eine logische Gleichung, die sich aus dem zu Definierenden (Definiendum) und dem Definierenden (Definiens) zusammensetzt ([55], S. 248 ff.). Def.m = Def.ns, so dass das Definiendum durch das Definiens und umgekehrt in jedem Zusammenhang ersetzt werden kann.

Beispiel 1:

Ein Parallelogramm	ist	ein Viereck	mit zwei parallelen Gegenseiten.
		Gattungsbegriff	artbildender Unterschied.
Definiendum	=		Definiens.

$\square$

In diesem Beispiel liegt eine Real- oder Sachdefinition vor. Weitere Definitionsarten sind die Nominaldefinition (Bezeichnung von Dingen), die Zuordnungsdefinition (Festsetzung von Relationen zwischen verschiedenen Zusammenhängen), die Definition durch Abstraktion u. a.

Nachdem wir nun wissen, wie eine Definition aufgebaut ist, wenden wir dieses Ergebnis an, um das Wort *Begriff* zu definieren.

Der *Begriff*[1] ist als allgemeine Beziehung eines Wortes definiert. Die philosophische Seite dieser Definition bezeichnet im Begriff „eine Vorstellung, die von den individuellen Merkmalen eines Gegenstandes absieht und nur das Allgemeine festhält".

Was tun die Sprachwissenschaftler? Sprachwissenschaftler beginnen ihre Ausführungen mit dem Namen und ordnen diesem eine Form (veränderbarer Teil der Rede, ein Geschlecht und eine *Zahl* - Einzahl, Mehrzahl) sowie einen Sinn zu. Der Sprachwissenschaftler baut auf der konkreten Bedeutung des Namens (einer Person, einer Sache, eines Gedankens) auf und legt nicht seinen, wenn vorhanden, allgemeinen Inhalt zugrunde.

Betrachten wir dazu beispielsweise den Begriff *Stuhl.* Der herangereifte Mensch kennt dieses Wort und geht gedanklich sowie gegenständlich mit ihm um. Der Begriff *Stuhl* kann in der Rede verändert werden (des Stuhles, die Stühle, ...), zu ihm gehört ein Geschlecht (*der Stuhl*) und es kann einer bzw. es können mehrere sein. Der Begriff *Stuhl* bezeichnet etwas Allgemeines, er steht für etwas Abstraktes, denn durch dieses Wort wird von seiner konkreten Gestalt (Aussehen, Material, Verwendungszweck) abstrahiert. Dieser Begriff weist also auf keinen speziellen Stuhl hin.

Die Definition des Begriffes *Wissenschaft* obliegt den Philosophen, weil die Definition keinen Bezug zu einer Einzelwissenschaft (Geologie, Elektrotechnik, Mathematik, Maschinenbau, Mechatronik, Physik, Soziologie u. a.) aufweisen darf. Der Philosoph Kopnin führt dazu aus: *„Für Philosophen aber, die sich mit Erkenntnistheorie und Logik beschäftigen, stellt sich beim Terminus* Wissenschaft *ein System menschlichen Wissens dar, das einen bestimmten Gegenstand und eine Methode seiner Erkenntnis besitzt"*[2].

Definition 2.1 Wissenschaft *ist ein System menschlichen Wissens, welches einen bestimmten Gegenstand und eine Methode seiner Erkenntnis besitzt.*

Aus dieser Definition geht Folgendes hervor: Das Betreiben von Wissenschaft oder anders ausgedrückt, die Suche nach Erkenntnissen, setzt somit die Menschheit als vorhanden voraus, welche einen hohen Stand der geistig-kulturellen Entwicklung hinter sich weiß, das Beobachtbare systematisiert vorliegt, Schlüsse bereits gezogen und Verallgemeinerungen abstrahiert wurden. Der bestimmte Gegenstand beschreibt sich heute in einer konkreten Einzelbezeichnung, in der Bezeichnung durch ein Wissensgebiet, eines

---

[1]nach F.A. Brockhaus GmbH, Enzyklopädie. In 24 Bänden, 19. Auflage, Mannheim, 1989.
[2]Kopnin, P.: Dialektik - Logik - Erkenntnistheorie. Akademie - Verlag, Berlin, 1970, S. 11.

Fachgebietes oder als Gesamtheit von solchen zusammengefasst mittels eines übergeordneten Begriffes, der anerkannt, bestätigt, selbständig eine Einzelwissenschaft umfasst.

Das wesentliche Element einer jeden Wissenschaft ist demzufolge das theoretische Wissen. Dieses Wissen entsteht durch Ordnen von bekannten Erscheinungen, Messergebnissen, Zusammenhängen und Erkenntnissen durch Abstraktion und Systematisierung. Da sich diese Prozesse oft über lange Zeiträume vollziehen, gehören zu jeder Wissenschaft auch prätheoretisches Wissen und empirische Fakten.

Zu jeder Wissenschaft gehören außerdem geistige Mittel, d. h. Wege zur Erkenntnis, wie Vorgehensweisen, Operationen und Verknüpfungen des Denkens, Formen des Schließens, des Beweisens u. a., welche eine systematische Untersuchung ideell nicht erforschter Gegebenheiten, Relationen und Abstraktionen zu diesem Gegenstand erlauben und die (einzelwissenschaftlichen) Methoden hin zu diesen Zielen nicht nur aufgeführt, sondern gleichzeitig neue geschaffen werden. Wissenschaft wird demzufolge dann und nur dann betrieben, wenn der zu untersuchende Gegenstand ideell noch nicht erforscht wurde. Nur dann liegt darauf abzielend eine wissenschaftliche Aufgabenstellung vor.

Dieses Vorgehen ist wahrscheinlich das älteste, denn die Philosophie begann mit der Selbsterkenntnis des Menschen, mit der Analyse seines Denkens, mit der Frage nach dem Verhältnis des menschlichen Wissens zu der außerhalb von ihm existierenden Realität. Dieses Wissen über den Inhalt und die Bedeutung des Begriffes *Wissenschaft* und aller damit verbundenen Handlungen erzeugte bereits im Altertum philosophische Reflexionen, als deren frühe Erkenntnisse die Logik als Lehre von dem die objektive Welt erfassenden Denkens entstand.

Wissenschaftliches Denken setzt sich immer aus formallogischem Denken und aus dialektischem Denken zusammen. Der umgekehrte Schluss gilt nicht, denn richtiges formallogisches und/oder dialektisches Denken muss kein wissenschaftliches Denken in Form von wissenschaftlichen Relationen, Gesetzmäßigkeiten, Gesetzen, und anderem repräsentieren. Der Mensch bedient sich außerhalb einer jeden Wissenschaft einer oder mehrerer Umgangssprachen, die wissenschaftliche Aspekte nicht enthalten, obwohl dieser Ausdruck seines Denkens sich nach einer Gesamtheit von Denkgesetzen selbst vollzieht.

Zu den von Wissenschaftlern bewusst genutzten Denkgesetzen gehören beispielsweise: „Der Aufstieg vom Konkreten zum Abstrakten und von dort auf höherer Ebene wieder zum Konkreten" oder „das Umschlagen quantitativer Veränderungen in qualitative". Letzteres stellt nicht nur die Formulierung eines Denkgesetzes dar, sondern es ist eines der Grundgesetze der Dialektik. Es wurde vom berühmten Philosophen Immanuel Kant[3] erkannt, als Gesetz heraus gearbeitet und als genialer Ausdruck wissenschaftlichen Denkens formuliert. Dieses Grundgesetz wirkt nicht nur beim Ablauf von Denkvorgängen, sondern auch in der Natur und in der Gesellschaft. Vergleicht man hinsichtlich seines Gültigkeitsumfanges dieses mit dem schon als sehr allgemein anerkannten Gesetzes von der Erhaltung der Energie (Energie kann nicht verloren gehen,

---

[3]Immanuel Kant (1724 - 1804): Deutscher Philosoph, vollendete und überwand die Aufklärungsphilosophie, Arbeiten zur Dialektik

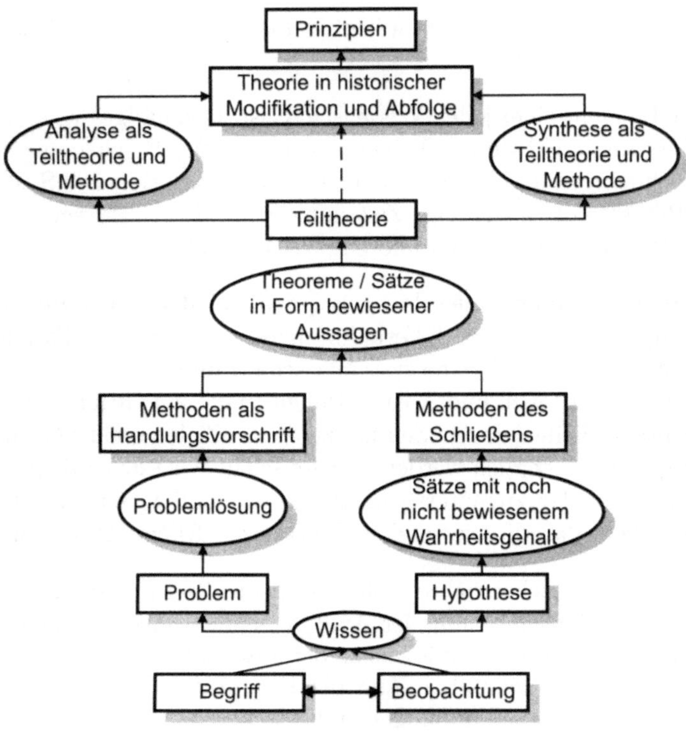

Bild 2.1: Übersicht definierter Begriffe

sondern nur in eine andere Energieform umgewandelt werden), dann ist es wegen des davor aufgeführten Wirkungskreises wesentlich allgemeiner.

Das umgangssprachliche Denken zielt gegebenenfalls auf die Erlangung von Informationen, Fakten, Tatsachen und Zusammenhängen hin, ist jedoch nicht darauf gerichtet, ideelle Gegebenheiten zu formulieren und mittels anerkannter oder neuer Verfahren oder Methoden systematisch Erkenntnisse über einen Gegenstand zu gewinnen.

Ist das jedoch der Fall, dann bilden das bewiesene Wissen und die Methoden zur Erkenntnis, also die Methoden zur Vertiefung und Erweiterung dieses Wissens auch die Motivation zum Betreiben einer oder mehrerer Wissenschaften.

2.2   Beobachtung, Problem und Hypothese

Die Untersuchung eines ganz bestimmten Gegenstandes beginnt mit Beobachtungen. Was versteht man unter diesem Begriff?

Definition 2.2 *Die* Beobachtung *bezeichnet die aufmerksame Wahrnehmung verbunden mit der Erwartung, dass sich am Wahrnehmungsobjekt Veränderungen ereignen werden, die es aufzufassen und festzuhalten gilt.*

In der Wissenschaft vollzieht sich die Beobachtung vielfach unter der Benutzung physikalisch-technischer Hilfsmittel, wie Registrier- und Messinstrumente. Die wissenschaftliche Beobachtung findet stets gemäß einer präzisen Fragestellung statt und unterscheidet sich deshalb von den Alltags- oder Gelegenheitsbeobachtungen, denn die systematisch, methodisch kontrollierte Beobachtung liefert die Ausgangsdaten in Form von Messwerten, Häufigkeitszahlen oder anderen quantitativen Ergebnissen zur Aufstellung von Schlussfolgerungen, zur Formulierung von Sätzen oder Theoremen, zur Herleitung verallgemeinerter Aussagen, wie Gesetze und Theorien.

Wird ein Ereignis speziell zum Zwecke seiner Beobachtung hervorgerufen, dann spricht man von einem Experiment. Dieses kann mehrfach wiederholt werden, um so nach Veränderungen von Bedingungen auf deren Auswirkungen zu schließen.

Nun wollen wir uns dem Begriff *Problem* zuwenden. *Sokrates* beschreibt das Problem kurz und treffend als „Wissen vom Nichtwissen". Unter einem Problem (griech. Próblèma > das Vorgelegte <) versteht man eine gestellte (wissenschaftliche) Aufgabe, aber auch eine komplizierte Fragestellung oder eine nicht gelöste Frage beruhend auf dem Wissen oder der Erkenntnis, dass das verfügbare Wissen nicht zur Bewältigung eines Vorganges ausreicht oder es nicht erlaubt, einen Zusammenhang, dessen Verständnis erstrebt wird, zu durchschauen.

Das Problem bildet den Ausgangspunkt des Erkenntnisvorganges und ist mit dem Problem ist das Problemlösen verbunden. Es umfasst das Auffinden eines vorher nicht bekannten Weges von einem gegebenen Anfangszustand zu einem angestrebten mehr oder weniger bekannten Endzustand. Beim Hervorbringen neuer Lösungen vollzieht sich ein kreativer Vorgang. Dieser beginnt schon während der Problemformulierung und wird durch die Suche von Informationen begleitet. Hieran schließt sich eine Zeitspanne ohne Lösung an, häufig auch ohne sich mit dem Problem zu befassen, bis oft plötzlich die erkannte Lösung vorliegt. Den Abschluss bildet die nachträgliche systematische Ausarbeitung des gewonnenen Lösungsweges.

Mit dem Begriff *Hypothese* (griech. hypotithénai > dar- oder unterstellen <) sind die Adjektive hypothetisch, fraglich, zweifelhaft verbunden. Wir wollen zur Erklärung dieses Begriffes zwei verschiedene Interpretationen heranziehen. In der Logik bezeichnet eine Hypothese einen Satz, der in einer Folgerung vorausgesetzt wird. Ist die Folgerung logisch richtig, dann garantiert die Wahrheit der Hypothese, also die des Satzes, die Wahrheit der aufgestellten Behauptung.

In der Wissenschaftstheorie verkörpert eine Hypothese einen Satz, dessen Wahrheitsgehalt noch nicht feststeht. Dieser Satz dient zum Zwecke nachfolgender Untersuchungen als wahre Annahme, aus der dann theoretische Schlussfolgerungen, Theorien und Vorhersagen hergeleitet werden. Eine Hypothese darf nicht im Widerspruch zu anerkannten Tatsachen stehen. Sie selbst darf nicht widersprüchlich sein.

2.3   Theorem, Methode, Theorie und Gesetz

Aus bereits gesichertem Wissen folgen das Einzelne, das Besondere und das Allgemeine. Es lassen sich Aussagen herleiten, die in sogenannten Lehrsätzen erfasst werden. Ein Lehrsatz eines Fachgebietes oder einer Wissenschaft heißt Theorem (griech.-lat. > das Angeschaute <). Ein *Theorem* gibt eine bewiesene Aussage wieder und unterscheidet sich deshalb von einer Vermutung. Die wissenschaftlichen Begriffe *Theorem* und *Satz* sind identisch.

Zum Betreiben von Wissenschaft ist nach dem vorn aufgeführten mindestens eine *Methode* zur Erkenntnisgewinnung erforderlich. Dem tieferen Verständnis des Begonnenen ist folgerichtig der Begriff *Methode* mit Inhalt zu versehen.

Definition 2.3 *Eine* Methode *(griech. méthodos > Wege, Gang einer Untersuchung, eigentlich: Weg zu etwas hin <) bezeichnet ein nach Gegenstand und Ziel planmäßiges Vorgehen zur Lösung theoretischer wie praktischer Aufgaben.*

Jede Einzelwissenschaft (Mathematik, Physik, Ingenieurwissenschaften, u. a.) verfügt über ihre spezifischen Methoden, insbesondere solche zur Forschung, zur Herleitung und zur Darstellung. Die Lehre an Universitäten ist eine besondere Form der Darstellung wissenschaftlicher Inhalte.

Beispiel 1:
Als einzelwissenschaftliche Methoden gelten die aus den Grundlagen der Elektrotechnik bekannten Methoden zur Berechnung elektrischer Netzwerke:

- Methode der unabhängigen Maschenströme

- Methode der Knotenpotenziale

- Methode der Ersatzspannungsquelle.

Diese Methoden sind der Einzelwissenschaft *Elektrotechnik* zuzuordnen, da diese zur Berechnung elektrischer Spannungen, elektrischer Ströme und weiterer Kenngrößen elektrischer Netzwerke herangezogen werden können.

Zu jeder dieser Methoden sind Bedingungen anzugeben, weil nicht jede Methode in jedem beliebigen Fall anwendbar ist.   □

Jede Methode beruht auf einer Theorie oder auf Bestandteilen verschiedener Theorien. Der enge Zusammenhang zwischen Theorie und Methode bedeutet nicht, dass mit der Theorie auch die Methode vorliegt oder dass Theorie und Methode identisch seien. Die Theorie verfügt über einen Aussagecharakter und ihre Funktion besteht in der Abbildung der Wirklichkeit. Jede Methode besitzt einen Aufforderungscharakter und gibt somit primär die Anleitung zum Handeln. Theorie und Methode bedingen einander.

Wie schon in der Definition des Begriffes *Wissenschaft* zum Ausdruck kommt, benötigt man zum Aufbau einer Theorie bereits eine Methode. Wissenschaftshistorisch gesehen bedeutet das, Theorie und Methode entwickeln sich in Wechselwirkung während ihres Entstehens in einem längeren Zeitabschnitt zueinander.

Definition 2.4 *Eine* Theorie *(griech. > Betrachtung <) ist eine systematisch geordnete Menge von Aussagen bzw. Aussagesätzen über einen Bereich der objektiven Realität oder des Bewusstseins.*

Eine Theorie besteht deshalb immer aus einer Gesamtheit von Aussagen oder Aussagesätzen, die in gewissem Umfang der Zusammenfassung, Beschreibung, Erklärung und Vorhersage von Phänomenen dient. Eine Theorie fasst also im Rahmen eines ganz bestimmten Gegenstandsbereichs eine Vielzahl vielgestaltiger Phänomene so zusammen, dass diese als wissenschaftliche Erkenntnis ausweisbar sind. Der Begriff *Theorie* bezeichnet auch ein wissenschaftliches Lehrgebäude sowie die Lehre über die Grundlagen, Gesetze und Prinzipien eines bestimmten Bereichs einer Wissenschaft, einer Technik oder der Kunst und Kultur.

In den verschiedenen Entwicklungsstadien der Wissenschaften kommt jeder Theorie über ihre Funktion der Erklärung und Vorhersage hinausgehend im besonderen die Aufgabe der Überprüfung ihres eigenen Wahrheits- bzw. Gültigkeitsanspruchs, ihres Anwendungs- und Geltungsbereichs zu. Jede Theorie wird während eine bestimmten Zeitabschnittes zur Kritik anderer Theorien sowie zur Projektierung neuer Forschungen mit dem Ziel der Erstellung anderer Theorien herangezogen. Im Ergebnis weiterführender Beobachtungen, Untersuchungen und Verallgemeinerungen spricht man dann von einer übergeordneten Theorie, einer *Metatheorie.*

Im weiteren Sinne heißt alles menschliche Erkennen theoretisch, wenn selbiges über die Feststellung des hier und jetzt Gegebenen hinausgeht und auf Allgemeinheit zielt. So gesehen sind Theorien Bestandteile der menschlichen Erkenntnisgewinnung. Sie unterliegen der historischen Modifikation und Abfolge.

Zur Gewinnung von wissenschaftlichen Begriffen, Gesetzesaussagen und Theorien bedient man sich der Verallgemeinerung. Eine höhere Stufe dieser ergibt sich, wenn aus spezifischen Begriffen, Gesetzesaussagen und Theorien umfassendere konstruiert werden. Eine Verallgemeinerung ist immer mit Abstraktionen verbunden, was umgekehrt jedoch nicht gilt.

In den Naturwissenschaften bezeichnet man als Theorie eine quantitative Beschreibung eines Vorgangs mit einem Bezug auf beobachtbare Fakten eines klar umrissenen Wirklichkeitsbereichs interpretierten, umfassend ausgearbeiteten mathematischen Formalismus. Aus der Physik seien als Beispiele die Mechanik, die Elektromagnetik, die Thermodynamik, die Quantenmechanik aufgeführt.

In diesem Sinn gehört demzufolge zu einer Theorie der Natur- bzw. Ingenieur- und anderer Wissenschaften sowohl eine in sich schlüssige, widerspruchsfreie mathematische Formulierung als auch eine verbindliche eindeutige Vorschrift über die Bedeutung der verwendeten Größen in der Wirklichkeit und verallgemeinert in Bezug auf ein Experiment. Jede physikalische Theorie muss demzufolge zu ihrer Anerkennung einen eindeutigen Bezug zu messbaren Größen aufweisen.

Von allen naturwissenschaftlichen Theorien fordert man keinen Widerspruch zueinander, ebenso zu bekannten experimentellen Fakten. Treten Widersprüche auf, so sind die betroffenen Theorien und die in ihnen verwendeten Begriffe zu revidieren. Eine solche Revision zieht meist eine Einschränkung der Anwendbarkeit der jeweiligen Theorie nach sich und bewirkt häufig das Entstehen neuer Theorien.

Beispiel 2:
Als wohl bekanntestes Beispiel sei an die Einschränkungen innerhalb der klassischen Newtonschen Mechanik und die Ausarbeitung der Relativitätstheorie durch Albert Einstein sowie der Quantenmechanik durch Max Planck erinnert. $\quad\square$

Die Elektrotechnik gehört bekanntermaßen zu den Ingenieurwissenschaften. Sie bedient sich naturwissenschaftlicher (mathematischer, physikalischer, chemischer u. a.) Theorien. Im Zusammenhang mit bereits entwickelten Techniken, dazu zählen auch Technologien, strebt selbige nicht nur nach neuen Theorien, Methoden und Verfahren, sondern mit all ihren Teildisziplinen letztlich nach reproduzierbaren, industriell herstellbaren Produkten. Dadurch unterscheiden sich die Ingenieurwissenschaften von anderen Wissenschaften.

Generationen von Elektrotechnikern entwickelten ein Vielzahl von Theorien. Dazu zählen die Theorie der elektrischen Apparate, die Theorie elektrischer Maschinen, Theorien zur elektrischen Energieerzeugung und -übertragung, Schaltungstheorien, Theorien der Kommunikation auf elektrotechnischer Grundlage und andere. Wegen des Abzielens auf technische Produkte (Elemente, Geräte, Maschinen) existiert eine Unterteilung der Elektrotechnik nach Techniken: Antriebstechnik, Energieübertragungstechnik, Elektrowärmetechnik, Galvanotechnik, Kommunikationstechnik, Mikrowellentechnik, Schaltungstechnik, Steuerungstechnik, Theoretische Elektrotechnik.

Die Theorien der Elektrotechnik sind im weiteren Sinne in der Theoretischen Elektrotechnik zusammengefasst. Diese setzt sich aus der Theorie und Anwendung elektromagnetischer Felder, der Theorie elektrischer Netzwerke sowie der Theorie der Stromleitung in Gasen, Flüssigkeiten und festen Körpern zusammen. Als weitere Unterteilung mit wiederum selbständigen, spezifischen, aber effizienten Teiltheorien, Methoden und Verfahren haben sich die Analyse (von elektromagnetischen Feldern, elektrischen Netzwerken), die Modellierung und Simulation sowie die Synthese herausgebildet.

Das in einer Theorie zusammengefasste Wissen in Form von Aussagen und Aussagesätzen enthält auf hohem Stand solche, denen eine zentrale Stellung innerhalb dieser zukommt. Solche Aussagen bezeichnet man als Gesetze.

Definition 2.5 *Ein* Gesetz *ist ein ojektiver, notwendiger, allgemeiner und damit wesentlicher Zusammenhang zwischen Dingen, Sachverhalten, Prozessen, Vorgängen, etc. der Natur, der Gesellschaft oder des Denkens, das sich durch relative Beständigkeit auszeichnet und das sich unter gleichen Bedingungen wiederholt.*

Bei einem Gesetz oder bei den Gesetzen ist streng zu unterscheiden zwischen dem Wirken der Gesetze in der Natur, der Gesellschaft oder des Denkens und den wissenschaftlich formulierten Gesetzen. Die wissenschaftlichen Gesetze sind gedankliche Widerspiegelungen der objektiv wirkenden Gesetze im Bewusstsein des Menschen.

Bekannt sind das Fallen eines Körpers nach dem Fallgesetz, das fundamentale Gesetz von der Erhaltung der Energie und viele andere. Ihr objektiver Charakter kommt in ihrem Wirken zum Ausdruck in erfüllten Bedingungen für ein Gesetz. Das Fallgesetz besteht mit der Existenz von Massen als Gase, Flüssigkeiten oder fester Stoffe. Das Bewegen von Massen nach dem Fallgesetz bestand als objektives Gesetz bereits mehrere Milliarden Jahre bevor der Mensch mit seinen Fähigkeiten, zu denen auch die Abbildung von Gesetzen in seinem Bewusstsein gehört, entwickelt war. Die wissenschaftliche Seite eines Gesetzes kommt erst dann zum Ausdruck, wenn der Mensch diese im fortgeschrittenen Stadium seiner wissenschaftlichen Entwicklung formuliert und als Abbild mit Worten, Zeichen und Symbolen als wissenschaftlich bewiesene Erkenntnis niederschreibt.

Die Gesetze der Elektrotechnik werden in den nachfolgenden Kapiteln als wissenschaftliche Gesetze behandelt. Mit weiteren Aussagen, Aussagesätzen und der Methodik (Gesamtheit der Methoden einer Wissenschaft) bilden sie die theoretischen Grundlagen der Ingenieurwissenschaft *Elektrotechnik*.

2.4 Analyse, Synthese und Prinzip

2.4.1 Analyse und Synthese

Da wir uns im weiteren Verlauf der Herleitungen zur Theorie der Elektrotechnik auch mit Aufgaben zu Analyse und Synthese befassen müssen, geben wir deren allgemeine Definition an und verweisen hinsichtlich der elektrotechnischen Seiten dieser Begriffe auf die nachfolgenden Kapitel.

Definition 2.6 *Die* Analyse *(griech. > Zerlegung, Zergliederung <) bezeichnet eine Methode zur Untersuchung und Erkenntnis von Gegebenheiten, deren Wesen in der praktischen oder gedanklichen Zerlegung eines Ganzen in seine Teile, eines Zusammengesetzten in seine Elemente besteht.*

Das Ziel einer jeden Analyse besteht in der Trennung wesentlicher Eigenschaften oder Beziehungen von unwesentlichen, notwendigen von zufälligen, allgemeinen von individuellen, um so zur Erkenntnis des Wesens und der bestimmten Gesetzmäßigkeiten der Gesamterscheinung vorzudringen.

Dieses Vorgehen ist nur möglich, wenn die herausgefundenen, d. h die analysierten Eigenschaften und Beziehungen nicht losgelöst voneinander betrachtet, sondern ihre Zusammenhänge aufgezeigt werden. Das bedeutet, die Analyse bildet mit der Synthese eine Einheit, sie bedingen einander.

Definition 2.7 *Unter* Synthese *(griech. > Zusammenfassung, Verknüpfung <) wird eine Methode zur Erkenntnis oder zur Konstruktion materieller oder ideeller Systeme verstanden, deren Wesen in der Verbindung einzelner Elemente zu einem Ganzen liegt.*

Die Synthese ist untrennbar mit der Analyse verbunden. Der Synthese geht von dem mittels Analyse erkannten Wesen einer Erscheinung aus und erhebt das Einzelne auf die Stufe des Allgemeinen, und das Konkrete auf die des Abstrakten.

Die Bedingung für die Richtigkeit einer gedanklichen Synthese besteht darin, dass sie nur das verknüpft, was auch in der Wirklichkeit als Einheit existiert.

Anmerkung:
Auf das wechselseitige Bedingen von Analyse und Synthese wird später mehrfach eingegangen. Wir zeigen dort auf, warum sich eine Analyse der Verhältnisse während des Synthesevorgangs, z. B. aus Gründen einer Kontrolle über die Richtigkeit der bis dorthin erzielten Ergebnisse, als unumgänglich erweist.

2.4.2   Das Prinzip

Als bekannt gelten in der Physik das Prinzip von d'Alembert, das Superpositionsprinzip oder das Prinzip der kleinsten Wirkung. Man spricht weiterhin in der Technik vom Kompensationsprinzip [108], und von weiteren Prinzipien. Demzufolge erscheint es angebracht zu erklären, was sich hinter dem Begriff *Prinzip* verbirgt.

Definition 2.8 *Ein* Prinzip *(lat. principum > Anfang, Ursprung, Grundlage <) bezeichnet eine feste Regel oder einen festen Grundsatz als Richtschnur des Handelns.*

Methodische Prinzipien im Sinne von Regeln (Handlungsvorschriften) enthalten neben einem Inhalt das Vorgehen, wenn die notwendigen Voraussetzungen zur Anwendung desselben erfüllt sind. Diese Handlungsvorschriften (in Theorie und Praxis) sind aus der Verallgemeinerung von Erscheinungen, wesentlichen Eigenschaften und experimentellen wie theoretischen Ergebnissen hergeleitet worden.

Jedes Prinzip enthält deshalb sowohl eine inhaltliche als auch eine methodische Seite, von denen im theoretischen wie praktischen Gebrauch eine überwiegt.

Da wir uns mit physikalisch-technischen Gegebenheiten oder Vorgängen befassen wollen, interessiert hier weniger die philosophische Seite (der Urstoff oder die Elemente, aus denen alles Seiende besteht, die Quelle des Seins).

Mitunter werden im Sprachgebrauch Gesetze von großer Allgemeinheit als Prinzipien bezeichnet. So sagt man zum Gesetz von der Erhaltung der Energie verschiedentlich auch Energieerhaltungsprinzip.

2.4.3 Das Superpositionsprinzip

Die Superposition (der Kraftwirkungen) stammt aus der Mechanik. Sie verkörpert eine
in Worte gefasste Erfahrung. Der dem Superpositionsprinzip geschichtlich zugrunde
liegende Satz geht unter der Bezeichnung *Parallelogramm der Kräfte* auf S. Stevin[4]
zurück, nach dem sich die auf den Massenpunkt wirkenden Kräfte vektoriell addieren.
Zu dieser geometrischen Addition gehört die Annahme, dass jede Kraft ihre eigene
Wirkung auch in Anwesenheit anderer Kräfte ausübt. Das heißt, die Kräfte sind voneinander unabhängig, sie beeinflussen sich nicht.

Dazu geschichtlich: Am Ende des 17. Jahrhunderts war die Mechanik theoretisch begründet. Sir Isaak Newton begründete in seinem Werk „Philosophiae naturalis prinzipa
mathematic" (London 1687) seine Axiome und stellte diese an die Spitze der Mechanik.
Diese Mechanik war in den nachfolgenden zwei Jahrhunderten Vorbild für entstehende
Wissenschaften.

Magnetische und elektrische Phänomene begann man erst in den Anfängen zu untersuchen. Im Jahre 1600, in dem Giordano Bruno verbrannt worden ist, erschien von
W. Gilbert[5] das Buch „De magnete, magneticisque corporibus et de magno magnete
tellure". Die Haupterkenntnis dieses Buches steht bereits in seinem Titel: „Die Erde
ist ein großer Magnet". Gilbert erkannte die Kraftwirkungen zwischen den Polen eines
Magneten. Aus diesen beiden wesentlichen Beobachtungen entwickelte er eine Theorie
des Kompasses. Gilbert experimentierte auch ausgiebig zum Phänomen der Elektrisie-
rung durch Reibung (Bernstein, Glas, Wachs, Schwefel, Edelsteine) und beobachtete
Unterschiede zwischen magnetischen und elektrischen Erscheinungen.

Nach dieser kurzen geschichtlichen Einordnung der Erscheinung *Superposition* wollen
wir sie als Prinzip formulieren.

Prinzip 2.1 (Superpositionsprinzip) *In jedem linearen System kann die Wirkung
jeder einzelnen Quelle getrennt bestimmt werden. Die Gesamtwirkung ergibt sich durch
die Addition der Einzelwirkungen.*

Anmerkung:
Addition bedeutet hier entweder jene im gewöhnlichen Sinne oder die geometrische
(vektorielle) Addition.

Das Superpositionsprinzip gründet sich auf den unterschiedlichen Erscheinungsformen
der Superposition. Aus der Elektrotechnik (elektrische Netzwerke; elektromagnetische
Felder) seien die vier wichtigsten, inhaltlich vorweggenommen, zusammengestellt.

1. Superposition in linearen elektrischen Netzwerken

   In jedem Zweig wird der Strom, herrührend von nur einer Spannungs- bzw. Stromquelle, berechnet. Der Gesamtzweigstrom ergibt sich durch die Addition der Einzelströme.

---

[4]Stevin, Simon (1548-1620): Niederländischer Physiker, Mathematiker und Ingenieur.
[5]Gilbert, Wiliam (1544-1603): Englischer Naturforscher und Arzt.

2. Superponierung der elektrischen Feldstärken mehrerer Punktladungen

In einem Punkt des Raumes in der Umgebung mehrerer Punktladungen addieren sich die elektrischen Feldstärken der einzelnen Punktladungen vektoriell (geometrisch). Bei n Punktladungen gilt für die Feldstärke $\boldsymbol{E}$ im Punkt $P(\boldsymbol{r})$:

$$\boldsymbol{E}(\boldsymbol{r}) = \sum_{l=1}^{n} \boldsymbol{E}_l = \frac{1}{4\pi\varepsilon_0} \sum_{l=1}^{n} \frac{Q_l}{|\boldsymbol{r} - \boldsymbol{r}_l|^3} \, (\boldsymbol{r} - \boldsymbol{r}_l). \tag{2.1}$$

3. Überlagerung der Potenziale mehrerer Punktladungen

Man berechnet die Potenzialfunktion jeder einzelnen Punktladung (die Punktladung Q_l befindet sich im Punkt $P_l(x_l, y_l, z_l)$ des dreidimensionalen Raumes) durch die Gleichung:

$$\varphi_l(x, y, z) = \frac{Q_l}{4\pi\varepsilon_0 \sqrt{(x - x_l)^2 + (y - y_l)^2 + (z - z_l)^2}} \tag{2.2}$$

und addiert diese zur Gesamtpotenzialfunktion:

$$\varphi(x, y, z) = \sum_{l=1}^{n} \varphi_l(x, y, z). \tag{2.3}$$

4. Superposition von Schwingungen

Treten mehrere Schwingungszustände gleichzeitig auf, so addieren sich ihre Wirkungen. Wird zum Beispiel der eine Schwingungszustand durch die Funktion $y_1(x) = 2\sin x$ und die andere durch $y_2(x) = -\cos 2x$ dargestellt, dann gilt für die resultierende (verallgemeinerte) Bewegung:

$$y(x) = y_1(x) + y_2(x) = 2\sin x - \cos 2x \tag{2.4}$$

Die entstehende Schwingung ist in Bild 2.2 grafisch wiedergegeben.

Bei allen Anwendungen des Superpositionsprinzips gilt die Voraussetzung, dass alle Quellen (verallgemeinerte Kräfte, Spannungsquellen, Stromquellen, elektrische Ladungen, elektrische Ströme, tatsächliche Kräfte u. a.) voneinander unabhängig sind, sich also nicht beeinflussen.

Linearität und Superpositionssatz

Die Superposition (Überlagerung) der Wirkungen kann überall dort angewendet werden, wo lineare Systeme vorliegen. Lineare Systeme liegen genau dann vor, wenn sich die verallgemeinerten Bewegungsgleichungen durch zwei Eigenschaften charakterisieren lassen:

1. Mit je zwei Lösungen y_1, y_2 ist auch deren Summe $y_1 + y_2$ eine Lösung.

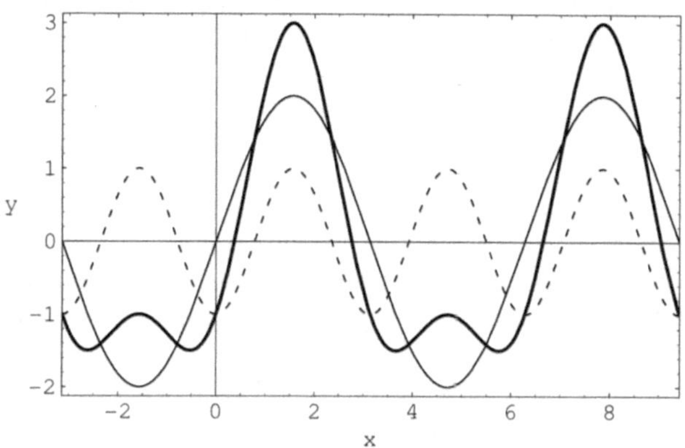

Bild 2.2: Überlagerung zweier beliebiger Schwingungen $2\sin x$ (—) und $-\cos 2x$ (- - -) zu $2\sin x - \cos 2x$ (—)

2. Mit jeder Lösung ist auch deren Mehrfaches ay (a reelle Zahl) eine Lösung (Proportionalität).

Beide Eigenschaften werden im Begriff der *Linearität* zusammengefasst. Es gilt der Superpositionssatz, d. h. jener mathematische Satz, der die Anwendung des Superpositionsprinzips erlaubt, sie jedoch nicht zwingend nach sich zieht. Denn die Lösung der Bewegungsgleichungen kann auch auf einem anderen Weg gefunden werden.

Den technischen Systemen liegen bei nicht dynamischen, algebraischen Gleichungen und bei dynamischen Systemen meist Differenzialgleichungen zugrunde. Das Vorgehen nach dem Superpositionsprinzip soll nun am Beispiel einer linearen gewöhnlichen Differenzialgleichung n-ter Ordnung ausgeführt werden. Gesucht ist als Lösung dieser Differenzialgleichung eine Funktion y in Abhängigkeit von x.

Unter einer linearen Differenzialgleichung n-ter Ordnung versteht man eine Gleichung der Form:
$$y^{(n)} + a_1 y^{(n-1)} + a_2 y^{(n-2)} + \ldots + a_{n-1} y' + a_n y = F, \qquad (2.5)$$

wobei a_i und F Funktionen von x sind, die wir in einem gewissen Intervall als stetig voraussetzen wollen. Sind die a_1, a_2, ..., a_n konstant, so spricht man von einer *Differenzialgleichung mit konstanten Koeffizienten*. Eine lineare Differenzialgleichung heißt *homogen*, wenn $F = 0$ ist, und *inhomogen* im anderen Falle.

Ein System von n Lösungen y_1, y_2, ..., y_n einer homogenen linearen Differenzialgleichung nennt man ein *Fundamentalsystem*, wenn diese Funktionen in dem betrachteten Intervall *linear unabhängig* sind, das heißt, wenn ihre Linearkombination $C_1 y_1 + C_2 y_2 + \ldots + C_n y_n$ für kein Wertsystem der C_1, C_2, ..., C_n außer für $C_1 = C_2 = \ldots = C_n = 0$ identisch verschwindet (d. h. für alle x-Werte in dem betreffenden Intervall). Die

Lösungen y_1, y_2, $\ldots$, y_n einer linearen homogenen Differenzialgleichung bilden dann und nur dann ein Fundamentalsystem, wenn ihre *Wronskische Determinante*:

$$W = \begin{vmatrix} y_1 & y_2 & \cdots & y_n \\ y_1' & y_2' & \cdots & y_n' \\ & & \cdots & \\ y_1^{(n-1)} & y_2^{(n-1)} & \cdots & y_n^{(n-1)} \end{vmatrix} \tag{2.6}$$

von Null verschieden ist. Für ein beliebiges System von Lösungen einer homogenen linearen Differenzialgleichung gilt die *Formel von Liouville*:

$$W(x) = W(x_0) \cdot \mathrm{e}^{-\int_{x_0}^{x} a_1(x)\,\mathrm{d}x}, \tag{2.7}$$

weshalb die Determinante W nur identisch verschwinden kann ($W(x_0) = 0$). Bilden die y_1, y_2, $\ldots$, y_n ein Fundamentalsystem von Lösungen, so ist:

$$y = C_1 y_1 + C_2 y_2 + \ldots + C_n y_n \tag{2.8}$$

die allgemeine Lösung der linearen homogenen Differenzialgleichung.

Anmerkung:
Kennt man eine partikuläre Lösung y_1 einer homogenen Differenzialgleichung, so lässt sich deren Ordnung unter Beibehaltung der Linearität durch Einführung der neuen unbekannten Funktion $u = 1/y_1 \, dy/dx$ erniedrigen.

Es gilt der Superpositionssatz

Satz 2.1 *Sind y_1 und y_2 Lösungen der Differenzialgleichung (2.5) für verschiedene rechte Seiten F_1 und F_2, so ist ihre Summe $y = y_1 + y_2$ eine Lösung einer ebensolchen Differenzialgleichung mit der rechten Seite $F = F_1 + F_2$. Für die Gewinnung der allgemeinen Lösung einer inhomogenen Gleichung genügt es, zu irgendeiner ihrer partikulären Lösungen die allgemeine Lösung der zugehörigen homogenen Differenzialgleichung zu addieren.*

Die *Lösung* der inhomogenen Gleichung (2.5) lässt sich durch Quadraturen finden, wenn das Fundamentalsystem von Lösungen der zugehörigen homogenen Gleichung bekannt ist. Man verwendet hierbei eine der folgenden Methoden:

1. Methode der Variation der Konstanten: Man schreibt die gesuchte Lösung in der Gestalt $C_1 y_1 + C_2 y_2 + \ldots + C_n y_n$ und fasst die C_1, C_2, $\ldots$, C_n nicht als Konstanten, sondern als Funktionen von x auf. Nun fordert man, dass die Beziehungen:

$$\begin{aligned}
C_1' y_1 &+ C_2' y_2 + \ldots + C_n' y_n = 0 \\
C_1' y_1' &+ C_2' y_2' + \ldots + C_n' y_n' = 0 \\
&\cdots \\
C_1' y_1^{(n-2)} &+ C_2' y_2^{(n-2)} + \ldots + C_n' y_n^{(n-2)} = 0
\end{aligned} \tag{2.9}$$

erfüllt sind, und erhält nach Einsetzen von y in Gl. (2.5):

$$C_1' y_1^{(n-1)} + C_2' y_2^{(n-1)} + \ldots + C_n' y_n^{(n-1)} = F. \qquad (2.10)$$

Nun löst man das lineare Gleichungssystem, bestimmt die C_1', C_2', $\ldots$, C_n', und anschließend durch Quadratur die C_1, C_2, $\ldots$, C_n.

2. Methode von Cauchy: In der allgemeinen Lösung der homogenen Gleichung:

$$y = C_1 y_1 + C_2 y_2 + \ldots + C_n y_n \qquad (2.11)$$

bestimmen wir die Konstanten so, dass für $x = \alpha$ die Beziehungen $y = 0$, $y' = 0$, $y^{(n-2)} = 0$, $y^{(n-1)} = F(\alpha)$ gelten; dabei ist α ein beliebiger Parameter. Bezeichnet man nun die so gewonnene Lösung der homogenen Gleichungen mit $\varphi(x, \alpha)$, so gilt für $y = \int_{x_0}^{x} \varphi(x, \alpha) \, d\alpha$ eine partikuläre Lösung von (2.5), die an der Stelle $x = x_0$ zusammen mit ihren Ableitungen bis zur $(n - 1)$-ten Ordnung verschwindet.

Vorteile der Anwendung des Superpositionsprinzips

Bei linearen Systemen kann das Superpositionsprinzip zur Methode erklärt werden, führt jedoch nur im Zusammenhang mit anderen Berechnungsmethoden (Berechnungsverfahren) zur Lösung der Bewegungsgleichungen. Die Entscheidung über seine Anwendung resultiert allein aus den angestrebten Vorteilen.

Solche Vorteile bei der Untersuchung linearer technischer Systeme sind:

1. Getrennte Untersuchung der Wirkungen von jeder einzelnen Quelle mit nachfolgender Addition der Einzelwirkungen zur Gesamtwirkung.

2. Aufteilung des Übergangsprozesses von einem Zustand in einen anderen bei flüchtigen und eingeschwungenen Vorgängen und ihre getrennte Berechnung (Lösung der homogenen Gleichungen; Lösung der inhomogenen Gleichungen).

3. Anwendung von Transformationsmethoden (Symbolische Methode, Laplacetransformation, Carsontransformation u. a.) zur vereinfachten Lösung der Bewegungsgleichungen. Die Anfangs- bzw. Randbedingungen müssen mit transformiert werden.

Begrifflich ist zwischen dem Superpositionsprinzip, den Erscheinungsformen der Superponierung und dem Superpositionssatz zu unterscheiden. Das Prinzip stellt einen Grundsatz, der Handlungsvorschrift sein kann (aber nicht muss), dar. Die Superponierung ist die Ausführung des im Prinzip enthaltenen Grundsatzes und Anwendung desselben in Theorie und Praxis. Der Superpositionssatz (Superpositionstheorem) erfasst die Superponierung rein mathematisch, d. h. unabhängig vom physikalischen oder technischen Inhalt.

2.4.4 Das Kompensationsprinzip

In der Physik und Technik versteht man unter dem Begriff *Kompensation* den Ausgleich einer Wirkung durch eine andere, ohne den Zustand im betreffenden System (Gerät, Maschine, elektrisches oder magnetisches Netzwerk, Messaufbau, elektromagnetisches Feld u. a.) zu verändern. Sie ist seit langem in verschiedenen Anwendungen unverzichtbar. Dazu seien einige Anwendungen aufgeführt:

- In rotierenden elektrischen Maschinen befindet sich eine Kompensationswicklung. Die Leiter der Kompensationswicklung gleichen das Ankerfeld unter den Hauptpolen bei allen Belastungen der Maschine aus.

- Die elektrische Messtechnik kennt die Spannungskompensation als eine Methode zur Widerstandsmessung. Der Vorteil der Kompensationsmethode gegenüber der Brückenmethode ist evident. Die Widerstände der elektrischen Leiter zum Messobjekt verfälschen das Messergebnis nicht. So lässt sich eine höhere Messgenauigkeit erreichen.

- Aus der Schaltungstechnik sind die Frequenzgang-, Phasen-, Offset- bzw. Driftkompensation nicht mehr wegzudenken. Dort werden auch Kompensationshalbleiter verwendet, die mit Akzeptoren und mit Donatoren dotiert sind. Auf den Leitungstyp hat dann nur noch der Ladungsträgerüberschuss Einfluss. Der so aufbaubare Kompensationsheißleiter gleicht die Temperatureinflüsse in Halbleitermaterialien aus.

Nach diesen Anwendungen soll das Kompensationsprinzip definiert werden. Begrifflich ist zwischen der Kompensation, dem Kompensationsprinzip und einem Kompensationssatz zu unterscheiden. Die Kompensation umfasst alle ihre Erscheinungsformen, das Kompensationsprinzip eine Handlungsvorschrift und ein Kompensationssatz gibt eine theoretische Aussage wieder. Das Kompensationsprinzip lautet:

Prinzip 2.2 (Kompensationsprinzip) *Ausgleich einer Wirkung durch eine Gegenwirkung, ohne den ursprünglichen Zustand im übrigen Teil des Systems zu verändern. [108]*

Nichtlinearität und Kompensationssätze

Die Kompensation kann in allen nichtlinearen physikalischen bzw. technischen Systemen vorgenommen werden. Die strenge, äußerst einschränkende Forderung der Linearität ist keine Voraussetzung. Demzufolge sind auch die Anwendungsbereiche der Kompensation umfassender, und ihre Erscheinungsformen vielgestaltiger. Es gibt demzufolge mehrere Kompensationssätze, aber nur einen Superpositionssatz.

Der wohl bekannteste (nicht allgemeinste) Kompensationssatz der Elektrotechnik lautet:

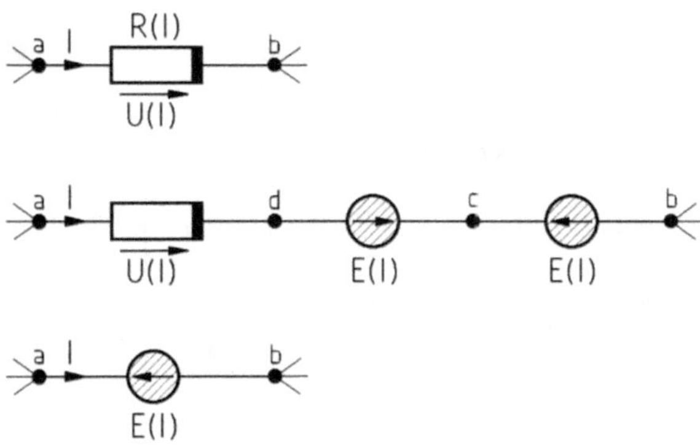

Bild 2.3: Darstellung zum Satz der Kompensation

Satz 2.2 (Kompensationssatz für Zweipole)   *In einem beliebigen nichtlinearen elektrischen Netzwerk kann man, ohne den Zustand in diesem zu verändern, in einem bestimmten Zweig einen nichtlinearen stromdurchflossenen Widerstand durch eine stromabhängige Spannungsquelle ersetzen. Ihr Betrag ist jeweils gleich dem Spannungsabfall am nichtlinearen Widerstand, ihre Richtung zeigt entgegengesetzt zu diesem.*

Aus einem beliebigen nichtlinearen elektrischen Netzwerk sei ein nichtlineares Element mit einem stromabhängigen Widerstand $R(I)$ herausgegriffen (Bild 2.3).

In diesem Zweig kann man zwei gleich große entgegengesetzte elektromotorische Kräfte $E(I)$ mit:

$$E(I) = R(I)\, I = U(I) \tag{2.12}$$

einführen, ohne dabei den Zustand im Netzwerk zu verändern.

Das Potenzial wird von a nach c zuerst von $U(I)$ gesenkt und danach um $E(I)$ angehoben. Zwischen den Punkten a und c besteht kein Potenzialunterschied, so dass diese Punkte kurzgeschlossen werden können. Im Zweig verbleibt zwischen a und b die zum Strom I entgegengesetzt gerichtete Spannungsquelle.

Im Sinne des Kompensationsprinzips versteht man hier unter einer *Wirkung* den Spannungsabfall am Widerstand infolge des Stromflusses. Die umgesetzte Leistung führt über die Zeitdauer zur umgewandelten Energie. Eine nochmalige Multiplikation mit derselben Zeitdauer wäre hier wenig sinnvoll, weil die umgewandelte Energie selbst nicht punktuell bzw. in einem eng begrenzten Gebiet auftritt, um eine Wirkung (Energie mal Zeitdauer ihrer Einwirkung) zu erzielen. Die *Wirkung* – Spannungsabfall infolge eines Stromflusses – wird durch die *Gegenwirkung* – stromabhängige Spannungsquelle – ausgeglichen, ohne den Zustand in den anderen Zweigen des elektrischen Netzwerkes zu verändern. Im betreffenden Zweig verbleibt anstelle des Widerstandes eine Spannungsquelle, deren Wirkung entgegen dem fließenden Strom gerichtet ist.

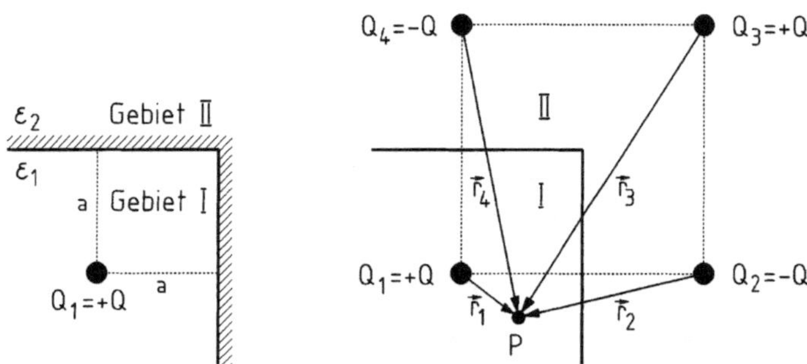

Bild 2.4: Spiegelung von Ladungen an der Grenzfläche zweier Dielektrika

Der Satz 2.2 bezieht sich auf Veränderungen in einem Zweig eines beliebigen elektrischen Netzwerkes. Durch geeignetes Vorgehen nach dem Kompensationsprinzip können nicht nur einzelne Zweige, sondern auch Teile des Netzwerkes selbst kompensiert werden.

Satz 2.3 (Kompensationssatz für Mehrpole) *Jeder beliebige N-Pol ist äquivalent durch N − 1 abstrakte Zweipole ersetzbar, die maschenlos alle N Anschlussklemmen des Mehrpols verbinden.*

Anmerkung:
Unter dem Begriff *abstrakter Zweipole* sind Zweipole (linear oder nichtlinear) im Sinne des Wortes mit zwei Anschlussklemmen sowie gesteuerte Zweipole (gesteuerte Strom- bzw. Spannungsquellen) zusammengefasst.

Beispiel zur Kompensation

Das Kompensationsprinzip findet auch innerhalb der Theorie elektromagnetischer Felder Anwendung. Dazu seien an dieser Stelle zwei Anwendungen vorgestellt.

Ein lineares elektrostatisches Feldproblem kann mit Hilfe der Methode der Spiegelung gelöst werden. Gesucht ist der Feldverlauf im Gebiet mit der Dielektrizitätskonstanten (Permittivität) ε_1. Unter der Erfüllung der Randbedingungen (Gleichheit der Normalkomponenten der dielektrischen Verschiebung: $D_{n_1} = D_{n_2}$; Gleichheit der Tangentialkomponenten der elektrischen Feldstärke: $E_{t_1} = E_{t_2}$) wird an den Grenzflächen zwischen zwei Medien mit verschiedenen Dielektrizitätskonstanten eine Spiegelung von Ladungen vorgenommen. Gespiegelt wird immer an der Kugel. Sollte die Grenzfläche oder ein Stück davon geraden Verlauf aufweisen, so ist der Kugelradius als unendlich anzunehmen.

Das Bild 2.4 zeigt im linken Teil die gegebene Anordnung. Nach der Ausführung von drei Spiegelungen entsteht die rechts dargestellte Ersatzanordnung. Im gesamten Raum

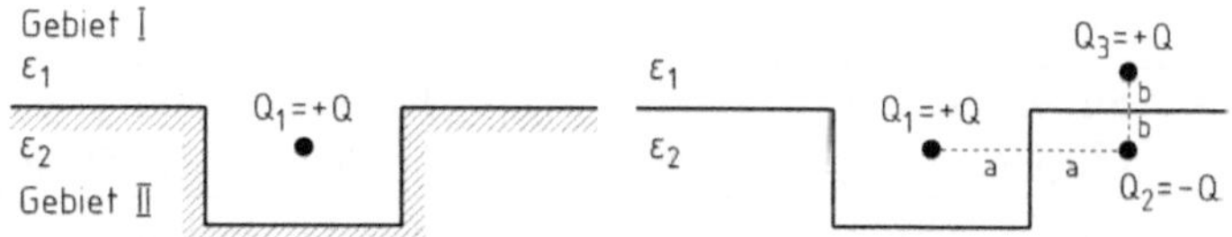

Bild 2.5: Spiegelung von Ladungen ohne Lösung des Feldproblems

wird nun das Medium mit ε_1 angenommen und die Grenzfläche entfällt. Im Punkt P (mit Ausnahme desjenigen, wo sich die Ladung $+Q$ befindet) des Gebietes I kann die elektrische Feldstärke durch Superponierung der Feldstärken, herrührend von den vier Ladungen nach Gl. (2.1) berechnet werden.

Mit dem Kompensationsprinzip ist eine tiefere, allgemeinere Erklärung des Vorganges gegeben. Unter dem Gesichtspunkt der Kompensation bewirken die Spiegelladungen den Ausgleich durch Gegenwirkung (unterschiedliches Vorzeichen von Ladung und Spiegelladung bei Einhaltung der Spiegelabstände). Elektrotechnisch zieht die so vorgenommene Kompensation den Wegfall der Grenzfläche nach sich. Das Feldbild lässt sich im Gebiet I berechnen, als ob die Grenzfläche nicht vorhanden wäre.

Weil hier ein lineares Feldproblem vorliegt, kann die Anwendung des Superpositionsprinzips erfolgen.

Die Rolle des Kompensationsprinzips hebt sich noch deutlicher heraus, wenn das folgende elektrostatische Feldproblem durch die Methode der Spiegelung gelöst werden soll.

Bild 2.5 enthält links die Ausgangssituation. Die elektrische Feldstärke soll im Gebiet I mittels der Spiegelungsmethode berechnet werden.

Bereits nach zwei Spiegelungen der Ladung Q_1 nach Q_3 befindet sich (mindestens) eine Spiegelladung in jenem Gebiet, in dem man den Feldverlauf sucht. Diese und weitere Spiegelladungen im Gebiet I würden dort ein anderes Feld als das gesuchte hervorrufen. Die Methode der Spiegelung eignet sich bei dieser Anwendung von Ladung und Grenzfläche nicht zur Lösung der Aufgabe. Eine Kompensation der Grenzflächen kann bei dieser Anordnung nicht ausgeführt werden.

2.4.5 Übersicht der Prinzipien

Die Tabelle 2.1 gibt die wichtigsten Merkmale zum Superpositionsprinzip sowie zum Kompensationsprinzip wieder. Beide Prinzipien stellen Handlungsvorschriften, aber keine Gesetze dar. Das heißt, sie können, müssen jedoch nicht angewandt werden. Beide Prinzipien reduzieren den Berechnungsaufwand erheblich. Beim Superpositionsprinzip ist das evident. Mehrere Berechnungsmethoden der Mathematik, der Physik und der Technik beruhen auf ihm. Insbesondere existieren in der Elektrotechnik mehrere Methoden zur Berechnung linearer Netzwerke, wie die Knotenspannungsanalyse,

Tabelle 2.1: Übersicht der Prinzipien

Vorgehen	Superposition (Superponierg., Überlagerung)	Kompensation (Ausgleich durch Gegenwirkung)
Prinzip	Superpositionsprinzip	Kompensationsprinzip
Voraussetzung	Superpositionssatz	Kompensationssätze
Gültigkeitsbereich	im Linearen	im Nichtlinearen, damit auch im Linearen
Anwendungsgebiete	Analyse	Analyse, Synthese (Äquivalenzuntersuchungen)

die Methode der Ersatzspannungsquelle, die Untersuchung von Einschaltvorgängen und mehrere Feldberechnungsmethoden, wie die Überlagerung von Feldern bzw. Potenzialen innerhalb der Methode der Spiegelung.

Das Kompensationsprinzip wird sowohl zur Analyse als auch zur Synthese angewandt. Mit den Kompensationssätzen können nichtlineare elektrische Netzwerke vereinfacht werden, so dass die anschließende Analyse schneller zur Lösung führt.

Kapitel 3

Berechnung linearer elektrischer Netzwerke

Elektrische Netzwerke gelten als Systeme mit konzentrierten Parametern. Das trifft genau dann zu, wenn zur Beschreibung ihres Aufbaus und ihrer Funktionsweise die räumliche Ausdehnung als unwesentlich gilt. Die Ausbreitungsvorgänge in den einzelnen Bauelementen bzw. in einer Schaltung brauchen dann nicht berücksichtigt zu werden.

Wir erklären zuerst, was unter einem elektrischen Netzwerk zu verstehen ist und gehen dann auf die Grundgesetze zu ihrer Berechnung ein.

3.1 Elektrische Netzwerke und ihre Grundgesetze

Unter einem *elektrischen Netzwerk* wird ein zusammengesetzter verzweigter Stromkreis verstanden, der Energiequellen, Verbraucher, energiespeichernde Bauelemente und die sie verbindenden Leitungen enthält. Es sind Zweige, Knoten und Maschen vorhanden.

Die Energiequellen sind elektrischer Natur und umfassen Spannungs- und Stromquellen. Als Verbraucher gelten passive Elemente, die elektrische Energie in eine andere Energie, z. B. in Wärmeenergie, umwandeln. Energiespeichernde Elemente sind Kondensatoren oder Induktivitäten. Die verbindenden elektrischen Leiter stellen linienhafte Leiter dar, d. h., ihre Querabmessungen sind viel kleiner als ihre Längsabmessungen.

Die Zweige, Knoten und Maschen kann man unabhängig von den vorhandenen Bauelementen durch die *Topologie* erfassen. Die topologischen Grundlagen für elektrische Netzwerke (Graph eines Netzwerkes, gerichteter Graph, Zweig, Knoten, Masche, Gerüst, Kogerüst, Fundamentalmaschenmatrix, Knoten-Zweig-Inzidenzmatrix) und die Beziehungen untereinander enthält das Kapitel 4.

Die Grundgesetze der Theorie elektrischer Netzwerke sind der *1. Kirchhoffsche Satz (Knotensatz)* und der *2. Kirchhoffsche Satz (Maschensatz).*

Satz 3.1 (Knotensatz) *Die Summe der vorzeichenbehafteten Ströme (zum Knoten hinfließende Ströme erhalten ein positives, vom Knoten wegfließende Ströme ein negatives Vorzeichen) an einem Knoten eines elektrischen Netzwerkes ist Null. Es gilt:*

$$\sum_{\lambda=1}^{n} i_\lambda = 0. \tag{3.1}$$

Anmerkung:
Der 1. Kirchhoffsche Satz leitet sich aus dem Phänomen der Erhaltung der elektrischen Ladung in einem geschlossenen System ab.

Bewegt man eine Ladungsmenge in einer Masche auf deren geschlossenem Weg, so ist wegen des physikalischen Grundgesetzes der Energieerhaltung in einem abgeschlossenen System die dabei aufgenommene elektrische Energie gleich der abgegebenen elektrischen Energie. Die Gesamtsumme aller Energieänderungen längs des gewählten Umlaufs hat den Wert Null.

Satz 3.2 (Maschensatz) *Die Summe aller vorzeichenbehafteten Spannungen (Spannungen in Richtung des gewählten Umlaufsinns gehen mit positivem, die zu ihm entgegengesetzt zeigenden mit negativem Vorzeichen ein) auf einem geschlossenen Weg in einem elektrischen Netzwerk ist Null. Es gilt:*

$$\sum_{\mu=1}^{m} u_\mu = 0. \tag{3.2}$$

Besteht ein elektrisches Netzwerk aus insgesamt z Zweigen, k Knoten und γ (γ ist die Zusammenhangszahl des Netzwerkes) galvanisch getrennten Teilen, so lassen sich mit Hilfe des 1. Kirchhoffschen Satzes:

$$\alpha = k - \gamma \tag{3.3}$$

unabhängige Knotengleichungen aufstellen. Mit der Gültigkeit des 2. Kirchhoffschen Satzes folgen für dasselbe Netzwerk

$$\beta = z - k + \gamma \tag{3.4}$$

unabhängige Maschengleichungen. Die Gesamtzahl der unabhängigen Gleichungen beträgt damit:

$$\alpha + \beta = k - \gamma + z - k + \gamma = z. \tag{3.5}$$

Das heißt, die beiden Kirchhoffschen Sätze liefern genauso viele unabhängige Gleichungen wie unbekannte Zweigströme zu berechnen sind.

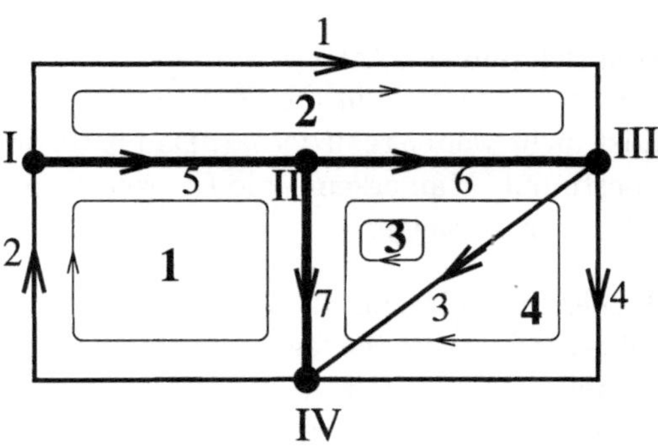

Bild 3.1: Graph des elektrischen Netzwerkes

Mit diesen Voraussetzungen gelangt man zum Freiheitsgrad eines, hier elektrischen, Netzwerkes. Für jedes Netzwerk lässt sich ein ein- oder mehrfach zusammenhängender orientierter Graph angeben, der die Knotenpunkte entsprechend den Zweigen des Netzwerkes miteinander verbindet. Jeder Teilgraph kann für sich in ein Gerüst G_γ und ein Co-Gerüst $H_\gamma(G_\gamma)$ zerlegt werden. Die zum Gerüst G_γ gehörigen Zweige verbinden alle Knoten des γ-ten Teilgraphen ohne eine Masche zu bilden. Die übrigen Zweige des γ-ten Teilgraph werden dem γ-ten Co-Gerüst zugeordnet. Damit nun unabhängige Maschengleichungen nach dem 2. Kirchhoffschen Satz entstehen, müssen die Maschenumläufe in jedem Teilgraph so gewählt werden, dass jeder Umlauf nur einen in anderen Umläufen nicht enthaltenen Co-Gerüstzweig und sonst ausschließlich Gerüstzweige aufweist. Die Anzahl der sich so ergebenden unabhängigen Maschengleichungen ist nach Gl. (3.4) gleich β. Da bei diesem Vorgehen alle Zweige in den Gleichungen Berücksichtigung finden, enthalten diese alle z Zweigströme. Mit den $\beta = k - \gamma$ unabhängigen Knotengleichungen lassen sich stets β Zweigströme eliminieren, so dass letztendlich

$$f = z - k + \gamma \tag{3.6}$$

Zweigströme verbleiben. Weil eine weitere Verringerung von unbekannten Zweigströmen nicht möglich ist, gibt f die Minimalzahl von unbekannten Zweigströmen an. Diese Zahl heißt *Freiheitsgrad des elektrischen Netzwerkes.*

Beispiel 1:
Gegeben sei die Topologie des einfach zusammenhängenden, elektrischen Netzwerkes durch den orientierten Graphen im Bild 3.1. Es sind: $z = 7, k = 4, \gamma = 1$. Zum Gerüst gehören die Zweige $G := \{5, 6, 7\}$ und Co-Gerüst die Zweige $H(G) := \{1, 2, 3, 4\}$. Im Hinblick auf die eventuell zu bildenden Fundamentalmaschen- bzw. Fundamentalschnittmengenmatrizen ordnet man den Co-Gerüstzweigen die niederwertigen Indizes zu.

Die $\beta = z - k + \gamma = 7 - 4 + 1 = 4$ Umläufe für die aufzustellenden unabhängigen Maschengleichungen werden so gewählt, dass jede Masche nur einen einzigen Co-Gerüstzweig und sonst nur Gerüstzweige enthält. Dadurch ist die Unabhängigkeit der Gleichungen gemäß dem 2. Kirchhoffschen Satz gewährleistet. Die Richtung der Umläufe ist beliebig, wird aber meist in Richtung des jeweiligen Co-Gerüstzweiges festgelegt.

Mit Hilfe der $\alpha = k - \gamma = 4 - 1 = 3$ unabhängigen Knotengleichungen nach dem 1. Kirchhoffschen Satz lassen sich immer α Ströme aus den Maschengleichungen eliminieren, so dass letztlich $f = \beta = 4$ Ströme in den f unabhängigen Maschengleichungen verbleiben. Ihre Anzahl ist nicht weiter reduzierbar. Damit ist der Freiheitsgrad dieses elektrischen Netzwerks bestimmt. Man erkennt die Übereinstimmung des Freiheitsgrades mit der Anzahl der Co-Gerüstzweige.

Es zeigt sich, dass die Bauelemente einschließlich der elektrischen Quellen in den einzelnen Zweigen keinen Einfluss auf den Freiheitsgrad des elektrischen Netzwerkes haben. Denn bei seiner Bestimmung sind keinerlei Voraussetzungen sowohl über die passiven als auch über die aktiven Bauelemente zu treffen gewesen. $\square$

3.2   Methoden zur Berechnung linearer Gleichstromnetzwerke

Definition 3.1 Gleichstromnetzwerke *sind solche Netzwerke, bei denen alle Spannungen und Ströme unabhängig von der Zeit sind.*

Zur Berechnung von linearen Gleichstromnetzwerken existieren mehrere Methoden, die letztlich auf der Auswertung der beiden Kirchhoffschen Sätze basieren. Die wichtigsten Methoden sind:

1. Anwendung der Kirchhoffschen Sätze,

2. Nutzung des Superpositionsprinzips,

3. Zweipoltheorie (Methode der Ersatzspannungsquelle),

4. Methode der Knotenpotenziale (Knotenspannungsanalyse),

5. Methode der Maschenströme (Maschenstromanalyse).

3.2.1   Anwendung der Kirchhoffschen Sätze

Die Anzahl der unabhängigen Gleichungen für ein beliebiges elektrisches Netzwerk mit z Zweigen, k Knoten bei einer Zusammenhangszahl γ geben die Gln. (3.3) und (3.4) an. Die Wahl der Maschen hat so zu erfolgen, dass in jedem Umlauf nur ein Co-Gerüstzweig und sonst nur Gerüstzweige auftreten. Beide Kirchhoffschen Sätze liefern genau z unabhängige Gleichungen zur Bestimmung der z Zweigströme.

Bei linearen Netzwerken (alle Bauelemente besitzen zwischen Strom und Spannung eine Gerade als Kennlinie) ist die Grundaufgabe der Netzwerkanalyse eindeutig lösbar. Es existiert nur eine Lösung für das Gleichungssystem.

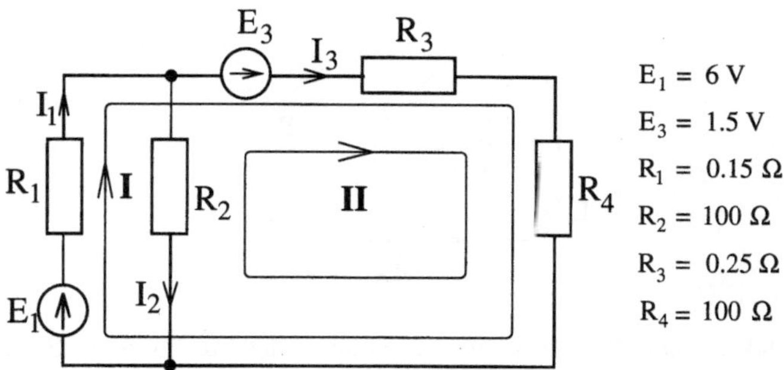

Bild 3.2: Elektrisches Netzwerk

Beispiel 1:
Für das lineare Gleichstromnetzwerk in Abbildung 3.2 sind die Zweigströme und die Zweigspannungen zu berechnen.

Lösung: Als Gerüstzweig wird der Zweig 3 gewählt. Daraus folgt

$$G := \{3\}, \qquad H(G) = \{1, 2\}.$$

Wegen $z = 3$, $k = 2$, $\gamma = 1$ errechnet sich die Anzahl der unabhängigen Gleichungen nach den Gln. (3.3) und (3.4):

$$\alpha + \beta = (k - 1) + (z - k + \gamma) = (z - 1) + (3 - 2 + 1) = 3.$$

Der Freiheitsgrad des Netzwerks ist:

$$f = z - k + \gamma = 3 - 2 + 1 = 2.$$

Die Anzahl der linear unabhängigen Maschengleichungen ist demzufolge 2. In ihnen befinden sich drei Zweigströme als mathematische Variablen (Unbekannte). Wegen:

$$\alpha = k - \gamma = 2 - 1 = 1$$

existiert nur eine selbständige Knotengleichung. Die beiden möglichen Knotengleichungen sind linear abhängig.

Die Gleichungen besitzen nach dem Einsetzen der Bauelemente die Form:

$$\begin{aligned}
I_1 - I_2 - I_3 &= 0, \\
E_1 + E_3 &= R_1 I_1 + R_3 I_3 + R_4 I_3, \\
E_3 &= -R_2 I_2 + R_3 I_3 + R_4 I_3.
\end{aligned} \qquad (3.7)$$

Zweckmäßiger eliminiert man mit der ersten Gleichung den Strom I_1:

$$\begin{aligned}
E_1 + E_3 &= R_1 I_2 + (R_1 + R_3 + R_4) I_3, \\
E_3 &= -R_2 I_2 + (R_3 + R_4) I_3.
\end{aligned}$$

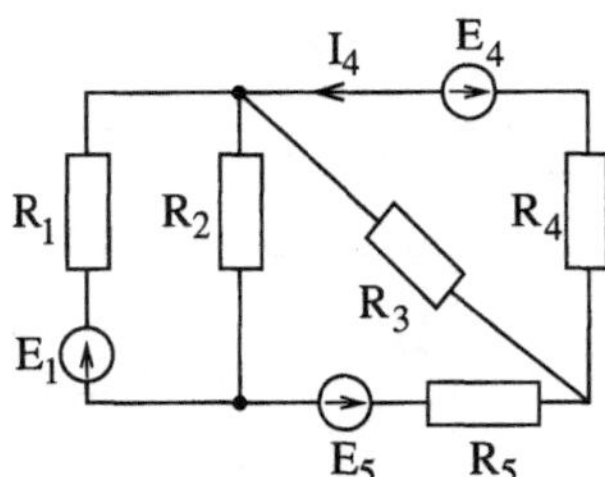

Bild 3.3: Elektrischen Netzwerk zur Anwendung der Methode der Superposition

Dieses lineare Gleichungssystem mit konstanten Koeffizienten löst man mit den bekannten Methoden der linearen Algebra und erhält für die Ströme:

$$I_1 = 109{,}6\,\mathrm{mA},$$

$$I_2 = 59{,}8\,\mathrm{mA},$$

$$I_3 = 49{,}8\,\mathrm{mA}.$$

Diese Werte in die Gl. (3.7) eingesetzt zeigen, dass die berechneten Zweigströme und Zweigspannungen die Kirchhoffschen Sätze erfüllen. $\square$

3.2.2 Berechnung mittels Superpositionsprinzip

Dem Superpositionsprinzip liegen die sogenannten Linearitätseigenschaften zugrunde, die in linearen elektrischen Netzwerken immer erfüllt sind. Bei der Anwendung des Superpositionsprinzips wird vorausgesetzt, dass alle Quellen (hier Spannungs- und Stromquellen) voneinander unabhängig sind, sich also nicht beeinflussen.

Die Berechnung mittels Superposition verläuft wie folgt. In jedem Zweig des elektrischen Netzwerkes wird der Strom, herrührend von jeweils nur einer Spannungs- bzw. Stromquelle, betrachtet. Der Gesamtzweigstrom errechnet sich durch die Addition der Einzelströme. Man ersetzt also die Quellen bis auf jeweils eine durch einen Kurzschluss, berechnet den von der verbleibenden Quelle verursachten Einzelstrom u. s. w., um dann alle Einzelströme zu addieren.

Beispiel 2:
Mit Hilfe der Methode der Superposition ist der Zweigstrom I_4 durch den Widerstand R_4 des Netzwerks im Bild 3.3 zu berechnen.

Lösung: Die drei Gleichspannungsquellen sind voneinander unabhängig und alle Bauelemente im Netzwerk besitzen eine lineare Kennlinie. Das Superpositionsprinzip darf angewendet werden.

Der Gesamtstrom I_4 setzt sich aus drei Teilströmen zusammen:

$$I_4 = -I_{41} - I_{44} + I_{45}.$$

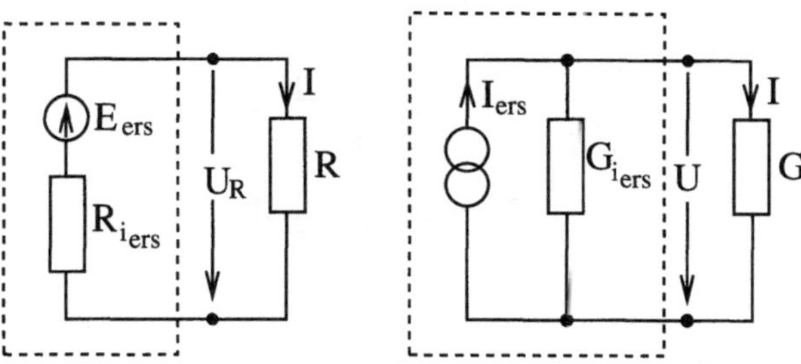

Bild 3.4: Ersatznetzwerk für das vorgegebene elektrische Netzwerk

Nimmt man je zwei Spannungsquellen aus dem Netzwerk und ersetzt diese durch einen Kurzschluss, so ergeben sich die Einzelströme in einfacher Art und Weise:

$$I_{41} = \frac{E_1}{R_1 + R_2||(R_5 + (R_2||R_4))} \cdot \frac{R_2}{R_3||R_4 + R_5 + R_2} \cdot \frac{R_3}{R_3 + R_4},$$

$$I_{44} = \frac{E_4}{R_4 + R_3||(R_5 + (R_2||R_1))},$$

$$I_{45} = \frac{E_5}{R_5 + R_3||R_4 + R_2||R_1} \cdot \frac{R_3}{R_4 + R_3}.$$

Aus Gründen des Aufwands bei praxisrelevanten Aufgaben bleibt diese Methode einem begrenzten Kreis einfacher Gleichstromnetzwerke vorbehalten. $\square$

3.2.3 Die Methode der Ersatzquelle

Begrifflich besteht zwischen der *Methode der Ersatzquelle* und der *Zweipoltheorie* kein Unterschied. Der Grundgedanke dieser Berechnungsmethode besteht in Folgendem:

Der an einem Widerstand R gesuchte Spannungsabfall bzw. der durch ihn fließende Strom wird aus dem linearen Netzwerk so hervorgehoben, dass eine Zusammenschaltung eines Zweipols (der beliebig viele Quellen und Widerstände enthalten kann) mit diesem Widerstand entsteht. Diese Ersatzanordnung kann in jedem Fall in eine Stromquelle mit dem Ersatzkurzschlussstrom I_k sowie mit dem Ersatzinnenleitwert umgewandelt werden. Auch die Umkehrung bietet sich an.

Anmerkung:
Bei der Umwandlung einer Spannungsquelle in eine Stromquelle und umgekehrt gilt, dass dabei nur die Verhältnisse für das an das aktive Element angeschlossene Netzwerk erhalten bleiben, nicht jedoch die für die im Innenwiderstand R_i umgesetzte Leistung.

Der Strom I berechnet sich bei dieser Methode aus der Leerlaufersatzspannung E_{ers} dividiert durch die Summe der Widerstände:

$$I = \frac{E_{ers}}{R_{i_{ers}} + R}. \tag{3.8}$$

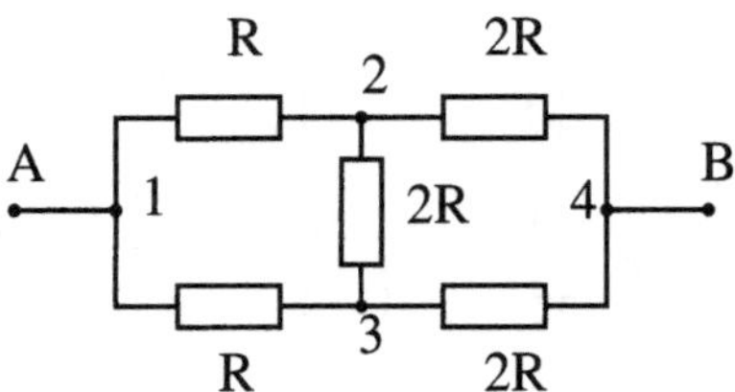

Bild 3.5: Netzwerk zur Berechnung des Ersatzwiderstandes R_{AB}

Beispiel 3:
Um den Ersatzwiderstand einer Schaltung bestimmen zu können, bietet sich die Zusammenfassung über die Reihen-Parallel-Schaltung an. Dass dieses Vorgehen nicht immer zur Anwendung kommen kann, zeigt die Schaltung im Bild 3.5.

Eine schrittweise Zusammenfassung von Reihenschaltungen und von Parallelschaltungen führt nicht zum Ziel, weil hier Reihen- und Parallelschaltungen nicht voneinander getrennt werden können. Auf anderen Wegen bieten sich jedoch zwei Lösungen an.

Lösung 1: An die Klemmen A und B werden in Reihe eine EMK und der Widerstand R_i angeschlossen. Durch beide soll der Strom I fließen. Über die Kirchhoffschen Sätze stellt man die Maschen- und Knotengleichungen auf und berechnet den Strom I entsprechend Abschnitt 3.2.1. Dann lässt man R_i gegen Null gehen. Das Ergebnis zeigt die Unabhängigkeit vom Spannungswert der EMK und es folgt:

$$R_{\mathrm{AB}} = \frac{19}{16} R \ . \tag{3.9}$$

Lösung 2: Wir wandeln die Widerstände an den Klemmen 1, 2 und 3 in eine Sternschaltung mit den Widerständen R_{10}, R_{20} und R_{30} um. Mit den angegebenen Werten gelten die Beziehungen:

$$R_{10} = \frac{1}{4}R, \qquad R_{20} = \frac{1}{2}R, \qquad R_{10} = \frac{1}{2}R. \tag{3.10}$$

Für den Gesamtwiderstand und damit als Ersatzwiderstand R_{AB} gilt dann:

$$\begin{aligned}
R_{\mathrm{AB}} &= R_{10} + (R_{20} + 2R)||(R_{30} + R), \\
R_{\mathrm{AB}} &= \frac{1}{4}R + \frac{5}{2}R||\frac{3}{2}R = \frac{1}{4}R + \frac{\frac{5}{2}R \cdot \frac{3}{2}R}{\frac{8}{2}R}, \\
R_{\mathrm{AB}} &= \frac{19}{16}R.
\end{aligned}$$

$$\tag{3.11}$$
$$\tag{3.12}$$

□

Beispiel 4:
Es soll mittels der Zweipoltheorie der Spannungsabfall über dem Widerstand R_4 im

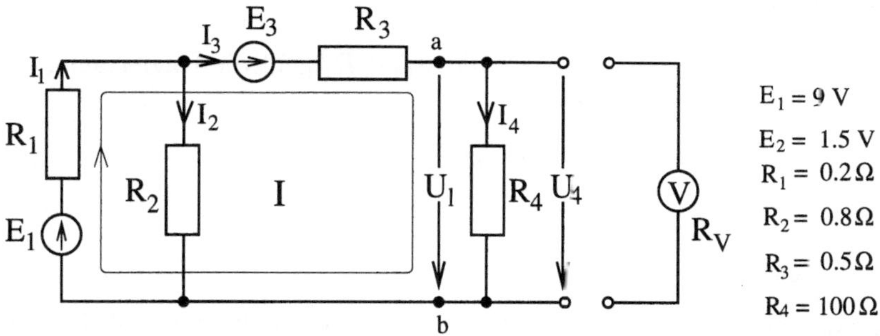

Bild 3.6: Netzwerk zur Berechnung des Spannungsabfalls über dem Widerstand R_4

Bild 3.6 berechnet werden. Wie hochohmig muss die Spannungsmessung mindestens sein, damit die Spannung mit einem Fehler

$$\frac{\Delta U}{U} = \frac{U_4 - U_4^*}{U_4} \leq 5\,\% \tag{3.13}$$

angezeigt wird (U_4: tatsächliche Spannung am Widerstand R_4; U_4^*: die durch den Innenwiderstand R_v des Spannungsmessers sich am R_4 einstellende Spannung)?

Lösung: Als erstes ist die Leerlaufspannung U_e an den Punkten a und b zu berechnen. Für den Umlauf I gilt gemäß dem Maschensatz:

$$U_L = E_1 + E_3 - U_{R_1} - U_{R_3}.$$

Im Leerlauf ist $U_{R_3} = 0$ und für U_{R_1} gilt:

$$U_{R_1} = \frac{E_1 R_1}{R_1 + R_2}.$$

Das ergibt eingesetzt:

$$U_L = \frac{E_1 R_2}{R_1 + R_2} + E_3 = \frac{E_1 R_2 + E_3(R_1 + R_2)}{R_1 + R_2}.$$

Es ist weiterhin der Ersatzwiderstand zwischen den Punkten a und b:

$$R_{i_{\text{ers}}} = R_3 + R_1 \| R_2 = \frac{(R_1 + R_2)R_3 + R_1 R_2}{R_1 + R_2}.$$

Wegen

$$I_4 = \frac{E_{\text{ers}}}{R_{i_{\text{ers}}} + R_4} = \frac{U_L}{R_{i_{\text{ers}}} + R_4} = \frac{E_1 R_2 + E_3(R_1 + R_2)}{(R_1 + R_2)R_3 + R_1 R_2 + R_4(R_1 + R_2)}$$

folgt für die tatsächlich eingestellte Spannung U_4:

$$U_4 = I_4 R_4 = \frac{E_1 R_2 + E_3(R_1 + R_2)}{(R_1 + R_2)R_3 + R_1 R_2 + R_4(R_1 + R_2)} R_4.$$

Mit den gegebenen Bauelementewerten ist $U_4 = 8{,}64\,\text{V}$.

Aus dem Fehler für die Spannung am Widerstand R_4 geht die Ungleichung

$$\frac{\Delta U}{U} = \frac{U_4 - U_4^*}{U_4} \cdot 100 \leq 5$$

bzw.

$$U_4^* \geq \frac{95}{100} U_4$$

hervor. Die Spannung am Widerstand R_4 darf durch die Belastung mit dem Voltmeter um nicht mehr als 5% abfallen. Damit gilt unter Einbeziehung des Ersatzwiderstandes der Schaltung und dem Widerstand R_v die Relation

$$\frac{0{,}95 U_4}{0{,}05 U_4} = \frac{R_v}{R_{ers}}$$

oder

$$R_v = 19 R_{ers}.$$

Mit den angegebenen Bauelementewerten folgt $R_{ers} = 0{,}656\,\Omega$. Der Spannungsmesser muss einen Innenwiderstand von mindestens

$$R_v = 19 \cdot 0{,}656\,\Omega = 12{,}46\,\Omega$$

aufweisen, damit der Fehler der Spannungsmessung unter 5% sinkt. Dieser Wert wird bei den üblichen analogen Voltmetern immer erreicht, weil deren Innenwiderstände je nach Messbereich in der Größenordnung kΩ bis MΩ liegen. $\square$

3.2.4 Die Methode der Knotenpotenziale

Diese Methode führt die Literatur auch unter dem Begriff *Knotenspannungsanalyse*. Ihr Ziel besteht in der Reduzierung der Anzahl der Unbekannten und demzufolge im Übergang zu Gleichungssystemen mit weniger Variablen.

Die Gleichung (3.5) erbringt den Nachweis über die Anzahl der unabhängigen Gleichungen in einem elektrischen Netzwerk. Bei z Zweigen im Netzwerk stehen genau z Gleichungen zur Berechnung der z Zweigströme zur Verfügung. Das bedeutet aber auch die Lösung eines Gleichungssystems mit z Unbekannten. Mit größer werdendem z nimmt der mathematische Aufwand erheblich zu. Also sind Methoden zur Senkung desselben zu suchen.

Vom zu berechnenden elektrischen Netzwerk müssen zum Zweck der Analyse die Topologie (der strukturelle Aufbau) und die aktiven wie passiven Bauelemente nebst den dazugehörigen Kennlinien gegeben sein. Die $\alpha = k - \gamma$ linear unabhängigen Knotengleichungen werden nur auf der Grundlage der Topologie des Netzwerkes aufgestellt. Es sind immer lineare Gleichungen mit konstanten Koeffizienten und deshalb immer nach α von z Strömen auflösbar. Diese Tatsache führt zur Möglichkeit einer Reduzierung der

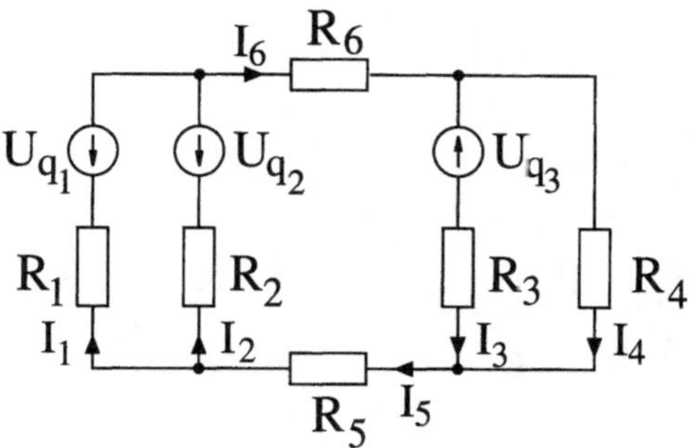

Bild 3.7: Aufbau eines linearen Netzwerkes und Wahl des Bezugsknotens

Anzahl von Strömen um α, so dass im Gleichungssystem $z - \alpha = z - k + \gamma$ unbekannte Ströme verbleiben. Eine weitere Reduzierung ist nicht möglich.

Die Methode der Knotenspannungsanalyse soll nur an einem Beispiel erklärt werden.

Beispiel 5:
Gegeben ist das lineare Gleichstromnetzwerk im Bild 3.7. Zu berechnen sind die Zweigströme und die Zweigspannungen.

Dieses Netzwerk enthält $z = 6$ Zweige, $k = 4$ Knoten und zu ihm gehört die Zusammenhangszahl $\gamma = 1$. Mit den Ergebnissen nach Gl. (3.3), (3.4) lassen sich $\alpha = k - \gamma = 4 - 1 = 3$ linear unabhängige Knotengleichungen und $\beta = z - k + \gamma = t - 4 + 1 = 3$ linear unabhängige Maschengleichungen aufstellen. Die beiden Kirchhoffschen Sätze führen auf $\alpha + \beta = k - \gamma + z - k + \gamma = z = 6$ Gleichungen zur Berechnung der 6 Zweigströme. Es muss also ein Gleichungssystem mit sechs Unbekannten gelöst werden. Die Methode der Knotenspannungsanalyse meidet eine Reduzierung der Anzahl der Variablen, hier die unbekannten Zweigströme. In dem Bild 3.8 ist im ersten Schritt ein beliebiger Knoten, der Knoten 0, als sogenannter Bezugsknoten ausgewählt. Als Hilfsvariable dienen Knotenspannungen, auch als Knotenpotenziale bezeichnet, zwischen den Knoten $k - \gamma$ und dem Bezugsknoten. Die Knotenspannungen sind U_{10}, U_{20} und U_{30}. Mit diesen Spannungen lassen sich sofort die Zweigströme I_1 bis I_6 ausdrücken:

$$I_1 = \frac{U_{q_1} - U_{10}}{R_1}, \qquad I_2 = \frac{U_{q_2} - U_{10}}{R_2}, \qquad I_3 = \frac{U_{q_3} - U_{20} - U_{30}}{R_3},$$
$$I_4 = \frac{U_{20} - U_{30}}{R_4}, \qquad I_5 = \frac{U_{30}}{R_5}, \qquad I_6 = \frac{U_{10} - U_{20}}{R_6}. \tag{3.14}$$

Die linear unabhängigen Knotengleichungen für die Knoten 1, 2 und 3 lauten:

$$I_1 + I_2 - I_0 = 0, \qquad I_6 - I_3 - I_4 = 0, \qquad I_2 + I_4 - I_5 = 0. \tag{3.15}$$

Setzt man jetzt die Zweigströme I_1 bis I_6 der Gleichung (3.14) in die Gleichung (3.15)

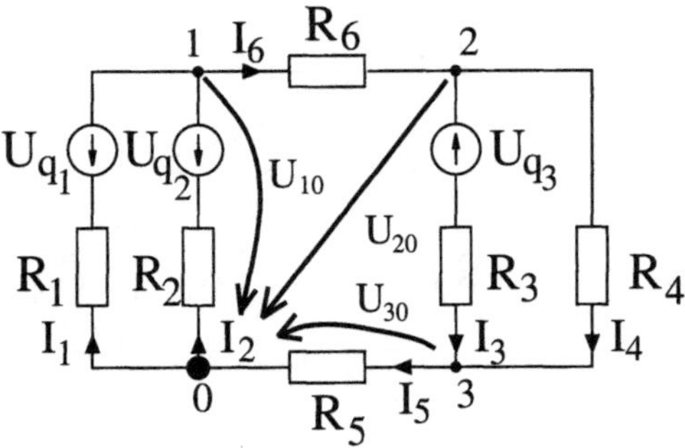

Bild 3.8: Netzwerk mit eingezeichnetem Bezugsknoten und Knotenspannungen

ein, dann folgen drei Gleichungen mit den unbekannten Knotenspannungen:

$$\frac{U_{q_1} - U_{10}}{R_1} + \frac{U_{q_2} - U_{10}}{R_2} - \frac{U_{10} - U_{20}}{R_6} = 0$$

$$\frac{U_{10} - U_{20}}{R_6} - \frac{U_{q_3} + U_{20} - U_{30}}{R_3} - \frac{U_{20} - U_{30}}{R_4} = 0 \qquad (3.16)$$

$$\frac{U_{q_3} + U_{20} - U_{30}}{R_6} + \frac{U_{20} - U_{30}}{R_4} - \frac{U_{30}}{R_4} = 0.$$

Nach wenigen Umformungen folgt das Gleichungssystem:

$$U_{10}\left(\frac{1}{R_1} + \frac{1}{R_2} + \frac{1}{R_3}\right) - U_{20}\frac{1}{R_6} = \frac{U_{q_1}}{R_1} + \frac{U_{q_2}}{R_2}$$

$$-U_{10}\frac{1}{R_6} + U_{20}\left(\frac{1}{R_3} + \frac{1}{R_4} + \frac{1}{R_6}\right) + U_{30}\left(\frac{1}{R_3} + \frac{1}{R_4}\right) = -\frac{U_{q_3}}{R_3}$$

$$- U_{20}\left(\frac{1}{R_3} + \frac{1}{R_4}\right) + U_{30}\left(\frac{1}{R_3} + \frac{1}{R_4} + \frac{1}{R_5}\right) = \frac{U_{q_3}}{R_3}.$$

Dieses Gleichungssystem enthält nur noch die drei Unbekannten U_{10}, U_{20} und U_{30}. Die Anzahl der Unbekannten hat sich durch die Methode der Knotenspannungsanalyse um drei auf die Hälfte reduziert.

Mit den Spannungswerten:

$$U_{q_1} = 5\,\text{V}, \quad U_{q_2} = 15\,\text{V}, \quad U_{q_3} = 10\,\text{V}$$

und den Widerstandswerten:

$$R_1 = 10\,\Omega, \quad R_2 = 30\,\Omega, \quad R_3 = 20\,\Omega, \quad R_4 = 40\,\Omega, \quad R_5 = 40\,\Omega, \quad R_6 = 15\,\Omega$$

ergeben sich die Knotenspannungen zu:

$$U_{10} = 4{,}898\,\text{V}, \quad U_{20} = -0{,}306\,\text{V}, \quad U_{30} = 1{,}735\,\text{V}.$$

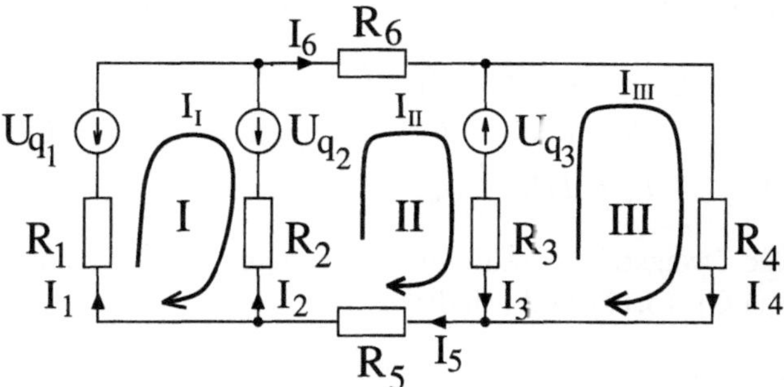

Bild 3.9: Gleichstromnetzwerk mit gewählten Strömen in den selbständigen Maschen

Aus der Gleichung (3.14) lassen sich nun in einfacher Weise die Zweigströme:

$$I_1 = 10{,}2\,\text{mA}, \qquad I_2 = 336{,}7\,\text{mA}, \qquad I_3 = 397{,}9\,\text{mA},$$

$$I_4 = -51{,}0\,\text{mA}, \qquad I_5 = 346{,}9\,\text{mA}, \qquad I_6 = 346{,}9\,\text{mA}$$

und danach die Spannungsabfälle an den passiven Bauelementen R_1 bis R_6 berechnen. Damit sind alle Spannungen und Ströme des linearen elektrischen Netzwerkes bekannt.

$\square$

3.2.5 Die Maschenstromanalyse

Mit der Methode der Maschenstromanalyse reduziert sich ebenfalls der Rechenaufwand gegenüber den Berechnungen ausschließlich mit den Kirchhoffschen Sätzen. Sie ist meist weniger effizient als die Methode der Knotenspannungsanalyse, aber vorteilhafter, wenn die Anzahl der selbständigen Maschen kleiner als die Anzahl der linear unabhängigen Knotengleichungen bleibt. Diese Methode wird an einem Beispiel erklärt.

Beispiel 6:
Zu berechnen sind die Zweigströme und Zweigspannungen im Netzwerk nach Bild 3.7 mit Hilfe der Maschenstromanalyse.

Lösung: In das Bild 3.7 werden $\alpha = z - k + \gamma = 6 - 4 + 1 = 3$ Ströme in den selbständigen Maschen als Hilfsvariable eingezeichnet (siehe Bild 3.9).

Zur Demonstration der Methode geht man vom Netzwerk nach Abbildung 3.7 aus und zeichnet dort $\alpha = z - k + \gamma = 6 - 4 + 1$ Ströme in den selbständigen Maschen als Hilfsvariable ein. Es sind gemäß Abbildung 3.9 die Ströme I_I, I_II und I_III.

Die Zweigströme I_1 bis I_6 lassen sich nun einfach durch die Ströme in den selbständigen Maschen ausdrücken:

$$I_1 = I_\mathrm{I}, \quad I_2 = I_\mathrm{II} - I_\mathrm{I}, \quad I_3 = I_\mathrm{II} - I_\mathrm{III}, \quad I_4 = I_\mathrm{III}, \quad I_5 = I_\mathrm{II}, \quad I_6 = I_\mathrm{II}. \tag{3.17}$$

Die Maschengleichungen für die Umläufe I bis III besitzen die Form:

$$
\begin{aligned}
\text{(I)} \quad & U_{q2} - I_2 R_2 + I_1 R_1 - U_{q1} = 0, \\
\text{(II)} \quad & I_6 R_6 - U_{q3} + I_3 R_3 + I_5 R_5 + I_2 R_2 - U_{q2} = 0, \\
\text{(III)} \quad & I_4 R_4 - I_3 R_3 + U_{q3} = 0.
\end{aligned}
\tag{3.18}
$$

Nun ersetzt man die Zweigströme in diesen Gleichungen durch Ströme in den selbständigen Maschen nach Gl. (3.17) und erhält:

$$
\begin{aligned}
U_{q2} - (I_{II} - I_I)R_2 + I_I R_1 - U_{q1} &= 0, \\
I_{II} R_6 - U_{q3} + (I_{II} - I_{III})R_3 + I_{II} R_5 + (I_{II} - I_I)R_2 - U_{q2} &= 0, \\
I_{III} R_4 - (I_{II} - I_{III})R_3 + U_{q3} &= 0.
\end{aligned}
\tag{3.19}
$$

In diesen Gleichungen kommen nur noch die drei Unbekannten I_I, I_{II} und I_{III} vor. Durch Sortieren folgen die Gleichungen:

$$
\begin{aligned}
+ I_I(R_1 + R_2) \;-\; I_{II} R_2 \qquad\qquad\qquad\quad &= U_{q1} - U_{q2}, \\
- I_I R_2 \;+\; I_{II}(R_2 + R_3 + R_5 + R_6) \;-\; I_{III} R_3 &= U_{q3} + U_{q2}, \\
- I_{II} R_3 \;+\; I_{III}(R_3 + R_4) &= -U_{q3}.
\end{aligned}
\tag{3.20}
$$

Dieses Gleichungssystem löst man allgemein mit den Methoden der linearen Algebra.

Mit den Bauelementewerten aus dem Beispiel auf Seite 45 ergeben sich folgende Ströme in den selbständigen Maschen:

$$
I_I = 10{,}2\,\text{mA}, \quad I_{II} = 346{,}9\,\text{mA}, \quad I_{III} = -51{,}0\,\text{mA}.
$$

Aus diesen berechnet man die Zweigströme gemäß Gl. (3.17) und anschließend die Spannungsabfälle an den ohmschen Widerständen.   □

3.3   Berechnung von linearen Netzwerken mit zeitabhängigen Strömen

Die Gültigkeit der Kirchhoffschen Gesetze für elektrische Netzwerke hängt nicht vom Zeitverlauf der Erzeugungsgrößen (Spannungs- oder Stromquellen) ab, weil deren Herleitung der Ladungs- bzw. Energieerhaltungssatz zugrunde liegt. Die Erhaltung der elektrischen Ladung sowie die der Energie wiederum sind universelle Grundgesetze und gelten demzufolge uneingeschränkt.

Die Kirchhoffschen Gesetze gelten also auch dann, wenn die Erzeugungsgrößen beschränkt und in einem Intervall $0 < t < T$ stückweise stetige Funktionen der Zeit t sind. Dann lässt sich diese Zeitfunktion in eine Fourierreihe entwickeln, welche im Mittel gegen diese gegebene Funktion konvergiert. Jede Zeitfunktion der Energiequellen als Ursache für zeitlich unveränderliche Spannungen und Ströme im Netzwerk wird so in eine Summe von Wechselgrößen zerlegt. In linearen Netzwerken gilt das Superpositionsprinzip, und jede einzelne Wechselgröße kann getrennt von den anderen als Ursache angesehen werden. Die für jede Wechselgröße berechneten Spannungsabfälle und Ströme sind an jedem Bauelement zu addieren.

In Wechselstromnetzwerken sind die Widerstände, Leitwerte, Kondensatoren, Induktivitäten, Spannungs- und Stromquellen als lineare zeitkonstante Bauelemente zugelassen. Wegen den Kondensatoren und Induktivitäten führt die Anwendung der Kirchhoffschen Gesetze zu gewöhnlichen Differenzialgleichungen mit konstanten Koeffizienten. Diese sind zur Berechnung der Spannungen und Ströme an den Bauelementen im Netzwerk unter den Anfangsbedingungen zu lösen, was einen beträchtlichen Aufwand erfordert. Man spricht von einer Lösung im Zeitbereich.

Beispiel 1:
Für die Reihenschaltung im Bild 3.10 ist die Beschreibungsgleichung im Zeitbereich aufzustellen. Die Erregung erfolgt durch die Spannungsquelle mit dem Zeitverlauf:

$$e(t) = \hat{E}\sin(\omega t + \varphi_u). \tag{3.21}$$

Lösung: In dieser Schaltung fließt nur der Strom $i = i(t)$. Nach dem 2. Kirchhoffschen Gesetz gilt:

$$e(t) = u_R(t) + u_{L^*}(t) + u_C(t) + u_{R_i}(t) \tag{3.22}$$

und mit den Strom-Spannungs-Beziehungen an den Grundzweipolen gilt:

$$\hat{E}\sin(\omega t + \varphi_u) = R \cdot i(t) + L^* \frac{di(t)}{dt} + \frac{1}{C} \int_{t_0}^{t} i(t)\, dt + R_i \cdot i(t). \tag{3.23}$$

Diese gewöhnliche Integro-Differenzialgleichung führt durch eine Differenziation nach der Zeit auf:

$$\omega\hat{E}\cos(\omega t + \varphi_u) = R \cdot \frac{di(t)}{dt} + L^* \frac{d^2 i(t)}{dt^2} + \frac{1}{C}i(t) + R_i \cdot \frac{di(t)}{dt}. \tag{3.24}$$

Diese Differenzialgleichung mit konstanten Koeffizienten wäre zur Berechnung des Zeitverlaufes vom Strom $i(t)$ unter Berücksichtigung der Anfangsbedingungen zu lösen. Der Aufwand dazu ist bereits bei dieser einfachen Schaltung beträchtlich. $\square$

Um diesen Aufwand zu umgehen, haben die Klassiker nach Methoden gesucht, die eine Umformung der gewöhnlichen Differenzialgleichungen in algebraische Gleichungen vornehmen. Für Sinusfunktionen heißt diese Methode *Symbolische Methode* und für nichtsinusförmige Funktionen, also auch für solche, die aus mathematischen Gründen nicht in eine Fourierreihe entwickelt werden können, bedient man sich einer Operatorenmethode. Die bekanntesten heißen: Fouriertransformation, Laplace-Transformation, Carson-Heavyside-Transformation. Mit Hilfe dieser Transformationen erfolgt eine Umformung der gewöhnlichen Differenzialgleichungen in algebraische Gleichungen, die im sogenannten Bildbereich zu lösen sind. Die Lösung im Originalbereich, hier Zeitbereich, liefert die Rücktransformation der algebraischen Lösung vom Bild- in den Zeitbereich. Den Vorgang gibt schematisch das Bild 3.11 wieder. Bei der Transformation vom Originalbereich (hier Zeitbereich) in den Bildbereich müssen die Anfangsbedingungen mit transformiert werden.

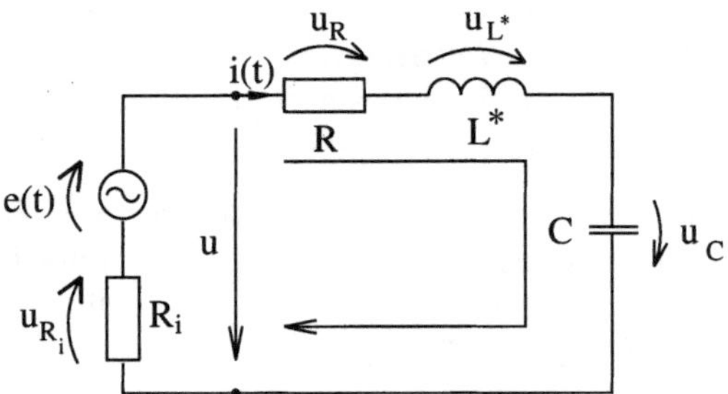

Bild 3.10: Reihenschaltung von Spannungsquelle, ohmschem Widerstand, Kapazität und Induktivität

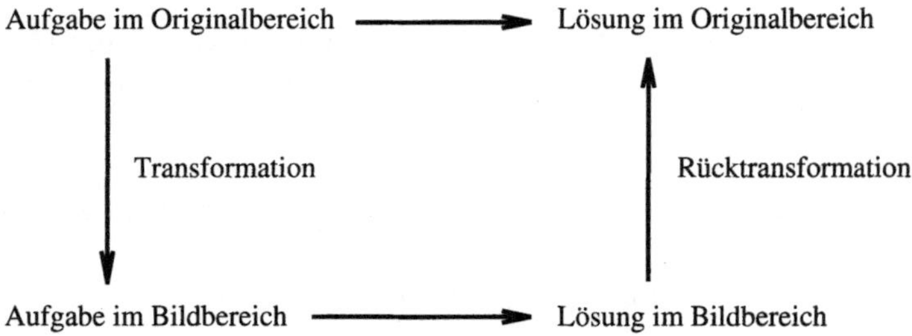

Bild 3.11: Schematische Darstellung zur Lösung von Aufgaben mit Hilfe einer Integraltransformation

3.3.1 Die Symbolische Methode

Die Aussteuerung durch periodische sinusförmige Wechselgrößen gewann mit den Anfängen der Elektrotechnik besondere technische Bedeutung, weil die Energieumformung in elektrische Energie durch rotierende elektrische Maschinen erfolgte. Diese Rotation bildet man mit trigonometrischen Funktionen ab.

Unter einer trigonometrischen Reihe bezüglich einer beliebigen Variablen x versteht man einen Ausdruck der Form:

$$\frac{1}{2}a_0 + \sum_{n=1}^{\infty}(a_n \cos nx + b_n \sin nx) \tag{3.25}$$

oder in komplexer Schreibweise:

$$\sum_{n=-\infty}^{+\infty} c_n \mathrm{e}^{\mathrm{j}nx} = \lim_{p \to \infty} \sum_{n=-p}^{p} c_n \mathrm{e}^{\mathrm{j}nx}, \tag{3.26}$$

wobei zwischen den Koeffizienten die Gleichungsbeziehungen:

$$c_0 = \frac{1}{2}a_0, \quad c_{+n} = \frac{1}{2}(a_n - \mathrm{j}b_n), \quad c_{-n} = \frac{1}{2}(a_n + \mathrm{j}b_n), \quad n = 1,2,3,\dots \tag{3.27}$$

bestehen. Dann gilt:

$$a_n \cos nx + b_n \sin nx = c_{+n} e^{+jnx} + c_{-n} e^{-jnx}. \tag{3.28}$$

Die Festlegungen in den Gln. (3.25) bis (3.28) finden Anwendung, um eine beliebige gegebene 2π-periodische Funktion durch eine trigonometrische Reihe:

$$f(x) = \frac{a_0}{2} + \sum_{n=1}^{\infty}(a_n \cos nx + b_n \sin nx) \tag{3.29}$$

darzustellen. Im Sonderfall kann $f(x)$ selbst eine 2π-periodische trigonometrische Funktion sein. Damit gelingt der Zugang zur Symbolischen Methode über die Festlegungen:

$$a_0 = 0 \qquad \text{kein Gleichanteil, d. h. rein sinusförmige Erregung} \tag{3.30}$$

und:

$$b_n = +/-ja_n \qquad \text{kein Gleichanteil, d. h. rein sinusförmige Erregung} \tag{3.31}$$

und liefert den Übergang zu:

$$a_n e^{jnx} = a_n(\cos nx + j\sin nx), \quad a_n e^{-jnx} = a_n(\cos nx - j\sin nx). \tag{3.32}$$

Damit gelten:

$$a_n \cos nx = \frac{a_n}{2}\left[e^{jnx} + e^{-jnx}\right], \quad a_n \sin nx = \frac{a_n}{2j}\left[e^{jnx} - e^{-jnx}\right]. \tag{3.33}$$

Da nur eine rein sinusförmige Erregung im Netzwerk angenommen wird, ist $n = 1$ zu setzen. Im Zeitbereich gilt unter der Beachtung einer möglichen Phasenverschiebung der Wechselgrößen:

$$x = \omega t + \varphi. \tag{3.34}$$

Damit ergibt sich der Ansatz für die Strom-Zeit-Funktionen in der Form:

$$i(t) = \hat{I}\sin(\omega t + \varphi_i) = \frac{\hat{I}}{2j}\left(e^{j(\omega t + \varphi_i)} - e^{-j(\omega t + \varphi_i)}\right). \tag{3.35}$$

Gehen wir mit der rechten Beziehung gemäß Gleichung (3.33) in die Gleichung (3.23) ein, so folgt unter Beachtung von Differenziation und Integration nach der Zeit t:

$$\frac{1}{2j}\left(\hat{E}e^{j\varphi_u}e^{j\omega t} - \hat{E}e^{-j\varphi_u}e^{-j\omega t}\right) = \frac{1}{2j}\left[\left(R + R_i + j\omega L^* + \frac{1}{j\omega C}\right)\hat{I}e^{j\varphi_i}e^{j\omega t}\right.$$
$$\left. - \left(R + R_i - j\omega L^* - \frac{1}{j\omega C}\right)\hat{I}e^{-j\varphi_i}e^{-j\omega t}\right]. \tag{3.36}$$

Die gewöhnliche Differenzialgleichung (3.23) geht in eine algebraische Gleichung (3.36) zur Berechnung des unbekannten Stromes im Bildbereich über. Die Phasenwinkel φ_u, φ_i

sind von der Zeit unabhängig. Wegen der linearen Abhängigkeit der Zeitfunktionen $e^{j\omega t}$ und $e^{-j\omega t}$ kann ein Koeffizientenvergleich erfolgen. Das führt auf die Ausdrücke

$$\frac{1}{2j}\hat{E}e^{j\varphi_u}e^{j\omega t} = \frac{1}{2j}\left(R + R_i + j\omega L^* + \frac{1}{j\omega C}\right)\hat{I}e^{j\varphi_i}e^{j\omega t} \qquad (3.37)$$

und

$$\frac{1}{2j}\hat{E}e^{-j\varphi_u}e^{-j\omega t} = \frac{1}{2j}\left(R + R_i - j\omega L^* - \frac{1}{j\omega C}\right)\hat{I}e^{-j\varphi_i}e^{-j\omega t}. \qquad (3.38)$$

Die beiden Klammerausdrücke lassen sich mit den Rechengesetzen für komplexe Größen in Betrag $|\underline{Z}|$ und Phase φ_z trennen und schreiben als:

$$R + R_i + j\omega L^* + \frac{1}{j\omega C} = \sqrt{(R + R_i)^2 + \left(\omega L^* - \frac{1}{\omega C}\right)^2}\, e^{j\,\arctan\frac{\omega L^* - \frac{1}{\omega C}}{R + R_i}} \qquad (3.39)$$

$$= |\underline{Z}| \cdot e^{+j\varphi_z}$$

und:

$$R + R_i - j\omega L^* - \frac{1}{j\omega C} = \sqrt{(R + R_i)^2 + \left(\omega L^* - \frac{1}{\omega C}\right)^2}\, e^{-j\,\arctan\frac{\omega L^* - \frac{1}{\omega C}}{R + R_i}} \qquad (3.40)$$

$$= |\underline{Z}| \cdot e^{-j\varphi_z}.$$

Damit folgt aus den Gleichungen (3.37) und (3.38):

$$\frac{1}{2j}\frac{\hat{E}}{|\underline{Z}|}e^{j(\varphi_u - \varphi_z)}e^{j\omega t} = \frac{1}{2j}\hat{I}e^{j\varphi_i}e^{j\omega t}, \qquad (3.41)$$

$$\frac{1}{2j}\frac{\hat{E}}{|\underline{Z}|}e^{-j(\varphi_u - \varphi_z)}e^{-j\omega t} = \frac{1}{2j}\hat{I}e^{-j\varphi_i}e^{-j\omega t}. \qquad (3.42)$$

Das ist die algebraische Lösung oder die Lösung im Bildbereich für den zu berechnenden Strom durch die Bauelemente der Schaltung im Bild 3.10. Wir suchen aber die Lösung im Originalbereich. Demzufolge ist die Gleichung (3.41) mit Hilfe der rechten Beziehung in Gleichung (3.33) zurück zu transformieren. Entsprechend dem Ansatz nach Gleichung (3.35) lautet die Lösung für den Strom $i(t)$:

$$i = \hat{I} \cdot \sin(\omega t + \varphi_i)$$

$$= \frac{\hat{E}}{\sqrt{(R + R_i)^2 + \left(\omega L^* - \frac{1}{\omega C}\right)^2}} \cdot \sin\left(\omega t + \varphi_u - \arctan\frac{\omega L^* - \frac{1}{\omega C}}{R + R_i}\right). \qquad (3.43)$$

Vereinfachend kann man die Zeitfunktion durch einen umlaufenden Zeiger ersetzen und beschreibt die Vorgänge in der Gaußschen Zahlenebene. Die hier auszuführenden Rechenoperationen reduzieren sich im Bildbereich auf das Rechnen mit komplexen Zahlen.

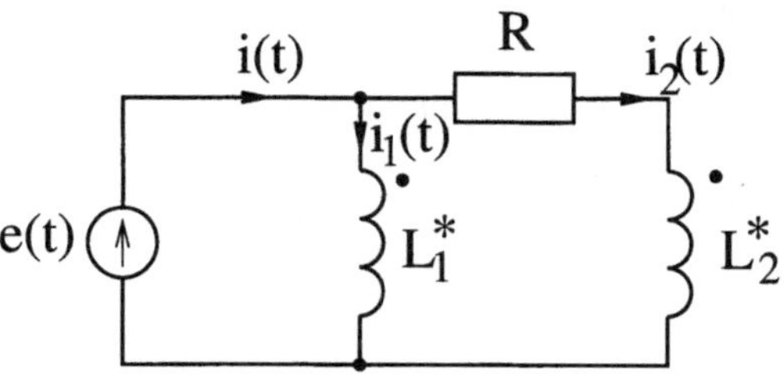

Bild 3.12: Lineares elektrisches Netzwerk mit einer Gegeninduktivität und sinusförmiger Erregung

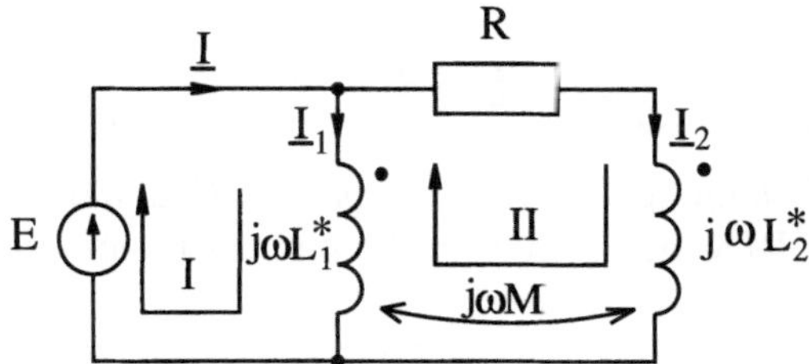

Bild 3.13: Schaltung mit Transformation der Wechselgrößen und Bauelemente in den Bildbereich

Beispiel 2:

Für das Netzwerk mit einer Gegeninduktivität gemäß Bild 3.12 sind der Spannungsabfall über dem ohmschen Widerstand $\underline{U}_R = \underline{f}(R)$ zu berechnen. Wie groß ist die Spannung $u(t)$ und welchen Wert muss der Widerstand R annehmen, damit die Spannungen $\underline{U}_R$ und $\underline{E}$ um 45° verschoben sind? Es gelten:

$$L_1^* = L_2^*, \quad k = \frac{1}{\sqrt{2}}, \quad M = k\sqrt{L_1^* L_2^*}, \quad e(t) = \hat{E}\sin\omega t. \tag{3.44}$$

Lösung: Würden wir die Netzwerkgleichungen gemäß den Kirchhoffschen Sätzen für die Netzwerke im Bild (3.12) aufstellen, dann entstünden gewöhnliche Differenzialgleichungen mit konstanten Koeffizienten. Wir gelangen zu algebraischen Gleichungen, wenn die elektrischen Größen in den Bildbereich transformiert werden. Da die Erregung mit nur einer Frequenz $\omega = 2\pi f$ oder $f = 1/T = \omega/2\pi$ erfolgt und ein lineares Netzwerk vorliegt, kommt an allen Wechselgrößen der Faktor $e^{\pm j\omega t}$ vor. Das heißt, er kann auch in allen Gleichungen entfallen. Wir rechnen nur mit den ruhenden Größen und transformieren die Schaltung in den Bildbereich gemäß Bild 3.13.

Wegen $e = \hat{E}\sin\omega t$ entspricht der Imaginäranteil und nicht der Realteil der komplexen Größen dem tatsächlichen elektrischen Vorgang. Für die gewählten Umläufe sind die Maschengleichungen in komplexer Form aufzustellen. Für die Vorzeichen der Spannungen infolge der Wirkungen der Gegeninduktivität gilt: Fließen die Spulenströme in einer Schaltung gleichsinnig zu den durch einen Punkt gekennzeichneten Spulenklemmen, dann addiert sich die Gegeninduktionsspannung zur Selbstinduktionsspannung;

im anderen Fall wird subtrahiert. Damit erhalten wir (gerechnet wird mit den Effektivwerten):

$$\underline{E} = j\omega L_1^* \underline{I}_1 + j\omega M \underline{I}_2, \tag{3.45}$$

$$0 = R\underline{I}_2 + j\omega L_2^* \underline{I}_2 + j\omega M \underline{I}_1 - j\omega L_1^* \underline{I}_1 - j\omega M \underline{I}_2, \tag{3.46}$$

$$\underline{I} = \underline{I}_1 + \underline{I}_2 \tag{3.47}$$

und nach $\underline{I}_2$ aufgelöst:

$$\underline{I}_2 = \frac{\underline{E}(j\omega M - j\omega L_1^*)}{\omega^2(L_1^* L_2^* - M^2) - j\omega L_1^* R} \cdot \tag{3.48}$$

Mit $M = k\sqrt{L_1^* L_2^*}$ folgen

$$\underline{I}_2 = \frac{\underline{E}}{j\omega L_2^* - 2R}, \qquad \underline{U}_R(R) = R I_2 = \frac{R}{j\omega L_2^* - 2R}\underline{E}. \tag{3.49}$$

Zur Bestimmung der Spannung $u(t)$ im Zeitbereich (Originalbereich) transformieren wir den Ausdruck $\underline{U}_R(R)$ vom Bildbereich (komplexe Ebene) zurück. Das geschieht folgendermaßen:

Die Aufgabenstellung gibt $e(t)$ als Sinusspannung an. Demzufolge muss auf Grund von

$$e^{j(\omega t + \varphi_u)} = \cos(\omega t + \varphi_u) + j\sin(\omega t + \varphi_u) \tag{3.50}$$

zum Zwecke der Rücktransformation der Imaginärteil von $\underline{U}_R(R)$ und nicht der Realteil genommen werden. Unter Ausführung der Betragsbildung des komplexen Faktors in $\underline{U}_R(R)$, dem Übergang zum Maximalwert (bisher wurde mit Effektivwerten gerechnet, in linearen Schaltungen bei rein sinusförmiger Aussteuerung zulässig) sowie der Berücksichtigung der Phasenverschiebung:

$$\varphi_u = \arctan\frac{\omega L_2^*}{2R} \tag{3.51}$$

erhalten wir im Zeitbereich für den tatsächlichen Spannungsabfall am ohmschen Widerstand:

$$u_R(t) = \hat{E}\frac{R}{\sqrt{4R^2 + (\omega L_2^*)^2}} \sin\left(\omega t + \arctan\frac{\omega L_2^*}{2R}\right). \tag{3.52}$$

Die Spannung am ohmschen Widerstand R ist gegenüber der Spannung der EMK um den Winkel φ_u phasenverschoben. Sie eilt um den Winkel φ_u vor. Für eine Phasenverschiebung von $45°$ zwischen EMK und der Spannung am ohmschen Widerstand

$$\varphi_u = \arctan\frac{\omega L_2^*}{2R} = 45° \tag{3.53}$$

gilt:

$$\frac{\omega L_2^*}{2R} = 1 \qquad \text{bzw.:} \qquad R = \frac{\omega L_2^*}{2}. \tag{3.54}$$

Wegen $\omega = 2\pi f$ ändert sich bei festem L_2^* für eine gleichbleibende Phasenverschiebung R mit der Frequenz. Bei gleichem R und steigender Frequenz strebt die Phasenverschiebung gegen $90°$. Der Einfluss des Widerstandes R auf diese Phasenverschiebung wird immer geringer.   □

3.3.2 Anwendung der Laplace-Transformation zur Berechnung von linearen Netzwerken

Die Fourier-Transformation und die Laplace-Transformation[1] spielen in den Naturwissenschaften sowie in den Ingenieurwissenschaften eine wichtige Rolle, da beide universelle Hilfsmittel zur Lösung von gewöhnlichen oder partiellen Differenzialgleichungen mit konstanten Koeffizienten unter Berücksichtigung von Randbedingungen sind.

Man verwendet die Laplace-Transformation zur Berechnung von linearen zeitinvarianten Netzwerken, wenn die Erregungsfunktionen sprung- und knickförmige Änderungen aufweist. Sind die Erregungsfunktionen reine Sinus-Funktionen, so wird die Fourier-Transformation angewendet.

Definition 3.2 *Eine Funktion $f | \mathbb{R} \to \mathbb{R}$ heißt Fourier-transformierbar (F-transformierbar), falls das Integral:*

$$\mathcal{F}\{f(t)\} := \int_{-\infty}^{+\infty} f(t)\, e^{-j\omega t}\, dt \qquad (3.55)$$

für alle $\omega \in \mathbb{R}$ existiert. Die Funktion $X(\omega) := \mathcal{F}\{f(t)\}$ heißt Fouriertransformierte von f.

Das Integral in Gl. (3.55) wird als *Cauchyscher Hauptwert*:

$$\lim_{R \to \infty} \int_{-R}^{R} f(t) e^{-j\omega t} dt \qquad (3.56)$$

für jedes ω bezeichnet. Die Existenz des Integrals ist gesichert, falls f auf $\mathbb{R}$ stückweise stetig und absolut integrierbar ist. Das Integral (3.56) ist durch:

$$\int_{-\infty}^{+\infty} \cos(\omega t) f(t) dt - j \int_{-\infty}^{+\infty} \sin(\omega t) f(t) dt \qquad (3.57)$$

erklärt, also durch zwei reelle uneigentliche Integrale.

Beispiel 3:
Es ist nachzuweisen, dass die Heaviside-Funktion (Sprungfunktion) h mit:

$$h(t) = \begin{cases} 1 & \text{für } t \geq 0, \\ 0 & \text{für } t < 0 \end{cases} \qquad (3.58)$$

---

[1]Pierre Simon Laplace (1749-1827): Bedeutender französischer Mathematiker; Arbeiten zu Determinanten (Entwicklungssatz), zu partiellen Differenzialgleichungen (Laplace-Gleichung) und zur Astronomie. Existenzsatz, Rechenregeln, Rücktransformation siehe Band 1, S. 136 ff.

keine Fourier-Transformierte besitzt.

Lösung: Für $\omega = 0$ divergiert das Integral:

$$\int\limits_0^{+\infty} 1 \cdot \mathrm{e}^{-\mathrm{j} \cdot 0 \cdot t}\mathrm{d}t = \int\limits_0^{+\infty} 1 \mathrm{d}t. \tag{3.59}$$

Für $\omega \neq 0$ folgt:

$$\mathcal{F}\{f(t)\} = \int\limits_0^{+\infty} 1 \cdot \mathrm{e}^{-\mathrm{j}\omega t}\mathrm{d}t = \lim_{R\to\infty} \int\limits_0^R \mathrm{e}^{-\mathrm{j}\omega t}\mathrm{d}t = \lim_{R\to\infty} \left.\frac{\mathrm{e}^{-\mathrm{j}\omega t}}{-\mathrm{j}\omega t}\right|_{t=0}^{t=R}. \tag{3.60}$$

Der rechte Grenzwert existiert nicht. $\qquad\qquad\square$

Aus folgendem Grund musste die Fourier-Transformation vorangestellt werden. In der Elektrotechnik und in der Automatisierungstechnik treten sehr häufig Erregungen in Form von $\mathrm{e}^{\alpha t}$, $\sin\omega t$, $\cos\omega t$ sowie die Heaviside-Sprungfunktion auf. Sie besitzen keine Fourier-Transformierte.

Weiterhin gilt in der Praxis für Funktionen dieses Typs und andere, z. B. bei Einschaltvorgängen, die zusätzliche Forderung $f(t) = 0$ für $t < 0$. Um derartige Fälle erfassen zu können, wird ein konvergenzerzeugender Faktor $\mathrm{e}^{-\alpha t}$, $\alpha > 0$ eingeführt und man betrachtet statt $f(t)$ die Funktion f^* in der Form:

$$f^*(t) = \begin{cases} \mathrm{e}^{-\alpha t}f(t) & \text{für } t \geq 0, \\ 0 & \text{für } t < 0. \end{cases} \tag{3.61}$$

Als Fourier-Transformierte von f^* folgt dann:

$$\mathcal{F}\{f^*(t)\} = \int\limits_{-\infty}^{+\infty} f^*(t)\mathrm{e}^{-\mathrm{j}\omega t}\mathrm{d}t = \int\limits_0^\infty f(t)\mathrm{e}^{-(\alpha+\mathrm{j}\omega t)}\mathrm{d}t. \tag{3.62}$$

Mit der Abkürzung $s := \alpha + \mathrm{j}\omega$ ergibt sich:

$$\mathcal{F}\{f^*(t)\} = \int\limits_0^\infty \mathrm{e}^{-st}f(t)\mathrm{d}t. \tag{3.63}$$

Definition 3.3 *Sei $f|[0,\infty] \to \mathbb{R}$. Die Funktion:*

$$\tilde{X}(s) := \mathcal{L}\{f(t)\} := \int\limits_0^\infty \mathrm{e}^{-st}f(t)\mathrm{d}t \qquad \text{mit: } s \in \mathbb{C} \tag{3.64}$$

heißt Laplace-Transformierte *von $f(t)$ (auch kurz: $\mathcal{L}$-Transformierte von $f(t)$).*

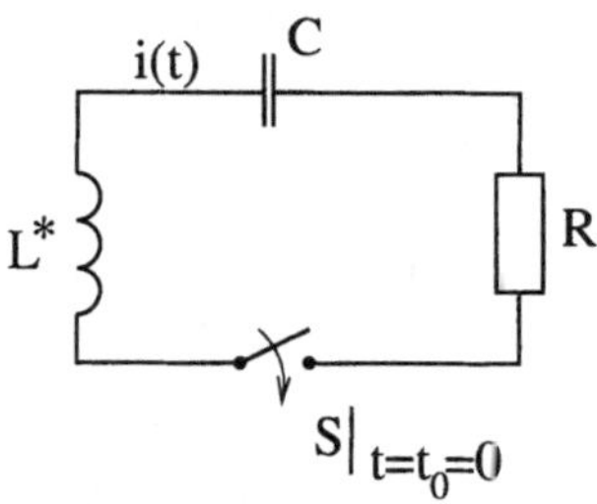

Bild 3.14: Gedämpfter Reihenschwingkreis

Die Existenz des uneigentlichen Integrals (3.64) ist zum Beispiel gesichert, falls die Funktion $f(t)$ der Abschätzung:

$$|f(t)| \leq M\mathrm{e}^{\gamma t}, \quad t \in [0, \infty], \quad \gamma \in \mathbb{R} \tag{3.65}$$

genügt. In diesem Fall existiert die Laplace-Transformierte $\tilde{X}(s)$ für alle $s \in \mathbb{C}$ mit $\Re\{z\} > \gamma$ (Konvergenzhalbebene).

Anmerkung:

Neben der Fourier-Transformation nach Gl. (3.55) und der Laplace-Transformation nach Gl. (3.64) gibt es weitere *Integraltransformationen*, z. B. die Carlson-Laplace-Transformation. $\tilde{X}(s)$ besitzt auch die Bezeichnung Bildfunktion zur Originalfunktion $f(t)$. Wegen $s = \alpha + \mathrm{j}\omega$ existiert die Laplace-Transformierte in der rechten Halbebene der komplexen s-Ebene. Für die Laplace-Transformation gelten auch ein entsprechender Umkehrsatz und diverse Rechenregeln: Linearität, Verschiebung und Streckung, Differenziation bzw. Integration der Bildfunktion, die Faltung, Transformation der Ableitung und des Integrals usw. Diese Regeln, sowie Tabellen über Transformationen und Rücktransformationen von Funktionen, gebrochen rationalen Bildfunktionen, nicht rationalen Funktionen, stückweise stetigen Funktionen zum Zwecke der Anwendung findet man in mathematischen Taschenbüchern.

Beispiel 4:

Im Reihenschwingkreis in Bild 3.14 wird zum Zeitpunkt $t = 0$ der Schalter S geschlossen. Mit Hilfe der Laplace-Transformation ist der Strom $i = i(t)$ zu berechnen.

Lösung: Entsprechend dem gewählten Umlauf folgt aus dem Maschensatz die gewöhnliche lineare Differenzialgleichung zweiter Ordnung mit konstanten Koeffizienten im Zeit- oder Originalbereich:

$$L^* \frac{\mathrm{d}i(t)}{\mathrm{d}t} + u_C(t) - R\,i(t) = 0 \tag{3.66}$$

mit der Beziehung für Kapazitäten

$$i(t) = \frac{\mathrm{d}q}{\mathrm{d}t} = C\frac{\mathrm{d}u_C}{\mathrm{d}t}. \tag{3.67}$$

Wird der Schalter S zum Zeitpunkt $t = 0$ geschlossen, dann gelten die Anfangsbedingungen:

$$i(0) = 0, \qquad u_C(0) = U_{C0}. \tag{3.68}$$

Die Transformation der Differenzialgleichungen vom Zeit- in den Bildbereich vollzieht man mit der Laplace-Transformation. Es wird die folgende Differenziationsregel angewendet:

Differenziationsregel: Es sei $\tilde{X}(s) = \mathcal{L}\{f(t)\}$ die Laplace-Transformierte der Funktion $f(t)$ gemäß (3.64). Dann gilt für alle $s \in \mathbb{C}$:

$$\mathcal{L}\{f^{(n)}\}(s) := s^n \tilde{X}(s) - s^{n-1} f(0) - s^{n-2} f'(0) - \ldots - f^{n-1}(0). \tag{3.69}$$

Es ergeben sich die Laplace-Transformierten

$$LsI(s) - Li(0) + U_C(s) + RI(s) = 0, \qquad \text{bzw.} \qquad I(s) = CsU_C(s) - Cu_C(0). \tag{3.70}$$

Der Vorteil im Bildbereich ist, dass statt Differenzialgleichungen nun algebraische Gleichungen vorliegen, die leicht umgeformt werden können. In diesem Beispiel wird

$$U_C(s) = \frac{I(s) + CU_{C0}}{Cs}. \tag{3.71}$$

eliminiert

$$s^2 I(s) + \frac{R}{L^*} s I(s) + \frac{1}{L^*C} I(s) + \frac{U_{C0}}{L^*} = 0 \tag{3.72}$$

und man erhält eine Gleichung für den Strom im Bildbereich:

$$I(s) = \frac{-\frac{U_{C0}}{L^*}}{s^2 + \frac{R}{L^*}s + \frac{1}{L^*C}}. \tag{3.73}$$

Das Nennerpolynom stellt einen quadratischen Ausdruck mit den Nullstellen (Polstellen für I):

$$s_{1,2} = -\frac{R}{2L^*} \pm \sqrt{\frac{R^2}{4L^{*2}} - \frac{1}{L^*C}} \tag{3.74}$$

oder

$$s_1 = -\frac{R}{2L^*} + \sqrt{\frac{R^2}{4L^{*2}} - \frac{1}{L^*C}}, \qquad s_2 = -\frac{R}{2L^*} - \sqrt{\frac{R^2}{4L^{*2}} - \frac{1}{L^*C}} \tag{3.75}$$

dar. Deshalb folgt die Zerlegung:

$$I = \frac{-\frac{U_{C0}}{L^*}}{(s - s_1)(s - s_2)}. \tag{3.76}$$

Anmerkung:

Der Fall doppelter Nullstellen (Polstellen) wird ausgeschlossen. Es wäre $s_1 = s_2$ für:

$$\frac{R^2}{4L^{*2}} - \frac{1}{L^*C} = 0 \tag{3.77}$$

und würde wegen $1/(s - s_1)^2$ auf eine andere Laplace-Transformierte führen.

$s_1 = s_2$ stellt einen Idealfall dar, der sich ohne technischen weiteren Aufwand sowie aus Messfehler- und Fertigungsgründen nicht realisieren lässt, weil dann nicht die geringste Abweichung der Bauelemente von den verwendeten Werten zugelassen wäre.

Die Rücktransformation in den Zeitbereich nach Tabelle [9], S. 204) liefert die gesuchte Verlaufsfunktion des Stromes in Abhängigkeit von der Zeit:

$$i(t) = -\frac{U_{C0}}{L^*}\left[\frac{1}{s_1 - s_2}\left(e^{+s_1 t} - e^{+s_2 t}\right)\right]. \tag{3.78}$$

Es gilt:

$$\lim_{t \to \infty} i(t) = 0. \tag{3.79}$$

Das heißt, die im Schwingkreis gespeicherte Energie strebt gegen den Wert Null, oder was elektrotechnisch gleichbedeutend ist, sie wird im ohmschen Widerstand in Wärmeenergie umgeformt.

Für den Sonderfall $|R| = 0$ erhält man für $s_{1/2}$ konjugiert komplexe Werte:

$$s_{1,2} = \pm\sqrt{-\frac{1}{L^*C}} = \pm j\frac{1}{\sqrt{L^*C}} \tag{3.80}$$

oder $s_1 = j\omega$ und $s_2 = -j\omega$, mit:

$$\omega = \frac{1}{\sqrt{LC}}. \tag{3.81}$$

Für den Strom $i(t)$ ergibt dieser Sonderfall:

$$i(t)|_{R=0} = -\frac{U_{C0}}{L^*}\frac{1}{2j\omega}\left[e^{j\omega t} - e^{-j\omega t}\right] = -\frac{U_{C0}}{\omega L^*}\sin\omega t. \tag{3.82}$$

Das ist eine ungedämpfte Sinusschwingung für $t \geq 0$. Es gilt $R \equiv 0$. Diese Zeitfunktion erfüllt die Differenzialgleichung:

$$L^*\frac{di}{dt} + \frac{1}{C}\int\limits_0^t i(t')\,dt' + U_{C0} = 0. \tag{3.83}$$

Mathematisch richtig gilt die Lösung (3.78) oder im speziellen Fall (3.82) für alle $t \geq 0$. Aus elektrotechnischen Gründen gibt es in der Schaltung in Abbildung 3.14 nach dem Einschalten (Schließen des Schalters S) einen Übergangsvorgang. Die hier berechnete Zeitfunktion stellt sich erst nach einer endlich kleinen Zeit ein, welche von den Werten der Bauelemente abhängt. Sie stellt den stationären Teil des gesamten Zeitvorganges dar.

Der gesamte Zeitvorgang lässt sich in linearen Netzwerken (Systemen) grundsätzlich in einen flüchtigen und einen stationären Anteil (Vorgang) zerlegen. Der flüchtige Vorgang entspricht der Lösung der homogenen Differenzialgleichung. Der stationäre Vorgang hat genau dann einen periodischen Verlauf, wenn eine periodische Erregung in Form von Spannungs- oder Stromquellen zur Schaltung gehören.

In der Schaltung gemäß Bild 3.14 befindet sich keine Spannungs- oder Stromquelle. Trotzdem gibt es einen Übergangsvorgang nach dem Schließen des Schalters S. Denn ein Strom kann nur fließen, wenn der Schaltkreis geschlossen ist und vorher in der Kapazität oder der Spule elektrische bzw. magnetische Energie gespeichert waren. Wäre $U_{C0} = 0$, so würde keine verallgemeinerte Bewegung vor sich gehen. Es würde dann jeder *Antrieb* für einen Energietransport und damit für eine Energieumwandlung fehlen. $\square$

Kapitel 4

Netzwerke, Topologie, Zweitore und Filter

Nachdem in Kapitel 3 die wichtigsten Methoden zur Berechnung linearer Gleichstromnetzwerke vorgestellt worden sind, werden im Folgenden allgemeine Merkmale elektrischer Netzwerke hergeleitet, die ausschließlich auf ihren Strukturen (Topologie) beruhen. Sie sind damit unabhängig von dem im Netzwerk vorhandenen Bauelementen. Dann werden die Grundlagen der Zweitortheorie (Vierpoltheorie) und die elektrischen Filter behandelt.

4.1 Zur Topologie elektrischer Netzwerke

4.1.1 Kirchhoffsche Graphen

Ein elektrisches Netzwerk soll aus einer endlichen Zahl von Bauelementen, die in einer endlichen Zahl von Knoten miteinander verknüpft sind, bestehen. Am Beispiel im Bild 4.1 wird der Begriff der Topologie und alle hiermit im Zusammenhang stehenden Merkmale vorgestellt.

Dazu ist der Begriff „konzentrierte Parameter" erforderlich. Konzentrierte Parameter liegen dann vor, wenn zur Beschreibung der Funktionsweise einer elektrotechnischen Anordnung (Netzwerke, Übertragungsleitungen, Baugruppen, Geräte, ganze Systeme) deren räumliche Ausdehnung unwesentlich ist. Anderenfalls müssen die Ausbreitungsvorgänge in den Einzelbauelementen oder einer Schaltung berücksichtigt werden, wenn die Wellenlänge der Signale bei den höchsten beobachtbaren Frequenzen in der Größenordnung der räumlichen Ausdehnung derselben liegen.

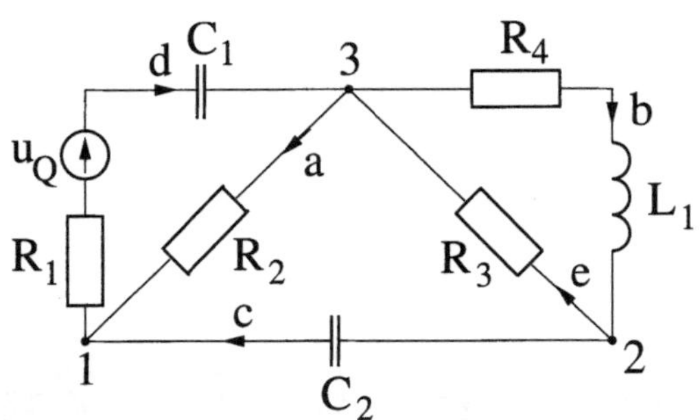

Bild 4.1: Allgemeines RLC-Netzwerk

Definition 4.1 *Die* Topologie *bezeichnet die Eigenschaften eines Netzwerkes, welche sich nur auf seine Struktur beziehen.*

Stellen, an denen die Netzwerkelemente im Netzwerk miteinander verbunden sind, werden als Punkte gezeichnet und *Knoten* genannt. Die Netzwerkelemente selbst werden durch Verbindungen (Linien) zwischen den Knoten dargestellt, welche *Zweige* oder *Kanten* genannt werden. Dieses Gebilde aus Zweigen und Knoten wird als *Graph* bezeichnet. Werden die Zweige mit einer Richtung versehen, spricht man von einem *gerichteten Graphen*. Ein *Knoten* bildet die Verbindungsstelle von zwei oder mehreren Zweigen.

Ein Zweig (Kante) muss nicht notwendig zwischen zwei verschiedenen Knoten liegen. Er kann auch an ein und demselben Knoten beginnen und enden.

Definition 4.2 *Ein Graph heißt* zusammenhängend, *wenn zwischen zwei beliebigen Knoten eine Verbindung aus Zweigen desselben besteht.*

Es gibt Netzwerke, die aus mehreren Teilgraphen bestehen, wobei jeder Teilgraph für sich zusammenhängend ist. Betrachtet man diese Teilgraphen als einen Graphen, so gilt dieser als nicht zusammenhängend.

Definition 4.3 *Eine* Masche *ist ein beliebig geschlossener Weg im Graph.*

Definition 4.4 *Ein* Teilgraph *eines zusammenhängenden Graphen wird* Gerüst *(vollständiger Baum) G genannt, wenn alle Knoten des Graphen durch aneinander anschließende Zweige (Gerüstzweige, Baumzweige) vorhanden sind, ohne eine Masche zu bilden. Die anderen Zweige (Co-Gerüstzweige, Brückenzweige) des Graphen gehören zum* Co-Gerüst *H(G).*

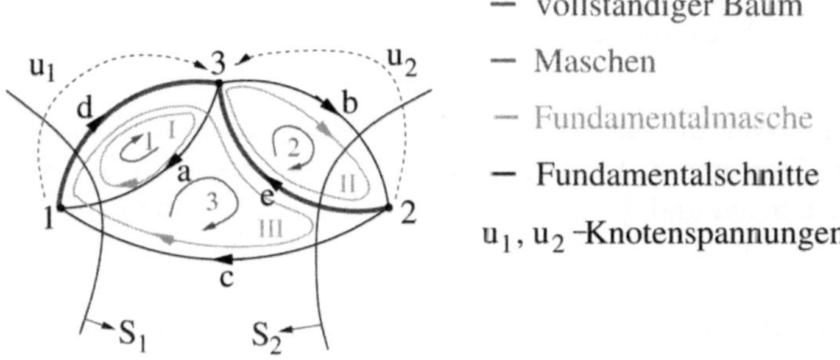

Bild 4.2: Graph des RLC-Netzwerkes

Die Anzahl aller Zweige eines Graphen sei z. Wenn k die Anzahl der Knoten bedeutet, so gehören zu einem Gerüst stets $k-1$ Zweige. Der erste Zweig verbindet zwei Knoten und jeder nachfolgende Zweig stellt eine Verbindung zu einem weiteren Knoten her.

Den Graph des in Bild 4.1 dargestellten Netzwerkes gibt das Bild 4.2 wieder. Es werden alle Knoten sowie alle Zweige des Graphen bezeichnet. Bei der Bezeichnung der Zweige beginnt man mit den Co-Gerüstzweigen gefolgt von den Gerüstzweigen. Bei den Knoten wird der Bezugsknoten als Letztes bezeichnet. Um Verwechslungen vorzubeugen werden die Knoten durchnummeriert und die Zweige mit kleinen Buchstaben versehen.

Um die Graphentheorie zur Analyse allgemeiner Netzwerke nutzen zu können, müssen noch einige weitere Begriffe eingeführt und erläutert werden.

Neben der Masche spricht man auch von der *Fundamentalmasche.*

Definition 4.5 *Eine* Fundamentalmasche *besteht aus* Gerüstzweigen *und genau einem* Co-Gerüstzweig.

Die Richtung der Fundamentalmasche richtet sich nach der Richtung des Co-Gerüstzweiges.

Definition 4.6 *Die Gesamtheit der Zweige, durch deren Herausnahme ein zusammenhängender Graph in zwei Teilgraphen zerfällt, heißt* Schnitt.

Auch hier besteht die Möglichkeit, einen Fundamentalschnitt zu erzeugen, der nur einen Gerüstzweig und ansonsten nur Co-Gerüstzweige enthält. Die Schnittrichtung wird in Richtung des Gerüstzweiges festgelegt.

Auf der Grundlage der hier getroffenen Vereinbarungen ist es nun möglich, Aussagen zu den unabhängigen Spannungen und Strömen im Netzwerk zu treffen.

So gilt:

- Gerüstzweigspannungen sind voneinander unabhängig.

- Verbindungszweigströme sind voneinander unabhängig.

- Genau $k - 1$ Knotenspannungen sind voneinander unabhängig.

Es existieren somit für ein Netzwerk ein einfach zusammenhängender Graph ($\gamma = 1$) mit z Zweigen und k Knoten, genau $\alpha = z - k + \gamma = z - k + 1$ unabhängige Maschengleichungen und genau $\beta = k - \gamma = k - 1$ unabhängige Knotengleichungen.

4.1.2 Topologische Matrizen und Kirchhoffsche Sätze

Knotenzweiginzidenzmatrizen

Die Inzidenzmatrizen $\mathbf{K}_a$ und $\mathbf{K}$ geben an, welche Zweige eines Graphen mit welchem Knoten verbunden (inzident) sind.

$$
\mathbf{K}_a = \begin{array}{c} \\ 1 \\ 2 \\ 3 \end{array}
\begin{array}{ccccc} a & b & c & d & e \\ \end{array}
\left(\begin{array}{ccccc}
-1 & 0 & -1 & 1 & 0 \\
0 & -1 & 1 & 0 & 1 \\
1 & 1 & 0 & -1 & -1
\end{array} \right)
\tag{4.1}
$$

Die Koeffizienten dieser Matrix werden wie folgt festgelegt:

$$
a_{\mu\nu} = \begin{cases}
1 & \text{wenn der Zweig } \nu \text{ vom Knoten } \mu \text{ wegführt,} \\
-1 & \text{wenn der Zweig } \nu \text{ zum Knoten } \mu \text{ hinführt,} \\
0 & \text{wenn der Zweig } \nu \text{ mit dem Knoten } \mu \text{ nicht inzident ist.}
\end{cases}
$$

Die Summe aller Elemente einer Spalte muss immer Null ergeben, weil jeder Zweig von einem Knoten ausgeht und in einen solchen mündet.

Beim Betrachten der Matrix $\mathbf{K}_a$ ist festzustellen, dass die Zeilen eine lineare Abhängigkeit aufweisen. Deshalb kann eine Zeile ohne einen Verlust der Informationen gestrichen werden. Damit erhält man die *reduzierte Inzidenzmatrix* $\mathbf{K}$. Der Knoten, der zu dieser Zeile gehört, heißt Bezugsknoten des Netzwerkes.

Mit Hilfe der Inzidenzmatrix $\mathbf{K}$ kann der Knotensatz in die mathematische Form

$$
\mathbf{K}\, i_z = 0
\tag{4.2}
$$

gebracht werden. Unter Nutzung der transponierten Matrix besteht die Möglichkeit, die Zweigströme u_z durch die Knotenspannungen u_p auszudrücken:

$$
u_z = \mathbf{K}^T u_p.
\tag{4.3}
$$

Für das Beispiel heißt das nach dem Streichen der Zeile 3

$$\mathbf{K} = \begin{matrix} 1 \\ 2 \end{matrix} \begin{pmatrix} \begin{matrix} a & b & c & d & e \end{matrix} \\ \begin{matrix} -1 & 0 & -1 & 1 & 0 \\ 0 & -1 & 1 & 0 & 1 \end{matrix} \end{pmatrix} \tag{4.4}$$

und der Knotensatz nimmt die Form

$$\mathbf{K}\,\boldsymbol{i_z} = \begin{pmatrix} -1 & 0 & -1 & 1 & 0 \\ 0 & -1 & 1 & 0 & 1 \end{pmatrix} \begin{pmatrix} i_a \\ i_b \\ i_c \\ i_d \\ i_e \end{pmatrix} = \underline{0} \tag{4.5}$$

an, wobei die Zweigströme in einem Vektor zusammengefasst werden. Somit erhält man für die Zweigspannungen $\mathbf{u_z}$

$$\begin{pmatrix} u_a \\ u_b \\ u_c \\ u_d \\ u_e \end{pmatrix} = \begin{pmatrix} -1 & 0 \\ 0 & -1 \\ -1 & 1 \\ 1 & 0 \\ 0 & 1 \end{pmatrix} \cdot \begin{pmatrix} u_{13} \\ u_{23} \end{pmatrix} . \tag{4.6}$$

Die Mascheninzidenzmatrix M

Die Mascheninzidenzmatrix gibt die Zweige in den einzelnen Maschen eines Graphen an. Dazu wird für die Elemente dieser Matrix festgelegt:

$$m_{\mu\nu} = \begin{cases} 1 & \text{wenn Zweig } \nu \text{ in Masche } \mu \text{ mit gleicher Orientierung,} \\ -1 & \text{wenn Zweig } \nu \text{ in Masche } \mu \text{ mit entgegengesetzter Orientierung,} \\ 0 & \text{wenn Zweig } \nu \text{ in Masche } \mu \text{ nicht enthalten.} \end{cases}$$

Für das Beispiel in Bild 4.2 enthält die Maschenmatrix $\mathbf{M}$ die folgenden Koeffizienten:

$$\mathbf{M} = \begin{matrix} M_1 \\ M_2 \\ M_3 \end{matrix} \begin{pmatrix} \begin{matrix} a & b & c & d & e \end{matrix} \\ \begin{matrix} 1 & 0 & 0 & 1 & 0 \\ 0 & 1 & 0 & 0 & 1 \\ -1 & 0 & 1 & 0 & -1 \end{matrix} \end{pmatrix} . \tag{4.7}$$

Da in einer Zeile der Matrix $\mathbf{M}$ die in der jeweiligen Masche enthaltenen Zweige stehen, kann der Maschensatz durch die Gleichung

$$\mathbf{M} \cdot \boldsymbol{u_z} = \mathbf{0} \tag{4.8}$$

formuliert werden. Stellt man sich Maschenströme i_m vor, die in den einzelnen Maschen zirkulieren, dann berechnen sich die Zweigströme i_z aus der Addition der in den Zweigen fließenden Maschenströme, also

$$i_z = \mathbf{M}^T \cdot i_m \; . \tag{4.9}$$

Für das Beispiel gilt die Matrizengleichung

$$\begin{pmatrix} i_a \\ i_b \\ i_c \\ i_d \\ i_e \end{pmatrix} = \begin{pmatrix} 1 & 0 & -1 \\ 0 & 1 & 0 \\ 0 & 0 & 1 \\ 1 & 0 & 0 \\ 0 & 1 & -1 \end{pmatrix} \cdot \begin{pmatrix} i_{m1} \\ i_{m2} \\ i_{m3} \end{pmatrix} \; . \tag{4.10}$$

Der Leser möge sich anhand der Angaben im Bild 4.2 von der Richtigkeit der einzelnen Gleichungen überzeugen.

Fundamentalmaschenmatrix

Die Fundamentalmaschenmatrix $\mathbf{B}$ gibt an, welcher Zweig mit welcher Orientierung in dieser Fundamentalmasche enthalten ist.

Im Beispiel werden die Schleifen mit römischen Zahlen bezeichnet. Da in der Fundamentalmasche nur Gerüstzweige und *genau ein* Co-Gerüstzweig enthalten sind, richtet sich die Nummerierung der Schleifen nach der Folge der Co-Gerüstzweige. Damit folgt:

$$\mathbf{B} = \begin{array}{c} \\ I \\ II \\ III \end{array} \begin{array}{ccccc} a & b & c & d & e \\ \left(\begin{array}{ccc|cc} 1 & 0 & 0 & 1 & 0 \\ 0 & 1 & 0 & 0 & 1 \\ 0 & 0 & 1 & 1 & -1 \end{array} \right) \end{array} \; . \tag{4.11}$$

Hierzu wird festgelegt:

$$b_{\mu\nu} = \begin{cases} 1 & \text{wenn Zweig } \nu \text{ in Schleife } \mu \text{ mit gleicher Orientierung,} \\ -1 & \text{wenn Zweig } \nu \text{ in Schleife } \mu \text{ mit entgegengesetzter Orientierung,} \\ 0 & \text{wenn Zweig } \nu \text{ in Schleife } \mu \text{ nicht enthalten ist.} \end{cases}$$

Die Matrix $\mathbf{B}$ kann auch wie folgt geschrieben werden:

$$\mathbf{B} = (\mathbf{E}, \mathbf{F}) \; . \tag{4.12}$$

In der Einheits-Matrix $\mathbf{E}$ befinden sich die Co-Gerüstzweige und in der Fundamentalmatrix $\mathbf{F}$ die Gerüstzweige.

Mit Hilfe der Fundamentalmaschenmatrix $\mathbf{B}$ lässt sich der Maschensatz formulieren:

$$\mathbf{B} \cdot \boldsymbol{u_z} = \mathbf{0} \; . \tag{4.13}$$

Die Spalten von $\mathbf{B}$ geben an, welche Maschenströme i_m durch die Zweige fließen. Aus den Maschenströmen lassen sich durch Addition die Zweigströme berechnen

$$\boldsymbol{i_z} = \mathbf{B}^T \cdot \boldsymbol{i_m} \; . \tag{4.14}$$

Für das Beispiel heißt das:

$$\begin{pmatrix} i_a \\ i_b \\ i_c \\ i_d \\ i_e \end{pmatrix} = \left(\begin{array}{ccc} 1 & 0 & 0 \\ 0 & 1 & 0 \\ 0 & 0 & 1 \\ \hline 1 & 0 & 1 \\ 0 & 1 & -1 \end{array} \right) \cdot \begin{pmatrix} i_{mI} \\ i_{mII} \\ i_{mIII} \end{pmatrix} \; . \tag{4.15}$$

Der Vektor der Zweigströme lässt sich in den Vektor der Co-Gerüst- und der Gerüstzweigströme unterteilen:

$$\boldsymbol{i_z} = \begin{pmatrix} \boldsymbol{i_{co}} \\ \boldsymbol{i_g} \end{pmatrix} \; . \tag{4.16}$$

Mit Gleichung (4.12) folgt dann

$$\boldsymbol{i_z} = \begin{pmatrix} \boldsymbol{i_{co}} \\ \boldsymbol{i_g} \end{pmatrix} = (\mathbf{E}, \mathbf{F})^T \, \boldsymbol{i_m}. \tag{4.17}$$

Daraus folgt:

$$\begin{aligned} \mathbf{F}^T \, \boldsymbol{i_m} &= \boldsymbol{i_g}, \\ \mathbf{E} \, \boldsymbol{i_m} &= \boldsymbol{i_m} = \boldsymbol{i_{co}}. \end{aligned} \tag{4.18}$$

Das bedeutet, die abhängigen Gerüstzweigströme i_g berechnen sich aus den unabhängigen Co-Gerüstzweigströmen i_{co}. Sie sind mit den Maschenströmen identisch.

Für das Beispiel ergibt sich:

$$\begin{pmatrix} i_d \\ i_e \end{pmatrix} = \begin{pmatrix} 1 & 0 & 1 \\ 0 & 1 & -1 \end{pmatrix} \cdot \begin{pmatrix} i_a \\ i_b \\ i_c \end{pmatrix} \; . \tag{4.19}$$

Nun kann man in Analogie dazu die Zweigspannungen u_z in Co-Gerüstspannungen u_{co} und die Gerüstspannungen u_g unterteilen und es folgt:

$$(\mathbf{E}, \mathbf{F}) \cdot \begin{pmatrix} \boldsymbol{u_{co}} \\ \boldsymbol{u_g} \end{pmatrix} = \boldsymbol{u_{co}} + \mathbf{F} \, \boldsymbol{u_g} = \mathbf{0} \; . \tag{4.20}$$

Es lassen sich dann die Co-Gerüstspannungen aus den unabhängigen Gerüstspannungen berechnen:

$$\boldsymbol{u_{co}} = -\mathbf{F} \, \boldsymbol{u_g} \; . \tag{4.21}$$

Die Fundamentalschnittmengenmatrix

Die Fundamentalschnittmengenmatrix $\mathbf{S}$ beschreibt die in den einzelnen Fundamental-schnitten eines Graphen enthaltenen Zweige. Da jeder Schnitt nur einen Gerüstzweig schneiden darf, wird die Nummerierung nach der Nummerierung der Gerüstzweige vor-genommen.

Es gilt hier:

$$
s_{\mu\nu} = \begin{cases}
1 & \text{wenn Zweig } \nu \text{ in Schnittmenge } \mu \text{ mit gleicher Orientierung,} \\
-1 & \text{wenn Zweig } \nu \text{ in Schnittmenge } \mu \text{ mit entgegengesetzter Orientierung,} \\
0 & \text{wenn Zweig } \nu \text{ in Schnittmenge } \mu \text{ nicht enthalten ist.}
\end{cases}
$$

Auch hier lässt sich die Matrix $\mathbf{S}$ in eine Teilmatrix $\mathbf{F}^*$ und die Einheitsmatrix zerlegen:

$$
\mathbf{S} = (\mathbf{F}^*, \mathbf{E}) \ . \tag{4.22}
$$

Aufgrund des Vorhandenseins von zwei Gerüstzweigen im Beispiel besteht die Schnitt-menge aus zwei Schnitten. Gemäß dem Bild 4.2 gilt:

$$
\mathbf{S} = \begin{array}{c} S_1 \\ S_2 \end{array}
\begin{array}{cccccc}
a & b & c & & d & e \\
\end{array}
\left(
\begin{array}{ccc|cc}
-1 & 0 & -1 & 1 & 0 \\
0 & -1 & 1 & 0 & 1
\end{array}
\right) \ . \tag{4.23}
$$

Aus der Matrix Gl. (4.23) kann der Knotensatz

$$
\mathbf{S} \cdot i_z = 0 \tag{4.24}
$$

entnommen werden.

Die Spalten von $\mathbf{S}$ geben auch an, welche Knotenpotenziale die Zweigspannungen er-geben. Allgemein gilt dafür:

$$
u_z = \mathbf{S}^T u_p. \tag{4.25}
$$

Für das Beispiel bedeutet das

$$
\begin{pmatrix} u_a \\ u_b \\ u_c \\ u_d \\ u_e \end{pmatrix}
=
\begin{pmatrix}
-1 & 0 \\
0 & -1 \\
-1 & 1 \\
-- & -- \\
1 & 0 \\
0 & 1
\end{pmatrix}
\cdot
\begin{pmatrix} u_{13} \\ u_{23} \end{pmatrix} \ . \tag{4.26}
$$

Der Vektor der Zweigspannungen lässt sich in die Vektoren der Gerüst- und Co-Gerüstzweigspannungen

$$u_z = \begin{pmatrix} u_{co} \\ u_g \end{pmatrix} \tag{4.27}$$

unterteilen. Mit der Gleichung (4.22) folgt dann:

$$u_z = \begin{pmatrix} u_{co} \\ u_g \end{pmatrix} = (\mathbf{F^*}, \mathbf{E})^T \cdot u_p \tag{4.28}$$

oder ausgeschrieben:

$$\begin{aligned} \mathbf{F^*}^T \, u_p &= u_{co}, \\ u_p &= u_g. \end{aligned} \tag{4.29}$$

Für unser Beispiel gilt demzufolge für die Zweigspannungen:

$$\begin{pmatrix} u_a \\ u_b \\ u_c \end{pmatrix} = \begin{pmatrix} -1 & 0 \\ 0 & -1 \\ -1 & 1 \end{pmatrix} \cdot \begin{pmatrix} u_{13} \\ u_{23} \end{pmatrix} . \tag{4.30}$$

Nun kann man ebenso die Zweigströme in Gerüst- und Co-Gerüstzweigströme aufteilen und es folgt:

$$(\mathbf{F^*}, \mathbf{E}) \cdot \begin{pmatrix} i_{co} \\ i_g \end{pmatrix} = \mathbf{F^*} \, i_{co} + i_g = 0 . \tag{4.31}$$

Es lassen sich dann die Gerüstströme i_t aus den unabhängigen Co-Gerüstströmen i_{co} gemäß

$$i_t = -\mathbf{F^*} \, i_{co} \tag{4.32}$$

berechnen. Der Vergleich der Gleichung (4.21) mit der Gleichung (4.29) bzw. der Gleichung (4.18) mit der Gleichung (4.32) führt auf den Ausdruck:

$$-\mathbf{F} = \mathbf{F^*}^T . \tag{4.33}$$

Zusammengefasst bedeutet das: Liegt die Fundamentalmatrix vor, dann können alle anderen Netzwerkgleichungen aufgestellt werden.

Man kann mit Hilfe der Maschen- und Knoteninzidenzmatrizen die notwendigen Netzwerkgleichungen aufstellen. Durch die Anwendung der Topologiebeziehungen (Nutzung der Fundamentalmatrizen) lässt sich jedoch das Aufstellen der notwendigen Matrizen auf eine einzige reduzieren, da aus der Fundamentalmaschenmatrix sofort die Fundamentalschnittmengenmatrix und umgekehrt resultiert. Gerade beim computergestützten Aufstellen und Auswerten der Netzwerkgleichungen stellt das einen enormen Vorteil dar.

Tabelle 4.1: Netzwerkbeschreibende Gleichungen

Sätze	abgeleitete Beziehungen	Gleichung ohne Quellen	Gleichungen mit Quellen x^e
Knotensatz		$\mathbf{K}\,i_z = 0$	$\mathbf{K}\,(i_z + i_z^e) = 0$
	Knotenpotenziale	$u_z = \mathbf{K}^T\,u_p$	$u_z + u_z^e = \mathbf{K}^T\,u_p$
Maschensatz		$\mathbf{M}\,u_z = 0$	$\mathbf{M}\,(u_z + u_z^e) = 0$
	Maschenströme	$i_z = \mathbf{M}^T\,i_m$	$i_z + i_z^e = \mathbf{M}^T\,i_m$
Schleifensatz ($\stackrel{\wedge}{=}$ Maschensatz)		$\mathbf{B}\,u_z = 0$	$\mathbf{B}\,(u_z + u_z^e) = 0$
	Schleifenströme	$i_z = \mathbf{B}^T\,i_S$	$i_z + i_z^e = \mathbf{B}^T\,i_S$
	$\mathbf{B} = (\mathbf{E}, \mathbf{F})$ $i_S = i_{co}$ $i_g = \mathbf{F}^T\,i_s = \mathbf{F}^T\,i_{co}$ $u_{co} = -\mathbf{F}\,u_g$		
Schnittgesetz		$\mathbf{S}\,i_z = 0$	$\mathbf{S}\,(i_z + i_z^e) = 0$
	Knotenpotenzial	$u_z = \mathbf{S}^T\,u_p$	$u_z + u_z^e = \mathbf{S}^T\,u_p$
	$\mathbf{S} = (\mathbf{F}^*, \mathbf{E})$ $u_p = u_g$ $u_{co} = \mathbf{F}^*\,u_p = \mathbf{F}^*\,u_g$ $i_g = -\mathbf{F}^*\,i_{co}$		
Fundamental-matrix	$-\mathbf{F} = \mathbf{F}^{*T}$		

Zusammenfassung der wichtigsten Gleichungen

Es stehen nun jeweils zwei Formulierungsmöglichkeiten für den Maschen- und Knotensatz zur Verfügung. Der Knotensatz kann mittels Schnittmengen- oder Knoteninzidenzmatrix aufgestellt und der Maschensatz kann mittels Maschen- oder Fundamentalmascheninzidenzmatrix aufgestellt werden. Beide Varianten führen zu dem gleichen Ergebnis. Jedes Netzwerk ist mit einem Knoten-/Schnittmengensatz und einem Maschen-/Fundamentalmaschensatz vollständig beschrieben. Da beim Aufstellen der Fundamentalmaschen- und Schnittmengeninzidenzmatrizen Einheitsmatrizen enthalten sind, ist diesen im Hinblick auf rechentechnische Umsetzungen der Vorzug zu geben. In Tabelle 4.1 sind die wichtigsten Gleichungen übersichtlich dargestellt.

4.2 Gleichungssysteme zur Analyse linearer Netzwerke

Mit Hilfe der Inzidenzmatrizen steht jetzt eine allgemeinere Methode zur Verfügung, die notwendigen Netzwerkgleichungen systematisch mit wenigen Schritten aufzustellen. Im Ergebnis liegen die unabhängigen Gleichungen des Netzwerkes vor.

4.2.1 Gleichungssysteme für die Zweigströme

Das Schnittgesetz bei Vorhandensein von Quellen lautet nach Tabelle 4.1:

$$\mathbf{S}\,(i_z + i_z^e) = 0 \tag{4.34}$$

und nach den Zweigströmen umgestellt:

$$\mathbf{S}\,i_z = -\mathbf{S}\,i_z^e. \tag{4.35}$$

Der Maschensatz unter Ausweis der Spannungsquellen hat dann die Form:

$$\mathbf{M}\,(u_z + u_z^e) = 0 \qquad \text{bzw.} \qquad \mathbf{M}\,u_z = -\mathbf{M}\,u_z^e. \tag{4.36}$$

Die Gleichungen (4.35) und (4.36) kann man zu einer Matrizengleichung mit den Zweigströmen als Unbekannte zusammenfassen:

$$\begin{bmatrix} 0 & \mathbf{M} \\ \mathbf{S} & 0 \end{bmatrix} i_z = \begin{bmatrix} -\mathbf{M}\,u_z^e \\ -\mathbf{S}\,i_z^e \end{bmatrix}. \tag{4.37}$$

Gleichung (4.37) entsteht in dieser Form, wenn sowohl Spannungs- als auch Stromquellen im Netzwerk vorhanden sind.

4.2.2 Gleichungssysteme für die Knotenpotenziale

Die Knotengleichung lautet in Matrixschreibweise gemäß Tabelle 4.1:

$$\mathbf{K}\,(i_z + i_z^e) = 0 \qquad \text{bzw.} \qquad \mathbf{K}\,i_z = -\mathbf{K}\,i_z^e \tag{4.38}$$

und die Gleichung für die Knotenpotenziale besitzt die Form

$$u_z + u_z^e = \mathbf{S}^T\,u_p \qquad \text{bzw.} \qquad u_z = \mathbf{S}^T\,u_p - u_z^e. \tag{4.39}$$

Mit dem ohmschen Gesetz (mit der Admittanzmatrix $\mathbf{Y}$) in Matrixform $i_z = \mathbf{Y}\,u_z$ folgt für Gleichung 4.38:

$$\mathbf{K}\,\mathbf{Y}\,u_z = -\mathbf{K}\,i_z^e. \tag{4.40}$$

Setzt man für $\mathbf{u}_z$ Gleichung 4.39 ein, so erhält man:

$$\mathbf{K}\,\mathbf{Y}(\mathbf{S}^T\,u_p - u_z^e) = -\mathbf{K}\,i_z^e \qquad \text{bzw.} \qquad \mathbf{K}\,\mathbf{Y}\,\mathbf{S}^T\,u_p = \mathbf{K}\,\mathbf{Y}\,u_z^e - \mathbf{K}\,i_z^e, \tag{4.41}$$

das Gleichungssystem für die Knotenpotenziale.

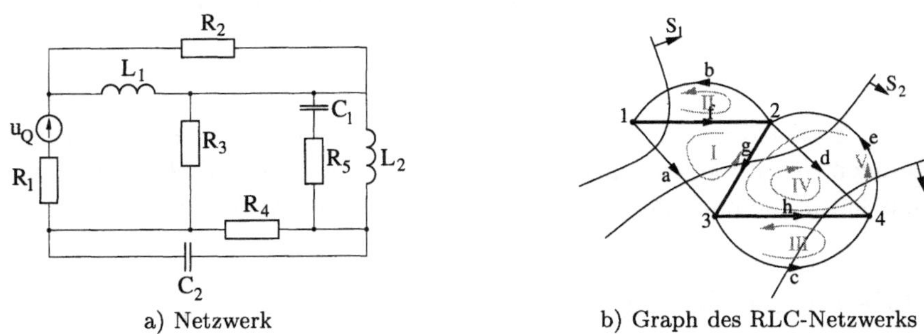

Bild 4.3: RLC-Netzwerk mit dazu gehörendem Graph

4.2.3 Gleichungssysteme für die Maschenströme

Mit den Maschengleichungen:

$$\mathbf{M}\,(\boldsymbol{u_z} + \boldsymbol{u_z^e}) = \mathbf{0} \qquad \text{bzw.} \qquad \mathbf{M}\,\boldsymbol{u_z} = -\mathbf{M}\,\boldsymbol{u_z^e} \tag{4.42}$$

und dem ohmschen Gesetz (mit der Impedanzmatrix $\mathbf{Z}$) in Matrixform $\boldsymbol{u_z} = \mathbf{Z}\,\boldsymbol{i_z}$ sowie der Gleichung für die Maschenströme in der Form:

$$\boldsymbol{i_z} = \mathbf{M}^T\,\boldsymbol{i_M} - \boldsymbol{i_z^e} \tag{4.43}$$

gewinnen wir

$$\mathbf{M}\,\mathbf{Z}\,(\mathbf{M}^T\,\boldsymbol{i_M} - \boldsymbol{i_z^e}) = -\mathbf{M}\,\boldsymbol{u_z^e} \qquad \text{bzw.} \qquad \mathbf{M}\,\mathbf{Z}\,\mathbf{M}^T\,\boldsymbol{i_M} = \mathbf{M}\,\mathbf{Z}\,\boldsymbol{i_z^e} - \mathbf{M}\,\boldsymbol{u_z^e}, \tag{4.44}$$

die Gleichung für die Maschenströme.

Anmerkung:
Die Impedanzmatrix ist eine Diagonalmatrix und enthält die Impedanzen der jeweiligen Zweige. Die Admittanzmatrix ist ebenfalls eine Diagonalmatrix und enthält die Admittanzen der jeweiligen Zweige.

Im nachfolgenden Beispiel wird das Erstellen des Netzwerkgraphen und das Aufstellen der zugehörigen Netzwerkmatrizen demonstriert.

Beispiel 1:
Das zu analysierende Netztwerk ist in Bild 4.3 a) dargestellt. Aus dem Netzwerk lässt sich der in Bild 4.3 b) dargestellte Netzwerkgraph ableiten.

S_1 bis S_3 sind die Fundamentalschnitte und die mit römischen Zahlen gekennzeichneten Umläufe die Fundamentalmaschen. Aus diesen lassen sich nun die Fundamentaschnittmengenmatrix

$$\mathbf{S} = \begin{array}{c} \\ S_1 \\ S_2 \\ S_3 \end{array} \begin{array}{cccccccc} a & b & c & d & e & f & g & h \\ \left(\begin{array}{ccccc|ccc} 1 & -1 & 0 & 0 & 0 & 1 & 0 & 0 \\ 1 & 0 & 0 & 1 & -1 & 0 & 1 & 0 \\ 0 & 0 & 1 & 1 & -1 & 0 & 0 & 1 \end{array}\right) \end{array}. \tag{4.45}$$

und die Fundamentalmaschenmatrix

$$\mathbf{B} = \begin{array}{c} \\ I \\ II \\ III \\ IV \\ V \end{array}
\begin{array}{ccccccccc}
a & b & c & d & e & & f & g & h \\
\left(\begin{array}{ccccc|ccc}
1 & 0 & 0 & 0 & 0 & -1 & -1 & 0 \\
0 & 1 & 0 & 0 & 0 & 1 & 0 & 0 \\
0 & 0 & 1 & 0 & 0 & 0 & 0 & -1 \\
0 & 0 & 0 & 1 & 0 & 0 & -1 & -1 \\
0 & 0 & 0 & 0 & 1 & 0 & 1 & 1
\end{array} \right)
\end{array}. \tag{4.46}$$

ableiten. Die Impedanzmatrix ist eine Diagonalmatrix und lautet

$$\mathbf{Z} = \begin{pmatrix}
R_1 & 0 & 0 & 0 & 0 & 0 & 0 & 0 \\
0 & R_3 & 0 & 0 & 0 & 0 & 0 & 0 \\
0 & 0 & \dfrac{1}{j\omega C_1} & 0 & 0 & 0 & 0 & 0 \\
0 & 0 & 0 & r_4 + \dfrac{1}{j\omega C_2} & 0 & 0 & 0 & 0 \\
0 & 0 & 0 & 0 & j\omega L_2 & 0 & 0 & 0 \\
0 & 0 & 0 & 0 & 0 & j\omega L_1 & 0 & 0 \\
0 & 0 & 0 & 0 & 0 & 0 & R_2 & 0 \\
0 & 0 & 0 & 0 & 0 & 0 & 0 & R_5
\end{pmatrix}. \tag{4.47}$$

Mit diesen drei Matrizen lassen sich alle relevanten Größen (Spannung, Ströme) nach den Gleichungen im Abschnitt 4.2 berechnen. $\qquad\square$

4.3 Netzwerktheoreme

Die bisher dargestellten Methoden erlauben grundsätzlich eine systematische Bestimmung der Ströme und Spannungen in einem allgemeinen Netzwerk. Diese sind jedoch mitunter mit einem erheblichen rechnerischen Aufwand verbunden. Es ist jedoch möglich, diesen Aufwand durch Heranziehen allgemeiner Aussagen über spezielle Netzwerke zu reduzieren. Damit vereinfacht sich die Analyse wesentlich. Die in Form von Theoremen zu formulierenden Aussagen sind jedoch nur gültig, wenn die betreffenden Netzwerke eine eindeutige Lösung besitzen.

4.3.1 Der Überlagerungssatz (Superposition)

Eine elektrotechnische Wirkung y habe m voneinander unabhängige Ursachen x und soll durch die Funktion

$$y = f(x_1, x_2, \ldots, x_m) \tag{4.48}$$

ausgedrückt werden. Wird ein additiver Zusammenhang zwischen den Ursachen gefordert:

$$x_\mu = x_\mu^{(1)} + x_\mu^{(2)}, \tag{4.49}$$

dann gilt:

$$y = f(x_1^{(1)} + x_1^{(2)}, x_2^{(1)} + x_2^{(2)}, \ldots, x_m^{(1)} + x_m^{(2)}). \tag{4.50}$$

Dies ist identisch mit:

$$y = f(x_1^{(1)}, x_2^{(1)}, \ldots, x_m^{(1)}) + f(x_1^{(2)}, x_2^{(2)}, \ldots, x_m^{(2)}) \tag{4.51}$$

und man kann nun formal schreiben:

$$\begin{aligned}
f(x_1, x_2, \ldots, x_m) &= f(x_1 + 0, 0 + x_2, 0 + x_3, \ldots, 0 + x_m) \\
&= f(x_1, 0, 0, \ldots, 0) + f(0, x_2, x_3, \ldots, x_m) \,.
\end{aligned} \tag{4.52}$$

In analoger Fortsetzung erhält man:

$$y = f(x_1, 0, 0, \ldots, 0) + f(0, x_2, 0, \ldots, 0) + f(0, 0, x_3, \ldots, 0) + \ldots + f(0, 0, 0, \ldots, x_m). \tag{4.53}$$

Das bedeutet, jeder Summand erzeugt eine Teilwirkung bzw. es wird eine Wirkung unter dem Einfluss einer einzelnen Ursache erzielt. Die Voraussetzung hierfür lässt sich sehr einfach in der folgenden Gleichung angeben:

$$f(x_1, x_2, \ldots, x_m) = k_1 x_1 + k_2 x_2 + \ldots + k_m x_m, \tag{4.54}$$

wobei $k_1, k_2, \ldots, k_m$ unabhängige Konstanten sind. Es folgt daraus zusammengefasst der Satz

Satz 4.1 *In jedem linearen elektrischen Netzwerk kann die Wirkung jeder einzelnen Ursache (Quelle) getrennt bestimmt werden. Die Gesamtwirkung ergibt sich durch die Addition der Einzelwirkungen.*

Infolge der Gültigkeit dieses Satzes kann das Superpositionsprinzip angewendet werden.

Superposition in linearen Netzwerken

In jedem Zweig wird der Strom, herrührend von nur einer Spannungs- bzw. Stromquelle, berechnet. Der Gesamtstrom ergibt sich durch Addition der Einzelströme.

Beispiel 1:
In dem Netzwerk in Bild 4.4 (a) ist der Strom i_3 durch den Widerstand R_3 mittels Superpositionsprinzip zu berechnen.

Im gegebenen Netzwerk sind vier Quellen, eine Strom- und drei Spannungsquellen gegeben, die den Strom i_3 bestimmen. Es wird nun die Wirkung jeder einzelnen Quelle untersucht.

1. Die Wirkung der Stromquelle i_0 auf den Strom i_3:

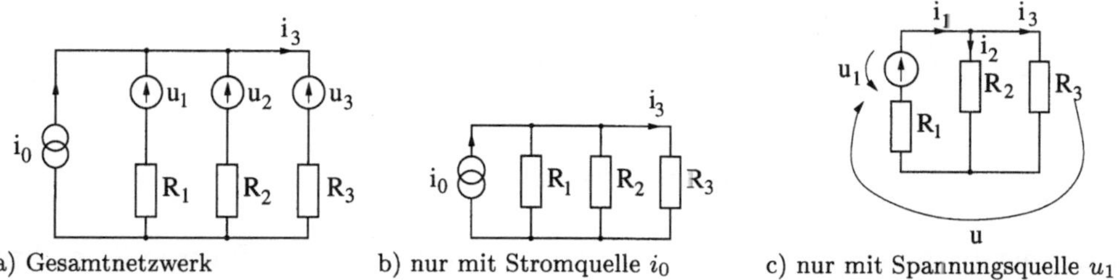

Bild 4.4: Beispiel zur Superposition in linearen Netzwerken

Das resultierende Netzwerk ist im Bild 4.4 (b) zu sehen. Fasst man die Widerstände R_1 und R_2 zusammen (Parallelschaltung) und berücksichtigt die Stromteilerregel, so erhält man für den Strom i_3 (Der hochgestellte Index bezeichnet die Ursache.):

$$i_3^{i_0} = \frac{\frac{R_1 R_2}{R_1 + R_2}}{\frac{R_1 R_2}{R_1 + R_2} + R_3} \cdot i_0 = \frac{R_1 R_2}{R_1 R_2 + R_1 R_3 + R_2 R_3} i_0. \tag{4.55}$$

2. Wirkung der Spannungsquelle u_1 auf den Strom i_3:

Das Bild 4.4 (c) zeigt die Wirkung von u_1. Mit dem eingezeichneten Strom i_1 formuliert man das ohmsche Gesetz:

$$u_1 = i_1(R_1 + R_2 \| R_3) = i_1 \left(R_1 + \frac{R_2 R_3}{R_2 + R_3} \right). \tag{4.56}$$

Mit der Stromteilerregel erhält man weiterhin:

$$i_3^{u_1} = \frac{R_2}{R_2 + R_3} i_1. \tag{4.57}$$

Setzt man Gl. (4.56) in Gl. (4.57) ein, so erhält man eine Ausdruck, der nur noch die Quelle u_1 und den durch sie hervorgerufenen Anteil des Stromes i_3 enthält.

$$\begin{aligned} i_3^{u_1} &= \frac{R_2}{R_2 + R_3} i_1 = \frac{R_2}{R_2 + R_3} \cdot \frac{u}{\left(R_1 + \frac{R_2 R_3}{R_2 + R_3} \right)} \\ &= \frac{R_2}{R_2 + R_3} \cdot \frac{R_2 + R_3}{R_1 R_2 + R_2 R_3 + R_1 R_3} \cdot u \\ &= \frac{R_2}{R_1 R_2 + R_2 R_3 + R_1 R_3} \cdot u_1. \end{aligned} \tag{4.58}$$

Analog wird der Anteil, hervorgerufen durch die Quellen u_2 und u_3, berechnet und man erhält:

$$i_3^{u_2} = -\frac{R_1}{R_1 R_2 + R_2 R_3 + R_1 R_3} \cdot u_2 \quad \text{sowie} \quad i_3^{u_3} = \frac{R_1 + R_2}{R_1 R_2 + R_2 R_3 + R_1 R_3} \cdot u_3 \tag{4.59}$$

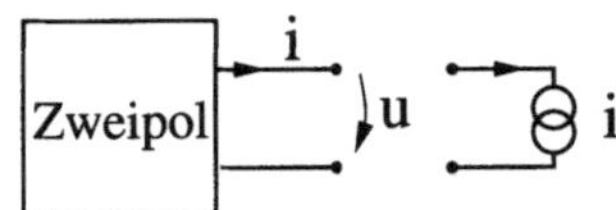

Bild 4.5: Allgemeiner Zweipol

Der Gesamtstrom durch den Widerstand R_3 berechnet sich durch Superposition aller vier Anteile $i_3^{i_0}, i_3^{u_1}, i_3^{u_2}, i_3^{u_3}$

$$i_3 = i_3^{i_0} + i_3^{u_1} + i_3^{u_2} + i_3^{u_3}$$

$$= \frac{R_1 R_2 i_0 - R_2 u_1 - R_1 u_2 + (R_1 + R_2)u_3}{R_1 R_2 + R_1 R_3 + R_2 R_3}. \tag{4.60}$$

$\square$

4.3.2 Sätze über Ersatzquellen

Satz von der Ersatzspannungsquelle - Helmholtz oder Thevenin-Theorem

Es sei der allgemeine Zweipol in Bild 4.5 mit den Elementen R, L, C und Spannungs- und Stromquellen (U, I) gegeben.

Der Zweipol soll m unabhängige Quellen, gekennzeichnet durch $x_1, x_2, \ldots, x_m$, enthalten. Die Frage ist nun: Wie groß ist die Spannung u und der Strom i an den äußeren Klemmen?

Zur Erzeugung eines Stroms i wird eine fiktive Stromquelle außen an das Netzwerk angeschlossen. Wie sieht nun die Wirkung (das heißt hier die Spannung u am Eingang) auf die Ursache (den Strom i) und die schon vorhandenen Quellen $x_1, x_2, \ldots, x_m$ aus?

Aufgrund der Superposition gilt:

$$u = h_1 x_1 + h_2 x_2 + \ldots + h_m x_m - Z_0 i, \tag{4.61}$$

wobei Z_0 eine frei wählbare Konstante ist und später festgelegt wird.

Zur Herleitung spezieller Netzwerkbeziehungen sind gesonderte Betrachtungen erforderlich.

Sonderfallbetrachtungen

1. Leerlauf am Zweipol-Eingang ($I = 0$)

Die Gleichung 4.61 modifiziert sich damit zu:

$$u = u_L = h_1 x_1 + h_2 x_2 + \ldots + h_m x_m. \tag{4.62}$$

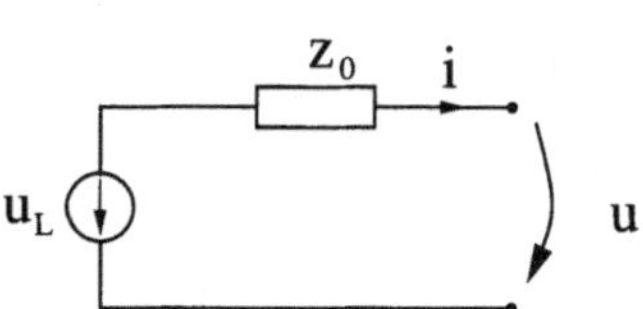

Bild 4.6: Ersatznetzwerk nach dem
Thevenin-Theorem

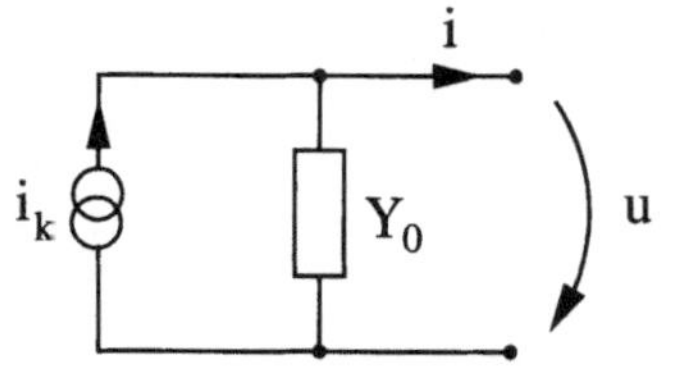

Bild 4.7: Ersatznetzwerk nach dem
Norton-Zheorem

2. Innerhalb aller Spannungsquellen als Kurzschluss, alle Stromquellen als Leerlauf

Wenn keine Quellen im Netzwerk vorhanden sind, existieren somit keine elektomotorischen Kräfte und es gilt $x_1 = x_2 = x_3 = \ldots = x_m = 0$. Daraus folgt:

$$u = -Z_0 i \qquad \text{bzw.} \qquad Z_0 = -\left.\frac{u}{i}\right|_{x_1=x_2=\ldots x_m=0} . \tag{4.63}$$

3. Kurzschluss am Zweipoleingang ($u = 0$)

Mit den Gleichungen 4.61 und 4.62 erhält man nun:

$$0 = u_L - Z_0 i_K \qquad \Rightarrow \qquad Z_0 = \frac{u_L}{i_K} . \tag{4.64}$$

Es gilt somit:

$$u = u_L - Z_0 i \tag{4.65}$$

und man kann das elektrische Ersatznetzwerk in Bild 4.6 angeben.

Das in Bild 4.6 dargestellte Netzwerk hat dasselbe Strom-Spannungsverhalten wie das Original-Netzwerk in Bild 4.5. Z_0 repräsentiert den Innenwiderstand des Netzwerkes. Kommen keine Induktivitäten und Kapazitäten im Inneren vor, wird Z_0 reell und man kann $Z_0 = R_0$ setzen.

Satz von der Ersatzstromquelle - Mayerscher Satz oder Norton-Theorem

Nach Gleichung (4.61) ist $u_L = Z_0 i_K$. Ersetzt man u_L in Gleichung (4.62) hierdurch, so erhält man:

$$u = Z_0 i_k - Z_0 i \tag{4.66}$$

oder

$$i = i_k - \frac{1}{Z_0} u = i_k - Y_0 u. \tag{4.67}$$

Damit besteht eine weitere Beziehung für den Zweipol und man kann für diesen ein zweites Ersatzschaltbild (Bild 4.7) aufstellen.

Wenn keine Kapazitäten und Induktivitäten im Netzwerk vorhanden sind kann $Y_0 = G_0$ gesetzt werden.

Die Größen Z_0, Y_0, R_0, G_0 sind im konkreten Fall noch zu bestimmen.

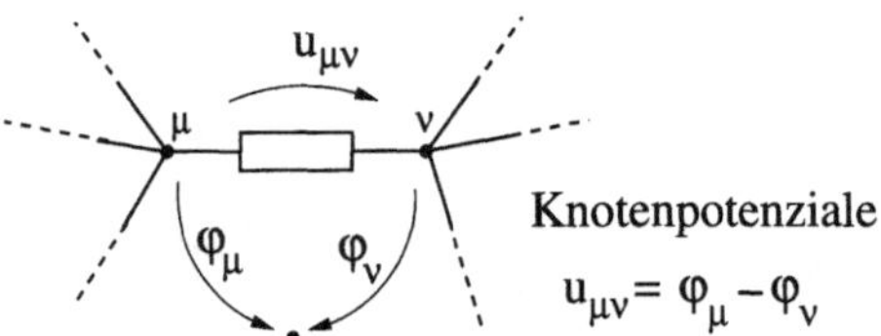

Bild 4.8: Eingebundenes Netzwerkelement

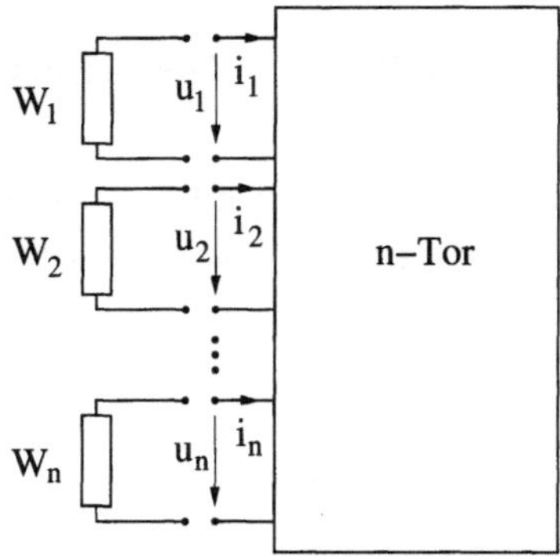

Bild 4.9: n-Tor

4.3.3   Der Satz von Tellegen

Für jedes Netzwerkelement müssen die im Netzwerk vorhandenen Ströme dem Knotensatz genügen und die vorhandenen Spannungen dem Maschensatz. Für die im Bild 4.8 eingezeichneten Potenziale und Spannungen gilt

$$u_{\mu\nu} i_{\mu\nu} = \varphi_\mu i_{\mu\nu} - \varphi_\nu i_{\mu\nu} = \varphi_\mu i_{\mu\nu} + \varphi_\nu i_{\nu\mu} \; . \tag{4.68}$$

Werden alle solche Produkte eines Netzwerkes addiert, so erhält man:

$$\sum_{\text{alle ZP}} u_{\mu\nu} i_{\mu\nu} = \sum_r \left(\varphi_r \sum_s i_{rs} \right) \; . \tag{4.69}$$

Die Summe der Zweipolströme muss, begründet durch die Knotenregel, für jeden Wert r gleich Null sein (rechte Seite). Das heißt:

$$\sum_{\text{alle ZP}} u_{\mu\nu} i_{\mu\nu} = 0. \tag{4.70}$$

Gleichung (4.70) wird auch *Tellegen-Theorem* genannt und stellt die Leistungsbilanz für das gesamte Netzwerk dar.

Ist das betrachtete Netzwerk ein sogenanntes n-Tor (Bild 4.9), lautet Gleichung (4.70)

$$\sum_{\text{im n-Tor}} u_{\mu\nu} i_{\mu\nu} - \sum_{\mu=1}^{n} u_\mu i_\mu = 0 \quad \text{bzw.} \quad \sum_{\mu=1}^{n} u_\mu i_\mu = \sum_{\text{im n-Tor}} u_{\mu\nu} i_{\mu\nu}. \tag{4.71}$$

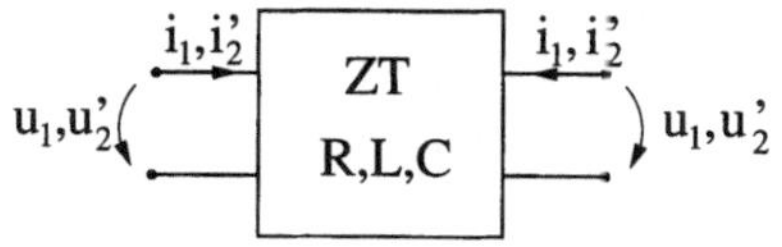

Bild 4.10: Netzwerk mit zwei verschiedenen Zuständen

Die Summation $\sum_{im\ n-Tor}$ erfolgt über alle im n-Tor vorkommenden Zweipole.

Anmerkung:
Zum Theorem von Tellegen:

$$u_a{}^T i_a = u_a{}^T i_b = u_b{}^T i_a = u_b{}^T i_b = 0, \qquad \mathbf{A} = \mathbf{A}^* \qquad \text{Topologiematrizen} \qquad (4.72)$$

ist folgendes hinzuzufügen: Die Bezeichnungen sind international unterschiedlich. Die Gl. (4.72) gilt auch für elektrische Netzwerke mit verschiedenen Bauelementen, d. h. auch für solche, die in keinem energetischen Zusammenhang stehen, jedoch dieselbe Topologie aufweisen.

Der Umkehrungssatz

Man betrachtet nun zwei verschiedene Zustände eines linearen passiven Vierpols. Ungestrichene Größen kennzeichnen den ersten Zustand, gestrichene Größen den zweiten Zustand.

Nach Gleichung (4.71) erfolgt eine Kombination der Ströme des ersten Betriebszustands mit den Spannungen des zweiten Betriebszustands:

$$u_1' i_1 + u_2' i_2 = \sum_{im\ ZT} u_{\mu\nu}' i_{\mu\nu} \qquad (4.73)$$

und die Kombination der Ströme des zweiten Betriebszustands mit den Spannungen des ersten Betriebszustands

$$u_1 i_1' + u_2 i_2' = \sum_{im\ ZT} u_{\mu\nu} i_{\mu\nu}'. \qquad (4.74)$$

Es gilt weiter

$$u_{\mu\nu} = Z_{\mu\nu} i_{\mu\nu} \qquad \text{und} \qquad u_{\mu\nu}' = Z_{\mu\nu} i_{\mu\nu}' \qquad (4.75)$$

Setzt man nun die zweite Gleichung von (4.75) und die erste Gleichung von (4.75) nach $i_{\mu\nu}$ umgestellt in die rechte Seite von Gleichung (4.73) ein, so erhält man:

$$\sum_{im\ ZT} u_{\mu\nu}' i_{\mu\nu} = \sum_{im\ ZT} u_{\mu\nu} i_{\mu\nu}'. \qquad (4.76)$$

Die rechten Seiten von Gleichung (4.73) und (4.74) sind identisch. Somit müssen es die linken Seiten ebenso sein und es folgt

$$u_1' i_1 + u_2' i_2 = u_1 i_1' + u_2 i_2'. \qquad (4.77)$$

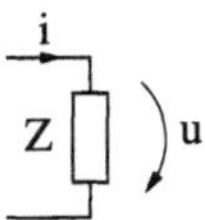

Bild 4.11: Allgemeine Impedanz

Die Gleichung (4.77) stellt den sogenannten Umkehrungssatz oder auch Reziprozitäts-
theorem genannt dar. Elektrische Netzwerke (Vierpole), die diese Bedingung erfüllen,
nennt man reziprok. Es gilt deshalb ohne Beweis der Satz:

Satz 4.2 *Alle aus passiven Widerständen, Induktivitäten und Kapazitäten aufgebauten
Zweitore sind reziprok.*

4.3.4 Das duale Netzwerk

Ein linearer Zweipol mit der Impedanz Z wird von einer Spannungsquelle u_q gespeist
(Bild 4.11).

Es gilt:

$$u_q = Zi \ . \tag{4.78}$$

Dividiert man diese Gleichung durch einen vorerst willkürlich gewählten linearen reellen
konstanten Widerstand R_D, so erhält man:

$$\frac{u}{R_D} = \frac{Z}{R_D^2} R_D i. \tag{4.79}$$

Man fasst nun einzelne Ausdrücke zu neuen Variablen bzw. Konstanten zusammen:

$$\frac{u}{R_D} \equiv i', \qquad \frac{Z}{R_D^2} \equiv Y', \qquad R_D i \equiv u'. \tag{4.80}$$

Dann kann man mit diesen Beziehungen die Gleichung (4.78) wie folgt schreiben:

$$i' = Y'u' \qquad \text{mit} \qquad Y' = \frac{1}{Z'}. \tag{4.81}$$

Somit gilt:

$$Z' = \frac{1}{Y'} = \frac{R_D^2}{Z} \qquad \Rightarrow \qquad Z\dot{Z}' = R_D^2 \tag{4.82}$$

Zwei Zweipole heißen zueinander *dual*, wenn das Produkt ihrer Widerstände (Impedanzen) frequenzunabhängig wird.

Für $Z = R$ gilt:

$$Z' = \frac{R_D^2}{Z} = \frac{R_D^2}{R} = R' \qquad \text{reel.} \tag{4.83}$$

Für $Z = j\omega L$ gilt:

$$Z' = \frac{R_D^2}{j\omega L} = \frac{1}{j\omega}\frac{R_D^2}{L} = \frac{1}{j\omega}\frac{1}{C} \qquad \text{kapazitiv.} \tag{4.84}$$

Für $Z = 1/j\omega C$ gilt:

$$Z' = j\omega C R_D^2 = j\omega L' \qquad \text{induktiv.} \tag{4.85}$$

Um für ein gegebenes Netzwerk das hierzu duale aufstellen zu können, müssen drei Voraussetzungen erfüllt sein:

- Das Netzwerk besteht nur aus ungesteuerten Quellen und den Elementen R, L und C.

- Das Netzwerk muss planar sein, das heißt, es darf keine Überschneidungen geben, ohne einen Knoten zu bilden.

- Die Anzahl der unabhängigen Knotengleichungen muss gleich der Anzahl der unabhängigen Maschengleichungen sein ($m = k - 1$).

Dividiert man die Maschengleichungen $u = Zi$ durch R_D, so erhält man die Knotengleichungen $i' = Y'u'$ mit den bekannten Vereinbarungen (Gleichung 4.80). Zu den Quellen ist zu sagen, dass Spannungsquellen zu Stromquellen und umgekehrt transformiert werden.

Es seien nun noch ein paar Hinweise zur Konstruktion des dualen Netzwerks aufgeführt:

- In jede Masche des Netzwerks wird ein Knoten gezeichnet. Zu diesen wird außerhalb des Netzwerkes ein weiterer Knoten gezeichnet.

- Nun werden die Knoten so verbunden, dass jeder Zweig des neuen Graphen genau einen Zweig des alten Graphen schneidet, woraus der Graph des dualen Netzwerkes hervorgeht.

- Das in jedem geschnittenen Zweig liegende Element wird in das dazu duale im schneidenden Zweig überführt.

Im Ergebnis liegt das duale Netzwerk vor.

Beispiel 2:
Mit der Transformation erhält man für die Originalelemente des Netzwerks in Bild 4.12 (a) die Elemente

$$R \Rightarrow R', \qquad L \Rightarrow C', \qquad C \Rightarrow L', \qquad u_Q \Rightarrow i_Q. \tag{4.86}$$

Das duale Netzwerk zeigt Bild 4.12 (b). $\qquad\qquad\qquad\qquad\qquad\qquad\qquad\square$

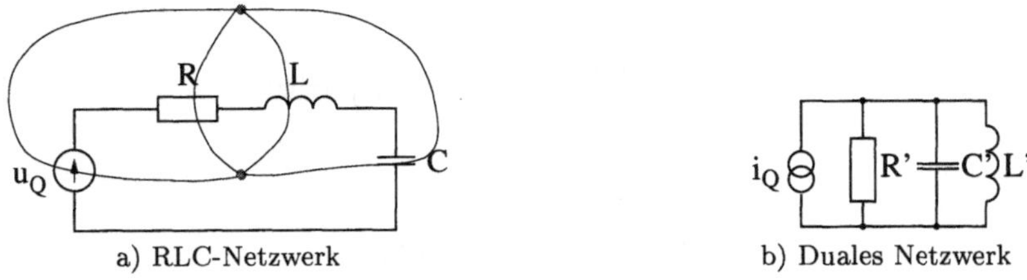

a) RLC-Netzwerk   b) Duales Netzwerk

Bild 4.12: Beispiel zur Superposition in linearen Netzwerken

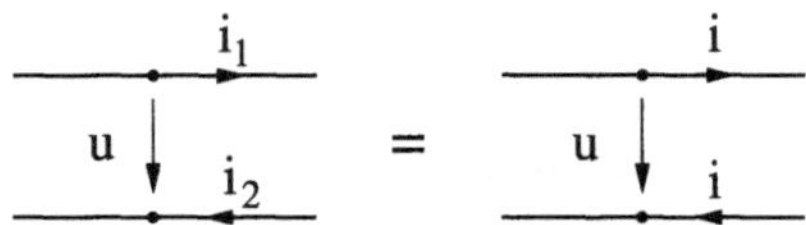

Bild 4.13: Darstellung zum Begriff Tor innerhalb elektrischer Netzwerke

4.4 Zweitore

Ein *Tor* wird im weiteren durch eine Spannung und durch einen Strom gemäß Bild 4.13 charakterisiert.

Wenn der Strom $i_1 = i_2 = i$ ist, dann ist die sogenannte Torbedingung erfüllt und man spricht von einem Tor.

4.4.1 Der Begriff des Zweitores oder Vierpols

Definition 4.7 *Ein* Zweitor (Vierpol) *ist ein elektrisches Netzwerk, welches zwei Eingangs- und zwei Ausgangsklemmen besitzt und zur Übertragung von elektrischer Energie dient.*

Für lineare Zweitore (Vierpole) gibt es gültige Regeln und Beziehungen, die innerhalb der Vierpoltheorie zusammengefasst sind.

Da das Zweitor Energie übertragen soll, muss der bei 1' austretende Strom I gleich dem an 1 eintretenden sein und der bei 2' austretende Strom gleich dem bei 2 eintretenden sein (Bild 4.14). Dies ist eine wichtige Voraussetzung der Vierpoltheorie.

Um von einem Zweitor im Sinne der nachfolgenden Betrachtungen zu sprechen, müssen folgende Bedingungen erfüllt sein:

- Es wird der stationäre Zustand betrachtet.

- Einzelne Zweitore sind quellenfrei, d.h. im Zweitor sind keine unabhängigen Strom- und Spannungsquellen vorhanden.

- Sämtliche Bauelemente sind linear bzw. arbeiten in linearen Bereichen (z. B. Transistor).

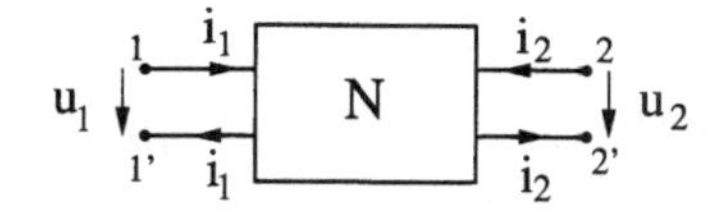

Bild 4.14: Allgemeines Zweitor

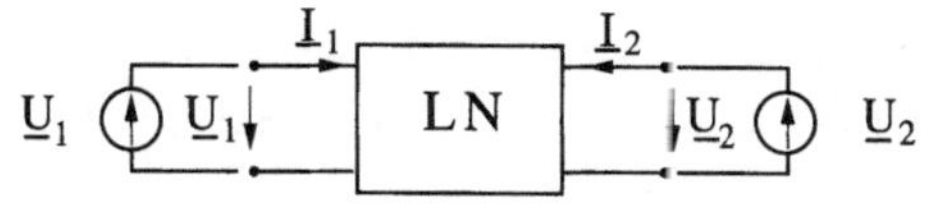

Bild 4.15: Allgemeines Zweitor mit Spannungsquellen beschaltet

4.4.2 Die mathematische Beschreibung von Zweitoren

Bei der mathematischen Beschreibung von elektrischen Netzwerken muss beachtet werden, dass Strom, Spannung, Impedanzen und Admittanzen auch komplexe Größen sein können. Komplexe Größen werden hier unterstrichen dargestellt und sind nicht mit Matrizen und Vektoren (fett dargestellt) zu verwechseln.

Die Addmittanzgleichungen des Zweitores

Für die weiteren Untersuchungen zu Zweitoren erfolgen unter den Voraussetzungenvon linearen Bauelementen. In diesem Fall gelten die Linearitätseigenschaften und das Superpositionsprinzip ist zur Berechnung desselben anwendbar. Die Admittanzgleichungen eines Zweitores geben den Zusammenhang zwischen den Strömen $\underline{I}_1, \underline{I}_2$ und den eingeprägten Spannungen $\underline{U}_1, \underline{U}_2$ wie folgt an:

$$\begin{aligned}
\underline{I}_1 &= \underline{Y}_{11}\underline{U}_1 + \underline{Y}_{12}\underline{U}_2, \\
\underline{I}_2 &= \underline{Y}_{21}\underline{U}_1 + \underline{Y}_{22}\underline{U}_2.
\end{aligned} \tag{4.87}$$

Die Elemente $\underline{Y}_{ij}$ werden in der Admittanzmatrix $\mathbf{Y}$ zusammengefasst dargestellt und als Admittanzparameter bezeichnet.

$$\underline{I} = \mathbf{Y} \cdot \underline{U}; \qquad \begin{pmatrix} \underline{I}_1 \\ \underline{I}_2 \end{pmatrix} = \begin{pmatrix} \underline{Y}_{11} & \underline{Y}_{12} \\ \underline{Y}_{21} & \underline{Y}_{22} \end{pmatrix} \cdot \begin{pmatrix} \underline{U}_1 \\ \underline{U}_2 \end{pmatrix} \tag{4.88}$$

Die Impedanzgleichungen des Zweitores

Die Impedanzgleichungen eines Zweitores geben den Zusammenhang zwischen den Spannungen $\underline{U}_1, \underline{U}_2$ und den eingeprägten Strömen $\underline{I}_1, \underline{I}_2$ wie folgt an:

$$\begin{aligned}
\underline{U}_1 &= \underline{Z}_{11}\underline{I}_1 + \underline{Z}_{12}\underline{I}_2, \\
\underline{U}_2 &= \underline{Z}_{21}\underline{I}_1 + \underline{Z}_{22}\underline{I}_2.
\end{aligned} \tag{4.89}$$

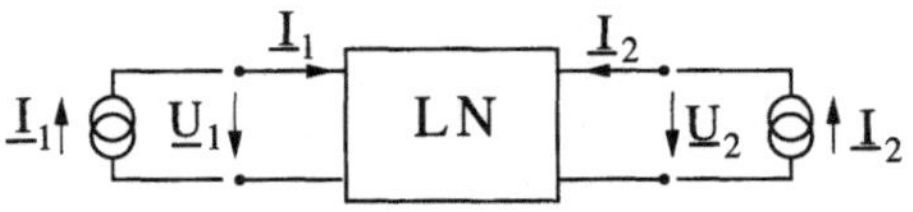

Bild 4.16: Lineares Zweitor beschaltet mit Stromquellen

Bild 4.17: Allgemeines Zweitor mit Strom- und Spannungsquellen beschaltet

Die Elemente $\underline{Z}_{ij}$ werden in der Impedanzmatrix $\mathbf{Z}$ zusammengefasst dargestellt und als Impedanzparameter bezeichnet.

$$\underline{U} = \mathbf{Z} \cdot \underline{I}, \qquad \begin{pmatrix} \underline{U}_1 \\ \underline{U}_2 \end{pmatrix} = \begin{pmatrix} \underline{Z}_{11} & \underline{Z}_{12} \\ \underline{Z}_{21} & \underline{Z}_{22} \end{pmatrix} \cdot \begin{pmatrix} \underline{I}_1 \\ \underline{I}_2 \end{pmatrix}. \tag{4.90}$$

Die Hybridgleichungen 1. Art des Zweitores

Die Hybridgleichungen 1. Art eines Zweitores geben den Zusammenhang zwischen der Spannung $\underline{U}_1$ sowie dem Strom $\underline{I}_2$ und dem eingeprägten Strom $\underline{I}_1$ und der eingeprägten Spannung $\underline{U}_2$ an:

$$\begin{aligned} \underline{U}_1 &= \underline{H}_{11}\underline{I}_1 + \underline{H}_{12}\underline{U}_2, \\ \underline{I}_2 &= \underline{H}_{21}\underline{I}_1 + \underline{H}_{22}\underline{U}_2. \end{aligned} \tag{4.91}$$

Die Elemente der Hybridmatrix $\underline{\mathbf{H}}$ werden auch als Hybridparameter 1. Art bezeichnet.

Die Hybridgleichnungen 2. Art des Zweitores

Die Hybridgleichungen 2. Art eines Zweitores geben den Zusammenhang zwischen dem Strom $\underline{I}_1$ sowie der Spannung $\underline{U}_2$ und der eingeprägten Spannung $\underline{U}_1$ und dem eingeprägten Strom $\underline{I}_2$ an:

$$\begin{aligned} \underline{I}_1 &= \underline{G}_{11}\underline{U}_1 + \underline{G}_{12}\underline{I}_2, \\ \underline{U}_2 &= \underline{G}_{21}\underline{U}_1 + \underline{G}_{22}\underline{I}_2. \end{aligned} \tag{4.92}$$

Die Elemente der Hybridmatrix $\underline{\mathbf{G}}$ werden auch als Hybridparameter 2. Art bezeichnet.

Die Kettenmatrix eines Zweitores

Die Kettenparametergleichungen repräsentieren den Zusammenhang zwischen den Aus- und Eingangsgrößen eines Zweitores. Da die Kettenparameter dazu dienen, Aussagen über Systeme, die in Kette zusammengeschaltet wurden, bereitzustellen, wird hier der Strom $\underline{I}_2$ aus dem Zweitor herausgeführt. Die zugehörigen Gleichungen lauten dann:

$$\begin{aligned} \underline{U}_1 &= \underline{A}_{11}\underline{U}_2 + \underline{A}_{12}\underline{I}_2, \\ \underline{I}_1 &= \underline{A}_{21}\underline{U}_2 + \underline{A}_{22}\underline{I}_2. \end{aligned} \tag{4.93}$$

Die Elemente der Matrix $\underline{\mathbf{A}}$ werden als Kettenparameter bezeichnet.

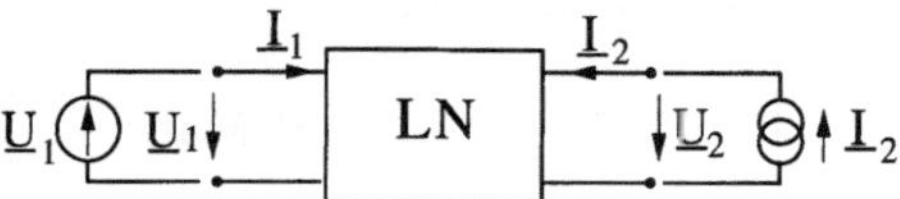

Bild 4.18: Allgemeines Zweitor mit Spannungs- und Stromquellen beschaltet

Bild 4.19: Allgemeines Zweitor mit Stromumkehr

4.4.3 Beziehungen zwischen Impedanz-, Admittanz-, Hybrid- und Kettenparametern

Es besteht nun die Möglichkeit, die unterschiedlichen Parameter ineinander umzurechnen. Je nach Anwendungsfall kann es mitunter günstig sein, von den einen Zweitorparametern zu anderen überzugehen, je nachdem wie die Zusammenschaltung der Zweitore geschieht. In der Tabelle 4.2 sind diese Beziehungen übersichtlich zusammengefasst.

4.4.4 Ersatzschaltungen einfacher Zweitore

Die T- und Π-Ersatzschaltung

Ist ein Zweitor als T-Schaltung darstellbar, so lassen sich die Impedanzen dieser aus den Einträgen der zugehörigen Impedanzmatrix $\underline{Z}$ berechnen. Und umgekehrt, ist ein Zweitor als Π-Schaltung darstellbar, so lassen sich die Admittanzen dieser aus den Einträgen der zugehörigen Admittanzmatrix $\underline{Y}$ berechnen. Es gilt weiter der Satz:

Satz 4.3 *Für jedes* reziproke *Zweitor (mit bekannten Matrizen $\underline{Y}$ und $\underline{Z}$) lässt sich ein T- bzw. Π-Ersatzschaltbild angeben.*

Da die T- und Π-Ersatzschaltungen reziproke Zweitore sind, ist die Umrechnung ineinander möglich.

Die Beziehungen zwischen den T- und Π-Ersatzschaltungen

Es ist nun möglich, Zweitore, die sich als T-Ersatzschaltbild darstellen lassen, in die Darstellung des Π-Ersatzschaltbildes zu überführen. Die Zusammenhänge stellen sich

Tabelle 4.2: Umrechnungen

	Z-Matrix	Y-Matrix	H-Matrix	A-Matrix
Z	$\begin{matrix} Z_{11} & Z_{12} \\ Z_{21} & Z_{22} \end{matrix}$	$\begin{matrix} \dfrac{Y_{22}}{\det Y} & \dfrac{-Y_{12}}{\det Y} \\[2mm] \dfrac{-Y_{21}}{\det Y} & \dfrac{Y_{11}}{\det Y} \end{matrix}$	$\begin{matrix} \dfrac{\det H}{H_{22}} & \dfrac{H_{12}}{H_{22}} \\[2mm] \dfrac{-H_{21}}{H_{22}} & \dfrac{1}{H_{22}} \end{matrix}$	$\begin{matrix} \dfrac{A_{11}}{A_{21}} & \dfrac{\det A}{A_{21}} \\[2mm] \dfrac{1}{A_{21}} & \dfrac{A_{22}}{A_{21}} \end{matrix}$
Y	$\begin{matrix} \dfrac{Z_{22}}{\det Z} & \dfrac{-Z_{12}}{\det Z} \\[2mm] \dfrac{-Z_{21}}{\det Z} & \dfrac{Z_{11}}{\det Z} \end{matrix}$	$\begin{matrix} Y_{11} & Y_{12} \\ Y_{21} & Y_{22} \end{matrix}$	$\begin{matrix} \dfrac{1}{H_{11}} & \dfrac{-H_{12}}{H_{11}} \\[2mm] \dfrac{H_{21}}{H_{11}} & \dfrac{\det H}{H_{11}} \end{matrix}$	$\begin{matrix} \dfrac{A_{22}}{A_{12}} & \dfrac{\det A}{A_{12}} \\[2mm] \dfrac{-1}{A_{12}} & \dfrac{A_{11}}{A_{12}} \end{matrix}$
H	$\begin{matrix} \dfrac{\det Z}{Z_{22}} & \dfrac{Z_{12}}{Z_{22}} \\[2mm] \dfrac{-Z_{21}}{Z_{22}} & \dfrac{1}{Z_{22}} \end{matrix}$	$\begin{matrix} \dfrac{1}{Y_{11}} & \dfrac{-Y_{12}}{Y_{11}} \\[2mm] \dfrac{Y_{21}}{Y_{11}} & \dfrac{\det Y}{Y_{11}} \end{matrix}$	$\begin{matrix} H_{11} & H_{12} \\ H_{21} & H_{22} \end{matrix}$	$\begin{matrix} \dfrac{A_{12}}{A_{22}} & \dfrac{\det A}{A_{22}} \\[2mm] \dfrac{-1}{A_{22}} & \dfrac{A_{21}}{A_{22}} \end{matrix}$
A	$\begin{matrix} \dfrac{Z_{11}}{Z_{21}} & \dfrac{\det Z}{Z_{21}} \\[2mm] \dfrac{1}{Z_{21}} & \dfrac{Z_{22}}{Z_{21}} \end{matrix}$	$\begin{matrix} \dfrac{-Y_{22}}{Y_{21}} & \dfrac{-1}{Y_{21}} \\[2mm] \dfrac{-\det Y}{Y_{21}} & \dfrac{-Y_{11}}{Y_{21}} \end{matrix}$	$\begin{matrix} \dfrac{-\det H}{H_{21}} & \dfrac{H_{11}}{H_{21}} \\[2mm] \dfrac{-H_{22}}{H_{21}} & \dfrac{-1}{H_{21}} \end{matrix}$	$\begin{matrix} A_{11} & A_{12} \\ A_{21} & A_{22} \end{matrix}$

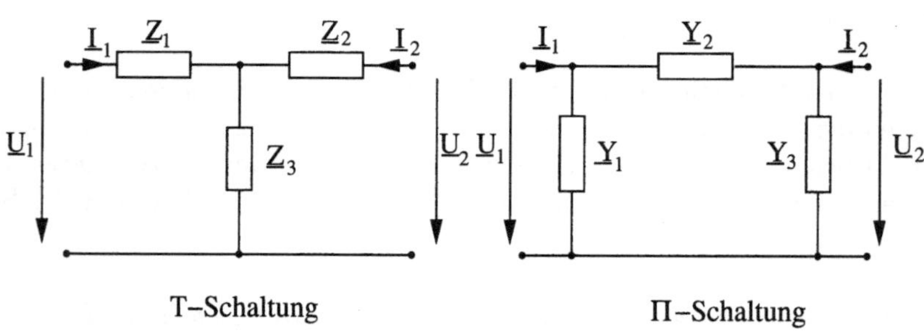

Bild 4.20: T- und Π-Schaltung

wie folgt dar:

$$
\begin{aligned}
\underline{Z}_1 &= \underline{Z}_{11} - \underline{Z}_{21} = \frac{\underline{Y}_{22} + \underline{Y}_{12}}{\det \underline{\mathbf{Y}}}\,, \\[2mm]
\underline{Z}_2 &= \underline{Z}_{22} - \underline{Z}_{21} = \frac{\underline{Y}_{11} + \underline{Y}_{12}}{\det \underline{\mathbf{Y}}}\,, \\[2mm]
\underline{Z}_3 &= \underline{Z}_{21} = -\frac{\underline{Y}_{12}}{\det \underline{\mathbf{Y}}}
\end{aligned}
$$

$$\text{mit} \quad \det \underline{\mathbf{Y}} = \underline{Y}_{11}\underline{Y}_{22} - \underline{Y}_{12}\underline{Y}_{21}. \tag{4.94}$$

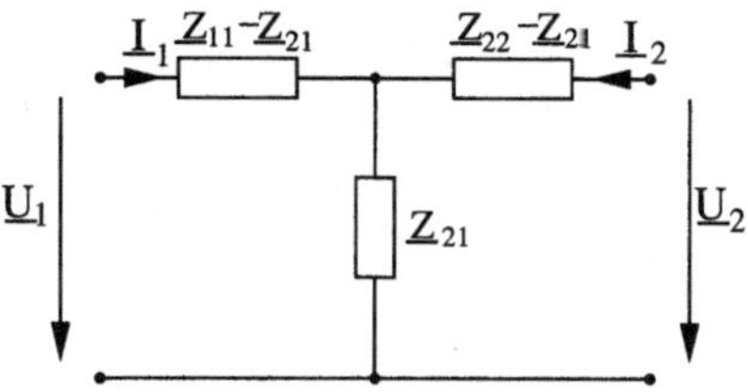

Bild 4.21: T-Ersatzschaltung

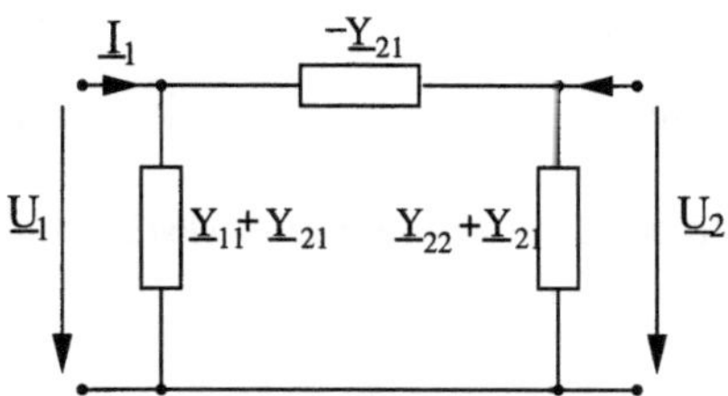

Bild 4.22: Π-Ersatzschaltung

Die Transformation vom Π-Ersatzschaltbild ins T-Ersatzschaltbild erfolgt mittels

$$\underline{Y}_1 \;=\; \underline{Y}_{11} + \underline{Y}_{12} = \frac{\underline{Z}_{22} - \underline{Z}_{12}}{\det \underline{\mathbf{Z}}}\;,$$

$$\underline{Y}_2 \;=\; -\underline{Y}_{12} = \frac{\underline{Z}_{12}}{\det \underline{\mathbf{Z}}}\;,$$

$$\underline{Y}_3 \;=\; \underline{Y}_{22} + \underline{Y}_{12} = \frac{\underline{Z}_{11} - \underline{Z}_{12}}{\det \underline{\mathbf{Z}}}$$

$$\text{mit}\quad \det \underline{\mathbf{Z}} \;=\; \underline{Z}_{11}\underline{Z}_{22} - \underline{Z}_{12}\underline{Z}_{21} \tag{4.95}$$

Realisierbarkeit von T- bzw. Π-Ersatzschaltungen

Hier soll gezeigt werden, dass in manchen Fällen eine physikalische Realisierung der gefundenen Ersatzschaltung keineswegs möglich ist.

1. Fall: gekoppelte Induktivitäten

Passt man die Gleichung für die Z-Parameter (4.89) an die Schaltung im Bild 4.23 an, ergeben sich mit $p = j\omega$ die Gleichungen

$$\underline{Z}_{11} = pL_{11}, \qquad \underline{Z}_{22} = pL_{22}, \qquad \underline{Z}_{12} = \underline{Z}_{21} = pL_{12} = pL_{21}. \tag{4.96}$$

Für die T-Ersatzschaltung folgen aus dem Vergleich der Größen im Bild 4.21 mit denen in den Gleichungen (4.96), die im Bild 4.25 angegebenen.

Diese Ersatzschaltung ist elektrotechnisch nicht in jedem Fall realisierbar, weil

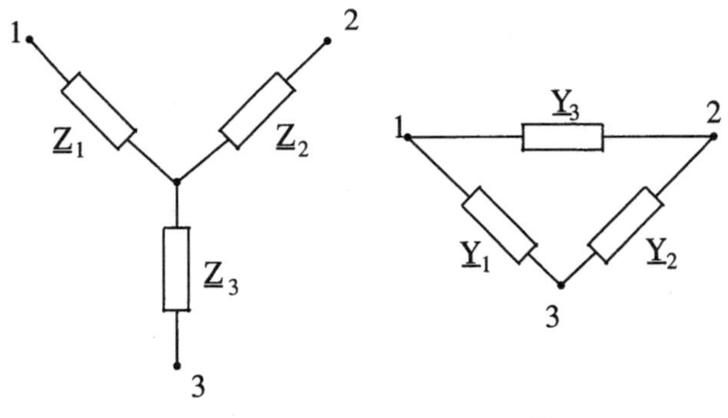

Sternschaltung   Dreieckschaltung

Bild 4.23: Stern- und Dreieckschaltung

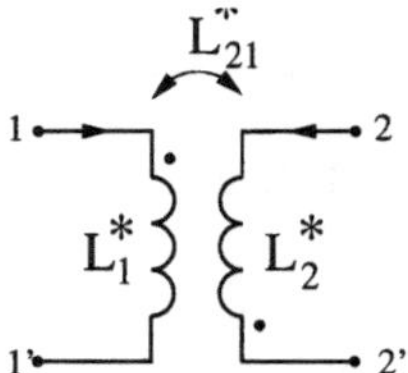

Bild 4.24: Gekoppelte Induktivitäten

- $L_{21} < 0$ sein kann. Damit würde die vertikale Induktivität einen negativen Bauelementewert annehmen.

- $L_{21} > L_{11}$ oder $L_{21} > L_{22}$ sein kann. Das ist grundsätzlich denkbar, weil nur die Bedingung $L_{21}^2 \geq L_{11}L_{22}$ erfüllt sein muss.

Im Fall $L_{21} > L_{11}$ hat die linke horizontale Induktivität einen negativen Bauelementewert, im Fall $L_{21} > L_{22}$ hat ihn die rechte horizontale Induktivität.

Wenn das Zweitor monofrequent betrieben wird, das heißt mit einer speziellen Frequenz ω, dann lässt sich eine Ersatzschaltung mit negativem Bauelementewert für die Induktivität L_{21} angeben. Die Impedanz ist dann

$$\underline{Z} = -j\omega L. \tag{4.97}$$

Ersetzt man nun dieses Z durch ein adäquates Element, z. B. mittels Kapazität, so gilt:

$$\underline{Z} = -\frac{1}{j\omega C} = j\frac{1}{\omega C} \, . \tag{4.98}$$

Aus dem Gleichsetzen der Gleichungen (4.97) und (4.98) resultiert der Ausdruck:

$$C = -\frac{1}{\omega^2 L} \tag{4.99}$$

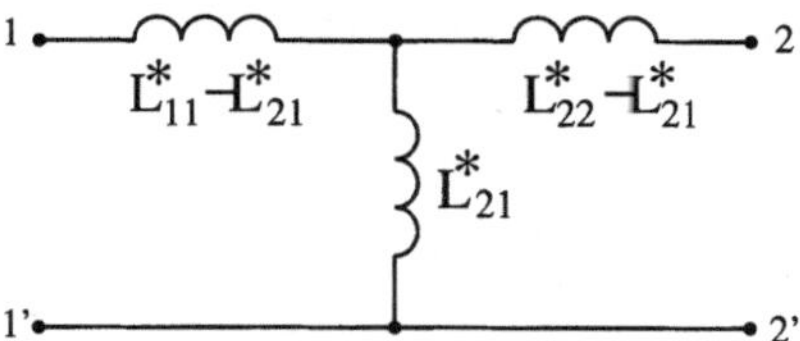

Bild 4.25: T-Ersatzschaltung zweier gekoppelter linearer Induktivitäten

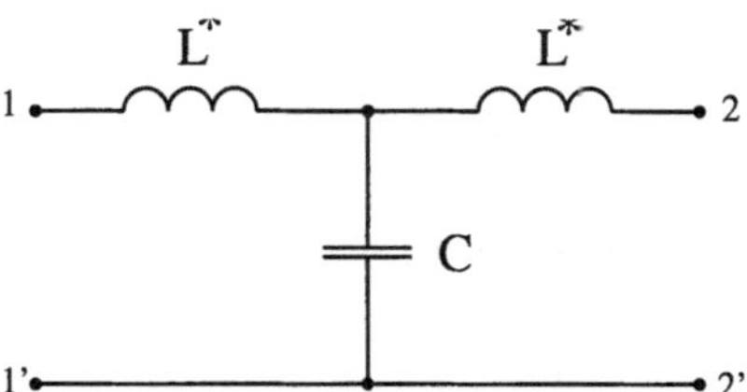

Bild 4.26: T-Ersatzschaltbild der gekoppelten Induktivitäten

und man kann die negative Induktivität durch eine Kapazität, welche die gleiche Impedanz aufweist, ersetzen. Siehe dann Bild 4.26.

2. Fall: Π-Ersatzschaltbild für die realisierten gekoppelten Induktivitäten

Für die in Bild 4.26 dargestellte Schaltung soll nun das Π-Ersatzschaltbild realisiert werden. Die einzelnen Impedanzen haben die Werte

$$\underline{Z}_1 = \underline{Z}_2 = pL \quad \text{und} \quad \underline{Z}_3 = \frac{1}{pC} \, . \tag{4.100}$$

Die Admittanzen für eine Π-Ersatzschaltung ergeben sich nach den Gleichungen (4.95) hier zu:

$$\underline{Y}_1 = \underline{Y}_2 = \frac{\underline{Z}_2}{\underline{Z}_1\underline{Z}_2 + \underline{Z}_2\underline{Z}_3 + \underline{Z}_3\underline{Z}_1} = \frac{1}{\underline{Z}_1 + 2\underline{Z}_3} = \frac{1}{pL + \dfrac{2}{pC}} \, ,$$

$$\underline{Y}_3 = \frac{\underline{Z}_3}{\underline{Z}_1\underline{Z}_2 + \underline{Z}_2\underline{Z}_3 + \underline{Z}_3\underline{Z}_1} = \frac{\underline{Z}_3}{\underline{Z}_1^2 + 2\underline{Z}_1\underline{Z}_3} = \frac{1}{(p^2L^2 + 2\dfrac{L}{C})pC} \, . \tag{4.101}$$

Aus der ersten Gleichung ist sofort erkennbar, dass die Admittanzen $\underline{Y}_1$ und $\underline{Y}_2$ als Reihenschaltung der Impedanzen $\underline{Z}_1$ und $2\underline{Z}_3$ realisierbar sind, siehe Bild 4.28.

$\underline{Y}_3$ hingegen lässt sich durch eine Zusammenschaltung von induktiven und kapazitiven Netzwerkelementen nicht realisieren. Der Zähler- und Nennergrad darf sich laut Netzwerktheorie höchstens um eins unterscheiden. Dies ist hier nicht der Fall.

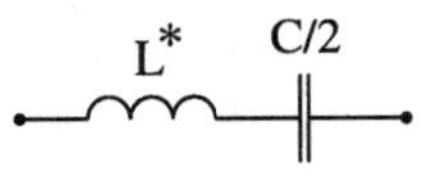

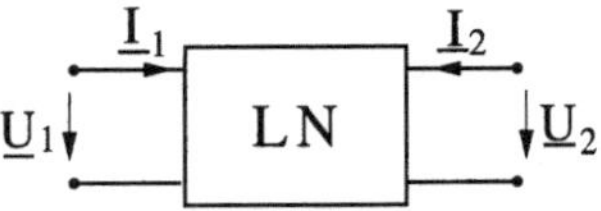

Bild 4.27: Realisierung der Admittanzen $\underline{Y}_1$ und $\underline{Y}_2$

Bild 4.28: Zweitor

4.4.5 Symmetrische Zweitore

Ein Zweitor ist (längs-)symmetrisch, wenn ein Vertauschen von Tor 1 und Tor 2 von außen nicht erkennbar ist.

Das heißt, durch ein Vertauschen der Ein- und Ausgänge eines Zweitores ändert sich nichts an seinem Klemmenverhalten. Wenn das im Bild 4.28 dargestellte Zweitor symmetrisch ist, so muss die Gültigkeit der Impedanzgleichungen

$$\begin{pmatrix} \underline{U}_1 \\ \underline{U}_2 \end{pmatrix} = \begin{pmatrix} \underline{Z}_{11} & \underline{Z}_{12} \\ \underline{Z}_{21} & \underline{Z}_{22} \end{pmatrix} \begin{pmatrix} \underline{I}_1 \\ \underline{I}_2 \end{pmatrix} \tag{4.102}$$

erhalten bleiben, wenn die beiden Tore und somit $\underline{U}_1$ mit $\underline{U}_2$ und $\underline{I}_1$ mit $\underline{I}_2$ vertauscht werden:

$$\begin{pmatrix} \underline{U}_2 \\ \underline{U}_1 \end{pmatrix} = \begin{pmatrix} \underline{Z}_{11} & \underline{Z}_{12} \\ \underline{Z}_{21} & \underline{Z}_{22} \end{pmatrix} \begin{pmatrix} \underline{I}_2 \\ \underline{I}_1 \end{pmatrix} . \tag{4.103}$$

Daraus folgt die notwendige und hinreichende Bedingung für die Längssymmetrie:

$$\begin{pmatrix} \underline{Z}_{11} & \underline{Z}_{12} \\ \underline{Z}_{21} & \underline{Z}_{22} \end{pmatrix} = \begin{pmatrix} \underline{Z}_{22} & \underline{Z}_{21} \\ \underline{Z}_{12} & \underline{Z}_{11} \end{pmatrix}, \tag{4.104}$$

also $\underline{Z}_{21} = \underline{Z}_{12}$ und $\underline{Z}_{11} = \underline{Z}_{22}$.

Aus den Admittanzgleichungen folgen auf ähnlichem Weg die Bedingungen $\underline{Y}_{21} = \underline{Y}_{12}$ und $\underline{Y}_{11} = \underline{Y}_{22}$. Wenn also die Impedanz- oder die Admittanzmatrix existiert, ist ein symmetrisches Zweitor stets reziprok. Existiert ebenfalls die Kettenmatrix, dann gilt: $\det \mathbf{\underline{A}} = 1$ und $\underline{A}_{11} = \underline{A}_{22}$.

Dies lässt sich mit der Umrechnungsformel nachweisen, wenn die Matrizen $\mathbf{\underline{Z}}$, $\mathbf{\underline{Y}}$ und $\mathbf{\underline{A}}$ existieren. Es gelten somit die Forderungen:

$$\underline{Z}_{21} = \underline{Z}_{12} \qquad \Longleftrightarrow \qquad \underline{Y}_{21} = \underline{Y}_{12} \qquad \Longleftrightarrow \qquad \det \mathbf{\underline{A}} = 1 \tag{4.105}$$

und

$$\underline{Z}_{11} = \underline{Z}_{22} \qquad \Longleftrightarrow \qquad \underline{Y}_{11} = \underline{Y}_{22} \qquad \Longleftrightarrow \qquad \underline{A}_{11} = \underline{A}_{22} . \tag{4.106}$$

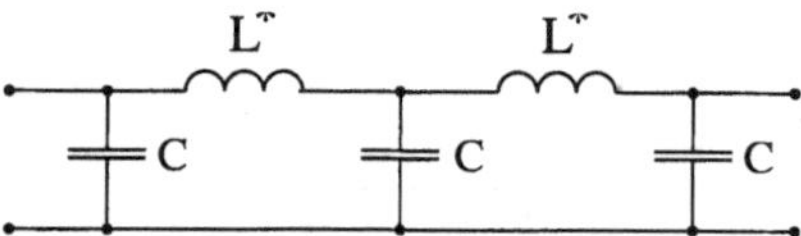

Bild 4.29: Zweitor mit einer Struktursymmetrie

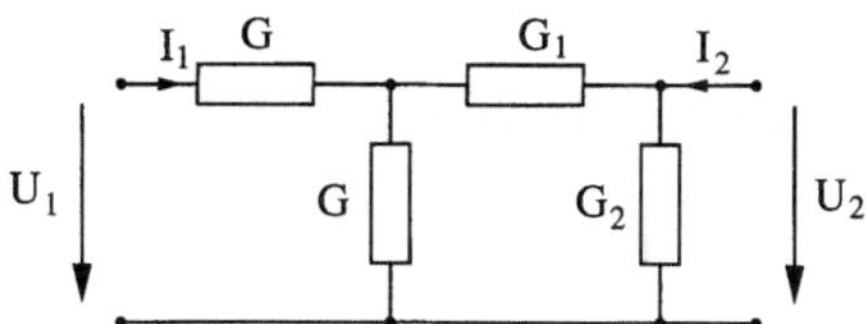

Bild 4.30: Zweitor - strukturunsymmetrisch

Die Symmetriebedingung beinhaltet für die Kettendarstellung die Gleichheit der Kettenmatrix $\underline{\mathbf{A}}$ und der Rückwärts-Kettenmatrix $\underline{\mathbf{A}}_R$, denn es folgt:

$$\underline{\mathbf{A}}_R = \frac{1}{\det \underline{\mathbf{A}}} \begin{pmatrix} \underline{A}_{22} & \underline{A}_{11} \\ \underline{A}_{21} & \underline{A}_{12} \end{pmatrix} = \begin{pmatrix} \underline{A}_{11} & \underline{A}_{12} \\ \underline{A}_{21} & \underline{A}_{22} \end{pmatrix} = \underline{\mathbf{A}}. \tag{4.107}$$

Eine strenge Form der Längssymmetrie ist die Aufbausymmetrie. Das heißt, es liegt eine Srukursymmetrie vor. Die Aufbausymmetrie ist eine hinreichende Bedingung für die Längssymmetrie.

Anmerkung:
Die Längssymmetrie fordert keine Struktursymmetrie.

Beispiel 1:
Symmetrie auch bei asymmetrischem Strukturaufbau

Für das folgende Netzwerk soll eine Bedingung aufgestellt werden, wann das Netzwerk in Bild 4.30 symmetrisches Verhalten aufweist.

Die Netzwerkgleichungen für dieses Netzwerk lauten mit den y-Parametern:

$$\begin{aligned} \underline{I}_1 &= \underline{Y}_{11}\underline{U}_1 + \underline{Y}_{12}\underline{U}_2, \\ \underline{I}_2 &= \underline{Y}_{21}\underline{U}_1 + \underline{Y}_{22}\underline{U}_2. \end{aligned} \tag{4.108}$$

Es werden nun die zwei Fälle des Kurzschlusses primär- und sekundärseitig betrachtet:

1. Fall: $\underline{U}_2 = 0$

Das resultierende Netzwerk ist im Bild 4.31 dargestellt. Die Netzwerkgleichungen lauten dann:

$$\begin{aligned} \underline{I}_1 &= \underline{Y}_{11}\underline{U}_1, \\ \underline{I}_2 &= \underline{Y}_{21}\underline{U}_1. \end{aligned} \tag{4.109}$$

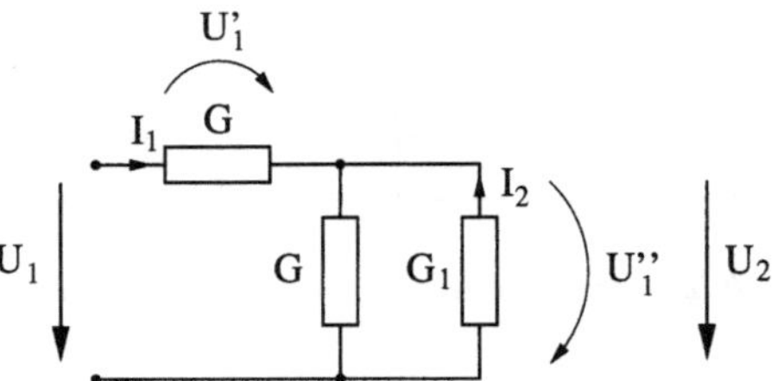

Bild 4.31: Zweitor bei $\underline{U}_2 = 0$

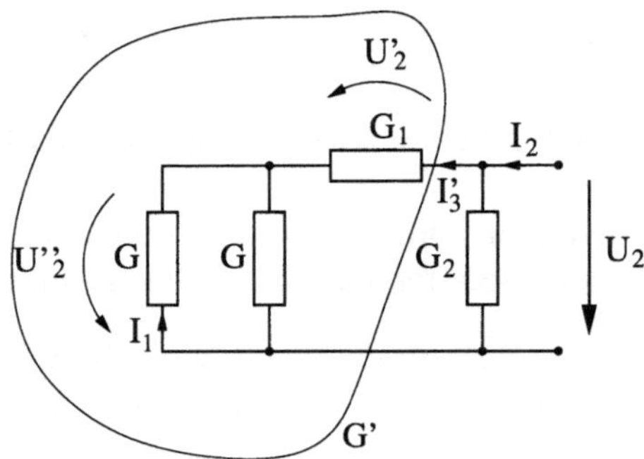

Bild 4.32: Zweitor bei $\underline{U}_1 = 0$

Für $\underline{Y}_{11}$ erhält man nach Umstellen:

$$\underline{Y}_{11} = \frac{\underline{I}_1}{\underline{U}_1}. \tag{4.110}$$

Dies entspricht dem Eingangsleitwert der Schaltung und es gilt:

$$\frac{1}{\underline{Y}_{11}} = \frac{1}{G_{ges}} = \frac{1}{G} + \frac{1}{G_1 + G} = \frac{2G + G_1}{G^2 + GG_1} \tag{4.111}$$

und es folgt für $\underline{Y}_{11}$:

$$\underline{Y}_{11} = \frac{G^2 + GG_1}{2G + G_1}. \tag{4.112}$$

Für $\underline{Y}_{21}$ gilt analog $\underline{y}_{21} = \underline{I}_2/\underline{U}_1$. Unter zu Hilfenahme der Beziehung $\underline{U}_1 = \underline{U}_1' + \underline{U}_1''$ mit $\underline{U}_1' = \underline{I}_1/G$ und $\underline{U}_1'' = \underline{I}_2/G_1$ folgt mit der Stromteilerregel $\underline{I}_1 = \underline{I}_2(G + G_1)/G_1$:

$$\underline{Y}_{21} = \frac{\underline{I}_2}{\underline{U}_1} = \frac{GG_1}{2G + G_1}\ . \tag{4.113}$$

2. Fall: $\underline{U}_1 = 0$

Die Netzwerkgleichungen lauten dann:

$$\begin{aligned}
\underline{I}_1 &= \underline{Y}_{12}\underline{U}_2, \\
\underline{I}_2 &= \underline{Y}_{22}\underline{U}_2.
\end{aligned} \tag{4.114}$$

Für $\underline{Y}_{11}$ erhält man nach Umstellen:

$$\underline{Y}_{22} = \frac{\underline{I}_2}{\underline{U}_2}. \tag{4.115}$$

Dies entspricht dem Ausgangsleitwert der Schaltung. Für die weiteren Betrachtungen wird die Hilfsgröße G' eingeführt. Es gilt:

$$G' = \frac{2GG_1}{2G + G_1}. \tag{4.116}$$

Man erhält somit für $\underline{Y}_{22}$:

$$\underline{Y}_{22} = G' + G_2 = \frac{2GG_1}{2G + G_1} + G_2. \tag{4.117}$$

Die Bedingung für Symmetrie ist:

$$\underline{Y}_{11} = \underline{Y}_{22}. \tag{4.118}$$

Nach dem Gleichsetzen folgt:

$$\frac{G^2 + GG_1}{2G + G_1} = \frac{2GG_1}{2G + G_1} + G_2 \tag{4.119}$$

und für G_2 erhält man:

$$G_2 = \frac{G^2 + GG_1}{2G + G_1}. \tag{4.120}$$

Wenn die Beziehung (4.120) erfüllt ist, weist das Zweitor symmetrisches Verhalten auf.

$$\square$$

4.4.6 Kombination von Zweitoren

Die Reihenschaltung

Bei einer Reihenschaltung von zwei Zweitoren wird das Tor 1 vom Zweitor N' mit dem Tor 1 vom Zweitor N" sowie das Tor 2 vom Zweitor N' mit dem Tor 2 vom Zweitor N" zusammengeschalten (Bild 4.29).

Es resultiert daraus dann eine neues lineares Zweitor N mit den Größen $\underline{U}_1, \underline{U}_2, \underline{I}_1, \underline{I}_2$. Aufgrund der Reihenschaltung im Bild 4.33 gelten die Beziehungen:

$$\begin{aligned}
\underline{I}_1 &= \underline{I}_1' = \underline{I}_1'' \quad \text{und} \quad \underline{U}_1 = \underline{U}_1' + \underline{U}_1'' \\
\underline{I}_2 &= \underline{I}_2' = \underline{I}_2' \quad \text{und} \quad \underline{U}_2 = \underline{U}_2' + \underline{U}_2''
\end{aligned} \tag{4.121}$$

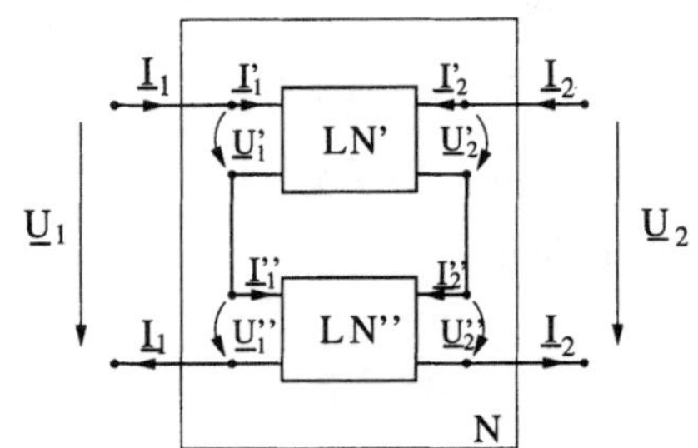

Bild 4.33: Reihenschaltung von Zweitoren

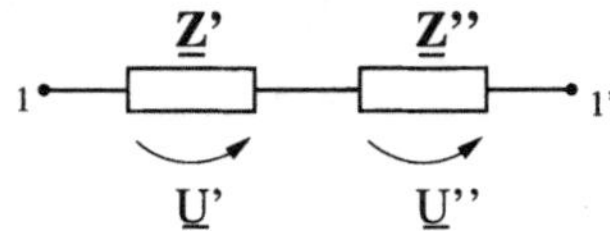

Bild 4.34: Vereinfachte Reihenschaltung von Zweitoren

bzw. in Vektorschreibweise $\underline{\boldsymbol{I}} = \begin{pmatrix} \underline{I}_1 \\ \underline{I}_2 \end{pmatrix}$:

$$\begin{aligned} \underline{\boldsymbol{I}} &= \underline{\boldsymbol{I}}' = \underline{\boldsymbol{I}}'', \\ \underline{\boldsymbol{U}} &= \underline{\boldsymbol{U}}' + \underline{\boldsymbol{U}}''. \end{aligned} \qquad (4.122)$$

Es gilt:

$$\underline{\boldsymbol{U}} = \underline{\boldsymbol{Z}}\,\underline{\boldsymbol{I}}, \qquad \underline{\boldsymbol{U}}' = \underline{\boldsymbol{Z}}\,\underline{\boldsymbol{I}}', \qquad \underline{\boldsymbol{U}}'' = \underline{\boldsymbol{Z}}\,\underline{\boldsymbol{I}}''. \qquad (4.123)$$

Somit ergibt sich:

$$\underline{\boldsymbol{U}} = \underline{\boldsymbol{U}}' + \underline{\boldsymbol{U}}'' = \underline{\boldsymbol{Z}}'\,\underline{\boldsymbol{I}}' + \underline{\boldsymbol{Z}}''\,\underline{\boldsymbol{I}}'' = \underline{\boldsymbol{Z}}'\,\underline{\boldsymbol{I}} + \underline{\boldsymbol{Z}}''\,\underline{\boldsymbol{I}} = (\underline{\boldsymbol{Z}}' + \underline{\boldsymbol{Z}}'')\,\underline{\boldsymbol{I}},$$

und es folgt:

$$\underline{\boldsymbol{Z}} = \underline{\boldsymbol{Z}}' + \underline{\boldsymbol{Z}}''. \qquad (4.124)$$

Ein vereinfachtes Schaltbild gibt das Bild 4.34 an.

Das Ergebnis lässt sich nun auf eine beliebige Anzahl von in Reihe geschalteter Zweitore erweitern. Die Impedanzmatrix des resultierenden Zweitors bestimmt sich zu:

$$\underline{\boldsymbol{Z}} = \underline{\boldsymbol{Z}}' + \underline{\boldsymbol{Z}}'' + \ldots + \underline{\boldsymbol{Z}}^{(n)} = \sum_{i=1}^{n} \underline{\boldsymbol{Z}}^{(i)}. \qquad (4.125)$$

Parallelschaltung von Zweitoren

Bei einer Parallelschaltung von Zweitoren werden das Tor 1 von N' mit dem Tor 1 von N" und das Tor 2 von N' mit dem Tor 2 von N" parallel geschaltet. Die Parallelschaltung

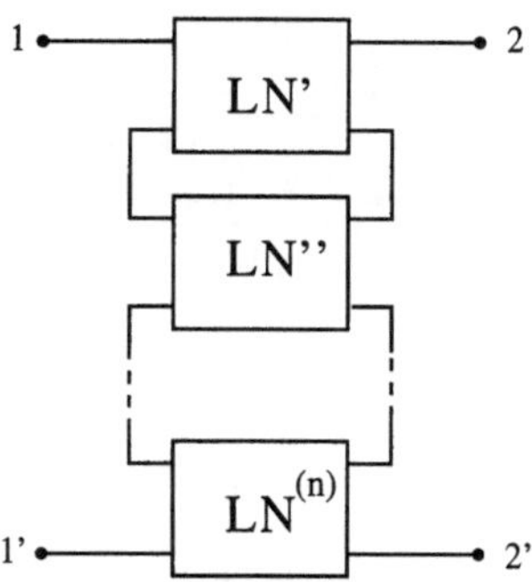

Bild 4.35: Reihenschaltung von n Zweitoren

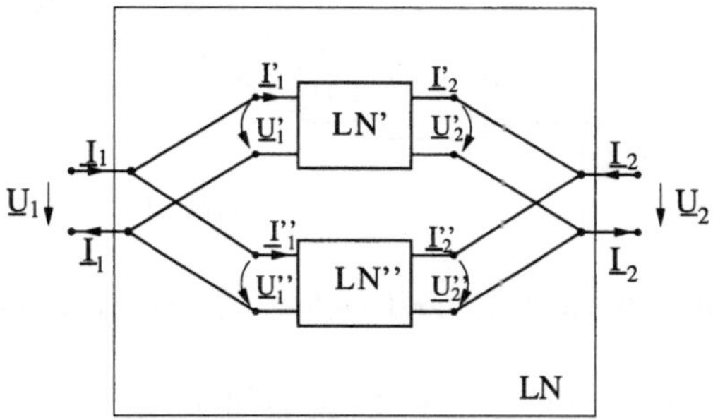

Bild 4.36: Parallelschaltung von Zweitoren

ergibt ein resultierendes Zweitor mit den Spannungen $\underline{U}_1$ und $\underline{U}_2$ sowie den Strömen $\underline{I}_1$ und $\underline{I}_2$.

Aufgrund der Parallelschaltung gilt:

$$\begin{aligned}
\underline{U}_1 &= \underline{U}_1' = \underline{U}_1'' \quad &\text{und} \quad & \underline{I}_1 = \underline{I}_1' + \underline{I}_1'', \\
\underline{U}_2 &= \underline{U}_2' = \underline{U}_2'' \quad &\text{und} \quad & \underline{I}_2 = \underline{I}_2' + \underline{I}_2'',
\end{aligned} \tag{4.126}$$

bzw. in Vektorschreibweise:

$$\underline{U} = \underline{U}' = \underline{U}''; \qquad \underline{I} = \underline{I}' + \underline{I}''. \tag{4.127}$$

Aus

$$\underline{I} = \underline{Y}\,\underline{U}', \qquad \underline{I}' = \underline{Y}'\,\underline{U}', \qquad \underline{I}'' = \underline{Y}''\,\underline{U}'', \tag{4.128}$$

folgt:

$$\underline{I} = \underline{I}' + \underline{I}'' = \underline{Y}'\,\underline{U}' + \underline{Y}''\,\underline{U}'' = (\underline{Y}' + \underline{Y}'')\,\underline{U}. \tag{4.129}$$

Für die Admittanzmatrix gilt somit:

$$\underline{Y} = \underline{Y}' + \underline{Y}''. \tag{4.130}$$

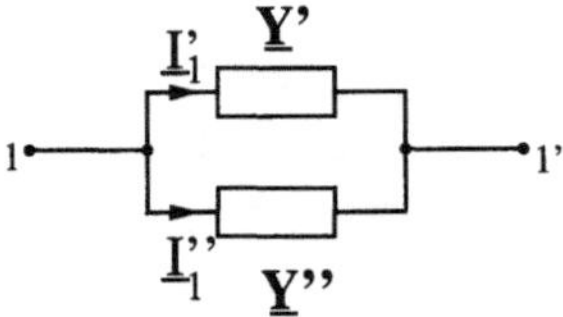

Bild 4.37: Vereinfachte Parallelschaltung von Zweitoren

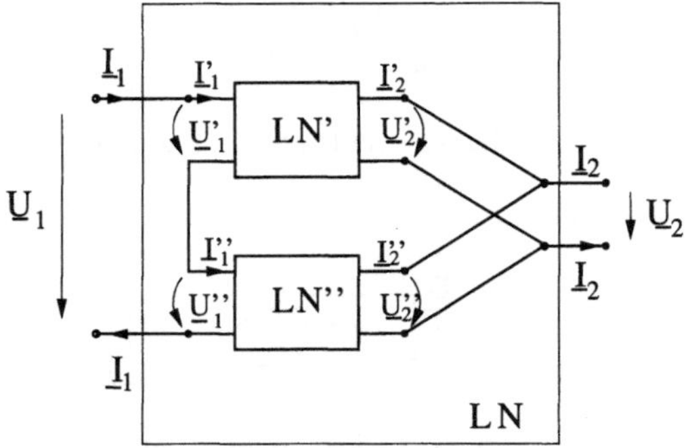

Bild 4.38: Reihen-Parallelschaltung von Zweitoren

Die Parallelschaltung zweier Zweitore zeigt das Bild 4.37.

Das Ergebnis lässt sich auf beliebige parallel geschaltete Zweitore erweitern.

Die Admittanzmatrix des resultierenden Zweitors bestimmt sich zu:

$$\underline{Y} = \underline{Y}' + \underline{Y}'' + \ldots + \underline{Y}^{(n)} = \sum_{i=1}^{n} \underline{Y}^{(i)}. \tag{4.131}$$

Reihen-Parallelschaltung von Zweitoren

Unter der Reihen-Parallelschaltung versteht man eine Verschaltung von Zweitoren, bei der die Eingangstore in Reihe und die Ausgangstore parallel geschaltet werden.

Es gelten die Hybridgleichungen 1. Art:

$$\begin{pmatrix} \underline{U}_1' \\ \underline{I}_2' \end{pmatrix} = \underline{H}' \begin{pmatrix} \underline{I}_1 \\ \underline{U}_2 \end{pmatrix} \qquad \text{und} \qquad \begin{pmatrix} \underline{U}_1'' \\ \underline{I}_2'' \end{pmatrix} = \underline{H}'' \begin{pmatrix} \underline{I}_1 \\ \underline{U}_2 \end{pmatrix} \tag{4.132}$$

und es folgt:

$$\begin{pmatrix} \underline{U}_1 \\ \underline{I}_2 \end{pmatrix} = (\underline{H}' + \underline{H}'') \begin{pmatrix} \underline{I}_1 \\ \underline{U}_2 \end{pmatrix}. \tag{4.133}$$

Bei einer Reihen-Parallelschaltung addieren sich somit die Hybridmatrizen 1. Art:

$$\underline{H} = \underline{H}' + \underline{H}''. \tag{4.134}$$

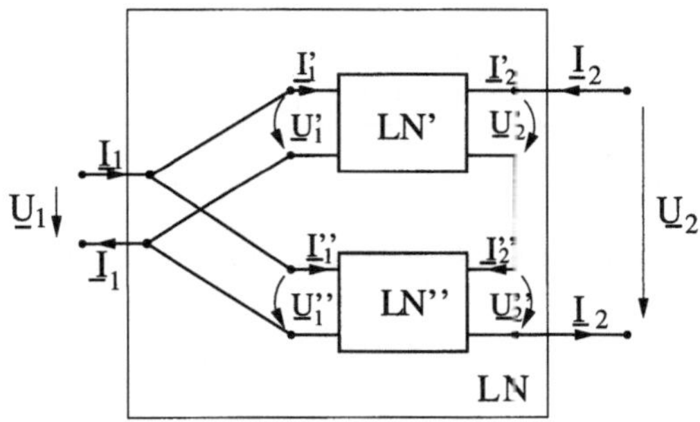

Bild 4.39: Parallel-Reihenschaltung von Zweitoren

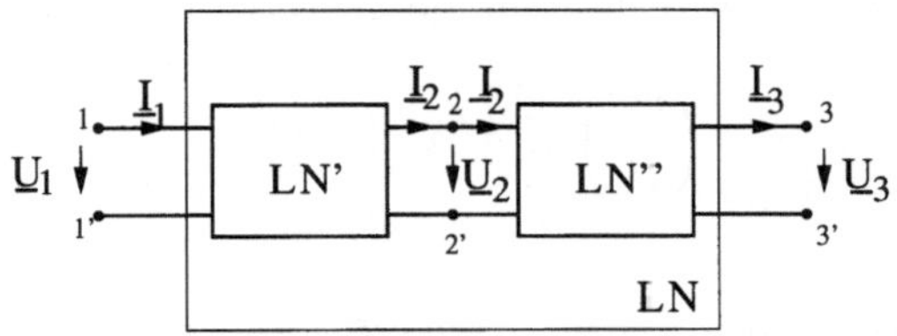

Bild 4.40: Kettenschaltung von Zweitoren

Parallel-Reihenschaltung von Zweitoren

Bei einer Parallel-Reihenschaltung werden die Eingangstore parallel und die Ausgangstore in Reihe geschaltet.

Es gelten die Hybridgleichungen 2. Art:

$$\begin{pmatrix} \underline{I}'_1 \\ \underline{U}'_2 \end{pmatrix} = \underline{\mathbf{G}}' \begin{pmatrix} \underline{U}_1 \\ \underline{I}_2 \end{pmatrix} \qquad \text{und} \qquad \begin{pmatrix} \underline{I}''_1 \\ \underline{U}''_2 \end{pmatrix} = \underline{\mathbf{G}}'' \begin{pmatrix} \underline{U}_1 \\ \underline{I}_2 \end{pmatrix} \tag{4.135}$$

und es folgt:

$$\begin{pmatrix} \underline{I}_1 \\ \underline{U}_2 \end{pmatrix} = (\underline{\mathbf{G}}' + \underline{\mathbf{G}}'') \begin{pmatrix} \underline{U}_1 \\ \underline{I}_2 \end{pmatrix} . \tag{4.136}$$

Bei einer Reihen-Parallelschaltung addieren sich somit die Hybridmatrizen 2. Art.

Kettenschaltung von Zweitoren

Bei einer Kettenschaltung von Zweitoren wird das Ausgangstor des Zweitors N' mit dem Eingangstor des Zweitors N" verschaltet, wodurch die beiden Zweitore zu einem resultierenden Zweitor N aneinandergereiht werden.

Hier wird nun auch der Vorteil der bei den Kettengleichungen gewählten Stromrichtung deutlich: Der Ausgangsstrom des Zweitores N' ist gleich dem Eingangsstrom des Zweitores N".

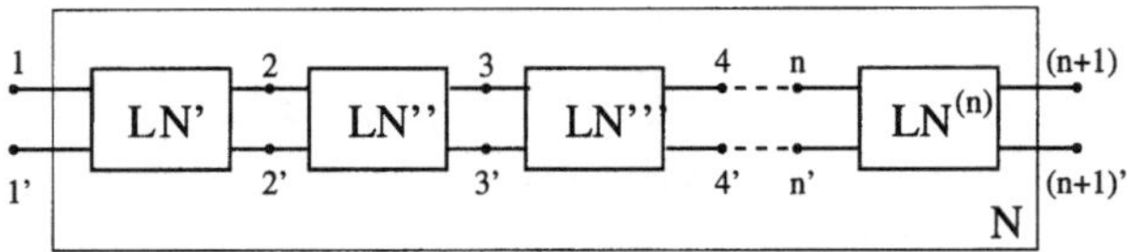

Bild 4.41: Kettenschaltung von n Zweitoren

Ausgehend von den Kettengleichungen der Zweitore N' und N''

$$\begin{pmatrix} \underline{U}_1 \\ \underline{I}_1 \end{pmatrix} = \underline{\mathbf{A}}' \begin{pmatrix} \underline{U}_2 \\ \underline{I}_2 \end{pmatrix} \qquad \text{und} \qquad \begin{pmatrix} \underline{U}_2 \\ \underline{I}_2 \end{pmatrix} = \underline{\mathbf{A}}'' \begin{pmatrix} \underline{U}_3 \\ \underline{I}_3 \end{pmatrix} \tag{4.137}$$

erhält man durch Einsetzen der rechten in die linke Gleichung:

$$\begin{pmatrix} \underline{U}_1 \\ \underline{I}_1 \end{pmatrix} = \underline{\mathbf{A}}' \underline{\mathbf{A}}'' \begin{pmatrix} \underline{U}_3 \\ \underline{I}_3 \end{pmatrix}. \tag{4.138}$$

Die Gesamtkettenmatrix $\underline{\mathbf{A}}$ des resultierenden Zweitors N wird aus dem Produkt der Kettenmatrizen der in Kette geschalteten Zweitore gebildet. Dabei ist darauf zu achten, dass bei der Matrizenmultiplikation nicht das Kommutativgesetz gilt, so dass die Reihenfolge der Matrizen beachtet werden muss.

Im Allgemeinen gilt:

$$\underline{\mathbf{A}} = \underline{\mathbf{A}}' \underline{\mathbf{A}}'' \neq \underline{\mathbf{A}}'' \underline{\mathbf{A}}'. \tag{4.139}$$

Das heißt, Zweitore sind nicht ohne Weiteres vertauschbar.

Schaltet man nun n Zweitore in Kette zusammen (Bild 4.41), so erhält man für die resultierende Kettenmatrix:

$$\underline{\mathbf{A}} = \underline{\mathbf{A}}' \underline{\mathbf{A}}'' \underline{\mathbf{A}}''' \cdot \ldots \cdot \underline{\mathbf{A}}^{(n)} = \prod_{i=1}^{n} \underline{\mathbf{A}}^{(i)}. \tag{4.140}$$

4.5   Grundlagen elektrischer Filter

Elektrische Filter stellen entscheidende Bauelemente in Systemen und Geräten der Nachrichten-, der Mess- und Regeltechnik dar. Filter gehören zu den frequenzselektierenden Netzwerken, welche elektrische Signale in einem oder in mehreren Frequenzbändern übertragen, d. h., durchlassen oder sperren. Je nach der Charakteristik der Übertragungsfunktion gelten sie als Hoch-, Tief- oder Allpass. Ihre Wirkungsweise als passive Filternetzwerke beruht auf den frequenzabhängigen Eigenschaften von Spule und Kapazität. Die Untersuchung von Filtern erfolgt im Bildbereich.

4.5.1 Beschreibung der Eigenschaften elektrischer Filter

Im vorigen Abschnitt wurde die Kettenschaltung von Vierpolen untersucht bzw. die Ermittlung ihrer Vierpolkoeffizienten beschrieben. Besteht eine solche Schaltung aus n-Teilen, dann gilt für die Zusammenhänge von den Eingangsgrößen $\underline{U}_0$, $\underline{I}_0$ und der Spannung $\underline{U}_n$ bzw. $\underline{I}_n$ nach dem n-ten Glied mit dem Wellenwiderstand $\underline{Z}_w$:

$$\underline{U}_0 \;=\; \underline{U}_n \cosh n\underline{g} + \underline{I}_n \underline{Z}_w \sinh n\underline{g}, \tag{4.141}$$

$$\underline{I}_0 \;=\; \frac{\underline{U}_n}{\underline{Z}_w} \sinh n\underline{g} + \underline{I}_n \cosh n\underline{g} \tag{4.142}$$

mit $\underline{g} = \alpha + j\beta$ als komplexe Zahl. Als erstes soll der Sonderfall einer Vierpolkette untersucht werden, bei der die Ausgangsspannung gleich der Eingangsspannung und der Ausgangsstrom gleich dem Eingangsstrom wird. Gemäß den Gln. (4.141) und (4.142) findet man für einen symmetrischen Vierpol bzw. für eine symmetrische Vierpolkette, welche mit einem komplexen Widerstand $\underline{Z}$ abgeschlossen wird, die Relationen:

$$\underline{U}_n \;=\; \underline{Z}\,\underline{I}_n,$$

$$\underline{U}_0 \;=\; \left(\cosh(\alpha + j\beta) + \frac{\underline{Z}_w}{\underline{Z}} \sinh(\alpha + j\beta)\right) \underline{U}_n, \tag{4.143}$$

$$\underline{I}_0 \;=\; \left(\cosh(\alpha + j\beta) + \frac{\underline{Z}}{\underline{Z}_w} \sinh(\alpha + j\beta)\right) \underline{I}_n. \tag{4.144}$$

Bei Dämpfungsfreiheit der Vierpolkette gilt $\alpha = 0$ als notwendige Voraussetzung, was nach wenigen Umformungen auf die Gleichungen

$$\underline{U}_0 \;=\; \left(\cosh j\beta + \frac{\underline{Z}_w}{\underline{Z}} \sinh j\beta\right) \underline{U}_n = \left(\cos\beta + j\,\frac{\underline{Z}_w}{\underline{Z}} \sin\beta\right) \underline{U}_n, \tag{4.145}$$

$$\underline{I}_0 \;=\; \left(\cosh j\beta + \frac{\underline{Z}}{\underline{Z}_w} \sinh j\beta\right) \underline{I}_n = \left(\cos\beta + j\,\frac{\underline{Z}}{\underline{Z}_w} \sin\beta\right) \underline{I}_n \tag{4.146}$$

führt. Aus diesen Gleichungen geht hervor, dass zusätzlich für die oben erhobenen Forderungen von $\underline{U}_0 = \underline{U}_n$, $\underline{I}_0 = \underline{I}_n$ für den Abschlusswiderstand $\underline{Z} = \underline{Z}_w$ sein muss. Genau darum (also notwendig und hinreichend) gilt:

$$\underline{U}_0 \;=\; \left(\cos\beta + j\,\sin\beta\right) \underline{U}_n = \underline{U}_n\, e^{j\beta}, \tag{4.147}$$

$$\underline{I}_0 \;=\; \left(\cos\beta + j\,\sin\beta\right) \underline{I}_n = \underline{I}_n\, e^{j\beta} \tag{4.148}$$

oder für die Beträge $|\underline{U}_0| = |\underline{U}_n|$, $|\underline{I}_0| = |\underline{I}_n|$. Ein elektrischer Filter besteht demzufolge aus einem Vierpol oder aus einer Vierpolkette, für die in einem festgelegten Frequenzbereich das Dämpfungsmaß $\alpha = 0$ ist. Der Frequenzbereich mit $\alpha = 0$ heißt Durchlassbereich des Filters. Die Bedingung $\underline{Z} = \underline{Z}_w$ kann im Allgemeinen nur für ganz bestimmte Frequenzen erfüllt sein. Für diese Fälle beschreibt dies eine Anpassung der Belastung an den elektrischen Filter.

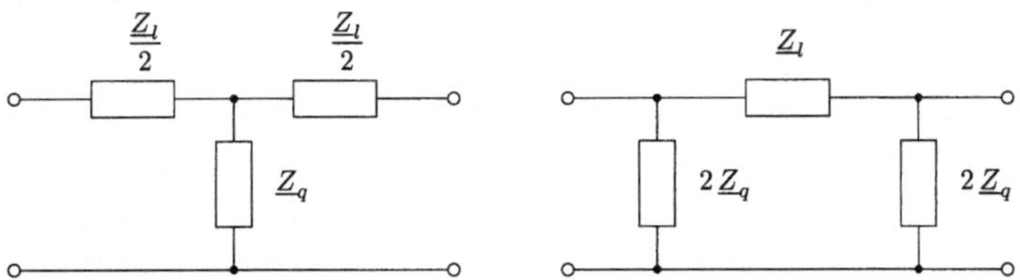

Bild 4.42: T-Vierpol bzw. Π-Vierpol oder aneinander gereihte T-Vierpolkette bzw. Π-Vierpolkette

Der Durchlassbereich eines Filters kann aus den Vierpolkonstanten $\underline{A}_{11}$, aus seinem Wellenwiderstand oder aus den Vierpolwiderständen berechnet werden. Für einen T-Vierpol bzw. für einen Π-Vierpol im Bild 4.42 erhält man nach der Vierpoltheorie für den Vierpolkoeffizient $\underline{A}_{11}$:

$$\underline{A}_{11} = \cosh \underline{g} = 1 + \frac{\underline{Z}_l}{\underline{Z}_q} \, . \tag{4.149}$$

Sind die komplexen Widerstände $\underline{Z}_l$ und $\underline{Z}_q$ reine Blindwiderstände, demzufolge rein imaginäre Größen, dann muss ihr Quotient nach der komplexen Rechnung reell sein. Der Vierpolkoeffizient ist dann ebenfalls reell ($\underline{A}_{11} = A_{11}$) und es bleibt eine Funktion der Frequenz. Mit $\underline{g} = \alpha + j\beta$ gilt:

$$\cosh \underline{g} = \cosh (\alpha + j\beta) = \cosh \alpha \, \cos \beta + j \, \sinh \alpha \, \sin \beta. \tag{4.150}$$

Folglich muss der Imaginärteil Null sein. Das führt auf die Bedingungen für den Durchlassbereich des Filters:

$$\cosh \alpha \, \cos \beta = A_{11}, \qquad \sinh \alpha \, \sin \beta = 0. \tag{4.151}$$

Diese Gleichungen sind nun in zwei Fällen erfüllt:

$$\alpha = 0 \quad \text{und} \quad \cos \beta = A_{11} \tag{4.152}$$

oder

$$\beta = m\pi \quad \text{und} \quad \pm \cosh \alpha = A_{11} \tag{4.153}$$

mit $m = 1, 2, 3, \ldots$ Die Gl. (4.152) bestimmt den Durchlassbereich. Aus rein mathematischen Gründen nimmt die Kosinusfunktion nur Werte zwischen $+1$ und -1 an, die hyperbolische Kosinusfunktion kann laut Definition Werte größer als eins annehmen. Der Durchlassbereich ist demnach auf

$$-1 \leq A_{11} \leq +1 \qquad (\alpha = 0; \cos \beta = A_{11}) \tag{4.154}$$

begrenzt. Der Sperrbereich ist der Bedingung:

$$|A_{11}| > 1 \qquad (\beta = m\pi; \pm \cosh \alpha = A_{11}) \tag{4.155}$$

zugeordnet. Die Ermittlung des Durchlassbereichs erfolgt über die frequenzabhängige Funktion $A_{11} = f(\omega)$. Die Grenzfrequenzen ω_1 und ω_2 ergeben sich, wenn $A_{11} = 1$ und $A_{11} = -1$ ist. Außerhalb dieser Frequenzen befindet sich der Sperrbereich (Bild 4.43).

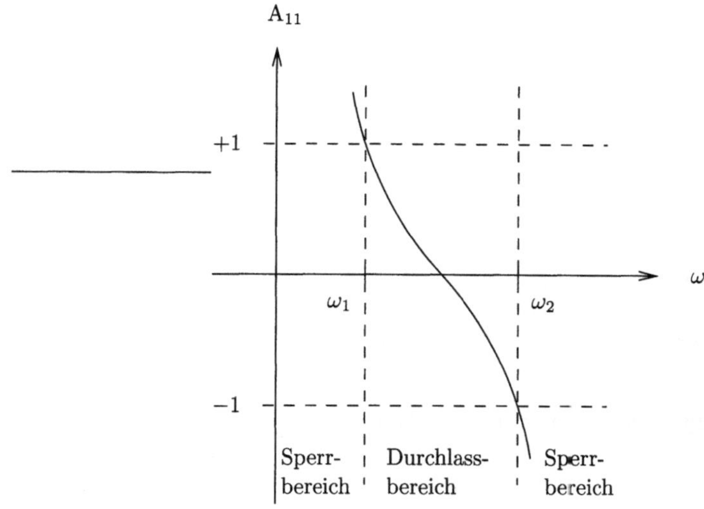

Bild 4.43: Durchlass- und Sperrbereich eines Filters in Abhängigkeit von der Frequenz

4.5.2 Tiefpass und Hochpass

Im Bild 4.44 (a) befindet sich eine verlustbehaftete Vierpolkette. Für diese gelten in Übereinstimmung mit Bild 4.42 die Gleichungen:

$$\underline{Z}_l = j\omega L^*, \qquad \underline{Z}_q = \frac{1}{j\omega C}, \qquad A_{11} = \cosh \underline{g} = 1 - \frac{1}{2}\,\omega^2 L^* C, \qquad (4.156)$$

$$\cos\beta = A_{11} = 1 - \frac{1}{2}\,\omega^2 L^* C \qquad (4.157)$$

oder:

$$\beta = \arccos\left(1 - \frac{1}{2}\,\omega^2 L^* C\right). \qquad (4.158)$$

Für Frequenzen oberhalb von ω_2 gilt $\beta = \pi$ und aus der Gl. (4.153) folgt:

$$\cosh\beta = -A_{11} = \frac{1}{2}\,\omega^2 L^* C - 1. \qquad (4.159)$$

Die Dämpfung wächst oberhalb von ω_2 mit dem Quadrat der Frequenz. Das Dämpfungsmaß α und das Phasenmaß β werden in Abhängigkeit der Frequenz ω im Bild 4.44 (b) wiedergegeben.

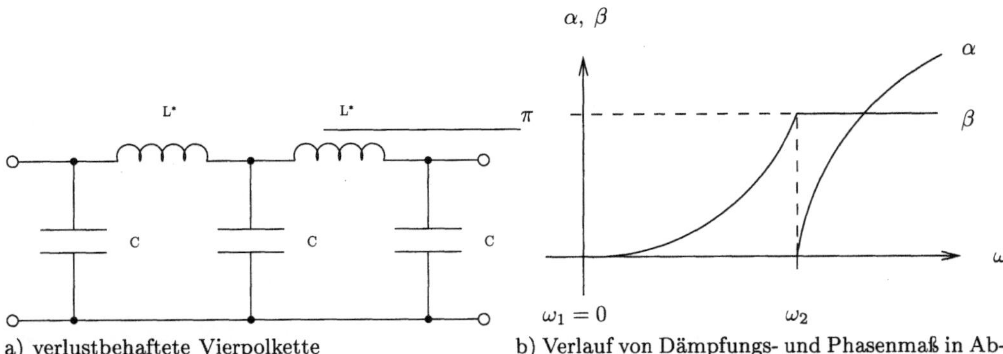

a) verlustbehaftete Vierpolkette

b) Verlauf von Dämpfungs- und Phasenmaß in Abhängigkeit von der Frequenz ω

Bild 4.44: Darstellung einer verlustbehafteten Vierpolkette und des Verlaufs von Dämpfungs- und Phasenmaß

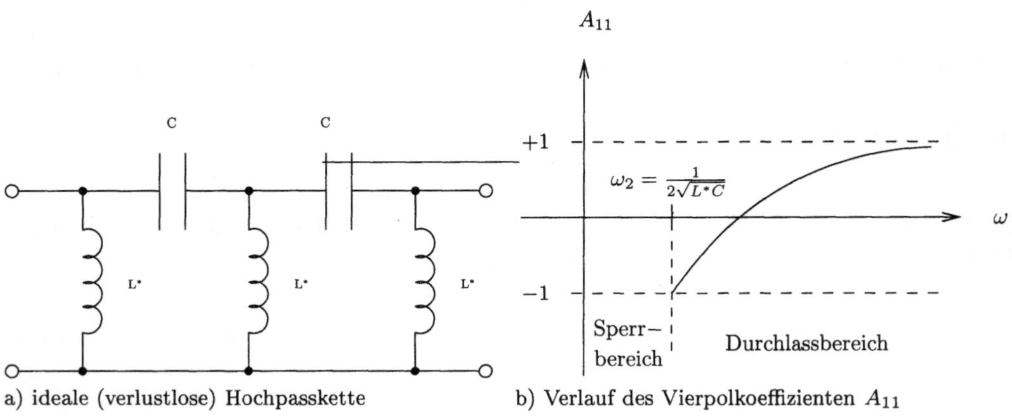

a) ideale (verlustlose) Hochpasskette

b) Verlauf des Vierpolkoeffizienten A_{11}

Bild 4.45: Darstellung einer idealen (verlustlosen) Hochpasskette und Verlauf des Vierpolkoeffizienten A_{11}

Beim verlustlosen Hochpass befinden sich in den Querzweigen der Vierpolkette Spulen und im Längszweig Kondensatoren (Bild 4.45). Für die komplexen Längs- und Querwiderstände erhält man die Ausdrücke:

$$\underline{Z}_l = \frac{1}{j\omega C} \quad , \quad \underline{Z}_q = j\omega L^* \tag{4.160}$$

und für A_{11} gemäß Gl. (4.149):

$$A_{11} = 1 - \frac{1}{2\,\omega^2\,L^*C} \quad . \tag{4.161}$$

Für die Grenzfrequenzen gilt:

$$1 = 1 - \frac{1}{2\,\omega_1^2\,L^*C} \quad , \quad -1 = 1 - \frac{1}{2\,\omega_2^2\,L^*C} \tag{4.162}$$

und somit $\omega_1 \to \infty$ und $\omega_2 = \frac{1}{2\omega_2^2 L^*C}$. Für die Frequenzen:

$$\omega \geq \omega_2 = \frac{1}{2\sqrt{L^*C}} \tag{4.163}$$

nimmt A_{11} Werte zwischen -1 und +1 an, wodurch der Durchlassbereich charakterisiert ist. Die Verhältnisse enthält das Bild 4.45b.

Die mathematischen Relationen sind komplizierter, wenn in den Spulen und Kondensatoren Verluste berücksichtigt werden. Denn dann muss auch im Dämpfungsbereich eine gewisse, wenn auch tatsächlich geringe Dämpfung erscheinen. Es gilt dann $\underline{g} = \alpha + j\beta$ mit $\alpha \neq 0$, was in den Gleichungen zu berücksichtigen ist.

Kapitel 5

Nichtlineare Netzwerke und ihre Berechnung

Nach der Beschreibung und den Berechnungsmethoden für lineare elektrische Netzwerke gehen wir nun zu den nichtlinearen Netzwerken über. Die nichtlinearen Netzwerke umfassen nahezu alle elektrotechnischen Anwendungen bei untergeordnetem Feldaspekt.

5.1 Beschreibung nichtlinearer Netzwerke

Nichtlineare elektrische Netzwerke liegen genau dann vor, wenn zwischen den elektrischen Größen und/oder magnetischen Größen nichtlineare Beziehungen bestehen. Diese Beziehungen sind durch die Kennlinien der Bauelemente festgelegt. Sie können in Form von Messwerten oder durch mathematische Funktionen, die bestimmte Stetigkeits- und Differenziationseigenschaften erfüllen, gegeben sein.

Charakteristisch für nichtlineare Netzwerke ist die Tatsache, dass die Linearitätseigenschaften nicht mehr erfüllt sind. Das heißt, im Netzwerk muss mindestens ein passives oder aktives Bauelement enthalten sein, dessen Kennlinienform von einer Geraden abweicht. Der Superpositionssatz verliert damit seine Gültigkeit und von den im Kapitel 4 vorgestellten Berechnungsmethoden bleiben nur die ausschließlich auf den Kirchhoffschen Gesetzen beruhenden Methoden anwendbar.

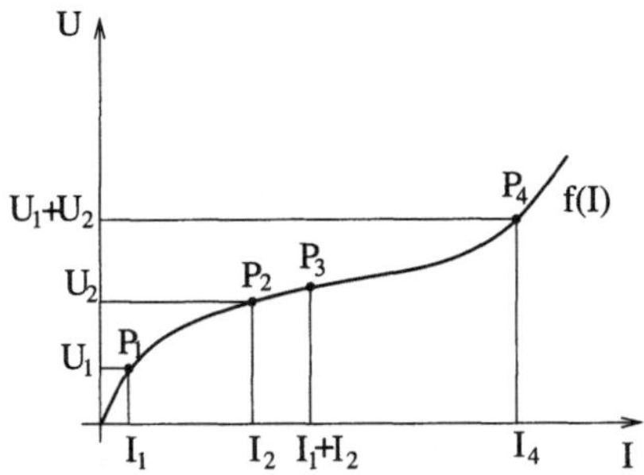

Bild 5.1: Statische Spannungs-Strom-Kennlinie eines nichtlinearen Bauelementes

5.1.1 Statische und dynamische Kennlinien

Die statische Kennlinie eines nichtlinearen Bauelementes wird punktweise bei zeitlich konstanten oder (relativ) langsam veränderlichen physikalischen Größen aufgenommen. Eine statische Spannungs-Strom-Kennlinie zeigt das Bild 5.1 mit dem mathematischen Zusammenhang:

$$U = f(I). \tag{5.1}$$

Die Funktion $f(I)$ erfüllt geforderte Stetigkeits- und Differenzierbarkeitseigenschaften.

Bei jedem nichtlinearen Kennlinienverlauf gilt, dass das Ergebnis der Aussteuerung, aufgetragen an der Ordinate, herrührend von der Stromsumme $I_1 + I_2$ verschieden von der Summe der Ergebnisse der einzelnen Aussteuerungen ist. Mathematisch ausgedrückt heißt das:

$$U_1 + U_2 = f(I_1) + f(I_2) \neq f(I_1 + I_2) \tag{5.2}$$

und das bedeutet die Ungültigkeit der ersten Linearitätseigenschaft im Abschnitt 2.4.3. Wegen

$$U = f(aI) \neq af(I) \tag{5.3}$$

kann auch die zweite Linearitätseigenschaft nicht erfüllt sein.

Um in Bild 5.1 dasselbe Aussteuerungsergebnis $U_1 + U_2$ zu erzielen müsste eine Aussteuerung mit dem Strom I_4 im Punkt P_4 der Kennlinie vorliegen. Das ist aber nicht der Fall.

Man spricht in der nichtlinearen Elektrotechnik bei anderen Zusammenhängen von trägheitslosen Bauelementen. Dann folgen diese im Verhalten der zeitlichen Änderung der aussteuernden physikalischen Größe. Die aufgenommene Kennlinie der Augenblickswerte ist dann gleich der statischen Kennlinie und es gelten dieselben Beziehungen nach Bild 5.1. Anstelle der Gleichung (5.1) gilt dann aber der mathematische Zusammenhang zwischen den Augenblickswerten in der Form

$$u = f(i). \tag{5.4}$$

Diese Funktion, oder elektrotechnisch ausgedrückt, diese Kennlinie, wird dann als Momentanwertkennlinie oder als dynamische Kennlinie bezeichnet.

Stimmen die statische und die dynamische Kennlinie nicht mehr überein, dann hängt die letztere vom zeitlichen Verlauf der Aussteuerung ab. Beispielsweise ist es dann nicht mehr gleich, ob die Aussteuerung bei gleicher Amplitude mit einer bestimmten oder einer viel höheren Frequenz der periodischen Wechselgröße vorgenommen wird.

Folgt dieses Bauelement nicht mehr dem zeitlichen Verlauf der Aussteuerung, dann besitzt dieses Bauelement Trägheitseigenschaften und die Bezeichnung dafür heißt „träges Element". Auch dann muss man angeben, für welches Frequenzintervall diese Eigenschaft der Trägheit gilt. Denn es kann durchaus zutreffen, dass ein Bauelement bis zu einer Grenzfrequenz f_G nichtträge ist und für höhere Frequenzen mehr und mehr Trägheitseigenschaften annimmt.

Über die Linearität und Nichtlinearität gibt dann die Effektivwertkennlinie eines Bauelementes Aufschluss. Bei linearer Kennlinie (Gerade und trägheitsloses Element) ist bei sinusförmigem Spannungsverlauf am Bauelement der Strom durch dieses ebenfalls sinusförmig. Für die Effektivwerte von Spannung und Strom gelten:

$$U = \frac{\hat{U}}{\sqrt{2}} \, , \qquad I = \frac{\hat{I}}{\sqrt{2}} \, . \tag{5.5}$$

Anders ausgedrückt, die Momentanwertkennlinie stellt auch den Zusammenhang zwischen den Effektivwerten von Strom und Spannung dar.

Schließt man ein trägheitsloses Element mit nichtlinearer Kennlinie an eine sinusförmige Spannung an, dann weicht der Strom durch das Bauelement von der Sinusform ab. Das bedeutet, dass neben der Grundwelle oder der Grundfrequenz höhere Harmonische oder Oberwellen auftreten. Der Effektivwert des Stromes berechnet sich nicht mehr gemäß Gleichung (5.5), sondern aus dem Ausdruck:

$$I = \sqrt{\frac{1}{T} \int_0^T i^2 \, \mathrm{d}t}, \tag{5.6}$$

wobei T die Periodendauer der aussteuernden Spannung oder die der Grundwelle des Stromes bezeichnet.

Anmerkung:
Zwischen dem nichtträgen Bereich und dem trägen Bereich gibt es eine Übergangszone. Jedes Bauelement verfügt bei zeitlich veränderlichen Vorgängen über eine Zeitkonstante. Ist nun die Periodendauer der aussteuernden Wechselgröße in der Größenordnung wie die Zeitkonstante des nichtlinearen Bauelementes, dann verändert sich der Widerstand des Bauelementes verzögert. Es treten Hystereseerscheinungen auf. Die dynamische Kennlinie nach Gleichung (5.4) verformt sich zu einer geschlossenen Kurve, die den Arbeitspunkt U_0, I_0 einschließt. Die Beschreibung und die mathematische Erfassung der Hysterese ist wesentlich komplizierter, da die aussteuernde und die ausgesteuerte Größe zusätzlich in der Phase verschoben sind.

5.1.2 Statischer und dynamischer Widerstand

Den Ausgangspunkt zur Charakterisierung von nichtlinearen Widerständen bildet die statische Kennlinie nach Gleichung (5.1):

$$U = R(I) \cdot I. \tag{5.7}$$

Daraus folgt die Definition des *statischen nichtlinearen Widerstands*

$$R(I) := \frac{U}{I}. \tag{5.8}$$

Der statische nichtlineare Widerstand hängt vom Strom I ab.

Die Ermittlung des statischen Widerstands kann auf zwei Wegen erfolgen. Man approximiert die vorliegende Spannungs-Strom-Kennlinie des Widerstandes analytisch, dividiert diese Funktion durch den Strom I und gelangt so zum analytischen Ausdruck für den nichtlinearen Widerstand. Alternativ dazu wird jeder Punkt der statischen Kennlinie durch eine Gerade mit dem Koordinatenursprung verbunden. Für den Tangens des Winkels zwischen der Abszisse und der Geraden gilt bei Berücksichtigung der Maßstäbe für Spannung und Strom:

$$\tan \alpha = \frac{U}{I} \cdot \frac{m_u}{m_i} \tag{5.9}$$

und somit für Gleichung (5.8)

$$R(I) = \frac{U}{I} = \frac{m_i}{m_u} \cdot \tan \alpha. \tag{5.10}$$

Für elektrotechnische Untersuchungen ist noch der *differenzielle Widerstand* im Punkt $P_0(U_0, I_0)$ maßgebend und definiert durch:

$$R_d(I_0) := \left. \frac{\mathrm{d}U}{\mathrm{d}I} \right|_{I=I_0}. \tag{5.11}$$

Gemäß der Differenzialrechnung kennzeichnet dieser Ausdruck die erste Ableitung der statischen $U - I$-Funktion (Kennlinie) im bezeichneten Arbeitspunkt und gibt dort die Neigung der Tangente an. Es gilt mit den Maßstäben für Spannung und Strom sowie dem Neigungswinkel β:

$$R_d(I) = \frac{m_i}{m_u} \cdot \tan \beta. \tag{5.12}$$

Der *dynamische Widerstand* R_∂ berücksichtigt das Zeitverhalten des nichtlinearen Bauelementes infolge der Aussteuerung mit einer Wechselgröße um einen Arbeitspunkt $P_0(U_0, I_0)$ der Kennlinie. Für den Strom als Ursache gilt:

$$i = I_0 + \hat{I}_1 \sin \omega t \tag{5.13}$$

und für die Spannung:

$$u = U_0 + \hat{U}_1 \sin \omega t. \tag{5.14}$$

Der Quotient der sich einstellenden Amplituden $\hat{U}_1$ und $\hat{I}_1$ definiert den dynamischen Widerstand

$$R_\partial := \frac{\hat{U}}{\hat{I}} \ . \tag{5.15}$$

Dieser beschreibt das Zeitverhalten des Bauelementes infolge einer Wechselgröße. Er hängt demzufolge von der zeitlichen Änderung der Wechselgröße und somit von der Periodendauer T ab. Zu berücksichtigen ist noch die Zeitkonstante τ des Bauelementes. Damit lassen sich drei Fälle unterscheiden:

1. Die Periodendauer der aussteuernden Wechselgröße ist viel größer als die Zeitkonstante des nichtlinearen Bauelementes: $T >> \tau$. Das Bauelement verhält sich trägheitslos, es folgt der überlagerten Wechselgröße. Das bedeutet: Die dynamische Kennlinie ist mit der statischen identisch, der dynamische Widerstand ist gleich dem differenziellen Widerstand im Arbeitspunkt:

$$R_\partial = R_d(I_o) = \left.\frac{dU}{dI}\right|_{I=I_0} \ . \tag{5.16}$$

2. Es gelte für das nichtlineare Bauelement $T << \tau$. Das Bauelement verhält sich träge, es ändert seinen Widerstand nur sehr langsam und kann den zeitlichen Änderungen der aussteuernden Wechselgröße nicht folgen. Die „dynamische Kennlinie" ist eine Gerade mit dem Anstieg des statischen Widerstands, und der dynamische Widerstand ist gleich dem statischen Widerstand im Arbeitspunkt:

$$R_\partial = R(I_0) = \frac{U_0}{I_0} \ . \tag{5.17}$$

3. Die Periodendauer T und die Zeitkonstante τ sind von derselben Größenordnung, d. h., $T \approx \tau$. Dann tritt eine verzögerte Änderung des Widerstandes in Form der Hysterese auf. Die dynamische Kennlinie $u = u(i)$ geht in eine geschlossene Kurve über und umschließt den Arbeitspunkt $P_0(U_0, I_0)$. Die Spannung weist gegenüber dem Strom eine Phasenverschiebung auf.

Anmerkung:
Der dynamische Widerstand enthält eine komplexe Komponente, das Verhalten wird induktiv oder kapazitiv.

Beispiel 1:
Für eine nichtlineare Induktivität sei die Kennlinienfunktion zwischen dem verketteten magnetischen Fluss und dem durch sie fließenden Strom in der Form

$$\psi = f(i) \tag{5.18}$$

gegeben. Die nichtlineare statische Induktivität $L^*(i)$ erhält man analog zur Definition des statischen Widerstands nach der Division durch den Strom i:

$$L^*(i) := \frac{\psi}{i} \ . \tag{5.19}$$

Die differenzielle Induktivität L_d ergibt sich in Analogie zu Gleichung (5.16) durch:

$$L_d(i) := \frac{\mathrm{d}\psi}{\mathrm{d}i} \; . \tag{5.20}$$

Der Spannungsabfall an einer Spule lautet gemäß dem Induktionsgesetz $u_i = -\mathrm{d}\psi/\mathrm{d}t$:

$$u = \frac{\mathrm{d}\psi}{\mathrm{d}t} = \frac{\mathrm{d}\psi}{\mathrm{d}i}\frac{\mathrm{d}i}{\mathrm{d}t} = L_d(i)\frac{\mathrm{d}i}{\mathrm{d}t} \; , \tag{5.21}$$

so dass nach eingesetzter Gleichung (5.19) folgt:

$$u = \frac{\mathrm{d}}{\mathrm{d}i}\left[L^*(i)i\right]\frac{\mathrm{d}i}{\mathrm{d}t} = \left[\frac{\mathrm{d}L^*(i)}{\mathrm{d}i}\,i + L^*(i)\right]\frac{\mathrm{d}i}{\mathrm{d}t} \; . \tag{5.22}$$

Die Spannung an der Induktivität hängt nicht nur von der zeitlichen Änderung des fließenden Stromes, sondern auch von der stromabhängigen Induktivität $L^*(i)$ und deren Veränderung infolge des fließenden Stromes ab. □

Beispiel 2:
Bei nichtlinearen kapazitiven Bauelementen legt man am besten die q-u-Kennlinie

$$q = f(u) \tag{5.23}$$

zugrunde. Die Nichtlinearität entsteht im Kondensator, wenn die dielektrische Verschiebung D eine Funktion der elektrischen Feldstärke E, also nicht zu ihr proportional, ist. Besteht das Dielektrikum beispielsweise aus ferroelektrischen Anteilen, dann verfügt das Bauelement auch über Hystereseeigenschaften. Wie bereits beschrieben, wird in Analogie zur Spule mit der statischen Kapazität

$$C(u) = \frac{q}{u} \tag{5.24}$$

und mit der differenziellen Kapazität

$$C_d = \frac{\mathrm{d}q}{\mathrm{d}u} \tag{5.25}$$

gerechnet. Die Beziehung für die Momentanwerte von Strom und Spannung an der nichtlinearen Kapazität lautet

$$i = \frac{\mathrm{d}q}{\mathrm{d}t} = \frac{\mathrm{d}q}{\mathrm{d}u}\frac{\mathrm{d}u}{\mathrm{d}t} = C_d(u)\frac{\mathrm{d}u}{\mathrm{d}t} \; , \tag{5.26}$$

oder mit Gleichung (5.24)

$$i = \frac{\mathrm{d}q}{\mathrm{d}t} = \frac{\mathrm{d}}{\mathrm{d}u}\left[C(u)u\right]\frac{\mathrm{d}u}{\mathrm{d}t} = \left[C(u) + u\frac{\mathrm{d}C(u)}{\mathrm{d}u}\right]\frac{\mathrm{d}u}{\mathrm{d}t} \; . \tag{5.27}$$

Bei sinusförmigem Strom $i = \hat{I}\cos\omega t$ ergeben sich für die Maximal- oder Effektivwertkennlinien einfachere Beziehungen, weil für den zeitlichen Verlauf der Ladung

$$q = \int i\,\mathrm{d}t = \frac{\hat{I}}{\omega}\sin\omega t = \hat{Q}\sin\omega t \tag{5.28}$$

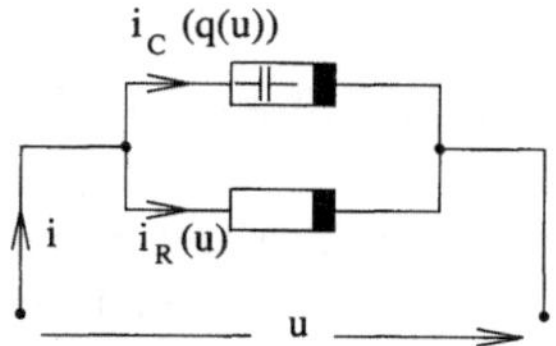

Bild 5.2: Ersatzschaltbild einer hysteresebehafteten nichtlinearen Kapazität

gilt und ausdrückt, dass die Maximalwerte und so auch die Effektivwerte von Strom
und Ladung proportional sind. Das heißt, die Strom-Spannungs-Kennlinie geht für die
Maximal- oder Effektivwerte durch die Maßstabsänderung aus der Ladungs-Spannungs-
Kennlinie hervor. Infolge eines möglichen Hystereseeffektes eilt der Strom zwar um $\pi/2$
der Ladung, der Spannung jedoch um weniger als $\pi/2$ voraus. Dieses Verhalten entspricht einem Widerstand, der die Hystereseverluste beinhaltet. Das Ersatzschaltbild
5.2 für einen solchen Kondensator setzt sich folglich aus einer idealen nichtlinearen
Kapazität mit einer eindeutigen Kennlinie und einem nichtlinearen Widerstand zusammen. □

Beispiel 3:
Die statische U-I-Kennlinie eines nichtlinearen resistiven Bauelementes sei durch die
Funktion

$$I = kU^3 \qquad \text{mit} \qquad k = 0,2\frac{\text{mA}}{(\text{mV})^3} \tag{5.29}$$

gegeben. Wie lautet der analytische Ausdruck für die Momentanwertkennlinie $i = f(u)$
und für den differenziellen Widerstand, wenn es sich um ein trägheitsloses Bauelement
handelt? Welcher zeitliche Verlauf des Stromes stellt sich ein, wenn an das resistive
Bauelement die Spannung $u = 5\,\text{mV}\sin\omega t$ angelegt wird, und wie groß ist der Effektivwert des Stromes?

Lösung: Bei einem trägheitslosen Bauelement ist die Momentanwertkennlinie gleich
der statischen Kennlinie und demzufolge gilt gemäß Gleichung (5.29):

$$i(t) = ku^3(t). \tag{5.30}$$

Der differenzielle Widerstand R_d ist gleich dem dynamischen Widerstand R_∂. Deshalb
folgt aus der Gleichung (5.30) für einen laufenden Arbeitspunkt U_p:

$$R_d = R_\partial = \frac{1}{G_d} = \frac{1}{\left.\frac{\mathrm{d}I}{\mathrm{d}U}\right|_{U=U_p}} = \frac{1}{3kU_p^2} \,. \tag{5.31}$$

Der Zeitverlauf des Stromes berechnet sich für die angelegte sinusförmige Spannung
aus der Momentanwertkennlinie (trägheitsloses Bauelement) zu

$$i(t) = 0,2\frac{\text{mA}}{(\text{mV})^3} \cdot (5\text{mV})^3 \sin^3 \omega t \tag{5.32}$$

oder mit dem eingesetzten Additionstheorem $\sin^3 \omega t = \frac{3}{4}\sin\omega t - \frac{1}{4}\sin^3\omega t$ zu:

$$i(t) = 6,25\,\mathrm{mA}\,(3\sin\omega t - \sin 3\omega t). \tag{5.33}$$

Der Effektivwert des Stromes durch das resistive Bauelement geht aus der Gleichung (5.6) nach Einsetzen von Gleichung (5.33) und der Integration über die Periodendauer T hervor:

$$I = \sqrt{\frac{1}{T}\int_0^T i^2\,\mathrm{d}t} = 6,25\,\mathrm{mA}\cdot\sqrt{\frac{1}{T}\int_0^T (9\sin^2\omega t - 6\sin\omega t\sin 3\omega t + \sin^2\omega t)\,\mathrm{d}t}. \tag{5.34}$$

Zur Auswertung dieses Integrals setzt man $\alpha = \omega t$ und erhält für die neuen Integrationsgrenzen $\alpha_1 = \omega\cdot 0 = 0$ bzw. $\alpha_2 = \omega T = 2\pi f/f = 2\pi$. Die Integrationen sind geschlossen ausführbar. Der Effektivwert des Stromes hat den Wert $I = 13{,}97\,\mathrm{mA}$. $\square$

5.2 Normierung von Kennlinien, Kennlinienfunktionen und Netzwerksgleichungen

5.2.1 Kennliniennormierung

Die Normierung hat die Bildung dimensionsloser Beziehungen zum Ziel. Dieses Ziel erreicht man, wenn alle physikalischen oder technischen Größen (Spannungen, Ströme, elektrische Ladungen, magnetische Flüsse u. a.) und die Zeit t auf ganz bestimmte feste Bezugsgrößen bezogen werden. Solche Bezugsgrößen können ausgezeichnete Werte, wie Anfangs- oder Endwerte, Maximalwerte u. a. sein. Liegen für alle Bezugsgrößen die Maximalwerte bei der Normierung zugrunde, dann wurde auf das Intervall $[0, 1]$ bzw. $[-1, 1]$ normiert.

Die Normierung verhilft zu einem weiteren Vorteil bei der Dimensionierung von Bauelementen oder Schaltungen. Sind bestimmte Parameter eines nichtlinearen Bauelementes (z. B. die Windungszahl einer nichtlinearen Spule oder die Anzahl der Lagen eines nichtlinearen Kondensators) zum Beginn der Dimensionierung unbekannt, dann kann vorerst nur normiert gerechnet werden.

Die q-u-Kennlinie in Bild 5.3 geht durch die Normierung auf die Werte Q, U in die Darstellung $q^* = f^*(u^*)$ in den Intervallen $[0, 1]$ über. Aus diesem Grunde kann mit den normierten Kennlinien einfacher umgegangen werden.

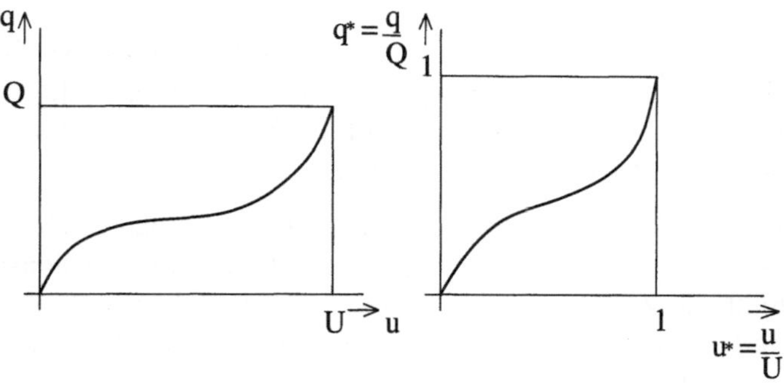

Bild 5.3: Normierung einer q-u-Kennlinie

5.2.2 Normierung von Kennlinienfunktionen

Bei der Normierung erzielt man nicht nur dimensionslose Kennlinienfunktionen, sondern versucht auch durch geschickte Zusammenfassung die Anzahl der vorhandenen Parameter zu reduzieren.

Beispiel 1:
Die Spannungs-Strom-Funktion

$$u = c_0 + c_1 i + c_2 i^2 \tag{5.35}$$

eines nichtlinearen Bauelementes soll normiert werden. Die Koeffizienten c_0, c_1, c_2 besitzen verschiedene Dimensionen. Zur dimensionslosen Umformung dividieren wir die Gleichung (5.35) durch c_0 und setzen $y = u/c_0$:

$$y = \frac{u}{c_0} = 1 + \frac{c_1}{c_0} i + \frac{c_2}{c_0} i^2. \tag{5.36}$$

Mit $k = c_1/c_0$ und durch sinnvolle Umformungen ergibt sich die normierte Gleichung:

$$y = 1 + ki + \frac{c_2 c_0}{c_1^2} \cdot \frac{c_1^2}{c_0^2} i^2. \tag{5.37}$$

Die Abkürzungen

$$c = \frac{c_2 c_0}{c_1^2} \qquad \text{und} \qquad x = ki \tag{5.38}$$

liefern die Gleichung

$$y = 1 + x + cx^2, \tag{5.39}$$

in der y die normierte Spannung, x der normierte Strom und c eine Konstante sind. Alle besitzen keine Dimension mehr. Die Gleichung (5.39) enthält nur noch eine einzige Konstante. $\qquad\square$

5.2.3 Normierte Netzwerksgleichungen

Für elektrische Netzwerke führt die Anwendung der Kirchhoffschen Gesetze auf die unabhängigen Netzwerksgleichungen, wenn in jeder Masche nur ein Co-Gerüstzweig und sonst nur Gerüstzweige enthalten sind und die Anzahl der Knotengleichungen um die Zusammenhangszahl vermindert worden ist.

Bezieht man in diesen Gleichungen die elektrotechnischen Größen auf die jeweils selben Bezugsgrößen, dann gehen die Netzwerksgleichungen in die dimensionslose normierte Form über. Kommt die Zeit t explizit oder als zeitliche Ableitung oder Integral vor, dann wird diese mit $\tau = t/T_0$ normiert. Als Bezugsgröße T_0 eignet sich die Zeitkonstante des Netzwerkes oder die Periodendauer vorhandener periodischer Größen.

Beispiele sind die Lösung bekannter Gleichungen der nichtlinearen Elektrotechnik, wie die normierte Gleichung von van der Pol, Duffing u. a.

Beispiel 2:
Die Maschengleichung eines RLC-Reihenschwingkreises mit sinusförmiger Spannungsquelle lautet

$$Ri + L\frac{\mathrm{d}i}{\mathrm{d}t} + \frac{1}{C}\int i\,\mathrm{d}t = \hat{U}\sin\omega t \tag{5.40}$$

oder differenziert und umgeformt

$$\frac{\mathrm{d}^2 i}{\mathrm{d}t^2} + \frac{R}{L}\frac{\mathrm{d}i}{\mathrm{d}t} + \frac{1}{LC}i = \frac{\omega\hat{U}}{L}\cos\omega t. \tag{5.41}$$

Nach der Normierung des Stroms auf I_0 $(x = i/I_0)$ folgt mit den Festlegungen

$$x = \frac{i}{I_0}, \qquad \omega_0^2 = \frac{1}{LC}, \qquad \tau = \omega_0 t, \qquad \alpha = \frac{\omega}{\omega_0} \tag{5.42}$$

die Gleichung

$$\frac{\mathrm{d}^2 x}{\mathrm{d}\tau^2} + \frac{R}{\omega_0 L}\frac{\mathrm{d}x}{\mathrm{d}\tau} + x = \frac{\omega\hat{U}}{\omega_0^2 I_0 L}\cos\alpha\tau. \tag{5.43}$$

Ersetzt man die verbliebenen konstanten Brüche

$$a = \frac{R}{\omega_0 L}, \qquad\qquad b = \frac{\omega\hat{U}}{\omega_0^2 I_0 L}, \tag{5.44}$$

so entsteht die normierte Differenzialgleichung (alle Variablen und Konstanten sind dimensionslos)

$$\frac{\mathrm{d}^2 x}{\mathrm{d}\tau^2} + a\frac{\mathrm{d}x}{\mathrm{d}\tau} + x = b\cos\alpha\tau. \tag{5.45}$$

Die Anzahl der Konstanten verringert sich von fünf auf drei. Die normierte Differenzialgleichung (5.45) enthält keine Aussage mehr über den physikalischen Hintergrund. Auf dem umgekehrten Weg (Synthese) entscheidet die Entnormierung, zu welchen Systemvariablen man gelangt. Neben einem Strom oder einer Spannung könnte das ein mechanisches System sein, wenn die Größe x in einen Weg und daraus folgend $\dot{x}$ in eine Geschwindigkeit entnormiert werden. Ebenso wäre ein magnetisches System denkbar usw. □

5.2.4 Entnormierung

Nach den Rechnungen in normierter Form liegt bereits die angestrebte Lösung vor. Der Übergang zu den physikalischen oder elektrotechnischen Größen vollzieht sich während der Entnormierung als Umkehrung der zu Beginn der Aufgabenstellung vorgenommenen Normierung. Man geht also den umgekehrten Weg und gelangt damit wieder zu dimensionsbehafteten Größen und Konstanten.

5.3 Methoden zur Approximation nichtlinearer Bauelementekennlinien

5.3.1 Analytische Darstellung nichtlinearer Kennlinien

Die analytische Berechnung der Ströme und Spannungen in nichtlinearen Netzwerken fordert das Vorliegen mathematischer Funktionen an Stelle der Kennlinien. Dazu muss der Übergang von einem gemessenen oder angenommenen Kennlinienverlauf zu einer Funktion vollzogen werden, die wegen der sich anschließenden Teilaufgaben gewisse Stetigkeits- und Differenzierbarkeitseigenschaften aufzuweisen hat. Aus praktischen Gründen kann die Approximation nur für einen Bereich der Kennlinie erfolgen, wenn durch die Festlegung der Arbeitspunkte und der Aussteuerungen dieser Bereich nicht verlassen wird.

Oft ist es zweckmäßig, eine bereits vorliegende Funktion durch eine einfacher handhabbare zu ersetzen, z. B. dann, wenn eine oder mehrere Integrationen anfallen. Zusammengefasst besteht die Aufgabe, eine Approximationsfunktion auszuwählen und deren Koeffizienten zu bestimmen.

Als gebräuchlichste Funktion dienen Potenzpolynome

$$y = c_0 + c_1 x + c_2 x^2 + \ldots + c_n x^n, \tag{5.46}$$

Exponentialpolynome

$$y = a_1 e^{b_1 x} + a_2 e^{b_2 x} + \ldots + a_n e^{b_n x} \tag{5.47}$$

und trigonometrische (hyperbolische) Polynome unterschiedlicher Formen

$$y = a_0 + a_1 \cos(x + \alpha_1) + a_2 \cos(2x + \alpha_2) + \ldots + a_n \cos(nx + \alpha_n) \tag{5.48}$$

bzw.

$$y = a_0 + a_1 \sin x + a_2 \sin 2x + \ldots + a_n \sin nx + b_0 + b_1 \cos x + \ldots + b_r \cos nx \tag{5.49}$$

oder deren Kombination, sowie transzendente Funktionen.

Eine allseits bewährte Funktion ebenso wie „der Weg" zu ihr existiert nicht. Die Vorgehensweise hängt von der elektrotechnischen Aufgabenstellung ebenso ab wie von der Art der gewünschten Ergebnisse.

Die zu wählende Approximationsfunktion muss qualitativ dem Kennlinienverlauf entsprechen. Das heißt, weist der aufgenommene Kennlinienverlauf einen Wendepunkt auf, dann muss die Approximation ebenfalls einen solchen innehaben. Das gilt auch für symmetrische oder unsymmetrische Kennlinien, für Kennlinien mit oder ohne Extremwerte, für periodische und nichtperiodische Kennlinien u. a. m.

5.3.2 Methoden zur Approximation

Die drei wichtigsten Approximationsmethoden zur Bestimmung der Koeffizienten nach der Auswahl der Funktionstypen sind die Methode der ausgewählten Punkte, die Rektifikation sowie die von C.F. Gauß stammende Fehlerquadratmethode.

Methode der ausgewählten Punkte

Bei der Methode der ausgewählten Punkte wird festgelegt, durch welche Punkte die Approximationsfunktion hindurchgeht und deshalb dort mit dem Kennlinienpunkt exakt übereinstimmt. Die Anzahl der auszuwählenden Punkte ist gleich der Anzahl der zu bestimmenden Konstanten.

Die Koordinaten der Punkte werden einzeln in die Approximationsfunktion eingesetzt. Wenn alle n Punkte verschieden gewählt wurden, entsteht ein unabhängiges Gleichungssystem zur Berechnung der n Konstanten.

Für die Punkte $P(x,y)$: $P_1(x_1,y_1)$, $P_2(x_2,y_2)$, ..., $P_{n+1}(x_{n+1},y_{n+1})$ der Kennlinie erhalten wir aus Gleichung (5.46) das lineare Gleichungssystem

$$
\begin{aligned}
y_1 &= c_0 + c_1 x_1 + c_2 x_1^2 + \ldots + c_n x_1^n, \\
y_2 &= c_0 + c_1 x_2 + c_2 x_2^2 + \ldots + c_n x_2^n, \\
y_3 &= c_0 + c_1 x_3 + c_2 x_3^2 + \ldots + c_n x_3^n, \\
&\vdots \\
y_{n+1} &= c_0 + c_1 x_{n+1} + c_2 x_{n+1}^2 + \ldots + c_n x_{n+1}^n \, .
\end{aligned}
\tag{5.50}
$$

zur Berechnung der Konstanten $c_0, c_1, \ldots, c_n$.

Beispiel 1:
Die statische Spannungs-Ladungskennlinie eines nichtlinearen Kondensators liegt durch die Messwerttabelle 5.1 vor. Die Kennlinie soll durch die mathematische Funktion

$$
U = k_1 Q^{\frac{1}{2}} + k_2 Q
\tag{5.51}
$$

Tabelle 5.1: Messwerte einer statischen Spannungs-Ladungs-Kennlinie und deren Approximation

Q / mAs	0	1	3	5	7	11	13
U / V gemessen	0	19,2	29,2	35,9	40,8	46,5	49,5
U / V approximiert	0	18,2	29,2	35,7	40,3	46,5	48,5

mit der Methode der ausgewählten Punkte approximiert werden.

Lösung: In der Gleichung (5.51) sind die Konstanten k_1 und k_2 zu bestimmen. Aus diesem Grunde hat man aus der Messwerttabelle zwei Punkte auszuwählen und einzeln in die Gleichung einzusetzen. Ausgewählt werden die Punkte $P_1 := (3\,\text{mAs}, 29{,}2\,\text{V})$, $P_2 := (11\,\text{mAs}, 46{,}5\,\text{V})$. Das führt auf die Gleichungen:

$$29{,}2\text{V} = k_1\sqrt{3\text{mAs}} + k_2 \cdot 3\text{mAs} \qquad \text{und} \qquad 46{,}5\text{V} = k_1\sqrt{11\text{mAs}} + k_2 \cdot 11\text{mAs} \quad (5.52)$$

und schließlich durch die Lösung dieses linearen Gleichungssystems auf die Konstanten

$$k_1 = 19{,}96\,\frac{\text{V}}{\sqrt{\text{mAs}}}\,, \qquad k_2 = -1{,}79\,\frac{\text{V}}{\text{mAs}}. \tag{5.53}$$

Damit erhält man als Approximationsfunktion:

$$U = 19{,}96\,\text{V}\sqrt{\frac{Q}{\text{mAs}}} - 1{,}79\,\text{V}\frac{Q}{\text{mAs}}. \tag{5.54}$$

Zur Kontrolle bestimmen wir damit die Werte dieser Funktion für die oben angegebenen Abszissen (Tabelle 5.1). Die Abweichungen sind über den Definitionsbereich sehr gering. Die Approximation gilt als sehr gut.

Die Gleichung (5.54) lässt sich einfach normieren, indem beide Seiten durch $19{,}96\text{V}$ dividiert werden. Mit $y = U/19{,}96\,\text{V}$ entsteht die dimensionslose Gleichung:

$$y = \sqrt{\frac{Q}{\text{mAs}}} - \frac{1{,}79}{19{,}96}\frac{Q}{\text{mAs}}\,. \tag{5.55}$$

$\square$

Methode der Rektifikation

Die nichtlineare Kennlinie soll bei der Methode der Rektifikation durch die Funktion

$$y = f(x, \alpha, \beta) \tag{5.56}$$

approximiert werden. Unbekannt sind die Koeffizienten α und β. Um diese zu bestimmen wandeln wir die Gleichung (5.56) in die lineare Beziehung

$$Y = aX + b \qquad (5.57)$$

mit

$$X = f_1(x,y), \qquad Y = f_2(x,y) \qquad (5.58)$$

um. Die Funktionen X und Y sind Funktionen von x und y, jedoch besteht keine Abhängigkeit zu α und β. Aus der Gleichung (5.57) lassen sich die Koeffizienten a und b:

$$a = a(\alpha,\beta), \qquad b = b(\alpha,\beta) \qquad (5.59)$$

berechnen. Daraus folgen Beziehungen für α und β. Zur Berechnung von a, b setzt man in die Gleichung (5.57) Wertepaare $\{X_i, Y_i\}$ ein, die man für die Wertepaare $\{x_i, y_i\}$ aus Gleichung (5.58) ermittelt. Nun bildet man Mittelwerte für a und b, indem die so gefundenen Ausdrücke

$$Y_i = aX_i + b \qquad (5.60)$$

in zwei nahezu gleich große Gruppen nach zunehmenden Werten der Variablen X_i und Y_i geordnet werden. Nach der Addition der Gleichungen beider Gruppen stehen zwei Gleichungen zur Bestimmung von a und b zur Verfügung.

Die Methode der Rektifikation weist gegenüber der Methode der ausgewählten Punkte einen Vorteil auf. Man kann erkennen, in welchem Gebiet die gewählte Approximationsfunktion dem Wesen des Kennlinienverlaufes folgt. Zur Bestimmung der zwei Konstanten können beliebig viele aber mindestens zwei Punkte herangezogen werden.

Beispiel 2:
Der Kennlinienverlauf eines nichtlinearen Bauelementes soll durch die Funktion:

$$y = kx^n \qquad (5.61)$$

für verschiedene Werte von n mathematisch approximiert werden. Die Rektifikation, d. h. die Überführung in eine Geradenfunktion, vollzieht sich hier durch die Logarithmierung

$$\ln y = \ln k + n \ln x. \qquad (5.62)$$

Dann sind gemäß den Gleichungen (5.57), (5.58), (5.59):

$$Y = \ln y, \qquad X = \ln x, \qquad a = n, \qquad b = \ln k. \qquad (5.63)$$

Die lineare Gleichung lautet:

$$Y = aX + b. \qquad (5.64)$$

Die Rektifikation kann auch beim Vorhandensein von mehr als zwei Konstanten in der gewählten Approximationsfunktion ausgeführt werden.

Die Berechnung der Koeffizienten über zwei hinaus erfolgt über Messpunkte oder Kennlinienpunkte, indem die ersten beiden festgelegt werden. $\qquad\square$

Tabelle 5.2: Spannungs-Strom-Messwerte für ein nichtlineares Bauelement

U / V	0	0,2	0,3	0,4	0,5	0,6	0,7
I / A	0	$6 \cdot 10^{-5}$	$4 \cdot 10^{-4}$	$3 \cdot 10^{-3}$	$2 \cdot 10^{-2}$	0,15	1,25

Beispiel 3:
Es wurde für ein nichtlineares Bauelement die in Tabelle 5.2 angegebene U-I-Kennlinie gemessen.

Die so auch grafisch vorliegende Kennlinie ist mittels der Methode der Rektifikation unter der Verwendung der Funktionen

$$I = a_1 U + a_3 U^3, \tag{5.65}$$
$$I = b_1 \cdot e^{b_2 U} \tag{5.66}$$

zu approximieren und zu entscheiden, welche Funktion zur Approximation besser geeignet erscheint.

Lösung: In Übereinstimmung mit der Methode der Rektifikation werden beide Funktionen in die lineare Form $Y = aX + b$ umgeformt:

$$I = a_1 U + a_3 U^3, \qquad I = b_1 e^{b_2 U}, \tag{5.67}$$

$$\frac{I}{U} = a_1 + a_3 U^2, \qquad \ln I = \ln b_1 + b_2 U, \tag{5.68}$$

$$Y = b + aX, \qquad Y = b + aX. \tag{5.69}$$

Damit liegt die Zuordnung für beide Funktionen in linearer Form vor, aus denen für die Abszissen deren Werte hervorgehen (Tabelle 5.3).

Tabelle 5.3: Übersicht zur Methode der Rektifikation (Spannung normiert auf 1 V, Strom normiert auf 1 A)

U	I	I/U	U^2	$\ln I$
0,2	$6 \cdot 10^{-5}$	$3 \cdot 10^{-4}$	0,04	$-9{,}72$
0,3	$4 \cdot 10^{-4}$	$1,36 \cdot 10^{-3}$	0,09	$-7{,}82$
0,4	$3 \cdot 10^{-3}$	$7,5 \cdot 10^{-3}$	0,16	$-5{,}81$
0,5	$2 \cdot 10^{-2}$	0,04	0,25	$-3{,}91$
0,6	0,15	0,25	0,36	$-1{,}70$
0,7	1,25	1,79	0,49	$-0{,}22$

Der Punkt $P(0,0)$ wird nicht berücksichtigt, da wegen der gewählten Approximationsfunktionen unbestimmte Ausdrücke entstehen würden. In jeder Funktion sind zwei Konstanten zu berechnen. Deshalb muss man die unreduzierten Werte in zwei Gruppen einteilen und den Mittelwert bilden. Die ersten vier Spalten bilden die erste Gruppe und die letzten zwei Spalten die andere Gruppe. Es ergeben sich für die erste Gruppe:

$$\left.\frac{I}{U}\right|_{mittel} = \frac{3 \cdot 10^{-4} + 1{,}36 \cdot 10^{-3} + 7{,}5 \cdot 10^{-3} + 4 \cdot 10^{-2}}{4} = 1{,}23 \cdot 10^{-3}, \tag{5.70}$$

$$\left.U^2\right|_{mittel} = \frac{4 \cdot 10^{-2} + 9 \cdot 10^{-2} + 0{,}16 + 0{,}25}{4} = 1{,}35 \cdot 10^{-1} \tag{5.71}$$

und für die zweite Gruppe:

$$\left.\frac{I}{U}\right|_{mittel} = \frac{0{,}25 + 1{,}79}{2} = 1{,}02, \tag{5.72}$$

$$\left.U^2\right|_{mittel} = \frac{0{,}36 + 0{,}49}{2} = 0{,}425. \tag{5.73}$$

Mit der ersten Approximationsfunktion entsteht das Gleichungssystem:

$$1{,}23 \cdot 10^{-3} = a_1 + a_3 \cdot 1{,}35 \cdot 10^{-1}, \tag{5.74}$$

$$1{,}02 = a_1 + a_3 \cdot 4{,}25 \cdot 10^{-1}. \tag{5.75}$$

Dessen Lösung ergibt unter Berücksichtigung der Normierung die Koeffizienten

$$a_1 = -0{,}45\frac{\mathrm{A}}{\mathrm{V}}, \qquad a_3 = 3{,}48\frac{\mathrm{A}}{\mathrm{V}^3}. \tag{5.76}$$

Die Approximationsfunktion lautet dann:

$$I = -0{,}45\,\mathrm{A}\,\frac{U}{\mathrm{V}} + 3{,}48\,\mathrm{A}\,\left(\frac{U}{\mathrm{V}}\right)^3. \tag{5.77}$$

Für die rechte Funktion nach Gleichung (5.67) folgen bei denselben Gruppeneinteilungen für die erste Gruppe:

$$\ln I|_{mittel} = -6{,}82, \qquad U_{mittel} = 0{,}35 \tag{5.78}$$

und für die zweite Gruppe:

$$\ln I|_{mittel} = -0{,}84, \qquad U_{mittel} = 0{,}65 \tag{5.79}$$

und wegen

$$-6{,}82 \;=\; b + a \cdot 0{,}35, \tag{5.80}$$

$$-0{,}84 \;=\; b + a \cdot 0{,}65 \tag{5.81}$$

erhält man $b = -13{,}79$ und $a = 19{,}93$. Es gilt:

$$b_1 = e^b = 1{,}02 \cdot 10^{-6}, \qquad a = b_2 = 1{,}93. \tag{5.82}$$

Daraus entsteht unter Berücksichtigung der Normierung die Approximationsfunktion:

$$I = 1{,}02 \cdot 10^{-6}\,\mathrm{A} \cdot e^{19{,}93 U/V}. \tag{5.83}$$

Die Kontrolle der daraus berechneten Funktionswerte weist aus, dass die Approximationsfunktion nach Gleichung (5.66) wesentlich genauere Werte liefert und diese deshalb besser als die Funktion nach Gleichung (5.65) geeignet ist. $\square$

Die Methode der kleinsten Fehlerquadrate

Die Herangehensweise an die Approximation von Punktmengen $y_i = f(x_i)$ oder Funktionen $f(x)$ durch andere Funktion $a(x)$ mit Hilfe der Gaußschen Fehlerquadrate[1] ist ebenso einfach wie wichtig und wird häufig eingesetzt. Approximation heißt in diesem Fall, die Koeffizienten $a_0, \ldots, a_n$ der ausgewählten Approximationsfunktion bzw. Funktionsreihe zu bestimmen. Dabei wird angestrebt, den Fehler der Approximation zu minimieren. Bei der Methode der kleinsten Fehlerquadrate wird als Fehlermaß die quadratische Abweichung gewählt, d. h.:

$$\text{Fehler}_{\text{diskret}} = \sum_{i=1}^{N} \left(a(x_i) - f(x_i)\right)^2 ; \qquad \text{Fehler}_{\text{kcnt}} = \int_{x_{\min}}^{x_{\max}} \left(a(x) - f(x)\right)^2 dx. \tag{5.84}$$

Die Bestimmung der Koeffizienten $a_0, \ldots, a_n$ wird über die Bedingung für ein Minimum des Fehlers durchgeführt.

$$\frac{\partial \text{Fehler}}{\partial a_k} = 0 \qquad \text{mit} \qquad k = 0, \ldots, n. \tag{5.85}$$

Daraus entsteht je nach Approximationsfunktion ein lineares oder ein nichtlineares Gleichungssystem der Koeffizienten, welches gelöst werden muss.

Am häufigsten werden als Approximationsfunktionen Potenzpolynome

$$a(x) = a_n x^n + \cdots a_1 x + a_0 \tag{5.86}$$

eingesetzt. Im Folgenden wird das Gleichungssystem zur Bestimmung der Koeffizienten im diskreten Fall, also für N gegebene Messewerte, abgeleitet. Der Fehler ist durch

$$F = \sum_{i=1}^{N} \left(a_n x^n + \cdots a_1 x + a_0 - f(x_i)\right)^2 \tag{5.87}$$

---

[1] von C.F. Gauß erstmals 1794 angewandte und 1809 veröffentlichte Methode

bestimmt. Diese Formel wird nacheinander nach allen Koeffizienten abgeleitet. Das führt auf die Gleichungen

$$
\begin{aligned}
\frac{\partial F}{\partial a_n} &= 2\sum_{i=1}^{N}(a_n x_i^n + \cdots a_1 x + a_0 - f(x_i))x_i^n = 0, \\
&\;\;\vdots \\
\frac{\partial F}{\partial a_1} &= 2\sum_{i=1}^{N}(a_n x_i^n + \cdots a_1 x_i + a_0 - f(x_i))x_i = 0, \\
\frac{\partial F}{\partial a_0} &= 2\sum_{i=1}^{N}(a_n x_i^n + \cdots a_1 x_i + a_0 - f(x_i)) = 0.
\end{aligned}
\tag{5.88}
$$

Durch Sortieren entsteht das Gleichungssystem zur Berechnung der a_n:

$$
\begin{pmatrix}
\sum_{i=1}^{N} x_i^{2n} & \sum_{i=1}^{N} x_i^{2n-1} & \cdots & \sum_{i=1}^{N} x_i^{n} \\
\sum_{i=1}^{N} x_i^{2n-1} & \sum_{i=1}^{N} x_i^{2n-2} & \cdots & \sum_{i=1}^{N} x_i^{n-1} \\
\vdots & \vdots & \ddots & \vdots \\
\sum_{i=1}^{N} x_i^{n} & \sum_{i=1}^{N} x_i^{n-1} & \cdots & N
\end{pmatrix}
\begin{pmatrix}
a_n \\ a_{n-1} \\ \vdots \\ a_0
\end{pmatrix}
=
\begin{pmatrix}
\sum_{i=1}^{N} f(x_i)x_i^{n} \\
\sum_{i=1}^{N} f(x_i)x_i^{n-1} \\
\vdots \\
\sum_{i=1}^{N} f(x_i)
\end{pmatrix}.
\tag{5.89}
$$

Bei der Aufstellung der Matrix kann die Symmetrie ausgenutzt werden. Die Anzahl der gegebenen Werte N muss größer sein als die Anzahl der Koeffizienten.

Beispiel 4:
Die Messwerte der ψ-I-Kennlinie einer nichtlinearen Induktivität sind in Tabelle 5.4 gegeben. Für die gewählte Approximationsfunktion

$$
I = a_1\psi + a_7\psi^7
\tag{5.90}
$$

sind die Koeffizienten a_1 und a_7 mit der Methode der kleinsten Fehlerquadrate zu berechnen.

Tabelle 5.4: Messwerte der ψ-I-Kennlinie einer nichtlinearen Induktivität und deren Approximation

ψ / mVs	0	17,9	29,6	36,4	39,4	43,3	45,5	47,3	49,1	50,9
I / mA gem.	0	0,86	1,73	2,6	3,47	5,2	6,84	8,67	13,0	17,33
I / mA appr.	0	0,69	1,38	2,68	3,81	6,19	8,19	10,3	12,94	16,21

Lösung: Die Werte des Flusses werden auf $1\,\text{mVs}$ und die des Stromes auf $1\,\text{mA}$ normiert. Ausgewählt werden die Messpunkte $P_1(0,\,0)$, $P_2(29{,}6,\,1{,}73)$, $P_3(39{,}4,\,3{,}47)$ und $P_4(49{,}1,\,13{,}0)$. Für die Funktion gemäß der Gleichung (5.90) geht die Gleichung (5.84) in die spezielle Form

$$
\sum_{j=1}^{4}\left[I_j - \left(a_1\psi_j + a_7\psi_j^8\right)\right]^2 = \text{min!}
\tag{5.91}
$$

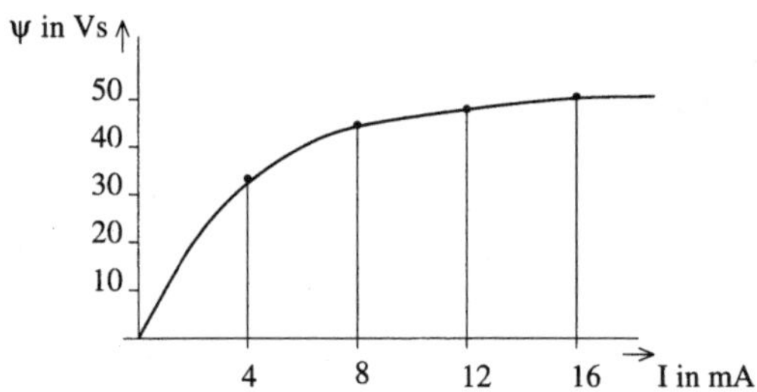

Bild 5.4: Vergleich der Approximationskurve mit der Messwertkurve

über. Die Differenziationen gemäß Gleichung (5.88) liefern die Ausdrücke:

$$\sum_{j=1}^{4} \left[I_j \psi_j - \left(a_1 \psi_j^2 + a_7 \psi_j^7 \right) \right] = 0 \tag{5.92}$$

$$\sum_{j=1}^{4} \left[I_j \psi_j^7 - \left(a_1 \psi_j^8 + a_7 \psi_j^{14} \right) \right] = 0. \tag{5.93}$$

Durch das Einsetzen der Messpunkte erhält man das Gleichungssystem

$$4839{,}33\, a_1 + 4{,}02 \cdot 10^{13}\, a_7 \;=\; 826{,}226 \tag{5.94}$$

$$4{,}02 \cdot 10^{13}\, a_1 + 4{,}95 \cdot 10^{23}\, a_7 \;=\; 9{,}49 \cdot 10^{12} \tag{5.95}$$

zur Bestimmung der Parameter a_1 und a_7. Es ergeben sich daraus bei Entnormierung die Werte:

$$a_1 = 0{,}03585\,\frac{\mathrm{mA}}{\mathrm{mVs}}, \qquad a_7 = 1{,}62473 \cdot 10^{-11}\,\frac{\mathrm{mA}}{(\mathrm{mVs})^7} \tag{5.96}$$

und eingesetzt in die Approximationsfunktion:

$$I = 0{,}036\,\mathrm{mA}\,\frac{\psi}{\mathrm{mVs}} + 1{,}62 \cdot 10^{-11}\,\mathrm{mA} \left(\frac{\psi}{\mathrm{mVs}} \right)^7 . \tag{5.97}$$

Die mit dieser Approximation berechneten Werte sind zum Vergleich mit den Messwerten in Tabelle 5.4 aufgeführt.

Das Bild 5.4 zeigt einen Vergleich zwischen den Messwerten und der berechneten Approximationsfunktion der nichtlinearen Induktivität. Das zugrunde liegende Minimumsproblem enthält eine geometrische Interpretation. Die Koeffizienten a_1 und a_7 wurden so bestimmt, dass der mittlere quadratische Fehler zum Minimum wird. Das heißt, die Fläche zwischen der Messkurve und der Approximationskurve ist unter Beachtung der Tatsache, dass eben diese vier Messpunkte P_1 bis P_4 verwendet worden sind, minimal. Die Approximationskurve wurde der Messkurve unter diesen Bedingungen und bei dem vorgegebenen Verlauf der Approximationsfunktion aus Gleichung (5.97) möglichst gut angepasst. $\square$

Die in der Elektrotechnik häufig eingesetzte Fourier-Reihenentwicklung lässt sich ebenfalls auf die Methode der kleinsten Fehlerquadrate zurückführen. Für den kontinuierlichen Fall werden dazu trigonometrische Polynome untersucht. Der Fehler berechnet sich hierbei wie folgt

$$F = \int\limits_{-\pi}^{\pi} \left(\sum_{\nu=1}^{n} (a_\nu \cos \nu x + b_\nu \sin \nu x) + \frac{a_0}{2} - f(x) \right)^2 dx$$

$$= n \int\limits_{-\pi}^{\pi} \left(\frac{a_0}{2} - f(x) \right)^2 dx + 2 \sum_{\nu=1}^{n} \int\limits_{-\pi}^{\pi} \left(\frac{a_0}{2} - f(x) \right) (a_\nu \cos \nu x + b_\nu \sin \nu x) dx$$

$$+ \sum_{\nu=1}^{n} \sum_{\mu=1}^{n} \int\limits_{-\pi}^{\pi} (a_\nu \cos \nu x + b_\nu \sin \nu x)(a_\mu \cos \mu x + b_\mu \sin \mu x) dx. \qquad (5.98)$$

Bei der Vereinfachung der Terme wird die *Orthogonalität* der Sinus- und Kosinusfunktionen ausgenutzt. Dadurch verschwindet ein Großteil der Integrale.

$$F = \frac{n\pi a_0^2}{2} - na_0 \int\limits_{-\pi}^{\pi} f(x) dx + n \int\limits_{-\pi}^{\pi} f(x)^2 dx - 2 \sum_{\nu=1}^{n} a_\nu \int\limits_{-\pi}^{\pi} f(x) \cos \nu x \, dx$$

$$-2 \sum_{\nu=1}^{n} b_\nu \int\limits_{-\pi}^{\pi} f(x) \sin \nu x \, dx + \pi \sum_{\nu=1}^{n} (a_\nu^2 + b_\nu^2). \qquad (5.99)$$

Die Differenziation des Fehlers nach den Koeffizienten und das Umstellen nach den gesuchten Koeffizienten bringt das Ergebnis:

$$\frac{\partial F}{\partial a_0} = n\pi a_0 - n \int\limits_{-\pi}^{\pi} f(x) dx = 0, \qquad \longrightarrow \qquad a_0 = \frac{1}{\pi} \int\limits_{-\pi}^{\pi} f(x) dx,$$

$$\frac{\partial F}{\partial a_\nu} = -2 \int\limits_{-\pi}^{\pi} f(x) \cos(\nu x) dx + 2\pi a_\nu = 0, \qquad \longrightarrow \qquad a_\nu = \frac{1}{\pi} \int\limits_{-\pi}^{\pi} f(x) \cos(\nu x) dx,$$

$$\frac{\partial F}{\partial b_\nu} = -2 \int\limits_{-\pi}^{\pi} f(x) \sin(\nu x) dx + 2\pi b_\nu = 0, \qquad \longrightarrow \qquad b_\nu = \frac{1}{\pi} \int\limits_{-\pi}^{\pi} f(x) \sin(\nu x) dx,$$

$$(5.100)$$

wobei ν von 1 bis n läuft.

Die Newtonschen Interpolationsformeln

Mit den $(n+1)$-ten Newton-Polynomen

$$N_0(x) := 1, \qquad N_i(x) := \prod_{j=0}^{i-1} (x - x_j), \qquad i = 1, 2, \ldots, n \qquad (5.101)$$

(wobei $N_i(x)$ als Produkt von i Linearfaktoren den Grad i besitzt) lautet der Ansatz für die Newtonsche Interpolationsformel:

$$I_n(x) = \sum_{i=0}^{n} c_i N_i(x). \tag{5.102}$$

Die Koeffizienten c_i sind durch die Interpolationsbedingungen als i-te dividierte Differenzen oder i-te Steigung gegeben und durch

$$c_i := [x_0 x_1 \ldots x_i] = [x_i x_{i-1} \ldots x_0], \qquad i = 0, 1, \ldots, n \tag{5.103}$$

erklärt. Die $[X_i] := y_i$ ($i = 0, 1, \ldots, n$) dienen als Startwerte für die rekursiv definierten Steigungen. Es seien $j_0, j_1, \ldots j_i$ aufeinander folgende Indexwerte aus $\{0, 1, \ldots, n\}$. Dann gilt:

$$[x_{j_0} x_{j_1} \ldots x_{j_i}] := \frac{[x_{j_1} x_{j_2} \ldots x_{j_i}] - [x_{j_0} x_{j_1} \ldots x_{j_{i-1}}]}{x_{j_i} - x_{j_0}}. \tag{5.104}$$

Zur Berechnung der erforderlichen Steigungen in der Newtonschen Interpolationsformel bildet man das in Tabelle 5.5 angegebene Schema der dividierten Differenzen.

Tabelle 5.5: Schema der dividierten Differenzen

x_0	$[x_0]$				
		$[x_0 x_1]$			
x_1	$[x_1]$		$[x_0 x_1 x_2]$		
		$[x_1 x_2]$		$[x_0 x_1 x_2 x_3]$	
x_2	$[x_2]$		$[x_1 x_2 x_3]$		$[x_0 x_1 x_2 x_3 x_4]$
		$[x_2 x_3]$		$[x_1 x_2 x_3 x_4]$	
x_3	$[x_3]$		$[x_2 x_3 x_4]$		
		$[x_3 x_4]$			
x_4	$[x_4]$				

Die Koeffizienten c_i in der Newtonschen Interpolationsformel sind die Werte der obersten Schrägzeile des Schemas der dividierten Differenzen in Tabelle 5.5. Diese allein interessierenden Werte lassen sich mit einem Rechenprogramm, ausgehend von den Stützstellen x_i und den Funktionswerten $y_i = [x_i]$, jeweils kolonnenweise von links nach rechts fortschreitend, berechnen.

Die Newtonschen Interpolationsformeln verwenden wir nun zur Approximation von Kennlinien nichtlinearer Bauelemente. Im Ergebnis ergibt sich eine Approximationsfunktion.

Beispiel 5:
Für eine nichtlineare Induktivität werden auf experimentellem Weg die Messwerte einer ψ-I-Kennlinie gemessen (Tabelle 5.6): Es wird nur der erste Quadrant betrachtet. Zu

bestimmen ist das Approximationspolynom 3. und 4. Grades mit Hilfe des Newtonschen Interpolationsverfahrens.

Lösung: Wir ziehen den Ansatz nach Gleichung (5.102) heran und erhalten für ein Polynom 3. Grades:

$$\psi_3(I) = c_0 + c_1(I - I_0) + c_2(I - I_0)(I - I_1) + c_3(I - I_0)(I - I_1)(I - I_2). \qquad (5.105)$$

Mit dem Einsetzen der Werte für die Ströme I entsprechend der Messwerttabelle (Punkte P_1, P_2, P_3, P_5) erhalten wir das gestaffelte Gleichungssystem:

$$
\begin{aligned}
\psi_0(I) &= c_0, \\
\psi_1(I) &= c_0 + c_1(I_1 - I_0), \\
\psi_2(I) &= c_0 + c_1(I_2 - I_0) + c_2(I_2 - I_0)(I_2 - I_1), \\
\psi_3(I) &= c_0 + c_1(I_3 - I_0) + c_2(I_3 - I_0)(I_3 - I_1) + c_3(I_3 - I_0)(I_3 - I_1)(I_3 - I_2).
\end{aligned}
\qquad (5.106)
$$

Dieses Gleichungssystem können wir schrittweise auflösen und so die Koeffizienten c_i der Approximationsfunktion (5.105) auf einfache Weise berechnen.

$$c_0 = \psi_0 = [I_0] = 0, \qquad (5.107)$$

$$c_1 = \frac{\psi_1 - \psi_0}{I_1 - I_0} = [I_1 I_0] = \frac{\psi_1}{I_1} = 17{,}11 \frac{\mathrm{mVs}}{\mathrm{mA}}, \qquad (5.108)$$

$$
\begin{aligned}
c_2 &= \frac{(\psi_2 - \psi_0) - \frac{\psi_1 - \psi_0}{I_1 - I_0}(I_2 - I_0)}{(I_2 - I_0)(I_2 - I_1)} \\[2mm]
&= \frac{[I_2 I_0] - [I_1 I_0]}{I_2 - I_1} = [I_2 I_1 I_0] = \frac{\frac{\psi_2}{I_2} - \frac{\psi_1}{I_1}}{I_2 - I_1} = -3{,}31 \frac{\mathrm{mVs}}{(\mathrm{mA})^2},
\end{aligned}
\qquad (5.109)
$$

$$
\begin{aligned}
c_3 &= \frac{(\psi_3 - \psi_0) - [I_1 I_0](I_3 - I_0) - \frac{[I_2 I_0] - [I_1 I_0]}{I_2 - I_1}(I_3 - I_0)(I_3 - I_1)}{(I_3 - I_0)(I_3 - I_1)(I_3 - I_2)} \\[2mm]
&= \frac{\frac{[I_3 I_0] - [I_1 I_0]}{I_3 - I_1} - \frac{[I_2 I_0] - [I_1 I_0]}{I_2 - I_1}}{I_3 - I_2} = \frac{\frac{\frac{\psi_3}{I_3} - \frac{\psi_1}{I_1}}{I_3 - I_1} - \frac{\frac{\psi_2}{I_2} - \frac{\psi_1}{I_1}}{I_2 - I_1}}{I_3 - I_2} \\[2mm]
&= \frac{[I_3 I_2 I_1] - [I_2 I_1 I_0]}{I_3 - I_2} = [I_3 I_2 I_1 I_0] = 0{,}22 \frac{\mathrm{mVs}}{(\mathrm{mA})^3}.
\end{aligned}
\qquad (5.110)
$$

Mit diesen Koeffizienten erhalten wir als Approximationsfunktion für die ψ-I-Kennlinie den Ausdruck:

$$
\begin{aligned}
\psi_3(I) &= 17{,}11 \frac{\mathrm{mVs}}{\mathrm{mA}}(I - I_0) - 3{,}31 \frac{\mathrm{mVs}}{(\mathrm{mA})^2}(I - I_0)(I - I_1) \\[2mm]
&\quad + 0{,}22 \frac{\mathrm{mVs}}{(\mathrm{mA})^3}(I - I_0)(I - I_1)(I - I_2),
\end{aligned}
\qquad (5.111)
$$

oder ausmultipliziert und zusammengefasst

$$\psi_3(I) = 24{,}16 \frac{\mathrm{mVs}}{\mathrm{mA}} I - 4{,}45 \frac{\mathrm{mVs}}{(\mathrm{mA})^2} I^2 + 0{,}22 \frac{\mathrm{mVs}}{(\mathrm{mA})^3} I^3. \qquad (5.112)$$

Tabelle 5.6: Gegenüberstellung der Messwerte (links) sowie der Interpolationswerte (rechts) der $\psi_3(I)$- und $\psi_4(I)$-Funktion

Punkt	I / mA	ψ / mVs
P_1	0	0
P_2	1,73	29,6
P_3	3,47	39,4
P_4	6,8	45,5
P_5	13,0	49,1

I/mA	ψ_3/mVs	ψ_4/mVs
0	0	0
1	19,93	20,45
2	32,28	32,08
3	38,37	37,93
4	39,52	40,7
5	37,05	42,15
6	32,28	43,72
7	26,53	46,19
8	21,12	49,78
9	17,37	54,13
10	16,6	58,3
11	20,13	60,79
12	29,28	59,5
13	45,37	51,77

Als Werte der Interpolation $\psi_3(I)$ nach Gleichung (5.112) ergibt sich Tabelle 5.6.

In der Tat erhalten wir über den gesamten Definitionsbereich eine bessere Approximation durch den Ansatz eines Newtonschen Interpolationspolynoms 4. Grades unter der Hinzunahme des Kennlinienpunktes P_4. Dadurch wird vor allem eine genauere Approximation im Bereich oberhalb von 4 mA erreicht. Der Ansatz lautet:

$$\psi_4(I) = \psi_3(I) + c_4(I - I_0)(I - I_1)(I - I_2)(I - I_3). \tag{5.113}$$

Führt man analog dem oben demonstrierten Vorgehen die erforderlichen Rechnungen aus, dann folgt für Gleichung (5.113) der Ausdruck:

$$\psi_4(I) = 26{,}03\,\frac{\text{mVs}}{\text{mA}}I - 6{,}22\,\frac{\text{mVs}}{(\text{mA})^2}I^2 + 0{,}66\,\frac{\text{mVs}}{(\text{mA})^3}I^3 - 0{,}024\,\frac{\text{mVs}}{(\text{mA})^4}I^4. \tag{5.114}$$

Der Vergleich mit den Messwerten und dem Verlauf der Funktion $\psi_3(I)$ in Tabelle 5.6 zeigt die bessere Approximation durch das Interpolationspolynom $\psi_4(I)$.

Der Vergleich mit den Messwerten zeigt eine zufriedenstellende Übereinstimmung im Intervall $0 \leq I \leq 4$ mA und einen auch qualitativ anderen Funktionsverlauf oberhalb von 4 mA. Prinzipiell ist die Genauigkeit von Polynomen höheren Grades durch das Überschwingen an den Intervallgrenzen beschränkt. $\qquad\square$

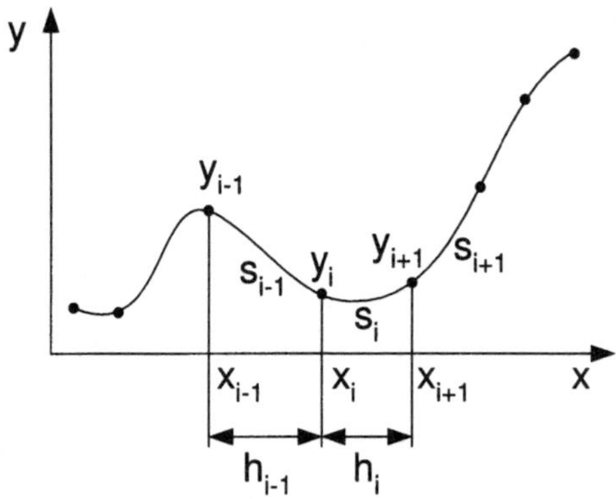

Bild 5.5: Kubische Splines

Kubische Spline-Interpolation

Die Aufgabe der Spline-Interpolation kommt ursprünglich aus dem Schiffsbau, wo die
Konstruktion der Latten der Schiffswand („Splines") zu optimieren war. Das Ziel besteht in einer glatten Linie $s(x)$, bei der an den Auflagepunkten (Stützstellen) die Deformationsenergie $E = \frac{1}{2}\int_{x_0}^{x_n} s''(x)^2 dx$ minimiert wird. Für diese Forderungen liefert
die Variationsrechnung folgende drei Bedingungen[2]:

1. $s^{(4)} = 0$ für alle $x \neq x_0, \ldots, x_n$, d. h., kubische Polynome zwischen den Stützstellen,
2. an den Stützstellen stimmen die Funktionswerte, die ersten und die zweiten Ableitungen überein,
3. die zweite Ableitung verschwindet an den Intervallgrenzen x_0, x_n (natürliche Splines).

Für die in der Praxis oft abweichenden Aufgabenstellungen wurde die Spline-Interpolation verallgemeinert, so dass die drei Bedingungen anders lauten können. Zum Beispiel ist es möglich, statt kubischer Polynome solche 5. Grades zu verwenden, um eine größere Glattheit (viermal stetig differenzierbar) zu erreichen. Durch diese Wahl erhöht sich aber auch das Ausschwingen an den Stützstellen. Die kubischen Splines stellen ein gewisses Optimum an Aufwand und Ergebnis dar. Eine wichtigere Modifikation ist die Wahl der Randbedingungen (3. Bedingung), für die wir verschiedene Varianten vergleichen wollen.

Die Berechnung der Koeffizienten eines einzelnen Spline-Polynoms:

$$s_i(x) = a_i(x - x_i)^3 + b_i(x - x_i)^2 + c_i(x - x_i) + d_i \tag{5.115}$$

[2] siehe z. B. Schwarz, H.R.: Numerische Mathematik, Teubner Verlag, Stuttgart, 1996

folgt aus den Bedingungen an den Stützstellen. Mit der Teilintervallänge $h_i = x_{i+1} - x_i$ ergibt sich:

$$
\left.\begin{aligned}
s_i(x_i) &= & &d_i = y_i \\
s_i(x_{i+1}) &= a_i h_i^3 &+b_i h_i^2 + c_i h_i + d_i &= y_{i+1} \\
s_i'(x_i) &= & c_i & \\
s_i'(x_{i+1}) &= 3a_i h_i^2 + 2b_i h_i & +c_i & \\
s_i''(x_i) &= & 2b_i &= y_i'' \\
s_i''(x_{i+1}) &= 6a_i h_i + 2b_i & &= y_{i+1}''
\end{aligned}\right\}
\implies
\left.\begin{aligned}
a_i &= \tfrac{1}{6h_i}(y_{i+1}'' - y_i'') \\
b_i &= \tfrac{1}{2}y_i'' \\
c_i &= \tfrac{1}{h_i}(y_{i+1} - y_i) - \tfrac{h_i}{6}(y_{i+1}'' + 2y_i'') \\
d_i &= y_i
\end{aligned}\right\} .
$$

$$(5.116)$$

Bis auf die Stützwerte und die zweiten Ableitungen sind die Polynome eindeutig definiert. Um die Ableitungen zu eliminieren, verwenden wir die Stetigkeit der ersten Ableitung $s_{i-1}'(x_i) = s_i'(x_i)$:

$$
h_{i-1}y_{i-1}'' + 2(h_{i-1} + h_i)y_i'' + h_i y_{i+1}'' - \frac{6}{h_i}(y_{i+1} - y_i) + \frac{6}{h_{i-1}}(y_i - y_{i-1}) = 0. \quad (5.117)
$$

Dieses Gleichungssystem mit $n - 2$ Gleichungen können wir lösen, wenn wir noch zwei weitere Bedingungen hinzufügen – die Randbedingungen. Für natürliche Splines (y_0'' und y_n'' fest vorgegeben) ergibt sich letztendlich das Schema in Tabelle 5.7.

Tabelle 5.7: Gleichungssystem für natürliche Splines

y_1''	y_2''	y_3'' $\cdots$	y_{n-1}''	
$2(h_0+h_1)$	h_1			$\dfrac{6(y_1 - y_0)}{h_0} - \dfrac{6(y_2 - y_1)}{h_1} + h_0 y_0''$
h_1	$2(h_1+h_2)$	h_2		$\dfrac{6(y_2 - y_1)}{h_1} - \dfrac{6(y_3 - y_2)}{h_2}$
		$\ddots$		$\vdots$
		$h_{n-2}\ \ 2(h_{n-2}+h_{n-1})$		$\dfrac{6(y_{n-1} - y_{n-2})}{h_{n-2}} - \dfrac{6(y_n - y_{n-1})}{h_{n-1}} + h_{n-1} y_n''$

Da sich allgemeine kubische Splines nur durch die Randbedingungen unterscheiden, ändert sich das Schema für die verschiedenen Varianten kaum. Berechnen sich die zweiten Ableitungen der Ränder aus denen der Stützstellen, z. B. $y_0'' = \alpha y_1'', y_n'' = \beta y_{n-1}''$, dann erscheinen diese zwei Gleichungen im System. Werden die ersten Ableitungen vorgegeben, ist es sinnvoll, das Gleichungssystem (5.116) so umzustellen, dass die Koeffizienten von den ersten Ableitungen abhängen und für diese ein Berechnungsschema zu entwickeln.

Eine große Rolle in der Elektrotechnik spielen periodische Splines. Sie sind dadurch gekennzeichnet, dass die Periodizität der Signale gewährleistet ist. Hierfür ergibt sich das Matrixschema in Tabelle 5.8.

Tabelle 5.8: Gleichungssystem für periodische Splines

y_0''	y_1''	y_2''	$\cdots$	y_{n-1}''	
$2(h_{n-1}+h_0)$	h_0			h_{n-1}	$-\dfrac{6(y_1-y_0)}{h_0}+\dfrac{6(y_0-y_{n-1})}{h_{n-1}}$
h_0	$2(h_0+h_1)$	h_1			$-\dfrac{6(y_2-y_1)}{h_1}+\dfrac{6(y_1-y_0)}{h_0}$
	h_1	$2(h_1+h_2)$	h_2		$-\dfrac{6(y_3-y_2)}{h_2}+\dfrac{6(y_2-y_1)}{h_1}$
			$\ddots$		$\vdots$
h_{n-1}			h_{n-2}	$2(h_{n-2}+h_{n-1})$	$-\dfrac{6(y_n-y_{n-1})}{h_{n-1}}+\dfrac{6(y_{n-1}-y_{n-2})}{h_{n-2}}$

5.4 Approximation von Bauelementekennlinien mit *Mathematica*

Einerseits haben wir Fakten in Form von Daten oder Funktionen, andererseits haben wir eine Theorie in Form von Funktionen. Wir versuchen eine Approximation zu finden, die so gut wie möglich zu den Fakten passt. Es gibt zwei Grundanwendungen zur Approximation: Approximation von Daten durch eine Funktion und Approximation einer Funktion durch eine andere Funktion. Die Approximation von Daten wird oft durchgeführt, um eine gute Zusammenfassung der Daten zu bekommen, während der Grund für die Approximation einer Funktion durch eine andere Funktion in der besseren Berechenbarkeit der Ausdrücke liegt [127],[95].

5.4.1 Approximation von Daten

Die Approximation von Daten ist nützlich, wenn die Daten Fehler enthalten und eine einfache Darstellung durch eine analytische Funktion gesucht wird. Zuerst wird ein Funktionentyp durch Betrachtung des allgemeinen Verhaltens der Daten ausgewählt. Der gewählte Funktionentyp enthält bestimmte Parameter und für diese Parameter versucht man, die besten Werte entsprechend einem gewählten Kriterium zu finden. Die am häufigsten gebrauchte Methode ist die Methode der kleinsten Fehlerquadrate (siehe 5.3.2). Dabei existieren zwei Fälle:

- Lineare Approximation, die Parameter $a, b, \ldots$ erscheinen linear in der Funktion in der Form $a\,f(x)+b\,g(x)$.

- Nichtlineare Approximation, die Parameter $a, b, \ldots$ erscheinen in der Funktion in der Form $f(x,a,b,\ldots)$.

Für den linearen Fall steht in *Mathematica* das Schlüsselwort `Fit` zur Verfügung. Für den Fall der statistischen Analyse kann `Regress` verwendet werden.

Beispiel 1:
Approximation durch ein Polynom

Eingabe der Messwerte:

```
daten1 = {{0,3.89452},{1,0.843111},{2,6.27216},{3,7.10664},{4,4.91179},
{5,6.86327},{6,7.43388},{7,6.17709},{8,12.4295},{9,6.90417},{10,11.626},
{11,13.163},{12,14.8071},{13,11.8181},{14,17.9471},{15,15.3522},
{16,16.8597},{17,18.4604},{18,16.8346},{19,18.0147},{20,16.9316},
{21,23.2622},{22,23.5638},{23,22.715},{24,25.7235},{25,24.7528},
{26,28.5393},{27,25.8492},{28,26.9297},{29,28.4777},{30,29.9393},
{31,27.7043},{32,26.4157},{33,28.5425},{34,31.5437},{35,34.213},
{36,34.6432},{37,31.3143},{38,36.6213},{39,38.1703},{40,37.8769},
{41,36.8339},{42,40.7144},{43,38.3459},{44,35.3599},{45,39.1219},
{46,35.4729},{47,39.1242},{48,39.9562},{49,41.193},{50,42.9281}}
```

Die Daten können durch Eingabe der folgenden Befehle dargestellt werden.

```
bild1p = ListPlot[daten1,PlotJoined -> True,
Epilog -> {AbsolutePointSize[3],Map[Point,daten1]}];
```

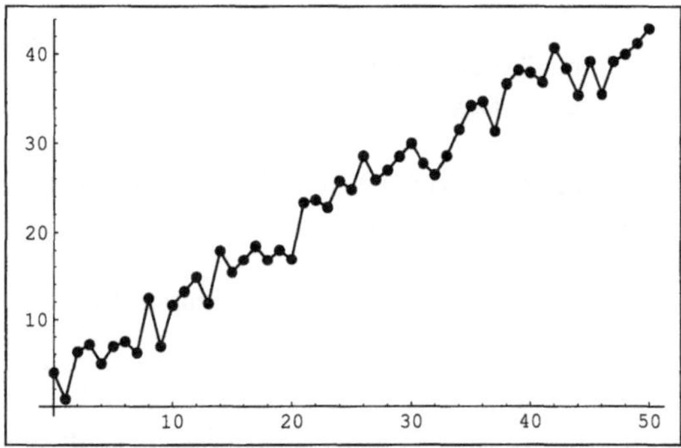

Die Berechnung einer linearen Approximation erfolgt durch:

```
appro1 = Fit[daten1,{1,x},x]
```

Es ergibt sich:
$0.801487x + 3.69809$

Durch Zeichnen der Funktion und der Messpunkte kann die Approximation optisch beurteilt werden.

```
bild1a = Plot[appro1,{x,0,50},DisplayFunction -> Identity];
Show[bild1p,bild1a];
```

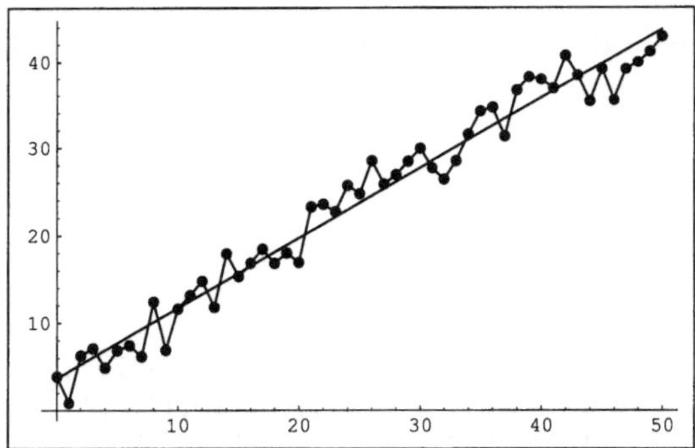

Es kann auch die quadratische Summe aller Abweichungen berechnet werden.

```
{xx,ff} = Transpose[daten1];
restf = ff-(appro1/.x -> xx);
restf.restf
```

In dem Beispiel beträgt die Summe bei linearer Approximation 239,336. Die Einzelschritte können zu einem eigenen Schlüsselwort zusammengefasst werden.

```
zeigeappro[daten_,approfunktion_,variable_,option___]:=
Module[{xx,ff,bild1,appro,bild2},
{xx,ff} = Transpose[daten];
bild1 = ListPlot[daten,PlotJoined -> True,DisplayFunction -> Identity,
Epilog -> {AbsolutePointSize[3],Map[Point,daten]}];
appro = Fit[daten,approfunktion,variable];
bild2 = Plot[appro,{variable,Min[xx],Max[xx]},DisplayFunction -> Identity];
Show[bild1,bild2,DisplayFunction -> $DisplayFunction,option];
restf = ff-(appro/.variable -> xx);
Print[TraditionalForm[appro]," Quadratische Summe der Abweichungen ",
restf.restf]]
```

Wählt man nun eine Approximation durch ein Polynom zweiten Grades, ergibt sich:

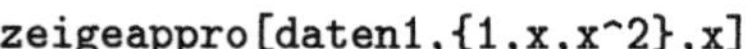
```
zeigeappro[daten1,{1,x,x^2},x]
```

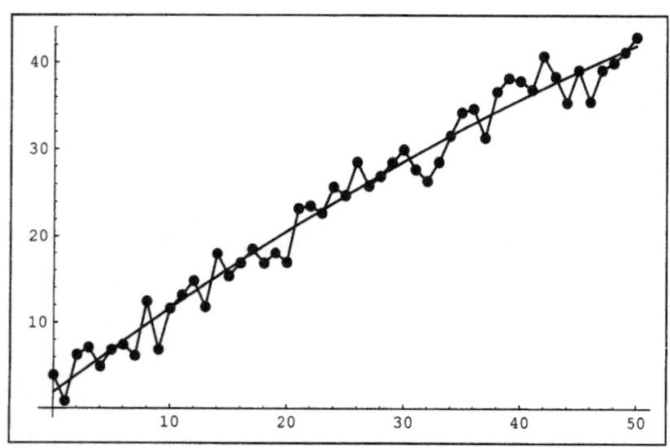

$-0.00445112x^2 + 1.02404x + 1.88055$
Quadratische Summe der Abweichungen 201.433 $\square$

Beispiel 2:
Approximation durch trigonometrische Funktion

Eingabe der Messwerte:

```
daten2 = {{0,-0.325},{0.1,-0.181},{0.2,-0.341},{0.3,0.262},{0.4,-0.532},
  {0.5,0.569},{0.6,0.839},{0.7,0.633},{0.8,1.374},{0.9,1.722},{1,1.748},
  {1.1,1.923},{1.2,1.583},{1.3,2.396},{1.4,2.711},{1.5,2.777},{1.6,2.480},
  {1.7,2.118},{1.8,2.745},{1.9,2.333},{2,2.297},{2.1,1.957},{2.2,1.458},
  {2.3,0.722},{2.4,1.12},{2.5,0.219},{2.6,0.049},{2.7,0.353},{2.8,0.856},
  {2.9,0.128},{3,0.167},{3.1,-0.252},{3.2,-0.365},{3.3,-0.573},
  {3.4,-0.874},{3.5,-0.813},{3.6,-0.834},{3.7,-0.342},{3.8,0.625},
  {3.9,0.266},{4,0.379},{4.1,0.243},{4.2,0.151},{4.3,0.389},{4.4,0.246},
  {4.5,0.836},{4.6,1.242},{4.7,0.792},{4.8,0.469},{4.9,0.721},{5,0.444},
  {5.1,0.867},{5.2,0.419},{5.3,0.421},{5.4,0.028},{5.5,0.1},{5.6,-0.736},
  {5.7,-0.08},{5.8,-1.196},{5.9,-0.081},{6,-0.255},{6.1,-0.191},
  {6.2,-0.092},{6.3,0.219},{6.4,-0.01},{6.5,0.191},{6.6,0.343},
  {6.7,0.921},{6.8,0.678},{6.9,1.221},{7,0.922},{7.1,1.738},{7.2,1.624},
  {7.3,1.88},{7.4,1.901},{7.5,2.113},{7.6,2.09},{7.7,2.448},{7.8,2.677},
  {7.9,2.704},{8,1.704},{8.1,2.9},{8.2,2.922},{8.3,2.548},{8.4,2.04},
  {8.5,1.381},{8.6,0.745},{8.7,0.445},{8.8,0.863},{8.9,0.861},{9,0.706},
  {9.1,0.46},{9.2,-0.656},{9.3,0.423},{9.4,-1.142},{9.5,-0.451},
  {9.6,-0.736},{9.7,-1.197},{9.8,-0.233},{9.9,0.184},{10,-0.132}}
```

Die Messwerte zeigen einen periodischen Anteil. Deshalb wird eine Approximationsfunktion vom Typ: Konstante, $\sin x$, $\sin 2x$, $\cos x$ und $\cos 2x$ verwendet.

```
zeigeappro[daten2,{1,Sin[x],Sin[2x],Cos[x],Cos[2x]},x]
```

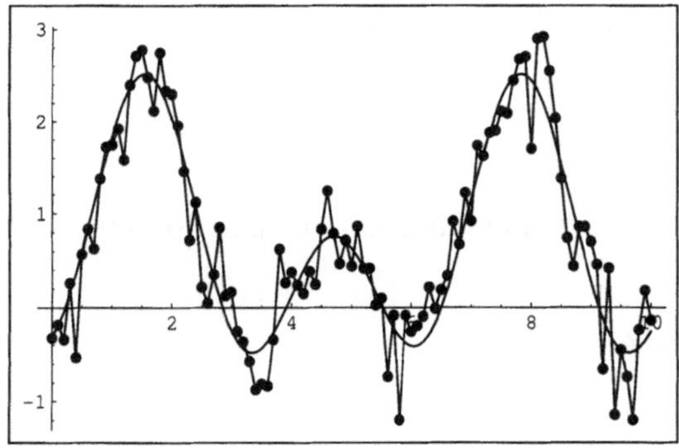

$0.0477226\cos x - 0.99397\cos(2x) + 0.875695\sin x + 0.0282903\sin(2x) + 0.642941$
Quadratische Summe der Abweichungen 13.637 $\square$

Mit der Methode des kleinsten Fehlerquadrates lassen sich auch mehrdimenionale Messwerte approximieren.

Beispiel 3:

Approximation dreidimensionaler Messwerte

Eingabe der Messwerte:

```
daten3 = {{0,0,0.127},{0,0.2,0.094},{0,0.4,0.17},{0,0.6,0.46},
{0,0.8,0.806},{0,1,0.935},{0.4,0,0.179},{0.4,0.2,-0.21},
{0.4,0.4,-0.002},{0.4,0.6,-0.239},{0.4,0.8,-0.061},{0.4,1.,0.316},
{0.8,0,-0.003},{0.8,0.2,-0.162},{0.8,0.4,-0.272},{0.8,0.6,-0.565},
{0.8,0.8,-0.552},{0.8,1,-0.582},{1.2,0,0.288},{1.2,0.2,-0.11},
{1.2,0.4,-0.505},{1.2,0.6,-0.804},{1.2,0.8,-0.865},{1.2,1.,-0.917},
{1.6,0,0.648},{1.6,0.2,0.12},{1.6,0.4,-0.635},{1.6,0.6,-1.0972},
{1.6,0.8,-1.238},{1.6,1,-1.633},{2,0,0.905},{2,0.2,0.392},
{2,0.4,-0.315},{2,0.6,-1.154},{2,0.8,-1.753},{2,1,-2.124}};
```

Darstellung der Messwerte im dreidimensionalen Raum:

```
bild1 = Show[Graphics3D[{Hue[0],PointSize[0.015],
Table[Point[daten3[[i]]],{i,Length[daten3]}]}],AspectRatio -> 0.8];
```

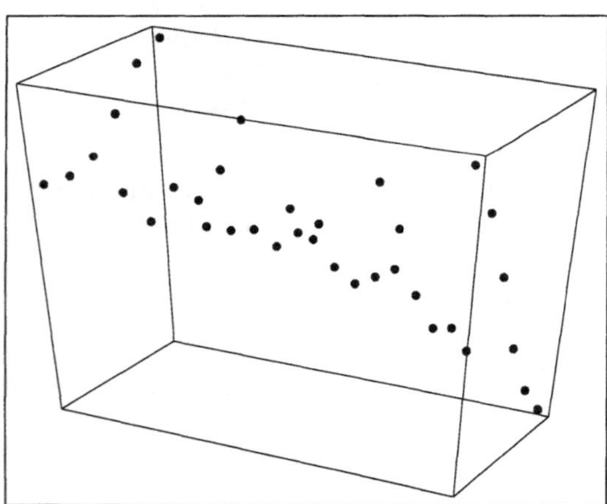

Die Approximation der Messwerte erfolgt durch eine Funktion, die eine Konstante und die Terme x^2, y^2 und xy enthält.

```
appro2 = Fit[daten3,{1,x^2,xy,y^2},{x,y}]
```

$$0.00017729 + 0.253827x^2 - 2.07734xy + 1.03223y^2$$

Die Darstellung zeigt die Approximationsfunktion und die Lage der Messwerte.

```
bild2 = Plot3D[appro2,{x,0,2},{y,0,1},DisplayFunction -> Identity];
Show[bild2,bild1,DisplayFunction -> $DisplayFunction];
```

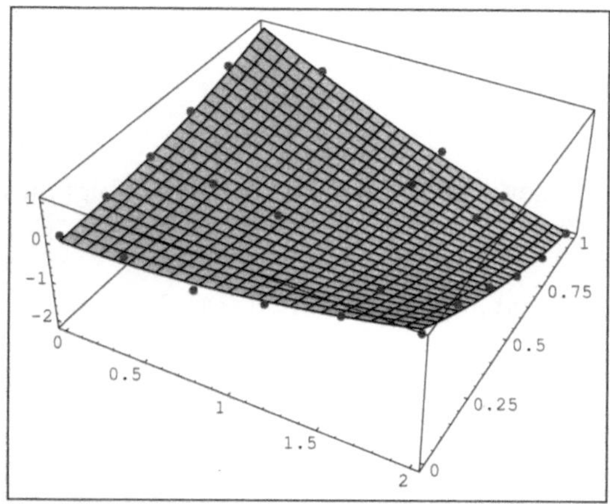

```
{xx,yy,ff} = Transpose[daten3];
restf2 = appro2/.{x -> xx,y -> yy};
(ff-restf2).(ff-restf2)
```

Die quadratische Summe aller Abweichungen beträgt 0.388959.   □

Wenn die Messwerte einen exponentiellen Verlauf zeigen, kann eine geeignete Approximationsfunktion durch nichtlineare Berechnung gefunden werden. Durch Logarithmieren der Funktionswerte ist es möglich, die Parameter mit Hilfe der linearen Approximation zu bestimmen.

Beispiel 4:
Approximation durch Exponentialfunktion

Eingabe der Messwerte:

```
daten4 = {{0,1.82},{0.2,0.87},{0.4,2.03},{0.6,2.06},
{0.8,1.33},{1.,1.64},{1.2,1.61},{1.4,1.13},{1.6,2.53},
{1.8,0.99},{2.,2.02},{2.2,2.26},{2.4,2.53},{2.6,1.64},{2.8,3.05},
{3.,2.27},{3.2,2.53},{3.4,2.82},{3.6,2.31},{3.8,2.5},{4.,2.14},
{4.2,3.63},{4.4,3.63},{4.6,3.34},{4.8,4.03},{5.,3.73},{5.2,4.53},
{5.4,3.92},{5.6,4.15},{5.8,4.52},{6.,4.87},{6.2,4.3},{6.4,3.98},
{6.6,4.53},{6.8,5.3},{7.,6.},{7.2,6.15},{7.4,5.38},{7.6,6.77},
{7.8,7.24},{8.,7.26},{8.2,7.1},{8.4,8.19},{8.6,7.72},{8.8,7.12},
{9.,8.22},{9.2,7.48},{9.4,8.59},{9.6,9.},{9.8,9.53},{10.,10.21}}
```

Durch Logarithmieren der y-Messwerte und anschließende Approximation durch eine lineare Funktion ergibt sich:

```
{xx,yy} = Transpose[daten4];
logyy = Log[yy];
daten4log = Transpose[{xx,logyy}];
appro4log = Fit[daten4log,{1,x},x]
```

$0.204703x + 0.265667$

Die Approximationsfunktion lautet dann:

```
appro4 = E^appro4log
```

$$e^{0.265667+0.204703x}$$

Die Darstellung des approximierten Funktionsverlaufs und der Messdaten erfolgt durch:

```
Plot[appro4,{x,0,10},
Epilog -> {AbsolutePointSize[3],Map[Point,daten4],Line[daten4]}];
```

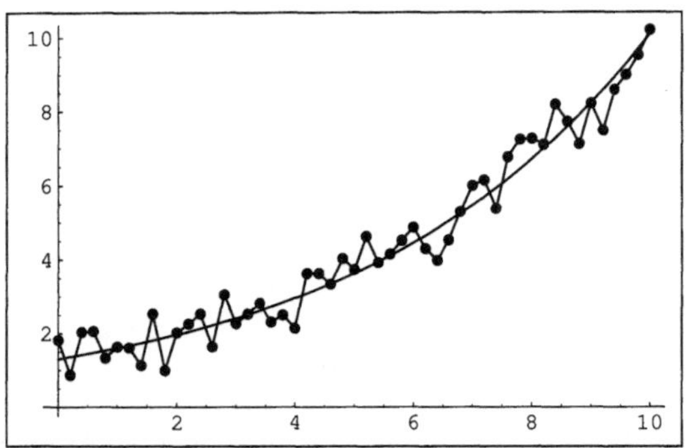

Für den nichtlinearen Fall steht in *Mathematica* das Schlüsselwort `FindFit` zur Verfügung. Für den Fall der statistischen Analyse kann `NonlinearRegress` verwendet werden.

`FindFit` verwendet die Levenberg-Marquard-Methode, um die besten Werte für die Parameter der Approximationsfunktion zu bestimmen. Dabei ist das Kriterium das Minimum der Quadratwurzel aus der Summe der Abweichungen. Die Methode ist ein iteratives Verfahren. Anfangsannahmen für die Parameter können angegeben werden.

Beispiel 5:
Approximation durch nichtlineare Funktion

Als Messwerte nehmen wir die aus dem Beispiel 4. Als Approximation verwenden wir eine Funktion vom Typ $e^{(a+bx)}$.

```
func =E^(a+ b x);
para = FindFit[daten4,func,{a,b},x]
```

$$a \rightarrow 0.325589, b \rightarrow 0.197226$$

```
appro5 = func/.para;
appro5//TraditionalForm
```

$$e^{0.197226x+0.325589}$$

Die Darstellung des approximierten Funktionsverlaufs und der Messdaten erfolgt durch:

```
Plot[appro5,{x,0,10},
  Epilog -> {AbsolutePointSize[3],Map[Point,daten4],Line[daten4]}];
```

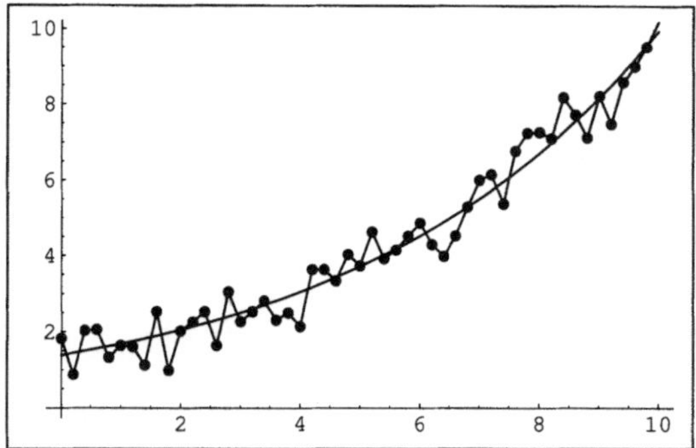

Es kann auch die quadratische Summe aller Abweichungen berechnet werden:

```
{xx,ff} = Transpose[daten4];
restf =ff-(appro5/.x -> xx);
restf.restf
```

In dem Beispiel beträgt die Summe der Quadrate der Abweichungen 12,6023.   □

Beispiel 6:
Approximation durch nichtlineare Funktion

In einem Experiment wurden folgende Messwerte ermittelt:

```
daten6={{0,9.6},{1,18.3},{2,29.},{3,47.2},{4,71.1},{5,119.1},{6,174.6},
  {7,257.3},{8,350.7},{9,441.},{10,513.3},{11,559.7},{12,594.8},
  {13,629.4},{14,640.8},{15,651.1},{16,655.9},{17,659.6},{18,661.8}}

bild1 = ListPlot[daten6,PlotStyle -> PointSize[.012],
  Ticks -> {Range[18],Automatic},Epilog -> Line[{{0,663},{18,663}}]];
```

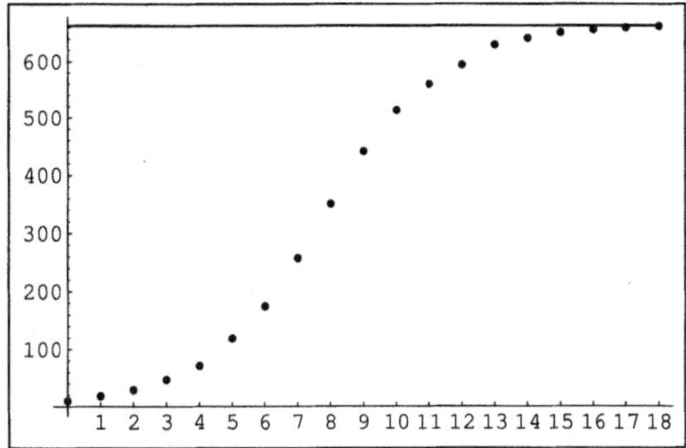

Die Messwerte sollten einer Funktion vom Typ $a/(1+be^{-ct})$ folgen. Somit ergibt sich:

```
f = a/(1+bE^(-c t));
para = FindFit[daten6,f,{a,b,c},t]
```

$a \rightarrow 663.022; b \rightarrow 71.5763; c \rightarrow 0.546995$

Es ergibt sich die Approximationsfunktion mit dem dargestellten Verlauf.

```
appro6 = f/.para;
TraditionalForm[appro6]
```

$$\frac{663.022}{1 + 71.5763e^{-0.546995t}}$$

```
bild2 = Plot[appro6,{t,0,18},DisplayFunction -> Identity];
Show[bild1,bild2];
```

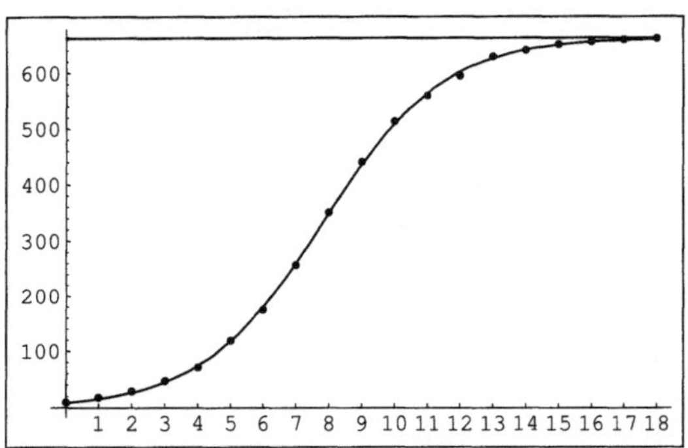

Wenn die Daten keine Messfehler enthalten, dann kann Interpolation oder stückweise Interpolation die entsprechende Methode für die Approximation sein.

5.4.2 Approximation von Funktionen

Die Approximation einer Funktion ist nützlich, wenn eine komplizierte Funktion vorliegt, deren Beurteilung schwierig oder zeitraubend ist. Wir suchen eine einfachere Funktion, die für praktische Zwecke nah genug an der Originalfunktion ist. Wir können zwei Fälle unterscheiden: Approximation nahe einem Punkt und Approximation in einem Intervall.

Beispiel 7:
Ausgangsfunktion

Es sollen verschiedene Approximationen an der Funktion $f = 1/2\,(\mathrm{erf}(x/\sqrt{2}) + 1)$ gezeigt werden.

```
f = (1+Erf[x/Sqrt[2]])/2;
Plot[f,{x,0,4},AxesOrigin -> {0,0.5}];
```

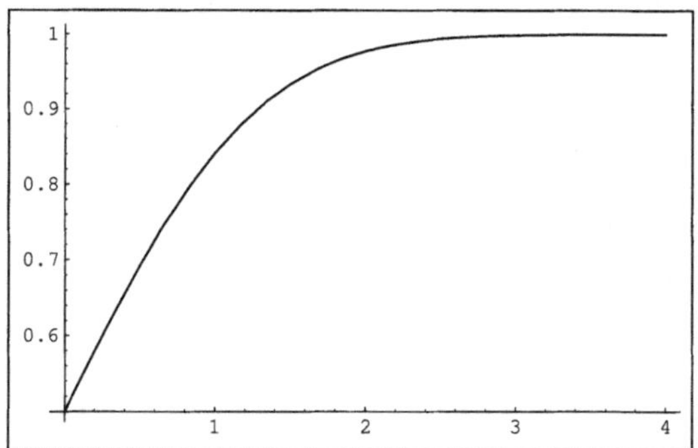

Für Approximation nahe einem Punkt haben wird zum Beispiel die Taylorreihe verwendet. Eine andere Methode ist die Padé-Approximation. In diesem Fall ist die Approximationsfunktion eine rationale Funktion.

Beispiel 8:
Approximation einer Funktion in einem Punkt durch die Taylorreihe

Approximieren wir die Funktion von Beispiel 7 am Punkt 1 durch ein Polynom 6. Grades ergibt sich:

```
taylor = Normal[Series[f,{x,1,6}]]//N//Expand;
TraditionalForm[taylor]
```

$$-0.00201642x^6 + 0.00806569x^5 + 0.0100821x^4 - 0.0806569x^3 + 0.0100821x^2 + 0.395219x + 0.500569$$

```
Plot[f-taylor,{x,0,2},PlotRange -> All];
```

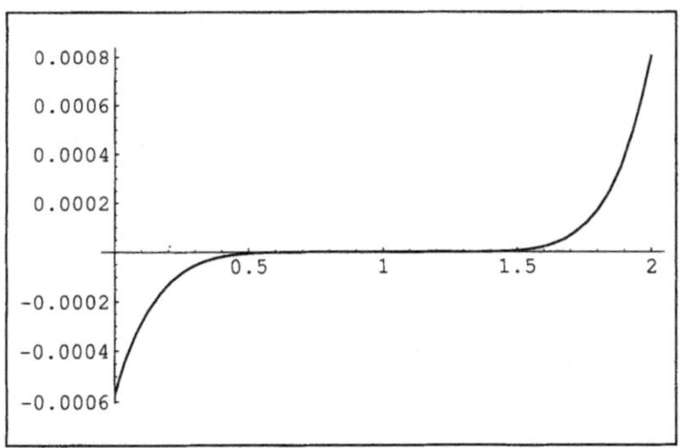

Die Darstellung des absoluten Fehlers zeigt, dass die Approximation im Bereich 0,5 bis 1,5 sehr gut ist.

Beispiel 9:
Padé-Approximation einer Funktion in einem Punkt

Bei der Pade-Approximation wird eine rationale Funktion verwendet, deren maximaler Grad des Zähler- und Nennerpolynoms festgelegt werden kann. In dem Beispiel ist der Grad des Zählerpolynoms 2 und der Grad des Nennerpolynoms 3.

```
Needs["Calculus'Pade'"]
pade =Pade[f,{x,1,2,3}]//N//FullSimplify;
TraditionalForm[pade]
```

$$\frac{0.621561(x - 20.0429)(x + 1.6411)}{(x - 6.62251)((x - 0.570115)x + 6.17851)}$$

```
Plot[f-pade,{x,0,2},PlotRange -> All];
```

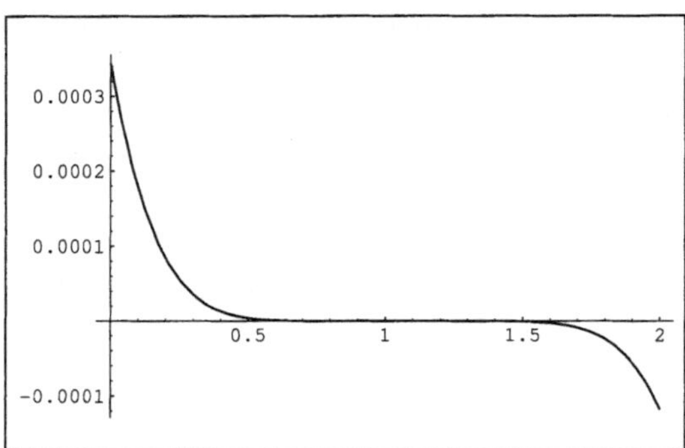

Die Darstellung des absoluten Fehlers zeigt, dass die Approximation im Bereich 0,3 bis 1,7 sehr gut ist.   □

Für Approximationen in einem Intervall können Interpolations- und Approximationstechniken verwendet werden. Stückweise Interpolation durch `FunctionInterpolation` ist ein starkes Mittel zur Approximation komplexer Funktionen in einem Intervall. `RationalInterpolation` verwendet Tschebysheff-Polynome zur Minimum-Maximum-Approximation (`MinimaxApproximation`). Dabei wird der Maximalfehler der Approximation über dem ganzen Intervall minimiert. Die Approximationsfunktion ist eine rationale Funktion und der Ausgangspunkt für die iterative Methode ist ein Tschebysheff-Polynom.

Bei der Approximation mit Hilfe der Methode vom kleinsten quadratischen Fehler wird das Integral vom Differenzbetrag zwischen der Funktion und der Approximation in einem angegebenen Intervall als Kriterium genutzt. Wenn die entsprechende Approximationsfunktion eine Linearkombination von bestimmten Funktionen ist, ergeben sich die Koeffizienten aus einem linearen Gleichungssystem.

Beispiel 10:
Approximation einer Funktion in einem Intervall

Definition des Schlüsselwortes:

```
linearappro[f_,x_,a_,b_,basis_] :=
LinearSolve[Integrate[Evaluate[Outer[Times,basis,basis]],{x,a,b}],
Integrate[Evaluate[fbasis],{x,a,b}]].basis
```

Es soll die Funktion von Beispiel 7 im Intervall 0 bis 2 durch ein Polynom 6. Grades approximiert werden.

```
appro10 =linearappro[f,x,0,2.,Table[x^i,{i,0,6}]];
TraditionalForm[appro10]
```

$$-0.00179815x^6+0.00784076x^5+0.00780803x^4-0.0741471x^3+0.0031949x^2+0.398426x$$
$$+0.500019$$

```
Plot[f-appro10,{x,0,2},PlotRange -> All];
```

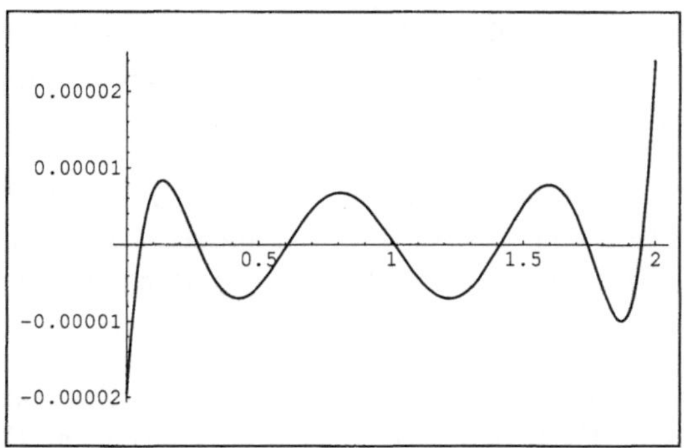

Die Näherung ist gut, aber an den Endpunkten sind die Fehler beträchtlich größer als im gesamten Bereich. □

Beispiel 11:
Tschebyscheff-Approximation einer Funktion in einem Intervall

Bei der Tschebyscheff-Approximation erfolgt die Beschreibung der Daten durch eine rationale Funktion, deren Zähler- und Nennergrad vorgegeben werden kann. Es soll die Funktion von Beispiel 7 im Intervall 0 bis 2 durch ein Zählerpolynom 6. Grades approximiert werden.

```
Needs["NumericalMath'Approximations'"]
approcheb =RationalInterpolation[f,{x,6,0},{x,0,2}];
TraditionalForm[approcheb]
```

$$-0.00181145x^6+0.00800419x^5+0.00721336x^4-0.0732252x^3+0.00255252x^2+0.398604x$$
$$+0.500007$$

```
Plot[f-approcheb,{x,0,2},PlotRange -> All];
```

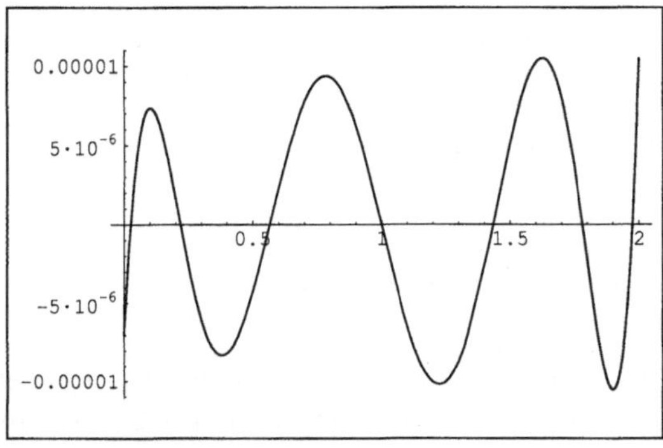

□

5.5 Approximation von hysteresebehafteten Bauelementekennlinien

Hystereseerscheinungen findet man in vielen technischen Bauelementen vor. Eine Form der Hysterese besteht in der nichtlinearen und nicht eindeutigen sowie von der Vorgeschichte abhängigen Beziehung zwischen der magnetischen Flussdichte und dem steigenden Magnetfeld bei ferromagnetischen Materialien. Weitere Hystereseerscheinungen sind die elastische Hysterese, die ferroelektrische Hysterese (hier bleibt die dielektrische Polarisation hinter der elektrischen Feldstärke zurück), die ferromagnetische Hysterese oder die magnetostriktive Hysterese (sie bezeichnet die Hysterese der Spannungs-Dehnungs-Kurve magnetischer Materialien).

Da in der Elektrotechnik magnetische Materialien vielseitig Anwendung finden, beziehen wir uns auf diese. Die Approximation von Hysteresekurven anderer Materialien vollzieht sich auf dieselbe Art und Weise bei anderen Variablen und den dazu gehörigen Konstanten.

Wenn ein ferromagnetisches Material von einer wachsenden magnetischen Feldstärke H erregt wird, dann steigt die magnetische Flussdichte B zuerst relativ steil an (Bild 5.6). Mit größer werdendem H bis zur Sättigung flacht der Anstieg der Kennlinie immer mehr ab. Bei der anschließenden Zurücknahme des H-Feldes bis zum negativen Sättigungspunkt wird der aufsteigende, untere Kurvenast nicht wieder durchlaufen, sondern der obere, absteigende Ast. Beide Kurvenäste ergeben die äußere Hystereseschleife. Innere Hystereseschleifen werden erreicht, wenn die Umkehrpunkte bei einer maximalen magnetischen Feldstärke H_m unterhalb des Sättigungspunktes liegen. Die Hystereseschleife (insbesondere die inneren Schleifen) wird mitunter erst nach einigen Zyklen erreicht. Dies ist bei den Berechnungen zu beachten. Die Kommutierungskurve ergibt sich aus der Verbindung der Umkehrpunkte aller Hystereseschleifen bei Veränderung der maximalen Feldstärken.

Zur Approximation der Hysteresekennlinie von Magnetkreisen, die ferromagnetische Materialien beinhalten, existieren verschiedene Varianten. Wichtig zur Modellierung von $\{L, D\}$-Modellen sind Funktionen, die mit möglichst wenig Materialparametern, welche auch einfach bestimmbar sein sollten, behaftet sind. Die wesentlichen Kennwerte:

H_C - Koerzitiv-Feldstärke (A/m), B_r - Remanenz-Flussdichte (Vs/m^2),
H_m - Maximal-Feldstärke (A/m), B_S - Sättigungs-Flussdichte (Vs/m^2)

der äußeren Hystereseschleife gibt das Bild 5.6 wieder.

5.5.1 Die Approximation mit der arctan-Funktion

Eine übersichtliche Approximationsfunktion für die Beziehung zwischen der magnetischen Flussdichte B und der magnetischen Erregung H folgt aus der Überlagerung

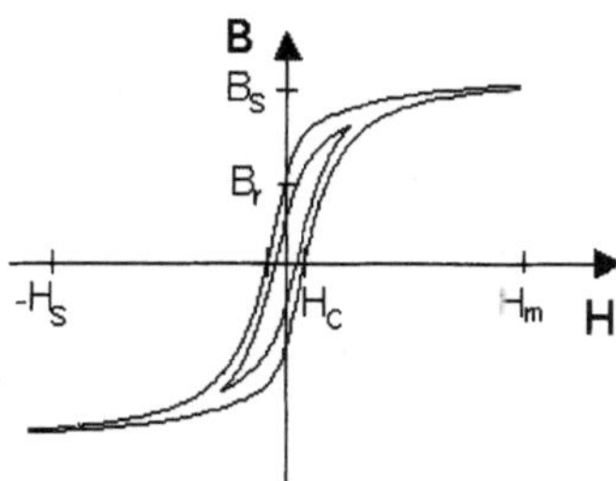

Bild 5.6: Äußere und innere Hystereseschleife

zweier Funktionen g_1 und g_2:

$$g_1 = a_0 B_s \cdot \arctan\left(\frac{H}{H_0}\right), \tag{5.118}$$

$$g_2 = H_1 \cdot \frac{B_1}{H_0} \cdot \frac{1}{1 + \left(\frac{H}{H_0}\right)^2} - H_1 \cdot a, \qquad a = \left.\frac{dg_1(H)}{dH}\right|_{H=H_S} \tag{5.119}$$

mit

B_1 - Anpassungskonstante (Vs/m^2),
H_0 - Normierungsgröße (A/m),
H_1 - Anpassungskonstante (A/m),
a_0 - Anpassungskonstante (dimensionslos).

H_1 wird in Gl. (5.119) verwendet, um g_2 die Dimension von B zu geben.

Es gelten

$$B(H) = g_1(H) - g_2(H) \tag{5.120}$$

für den steigenden (unteren) und

$$B(H) = g_1(H) + g_2(H) \tag{5.121}$$

für den fallenden (oberen) Teil der Kurve. Das Bild 5.7 enthält die approximierte B-H-Kennlinie.

Die Konstante a_0 dient der Anpassung der Arcustangens-Funktion an die Magnetisierungskennlinie und ist wie H_0 empirisch zu bestimmen. Die weiteren Anpassungskonstanten berechnen sich aus den folgenden Beziehungen:

$$a = \frac{a_0 B_s}{H_0} \cdot \frac{1}{1 + \left(\frac{H_S}{H_0}\right)^2} \cdot \tag{5.122}$$

An der Stelle $H = H_S$ treffen sich beide Kurvenäste und folglich gilt wegen Gl. (5.119):

$$g_2 = H_1 \frac{B_1}{H_0} \frac{1}{1 + \left(\frac{H_S}{H_0}\right)^2} - H_1 a = 0. \tag{5.123}$$

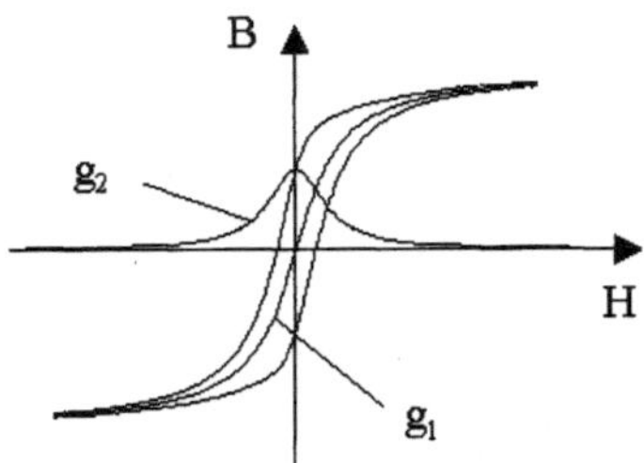

Bild 5.7: B-H-Kennlinien-Approximation

Das Einsetzen von (5.122) in (5.123) ergibt:

$$B_1 = a_0 B_s. \tag{5.124}$$

Für $H = 0$ gilt $g_1 = 0$ und damit:

$$B = -B_r = -g_2 = -H_1 \frac{a_0 B_s}{H_0} + H_1 \frac{B_1}{H_0} \frac{1}{1 + \left(\frac{H_s}{H_0}\right)^2}. \tag{5.125}$$

Für H_1 erhalten wir den Ausdruck:

$$H_1 = \frac{B_r}{\dfrac{a_0 B_s}{H_0} - \dfrac{B_1}{H_0} \dfrac{1}{1 + \left(\frac{H_s}{H_0}\right)^2}}. \tag{5.126}$$

Anmerkung:
Diese Approximationsfunktionen weisen den entscheidenden Vorteil auf, dass durch die additive Überlagerung der Teilfunktionen bei der späteren Verwendung in der Lagrange- bzw. in der Dissipationsfunktion die Anteile zu trennen sind. Sie entsprechen deshalb der Haupteigenschaft der Lagrange- bzw. der Dissipationsfunktion - ihrer Additivität.

5.5.2　Exponentialfunktion-Approximation

Eine andere Approximationsmöglichkeit von hysteresebehafteten Bauelementekennlinien stellen die in [128] verwendeten Exponentialfunktionen dar. Mit diesen Funktionen lassen sind kleinere Abweichungen bei Hystereseschleifen-Messung besser berücksichtigen als mit anderen Approximationen. Ein Nachteil dieser Variante besteht in der multiplikativen Verknüpfung mehrerer Funktionen. Ein anderer Nachteil ergibt sich aus der Unterteilung der Funktion in vier Teilbereiche. Die Hysteresekennlinie wird folgendermaßen dargestellt:

$$B = B^{\pm} \cdot \left[1 - e^{-k \cdot (H \mp H_C)}\right] \tag{5.127}$$

mit

$$B^+ \rightarrow B \uparrow , \quad H \geq H_C,$$
$$B^- \rightarrow B \downarrow , \quad H \geq -H_C.$$

Für eine exakte Approximation in der Nähe des Remanenzpunktes ($H = 0, B = B_r$) und um den Sättigungspunkt ($H = H_S, B = B_S$) gilt nach [128]:

$$k \;=\; -\frac{1}{H_C} \cdot \ln\left(1 - \frac{B_r}{B_s}\right), \tag{5.128}$$

$$B_s^+ \;=\; \frac{B_s}{1 - e^{-k \cdot (H_S - H_C)}}, \tag{5.129}$$

$$B_S^- \;=\; \frac{B_S}{1 - e^{-k \cdot (H_S + H_C)}}. \tag{5.130}$$

Die Approximationsfunktionen für die vier Teilbereiche der Hysterese-Kennlinie haben somit die Form:

$$B \;=\; \frac{B_S}{1 - e^{-k \cdot (H_S - H_C)}} \cdot \left(1 - e^{-k \cdot (H - H_C)}\right), \quad H_C \ldots H_S, \tag{5.131}$$

$$B \;=\; \frac{B_S}{1 - e^{-k \cdot (H_S + H_C)}} \cdot \left(1 - e^{-k \cdot (H + H_C)}\right), \quad H_S \ldots - H_C, \tag{5.132}$$

$$B \;=\; \frac{B_S}{1 - e^{-k \cdot (H_S - H_C)}} \cdot \left(1 - e^{-k \cdot (H + H_C)}\right), \quad -H_C \ldots - H_S, \tag{5.133}$$

$$B \;=\; \frac{B_S}{1 - e^{-k \cdot (H_S + H_C)}} \cdot \left(1 - e^{-k \cdot (H - H_C)}\right), \quad -H_S \ldots H_C. \tag{5.134}$$

Für die Kommutierungskurve, die entsteht, wenn nur in den Sättigungspunkten bei verschiedenen Amplituden von H die Werte für B gemessen werden, ist in [128] der Ausdruck:

$$B^* = B_S \cdot \left[1 - e^{-k \cdot H}\right] \tag{5.135}$$

angegeben. In Übereinstimmung mit der Funktion in den Gleichungen (5.131) bis (5.134) wird

$$B = \frac{B_S}{1 - e^{-kH_S}} \cdot \left[1 - e^{-k \cdot H}\right] \tag{5.136}$$

gesetzt.

5.5.3 Approximation nach Wong

Die Approximation nach Wong [128] erfordert wie die Exponentialfunktion-Approximation in 5.5.2 eine Aufteilung der Hystereseschleife in vier Teilbereiche:

$$B = \frac{H - H_C}{a_1 + b_1 \left| H - H_C \right|}, \quad -H_m \dots H_C, \tag{5.137}$$

$$B = \frac{H - H_C}{a_2 + b_2 \left| H - H_C \right|}, \quad H_c \dots H_m, \tag{5.138}$$

$$B = \frac{H - H_C}{a_1 + b_1 \left| H + H_C \right|}, \quad H_m \dots -H_C, \tag{5.139}$$

$$B = \frac{H + H_C}{a_2 + b_2 \left| H + H_C \right|}, \quad -H_C \dots -H_m. \tag{5.140}$$

Dabei sind a_1, a_2, b_1 und b_2 Konstanten. Sie sind aus dem Verlauf der Hystereseschleife zu bestimmen. Die Werte für a_1 und b_1 ergeben sich durch die Ausdrücke:

$$a_1 = \frac{H_C(B_m - B_r)(H_C + H_m)}{B_r B_m H_m}, \tag{5.141}$$

$$b_1 = \frac{1}{B_m} + \frac{H_C}{B_m H_m} - \frac{H_C}{B_r H_m}. \tag{5.142}$$

Zur Berechnung von a_2 und b_2 muss ein weiterer Punkt (H_x, B_x) auf dem jeweiligen Kurvenabschnitt bekannt sein:

$$a_2 = \frac{(B_x - B_m)(H_m - H_C)(H_x - H_C)}{B_m B_x (H_x - H_m)}, \tag{5.143}$$

$$b_2 = \frac{B_x(H_C - H_m) + B_m(H_x - H_C)}{B_m B_x (H_x - H_m)}. \tag{5.144}$$

5.5.4 Approximation nach Rivas, Zamarro, Martin, Pereira

Wie beim Vorgehen zur *arctan*-Approximation in 5.5.1 wird hier die Hysterese-Kennlinie durch die Überlagerung der Funktionen g_1 und g_2 gemäß [93] gebildet:

$$g_1 = \mu_0 \left[H + \frac{a_1' H + a_2' H |H|}{1 + b_1' |H| + b_2' H^2} \right], \tag{5.145}$$

$$g_2 = \mu_0 \left[\frac{c_1' (H_M - |H|) + c_2' (H_M^2 - H^2)}{1 + b_1' |H| + b_2' H^2} \right]. \tag{5.146}$$

Man verwendet die Gleichungen (5.120) $B(H) = g_1(H) - g_2(H)$ für den steigenden (unteren) und (5.121) $B(H) = g_1(H) + g_2(H)$ für den fallenden (oberen) Teil der

Hysteresekurve. Die Koeffizienten ergeben dann die Formeln:

$$b_1' = \frac{a\lambda + \chi}{M_S - \alpha\chi}, \tag{5.147}$$

$$b_2' = \frac{\lambda M_S + \chi^2}{M_S(M_S - \alpha\chi)}, \tag{5.148}$$

$$a_1' = \frac{1}{\mu_0}\left(\frac{dB}{dH}\right)\Big|_{H=0,B=B_r} - 1 = \frac{\mu_{\text{diff},0}}{\mu_0} - 1, \tag{5.149}$$

$$a_2' = \frac{B_m - \mu_0 H_m}{H_m^2}(1 + b_1' H_m + b_2' H_m^2) - \frac{a_1'}{H_m}, \tag{5.150}$$

$$c_1' = \frac{b_1' B_r}{\mu_0}, \tag{5.151}$$

$$c_2' = \frac{B_r}{\mu_0 H_m^2}(1 + b_1' H_m), \tag{5.152}$$

$$M = \frac{B}{\mu_0} - H. \tag{5.153}$$

In diesen Gleichungen bedeuten:

B_m - Maximale Flussdichte (Vs/m^2),
H_m - Maximale Feldstärke (A/m),
M - Magnetisierung (A/m),
M_S - Sättigungsmagnetisierung (A/m),
α - Neel-Konstante (A/m),
λ - Rayleigh-Konstante (m/A),
χ - Magnetische Anfangs-Suszeptibilität (dimensionslos),
μ_0 - Magnetische Feldkonstante ($\mu_0 = 4(\pi 10^{-7} Vs/Am)$,
$\mu_{diff,0}$ - Differenzielle Permeabilität für $H = 0$, (Anfangspermeabilität, Vs/Am).

Diese Approximation hat wie die in Kapitel 5.5.1 vorgestellte Approximation über die Arcustangens-Funktion bei der Modellierung die vorzügliche Eigenschaft der Trennung der Anteile. Es entstehen hier aber wesentlich umfangreichere mathematische Ausdrücke.

5.5.5 Das Preisach-Modell

Eine der genauesten und meistverbreiteten Hysteresebeschreibungen ist das Preisach-Modell [87], das bereits 1935 zur Modellierung der B-H-Hysterese magnetischer Materialien aufgestellt wurde.

Das Preisach-Modell geht nicht von den konkreten physikalischen Gesetzmäßigkeiten des Hystereseprozesses aus, sondern beschreibt diesen phänomenologisch mit einem mathematischen Modell. Es geht davon aus, dass die reale Hysterese durch die Überlagerung unendlich vieler, sogenannter Elementarschleifen entsteht. Eine Elementarschleife,

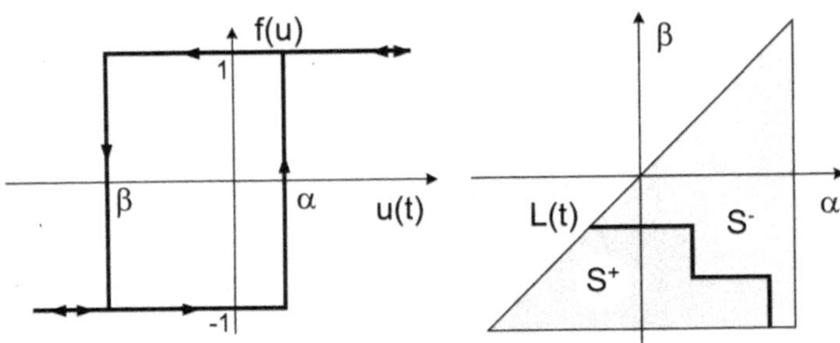

Bild 5.8: Elementarschleife (links) und Preisach-Ebene mit umschreibendem Dreieck (rechts)

wie in Bild 5.8 dargestellt, ist eine (theoretische) ideal rechteckige Hysterese $f(u)$ der Höhe ± 1, deren aufsteigender Ast die u-Achse beim Wert $u = \alpha$ und deren abfallender Ast die u-Achse beim Wert $u = \beta$ schneidet.

Die Variable u ist im Falle magnetischer Hysteresen die magnetische Feldstärke. Weiterhin wird ein Definitionsbereich für die Feldstärke vereinbart. Außerhalb dieses Bereichs verlaufen die äußeren Hystereseäste gemeinsam. Das bedeutet, dass sich die Werte für α und β für alle möglichen Elementarschleifen in den Grenzen $-H_0 \leq \beta < \alpha \leq H_0$ befinden. Somit ergibt sich ein umschreibendes Dreieck in der α-β-Ebene, der sogenannten *Preisach-Ebene* (siehe Bild 5.8). Feldstärken größer als H_0 müssen nicht durch das Hysteresemodell betrachtet werden, sondern können durch herkömmliche Interpolations- und Extrapolationsverfahren beschrieben werden.

Einem bestimmten Material wird nun eine konkrete Verteilungsfunktion $\mu(\alpha, \beta)$ der Elementarhysteresen in der Preisach-Ebene zugeordnet. Sie wird *Preisach-Funktion* genannt. Jeder Magnetisierungszustand des Materials ist dadurch gekennzeichnet, dass Elementarschleifen mit bestimmten (α, β)-Werten den Wert $+1$, der Rest den Wert -1 annehmen. Wird ein Material mit positiven Feldstärken aufmagnetisiert, schalten bestimmte Elementarschleifen in den Zustand 1, beim Abmagnetisieren schalten wiederum bestimmte Elementarschleifen in den Zustand -1. Das Gebiet S^+ der Elementarschleifen im Zustand 1 und das Gebiet S^- derjenigen im Zustand -1 wird durch die Linie $L(t)$ voneinander getrennt. Die Preisach-Funktion $\mu(\alpha, \beta)$ wird über die beiden Gebiete integriert. Die Differenz der beiden bestimmten Integrale ergibt bei entsprechender Normierung für magnetische Hysteresen die Flussdichte $B(H)$:

$$B(H) = \iint\limits_{S^+} \mu(\alpha, \beta)\, \mathrm{d}\alpha\, \mathrm{d}\beta - \iint\limits_{S^-} \mu(\alpha, \beta)\, \mathrm{d}\alpha\, \mathrm{d}\beta. \tag{5.154}$$

Wie die Trennlinie $L(t)$ bestimmt wird, verdeutlicht das Bild 5.9. Das Magnetmaterial sei zu Beginn in der negativen Sättigung ($\alpha = \beta = -H_0$). Das bedeutet, alle Elementarschleifen sind im Zustand -1 und die Flussdichte entspricht dem Integral der Preisach-Funktion über dem gesamten beschreibenden Dreieck. Erhöht man die Feldstärke bis zum Wert $\alpha_1 = H_1$, so ändern alle Elementarschleifen mit $\alpha < \alpha_1$ ihren

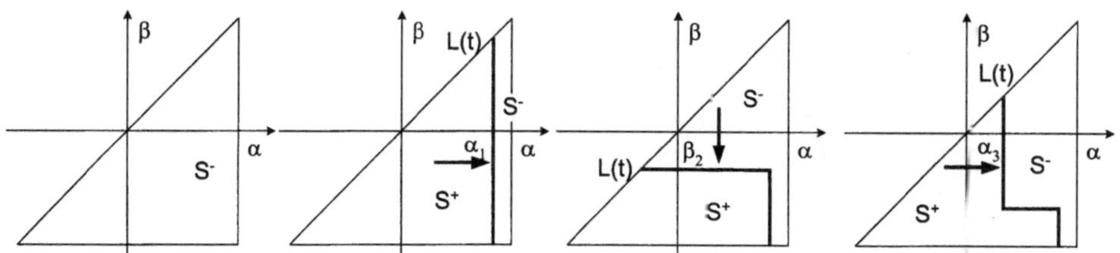

Bild 5.9: Änderung der Trennlinie in der Preisach-Ebene beim Auf- und Abmagnetisieren

Zustand nach 1. Es liegt nun eine senkrechte Trennlinie $\alpha = \alpha_1$ vor. Wird die Feldstärke anschließend wieder auf den Wert $\beta_2 = H_2$ verringert, so springen alle von den zuvor aufmagnetisierten Elementarschleifen mit $\beta > \beta_2$ zurück in den Zustand -1. Die Trennlinie hierfür verläuft waagerecht. Sie knickt im Punkt (α_1, β_2) ab. Ein erneutes Erhöhen der Feldstärke bewirkt, dass die senkrechte Trennlinie wieder nach rechts verschoben wird.

Die Stufen in der Trennlinie $L(t)$ zeigen, dass das Preisach-Modell einen Gedächtniseffekt abbildet. Es speichert Informationen über frühere, stärkere Aussteuerungen ab. Das Gedächtnis wird durch jeweils noch größere Aussteuerungen der Feldstärke gelöscht. Mit diesem Gedächtnis ist es möglich, auch innere Hystereseäste und -schleifen zu modellieren.

Das Preisach-Modell in der dargelegten Form beschreibt nur reversible Vorgänge. Bei periodischen Ansteuerungen der Feldstärke ändert sich der Zustand des Materials, d. h. die Trennlinie in der Preisach-Ebene, stets in gleicher Weise. Dies entspricht nicht experimentellen Untersuchungen [100]. Es existieren aber Modifikationen des Preisach-Modells, welche diesen Effekt berücksichtigen. Gegenüber realen Hystereseschleifen besitzen die mit diesem Modell simulierten „statischen" Hystereseschleifen stets eine größere Breite.

Das Bild 5.10 zeigt ein Beispiel einer Preisach-Funktion für eine gemessene B-H-Hysterese und zum Vergleich mit den Messwerten die Simulation der äußeren und inneren Schleifen [106].

5.5.6 Das Verfahren von Jiles-Atherton

Das Preisach-Modell besitzt den Mangel eines hohen Rechenaufwands und des Fehlens einer Invertierung. Diese Probleme werden mit dem Verfahren von Jiles-Atherton [50] vermieden. Die hohe Genauigkeit und das Vermögen, innere Schleifen zu modellieren, bleiben erhalten.

Das Verfahren von Jiles-Atherton lässt sich aus physikalischen Prozessen ableiten. In der Modellierung ist eine Differenzialgleichung zu lösen, die sich ohne Schwierigkeiten auf Digitalrechnern als Differenzengleichung berechnen lässt. Es handelt sich hierbei um

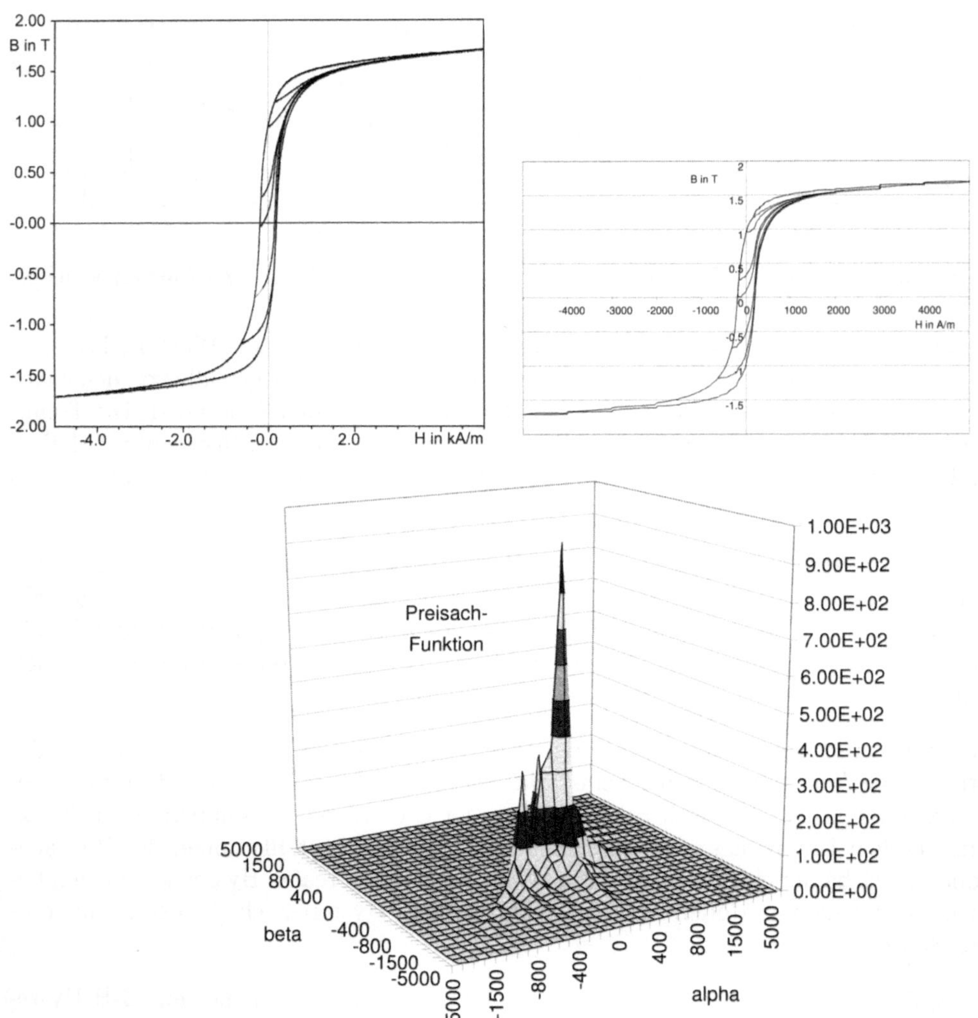

Bild 5.10: Beispiel einer Preisach-Funktion, oben links: Messung, oben rechts: Simulation

ein direktes Verfahren, das ohne Iterationen auskommt. Dies ist für die Modellierung und den Zeitbedarf der Simulationen von großem Vorteil.

Das Verfahren beruht ursprünglich auf dem Langevin-Modell zur Berechnung der Magnetisierung für paramagnetische Werkstoffe. Er entwickelte den Zusammenhang zwischen anliegender Feldstärke H^3 und der Magnetisierung M^4 mit:

$$M = M_s \cdot \left(coth\left(\frac{H}{a}\right) - \frac{a}{H} \right). \tag{5.155}$$

Dabei entspricht der Parameter a einer Materialkonstanten, siehe [49]. Der Faktor M_s, die Sättigungsmagnetisierung, ergibt sich für $H \rightarrow \infty$ und führt theoretisch zur parallelen Ausrichtung aller magnetischen Momente zueinander und zur angelegten Feldstärke.

Für ferromagnetische Materialen führte Weiß das „effektive Feld" H_e ein. Dies erklärt er mit der Interaktion der einzelnen Domänen, die ein eigenständiges Feld $\alpha \cdot M$, ähnlich einem Dauermagneten, aufgrund angelegter äußerer Feldstärke und irreversibler Prozesse ausbilden. Die angelegte Feldstärke H und das eigenständige Feld $\alpha \cdot M$ resultieren in der effektiven Feldstärke:

$$H_e = H + \alpha \cdot M. \tag{5.156}$$

Der Faktor α repräsentiert einen Parameter des Magnetfeldes zur quantitativen Beschreibung der Interaktion der Domänen. Die Gl. (5.155) kann zur Berechnung der anhysteresischen Magnetisierung M_{an} für ferromagnetische Werkstoffe umgeformt werden zu:

$$M_{an} = M_s \cdot \left(coth\left(\frac{H_e}{a}\right) - \frac{a}{H_e} \right), \tag{5.157}$$

$$M_{an} = M_s \cdot \left(coth\left(\frac{H + \alpha \cdot M}{a}\right) - \frac{a}{H + \alpha \cdot M} \right).$$

Um die Hysterese eines Werkstoffes zu beschreiben, setzen Jiles und Atherton die Magnetisierung aus einem reversiblen Anteil M_{rev} und einem irreversiblen Anteil M_{irr} zusammen:

$$M = M_{rev} + M_{irr}. \tag{5.158}$$

Dabei entspricht die reversible Komponente den reversiblen Blochwandverschiebungen und den reversiblen Drehungen der einzelnen Domänen. Die irreversible Komponente entspricht den irreversiblen Domänen- und Domänenwandverschiebungen. Für die irreversible Komponente gilt dabei:

$$\frac{dM_{irr}}{dH} = \frac{M_{an}(H_e) - M_{irr}}{k \cdot \delta - \alpha \cdot (M_{an}(H_e) - M_{irr})}. \tag{5.159}$$

Die Konstante k ist ebenfalls eine Materialkonstante, sie wird in [49] als „pinning coefficient" bezeichnet und ist ein Maß für die Energieverluste pro Volumeneinheit aufgrund

---

[3]Für diese Arbeit wird angenommen, dass alle Feldgrößen als Tensoren 0. Ordnung, d. h., als skalare Größen anzunehmen sind.

[4]Langevin postuliert die Magnetisierung M als vektorielle Summe der magnetischen Momente einer Volumeneinheit parallel zu einer angelegten magnetischen Feldstärke H, siehe [49].

des resultierenden Feldes M. Die Variable δ entspricht der Vorzeichenfunktion der Feldstärke H mit $\delta = \text{sign}(dH)$.

Durch Integration erhält man die irreversible Komponente:

$$M_{irr} = \int \frac{dM_{irr}}{dH} \cdot dH. \tag{5.160}$$

Mit den bekannten Komponenten ergibt sich die Magnetisierung M und die magnetische Induktion B zu:

$$M = (1-c) \cdot M_{irr} + c \cdot M_{an}(H_e), \tag{5.161}$$

$$B = \mu_0 \cdot (M+H). \tag{5.162}$$

Der Parameter c wird als Reversibilitätskoeffizient bezeichnet.

Die Simulation von Hysteresen mit dem Jiles-Atherton-Modell zeigt nach der Umkehrung der Feldstäre H einen geringen Anstieg der Flussdichte auf dem eigentlich fallenden Ast (Bild 5.11). Dies widerspricht Messungen, kann aber bei der rechentechnischen Implementierung des Modells abgestellt werden [6].

Numerische Berechnungen, z. B. Netzwerkmodelle oder FEM, benötigen häufig den Zusammenhang $H = f(B)$ statt $B = f(H)$. Die inverse Funktion ist bei vielen Hysteresemodellen nur mit Hilfe einer rechenaufwändigen Iteration über das normale Modell zu erreichen. In [96] ist ein Invertierungsverfahren für das Jiles-Atherton-Modell entwickelt worden. Das ursprüngliche Jiles-Atherton-Verfahren berechnet aus der magnetischen Feldstärke H die Magnetisierung M. Diese lässt sich nur äußerst aufwändig messtechnisch erfassen. Wesentlich geringerer messtechnischer Aufwand entsteht beim Verwenden der B-H-Kennlinie. Um diese zu verwenden, wird das Modell von Jiles und Atherton modifiziert und die magnetische Induktion B als unabhängige Variable eingeführt.

Die vollständige Herleitung des inversen Verfahrens befindet sich in [96]. Ausgangspunkt ist das effektive Feld H_e verknüpft mit dem effektiven Fluss B_e:

$$B_e = \mu_0 \cdot H_e. \tag{5.163}$$

Die resultierende Differenzialgleichung besteht aus zwei Teilen: der Ableitung der anhysteresischen Magnetisierung nach der effektiven Feldstärke: dM_{an}/dH_e (Gl. 5.164) und der Ableitung der irreversiblen Magnetisierung nach dem effektiven Fluss: dM_{irr}/dB_e (Gl. 5.166).

$$\frac{dM_{an}}{dH_e} = \frac{M_s}{a} \cdot \left(1 - \coth^2\left(\frac{H_e}{a}\right) + \left(\frac{a}{H_e}\right)^2\right). \tag{5.164}$$

Aus der bekannten Magnetisierung M, Gl. (5.162), und der bekannten anhysteresischen Magnetisierung M_{an}, Gl. (5.157), ergibt sich die irreversible Magnetisierung M_{irr} zu:

$$M_{irr} = \frac{M - c \cdot M_{an}}{1-c}. \tag{5.165}$$

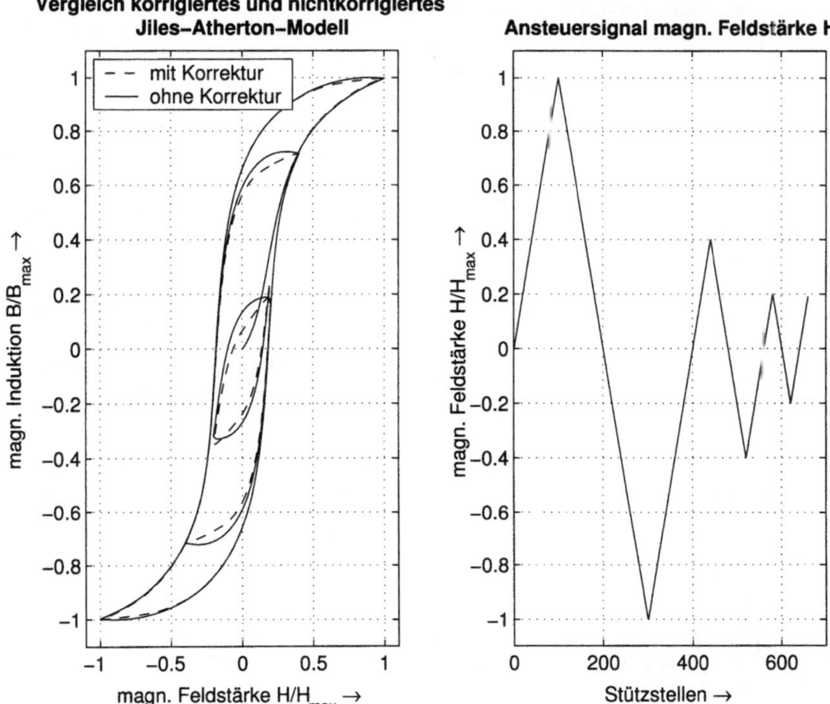

Bild 5.11: Vergleich der korrigierten und der fehlerbehafteten Funktion des Jiles-Atherton-Modelles

Damit folgt:

$$\frac{dM_{irr}}{dB_e} = \frac{M_{an} - c \cdot M_{irr}}{\mu_0 \cdot k \cdot \delta} \; . \tag{5.166}$$

Die Gleichungen (5.164) und (5.166) ergeben die Differenzialgleichung für das inverse Jiles-Atherton-Modell:

$$\frac{dM}{dB} = \frac{1 - c \cdot \frac{dM_{irr}}{dB_e} + \frac{c}{\mu_0} \cdot \frac{dM_{an}}{dH_e}}{1 + \mu_0 \cdot (1 - c) \cdot (1 - \alpha) \cdot \frac{dM_{irr}}{dB_e} + c \cdot (1 - \alpha) \cdot \frac{dM_{an}}{dH_e}} \; . \tag{5.167}$$

Durch Integration ergibt sich die Magnetisierung M, siehe Gl. (5.168), bzw. die resultierende Feldstärke H (Gl. 5.169):

$$M = \int \frac{dM}{dB} \cdot dB, \tag{5.168}$$

$$H = \frac{B}{\mu_0} - M. \tag{5.169}$$

Bei der Implementierung des inversen Modells muss zur Vermeidung eines systematischen Fehlers der Term $\Delta M_{irr}/\Delta B_e$ überwacht werden, der nicht negativ werden

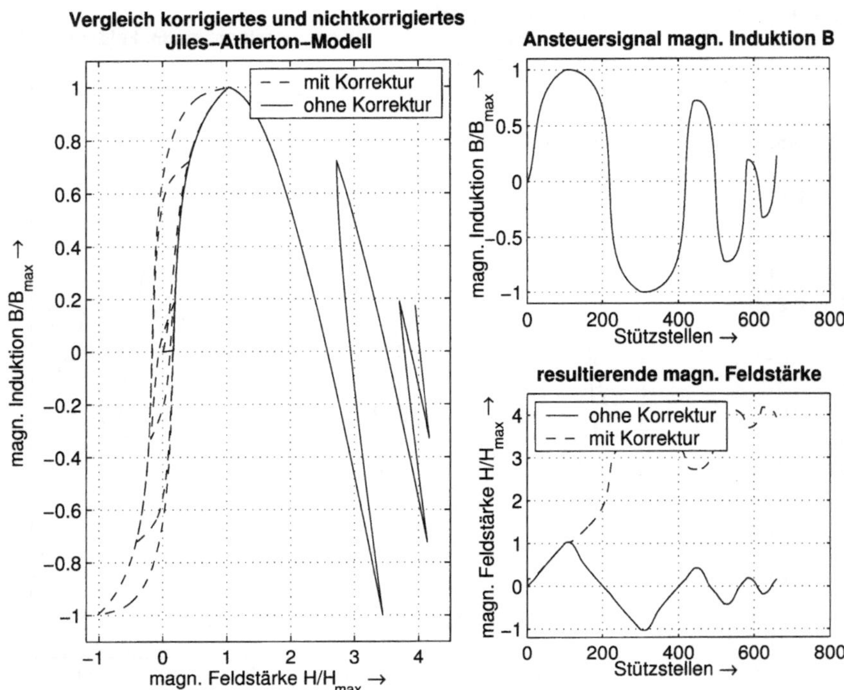

Bild 5.12: Vergleich der korrigierten und der fehlerbehafteten Funktion des inversen Jiles-Atherton-Modelles

darf. Mit dieser Korrektur rechnet das Verfahren die erwarteten Feldstärken aus. Bild 5.12 zeigt die Ergebnisse des korrigierten und nicht korrigierten Algorithmus. Die linke Abbildung stellt den Zusammenhang zwischen magnetischer Feldstärke H und magnetischer Induktion B dar. Als Eingangsgröße ist im oberen, rechten Bild die magnetische Induktion B aufgetragen.

Der große Vorteil der Verfahrens von Jiles-Atherton und seiner Invertierung besteht darin, dass es als Lösung einer Differenzialgleichung echtzeitfähig ist und zum Beispiel in der Regelungstechnik zur Hysteresekompensation eingesetzt werden kann. Nachteilig ist der große Aufwand zur Ermittlung der Materialkonstanten [6].

5.6   Klassische Berechnungsmethoden

Dem Leser werden in diesem Abschnitt Methoden zur Berechnung von Schaltungen angeboten, die auf nichtlineare Differenzialgleichungen erster oder zweiter Ordnung führen. Diese Differenzialgleichungen erhält man über die Kirchhoffschen Gesetze. Aus

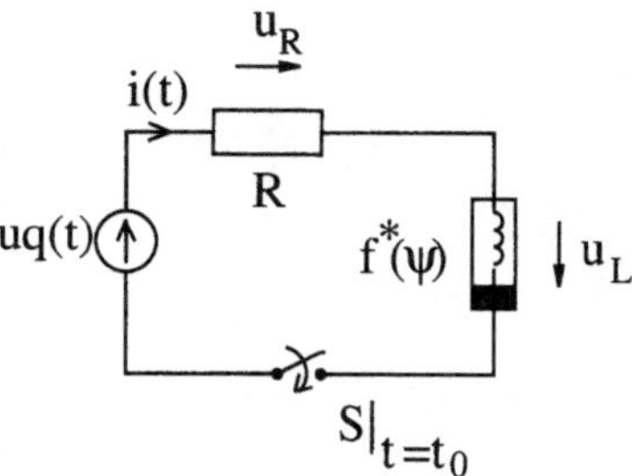

Bild 5.13: Reihenschaltung einer Spannungsquelle, eines linearen ohmschen Widerstandes und einer nichtlinearen Induktivität

ihren Lösungen lassen sich bei gegebenen Anfangsbedingungen die Strom-Spannungs-Beziehungen an den einzelnen Bauelementen berechnen, die sich nach einem endlichen Zeitabschnitt infolge von Übergangsvorgängen einstellen.

Die Integration der Differenzialgleichung gelingt nur in wenigen Fällen durch einen geschlossenen mathematischen Ausdruck. Meistens führen Reihenansätze, numerische oder grafische Verfahren zum Ziel.

5.6.1 Schaltungen mit einem nichtlinearen Blindelement

Eine nichtlineare Differenzialgleichung erster Ordnung geht aus den Kirchhoffschen Sätzen hervor, wenn das Netzwerk Quellen, Widerstände und Blindelemente einer Art (Kondensator, Spule) mit nichtlinearer Kennlinie enthält. Bild 5.13 zeigt eine solche Schaltung. Der Schalter S wird zum Zeitpunkt $t = t_0$ geschlossen. Es fließt dann ein Strom $i(t)$, der durch die Zeitfunktion der Spannungsquelle und wesentlich von dem nichtlinearen Zusammenhang zwischen dem Strom und dem verketteten Fluss $i = f(\psi)$ abhängt.

Gemäß dem Maschensatz gilt:

$$u_q(t) = u_R + u_L = Ri + \dot{\psi}(t), \qquad \dot{\psi} = \frac{d\psi}{dt} \tag{5.170}$$

oder unter Berücksichtigung von $i = f^*(\psi(t))$ nach einer einfachen Umstellung:

$$\dot{\psi} + Rf^* = u_q(t). \tag{5.171}$$

Das ergibt nach wenigen Umstellungen und der Normierung eine nichtlineare Differenzialgleichung 1. Ordnung der allgemeinen Form:

$$\dot{x} = f(x, \tau), \qquad \dot{x} = \frac{dx}{dt}. \tag{5.172}$$

Zur Integration ohne Nutzung funktionalanalytischer Hilfsmittel eignen sich grafische Verfahren (Methode der Isoklinen; Methode von Franke; bereichsweise Linearisierung),

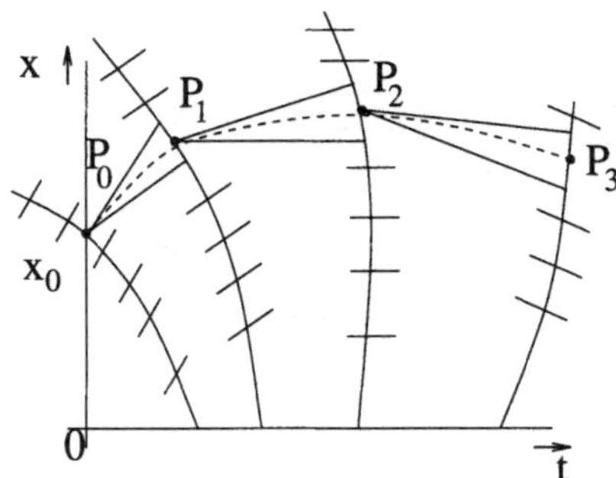

Bild 5.14: Konstruktion der Lösung durch Isoklinen

analytische Verfahren (Integration durch Potenzreihenansatz; Verfahren der dynamischen Parameter) und numerische Verfahren. Mit Hinblick auf das nachfolgende funktionalanalytische Vorgehen wählen wir zwei Methoden aus und bitten den Leser, bei
Bedarf in anderen Standardwerken nachzulesen.

Methode der Isoklinen

Die Methode der Isoklinen kann grafisch manuell oder mit Rechnerhilfsmitteln ausgeführt werden. Sie ist vorteilhaft auf Gleichungen der Form wie die Gl. (5.172) anwendbar.

Man gibt für die Ableitung konkrete Werte mit

$$m = f(x, t) = const. \tag{5.173}$$

vor. In der x-t-Ebene stellt diese Funktion den geometrischen Ort dar, an dem die Lösungen der Differenzialgleichungen die gleiche Neigung m aufweisen. Sie heißen deshalb
Isoklinen. Für verschiedene m konstruiert man hinreichend viele der Genauigkeit ge-
schuldeten Isoklinen. Die auf jeder Isokline eingezeichneten kurzen Geradenstücke mit
der entsprechenden Neigung sind Teile der Lösungen durch den betreffenden Punkt. Bei
bekannter Anfangsbedingung $x|_{t=t_0=0} = x_0$ kann man auf einfache Art und Weise die
Lösungskurve gemäß Bild 5.14 gewinnen. Der Punkt P_0 gehört zur Anfangsbedingung.

Dort zeichnet man eine Gerade mit der Neigung der Isoklinen, auf der der Punkt
P_0 liegt, und eine Gerade mit der Neigung der nachfolgenden Isokline. Die Win-
kelhalbierende zwischen beiden Geraden führt zum Punkt P_1, usw. Die Verbindung
der Punkte P_0 bis P_3 ist die gesuchte Lösung $x = x(t)$. Damit liegen die Strom-
Spannungsverhältnisse an der Induktivität bei gegebener Quellspannung und somit
auch der Strom durch den linearen Widerstand vor.

Integration mittels Potenzreihenansatz

Für eine konstante Quellspannung, ausgedrückt durch die Spannung U, in Bild 5.13, folgt aus dem 2. Kirchhoffschen Gesetz:

$$\frac{\mathrm{d}\psi}{\mathrm{d}t} + iR = U. \tag{5.174}$$

Im eingeschwungenen Zustand ($t \to \infty$) erreicht der Strom in der Schaltung den Endwert

$$I_e = \frac{U}{R}, \tag{5.175}$$

dem über die Fluss-Strom-Kennlinie der Wert ψ_e zugeordnet ist. Auf die festen Werte I_e und ψ_e wird die Gl. (5.174) normiert:

$$\frac{\mathrm{d}\frac{\psi}{\psi_e}}{\frac{U}{\psi_e}\mathrm{d}t} + \frac{i}{I_e} = 1 \tag{5.176}$$

mit den Normierungsgrößen $x = i/I_e$, $y = \psi/\psi_e$, $\mathrm{d}\tau = U/\psi_e\, \mathrm{d}t$

$$\frac{\mathrm{d}y}{\mathrm{d}\tau} + x = 1 . \tag{5.177}$$

Die Funktion $y = f(x)$ stellt die normierte $\psi = \psi(i)$ Beziehung dar.

Um eine Integration durch einen Potenzreihenansatz herleiten zu können, muss für $y = f(x)$ eine Approximationsfunktion bestimmt werden. Diese sei $i = a\psi^2$ oder in normierter Form:

$$x = y^2, \tag{5.178}$$

so dass aus Gl. (5.177) die Differenzialgleichung:

$$\frac{dy}{d\tau} = 1 - y^2 = f(\tau) \tag{5.179}$$

hervorgeht. Für die Funktion $f(\tau)$ wählen wir den Potenzreihenansatz:

$$f(\tau) = \sum_{n=0}^{\infty} a_n \tau^n. \tag{5.180}$$

Mit der normierten Anfangsbedingung $y|_{\tau=0} = y(0)$ wird die Gl. (5.180) integriert:

$$y(\tau) = y(0) + \sum_{n=0}^{\infty} \frac{a_n}{n+1} \tau^{n+1}. \tag{5.181}$$

Die Bestimmung der unbekannten Koeffizienten a_n geschieht durch das Einsetzen der Gl. (5.181) in die Gl. (5.179). Es gilt

$$f(\tau) = \sum_{n=0}^{\infty} a_n \tau^n = 1 - y^2 = 1 - \left[y(0) + \sum_{n=0}^{\infty} \frac{a_n}{n+1} \tau^{n+1} \right]^2 . \tag{5.182}$$

Der sich nun anschließende Koeffizientenvergleich für gleiche Potenzen von τ führt auf die Koeffizienten

$$a_0 = 1 \ , \ a_1 = 0 \ , \ a_2 = -a_0^2 = -1 \ , \ a_3 = -2a_0\frac{a_1}{2} = 0 \ , \ \dots \tag{5.183}$$

und damit auf die Reihe

$$f(\tau) = \sum_{n=0}^{\infty} a_n\tau^n = 1 - \tau^2 + \frac{2}{3}\tau^4 - \frac{17}{45}\tau^6 + \dots \ . \tag{5.184}$$

Nun kann man wegen Gl. (5.179) beide Seiten integrieren. Die Lösung für $|y| < 1$ lautet:

$$y(\tau) = \tau - \frac{1}{3}\tau^3 + \frac{2}{15}\tau^5 - \frac{17}{315}\tau^7 + \dots = \tanh\tau. \tag{5.185}$$

5.6.2 Schaltungen, die auf nichtlineare Differenzialgleichungen zweiter Ordnung führen

Einteilung nichtlinearer Schwingungen

Nichtlineare Netzwerke mit induktiven und kapazitiven Bauelementen führen auf nichtlineare Differenzialgleichungen zweiter und höherer Ordnung. Für eine solche Gleichung zweiter Ordnung kann man allgemein die Form

$$\ddot{x} + g(\dot{x}, x, t)\dot{x} + f(x, t) = h(t) \tag{5.186}$$

schreiben. Die Terme der Gl. (5.186) stehen (von links) für Trägheitseigenschaften, Dämpfungseigenschaften und Rückstelleigenschaften. Auf der rechten Seite befindet sich eine zeitabhängige Störfunktion. Heteronome Lösungen (Schwingungen) liegen vor, wenn die Funktionen g, f oder h explizit von der Zeit t abhängen. Man spricht bei nicht explizit auftretender Zeit t von autonomen Schwingungen. Liegt eine Zeitabhängigkeit explizit nur bei der Störfunktion $h(t)$ vor, so heißen die Lösungen erzwungene Schwingungen. Nichtlinearen freien Schwingungen liegt die normierte Differenzialgleichung

$$\frac{\mathrm{d}^2x^*}{\mathrm{d}\tau^2} + f(x^*) = 0 \tag{5.187}$$

zugrunde. Gesucht ist in beiden Fällen $x = x(t)$ bzw. $x^* = x^*(\tau)$.

Beispiel 1:
Der nichtgedämpfte Reihenschwingkreis in Bild 5.15 führt auf eine Differenzialgleichung zweiter Ordnung ohne einen Term mit erster Ableitung. Die i-ψ-Kennlinie der nichtlinearen Induktivität wird durch ein unvollständiges Polynom dritten Grades approximiert.

Nach dem Maschensatz gilt:

$$\dot{\psi} + \frac{1}{C}\int i\,\mathrm{d}t = 0 \tag{5.188}$$

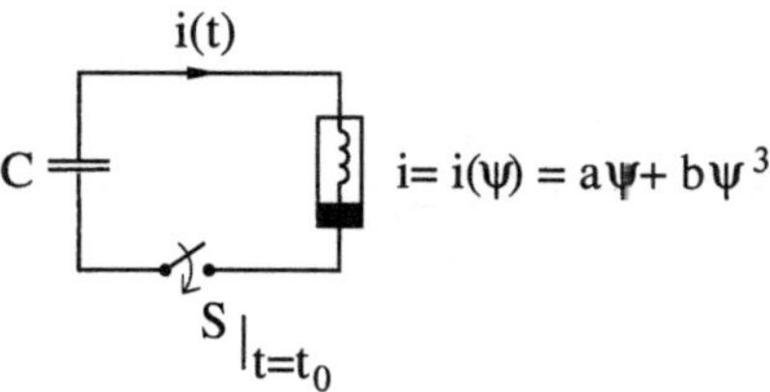

Bild 5.15: Nichtlinearer Reihenschwingkreis

oder eingesetzt und differenziert

$$\ddot{\psi} + \frac{1}{C}i = \ddot{\psi} + \frac{a}{C}\psi + \frac{b}{C}\psi^3. \tag{5.189}$$

Unter der elektrotechnisch realen Annahme, dass zur Zeit $t = 0$ der Fluss durch die Spule die größte Aussteuerung $\hat{\psi}$ annimmt, normieren wir in folgender Art und Weise:

$$\frac{\mathrm{d}^2\left(\frac{\psi}{\hat{\psi}}\right)}{\mathrm{d}\left(\sqrt{\frac{a}{C}}t\right)^2} + \frac{\psi}{\hat{\psi}} + \hat{\psi}^2\left(\frac{b}{a}\right)\left(\frac{\psi}{\hat{\psi}}\right)^3 = 0, \tag{5.190}$$

so dass mit den Festlegungen

$$x = \frac{\psi}{\hat{\psi}}, \qquad \tau = \sqrt{\frac{a}{C}}t = \omega_0 t, \qquad \lambda = \hat{\psi}^2\frac{b}{a} \tag{5.191}$$

die normierte Differenzialgleichung zweiter Ordnung

$$\ddot{x} + x + \lambda x^3 = 0 \tag{5.192}$$

vorliegt. Bei sehr kleinen Amplituden von x kann man den kubischen Term vernachlässigen und dies führt auf die Gl. (5.187). $\square$

Herleitung der Gleichung von van der Pol

Viele Aufgabenstellungen der nichtlinearen Elektrotechnik, wie Generator, Multivibrator, negativer Widerstand, entdämpfter Schwingkreis, führen auf die Gleichung von van der Pol. Wir leiten diese Gleichung aus dem elektrischen Schwingkreis in Bild 5.16 her.

Mit dem Maschensatz gilt:

$$L\frac{\mathrm{d}i}{\mathrm{d}t} + Ri + \frac{1}{C}\int i\,\mathrm{d}t - M\frac{\mathrm{d}i_a}{\mathrm{d}t} = 0 \tag{5.193}$$

oder nach wenigen Umformungen ($i = C\mathrm{d}u/\mathrm{d}t$):

$$LC\frac{\mathrm{d}^2u}{\mathrm{d}t^2} + \left(RC - M\frac{\mathrm{d}i_a}{\mathrm{d}u}\right)\frac{\mathrm{d}u}{\mathrm{d}t} + u = 0. \tag{5.194}$$

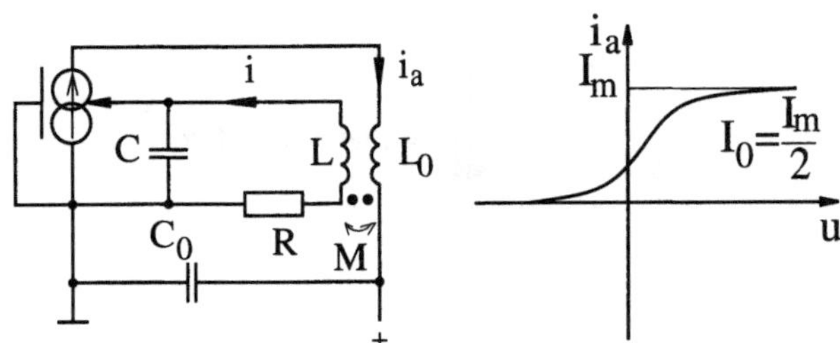

Bild 5.16: a) Elektrischer Schwingkreis für die van der Pol-Gleichung, b) Kennlinie der spannungsgesteuerten Stromquelle

Die Kennlinie der spannungsgesteuerten Stromquelle im Bild 5.16 (b) wird durch das unvollständige Polynom 3. Grades

$$i_a = a_0 + a_1 u - a_3 u^3 \tag{5.195}$$

approximiert. Daraus folgt für die Ableitung nach der Spannung u:

$$\frac{\mathrm{d}i_a}{\mathrm{d}u} = a_1 \left(1 - \frac{3a_3}{a_1} u^2 \right) = a_1 \left[1 - \left(\frac{u}{U_1} \right)^2 \right] \tag{5.196}$$

mit $U_1 = \sqrt{a_1/3a_3}$. Diese Beziehung setzt man in die Gl. (5.194) ein und erhält:

$$LC\frac{\mathrm{d}^2 u}{\mathrm{d}t^2} + \left\{ RC - Ma_1 \left[1 - \left(\frac{u}{U_1} \right)^2 \right] \right\} \frac{\mathrm{d}u}{\mathrm{d}t} + u = 0 \tag{5.197}$$

oder nach der Division durch LC:

$$\frac{\mathrm{d}^2 u}{\mathrm{d}t^2} - \left[\frac{Ma_1}{LC} - \frac{R}{L} - \frac{Ma_1}{LC} \left(\frac{u}{U_1} \right)^2 \right] \frac{\mathrm{d}u}{\mathrm{d}t} + \frac{u}{LC} = 0. \tag{5.198}$$

Mit den Festlegungen:

$$\omega_0^2 = \frac{1}{LC}, \qquad \alpha = \omega_0^2 Ma_1 - \frac{R}{L}, \qquad \beta = \frac{Ma_1\omega_0^2}{U_1^2} \tag{5.199}$$

erhalten wir:

$$\frac{\mathrm{d}^2 u}{\mathrm{d}t^2} - \left(\alpha - \beta u^2 \right) \frac{\mathrm{d}u}{\mathrm{d}t} + \omega_0^2 u = 0. \tag{5.200}$$

Durch die Normierungsgrößen:

$$\tau = \omega_0 t, \qquad \varepsilon = \frac{\alpha}{\omega_0}, \qquad x = \sqrt{\frac{\beta}{\alpha}} u \tag{5.201}$$

folgt durch Einsetzen und mit wenigen Umformungen aus der Gl. (5.200) die normierte Differenzialgleichung 2. Ordnung

$$\frac{\mathrm{d}^2 x}{\mathrm{d}\tau^2} - \varepsilon \left(1 - x^2 \right) \frac{\mathrm{d}x}{\mathrm{d}\tau} + x = 0. \tag{5.202}$$

Diese nichtlineare gewöhnliche Differenzialgleichung heißt Gleichung von van der Pol.

Der Vergleich mit den Gln. (5.198) und (5.202) zeigt den großen Vorteil der Normierung, die Reduzierung von sechs Parametern auf nur noch einen.

Diese Differenzialgleichung wird im Kapitel 6.3 mit Hilfe der Funktionalanalysis gelöst.

Methode der Phasenebene

Die Phasenebene als probates Mittel ziehen wir mehr zur Lösung von Differenzialgleichungen zweiter oder höherer Ordnung heran. Die Phasenebene erweist sich immer dann als Darstellungsmittel, wenn Grenzzyklen konstruiert oder verändert bzw. Stabilitätsuntersuchungen für den Grenzzyklus vorgenommen werden sollen. Wir wenden uns autonomen Vorgängen zu und suchen die Lösung der normierten Differenzialgleichung

$$\ddot{x} + f(\dot{x}, x) = 0, \qquad \dot{x} = \frac{\mathrm{d}x}{\mathrm{d}\tau} \, . \tag{5.203}$$

Durch die Substitution

$$\dot{x} = y(x) \tag{5.204}$$

entsteht eine Differenzialgleichung der Form

$$\ddot{x} = y'(x) \cdot \dot{x} = y'(x)y(x) = -f(y(x), x). \tag{5.205}$$

Daraus folgt

$$y' = -\frac{1}{y}f(y, x), \qquad y \neq 0. \tag{5.206}$$

Ist die Funktion $y = y(x, c_1)$ eine allgemeine Lösung dieser Differenzialgleichung, so bedeutet $\dot{x} = y(x, c_1)$ eine trennbare Lösung für x. Die allgemeine Lösung von Gl. (5.203) ist also

$$\int_{x_0}^{x} \frac{\mathrm{d}\eta}{y(\eta, c_1)} = t + c_2, \qquad c_1, c_2 \in \mathbb{R}. \tag{5.207}$$

Wegen der Nichtlinearität der Vorgänge liegt ein analytischer Ausdruck meist nicht vor. Deshalb geht man von der Gl. (5.204) zu ihrer Differenzenform über:

$$\Delta \tau = \frac{\Delta x}{y_m} \, . \tag{5.208}$$

Die Konstruktion der Lösungskurve gewinnt man wie folgt. Die Ausgangspunkte bilden in der Phasenebene (y-x-Ebene) die Anfangsbedingungen $y_0 = 0$, $x = x_0$ für $\tau_0 = 0$. Bei größer werdender Zeit sind die Δx wie auch die y_m negativ. Der Zeitzuwachs gemäß Gl. (5.208) ist positiv. Es gilt:

$$\Delta \tau_\nu = \frac{\Delta x_\nu}{y_{m\nu}} \, . \tag{5.209}$$

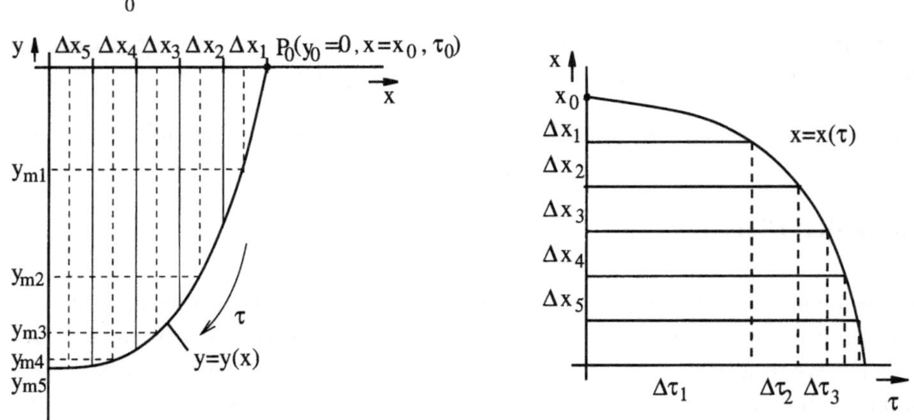

Bild 5.17: Konstruktion der Lösung $x = x(\tau)$ aus der Phasenebene $y = y(x)$

Damit liegen die Δx_ν und die zugehörigen $\Delta \tau_\nu$ vor. Punktweise kann die Lösungskurve rechts in Bild 5.17 konstruiert werden.

Wir verweisen noch auf folgende Lösungsmethodiken: Isoklinenmethode, δ-Methode, Methode der Winkelkonstruktion; die analytischen Methoden: Perturbationsmethode, Veränderung der Parameter nach van der Pol, Methode der Amplitudenebene nach Andronow und Witt, die asymptotische Methode nach Bogoljubow und Mitropolski; Methoden auf der Grundlage der Variationsrechnung.

Auf die Aufgabenstellungen, wie die Suche singulärer Punkte, stabiler bzw. instabiler Punkte, Stabilitätsuntersuchungen für den Grenzfall, Bifurkationsverhalten und auf praktische Anwendungen gehen wir in den nachfolgenden Kapiteln ein.

Veränderung der Parameter von van der Pol

Diese Methode stellt ein analytisches Näherungsverfahren für nichtautonome Systeme oder Schaltungen dar. Dieses System kann durch die Differenzialgleichung

$$\ddot{x} + \alpha f(x)\dot{x} + \omega_0^2 x = \hat{A}\sin\omega t \tag{5.210}$$

oder

$$\ddot{x} + \omega_0^2 x = \hat{A}\sin\omega t - \alpha f(x)\dot{x} \tag{5.211}$$

beschrieben werden. Da die Zeit t explizit auftritt, ist die Phase der nichtlinearen Schwingung zu berücksichtigen. Diese Forderung erfüllt allgemein der Ansatz:

$$x(t) = a(t)\sin\omega t + b(t)\cos\omega t. \tag{5.212}$$

Die Amplituden $a(t)$ und $b(t)$ ändern sich langsam mit der Zeit t. Man bildet von $x(t)$ die erste und zweite Ableitung:

$$\dot{x} = \omega a \cos\omega t - \omega b \sin\omega t + \frac{da}{dt}\sin\omega t + \frac{db}{dt}\cos\omega t, \tag{5.213}$$

$$\ddot{x} = 2\omega\frac{da}{dt}\cos\omega t - 2\omega\frac{db}{dt}\sin\omega t - \omega^2 a \sin\omega t - \omega^2 b\cos\omega t + \frac{d^2 a}{dt^2}\sin\omega t + \frac{d^2 b}{dt^2}\cos\omega t.$$

Weil sich die Amplituden langsam mit der Zeit verändern, bietet sich die Abschätzung

$$\frac{da}{dt} \ll \omega a, \quad \frac{db}{dt} \ll \omega b, \quad \frac{d^2 a}{dt^2} \ll \omega\frac{da}{dt}, \quad \frac{d^2 b}{dt^2} \ll \omega\frac{db}{dt} \tag{5.214}$$

an, so dass sich die Näherungen

$$\frac{dx}{dt} = \omega a \cos\omega t - \omega b \sin\omega t, \tag{5.215}$$

$$\frac{d^2 x}{dt^2} = 2\omega\frac{da}{dt}\cos\omega t - 2\omega\frac{db}{dt}\sin\omega t - \omega^2 a \sin\omega t - \omega^2 b \cos\omega t$$

ergeben. Diese Näherungsbedingungen setzen wir in die linke Seite der Ausgangsgleichung (5.211) ein und teilen durch 2ω:

$$\frac{da}{dt}\cos\omega t - \frac{db}{dt}\sin\omega t + \frac{\omega_0^2 - \omega^2}{2\omega} a \sin\omega t + \frac{\omega_0^2 - \omega^2}{2\omega} b \sin\omega t$$

Die rechte Seite der Ausgangsgleichung wird in eine Fourier-Reihe entwickelt. Wir behalten die ersten beiden Summanden von Gl. (5.216) auf der linken Seite. Es folgt:

$$\begin{aligned}
\frac{da}{dt}\cos\omega t - \frac{db}{dt}\sin\omega t = {}& \frac{1}{2}B_0(a,b) + A_1(a,b)\sin\omega t + A_2(a,b)\sin 2\omega t + \ldots \\
& -\frac{\omega_0^2 - \omega^2}{2\omega} a \sin\omega t + B_1(a,b)\cos\omega t + B_2(a,b)\cos 2\omega t + \ldots \\
& -\frac{\omega_0^2 - \omega^2}{2\omega} b \cos\omega t.
\end{aligned} \tag{5.216}$$

Der Koeffizientenvergleich nach denselben trigonometrischen Funktionen führt auf die zwei Differenzialgleichungen:

$$\begin{aligned}
\frac{da}{dt} &= B_1(a,b) - \frac{1}{2}\frac{\omega_0^2 - \omega^2}{\omega}\, b, \\
\frac{db}{dt} &= A_1(a,b) - \frac{1}{2}\frac{\omega_0^2 - \omega^2}{\omega}\, a.
\end{aligned} \tag{5.217}$$

Daraus folgen $a(t)$ und $b(t)$, die eingesetzt in die Gl. (5.212) eine Näherungslösung $x = x(t)$ ergeben.

Lösung durch Potenzreihenansatz

Die Perturbationsmethode nach Poincaré eignet sich besonders zur Lösung von nichtlinearen Differenzialgleichungen der Form:

$$\ddot{x}(\tau) + 2\delta\dot{x}(\tau) + \omega_0^2 x(\tau) = \varepsilon F(\dot{x}, x, \tau) \tag{5.218}$$

mit kleinem Parameter ε. Der Ansatz zur Berechnung der Funktion $x = x(\tau)$ ist ein Potenzreihenansatz und lautet:

$$x(\tau) = x_0(\tau) + \varepsilon x_1(\tau) + \varepsilon^2 x_2(\tau) + \ldots = \sum_{i=0}^{\infty} \varepsilon^i x_i(\tau). \tag{5.219}$$

Die Funktion $F = F(\dot{x}, x, \tau)$ muss bekannt sein.

Beispiel 2:
Die Differenzialgleichung sei durch

$$\ddot{x}(\tau) + x + \mu x^3 = 0 \tag{5.220}$$

mit den Anfangsbedingungen $x(0) = A$ und $\dot{x}(0) = 0$ gegeben. Der Ansatz gemäß Gl. (5.219) ist:

$$x(\tau) = x_0(\tau) + \mu x_1(\tau) + \mu^2 x_2(\tau) + \ldots = \sum_{i=0}^{\infty} \mu^i x_i(\tau). \tag{5.221}$$

Mit diesem Ansatz geht man in die gegebene Differenzialgleichung ein und erhält:

$$\begin{aligned}
&\ddot{x}_0 + \mu\ddot{x}_1 + \mu^2\ddot{x}_2 + \mu^3\ddot{x}_3 + \ldots, \\
&x_0 + \mu x_1 + \mu^2 x_2 + \mu^3 x_3 + \ldots, \\
&\mu(x_0^3 + 3\mu x_0^2 x_1 + 3\mu^2 x_0 x_1^2 + 3\mu^3 x_0^2 x_2 + \ldots) = 0.
\end{aligned} \tag{5.222}$$

Der Koeffizientenvergleich nach den Potenzen von μ führt auf die Gleichungen:

$$\begin{aligned}
\mu^0 : &\quad \ddot{x}_0 + x_0 = 0, \\
\mu^1 : &\quad \ddot{x}_1 + x_1 + x_0^3 = 0, \\
\mu^2 : &\quad \ddot{x}_2 + x_2 + 3x_0^2 x_1 = 0, \\
\mu^3 : &\quad \ddot{x}_3 + x_3 + 3x_0 x_1^2 = 0, \\
&\quad \ldots \qquad \ldots
\end{aligned} \tag{5.223}$$

oder umgestellt auf das lineare Gleichungssystem der Form:

$$\begin{aligned}
\ddot{x}_0 + x_0 &= 0, \\
\ddot{x}_1 + x_1 &= -x_0^3, \\
\ddot{x}_2 + x_2 &= -3x_0^2 x_1, \\
\ddot{x}_3 + x_3 &= -3x_0 x_1^2, \\
&\quad \ldots
\end{aligned} \tag{5.224}$$

Mit den Anfangsbedingungen $x(0) = A$, $\dot{x}(0) = 0$ löst man die erste Gleichung und erhält $x_0 = x_0(\tau)$. Damit geht man in die zweite Gleichung ein, um $x_1 = x_1(\tau)$ auszurechnen, so dass nach n Gleichungen die Funktionen $x_0(\tau), x_1(\tau), \ldots, x_n(\tau)$ vorliegen, die dann zur Gesamtlösung mit dem Ansatz nach Gl. (5.221) zusammenzufassen sind.

Die Perturbationsmethode konvergiert für $\varepsilon \ll 1$ und eignet sich deshalb sowohl zur Berechnung der stationären Lösung als auch zur Bestimmung von Übergangsvorgängen bei Schaltungen, die auf nichtlineare Differenzialgleichungen zweiter Ordnung führen.

$\square$

5.7 Symbolische Analyseverfahren

Beim Entwurf analoger/digitaler Schaltungen sind für die digitalen Komponenten bereits die Entwurfseffizienz steigernde CAE-Werkzeuge verfügbar. Für die analogen Komponenten dagegen, die den Hauptteil der Entwicklungszeit ausmachen, besteht noch ein Nachholbedarf [41]. Um zunehmenden Anforderungen gerecht zu werden, sind zwingend verbesserte und erweiterte Analogentwicklungswerkzeuge erforderlich.

Grundlage jeder Schaltungsentwicklung ist die Analyse und Simulation des Schaltungsverhaltens. Was ein Schaltungssimulationsprogramm aber nicht ersetzen kann und was sich gleichzeitig als einer der wichtigsten Gesichtspunkte beim Analogschaltungsentwurf herausgestellt hat, ist ein Schaltungsverständnis mit einer ungefähren Vorstellung der Funktionsweise einzelner Schaltungsteile. Eine solche Einsicht in die Funktionsweise kann beispielsweise eine qualitative Schaltungserklärung liefern, wie sie bei vielen Schaltungsbeschreibungen anzutreffen ist: Wenn die Eingangsspannung steigt, schaltet Transistor T1 durch, dadurch reduziert sich die Spannung über R_2... Eine derartige Schaltungserklärung gibt zwar die Funktionsweise einer Schaltung wieder, sie erlaubt aber keine quantitativen Aussagen. Demgegenüber kann eine symbolische Formel auch für eine Schaltungsauslegung genaue Zusammenhänge vermitteln. So wird beispielsweise die ganze Klasse der Spannungsteiler durch die bekannte Beziehung:

$$\frac{U_1}{U} = \frac{R_1}{R_1 + R_2} \tag{5.225}$$

beschrieben, aus der sowohl qualitative als auch quantitative Aussagen gewonnen werden können.

5.7.1 Beschreibung der Einsatzbereiche

Zur Erhöhung der Entwurfssicherheit und zur Verkürzung der Entwicklungszeit besteht in der industriellen Entwicklung analoger integrierter Schaltungen hoher Bedarf an rechnergestützten Verfahren insbesondere in den Aufgabenbereichen Schaltungsanalyse, -modellierung, -dimensionierung und -optimierung. Die Aufgabenschwerpunkte symbolischer Verfahren, die nachfolgend stichpunktartig zusammengefasst sind, konzentrieren sich (auch in Verbindung mit numerischen Methoden) deshalb hauptsächlich auf diese vier Einsatzbereiche [104]:

- Schaltungsanalyse

  - Extraktion dominanten Schaltungsverhaltens in analytischer Form durch spezielle Modellreduktionsverfahren zum Zweck der Schaltungsinterpretation, Dimensionierung und beschleunigten Systemsimulation,

  - Näherungsweise symbolische Berechnung von Polen und Nullstellen linearer Systeme,

  - Empfindlichkeits-, Fehler- und Toleranzanalyse,

- Schaltungsmodellierung

  - Generierung analytischer Modelle für lineare und nichtlineare Schaltungsblöcke,

  - Symbolische Vereinfachung nichtlinearer Systembeschreibungen, z. B. zur Verhaltenssimulation,

- Schaltungsdimensionierung

  - Bestimmung von Dimensionierungsgleichungen für Schaltungsparameter als Funktion globaler Spezifikationen,

  - Numerische Synthese von Elementekennlinien, z. B zur Lösung von Kompensationsproblemen,

- Schaltungsoptimierung

  - Symbolische Aufstellung und Vorverarbeitung von Gleichungssystemen zur effizienteren numerischen Optimierung.

In allen genannten Anwendungsbereichen sind folgende Leistungsmerkmale eines symbolischen Analysewerkzeugs gefordert:

- Aufstellung symbolischer Netzwerkgleichungen,

- Algebraische Manipulationen symbolischer Gleichungen,

- Lösung symbolischer Gleichungen nicht nur nach den Netzwerkvariablen (Spannungen, Ströme, Übertragungsfunktionen), sondern auch nach Schaltungsparametern,

- Ableitung sowie insbesondere Vereinfachung und Handhabbarmachung symbolischer oder semisymbolischer Netzwerkfunktionen.

Eine der Schlussfolgerungen, die sich aus der Vielzahl der eben beschriebenen Anwendungsfelder ergibt, ist, dass sich symbolische Analysewerkzeuge durch Flexibilität und Transparenz auszeichnen müssen. Das gilt für Analysefunktionen, Modellgleichungen und Datenstrukturen. Darüber hinaus sind komfortable Benutzerschnittstellen und die Anbindung an kommerzielle Simulations- und Entwurfsumgebungen eine Grundvoraussetzung, denn ein symbolisches Analysewerkzeug darf heutzutage nicht mehr als eine Einzelanwendung dastehen, sondern muss in den Arbeitsablauf des Schaltungsentwicklers integriert werden [104].

Um die notwendige Darstellungs- und Funktionsvielfalt für die verschiedenen Analyse- und Modellierungsaufgaben zu liefern, ist es notwendig, nicht nur lineare Gleichungen im Frequenzbereich, sondern sowohl lineare und nichtlineare Gleichungen als auch Zeit- und Frequenzbereich behandeln zu können. Darüber hinaus sollte die *Gleichungsformulierung* nicht auf spezielle Typen von Netzwerkelementen eingeschränkt sein, wie dieses beispielsweise bei der Standard-Knotenanalyse der Fall ist. Für gute, d. h. kompakte und interpretierbare, Analyseergebnisse sollten also viele Beschreibungsformen für Netzwerkelemente und Gleichungen möglich sein. Die modifizierte Knotenanalyse, wie sie unter anderem SPICE benutzt, ist nicht für alle Anwendungsfälle die ideale Gleichungsformulierung.

Da die meisten analogen Schaltungen heute hierarchisch entwickelt werden, sollte ein symbolisches Analysewerkzeug eine hierarchische Schaltungsbeschreibung mit Teil- und Unterschaltungen sowie unterschiedliche Bauelemente Modelle erlauben, wobei gleichzeitig eine Unterstützung für die Spezifikationsübertragung von Parametern zwischen verschiedenen *Hierarchieebenen* wünschenswert ist. Zusätzlich zu einer flexiblen Datenhaltung sollte ein Werkzeug in der Lage sein, parallel verschiedene Abstraktionsebenen eines Schaltungsblocks zu verarbeiten. Solche Teilabstraktionen und Berechnungen mit und auf unterschiedlichen Hierarchieebenen sind für ein symbolisches Analysewerkzeug genauso wichtig wie für einen numerischen Simulator. Dabei liegt die Idee zugrunde, sich beim Entwurf auf einen Teil der Schaltung zu konzentrieren und den Rest der Schaltung durch eine vereinfachte Verhaltensbeschreibung zu ersetzen, während der Block selber auf der Bauelementeebene analysiert wird.

Die sorgfältige *Modellierung der Bauelemente* einer Schaltung ist eine der Grundvoraussetzungen für eine erfolgreiche Anwendung symbolischer Analysetechniken. Werden unnötigerweise zu komplexe Modelle gewählt, so kann das extrem umfangreiche Formelausdrücke zur Folge haben. Sie können dann oft nicht mehr interpretiert oder sogar gar nicht mehr berechnet werden. Deshalb sollte die Modellierung der einzelnen Bauelemente entsprechend ihrer Funktion in der mathematisch einfachsten Form vorgenommen werden, wie dieses im Rahmen der gewünschten Simulationsgenauigkeit noch tolerierbar ist. Um den besten Kompromiss zwischen Modellgenauigkeit und Formelkomplexität zu finden, ist es oft notwendig, in einem interaktiven Prozess verschiedene Modellierungen zu testen, solange bis ein zufriedenstellendes Ergebnis erreicht ist. Deshalb sollte Auswahl und Austausch von Bauelementmodellen einfach möglich und ohne große Netzlistenmanipulationen durchführbar sein.

Die Schaltungsbeschreibung bzw. das Netzlistenformat eines symbolischen Analysewerkzeugs sollte alle symbolischen und numerischen Daten umfassen, die zur Modelldefinition und Expandierung, zur Parametertransformation sowie zur gleich vorzustellenden symbolischen Approximation notwendig sind. Da symbolische Methoden kaum unabhängig von einer numerischen Simulation Anwendung finden, werden in der Regel die Netzlisten und Simulationsdaten, wie Arbeitspunktinformationen und Kleinsignalparameter, direkt vom Schaltungssimulator verwendet, so dass entsprechende Schnittstellen zur Verfügung stehen sollten, um alle benötigten Daten automatisch einlesen zu können.

Eines der Hauptprobleme der symbolischen Analyse elektrischer Netzwerke ist die mit der Anzahl der Netzwerkelemente exponentiell anwachsende Komplexität der vollsymbolischen Lösungen. Für einen rechnerunterstützten Analogschaltungsentwurf werden jedoch kompakte, leicht interpretierbare – und damit leicht umstellbare – Formeln benötigt.

5.7.2 Symbolische Approximationsverfahren

Das Komplexitätsproblem war – neben der ebenfalls im Vergleich zu heute geringeren Leistungsfähigkeit der Rechner – der Hauptgrund, warum sich die symbolische Analyse in der Vergangenheit nicht durchsetzen konnte. Erst seit etwa 1988 finden sich systematische Ansätze zur Generierung vereinfachter symbolischer Netzwerkfunktionen. Interessant zu bemerken ist, dass der Grund für diese späte Entwicklung offensichtlich darin liegt, dass zwei entfernte Gebiete der Mathematik, nämlich die Numerik und die Algebra, kombiniert werden mussten, um so näherungsweise symbolisch-algebraische Rechnungen zu ermöglichen [41].

Lösungsbasierte Näherungsverfahren

Lösungsbasierte Näherungsverfahren setzen auf einer bereits berechneten exakten symbolischen Netzwerkfunktion (z. B. der Spannungsübertragungsfunktion) auf und versuchen dann anhand numerischer Referenzwerte – auch mit Designpunkt bezeichnet – nach unterschiedlichen Kriterien unbedeutende symbolische Terme zu ermitteln und aus der Lösung zu entfernen. Übrig bleibt eine symbolische Übertragungsfunktion, die nur die von der Größenordnung her relevanten Terme enthält.

Das einfachste Verfahren dieser Art basiert ausschließlich auf dem Größenordnungsvergleich der mit den Nominalwerten evaluierten Summanden der Koeffizienten des Zählerpolynoms $Z(s)$ und des Nennerpolynoms $N(s)$ einer vollständig expandierten Übertragungsfunktion

$$H(s) = \frac{Z(s)}{N(s)}.$$

(5.226)

Entfernt werden diejenigen Summanden, deren Betrag oder deren numerischer Einfluss auf das Gesamtergebnis eine vom Benutzer vorgegebene Schranke unterschreitet, wobei verbesserte Versionen dieser Methode die Wanderung der Pole und Nullstellen von $H(s)$ bei der Entscheidung über die Entfernung einzelner Terme mit einbeziehen.

Ein gravierender Nachteil der lösungsbasierten Verfahren ist, dass zunächst die vollsymbolische Lösung ausgerechnet werden muss. Für Schaltungen realistischer Größenordnungen und damit für Schaltungen, die mehr als 10 bis 20 Bauelemente haben, ist dieses wegen der überexponentiellen Explosion von Termen praktisch unmöglich. So hat allein der Nenner der Übertragungsfunktion eines μA741 über $6 \cdot 10^{20}$ Terme. Selbst wenn ein Term nur einen Byte Speicher benötigen würde, wären weit über 10^{11} Gigabyte Speicher erforderlich, um nur das Ergebnis zu speichern. Darüber hinaus erlauben die Verfahren keine Ordnungsreduktion, um beispielsweise Pole und Nullstellen extrahieren zu können, da die Struktur der Übertragungsfunktion erhalten bleibt und lediglich die einzelnen Koeffizienten des Zähler und Nennerpolynoms etwas „abgemagert" werden.

Gleichungsbasierte Approximationsverfahren

Gleichungsbasierte Approximationsverfahren setzen bereits vor der Berechnung einer symbolischen Netzwerkfunktion auf der Ebene der Netzwerkgleichungen an. Dabei sind die Verfahren an die Vorgehensweise eines Schaltungsentwicklers angelehnt, der bereits genäherte Gleichungen formuliert und erst danach eine Lösung berechnet.

Die Grundidee des Algorithmus ist eine numerisch kontrollierte symbolische Vereinfachung, d. h., es werden in dem symbolischen Gleichungssystem solange Terme gestrichen, wie der numerische Simulationsfehler gegenüber der Referenzsimulation der Originalgleichungen eine vorgegebene Toleranz nicht übersteigt.

Dadurch verringert sich die Komplexität des Problems erheblich, da der Aufwand der Lösung genäherter Gleichungen gegenüber der Berechnung einer exakten Lösung mit anschließender Näherung wesentlich reduziert wird. Zusätzlich wird in der Regel eine automatische Reduktion der Anzahl der Pole und Nullstellen der Netzwerkfunktionen erreicht, ohne dass diese explizit bestimmt werden müssen. Gleichungsbasierte Verfahren liefern im Gegensatz zu den lösungsbasierten symbolischen Approximationsverfahren eine erhebliche Einsparung von Rechenzeit und Speicherbedarf und in der Regel wesentlich genauere und kompaktere Ergebnisse. Neben einer automatischen Reduktion der Anzahl der Pole und Nullstellen ermöglicht der Einsatz gleichungsbasierter Verfahren Hoch-, Nieder- und Mittelfrequenz-Approximationen von Übertragungsfunktionen, die sich aufgrund ihrer Genauigkeit im Designpunkt mit der anschließenden Anwendung von lösungsbasierten Methoden erfolgreich weiter vereinfachen lassen.

Beispiel 1:
Gesucht ist die Spannungsübertragungsfunktion

$$H(s) = \frac{U_{20}(s)}{U_{10}(s)} \tag{5.227}$$

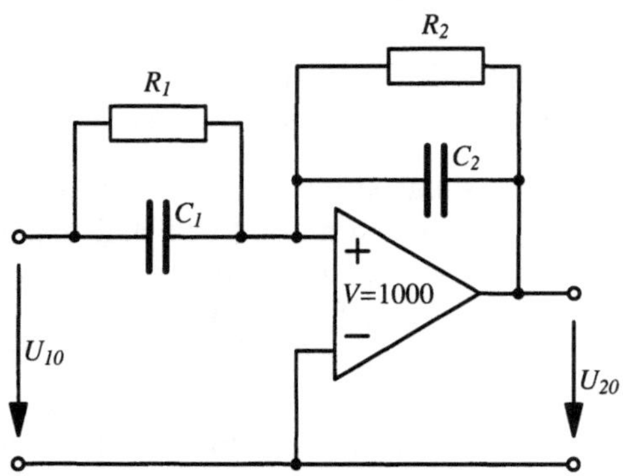

Bild 5.18: Operationsverstärkerschaltung

der abgebildeten Operationsverstärkerschaltung in Bild 5.18. Die Größen der Schaltungselemente liegen in normierter Form vor.

$$R_1 = 100; \qquad R_2 = 1; \qquad C_1 = C_2 = 1. \tag{5.228}$$

Der Operationsverstärker wird als ideale spannungsgesteuerte Spannungsquelle mit einer Verstärkung von 1000 betrachtet [104].

Lösungsbasierte Approximation

Zuerst soll ein lösungsbasiertes Näherungsverfahren angewendet werden. Dazu muss zuvor die exakte (ungenäherte) symbolische Lösung berechnet werden. In modifizierter Knotenanalyse ergibt sich das Gleichungssystem

$$\begin{pmatrix} sC_1+\dfrac{1}{R_1} & 0 & -sC_1-\dfrac{1}{R_1} & 1 & 0 \\[2mm] 0 & sC_2+\dfrac{1}{R_2} & -sC_2-\dfrac{1}{R_2} & 0 & 1 \\[2mm] -sC_1-\dfrac{1}{R_1} & -sC_2-\dfrac{1}{R_2} & sC_1+sC_2+\dfrac{1}{R_1}+\dfrac{1}{R_2} & 0 & 0 \\[2mm] 1 & 0 & 0 & 0 & 0 \\[1mm] 0 & 1 & v & 0 & 0 \end{pmatrix} \begin{pmatrix} U_{10} \\ U_{20} \\ U_{30} \\ I_1 \\ I_2 \end{pmatrix} = \begin{pmatrix} 0 \\ 0 \\ 0 \\ 1 \\ 0 \end{pmatrix}, \tag{5.229}$$

das nach der Variablen U_{20} aufzulösen ist:

$$\frac{U_{20}(s)}{U_{10}(s)} = -\frac{R_2v + sC_1R_1R_2v}{R_1 + R_2 + R_1v + s(C_1R_1R_2 + C_2R_1R_2 + vC_2R_1R_2)}. \tag{5.230}$$

Nun kann die eigentliche Approximation beginnen. Dazu wird die Gleichung (5.230) mit den Designpunktwerten, d. h. den numerischen Referenzwerten der Bauelemente, ausgewertet, wobei die Summenterme noch nicht aufaddiert werden. So folgt:

$$\frac{U_{20}(s)}{U_{10}(s)} = -\frac{1000 + 100000s}{100 + 1 + 100000 + s(100 + 100 + 100000)}. \tag{5.231}$$

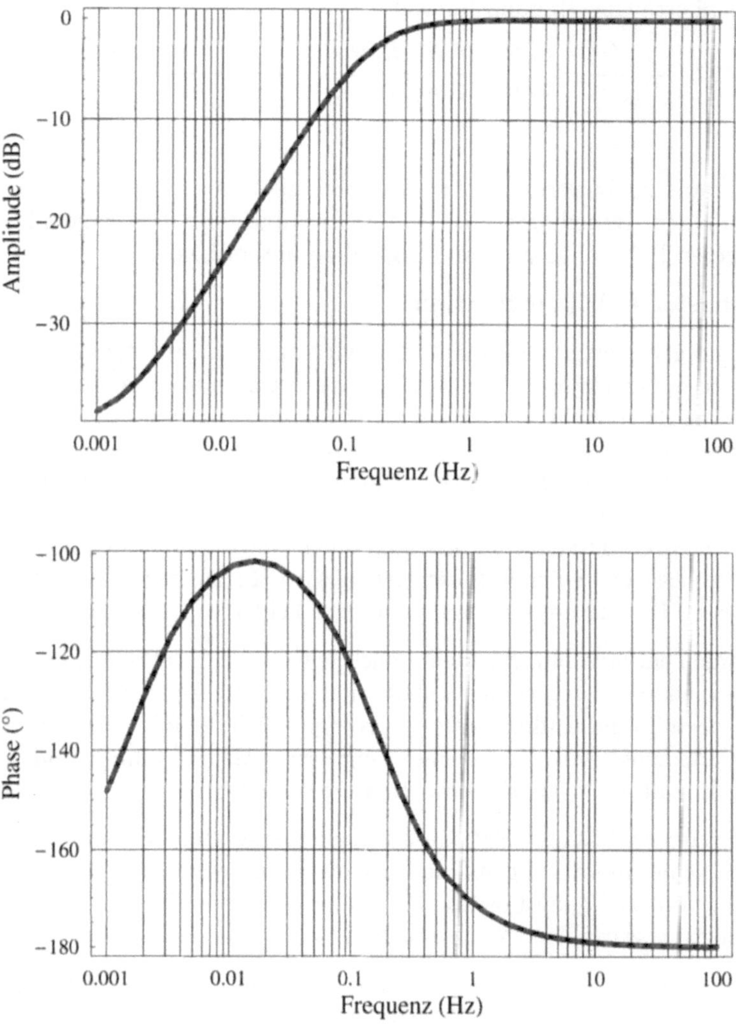

Bild 5.19: Lösungsbasierte Näherung: Vergleich Originalübertragungsfunktion mit approximierter Funktion

Durch diese Schreibweise ist gut zu erkennen, welche Terme vernachlässigbar sind. Genähert wird jeder Koeffizient des Zähler- und Nennerpolynoms für sich. Das Zählerpolynom bleibt damit ungenähert, da die Koeffizienten jeweils nur aus einem Term bestehen. Für das Nennerpolynom lassen sich folgende Vereinfachungen durchführen: Der konstante Koeffizient $R_1 + R_2 + vR_1$ besteht aus drei Termen, von denen die ersten beiden nur ca. 1% zur Gesamtsumme beitragen, so dass die beiden Terme R_1 und R_2 gestrichen werden und nur noch vR_1 übrig bleibt. Für den Koeffizienten von s, der ebenfalls aus drei Termen besteht, sind gleichfalls die beiden ersten Terme klein gegenüber dem dritten (zusammen ca. 2%), so dass nur $vC_2R_1R_2$ übrig bleibt und wir damit die genäherte Übertragungsfunktion

$$\frac{U_{20}(s)}{U_{10}(s)} = -\frac{R_2v + sC_1R_1R_2v}{R_1v + svC_2R_1R_2} = -\frac{R_2 + sC_1R_1R_2}{R_1 + sC_2R_1R_2} \tag{5.232}$$

erhalten.

Um das Ergebnis zu bewerten, wird die Original- und die approximierte Funktion zusammen in einem Bodediagramm (Bild 5.19) dargestellt. Das Ergebnis ist bei dem hier betrachteten Beispiel kaum vom Original zu unterscheiden.

Gleichungsbasierte Approximation

Bei der gleichungsbasierten Approximation wird zunächst auf der Grundlage der Designpunktwerte in Gleichung (5.228) für die interessierende Variable (hier U_{20}) die numerische Lösung des ungeänderten Gleichungssystems berechnet (U_{10} wurde der Einfachheit halber zu Eins gesetzt, da es sich ohnehin herauskürzt). Im Unterschied zur lösungsbasierten Approximation, die keine quantitative Fehlerkontrolle für die Übertragungsfunktion als Ganzes gestattet, müssen bei der gleichungsbasierten Approximation noch ein oder mehrere Frequenzpunkte angegeben werden, an denen dann auch jeweils ein maximal zulässiger Fehler festgeschrieben wird. In unserem Fall soll nur ein Frequenzpunkt bei 1 Hz und ein maximal zulässiger Fehler von 1% gewählt werden.

Der Algorithmus entfernt nun der Reihe nach jeweils ein Symbol aus dem Gleichungssystem, berechnet die Auswirkung auf die numerische Lösung und sortiert die Liste der Symbole nach ihrem Einfluss auf U_{20}. Es ergibt sich die folgende Tabelle (die nicht aufgeführten Elemente würden zu einer singulären Matrix führen und werden vom Algorithmus deshalb nicht als Kandidaten vorgeschlagen):

Aus der numerischen Lösung folgt, dass beispielsweise die Entfernung von $-sC_2$ auf Position $(2, 3)$ keine Auswirkung auf die Ausgangsspannung der Schaltung hat, während die Wegnahme von $-1/R_2$ an Position $(3, 2)$ einen relativen Fehler von $0{,}0125 = 1{,}25\%$ in der Beobachtungsvariablen U_{20} verursacht.

Der Algorithmus entfernt nun Term für Term anhand der Reihenfolge in der Tabelle, damit eine vom Anwender vorgegebene relative Fehlerschranke in Bezug auf den Betrag der exakten numerischen Lösung nicht überschritten wird. Dabei ist anzumerken, dass die Werte in der Tabelle 5.9 sich immer nur auf die Wegnahme des einen entsprechenden Elements beziehen, nicht auf das Löschen mehrerer Elemente. Deshalb wird nach jedem Termstreichen der kumulative Fehler bestimmt und dieser mit der benutzereingegebenen Fehlerschranke verglichen.

Das Ergebnis ist – trotz des relativ geringen maximalen Fehlers von 1% – eine signifikante Vereinfachung des Gleichungssystems, wie Gleichung (5.233) zeigt.

$$\begin{pmatrix} 0+0 & 0 & -0-0 & 1 & 0 \\ 0 & 0+0 & -0-0 & 0 & 1 \\ -sC_1-0 & -sC_2-\frac{1}{R_2} & 0+0+0+0 & 0 & 0 \\ 1 & 0 & 0 & 0 & 0 \\ 0 & 0 & v & 0 & 0 \end{pmatrix} \begin{pmatrix} U_{10} \\ U_{20} \\ U_{30} \\ I_1 \\ I_2 \end{pmatrix} = \begin{pmatrix} 0 \\ 0 \\ 0 \\ 1 \\ 0 \end{pmatrix}. \tag{5.233}$$

Tabelle 5.9: Einfluss der Parameter auf U_{20}

Zeile	Spalte	Element	relativer Einfluss auf U_{20}
2	3	$-sC_2$	0.
2	3	$-1/R_2$	0.
2	2	sC_2	0.
2	2	$1/R_2$	0.
1	3	$-sC_1$	0.
1	3	$-1/R_1$	0.
1	1	$1/R_1$	0.
1	1	sC_1	2.22045e-16
3	3	$1/R_1$	2.46319e-7
3	1	$1/R_1$	1.26651e-6
3	3	$1/R_2$	0.0000246207
3	3	sC_2	0.000974333
3	3	sC_1	0.000974333
5	2	1	0.00197555
3	2	$-1/R_2$	0.0125612
3	1	$-sC_1$	0.998403
5	3	v	1.
3	2	$-sC_2$	5.3679

Interessiert man sich nur für die Ausgangsvariable U_{20}, so kann das vereinfachte System auf zwei Gleichungen reduziert werden, die sich leicht nach der Übertragungsfunktion auflösen lassen:

$$\begin{pmatrix} -sC_1 & -sC_2 - \frac{1}{R_2} \\ 1 & 0 \end{pmatrix} \begin{pmatrix} U_{10} \\ U_{20} \end{pmatrix} = \begin{pmatrix} 0 \\ 1 \end{pmatrix}. \tag{5.234}$$

Durch Umformung erhält man

$$\frac{U_{20}(s)}{U_{10}(s)} = -\frac{sC_1 R_2}{1 + sC_2 R_2}. \tag{5.235}$$

Das Bild 5.20 zeigt den Vergleich mit dem Original.

Im Vergleich zur lösungsbasierten Näherung ist der algebraische Aufwand zum Lösen des Gleichungssystems erheblich reduziert worden. Diese Reduktion und damit die Kompaktheit des Ergebnisses hängt aber auch damit zusammen, dass keine allgemeingültige Lösung erzeugt worden ist, denn durch die Wahl nur eines Frequenzreferenzpunktes wird die erzeugte Näherung immer auf den jeweiligen Frequenzbereich eingeschränkt. Dennoch ist aus dem Bodediagramm zu erkennen, dass die Näherung nicht nur bei 1 Hz gültig ist, sondern einen weiten Bereich umfasst. Abweichungen sind lediglich im Bereich unter 0,1 Hz zu erkennen. □

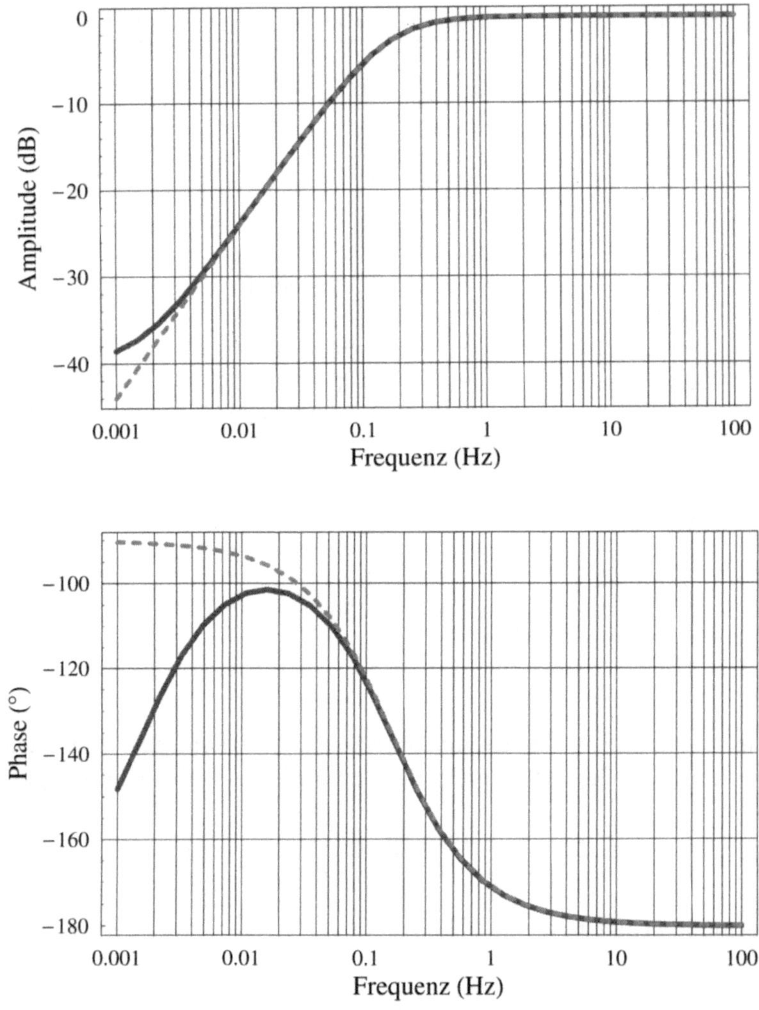

Bild 5.20: Gleichungsbasierte Näherung: Vergleich der Originalübertragungsfunktion mit der approximierten Funktion

5.7.3   Leistungsmerkmale von *Analog Insydes*

Analog Insydes stellt ein flexibles Werkzeug zur Unterstützung des systematischen Entwurfs analoger Schaltungen dar. Das Programm, das zu dem Computeralgebrasystem *Mathematica* jetzt in einer kommerziellen Version zur Verfügung steht, bietet ein weites Spektrum von Funktionen, sowohl für die analytische Berechnung linearer Schaltungen industrieller Größenordnung als auch im Bereich der nichtlinearen Modellierung [41], [127]:

- Netzlistenbasierte Beschreibung linearer elektronischer Schaltungen und regelungstechnischer Blockschaltbilder,

- Hierarchische Teilschaltungseingabe und Bauteilmodellierung mittels Teilschaltungsdefinitionen und Verhaltensbeschreibungen,

- Lineare Netzwerkelemente: Widerstand, komplexe Impedanz, Leitwert, komplexe Admittanz, Kapazität, Induktivität, unabhängige Strom- und Spannungsquelle, alle Arten von gesteuerten Quellen, idealer Operationsverstärker, Nullator, Norator, Fixator, Kurzschluss- und Leerlaufzweige,

- Nichtlineare Netzwerkelemente: Verhaltensbeschreibung von beliebigen nichtlinearen, mehrdimensionalen, dynamischen Strom-Spannungs-Relationen,

- Benutzer-erweiterbare Modellbibliothek,

- Symbolische Berechnung von Übertragungsfunktionen, Eingangs- und Ausgangsimpedanzen,

- Berechnung von Dimensionierungsgleichungen und Faustformeln durch Approximation symbolischer Schaltungsgleichungen und Übertragungsfunktionen,

- Symbolische Analyse im Zeitbereich durch inverse Laplace-Transformation,

- Lösung von Schaltungsgleichungen nicht nur nach Strömen und Spannungen sondern auch nach Bauteilparametern,

- Grafikfunktionen zur Darstellung von Bodediagrammen, Ortskurven, Pol-/Nullstellen-Verteilungen, Transient-, DC- und Übertragungsverhalten.

Die Programmfunktionalität wird durch ein leistungsfähiges hierarchisches Netzlistenformat, das auch die Einbindung beliebiger Modelle für die Beschreibung analoger Schaltungen erlaubt, sowie Schnittstellen zu numerischen Simulatoren (z. B. *PSpice*) abgerundet.

In *Analog Insydes* sind gleichungsbasierte und lösungsbasierte Approximationsverfahren implementiert. Da alles unter *Mathematica* abläuft, kann der Anwender sehr flexibel auf die verschiedenen Funktionen zugreifen. So ist es bei komplexeren Problemen oft sinnvoll, beide Vereinfachungsverfahren miteinander zu kombinieren. Anschließend folgt im allgemeinen eine mathematische Nachbearbeitung, beispielsweise die Extraktion von Polen und Nullstellen, die Berechnung von Gleich- oder Hochfrequenzverstärkungen etc.

Kapitel 6

Mathematik - Ausgewählte Gebiete

6.1 Variationsrechnung

6.1.1 Aufgabenstellung

Das Grundproblem der Variationsrechnung besteht allgemein in der Bestimmung der größten und kleinsten Werte von Funktionalen, die von Elementen aus einem Funktionenraum abhängen und (in der Regel) durch Integrale ausgedrückt werden. Anwendungen finden sich zum Beispiel in der Theorie des elektromagnetischen Feldes (Elektromagnetik), der nichtlinearen Synthese bei Netzwerken, der Elektromechanik und der Mechanik.

Die Aufgabenstellung der Variationsrechnung verallgemeinert die klassische Extremalaufgabe der Differenzialrechnung: Berechnung der (relativen) Minima und Maxima einer stetig differenzierbaren reellwertigen Funktion, die ein spezielles Funktional darstellt.

Einen wesentlichen Anstoß zur Entwicklung der Variationsrechnung gab das von Johann Bernoulli im Jahr 1696 formulierte Problem, das als die Aufgabe der „Brachystochrone" in die Geschichte der Naturwissenschaften eingegangen ist. Zwischen zwei in verschiedener Höhe gelegenen Punkte P_0 und P_1 ist eine (stetig differenzierbare) Verbindungskurve derart zu bestimmen, dass die Fallzeit eines Masseteilchens minimal wird, wenn es sich im homogenen Schwerefeld reibungsfrei entlang dieser Verbindungskurve von $P_0 = (0,0)$ nach $P_1 = (a,b)$ bewegt (Bild 6.1). Verwendet wird ein kartesisches Koordinatensystem, in dem der Punkt P_0 im Koordinatenursprung liegt und die y-Achse in die Richtung des tiefer gelegenen Punktes P_1 zeigt. Das Funktional ist also

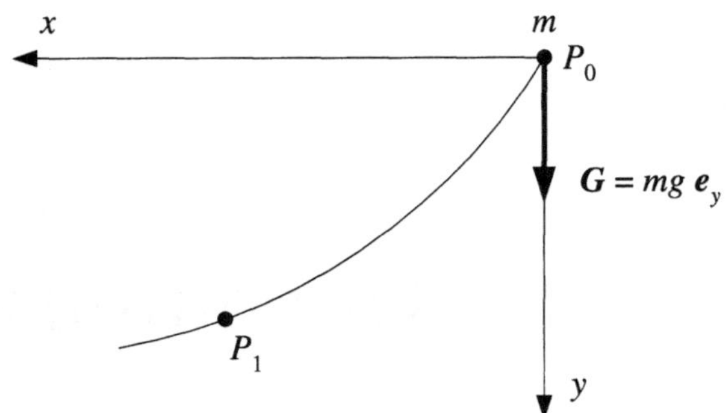

Bild 6.1: Punktmasse im zeitoptimalen Fall (homogenes Schwerefeld)

die Zeit $T(y)$, die das Masseteilchen längs einer glatten Kurve $y = y(x)$ von P_0 nach P_1 benötigt.

Aus dem Energieerhaltungssatz folgt (beachte $y(0) = 0$ und $v(0) = 0$):

$$mgy = \frac{1}{2}mv^2$$

und daraus die Bahngeschwindigkeit

$$\frac{\mathrm{d}s}{\mathrm{d}t} = v = \sqrt{2gy}\,.$$

Mit der Bogenlänge $s = s(x)$, $\mathrm{d}s/\mathrm{d}x = \sqrt{1 + y'(x)^2}$ ergibt sich

$$T(y) = \int\limits_0^T \mathrm{d}t = \int\limits_0^L \frac{1}{v}\,\mathrm{d}s = \int\limits_0^a \frac{1}{v}\,\sqrt{1 + y'(x)^2}\,\mathrm{d}x = \int\limits_0^a \sqrt{\frac{1 + y'(x)^2}{2gy(x)}}\,\mathrm{d}x.$$

In $\mathbf{D} := \{\, y \in \mathbf{C}^1[0, a] \mid y(0) = 0,\ y(a) = b \,\}$ ist diejenige Funktion y^* zu bestimmen, so dass $T(y^*) \leq T(y)$ für alle $y \in D$ gilt.

Es wird die Sprechweise verabredet: Falls eine Funktion f auf einem Bereich B (offene Menge und Teilmenge ihres Definitionsbereichs) m-mal stetig differenzierbar ist, dann sagen wir: f gehört zur Klasse $\mathbf{C}^m$, die Angabe des Definitions- und Wertebereichs geht meist aus der Aufgabenstellung hervor. Falls f eine reellwertige Funktion von mehreren reellen Variablen ist, dann gehört sie zur Klasse $\mathbf{C}^m$, wenn sie selbst stetig und ihre partiellen Ableitungen bis zur Ordnung m existieren und stetig sind.

Im folgenden werden nur einige grundlegende Ideen aus dem weiten Gebiet der Variationsrechnung dargestellt. Sie wird von dem Wechselspiel zwischen Variationsaufgaben und Differenzialgleichungen geprägt. Unter anderem lassen sich die fundamentalen Differenzialgleichungen der mathematischen Physik leicht aus Extremalprinzipien mittels der Variationsrechnung herleiten. Außerdem können wirkungsvolle Lösungsverfahren für Differenzialgleichungen gewonnen werden, auf die hier jedoch nicht eingegangen wird.

Wir stellen zunächst an eine Funktion f die folgenden Voraussetzungen:

V1) Es sei $f \mid \mathbf{B} \subset \mathbb{R}^3 \to \mathbb{R}$, $(t, x, y) \mapsto f(t, x, y)$ mit $f \in \mathbf{C}^2(B, \mathbb{R})$ gegeben. $\mathbf{B}$ ist ein Gebiet (offene und zusammenhängende Menge), dass die Punkte (t, x, y) enthält, für die (t, x) ein Element des ebenen (vorgegebenen) Gebietes $\mathbf{D}$ ist, und y jeden beliebigen endlichen reellen Wert annehmen kann: $\mathbf{B} := \{(t, x, \dot{x}) \in \mathbb{R}^3 \mid (t, x) \in \mathbf{D}, -\infty < y < +\infty\}$.

V2) Es sei k eine auf $[t_0, t_1]$ definierte Parameterdarstellung $x \mid [t_0, t_1] \to \mathbb{R}$ und der Eigenschaft, dass der Graph von x, d. h. $\mathrm{graph}\,(x) := \{(t, x(t)) \mid t \in [t_0, t_1]\}$, vollständig in $\mathbf{D}$ liegt.

Es ist in der Literatur üblich, statt der Variablen y auch $\dot{x}$ zu schreiben. Der Grund dafür liegt in der Schreibweise der Aufgabenstellung. Aus (V1) und (V2) ergibt sich: Das Integral

$$J := \int\limits_{t_0}^{t_1} f(t, x(t), \dot{x}(t))\,\mathrm{d}t = \int\limits_{k} f(t, x(t), \dot{x}(t))\,\mathrm{d}t =: J_k \qquad (6.1)$$

existiert und ist endlich für jede Kurve k, die (V2) erfüllt.

V3) Im Bereich $\mathbf{D} \subset \mathbb{R}^2$ sind zwei innere Punkte $P_0 = (t_0, x_0)$, $P_1 = (t_1, x_1)$ fest vorgegeben. $\mathcal{Z}$ sei die Gesamtheit aller Kurven k, die (V2) erfüllen und durch P_0 und P_1 verlaufen.

Die Elemente von $\mathcal{Z}$ sind die zulässigen Funktionen (Synonym: Vergleichsfunktionen) für das Funktional (6.1).

Es sei $\{J_k\} := \{J_k \mid k \in \mathcal{Z}\}$ die Zahlenmenge der Werte des Funktionals (6.1), wenn k die Menge $\mathcal{Z}$ der zulässigen Funktionen durchläuft. Die Menge $\{J_k\}$ besitzt eine (eindeutig bestimmte) obere und untere Grenze S bzw. s. Es gilt

$$s \leq J_k \leq S, \quad k \in \mathcal{Z}. \qquad (6.2)$$

Anmerkung:
Die obere Grenze einer Zahlenmenge ist ihre kleinste obere Schranke. Die untere Grenze ist ihre größte untere Schranke.

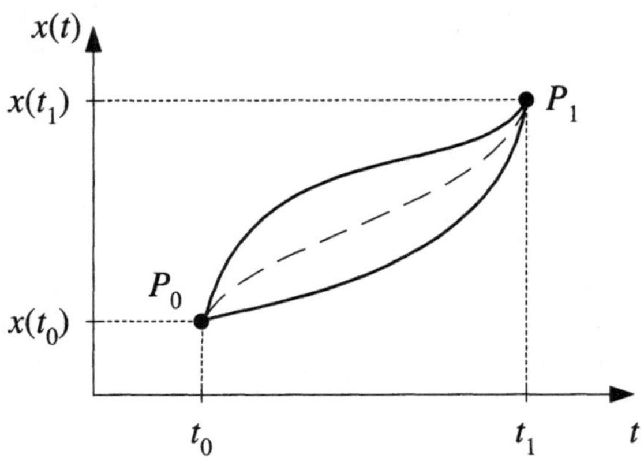

Bild 6.2: Vergleichsfunktionen aus $\mathcal{Z}$

S und s können endlich oder auch unendlich sein. Ist die obere Grenze S endlich $(-\infty < S < +\infty)$ und in der Menge $\{J_k\}$ enthalten, dann gibt es eine Kurve $k_S \in \mathcal{Z}$, so dass $S = J_{k_S}$ gilt. Gelten $-\infty < s < +\infty$ und $s \in \{J_k\}$, dann existiert eine Kurve $k_s \in \mathcal{Z}$, und es gilt $s = J_{k_s}$. S ist dann das absolute Maximum des Funktionals J und s das absolute Minimum, wenn wir das Funktional J, vgl. (6.1), auf der Menge $\mathcal{Z}$ betrachten (Definitionsbereich für J). Für alle $k \in J$ gilt dann:

$$s = J_{k_s} \leq J_k \leq J_{k_S} = S. \tag{6.3}$$

Die Variationsaufgabe lautet jetzt:

- Bestimme diejenigen Kurven $k \in \mathcal{Z}$, für die das Funktional J sein absolutes Minimum bzw. Maximum unter (V1) - (V3) annimmt.

- Symbol: $J_k(x) = \int_{t_0}^{t_1} f(t, x(t), \dot{x}(t))\,\mathrm{d}t = \text{Extr!}, \quad k \in \mathcal{Z}$.

Die Klasse der zulässigen Funktionen kann modifiziert werden. Es können auch Kurven mit Ecken zugelassen werden. Die Vergleichsfunktionen sind dann auf $[t_0, t_1]$ nur stückweise stetig differenzierbar. Die Klasse der zulässigen Funktionen und der Bereich **D** sind an diese Klasse anzupassen.

Im nächsten Schritt wird – analog zur Lösung der klassischen Extremwertaufgabe mit Hilfe der Differenzialrechnung – die Suche nach den absoluten Extrema auf die Bestimmung der relativen Extrema zurückgeführt. Dazu werden zum Vergleich mit der gesuchten Kurve nur so genannte benachbarte Kurven zugelassen.

Definition 6.1 *Die zulässige Kurve k' generiert ein* relatives Minimum (Maximum) *des Funktionals J, vgl. (6.1), falls eine positive Zahl ϱ existiert, so dass*

$$J_k \geq J_{k'}, \quad (J_k \leq J_{k'}) \tag{6.4}$$

für jede zulässige Kurve $k \in \mathcal{Z}$ mit

$$|x(t) - x'(t)| < \varrho, \quad t_0 \leq t \leq t_1, \tag{6.5}$$

gilt.

Die Ungleichung (6.5) schränkt die Vergleichsfunktionen auf solche ein, die im Streifen

$$S_\varrho := \{(t,x) \mid t_0 \leq t \leq t_1, \, -\varrho + x'(t^*) < x < x'(t^*) + \varrho, \, t^* \in [t_0, t_1]\}$$

liegen (Bild 6.3). Das relative Minimum (Maximum) J_k ist ein eigentliches, falls $\varrho > 0$ so gewählt werden kann, dass $J_k > J_{k'}$ $(J_k < J_{k'})$ für alle zulässigen k aus dem Streifen S_ϱ gilt, die von k' verschieden sind.

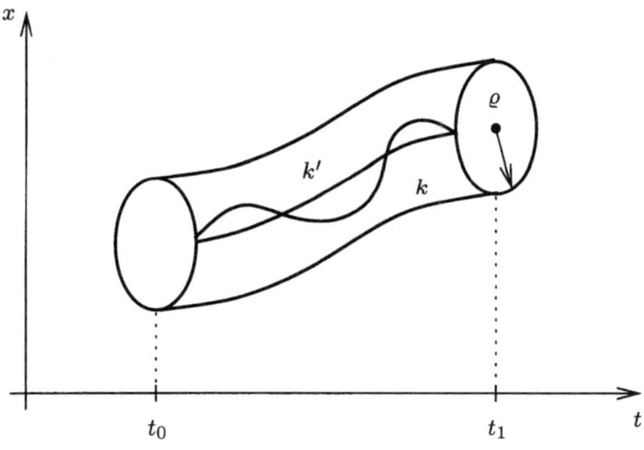

Bild 6.3: Vergleichsfunktionen in S_ϱ

Eine zulässige Kurve k, die dem Funktional ein absolutes Extremum erteilt, erzeugt auch ein relatives Extremum. Unter den relativen Extrema befinden sich die absoluten. Wir suchen die relativen Extrema und haben die unter ihnen vorhandenen absoluten herauszufinden. Dabei grenzen wir uns auf Minima ein, da eine Kurve k, die J ein Minimum erteilt, im Funktional $-J$ ein Maximum erzeugt. Absolute Extrema, die von Kurven k erzeugt werden, die ganz oder teilweise auf dem Rand von $\mathbf{D}$ liegen, werden nicht erfasst.

6.1.2 Notwendige Bedingungen für ein Extremum

In diesem Abschnitt werden notwendige Bedingungen für das Funktional J (siehe (6.1)) hergeleitet. Dabei unterscheiden wir, ob die Funktion f im Integrand Ableitungen erster oder höherer Ordnung enthält. Zunächst gewinnen wir notwendige Bedingungen für das Funktional J, das die Ableitung der gesuchten Funktion bis zur 1. Ordnung enthält. Wir setzen voraus, dass f der Voraussetzung (V1) genüge und die Kurve $\bar{x} \mid [t_0, t_1] \rightarrow \mathbb{R}$ dem Funktional J ein (relatives) Extremum erteile. Folgende Voraussetzung wird zusätzlich noch getroffen:

V4) Die Kurve $\bar{k}$ liegt (ganz) im Inneren von **D**.

Anmerkung:
Der Fall, dass (V4) nicht gilt, bedarf gesonderter Darlegung, die hier nicht durchgeführt wird. Da $\bar{k}$ von P_0 nach P_1 (Bild 6.1.1) im Inneren von **D** verläuft, kann $\varrho > 0$ so gewählt werden, dass $S_\varrho \subset \mathbf{D}$ gilt (Grund: $\bar{k}$ ist eine beschränkte und abgeschlossene Menge im $\mathbb{R}^2$).

Es sei $x \mid [t_0, t_1] \rightarrow \mathbb{R} : k \in \mathbb{Z}$ beliebig aus S_ϱ gewählt. Es gilt dann für alle $t \in [t_0, t_1]$:

$$\Delta \bar{x} := w(t) = x(t) - \bar{x}(t), \quad |w(t)| = |x(t) - \bar{x}(t)| < \varrho. \tag{6.6}$$

$\Delta \bar{x}$ heißt „vollständige Variation" von $\bar{x}$. In unserem Fall der festen Punkte P_0 und P_1 ergeben sich:

$$w(t_0) = 0, \qquad w(t_1) = 0. \tag{6.7}$$

Mit x und $\bar{x}$ werden die Werte des Funktionals J gebildet:

$$J_k := \int_{t_0}^{t_1} f(t, x, \dot{x}) \, dt, \qquad J_{\bar{k}} := \int_{t_0}^{t_1} f(t, \bar{x}, \dot{\bar{x}}) \, dt. \tag{6.8}$$

Da $J_{\bar{k}}$ ein relatives Minimum für die Menge $\{ J_k \mid k \in \mathcal{Z} \}$ ist, besteht die Ungleichung:

$$\Delta J := J_k - J_{\bar{k}} = \int_{t_0}^{t_1} [f(t, x, \dot{x}) - f(t, \bar{x}, \dot{\bar{x}})] \, dt \geq 0 \tag{6.9}$$

für alle $k \in \mathcal{Z}$, die in S_ϱ liegen. Mit w aus (6.6) kann diese Ungleichung auch in der Form

$$\Delta J := J_k - J_{\bar{k}} = \int_{t_0}^{t_1} [f(t, \bar{x} + w, \bar{x} + \dot{w}) - f(t, \bar{x}, \dot{\bar{x}})] \, dt \geq 0 \tag{6.10}$$

geschrieben werden. ΔJ heißt „vollständige Variation" des Funktionals J. Es wird nun (nach Lagrange[1]) unter den in (6.6) möglichen Variationen eine spezielle Wahl getroffen: Es sei v auf $[t_0, t_1]$ eine beliebige $\mathbf{C}^1$-Funktion mit $v(t_0) = v(t_1) = 0$. Wir setzen setzen

$$w(t) = \varepsilon\, v(t), \qquad t \in [t_0, t_1]\,, \tag{6.11}$$

mit $|\varepsilon| < \varrho/\max|v(t)| = \varepsilon_0 \neq 0$. (Der Wert $\max|v(t)|$ ist das Maximum der stetigen Funktion $|v|$ auf $[t_0, t_1]$.) Diese Einschränkung von ε $(-\varepsilon_0 < \varepsilon < +\varepsilon_0)$ sichert die Gültigkeit von Gl. (6.6) – bei beliebig fixiertem v – für jede spezielle Nachbarkurve $x = \bar{x} + \varepsilon v$.

Anmerkung:
Der Leser möge prüfen, dass eine derartige Spezialisierung der Variationen von $\bar{x}$ für die Gewinnung von notwendigen Bedingungen erlaubt ist. Bei der Herleitung von hinreichenden Bedingungen kann nicht ohne weiteres so verfahren werden.

Für diese speziellen Variationen des $\bar{x}$ gelten:

$$J_k(\varepsilon) := \int\limits_{t_0}^{t_1} f(t, \bar{x} + \varepsilon v, \dot{\bar{x}} + \varepsilon \dot{v})\, \mathrm{d}t, \qquad J_{\bar{k}}(0) = \int\limits_{t_0}^{t_1} f(t, \bar{x}, \dot{\bar{x}})\, \mathrm{d}t \tag{6.12}$$

und

$$\Delta J = J_k(\varepsilon) - J_k(0) \geq 0\,. \tag{6.13}$$

Die letzte Aussage bedeutet: Die Funktion $J_k\,|\,(-\varepsilon_0, \varepsilon_0) \rightarrow \mathbb{R}$ nimmt bei $\varepsilon = 0$ ein (absolutes) Minimum an. Aufgrund unserer Voraussetzungen gehört J_k der Klasse $\mathbf{C}^2$ an. Die notwendige Bedingung der Differenzialrechnung für ein Minimum kann auf J_k angewendet werden. Es gilt:

$$\left.\frac{\mathrm{d}J}{\mathrm{d}\varepsilon}\right|_{\varepsilon=0} = J'(0) = 0. \tag{6.14}$$

$J'(\varepsilon)$ kann wegen der Voraussetzungen über f, $\bar{x}$ und v durch Differenzieren unter dem Integral (Kettenregel) berechnet werden. Es entsteht:

$$J'(\varepsilon) = \int\limits_{t_0}^{t_1} \left[f_x(t, \bar{x} + \varepsilon v, \dot{\bar{x}} + \varepsilon \dot{v})\, v + f_{\dot{x}}(t, \bar{x} + \varepsilon v, \dot{\bar{x}} + \varepsilon \dot{v})\, \dot{v} \right]\, \mathrm{d}t \tag{6.15}$$

und für $\varepsilon = 0$:

$$J'(0) = \int\limits_{t_0}^{t_1} \left[f_x(t, \bar{x}, \dot{\bar{x}})\, v + f_{\dot{x}}(t, \bar{x}, \dot{\bar{x}})\, \dot{v} \right]\, \mathrm{d}t = 0. \tag{6.16}$$

Wir formulieren das Ergebnis als

---

[1] Joseph Louis Lagrange (1736 - 1813): Französischer Gelehrter. Grundlegende Arbeiten zur Himmelsmechanik, Analysis und analytischen Mechanik.

Satz 6.1 *Für ein Extremum des Funktionals J (siehe Gleichung (6.1)) gilt notwendig Gleichung (6.16) als Bedingung an $\bar{x}$ für jedes v aus $\mathbf{C}^1([t_0, t_1])$ mit $v(t_0) = v(t_1) = 0$.*

Die Bedingung (6.16) an $\bar{x}$ wurde für relative Extrema des Funktionals J auf der Menge $\mathcal{Z}$ gewonnen. Sie gilt auch für absolute Extrema, da diese - wie oben ausgeführt - die Eigenschaft eines relativen Extremums erfüllen. Die Bedingung (6.16) ist für die praktische Bestimmung des $\bar{x}$ ungeeignet. Da die Bedingung (6.16) nur notwendig ist, kann ein ihr genügendes $\bar{x}$ nur als verdächtig für einen Extremwert von J angesprochen werden. Es besteht folglich der Bedarf an einer praktikablen „Vorschrift" zur Bestimmung des $\bar{x}$.

Nach Ausführung der sogenannten Lagrangeschen partiellen Integration entsteht aus (6.16) eine praktikablere Form der notwendigen Bedingung: die eulersche Differenzialgleichung für $\bar{x}$. Der zweite Summand in (6.16) kann mittels partieller Integration wie folgt umgeformt werden:

$$\int\limits_{t_0}^{t_1} f_{\dot{x}} \cdot \dot{v}\, \mathrm{d}t = (v f_{\dot{x}})\,\Big|_{t_0}^{t_1} - \int\limits_{t_0}^{t_1} \frac{\mathrm{d}}{\mathrm{d}t}(f_{\dot{x}})v\, \mathrm{d}t = - \int\limits_{t_0}^{t_1} \frac{\mathrm{d}}{\mathrm{d}t}(f_{\dot{x}})v\, \mathrm{d}t. \tag{6.17}$$

Der erste Summand in (6.17) hat wegen $v(t_0) = v(t_1) = 0$ nach Satz 1 den Wert 0. Damit ergibt sich aus (6.16):

$$\int\limits_{t_0}^{t_1} \left[f_x(t, \bar{x}, \dot{\bar{x}}) - \frac{\mathrm{d}}{\mathrm{d}t}(f_{\dot{x}}(t, \bar{x}, \dot{\bar{x}})) \right] v(t)\, \mathrm{d}t = 0 \tag{6.18}$$

für alle $v \in \mathbf{C}^1([t_0, t_1])$ mit $v(t_0) = v(t_1) = v(t_1) = 0$. Aus dieser Gleichung folgt, dass der erste Faktor im Integranden für jedes $t \in [t_0, t_1]$ den Wert Null annimmt:

$$\boxed{\; f_x(t, \bar{x}, \dot{\bar{x}}) - \frac{\mathrm{d}}{\mathrm{d}t}(f_{\dot{x}}(t, \bar{x}, \dot{\bar{x}}) = 0\,. \;} \tag{6.19}$$

Die Gleichung (6.19) heißt die *eulersche*[2] *Differenzialgleichung* (Euler-DGL) der Variationsrechnung, der die Funktion $\bar{x}$ genügen muss.

Satz 6.2 *Erteilt die Kurve $\bar{x}\,|\,[t_0, t_1] \to \mathbf{R}$, $\bar{k} \in \mathcal{Z}$, dem Funktional J (siehe (6.1)) ein Minimum (Maximum), so genügt sie notwendig der Differenzialgleichung (6.19).*

Der Schluss von (6.18) auf das Nullwerden des Faktors vor dem v bedarf eines Beweises, der mit dem Fundamentallemma der Variationsrechnung geführt wird. Da bei den Aufgaben (6.49) und (6.28) eine analoge Schlussweise notwendig wird, soll dieses

---

[2]Leonhard Euler (*1707 Basel, †1783 St. Petersburg). Bedeutendster Mathematiker des 18. Jahrhunderts. Grundlegende Arbeiten zur Analysis, Variationsrechnung, Zahlentheorie und Algebra sowie zu Anwendungen der Mathematik.

Lemma an passender Stelle so allgemein formuliert werden, dass es auf jede unserer Problemklassen anwendbar ist.

Die Euler-DGL (6.19) kann auch in der Form:

$$\boxed{f_x(t,\bar{x},\dot{\bar{x}}) - f_{\dot{x}t}(t,\bar{x},\dot{\bar{x}}) - f_{\dot{x}x}(t,\bar{x},\dot{\bar{x}})\dot{\bar{x}} - f_{\dot{x}\dot{x}}(t,\bar{x},\dot{\bar{x}})\ddot{\bar{x}} = 0} \qquad (6.20)$$

(Differenziation des zweiten Terms auf der linken Seite von (6.19)) geschrieben werden. Sie ist eine im allgemeinen nichtlineare gewöhnliche DGL zweiter Ordnung für $\bar{x}$. Die Lösung $\bar{x}$ muss auch noch den Randbedingungen

$$\bar{x}(t_0) = x_0 \quad , \quad \bar{x}(t_1) = x_1 \qquad (6.21)$$

genügen. Diese beiden Gleichungen dienen zur Bestimmung der zwei Integrationskonstanten, die bei der allgemeinen Lösung der DGL (6.20) auftreten.

Eine beliebige Lösung der Euler-DGL heißt *Extremale* der Variationsaufgabe. Im allgemeinen hängt die Schar der Extremalen von zwei Parametern, den beiden Integrationskonstanten, ab. Extremale, die Lösung der Aufgabe (6.1) werden sollen, müssen den Randbedingungen (6.21) genügen. Damit steht für die Randwertaufgabe, bestehend aus der Euler-DGL und den Randbedingungen (6.21), die Frage nach Existenz und Unität der Lösung, die hier nicht allgemein untersucht wird. Der Nutzer kann sich bei der Bearbeitung eines konkreten Problems dieser Frage nicht entziehen. Er wird sie für sein spezielles Randwertproblem entscheiden müssen. Am Beispiel der Brachystochrone ergab sich für die Randwertaufgabe genau eine Lösung, von der noch gezeigt werden muss, dass sie das Funktional T tatsächlich minimiert (vgl. Anmerkung am Ende von 6.1.1).

Für die Brachystochrone wurde ein erstes Integral der Euler-DGL benutzt. Der Grund dafür ist, dass der Integrand nicht von der unabhängigen Variablen abhängt. Diesen und einen weiteren Sonderfall wollen wir noch allgemein formulieren.

Fall 1: Der Integrand f in J hängt nicht von x ab: $f_x = 0$. Die Euler-DGL reduziert sich auf $\mathrm{d}/\mathrm{d}t(f_{\dot{x}}) = 0$. Daraus folgt als erstes Integral:

$$f_{\dot{x}}(t,\dot{\bar{x}}) = C_1. \qquad (6.22)$$

(6.22) ist eine DGL erster Ordnung für $\bar{x}$, die C_1 als erste Integrationskonstante enthält.

Fall 2: Der Integrand hängt nicht von der unabhängigen Variablen t ab. In der DGL (6.20) fällt die partielle Ableitung nach t weg:

$$f_x(\bar{x},\dot{\bar{x}}) - f_{\dot{x}x}(\bar{x},\dot{\bar{x}})\,\dot{\bar{x}} - f_{\dot{x}\dot{x}}(\bar{x},\dot{\bar{x}})\,\ddot{\bar{x}} = 0. \qquad (6.23)$$

Die Multiplikation dieser Gleichung mit $\dot{\bar{x}}$ ergibt:

$$f_x(\ldots)\,\dot{\bar{x}} - f_{x\dot{x}}(\ldots)\,\dot{\bar{x}}\dot{\bar{x}} - f_{\dot{x}\dot{x}}(\ldots)\,\dot{\bar{x}}\ddot{\bar{x}} = 0. \qquad (6.24)$$

Die Integration von (6.24) führt auf:

$$\boxed{f(\bar{x}, \dot{\bar{x}}) - f_{\dot{x}}(\bar{x}, \dot{\bar{x}})\,\dot{\bar{x}} = C_1\,.} \tag{6.25}$$

(Die totale Differenziation von (6.25) nach t liefert (6.24).) Die Beziehung (6.25) wird auch noch *eulerscher Hilfssatz* genannt. Im Beispiel der Brachystochrone liegt dieser Fall vor.

Fall 3: Der Integrand hängt nicht von $\dot{x}$ ab. In diesem Fall ist also $f_{\dot{x}} = 0$, d. h., die Euler-DGL lautet: $f(t, x) = C$. Dies wiederum bedeutet, dass $x = x(t)$ implizit durch $f(t, x) = C$ gegeben ist.

Im weiteren wenden wir uns Aufgaben vom Typ (6.28) zu. Sie erweitern die Aufgabenklasse (6.1) auf mehrere gesuchte Funktionen $x_i \mid [t_0, t_1] \rightarrow \mathbb{R}$, $i = 1, \ldots, n$. Es liegt damit eine sogenannte Lagrangesche Variationsaufgabe ohne Nebenbedingungen in Form von Gleichungen für die x_i vor. Bei diesem Aufgabentyp sind die gesuchten Funktionen x_i von einer bestimmten (vorgegebenen) Variablen t abhängig. Bei den Beispielen war diese Variable die Zeit, und den Systemen wurde das Wirkungsintegral

$$J = \int\limits_{t_0}^{t_1} L(t, q_j, \dot{q}_j)\,\mathrm{d}t \tag{6.26}$$

zugeordnet, das nach dem Hamilton-Prinzip für zulässige $q_j \mid [t_0, t_1] \rightarrow \mathbb{R}$, $j = 1, \ldots, f$ zu minimieren ist. Die Bedingungen für die Zulässigkeit der q_i sind vorerst unwesentlich, da der Leser nur erkennen möge, dass die den oben genannten Beispielen zugeordneten Variationsaufgaben vom Lagrange-Typ sind. Als notwendige Bedingung für ein Maximum des Funktionals (6.28) erwarten wir ein System von Euler-Differenzialgleichungen für die x_i mit $i = 1, \ldots, n$ (in Analogie zu (6.1)). Die im Einführungsabschnitt dargelegten Beispiele zeigen, dass die Euler-Gleichungen für (6.26) bei konservativen Systemen (Probleme ohne Dissipationsfunktion und ohne weitere nicht potenzielle Kräfte) genau die Bewegungsgleichungen des Systems ergeben. Die Theorie der Lagrange-Aufgaben ist für unsere Absichten passend.

Nun werden die Voraussetzungen für die Extremalaufgabe (6.28) formuliert:

V1') f sei auf dem Bereich

$$B := \{(t, x_i, \dot{x}_i) \in \mathbb{R}^{2n+1} \mid (t, x_i) \in \mathbf{D} \subset \mathbb{R}^{n+1},\ -\infty < \dot{x}_i < +\infty,\ i = 1, \ldots, n\} \tag{6.27}$$

definiert, gehöre auf B der Klasse $\mathbf{C^2}$ an und $\mathbf{D} \neq \emptyset$ sei ein Gebiet des $\mathbb{R}^{n+1}$.

V2') k sei eine auf $[t_0, t_1]$ definierte $\mathbf{C^1}$-Kurve, d. h.

$$k := \{(t, x_i(t)) \mid x_i \mid [t_0, t_1] \rightarrow \mathbb{R},\, x_i \in \mathbf{C^1},\, i = 1, \ldots, n\}.$$

Die Kurve k möge ganz in $\mathbf{D}$ liegen.

V3') $P_0 = (t_0, x_1, \ldots, x_n), P_1 = (t_1, y_1, \ldots, y_n)$ seien zwei fest gewählte innere Punkte von $\mathbf{D}\,(P_0, P_1 \in \mathbf{D})$. $\mathcal{Z}$ sei die Gesamtheit (Menge) der Kurven k mit den Eigenschaften: 1. k genüge (V2'). 2. k verbinde die Punkte P_0, P_1.

(V1'), (V2') und (V3') sind so formuliert, dass die analoge Voraussetzung zu (V4) erfüllt ist. Das Integral (6.28) existiert für jede Kurve $k \in \mathcal{Z}$ und ist endlich. $\mathcal{Z}$ ist wieder die Menge der zulässigen Kurven für die Extremalaufgabe:

$$J_k := \int\limits_{k} f(t, x_i, \dot{x}_i)\,\mathrm{d}t \to \text{Extr!} \tag{6.28}$$

für alle k aus $\mathcal{Z}$. $\{J_k\} := \{J_k \mid k \in \mathcal{Z}\}$ sei die Zahlenmenge der Werte des Funktionals (6.28), wenn k die Menge $\mathcal{Z}$ durchläuft. Die Begriffe absolutes Minimum (Maximum) sind für die Menge $\{J_k\}$ genau so erklärt, wie bei der Aufgabe (6.1). Die Termini relatives Minimum (Maximum) bedürfen einer gewissen Vorbereitung, um die Nachbarschaft einer gegebenen Kurve $\bar{k}$ definieren zu können.

Für die Funktionen $x = (x_1, \ldots, x_n)\,|\,[t_0, t_1] \to x(t) = (x_1(t), \ldots, x_n(t)) \in \mathbb{R}^n$ mit $x_i \in \mathbf{C}^m([t_0, t_1])$, $i = 1, \ldots, n$ definieren wir eine *Norm*:

$$||x|| := \max |x(t)|, \qquad |x(t)| = \left(\sum_{i=1}^{n} x_i^2(t) \right)^{\frac{1}{2}}, \qquad t \in [t_0, t_1]. \tag{6.29}$$

In (6.29) ist das Maximum der Abstände $|x(t)|$ der Punkte $x(t) \in \mathbb{R}^n$ vom Nullpunkt des $\mathbb{R}^n$ für alle t aus $[t_0, t_1]$ zu bilden. Die Stetigkeit der Abbildung $|x|\,|\,[t_0, t_1] \to \mathbb{R}^n$ und die Abgeschlossenheit des Intervalls $[t_0, t_1]$ sichern die Existenz von mindestens einem t aus $[t_0, t_1]$, für das $|x(t)|$ sein Maximum annimmt.[3]

Die Funktionen, für die oben die Norm (6.29) definiert wurde, können als Elemente eines Vektorraumes

$$\mathbf{C}^{(1)}_{(\mathbf{n})}([t_0, t_1]) := \{\, x_i \mid [t_0, t_1] \to \mathbb{R} \mid x_i \in \mathbf{C}^1([t_0, t_1]), \, i = 1, \ldots, n \,\} \tag{6.30}$$

aufgefasst werden. $\mathbf{C}^{(1)}_{(n)}([t_0, t_1])$ ist also die Menge der vektorwertigen Funktionen $x = (x_1, \ldots, x_n)$ mit stetig differenzierbaren Koordinatenfunktionen x_i (definiert auf $[t_0, t_1]$). Der untere Index n weist darauf hin, dass $x(t)$ ein Punkt im $\mathbb{R}^n$ ist.

Die in (6.29) erklärte Abbildung $x \in \mathbf{C}^{(1)}_{(n)}([t_0, t_1]) \to ||x|| \in \mathbb{R}^n$ erfüllt die Normaxiome für abstrakte lineare Räume (Vektorräume), so dass $\mathbf{C}^{(1)}_{(n)}$ ein konkreter normierter Funktionenraum ist (vgl. Abschnitt 6.3.2). Der Leser möge für unseren konkreten Raum $\mathbf{C}^{(1)}_{(n)}$ zeigen, dass $||x||$ aus (6.29) die Normaxiome erfüllt.

Wir definieren nun den Begriff des *relativen Extremums* für Probleme vom Typ (6.28).

---

[3]Das ist eine bekannte Aussage eines Satzes von Weierstraß. Der Satz gilt allgemein für stetige reellwertige Funktionale auf abgeschlossenen und kompakten Mengen. Karl Weierstraß (*1815 Ostenfelde, †1897 Berlin), Erneuerer der gesamten Analysis, insbesondere Beiträge zur reellen Analysis, Funktionentheorie und Variationsrechnung.

Definition 6.2 *Die Kurve k' erteilt dem Funktional J_k (siehe (6.28)) ein* relatives Minimum (Maximum), *falls ein $\varrho > 0$ existiert, so dass für alle k aus $\mathcal{Z}$ mit $\|x - x'\| < \varrho$*

$$J_k \geq J_{k'}, \qquad (J_k \leq J_{k'}) \tag{6.31}$$

gilt. (Dabei sind die k, k' aus $\mathcal{Z}$ durch Funktionen x, x' aus $\mathbf{C}^{(1)}_{(n)}([t_0, t_1])$ gegeben (siehe (V2').) Die Vergleichsfunktionen x, die mit x' verglichen werden, liegen in der offenen Kugel $K(x', \varrho) := \{x \mid x \in \mathbf{C}^{(1)}_{(n)}([t_0, t_1]); \|x - x'\| < \varrho\}$.[4]

Die Begriffe eigentliches und uneigentliches relatives Extremum können analog wie bei Aufgabe (6.1) erklärt werden.

Wir kommen nun zur notwendigen Bedingung für ein relatives Extremum. Die Kurve $\bar{k} \in \mathcal{Z}$ erteile dem Funktional (6.28) ein relatives Minimum. Es gilt dann für alle $k \in \mathcal{Z}$ mit $\|x - \bar{x}\| < \varrho$ die Beziehung:

$$J_k - J_{\bar{k}} = \int_{t_0}^{t_1} f(t, x_i, \dot{x}_i)\, \mathrm{d}t - \int_{t_0}^{t_1} f(t, \bar{x}_i, \dot{\bar{x}}_i)\, \mathrm{d}t \geq 0. \tag{6.32}$$

Für $k \in \mathcal{Z}$ mit $\|x - \bar{x}\| < \varrho$ wird eine spezielle Wahl getroffen. Es seien $e_1, \ldots, e_n$ reelle Parameter und die Funktion $v(\cdot)$ werde aus $\mathbf{C}^{(1)}_{(n)}([t_0, t_1])$ beliebig (fest) gewählt. Als Variationen von $\bar{x}$ werden benutzt:

$$x_i = \bar{x}_i + e_i v_i, \qquad i = 1, \ldots, n. \tag{6.33}$$

Da die Kurven k und $\bar{k}$ aus $\mathcal{Z}$ gewählt sind, verlaufen sie durch die Punkte P_0 und P_1. Es gelten also: $x(t_0) = (x_1^0, \ldots, x_n^0)$, $x(t_1) = (y_1, \ldots, y_n)$, $\bar{x}(t_0) = (\bar{x}_1^0, \ldots, \bar{x}_n^0)$ sowie $\bar{x}(t_1) = (\bar{y}_1, \ldots, \bar{y}_n)$. Notwendig ist dann:

$$v_i(t_0) = v_i(t_1) = 0, \qquad i = 1, \ldots, n. \tag{6.34}$$

Da v mit der Eigenschaft (6.34) beliebig fixiert ist, müssen an die e_i Bedingungen so gestellt werden, dass x in der Kugel $K(\bar{x}, \varrho)$ liegt. Aus (6.29) und (6.33) ergibt sich für die Norm von $x - \bar{x}$:

$$\begin{aligned}
\|x - \bar{x}\| &= \max_{t \in [t_0, t_1]} |x(t) - \bar{x}(t)| = \max_{t \in [t_0, t_1]} \left| \sum_{i=1}^{n} (e_i v_i(t))^2 \right|^{\frac{1}{2}} \\
&\leq e \max_{t \in [t_0, t_1]} |v(t)| = e\,\|v\|, \quad e := \max(|e_1|, \ldots, |e_n|).
\end{aligned} \tag{6.35}$$

Die Forderung

$$\|x - \bar{x}\| \leq e\|v\| < \varrho \tag{6.36}$$

---

[4]Die Untermenge $K(x', \varrho)$ des Raumes $\mathbf{C}^{(1)}_{(n)}([t_0, t_1])$ heißt offene Kugel mit dem Mittelpunkt x' und dem Radius $\varrho > 0$. Sie ist eine offene Menge und beschreibt eine Umgebung (Nachbarschaft) des Elementes x'.

ist erfüllt, falls $e < \varrho/\|v\|$ gewählt wird. Wir nehmen den Punkt $(e_1, \ldots, e_n)$ aus dem Quader $Q_e := \{(e_1, \ldots, e_n) \mid -e < e_i < e,\, i = 1, \ldots, n\}$. Mit einem beliebig fixierten $e < \varrho/\|v\|$ gilt:

$$\|x - \bar{x}\| \leq e \max_t |v(t)| = e\,\|v\| < \varrho. \tag{6.37}$$

Die in (6.33) konstruierten Variationen des $\bar{x}$ liegen folglich in der Kugel $K(\bar{x}, \varrho)$. Für diese speziellen Variationen des $\bar{x}$ können J_k und $J_{\bar{k}}$ wie folgt geschrieben werden:

$$J_k = \int_{t_0}^{t_1} f(t, \bar{x}_i + e_i v_i, \dot{\bar{x}}_i + e_i \dot{v}_i)\,\mathrm{d}t =: J(e_1, \ldots, e_2), \tag{6.38}$$

$$J_{\bar{k}} = \int_{t_0}^{t_1} f(t, \bar{x}_i, \dot{\bar{x}}_i)\,\mathrm{d}t =: J(0, \ldots, 0),$$

und es gilt:

$$\Delta J = J(e_1, \ldots, e_n) - J(0, \ldots, 0) \geq 0. \tag{6.39}$$

Aus (6.39) ist ersichtlich, dass die Funktion J auf Q_e an der Stelle $(0, \ldots, 0)$ ein (absolutes) Minimum annimmt und sie mindestens der Klasse $\mathbf{C}^1$ angehört. Es gilt die notwendige Bedingung aus der Differenzialrechnung, dass sämtliche partiellen Ableitungen des J nach den e_k an der Stelle $(0, \ldots, 0)$ den Wert Null annehmen:

$$\frac{\partial J(e_1, \ldots, e_n)}{\partial e_k}\Big|_{e_i = 0} = 0 \quad, \quad k = 1, \ldots, n. \tag{6.40}$$

Die Berechnung der partiellen Ableitungen des J kann aufgrund der Voraussetzungen durch Differenzieren nach den e_k unter dem Integral erfolgen. Wegen $x_i = \bar{x}_i + e_i v_i$ und $\dot{x}_i = \dot{\bar{x}}_i + e_i \dot{v}_i$ gelten:

$$\frac{\partial x_i}{\partial e_k} = \delta_{ik} v_i \quad \text{und} \quad \frac{\partial \dot{x}_i}{\partial e_k} = \delta_{ik} \dot{v}_i \quad \text{mit} \quad \delta_{ik} = 1\ (i = k), \quad \delta_{ik} = 0\ (i \neq k). \tag{6.41}$$

Nach (6.39) ergibt sich für die partiellen Ableitungen von J nach den e_k:

$$\frac{\partial J(e_j)}{\partial e_k} = \int_{t_0}^{t_1} \frac{\partial}{\partial e_k} f(t, \bar{x}_i + e_i v_i, \dot{\bar{x}}_i + e_i \dot{v}_i)\,\mathrm{d}t \tag{6.42}$$

$$= \int_{t_0}^{t_1} \left[\sum_{i=1}^{n} \left(f_{x_i}(t, \bar{x}_i + e_i v_i, \dot{\bar{x}}_i + e_i \dot{v}_i) \frac{\partial x_i}{\partial e_k} \right.\right.$$

$$\left.\left. + f_{\dot{x}_i}(t, \bar{x}_i + e_i v_i, \dot{\bar{x}}_i + e_i \dot{v}_i) \frac{\partial \dot{x}_i}{\partial e_k} \right) \right]\,\mathrm{d}t.$$

Unter Ausnutzung der Beziehungen in (6.41) und anschließender Wahl von $e_i = 0$, $i = 1, \ldots, n$ entsteht:

$$\frac{\partial J}{\partial e_k}\Big|_{e_i = 0} = \int_{t_0}^{t_1} [f_{x_k}(t, \bar{x}_i, \dot{\bar{x}}_i)\, v_k) + f_{\dot{x}_k}(t, \bar{x}_i, \dot{\bar{x}}_i)\, \dot{v}_k)]\,\mathrm{d}t = 0, \quad k = 1, \ldots, n. \tag{6.43}$$

Die n Gleichungen (6.43) stellen bereits eine Form der notwendigen Bedingungen dar, die der Aussage des Satzes 6.1 entsprechen. Da dieses Resultat nicht praktikabel ist, führen wir die Umformung mit Hilfe der partiellen Integration des zweiten Summanden

$$\int\limits_{t_0}^{t_1} (f_{\dot{x}_k} \dot{v}_k)\, \mathrm{d}t = (v_k f_{\dot{x}_k})|_{t_0}^{t_1} - \int\limits_{t_0}^{t_1} \frac{\mathrm{d}}{\mathrm{d}t}(f_{\dot{x}_k}) v_k\, \mathrm{d}t, \quad k = 1,\ldots,n \qquad (6.44)$$

durch. Wegen (6.34) hat der erste Summand auf der rechten Seite von (6.44) den Wert Null. Die obige notwendige Bedingung (6.43) bekommt mit (6.44) die Gestalt:

$$\int\limits_{t_0}^{t_1} \left[f_{x_k} - \frac{\mathrm{d}}{\mathrm{d}t}(f_{\dot{x}_k}) \right] v_k\, \mathrm{d}t = 0, \quad k = 1,\ldots,n. \qquad (6.45)$$

Die Funktionen v_k sind beliebig aus $\mathbf{C}^1([t_0, t_1])$ wählbar $(v_k(t_0) = v_k(t_1) = 0)$. Auf jede Gleichung in (6.45) ist das Fundamentallemma anwendbar und ergibt die eulerschen Differenzialgleichungen der Variationsrechnung als ein System von DGln 2. Ordnung für die $\bar{x}_k$.

Satz 6.3 *Erteilt die Kurve $\bar{k} \in \mathcal{Z}$ dem Funktional (6.28) ein relatives Minimum (Maximum), so genügen die die Kurve $\bar{k}$ erzeugenden Funktionen $\bar{x}_k$ dem System der eulerschen DGln:*

$$\boxed{f_{x_k}(t, \bar{x}_i, \dot{\bar{x}}_i) - \frac{\mathrm{d}}{\mathrm{d}t}\left(f_{\dot{x}_k}(t, \bar{x}_i, \dot{\bar{x}}_i)\right) = 0\,, \quad k = 1,\ldots,n.} \qquad (6.46)$$

Die vorhandenen absoluten Extrema werden mit erfasst. Für den Schluss von (6.45) auf (6.46) ist das Fundamentallemma der Variationsrechnung (wie bereits bei dem Problem (6.1)) erforderlich. Ein beliebiges System von Lösungen der Euler-DGln heißt *Extremale* der Variationsaufgabe. Die Extremale ist extremwertverdächtig, falls sie den Randbedingungen

$$\bar{x}_i(t_0) = x_i^0, \qquad \bar{x}_i(t_1) = y_i^0 \qquad (6.47)$$

genügt.

Wir suchen nun Extrema für das Funktional (6.49), bei dem die Funktion f Ableitungen der gesuchten Funktion auch bezüglich der Ordnung $n > 1$ enthält. Dazu treffen wir in Analogie zum Typ (6.1) die folgenden Voraussetzungen:

V1") Es sei f auf dem Bereich

$$\mathbf{B} := \{(t, x, \dot{x}, \ldots, x^{(n)}) \in \mathbb{R}^{n+2} \mid (t, x) \in \mathbf{D} \subset \mathbb{R}^2, -\infty < x^{(i)} < +\infty, i = 1,\ldots,n\}$$

definiert und gehöre der Klasse $\mathbf{C}^2$ an. $\mathbf{D}$ sei wieder ein Gebiet des $\mathbb{R}^2$.

V2") k sei eine auf $[t_0, t_1]$ definierte $\mathbf{C}^n$-Kurve, d. h., $k := \{(t, x(t)) \mid x \; [t_0, t_1] \to \mathbb{R},$ $x \in \mathbf{C}^n([t_0, t_1])\}$, die ganz in $\mathbf{D}$ liegt.

V3") $P_0 = (t_0, x_0)$ und $P_1 = (t_1, x_1)$ seien fest gewählte Punkte aus $\mathbf{D}$. $\mathcal{Z}$ sei die Menge der Kurven k mit den Eigenschaften: 1. k genüge der Voraussetzung (V2") und 2. k verbinde die Punkte P_0 und P_1, so dass $x(t_0) = x_0$, $x(t_1) = x_1$ gelten. Außerdem sind die Werte der ersten bis $(n-1)$-ten Ableitung von x an den Stellen t_0 und t_1 durch

$$\frac{\mathrm{d}^j x}{\mathrm{d}t^j}\bigg|_{t=t_0} = x^{(j)}(t_0) = x_0^j, \quad \frac{\mathrm{d}^j x}{\mathrm{d}t^j}\bigg|_{t=t_1} = x^{(j)}(t_1) = x_1^j, \quad j = 1, \ldots, n-1 \quad (6.48)$$

vorgegeben.

Das Funktional (6.49) wird auf der Menge $\mathcal{Z}$ betrachtet. $\{J_k\} := \{J_k \mid k \in \mathcal{Z}\}$ ist die Menge der Zahlenwerte des J_k in (6.49), wenn k die Menge $\mathcal{Z}$ durchläuft. Absolute, relative (auch eigentliche und uneigentliche) Extrema werden wie bei der Aufgabe (6.1) erklärt. Somit ist die folgende Formulierung:

$$J_k := \int_{t_0}^{t_1} f(t, x, \dot{x}, \ldots, x^{(n)})\, \mathrm{d}t \; \to \; \text{Extr!}, \quad k \in \mathcal{Z} \qquad (6.49)$$

sinnvoll.

Annahme: $\bar{k} := \{(t, \bar{x}(t)) \mid \bar{x} \mid [t_0, t_1] \to \mathbb{R}, \, \bar{x} \in \mathbf{C}^n([t_0, t_1]), \, \bar{x} \in \mathcal{Z}\}$ erteile dem Funktional (6.49) ein relatives Minimum. Für beliebiges $k \in \mathcal{Z}$ mit $(t, x(t))$ aus S_ϱ (vgl. (6.5)) gilt dann:

$$J_k - J_{\bar{k}} = \int_{t_0}^{t_1} [f(t, x, \dot{x}, \ldots, x^{(n)}) - f(t, \bar{x}, \dot{\bar{x}}, \ldots, \bar{x}^{(n)})]\, \mathrm{d}t \geq 0. \qquad (6.50)$$

Es werden die speziellen Variationen

$$x = \bar{x} + \varepsilon v \qquad (6.51)$$

gewählt. Mit $v \in \mathbf{C}^n([t_0, t_1])$ und $|\varepsilon| < \varepsilon_0 = \varrho(\max_{t \in [t_0, t_1]} |v(t)|)^{-1}$ liegen die Punkte $(t, x(t))$ in S_ϱ. Aus (6.51) ergeben sich:

$$
\begin{aligned}
\varepsilon^{(j)} v(t_0) &= x^{(j)}(t_0) - \bar{x}^{(j)}(t_0) &= x_0^j - \bar{x}_0^j &= 0, \\
\varepsilon^{(j)} v(t_1) &= x^{(j)}(t_1) - \bar{x}^{(j)}(t_1) &= x_1^j - \bar{x}_1^j &= 0, \; j = 0, \ldots, n-1.
\end{aligned}
\qquad (6.52)
$$

Die Funktionen v, $\dot{v}$, $\ldots$, $v^{(n-1)}$ nehmen also an den Stellen t_0 und t_1 den Wert Null an. Mit den Variationen (6.51) können J_k und $J_{\bar{k}}$ wie folgt geschrieben werden:

$$J_k(\varepsilon) \quad := \quad \int\limits_{t_0}^{t_1} f(t, \bar{x} + \varepsilon v, \dot{\bar{x}} + \varepsilon \dot{v}, \ldots, \bar{x}^{(n)} + \varepsilon v^{(n)}) \, \mathrm{d}t, \tag{6.53}$$

$$J_{\bar{k}}(0) \quad := \quad \int\limits_{t_0}^{t_1} f(t, \bar{x}, \dot{\bar{x}}, \ldots, \bar{x}^{(n)}) \, \mathrm{d}t. \tag{6.54}$$

Aus (6.50) folgt mit (6.54) für alle $\varepsilon \in (-\varepsilon_0, +\varepsilon_0)$:

$$\Delta J = J(\varepsilon) - J(0) \geq 0. \tag{6.55}$$

Die Funktion J nimmt auf $(-\varepsilon_0, +\varepsilon_0)$ an der Stelle $\varepsilon = 0$ ein (absolutes) Minimum an. Es gilt deshalb notwendig $\mathrm{d}J(\varepsilon)/\mathrm{d}t \, |_{\varepsilon=0} = J'(0) = 0$. Die Ableitung nach ε darf unter dem Integral (Kettenregel) ausgeführt werden. Für $J'(0)$ ergibt sich die Bedingung:

$$J'(0) \quad = \quad \int\limits_{t_0}^{t_1} [f_x(t, \bar{x}, \dot{\bar{x}}, \ldots, \bar{x}^{(n)}) \, v + f_{\dot{x}}(t, \bar{x}, \dot{\bar{x}}, \ldots, \bar{x}^{(n)}) \, \dot{v} + \ldots +$$

$$+ f_{x^{(n)}}(t, \bar{x}, \dot{\bar{x}}, \ldots, \bar{x}^{(n)}) \, v^{(n)}] \, \mathrm{d}t = 0. \tag{6.56}$$

(6.56) stellt die Form der notwendigen Bedingung dar, die der Aussage des Satzes 6.1 für das Problem (6.1) entspricht. Durch eine einfache partielle Integration des Summanden $f_{x^{(l)}}(t, x, \dot{\bar{x}}, \ldots, \bar{x}^{(n)}) v^{(l)}$, $l = 1, \ldots, n$ unter Beachtung der Eigenschaft (6.52) der Funktionen v, $\dot{v}$, $\ldots$, $v^{(n-1)}$ können $\dot{v}$, $\ldots$, $v^{(n-1)}$ in (6.56) eliminiert werden. Mit den Umformungen

$$\int\limits_{t_0}^{t_1} f_{x^{(l)}} v^{(l)} \, \mathrm{d}t = (-1)^l \int\limits_{t_0}^{t_1} \frac{\mathrm{d}^l}{\mathrm{d}t^l} [f_{x^{(l)}}] \, v \, \mathrm{d}t, \qquad l = 1, \ldots, n \tag{6.57}$$

bekommt die notwendige Bedingung (6.56) die Form:

$$\int\limits_{t_0}^{t_1} \left[f_x - \frac{\mathrm{d}}{\mathrm{d}t}(f_{\dot{x}}) + \frac{\mathrm{d}^2}{\mathrm{d}t^2}(f_{\ddot{x}}) - \ldots + \ldots + (-1)^n \frac{\mathrm{d}^n}{\mathrm{d}t^n}(f_{x^{(n)}}) \right] v(t) \, \mathrm{d}t = 0. \tag{6.58}$$

Das ist eine Bedingung an $\bar{x}$, die für alle $v \in \mathbf{C}^n([t_0, t_1])$ mit $v_0^{(j)}(t_0) = v_1^{(j)}(t_1) = 0$, $j = 0, \ldots, n-1$ erfüllt sein muss. Das bereits erwähnte Fundamentallemma der Variationsrechnung kann auf (6.58) angewandt werden. Damit ist der Schluss von (6.58) auf das Nullwerden des Faktors vor dem $v(t)$ im Integranden berechtigt. Es gilt:

Satz 6.4 *Erteilt $\bar{k} := \{(t, \bar{x}(t)) \, | \, \bar{x} \in \mathbf{C}^n \, t \in [t_0, t_1]\}$ dem Funktional ein relatives Minimum (Maximum), so genügt die Funktion $\bar{x}$ der eulerschen Differenzialgleichung:*

$$\boxed{f_x(t, \bar{x}, \bar{x}^{(j)}) - \frac{\mathrm{d}}{\mathrm{d}t}[f_{\dot{x}}(t, \bar{x}, \bar{x}^{(j)})] + - \ldots + (-1)^n \frac{\mathrm{d}^n}{\mathrm{d}t^n}[f_{x^{(n)}}(t, \bar{x}, \bar{x}^{(j)})] = 0\,.} \tag{6.59}$$

Das Symbol $\bar{x}^{(j)}$ steht für die Argumente $\bar{x}^{(1)}, \ldots, \bar{x}^{(n)}$.

Eine beliebige Lösung der eulerschen Differenzialgleichung heißt Extremale. Eine Extremale ist extremwertverdächtig, falls sie den Randbedingungen (6.48) und $\bar{x}(t_0) = x_0$, $\bar{x}(t_1) = x_1$ genügt. Für eine Lösung der Variationsaufgabe (auch Extremalaufgabe) gilt also notwendig, dass sie Lösung der durch die DGl (6.59) und die obigen Randbedingungen erklärten Randwertaufgabe ist. $2n$ Bedingungsgleichungen stehen für die Bestimmung von $2n$ Integrationskonstanten in der allgemeinen Lösung der Euler-DGl zur Verfügung.

Das Problem vom Typ (6.49) kann auf $m > 1$ gesuchte Funktionen, von denen jeweils die 0., 1. bis n-te Ableitung im Argument von f des Integranden vorkommen, erweitert werden. Es ergeben sich dann m DGln von der Gestalt (6.59), die ein System von m DGln (in der Regel der Ordnung $2n$) zur Bestimmung der m gesuchten Funktionen darstellen. Hinzu kommen noch entsprechende Randbedingungen.

6.1.3 Fundamentallemma der Variationsrechnung

Das in der Überschrift angekündigte Lemma stellt einen Hilfssatz dar, der bei der Gewinnung der notwendigen Bedingungen für ein Extremum des Funktionals J benötigt wurde. Der Inhalt der Aussage des Lemmas besteht bei entsprechenden Voraussetzungen darin, dass man aus dem Bestehen der Beziehung $\int_{t_0}^{t_1} M(t)\,v(t)\,dt = 0$ für alle v schließen kann, dass dann notwendig M auf dem ganzen Intervall $[t_0, t_1]$ verschwindet.

Lemma 1 (Fundamentallemma)

1. *M sei eine auf $[t_0, t_1]$ definierte stetige Funktion: $M \in \mathbf{C}^0([t_0, t_1])$.*

2. *Die Funktion v sei auf dem Intervall $[t_0, t_1]$ definiert und n-mal stetig differenzierbar: $v \in \mathbf{C}^n([t_0, t_1])$. Es gelten: $v(t_0) = v(t_1) = 0$.*

3. *Für beliebiges v mit der Eigenschaft 2. sei:*

$$\int\limits_{t_0}^{t_1} M(t)\,v(t)\,dt = 0. \tag{6.60}$$

Dann gilt: Die Funktion M ist auf dem gesamten Intervall $[t_0, t_1]$ gleich Null.

Beweis: Annahme: Es existiere ein $t' \in (t_0, t_1)$ mit $M(t') \neq 0$. Ohne Beschränkung der Allgemeinheit kann $M(t') > 0$ gewählt werden. Aufgrund der Stetigkeit von M gibt es ein (offenes) Intervall (t_0', t_1'), das t' enthält und selbst in (t_0, t_1) liegt, so dass für jedes t aus (t_0', t_1') auch $M(t) > 0$ gilt.

Fall 1: n <u>ungerade</u>. Wir definieren eine Funktion v:

$$
v(t) := \begin{cases} 0 & \text{für} \quad t_0 \le t \le t_0' \quad \text{und} \quad t_1' \le t \le t_1, \\ (t - t_0')^{n+1}\,(t_1' - t)^{n+1} & \text{für} \quad t_0' \le t \le t_1'. \end{cases} \tag{6.61}
$$

Für alle t, die in $[t_0, t_1]$, jedoch nicht in (t_0', t_1') liegen, gilt $v(t) = 0$. Für jedes $t \in (t_0', t_1')$ folgt mit (6.61): $v(t) > 0$. Das Polynom $p(t) := (t - t_0')^{n+1}\,(t_1' - t)^{n+1}$ ist beliebig oft differenzierbar und besitzt bei t_0' sowie t_1' je eine Nullstelle der Vielfachheit $n + 1$. Damit nehmen auch die 1. bis zur n-ten Ableitung von p an den Stellen t_0' und t_1' den Wert Null an. Die in (6.61) erklärte Funktion v erfüllt also die Voraussetzung 2. Für das Integral (6.60) ergibt sich folglich (mit v aus (6.61)):

$$
0 = \int_{t_0}^{t_1} M(t)\,v(t)\,\mathrm{d}t = \int_{t_0'}^{t_1'} M(t)\,v(t)\,\mathrm{d}t > 0. \tag{6.62}
$$

(6.62) bedeutet einen Widerspruch zur Voraussetzung 3. Für alle t aus (t_0, t_1) gilt folglich: $M(t) = 0$. $M(t_0) = 0$ und $M(t_1) = 0$ ergeben sich dann aus der Stetigkeit von M.

Fall 2: n <u>gerade</u>. Es wird bei gleicher Schlussweise mit einer Funktion v wie im Fall 1 gearbeitet, nur dass $n + 1$ durch $n + 2$ ersetzt wird.

$\square$

Mit diesem Lemma kann bei den beschriebenen Aufgabenklassen der Schluss von der mit v behafteten notwendigen Bedingung ((6.18), (6.45), (6.58)) auf die eulerschen Differenzialgleichungen exakt begründet werden. Mit dem im Folgenden zitierten Lemma von Du Bois-Reymond können die Anwendung des Lemmas 1 und die Zusatzvoraussetzung bei der Herleitung der eulerschen Differenzialgleichung vermieden werden.

Lemma 2

1. *M sei eine auf* $[t_0, t_1]$ *definierte stetige Funktion:* $M \in \mathbf{C}^0([t_0, t_1])$.

2. *Für die auf dem Intervall* $[t_0, t_1]$ *definierte, einmal stetig differenzierbare Funktion* $v \in \mathbf{C}^1([t_0, t_1])$ *gelte* $v(t_0) = v(t_1) = 0$.

3. *Für alle* v *nach Voraussetzung 2 sei:*

$$
\int_{t_0}^{t_1} M(t)\,\dot{v}(t)\,\mathrm{d}t = 0. \tag{6.63}
$$

Es folgt: Die Funktion M ist auf $[t_0, t_1]$ *konstant.*

Ein einfacher Originalbeweis von D. Hilbert[5] findet sich in „Vorlesungen über Variationsrechnung" von O. Bolza, Koehler und Amelung, Leipzig, 1957. Zur Anwendung dieses Lemmas wird der Term mit Faktor v in (6.15) mittels partieller Integration umgeformt:

$$\int\limits_{t_0}^{t_1} (f_x \cdot v)\,\mathrm{d}t = \left[\int\limits_{t_0}^{t_1} f_x\,\mathrm{d}t\, v(t)\right]_{t_0}^{t_1} - \int\limits_{t_0}^{t_1} \left(\int\limits_{t_0}^{t_1} f_x\,\mathrm{d}t\, \dot{v}(t)\right)\mathrm{d}t$$

$$= -\int\limits_{t_0}^{t_1} \left(\int\limits_{t_0}^{t_1} f_x\,\mathrm{d}t\, \dot{v}(t)\right)\mathrm{d}t. \tag{6.64}$$

Diese Integration ist erlaubt, da $f_x(\cdot, \bar{x}(\cdot), \dot{\bar{x}}(\cdot))$ auf $[t_0, t_1]$ stetig ist, v zur Klasse $\mathbf{C}^1$ gehört und $v(t_0) = v(t_1) = 0$ gelten. Die Bedingung (6.16) erhält mit (6.64) die Gestalt:

$$\int\limits_{t_0}^{t_1} \left(-\int\limits_{t_0}^{t_1} f_x\,\mathrm{d}t + f_{\dot{x}}\right) \dot{v}(t)\,\mathrm{d}t = 0. \tag{6.65}$$

(6.65) gilt für alle v, die die Voraussetzung 2 des Lemmas 2 erfüllen. In der Klammer von (6.65) steht eine auf $[t_0, t_1]$ stetige Funktion, die folglich nach Lemma 2 konstant ist:

$$-\int\limits_{t_0}^{t_1} f_x\,\mathrm{d}t + f_{\dot{x}} = const. \tag{6.66}$$

In (6.66) ist das Integral eine stetig differenzierbare Funktion der oberen Grenze. Damit existiert die totale Ableitung von $f_{\dot{x}}$, ist stetig und es gilt:

$$f_x - \frac{\mathrm{d}}{\mathrm{d}t}(f_{\dot{x}}) = 0. \tag{6.67}$$

Die eulersche Differenzialgleichung besteht also auch ohne die Zusatzvoraussetzung, dass $\bar{x}$ der Klasse $\mathbf{C}^2$ angehört. Damit ist jedoch nicht notwendig die zweimalige Differenzierbarkeit einer Extremalen $\bar{x}$ gesichert. Ein Satz von Hilbert sagt aus: Für alle t aus $[t_0, t_1]$ mit $f_{\dot{x}\dot{x}}(t, \bar{x}(t), \dot{\bar{x}}(t)) \neq 0$ existiert $\ddot{\bar{x}}(t)$. Auf diese Fragestellung gehen wir nicht näher ein, da in den Modellannahmen für unsere technischen Systeme in der Regel die zweimalige Differenzierbarkeit der Zustandsvariablen enthalten ist.

Für den Typ (6.28) kann jede der Gleichungen (6.43) analog umgeformt werden. Es folgen die Existenzen der totalen Ableitungen $\mathrm{d}/\mathrm{d}t(f_{\dot{x}_i})$, $i = 1, \ldots, n$ und das Bestehen der eulerschen Differenzialgleichungen.

Bei dem Typ (6.49) ist die Anwendung des Lemmas 2 nicht ohne weiteres möglich. Durch Einführung der $\dot{x}, \ldots, x^{(n)}$ als n neue gesuchte Funktionen und Überführung des Problems in eine Variationsaufgabe mit Differenzialgleichungen für die gesuchten Funktionen als Nebenbedingungen kann auf die Forderung der zweifachen Differenzierbarkeit der Extremalen verzichtet werden.

---

[5]David Hilbert (*1862 Königsberg, †1943 Göttingen). Fundamentale Arbeiten zur Zahlentheorie, über Integralgleichungen und Mathematische Physik sowie über die Grundlagen der Geometrie.

6.2   Vektoren und Tensoren

Die Idee, die Dynamik von Naturvorgängen durch Extremalprinzipien zu beschreiben, hat sich in der Mechanik seit zwei Jahrhunderten bewährt und ist später auch auf die Elektrodynamik übertragen worden. Die in Abschnitt 6.1 entwickelte Theorie der Variationsrechnung leistet dabei gute Dienste.

Da ein Ziel des Buches in der Darstellung der theoretischen Grundlagen der Elektrotechnik besteht, ist die Geometrie des Raumes vorzugeben, um mit ihr die physikalischen Vorgänge zu beschreiben.

Es ist dabei von großem Vorteil, Tensoren und Tensorfelder über einem festen Gebiet E^n zu betrachten. Das erleichtert das Verständnis der Theorie elektromagnetischer Felder. Im weiteren Verlauf werden Methoden entwickelt, die die Tensorrechnung auch zur Untersuchung von Vorgängen in elektrischen Netzwerken verwenden.

Die rein rechnerische Seite der Theorie der Tensoren besteht in einer mehr oder weniger virtuose Anwendung der Kettenregel der Differenzialrechnung. Die mathematischen Grundlagen umfassen all jene Inhalte, die zum Verständnis der nachfolgenden Abschnitte erforderlich sind.

6.2.1   Tensoren als Skalare und Vektoren

Skalare Größen (z. B. elektrische Ladung, magnetisches Potenzial, Raumtemperatur, Druck) sind Tensoren nullter Stufe. Durch einen Zahlenwert sind sie eindeutig charakterisiert. Vektoren – sie sind durch Angabe ihres Betrages (nicht negative Zahl), ihrer Richtung (Richtungskosinus) und gegebenenfalls ihrer Anfangspunkte eindeutig beschrieben – heißen auch Tensoren erster Stufe. Physikalische Beispiele für Vektoren sind die elektrische und die magnetische Feldstärke, die Kraft, die Geschwindigkeit u. a.

Ist ein Skalar eine Funktion des Ortes (z. B. die Temperatur in einem Raum), so sind seine Werte unabhängig von der Wahl des Koordinatensystems, das den Ort (Raumpunkt) beschreibt.

Bei Vektoren und auch bei Vektorfeldern (vektorwertige Funktion des Ortes) sind Betrag und Richtung der Vektoren ebenfalls unabhängig von der Wahl des den Raum beschreibenden Koordinatensystems. Die Maßzahlen (Koordinaten) des Vektors, mit denen sein Betrag und seine Richtung eindeutig berechnet werden können, sind dagegen von der Wahl des Koordinatensystems abhängig. Koordinaten eines Vektors und Maßzahlen eines Vektors werden synonym verwendet, wobei der Begriff der Maßzahlen zu bevorzugen ist. Gelegentlich werden Koordinaten eines Vektors mit Komponenten verwechselt bzw. gleichgesetzt. Koordinaten (Maßzahlen) sind stets Zahlen, während Komponenten immer Vektoren sind. Zum Beispiel sind bei Verwendung eines kartesischen Koordinatensystems die mit den Maßzahlen multiplizierten Einsvektoren in den Koordinatenrichtungen die Komponenten des Vektors, in die er (additiv) zerlegt werden kann. Der sogenannte Ortsvektor, der den Koordinatenursprung mit einem Raumpunkt verbindet und vom Ursprung zum Raumpunkt gerichtet ist, bildet eine Ausnahme. Sein Betrag, Abstand des Punktes vom Ursprung, und Richtung sind natürlich von der Wahl des Koordinatensystems abhängig.

Gesetze der Physik, z. B. der Impulssatz in der Mechanik oder die Maxwellschen Gleichungen in der Elektromagnetik, sind Tensorgleichungen und daher bezüglich ihrer Aussage koordinateninvariant. Die Maßzahlen der in diesen Gleichungen auftretenden Vektoren (Tensoren) sind jedoch von der Wahl des Koordinatensystems abhängig. Ihre Transformationsgesetze bei Wechsel des Koordinatensystems werden hier dargelegt.

Basissysteme im E^n und E^3

Als Grundbegriffe dienen uns für die weiteren Untersuchungen der Punkt und der Vektor. Für sie nehmen wir die folgenden *Axiome* an:

1. Es gibt wenigstens einen Punkt.

2. Jedem geordneten Paar von Punkten A, B ist genau ein Vektor zugeordnet. (Dieser Vektor wird mit AB bezeichnet, jedoch werden wir die Bezeichnung e, g, ... vorziehen.)

3. Zu jedem Punkt A und zu jedem Vektor x gibt es genau einen Punkt B, so dass $AB = x$ ist. (Das Gleichheitszeichen bedeutet hier, dass AB und x ein und derselbe Vektor sind.)

4. Das Parallelenaxiom: Ist $AB = CD$, so ist auch $AC = BD$. (Anschaulich formuliert: Bei Gleichheit und Parallelität eines Paares gegenüberliegender Seiten eines Vierecks hat auch das andere Paar diese Eigenschaft.)

Die übrigen Axiome, die sich auf die Multiplikation eines Vektors mit einer Zahl und die Addition von Vektoren beziehen, werden als bekannt vorausgesetzt. Dies führt letztlich zum affinen Vektorraum. Diese Punkt-Vektor-Axiomatik kennzeichnet einen affinen Raum.

Es wird ab sofort ein n-dimensionaler affiner Raum betrachtet. Zu ihm gibt es stets n linear unabhängige Vektoren, aber je $n + 1$ Vektoren sind linear abhängig (Dimensionsaxiom).

Im Weiteren werden Koordinatensysteme betrachtet, die geometrisch mit den Eigenschaften des Raumes zusammenhängen. Die nach dem Dimensionsaxiom existierenden n linear unabhängigen Vektoren werden mit $e_1, \ldots, e_n$ bezeichnet.

Unter einem *affinen n-Bein* versteht man einen beliebigen Punkt O (den Ursprung des n-Beins) zusammen mit n durchnummerierten linear unabhängigen Vektoren $e_1, \ldots, e_n$, die man sich anschaulich im Ursprung O angetragen vorstellen kann.

Jeder Vektor lässt sich dann nach den Vektoren des n-Beins zerlegen:

$$A = \sum_{i=1}^{n} x^i \, e_i.$$

Die Koeffizienten $x^1, \ldots, x^n$ der Zerlegung heißen *affine Koordinaten* des Vektors A in Bezug auf das gegebene n-Bein. Sie sind eindeutig bestimmt.

Der Übergang von der affinen Geometrie zur euklidischen Geometrie wird durch Einführung eines Skalarproduktes von Vektoren des affinen Raumes vollzogen. Aus dem Skalarprodukt folgen metrische Eigenschaften und der affine Raum wird zum euklidischen Raum. Darauf wird in Abschnitt 6.2.3 eingegangen.

Zunächst werden einige einfache Überlegungen im dreidimensionalen euklidischen Vektorraum $\mathbf{E}^3$ durchgeführt. Als Skalarprodukt dient dafür die klassische elementargeometrische Verknüpfung zweier Vektoren.

Drei beliebige linear unabhängige Vektoren des $\mathbf{E}^3$ bilden eine Basis (auch mit Basissystem bezeichnet) im $\mathbf{E}^3$. Dem Leser ist der Begriff der *kartesischen Basis* geläufig: Sie besteht aus drei paarweise aufeinander senkrecht stehenden Einheitsvektoren (das sind Vektoren mit Betrag Eins). Die drei Vektoren bilden ein *Orthonormalsystem* oder eine sogenannte *orthonormierte Basis*. Neben der kartesischen Basis werden beliebige Basen betrachtet, also solche, deren Vektoren nicht notwendig paarweise orthogonal bzw. auf eins normiert sind. Bei der Darstellung eines Vektors mit Hilfe der kartesischen Basis stehen als Faktoren in der Linearkombination der Einsvektoren die kartesischen Maßzahlen (oder Koordinaten) des Vektors. Die kartesische Basis führt auf ein kartesisches Koordinatensystem. Eine beliebige Basis erzeugt ein ihr zugeordnetes Koordinatensystem. Wir suchen das Transformationsgesetz für die Koordinaten bei vorgegebener Basistransformation.

Es werden im Folgenden die kartesische Basis $(e_i) = (e_1, e_2, e_3)$ und eine beliebige Basis $(g_i) = (g_1, g_2, g_3)$ eingeführt. Die (e_i) mögen außerdem ein Rechtssystem bilden: $e_3 = e_1 \times e_2$. Die Basisvektoren g_i werden über der kartesischen Basis in

$$\begin{aligned}
g_1 &= a_1^1 \, e_1 + a_1^2 \, e_2 + a_1^3 \, e_3, \\
g_2 &= a_2^1 \, e_1 + a_2^2 \, e_2 + a_2^3 \, e_3, \\
g_3 &= a_3^1 \, e_1 + a_3^2 \, e_2 + a_3^3 \, e_3
\end{aligned} \tag{6.68}$$

zerlegt. Dies erlaubt die Interpretation: Die „neue" Basis errechnet sich aus der „alten" mittels der regulären Matrix $\mathbf{A} := (a_i^j)$ nach dem Transformationsgesetz (6.68). (Der untere Index zählt die Zeilen, der obere die Spalten der Matrix.) Die Umkehrtransformation zu (6.68) hat die Gestalt:

$$\begin{aligned}
e_1 &= b_1^1 \, g_1 + b_1^2 \, g_2 + b_1^3 \, g_3, \\
e_2 &= b_2^1 \, g_1 + b_2^2 \, g_2 + b_2^3 \, g_3, \\
e_3 &= b_3^1 \, g_1 + b_3^2 \, g_2 + b_3^3 \, g_3.
\end{aligned} \tag{6.69}$$

Dabei gilt für die Transformationsmatrix $\mathbf{B} := (b_i^j) = \mathbf{A}^{-1}$. ($\mathbf{B}$ ist die zu $\mathbf{A}$ inverse Matrix.)

Beispiel 1:

Die Basis g_i ist wie folgt gegeben:

$$g_1 = e_1, \qquad g_2 = e_1 + e_2, \qquad g_3 = e_1 + e_2 + e_3. \tag{6.70}$$

Durch Auflösen dieser Gleichungen nach der Basis (e_i) entsteht die Umkehrtransformation (inverse) zu:

$$e_1 = g_1, \qquad e_2 = -g_1 + g_2, \qquad e_3 = -g_2 + g_3.$$

Für die Skalarprodukte der neuen Basisvektoren gilt

$$g_1 \cdot g_1 = 1, \qquad g_2 \cdot g_2 = 2, \qquad g_3 \cdot g_3 = 3,$$
$$g_1 \cdot g_2 = 1, \qquad g_2 \cdot g_3 = 2, \qquad g_3 \cdot g_1 = 1.$$

Die Basisvektoren g_2 und g_3 sind keine Einsvektoren und kein Paar steht senkrecht aufeinander. Die Vektorproduktregel für die kartesische Basis $e_1 \times e_2 = e_3$, $e_2 \times e_3 = e_1$ und $e_3 \times e_1 = e_2$ muss nicht mehr gültig sein:

$$
\begin{aligned}
g_1 \times g_2 &= & e_1 \times (e_1 + e_2) &= & -g_2 + g_3, \\
g_2 \times g_3 &= & (e_1 + e_2) \times (e_1 + e_2 + e_3) &= & 2g_1 - g_2, \\
g_3 \times g_1 &= & (e_1 + e_2 + e_3) \times e_1 &= & -g_1 + 2g_2 - g_3.
\end{aligned}
$$

$\square$

Für das Spatprodukt dreier Vektoren gilt:

$$(g_1, g_2, g_3) := g_1 \cdot (g_2 \times g_3) = (g_1 \times g_2) \cdot g_3 \tag{6.71}$$

Das von den g_1, g_2, g_3 aufgespannte Parallelepiped (Spat) besitzt in diesem Fall das gleiche Volumen, wie der von den kartesischen Einsvektoren bestimmte Würfel (spezieller Spat).

Wir werden es oft mit Ausdrücken der Form

$$A = \sum_{i=1}^{n} x^i \, g_i$$

zu tun haben. Deshalb vereinbaren wir nach Einstein die folgenden Konventionen:

1. Kleine lateinische Buchstaben werden als untere und obere Indizes verwendet. Sie durchlaufen die Zahlen 1, 2, 3 oder von 0 bis 3 oder von 1 bis n, $n \geq 3$. Die drei Gleichungen in (6.68) werden jetzt in der Form

$$g_k = a_k^1 e_1 + a_k^2 e_2 + a_k^3 e_3, \qquad k = 1, 2, 3 \tag{6.72}$$

geschrieben, wobei die Erklärung $k = 1, 2, 3$ in der Regel wegfällt. Der Index k ist ein sogenannter freier Index.

2. Summationsvereinbarung: Über jeden Index, der in einer Formel genau einmal als oberer und genau einmal als unterer vorkommt, wird von 1 bis 3 (oder von 0 bis 3 oder von 1 bis n, $n \geq 3$) summiert. Damit erhält (6.72) die Form:

$$\boldsymbol{g}_k = a_k^i\, \boldsymbol{e}_i. \tag{6.73}$$

3. Das Kronecker-Symbol δ_k^i sei wie folgt definiert:

$$\delta_k^i := \left\{ \begin{array}{ll} 0, & \text{falls}\, i \neq k, \\ 1, & \text{falls}\, i = k. \end{array} \right. \tag{6.74}$$

Zum Beispiel kann jetzt die Aussage $\mathbf{A} \cdot \mathbf{B} = \mathbf{A} \cdot \mathbf{A}^{-1} = \mathbf{E}$, wobei $\mathbf{A}$ und $\mathbf{B} = \mathbf{A}^{-1}$ die Matrizen aus (6.68) und (6.69) und $\mathbf{E}$ die Einheitsmatrix sind, als

$$a_k^s\, b_s^i = \delta_k^i \tag{6.75}$$

geschrieben werden (Regel: k-te Zeile multipliziert mit i-ter Spalte). In (6.75) sind i und k freie Indizes und s ist Summationsindex.

Beispiel 2:
Typische Summenkonventionen:

(a) $\quad z = x^i y_i = x^1 y_1 + x^2 y_2 + x^3 y_3,$

(b) $\quad z = x^{ij} y_i y_j = \displaystyle\sum_{i=1}^{3} \sum_{j=1}^{3} x^{ij} y_i y_j = x^{11} y_1 y_1 + x^{12} y_1 y_2 + \ldots + x^{32} y_3 y_2 + x^{33} y_3 y_3,$

(c) $\quad z^i = x^{ij} y_j = x^{i1} y_1 + x^{i2} y_2 + x^{i3} y_3.$

$\hfill \square$

Zerlegung von Vektoren über beliebigen Basen

Es sei $\boldsymbol{A}$ ein beliebiger Vektor, $\boldsymbol{A} \neq 0$ und $(\boldsymbol{g}_i)$ eine beliebige Basis im $\mathbf{E}^3$, die in der Form (6.73) mit der kartesischen Basis zusammenhängt. $\boldsymbol{A}$ besitzt dann die (eindeutig bestimmte) Darstellung:

$$\boldsymbol{A} = A^1 \boldsymbol{g}_1 + A^2 \boldsymbol{g}_2 + A^3 \boldsymbol{g}_3 = A^i \boldsymbol{g}_i. \tag{6.76}$$

Die A^i werden oben indiziert und heißen *kontravariante Koordinaten* des Vektors $\boldsymbol{A}$. Darauf wird in Abschnitt 6.2.1 ausführlich eingegangen.

Zur Bestimmung der Koordinaten A^i wird (6.76) skalar mit dem Vektor $\boldsymbol{g}_2 \times \boldsymbol{g}_3$ multipliziert und man erhält:

$$\begin{aligned} \boldsymbol{A}(\boldsymbol{g}_2 \times \boldsymbol{g}_3) &= (\boldsymbol{A}, \boldsymbol{g}_2, \boldsymbol{g}_3) = (A^k \boldsymbol{g}_k, \boldsymbol{g}_2, \boldsymbol{g}_3) \\ &= (A^1 \boldsymbol{g}_1 + A^2 \boldsymbol{g}_2 + A^3 \boldsymbol{g}_3) \cdot (\boldsymbol{g}_2 \times \boldsymbol{g}_3) \\ &= A^1 (\boldsymbol{g}_1, \boldsymbol{g}_2, \boldsymbol{g}_3) + A^2 (\boldsymbol{g}_2, \boldsymbol{g}_2, \boldsymbol{g}_3) + A^3 (\boldsymbol{g}_3, \boldsymbol{g}_2, \boldsymbol{g}_3). \end{aligned} \tag{6.77}$$

Von den drei Spatprodukten in (6.77) ist nur das erste von Null verschieden, weil in den anderen je zwei Grundvektoren gleich sind. Dadurch kann

$$A^1 = \frac{(\boldsymbol{A}, \boldsymbol{g}_2, \boldsymbol{g}_3)}{(\boldsymbol{g}_1, \boldsymbol{g}_2, \boldsymbol{g}_3)} \qquad (6.78)$$

bezüglich der Basis $(\boldsymbol{g}_i)$ berechnet werden. Auf analoge Art und Weise folgen für die beiden anderen Komponenten des Vektors $\boldsymbol{A}$ die Ergebnisse:

$$A^2 = \frac{(\boldsymbol{A}, \boldsymbol{g}_3, \boldsymbol{g}_1)}{(\boldsymbol{g}_1, \boldsymbol{g}_2, \boldsymbol{g}_3)}, \qquad A^3 = \frac{(\boldsymbol{A}, \boldsymbol{g}_1, \boldsymbol{g}_2)}{(\boldsymbol{g}_1, \boldsymbol{g}_2, \boldsymbol{g}_3)}. \qquad (6.79)$$

Beispiel 3:
Gesucht sind die Koordinaten A^1, A^2, A^3 des Vektors $\boldsymbol{A} = 2\boldsymbol{e}_1 + 3\boldsymbol{e}_2 + \boldsymbol{e}_3$ bezüglich der Basis in (6.70). Für sie gilt $(\boldsymbol{g}_1, \boldsymbol{g}_2, \boldsymbol{g}_3) = 1$. Damit folgt nach (6.78):

$$A^1 = (\boldsymbol{A}, \boldsymbol{g}_2, \boldsymbol{g}_3) = \boldsymbol{A} \cdot (\boldsymbol{g}_2 \times \boldsymbol{g}_3) = \boldsymbol{A}\,(2\boldsymbol{g}_1 - \boldsymbol{g}_2) = \boldsymbol{A}\,(\boldsymbol{e}_1 - \boldsymbol{e}_2) = -1.$$

Analog ergeben sich:

$$A^2 = 2 \quad \text{und} \quad A^3 = 1.$$

$\square$

Invarianz von Vektoren

In der Theorie elektromagnetischer Felder spielen Invarianzen bezüglich einer Basistransformation eine entscheidende Rolle. Ein beliebiger Vektor $\boldsymbol{A}$ soll nach zwei verschiedenen Basissystemen $\boldsymbol{g}_1$, $\boldsymbol{g}_2$, $\boldsymbol{g}_3$ und $\boldsymbol{b}_1$, $\boldsymbol{b}_2$, $\boldsymbol{b}_3$ zerlegt werden, so dass

$$\boldsymbol{A} = A^k \boldsymbol{g}_k \quad \text{und} \quad \boldsymbol{A} = \bar{A}^k \boldsymbol{b}_k \qquad (6.80)$$

gelten, also:

$$A^k \boldsymbol{g}_k = \bar{A}^k \boldsymbol{b}_k. \qquad (6.81)$$

Diese Gleichung bringt die Invarianz des Vektors $\boldsymbol{A}$ gegenüber dem Wechsel des Basissystems zum Ausdruck. Die Koordinaten (oder auch Maßzahlen) eines Vektors für sich allein sind keine invarianten Größen. Sie ändern sich beim Basiswechsel. Am Beispiel aus Abschnitt 6.2.1 zeigen das die verschiedenen Koordinaten.

Kovariante und kontravariante Basissysteme

Zu dem Basissystem $\boldsymbol{g}_1$, $\boldsymbol{g}_2$, $\boldsymbol{g}_3$ wird eine zweite Basis $\boldsymbol{g}^1$, $\boldsymbol{g}^2$, $\boldsymbol{g}^3$ eingeführt. Das Basissystem mit den unteren Indizes heißt *kovariante Basis*, das mit den oberen Indizes *kontravariante Basis*.

Die kontravarianten Basisvektoren g^i werden mittels der gegebenen kovarianten Basisvektoren g_i wie folgt definiert:

$$g^1 := \frac{g_2 \times g_3}{(g_1, g_2, g_3)}, \quad g^2 := \frac{g_3 \times g_1}{(g_1, g_2, g_3)}, \quad g^3 := \frac{g_1 \times g_2}{(g_1, g_2, g_3)} \tag{6.82}$$

In Indexschreibweise gilt

$$g^k := \frac{g_l \times g_m}{[g_1, g_2, g_3]}, \quad (klm) \overset{zykl.}{=} (123). \tag{6.83}$$

Die g^k sind linear unabhängig und können deshalb als Basisvektoren (kontravariant) verwendet werden. Mit der so eingeführten Basis gilt

$$g^k \cdot g_l = \delta_l^k. \tag{6.84}$$

Dieses Ergebnis sagt aus: Die Vektoren beider Basissysteme sind so gerichtet, dass jeweils zwei Vektoren der einen Basis auf einem Vektor der anderen Basis senkrecht stehen. Zum Beispiel steht der Vektor g_1 senkrecht auf g^2 und g^3. Folglich muss g_1 die Richtung des Vektorproduktes von $g^2 \times g^3$ besitzen. Somit gilt:

$$\alpha g_1 = g^2 \times g^3 \quad \text{mit} \quad \alpha \neq 0. \tag{6.85}$$

Unter Verwendung von (6.84) folgt aus (6.85):

$$\alpha g_1 g^1 = \alpha = (g^2 \times g^3) \cdot g^1 = [g^1, g^2, g^3]. \tag{6.86}$$

Die Gleichung (6.85) lautet nach g_1 aufgelöst:

$$g_1 = \frac{g^2 \times g^3}{[g^1, g^2, g^3]}. \tag{6.87}$$

Analog ergibt sich:

$$g_2 = \frac{g^3 \times g^1}{[g^1, g^2, g^3]}, \quad g_3 = \frac{g^1 \times g^2}{[g^1, g^2, g^3]}. \tag{6.88}$$

Weiter folgt aus:

$$1 = g_1 g^1 = \frac{(g^2 \times g^3) \cdot (g_2 \times g_3)}{[g^1, g^2, g^3][g_1, g_2, g_3]} = \frac{1}{[\ldots][\ldots]} \tag{6.89}$$

und daraus:

$$[g^1, g^2, g^3][g_1, g_2, g_3] = 1. \tag{6.90}$$

Geometrische Interpretation von (6.90): Das Produkt der Volumen der von den kontravarianten Basisvektoren g^1, g^2, g^3 einerseits und den kovarianten Vektoren g_1, g_2, g_3 andererseits aufgespannten Parallelepipede ist gleich Eins.

Beim kartesischen Koordinatensystem fallen das kovariante und das kontravariante Basissystem zusammen. Es gilt:

$$e_1 = e^1, \quad e_2 = e^2, \quad e_3 = e^3 \quad \text{bzw.} \quad e_i = e^i. \tag{6.91}$$

Die metrischen Koeffizienten

Im vorangegangenen Abschnitt enthalten Beziehungen zwischen der kovarianten und der kontravarianten Basis das unhandliche Vektorprodukt. Sie sind deshalb auf den dreidimensionalen Raum beschränkt.

Von dieser Einschränkung soll jetzt abgegangen werden. Man zerlegt die kontravarianten Basisvektoren $\boldsymbol{g}^k$ über der kovarianten Basis $\boldsymbol{g}_1$, $\boldsymbol{g}_2$, $\boldsymbol{g}_3$:

$$\begin{aligned}
\boldsymbol{g}^1 &= g^{11}\boldsymbol{g}_1 + g^{12}\boldsymbol{g}_2 + g^{13}\boldsymbol{g}_3, \\
\boldsymbol{g}^2 &= g^{21}\boldsymbol{g}_1 + g^{22}\boldsymbol{g}_2 + g^{23}\boldsymbol{g}_3, \\
\boldsymbol{g}^3 &= g^{31}\boldsymbol{g}_1 + g^{32}\boldsymbol{g}_2 + g^{33}\boldsymbol{g}_3
\end{aligned} \tag{6.92}$$

oder in Indexschreibweise dargestellt:

$$\boldsymbol{g}^k = g^{kl}\,\boldsymbol{g}_l. \tag{6.93}$$

Die Koeffizienten g^{kl} werden als *kontravariante metrische Koeffizienten* bezeichnet. Aus der Multiplikation jeder Gleichung von (6.93) mit den Grundvektoren $\boldsymbol{g}^k$ folgt mit (6.84):

$$\begin{aligned}
g^{11} &= \boldsymbol{g}^1 \cdot \boldsymbol{g}^1, & g^{12} &= \boldsymbol{g}^1 \cdot \boldsymbol{g}^2, & g^{13} &= \boldsymbol{g}^1 \cdot \boldsymbol{g}^3, \\
g^{21} &= \boldsymbol{g}^2 \cdot \boldsymbol{g}^1, & g^{22} &= \boldsymbol{g}^2 \cdot \boldsymbol{g}^2, & g^{23} &= \boldsymbol{g}^2 \cdot \boldsymbol{g}^3, \\
g^{31} &= \boldsymbol{g}^3 \cdot \boldsymbol{g}^1, & g^{32} &= \boldsymbol{g}^3 \cdot \boldsymbol{g}^2, & g^{33} &= \boldsymbol{g}^3 \cdot \boldsymbol{g}^3
\end{aligned} \tag{6.94}$$

bzw.:

$$g^{kl} = \boldsymbol{g}^k \cdot \boldsymbol{g}^l. \tag{6.95}$$

Aufgrund der Kommutativität des Skalarproduktes für Vektoren gelten für die metrischen Koeffizienten die Symmetriebedingungen:

$$g^{12} = g^{21}, \quad g^{13} = g^{31}, \quad g^{23} = g^{32}. \tag{6.96}$$

In Indexschreibweise gilt:

$$g^{kl} = g^{lk}. \tag{6.97}$$

Damit verringert sich die Anzahl der unabhängigen metrischen Koeffizienten von neun auf sechs.

Für die Umkehrbeziehung zwischen den kovarianten und den kontravarianten Grundsystemen gelten die Relationen:

$$\begin{aligned}
\boldsymbol{g}_1 &= g_{11}\boldsymbol{g}^1 + g_{12}\boldsymbol{g}^2 + g_{13}\boldsymbol{g}^3, \\
\boldsymbol{g}_2 &= g_{21}\boldsymbol{g}^1 + g_{22}\boldsymbol{g}^2 + g_{23}\boldsymbol{g}^3, \\
\boldsymbol{g}_3 &= g_{31}\boldsymbol{g}^1 + g_{32}\boldsymbol{g}^2 + g_{33}\boldsymbol{g}^3
\end{aligned} \tag{6.98}$$

beziehungsweise:

$$\boldsymbol{g}_k = g_{kl}\,\boldsymbol{g}^l \qquad \text{mit} \qquad g_{kl} = \boldsymbol{g}_k \cdot \boldsymbol{g}_l \tag{6.99}$$

und die Symmetrieeigenschaft:

$$g_{kl} = g_{lk}. \tag{6.100}$$

Setzt man (6.99) in (6.93) ein, so ist:

$$\boldsymbol{g}^k = g^{kl}\,\boldsymbol{g}_l = g^{kl}\,g_{lm}\,\boldsymbol{g}^m$$

und somit:

$$g^{kl}g_{lm} = \delta^k_m. \tag{6.101}$$

Diese Beziehung lautet in Matrixschreibweise:

$$\begin{pmatrix} g^{11} & g^{12} & g^{13} \\ g^{21} & g^{22} & g^{23} \\ g^{31} & g^{32} & g^{33} \end{pmatrix} \begin{pmatrix} g_{11} & g_{12} & g_{13} \\ g_{21} & g_{22} & g_{23} \\ g_{31} & g_{32} & g_{33} \end{pmatrix} = \begin{pmatrix} 1 & 0 & 0 \\ 0 & 1 & 0 \\ 0 & 0 & 1 \end{pmatrix}. \tag{6.102}$$

Die Matrix (g^{ij}) ist also die Inverse zur Matrix (g_{ij}). Man kann danach die kontravarianten Metrikkoeffizienten durch Matrixinversion aus den kovarianten berechnen. Aus (6.93) ergibt sich dann die kontravariante Basis.

Kontravariante und kovariante Koordinaten eines Vektors

Die Zerlegung eines Vektors $\boldsymbol{A}$ über der kovarianten beziehungsweise kontravarianten Basis lautet:

$$\boldsymbol{A} = A^1\,\boldsymbol{g}_1 + A^2\,\boldsymbol{g}_2 + A^3\,\boldsymbol{g}_3 = A^k\,\boldsymbol{g}_k \tag{6.103}$$

beziehungsweise:

$$\boldsymbol{A} = A_1\,\boldsymbol{g}^1 + A_2\,\boldsymbol{g}^2 + A_3\,\boldsymbol{g}^3 = A_k\,\boldsymbol{g}^k. \tag{6.104}$$

Darin bedeuten A^k die *kontravarianten Koordinaten* und A_k die *kovarianten Koordinaten* des Vektors $\boldsymbol{A}$. Mit Hilfe der kontravarianten Basis $\boldsymbol{g}^k$ sind die kontravarianten Koordinaten A^k in einfacher Weise zu bestimmen. Dazu multiplizieren wir den Vektor $\boldsymbol{A}$ skalar mit den entsprechenden kontravarianten Basisvektoren $\boldsymbol{g}^k$:

$$A^1 = \boldsymbol{A}\cdot\boldsymbol{g}^1, \quad A^2 = \boldsymbol{A}\cdot\boldsymbol{g}^2, \quad A^3 = \boldsymbol{A}\cdot\boldsymbol{g}^3 \tag{6.105}$$

oder in Indexschreibweise:

$$A^k = \boldsymbol{A}\cdot\boldsymbol{g}^k. \tag{6.106}$$

Analog berechnen sich die kovarianten Koordinaten des Vektors $\boldsymbol{A}$ zu:

$$A_1 = \boldsymbol{A}\cdot\boldsymbol{g}_1, \quad A_2 = \boldsymbol{A}\cdot\boldsymbol{g}_2, \quad A_3 = \boldsymbol{A}\cdot\boldsymbol{g}_3 \tag{6.107}$$

oder in Indexschreibweise

$$A_k = \boldsymbol{A}\cdot\boldsymbol{g}_k. \tag{6.108}$$

Wir untersuchen jetzt die Frage, welche Beziehungen zwischen den A^k und A_k bestehen. Dazu multipliziert man die Beziehung

$$\boldsymbol{A} = A^k\,\boldsymbol{g}_k = A_k\,\boldsymbol{g}^k \tag{6.109}$$

skalar mit g^l und erhält:

$$A^k\, g_k\, g^l = A_k\, g^k\, g^l \qquad (6.110)$$

und daraus:

$$A^k\, \delta_k^l = A_k\, g^{kl} \qquad (6.111)$$

oder:

$$A^l = A_k\, g^{kl} = g^{kl}\, A_k. \qquad (6.112)$$

Entsprechend ergibt die skalare Multiplikation mit g_l:

$$A_l = g_{kl}\, A^k. \qquad (6.113)$$

Vergleicht man die Beziehungen (6.112) und (6.113) für die Koordinaten mit den Beziehungen (6.93) und (6.99) für die Grundvektoren g^k und g_k, dann stellt man fest: Die A_l entsprechen den kovarianten und die A^l den kontravarianten Grundvektoren. Deshalb werden folgende Bezeichnungen eingeführt:

A_l: kovariante Koordinaten des Vektors A,

A^l: kontravariante Koordinaten des Vektors. A.

Hieraus ergeben sich folgende Rechenregeln:

1. Heraufziehen des Index:
   Durch Multiplikation mit den kontravarianten Metrikkoeffizienten wird ein unterer Index heraufgezogen.
   Beispiel: $A^k = g^{kl}\, A_l$ oder $g^k = g^{kl}\, g_l$. Es wird jeweils der Index von A_l bzw. g_l heraufgezogen und es entsteht A^k bzw g^k.

2. Herunterziehen des Index:
   Durch Multiplikation mit den kovarianten Metrikkoeffizienten wird ein oberer Index heruntergezogen.
   Beispiel: $A_k = g_{kl}\, A^l$ oder $g_k = g_{kl}\, g^l$. Der Index von A^l bzw. g^l wird heruntergezogen.

Analog der Definitionen der Metrikkoeffizienten (6.95) bzw. (6.96) lassen sich auch gemischte Metrikkoeffizienten definieren:

$$g_l^k = g^k \cdot g_l. \qquad (6.114)$$

Nach (6.84) ist:

$$g_l^k = \delta_l^k. \qquad (6.115)$$

Durch Multiplikation mit den gemischten Metrikkoeffizienten (Kronecker-Symbol) wird ein Index ausgetauscht.

Beispiel 4:

$$A^k = \delta_l^k A^l$$

Austauschregel: l wird gegen k ausgetauscht. $\qquad\qquad\qquad\qquad\qquad\qquad$ $\square$

Beispiel 5:

Gegeben sei wieder die kovariante Basis (6.70): $\boldsymbol{g}_1 = \boldsymbol{e}_1$, $\boldsymbol{g}_2 = \boldsymbol{e}_1 + \boldsymbol{e}_2$, $\boldsymbol{g}_3 = \boldsymbol{e}_1 + \boldsymbol{e}_2 + \boldsymbol{e}_3$ und in dieser Basis der Vektor $\boldsymbol{A} = \boldsymbol{g}_1 + 2\boldsymbol{g}_2 + \boldsymbol{g}_3$. Er soll auf die kontravariante Basis $\boldsymbol{g}^k$ umgerechnet werden. Die kontravarianten Koordinaten von $\boldsymbol{A}$ lauten: $A^1 = 1$, $A^2 = 2$, $A^3 = 1$. Die kovarianten Koordinaten A_l berechnen sich aus (6.113). Dazu benötigt man g_{kl}. Die kovarianten Metrikkoeffizienten berechnen sich aus $g_{kl} = \boldsymbol{g}_k \cdot \boldsymbol{g}_l$, also:

$$(g_{kl}) = \begin{pmatrix} 1 & 1 & 1 \\ 1 & 2 & 2 \\ 1 & 2 & 3 \end{pmatrix}.$$

Danach wird:

$$\begin{aligned}
A_1 &= g_{11} A^1 + g_{12} A^2 + g_{13} A^3 = g_{1k} A^k \\
    &= 1 \cdot 1 + 1 \cdot 2 + 1 \cdot 1 = 4, \\
A_2 &= 1 \cdot 1 + 2 \cdot 2 + 2 \cdot 1 = 7, \\
A_3 &= 1 \cdot 1 + 2 \cdot 2 + 3 \cdot 1 = 8.
\end{aligned}$$

$\boldsymbol{A}$ lautet also: $\boldsymbol{A} = 4\boldsymbol{g}^1 + 7\boldsymbol{g}^2 + 8\boldsymbol{g}^3$.

Der Leser möge zur Kontrolle den Weg über die kartesische Basis $\boldsymbol{e}_i$ gehen. Hierzu benötigt man die kontravariante Basis $\boldsymbol{g}^i$, die sich aus den Formeln in (6.82) berechnet. Wegen

$$(\boldsymbol{g}_2, \boldsymbol{g}_2, \boldsymbol{g}_3) = \begin{vmatrix} 1 & 0 & 0 \\ 1 & 1 & 0 \\ 1 & 1 & 1 \end{vmatrix} = 1$$

ist

$$\boldsymbol{g}^1 = \boldsymbol{g}_2 \times \boldsymbol{g}_3 = \begin{vmatrix} \boldsymbol{e}_1 & \boldsymbol{e}_2 & \boldsymbol{e}_3 \\ 1 & 1 & 0 \\ 1 & 1 & 1 \end{vmatrix} = \boldsymbol{e}_1 - \boldsymbol{e}_2,$$

entsprechend

$$\boldsymbol{g}^2 = \boldsymbol{g}_3 \times \boldsymbol{g}^1 = \boldsymbol{e}^2 - \boldsymbol{e}^3 \quad \text{und} \quad \boldsymbol{g}^3 = \boldsymbol{g}^1 \times \boldsymbol{g}^2 = \boldsymbol{e}^3$$

oder in der Basis $\boldsymbol{e}_i$, $i = 1, 2, 3$:

$$\boldsymbol{e}_1 = \boldsymbol{g}^1 + \boldsymbol{g}^2 + \boldsymbol{g}^3, \quad \boldsymbol{e}_2 = \boldsymbol{g}^2 + \boldsymbol{g}^3, \quad \boldsymbol{e}_3 = \boldsymbol{g}^3.$$

Hieraus folgt $A = 4\boldsymbol{e}_1 + 3\boldsymbol{e}_2 + \boldsymbol{e}_3$ und der Leser hat in allen drei Basissystemen die Darstellung des Vektors $\boldsymbol{A}$. $\qquad\qquad\qquad\qquad\qquad\qquad\qquad\qquad$ $\square$

Transformation der Koordinaten bei Basiswechsel

Die Basissysteme $\{g_k\}$ und $\{g^k\}$ werden zum Vektorsystem $G := \{g_k, g^k\}$ zusammengefasst. Zur Bestimmung der Transformation der Koordinaten eines Vektors A beim Übergang eines Vektorsystems G zu einem anderen Vektorsystem $H := \{h_k, h^k\}$ wird der Vektor zunächst formal über den kovarianten Basisvektoren beider Systeme zerlegt:

$$A = A^k\, g_k = \bar{A}^k\, h_k. \qquad (6.116)$$

Kennt man die Transformationsbeziehungen zwischen G und H, dann lassen sich die Transformationsgleichungen zwischen den Koordinaten A^k, $\bar{A}^k$ bestimmen.

Die Zerlegung der kovarianten Basisvektoren h_k ist durch

$$
\begin{aligned}
g_1 &= \bar{a}_1^1\, h_1 + \bar{a}_1^2\, h_2 + \bar{a}_1^3\, h_3, \\
g_2 &= \bar{a}_2^1\, h_1 + \bar{a}_2^2\, h_2 + \bar{a}_2^3\, h_3, \\
g_3 &= \bar{a}_3^1\, h_1 + \bar{a}_3^2\, h_2 + \bar{a}_3^3\, h_3
\end{aligned}
\qquad (6.117)
$$

gegeben bzw. lautet abgekürzt:

$$g_k = \bar{a}_k^l\, h_l. \qquad (6.118)$$

Die umgekehrte Transformationsrichtung wird in der Form

$$
\begin{aligned}
h_1 &= \underline{a}_1^1\, g_1 + \underline{a}_1^2\, g_2 + \underline{a}_1^3\, g_3, \\
h_2 &= \underline{a}_2^1\, g_1 + \underline{a}_2^2\, g_2 + \underline{a}_2^3\, g_3, \\
h_3 &= \underline{a}_3^1\, g_1 + \underline{a}_3^2\, g_2 + \underline{a}_3^3\, g_3
\end{aligned}
\qquad (6.119)
$$

oder

$$h_k = \underline{a}_k^l\, g_l \qquad (6.120)$$

geschrieben, wobei diese $\underline{a}_k^l$ durch die gegebenen $\bar{a}_k^l$ festliegen. Setzt man die h_k aus (6.120) in (6.118) ein, so folgt:

$$g_k = \bar{a}_k^l\, \underline{a}_l^m\, g_m. \qquad (6.121)$$

Skalare Multiplikation mit der zur Basis g_k kontravarianten Basis g^n liefert die Abhängigkeit der $\bar{a}_k^l$ zu den $\underline{a}_l^k$:

$$\delta_k^n = g_k \cdot g^n = \bar{a}_k^l\, \underline{a}_l^m\, g_m\, g^n = \bar{a}_k^l\, \underline{a}_l^m\, \delta_m^n = \bar{a}_k^l\, \underline{a}_l^n. \qquad (6.122)$$

Die $\bar{a}_k^l$ und $\underline{a}_l^k$ sind zueinander inverse Matrizen.

Setzt man umgekehrt die g_k aus (6.118) in (6.120) ein, so entsteht zunächst:

$$h_k = \underline{a}_k^l\, \bar{a}_l^m\, h_m \qquad (6.123)$$

und nach skalarer Multiplikation mit h^n folgt:

$$\delta_k^n = \underline{a}_k^l\, \bar{a}_l^n. \qquad (6.124)$$

Im Allgemeinen ist die Matrix der Transformationskoeffizienten nicht symmetrisch und somit (6.122) und (6.124) nicht identisch.

Um die Transformationsbeziehungen für die kovarianten Koordinaten aufzustellen, geht man von der Transformation für die kontravarianten Basisvektoren $\boldsymbol{g}^k$ aus.

Wir verwenden den Ansatz:

$$\boldsymbol{g}^k = \underline{b}_l^k \, \boldsymbol{h}^l \tag{6.125}$$

und

$$\boldsymbol{h}^k = \bar{b}_l^k \, \boldsymbol{g}^l. \tag{6.126}$$

Wie hängen die b-Koeffizienten mit den a-Koeffizienten zusammen?

Dazu setzt man in $\boldsymbol{g}_i \, \boldsymbol{g}^k = \delta_i^k$ die Darstellungen (6.118) und (6.125) ein (Summationsindex l in m umbenennen!):

$$\bar{a}_i^l \, \boldsymbol{h}_l \, \underline{b}_m^k \, \boldsymbol{h}^m = \bar{a}_i^l \, \underline{b}_m^k \, \boldsymbol{h}_l \, \boldsymbol{h}^m = \bar{a}_i^l \, \underline{b}_m^k \, \delta_l^m = \delta_i^k. \tag{6.127}$$

Also ist:

$$\bar{a}_i^l \, \underline{b}_l^k = \delta_i^k. \tag{6.128}$$

Entsprechend ergibt sich aus $\boldsymbol{h}_i \, \boldsymbol{h}^k = \delta_i^k$:

$$\underline{a}_i^l \, \bar{b}_l^k = \delta_i^k. \tag{6.129}$$

Der Vergleich von (6.128) mit (6.122) liefert (Indextausch $i = k$ und $k = n$):

$$\bar{a}_k^l \, \underline{b}_l^n = \bar{a}_k^l \, \underline{a}_l^n \tag{6.130}$$

und hieraus:

$$\underline{b}_l^n = \underline{a}_l^n. \tag{6.131}$$

Analog vergleicht man (6.129) mit (6.124) und erhält:

$$\bar{b}_l^n = \bar{a}_l^n. \tag{6.132}$$

Somit ergeben sich die Transformationsgesetze:

$$\begin{aligned}
\boldsymbol{g}_k &= \bar{a}_k^n \, \boldsymbol{h}_n, & \boldsymbol{h}_k &= \underline{a}_k^n \, \boldsymbol{g}_n, \\
\boldsymbol{g}^k &= \underline{a}_n^k \, \boldsymbol{h}^n, & \boldsymbol{h}^k &= \bar{a}_n^k \, \boldsymbol{g}^n.
\end{aligned} \tag{6.133}$$

Nun wird das Transformationsgesetz für den Vektor $\boldsymbol{A}$ hergeleitet. Er sei einerseits in der kovarianten Basis $\boldsymbol{g}_i$ und der kontravarianten Basis $\boldsymbol{g}^i$ gegeben, andererseits in den transformierten Basen $\boldsymbol{h}_i$ und $\boldsymbol{h}^i$. Es gilt also:

$$\boldsymbol{A} = A^k \, \boldsymbol{g}_k = A_k \, \boldsymbol{g}^k = \bar{A}^k \, \boldsymbol{h}_k = \bar{A}_k \, \boldsymbol{h}^k. \tag{6.134}$$

In die Beziehung $\bar{A}^k \, \boldsymbol{h}_k = A^k \, \boldsymbol{g}_k$ wird die Basis $\boldsymbol{h}_k$ aus (6.133) eingesetzt, so dass

$$\bar{A}^k \, \underline{a}_k^n \boldsymbol{g}_n = A^k \, \boldsymbol{g}_k = A^n \, \boldsymbol{g}_n$$

folgt. Daraus ergibt sich:

$$A^n = \underline{a}_k^n \bar{A}^k \tag{6.135}$$

und analog:

$$A_n = \bar{a}_n^k \bar{A}_k, \qquad \bar{A}^n = \bar{a}_k^n A^k, \qquad \bar{A}_n = \underline{a}_n^k A_k. \tag{6.136}$$

Schlussfolgerung: Koordinaten eines Vektors transformieren sich wie die Basis, nämlich

- kovariante Koordinaten wie die kovariante Basis,

- kontravariante Koordinaten wie die kontravariante Basis.

Gleiches Transformationsverhalten heißt auch *kogredient*, entgegengesetztes Transformationsverhalten wird *kontragredient* genannt.

Die Rechenregeln (6.135) und (6.136) drücken das Transformationsgesetz für die Koordinaten eines Tensors 1. Stufe aus:

Transformiert sich einerseits eine einfache kontravariant indizierte Größe A^n nach dem Gesetz:

$$\bar{A}^n = \bar{a}_k^n A^k, \qquad A^n = \underline{a}_k^n \bar{A}^k, \tag{6.137}$$

so liegt ein *kontravarianter Tensor 1. Stufe* vor. Die A^n sind seine kontravarianten Koordinaten.

Transformiert sich andererseits eine einfach kovariant indizierte Größe A_n nach dem Gesetz:

$$\bar{A}_n = \underline{a}_n^k A_k, \qquad A_n = \bar{a}_n^k \bar{A}_k, \tag{6.138}$$

so liegt ein *kovarianter Tensor 1. Stufe* vor. Die A_n sind seine kovarianten Koordinaten. Dies stellt eine Erweiterung des Begriffes Vektor dar.

Im nachfolgenden Beispiel wird gezeigt, wie aus gegebenem Basissystem $\{g_i\}$ und der Transformationsmatrix $(\underline{a}_k^l)$ die kontravariante Basis $\{h^k\}$ und die Transformationsmatrix $(\bar{a}_k^n)$ berechnet werden können.

Beispiel 6:
Verwendet wird wieder das Basissystem:

$$g_1 = e_1, \qquad g_2 = e_1 + e_2, \qquad g_3 = e_1 + e_2 + e_3$$

und die Transformationsmatrix sei

$$(\underline{a}_k^n) = \begin{pmatrix} 1 & -1 & -1 \\ 1 & 0 & 0 \\ 1 & 0 & -1 \end{pmatrix}.$$

Für die kovariante Basis h_k gilt nach (6.133):

$$h_k = \underline{a}_k^n g_n$$

oder:

$$\begin{array}{ccccccccc}
h_1 & = & g_1 & -g_2 & -g_3 & = & -e_1 & -2e_2 & -e_3 \\
h_2 & = & g_1 & & & = & e_1 & & \\
h_3 & = & g_1 & & -g_3 & = & & -e_2 & -e_3
\end{array}$$

Für die kovarianten Metrikkoeffizienten ergibt sich:

$$(h_i \, h_k) = (\bar{g}_{ik}) = \begin{pmatrix} 6 & -1 & 3 \\ -1 & 1 & 0 \\ 3 & 0 & 2 \end{pmatrix}.$$

Die inverse Matrix von $(\underline{a}_k^n)$ ist zu bestimmen. Dies kann auch getan werden, indem man die g_i durch die h_i ausdrückt:

$$\begin{array}{ccccc}
g_1 & = & & h_2 & \\
g_2 & = & -h_1 & & h_3 \\
g_3 & = & & h_2 & -h_3.
\end{array}$$

Hieraus folgt:

$$(\bar{a}_k^n) = \begin{pmatrix} 0 & 1 & 0 \\ -1 & 0 & 1 \\ 0 & 1 & -1 \end{pmatrix}.$$

Nach (6.124) muss $\underline{a}_k^l \, \bar{a}_l^n = \delta_k^n$ gelten, was man einfach durch Matrizenmultiplikation nachrechnet. Für die kontravariante Basis h^k gilt nach (6.133): $h^k = \bar{a}_n^k \, g^n$. Dabei wird über den unteren Index in $(\bar{a}_n^k)$ summiert. Für die Berechnung mittels Matrizenmultiplikation muss $(\bar{a}_n^k)$ transponiert werden:

$$\begin{pmatrix} h^1 \\ h^2 \\ h^3 \end{pmatrix} = \begin{pmatrix} 0 & -1 & 0 \\ 1 & 0 & 1 \\ 0 & 1 & -1 \end{pmatrix} \begin{pmatrix} g^1 \\ g^2 \\ g^3 \end{pmatrix}.$$

Man erhält:

$$\begin{array}{ccccccccc}
h^1 & = & & -g^2 & & = & & -e_2 & +e_3\,, \\
h^2 & = & g^1 & & g^3 & = & e_1 & -e_2 & +e_3\,, \\
h^3 & = & & g^2 & -g^3 & = & & e_2 & -2e_3
\end{array}$$

(wenn die g^i gemäß Beispiel in Abschnitt 6.2.1 durch die e_i ausgedrückt werden). Hieraus folgen die kontravarianten Metrikkoeffizienten:

$$(\bar{g}^{ik}) = \begin{pmatrix} 2 & 2 & -3 \\ 2 & 3 & -3 \\ -3 & -3 & 5 \end{pmatrix}.$$

Als Kontrollrechnung kann man

$$\bar{g}_{ik} \cdot \bar{g}^{km} = \delta_i^m$$

gemäß (6.101) ausführen. Es ergibt sich tatsächlich:

$$\begin{pmatrix} 6 & -1 & 3 \\ -1 & 1 & 0 \\ 3 & 0 & +2 \end{pmatrix} \begin{pmatrix} 2 & 2 & -3 \\ 2 & 3 & -3 \\ -3 & -3 & 5 \end{pmatrix} = \mathbf{E}.$$

Dem Leser sei nun empfohlen, die kovarianten sowie die kontravarianten Koordinaten von $A = e_1 + 2e_2 + e_3$ zu berechnen, wenn vom Basissystem (g_k) zu (h_k) übergegangen wird. $\hspace{12cm}\square$

Skalar- und Vektorprodukt

In diesem Abschnitt werden Formeln für das Skalar- und Vektorprodukt zweier Vektoren bezüglich ko- und kontravarianter Basissysteme abgeleitet.

Für das skalare Produkt zweier Vektoren A und B gilt:

$$S = A \cdot B \tag{6.139}$$

oder in kontra- bzw. kovarianter Darstellung:

$$S = A^k \, g_k \cdot B^l \, g_l = A^k \, g_k \cdot B_l \, g^l = A_k \, g^k \cdot B^l \, g_l = A_k \, g^k \cdot B_l \, g^l. \tag{6.140}$$

Es folgt:

$$S = A^k \, B^l \, g_k \, g_l = A^k \, B_l \, g_k \, g^l = A_k \, B^l \, g^k \, g_l = A_k \, B_l \, g^k \, g^l.$$

Unter Benutzung der metrischen Koeffizienten (6.95), (6.96) und der gemischten Metrikkoeffizienten ergibt sich für S:

$$S = A^k \, B^l \, g_{kl} = A^k \, B_l \, g_k^l = A_k \, B^l \, g_l^k = A_k \, B_l \, g^{kl}. \tag{6.141}$$

Wegen $g_k^l = \delta_k^l$ ergeben sich in (6.141) für die beiden inneren Ausdrücke die einfache Gestalt

$$: S = A^k \, B_k = A_k \, B^k, \tag{6.142}$$

wenn ein Vektor über der kovarianten und der andere Vektor über der kontravarianten Basis zerlegt wird. In beiden anderen Fällen treten im Skalarprodukt die kovarianten und kontravarianten Metrikkoeffizienten auf.

Das Vektorprodukt kann mit den Koordinaten über den Basissystemen $G = \{g_k, g^k\}$ ausgerechnet werden.

Zuvor muss gezeigt werden, welche Vektorprodukte die Grundvektoren g_k und g^l ergeben. Da sie für die Beziehung $g_k \cdot g^l = \delta_k^l$ gilt, steht der Vektor g^1 senkrecht auf g_2 und g_3. Er muss also die Richtung des Vektorproduktes $g_2 \times g_3$ haben.

Gemäß der Vorgehensweise in Abschnitt 6.2.1 führt der Ansatz $\alpha g^1 = g_2 \times g_3$ zu $\alpha = (g_1, g_2, g_3)$ (Spatprodukt) auf den Ausdruck:

$$(g_1, g_2, g_3) \, g^k = g_l \times g_m \qquad (klm) \overset{zykl.}{=} (123) \tag{6.143}$$

(vgl. (6.83)) beziehungsweise zu:

$$(g^1, g^2, g^3) \, g_k = g^l \times g^m \qquad (klm) \overset{zykl.}{=} (123)$$

(vgl. (6.87), (6.88)).

Multipliziert man einen kovarianten Basisvektor $\boldsymbol{g}_k$ vektoriell mit einem kontravarianten Basisvektor $\boldsymbol{g}^l$, so gilt bei Verwendung der metrischen Koeffizienten:

$$\boldsymbol{g}_k \times \boldsymbol{g}^l = \boldsymbol{g}_k \times \boldsymbol{g}_m\, g^{ml} = g_{km}\, \boldsymbol{g}^m \times \boldsymbol{g}^l.$$

Es seien nun $\boldsymbol{A} = A^k\, \boldsymbol{g}_k$ und $\boldsymbol{B} = B^l\, \boldsymbol{g}_l$ gegeben. Dann liefert das Vektorprodukt $\boldsymbol{A} \times \boldsymbol{B}$ die Beziehung:

$$\boldsymbol{A} \times \boldsymbol{B} = A^k B^l\, (\boldsymbol{g}_k \times \boldsymbol{g}_l) \tag{6.144}$$

oder ausführlich:

$$\boldsymbol{A} \times \boldsymbol{B} = \begin{array}{lll} A^1 B^2\,(\boldsymbol{g}_1 \times \boldsymbol{g}_2) & +A^1 B^3\,(\boldsymbol{g}_1 \times \boldsymbol{g}_3) & +A^2 B^1\,(\boldsymbol{g}_2 \times \boldsymbol{g}_1) \\ +A^2 B^3\,(\boldsymbol{g}_2 \times \boldsymbol{g}_3) & +A^3 B^1\,(\boldsymbol{g}_3 \times \boldsymbol{g}_1) & +A^3 B^2\,(\boldsymbol{g}_3 \times \boldsymbol{g}_2). \end{array} \tag{6.145}$$

Wegen der Schiefsymmetrie (Antisymmetrie) geht das Vektorprodukt (6.145) über in:

$$\boldsymbol{A} \times \boldsymbol{B} = \begin{array}{l} (A^1 B^2 - A^2 B^1)(\boldsymbol{g}_1 \times \boldsymbol{g}_2) \\ +(A^2 B^3 - A^3 B^2)(\boldsymbol{g}_2 \times \boldsymbol{g}_3) \\ +(A^3 B^1 - A^1 B^3)(\boldsymbol{g}_3 \times \boldsymbol{g}_1). \end{array} \tag{6.146}$$

Unter Verwendung der Beziehung (6.143) folgt für (6.146):

$$\boldsymbol{A} \times \boldsymbol{B} = (\boldsymbol{g}_1, \boldsymbol{g}_2, \boldsymbol{g}_3) \left[\begin{array}{l} (A^2 B^3 - A^3 B^2)\,\boldsymbol{g}^1 \\ +(A^3 B^1 - A^1 B^3)\,\boldsymbol{g}^2 \\ +(A^1 B^2 - A^2 B^1)\,\boldsymbol{g}^3 \end{array} \right]. \tag{6.147}$$

Mit $\boldsymbol{C} := \boldsymbol{A} \times \boldsymbol{B} = C_k\, \boldsymbol{g}^k$ liest man aus Gleichung (6.147) für die C_k ab:

$$C_k = (\boldsymbol{g}_1, \boldsymbol{g}_2, \boldsymbol{g}_3)\,(A^l B^m - A^m B^l) \qquad (klm) \overset{zykl.}{=} (123). \tag{6.148}$$

Werden die Vektoren $\boldsymbol{A}$ und $\boldsymbol{B}$ über der kontravarianten Basis zerlegt, dann erscheint bei analogem Vorgehen das Vektorprodukt in kovarianter Darstellung mit den kontravarianten Koordinaten C^k:

$$C^k = (\boldsymbol{g}^1, \boldsymbol{g}^2, \boldsymbol{g}^3)\,(A_l B_m - A_m B_l) \qquad (klm) \overset{zykl.}{=} (123). \tag{6.149}$$

Für die Zerlegung eines Vektors nach der kovarianten Basis und des anderen Vektors nach der kontravarianten Basis führt das Vektorprodukt zu den Formen:

$$C_k = (\boldsymbol{g}_1, \boldsymbol{g}_2, \boldsymbol{g}_3)\,(A^l B_m\, g^{mn} - A^n B_m\, g^{ml}) \qquad (kln) \overset{zykl.}{=} (123), \tag{6.150}$$

$$C^k = (\boldsymbol{g}^1, \boldsymbol{g}^2, \boldsymbol{g}^3)\,(A^m g_{ml} B_n - A^m g_{mn} B_l) \qquad (kln) \overset{zykl.}{=} (123). \tag{6.151}$$

Die gemischten Darstellungen können erzeugt werden, indem die B^m bzw. A_l mit den metrischen Koeffizienten transformiert werden. Dem Leser wird als Übung empfohlen, das Produkt

$$\boldsymbol{A} \times \boldsymbol{B} = A^k B_l\, (\boldsymbol{g}_k \times \boldsymbol{g}^l)$$

zu berechnen. Analoge Berechnungen können für das Spatprodukt angestellt werden.

Orthogonale Basissysteme

Die bisher hergeleiteten Ergebnisse gelten für beliebige Basissysteme. In der Elektrotechnik, insbesondere in der Elektromagnetik, wird meistens mit speziellen Basissystemen, den orthogonalen Basissystemen, gearbeitet, weil sich dadurch erhebliche Vereinfachungen ergeben.

Es war gezeigt worden, dass die Vektoren der Basissysteme paarweise senkrecht aufeinander stehen und somit die Beziehungen:

$$\boldsymbol{g}_k \cdot \boldsymbol{g}_l = 0 \quad \text{für} \quad k \neq l, \qquad \boldsymbol{g}_k \cdot \boldsymbol{g}_l \neq 0 \quad \text{für} \quad k = l \tag{6.152}$$

beziehungsweise:

$$\boldsymbol{g}^k \cdot \boldsymbol{g}^l = 0 \quad \text{für} \quad k \neq l, \qquad \boldsymbol{g}^k \cdot \boldsymbol{g}^l \neq 0 \quad \text{für} \quad k = l \tag{6.153}$$

gelten. Für die aus den Metrikkoeffizienten aufgebauten Matrizen ergeben sich die Darstellungen:

$$(g_{kl}) = \begin{pmatrix} g_{11} & 0 & 0 \\ 0 & g_{22} & 0 \\ 0 & 0 & g_{33} \end{pmatrix} \quad \text{bzw.} \quad (g^{kl}) = \begin{pmatrix} g^{11} & 0 & 0 \\ 0 & g^{22} & 0 \\ 0 & 0 & g^{33} \end{pmatrix}. \tag{6.154}$$

Die hier enthaltenen Metrikkoeffizienten genügen der Bedingung:

$$g_{kk}\, g^{kk} = 1, \qquad k = 1, 2, 3. \tag{6.155}$$

Für das Herauf- und Herunterziehen von Indizes gilt jetzt:

$$A^k = g^{(kk)} A_k \quad \text{bzw.} \quad A_k = g_{(kk)} A^k \tag{6.156}$$

bzw. für Operationen mit den Basisvektoren:

$$\boldsymbol{g}^k = g^{(kk)}\, \boldsymbol{g}_k, \quad \boldsymbol{g}_k = g_{(kk)}\, \boldsymbol{g}^k. \tag{6.157}$$

Die Klammern an den doppelten Indizes zeigen an, dass keine Summation ausgeführt wird.

Aus (6.157) folgt: Einander entsprechende Basisvektoren des kovarianten und des kontravarianten Grundsystems zeigen stets in dieselbe Richtung.

6.2.2 Tensoren höherer Stufe

Tensoren zweiter und p-ter Stufe

Ab jetzt wird zur Kennzeichnung der Basissysteme die Bezeichnung $\{\boldsymbol{g}_i\}$ und $\{\boldsymbol{g}_{i'}\}$ gewählt. Die $\boldsymbol{g}_{i'}$ entsprechen jetzt den $\boldsymbol{g}^i$, statt der Koordinatentransformation $(\bar{a}_i^k)$ wird $(A_k^{k'})$ verwendet.

Die kovarianten $\{g_i\}$ und kontravarianten $\{g_{i'}\}$ sind (willkürlich) vorgegebene Basen im dreidimensionalen (bzw. n-dimensionalen) Vektorraum. Die folgenden Transformationsgesetze für Tensoren lassen sich mit dieser Schreibweise besser darstellen.

Sei nun jedem geordneten Paar von Vektoren A und B eine reelle Zahl zugeordnet. Diese Abbildung werde durch ein reellwertiges *bilineares Funktional* φ als:

$$(A, B) \quad \mapsto \quad \varphi(A, B) \in \mathbb{R}$$

realisiert. Die Abbildung φ heißt bilinear, falls sie in jedem Argument linear ist, d. h., es gilt mit $\alpha, \beta \in \mathbb{R}$:

$$\varphi(A_1 + A_2, B) = \varphi(A_1, B) + \varphi(A_2, B), \quad \varphi(\alpha A, B) = \alpha \varphi(A, B) \quad (6.158)$$

$$\varphi(A, B_1 + B_2) = \varphi(A, B_1) + \varphi(A, B_2), \quad \varphi(A, \beta B) = \beta \varphi(A, B). \quad (6.159)$$

Unter Benutzung des Basissystems $\{g_i\}$ entsteht:

$$\varphi(A, B) = \varphi(A^i g_i, B^j g_j) = A^i B^j \varphi(g_i, g_j) = A^i B^j \varphi_{ij} \quad (6.160)$$

mit $\varphi_{ij} := \varphi(g_i, g_j)$. (In der Literatur ist auch die Schreibweise $g_i g_j \equiv \varphi(g_i, g_j)$ gebräuchlich.) Andererseits gilt unter Benutzung des Basissystems $\{g_{i'}\}$ und der Transformationsgleichung $g_{i'} = A_{i'}^i g_i$ mit $\det(A_{i'}^i) \neq 0$:

$$\varphi(A, B) = \varphi(A^{i'} g_{i'}, A^{j'} g_{j'}) = A^{i'} A^{j'} \varphi(g_{i'}, g_{j'}) = A^{i'} A^{j'} \varphi_{i'j'} \quad (6.161)$$

mit $\varphi_{i'j'} := \varphi(g_{i'}, g_{j'})$. Analog gilt auch hier $g_{i'} g_{j'} \equiv \varphi(g_{i'}, g_{j'})$. Nun folgt:

$$\varphi_{i'j'} = \varphi(A_{i'}^i g_i, A_{j'}^j g_j) = A_{i'}^i A_{j'}^j \varphi_{ij}. \quad (6.162)$$

Gleichung (6.162) besagt: Ein bilineares Funktional definiert in jedem Koordinatensystem 3^2 Zahlen (im n-dimensionalen Vektorraum n^2 Zahlen) mit dem Transformationsgesetz (6.162).

Umgekehrt definiert jedes System von 3^2 Zahlen (im n-dimensionalen Vektorraum n^2 Zahlen) ein bilineares Funktional.

Die 3^2 (bzw. n^2) Zahlen φ_{ij} mit dem Transformationsverhalten (6.162) heißen Koordinaten eines kovarianten Tensors zweiter Stufe im Basissystem $\{g_i\}$.

Eine Erweiterung des Begriffes des *Tensors 2. Stufe* kann mit einem linearen Funktional in p Argumenten (p-lineares Funktional)

$$\varphi(A_1, \ldots, A_p) = \varphi(A_1^{i_1} g_{i_1}, \ldots, A_p^{i_p} g_{i_p}) = A_1^{i_1} \cdot \ldots \cdot A_p^{i_p}) \varphi_{i_1 \ldots i_p}$$

mit $\varphi_{i_1 \ldots i_p} := \varphi(g_{i_1}, \ldots, g_{i_p})$ vollzogen werden. Entsprechend (6.162) folgt nun:

$$\varphi_{i_1' \ldots i_p'} = \varphi(g_{i_1'}, \ldots, g_{i_p'}) = \varphi(A_{i_1'}^{i_1} g_{i_1}, \ldots, A_{i_p'}^{i_p} g_{i_p}) = A_{i_1'}^{i_1} \cdot \ldots \cdot A_{i_p'}^{i_p} \varphi_{i_1 \ldots i_p}. \quad (6.163)$$

Die 3^p Zahlen $\varphi_{j_1 \ldots j_p}$ (bzw. n^p Zahlen im n-dimensionalen Vektorraum) mit dem Transformationsgesetz (6.163) heißen Koordinaten eines kovarianten Tensors der Stufe p.

Mit Hilfe der inversen Transformationsgrößen $A_i^{i'}$ ergibt sich eine analoge Darstellung und

Definition 6.3 *Die 3^q (bzw. n^q) Zahlen $T^{i_1 i_2 \cdots i_q}$, die bei einer Transformation des Basissystems $\{g_{i'}\}$ in $\{g_i\}$ ($g_i = A_i^{i'} g_{i'}$ mit $A_i^{i'}$ so gewählt, dass $A_i^{i'} A_{j'}^i = \delta_{j'}^{i'}$) sich gemäß*

$$T^{i_1' \cdots i_q'} = A_{i_1}^{i_1'} \cdot \ldots \cdot A_{i_q}^{i_q'} \, T^{i_1 \cdots i_q} \tag{6.164}$$

transformieren, heißen Koordinaten eines kontravarianten Tensors der Stufe q.

Für den Sonderfall $q = 1$ ergibt sich mit $T^{i'} = A^{i'}$ das Ergebnis $A^{i'} = A_i^{i'} A^i$. Das heißt: Vektorkoordinaten transformieren sich wie Koordinaten eines einstufigen kontravarianten Tensors. Umgekehrt definieren die Koordinaten eines einstufigen kontravarianten Tensors einen Vektor.

Es wird nun eine lineare Abbildung betrachtet, die einen n-dimensionalen Vektorraum V^n in sich abbildet:

$$V^n \ni x \quad \mapsto \quad \Phi(x) = y \in V^n.$$

Die Linearität von Φ wird durch die beiden Bedingungen:

$$\Phi(x_1 + x_2) = \Phi(x_1) + \Phi(x_2) \quad \text{und} \quad \Phi(\alpha \, x) = \alpha \, \Phi(x), \quad \alpha \in \mathbb{R}$$

ausgedrückt. Betrachtungen im Basissystem $\{g_i\}$ führen zu:

$$y = y^i g_i = \Phi(x) = \Phi(x^j g_j) = x^j \, \Phi(g_j) = x^j \, \varphi_j^i \, g_i \, .$$

Hieraus folgt:

$$y^i = \varphi_j^i \, x^j \, .$$

Eine entsprechende Rechnung im Basissystem $\{g_{i'}\}$ liefert:

$$y^{i'} = \varphi_{j'}^{i'} \, x^{j'}$$

und

$$g_{i'} \, \varphi_{j'}^{i'} \equiv \Phi(g_{j'}) = \Phi(A_{j'}^j \, g_j) = A_{j'}^j \, \Phi(g_j) = A_{j'}^j \, \varphi_j^i \, g_i$$

und weiter:

$$g_{i'} \, \varphi_{j'}^{i'} = A_{j'}^j \, \varphi_j^i \, A_i^{i'} \, g_{i'} \, .$$

Dies führt zu Gleichungen der Form:

$$\varphi_{j'}^{i'} = A_i^{i'} A_{j'}^j \, \varphi_j^i. \tag{6.165}$$

In (6.165) heißen die n^2 Zahlen φ_j^i ($n \in \mathbf{N}$), die dem Transformationsgesetz (6.165) genügen, Koordinaten eines einfach kontravarianten Tensors. (Bei einem festen Koordinatensystem sind die Φ den φ_j^i eineindeutig zugeordnet.)

Einen Sonderfall nimmt der identische Operator ein. Für ihn gilt $y = \Phi(x) = x$ für alle $x \in V^n$. Daraus folgt: $y^i = x^i = \delta_j^i x^j$ für jedes feste Koordinatensystem. Das heißt, es gilt $\varphi_j^i = \delta_j^i$ in jedem Koordinatensystem.

Der identische Operator definiert den „Einheitstensor", dessen Koordinaten in jedem Koordinatensystem die Werte δ_j^i haben, da:

$$A_i^{i'} A_{j'}^j \, \delta_j^i = A_i^{i'} A_{j'}^i = \delta_{j'}^{i'}.$$

Diese Überlegungen führen zur allgemeinen Definition eines Tensors:

Definition 6.4 *Sind in jedem Koordinatensystem* n^{k+l} *Zahlen* $T^{i_1 \ldots i_l}_{j_1 \ldots j_k}$ *gegeben, die sich beim Übergang von einem Koordinatensystem zu einem anderen* $(g_{i'} = A^i_{i'}\, g_i)$ *nach dem Gesetz*

$$T^{i'_1 \ldots i'_l}_{j'_1 \ldots j'_k} = A^{i'_1}_{i_1} \ldots A^{i'_l}_{i_l} A^{j_1}_{j'_1} \ldots A^{j_k}_{j'_k} T^{i_1 \ldots i_l}_{j_1 \ldots j_k} \tag{6.166}$$

transformieren, so heißt die Gesamtheit dieser Zahlen Tensor der Stufe (k, l). *Die Zahlen* $T^{\cdots}_{\cdots}$ *heißen seine* Koordinaten im Koordinatensystem.

Für die Indizierung eines Tensors der Stufe (k, l) sind folgende Sprechweisen eingeführt worden. Die Stufenbezeichnung lautet: k-fach kovariant, l-fach kontravariant. Ein Tensor der Stufe $(0, 0)$, d. h., $n^{k+l} = 1$, besitzt nur eine Koordinate und hat in jedem Koordinatensystem den gleichen Zahlenwert - Skalar. Tensoren der Stufe $(1, 0)$ bzw. $(0, 1)$ werden gelegentlich als kovariante bzw. kontravariante Vektoren bezeichnet. Im Allgemeinen hängt jede Koordinate des Tensors im neuen Koordinatensystem von allen Koordinaten im alten Koordinatensystem ab. Verschwinden die Koordinaten eines Tensors in einem Koordinatensystem, so verschwinden sie in allen Koordinatensystemen. Solche Tensoren heißen Nulltensoren (der Stufe (k, l)).

Ein Tensor vorgeschriebener Stufe lässt sich stets konstruieren, indem in einem Koordinatensystem die Koordinatenwerte willkürlich vorgegeben werden. Das tensorielle Transformationsgesetz legt dann die Koordinatenwerte in jedem anderen Koordinatensystem eindeutig fest.

Am Ende dieses Abschnittes soll noch eine andere Einführung eines Tensors 2. Stufe (analog p-ter Stufe) erläutert werden. Für zwei Vektoren $\boldsymbol{A}$ und $\boldsymbol{B}$ soll ein neues Produkt eingeführt werden. Dazu wird die Schreibweise

$$T := \boldsymbol{AB}$$

vereinbart. Dieses Produkt kann nach den distributiven Gesetzen

$$\boldsymbol{A}\,(\boldsymbol{B} + \boldsymbol{C}) = \boldsymbol{AB} + \boldsymbol{AC} \quad \text{bzw.} \quad (\boldsymbol{A} + \boldsymbol{B})\,\boldsymbol{C} = \boldsymbol{AC} + \boldsymbol{BC}$$

und deren Assoziativgesetz

$$(\alpha\,\boldsymbol{A})\,\boldsymbol{B} = \boldsymbol{A}\,(\alpha\,\boldsymbol{B}) = \alpha\,(\boldsymbol{AB}), \qquad \alpha \text{ reelle Zahl}$$

umgeformt werden. Wenn das Produkt $\boldsymbol{AB}$ als lineares Funktional $\varphi(\boldsymbol{A}, \boldsymbol{B}) := \boldsymbol{AB}$ interpretiert wird, dann entsprechen die angeführten Rechengesetze genau denen, die zu Beginn dieses Kapitels eingeführt wurden.

Damit ist es möglich, die Größe T auf die Basis $\{g_i\}$ zurückzurechnen. Konsequente Ausnutzung der Rechengesetze (siehe Rechnungen zu Beginn dieses Kapitels) führt zu:

$$T = \boldsymbol{AB} = (x^i\, \boldsymbol{g}_i)\,(y^j\, \boldsymbol{g}_j) = x^i\, y^j\, \boldsymbol{g}_i\, \boldsymbol{g}_j, \tag{6.167}$$

wobei $\boldsymbol{A} = x^i\, \boldsymbol{g}_i$, $\boldsymbol{B} = y^i\, \boldsymbol{g}_j$ angesetzt ist.

Die Produkte $\varphi_{ij} := \boldsymbol{g}_i\, \boldsymbol{g}_j$ kann man als Basis für das Produkt T auffassen. Diese Basis besteht jetzt aus 9 Zahlen. Je nachdem, ob die Vektoren $\boldsymbol{A}$ und $\boldsymbol{B}$ mittels kovarianter oder kontravarianter Basis zerlegt werden, gibt es vier Möglichkeiten, um für T eine Basis zu erklären:

$\varphi_{ij} = \boldsymbol{g}_i\,\boldsymbol{g}_j$ - kovariante Basis,

$\varphi_i^j = \boldsymbol{g}_i\,\boldsymbol{g}^j$, $\varphi_j^i = \boldsymbol{g}^i\,\boldsymbol{g}_j$ - gemischte Basen, jeweils einfach ko- und kontravariant,

$\varphi^{ij} = \boldsymbol{g}^i\,\boldsymbol{g}^j$ - kontravariante Basis.

Unter den getroffenen Voraussetzungen heißt das Produkt $T = \boldsymbol{AB}$ tensorielles Produkt zweier Vektoren. Es befindet sich in einem 9-dimensionalen Raum, den man auch „Tensorraum 2. Stufe" nennt. Jedes Element im Tensorraum 2. Stufe heißt Tensor 2. Stufe. Legt man die kovariante Basis $\varphi_{ij} = \boldsymbol{g}_i\,\boldsymbol{g}_j$ zugrunde, so hat ein Element T die Form:

$$T = T^{(2)} = T^{ij}\,\boldsymbol{g}_i\,\boldsymbol{g}_j\,.$$

Hierbei müssen die T^{ij} nicht aus Produkten $x^i y^j$ entstanden sein. Gemäß der vier verschiedenen Basen φ_{ij}, φ_i^j, φ_j^i, φ^{ij} folgen vier Darstellungsarten für einen Tensor 2. Stufe:

$$T = T^{ij}\,\boldsymbol{g}_i\,\boldsymbol{g}_j = T_j^i\,\boldsymbol{g}_i\,\boldsymbol{g}^j = T_i^j\,\boldsymbol{g}^i\,\boldsymbol{g}_j = T_{ij}\,\boldsymbol{g}^i\,\boldsymbol{g}^j\,.$$

Um die Transformationsgesetze für einen Tensor 2. Stufe herzuleiten, geht man von

$$T = T^{k'l'}\,\boldsymbol{g}_{k'}\,\boldsymbol{g}_{l'} = T^{ij}\,\boldsymbol{g}_i\,\boldsymbol{g}_j$$

aus. Mit $\boldsymbol{g}_{k'} = A_{k'}^i\,\boldsymbol{g}_i$ und $\boldsymbol{g}_{l'} = A_{l'}^j\,\boldsymbol{g}_j$ ergibt sich:

$$T^{k'l'}\,A_{k'}^i\,A_{l'}^j\,\boldsymbol{g}_i\,\boldsymbol{g}_j = T^{ij}\,\boldsymbol{g}_i\,\boldsymbol{g}_j$$

und daraus das Transformationsgesetz:

$$T^{ij} = A_{k'}^i\,A_{l'}^j\,T^{k'l'}\,.$$

Analog erhält man mit $\boldsymbol{g}_i = A_i^{i'}\,\boldsymbol{g}_{i'}$ und $\boldsymbol{g}_j = A_j^{j'}\,\boldsymbol{g}_{j'}$ das Transformationsgesetz:

$$T^{k'l'} = A_i^{k'}\,A_j^{l'}\,T^{ij}\,.$$

Die Koordinaten T^{ij} transformieren sich wie die kontravarianten Tensoren 1. Stufe. Deshalb bezeichnet man die t^{ij} als kontravariante Koordinaten des Tensors T. Entsprechende Transformationsregeln kann man für die gemischt kontravariant-kovarianten T_j^i bzw. T_i^j und die kovariante Koordinate t_{ij} des Tensors T herleiten, ebenso für Tensoren p-ter Stufe $T = T^{(p)}$. In der Tensorrechnung bedient man sich meistens nur der Koordinatenschreibweise, in der der Tensor allein durch sein Transformationsverhalten erklärt wird. Hier sind die Tensoren mit den zugrundegelegten Basissystemen eingeführt, die für gewisse Darstellungen zweckmäßig sind.

Rechenoperationen für Tensoren

In der Menge aller Tensoren wird die Gleichheit von Tensoren definiert, sowie eine Reihe von Rechenoperationen, also von Regeln, nach denen aus gegebenen Tensoren neue erzeugt werden können. Diese Rechenoperationen werden mit den Tensorkoordinaten ausgeführt. Es sind invariante Operationen, die unabhängig davon sind, in welchem Koordinatensystem gerechnet wird. Das heißt, dass der aus gegebenen Tensoren gebildete neue Tensor unabhängig davon ist, in welchem Koordinatensystem die Rechnungen mit den Tensorkoordinaten ausgeführt werden.

Gleichheit: Zwei Tensoren heißen einander *gleich*, wenn ihre Koordinaten (in jedem Koordinatensystem) paarweise gleich sind. Daraus kann man schlussfolgern, dass zwei Tensoren genau dann gleich sind, wenn sie von gleicher Stufe sind, also gleichviele obere und gleichviele untere Indizes besitzen und in einem Koordinatensystem die gleichindizierten Koordinaten beider Tensoren gleich sind. Die freien Indizes müssen auf beiden Seiten einer Tensorgleichung dieselben sein, mit gleicher Stellung (Transformationsverhalten!) und gleichem Buchstaben (Buchstabenindizes laufen unabhängig voneinander von $1, \ldots, n$).

Addition: Werden in einem Koordinatensystem die gleich indizierten Koordinaten zweier Tensoren gleicher Stufe addiert, so entsteht ein eindeutig bestimmter neuer Tensor derselben Stufe, der die *Summe* der beiden Tensoren heißt:

$$S^{i_1 \ldots i_p}_{\quad j_1 \ldots j_p} + T^{i_1 \ldots i_p}_{\quad j_1 \ldots j_p} =: U^{i_1 \ldots i_p}_{\quad j_1 \ldots j_p}$$

gilt in jedem Koordinatensystem.

Die Koordinaten zweier verschiedener Tensoren könnten zwar in einem Koordinatensystem addiert werden, zum Beispiel $S^{ij} + T_{ij}$, die Summe definiert aber keinen Tensor! Anders ausgedrückt: Wenn die Summe der Koordinaten als Koordinaten eines Tensors genommen würde, dann wäre dieser abhängig vom Ausgangskoordinatensystem. Desweiteren ist die Addition von Tensoren auf endlich viele Summanden ausdehnbar.

Multiplikation: Gegeben seien zwei Tensoren $S^{i_1 \ldots i_p}_{\quad j_1 \ldots j_k}$, $T^{r_1 \ldots r_q}_{\quad s_1 \ldots s_l}$ beliebiger Stufen.

In jedem Koordinatensystem wird jede Koordinate des einen mit jeder Koordinate des anderen Tensors multipliziert. Die Gesamtheit der Produkte

$$U^{i_1 \ldots i_p \; r_1 \ldots r_q}_{\quad j_1 \ldots j_k \; s_1 \ldots s_l} = S^{i_1 \ldots i_p}_{\quad j_1 \ldots j_k} \, T^{r_1 \ldots r_q}_{\quad s_1 \ldots s_l} \tag{6.168}$$

bildet einen neuen Tensor der Stufe $(k + l, p + q)$, der *Produkt* der beiden Tensoren heißt. Da $C^{\cdots}_{\cdots}$ wieder ein Tensor sein soll, überlegt man sich, dass die gemäß (6.168) definierten $U^{\cdots}_{\cdots}$ einem tensoriellen Transformationsgesetz genügen. Im Produkttensor stehen erst die Indizes des ersten Faktors, dann die des zweiten. Die Multiplikation von Tensoren ist nicht kommutativ. Der Produkttensor ist genau dann ein Nulltensor, wenn ein Faktor der Nulltensor ist. Bei der Multiplikation mit einem Tensor der Stufe $(0,0)$ (Invariante) ändert sich die Stufe nicht. Jede Tensorkoordinate wird mit der Invariante multipliziert:

$$U^{r_1 \ldots r_q}_{s_1 \ldots s_l} = a\, T^{r_1 \ldots r_q}_{s_1 \ldots s_l} \,.$$

Des weiteren ist die Multiplikation von Tensoren wieder auf endlich viele Faktoren ausdehnbar.

Verjüngung: Die *Verjüngung* ist eine nur in der Tensorrechnung erklärte Operation. Zu ihr gibt es kein Gegenstück in der Arithmetik der linearen Vektorräume.

Gegeben sei ein Tensor $a^{i_1 \ldots i_p}_{j_1 \ldots j_q}$ mit $p \geq 1$ und $q \geq 1$. Es wird ein Paar verschiedenartiger Indizes ausgewählt. Diese Indizes werden gleichgesetzt und die Tensorkoordinaten werden über alle gemeinsamen Werte dieser beiden Indizes summiert:

$$a^{\ldots r \ldots}_{\ldots r \ldots} = a^{\ldots 1 \ldots}_{\ldots 1 \ldots} + \ldots + a^{\ldots n \ldots}_{\ldots n \ldots} = b^{\ldots}_{\ldots} \,.$$

Die dabei entstehenden Zahlen sind die Koordinaten eines Tensors der Stufe $(q-1, p-1)$. Der Rechenprozess heißt Verjüngung von $a^{\ldots}_{\ldots}$ bezüglich der Indizes i_r, j_r mit $i_r = j_r$.

Beispiel 7:
Man betrachte die Abbildung Φ mit $\boldsymbol{y} = \Phi\,\boldsymbol{x}$. In Koordinatenschreibweise (siehe Abschnitt 6.2.2 lautet die Gleichung: $y^i = \varphi^i_j x^j$. Gleichsetzen der Indizes in φ^i_j führt zu $\varphi = \varphi^i_i$, was man auch als Spur der Abbildung bezeichnet. $\qquad\square$

Durch p-fache Verjüngung entsteht aus einem Tensor der Stufe (p,p) eine Invariante.

Permutation von Indizes, Symmetrisierung und Alternierung: Werden in einem Tensor zwei oder mehrere gleichartige Indizes vertauscht. d. h. die Indizes an andere Stellen gesetzt, so bleibt die Gesamtheit der Koordinatenwerte zwar die gleiche, aber die Koordinaten werden anders nummeriert. Es entsteht wieder ein Tensor, der aus dem ersten durch eine *Permutation von Indizes* hervorgeht.

Beispiel 8:
Permutationen

$$\begin{aligned}
S^{ij} &\rightarrow T^{ij} := S^{ji}, \\
S^i_{rst} &\rightarrow T^i_{rst} := S^i_{tsr}.
\end{aligned}$$

$\hfill\square$

Eine weitere Operation ist die *Symmetrisierung*. Werden von den gleichartigen Indizes eines Tensors eine gewisse Anzahl N ausgewählt, das arithmetische Mittel der $N!$ Tensoren gebildet, die sich durch Permutation der N Indizes ergeben, dann ist der entstehende Tensor durch Symmetrisierung in den ausgewählten Indizes aus dem ursprünglichen Tensor hervorgegangen. Symmetrisierung wird durch runde Klammern angedeutet.

Beispiel 9:
Symmetrisierungen

$$S^{ij} \quad \rightarrow \quad S^{(ij)} \quad := \quad \tfrac{1}{2}\left(S^{ij} + S^{ji}\right),$$

$$S^{r}_{ijk} \quad \rightarrow \quad S^{r}_{(ijk)} \quad := \quad \tfrac{1}{3!}\left(S^{r}_{ijk} + S^{r}_{jki} + S^{r}_{kij} + S^{r}_{jik} + S^{r}_{ikj} + S^{r}_{kji}\right),$$

$$S^{rs}_{ijk} \quad \rightarrow \quad S^{rs}_{\underset{(i\,k)}{ijk}} \quad := \quad \tfrac{1}{2}\left(S^{rs}_{ijk} + S^{rs}_{kji}\right).$$

$\square$

Die *Alternierung* eines Tensors wird wie folgt durchgeführt: Von den gleichartigen Indizes eines Tensors wird eine gewisse Anzahl N ausgewählt. Es wird das arithmetische Mittel der $N!$ Tensoren gebildet, die sich durch Permutation der N Indizes und Multiplikation mit dem Vorzeichen der jeweiligen Permutation ergeben. Der entstehende Tensor heißt durch Alternierung in den gewählten Indizes aus dem ursprünglichen Tensor hervorgegangen. Die Operation Alternierung wird durch eckige Klammern angezeigt.

Beispiel 10:
Alternierungen

$$S^{ij} \quad \rightarrow \quad S^{[ij]} \quad := \quad \tfrac{1}{2}\left(S^{ij} - S^{ji}\right),$$

$$S^{r}_{ijk} \quad \rightarrow \quad S^{r}_{[ijk]} \quad := \quad \tfrac{1}{3!}\left(S^{r}_{ijk} + S^{r}_{jki} + S^{r}_{kij} - S^{r}_{jik} - S^{r}_{ikj} - S^{r}_{kji}\right),$$

$$S^{rs}_{ijk} \quad \rightarrow \quad S^{rs}_{\underset{[i\,k]}{ijk}} \quad := \quad \tfrac{1}{2}\left(S^{rs}_{ijk} - S^{rs}_{kji}\right).$$

$\square$

Das Vorzeichen einer Permutation berechnet sich aus $(-1)^{z_i}$ (z_i - Anzahl der Inversionen).

Beispiel 11:
Man benötigt bei der Anordnung der Zahlen 23514 im Vergleich zur Grundordnung 12345 vier Inversionen, um 23514 in 12345 zu überführen, wobei jeweils der Austausch zweier Elemente eine Vorzeichenänderung bewirkt.

$$\begin{pmatrix} 1 & 2 & 3 & 4 & 5 \\ 2 & 3 & 5 & 1 & 4 \end{pmatrix} \rightarrow \begin{pmatrix} 1 & 2 & 3 & 4 & 5 \\ 3 & 2 & 5 & 1 & 4 \end{pmatrix} \rightarrow \begin{pmatrix} 1 & 2 & 3 & 4 & 5 \\ 1 & 2 & 5 & 3 & 4 \end{pmatrix}$$

$$\rightarrow \begin{pmatrix} 1 & 2 & 3 & 4 & 5 \\ 1 & 2 & 3 & 5 & 4 \end{pmatrix} \rightarrow \begin{pmatrix} 1 & 2 & 3 & 4 & 5 \\ 1 & 2 & 3 & 4 & 5 \end{pmatrix}.$$

$\square$

Ein Tensor heißt *symmetrisch* in einer Gruppe gleichartiger Indizes, wenn er sich bei Vertauschung zweier beliebiger dieser Indizes nicht ändert. Er heißt *schiefsymmetrisch*, wenn er sich dabei mit (-1) multipliziert.

Hieraus folgt: Das Ergebnis einer Symmetrisierung (Alternierung) ist ein bezüglich der erfassten Indizes symmetrischer (schiefsymmetrischer) Tensor.

Beispiel 12:
Gegeben sei a^{ij}:

$$
\begin{aligned}
S^{(ji)} &:= \tfrac{1}{2}\left(S^{ji} + S^{ij}\right) &= \tfrac{1}{2}\left(S^{ij} + S^{ji}\right) &= S^{(ij)}, \\
S^{[ji]} &:= \tfrac{1}{2}\left(S^{ji} - S^{ij}\right) &= -\tfrac{1}{2}\left(S^{ij} - S^{ji}\right) &= -S^{[ij]}.
\end{aligned}
\tag{6.169}
$$

$\square$

Symmetrie: Ist ein Tensor *symmetrisch* (schiefsymmetrisch) in einer Gruppe gleichartiger Indizes, so ändert er sich bei Symmetrisierung (Alternierung) bezüglich dieser Gruppe nicht.

Der Leser überlege sich:

1. Jeder Tensor a_{ij} bzw. a^{ij} lässt sich als Summe eines symmetrischen und eines schiefsymmetrischen Tensors darstellen:

$$
S_{ij} = S_{(ij)} + S_{[ij]}.
$$

2. Es gilt:

$$
\begin{aligned}
S_{(ij)}\, T^{[ij]} &= 0, & S_{[ij]}\, T^{(ij)} &= 0, \\
S_{ij}\, T^{(ij)} &= S_{(ij)}\, T^{(ij)}, & S_{ij}\, T^{[ij]} &= S_{[ij]}\, T^{[ij]}.
\end{aligned}
$$

Gilt die Symmetrie bzw. Antisymmetrie für die Vertauschung beliebiger Indizes, so heißt der Tensor *vollständig symmetrisch* bzw. vollständig schiefsymmetrisch.

Als Beispiel wird der vollständig schiefsymmetrische Tensor 3. Stufe T^{ijk} im dreidimensionalen Raum betrachtet. Er besitzt nur eine unabhängige Koordinate. Es gilt nämlich

$$
T^{123} = T^{231} = T^{312} = -T^{132} = -T^{213} = -T^{321}.
\tag{6.170}
$$

Alle anderen Koordinaten verschwinden. Zum Beispiel folgt für T^{112} bei Vertauschung der ersten beiden Indizes:

$$
T^{112} = -T^{112}.
$$

Diese Gleichung gilt nur für $T^{112} = 0$ usw.

Jetzt wird für T^{123} das Transformationsgesetz aufgestellt. Aus der Beziehung (6.170) folgt:

$$
\begin{aligned}
T^{1'2'3'} &= A_i^{1'} A_k^{2'} A_l^{3'}\, T^{ikl} \\
&= \big(A_1^{1'} A_2^{2'} A_3^{3'} + A_2^{1'} A_3^{2'} A_1^{3'} + A_3^{1'} A_1^{2'} A_2^{3'} \\
&\quad - A_1^{1'} A_3^{2'} A_2^{3'} - A_3^{1'} A_2^{2'} A_1^{3'} - A_2^{1'} A_1^{2'} A_3^{3'}\big)\, T^{123}.
\end{aligned}
\tag{6.171}
$$

Der in der Klammer stehende Ausdruck kann als Determinante aufgefasst werden und es folgt:

$$
T^{1'2'3'} = \det(A_i^{k'})\, T^{123}.
\tag{6.172}
$$

Geht man im Transformationsgesetz für den kovarianten Metriktensor

$$g_{ij} = A_i^{k'} A_j^{j'} \, g_{k'l'}$$

zur Determinante über, ergibt sich:

$$\det (g_{ij}) = \det \left(A_i^{k'} \right) \cdot \det \left(A_j^{l'} \right) \cdot \det (g_{k'l'})$$

oder:

$$g = \left[\det \left(A_i^{k'} \right) \right]^2 \cdot g' \qquad \text{mit} \quad g := \det(g_{ij}) \quad \text{und} \quad g' := \det(g_{k'l'}) \,.$$

Hieraus folgt

$$\frac{1}{\sqrt{g'}} = \det \left(A_i^{k'} \right) \cdot \frac{1}{\sqrt{g}} \,.$$

Vergleicht man diese Beziehung mit (6.172), dann sieht man, dass ein vollständiger schiefsymmetrischer Tensor 3. Stufe entsteht, wenn man $T^{123} = 1/\sqrt{g}$ setzt.

Dieser Tensor heißt ε-Tensor. Seine kovarianten Koordinaten lauten:

$$\epsilon^{klm} := \begin{cases} \dfrac{1}{\sqrt{g}}, & \text{für} \quad klm \overset{zykl.}{=} 123, \\[2ex] -\dfrac{1}{\sqrt{g}}, & \text{für} \quad klm \overset{zykl.}{=} 132, \\[2ex] 0 & \text{sonst.} \end{cases}$$

Durch Herunterziehen der Indizes folgt für $klm \overset{zykl.}{=} 123$:

$$\epsilon_{klm} = g_{kp}\, g_{lq}\, g_{mr}\, \epsilon^{pqr} = \det(g_{kl}) \, \frac{1}{\sqrt{g}} = \sqrt{g}.$$

Der kovariante ϵ-Tensor hat also die Koordinaten:

$$\epsilon_{klm} := \begin{cases} \sqrt{g}, & \text{für} \quad klm \overset{zykl.}{=} 123, \\[2ex] -\sqrt{g}, & \text{für} \quad klm \overset{zykl.}{=} 132, \\[2ex] 0 & \text{sonst.} \end{cases}$$

Das tensorielle Produkt aus kontravariantem und kovariantem ϵ-Tensor heißt Kronecker Tensor (6. Stufe):

$$\delta^{pqr}_{klm} := \epsilon_{klm}\, \epsilon^{pqr} \,.$$

Beide Tensoren werden benutzt, um das äußere Vektorprodukt aufzubauen. Dabei wird mit Hilfe eines Tensors 3. Stufe zwei Vektoren $(A_i) = \boldsymbol{A}$ und $(B_i) = \boldsymbol{B}$ ein dritter Vektor $(C_i) = \boldsymbol{C}$ zugeordnet, den man als (äußeres) Vektorprodukt bezeichnet. Eine solche Zuordnung dreier Vektoren tritt in der Physik zur Charakterisierung von:

- Kraft - Hebelarm - Drehmoment,
- Strom - Magnetfeld - Kraft,
- Kreiselachse - Kraft - Präzession

auf.

6.2.3 Tensoren im euklidischen Raum

Im Folgenden werden im affinen Vektorraum metrische Begriffe, wie die Zuordnung von Längen zu Vektoren, Abstände zu Punktepaaren und Winkelmessung, eingeführt. Es erfolgt im Wesentlichen nur eine kurze Darstellung der Resultate, wie sie im Rahmen dieses Buches auch ihre Anwendung finden.

Der n-dimensionale euklidische Vektorraum E^n

Ein grundlegender Begriff für die Metrisierung von Vektorräumen ist das Skalarprodukt: Je zwei Vektoren wird eine reelle Zahl zugeordnet, die gewisse Eigenschaften besitzt.

Im reellen Vektorraum E^n sei ein bilineares reelles Funktional $\varphi\,(A, B)$ gegeben. Man schreibt auch kurz: $\langle A, B \rangle := \varphi(A, B)$.

Eine solche Abbildung $\langle \cdot, \cdot \rangle \mid E^n \times E^n \to \mathbb{R}$, $(A, B) \mapsto \langle A, B \rangle \in \mathbb{R}$ heißt Skalarprodukt, falls folgende Eigenschaften erfüllt sind:

$(H1)$ $\langle A, B \rangle = \langle B, A \rangle$, $A, B \in E^n$,   (Symmetrie)

$(H2)$ $\langle \lambda A + \mu B, C \rangle = \lambda \langle A, C \rangle + \mu \langle B, C \rangle$, $A, B, C \in E^n$, $\lambda, \mu \in \mathbb{R}$,

$(H3)$ $\langle A, A \rangle \geq 0$, $A \in E^n$ und $\langle A, A \rangle = 0 \Leftrightarrow A = 0$.   (positiv definit)

Dann heißt dieser Vektorraum E^n mit den Eigenschaften H1 – H3 *euklidischer Vektorraum*, das Funktional $\varphi(A, B) \equiv \langle A, B \rangle$ *Skalarprodukt* von A und B. Der Vektorraum E^n kann auch durch einen linearen Vektorraum X ersetzt werden. Wenn dann ebenfalls auf diesem Raum eine Abbildung $\langle \cdot, \cdot \rangle \mid X \times X \to \mathbb{R}$ mit den Eigenschaften (H1) – (H3) gegeben ist, spricht man von einem *Prähilbertraum*. Wegen der Eigenschaft (H3) kann jedem Vektor A eine Länge zugeordnet werden. Man definiert:

$$\|A\| := \sqrt{\langle A, A \rangle} \tag{6.173}$$

und nennt $\|A\|$ *Norm* bzw. *Länge* des Vektors A. Zwei Vektoren A, B heißen *orthogonal* (in Zeichen $A \perp B$), falls $\langle A, B \rangle = 0$.

In der Literatur ist $\langle A, A \rangle$ gelegentlich als Länge oder Betrag eingeführt. Hier wird in der Bezeichnungsweise der Anschluss an die Funktionalanalysis hergestellt.

Die euklidischen Vektorräume zerfallen in zwei Klassen entsprechend der Voraussetzung über das Vorzeichen des Skalarproduktes $\langle A, A \rangle$.

Ein euklidischer Vektorraum heißt *eigentlich euklidisch*, falls aus $A \neq 0$ stets $\langle A, A \rangle > 0$ folgt. Er heißt *pseudoeuklidisch*, falls $\langle A, A \rangle$ Werte verschiedenen Vorzeichens annimmt.

Die pseudoeuklidischen Vektorräume sind nur der Vollständigkeit halber erwähnt, finden jedoch hier keinen Einsatz. Ein Anwendungsgebiet ist die Einsteinsche Relativitätstheorie.

Die durch (6.173) erklärte Norm erfüllt die bekannten Eigenschaften einer Norm. Mittels Normdefinition (6.173) kann die Ungleichung von Cauchy[6] und Schwarz[7] abgeleitet werden: Für alle Vektoren A und B gilt:

$$|\langle A, B \rangle| \le \|A\| \cdot \|B\|.$$

Hieraus folgt für $A \ne 0$ und $B \ne 0$ die Ungleichung:

$$-1 \le \frac{\langle A, B \rangle}{\|A\| \cdot \|B\|} \le 1. \tag{6.174}$$

Somit gibt es reelle α derart, dass der Quotient in (6.174) gleich $\cos\alpha$ ist. Durch die Zusatzforderung $0 \le \alpha \le \pi$ wird α eindeutig festgelegt.

Definition 6.5 *Die den beiden Vektoren $A \ne 0$ und $B \ne 0$ durch*

$$\cos\alpha := \frac{\langle A, B \rangle}{\|A\| \cdot \|B\|}, \quad 0 \le \alpha \le \pi$$

eindeutig zugeordnete Zahl α heißt Winkel *zwischen A und B. Falls $A \perp B$, dann ist $\langle A, B \rangle = 0$ und $\alpha = \pi/2$.*

Bei gegebener Dimension ist der eigentlich euklidische Raum im wesentlichen eindeutig bestimmt. Dagegen gibt es ihren Eigenschaften nach verschiedene pseudoeuklidische Räume, worauf hier nicht eingegangen wird. Ein und derselbe Vektorraum kann auf verschiedene Weisen je nach Festlegung des Skalarproduktes metrisiert werden. Alle metrischen Aussagen beziehen sich dann auf die gewählte Metrik. Zur Einführung des Tensorbegriffs benötigt man lediglich einen affinen Vektorraum (ohne Skalarprodukt), da in den Transformationsformeln nur die Transformationsmatrix $A_{i'}^{i}$ der Basistransformation verwendet wird. Der Tensorbegriff kann also in gleicher Weise im euklidischen Vektorraum verwendet werden.

Nun werden die metrischen Begriffe im Tensorkalkül erklärt. Nach den Überlegungen des Abschnitts 6.2.2 ist jedem bilinearen Funktional $\varphi(A, B)$ eineindeutig ein zweifach kovarianter Tensor zugeordnet.

Für die Basis $\{g_i\}$ gilt:

$$\varphi(A, B) = \varphi_{ij}\, x^i y^j \quad \text{mit} \quad \varphi_{ij} := \varphi(g_i, g_j), \quad A = x^i g_i, \quad B = y^j g_j$$

---

[6]Augustin Louis Cauchy (1789-1857): Grundlagen der Analysis, Arbeiten zur Funktionentheorie und über physikalische und astronomische Probleme.

[7]Hermann Amandus Schwarz (1843-1921): Grundlegende Arbeiten über gewöhnliche und partielle Differenzialgleichungen, über konforme Abbildungen und zur Variationsrechnung.

Für das Skalarprodukt verwendet man die Schreibweise:

$$\langle \boldsymbol{A}, \boldsymbol{B} \rangle = g_{ij}\, x^i\, y^j \quad \text{mit} \quad g_{ij} := \langle \boldsymbol{g}_i, \boldsymbol{g}_j \rangle. \tag{6.175}$$

Werden die Eigenschaften des Skalarproduktes ausgenutzt, so folgt aus der Symmetrie (Eigenschaft a)):

$$g_{ij} = g_{ji}$$

und umgekehrt aus (6.175) die Symmetrie: $\langle \boldsymbol{A}, \boldsymbol{B} \rangle = \langle \boldsymbol{B}, \boldsymbol{A} \rangle$. Aus der Regularität (Eigenschaft b)) folgt: $\langle \boldsymbol{A}, \boldsymbol{B} \rangle \neq 0$ genau dann, wenn $\det(g_{ij}) \neq 0$ gilt.

Unter einer *quadratischen Form* einer (n, n)-Matrix (g_{ij}) versteht man die auf E^n definierte Funktion:

$$Q(x) := g_{ij}\, x^i\, x^j \quad \text{mit} \quad x = (x^1, \ldots, x^n). \tag{6.176}$$

Sie heißt *positiv* bzw. *negativ definit*, wenn

$$Q(x) > 0 \quad \text{bzw.} \quad Q(x) < 0 \quad \text{für alle} \quad x \neq 0$$

ist. Nimmt Q sowohl positive wie auch negative Werte an, so wird Q *indefinit* genannt. Q heißt positiv (negativ) semidefinit, falls für alle x^i gilt: $g_{ij}\, x^i\, x^j \geq 0 \quad (\leq 0)$.

Beispiel 13:
Quadratische Formen

1. Die Norm $\|\boldsymbol{A}\| = \langle \boldsymbol{A}, \boldsymbol{A} \rangle = g_{ij}\, x^i\, x^j$ ist eine quadratische Form in den Vektorkoordinaten x^i.

2. $Q(x^1, x^2) := (x^1)^2 + (x^2)^2$ ist positiv definit,

3. $Q(x^1, x^2) := -(x^1)^2 - (x^2)^2$ ist negativ definit,

4. $Q(x^1, x^2) := (x^1)^2$ ist positiv semidefinit,

5. $Q(x^1, x^2) := (x^1)^2 - (x^2)^2$ ist indefinit.

$\square$

Die angestellten Überlegungen führen zu einer äquivalenten Definition des euklidischen Vektorraumes:

Definition 6.6 *Ein Vektorraum heißt* euklidisch, *wenn in ihm ein beliebiger, aber fester, zweifach kovarianter Tensor g_{ij} gegeben ist, der die Eigenschaften:*

a) $g_{ij} = g_{ji}$ *(symmetrisch)*

b) $\det(g_{ij}) \neq 0$ *(regulär)*

besitzt. Der Vektorraum $\mathbf{E}^n$ *ist genau dann* eigentlich euklidisch, *wenn außerdem*

c) g_{ij} *positiv definit*

ist. Die Größe g_{ij} *heißt* Fundamentaltensor, metrischer Tensor *oder* Maßtensor.

Die eingeführten Begriffe Skalarprodukt und Norm drücken sich mittels Fundamentaltensor wie folgt aus: Mit $\mathbf{A} = x^i\,\mathbf{g}_i$, $\mathbf{B} = y^j\,\mathbf{g}_j$ folgt

$$\langle \mathbf{A}, \mathbf{B}\rangle \;=\; g_{ij}\,x^i\,y^j\,, \qquad \|\mathbf{A}\| = \left(g_{ij}\,x^i\,x^j\right)^{\frac{1}{2}},$$

$$\cos\alpha \;=\; \frac{g_{ij}\,x^i\,y^j}{\sqrt{g_{kl}\,x^k\,x^l}\,\sqrt{g_{rs}\,y^r\,y^s}}\,.$$

Weiter gilt stets:

$$g_{ii} > 0 \qquad \text{und} \qquad g_{ii} = \|\mathbf{g}_i\|^2\,.$$

Beispiel 14:
Gegeben sei der euklidische Vektorraum E^n mit $\mathbf{A} = (x^1, \ldots, x^n)$, $\mathbf{B} = (y^1, \ldots, y^n)$ bzw. $\mathbf{A} = x^i\mathbf{g}_i$, $\mathbf{B} = y^j\mathbf{g}_j$ und $\mathbf{g}_i = (\delta_i^1, \ldots, \delta_i^n)$, $i = 1, \ldots, n$.

1. Als Skalarprodukt wird erklärt:

$$\langle \mathbf{A}, \mathbf{B}\rangle = \sum_{i=1}^{n} x^i y^i.$$

Hieraus folgt: $\langle \mathbf{A}, \mathbf{B}\rangle = g_{ij}\,x^i\,y^j$ mit $g_{ij} = \delta_{ij}$ im Basissystem $\{\mathbf{g}_i\}$. Weiter ist $g_i \perp g_j$ für $i \neq j$.

2. Als Skalarprodukt wird erklärt:

$$\langle \mathbf{A}, \mathbf{B}\rangle = x^1 y^1 + \frac{1}{2}x^1 y^2 + \frac{1}{2}x^2 y^1 + x^2 y^2 + x^3 y^3$$

mit $\{\mathbf{g}_i\}$ wie oben. Der Fundamentaltensor lautet:

$$g_{ij} = \begin{pmatrix} 1 & \frac{1}{2} & 0 \\ \frac{1}{2} & 1 & 0 \\ 0 & 0 & 1 \end{pmatrix}.$$

Er ist positiv definit (Nachweis!). Weiterhin ergibt die Nachrechnung: $\|\mathbf{g}_i\| = 1$, $\langle \mathbf{g}_1, \mathbf{g}_2\rangle = 1/2$. Der Winkel zwischen den Vektoren ist dann $60°$. Der Vektor $\mathbf{g}_3$ steht senkrecht auf $\mathbf{g}_1$ und $\mathbf{g}_2$.

Orthonormierte Basisvektoren

Im nichtmetrischen Vektorraum waren alle Basen gleichberechtigt. Im euklidischen Vektorraum ist die Auszeichnung gewisser Basen zweckmäßig, die eine ähnliche Rolle spielen wie im kartesischen Koordinatensystem des elementargeometrischen Raumes.

Man erklärt:

Definition 6.7 *Eine Menge* $\{g_i\}$ *normierter paarweise orthogonaler Vektoren des* E^n *heißt* Orthonormalsystem, *falls gilt:* $\langle g_i, g_j \rangle = \delta_{ij}$ *und* $\langle g_i, g_i \rangle = \|g_i\|^2 = 1$. *Sie heißt* vollständiges Orthonormalsystem, *falls sie n Elemente enthält. Ein vollständiges Orthonormalsystem des* E^n *ist eine* Basis *im* E^n.

Ein wichtiger Satz für orthonormierte Basissysteme lautet:

Satz 6.5 *Eine Basis des* E^n *ist genau dann orthonormiert, wenn die Koordinaten des Maßtensors Kroneckersymbole sind.*

Eine Folgerung hieraus ergibt, dass sich für alle A bei Zugrundelegung der Orthonormalbasis $\{g_i\}$ und der Darstellung $A = x^i g_i$ die Norm für A aus $\|A\|^2 = \sum_{i=1}^{n}(x^i)^2$ errechnet.

Der Nachweis der Existenz einer Orthonormalbasis kann mit dem Orthonormalisierungsverfahren von E. Schmidt erbracht werden. Darauf wird hier nicht eingegangen.

Tensoren im E^n

Im affinen Raum wurden Tensoren verschiedener Stufen (p, q) eingeführt, die sich formal durch die Anzahl ihrer kovarianten und kontravarianten Indizes unterschieden. Zum Beispiel waren im affinen Raum die Tensoren der Stufe $(0, 1)$ bzw. $(1, 0)$ völlig unabhängige Dinge. Dieser prinzipielle Unterschied verschwindet im E^n, wie im Anschluss erklärt wird.

Im E^n lassen sich verschiedenartige Indizes ineinander überführen. Es verschwindet dadurch der prinzipielle Unterschied zwischen Tensoren verschiedener Stufen (p, q), wenn nur die Stufen p und q für die Tensoren gleich sind.

Die durch

$$g^{ir} g_{rj} = \delta^i_j$$

in jedem Basissystem eindeutig definierten Zahlen g^{ij} bilden einen zweifach kontravarianten symmetrischen Tensor vom Rang n. Mit Hilfe dieser beiden Maßtensoren kann jedem einfach kontravarianten Tensor eineindeutig ein einfach kovarianter Tensor zugeordnet werden.

Gibt man sich Zahlen x^r beliebig, aber fest vor, dann kann man Zahlen $x_i := g_{ir}\, x^r$ definieren. Die so definierten Zahlen x_i werden mit dem kontravarianten Maßtensor überschoben:

$$g^{ir} x_r = g^{ir} g_{rs}\, x^s = \delta^i_s\, x^s = x^i .$$

Wegen der eindeutigen Zuordnungen

$$x^i \quad \overset{g_{ij}}{\underset{g^{ij}}{\overrightarrow{\underleftarrow{}}}} \quad x_i$$

ist es legitim, die beiden Tensoren als nicht wesentlich verschieden voneinander zu betrachten. Man erkennt: Der Tensor x_i entsteht aus dem Tensor x^i durch Senken des Index: $x_i = g_{ir}\, x^r$. Analog entsteht der Tensor x^i aus dem Tensor x_i durch Heben des Index: $x^i = g^{ir}\, x_r$. Die x^i werden kontravariante, die x_i kovariante Koordinaten des Tensors erster Stufe im E^n genannt.

Diese Bezeichnung wird noch anschaulicher durch den Zusammenhang mit Vektoren des E^n. Es seien x^i die Koordinaten von $\boldsymbol{A} = x^i\, \boldsymbol{g}_i$. Dann folgt:

$$x_i = g_{ij}\, x^j = \langle \boldsymbol{g}_i,\, \boldsymbol{g}_j \rangle\, x^j = \langle \boldsymbol{g}_i,\, x^j \boldsymbol{g}_j \rangle = \langle \boldsymbol{g}_i,\, \boldsymbol{A} \rangle .$$

Die x^i heißen kontravariante, die x_i kovariante Koordinaten des Vektors $\boldsymbol{A}$.

In analoger Weise ist das Heben (bzw. Senken) eines Index (mehrerer Indizes) bei Tensoren höherer Stufe durch einmalige (mehrfache) Überschiebung mit dem Maßtensor möglich.

Um das formal zu ermöglichen, werden die Stellen der Indizes durchnummeriert. An jeder Stelle darf nur ein (oberer oder unterer) Index stehen. Die Stufe bezeichnet die Zahl der Indexstellen.

Beispiel 15:
Es wird das Heben und Senken von Indizes demonstriert:

$$\begin{aligned}
a^i_{\;.jk} &\rightarrow & a_{ijk} &=& g_{ir}\, a^r_{\;.jk} & & \\
a^r_{\;.jl} &\rightarrow & a^{\;\;k}_{ij.} &=& g^{kl}\, a_{ijl} &=& g_{ir}\, g^{kl}\, a^r_{\;.jl} .
\end{aligned}$$
(6.177)

$\square$

Orthonormierte Transformationen

Ein orthonormiertes Basissystem lässt sich nach dem *Schmidtschen Orthogonalisierungsverfahren* aus einer beliebigen Basis konstruieren. Demzufolge gibt es offenbar verschiedene orthonormierte Koordinatensysteme im E^n. Es soll untersucht werden, welche Transformationen orthonormierte Koordinatensysteme ineinander überführen.

Mit $g_{ij} = \langle \boldsymbol{g}_i, \boldsymbol{g}_j \rangle$ und $x_i = g_{ir} x^r$ gelten folgende Äquivalenzen: Das Basissystem $\{\boldsymbol{g}_i\}$ ist genau dann orthonormiert, wenn für den Fundamentaltensor $g_{ij} = \delta_{ij}$ gilt. Dies ist auch äquivalent zu $x_i = x^i$ für alle x^i.

Daraus folgt: In orthonormierten Koordinatensystemen verschwindet der Unterschied von ko- und kontravarianten Indizes völlig.

Überlegung: Es sei $\{\boldsymbol{g}_i\}$ eine orthonormierte Basis. Somit ist $x^i = x_i$. Für die Basis $\{\boldsymbol{g}_{i'}\}$ gilt $\boldsymbol{g}_{i'} = A^i_{i'} \boldsymbol{g}_i$. Daraus folgt $x_{i'} = A^i_{i'} x_i$ bzw. $x^{i'} = A^{i'}_i x^i$. Nun gilt $x^{i'} = x_{i'}$ genau dann, wenn

$$A^i_{i'} \doteq A^{i'}_i \tag{6.178}$$

ist. Wenn also beide Basen orthonormiert sind, dann liegt eine orthogonale Transformation vor. In Matrixschreibweise lautet (6.178) $A^T = A^{-1}$, wobei A^T die transponierte Matrix von A bezeichnet.

Da für orthonormierte Basen $\{\boldsymbol{g}_i\}$ bzw. $\{\boldsymbol{g}_{i'}\}$ stets $g_{ij} = \delta_{ij}$ bzw. $g_{i'j'} = \delta_{i'j'}$ gilt und die Transformationen $\boldsymbol{g}_{i'} = A^k_{i'} \boldsymbol{g}_k$ bzw. $\boldsymbol{g}_i = A^{k'}_i \boldsymbol{g}_{k'}$ lauten, ergibt sich $A^r_{i'} A^{j'}_r = \delta^{j'}_{i'}$. Daraus folgt:

$$\sum_{r=1}^{n} A^r_{i'} A^r_{j'} = \delta_{i'j'} . \tag{6.179}$$

Das heißt, das innere Produkt zweier Zeilen ist gleich Eins für gleiche Zeilen und gleich Null für verschiedene Zeilen. Analog folgt aus $A^i_{r'} A^{r'}_j = \delta^i_j$:

$$\sum_{r'=1}^{n} A^i_{r'} A^j_{r'} = \delta^{ij} . \tag{6.180}$$

Das heißt, das innere Produkt zweier Spalten ist gleich Eins für gleiche Spalten und gleich Null für verschiedene Spalten.

Eine Matrix, für die (6.179) oder (6.180) gelten, heißt orthogonale Matrix. Das Erfülltsein einer dieser Relationen hat die Orthonormiertheit der Matrix zur Folge. Benutzt man die Relation (6.180), dann folgt nach Überschiebung mit $A^{j'}_j$ und anschließender Summierung über j

$$\sum_{r', j=1}^{n} A^i_{r'} A^j_{r'} A^{j'}_j = \sum_{r'=1}^{n} A^i_{r'} \delta^{j'}_{r'} = A^i_{j'} = \sum_j \delta^{ij} A^{j'}_j = A^{j'}_i .$$

Bildet man im Matrizenprodukt

$$\sum_r A^r_{i'} A^r_{j'} = \delta_{i'j'}$$

die Determinante, so erhält man:

$$\left[\det \left(A^i_{i'} \right) \right]^2 = 1 . \tag{6.181}$$

Die Determinante einer orthogonalen Matrix ist nach (6.181) gleich $+1$ oder -1. Dies führt zu der

Definition 6.8 *Eine orthonormierte Transformation, die die orthonormierte Basis* $\{g_i\}$ *in die orthonormierte Basis* $\{g_{i'}\}$ *überführt, heißt* eigentliche (uneigentliche) Bewegung *(*Drehung, falls beide Basen den gleichen Ursprung besitzen*), falls* $\det\left(A^i_{i'}\right) = +1\ (-1)$ *ist.*

Jede uneigentliche Bewegung lässt sich durch Nacheinanderausführung einer eigentlichen Bewegung und einer Spiegelung erzeugen. Denkt man sich die beiden orthonormierten Basen $\{g_i\}$ und $\{g_{i'}\}$ gleich und transformiert nur die Koordinaten x^i, so geht der Vektor A durch Drehung um den Ursprung Null in den Vektor A' über. Durch orthogonale Transformation der Koordinaten bleibt eine geometrische Figur erhalten. Sie wird kongruent abgebildet.

Unterwirft man die Koordinaten einer allgemeinen linearen Transformation, so erhält man eine ähnliche oder „affin" abgebildete geometrische Figur.

Die Menge aller orthonormierten Basissysteme zerfällt in zwei Klassen, je nachdem ob $\det\left(A^i_{i'}\right) = +1$ oder -1 ist. Man spricht dann von der Orientierung der Basissysteme. Dies entspricht den Rechts- und Linkssystemen im elementargeometrischen Raum.

Die Hauptachsentransformation eines symmetrischen Tensors zweiter Stufe

Im Abschnitt 6.2.2 wurde der Begriff des symmetrischen Tensors erklärt. Eng verbunden mit symmetrischen Tensoren ist die *Hauptachsentransformation*. Danach kann ein beliebiger symmetrischer Tensor 2. Stufe über die Wahl des Basissystems in eine Form überführt werden, in der nur die Diagonalelemente der dazugehörigen Matrizen von Null verschieden sind. Diese Transformation heißt Hauptachsentransformation. Sie ist in dieser Art nur in orthonormierten Bezugssystemen auszuführen, weil nur in diesen gleichzeitig kovariante, kontravariante und gemischte Koordinaten eines symmetrischen Tensors 2. Stufe auf Hauptachsen zu bringen sind.

Bei einer Hauptachsentransformation gibt man die Koordinaten des symmetrischen Tensors 2. Stufe im kartesischen Koordinatensystem vor. Dadurch vollzieht die Hauptachsentransformation eine reine Drehung des kartesischen Bezugssystems.

Es sei T_{kl} ein kovarianter Tensor 2. Stufe bei vorgegebener orthonormierter Basis $\{g_k\}$. Dann liegt eine orthogonale Transformation vor. Für orthonormierte Basen $\{g_i\}$ bzw. $\{g_{i'}\}$ gelten stets $g_{ij} = \delta_{ij}$ bzw. $g_{i'j'} = \delta_{i'j'}$. Nun lautet das Transformationsgesetz:

$$T_{i'j'} = A^i_{i'}\, A^j_{j'}\, T_{ij}, \tag{6.182}$$

wobei die $A^i_{i'}$ der Beziehung (6.179) genügen. Unter Berücksichtigung von $A^r_{i'}\, A^{j'}_r = \delta^{j'}_{i'}$ multipliziert man (6.182) mit $A^{i'}_m$ und erhält:

$$A^{i'}_m\, T_{i'j'} = A^{i'}_m\, A^i_{i'}\, A^j_{j'}\, T_{ij} = \delta^i_m\, A^j_{j'}\, T_{ij}.$$

Da die Matrix $T_{i'j'}$ nur Glieder in der Hauptdiagonalen erhalten soll, schreibt man:

$$A_m^{i'} T_{(i'i')} = \delta_m^i A_{i'}^j T_{ij} = A_{i'}^j T_{mj}.$$ (6.183)

Für orthogonale Transformationen gilt (6.178), woraus mit (6.183)

$$A_{i'}^m T_{(i'i')} = A_{i'}^j T_{mj}$$

beziehungsweise

$$A_{i'}^j \left(T_{mj} - \delta_j^m T_{(i'i')} \right) = 0$$ (6.184)

folgt, da

$$A_{i'}^j \, \delta_j^m \, T_{(i'i')} = A_{i'}^m \, T_{(i'i')} \,.$$

Das lineare homogene Gleichungssystem (6.184) zur Bestimmung der $A_{i'}^j$ besitzt nur eine vom trivialen Fall $A_{i'}^j = 0$ verschiedene Lösung, wenn die Beziehung:

$$\begin{vmatrix} T_{11} - T_{(i'i')} & T_{12} & T_{13} \\ T_{12} & T_{22} - T_{(i'i')} & T_{23} \\ T_{13} & T_{23} & T_{33} - T_{(i'i')} \end{vmatrix} = 0$$ (6.185)

gilt. Diese sogenannte charakteristische Gleichung ist eine kubische Bestimmungsgleichung für die $T_{(i'i')}$. Ihre reellen Lösungen heißen Eigenwerte. (Reelle symmetrische Matrizen haben stets reelle Eigenwerte!) Danach ist für einen symmetrischen Tensor zweiter Stufe in kartesischen Koordinaten stets eine Hauptachsentransformation ausführbar. Im Ergebnis von (6.185) entstehen die Werte der kontravarianten Koordinaten des symmetrischen Tensors 2. Stufe im Basissystem $\{g_{i'}\}$.

Beispiel 16:
Gegeben ist im (x^1, x^2, x^3)-Raum die Gleichung des Kegelschnittes

$$2(x^1)^2 - 2x^1x^2 + 4x^1x^3 + 2(x^2)^2 - 4x^2x^3 + 5(x^3)^2 = c^2, \qquad c = const.$$

Zu seiner Klassifikation muss er auf Hauptachsenform transformiert werden. Die Koordinaten des Tensors sind:

$$(T_{ij}) = \begin{pmatrix} 2 & -1 & 2 \\ -1 & 2 & -2 \\ 2 & -2 & 5 \end{pmatrix}.$$

Die charakteristische Gleichung lautet:

$$\begin{vmatrix} 2-\lambda & -1 & 2 \\ -1 & 2-\lambda & -2 \\ 2 & -2 & 5-\lambda \end{vmatrix} = (\lambda - 7)(\lambda - 1)^2 = 0\,.$$

Somit sind $\lambda_1 = 7$ und $\lambda_2 = \lambda_3 = 1$ die Eigenwerte der charakteristischen Gleichung. Die Eigenräume zu den Eigenwerten $\lambda_1 = 7$ bzw. $\lambda_2 = \lambda_3 = 1$ werden von den Eigenvektoren $(1, -1, 2)$ bzw. $(1, 1, 0)$ und $(-2, 0, 1)$ aufgespannt.

Der Eigenvektor zum Eigenwert ist zu den beiden anderen Eigenvektoren orthogonal, während die zu demselben Eigenwert $\lambda_2 = \lambda_3 = 1$ gehörigen Eigenvektoren nicht orthogonal sind. Deshalb wird das Vektorsystem

$$\left\{ \begin{pmatrix} 1 \\ -1 \\ 2 \end{pmatrix}, \begin{pmatrix} 1 \\ 1 \\ 0 \end{pmatrix}, \begin{pmatrix} -2 \\ 0 \\ 1 \end{pmatrix} \right\}$$

mittels des Schmidtschen Orthogonalisierungsverfahrens orthonormiert. Im Ergebnis entsteht die Orthonormalbasis:

$$\left\{ \frac{1}{\sqrt{6}} \begin{pmatrix} 1 \\ -1 \\ 2 \end{pmatrix}, \frac{1}{\sqrt{2}} \begin{pmatrix} 1 \\ 1 \\ 0 \end{pmatrix}, \frac{1}{\sqrt{3}} \begin{pmatrix} -1 \\ 1 \\ 1 \end{pmatrix} \right\}.$$

Somit lautet die Transformationsmatrix:

$$\left(A^j_{k'} \right) = \frac{1}{\sqrt{6}} \begin{pmatrix} 1 & \sqrt{3} & -\sqrt{2} \\ -1 & \sqrt{3} & \sqrt{2} \\ 2 & 0 & \sqrt{2} \end{pmatrix} \equiv A$$

und die Koordinaten von $T_{j'k'}$ berechnen sich aus:

$$T_{j'k'} = A^i_{j'}\, A^j_{k'}\, T_{ij}\,. \tag{6.186}$$

In Form von Matrizen in der Form $A^T T A$ (A^T transponierte Matrix von A) angeordnet, lautet (6.186):

$$T_{j'k'} = \frac{1}{6} \begin{pmatrix} 1 & -1 & 2 \\ \sqrt{3} & \sqrt{3} & 0 \\ -\sqrt{2} & \sqrt{2} & \sqrt{2} \end{pmatrix} \begin{pmatrix} 2 & -1 & 2 \\ -1 & 2 & -2 \\ 2 & -2 & 5 \end{pmatrix} \begin{pmatrix} 1 & \sqrt{3} & -\sqrt{2} \\ -1 & \sqrt{3} & \sqrt{2} \\ 2 & 0 & \sqrt{2} \end{pmatrix} = \begin{pmatrix} 7 & 0 & 0 \\ 0 & 1 & 0 \\ 0 & 0 & 1 \end{pmatrix}$$

Daraus folgt:

$$T_{j'k'}\, x^{j'} x^{k'} = 7\, x^{1'} x^{1'} + x^{2'} x^{2'} + x^{3'} x^{3'} = c^2\,.$$

Der Kegelschnitt

$$\frac{x^{1'} x^{1'}}{\left(\frac{c}{\sqrt{7}} \right)^2} + \frac{x^{2'} x^{2'}}{c^2} + \frac{x^{3'} x^{3'}}{c^2} = 1$$

ist ein Ellipsoid.   □

Die Koordinatenarten eines Tensors

In einem vorangegangenen Abschnitt hatten wir kennengelernt: Ein Tensor k-ter Stufe ist eine invariante Größe $T^{(k)}$, die entweder in der Form

$$T^{(k)} = t^{\,i_1 \dots i_k}\, \boldsymbol{g}_{i_1} \cdots \boldsymbol{g}_{i_k} \tag{6.187}$$

Tabelle 6.1: Anzahl der unabhängigen Koordinaten eines Tensors

Stufe des Tensors	0	1	2	3	4
unabhängige Koordinaten im dreidimensionalen Raum	1	3	9	27	81
unabhängige Koordinaten im vierdimensionalen Raum	1	4	16	64	256

Tabelle 6.2: Anzahl der Koordinatenarten eines Tensors in Abhängigkeit von seiner Stufe

Stufe (k) des Tensors	0	1	2	3	4	5
Anzahl der Koordinatenarten $= 2^k$	1	2	4	8	16	32
Anzahl der gemischten Koordinaten $= 2^k - 2$ für $k \geq 2$	0	0	2	6	14	30

oder durch sein Transformationsverhalten in der Schreibweise

$$t_{i_{1'} \ldots i_{k'}} = A^{i_1}_{i_{1'}} \, \ldots \, A^{i_k}_{i_{k'}} \, t_{i_1 \ldots i_k} \tag{6.188}$$

gegeben ist.

In der Gleichung (6.187) gibt der in Klammern stehende Index k die Stufe des Tensors an (k: Anzahl der Basisvektoren, die zum Aufbau der Größe $T^{(k)}$ benötigt werden). Die Basisvektoren stehen in unabhängiger Weise, jedoch in vorgeschriebener Reihenfolge, nebeneinander. Dafür wird die Bezeichnung „tensorielles Produkt" verwendet.

Die kontravarianten bzw. kovarianten Koordinaten eines Tensors k-ter Stufe sind durch k freie Indizes gekennzeichnet. Jeder Index durchläuft die Zahlen von $1, \ldots, k$. Die Zahl n gibt die Dimension des zugrundeliegenden Raumes an. Für $n = 3$ hat ein Tensor k-ter Stufe 3^k unabhängige Koordinaten. Tabelle 6.1 gibt die Anzahl der unabhängigen Koordinaten eines Tensors an.

Neben der Darstellung (6.187) kann derselbe Tensor $T^{(k)}$ über dem kontravarianten Basissystem zerlegt werden:

$$T^{(k)} = T_{i_1 \ldots i_k} \, \boldsymbol{g}^{\, i_1} \cdots \boldsymbol{g}^{\, i_k} \, . \tag{6.189}$$

Neben diesen beiden Darstellungsarten existieren noch die mit den gemischten Koordinaten. Die Anzahl der Koordinatenarten eines Tensors in Abhängigkeit von seiner Stufe kann anhand der Tabelle 6.2 abgelesen werden.

6.2.4 Tensoranalysis

In diesem Abschnitt wird die Tensoranalysis, d. h. die Infinitesimalrechnung für Tensoren, behandelt. Der wesentliche Unterschied zwischen Tensoralgebra und Tensoranalysis besteht darin, dass anstelle von einzelnen Tensoren jetzt Tensorfelder, d. h. Tensoren, deren Koordinaten Funktionen des Ortes sind, betrachtet werden. Darin liegt auch der eigentliche Sinn der Untersuchungen, da gerade für den Ingenieurbereich Tensorfelder, und nicht wie bisher betrachtete einzelne Tensoren, von besonderem Interesse sind. Durch Ableitung eines Skalarfeldes $f(x, y, z)$ nach den Ortskoordinaten erhält man bekanntlich die Koordinaten $(\partial f/\partial x, \partial f/\partial y, \partial f/\partial z)$ eines Vektorfeldes, das man Gradientenfeld von f nennt. Man kann zeigen, dass allgemein die Ableitung der kartesischen Koordinaten eines Tensorfeldes n-ter Stufe nach den Ortskoordinaten die kartesischen Koordinaten eines Tensorfeldes $(n + 1)$-ter Stufe ergibt. Diesen Satz nennt man auch Fundamentalsatz der Tensoranalysis.

Für diese Tensorfelder muss man natürlich vereinbaren, dass sich die algebraischen Operationen in jedem Punkt des Definitionsbereichs eines Tensorfeldes ausführen lassen.

Geradlinige Koordinaten

Der Feldbegriff bekommt in der Physik (Elektrotechnik) nur dann einen Sinn, wenn er neben der Erfassung elektrotechnischer Größen mit einem Basissystem in Verbindung gebracht wird. Die mathematische Beschreibung von elektromagnetischen Feldern erfordert mindestens ein Koordinatensystem.

Sind die Koordinatenlinien Geraden, dann spricht man von *geradlinigen Koordinaten* bzw. Koordinatensystemen. Die kartesischen oder schiefwinkligen Koordinaten erfüllen diese Bedingung. Weichen die Koordinatenlinien von der Geradenform ab, nennt man sie *krummlinige Koordinaten* (Beispiele: Polar-, Zylinder- oder Kugelkoordinaten).

Sei x der Ortsvektor eines Punktes P im euklidischen Raum:

$$x = x^i \, g_i \, .$$

Die Koordinaten x^i sind n-Tupel reeller Zahlen, die den Punkten P des euklidischen Raumes eineindeutig zugeordnet sind.

In der Elektrotechnik werden sowohl Skalarfelder (Funktionen mit reellwertigem Wertebereich) als auch Vektorfelder (Funktionen mit vektorwertigem Wertebereich) betrachtet. Für diese Abbildungen werden nun die bekannten Differenzialoperationen *grad*, *div* und *rot* erklärt. Wir beginnen mit der skalaren Funktion

$$f \mid \mathbf{D} \subset \mathbf{E}^n \to \mathbf{E} \, , \tag{6.190}$$

die auf einer offenen und zusammenhängenden Menge ($\mathbf{D}$ heißt dann Gebiet) erklärt ist. Zu jedem n-Tupel reeller Zahlen (x^i) gehört eine reelle Zahl $u = f(x^i)$. Für $n = 2$ kann der Graph von f geometrisch als Fläche über der (x^1, x^2)-Ebene veranschaulicht werden. Für die partiellen Ableitungen von f nach x^i verwenden wir die Bezeichnung

$$u_{,i} = \frac{\partial f}{\partial x^i} \, , \qquad i = 1, \dots, n \tag{6.191}$$

und vereinbaren: Steht bei einer partiellen Ableitung der Index im Nenner oben (unten), dann schreibt man nach dem Differenziationskomma den Index unten (oben).

Dadurch lässt sich das vollständige Differenzial von f in der Form

$$\mathrm{d}u = \frac{\partial f}{\partial x^1}\,\mathrm{d}x^1 + \ldots + \frac{\partial f}{\partial x^n}\,\mathrm{d}x^n = u_{,i}\,\mathrm{d}x^i \qquad (6.192)$$

schreiben. Für die mittelbare Funktion

$$u = f(y^1, \ldots, y^n) \quad \text{mit} \quad y^i = h^i(x^1, \ldots, x^n)$$

folgt mittels Kettenregel:

$$\frac{\partial u}{\partial x^j} = u_{,j} = \frac{\partial f}{\partial y^i}\frac{\partial h^i}{\partial x^j}\,. \qquad (6.193)$$

Höhere Ableitungen werden analog erklärt. Unter einem Vektorfeld versteht man eine Abbildung:

$$f \mid \mathbf{D} \subset \mathbf{E}^n \to \mathbf{E}^n\,. \qquad (6.194)$$

Man verwendet die Schreibweise:

$$\boldsymbol{v} = \boldsymbol{v}(x^i) \equiv f(x^i) \quad \text{mit} \quad \boldsymbol{v}(x^i) = v^k(x^i)\,\boldsymbol{g}_k \qquad \left(v^k(x^i) \equiv f^k(x^i)\right)\,.$$

Hängt die Basis nicht von den Koordinaten (x^i) ab, dann liefert die Differenziation nach x^i:

$$\frac{\partial \boldsymbol{v}}{\partial x^i} = \frac{\partial v^k}{\partial x^i}\,\boldsymbol{g}_k \qquad \text{bzw.} \qquad \boldsymbol{v}_{,i} = v^k_{,i}\boldsymbol{g}_k\,. \qquad (6.195)$$

Für das Tensorfeld 2. Stufe

$$T = T^{ij}\left(x^k\right)\,\boldsymbol{g}_i\,\boldsymbol{g}_j$$

lautet die Ableitung (nach der k-ten Koordinate):

$$\frac{\partial T}{\partial x^k} = T_{,k} = T^{ij}_{,k}\,\boldsymbol{g}_i\,\boldsymbol{g}_j\,.$$

Nun soll untersucht werden, ob die $v^k_{,i}$ in (6.195) einen Tensor 2. Stufe bilden. Dazu muss das Transformationsgesetz für einen Tensor 2. Stufe nachgewiesen werden.

Nutzt man die Kettenregel (angewendet auf $v^{i'} = v^{i'}(x^i(x^{i'}))$)

$$v^{i'}_{,k'} = \frac{\partial v^{i'}}{\partial x^{k'}} = \frac{\partial v^{i'}}{\partial x^r}\frac{\partial x^r}{\partial x^{k'}}\,, \qquad (6.196)$$

die Transformation

$$v^{i'} = A^{i'}_i\,v^i \qquad (6.197)$$

und beachtet, dass die $A^{i'}_i$ Konstanten sind ($\partial A^{i'}_i/\partial x^k = 0$), dann ergibt sich zunächst aus (6.197):

$$\frac{\partial v^{i'}}{\partial x^r} = A^{i'}_i\,\frac{\partial v^i}{\partial x^r}\,. \qquad (6.198)$$

Dieses Ergebnis wird in (6.196) eingesetzt:

$$v^{i'}_{,k'} = A^{i'}_{i} \frac{\partial v^i}{\partial x^r} \frac{\partial x^r}{\partial x^{k'}}.$$

Wegen $x^r = A^r_{r'}\, x^{r'}$ folgt:

$$\frac{\partial x^r}{\partial x^{k'}} = A^r_{r'} \frac{\partial x^{r'}}{\partial x^{k'}} = A^r_{k'}$$

und somit ist:

$$v^{i'}_{,k'} = A^{i'}_{i} \frac{\partial v^i}{\partial x^r} A^r_{k'} = A^{i'}_{i} A^r_{k'} v^i_{,r}. \tag{6.199}$$

Ergebnis: Die partiellen Ableitungen $v^i_{,r}$ des Vektors v^i bilden einen Tensor 2. Stufe. Führen wir diese Rechnung für einen Tensor p-ter Stufe durch, dann ergibt sich die Verallgemeinerung:

> Die partielle Ableitung eines Tensors p-ter Stufe ist ein Tensor $(p + 1)$-ter Stufe.

Insbesondere bilden die Ableitungen einer skalaren Ortsfunktion nach den Koordinaten x^i einen Tensor 1. Stufe. Sie können als kovariante Koordinaten eines Vektors v aufgefasst werden:

$$v = u_{,i} \cdot g^i.$$

Dieser Vektor wird *Gradient* genannt. Für den dreidimensionalen Raum heißt das:

$$v = \operatorname{grad} u(x^i) = u_{,1}\, g^1 + u_{,2}\, g^2 + u_{,3}\, g^3 = u_{,i}\, g^i. \tag{6.200}$$

Die *Divergenz* und *Rotation* können ebenfalls in Tensorschreibweise angegeben werden:

$$\operatorname{div} v = \frac{\partial v^1}{\partial x^1} + \frac{\partial v^2}{\partial x^2} + \frac{\partial v^3}{\partial x^3} = v^k_{,k}, \tag{6.201}$$

$$\operatorname{rot} v = \begin{vmatrix} g_1 & g_2 & g_3 \\ \dfrac{\partial}{\partial x^1} & \dfrac{\partial}{\partial x^2} & \dfrac{\partial}{\partial x^3} \\ v_1 & v_2 & v_3 \end{vmatrix} = \epsilon^{klm}\, v_{l,k}\, g_m. \tag{6.202}$$

ϵ^{klm} ist der ϵ-Tensor aus Abschnitt 6.2.2.

In der Vektoranalysis ist der *Nablaoperator* eine gebräuchliche Schreibweise für die Operationen Gradient, Divergenz und Rotation. Mit dem Nablaoperator

$$\nabla(*) := g^1 \frac{\partial(*)}{\partial x^1} + g^2 \frac{\partial(*)}{\partial x^2} + g^3 \frac{\partial(*)}{\partial x^3} = g^i \frac{\partial(*)}{\partial x^i} = g^i \nabla_i(*)$$

schreiben sich:

$$\begin{aligned}
\operatorname{grad} u &= \nabla u &&= g^i \nabla_i u &&= \frac{\partial u}{\partial x^i} g^i &&= u_{,i} g^i, \\
\operatorname{div} v &= \nabla \cdot v &&= g^i \nabla_i (v^j\, g_j) &&= \delta^i_j \nabla_i v^j &&= v^i_{,i}, \\
\operatorname{rot} v &= \nabla \times v &&= \epsilon^{klm} \nabla_k v_l\, g_m &&= \epsilon^{klm}\, v_{l,k}\, g_m.
\end{aligned} \tag{6.203}$$

Krummlinige Koordinaten

Zur Beschreibung von allgemeinen Vektor- oder Tensorfeldern verwendet man Koordinatensysteme, deren Basisvektoren ihre Richtung von Ort zu Ort stetig bzw. stetig differenzierbar ändern. Dabei wird das Bezugssystem den geometrischen Verhältnissen der zu behandelnden elektrotechnischen bzw. elektromechanischen Aufgabe angepasst.

Bisher wurde die Beschreibung der Punkte des affinen Vektorraumes durch affine Punktkoordinaten beschrieben. Ein Punkt P konnte einmal durch das affine Dreibein $\{O; \boldsymbol{g}_i\}$ (Ursprung O) in der Form $\boldsymbol{x} = \boldsymbol{OP} = x^i \boldsymbol{g}_i$ bzw. durch das affine Dreibein $\{O'; \boldsymbol{g}_{i'}\}$ (Ursprung O') in der Form $\boldsymbol{x} = \boldsymbol{O'P} = x^{i'} \boldsymbol{g}_{i'}$ dargestellt werden. Durch die Transformationsmatrix $A_i^{i'}$ (det $A_i^{i'} \neq 0$) bzw. die inverse Transformationsmatrix $A_{i'}^i$ wurde die eineindeutige Beziehung zwischen den affinen Koordinaten x^i und $x^{i'}$ hergestellt:

$$x^{i'} = A_i^{i'} x^i + A^{i'} \qquad \text{bzw.} \qquad x^i = A_{i'}^i x^{i'} + A^i. \tag{6.204}$$

Seien x^i affine Koordinaten und $f^{i'}(x^1, \ldots, x^n)$ $(i' = 1', \ldots, n')$ eineindeutige Funktionen. Dann gelten mit

$$x^{i'} = f^{i'}(x^1, \ldots, x^n) \tag{6.205}$$

die eineindeutigen Zuordnungen $P \leftrightarrow x^i \leftrightarrow x^{i'}$. Da die Abbildung $f^{i'} \,|\, M \to M'$ eineindeutig ist, gehört zu jedem Bildpunkt $x' \in M'$ genau ein Urbild $x \in M$. Somit sind die Gleichungen (6.205) eindeutig nach den x^i auflösbar:

$$x^i = g^i(x^{1'}, \ldots, x^{n'}). \tag{6.206}$$

Damit wird definiert: Durch die Transformationen (x^i: affine Koordinaten)

$$x^{i'} = f^{i'}(x^1, \ldots, x^n) \tag{6.207}$$
$$x^i = h^i(x^{1'}, \ldots, x^{n'}) \tag{6.208}$$

($f^{i'}$ und f^i sind eineindeutig und stetig partiell differenzierbar bis zur Ordnung N, $N \geq 1$) werden im Gebiet $\mathbf{D} \subset \mathbf{E}^n$ krummlinige Koordinaten $x^{i'}$ eingeführt.

Nach Definition gilt:

1. $f^{i'}\left(h^1(x'), \ldots, h^n(x')\right) \equiv x^{i'}$ und $h^i\left(f^{1'}(x), \ldots, f^{n'}(x)\right) \equiv x^i$
   auf $\mathbf{D}'$ bzw. $\mathbf{D} \in \mathbf{E}^n$.

2. Affine Koordinaten sind spezielle krummlinige Koordinaten
   (z. B.: $f^{i'}(x) := A_i^{i'} x^i + A^{i'}$).

Es wird auch mit der ebenfalls gebräuchlichen Bezeichung

$$x^{i'} = x^{i'}(x^1, \ldots, x^n) \qquad \text{bzw.} \qquad x^i = x^i(x^{1'}, \ldots, x^{n'}) \tag{6.209}$$

gearbeitet. Aus Darstellungsgründen werden wir von dieser Schreibweise Gebrauch machen, da die Doppelbezeichnung x^i (respektive $x^{i'}$) für Funktionen und Funktionswerte hier nicht zu Verwechslungen führen kann.

Bei den Transformationen (6.209) gilt notwendig:

$$\det\left(\frac{\partial x^{i'}}{\partial x^i}\right) \neq 0 \quad \text{und} \quad \det\left(\frac{\partial x^i}{\partial x^{i'}}\right) \neq 0. \tag{6.210}$$

Dies ist ersichtlich, wenn man von der Identität

$$\frac{\partial x^{i'}}{\partial x^{j'}} = \delta^{i'}_{j'}$$

ausgeht und die Kettenregel beachtet:

$$\delta^{i'}_{j'} = \frac{\partial x^{i'}}{\partial x^r}\frac{\partial x^r}{\partial x^{j'}}.$$

Daraus folgt nach Übergang zur Determinante:

$$1 = \det\left(\frac{\partial x^{i'}}{\partial x^i}\right)\cdot\det\left(\frac{\partial x^r}{\partial x^{r'}}\right), \tag{6.211}$$

wodurch (6.210) bewiesen ist.

Die Regularität der Funktionalmatrizen ist nicht hinreichend für die Eineindeutigkeit der Transformation im Gebiet **D**. Der allgemeine Satz über die Auflösbarkeit von Gleichungen (implizites Funktionentheorem) garantiert wegen (6.210) die eindeutige Auflösbarkeit nur in einer hinreichend kleinen Umgebung eines jeden Punktes in **D** (lokale eindeutige Auflösbarkeit, keine globale Auflösbarkeit). Der Übergang zu anderen krummlinigen Koordinaten $x^{i''}$ erfolgt in analoger Weise durch

$$x^{i''} = f^{i''}\left(x^{1'}, \ldots, x^{n'}\right) \quad \text{bzw.} \quad x^{i'} = h^{i'}\left(x^{1''}, \ldots, x^{n''}\right),$$

wobei die Schreibweise (6.209) wieder bevorzugt wird.

Beispiel 17:
Es seien $n = 3$, $x^i = (x, y, z)$ und $x^{i'} = (r, \vartheta, \varphi)$. Gegeben ist die Transformation $x^i = x^i(x^{1'}, x^{2'}, x^{3'})$ in der Darstellung

$$x = r\cos\vartheta\cos\varphi, \quad y = r\cos\vartheta\sin\varphi, \quad z = r\sin\vartheta \tag{6.212}$$

mit dem Definitionsgebiet $r \in (0, \infty)$, $\vartheta \in (-\pi/2, \pi/2)$, $\varphi \in (0, 2\pi)$. Die Umkehrfunktion $x^{i'} = x^{i'}(x^i)$ lautet

$$r = \sqrt{x^2 + y^2 + z^2}, \quad \vartheta = \arctan\frac{z}{\sqrt{x^2 + y^2}}, \quad \varphi = \arctan\frac{y}{x}, \tag{6.213}$$

falls $x > 0$, $y > 0$ und $z \in \mathbb{R}$. Außerdem gilt

$$\det\left(\frac{\partial x^i}{\partial x^{i'}}\right) = -r^2\cos\vartheta \tag{6.214}$$

für das zugelassene Gebiet. $\square$

Tensoren in krummlinigen Koordinaten

Jetzt soll geklärt werden, was mit den lokalen n-Beinen geschieht, wenn die krummlinigen Koordinaten einer Transformation unterworfen werden.

Mit affinen Koordinaten x^i und $x^i = x^i(x^{1'}, \ldots, x^{n'})$ schreibt sich der Ortsvektor eines Punktes P in der Form

$$OP = R = x^i\, e_i = x^i(x^{1'}, \ldots, x^{n'})\, e_i = R(x^{1'}, \ldots, x^{n'}) \qquad (6.215)$$

(Die Transformationen werden als stetig differenzierbare Funktionen vorausgesetzt.)

Die partiellen Ableitungen $\partial R/\partial x^{i'}$ sind in jedem Punkt n linear unabhängige Vektoren, da

$$\frac{\partial R}{\partial x^{i'}} = \frac{\partial R}{\partial x^i}\frac{\partial x^i}{\partial x^{i'}} = \frac{\partial x^i}{\partial x^{i'}}\, e_i \qquad \text{mit} \qquad \det\left(\frac{\partial x^i}{\partial x^{i'}}\right) \neq 0 \qquad (6.216)$$

gilt. Seien jetzt x^i beliebige krummlinige Koordinaten, P_0 ein fester Punkt, dem eineindeutig Koordinaten x_0^i zugeordnet sind. Hält man jeweils $n-1$ Koordinaten fest, dann geht durch jeden Punkt $P \in \mathbf{D}$ genau eine Koordinatenlinie. Damit verlaufen durch jeden Punkt $P \in \mathbf{D}$ genau n Koordinatenlinien mit den Tangentialvektoren

$$g_i := \frac{\partial}{\partial x^i}\, R(P) = g_i(P) \qquad (6.217)$$

Nach der vorausgehenden Überlegung (6.216) sind die g_i linear unabhängig (siehe Bild 6.4).

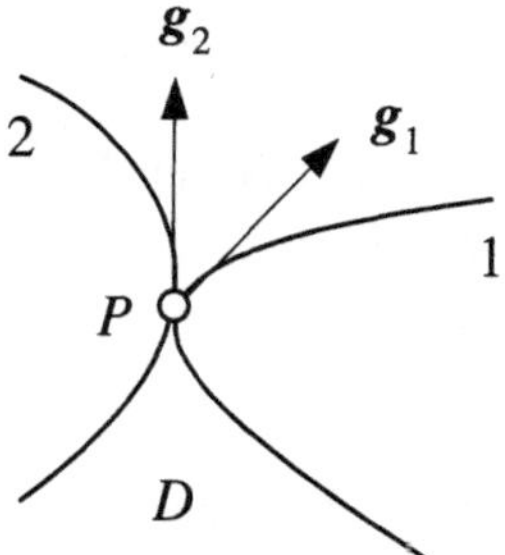

Bild 6.4: Lineare Unabhängigkeit der g_i

Damit ergibt sich der

Satz 6.6 *Die Einführung krummliniger Koordinaten x^i im Gebiet* $\mathbf{D}$ *erzeugt in jedem Punkt* $P \in \mathbf{D}$ *ein wohlbestimmtes affines n-Bein* $\mathbf{G}(P) = \{P,\, g_1(P), \ldots, g_n(P)\}$*.* $\mathbf{G}(P)$ *heißt lokales n-Bein im Punkt P.*

Liegt ein affines Koordinatensystem vor, so folgt aus $\boldsymbol{R} = x^i\,\boldsymbol{e}_i$ auch $\boldsymbol{g}_i(P) = \boldsymbol{R}_{,i} = \boldsymbol{e}_i$. Somit besitzen im affinen Koordinatensystem alle lokalen n-Beine die gleichen Vektoren. Man spricht von geradlinigen Koordinaten, wenn eine Koordinatenlinie in jedem Punkt denselben Tangentenvektor besitzt.

Beim Übergang zu neuen krummlinigen Koordinaten $x^{i'} = x^{i'}(x^i)$ gilt

$$\boldsymbol{R}_{,i'} = R_{,i}\,\frac{\partial x^i}{\partial x^{i'}} \qquad \text{und} \qquad \boldsymbol{g}_{i'} = \frac{\partial x^i}{\partial x^{i'}}\,\boldsymbol{g}_i\,. \tag{6.218}$$

Somit erzeugt die Transformation $x^{i'} = x^{i'}(x^1, \ldots, x^n)$ der krummlinigen Koordinaten in jedem Punkt eine Transformation des lokalen n-Beins: Mit Hilfe der Transformation

$$\boldsymbol{g}_{i'}(P) = \frac{\partial x^i}{\partial x^{i'}}(P)\,\boldsymbol{g}_i(P) \tag{6.219}$$

geht das n-Bein $\mathbf{G}(P)$ in $\mathbf{G}'(P)$ über.

Allgemein gilt: Wählt man die Koordinaten eines Tensors $t^{\,i\cdots}_{\,j\cdots}(P)$ bezüglich des lokalen n-Beins $\mathbf{G}(P)$ aus, so erhält man gemäß (6.219) die Transformation der Tensorkoordinaten in der Form

$$t^{\,i'\cdots}_{\,j'\cdots}(P) = \frac{\partial x^{i'}}{\partial x^i}(P)\,\ldots\,\frac{\partial x^j}{\partial x^{j'}}(P)\,\ldots\,t^{\,i\cdots}_{\,j\cdots}(P)\,. \tag{6.220}$$

Statt der konstanten Transformationsgrößen $A^i_{i'}$, $A^{i'}_i$ bei affinen Koordinatentransformationen treten jetzt die im Allgemeinen von Punkt zu Punkt verschiedene Transformationsgrößen

$$A^i_{i'}(P) := \frac{\partial x^i}{\partial x^{i'}}(P)\,, \qquad A^{i'}_i(P) := \frac{\partial x^{i'}}{\partial x^i}(P) \tag{6.221}$$

auf. Bei einer linearen affinen Transformation der Koordinaten der Form $x^{i'} = A^{i'}_i x^i + A^{i'}$ folgt $A^{i'}_i(P) = A^{i'}_i = \text{const}$. Da alle algebraischen Operationen an Tensorfeldern punktweise ausgeführt werden, übertragen sie sich von affinen auf krummlinige Koordinaten.

Ein in $\mathbf{D}$ gegebener Vektor $\boldsymbol{A}(P)$ wird ebenfalls auf das lokale n-Bein $\mathbf{G}(P)$ bezogen:

$$\boldsymbol{A}(P) = a^i\,\boldsymbol{g}_i(P)\,. \tag{6.222}$$

Danach ist a^i ein kontravarianter Tensor im Punkt P, da

$$a^{i'} = \frac{\partial x^{i'}}{\partial x^i}(P)\,a^i \tag{6.223}$$

gilt. Es besteht wieder die eineindeutige Zuordnung zwischen Vektorfeld $\boldsymbol{A}(P)$ (mit $P \in \mathbf{D}$) und Tensorfeld $a^i(P)$ (mit $P \in \mathbf{D}$).

Absolutes Differenzial, kovariante Ableitung

Im Folgenden werden Ableitungen in *Tensorfeldern* untersucht. Es sei längs der Kurve ℓ mit der Darstellung $\boldsymbol{x}\mid[a,b]\to\mathbf{E}^n$, $t\mapsto\boldsymbol{x}(t)=(x^1(t),\ldots,x^n(t))\in\mathbf{E}^n$ ein homogenes Vektorfeld gegeben. In jedem Kurvenpunkt sei derselbe feste Vektor $\boldsymbol{v}$ angeheftet.

Wir nehmen an, dass der Vektor $\boldsymbol{v}_0$ im Punkt $P_0\in\ell$ angeheftet sei. Man kann nun den gleichen Vektor $\boldsymbol{v}_0$ nicht im Punkt P_1 mit den gleichen Koordinaten v_0^i antragen, da die lokalen n-Beine in P_0 und P_1 verschieden sind. Es besteht nun die Aufgabe zu untersuchen, wie die v_0^i abzuändern sind, damit die neuen Koordinaten im lokalen n-Bein an P_1 den ursprünglichen Vektor $\boldsymbol{v}_0$ definieren (siehe Bild 6.5).

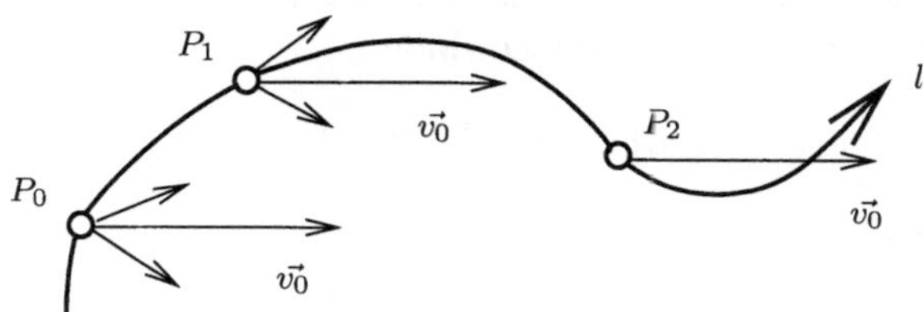

Bild 6.5: Begleitendes n-Bein entlang der Kurve ℓ

Interessant ist dabei die stetige Überführung von $\boldsymbol{v}_0$ längs der Kurve P_0, P_1. Statt $\boldsymbol{v}_0$ wird der Vektor $\boldsymbol{v}$ benutzt. Mit der lokalen Zerlegung $\boldsymbol{v}=v^i\,\boldsymbol{g}_i$, $\boldsymbol{g}_i=\boldsymbol{g}_i(\boldsymbol{x}(t))$ wird $v^i=v^i(t)$.

Wie hängt nun v^i vom Kurvenparameter t ab? Da $\boldsymbol{v}$ unabhängig von der Zeit t ist, gilt

$$0=\mathrm{d}\boldsymbol{v}=\frac{\mathrm{d}\boldsymbol{v}}{\mathrm{d}t}\,\mathrm{d}t=\mathrm{d}v^i\,\boldsymbol{g}_i+v^i\,\mathrm{d}\boldsymbol{g}_i\,. \tag{6.224}$$

Weiter lautet das totale Differenzial von $\boldsymbol{g}_i$

$$\mathrm{d}\boldsymbol{g}_i=\boldsymbol{g}_{i,j}\,\mathrm{d}x^j\quad\text{mit}\quad\mathrm{d}x^j=\dot{x}^j\,\mathrm{d}t\,. \tag{6.225}$$

Die $\boldsymbol{g}_{i,j}$ gestatten eine eindeutige lokale Zerlegung nach den Vektoren des lokalen n-Beins $\{\boldsymbol{g}_i\}$, nämlich:

$$\boldsymbol{g}_{i,j}=\Gamma_{ij}^k\,\boldsymbol{g}_k\,. \tag{6.226}$$

Wegen

$$\boldsymbol{g}_{ij}=(\boldsymbol{R}_{,i})_{,j}=\boldsymbol{R}_{,ij}=\boldsymbol{R}_{,ji}$$

folgt durch analoge Rechnung:

$$\Gamma_{ij}^k=\Gamma_{ji}^k\,, \tag{6.227}$$

wiederum wegen der Eindeutigkeit der Zerlegung nach Vektoren des n-Beins.

Die Γ_{ij}^k hängen natürlich von dem Punkt ab, für den die Zerlegung (6.226) durchgeführt wurde:

$$\Gamma_{ij}^k(P)=\Gamma_{ij}^k(x^1,\ldots,x^n)\,. \tag{6.228}$$

Die so in einem gegebenen krummlinigen Koordinatensystem eindeutig definierten Größen Γ_{ij}^k heißen *Zusammenhangsgrößen* (auch Zusammenhangskoeffizienten). Es gilt stets (6.227).

Nun wird die Zerlegung (6.226) in (6.225) eingesetzt. Es entsteht:

$$\mathrm{d}\boldsymbol{g}_i = \Gamma_{ij}^k\,\boldsymbol{g}_k\,\mathrm{d}x^j\ .$$

Damit geht (6.224) über in

$$0 = \mathrm{d}v^k\,\boldsymbol{g}_k + v^i\,\Gamma_{ij}^k\,\boldsymbol{g}_k\,\mathrm{d}x^j\ . \tag{6.229}$$

Im erste Term wurde die Bezeichnung des Summationsindex in k geändert.

Da die Vektoren $\boldsymbol{g}_k$ linear unabhängig sind und ihre Linearkombination verschwindet, muss jeder der Koeffizienten einzeln verschwinden:

$$\mathrm{d}v^k + \Gamma_{ij}^k v^i\,\mathrm{d}x^j = 0 \tag{6.230}$$

oder gleichbedeutend:

$$\mathrm{d}v^k = -\Gamma_{ij}^k\,v^i\,\mathrm{d}x^j\ . \tag{6.231}$$

Dies ist die Formel für eine infinitesimale Parallelverschiebung eines Vektors. Man definiert nun:

Definition 6.9 *Der $(0,1)$-Tensor*

$$\mathrm{D}v^k := \mathrm{d}v^k + \Gamma_{ij}^k\,v^i\,\mathrm{d}x^j \tag{6.232}$$

heißt absolutes Differenzial *des Tensors v^k. Seine zeitliche Ableitung*

$$\frac{\mathrm{D}v^k}{\mathrm{d}t} := \frac{\mathrm{d}v^k}{\mathrm{d}t} + \Gamma_{ij}^k\,v^i\,\frac{\mathrm{d}x^j}{\mathrm{d}t} \tag{6.233}$$

heißt absolute *bzw.* innere Ableitung *von v^k längs der Kurve ℓ mit der Darstellung $x = x(t)$.*

Damit ist das entlang ℓ erklärte Vektorfeld $\boldsymbol{v} = v^i\,\boldsymbol{g}_i$ genau dann homogen ($\boldsymbol{v}$ parallelverschoben), wenn $\mathrm{D}v^i$ längs ℓ verschwindet ($\mathrm{D}v^i = 0$). Das heißt, dass sich beim Übergang vom Kurvenpunkt $x(t)$ zu $x(t + \mathrm{d}t)$ die Vektorkoordinaten v^k um $dv^k = -\Gamma_{ij}^k(x(t))\,v^i(t)\,\mathrm{d}x^j$ ($\mathrm{d}x^j = \dot{x}^j(t)\,\mathrm{d}t$) ändern. Die $v^k(t)$ genügen dem linearen Differenzialgleichungssystem

$$\frac{\mathrm{D}v^k}{\mathrm{d}t} = \frac{\mathrm{d}v^k}{\mathrm{d}t} + \Gamma_{ij}^k\,\dot{x}^j\,v^i = 0\ . \tag{6.234}$$

Die Differenzialgleichung (6.234) wird auch als *Differenzialgleichung der Parallelverschiebung* bezeichnet.

Liegt ℓ in $\mathbf{D}$ und ist $\boldsymbol{v}$ im ganzen Gebiet $\mathbf{D}$ erklärt und differenzierbar, so ist

$$\mathrm{d}v^k = v^k_{,j}\,\mathrm{d}x^j \quad \text{und} \quad \mathrm{D}v^k = (v^k_{,j} + \Gamma^k_{ij}\,v^i)\,\mathrm{d}x^j$$

für alle dx^j. Man bezeichnet den $(1,1)$-Tensor:

$$\nabla_j v^k := v^k_{,j} + \Gamma^k_{ij}\,v^i \tag{6.235}$$

als *kovariante Ableitung* des Tensors v^k.

Das Vektorfeld $\boldsymbol{v}$ ist homogen im Gebiet $\mathbf{D}$ genau dann, wenn

$$\nabla_j v^k = 0 \quad \text{in} \quad \mathbf{D}$$

gilt.

Es folgen die Eigenschaften der Zusammenhangsgrößen. Die Γ^k_{ij} sind gemäß (6.226) in jedem Koordinatensystem erklärt. Das Koordinatensystem ist genau dann affin, wenn die $\Gamma^k_{ij} = 0$ sind. Dies sieht man so: Es seien die x^i affine Koordinaten. Dann hat der Ortsvektor $\boldsymbol{R}$ die Darstellung $\boldsymbol{R}(x) = x^j\,\boldsymbol{e}_j$. Daraus folgt für die $\boldsymbol{g}_i = \boldsymbol{R}_{,i} = \boldsymbol{e}_i$ und daraus $\boldsymbol{g}_{i,j} = 0$. Aus (6.226) folgt dann $\Gamma^k_{ij} = 0$.

Sind umgekehrt die $\Gamma^k_{ij} = 0$, dann folgt wiederum aus (6.226): $\boldsymbol{g}_{i,j} = 0$ und daraus: $\boldsymbol{g}_i = const. =: \boldsymbol{e}_i$. Wegen $\boldsymbol{g}_i = \boldsymbol{R}_{,i}$ folgt nun: $\boldsymbol{R} = x^i\,\boldsymbol{e}_i + \boldsymbol{R}_0$, das heißt, die x^i sind affin.

Nun soll das Transformationsverhalten der Γ^k_{ij} untersucht werden. In den alten und entsprechend in den neuen Koordinaten haben wir:

$$\boldsymbol{R}_{,ij} = \Gamma^k_{ij}\,\boldsymbol{g}_k \quad \text{und} \quad \boldsymbol{R}_{,i'j'} = \Gamma^{k'}_{i'j'}\,\boldsymbol{g}_{k'}\,. \tag{6.236}$$

Unter Benutzung der ersten Zerlegung werden die Koeffizienten der zweiten Zerlegung berechnet, womit dann das gesuchte Gesetz gefunden ist. Man beachte bei der Herleitung, dass bei der Differenziation nach x^i der Vektor $\boldsymbol{R} = \boldsymbol{R}(x^1,\ldots,x^n)$ als mittelbare Funktion von den $x^{i'}$ angesehen werden muss.

Nun folgt (unter Nutzung von (6.218), (6.226) und der Kettenregel):

$$
\begin{aligned}
\boldsymbol{R}_{,i'j'} &= (\boldsymbol{R}_{,i'})_{,j'} = (\boldsymbol{g}_{i'})_{,j'} = \left(\frac{\partial x^i}{\partial x^{i'}}\,\boldsymbol{g}_i\right)_{,j'} \\[2mm]
&= \frac{\partial^2 x^k}{\partial x^{i'}\,\partial x^{j'}}\,\boldsymbol{g}_k + \frac{\partial x^i}{\partial x^{i'}}\,\boldsymbol{g}_{i,j}\,\frac{\partial x^j}{\partial x^{j'}} \\[2mm]
&= \frac{\partial^2 x^k}{\partial x^{i'}\,\partial x^{j'}}\,\boldsymbol{g}_k + \frac{\partial x^i}{\partial x^{i'}}\,\frac{\partial x^j}{\partial x^{j'}}\,\Gamma^k_{ij}\,\boldsymbol{g}_k \\[2mm]
&= \left[\frac{\partial^2 x^k}{\partial x^{i'}\,\partial x^{j'}} + \frac{\partial x^i}{\partial x^{i'}}\,\frac{\partial x^j}{\partial x^{j'}}\,\Gamma^k_{ij}\right]\frac{\partial x^{k'}}{\partial x^k}\,\boldsymbol{g}_{k'}\,.
\end{aligned}
\tag{6.237}
$$

Nach dieser Rechnung ergibt sich nach (6.236) das Transformationsverhalten der Zusammenhangsgrößen

$$\Gamma_{i'j'}^{k'} = \frac{\partial x^i}{\partial x^{i'}} \frac{\partial x^j}{\partial x^{j'}} \frac{\partial x^{k'}}{\partial x^k} \Gamma_{ij}^k + \frac{\partial x^{k'}}{\partial x^k} \frac{\partial^2 x^k}{\partial x^{i'} \partial x^{j'}} . \tag{6.238}$$

Die Zusammenhangsgrößen bilden keinen Tensor! Das Gesetz wäre tensoriell, wenn der zweite Summand in (6.238) verschwinden würde.

Die wichtigste Bedeutung der Γ_{ij}^k im affinen Raum besteht darin, dass sie die gesamte Geometrie des affinen Raumes bestimmen.

Krummlinige Koordinaten im euklidischen Raum

Da der $\mathbf{E}^n$ durch Einführung einer Metrik (in Form eines Skalarproduktes) aus dem affinen Raum entsteht, übertragen sich alle bisherigen Betrachtungen auf den $\mathbf{E}^n$. Das Vorhandensein einer Metrik bewirkt zusätzliche Eigenschaften im Zusammenhang mit dem (metrischen) Maßtensor. Er ist in affinen Koordinaten x^i durch $g_{ij} = \langle e_i, e_j \rangle$ definiert. Vereinbarungsgemäß ist der Maßtensor (wie jeder Tensor) auf das lokale n-Bein $\mathbf{G}(P) = \{P, \boldsymbol{g}_i(P)\}$ zu beziehen. Seine Koordinaten sind dann gleich den Skalarprodukten:

$$g_{ij}(P) = \langle \boldsymbol{g}_i(P), \boldsymbol{g}_j(P) \rangle .$$

Bei dieser Behandlung muss man den metrischen Tensor als ein Tensorfeld behandeln. Seine Koordinaten sind Funktionen eines Punktes

$$g_{ij}(P) = g_{ij}(x^1, \ldots, x^n) .$$

Beim Übergang zu neuen krummlinigen Koordinaten transformieren sich die g_{ij} nach der Formel:

$$g_{i'j'} = \frac{\partial x^i}{\partial x^{i'}} \frac{\partial x^j}{\partial x^{j'}} g_{ij} . \tag{6.239}$$

Die Angabe des metrischen Tensors g_{ij} besitzt für den euklidischen Raum die gleiche Bedeutung wie die Angabe der Zusammenhangsgrößen Γ_{ij}^k für den affinen Raum. Der metrische Tensor bestimmt bereits die Geometrie völlig.

Wir betrachten zunächst die Parameterdarstellung einer gegebenen Kurve $x^i = x^i(t)$, $t_0 \leq t \leq t_1$. Die x^i seien stetig differenzierbare Funktionen von $t \in [t_0, t_1]$. Der Ortsvektor $\boldsymbol{R}$ eines Punktes ist die Funktion seiner krummlinigen Koordinaten

$$\boldsymbol{R} = \boldsymbol{R}(x^1, \ldots, x^n) ,$$

wobei die $x^1, \ldots, x^n$ längs der Kurve von t abhängen (siehe Bild 6.6).

Der Tangentialvektor lautet:

$$\frac{\mathrm{d}}{\mathrm{d}t} \boldsymbol{R}(x(t)) = \frac{\mathrm{d}x^i}{\mathrm{d}t} \boldsymbol{g}_i .$$

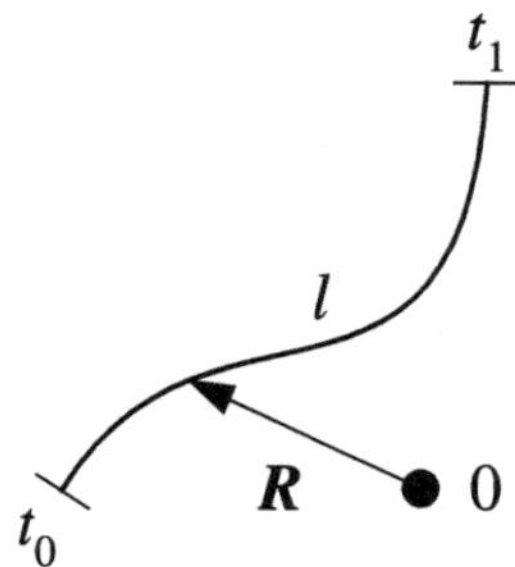

Bild 6.6: Ortsvektor R als Funktion seiner krummlinigen Koordinaten

Das skalare Quadrat des Vektors dR/dt ergibt sich aus

$$\left(\frac{dR}{dt}\right)^2 = \left\langle \frac{dR}{dt}, \frac{dR}{dt} \right\rangle = \left\langle \frac{dx^i}{dt}\, g_i, \frac{dx^j}{dt}\, g_j \right\rangle = \frac{dx^i}{dt} \cdot \frac{x^j}{t}\, g_{ij}\,.$$

Das Normquadrat des Linienelementes dR ist

$$ds^2 := \|dR\|^2 = g_{ij}\, dx^i\, dx^j\,, \tag{6.240}$$

die Bogenlänge des Kurvenstückes

$$s = \int\limits_L ds = \int\limits_{t_0}^{t} \sqrt{g_{ij}(x(t))\, \dot{x}^i\, \dot{x}^j}\, dt\,. \tag{6.241}$$

Da $g_{ij} = g_{ij}(x)$ positiv definit ist, gilt $g_{ij}\, \dot{x}^i\, \dot{x}^j \geq c\, \dot{x}^i\, \dot{x}^i$ mit $c > 0$. Somit ist (6.241) sinnvoll. Wir setzen $\dot{x}^i\, \dot{x}^i > 0$ voraus.

Kurven minimaler Länge s im Sinne von (6.241), die durch zwei Punkte A und B in einem Gebiet **D** laufen, heißen *metrische Geodäten*. Das ist ein Variationsproblem mit der Lagrange-Funktion $L(t, x^i, \dot{x}^i) = \sqrt{g_{ij}\, \dot{x}^i\, \dot{x}^j}$ (siehe Abschnitt 6.1). Man kann somit nach Kurven minimaler Länge fragen, die in einer gegebenen Fläche verlaufen und zwei gegebene Punkte verbinden (z. B. Weg von Lichtstrahlen in vierdimensionalen gekrümmten Raum-Zeiten im Rahmen der allgemeinen Relativitätstheorie).

Wenn der metrische Tensor $g_{ij}(x^1, \ldots, x^n)$ in krummlinigen Koordinaten x^i gegeben ist, so lässt sich die Länge jeder Kurve gemäß Formel (6.241) berechnen.

Anstatt die Kurvenlänge durch ein Integral anzugeben, kann man sie auch aus dem Differenzial herleiten, das mit dem Ausdruck unter dem Integral zusammenfällt. Man nennt deshalb die quadratische Form

$$ds^2 = g_{ij}\,(x^1, \ldots, x^n)\, dx^i\, dx^j \tag{6.242}$$

die *metrische Fundamentalform* der Koordinatendifferenziale. Sie ist invariant bezüglich Transformationen der krummlinigen Koordinaten x^i.

Christoffelsymbole und ihre Eigenschaften

Wir zeigen, dass man die Zusammenhangsgrößen Γ_{ij}^k des euklidischen Raumes berechnen kann, wenn man den metrischen Tensor $g_{ij}(x)$ in irgendeinem krummlinigen Koordinatensystem kennt. Man verfährt wie folgt:

Ausgangspunkt ist Formel (6.226), die skalar mit g_l multipliziert wird:

$$\langle g_l,\, g_{i,j} \rangle = \langle g_l,\, \Gamma_{ij}^k\, g_k \rangle = \Gamma_{ij}^k\, g_{kl} =: \Gamma_{ijl}$$

Aus $g_{il,j} = \langle g_i,\, g_l \rangle_{,j}$ ergibt sich:

$$g_{il,j} = \langle g_{i,j},\, g_l \rangle + \langle g_i,\, g_{l,j} \rangle = \Gamma_{ijl} + \Gamma_{lji}\,.$$

Jetzt betrachtet man die Gleichung:

$$\Gamma_{rjs} + \Gamma_{sjr} = g_{rs,j}\,. \tag{6.243}$$

Durch zyklische Vertauschung erhält man:

$$\Gamma_{srj} + \Gamma_{jrs} = g_{sj,r}\,, \tag{6.244}$$

und

$$\Gamma_{jsr} + \Gamma_{rsj} = g_{jr,s}\,. \tag{6.245}$$

Wird (6.243) mit (-1) multipliziert und anschließend die letzten drei Gleichungen addiert, dann entsteht unter Beachtung der Symmetrie $\Gamma_{rsj} = \Gamma_{srj}$

$$2\,\Gamma_{rsj} = g_{sj,r} + g_{jr,s} - g_{rs,j}\,, \tag{6.246}$$

und schließlich

$$\Gamma_{rsj} = g_{kj}\,\Gamma_{rs}^k = \frac{1}{2}\,[g_{sj,r} + g_{jr,s} - g_{rs,j}]\,. \tag{6.247}$$

Die Überschiebung mit dem kontravarianten Maßtensor g^{ij} liefert

$$g^{ij}\,\Gamma_{rsj} = g^{ij}\,g_{kj}\,\Gamma_{rs}^k = \delta_k^i\,\Gamma_{rs}^k = \Gamma_{rs}^i = \frac{1}{2}\,g^{ij}\,[g_{sj,r} + g_{jr,s} - g_{rs,j}]\,. \tag{6.248}$$

Die Formel (6.248) stellt die Lösung unserer Aufgabe dar. Die Ausdrücke für Γ_{rsj} und Γ_{rs}^i heißen die *Christoffelschen Symbole* erster beziehungsweise zweiter Art. Im E^n sind die Zusammenhangsgrößen gerade die Christoffelschen Symbole 2. Art. Das Koordinatensystem ist wieder affin genau dann, wenn die $g_{ij}(x) = const$ sind.

Beispiel 18:

Für die Transformation von kartesischen Koordinaten $x^{i'} = (x,\, y,\, z)$ auf Kugelkoordinaten (krummlinige Koordinaten) $x^i = (r,\, \vartheta,\, \varphi)$ gilt:

$$x = r\cos\vartheta\cos\varphi\,, \qquad y = r\cos\vartheta\sin\varphi\,, \qquad z = r\sin\vartheta \tag{6.249}$$

mit

$$r \in (0, \infty), \quad \vartheta \in (-\frac{\pi}{2}, \frac{\pi}{2}) \quad \text{und} \quad \varphi \in (0, 2\pi).$$

Die Aufgabe besteht darin, die kovarianten und kontravarianten Koordinaten des Metriktensors g_{ij} und die Christoffelsymbole für krummlinige Koordinaten zu berechnen. Zunächst ergeben sich für die $\boldsymbol{g}_i = \boldsymbol{R}_{,i} = (\partial x^{i'}/\partial x^i)\,\boldsymbol{e}_{i'}$ die Formeln:

$$\begin{aligned}
\boldsymbol{g}_1 &= \frac{\partial x}{\partial r}\,\boldsymbol{e}_{1'} + \frac{\partial y}{\partial r}\,\boldsymbol{e}_{2'} + \frac{\partial z}{\partial r}\,\boldsymbol{e}_{3'} = \cos\vartheta\cos\varphi\,\boldsymbol{e}_{1'} + \cos\vartheta\sin\varphi\,\boldsymbol{e}_{2'} + \sin\vartheta\,\boldsymbol{e}_{3'}\,, \\
\boldsymbol{g}_2 &= \frac{\partial x}{\partial \vartheta}\,\boldsymbol{e}_{1'} + \frac{\partial y}{\partial \vartheta}\,\boldsymbol{e}_{2'} + \frac{\partial z}{\partial \vartheta}\,\boldsymbol{e}_{3'} = -r\sin\vartheta\cos\varphi\,\boldsymbol{e}_{1'} - r\sin\vartheta\sin\varphi\,\boldsymbol{e}_{2'} + r\cos\vartheta\,\boldsymbol{e}_{3'}\,, \\
\boldsymbol{g}_3 &= \frac{\partial x}{\partial \varphi}\,\boldsymbol{e}_{1'} + \frac{\partial y}{\partial \varphi}\,\boldsymbol{e}_{2'} + \frac{\partial z}{\partial \varphi}\,\boldsymbol{e}_{3'} = -r\cos\vartheta\sin\varphi\,\boldsymbol{e}_{1'} + r\cos\vartheta\cos\varphi\,\boldsymbol{e}_{2'}\,.
\end{aligned}$$

Der Metriktensor g_{ij} errechnet sich aus:

$$g_{ij} = \frac{\partial x^{i'}}{\partial x^i}\,\frac{\partial x^{j'}}{\partial x^j}\,g_{i'j'}\,.$$

Nach dieser Formel ergibt sich zum Beispiel:

$$\begin{aligned}
g_{11} &= \langle \boldsymbol{g}_1, \boldsymbol{g}_1 \rangle = \cos^2\vartheta\cos^2\varphi + \cos^2\vartheta\sin^2\varphi + \sin^2\vartheta = 1\,, \\
g_{12} &= \langle \boldsymbol{g}_1, \boldsymbol{g}_2 \rangle = 0 = g_{21} = g_{13} = g_{31} \qquad \text{usw.}
\end{aligned}$$

In Matrixform lautet der kovariante Metriktensor:

$$(g_{ij}) = \begin{pmatrix} 1 & 0 & 0 \\ 0 & r^2 & 0 \\ 0 & 0 & r^2\cos^2\vartheta \end{pmatrix} \qquad \text{mit} \qquad g := \det(g_{ij}) = r^4\cos^2\vartheta.$$

Die Inverse zur Matrix (g_{ij}) liefert die kontravarianten Koordinaten des Metriktensors:

$$(g^{ij}) = \begin{pmatrix} 1 & 0 & 0 \\ 0 & 1/r^2 & 0 \\ 0 & 0 & 1/(r^2\cos^2\vartheta) \end{pmatrix}.$$

Für das Bogenelement einer gegebenen Kurve ergibt sich:

$$\mathrm{d}s^2 = g_{ij}\,\mathrm{d}x^i\,\mathrm{d}x^j = \mathrm{d}r^2 + r^2\,\mathrm{d}\vartheta^2 + r^2\cos^2\vartheta\,\mathrm{d}\varphi^2$$

Gemäß (6.241) lautet die Formel für die Bogenlänge:

$$S = \int_{t_0}^{t_1} \sqrt{\dot{r}^2 + r^2\dot{\vartheta}^2 + r^2\cos^2\vartheta\,\dot{\varphi}^2}\,\mathrm{d}t.$$

Es folgt die Berechnung der Christoffelsymbole. Zum Beispiel ist

$$\Gamma^1_{22} = \frac{1}{2}\,g^{11}(g_{21,2} + g_{12,2} - g_{22,1}) = -r$$

oder

$$\Gamma_{23}^3 = \frac{1}{2}\, g^{33}(g_{33,2} + g_{32,3} - g_{23,3}) = \frac{1}{2}\, \frac{1}{r^2 \cos^2 \vartheta}\, (-2r^2 \cos\vartheta \sin\vartheta) = -\tan\vartheta\,.$$

Auf diese Weise erhält man alle Christoffelsymbole:

$$(\Gamma_{ij}^1) \;=\; \begin{pmatrix} 0 & 0 & 0 \\ 0 & -r & 0 \\ 0 & 0 & -r\cos^2\vartheta \end{pmatrix}, \quad (\Gamma_{ij}^2) \;=\; \begin{pmatrix} 0 & 1/r & 0 \\ 1/r & 0 & 0 \\ 0 & 0 & \sin\vartheta\cos\vartheta \end{pmatrix},$$

$$(\Gamma_{ij}^3) \;=\; \begin{pmatrix} 0 & 0 & 1/r \\ 0 & 0 & -\tan\vartheta \\ 1/r & -\tan\vartheta & 0 \end{pmatrix}.$$

$\square$

Der Nabla-Operator

In diesem Abschnitt geht es um die Definition tensorieller Differenzialoperationen in Verallgemeinerung der bekannten Operationen der Vektoranalysis im $\mathbf{E}^3$.

Der „Nabla-Vektor" (auch Nabla-Operator) soll jetzt in krummlinigen Koordinaten ausgedrückt werden. Für geradlinige Koordinaten gilt (siehe Abschnitt 6.2.4):

$$\nabla(*) = e^i\, \frac{\partial}{\partial x^i}\,. \tag{6.250}$$

Mit der Kettenregel kann man $\nabla_i(*)$ auf krummlinige Koordinaten beziehen:

$$\frac{\partial}{\partial x^i} = \frac{\partial x^{j'}}{\partial x^i} \cdot \frac{\partial}{\partial x^{j'}}\,. \tag{6.251}$$

Für die kontravariante Basis gilt:

$$e^i = \frac{\partial x^i}{\partial x^{i'}}\, \boldsymbol{g}^{\,i'}\,. \tag{6.252}$$

Setzt man (6.251) und (6.252) in (6.250) ein, so ergibt sich für den „Nabla-Vektor":

$$\nabla(*) = \frac{\partial x^i}{\partial x^{i'}}\, \boldsymbol{g}^{\,i'} \frac{\partial x^{j'}}{\partial x^i}\, \frac{\partial}{\partial x^{j'}} = \delta_{i'}^{j'}\, \boldsymbol{g}^{\,i'}\, \frac{\partial}{\partial x^{j'}} = \boldsymbol{g}^{\,j'}\, \frac{\partial}{\partial x^{j'}}\,. \tag{6.253}$$

Ist nun u eine skalare Ortsfunktion, dann gilt für den Gradienten eines Skalars u in krummlinigen Koordinaten:

$$\nabla u = \boldsymbol{g}^{\,j'}\, \frac{\partial u}{\partial x^{j'}} \qquad \text{oder} \qquad \operatorname{grad} u = \nabla u = u_{,j'}\, \boldsymbol{g}^{\,j'}\,. \tag{6.254}$$

Die partielle Ableitung $u_{,j'}$ der skalaren Funktion ist ein kovarianter Tensor 1. Stufe oder eine kovariante Ableitung.

Nun wird die Divergenz eines Vektors $\boldsymbol{A}$ gebildet. Dazu gehen wir von (6.103) aus und erhalten:

$$\operatorname{div} \boldsymbol{A} = \nabla \boldsymbol{A} = \left(\boldsymbol{g}^i \frac{\partial}{\partial x^i} \right) (A^j \, \boldsymbol{g}_j) \,.$$

Die Basis $\boldsymbol{g}_j$ ist von den Koordinaten x^j abhängig. Unter Berücksichtigung der Ableitungen der Basisvektoren (vgl. (6.226)) folgt:

$$\operatorname{div} \boldsymbol{A} = \boldsymbol{g}^i (A^j_{,i} \, \boldsymbol{g}_j + A^j \, \boldsymbol{g}_{j,i}) = \boldsymbol{g}^i (A^j_{,i} \, \boldsymbol{g}_j + A^j \, \Gamma^k_{ji} \, \boldsymbol{g}_k) \,. \tag{6.255}$$

Dies lässt sich umformen zu:

$$\operatorname{div} \boldsymbol{A} = \boldsymbol{g}^i \, \boldsymbol{g}_j \, (A^j_{,j} + A^k \, \Gamma^j_{ki}) = (A^i_{,i} + A^k \, \Gamma^i_{ki}) \,.$$

Gemäß der Definition der kovarianten Ableitung (siehe Abschnitt 6.2 4) lautet die Divergenz des Vektorfeldes $\boldsymbol{A}$:

$$\operatorname{div} \boldsymbol{A} = \nabla_i A^i = A^i_{,i} + \Gamma^i_{ik} \, A^k \tag{6.256}$$

Für die Rotation des Vektors $\boldsymbol{A}$ gilt entsprechend:

$$\operatorname{rot} \boldsymbol{A} = \nabla \times \boldsymbol{A} = \left(\boldsymbol{g}^j \frac{\partial (*)}{\partial x^j} \right) \times (A_l \, \boldsymbol{g}^l)$$

oder

$$\operatorname{rot} \boldsymbol{A} = (\boldsymbol{g}^j \times \boldsymbol{g}^l) \, A_{l,j} + A_l \, (\boldsymbol{g}^j \times \boldsymbol{g}^l_{,j}) \,. \tag{6.257}$$

Für die Ableitung der Basisvektoren hat man einerseits die Beziehung (6.226). Andererseits führen wir für die partiellen Ableitungen der kontravarianten Basis die Größen $\tilde{\Gamma}^i_{jn}$ ein, mit denen gelten soll:

$$\boldsymbol{g}^i_{,j} = \tilde{\Gamma}^i_{jk} \, \boldsymbol{g}^k \,. \tag{6.258}$$

Aus

$$\langle \boldsymbol{g}^i, \boldsymbol{g}_j \rangle_{,k} = (\delta^i_j)_{,k} = 0 = \langle \boldsymbol{g}^i_{,k}, \, \boldsymbol{g}_j \rangle + \langle \boldsymbol{g}_{j,k}, \, \boldsymbol{g}^i \rangle$$

folgt mit Gl. (6.258)

$$\tilde{\Gamma}^i_{kl} \, \boldsymbol{g}^l \cdot \boldsymbol{g}_j + \Gamma^l_{jk} \, \boldsymbol{g}_l \cdot \boldsymbol{g}^i = 0 \,,$$

und daraus

$$\tilde{\Gamma}^i_{jk} = -\Gamma^i_{jk} \,. \tag{6.259}$$

Dies liefert die grundlegenden Formeln für die Ableitungen der Basisvektoren:

$$\begin{aligned} \boldsymbol{g}_{k,l} &= \Gamma^m_{kl} \, \boldsymbol{g}_m, \\ \boldsymbol{g}^k_{,l} &= -\Gamma^k_{lm} \, \boldsymbol{g}^m. \end{aligned} \tag{6.260}$$

Mit (6.260) lässt sich der 2. Summand in (6.257) umformen:

$$\boldsymbol{g}^j \times \boldsymbol{g}^l_{,j} = -\Gamma^l_{km} \, (\boldsymbol{g}^k \times \boldsymbol{g}^m) \,. \tag{6.261}$$

Nutzt man die Antisymmetrie des Kreuzproduktes und die Symmetrie der Christoffelsymbole in den unteren Indizes, dann folgt aus (6.261):

$$\boldsymbol{g}^j \times \boldsymbol{g}^l_{,j} = -\Gamma^l_{mk} \, \boldsymbol{g}^m \times \boldsymbol{g}^k = -\boldsymbol{g}^j \times \boldsymbol{g}^l_{,j} \,. \tag{6.262}$$

Aus der letzten Beziehung folgt sofort $\boldsymbol{g}^j \times \boldsymbol{g}^l_{,j} = 0$. Damit geht (6.257) in

$$\operatorname{rot} \boldsymbol{A} = (\boldsymbol{g}^j \times \boldsymbol{g}^l)\, A_{l,j} \qquad (6.263)$$

über. Mit Hilfe des ϵ-Tensors ergibt sich

$$\operatorname{rot} \boldsymbol{A} = \epsilon^{jlm}\, A_{l,j}\, \boldsymbol{g}_m \,. \qquad (6.264)$$

Umrechnung von grad, div und rot in Kugelkoordinaten

Für den Ortsvektor $\boldsymbol{R}$ gilt in Kugelkoordinaten (siehe (6.249)):

$$\boldsymbol{R} = r \cos\vartheta \cos\varphi\, \boldsymbol{e}_1 + r \cos\vartheta \sin\varphi\, \boldsymbol{e}_2 + r \sin\vartheta\, \boldsymbol{e}_3$$

mit

$$r \in (0,\infty) \quad, \quad \vartheta \in \left(-\frac{\pi}{2}, \frac{\pi}{2}\right) \quad \text{und} \quad \varphi \in [0.2\pi)\,.$$

Es wurden bereits die kovariante Basis $\boldsymbol{g}_i$, die kovarianten und kontravarianten Metriktensoren und die Christoffelsymbole berechnet. Die kontravariante Basis ergibt sich aus:

$$\boldsymbol{g}^i = g^{ij}\, \boldsymbol{g}_j \,.$$

Da der Tensor nur Diagonalglieder hat, findet man sofort:

$$\boldsymbol{g}^1 = \boldsymbol{g}_1\,, \quad \boldsymbol{g}^2 = \frac{1}{r^2}\, \boldsymbol{g}_2\,, \quad \boldsymbol{g}^3 = \frac{1}{r^2 \cos^2\vartheta}\, \boldsymbol{g}_3 \,. \qquad (6.265)$$

Nach (6.254) wird zunächst der Gradient der skalaren Funktion u errechnet:

$$\operatorname{grad} u = u_{,i}\, \boldsymbol{g}^i = \frac{\partial u}{\partial r}\, \boldsymbol{g}_1 + \frac{1}{r^2}\, \frac{\partial u}{\partial \vartheta}\, \boldsymbol{g}_2 + \frac{1}{r^2 \cos^2\vartheta}\, \frac{\partial u}{\partial \varphi}\, \boldsymbol{g}_3 \,.$$

Für Anwendungen muss der Gradient auf Einheitsvektoren

$$\boldsymbol{g}_i^* = \frac{1}{\sqrt{g_{(ii)}}}\, \boldsymbol{g}_i$$

bezogen werden. Die runde Klammer um ii bedeutet, dass über i nicht summiert wird. Daraus folgt:

$$\boldsymbol{g}_1 = \boldsymbol{g}_1^*\,, \quad \boldsymbol{g}_2 = r\, \boldsymbol{g}_2^*\,, \quad \boldsymbol{g}_3 = r\, \cos\vartheta\, \boldsymbol{g}_3^* \,.$$

Für den Gradienten ergibt sich jetzt

$$\operatorname{grad} u = \frac{\partial u}{\partial r}\, \boldsymbol{g}_1^* + \frac{1}{r}\, \frac{\partial u}{\partial \vartheta}\, \boldsymbol{g}_2^* + \frac{1}{r \cos\vartheta}\, \frac{\partial u}{\partial \varphi}\, \boldsymbol{g}_3^* \,. \qquad (6.266)$$

Seine Koordinaten lauten:

$$\operatorname{grad}_r u = \frac{\partial u}{\partial r}\,, \quad \operatorname{grad}_\vartheta u = \frac{1}{r}\, \frac{\partial u}{\partial \vartheta}\,, \quad \operatorname{grad}_\varphi u = \frac{1}{r \cos\vartheta}\, \frac{\partial u}{\partial \varphi} \,.$$

Für die Divergenz eines Vektors $\boldsymbol{A}$ gilt nach (6.256)

$$\operatorname{div} \boldsymbol{A} = A^{i}_{,i} + \Gamma^{i}_{ik}\, A^{k}\,.$$

Verwendet man die Christoffelsymbole aus Abschnitt 6.2.4, dann findet man beispielsweise

$$\nabla_1 A^1 = A^1_{,1} + \Gamma^1_{11}\, A^1 + \Gamma^1_{12}\, A^2 + \Gamma^1_{13}\, A^3\,.$$

Im einzelnen ergeben sich:

$$
\begin{aligned}
\nabla_1 A^1 &= A^1_{,1} + \Gamma^1_{1i}\, A^i = A^1_{,1}\,,\\[2mm]
\nabla_2 A^2 &= A^2_{,2} + \Gamma^2_{2i}\, A^i = A^2_{,2} + \frac{1}{r}\, A^1\,,\\[2mm]
\nabla_3 A^3 &= A^3_{,3} + \Gamma^3_{3i}\, A^i = A^3_{,3} + \frac{1}{r}\, A^1 - \tan\vartheta\, A^2\,.
\end{aligned}
\qquad (6.267)
$$

Die Divergenz des Vektors $\boldsymbol{A}$ lautet nach dieser Rechnung

$$\operatorname{div}\boldsymbol{A} = \nabla_i A^i = \frac{\partial A_r}{\partial r} + \frac{1}{r}\frac{\partial A_\vartheta}{\partial\vartheta} + \frac{1}{r\cos\vartheta}\frac{\partial A_\varphi}{\partial\varphi} + \frac{2}{r}\, A_r - \tan\vartheta\, A_\vartheta\,. \qquad (6.268)$$

Nun wird die Rotation des Vektors $\boldsymbol{A}$ ausgerechnet. Sie lautet nach (6.263):

$$\operatorname{rot}\boldsymbol{A} = \epsilon^{jlm}\, A_{l,j}\, \boldsymbol{g}_m$$

oder ausgeschrieben:

$$\operatorname{rot}\boldsymbol{A} = \frac{1}{\sqrt{g}}\,(A_{3,2} - A_{2,3})\,\boldsymbol{g}_1 + \frac{1}{\sqrt{g}}\,(A_{1,3} - A_{3,1})\,\boldsymbol{g}_2 + \frac{1}{\sqrt{g}}\,(A_{2,1} - A_{1,2})\,\boldsymbol{g}_3\,. \qquad (6.269)$$

Für die Berechnung der Rotation von $\boldsymbol{A}$ werden die kovarianten Koordinaten von $\boldsymbol{A}$ benötigt, die durch die Überschiebung der kontravarianten Koordinaten mit dem Maßtensor g_{ij} erfolgt. Die Rechnung liefert:

$$
\begin{aligned}
A_1 &= g_{11}\, A^1 = A^1\,,\\
A_2 &= g_{22}\, A^2 = r^2\, A^2\,,\\
A_3 &= g_{33}\, A^3 = r^2\,\cos^2\vartheta\, A^3\,.
\end{aligned}
\qquad (6.270)
$$

Auf die Einheitsvektoren bezogen lauten die Koordinaten, die jetzt A_r, A_ϑ und A_φ heißen:

$$A^1 = A_r,\qquad A^2 = \frac{1}{r}\, A_\vartheta\,,\qquad A^3 = \frac{1}{r\cos\vartheta}\, A_\varphi\,.$$

Die Determinante des Metriktensors (g_{ij}) ist:

$$g = r^4 \cos^2\vartheta \qquad \text{und} \qquad \sqrt{g} = r^2\cos\vartheta\,.$$

Für die Einheitsvektoren g_i^* gilt:

$$\boldsymbol{g}_1 = \boldsymbol{g}_1^*\,,\qquad \boldsymbol{g}_2 = r\,\boldsymbol{g}_2^*\,,\qquad \boldsymbol{g}_3 = r\,\cos\vartheta\,\boldsymbol{g}_3^*\,.$$

Die berechneten Ausdrücke werden in (6.268) eingesetzt. Es ergibt sich:

$$
\begin{aligned}
\mathrm{rot}\,\boldsymbol{A} \;=\;& \frac{1}{r^2 \cos\vartheta}\left[\frac{\partial(r\cos\vartheta A_\varphi)}{\partial\vartheta} - \frac{\partial(rA_\vartheta)}{\partial\varphi}\right]\boldsymbol{g}_1^{*} \\
&+ \frac{1}{r^2 \cos\vartheta}\left[\frac{\partial A_r}{\partial\varphi} - \frac{\partial(r\cos\vartheta A_\varphi)}{\partial r}\right] r\,\boldsymbol{g}_2^{*} \\
&+ \frac{1}{r^2 \cos\vartheta}\left[\frac{\partial(rA_\vartheta)}{\partial r} - \frac{\partial A_r}{\partial\vartheta}\right] r\cos\vartheta\,\boldsymbol{g}_3^{*} \,.
\end{aligned}
\tag{6.271}
$$

Die Koordinaten von rot $\boldsymbol{A}$ lauten nun:

$$
\begin{aligned}
\mathrm{rot}_r\,\boldsymbol{A} \;=\;& \frac{1}{r}\frac{\partial A_\varphi}{\partial\vartheta} - \frac{1}{r\cos\vartheta}\frac{\partial A_\vartheta}{\partial\varphi} - \frac{\tan\vartheta}{r}A_\varphi\,, \\
\mathrm{rot}_\vartheta\,\boldsymbol{A} \;=\;& \frac{1}{r\cos\vartheta}\frac{\partial A_r}{\partial\varphi} - \frac{\partial A_\varphi}{\partial r} - \frac{1}{r}A_\varphi\,, \\
\mathrm{rot}_\varphi\,\boldsymbol{A} \;=\;& \frac{\partial A_\vartheta}{\partial r} - \frac{1}{r}\frac{\partial A_r}{\partial\vartheta} + \frac{1}{r}A_\vartheta\,.
\end{aligned}
\tag{6.272}
$$

Diese Rechnung zeigt, dass die allgemeinen Formeln (6.255), (6.256) und (6.264) durch formales Rechnen und Einsetzen auf Kugelkoordinaten spezialisiert wurden. Dies ist insofern eine schöne Anwendung der Tensorrechnung, da diese Formeln ohne sonstige Kenntnisse oder Zeichnungen gewonnen wurden.

Differenziation von Tensoren höherer Stufe

Ausgangspunkt für die Differenziation von Tensoren höherer Stufe ist der Abschnitt in dem das absolute Differenzial und die kovariante Ableitung behandelt wurden (siehe u. a. Gleichung (6.235)).

Wir hatten festgestellt: Die partiellen Ableitungen des Tensorfeldes v^k bildeten kein Tensorfeld. Es wurden zusätzliche Terme der Form $\Gamma_{ij}^{k}\,v^i$ benötigt. Für ein Skalarfeld f fielen kovariante Ableitung und partielle Ableitung zusammen: $\nabla_i f = f_{,i}$. Im Fall eines kovarianten Tensorfeldes v_k lautet die kovariante Ableitung (unter Beachtung von (6.259) und (6.260)):

$$
\nabla_j v_k := v_{k,j} - \Gamma_{jk}^{s}\,v_s\,,
\tag{6.273}
$$

wobei die Γ_{jk}^{l} wieder die Christoffelsymbole aus Abschnitt 6.2.4 bezeichnen.

Die Definition ist klar, wenn man auf den Summationsindex und das „Indexbild" in (6.273) sieht. Die kovariante Differenziation (siehe (6.235) und (6.273)) definiert also Tensorfelder, deren Typ durch das „Indexbild" gegeben ist.

Wie kann man sich diesen Sachverhalt überlegen?

Aus den Transformationsregeln

$$
g_{i'j'} = A_{i'}^{i}\,A_{j'}^{j}\,g_{ij}\,, \qquad g^{i'j'} = A_{i}^{i'}\,A_{j}^{j'}\,g^{ij}
$$

ergibt sich

$$\Gamma^{k'}_{i'j'} = A^i_{i'}\, A^j_{j'}\, A^{k'}_k\, \Gamma^k_{ij} + \left(\frac{\partial}{\partial x^{i'}}\, A^s_{j'}\right) A^{k'}_s \tag{6.274}$$

durch Differenziation. Diese zentrale Formel zeigt, dass sich die Γ^k_{ij} nicht tensoriell transformieren, da zusätzlich noch ein additiver Term auftritt.

Aus (6.274) und den Transformationsformeln für v_k und v^k ergibt sich durch einfache Rechnung (die hier nicht ausgeführt wird) das tensorielle Transformationsgesetz für (6.235) und (6.273).

Zum Beispiel ist:

$$\nabla_{i'} v_{j'} = A^i_{i'}\, A^j_{j'}\, \nabla_i v_j . \tag{6.275}$$

Bei der Definition der kovarianten Differenziation für allgemeine Tensorfelder geht man wie folgt vor:

1. Neben dem gegebenen Tensorfeld $v^{j_1\ldots j_s}_{i_1\ldots i_r}$ betrachtet man das zugehörige Produkt $(v_{i_1}\ldots v_{i_r}) \cdot (v^{j_1}\ldots v^{j_s})$.

2. Dann berechnet man die kovarianten Ableitungen des Produktes durch formale Anwendung der Produktregel und der Formeln (6.235) und (6.273).

3. Die kovariante Ableitung des gegebenen Tensorfeldes in 1. wird analog der in 2. definiert.

Zum Beispiel ergibt sich:

$$\begin{aligned}
\nabla_i v_j\, v^k &= (\nabla_i v_j)\, v^k + v_j\, \nabla_i v^k \\
&= \frac{\partial}{\partial x^i}\, (v_j\, v^k) - \Gamma^s_{ij}\, v_s\, v^k + \Gamma^k_{is}\, v_j\, v^s .
\end{aligned} \tag{6.276}$$

Folglich definiert man:

$$\nabla_i v^k_j = \frac{\partial}{\partial x^i}\, v^k_j - \Gamma^s_{ij}\, v^k_s + \Gamma^k_{is}\, v^s_j \tag{6.277}$$

und analog:

$$\nabla_k v_{ij} = \frac{\partial}{\partial x^k}\, v_{ij} - \Gamma^s_{ki}\, v_{sj} - \Gamma^s_{kj}\, v_{is} . \tag{6.278}$$

Neben der partiellen Ableitung erhalten wir also einen Term mit Christoffelsymbolen $\Gamma^{\cdot}_{\cdot\cdot}$ entsprechend den Indizes von $v^{\cdots}_{\cdots}$, die analog den Formeln (6.235) und (6.273) aussehen.

Um Gleichungen in willkürlichen Koordinatensystemen zu erhalten, braucht man sie nur als Gleichungen für Tensorfelder zu schreiben.

Falls beispielsweise f und h skalare Felder sind (also Funktionen), dann ist

$$\nabla_i \nabla_j\, g^{ij}\, f = h \tag{6.279}$$

eine Gleichung für Tensorfelder, da die linke und die rechte Seite aus skalaren Feldern besteht.

In kartesischen Koordinaten hat man die folgende spezielle Situation:

1. Die metrischen Tensoren g_{ij} und g^{ij} sind gleich dem Kronecker-Symbol und für $g = \det(g_{ij})$ ergibt sich $g = 1$. Die Christoffel-Symbole verschwinden identisch.

2. Die kovariante Ableitung ∇_i wird zur partiellen Ableitung $\partial/\partial x^i$.

3. Die Vektoren g_i der natürlichen Basis bilden eine positiv orientierte Orthonormalbasis. Es ist $g_i = e_i$.

Folglich schreibt sich (6.279) in kartesischen Koordinaten in der Form

$$\sum_{i=1}^{n} \frac{\partial^2 f}{\partial x^i \, \partial x^i} = h \quad . \tag{6.280}$$

Dies ist die *Poisson-Gleichung*. Somit ist (6.279) eine Version von (6.280) in einem beliebigen Koordinatensystem.

Hieraus kann man ein allgemeines Prinzip der mathematischen Physik ableiten. Es sei eine Gleichung (zum Beispiel (6.280)) in kartesischen Koordinaten gegeben. Um die Gleichung in einem beliebigen Koordinatensystem zu erhalten, schreibt man die Gleichung als Gleichung von Tensorfeldern. Man ersetzt die partielle Ableitung $\partial/\partial x^i$ durch ∇_i und sichert, dass die freien Indizes für alle additiven Terme die gleichen sind. Zum Beispiel schreibt man anstelle von

$$\frac{\partial}{\partial x^i} A_j \pm \frac{\partial}{\partial x^j} A_i = 0$$

nun

$$\nabla_i A_j \pm \nabla_j A_i = 0 \,,$$

oder anstelle von

$$\operatorname{div} v = \frac{\partial}{\partial x^i} v^i \qquad \text{mit} \qquad v = v^i \, e_i$$

nun

$$v = v^i \, g_i \quad \text{und} \quad \operatorname{div} v = \nabla_i v^i \,. \tag{6.281}$$

Für

$$v = \operatorname{grad} f \qquad \text{mit} \qquad v^i = \frac{\partial}{\partial x^i} f$$

in kartesischen Koordinaten ergibt sich jetzt:

$$v^i = g^{ij} \, \nabla_j f \,,$$

und folglich entsteht

$$\operatorname{grad} f = (g^{ij} \, \nabla_j f) \, g_i \,. \tag{6.282}$$

Im Band 2 werden noch weitere Anwendungen dieses Indexprinzips vorgelegt. So lassen sich die bekannten Maxwellschen Gleichungen und andere – mit Hilfe der Tensoranalysis (Vektoranalysis) beschreibbare – Grundaussagen der Elektrotechnik (z. B. Kontinuitätsgleichung, Poyntingscher Satz, Wellengleichungen für die Feldstärken beziehungsweise elektrodynamischen Potenziale, u. v. a.) mathematisch elegant notieren und umformen.

6.3 Grundbegriffe der Funktionalanalysis und ihre Anwendung auf Differenzialgleichungen

In Physik und Technik spielen seit jeher periodische Vorgänge eine zentrale Rolle. Sie treten in Form von mechanischen oder elektrischen Schwingungen, von Wellen, Drehbewegungen u. a. auf. Zur Beschreibung werden periodische Funktionen benutzt, unter denen die Sinus- und Cosinusfunktionen eine fundamentale Rolle spielen.

Alle Beziehungen zwischen Zahlen, Funktionen und Operatoren werden aber erst dann durchsichtig, verallgemeinerungsfähig und wirklich fruchtbar, wenn sie von ihren besonderen Objekten losgelöst und auf allgemeine begriffliche Zusammenhänge zurückgeführt werden. Diesem Anspruch versucht die Funktionalanalysis gerecht zu werden. Wir werden u. a. Begriffsbildungen wie normierter Raum, Vollständigkeit, Hilbertraum und Orthogonalreihen einführen und demonstrieren, wie die gesamte Theorie der Fourierreihen dadurch erheblich an Klarheit und Übersichtlichkeit gewinnt.

Zu Beginn dieses Kapitels wird der Begriff des normierten Raumes erklärt. Es handelt sich dabei grob gesprochen um eine Gesamtheit von beliebigen Objekten (z. B. Zahlen, Funktionen, Systemen von Zahlen und Funktionen), zwischen denen Relationen festgesetzt werden. Diese entsprechen denen, die vom (euklidischen) dreidimensionalen Raum bekannt sind. Mit dem Begriff des Hilbertraums wird eine mögliche Verallgemeinerung des endlichdimensionalen euklidischen Raumes auf einen unendlich dimensionalen Raum vollzogen.

Die behandelten Begriffe haben sich in einem Zeitraum von knapp 100 Jahren, etwa vor der Mitte des 19. Jahrhunderts bis um 1930, herauskristallisiert. Die sich in der Zeit danach immer schneller entwickelnde Funktionalanalysis machte jedoch bald sichtbar, dass die meisten dieser neuen Ergebnisse in Räumen ablaufen, die neben der metrischen Eigenschaft eine Vektorraumstruktur besitzen und dass der Abstand zweier Elemente x und y sich dabei aus der Differenz $x - y$ ableitet.

Der Begriff des metrischen Raumes wird kurz aufgegriffen, da er das Wesen des Abstandes herausarbeitet. Der hier darzulegende neue Begriff des normierten Raumes, der den metrischen und linearen Aspekt zusammenführt, ist von Stefan Banach[8] um 1920 eingeführt worden. Dass unter den normierten Räumen jene von besonderer Bedeutung sind, deren Norm aus einem Skalarprodukt (auch inneres Produkt genannt) entspringt, wurde schon durch David Hilberts[9] Untersuchungen über unendlich dimensionale quadratische Formen deutlich.

Hilbert ist der Vater der modernen axiomatischen Methode, wonach eine mathematische Disziplin auf wenigen Grundbegriffen aufgebaut ist, die nicht weiter erklärt werden. Diese Begriffe stützen sich auf einige grundlegende Tatsachen, die als wahr angenommen und Axiome genannt werden.

---

[8]Stefan Banach, 1892-1945, polnischer Mathematiker, einer der Begründer der Funktionalanalysis.

[9]David Hilbert, 1862-1943, wirkte in Göttingen, formulierte 1900 auf dem Pariser Internationalen Mathematiker-Kongress die berühmten 23 Probleme, die die Mathematik bis zum heutigen Tag beeinflussen.

Die in diesem Kapitel gelegten Grundlagen sind für das Verständnis der weiteren Kapitel erforderlich. Wir beginnen mit einigen mathematischen Notationen.

Elemente eines (metrischen, normierten, ...) Raumes werden mit $x, y, a, b, \ldots$ und Folgen in solchen Räumen mit $(x_k), \ldots$, manchmal auch mit $(x_k)_{k \in \mathbb{N}}, \ldots$ bezeichnet. Im $\mathbb{R}^n$ werden, um Verwechslungen vorzubeugen, für Folgen gelegentlich hochgestellte Indizes verwendet, also (x^k) mit $(x^k) = (x_1^k, \ldots, x_n^k)$. Mit $\mathbb{R}_+$ werden alle nichtnegativen reellen Zahlen bezeichnet.

6.3.1 Metrischer Raum

Hier werden nun wichtige Dinge über metrische Räume zusammengestellt, die in den nächsten Abschnitten benötigt werden.

Definition 6.10 *Es sei X eine Menge, deren Elemente im Folgenden auch Punkte genannt werden können. Ferner sei je zwei Punkten $x, y \in X$ eine reelle Zahl $d(x, y)$ zugeordnet, so dass für beliebige $x, y, z \in X$ gilt:*

$$(M1) \quad d(x, y) \geq 0 \ \text{ und } \ d(x, y) = 0 \Leftrightarrow x = y, \quad \text{(Definitheit)},$$

$$(M2) \quad d(x, y) = d(y, x), \qquad\qquad\qquad \text{(Symmetrie)},$$

$$(M3) \quad d(x, y) \leq d(x, z) + d(z, y). \qquad\quad \text{(Dreiecksungleichung)}.$$

Eine solche Funktion $d \mid X \times X \to \mathbb{R}_+$ wird als eine Metrik *auf X, die Zahl $d(x, y)$ als* Abstand *zwischen den Punkten x und y und die mit dieser Metrik versehene Menge X als* metrischer Raum (X, d) *bezeichnet.*

Offensichtlich stimmen die aufgezählten Bedingungen völlig mit unseren Vorstellungen über den Abstandsbegriff überein: Der Abstand ist stets nicht negativ; nur von zusammenfallenden Punkten ist der Abstand Null und umgekehrt; beide Punkte sind bei der Abstandsbestimmung gleichberechtigt und schließlich bringt das Dreiecksaxiom grob gesprochen zum Ausdruck, dass die Strecke von x nach y nicht länger sein kann als der Streckenzug von x nach y über einen dritten Punkt z.

Beispiel 1:
1. Im euklidischen Raum $\mathbf{R}^n$ definiert man die Entfernung zweier Vektoren durch die Formel:

$$d_2(x, y) := \|x - y\|_2 = \left(\sum_{i=1}^{n} |x_i - y_i|^2 \right)^{1/2}.$$

(Hier bezeichnet $\| \cdot \|$ den euklidischen Abstand.) Für $n = 1$ sind die Verhältnisse ganz einfach: der $\mathbf{R}^1 \equiv \mathbb{R}$ ist nichts anderes als die Gesamtheit aller reellen Zahlen mit dem Abstand $d(x, y) = |x - y|$.

2. Unter einem Vektor mit unendlich vielen Koordinaten versteht man eine unendliche Folge reeller Zahlen $(a_1, a_2, \ldots, a_n, \ldots)$. Wie üblich bezeichnet man den Vektor mit einem Buchstaben und schreibt:

$$a = (a_1, a_2, \ldots, a_n, \ldots).$$

Später wird gerechtfertigt, dass man die Glieder a_i, $i = 1, 2, \ldots$, der Folge Koordinaten des Vektors a nennen kann. Man wählt aus dieser Menge von Vektoren, wovon jeder einzelne aus einer unendlichen Folge reeller Zahlen besteht, eine Teilmenge aus, für die

$$\sum_{i=1}^{\infty} |a_i|^p < +\infty, \ p \in \mathbb{R}, \ p \geq 1$$

gilt, d. h. für die die unendliche Reihe der $p-$ten Potenzen der Koordinaten konvergiert. Symbol:

$$l^p := \left\{ a = (a_1, a_2, \ldots, a_n, \ldots) \ \middle| \ \sum_{i=1}^{\infty} |a_i|^p < +\infty, \ p \geq 1 \right\}.$$

Der Vektorraum l^p lässt sich auch mit einer Metrik ausstatten. Für beliebige Elemente $a = (a_n)$ und $b = (b_n)$ setzt man

$$d(a, b) := \left(\sum_{i=1}^{\infty} |a_i - b_i|^p \right)^{1/p}, \ \ p \geq 1$$

und weist mit Hilfe der Minkowskischen Ungleichung für unendliche Summen (siehe [44], S. 406) die Dreiecksungleichung (M3) nach. (M1) und (M2) sind trivial. Im Abschnitt 6.3.3 wird insbesondere dem Raum l^2 eine besondere Bedeutung zukommen. $\qquad\square$

Es wird jetzt begonnen, die wichtigsten metrischen Grundbegriffe einzuführen. Für das Verständnis lasse sich der Leser von dem folgenden Übertragungsprinzip leiten: Alle bisherigen, auf dem Abstand zweier Punkte in $\mathbb{R}$ oder $\mathbb{R}^n$ basierenden Begriffe werden für den metrischen Raum formuliert, wobei lediglich der Abstand $|x - y|$ durch $d(x, y)$ zu ersetzen ist.

Kugel, Sphäre, Umgebung. Die offene Kugel $K(a, r)$ mit dem Mittelpunkt $a \in X$ und dem Radius $r > 0$ ist die Menge aller Punkte $x \in X$ mit $d(x, a) < r$. Entsprechend ist die abgeschlossene Kugel $K[a, r]$ durch $d(x, a) \leq r$ und die Sphäre (Kugeloberfläche) $S(a, r)$ durch $d(x, a) = r$ definiert.

Jede Menge $U = U(a) \subset X$, zu der es ein $\epsilon > 0$ mit $K(a, \epsilon) \subset U$ gibt, heißt eine Umgebung von a. Die Kugel $K(a, \epsilon)$ ist eine spezielle Umgebung, die sogenannte ϵ-Umgebung von a.

Für die weiteren Untersuchungen sind die Begriffe *offene* und *abgeschlossene Mengen* wichtig.

Definition 6.11 *Eine Teilmenge A eines metrischen Raumes (X, d) heißt* offen, *wenn sie nur aus inneren Punkten besteht, d. h. wenn es zu jedem Punkt $x \in A$ ein $\varepsilon > 0$ mit $K(x, \varepsilon) \subset A$ gibt. Die Menge A heißt* abgeschlossen, *wenn ihr Komplement $A' := X \backslash A$ offen ist.*

Beispiel 2:

1. Jede offene Kugel ist eine offene Menge. Denn sei $x \in K(a, r)$ und $\varrho := r - d(a, x)$, so ist $\varrho > 0$ und es gilt: $K(x, \varrho) \subset K(a, r)$. Das lässt sich mit Hilfe der Dreiecksungleichung bestätigen. Analog sieht man, dass jede abgeschlossene Kugel $K[a, r]$ abgeschlossen ist (Dreiecksungleichung).

2. Die leere Menge $\emptyset$ sowie der ganze Raum X sind sowohl offen als auch abgeschlossen.

3. Jede einpunktige Menge $A = \{a\}$ ist abgeschlossen. Ist nämlich $x \neq a$ und $r = d(x, a)$, so liegt $K(x, r)$ im Komplement A'. Also ist jedes $x \neq a$ innerer Punkt von A', d. h., A' ist offen. $\qquad\qquad\square$

Konvergenz und Vollständigkeit. Eine Folge $(x_k)_{k \in \mathbb{N}}$ mit $x_k \in M \subset X$ wird Folge in M genannt. Sie ist *konvergent* mit dem Limes $a \in X$, falls die Abstände $d(x_k, a)$ gegen 0 streben für $k \to \infty$. Symbol:

$$a = \lim_{k \to \infty} x_k \quad \text{oder} \quad x_k \xrightarrow[k \to \infty]{} a \quad \text{oder} \quad x_k \to a \quad (k \to \infty).$$

Eine Folge ist *beschränkt*, falls ihre Wertemenge beschränkt ist, d. h. falls es eine Kugel $K[x_0, r]$, $x_0 \in X$, $r > 0$ mit $(x_k) \subset K[x_0, r]$ gibt. Schließlich ist (x_k) eine *Cauchyfolge* (auch *Fundamentalfolge* genannt), wenn zu jedem $\epsilon > 0$ ein Index $n_0(\varepsilon) \in \mathbb{N}$ mit $d(x_i, x_k) < \varepsilon$ für alle $i, k \geq n_0(\varepsilon)$ existiert. Es gelten dann die folgenden einfachen Aussagen:

(a) Eine konvergente Folge hat nur genau einen Grenzwert.

(b) Eine konvergente Folge ist beschränkt.

(c) Jede konvergente Folge ist eine Cauchyfolge.

(d) Aus $x_n \to x$, $y_n \to y$ folgt: $d(x_n, y_n) \to d(x, y)$.

Aus diesen Aussagen ergibt sich die einfache Schlusskette:

$$(x_n) \text{ konvergent} \quad \Rightarrow \quad (x_n) \text{ Cauchyfolge} \quad \Rightarrow \quad (x_n) \text{ beschränkt}.$$

Im $\mathbb{R}^n$ ist bekanntlich auch die Umkehrung von (c) richtig: Jede Cauchyfolge ist konvergent. Dies ist die wesentliche Aussage des Cauchyschen Konvergenzkriteriums im $\mathbb{R}^n$. Die Aussage ist nicht für alle metrischen Räume richtig. Diese Tatsache gibt Anlass zur

Definition 6.12 *Ein metrischer Raum $(\mathbf{X}, d)$ heißt* vollständig, *wenn jede Cauchyfolge in $\mathbf{X}$ einen Grenzwert besitzt.*

Beispiel 3:

1. Der $\mathbb{R}^n$ und die l^p–Räume mit den entsprechenden Metriken versehen, sind vollständige metrische Räume.

2. Die Räume $\mathbf{X} = \mathbb{Q}$ (Raum der rationalen Zahlen) oder $\mathbf{X} = [0, 1)$ (halboffenes reelles Intervall) mit dem üblichen Abstandsbegriff sind nicht vollständig. $\quad\square$

Für die Charakterisierung von abgeschlossenen Mengen ist der Begriff des *Häufungspunktes* erforderlich.

Definition 6.13 *Sei A Teilmenge eines metrischen Raumes $(\mathbf{X}, d)$. Ein Punkt $x_0 \in \mathbf{X}$ heißt* Häufungspunkt *der Menge A, falls eine Folge $(x_n) \subset A$ mit $x_n \neq x_0$, $n = 1, 2, \ldots$ und $\lim\limits_{n \to \infty} x_n = x_0$ existiert.*

Die Menge $\bar{A}$, die aus A durch Hinzunahme aller Häufungspunkte entsteht, nennt man Abschluss (auch abgeschlossene Hülle) von A. Nun kann man zeigen, dass A genau dann abgeschlossen ist, wenn $A = \bar{A}$ ist. Der Durchschnitt beliebig vieler und die Vereinigung einer endlichen Anzahl abgeschlossener Mengen ist abgeschlossen. Nach dem Dualitätsprinzip (siehe Definition 6.11) ergibt sich mittels der de Morganschen Formeln eine entsprechende Aussage für offene Mengen: Die Vereinigung beliebig vieler und der Durchschnitt einer endlichen Anzahl offener Mengen ist offen.

Ein weiterer wichtiger Begriff für den Aufbau der Funktionalanalysis ist die *Kompaktheit* einer Menge.

Definition 6.14 *Eine Teilmenge $A \subset \mathbf{X}$ eines metrischen Raumes $(\mathbf{X}, d)$ heißt kompakt, wenn jede Folge (x_n) aus A eine konvergente Teilfolge mit Grenzwert in A enthält. Eine Menge A heißt relativ kompakt, wenn jede Folge $(x_n) \subset A$ eine konvergente Teilfolge mit Grenzwert in X (und nicht notwendig in A) enthält.*

Eine weitere Charakterisierung der Kompaktheit lautet: Jede offene Überdeckung von A enthält eine endliche Teilüberdeckung. Auf ein allgemeines Kompaktheitskriterium in einem metrischen Raum soll hier nicht eingegangen werden. Im euklidischen Raum $\mathbb{R}^n$ ist Kompaktheit einer Teilmenge $A \subset \mathbb{R}^n$ äquivalent dazu, dass A beschränkt und abgeschlossen ist. Somit kann für beschränkte und abgeschlossene Mengen aus jeder offenen Überdeckung von A eine endliche Teilüberdeckung ausgewählt werden, die A vollständig überdeckt. Dieses Überdeckungsprinzip ist von H. Heine[10] und E. Borel[11] begründet worden.

Durch die Verbindung einer metrischen Struktur mit der Vektorraumstruktur ergibt sich der *normierte Raum* und als Spezialfall davon der *Innenprodukt-* oder *Prähilbertraum*. Diese beiden Begriffe haben sich für die weitere Entwicklung der Funktionalanalysis als außerordentlich fruchtbar erwiesen und werden nachfolgend behandelt.

---

[10]Heinrich Eduard Heine, 1821 - 1881, deutscher Mathematiker, führte u. a. als Erster den Begriff gleichmäßige Stetigkeit ein.

[11]Émile Borel, 1871 - 1958, französischer Mathematiker, lieferte Beiträge zur Analysis und Wahrscheinlichkeitstheorie.

6.3.2   Normierter Raum und Banachraum

Es seien $\mathbb{R}$ die reellen und $\mathbb{C}$ die komplexen Zahlen und $\mathbf{X}$ ein Vektorraum über dem Körper $\mathbf{K} = \mathbb{R}$ (reeller Vektorraum) oder $\mathbf{K} = \mathbb{C}$ (komplexer Vektorraum). Die Elemente des Vektorraumes heißen Vektoren, die Elemente des Körpers Skalare. Man beachte, dass sowohl der Nullvektor als auch die skalare Null mit 0 bezeichnet werden.

Definition 6.15 *Sei* $\| \cdot \| \mid X \to \mathbb{R}$ *eine Funktion mit folgenden Eigenschaften* $(x, y, z \in X$ *und* $\lambda \in \mathbf{K}$ *beliebig*) :

$$
\begin{array}{llll}
(N1) & \|x\| \geq 0 \ \ und \ \ \|x\| = 0 \Leftrightarrow x = 0\,, & (Definitheit), \\
(N2) & \|\lambda x\| = |\lambda| \|x\|\,, & (Homogenit\ddot{a}t), \\
(N3) & \|x + y\| \leq \|x\| + \|y\|\,. & (Dreiecksungleichung).
\end{array}
$$

Eine solche Funktion $\| \cdot \|$ *heißt* Norm auf $\mathbf{X}$ *und der damit ausgestattete Vektorraum* $\mathbf{X}$ *wird mit* $(\mathbf{X}, \| \cdot \|)$ *bezeichnet und* reeller *oder* komplexer normierter Raum *genannt*.

Die Norm auf $\mathbf{X}$ erzeugt eine Metrik:

$$
d(x, y) := \|x - y\|,
$$

die $\mathbf{X}$ zu einem metrischen Raum macht. Die eingeführten metrischen Begriffe beziehen sich immer auf diese Metrik. Die Forderung der Vollständigkeit führt auf einen zentralen Begriff der Funktionalanalysis.

Definition 6.16 *Ein vollständiger normierter Raum heißt* Banachraum.

Für das Weitere sind folgende Eigenschaften nützlich:

$$
\begin{array}{ll}
(i) & \mid \|x\| - \|y\| \mid \leq \|x - y\|, \\
(ii) & \text{aus } x_n \to x \text{ folgt } \|x_n\| \to \|x\|.
\end{array}
$$

Beispiel 4:

1. Der Raum $\mathbb{R}^n$. Die Normaxiome (N1) - (N3) sind identisch mit den Eigenschaften des euklidischen Abstandes, die zugehörige kanonische Metrik ist gerade die euklidische Metrik. Wegen der Gültigkeit des Cauchyschen Konvergenzkriteriums ist der $\mathbb{R}^n$ ein Banachraum.

2. Der Raum $\mathbb{R}^n$ lässt sich auf vielfältige Weise normieren, d. h. in ihm wird eine Norm erklärt. Beispielsweise können für $1 \leq p \leq \infty$ folgende Normen erklärt werden:

$$
\begin{array}{lll}
\|x\|_p & := (|x_1|^p + \ldots + |x_n|^p)^{1/p} \ \ (1 \leq p < \infty) & p - \text{Norm}\,, \\
\|x\|_\infty & := \max\{|x_1|, \ldots, |x_n|\} & \text{Maximumnorm}\,, \\
\|x\|_1 & := |x_1| + \ldots + |x_n| & \text{Betragssummennorm}\,.
\end{array}
$$

Der Grund für die Bezeichnungsweise ist in der Beziehung $\|x\|_p \to \|x\|_\infty$ für $p \to \infty$ zu sehen. Für $p = 2$ ergibt sich die bekannte euklidische Norm im $\mathbb{R}^n$.

Die Normeigenschaften (N1) und (N2) sind leicht zu verifizieren. Die Dreiecksungleichung (N3) ist im Fall der p-Norm identisch mit der *Minkowskischen Ungleichung*, die hier nicht bewiesen wird.

$$\left(\sum_{i=1}^{n} |x_i + y_i|^p \right)^{1/p} \leq \left(\sum_{i=1}^{n} |x_i|^p \right)^{1/p} + \left(\sum_{i=1}^{n} |y_i|^p \right)^{1/p} . \tag{6.283}$$

3. Der Raum $\mathbb{C}^n$. Die Menge $\mathbb{C}^n$ aller geordneten $n-$Tupel $z = (z_1, \ldots, z_n)$ mit komplexen Koordinaten z_j bildet einen $n-$dimensionalen komplexen Vektorraum. Durch

$$\|z\| = \left(\sum_{i=1}^{n} |z_i|^2 \right)^{1/2}$$

wird auf $\mathbb{C}^n$ eine Norm erklärt. Die Zuordnung

$$z = (z_1, \ldots, z_n) \quad \Leftrightarrow \quad z^* = (Re\, z_1, Im\, z_1, \ldots, Re\, z_n, Im\, z_n)$$

ist eine Isometrie (bijektive Abbildung, die die Abstände invariant lässt) zwischen $\mathbb{C}^n$ und $\mathbb{R}^{2n}$. Es ist $\|z\| = \|z^*\|$. Konvergenzuntersuchungen im $\mathbb{C}^n$ lassen sich also auf den $\mathbb{R}^{2n}$ zurückführen. Der $\mathbb{C}^n$ ist somit vollständig, also ein komplexer Banachraum.

4. Der Raum l^p, $1 \leq p < \infty$. Mit der Norm

$$\|x\|_p := \left(\sum_{i=1}^{\infty} |x_i|^p \right)^{1/p} \tag{6.284}$$

ist l^p ein normierter Raum. Man erkennt, dass es sich hierbei um eine direkte Verallgemeinerung des $\mathbb{R}^n$ mit der $p-$Norm auf den unendlich dimensionalen normierten Raum l^p handelt. Für den l^p wird der Vollständigkeitsbeweis in Abschnitt 6.3.3 (dort für $p = 2$) geführt.

5. Der Raum $C^0[a, b]$. Darunter versteht man die Menge aller stetigen Funktionen $f \mid [a, b] \to \mathbb{K}$ mit $\mathbb{K} = \mathbb{R}$ oder $\mathbb{C}$ auf dem abgeschlossenen Intervall $[a, b]$, ausgestattet mit der Maximumnorm

$$\|f\| := \max\{|f(t)| \mid t \in [a, b]\}.$$

In dieser Norm ist die Konvergenz einer Funktionenfolge äquivalent zur gleichmäßigen Konvergenz dieser Folge. $C^0[a, b]$ ist vollständig, denn der Grenzwert einer gleichmäßig konvergenten Folge von stetigen Funktionen ist wieder stetig. Damit hat man das wichtige Ergebnis: Der Raum $C^0[a, b]$ ist ein Banachraum. $\qquad\square$

6.3.3 Innenproduktraum und Hilbertraum

In diesem Abschnitt werden Vektorräume, die mit einem Skalarprodukt ausgestattet sind, untersucht. Diese werden Innenprodukt- bzw. Prähilberträume genannt. Das Skalarprodukt legt gleichzeitig eine Norm (also eine Abstandsmessung) in diesem Raum fest. Hilberträume sind vollständige Innenprodukträume. Die Begriffsbildung erfolgt also wie bei den normierten Räumen in entsprechender Weise (vollständige normierte Räume sind Banachräume). Die Hilberträume gehören zu den wichtigsten Räumen der Analysis. In ihnen kann mit Hilfe des Skalarprodukts das elementargeometrische Konzept der Orthogonalität abstrakt gefasst werden. In diesem Zusammenhang wird der Begriff der Orthogonalreihe geprägt, mit dem die Theorie der Fourierreihen sehr übersichtlich dargestellt werden kann.

Definitionen und Eigenschaften

Definition 6.17 *Es sei* $\mathbf{X}$ *ein Vektorraum über dem Körper* $\mathbf{K} = \mathbb{R}$ *oder* $\mathbb{C}$ *und es gebe eine Funktion* $\langle \cdot, \cdot \rangle \mid \mathbf{X} \times \mathbf{X} \to \mathbf{K}$ *mit den folgenden Eigenschaften* $(x, y, z) \in \mathbf{X}$ *und* $\lambda, \mu \in \mathbf{K}$ *beliebig):*

$$(H1) \quad \langle x, x \rangle > 0 \ \textit{für alle} \ x \neq 0,$$

$$(H2) \quad \langle \lambda x + \mu y, z \rangle = \lambda \langle x, z \rangle + \mu \langle y, z \rangle$$

$$(H3) \quad \langle y, x \rangle = \overline{\langle x, y \rangle}.$$

Eine solche Funktion $\langle \cdot, \cdot \rangle$ *heißt ein* Innenprodukt *oder* Skalarprodukt *auf* $\mathbf{X}$. *Der damit versehene Vektorraum* $\mathbf{X}$ *heißt ein* Innenproduktraum *oder* Prähilbertraum.

Hier bedeutet $\bar{z}$ die zu $z \in \mathbb{C}$ konjugiert komplexe Zahl. Gemäß (H1) ist $\langle x, x \rangle$ auch im komplexen Fall reell und im reellen Fall lautet (H3) $\langle y, x \rangle = \langle x, y \rangle$. Aus (H2) und (H3) ergibt sich die Rechenregel:

$$\langle x, \lambda y + \mu z \rangle = \bar{\lambda} \langle x, y \rangle + \bar{\mu} \langle x, z \rangle.$$

Wegen (H3) folgt: $\langle 0, x \rangle = \overline{\langle x, 0 \rangle}$. Außerdem ergibt sich aus (H2) mit $\lambda = \mu = 0$ und $z = x : \langle 0, x \rangle = 0$. Somit hat man:

$$\langle 0, x \rangle = \overline{\langle x, 0 \rangle} = 0 = \overline{\overline{\langle x, 0 \rangle}} = \langle x, 0 \rangle \ \text{für alle } x \in X.$$

Jetzt wird gezeigt, dass jeder Prähilbertraum ein normierter Raum ist, wenn die Norm durch

$$(N) \quad \|x\| := \sqrt{\langle x, x \rangle}$$

definiert wird.

Die Axiome (N1) und (N2) ergeben sich aus (H1) - (H3). Zum Nachweis der Dreiecksungleichung benötigt man eine nach Hermann Amandus Schwarz[12] benannte Ungleichung:

---

[12](1843 - 1921), Professor u. a. in Göttingen und Berlin, Schüler von Karl Weierstraß.

Satz 6.7 *Für $x, y \in \mathbf{X}$ gilt:*

$$|\langle x, y \rangle| \leq \|x\|\,\|y\| \quad (\textit{Cauchy-Schwarzsche Ungleichung})\,.$$

Gleichheit tritt genau dann ein, wenn x und y linear abhängig sind.

Beweis: Sind x, y linear abhängig, so ist $y = 0$ oder $x = \lambda y$ und es besteht die Gleichheit. Andernfalls gilt für jedes $\lambda \in \mathbb{C}$:

$$0 < \|x - \lambda y\|^2 = \langle x - \lambda y, x - \lambda y \rangle = \|x\|^2 - \alpha\bar{\lambda} - \bar{\alpha}\lambda + |\lambda|^2 \|y\|^2$$

mit $\alpha := \langle x, y \rangle$. Setzt man $\lambda := \alpha/\|y\|^2$, so ergibt sich die Behauptung $|\alpha| < \|x\|\,\|y\|$.
$\square$

Mit diesem Resultat erhält man nun die Dreiecksungleichung:

$$\begin{aligned}
\|x + y\|^2 &= \langle x + y, x + y \rangle = \|x\|^2 + \langle x, y \rangle + \langle y, x \rangle + \|y\|^2 \\
&\leq \|x\| + 2\|x\|\,\|y\| + \|y\|^2 = (\|x\| + \|y\|)^2\,,
\end{aligned}$$

also $\|x + y\| \leq \|x\| + \|y\|$.

Sind (x_n) und (y_n) Folgen in $\mathbf{X}$ mit $x_n \to x$, $y_n \to y$, so folgt aus der Tatsache, dass jede konvergente Folge beschränkt ist, etwa $\|y_n\| \leq K$ für alle $n \in \mathbb{N}$ und der Abschätzung

$$\begin{aligned}
|\langle x_n, y_n \rangle - \langle x, y \rangle| &= |\langle x_n - x, y_n \rangle + \langle x, y_n - y \rangle| \\
&\leq \|x_n - x\| K + \|x\|\|y_n - y\| \to 0
\end{aligned}$$

die Aussage:

$$x_n \to x,\ y_n \to y \quad \Rightarrow \quad \langle x_n, y_n \rangle \to \langle x, y \rangle.$$

Das ist die Stetigkeit des Skalarproduktes analog der Stetigkeitsaussage für die Norm auf S. 260, die dort allerdings aus der (unteren) Dreiecksungleichung folgt.

Im Prähilbertraum lässt sich der Begriff der *Orthogonalität* einführen.

Definition 6.18 *Zwei Vektoren $x, y \in \mathbf{X}$ heißen* orthogonal, *im Zeichen $x \perp y$, wenn $\langle x, y \rangle = 0$ ist. Eine Menge $\{x_\alpha \in \mathbf{X} \mid \alpha \in I\}$, I beliebige Indexmenge, heißt* Orthogonalsystem, *wenn dessen Vektoren paarweise orthogonal sind, bzw.* Orthonormalsystem, *wenn zudem jeder Vektor die Länge 1 hat, also $\|x_\alpha\| = 1$ für alle $\alpha \in I$ gilt.*

Für orthogonale Vektoren gilt der Satz des Pythagoras:

$$\|x + y\|^2 = \|x\|^2 + \|y\|^2, \quad \text{falls } x \perp y.$$

Der Nachweis folgt aus der Beziehung

$$\|x + y\|^2 = \langle x + y, x + y \rangle = \langle x, x \rangle + \langle x, y \rangle + \langle y, x \rangle + \langle y, y \rangle = \|x\|^2 + \|y\|^2.$$

Beispiel 5:

1. Der n-dimensionale euklidische Raum. Das in üblicher Weise definierte Skalarprodukt $x \cdot y \equiv \langle x, y \rangle := \sum\limits_{i=1}^{n} x_i y_i$ ist ein Skalarprodukt auf dem $\mathbb{R}^n$. Die dadurch erzeugte Norm gemäß (N) ist gerade die euklidische Norm. Dieser Raum ist vollständig, also ein Hilbertraum.

2. Der n-dimensionale komplexe Raum $\mathbb{C}^n$. Für w, $z \in \mathbb{C}^n$ wird durch

$$\langle w, z \rangle := \sum_{j=1}^{n} w_j \bar{z}_j$$

ein Skalarprodukt auf $\mathbb{C}^n$ definiert. Dabei ist $\bar{z}_j$ die zu z_j konjugiert komplexe Zahl. In dieser zugehörigen Norm $\|z\| = \sqrt{\langle z, z \rangle} = (\sum_{j=1}^{n} | z_j |^2)^{1/2}$ ist $\mathbb{C}^n$ vollständig, also ein komplexer Hilbertraum.

3. Der Raum $\mathbf{C}^0[a, b]$ der auf dem abgeschlossenen Intervall $[a, b]$, $-\infty < a < b < \infty$, stetigen reellwertigen Funktionen wird durch die Festsetzung

$$\langle f, g \rangle := \int\limits_{a}^{b} f(t)\, g(t)\, \mathrm{d}t$$

zu einem Prähilbertraum, der jedoch nicht vollständig ist. Für den Nachweis, dass der Raum nicht vollständig ist, kann man auf $[a, b] = [-1, 1]$ die Funktionenfolge:

$$f_n(t) := \left\{ \begin{array}{ll} 0 & t \leq 0 \\ nt & 0 < t < \frac{1}{n} \\ 1 & t \geq \frac{1}{n} \end{array} \right. , \quad \begin{array}{l} t \in [-1, 1] \\ n = 1, 2, \ldots \end{array}$$

betrachten. Der Leser überlege sich, dass (f_n) eine Cauchyfolge ist und dass eine stetige Grenzfunktion g die Funktionswerte

$$g(t) := \left\{ \begin{array}{ll} 0, & t \leq 0 \\ 1, & t > 0, \end{array} \right. \quad t \in [-1, 1]$$

haben müsste.

4. Der reelle Hilbertsche Folgenraum l^2. Gemäß der Definition der l^p-Räume ist jetzt $p = 2$, d. h., es wird der Raum der reellen Zahlenfolgen $x = (x_k)_{k \in \mathbb{N}}$ mit konvergenter Quadratsumme $\sum\limits_{k=1}^{\infty} x_k^2 < \infty$ betrachtet. In diesem l^2 wird durch

$$\langle x, y \rangle := \sum_{i=1}^{\infty} x_i y_i$$

ein Skalarprodukt definiert, das die Norm

$$\|x\| = \sqrt{\langle x, x \rangle} = \left(\sum_{i=1}^{\infty} x_i^2 \right)^{1/2}$$

erzeugt. Wegen der Gültigkeit der Cauchyschen Ungleichung

$$\left(\sum_{i=1}^{\infty} x_i y_i\right)^2 \leq \left(\sum_{i=1}^{\infty} x_i^2\right)\left(\sum_{i=1}^{\infty} y_i^2\right)$$

(siehe z. B. [44], S. 406) existiert das Skalarprodukt $\langle x, y\rangle$, da die Reihe $\sum_{i=1}^{\infty} x_i y_i$ sogar absolut konvergiert, also für $x, y \in \mathbf{l}^2$ immer definiert ist. Mittels Minkowskischer Ungleichung

$$\left(\sum_{i=1}^{\infty} |x_i + y_i|^2\right)^{1/2} \leq \left(\sum_{i=1}^{\infty} x_i^2\right)^{1/2} + \left(\sum_{i=1}^{\infty} y_i^2\right)^{1/2}$$

(siehe [44] ebenda) folgt aus $x, y \in \mathbf{l}^2$ auch $x + y \in \mathbf{l}^2$. Mit $x \in \mathbf{l}^2$ ist auch $\lambda x \in \mathbf{l}^2$, $\lambda \in \mathbf{K}$ und somit $\mathbf{l}^2$ ein Vektorraum. Der Nachweis, dass $\mathbf{l}^2$ auch ein Prähilbertraum ist, bereitet nun keine Schwierigkeiten mehr und wird dem Leser überlassen.

Etwas umfangreicher ist es, die Vollständigkeit des $\mathbf{l}^2$ zu begründen. Dazu sei $(x^k)_{k\in\mathbb{N}}$ eine Cauchyfolge in $\mathbf{l}^2$, $x^k = (x_1^k, x_2^k, \ldots)$. Somit gibt es zu jedem $\varepsilon > 0$ ein $n_0 = n_0(\varepsilon)$ so dass

$$\|x^k - x^l\|^2 = \sum_{i=1}^{\infty} |x_i^k - x_i^l|^2 < \varepsilon^2$$

für alle $k, l \geq n_0$ ist. Daraus folgt: $|x_1^k - x_1^l| < \varepsilon$ für $k, l \geq n_0$, d. h., die Folge (x_1^k) ist reelle Cauchyfolge und somit konvergent, d. h. es existiert ein $a_1 := \lim_{k\to\infty} x_1^k$. Analog ergibt sich: Für jedes $j \in \mathbb{N}$ existiert

$$a_j := \lim_{k\to\infty} x_j^k.$$

Nun ist noch zu zeigen, dass die Folge (x^k) gegen $a := (a_1, a_2, a_3, \ldots)$ konvergiert und $a \in \mathbf{l}^2$ ist. Für festes $m \in \mathbb{N}$ ist

$$\sum_{j=1}^{m} |x_j^k - x_j^l|^2 < \varepsilon^2$$

für alle $k, l \geq n_0$. Daraus folgt für $l \to \infty$ zunächst $\sum_{j=1}^{m} |x_j^k - a_j|^2 \leq \varepsilon^2$ und dann, da m beliebig war

$$\sum_{j=1}^{\infty} |x_j^k - a_j|^2 = \|x^k - a\|^2 \leq \varepsilon^2 \quad \text{für} \quad k \geq n_0.$$

Mit x^k und $x^k - a$ ist auch $a = x^k - (x^k - a)$ Element des Vektorraumes $\mathbf{l}^2$. Da $\|x^k - a\| \to 0$ in $\mathbf{l}^2$, konvergiert tatsächlich die Folge (x^k) gegen a. Damit ist gezeigt, dass $\mathbf{l}^2$ ein reeller Hilbertraum ist. Der Beweis, dass auch der $\mathbf{l}^p$ mit $p \geq 1$ vollständig ist, kann analog geführt werden. $\qquad\square$

In einem Prähilbertraum kann nicht nur die Norm durch das Skalarprodukt ausgedrückt werden, sondern auch das Skalarprodukt durch die Norm. Ist $(\mathbf{X}, \|\cdot\|)$ ein

Prähilbertraum und $||| \cdot |||$ eine äquivalente Norm auf $\mathbf{X}$, dann braucht $(\mathbf{X}, ||| \cdot |||)$ kein Prähilbertraum zu sein! Ein normierter Raum $(\mathbf{X}, \| \cdot \|)$ ist genau dann ein Prähilbertraum, wenn die Norm von $\mathbf{X}$ die sogenannte Parallelogrammgleichung

$$\|x - y\|^2 + \|x + y\|^2 = 2(\|x\|^2 + \|y\|^2), \quad x, y \in X \tag{6.285}$$

erfüllt. Ausgehend von der in dem reellen normierten Raum $\mathbf{X}$ gegebenen Norm muss daher das Skalarprodukt notwendig die Form

$$\langle x, y \rangle = \frac{1}{4} \left(\|x + y\|^2 - \|x - y\|^2 \right)$$

besitzen. (Für einen komplexen normierten Raum gilt eine entsprechende Darstellung.) Ist die Gleichung (6.285) erfüllt, so existiert auf $\mathbf{X}$ ein Skalarprodukt $\langle x, y \rangle$, für das die Gleichung $\|x\| = \sqrt{\langle x, x \rangle}$, $x \in \mathbf{X}$ gilt (wobei auf der linken Seite dieser Gleichung die Norm von X steht).

Der Hilbertraum $\mathbf{L}^2(\mathbf{a}, \mathbf{b})$

Dieser Abschnitt umreißt in groben Zügen diejenigen Teile der Integrationstheorie, die für das Verständnis dieses Buches wesentlich sind. Alle hier ausgesparten Einzelheiten können in grundlegenden Lehrbüchern über Analysis nachgelesen werden.

Wenn man das riemannsche Integral $\int_0^1 f(t)\,\mathrm{d}t$ für eine beschränkte Funktion f definieren will, geht man bekanntlich folgendermaßen vor. Der Urbildbereich $[0,1]$ wird in kleine, endlich viele Teilintervalle zerlegt und f durch eine Treppenfunktion, die auf dem Inneren der Teilintervalle konstant ist, approximiert. Anschließend zeigt man, dass die Riemannsumme der Funktion f bei immer feinerer Zerlegung des Intervalls $[0,1]$ für eine umfangreiche Klasse von Funktionen (u. a. alle stetigen Funktionen f auf $[0,1]$) existiert und unabhängig von der approximierenden Folge von Treppenfunktionen ist.

Die Stärken des Riemannintegrals sind bekannt: Die Einführung ist sehr anschaulich und man kann mit recht geringem Aufwand wichtige Resultate, z. B. den Hauptsatz der Differenzial- und Integralrechnung, beweisen. Bei vielen Problemstellungen, z. B. bei der Behandlung von gewöhnlichen und partiellen Differenzialgleichungen, erweist sich das riemannsche Integral als sehr schwerfällig. Insbesondere fällt dies auf bei der Notwendigkeit, Limes- und Integralbildung zu vertauschen. Man braucht also Kriterien, die

$$\lim_{n \to \infty} \int_0^1 f_n(t)\,\mathrm{d}t = \int_0^1 \lim_{n \to \infty} f_n(t)\,\mathrm{d}t$$

sicherstellen. Hinreichend dafür ist die gleichmäßige Konvergenz der Folge (f_n). Ein entscheidendes Manko ist nun, dass selbst für stetige Funktionen f_n die Grenzfunktion $f(t) := \lim_{n \to \infty} f_n(t)$ im Riemannnschen Sinn nicht integrierbar sein muss.

H. Lebesgue[13] hat in seiner 1902 erschienenen Dissertation gezeigt, wie ein Integralbegriff einzuführen ist, der die Vorteile des Riemannintegrals übernimmt, aber seine Nachteile vermeidet.

Bis auf wenige Ausnahmen ergeben sich alle Grundgleichungen der Physik aus Variationsprinzipien. Dadurch entstehen Systeme von gewöhnlichen oder partiellen Differenzialgleichungen. Nur in wenigen Spezialfällen kann man diese Gleichungen lösen. Um gute Näherungslösungen auf Computern zu erhalten, benötigt man einerseits Existenz- und Eindeutigkeitsbeweise für diese Gleichungen, andererseits Konvergenzbeweise mit Fehlerabschätzungen, die wiederum zeigen, dass die Näherungsverfahren gegen die Lösung konvergieren. Dies geschieht neuerdings alles im Rahmen der Funktionalanalysis. Die Probleme werden dabei als Operatorgleichung oder als Extremalproblem für ein Funktional in Hilbert- oder Banachräumen formuliert. Eine besondere Rolle spielen in diesem Zusammenhang die Lebesgue- bzw. Sobolevräume. Letztere enthalten Funktionen mit „verallgemeinerten Ableitungen", die „verallgemeinerte Lösungen von Differenzialgleichungen" gestatten. Im Rahmen dieses Buches kann darauf nicht eingegangen werden. Allerdings haben alle diese Betrachtungsweisen eines gemeinsam: Sie benötigen die moderne Maß- und Integrationstheorie. Am Beispiel des Lebesgueschen Integrals wird dies in groben Zügen dargestellt, um im weiteren Verlauf wenigstens von diesem Integral Gebrauch machen zu können. Mit dem Lebesgueschen Integralbegriff kann insbesondere auch die Theorie der Fourierreihen in eleganter und abstrakter Form dargelegt werden.

Für ein Verständnis der Integrationstheorie von Lebesgue muss zunächst der Begriff des Maßes einer Menge entwickelt werden. Um dem Leser dennoch einen Eindruck dieses Begriffes zu vermitteln, wird die Vorgehensweise für Teilmengen des $\mathbb{R}$ kurz erläutert.

Sei S eine Teilmenge des Intervalls $I = [a, b]$, $-\infty < a < b < +\infty$, und $S' = I \backslash S$. Es wird gesetzt: $\mu(I) = b - a$ (Intervalllänge). Unter dem äußeren Lebesgue-Maß von S versteht man die reelle Zahl $\mu_a(S) := \inf\{\sum_{n=1}^{\infty} \mu(I_n) \mid S \subset \bigcup_{n=1}^{\infty} I_n, \; I_n \text{ Intervall}\}$. Entsprechend versteht man unter dem inneren Lebesgue-Maß die reelle Zahl $\mu_i(S) := \sup\{\sum_{n=1}^{\infty} \mu(I_n) \mid S \supset \bigcup_{n=1}^{\infty} I_n, \; I_n \text{ Intervall}\} = (b-a) - \mu_a(S')$. Ist nun $\mu_a(S) = \mu_i(S)$, dann ist die Menge S Lebesgue-messbar und das Lebesgue-Maß von S ist:

$$\mu(S) = \mu_a(S) = \mu_i(S).$$

Anschaulich gesprochen handelt es sich bei dem inneren bzw. äußeren Lebesgue-Maß um eine Annäherung der Menge S von innen bzw. von außen durch Intervalle I_n.

Mengen vom Maße Null heißen *Nullmengen*. Ein Beispiel für eine Nullmenge ist die abzählbare Menge $S := \{p_n\}_{n=1}^{\infty}$ aller rationalen Zahlen. Sie hat das Maß Null, denn es gilt für jedes $\varepsilon > 0$ auch $\mu_a(S) < \sum_{n=1}^{\infty} \varepsilon \cdot 2^{-n} = \varepsilon$, wenn die p_n von Intervallen I_n der Länge $\varepsilon \cdot 2^{-n}$ überdeckt werden. Andererseits ist nicht jede Nullmenge abzählbar. Zum Beispiel besitzt jede „vernünftige" Kurve oder Fläche des $\mathbb{R}^n$ mit einer Dimension $< n$ das Maß Null. Eine Funktion f ist messbar, wenn die Menge $\{x \in \mathbb{R} \mid f(x) \geq c\}$ für jedes $c \in \mathbb{R}$ messbar ist.

---

[13]Henri Léon Lebesgue (1875 - 1941), bekannter französischer Mathematiker. Der Begründer der modernen Integrationstheorie

Sprechweise: Gilt eine Eigenschaft für jeden Punkt (einer Menge) mit Ausnahme einer Nullmenge, so gilt die Eigenschaft *fast überall* (abgekürzt: f. ü.).

Die hier angesprochenen Begriffe lassen sich auf sogenannte n-dimensionale (halboffene) Quader der Form

$$Q := \{x \mid x = (x_1, \ldots, x_n) \in \mathbb{R}^n, \ a_j \le x_j < b_j, \ j = 1, \ldots, n\} \qquad (6.286)$$

ausdehnen. Hierbei ist $-\infty \le a_j < \infty$ und $-\infty < b_j \le \infty$. (Ist $a_j = -\infty$, so muss man $a_j \le x_j < b_j$ als $-\infty < x_j < b_j$ lesen.) Dem Quader Q würde man in natürlicher Verallgemeinerung den elementargeometrischen Inhalt

$$\mu(Q) = \prod_{j=1}^{n}(b_j - a_j) \qquad (6.287)$$

zuweisen. Bildet man das Mengensystem

$$\mathcal{A} := \{E \mid E = \bigcup_{k=1}^{N} Q_k, Q_k \text{ Quader der Form (6.286)}\}, \qquad (6.288)$$

so ist $\mathcal{A}$ eine Algebra von Untermengen im $\mathbb{R}^n$ (die Algebra der Prä-Borelmengen im $\mathbb{R}^n$). Unter einer *Algebra $\mathcal{A}$* versteht man ein nicht-leeres System von Untermengen von X (beliebige abstrakte Menge) mit folgenden Eigenschaften: (i) mit $E \in \mathcal{A}$ ist auch $X \backslash E \in \mathcal{A}$ und (ii) mit $E, F \in \mathcal{A}$ ist auch $E \cup F \in \mathcal{A}$. $\mathcal{A}$ heißt σ-Algebra, falls (i) gilt und (ii) mit $E_i \in \mathcal{A}$, $i = 1, 2, \ldots$ auch $\bigcup_{k=1}^{\infty} E_i \in \mathcal{A}$ erfüllt ist.

Diese Begriffe ermöglichen die abstrakte Einführung des Maßbegriffes.

Definition 6.19 *a) Eine nichtnegative Mengenfunktion μ auf einer Algebra $\mathcal{A}$ heißt* Elementarmaß, *falls folgende Eigenschaften erfüllt sind:*

1. *Ist $E_j \in \mathcal{A}$ mit $j = 1, 2, \ldots$ und $E_j \cap E_k = \emptyset$ für $j \ne k$, sowie $\bigcup_{j=1}^{\infty} E_j \in \mathcal{A}$, dann gilt $\mu(\bigcup_{j=1}^{\infty} E_j) = \sum_{j=1}^{\infty} \mu(E_j)$. ($\sigma$-Additivität)*

2. *$\mu(\emptyset) = 0$*

3. *Es gibt eine Folge $E_j \in \mathcal{A}$ von Mengen mit $E_1 \subset E_2 \subset \ldots$ und $\mu(E_i) < \infty$ für $j = 1, 2, \ldots$, so dass $X = \bigcup_{j=1}^{\infty} E_j$ gilt. (σ-Endlichkeit)*

b) Ein Elementarmaß auf einer σ-Algebra heißt Maß.

Anmerkung:

1. Jedes Maß ist ein Elementarmaß.

2. Ist $\mathcal{A}$ eine $\sigma-$Algebra, so ist $\bigcup\limits_{j=1}^{\infty} E_j \in \mathcal{A}$ stets erfüllt.

3. Ein Elementarmaß μ heißt endlich, falls $\mu(X) < \infty$ gilt.

4. Ist $\mathcal{A}$ das System der offenen achsenparallelen Quader im $\mathbb{R}^n$ (siehe 6.286)), so heißen die Elemente von $\sigma(\mathcal{A})$ Borelmengen. Dabei bezeichnet $\sigma(\mathcal{A})$ die kleinste $\sigma-$Algebra, die $\mathcal{A}$ umfasst.

5. Ist $\mathcal{A}$ die $\sigma-$Algebra der Borelmengen im $\mathbb{R}^n$, so ist $\mu(E) = \left\{ \begin{array}{ll} 1 , & \text{falls } 0 \in E \\ 0 , & \text{falls } 0 \notin E \end{array} \right.$ ein endliches Maß, $E \in \mathcal{A}$. Es heißt Diracsches Maß.

6. Seien $a_1, \ldots, a_k$ fixierte Punkte im $\mathbb{R}^n$ und $\mu(E)$ mit $E \in \mathcal{A}$ sei die Anzahl der Punkte $a_1, \ldots, a_k$ die in E liegen. Dann ist $\mu(E)$ ein Maß.

Ein Maß ordnet also Teilmengen $A, B, \ldots$ einer gegebenen Menge X nichtnegative Zahlen $\mu(A), \mu(B), \ldots$ zu. Anschaulich kann man $\mu(A)$ als Masse oder Ladung von A interpretieren.

Der *Hauptsatz der Maßtheorie* (*Satz von Hahn*) besagt nun Folgendes:

Satz 6.8 *Jedes Elementarmaß μ_0 lässt sich zu einem eindeutig bestimmten vollständigen Maß μ erweitern. (μ ist ebenfalls σ-endlich.)*

Beweis: Idee: Sie wird am Standardbeispiel zur Konstruktion von Maßen erläutert. Man geht von den halboffenen Quadern Q (siehe (6.286)) aus und ordnet jedem derartigen Intervall seinen elementargeometrischen Inhalt (6.287) zu. Dann wählt man $\mathcal{A}$ gemäß (6.288) und bezeichnet mit $\sigma(\mathcal{A})$ die kleinste $\sigma-$Algebra, die $\mathcal{A}$ enthält. Der Elementarinhalt μ_0 auf $\mathcal{A}$ wird nun nach dem Satz von Hahn zu einem Maß auf $\sigma(\mathcal{A})$, das eindeutig bestimmt ist, fortgesetzt. Um ein vollständiges Maß zu erhalten, fügt man noch alle Teilmengen von Mengen vom Maß Null hinzu und ordnet ihnen das Maß Null zu (Vervollständigung von Maßen). Dieses spezielle Maß heißt *Lebesgue-Maß* und ist darüber hinaus vollständig. $\qquad\square$

Es gibt pathologische Mengen des $\mathbb{R}^n$, denen kein Lebesgue-Maß zugeordnet werden kann.

Alle Borelmengen sind nun messbar bzgl. des Lebesgue-Maßes. Beispielsweise sind alle offenen und abgeschlossenen Mengen des $\mathbb{R}^n$ auch Borelmengen. Ferner ist jede Menge des $\mathbb{R}^n$ eine Borelmenge, die man als Vereinigung oder Durchschnitt von höchstens abzählbar vielen Borelmengen (z. B. offenen oder abgeschlossenen Mengen) darstellen kann.

Der zu dem Lebesgue-Maß zugehörige Integralbegriff ergibt sich durch einen natürlichen Approximationsprozess. Dabei wird das klassische riemannsche Integral zum modernen

Lebesgue-Integral erweitert. Insbesondere gelten für das Lebesguesche Integral wichtige Aussagen über die Vertauschung von Grenzprozessen mit der Integration. Es bildet die Grundlage für die moderne funktionalanalytische Theorie der Differenzial- und Integralgleichungen. Die Grundidee besteht darin, Mengen integrierbarer Funktionen zu benutzen, die wegen der Grenzwerteigenschaften des Lebesgue-Integrals vollständige metrische Räume sind (z. B. Hilbert- oder Banachräume). D. h., man hat das fundamentale Cauchysche Konvergenzkriterium in diesen Funktionenräumen (Lebesgueräume, Sobolevräume) zur Verfügung, das für das klassische riemannsche Integral nicht gilt. Beispielsweise ist eine strenge mathematische Behandlungsweise quantenmechanischer Probleme ohne Hilberträume nicht denkbar.

Dazu benötigt man den Hilbertraum $\mathbf{L}^2(\mathbb{R}^n)$ der komplexen Funktionen $f \mid \mathbb{R}^n \to \mathbb{C}$ mit $\int_{\mathbb{R}^n} \mid f(x) \mid^2 \mathrm{d}\mu(x) < \infty$, $n = 3$, im Sinne des Lebesgueschen Integrals, das jetzt in groben Zügen erläutert wird.

Es sei μ ein $\sigma-$endliches Maß auf der Menge X und A eine messbare Teilmenge von X. Unter einer *einfachen Funktion $f \mid A \to \mathbf{K}$* ($\mathbf{K} = \mathbb{R}$ oder $\mathbb{C}$) versteht man eine stückweise konstante Funktion (auch *Treppenfunktion*)

$$f(x) := \left\{ \begin{array}{ll} c_j \,, & \text{für alle } x \in A_j, \ j = 1, \ldots, m \\ 0 \,, & \text{sonst} \end{array} \right.$$

mit $\mu(A_j) < \infty$ für alle j und beliebige $m \in \mathbb{N}$. Die Mengen $A_1, \ldots, A_m$ sind paarweise disjunkt. Für diese f wird das Integral wie folgt definiert:

$$\int_A f \, \mathrm{d}\mu := \sum_{j=1}^m c_j \mu(A_j).$$

Mit diesen Treppenfunktionen kann man mittels Grenzprozess eine allgemeine Integraldefinition aufstellen.

Definition 6.20 *Eine Funktion $f \mid A \to \mathbf{K}$ heißt* integrierbar, *wenn Folgendes gilt:*

(*i*) *f ist messbar, d. h. es gibt eine Folge einfacher Funktionen $f_n \mid A \to \mathbf{K}$, die fast überall auf A gegen f konvergiert.*

(*ii*) *Für alle $\varepsilon > 0$ existiert eine natürliche Zahl $n_0(\varepsilon)$, so dass für alle $n, m \geq n_0(\varepsilon)$ gilt: $\int_A \mid f_n(x) - f_m(x) \mid \mathrm{d}\mu < \varepsilon$.*

Das Integral wird dann durch den Grenzprozess

$$\int_A f \, \mathrm{d}\mu := \lim_{n \to \infty} \int_A f_n \, \mathrm{d}\mu \tag{6.289}$$

erklärt.

Anmerkung:

1. Der Grenzwert in (6.289) ist endlich und unabhängig von der Wahl der Folge (f_n).

2. Im Besonderen gilt die Formel:

$$\int_A \mathrm{d}\mu = \mu(A).$$

3. Das Integral (6.289) bleibt unverändert, wenn man f auf einer Menge vom Maß Null abändert.

Beispiel 6:
Das Lebesgue-Integral.

1. Man wählt $X := \mathbb{R}^n$ und das Lebesgue-Maß, dann entsteht das Lebesgue-Integral

$$\int_A f\,\mathrm{d}\mu := \int_A f(x)\,\mathrm{d}x,$$

welches das klassische riemannsche Integral umfasst und verallgemeinert.

2. Die Funktion $f \mid \mathbb{R} \to \mathbb{R}$ mit

$$f(x) := \begin{cases} 1\,, & \text{falls } x \text{ irrational} \\ 0\,, & \text{falls } x \text{ rational} \end{cases}$$

(*Dirichletfunktion*) ist fast überall Eins, da die rationalen Zahlen eine Lebesgue-Null-menge bilden. Deshalb gilt

$$\int_a^b f(x)\,\mathrm{d}x = \int_a^b \mathrm{d}x = b - a$$

für endliche $a, b \in \mathbb{R}$. Das Integral existiert jedoch nicht im klassischen riemannschen Sinn.

3. Grob gesprochen bleiben alle Rechenregeln, die man für das riemannsche Integral kennt, für das Lebesguesche Integral erhalten. Einige Eigenschaften gehen über das riemannsche Integral hinaus. Speziell existiert $\int_A f\,\mathrm{d}\mu$ genau dann, wenn $\int_A \mid f \mid \mathrm{d}\mu$ existiert, ein Resultat, das in dieser Allgemeinheit für riemannsche Integrale nicht gilt.

$\square$

Nun ist man in der Lage, Banachräume integrierbarer Funktionen zu erklären. Es sei M eine nicht leere offene Teilmenge des $\mathbb{R}^n$. Setzt man

$$\|f\|_p := \left(\int_M \mid f(x) \mid^p \mathrm{d}x \right)^{1/p}, \quad 1 \le p < \infty, \tag{6.290}$$

dann wird mit $\mathbf{L}^p(M)$ die Menge aller messbaren Funktionen $f \mid M \to \mathbb{R}$ mit $\|f\|_p < \infty$ bezeichnet. Nach dem Identifikationsprinzip werden zwei Funktionen als gleich angesehen, deren Werte fast überall auf M übereinstimmen. Mit dieser Betrachtungsweise bilden die Funktionen $f \in \mathbf{L}^p(M)$ einen unendlich dimensionalen, reellen separablen Banachraum. Würde man nur das riemannsche Integral verwenden, wären die Räume lediglich normierte Räume, deren Vervollständigung zu den $\mathbf{L}^p$–Räumen führt. Speziell für $p = 2$ ergibt sich der reelle Hilbertraum

$$\mathbf{L}^2(M) := \{f \mid M \subset \mathbb{R}^n \to \mathbb{R} \mid f \text{ messbar und } \|f\|_p < \infty\}$$

mit dem folgenden Skalarprodukt:

$$\langle f, g \rangle := \int\limits_M f(x)\, g(x)\, \mathrm{d}x. \tag{6.291}$$

Die Elemente von $\mathbf{L}^2(M)$ sind Klassen von Funktionen, die durch das Identifikationsprinzip charakterisiert sind. Mit der Definition 6.17 können alle Eigenschaften eines Skalarproduktes nachgerechnet werden. Aus Platzgründen können wir die exakte Definition der Räume $\mathbf{L}^p(M)$ als Räume von Klassen zueinander äquivalenter Funktionen nur beschreiben. Der Übergang zu Klassen äquivalenter Funktionen wird ausschließlich durch den Umstand veranlasst, dass der Ausdruck (6.290) auf $\mathbf{L}^p(M)$ keine Norm liefert. Für alle Funktionen, die auf M fast überall gleich Null sind, liefert das Integral den Wert Null, aber aus der Tatsache, dass der Integralwert Null ist, folgt nicht notwendig, dass die Funktionen auf M identisch verschwinden. Sie verschwinden nur fast überall auf M.

Damit ist der kleine Exkurs in die Maß- und Integrationstheorie beendet. Dem Leser wird empfohlen, sich weitere Ergebnisse aus der sehr umfangreich vorliegenden Literatur (siehe auch das Literaturverzeichnis) anzueignen.

Orthogonalreihen in Hilberträumen

Es werden jetzt die klasssischen Fourierreihen in ihrer Verallgemeinerung als Orthogonalreihen betrachtet. Sie sind das Ergebnis eines langen Erkenntnisprozesses, bis sie sich als elegantes funktionalanalytisches Resultat präsentieren konnten.

Sei $f \mid \mathbb{R} \to \mathbb{R}$ eine 2π–periodische Funktion. Dann lautet die zugehörige klassische Fourierreihe wie folgt:

$$f(x) \sim \frac{a_0}{2} + \sum_{k=1}^{\infty} (a_k \cos kx + b_k \sin kx) \tag{6.292}$$

mit den sogenannten Fourierkoeffizienten:

$$a_k := \frac{1}{\pi} \int\limits_{-\pi}^{\pi} f(x) \cos kx\, \mathrm{d}x, \ k = 0, 1, 2, \ldots$$

$$b_k := \frac{1}{\pi} \int\limits_{-\pi}^{\pi} f(x) \sin kx\, \mathrm{d}x, \ k = 1, 2, \ldots$$

Aus physikalischer Sicht vermittelt uns die Relation (6.292), dass eine 2π–periodische „Oszillation" als Superposition einfacher „harmonischer Oszillationen"

$$h(x) := \cos kx, \ \sin kx$$

der Periode $\frac{2\pi}{k}$, $k = 1, 2, \ldots$, repräsentiert werden kann.

Im 19. Jahrhundert studierten viele Mathematiker im Detail die Konvergenz der Fourierreihen. Erst im Jahr 1876 erhielt du Bois-Reymond das überraschende Resultat, dass es stetige Funktionen f gibt, deren Fourierreihe nicht in jedem Punkt $x \in \mathbb{R}$ gegen $f(x)$ konvergiert. Dieses Gegenbeispiel zeigt, dass die klassische Konvergenz der unendlichen Reihen nicht das richtige Konzept zur Lösung des fundamentalen Konvergenzproblems für Fourierreihen ist. Im Jahr 1907 bewiesen Fischer und Riesz unabhängig voneinander, dass eine natürliche Antwort auf das Konvergenzproblem (6.292) im Hilbertraum $\mathbf{L}^2(-\pi, \pi)$ gegeben werden kann.

Nun wird gezeigt, dass dieses spezielle Konvergenzproblem (6.292) ein Spezialfall eines abstrakten Resultates für vollständige Orthonormalsysteme in Hilberträumen ist. Mit anderen Worten: Es stellt sich heraus, dass für jede Funktion $f \in \mathbf{L}^2(-\pi, \pi)$ die Fourierreihe (6.292) im Hilbertraum $\mathbf{L}^2(-\pi, \pi)$ konvergiert, d. h., es gilt:

$$\lim_{n \to \infty} \|f - s_n\| = 0$$

mit

$$s_n(x) := \frac{a_0}{2} + \sum_{k=1}^{n} (a_k \cos kx + b_k \sin kx)$$

und $\| \cdot \|$ bezeichnet die Norm im $\mathbf{L}^2(-\pi, \pi)$. Explizit heißt dies:

$$\lim_{n \to \infty} \int_{-\pi}^{\pi} [f(x) - s_n(x)]^2 \, dx = 0. \tag{6.293}$$

Es sei der Leser an dieser Stelle noch einmal darauf hingewiesen, die Beziehung (6.293) nicht mit $\lim_{n \to \infty} f_n(x) = f(x)$ zu verwechseln.

Für die weiteren Überlegungen trifft man folgende Annahme:

(H) Sei $\mathbf{X}$ ein Hilbertraum über $\mathbf{K} = \mathbb{R}$ oder $\mathbb{C}$ und sei $\{u_0, u_1, u_2, \ldots\}$ ein endliches oder abzählbares Orthonormalsystem (ONS), d. h., nach Definition gilt:

$$\langle u_k, u_m \rangle = \delta_{km} := \begin{cases} 1, & k = m \\ 0, & k \neq m \end{cases} \quad \text{für alle } k, m. \tag{6.294}$$

Ziel ist es, die Konvergenz der sogenannten abstrakten Fourierreihen (wegen dem ONS $\{u_n\}_{n \in \mathbb{N}_0}$ auch Orthogonalreihe genannt)

$$\sum_{n=0}^{\infty} \langle f, u_n \rangle u_n \tag{6.295}$$

zu studieren und zu untersuchen, wann (6.295) gegen f konvergiert. Wir setzen:

$$s_m := \sum_{k=0}^{m} \langle f, u_k \rangle u_k. \tag{6.296}$$

Die Zahlen $\langle f, u_k \rangle$ heißen Fourierkoeffizienten von f. Bei der Entwicklung von Funktionen in Orthogonalreihen ist wesentlich, dass das vorliegende ONS umfangreich genug ist, um alle Elemente des Hilbertraumes approximieren zu können. Zum Beispiel bildet das System $\{u_1, u_2\}$ mit $u_1 = (1,0,0)$, $u_2 = (0,1,0)$ zwar ein ONS im (reellen) Hilbertraum $\mathbb{R}^3$. Der Vektor $x_0 = (1,1,1)$ hat jedoch von allen Linearkombinationen $\sum_{j=1}^{2} c_j u_j = c_1 u_1 + c_2 u_2 = (c_1, c_2, 0)$ einen Abstand

$$\|x_0 - \sum_{j=1}^{2} c_j u_j\|^2 = (1 - c_1)^2 + (1 - c_2)^2 + 1 \geq 1$$

und kann somit durch das gegebene ONS $\{u_1, u_2\}$ nicht beliebig genau approximiert werden. Die entscheidende Eigenschaft eines ONS, die eine solche Approximierbarkeit gewährleistet, ist die sogenannte Vollständigkeit des ONS.

Definition 6.21 *Es gelte (H). Das endliche ONS $\{u_0, u_1, \ldots, u_n\}$ heißt* vollständig *in* **X**, *falls*

$$f = \sum_{k=0}^{n} \langle f, u_k \rangle u_k \quad \text{für alle} \quad f \in X$$

gilt. Das abzählbare ONS $\{u_0, u_1, u_2, \ldots\}$ heißt vollständig in **X**, *falls die unendliche Reihe (6.295) für alle $f \in$ **X** konvergiert, d. h., es gilt:*

$$f = \lim_{m \to \infty} s_m, \quad \text{für alle} \quad f \in X.$$

Anmerkung:
1. Jedes endliche ONS $\{u_0, u_1, \ldots, u_n\}$ ist vollständig im Hilbertraum **X** über **K** genau dann, wenn es eine Basis von **X** ist.

2. Sei $\{u_n\}$ ein abzählbares ONS im Hilbertraum **X** und es sei angenommen, dass die unendliche Reihe

$$f = \sum_{n=0}^{\infty} c_n u_n \quad \text{mit} \quad c_n \in K \quad \text{für alle} \quad n \in \mathbb{N}_0$$

gegen ein festes $f \in$ **X** konvergiert. Dann gilt für alle $n : c_n = \langle f, u_n \rangle$. Dieser Sachverhalt wird klar, wenn man (6.294) und die Stetigkeit des Skalarproduktes benutzt:

$$\begin{aligned} \langle f, u_k \rangle &= \langle \sum_{n=0}^{\infty} c_n u_n, u_k \rangle = \langle \lim_{m \to \infty} \sum_{n=0}^{m} c_n u_n, u_k \rangle \\ &= \lim_{m \to \infty} \langle \sum_{n=0}^{m} c_n u_n, u_k \rangle = \lim_{m \to \infty} \sum_{n=0}^{m} c_n \langle u_k, u_n \rangle = c_k. \end{aligned}$$

Eine weitere Motivation für den Ansatz (6.295) ergibt sich aus dem Problem, f durch eine Summe $\sum_{k=0}^{m} \gamma_k u_k$, $m \in \mathbb{N}$ beliebig und fixiert, möglichst gut zu approximieren. Es besteht dann die folgende Approximationsformel:

$$
\begin{aligned}
\left\| f - \sum_{k=0}^{m} \gamma_k u_k \right\|^2 &= \left\langle f - \sum_{k=0}^{m} \gamma_k u_k, f - \sum_{k=0}^{m} \gamma_k u_k \right\rangle = \\
&= \langle f, f \rangle - \sum_{k=0}^{m} \bar{\gamma}_k \langle f, u_k \rangle - \sum_{k=0}^{m} \gamma_k \langle u_k, f \rangle + \sum_{k=0}^{m} \gamma_k \bar{\gamma}_k \qquad (6.297) \\
&= \| f \|^2 - \sum_{k=0}^{m} |\langle f, u_k \rangle|^2 + \sum_{k=0}^{m} |\langle f, u_k \rangle - \gamma_k|^2 .
\end{aligned}
$$

Mit $c_k := \langle f, u_k \rangle$ und $\bar{c}_k := \langle u_k, f \rangle$ ergibt sich die letzte Umformung, wenn man

$$
|c_k - \gamma_k|^2 = (c_k - \gamma_k)\overline{(c_k - \gamma_k)} = |c_k|^2 + |\gamma_k|^2 - c_k \bar{\gamma}_k - \bar{c}_k \gamma_k
$$

beachtet. Die Funktion

$$
h(\gamma_0, \gamma_1, \ldots, \gamma_m) := \left\| f - \sum_{k=0}^{m} \gamma_k u_k \right\|^2
$$

nimmt ihr Minimum für $\gamma_k = c_k = \langle f, u_k \rangle$, $k = 0, 1, \ldots, m$ an. Man sagt auch, dass f durch die Wahl der c_k als Fourierkoeffizienten γ_k am besten approximiert werden. Aus der Approximationsformel (6.297) kann man nun den folgenden Satz, der die besondere Rolle der Fourierkoeffizienten bei Approximationsaufgaben verdeutlicht, direkt ablesen.

Satz 6.9 (Approximationssatz) *Das Element $s_m = \sum_{k=0}^{m} c_k u_k$ und nur dieses stellt unter allen endlichen Linearkombinationen $\sum_{k=0}^{m} \gamma_k u_k$ die beste Approximation von f dar. Es ist*

$$
\| f - s_m \|^2 = \| f \| - \sum_{k=0}^{m} |c_k|^2 \leq \left\| f - \sum_{k=0}^{m} \gamma_k u_k \right\|^2 \quad \textit{für alle} \quad m = 0, 1, 2, \ldots . \qquad (6.298)
$$

Die Koeffizienten der besten Approximation sind also die Fourierkoeffizienten von f. Aus (6.298) folgt außerdem noch die Besselsche Ungleichung

$$
\sum_{n=0}^{m} |\langle f, u_n \rangle|^2 \leq \| f \|^2 \quad \text{für alle} \quad f \in X \text{ und alle } m \in \mathbb{N}. \qquad (6.299)
$$

Damit die Beziehung (6.295) überhaupt Sinn macht, muss nun die Konvergenz der Reihe $\sum_{n=0}^{\infty} c_n u_n$ untersucht werden.

Satz 6.10 (Konvergenzkriterium) *Es sei $\{u_n\}$ ein abzählbares ONS in einem Hilbertraum* $\mathbf{X}$ *über* $\mathbf{K}$. *Dann ist die Reihe*

$$
\sum_{n=0}^{\infty} c_n u_n, \quad c_n \in \mathbf{K} \textit{ für alle } n,
$$

genau dann konvergent, wenn die Reihe $\sum_{n=0}^{\infty} |c_n|^2$ konvergiert.

Beweis: Sei wieder $s_m = \sum\limits_{n=0}^{m} c_n u_n$. Wegen (6.294) folgt

$$\|s_{m+k} - s_m\|^2 = \|\langle \sum_{n=m+1}^{m+k} c_n u_n, \sum_{l=m+1}^{m+k} c_l u_l \rangle = \sum_{n=m+1}^{m+k} \|c_n u_n\|^2 = \sum_{n=m+1}^{m+k} |c_n|^2 \quad (6.300)$$

für alle $m, k = 1, 2, \ldots$ Nach diesen Vorüberlegungen kann die Aussage bewiesen werden. Setzt man voraus, dass die Reihe $\sum_{n=0}^{\infty} |c_n|^2$ konvergiert, dann ist (s_m) eine Cauchyfolge im Hilbertraum $\mathbf{X}$ und folglich konvergent, d. h., $\sum_{n=0}^{\infty} c_n u_n$ ist konvergent. Wird umgekehrt vorausgesetzt, $\sum_{n=0}^{\infty} c_n u_n$ sei konvergent, dann ist (s_m) Cauchyfolge und folglich $\sum_{n=0}^{\infty} |c_n|^2$ konvergent nach (6.300). $\qquad\square$

Das Konvergenzkriterium kann nun kurz so gefasst werden:

$$\sum_{n=0}^{\infty} c_n u_n \text{ konvergent} \quad \Leftrightarrow \quad c = (c_n) \in \mathbf{l}^2.$$

Aus der Besselschen Ungleichung (6.299) folgt wiederum, dass die Reihe, gebildet mit den Fourierkoeffizienten von f, $\sum_{n=0}^{\infty} |\langle f, u_n \rangle|^2$, konvergiert, d. h., es gilt: $(\langle f, u_n \rangle) \in \mathbf{l}^2$. Somit ist für jedes $f \in \mathbf{X}$ die Fourierreihe konvergent, d. h., es gibt ein $g \in \mathbf{X}$, so dass

$$g = \sum_{n=0}^{\infty} \langle f, u_n \rangle u_n$$

gilt.

Es ist durchaus möglich, dass $g \neq f$ gilt. Um $g = f$ für alle $f \in \mathbf{X}$ zu sichern, benötigt man den in Definition 6.21 eingeführten Vollständigkeitsbegriff. Es sei hier noch erwähnt, dass der Begriff des vollständigen ONS auch äquivalent zu der Aussage ist: Aus $\langle f, u_n \rangle = 0$ für alle $n = 0, 1, 2, \ldots$ folgt stets $f = 0$. Diese Formulierung kommt unserer anschaulichen Vorstellung, dass z. B. im euklidischen $\mathbf{R}^3$ Null das einzige Element ist, das zu allen Einheitsvektoren i, j, k orthogonal ist, am nächsten. Sie stellt die natürliche Verallgemeinerung auf einen unendlich dimensionalen Hilbertraum dar.

Mit diesem Begriff können wir nun als Höhepunkt der allgemeinen Theorie der Fourierreihen in Hilberträumen den folgenden Satz beweisen.

Satz 6.11 (Darstellungssatz) *Sei (H) erfüllt und ist das ONS $\{u_n\}_{n=0}^{\infty}$ vollständig, dann wird jedes Element $f \in \mathbf{X}$ durch seine Fourierreihe dargestellt:*

$$f = \sum_{n=0}^{\infty} c_n u_n \quad mit \quad c_n = \langle f, u_n \rangle.$$

Beweis: Sei $f \in \mathbf{X}$ beliebig vorgegeben. Da $(\langle f, u_n \rangle) \in l^2$, konvergiert die zugehörige Fourierreihe:

$$f^* = \sum_{n=0}^{\infty} c_n u_n \quad \text{mit} \quad c_n = \langle f, u_n \rangle, \ n = 0, 1, 2, \ldots.$$

Wir müssen zeigen, dass $f = f^*$ ist. Nun gilt jedoch $\langle f - f^*, u_m \rangle = \langle f, u_m \rangle - \langle f^*, u_m \rangle = \langle f, u_m \rangle - c_m = 0$ für alle $m = 0, 1, 2, \ldots.$. Wegen der Vollständigkeit des ONS $\{u_n\}$ folgt $f - f^* = 0.$ $\qquad\qquad\square$

Darüber hinaus ergeben sich noch weitere Aussagen: Zwischen f und der Folge der Fourierkoeffizienten $c_k = \langle f, u_k \rangle$ besteht die

$$\text{Besselsche Gleichung:} \quad \|f\|^2 = \sum_{k=0}^{\infty} |c_k|^2, \ \text{d.h.} \ \|f\| = \|c\|_{l^2},$$

sowie, wenn $g \in X$ die Fourierkoeffizienten $d_k = \langle g, u_k \rangle$ besitzt, die

$$\text{Parsevalsche Gleichung:} \quad \langle f, g \rangle = \sum_{k=0}^{\infty} c_k \bar{d}_k = \langle c, d \rangle_{l^2}.$$

Dieses Resultat ist eine einfache Folgerung aus dem Approximationssatz. Wegen $f = f^*$ ergibt sich aus (6.298) durch Grenzübergang $m \to \infty$ die Besselsche Gleichung. Die Parsevalsche Gleichung folgt ebenfalls durch Grenzübergang $m \to \infty$, der Stetigkeit des Skalarproduktes und aus der Beziehung (6.294):

$$\begin{aligned}
\langle f, g \rangle &= \langle \lim_{m \to \infty} \sum_{n=0}^{m} c_n u_n, \lim_{m \to \infty} \sum_{k=0}^{m} d_k u_k \rangle = \lim_{m \to \infty} \langle \sum_{n=0}^{m} c_n u_n, \sum_{k=0}^{m} d_k u_k \rangle \\
&= \lim_{m \to \infty} \sum_{n=0}^{m} \sum_{k=0}^{m} c_n \bar{d}_k \langle u_n, u_k \rangle = \sum_{n=0}^{\infty} c_n \bar{d}_n.
\end{aligned}$$

Eine weitere interessante Beobachtung ist die Folgende. Es sei $\{u_n\}_{n=0}^{\infty}$ ein vollständiges ONS in $\mathbf{X}$ und $f \in \mathbf{X}$ gegeben. Dann vermittelt U,

$$U \mid \mathbf{X} \to l^2 , \quad Uf := (\langle f, u_n \rangle)_{n=0}^{\infty}$$

zusammen mit der Umkehrabbildung

$$U^{-1} \mid l^2 \to \mathbf{X}, \ U^{-1} c = \sum_{n=0}^{\infty} c_n u_n$$

eine lineare, bijektive und isometrische Abbildung U von $\mathbf{X}$ nach l^2. Die Linearität der Abbildung U ist unmittelbar klar, da das Skalarprodukt linear ist. Die Surjektivität der Abbildung (d.h., es ist zu zeigen, dass $U(\mathbf{X}) = l^2$ gilt) folgt aus dem Konvergenzkriterium. Die Beziehung $\langle f, g \rangle = \langle Uf, Ug \rangle_{l^2}$ folgt aus der Parsevalschen Gleichung. Setzt man $g = f$, so folgt weiter $\|f\| = \|Uf\|_{l^2}$. Somit folgt aus $Uf = 0$ auch $f = 0$. Dies beinhaltet die Injektivität von U. Die Isometrie ist genau die Normgleichheit von Urbild und Bild der Abbildung U. Das ist der wesentliche Inhalt des Darstellungssatzes.

Vom funktionalanalytischen Standpunkt kann man nun die Räume $\mathbf{X}$ (separabler Hilbertraum) und $\mathbf{l}^2$ als „gleich" ansehen. Sie unterscheiden sich lediglich durch ihre Repräsentanten. Da der Raum l^2 separabel ist, d.h., er besitzt eine abzählbare dichte Teilmenge von Elementen aus dem $\mathbf{l}^2$, gelten alle gemachten Aussagen für separable Hilberträume. Weiter kann man zeigen, dass in jedem separablen Hilbertraum $\mathbf{X}$ über $\mathbf{K}$ mit $\mathbf{X} \neq \{0\}$ ein vollständiges ONS existiert.

Hat man eine abzählbare Menge $\{v_0, v_1, v_2, \ldots\}$, die darüber hinaus dicht in $\mathbf{X}$ liegt, dann kann man sie nach der *Schmidtschen Orthogonalisierungsmethode* (siehe [130]) zu einem ONS $\{u_0, u_1, u_2, \ldots\}$ machen. Man verfährt dabei wie folgt: Sei $v_0 \neq 0$. Setze $u_0 := v_0/\|v_0\|$. Angenommen, die $u_0, u_1, \ldots, u_n$ sind schon so konstruiert, dass die $\{u_0, u_1, \ldots, u_n\}$ ein ONS bilden, dann erhält man das u_{n+1} aus

$$u_{n+1} := \frac{w_{n+1}}{\|w_{n+1}\|}, \qquad w_{n+1} \neq 0,$$

wobei

$$w_{n+1} := v_{n+1} - \sum_{k=0}^{n} \langle u_k, v_{n+1} \rangle\, u_k.$$

Folglich ist $\langle u_m, u_{m+1} \rangle = 0$ für $m = 0, \ldots, n$ und $\langle u_{n+1}, u_{n+1} \rangle = 1$. (Falls $w_{n+1} = 0$, dann benutze man v_{n+2} und so weiter.) Durch vollständige Induktion ergibt sich, dass sich alle u_n als endliche Linearkombinationen aus den v_m ergeben. Folglich ist die lineare Hülle der $\{u_m\}$ dicht in X. Ist $\{u_m\}$ darüberhinaus noch abzählbar, dann ist $\{u_m\}$ ein vollständiges ONS in X.

Beispiel 7:
Spezielle Funktionen als vollständige Orthonormalsysteme.

1. *Trigonometrische Funktionen und Fourierreihen.* Im Raum $\mathbf{L}^2(-\pi, \pi)$ mit dem Skalarprodukt

$$\langle f, g \rangle := \int_{-\pi}^{\pi} f(x)g(x)\, \mathrm{d}x$$

bilden die Funktionen $1/\sqrt{2\pi}$, $\cos kx/\sqrt{\pi}$, $\sin kx/\sqrt{\pi}$, $k = 1, 2, \ldots$ ein vollständiges ONS. Das führt dazu, dass die zugehörige Fourierreihe für jede Funktion $f \in \mathbf{L}^2(-\pi, \pi)$ stets im quadratischen Mittel konvergiert. Der Beweis basiert auf dem klassischen Approximationssatz von Weierstraß. Er besagt, dass man stetige Funktionen durch Polynome gleichmäßig und beliebig genau durch Polynome annähern kann.

2. *Legendre-Polynome.* Für $n = 0, 1, 2, \ldots$ seien die $v_n(x) := x^n$, $-1 \leq x \leq 1$ und wir setzen $X := \mathbf{L}^2(-1, 1)$ mit dem Skalarprodukt:

$$\langle f, g \rangle := \int_{-1}^{1} f(x)g(x)\, \mathrm{d}x.$$

Wendet man das Schmidtsche Orthogonalisierungsverfahren auf $v_n(x) = x^n$ an, dann ergeben sich sie sogenannten Legendrepolynome

$$L_n(x) := \frac{1}{n!\,2^n} \frac{\mathrm{d}^n}{\mathrm{d}x^n} (x^2 - 1)^n, \; n = 0, 1, 2, \ldots.$$

Da die lineare Hülle von $\{v_0, v_1, v_2, \ldots\}$ gleich der Menge aller reellen Polynome ist und somit wieder nach dem Weierstraßschen Approximationssatz dicht in $\mathbf{X}$ liegen, bilden die Legendrepolynome ein vollständiges Orthonormalsystem.

3. *Hermitesche Funktionen.* Für $n = 0, 1, 2, \ldots$ sei $v_n(x) := x^n e^{-x^2/2}$, $-\infty < x < \infty$.

Es wird der $\mathbf{L}^2(-\infty, \infty)$ zugrunde gelegt mit dem Skalarprodukt:

$$\langle f, g \rangle := \int\limits_{-\infty}^{\infty} f(x)g(x)\,\mathrm{d}x.$$

Wendet man auf die v_n, $n = 0, 1, 2, \ldots$ das Schmidtsche Orthogonalisierungsverfahren an, dann erhält man die sogenannten Hermiteschen Funktionen:

$$u_n(x) = e^{-x^2/2} H_n(x), \quad n = 0, 1, 2, \ldots$$

mit den sogenannten Hermiteschen Polynomen:

$$H_n(x) := \alpha_n (-1)^n e^{x^2} \frac{\mathrm{d}^n e^{-x^2}}{\mathrm{d}x^n} \quad \text{und} \quad \alpha_n := 2^{-\frac{n}{2}} (n!)^{-\frac{1}{2}} \pi^{-\frac{1}{4}}, \quad n = 0, 1, 2, \ldots.$$

Die Funktionen $\{u_0, u_1, u_2, \ldots\}$ bilden ein vollständiges ONS. $\qquad\Box$

Durch die explizite Angabe von abzählbaren vollständigen ONS im $\mathbf{L}^2$ erkennt man nochmals die schon erwähnte Separabilität (es existiert eine abzählbare dichte Teilmenge) in diesem Raum.

A. N. Kolmogorov gab 1926 ein Beispiel einer Funktion $f \in \mathbf{L}(-\pi, \pi)$ an, deren Fourierreihe an jeder Stelle divergent ist. Ob dasselbe für die Fourierreihe einer stetigen Funktion eintreten kann, war lange Zeit ein berühmtes ungelöstes Problem. L. Carleson bewies 1966, dass dies nicht der Fall ist, mehr noch, dass die Fourierreihe einer Funktion $f \in \mathbf{L}^2(-\pi, \pi)$ f. ü. punktweise gegen f konvergiert (Acta Math. 116, 135 - 157).

6.3.4 Lineare und nichtlineare Abbildungen

Die bis jetzt eingeführten funktionalanalytischen Begriffe dienen im Weiteren dazu, einige Aspekte der analytischen Bifurkationstheorie aufzuzeigen und an Beispielklassen (nichtlineare gewöhnliche Differenzialgleichungen, die von Parametern abhängen) die auftretenden Phänomene zu erörtern. Dazu ist es erforderlich, einiges über lineare Operatoren zusammenzustellen, was für den weiteren Fortgang wesentlich ist. Dabei bemühen wir uns einerseits die mathematischen Anforderungen niedrig zu halten und andererseits den Leser etwas mit der funktionalanalytischen Betrachtungsweise vertraut zu machen, um auch komplexere Probleme – wie z. B. gewöhnliche nichtlineare Differenzialgleichungen – mit Gewinn studieren zu können.

Ein zentrales Resultat dieses Abschnitts ist ein Satz, der mittels einer Ljapunov-Schmidt-Reduktion das zu lösende Problem auf das Studium einer sogenannten Bifurkationsgleichung reduziert. Diese Reduktion erzeugt eine Gleichung, die im Gegensatz zur Ausgangsgleichung aus nur endlich vielen (nichtlinearen) Gleichungen mit endlich vielen Unbekannten besteht.

Differenzialrechnung und implizites Funktionentheorem

Ein weites Anwendungsfeld der nichtlinearen Funktionalanalysis ist das Lösen von Gleichungen der Form:

$$F(x, y) = 0 \tag{6.301}$$

Im einfachsten Fall ist F eine reellwertige Funktion von zwei reellen Variablen mit $F(x_0, y_0) = 0$ für festes (x_0, y_0). Es ist bekannt, dass (6.301) unter gewissen Regularitätsbedingungen (u. a. falls $F_y(x_0, y_0) \neq 0$ ist) eine eindeutig bestimmte Lösung y (die von x abhängt) in einer Umgebung von x_0 besitzt. Das Ziel besteht nun darin, eine Verallgemeinerung dieses impliziten Funktionentheorems auf Banachräume zu formulieren. Kennzeichnend für diesen zentralen Satz der Analysis ist, dass sich die Auflösung der Gleichung (6.301) nach y im wesentlichen an der Linearisierung der Funktion F in Bezug auf die Variable y erkennen lässt. Insofern ist es wichtig, zunächst lineare Operatoren und Gleichungen in denen lineare Operatoren auftreten, zu untersuchen. Die hierzu benötigten Begriffe werden nun angegeben.

Definition 6.22   *Es seien* **X** *und* **Y** *lineare Vektorräume. Ein Operator (Abbildung)* $T \mid \mathbf{X} \to \mathbf{Y}$, *der* **X** *in* **Y** *abbildet, heißt* linear, *wenn für alle* $x_1, x_2, x \in \mathbf{X}$ *und alle (reellen bzw. komplexen) Zahlen* λ *die Gleichungen*

$$\begin{aligned} \textit{Additivität:} \quad & T(x_1 + x_2) = Tx_1 + Tx_2, \\ \textit{Homogenität:} \quad & T(\lambda x) = \lambda Tx \end{aligned} \tag{6.302}$$

gelten.

Die einfachsten linearen Operatoren kommen in linearen Gleichungssystemen mit endlich vielen Unbekannten $x_1, \cdots, x_n$ der Form

$$\sum_{j=1}^{n} a_{ij} x_j = y_i, \quad i = 1, \ldots, m \tag{6.303}$$

bzw.

$$Tx = y \tag{6.304}$$

vor. Hier liegt die Auffassung zugrunde, dass der Koeffizientenmatrix (a_{ij}) ein Operator T entspricht, der jedem Vektor $x = (x_1, \ldots, x_n)$ einen Vektor $y = (y_1, \ldots, y_m)$ zuordnet. Die Betrachtung des linearen Gleichungssystems (6.303) als lineare Operatorgleichung (6.304) ist deshalb von so grundsätzlicher Bedeutung, weil sich die wichtigsten Ergebnisse über lineare Gleichungen mit endlich vielen Unbekannten auf allgemeinere Operatorgleichungen übertragen lassen, die insbesondere Differenzial- und Integralgleichungen einschließen.

Ein linearer Operator $T \mid \mathbf{X} \to \mathbf{Y}$ legt folgende Teilräume fest: Den Kern oder Nullraum von T, abgekürzt mit $N(T)$, der aus allen Nullstellen von T besteht, d. h.

$$\mathbf{N}(T) := \{x \in \mathbf{X} \mid Tx = 0\}, \qquad (6.305)$$

und den Range oder Wertebereich von T, abgekürzt mit:

$$\mathbf{R}(T) := \{y \in \mathbf{Y} \mid y = Tx \text{ für ein } x \in \mathbf{X}\}.$$

Wegen der Linearität von T sind $\mathbf{N}(T)$ und $\mathbf{R}(T)$ lineare Teilräume von $\mathbf{X}$ bzw. $\mathbf{Y}$.

Definition 6.23 *1. Die* Summe $T + S$ *der (linearen) Operatoren T und S wird durch die Gleichung*

$$(T + S)(x) := Tx + Sx \quad (x \in X)$$

erklärt.

2. Die Multiplikation *des Operators T mit einer (reellen oder komplexen) Zahl λ wird durch die Gleichung*

$$(\lambda \cdot T)(x) := \lambda(Tx) \quad (x \in X)$$

erklärt.

3. Das Produkt $S \circ T$ *der Operatoren $T \mid \mathbf{X} \to \mathbf{Y}$, $S \mid \mathbf{Y} \to \mathbf{Z}$ ($\mathbf{X}$, $\mathbf{Y}$, $\mathbf{Z}$ lineare Vektorräume) wird durch die Zuordnung*

$$(S \circ T)(x) := S(Tx) \quad (x \in \mathbf{X})$$

erklärt.

4. Die Potenzen T^n *von $T \mid \mathbf{X} \to \mathbf{X}$ werden wie folgt definiert: $T^0 := I$, $T^1 := T$, $T^{n+1} := T \circ T^n$ ($n = 1, 2, \cdots$).*

Aus dieser Definition folgen unmittelbar zwei Aussagen: Erstens wird mittels der für lineare Operatoren eingeführten Operationen „+" und „·" die Menge der linearen Operatoren zu einem Vektorraum. Zweitens ist das Produkt $S \circ T$ ein linearer Operator von $\mathbf{X}$ in $\mathbf{Z}$: $S \circ T \mid \mathbf{X} \to \mathbf{Z}$. Im Folgenden wird statt $S \circ T$ auch nur ST geschrieben.

Der aus der linearen Algebra bekannte Begriff der inversen Matrix wird durch nachfolgende Definition auf allgemeine lineare Operatoren übertragen.

Definition 6.24 *Es sei $T \mid X \to Y$ ein linearer Operator. Falls es einen linearen Operator $S \mid Y \to X$ mit:*

$$ST = I_X, \quad TS = I_Y \tag{6.306}$$

gibt, wobei I_X, I_Y die identischen Abbildungen von **X** *bzw.* **Y** *sind, so heißt S der zu T* inverse Operator (Umkehroperator, reziproker Operator) *und man bezeichnet ihn mit $S = T^{-1}$.*

Hat T einen Umkehroperator T^{-1}, so ist T^{-1} auch wieder linear. Darüber hinaus gibt es nur einen einzigen solchen Operator.

Für nicht notwendige lineare Operatoren T hat man auch noch die Begriffe *injektiv*, *surjektiv* und *bijektiv* geprägt. Ein Operator ist injektiv, falls aus $x \neq y$ $(x, y \in X)$ stets $Tx \neq Ty$ folgt, surjektiv, falls $\mathbf{R}(T) = Y$ und bijektiv, falls er sowohl injektiv als auch surjektiv ist.

Um zu geeigneten Aussagen über lineare Operatorgleichungen zu kommen, muss die Klasse der linearen Operatoren weiter eingeschränkt werden.

Definition 6.25 *Es seien $(\mathbf{X}, \|\cdot\|_X)$ und $(\mathbf{Y}, \|\cdot\|_Y)$ normierte Räume und $T \mid \mathbf{X} \to \mathbf{Y}$ ein linearer Operator. T heißt* beschränkt, *falls es eine Konstante $C > 0$ gibt mit:*

$$\|Tx\|_Y \leq C\|x\|_X, \quad \text{für alle } x \in \mathbf{X}. \tag{6.307}$$

Das Infimum dieser Werte C, für die die Ungleichung (6.307) gilt, wird mit $\|T\|$ bezeichnet und heißt Norm von T. Hierzu äquivalent ist die Formulierung:

$$\|T\| = \sup_{\substack{x \in \mathbf{X} \\ x \neq 0}} \left\{ \frac{\|Tx\|}{\|x\|} \right\}. \tag{6.308}$$

Satz 6.12 *Ein linearer Operator T ist genau dann stetig, d. h. aus $x_n \to x$ folgt stets $Tx_n \to Tx$, wenn T beschränkt ist.*

Bezeichnung: $\mathbf{L}(\mathbf{X}, \mathbf{Y}) := \{T \mid \mathbf{X} \to \mathbf{Y} \mid T \text{ linear und stetig}\}$. $\mathbf{L}(\mathbf{X}, \mathbf{Y})$ bildet mit der in (6.308) eingeführten Norm einen normierten Raum. Dieser ist sogar vollständig, falls **Y** ein vollständiger normierter Raum ist.

Beispiel 8:
Es sei $\mathbf{C}^0[a, b]$ (siehe Beispiel auf S. 264, Nr. 3) mit der Maximumnorm $\|x\| = \max\limits_{t \in [a,b]} |x(t)|$ versehen. $K(s, t)$ bezeichnet eine für $a \leq s, t \leq b$ definierte stetige reellwertige Funktion. Durch die Zuordnungsvorschrift

$$(Tx)(s) := y(s) := \int_a^b K(s, t)\, x(t)\, \mathrm{d}t \quad (a \leq s \leq b) \tag{6.309}$$

ist ein linearer stetiger Operator $T \mid \mathbf{C}^0[a,b] \to \mathbf{C}^0[a,b]$ definiert. Der Nachweis, dass T tatsächlich eine lineare Abbildung von $\mathbf{C}^0[a,b]$ in $\mathbf{C}^0[a,b]$ ist, sei dem Leser überlassen. T ist ein sogenannter linearer Integraloperator mit Kern $K(s,t)$. Die Beschränktheit und somit die Stetigkeit von T erkennt man so:

$$|(Tx)(s)| \;=\; |y(s)| = |\int_a^b K(s,t)\,x(t)\,\mathrm{d}t| \leq \int_a^b |K(s,t)|\,|x(t)|\,\mathrm{d}t \leq$$

$$\leq \int_a^b |K(s,t)| \max_{a \leq t \leq b} |x(t)|\mathrm{d}t = \|x\| \int_a^b |K(s,t)|\,\mathrm{d}t \quad (a \leq \varepsilon \leq b).$$

Nun erfolgt der Übergang zum Maximum:

$$\|Tx\| = \max_{s \in [a,b]} |(Tx)(s)| \leq \left(\max_{s \in [a,b]} \int_a^b |K(s,t)|\,\mathrm{d}t \right) \cdot \|x\|.$$

Also ist T beschränkt, denn es gilt für alle $x \in \mathbf{C}^0[a,b]$ eine Ungleichung $\|Tx\| \leq C\|x\|$ mit $C := \max_{s \in [a,b]} \int_a^b |K(s,t)|\mathrm{d}t$. Eine genauere Rechnung zeigt, dass sogar $C = \|T\|$ gilt.

$\square$

Für die weiteren Betrachtungen benötigt man den Begriff der Fréchet-Ableitung. Hierbei handelt es sich um nichts anderes als die Verallgemeinerung des Ableitungsbegriffes auf normierte Räume. Einerseits wird damit der Begriff der ersten Ableitung einer Abbildung auf eine große Klasse von Funktionen erweitert, zum anderen wird klar, was das Konzept der Ableitung einer Funktion eigentlich beinhaltet. Man erkennt bei dieser Verallgemeinerung der Differenziation auf normierte Räume das grundlegende Konzept der Linearisierung von Funktionen, wie es vom klassischen Kalkül bereits bekannt ist.

Definition 6.26 *Sei $f \mid U(x) \subset \mathbf{X} \to \mathbf{Y}$ eine gegebene Abbildung in normierten Räumen $\mathbf{X}, \mathbf{Y}$ und $U(x)$ bezeichnet eine Umgebung von $x \in \mathbf{X}$. Die Abbildung f heißt F-differenzierbar in x (Fréchet-differenzierbar), falls ein Operator $T \in \mathbf{L}(\mathbf{X}, \mathbf{Y})$ existiert, so dass*

$$f(x+h) - f(x) = Th + r(x;h) \tag{6.310}$$

mit $r(x;h)/\|h\| \to 0$ für $h \to 0$ (bei festem $x \in \mathbf{X}$) für alle h aus einer Umgebung um Null gilt. Falls (6.310) existiert, heißt T F-Ableitung von f in x. Hier ist $f'(x) := T$ und das F-Differenzial in x ist definiert durch $df(x;h) := f'(x) \cdot h$.

Sieht man sich insbesondere die Gleichung (6.310) an, dann erkennt man die Parallelität zum klassischen Kalkül. Der Graph von f wird approximiert durch die „Tangente" im Punkt $(x, f(x))$. Diese hat die Darstellung $h \mapsto f(x) + f'(x) \cdot h$ und stellt exakt den linear (affinen) Teil von (6.310) dar. Die Definition 6.26 ermöglicht uns später bei der Untersuchung von Differenzialgleichungen die Berechnung der Ableitung von Funktionen, die auf Funktionenräumen erklärt sind. Außerdem erfasst man mit der Definition 6.26 alle möglichen Abbildungen der Form $f \mid \mathbb{R}_n \to \mathbb{R}_m$, $n, m \in \mathbb{N}$. Bei diesen Abbildungen ist $f'(x_0)$ nichts anderes als die Jacobi-Matrix der Funktion f im Punkt x_0.

Entsprechende Rechenregeln, wie für die klassische Differenzialrechnung bekannt (z. B. Summen-, Produkt- und Kettenregel), können analog hergeleitet werden. Partielle Ableitungen sowie höhere Ableitungen von Funktionen einer und mehrerer Variablen werden vollständig parallel zum klassischen Vorgehen gewonnen. Darauf wird hier nicht eingegangen.

Nun wird der bekannte Begriff der Richtungsableitung einer Funktion ebenfalls in einer allgemeineren Form definiert. Er stellt eine Abschwächung des Begriffs der Fréchetableitung einer Funktion dar. Dieser verallgemeinerte Begriff der Richtungsableitung wird benötigt, um notwendige Bedingungen für das Vorliegen eines Extremums für ein Funktional auf einem Funktionenraum zu gewinnen. Beispielsweise stellen die Euler-Gleichungen bekannte notwendige Bedingungen für ein Funktional auf einem Funktionenraum dar.

Definition 6.27 *Es sei f wie in Definition 6.26 gegeben. Die Abbildung f heißt G-differenzierbar (Gateaux-differenzierbar) in x, falls ein linearer stetiger Operator S existiert, so dass*

$$f(x + tk) - f(x) = tSk + r(x, k; t) \qquad (6.311)$$

mit $r(x, k; t)/ \mid t \mid \to 0$ für $t \to 0$, alle k mit $\|k\| = 1$ und alle reellen Zahlen t aus einer Nullumgebung gilt. $S = f'(x)$ wird die Gateaux-Ableitung von f im Punkt x genannt. Das Gateaux-Differenzial in x ist durch $d_G f(x; k) = Sk$ definiert.

Falls $f \mid \mathbf{X} \to \mathbf{K}$ ein Gateaux-differenzierbares Funktional auf dem normierten Raum $\mathbf{X}$ ist, dann gilt für jedes feste $x \in \mathbf{X}$:

$$d_G f(x; k) = \frac{\mathrm{d}}{\mathrm{d}t} f(x + tk) \bigg|_{t=0} . \qquad (6.312)$$

Die Beziehung ergibt sich, indem man die Funktion $s(t) := f(x+tk)$ mittels Kettenregel nach t an der Stelle $t = 0$ differenziert:

$$\frac{\mathrm{d}}{\mathrm{d}t} f(x + tk) \bigg|_{t=0} = s'(0) = \lim_{t \to 0} \frac{s(t) - s(0)}{t} = \lim_{t \to 0} \frac{f(x + tk) - f(x)}{t}$$
$$= Sk = d_G f(x; k).$$

Satz 6.13 *Falls das Gateaux-Differenzial existiert, dann ist es eindeutig bestimmt.*

Beweis: Angenommen, es gäbe zwei Operatoren S_1 und S_2, für die (6.311) erfüllt wäre. Dann würde für jedes $k \in \mathbf{X}$ und jedes t, $|t| < \delta$, $\delta > 0$, gelten

$$\|S_1 k - S_2 k\| = \left\| \frac{f(x + tk) - f(x)}{t} - S_2 k - \left(\frac{f(x + tk) - f(x)}{t} - S_1 k \right) \right\|$$

$$\leq \left\| \frac{f(x + tk) - f(x)}{t} - S_2 k \right\| + \left\| \frac{f(x + tk) - f(x)}{t} - S_1 k \right\| \qquad (6.313)$$

$$\to 0 \quad \text{für} \quad t \to 0.$$

Folglich ist $\|S_1 k - S_2 k\| = 0$ für alle $k \in \mathbf{X}$ und mit diesem Widerspruch der Satz bewiesen. $\qquad\qquad\square$

Ohne Beweis wird auf den folgenden Sachverhalt hingewiesen. Falls eine Abbildung f Fréchet-differenzierbar in einem Punkt ist, dann ist sie dort auch Gateaux-differenzierbar und beide Differenziale sind gleich. Nach dem letzten Satz ist dann auch das Fréchet-Differenzial, falls es existiert, eindeutig bestimmt.

Beispiel 9:
Sei $f \mid \mathbb{R}^2 \to \mathbb{R}$ durch

$$f(x,y) := \begin{cases} \dfrac{x^3 y}{x^4 + y^2}, & \text{falls} \quad x^2 + y^2 > 0 \\ 0, & \text{falls} \quad x = y = 0 \end{cases}$$

definiert. Es ist leicht zu prüfen, dass f im Punkt $(0,0)$ Gateaux-differenzierbar mit Gateaux-Differenzial Null ist. Gemäß (6.311) gilt mit $k = (k_1, k_2)$, $\|k\| = 1$, für jedes $t \in \mathbb{R}$:

$$f(tk_1, tk_2) - f(0,0) = \frac{t^3 k_1^3 t k_2}{t^4 k_1^4 + t^2 k_2^2} = t \cdot \underbrace{S(k_1, k_2)}_{=0} + r((0,0), k; t)$$

$$\text{und} \quad \frac{r((0,0), k; t)}{t} = \frac{k_1^3 k_2}{t k_1^4 + \frac{1}{t} k_2^2} \longrightarrow 0 \text{ für } t \to 0.$$

Wäre f auch Fréchet-differenzierbar im Punkt $(0,0)$, so würden Fréchet- und Gateaux-Ableitung übereinstimmen. Für den Restterm in (6.310) ergibt sich $((h_1, h_2) \neq (0,0))$:

$$f(h_1, h_2) - f(0,0) = \underbrace{f'(0,0)(h_1, h_2)}_{=0} + \frac{h_1^3 h_2}{h_1^4 + h_2^2}$$

und es ist:

$$\frac{|r((0,0); (h_1, h_2))|}{\|(h_1, h_2)\|} = \frac{|h_1^3 h_2|}{h_1^4 + h_2^2} \cdot \frac{1}{\sqrt{h_1^2 + h_2^2}}.$$

Nähert man sich auf der Parabel $h_2 = h_1^2$ dem Nullpunkt, dann ergibt sich für $h_1 \to 0$ der Wert $1/2$. Somit besitzt $r(x; h)$ nicht die in Definition 6.26 geforderte Eigenschaft. $\qquad\square$

Im Rahmen der klassischen Differenzial- und Integralrechnung können reellwertige Funktionen auf relative Extrema untersucht werden. Falls eine differenzierbare Funktion in einem inneren Punkt des Definitionsbereichs einen (lokalen) Maximal- oder Minimalwert besitzt, dann verschwindet die erste Ableitung in diesem Punkt. Es stellt sich heraus, dass eine solche reellwertige Funktion, die auf einer Teilmenge eines normierten Raumes erklärt ist und dort ein relatives Extremum (Maximum oder Minimum) besitzt, ebenfalls eine Gateaux- (oder Fréchet-) Ableitung mit Wert Null hat. Dabei werden die Begriffe relatives Maximum, relatives Minimum analog zum klassischen Fall definiert.

Satz 6.14 *Es sei* $f \mid \mathbf{X} \to \mathbb{R}$ *Gateaux-differenzierbar,* $\mathbf{X}$ *normierter Raum und* f *besitze in* $x = x_0$ *ein relatives (auch lokales) Extremum. Dann ist* $d_G f(x_0; h) = 0$ *für alle* $h \in \mathbf{X}$.

Beweis: Betrachtet wird die Funktion $s \mid (-\delta, \delta) \to \mathbb{R}$, $\delta > 0$, mit $s(t) := f(x_0 + th)$. Die Funktion f hat für jedes $h \in \mathbf{X}$ ein relatives Extremum in $t = 0$. Da s differenzierbar in $t = 0$ ist, folgt aus einem klassischen Resultat $s'(0) = 0$. Nach Formel (6.310) gilt nun

$$\frac{\mathrm{d}}{\mathrm{d}t} f(x_0 + th) \mid_{t=0} = s'(0) = d_G f(x_0; h) = Sh = 0$$

für alle $h \in X$. $\square$

Als Folgerung aus Satz 6.14 ergibt sich nun sofort: Ist $f \mid \mathbf{X} \to \mathbb{R}$ Fréchet-differenzierbar in $x_0 \in \mathbf{X}$ und besitzt f in x_0 ein relatives Extremum, dann ist $f'(x_0) = 0$.

Die Punkte x, in denen $d_G f(x; h) = 0$ für alle $h \in X$ oder $f'(x) = 0$ ist, heißen *stationäre Punkte*.

Beispiel 10:
Wir betrachten das Funktional $I \mid \mathbf{C}^0[0, 1] \to \mathbb{R}$ mit

$$I(x) := \int_0^1 a(t) x^2(t)\, \mathrm{d}t,$$

wobei $a \in \mathbf{C}^0[0, 1]$ eine gegebene Funktion ist. Dann ist

$$I(x + h) - I(x) = 2 \int_0^1 a(t) x(t) h(t)\, \mathrm{d}t + \int_0^1 a(t) h^2(t)\, \mathrm{d}t$$

und folglich:

$$I'(x)h = 2 \int_0^1 a(t) x(t) h(t)\, \mathrm{d}t.$$

Die Ableitung $I'(x)$ verschwindet für jedes $h \in \mathbf{C}^0[0, 1]$ nur im Punkt $x = 0$. $\square$

Beispiel 11:
Die klassischen *Euler-Lagrangeschen Variationsprobleme* bestimmen solche Funktionen $u \in \mathbf{C}^2[a, b]$, die die Randbedingungen $u(a) = \alpha$, $u(b) = \beta$ erfüllen und das Funktional

$$I(u) := \int_a^b F(x, u, u')\, \mathrm{d}x, \qquad \left(u'(x) = \frac{\mathrm{d}u}{\mathrm{d}x} \right) \tag{6.314}$$

extremal machen. F ist hier eine in x, u, u' stetige Funktion mit stetigen partiellen Ableitungen in Bezug auf u und u'. In diesem Beispiel soll gezeigt werden, wie mit dem Begriff der Gateaux-Ableitung die Euler-Lagrangesche Gleichung als notwendige Extremalbedingung gewonnen werden kann. Dazu setzen wir voraus, dass $I(u)$ ein Extremum für ein $u \in \mathbf{C}^2[a,b]$ besitzt. Dann betrachten wir die Menge aller Variationen $u + tv$ mit beliebig gewähltem $v \in \mathbf{C}^2[a,b]$, $v(a) = v(b) = 0$ und die Differenz:

$$I(u + tv) - I(u) = \int_a^b [F(x, u + tv, u' + tv') - F(x, u, u')]\, \mathrm{d}x. \tag{6.315}$$

Setzt man nun noch $F \in \mathbf{C}^2$ voraus, dann kann man die Differenz unter dem Integral in (6.315) mittels Taylorschem Satz umformen:

$$F(x, u+tv, u'+tv') - F(x, u, u') = t\left(v\frac{\partial F}{\partial u} + v'\frac{\partial F}{\partial u'}\right) + \frac{t^2}{2!}\left(v\frac{\partial F}{\partial u} + v'\frac{\partial F}{\partial u'}\right)^2. \tag{6.316}$$

Ohne näher darauf einzugehen, bezeichnet der 2. Summand in (6.316) ein mögliches Restglied der Taylorentwicklung in der bequemen und bekannten Notation. Aus (6.316) liest man nun das 1. Fréchetsche Differenzial

$$\mathrm{d}I(u; v) = \int_a^b \left(v\frac{\partial F}{\partial u} + v'\frac{\partial F}{\partial u'}\right) \mathrm{d}x \tag{6.317}$$

ab. Das 2. Fréchetsche Differenzial ergibt sich in analoger Weise zu:

$$\mathrm{d}^2 I(u; v) = \int_a^b \left(v\frac{\partial F}{\partial u} + v'\frac{\partial F}{\partial u'}\right)^2 \mathrm{d}x.$$

Die notwendige Bedingung für das Vorliegen eines Extremums für das Funktional I lautet für alle $v \in \mathbf{C}^2[a,b]$ mit $v(a) = v(b) = 0$:

$$0 = \mathrm{d}I(u; v) = \int_a^b \left(v\frac{\partial F}{\partial u} + v'\frac{\partial F}{\partial u'}\right) \mathrm{d}x \tag{6.318}$$

Mit der üblichen Umformung – Integration des 2. Summanden im Integranden von (6.318) mittels partieller Integration und das Ausnutzen der Randbedingung $v(a) = v(b) = 0$ – ergibt sich die notwendige Bedingung

$$\int_a^b \left[\frac{\partial F}{\partial u} - \frac{\mathrm{d}}{\mathrm{d}x}\left(\frac{\partial F}{\partial u'}\right)\right] v\,\mathrm{d}x = 0 \tag{6.319}$$

für alle Funktionen $v \in \mathbf{C}^2[a,b]$, die in a und b verschwinden. Nach dem Fundamentallemma der Variationsrechnung ist dies nur möglich, falls

$$\frac{\partial F}{\partial u} - \frac{\mathrm{d}}{\mathrm{d}x}\left(\frac{\partial F}{\partial u'}\right) = 0 \tag{6.320}$$

gilt. Dies ist die bekannte Euler-Lagrange-Gleichung. $\square$

Wie angekündigt, wollen wir nun die Gleichung

$$F(x,y) = 0, \quad \text{mit} \quad F \mid \mathbf{X} \times \mathbf{Y} \to \mathbf{Z}$$

($\mathbf{X},\mathbf{Y},\mathbf{Z}$ Banachräume) (vgl. (6.301)) nach y in Abhängigkeit von x auflösen. Dazu benötigt man den Begriff der Fréchet-Ableitung. Es sei (x_0, y_0) ein Lösungselement von (6.301), d. h. es gilt $F(x_0, y_0) = 0$. Gesucht ist eine Abbildung $x \mapsto y^*(x)$ auf einer Umgebung von x_0, so dass $y^*(x_0) = y_0$ und $F(x, y^*(x)) = 0$ in $U(x_0)$ gilt. Die bestimmende Bedingung für die Existenz genau einer Lösung (neben der Stetigkeit von F) ist die folgende: Der inverse Operator $F_y(x_0, y_0)^{-1} \mid \mathbf{Z} \to \mathbf{Y}$ existiert als stetiger linearer Operator.

Da $\mathbf{Y}$ und $\mathbf{Z}$ als Banachräume vorausgesetzt sind, ist diese Bedingung äquivalent zu der folgenden: Die partielle F-Ableitung $F_y(x_0, y_0) \mid \mathbf{Y} \to \mathbf{Z}$ ist bijektiv.

Um zu sehen, wie diese Bedingung wirkt, kann man sich $F(x,y)$ als klassische Potenzreihe entwickelt denken (Eine entsprechende Potenzreihendarstellung von F gibt es auch in abstrakter Form.):

$$F(x,y) = F(x_0, y_0) + a(x - x_0) + b(y - y_0) + \text{Terme höherer Ordnung.}$$

Man beachte: $F(x_0, y_0) = 0$ und $F_y(x_0, y_0) = b$.

Der Auflösungssatz trifft nun die Aussage, dass unter zusätzlichen Regularitätsbedingungen an F die Gleichung $F(x,y) = 0$ äquivalent zu

$$y - y_0 = -b^{-1}a(x - x_0) + \text{Terme höherer Ordnung}$$

ist. Die Bedingung (6.311) garantiert die Existenz der Inversen b^{-1}.

Satz 6.15 (Implizites Funktionentheorem) *Es seien die folgenden Voraussetzungen erfüllt:*

(i) Die Abbildung $F \mid U(x_0, y_0) \subset \mathbf{X} \times \mathbf{Y} \to \mathbf{Z}$ ist auf der offenen Umgebung $U(x_0, y_0)$ definiert und es ist $F(x_0, y_0) = 0$, wobei $\mathbf{X}, \mathbf{Y}$ und $\mathbf{Z}$ Banachräume über $\mathbf{K}$ ($\mathbf{K} = \mathbb{R}$ oder $\mathbb{C}$) sind.

(ii) F_y existiert als partielle $F-$Ableitung auf $U(x_0, y_0)$ und die Bedingung (6.311) sei erfüllt.

(iii) F und F_y sind stetig in (x_0, y_0).

Dann gelten folgende Aussagen:

1. Es existieren positive Zahlen r_0 und r, so dass für jedes $x \in X$ mit $\|x - x_0\| \le r_0$ exakt ein $y^*(x) \in Y$ existiert mit $\|y^*(x) - y_0\| \le r$ und $F(x, y^*(x)) = 0$.

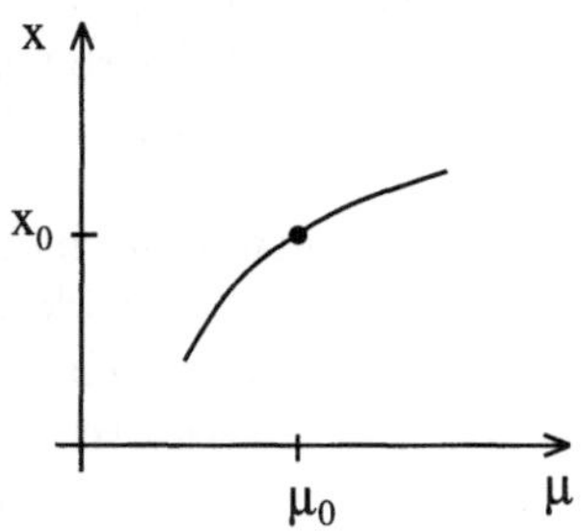 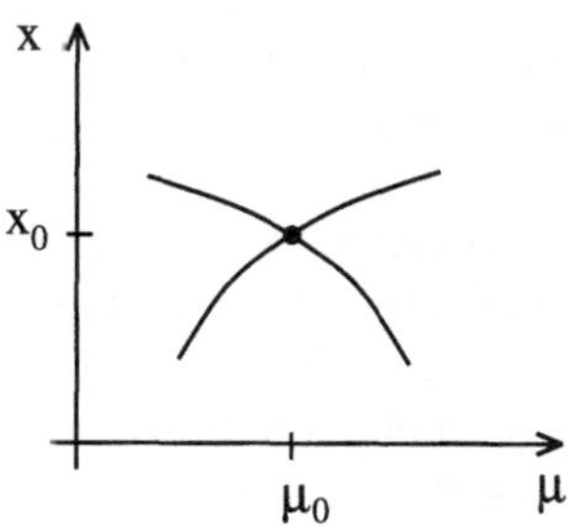

Bild 6.7: a) Eindeutige Lösung durch (μ_0, x_0) b) (μ_0, x_0) ist Bifurkationspunkt

2. Die Folge der sukzessiven Approximationen $(y_n(x))$ mit

$$y_n(x) \quad := \quad y_{n-1}(x) - F_y(x_0, y_0)^{-1} F(x, y_{n-1}(x)), \ n = 1, 2, \ldots$$
$$y_0(x) \quad := \quad y_0$$

konvergiert gegen $y^*(x)$ in allen Punkten x mit $\|x - x_0\| \leq r_0$.

3. Ist F stetig in $U(x_0, y_0)$, dann ist y^* stetig auf einer Umgebung von x_0. Ist F eine $\mathbf{C}^m$–Abbildung, $1 \leq m < \infty$, in $U(x_0, y_0)$, dann ist y^* ebenfalls eine $\mathbf{C}^m$–Abbildung auf einer Umgebung von x_0. Ist F analytisch, so ist es auch y^*.

Im nächsten Kapitel wird gezeigt, welchen Vorteil das implizite Funktionentheorem bei der Behandlung von Bifurkationsproblemen bringt.

6.3.5 Grundlagen der Bifurkationstheorie

Betrachtet wird die reelle Gleichung

$$F(x, \mu) = 0 \tag{6.321}$$

mit $F(x_0, \mu_0) = 0$, $F_x(x_0, \mu_0) \neq 0$ und F ist eine $\mathbf{C}^1$–Abbildung in einer Umgebung von (x_0, μ_0). Nach dem impliziten Funktionentheorem (vgl. Satz 6.15) kann man (6.321) eindeutig nach x in $U(\mu_0)$ auflösen. Es geht also genau eine Lösungskurve durch (x_0, μ_0) (siehe Bild 6.7 a).

Eine andere Situation in der Umgebung eines Punktes μ_0 ist in Bild 6.7 (b) dargestellt. Dieses Lösungsphänomen kann bei Gln. (6.321) auftreten, für die $F_x(x_0, \mu_0) = 0$ ist. In diesem Fall ist der Satz über implizite Funktionen (siehe Satz 6.15) *nicht* anwendbar. Diese Situation tritt bereits ein, wenn man $F(x, \mu) := (\mu - \mu_0)^2 + (x - x_0)^2$ wählt. Der Punkt $(x, \mu) = (x_0, \mu_0)$ ist ein Lösungselement der Gleichung $F(x, \mu) = 0$ und es gilt $F_x(x_0, \mu_0) = 0$. (Der Leser mache sich die Lösungsmenge von $F(x, \mu) = 0$ grafisch klar.)

Ein entsprechendes Lösungsverhalten von Gleichungen der Form $F(x_0, \mu_0) = 0$ kann ebenfalls nachgewiesen werden, wenn F auf Banachräumen erklärt ist. Hierbei ist μ die Parametervariable und x bezeichnet den Zustand des zu untersuchenden Systems.

Bifurkationsphänomene spielen eine wichtige Rolle in den Naturwissenschaften. Bifurkation bedeutet, dass ein System unter einem äußeren Einfluß (d.h. Änderung des Parameters μ) plötzlich (d.h. für $x = x_0$) seine Stabilität verliert und von einer Gleichgewichtslage in eine qualitativ neue Gleichgewichtslage übergeht. Betrachtet man z. B. eine Flüssigkeit, die um eine Achse rotiert, dann bricht bei entsprechenden Winkelgeschwindigkeiten die existierende Gleichgewichtsform in neue Formen auf. Ein anderes Beispiel für Bifurkationsprobleme ist das Bestimmen der kritischen Kraft bei der Deformation von Stäben, Platten und Schalen. Z. B. kann man bei Stäben folgende Situation beobachten: (i) Für unterkritische Kräfte $\mu < \mu_0$ ist der nicht ausgebeulte Zustand des Stabes stabil. (ii) Dieser Zustand verliert für $\mu > \mu_0$ seine Stabilität. Ein stabiler ausgebeulter Zustand erscheint für $\mu > \mu_0$, der von der Größe der Kraft abhängt.

Im Abschnitt 7.1 wird als Beispiel die Duffinggleichung aus der Elektrotechnik behandelt. Will man solche Phänomene mathematisch modellieren, dann stößt man erfahrungsgemäß auf verschiedene Schwierigkeiten. Hier soll nur ein kleiner Teil dieser Theorie präsentiert werden.

Zunächst ist zu klären, was man unter einem Bifurkationspunkt versteht. Betrachtet wird wieder die Gleichung:

$$F(x, \mu) = 0 \quad \text{mit} \quad \mu \in \mathbf{K}^m, \ x \in \mathbf{X}, \ m \in \mathbb{N}. \tag{6.322}$$

Definition 6.28 *Sei* $\mathbf{X}$ *ein Banachraum über* $\mathbf{K}$ ($= \mathbb{R}$ *oder* $\mathbb{C}$)*. Der Punkt* (x_0, μ_0) *heißt* Bifurkationspunkt *von (6.322) falls:*

(i) $F(x_0, \mu_0) = 0$,

(ii) *Zwei Folgen* (x_n, μ_n) *und* (y_n, μ_n) *existieren, die Lösungen der Gleichung (6.322) sind und mit* $n \to \infty$ *gegen* (x_0, μ_0) *konvergieren. Dabei sind* $x_n \neq y_n$ *für alle* $n \in \mathbb{N}$.

Häufig liegt für Gleichungen vom Typ (6.322) mit der Linearisierung $F_x(x_0, \mu_0)x = 0$, $\mu \in \mathbf{K}^m$, folgende Situation vor. Die Gleichung $F(x, \mu) = 0$ hat für jedes μ die triviale Lösung $x = 0$. Darüber hinaus können an den Punkten $\mu_1, \mu_2, \ldots$, für die $\dim N(F_x(\mu_i, x_0)) \geq 1$ ist, nichttriviale Lösungen von der trivialen Lösung $x = 0$ abzweigen. Im $(\mu, \|x\|)$-Diagramm könnte das das Aussehen entsprechend Bild 6.8 hervorrufen.

Jene Punkte $(0, \mu_i)$ in Bild 6.8, in denen nichttriviale Lösungen abzweigen, nennt man Bifurkationspunkte.

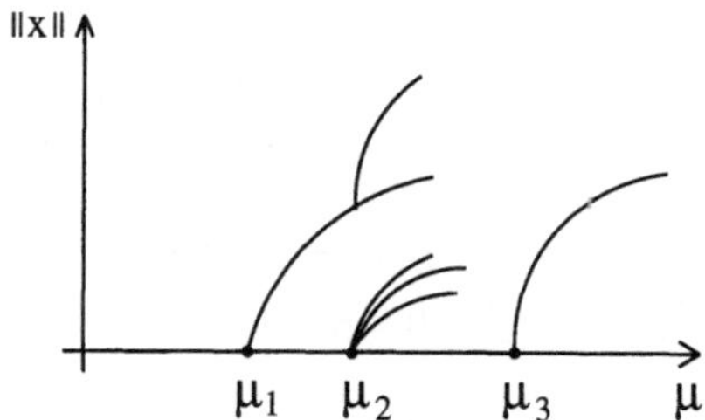

Bild 6.8: Verschiedene Bifurkationsphänomene

Wenn man sich mit Bifurkationsproblemen in unendlich dimensionalen Banachräumen beschäftigt, wird folgende Strategie verfolgt. Man verwendet Projektionsmethoden (je nach Problemstellung jene von E. Schmidt oder A. Ljapunov), um das Problem auf eine endlich dimensionale nichtlineare Gleichung mit endlich vielen reellen oder komplexen Variablen zu reduzieren. Um zu erkennen, ob es sich überhaupt um ein Bifurkationsproblem handeln kann, wird zunächst eine notwendige Bifurkationsbedingung abgeleitet.

Satz 6.16 *Seien* $\mathbf{X}$ *und* $\mathbf{Y}$ *Banachräume über* $\mathbf{K}$ *und sei* $F \mid U(x_0, \mu_0) \subset \mathbf{X} \times \mathbf{K}^m \to \mathbf{Y}$ *eine* $\mathbf{C}^1-$*Abbildung in einer Umgebung* (x_0, μ_0). *Falls* (x_0, μ_0) *ein Bifurkationspunkt der Gleichung* (6.322) *ist, dann existiert der inverse Operator* $F_x(x_0, \mu_0)^{-1}$ *nicht auf* $\mathbf{Y}$.

Beweis: Nimmt man das Gegenteil an, dann gibt es nach dem Satz über implizite Funktionen eine eindeutig bestimmte Lösung y^* auf $U(\mu_0)$ im Widerspruch dazu, dass es in $U(\mu_0)$ zwei Folgen $(x_n), (y_n)$ mit $x_n \neq y_n$ für alle $n \in \mathbb{N}$ und $x_n, y_n \to x_0$ gibt. $\square$

Die Bedingung, $F_x(x_0, \mu_0)^{-1}$ existiert nicht auf $\mathbf{Y}$, ist nicht hinreichend für das Vorliegen eines Bifurkationspunktes, wie das folgende Beispiel zeigt.

Beispiel 12:
Sei $X = \mathbb{R}^2$ und $x = (x_1, x_2)$. Dann ist der Punkt $\mu = 1$, $x_1 = x_2 = 0$ kein Bifurkationspunkt für die Gleichung

$$x_1 = \mu(x_1 - x_2^3),$$
$$x_2 = \mu(x_2 + x_1^3),$$

obwohl $F_x(0, 0, 1)^{-1}$ nicht existiert.

Es ist

$$F(x_1, x_2, \mu) = \begin{pmatrix} x_1 - \mu(x_1 - x_2^3) \\ x_2 - \mu(x_2 + x_1^3) \end{pmatrix}$$

und

$$F_x(0, 0, 1) = \begin{pmatrix} 0 & 0 \\ 0 & 0 \end{pmatrix}$$

und somit nicht invertierbar.

Die Multiplikation der ersten Zeile mit $-x_2$ und der zweiten Zeile mit x_1 und anschließender Addition liefert: $\mu(x_1^4 + x_2^4) = 0$, d. h., $x_1 = x_2 = 0$ für $\mu \neq 0$. $\square$

Für das weitere Vorgehen wird noch der Begriff des Fredholmoperators benötigt. Hierzu betrachten wir die lineare Operatorgleichung der Form

$$Tx = y, \quad x \in \mathbf{X} \tag{6.323}$$

für ein gegebenes $y \in \mathbf{Y}$ und seine lineare Dualgleichung (auch adjungierte Gleichung genannt)

$$T^*x^* = y^*, \quad x^* \in Y^* \tag{6.324}$$

für ein gegebenes $y^* \in X^*$. X^* und Y^* bezeichnen alle linearen stetigen Funktionale auf $\mathbf{X}$ bzw. $\mathbf{Y}$ mit Werten in $\mathbf{K} : X^* = \mathbf{L}(\mathbf{X}, \mathbf{K})$, $Y^* = \mathbf{L}(\mathbf{Y}, \mathbf{K})$. T^* wird dualer (oder adjungierter) Operator zu T genannt.

Man sucht nun eine Klasse von linearen Operatoren, bei denen die Lösungseigenschaften von klassischen linearen Gleichungssystemen mit $\mathbf{X} = \mathbb{R}^n$, $\mathbf{Y} = \mathbb{R}^m$ weitestgehend erhalten bleiben. Diese wichtige Operatorenklasse ist die der Fredholmoperatoren (kurz: F-Operatoren).

Definition 6.29 $\mathbf{X}$ *und* $\mathbf{Y}$ *seien Banachräume über* $\mathbf{K}$. *Der lineare Operator* $T\,|\,\mathbf{X} \rightarrow \mathbf{Y}$ *heißt* F-Operator, *falls* T *stetig und beide Zahlen* $\dim N(T)$ *und* $\operatorname{codim} R(T)$ *endlich sind. Die Zahl*

$$\operatorname{ind} T := \dim N(T) - \operatorname{codim} R(T)$$

heißt Index *von* T.

Der Begriff $\operatorname{codim} R(T)$ (sprich Kodimension von $R(T)$) lässt sich wie folgt erklären. Der Rang von T (analog dem Rang von Matrizen) ist durch $\operatorname{rg} T := \dim R(T)$ erklärt. Wie man sieht, kann der Rang eines linearen Operators auch unendlich werden. Ist $\mathbf{M}$ ein abgeschlossener linearer Teilraum des linearen Raumes $\mathbf{X}$, dann kann man sich $\mathbf{X}$ immer dargestellt denken in der Form:

$$\mathbf{X} = \mathbf{M} \oplus \mathbf{M}^\perp, \tag{6.325}$$

wobei $\operatorname{codim} \mathbf{M} := \dim \mathbf{M}^\perp$ nach Definition ist. Hierbei bezeichnet $\oplus$ die direkte Summe der beiden Räume $\mathbf{M}$ und $\mathbf{M}^\perp$, d. h., jedes Element $x \in \mathbf{X}$ hat die einzige Darstellung $x = x_M + x_{M^\perp}$ mit $x_M \in \mathbf{M}$ und $x_{M^\perp} \in \mathbf{M}^\perp$. Anschaulich (wenn man sich $\mathbf{X}$ als einen $\mathbb{R}^n$, $\mathbf{M}$ als einen $\mathbb{R}^k$, $1 \leq k < n$ und $\mathbb{R}^n$ in der Form

$$\mathbb{R}^n = \mathbb{R}^k \oplus \mathbb{R}^{n-k}$$

aufgespalten denkt) ist also $\operatorname{codim} \mathbf{M}$ gleich der Anzahl der Dimensionen, die $\mathbf{M}$ fehlen, um den linearen Raum $\mathbf{X}$ aufzuspannen.

Beispiel 13:

Sei $T \mid \mathbf{K}^n \to \mathbf{K}^m$ ein linearer Operator. In jeder zugrunde gelegten Norm ist T stetig. Darüber hinaus ist T ein F-Operator mit ind $T = n - m$. Dies sieht man so. Sei der Rang von T gleich r. Um den Index von T zu berechnen, schreiben wir $\mathbf{X} = \mathbf{K}^n$ und $\mathbf{Y} = \mathbf{K}^m$ in der Form (Bezeichnung wie oben):

$$\mathbf{K}^n = N(T) \oplus N(T)^\perp, \quad \mathbf{K}^m = R(T) \oplus R(T)^\perp.$$

Da die Einschränkung von T auf $N(T)^\perp$ auf $R(T)$ abbildet und injektiv (keine Nullraum im Definitionsbereich von T) ist, gilt

$$\dim N(T) = \dim \mathbf{K}^n - r, \qquad \operatorname{codim} R(T) = \dim \mathbf{K}^m - r$$

und somit ind $T = \dim N(T) - \operatorname{codim} R(T) = n - m$. $\qquad\qquad\square$

Es folgen einige Eigenschaften linearer Fredholmoperatoren. Dabei wird kein Wert auf Vollständigkeit gelegt.

Satz 6.17 *Für einen Fredholmoperator $T \mid X \to Y$ gelten unter anderem die folgenden Eigenschaften:*

1. *Falls* ind $T = 0$ *und* $N(T) = \{0\}$, *dann besitzt die Gleichung (6.323) exakt eine Lösung für jedes $y \in \mathbf{Y}$ und es gilt $T^{-1} \in \mathbf{L}(\mathbf{Y}, \mathbf{X})$.*

2. *Der Wertebereich $R(T)$ ist abgeschlossen. Für festes $y \in \mathbf{Y}$ besitzt die Gleichung (6.323) genau dann eine Lösung, falls $\langle x^*, y \rangle = 0$ für alle $x^* \in N(T^*)$ gilt.*

3. *Der gestörte Operator $T+U$ ist auch ein Fredholmoperator mit* ind $(T+U) =$ ind T, *falls $U \in \mathbf{L}(\mathbf{X}, \mathbf{Y})$ und U kompakt ist (siehe Definition 6.30).*

4. *Der duale Operator $T^* \mid Y^* \to X^*$ ist ebenfalls Fredholmoperator und es gilt:*

$$\dim N(T^*) = \operatorname{codim} R(T), \qquad \operatorname{codim} R(T^*) = \dim N(T).$$

Weitere Eigenschaften über Fredholmoperatoren lassen sich beweisen, wenn man den Begriff des linearen kompakten Operators einbezieht. Dieser Begriff ist in die Funktionalanalysis eingeführt worden, um Resultate über stetige Operatoren auf dem $\mathbb{R}^n$ auf unendlich dimensionale Räume übertragen zu können, wenn der Begriff Stetigkeit durch Kompaktheit ersetzt wird. Einen kompakten Operator erklärt

Definition 6.30 *Es seien $\mathbf{X}$ und $\mathbf{Y}$ normierte Räume und $T \mid \mathbf{X} \to \mathbf{Y}$ eine lineare Abbildung von $\mathbf{X}$ in $\mathbf{Y}$. Der Operator T heißt kompakt (auch vollstetig), wenn es zu jeder beschränkten Folge $(x_n) \subset X$ eine Teilfolge (x_{n_k}) gibt, für die die Folge (Tx_{n_k}) in Y konvergiert.*

Beispiel 14:

1) Jeder lineare Operator $T \mid \mathbb{R}^n \to \mathbb{R}^m$ ist kompakt.

2) Es sei $\mathbf{C}^0[a,b]$ der Banachraum der stetigen Funktionen auf $[a,b]$ mit der Maximumnorm $\|x\| = \max_{t \in [a,b]} |x(t)|$ und $\mathbf{K} \mid [a,b] \times [a,b] \to \mathbb{R}$ eine stetige Funktion auf $[a,b] \times [a,b]$, $a < b$ und a, b reell. Dann ist die Abbildung $T \mid \mathbf{C}^0[a,b] \to \mathbf{C}^0[a,b]$ definiert durch

$$(Tx)(s) := \int_a^b K(s,t)x(t)\,\mathrm{d}t, \qquad a \leq s \leq b, \quad x \in \mathbf{C}^0[a,b]$$

ein kompakter Operator. Der Beweis wird hier nicht geführt. Auch nichtlineare Integraloperatoren der Form $T \mid \mathbf{C}^0[a,b] \to \mathbf{C}^0[a,b]$ mit

$$(Tx)(s) := \int_a^b K(s,t,x(t))\,\mathrm{d}t, \qquad s \in [a,b], \quad x \in \mathbf{C}^0[a,b]$$

und stetigem

$$K \mid [a,b] \times [a,b] \times [-R,R] \to \mathbb{R} \qquad -\infty < a < b < \infty, \quad 0 < R < \infty$$

sind kompakt. $\qquad\qquad\qquad\qquad\qquad\qquad\qquad\qquad\qquad\qquad\qquad\qquad\qquad\qquad$ $\square$

Nach diesen Vorbereitungen wird jetzt eine (mögliche) Bifurkationsgleichung hergeleitet. Das Ziel besteht darin, die Lösung eines Bifurkationsproblems in unendlich dimensionalen Banachräumen auf die Lösung von endlich vielen Gleichungen mit endlich vielen reellen (oder komplexen) Variablen zu reduzieren. In Bezug auf die zu behandelnden Aufgabenstellungen wird die Bifurkationsgleichung mittels Schmidtoperator gewonnen. Hierzu muss ind $T = 0$ sein. Für ind $T \neq 0$ erhält man mittels Projektionsmethode nach Ljapunov eine Bifurkationsgleichung, die ebenfalls endlich dimensional ist und von nur endlich vielen Variablen abhängt. Beide Varianten werden an je einem Beispiel erläutert.

Wir betrachten:

$$F(x,\mu) = 0, \quad \mu \in \mathbf{K}, \quad x \in \mathbf{X} \tag{6.326}$$

mit $F(0,0) = 0$ und das linearisierte Problem:

$$F_x(0,0)x = 0, \quad x \in \mathbf{X}. \tag{6.327}$$

Im Hinblick auf die Beispiele ist der Parameter eindimensional.

Satz 6.18 (Ljapunov-Schmidtsche Bifurkationsgleichung) *Es seien* $\mathbf{X}$ *und* $\mathbf{Y}$ *Banachräume über* $\mathbf{K}$ *(= $\mathbb{R}$ oder $\mathbb{C}$) und die Abbildung* $F \mid U(0,0) \subset \mathbf{X} \times \mathbf{K} \to \mathbf{Y}$ *sei eine* $\mathbf{C}^k$*−Abbildung mit* $k \geq 1$ *und* $F(0,0) = 0$*. Weiter sei* $T := F_x(0,0)$ *ein Fredholmoperator vom Index r und* $\dim N(T) = n$*, d. h., (6.327) hat n linear unabhängige Lösungen* $x_1, \ldots, x_n$*. Dann ist das Bestimmen der Lösungen* (x,μ) *der Gleichung (6.326) in einer hinreichend kleinen Umgebung um $(0,0)$ äquivalent mit dem Lösen der sogenannten Verzweigungsgleichung. Diese besteht aus $n - r$ nichtlinearen* $\mathbf{C}^k$*−Gleichungen in $n+1$ Variablen über* $\mathbf{K}$*. Falls F analytisch in $(0,0)$ ist, dann sind die Verzweigungsgleichungen ebenfalls analytisch.*

Eine gute Repräsentation und Beweisführung für diesen Satz findet man auch bei Wainberg und Trenogin (siehe [123]). Hinzu kommen umfangreiche Aussagen über Lösungsmethoden der Verzweigungsgleichung. Hier wird kurz geschildert, wie man die Bifurkationsgleichung im Fall $r = \mathrm{ind}\, T = 0$ gewinnt.

<u>1. Schritt:</u> Nach Voraussetzung ist $\dim N(T) = n$. Es seien $\{x_1, \ldots, x_n\}$ die Basiselemente von $N(T)$. Desweiteren sei $\{x_1^*, \ldots, x_n^*\}$ eine Basis von $N(T^*)$. Dass die Dimension der Nullräume von T und T^* gleich sind, folgt unmittelbar aus Satz 6.17, wenn man beachtet, dass $r = 0$ vorausgesetzt ist. Mit diesen Elementen können nach einem Fortsetzungssatz über lineare Funktionale von Hahn und Banach (siehe [52]) zwei biorthonormale Systeme aufgebaut werden, d. h., es können Elemente $y_i \in \mathbf{Y}$ und $y_i^* \in X^*$, $i = 1, \ldots, n$ gewählt werden, so dass

$$\langle x_i^*, y_j \rangle = \delta_{ij} \qquad \text{und} \qquad \langle y_i^*, x_j \rangle = \delta_{ij} \tag{6.328}$$

mit

$$i, j = 1, \ldots, n \qquad \text{und} \qquad \delta_{ij} := \left\{ \begin{array}{l} 1, \text{ falls } i = j \\ 0, \text{ falls } i \neq j \end{array} \right.$$

gelten. Nun wird der *Schmidtoperator* eingeführt:

$$Sx := Tx + \sum_{i=1}^{n} \langle y_i^*, x \rangle y_i. \tag{6.329}$$

Der Operator S besitzt eine lineare stetige Inverse $S^{-1} \in \mathbf{L}(\mathbf{Y}, \mathbf{X})$. Die Injektivität sieht man so. Aus $Sx = 0$ folgt zunächst: $Tx = -\sum_{i=1}^{n} \langle y_i^*, x \rangle y_i$ und daraus:

$$\begin{aligned} \langle x_j^*, Tx \rangle &= \langle T^* x_j^*, x \rangle = 0 = -\sum_{i=1}^{n} \langle y_i^*, x \rangle \langle x_i^*, y_i \rangle \\ &= -\sum_{i=1}^{n} \langle y_i, x \rangle \delta_{ji} = -\langle y_j^*, x \rangle, \quad j = 1, \ldots, n. \end{aligned}$$

Weiter folgt aus (6.329) wegen $\langle y_j^*, x \rangle = 0$, $j = 1, \ldots, n$ auch $Tx = 0$, d. h. $x \in N(T)$, und somit die Darstellung $x = \sum_{i=1}^{n} \alpha_i x_i$ mit $\alpha_i \in \mathbf{K}$. Aus $\langle y_j^*, x \rangle = 0$ folgt jedoch $\langle y_j^*, x \rangle = \sum_{i=1}^{n} \alpha_i \langle y_j^*, x_i \rangle = \alpha_j = 0$, $j = 1, \ldots, n$. Dies zieht sofort $x = 0$ nach sich. Betrachtet man den additiven Anteil von (6.329), also $Ux := \sum_{i=1}^{n} \langle y_i^*, x \rangle y_i$, so handelt es sich hierbei um einen endlich dimensionalen linearen Operator, d. h. einen Operator mit endlichem Wertebereich, der kompakt ist. Nach dem Satz 6.17 Aussage 3 ist dann S wieder ein Fredholmoperator mit Index Null. Nach der Aussage 1 des gleichen Satzes ist wegen $N(S) = \{0\}$ dann $S^{-1} \in \mathbf{L}(\mathbf{Y}, \mathbf{X})$. Aus $Sx_j = y_j$ ergibt sich nun auch noch $x_j = S^{-1} y_j$, $j = 1, \cdots, n$.

<u>2. Schritt:</u> Mit Hilfe des Schmidtschen Operators (6.329) kann die Gleichung (6.326) wie folgt umgeformt werden:

$$0 = F(x, \mu) = Tx + F(x, \mu) - Tx.$$

Der Operator $T = F_x(0,0)$ wird gemäß (6.329) durch S ersetzt und man erhält:

$$0 = Sx - \sum_{i=1}^{n} s_i y_i + F(x,\mu) - F_x(0,0)x \tag{6.330}$$

mit $s_i := \langle y_i^*, x \rangle$, $i = 1,\dots,n$. Löst man (6.330) nach Sx auf und beachtet man, dass S invertierbar ist und außerdem $x_j = S^{-1}y_j$, $j = 1,\dots,n$ gilt, dann ergibt sich:

$$x = \sum_{i=1}^{n} s_i x_i + S^{-1}[F_x(0,0)x - F(x,\mu)], \tag{6.331}$$

$$s_i = \langle y_i^*, x \rangle, \quad i = 1,\dots,n. \tag{6.332}$$

Dieses Gleichungssystem ist äquivalent zu (6.326).

3. Schritt: Die Gleichung (6.331) kann nun nach x in Abhängigkeit von μ und $s_1,\dots,s_n$ aufgelöst werden. Dazu schreibt man (6.331) als Operatorgleichung in der Form

$$\mathbb{G}(x, s_1,\dots,s_n,\mu) = 0 \tag{6.333}$$

mit $\mathbb{G} \mid \mathbf{X} \times \mathbf{K}^n \times \mathbf{K} \to \mathbf{X}$ und

$$\mathbb{G}(x, s_1,\dots,s_n,\mu) := x - \sum_{i=1}^{n} s_i x_i - S^{-1}[F_x(0,0)x - F(x,\mu)].$$

Es ist $\mathbb{G}(0,0,\dots,0,0) = 0$ und $\mathbb{G}$ ist von derselben Regularitätsklasse wie F. Da die rechte Seite von (6.331) keine linearen Terme in x enthält, ist die partielle Fréchetableitung in Bezug auf x im Punkt $(0,0)$ gleich Null. Demzufolge ist $\mathbb{G}_x(0,0,\dots,0,0) = I$ und das implizite Funktionentheorem liefert die Aussage, dass (6.331) in einer Umgebung von $\mu = s_1 = \dots = s_n = 0$ genau eine Lösung besitzt. Im Fall, dass F analytisch in einer Umgebung von $(x,\mu) = (0,0)$ ist, lässt sich die Lösung in Form einer Potenzreihe mit banachraumwertigen Koeffizienten präsentieren:

$$x = \sum_{\substack{\sum_{i=0}^{n} k_i \geq 1}} x_{k_0 k_1 \cdots k_n}\, \mu^{k_0} s_1^{k_1} \cdots s_n^{k_n}, \qquad x_{k_0 k_1 \cdots k_n} \in X. \tag{6.334}$$

Die Lösung der Gleichung (6.331) wird jetzt in (6.332) eingesetzt und man erhält die sogenannte Bifurkationsgleichung zur Bestimmung der $s_1,\dots,s_n$ in Abhängigkeit von μ:

$$s_i = \sum_{\substack{\sum_{i=0}^{n} k_i \geq 1}} b^{(i)}_{k_0 k_1 \cdots k_n}\, \mu^{k_0} s_1^{k_1} \cdots s_n^{k_n}, \, i = 1,\cdots,n, \tag{6.335}$$

mit $b^{(i)}_{k_0 k_1 \cdots k_n} := \langle y_i^*, x_{k_0 k_1 \cdots k_n} \rangle$, $i = 1,\dots,n$.

Die $x_{k_0 k_1,\cdots,k_n}$ in (6.334) können z. B. durch Koeffizientenvergleich in (6.331) gewonnen werden. Insofern sind also die Zahlen $b^{(i)}_{k_0 k_1 \cdots k_n}$ berechenbar. Die Reihen (6.334) und (6.335) konvergieren absolut in (hinreichend kleinen) Umgebungen um Null.

Die Verzweigungsgleichung (6.335) zu lösen, ist ein schwieriges Problem. Es gibt eine Vielzahl von mathematischen Methoden, um Lösungen zu erhalten. Diese sind oft auch abhängig vom vorausgesetzten Regularitätsgrad an F. Falls F eine analytische Funktion in ihren Variablen ist, kann der Weierstraßsche Vorbereitungssatz auf die Verzweigungsgleichungen angewendet werden. Falls nur Differenzierbarkeit von F vorliegt, kann die Gleichung mittels Methoden aus der Singularitätentheorie in eine sogenannte „Normalform" gebracht werden, an der man dann das Nullstellenverhalten diskutiert. Häufig werden auch Lösungen der Bifurkationsgleichung mit dem Newtondiagramm erzeugt.

Beispiel 15:
Für den Fall $\dim N(T) = 1$ und $F(0,\mu) = 0$ für $\mu \in U(0)$ wird gezeigt, wie man mit einfachen Voraussetzungen zu nichttrivialen Lösungen des Bifurkationsproblems $F(x,\mu) = 0$ kommen kann. Die Voraussetzung $F(0,\mu) = 0$ sichert bereits das Vorhandensein der trivialen Lösung $x = 0$ für alle μ–Werte. Nun werden hinreichende Bedingungen an F formuliert, die das Abzweigen einer nichttrivialen Lösung $x(\mu) \neq 0$ von der trivialen Lösung $x(\mu) = 0$ sichern. Das Gleichungssystem (6.331), (6.332) lautet mit $s_1 := s$:

$$\begin{aligned} x &= sx_1 + S^{-1}[F_x(0,0)x - F(x,\mu)], \\ s &= \langle y_1^*, x \rangle. \end{aligned} \qquad (6.336)$$

$\square$

Die Auflösung der 1. Gleichung in (6.336) führt zu einer Lösung der Form (6.334). Je nach Voraussetzung an F, d.h. $F \in \mathbf{C}^k$ oder F analytisch, ist (6.334) ein Taylorpolynom mit Restglied bzw. eine absolut konvergente Potenzreihe in μ und s. Durch implizite Differenziation bzw. Koeffizientenvergleich sind die $x_{k_0 k_1}$ berechenbar. Es ergibt sich für (6.334) für den Fall $n = 1$ die Darstellung:

$$x(\mu,s) = x_1 s - (S^{-1}F_{\mu x}(0,0)x_1)\mu s - \frac{1}{2}(S^{-1}F_{xx}(0,0)(x_1,x_1))s^2 - \dots . \qquad (6.337)$$

Da nach Voraussetzung $F(0,\mu)$ identisch Null ist, verschwinden auch alle partiellen Ableitungen nach μ, d.h. es ist $F_\mu(0,0) = F_{\mu\mu}(0,0) = \cdots = 0$. Da F keine Terme enthält, die frei von x sind, besitzen folglich alle Terme von (6.337) den Faktor s. Setzt man nun die Lösung (6.337) in die zweite Gleichung von (6.336) ein, dann ergibt sich:

$$s = s\langle y_1^*, x_1 \rangle - \mu s\langle y_1^*, S^{-1}F_{\mu x}(0,0)x_1 \rangle - s^2 \langle y_1^*, S^{--}F_{xx}(0,0)(x_1,x_1) \rangle - \dots . \qquad (6.338)$$

Wegen $\langle y_1^*, x_1 \rangle = 1$ und $(S^{-1})^* y_1^* = x_1^*$ (dies folgt, wenn man in (6.329) zum adjungierten Operator übergeht und die Biorthogonalitätsrelationen beachtet) erhält man die Bifurkationsgleichung

$$0 = \mu s\langle x_1^*, F_{\mu x}(0,0)x_1 \rangle + s^2 \langle x_1^*, F_{xx}(0,0)(x_1,x_1) \rangle + \dots$$

und nach Division durch s:

$$0 = \mu\langle x_1^*, F_{\mu x}(0,0)x_1 \rangle + s\langle x_1^*, F_{xx}(0,0)(x_1,x_1) \rangle + \dots . \qquad (6.339)$$

Fordert man $\langle x_1^*, F_{\mu x}(0,0)x_1 \rangle \neq 0$, dies bedeutet $F_{\mu x}(0,0)x_1 \notin R(F_x(0,0))$, dann kann man die Gl. (6.339) mittels des impliziten Funktionentheorems in einer Umgebung von $(\mu, s) = (0,0)$ nach μ in Abhängigkeit von s auflösen: $\mu = \mu^*(s)$. Setzt man diese Lösung in (6.337) ein, so ergibt sich ein nichttrivialer Lösungszweig $x = x^*(s)$. Folglich hat man mit $(\mu^*(s), x^*(s))$ außer der trivialen Lösung $(0, \mu)$ eine weitere Lösung von (6.326) gefunden.

Damit hat man sofort folgendes Resultat bewiesen:

Satz 6.19 (Crandall, Rabinowitz) *Sei $F \mid U(0,0) \subset \mathbf{K} \times \mathbf{X} \to \mathbf{Y}$ und $F \in \mathbf{C}^k$ bzw. analytisch in einer Umgebung von $(x, \mu) = (0,0)$ mit $F(0, \mu) = 0$ für alle $\mu \in \mathbf{K}$. Sei weiter $F_x(0,0)$ ein Fredholmoperator mit Index 0, $\dim N(F_x(0,0)) = 1$, $x_1 \in N(F_x(0,0))$ und die (generische) Bifurkationsbedingung $F_{x\mu}(0,0)x_1 \notin R(F_x(0,0))$ (diese ist äquivalent zu $\langle x_1^*, F_{x\mu}(0,0)x_1 \rangle \neq 0$ mit $x_1^* \in N(F_x^*(0,0))$) erfüllt. Dann existiert in einer Umgebung von $(x, \mu) = (0,0)$ exakt ein Bifurkationszweig $s \mapsto (x(s), \mu(s))$, der durch $(0,0)$ läuft und für den $x(s) \neq 0$ ($s \neq 0$) ist.*

Im folgenden Abschnitt werden wir im gewissen Sinn eine Verallgemeinerung dieses Satzes an Hand eines Beispiels einer nichtlinearen Schwingungsdifferenzialgleichung kennen lernen. Bei dem Beispiel ist $F_x(0,0)$ ein Fredholmoperator mit Index Null, allerdings mit zweidimensionalem Nullraum: $\dim N(F_x(0,0)) = 2$. Für die Bestimmung der Anzahl der (periodischen) Lösungen der Differenzialgleichung muss demnach ein nichtlineares System, bestehend aus zwei Bifurkationsgleichungen, gelöst werden.

6.3.6   Untersuchung einer nichtlinearen Schwingungsgleichung

In diesem Abschnitt werden die bereitgestellten Resultate der Bifurkationstheorie auf verschiedene Probleme der nichtlinearen Schwingungen angewendet. Solche Schwingungen treten beispielsweise in elektronischen Schaltungen, elektro-mechanischen Systemen (Motoren, Maschinen), in Stäben bzw. Platten und auch in biologischen Systemen auf. Eine Vielzahl von diesen können nicht durch lineare Systeme beschrieben werden. Würde man dies durch geeignete (vereinfachende) Modellannahmen erzwingen, so könnte man solche typischen Phänomene wie Grenzzyklen mit diesen linearen Modellen nicht nachweisen.

Die Untersuchung einer konkreten technischen Aufgabe erfolgt in drei Schritten:

(i) Das gestellte Problem wird als Operatorgleichung in einem abstrakten Raum (Banach- oder Hilbertraum) formuliert.

(ii) Die Funktionalanalysis stellt für derartige Probleme allgemeine Resultate über Existenz, Eindeutigkeit, stetige Abhängigkeit von den Daten und Konvergenz von Näherungsverfahren bereit.

(iii) Man prüft nach, ob die für die allgemeinen Sätze getroffenen Voraussetzungen auch für die Problemstellung erfüllt sind und welche Anpassungen vorgenommen werden müssen. Letzteres bedeutet, die der Problemstellung angepassten Funktionenräume zu verwenden.

Durch diese Vorgehensweise wird der Unterschied zwischen der allgemeinen Struktur der Aufgabe und seiner Spezifik klar. Man gewinnt dadurch einen Blick für das Wesentliche der Aufgabenstellung.

Nun werden sogenannte Resonanz- bzw. Nichtresonanzfälle betrachtet. Um die Bifurkationstheorie einsetzen zu können, muss zuvor der lineare Fall abgehandelt werden.

Die Schwingungsgleichung eines linearen Oszillators

Für die weiteren Untersuchungen wird die lineare Schwingungsdifferenzialgleichung

$$\ddot{x} + \omega^2 x = f(t), \tag{6.340}$$

mit $\omega \in \mathbb{R}$, $\omega \geq 0$ und einer 2π–periodischen Funktion f, untersucht. Gesucht sind deshalb 2π-periodische Lösungen. Die klassische Lösung der Gleichung (6.340) ist bekannt und kann z. B. mittels Greenscher Funktion dargestellt werden. Darum geht es jedoch nicht. In Anwendung der bereitgestellten funktionalanalytischen Begriffe werden hier die Untersuchungen in Termen der Funktionalanalysis vorgenommen. Man setzt zunächst abkürzend:

$$u_0(t) := 0, \quad v_0(t) := 1/\sqrt{2\pi},$$

$$u_k(t) := \frac{1}{\sqrt{\pi}} \sin kt, \quad v_k(t) := \frac{1}{\sqrt{\pi}} \cos kt, \quad k = 1, 2, \cdots, \tag{6.341}$$

$$\langle f, g \rangle := \int\limits_{-\pi}^{\pi} f(t)\, g(t)\, \mathrm{d}t.$$

Die rechte Seite von (6.340) wird in Form einer Fourierreihe

$$f = \sum_{k=0}^{\infty} (a_{k,v} v_k + a_{k,u} u_k) \quad \text{mit} \quad a_{k,u} := \langle u_k, f \rangle, \; a_{k,v} := \langle v_k, f \rangle$$

(Fourierkoeffizienten von f) angesetzt. Nun sucht man die Lösung in Form einer Fourierreihe:

$$x = \sum_{k=0}^{\infty} (b_{k,v} v_k + b_{k,u} u_k) \quad (b_{k,v}, b_{k,u} \text{ analog definiert}).$$

Dieser Ansatz führt nach einem Koeffizientenvergleich zu den Gleichungen:

$$(-k^2 + \omega^2) b_{k,v} = a_{k,v}, \quad (-k^2 + \omega^2) b_{k,u} = a_{k,u}.$$

Es sind zwei Fälle zu unterscheiden:

1. $\omega \neq k,\ k = 0, 1, 2, \ldots$ Dies führt zu genau einem $b_{k,v}$ und $b_{k,u}$.

2. $\omega = k,\ k = 0, 1, 2, \ldots$ Dies bedingt $a_{k,v} = a_{k,u} = 0$.

Interpretiert man $x(t)$ als Auslenkung einer Feder aus der Ruhelage zum Zeitpunkt t und $f(t)$ als den Einfluss einer äußeren Kraft, so unterliegt die Feder für $\omega = k$, $k = 0, 1, 2, \ldots$ natürlichen $2\pi-$periodischen Oszillationen und die äußere Kraft f ist wegen $a_{k,v} = a_{k,u} = 0$ nicht in Resonanz mit diesen Schwingungen. Im Fall $\omega \neq k$, $k = 0, 1, 2, \ldots$ besitzt die homogene Gleichung keine $2\pi-$periodische natürliche Schwingung. Folglich kann die 2π-periodische äußere Kraft f nicht in Resonanz mit den natürlichen Schwingungen treten. Nun wird die Gleichung (6.340) funktionalanalytisch „aufbereitet". Es bezeichnet

$$\mathbf{C}_{2\pi}^m := \{x \mid \mathbb{R} \to \mathbb{R} \mid x \in \mathbf{C}^m(\mathbb{R}),\ x \text{ ist } 2\pi\text{-periodisch}\}$$

den Banachraum der $m-$mal stetig differenzierbaren Funktionen $\mathbf{C}^m[-\pi, \pi]$ mit der Norm:

$$\|x\| = \max_{t \in [-\pi,\pi]} |x(t)| + \max_{t \in [-\pi,\pi]} |\dot{x}(t)| + \ldots + \max_{t \in [-\pi,\pi]} |x^{(m)}(t)|.$$

Mit $\mathbf{C}_{2\pi,u}^m$ und $\mathbf{C}_{2\pi,v}^m$ werden die Räume $\mathbf{C}_{2\pi}^m$ bezeichnet, welche die Funktionen u_k bzw. v_k des $\mathbf{C}_{2\pi}^m$ enthalten. Die bekannten Orthogonalitätsrelationen können durch $\langle u_k, u_n \rangle = \delta_{kn}, \langle u_k, v_n \rangle = \langle v_k, u_n \rangle = 0$ und $\langle v_k, v_n \rangle = \delta_{kn}$ (es sei noch einmal erinnert: $\delta_{kn} = 1$ für $k = n$ und $\delta_{kn} = 0$ für $k \neq n$) ausgedrückt werden. Auf $\mathbf{C}_{2\pi}^m$ wird der folgende Projektionsoperator P_n definiert:

$$P_n x := \langle u_n, x \rangle u_n + \langle v_n, x \rangle v_n,\ n = 1, 2, \ldots.$$

Er hat die Eigenschaften $P_n^2 = P_n$ für $n = 1, 2, \ldots$ und $P_n u_k = \delta_{nk} v_k,\ k = 1, 2, \cdots$ (Beweis erfolgt durch Nachrechnen). Die Gleichung (6.340) lässt sich nun in der Form

$$Tx = f,\ x \in \mathbf{C}_{2\pi}^2,\ f \in \mathbf{C}_{2\pi}^0 \tag{6.342}$$

mit $Tx := \ddot{x} + \omega^2 x$ schreiben.

Nun werden in Bezug auf die beiden auftretenden Fälle $\omega \neq k$ und $\omega = k$ die Eigenschaften des Operators T untersucht.

Der Nichtresonanzfall

Es sei jetzt $\omega \neq n,\ n = 1, 2, \ldots.$ Dann ist $T \mid \mathbf{C}_{2\pi}^2 \to \mathbf{C}_{2\pi}^0$ ein linearer, stetiger und bijektiver Operator. Die erste Eigenschaft ist unmittelbar klar. Die Stetigkeit folgt sofort aus der Abschätzung:

$$\begin{aligned}
\|Tx\|_{\mathbf{C}_{2\pi}^0} &= \max_{t \in [-\pi,\pi]} |\ddot{x}(t) + \omega^2 x(t)| \\
&\leq \max_{t \in [-\pi,\pi]} |\ddot{x}(t)| + \max_{t \in [-\pi,\pi]} |\dot{x}(t)| + \omega^2 \max_{t \in [-\pi,\pi]} |x(t)| \\
&\leq \tilde{C} \|x\|_{\mathbf{C}_{2\pi}^2} \quad \text{mit} \quad \tilde{C} := \max(1, \omega^2).
\end{aligned}$$

Weiter folgt aus der Lösungsdarstellung der linearen homogenen Differenzialgleichung (6.340), dass die (nichttriviale) Lösung nicht 2π−periodisch ist. Damit hat man gezeigt: Aus $Tx = 0$ folgt $x = 0$, was die Injektivität von T bedeutet. Die Surjektivität ergibt sich aus der allgemeinen Lösungsdarstellung und der Bedingung $x(-\pi) = x(\pi)$. Nach einem Satz von Banach ist der lineare inverse Operator auch stetig: $T^{-1} \in \mathbf{L}(\mathbf{C}^0_{2\pi}, \mathbf{C}^2_{2\pi})$. Wendet man T auf die u_k und v_k an, so ergibt sich:

$$Tu_k = (\omega^2 - k^2)u_k, \quad Tv_k = (\omega^2 - k^2)v_k$$

bzw.

$$T^{-1}u_k = \frac{u_k}{\omega^2 - k^2}, \qquad T^{-1}v_k = \frac{v_k}{\omega^2 - k^2}, \quad k = 0,1,2,\ldots \tag{6.343}$$

Für jedes $f \in \mathbf{C}^0_{2\pi}$ besitzt die Gl. (6.342) die eindeutig bestimmte Lösung $x = T^{-1}f$.

Der Resonanzfall

Es sei $\omega = n$, $n = 1,2,\ldots$. Es ist bekannt, dass die homogene Gleichung $Tx = 0$ exakt zwei linear unabhängige Lösungen u_n und v_n besitzt. Somit ist der Nullraum von T zweidimensional: $\dim N(T) = 2$. Weiter rechnet man nach, dass die Gleichung (6.342) genau dann eine Lösung besitzt, wenn $\langle u_n, f \rangle = \langle v_n, f \rangle = 0$ gilt, d. h.:

$$P_n f = \langle u_n, f \rangle u_n + \langle v_n, f \rangle v_n = 0.$$

Der Wertevorrat des Operators T ist also die folgende Menge:

$$R(T) = \{ f \in \mathbf{C}^0_{2\pi} \mid \langle u_n, f \rangle = \langle v_n, f \rangle = 0 \} = N(P_n).$$

Somit ist codim $R(T) = 2$ und T ist gemäß Definition 6.29 ein Fredholmoperator mit Index Null. Gemäß (6.329) lautet der Schmidtsche Operator jetzt

$$S_n x := Tx + P_n x \tag{6.344}$$

und wie bereits gezeigt, ist $S_n^{-1} \in L(\mathbf{C}^0_{2\pi}, \mathbf{C}^2_{2\pi})$. S_n^{-1} wird auch als Pseudoresolvente bezeichnet. Aus den beiden Beziehung $S_n u_k = Tu_k + P_n u_k = Tu_k + \delta_{nk}u_k$ sowie $S_n v_k = Tv_k + P_n v_k = Tv_k + \delta_{nk}v_k$ folgen die Relationen:

$$S_n^{-1}u_k = \begin{cases} \dfrac{u_k}{n^2 - k^2}, & \text{falls } k = 0,1,\ldots \text{ und } k \neq n \\ u_k, & \text{falls } k = n, \end{cases}$$

$$S_n^{-1}v_k = \begin{cases} \dfrac{v_k}{n^2 - k^2}, & \text{falls } k = 0,1,\ldots \text{ und } k \neq n \\ v_k, & \text{falls } k = n. \end{cases} \tag{6.345}$$

Die Gleichung (6.342) kann nun in der äquivalenten Form

$$Tx + P_n x = s_u u_n + s_v v_n + f \quad \text{mit} \quad s_u := \langle u_n, x \rangle \quad \text{und} \quad s_v := \langle v_n, x \rangle$$

geschrieben werden. Stellt man die Gleichung mittels Schmidtschem Operator nach x um, dann ergibt sich:

$$\begin{aligned}
x &= s_u u_n + s_v v_n + S^{-1}f, \\
s_u &= \langle u_n, x \rangle, \quad s_v = \langle v_n, x \rangle.
\end{aligned} \tag{6.346}$$

Entsprechend ist die Gleichung

$$Tx = f, \ P_n x = 0, \ x \in \mathbf{C}_{2\pi}^2, \ f \in \mathbf{C}_{2\pi}^0$$

äquivalent zu dem System:

$$x = S_n^{-1}(f - P_n f), \ P_n f = 0. \tag{6.347}$$

Dies sieht man wie folgt: Aus $Tx = f$ und $P_n x = 0$ folgt $P_n Tx = P_n f = 0$, da $P_n Tx = 0$ gilt. Damit ergibt sich: $Sx = Tx + P_n x = Tx = f - P_n f$ und aufgelöst nach x die Gleichung (6.347). Umgekehrt folgt aus (6.347): $S_n x = Tx + P_n = f$, da $P_n f = 0$ ist. Wendet man auf $S_n x = f$ den Projektionsoperator P_n an, dann ergibt sich:

$$P_n Tx + P_n^2 x = P_n f.$$

Wegen $P_n^2 = P_n$, $P_n Tx = 0$ und $P_n f = 0$ folgt: $P_n x = 0$. Die hier hergeleiteten Resultate und insbesondere die beiden Gleichungen (6.346) und (6.347) werden maßgeblich bei der Behandlung der nichtlinearen Schwingungen angewendet. Für spätere Rechnungen benötigt man gelegentlich auch noch die folgenden Formeln, die für alle $f \in \mathbf{C}_{2\pi}^0$, alle $k = 0, 1, 2, \dots$ und $n = 1, 2, \dots$ gelten. Ihre Gültigkeit folgt aus den Formeln (6.343) bzw. (6.345):

$$\begin{aligned}
\langle u_k, T^{-1}f \rangle &= \frac{\langle u_k, f \rangle}{\omega^2 - k^2}, \ \omega^2 \neq k^2, \\
\langle u_k, S_n^{-1}f \rangle &= \begin{cases} \dfrac{\langle u_k, f \rangle}{n^2 - k^2}, & \text{für } k \neq n, \\ \langle u_k, f \rangle, & \text{für } k = n, \end{cases} \\
\langle u_k, P_n f \rangle &= \delta_{nk} \langle u_k, f \rangle.
\end{aligned} \tag{6.348}$$

Analoge Formeln gelten für v_k. Man beachte, dass für $\omega^2 \neq k^2$ der lineare stetige Operator T^{-1} existiert.

Ein nichtlineares Schwingungsproblem

Es werden nun die voranstehenden Resultate auf das nichtlineare Schwingungsproblem

$$Tx = \omega^2 ax - b\dot{x} + 2cx\cos(mt) + dx^3 + e\cos(kt) \tag{6.349}$$

mit $x \in \mathbf{C}_{2\pi}^2$, $Tx := \ddot{x} + \omega^2 x$ und $\omega \geq 0$ angewendet. Wir suchen also 2π-periodische Schwingungen und im Fall $e = 0$ suchen wir nichttriviale Oszillationen $x \neq 0$. Die Größen a, b, c, d, e sind reelle Parameter, m und k sind natürliche Zahlen. Interpretieren kann man $x(t)$ als die Auslenkung einer Feder zur Zeit t. $-b\dot{x}$ beschreibt eine Reibungskraft und $cx\cos(mt)+e\cos(kt)$ eine auf die Feder einwirkende äußere periodische Kraft. Durch dx^3 wird das nichtlineare Verhalten der Feder modelliert.

Falls die Konstanten a bis e alle verschwinden, hat die Gleichung $\ddot{x}+\omega^2 x = 0$ Lösungen der Form $x(t) = C\sin(\omega t) + D\cos(\omega t)$. Nur für $\omega = 0, 1, 2, \ldots$ treten $2\pi-$periodische Schwingungen in dieser Differenzialgleichung auf. Folglich muss man den Nichtresonanzfall ($\omega \neq 0, 1, 2, \ldots$) vom Resonanzfall ($\omega = 1, 2, \ldots$) unterscheiden. Der Fall $\omega = 0$ ist nicht relevant, weil dann die natürlichen Schwingungen (wir suchen $x \in \mathbf{C}^2_{2\pi}$) konstante Funktionen sind. Im Resonanzfall sind wir insbesondere daran interessiert, welche Kopplung zwischen der natürlichen Frequenz $\omega = n$ und der Frequenz der äußeren Kraft $cx\cos(mt)$ im Fall $e = 0$ besteht. Wir werden feststellen, dass $m = 2n$ sein wird. Diese Situation ist aus der Praxis gut bekannt. Will man auf einer Schaukel hohe Schwingungen erhalten, so muss man zweimal anstoßen, um diese zu erreichen.

Lösung im Nichtresonanzfall

Es sei wieder $\omega \neq n$, $n = 0, 1, 2, \ldots$. In diesem Fall existiert $T^{-1} \mid \mathbf{C}^0_{2\pi} \to \mathbf{C}^2_{2\pi}$ und ist stetig. Man kürzt die rechte Seite von Gleichung (6.349) mit $G(x,p)$ ab, wobei $G \mid \mathbf{C}^2_{2\pi} \times \mathbb{R}^5 \to \mathbf{C}^0_{2\pi}$ eine analytische Funktion in den Variablen x und p ist. Der Parameter p steht abkürzend für $p := (a,b,c,d,e) \in \mathbb{R}^5$. Da T stetig invertierbar ist, lässt sich (6.349) in der äquivalenten Form

$$F(x,p) := x - T^{-1}G(x,p) = 0 \tag{6.350}$$

mit $F \mid \mathbf{C}^2_{2\pi} \times \mathbb{R}^5 \to \mathbf{C}^0_{2\pi}$ schreiben. Die Abbildung F hat folgende Eigenschaften. Es ist $F(0,0) = 0$ und $F_x(0,0) = I$, da G keine linearen Terme von x besitzt, die frei von Parametern sind. Deshalb ist $G_x(0,0) = 0$. F ist in einer Umgebung von $(0,0)$ eine analytische Funktion und erfüllt somit alle Voraussetzungen des impliziten Funktionentheorems (Satz 6.15). Wählt man nun noch $d \neq 0$ fest, d. h., es ist stets eine Nichtlinearität in (6.347) vorhanden, dann gibt es ein $r_0 > 0$, so dass für hinreichend kleine reelle Zahlen a, b, c, e die Gleichung (6.347) genau eine Lösung $x \in \mathbf{C}^2_{2\pi}$ mit $\|x\| \leq r_0$ besitzt. Desweiteren gibt es eine Umgebung um $(a,b,c,e) = 0$, in der die Lösung eine Potenzreihendarstellung in a,b,c,e besitzt. Diese Reihe konvergiert sogar absolut in $\mathbf{C}^2_{2\pi}$. Die Koeffizienten der Reihe können durch Koeffizientenvergleich bestimmt werden. Z. B. sind $F_a(0,0) = F_b(0,0) = F_c(0,0) = 0$ und $F_e(0,0) = T^{-1}(\cos(kt)) = \frac{1}{\omega^2 - k^2}\cos(kt)$. Somit ergibt sich für x die Anfangsdarstellung:

$$x(a,b,c,e) = \frac{e}{\omega^2 - k^2}\cos(kt) + \text{Terme höherer Ordnung}.$$

Lösung im Resonanzfall

Es sei jetzt $\omega = n$, $n = 1, 2, \ldots$, $d > 0$ gegeben, fest gewählt und $e = 0$. Für positive a, b und c werden Lösungen $x \in \mathbf{C}^2_{2\pi}$ gesucht, die der Gleichung (6.347) genügen. Die

Existenz einer solchen Lösung wird mittels Bifurkationstheorie gesichert. Zur besseren
Übersicht wird die rechte Seite von (6.347) mit

$$f(x, a, b, c) := \omega^2 a x - b\dot{x} + 2cx\cos(mt) + dx^3$$

bezeichnet. Die Gleichung (6.347) lautet nun:

$$Tx = f(x, a, b, c), \quad x \in \mathbf{C}_{2\pi}^2, \ f \in \mathbf{C}_{2\pi}^0. \tag{6.351}$$

Gemäß Satz 6.18 wird die Gleichung (6.351) in ein äquivalentes Gleichungssystem mittels Schmidtschen Operators überführt. Dieses System besteht grob gesprochen aus
einer Gleichung, die sich mittels Satz über implizite Funktionen eindeutig nach x in
Abhängigkeit von den Parametern a, b und c und gewissen Verzweigungsparametern
(in unserem Fall zwei Verzweigungsparameter, die s und r genannt werden) auflösen
lässt und den Verzweigungs- bzw. Bifurkationsgleichungen, aus denen dann die Verzweigungsparameter in Abhängigkeit von den Parametern a, b und c zu bestimmen
sind. Wie bereits in Abschnitt 6.3.6 für den linearen Resonanzfall beschrieben, lautet
das zu (6.351) äquivalente System:

$$\begin{aligned} x &= s_u u_n + s_v v_n + S^{-1}f, \\ s_u &= \langle u_n, x\rangle, \ s_v = \langle v_n, x\rangle \end{aligned} \tag{6.352}$$

(siehe auch (6.347)). Zur Vereinfachung der Notation setzen wir:

$$r := s_u \quad \text{und} \quad s := s_v.$$

Die erste Gleichung in (6.352) stellt unsere Operatorgleichung dar, die sich eindeutig
nach x auflösen lässt. Diese wird in die beiden Verzweigungsgleichungen $r = \langle u_n, x\rangle$
und $s = \langle v_n, x\rangle$ eingesetzt und dann wird dieses nichtlineare Gleichungssystem nach
r und s in Abhängigkeit von a, b und c aufgelöst. Das Einsetzen dieser Lösungen in
die Lösung der Operatorgleichung liefert dann eine gewünschte Lösung der Gleichung
(6.351). Dies wird nun ausgeführt. Wir schreiben dazu die Gleichungen (6.352) wie
folgt:

$$H(x, a, b, c, r, s) := x - ru_n - sv_n - S^{-1}f(x, a, b, c) = 0\,, \tag{6.353}$$

$$\begin{aligned} V_1(r, s, a, b, c) &:= r - \langle u_n, x\rangle = 0\,, \\ V_2(r, s, a, b, c) &:= s - \langle v_n, x\rangle = 0\,. \end{aligned} \tag{6.354}$$

Die Funktionen V_1 und V_2 heißen Verzweigungsfunktionen, wenn man sich die Lösung
x aus Gleichung (6.353) in (6.354) eingesetzt denkt.

Wir beginnen mit der Betrachtung der Gleichung (6.353). Die Analytizität der Abbildung H (d. h. H ist in eine Potenzreihe bzgl. seiner Variablen entwickelbar) in allen
Variablen ist klar, da H in Form einer (endlichen) Potenzreihe gegeben ist. Weiter gelten $H(0, 0, 0, 0, 0, 0) = 0$ und $H_x(0, 0, 0, 0, 0, 0) = I$. Somit besitzt die Gleichung (6.353)
nach dem Auflösungssatz (siehe Satz 6.15) in einer Nullumgebung von (a, b, c, r, s) eine eindeutig bestimmte analytische Lösung $x = x^*(a, b, c, r, s)$ mit $x^*(0, 0, 0, 0, 0) = 0$.
Die Koeffizienten der Potenzreihe lassen sich durch Koeffizientenvergleich ermitteln.

Aufgrund der Eindeutigkeit der Potenzreihendarstellung können die Koeffizienten der Reihe durch implizite Differenziation nach den Variablen a, b, c, r, s aus der Identität

$$H(x^*(a, b, c, r, s), a, b, c, r, s) = 0 \qquad (6.355)$$

für alle (a, b, c, r, s) hinreichend klein gewonnen werden. So ergeben sich z. B.

$$x_a^*(0, \ldots, 0) = -H_x^{-1}(0, \ldots, 0) \circ H_a(0, \ldots, 0) = -H_a(0, \ldots, 0) = 0,$$

desweiteren $x_b^*(0, \ldots, 0) = x_c^*(0, \ldots, 0) = 0$. Die Koeffizienten der linearen Glieder in r und s lauten:

$$x_r^*(0, \ldots, 0) = u_n, \qquad x_s^*(0, \ldots, 0) = v_n.$$

Durch zweimaliges implizites Differenzieren der Beziehung (6.355) ergibt sich:

$$x_{ar}^*(0, \ldots, 0) = n^2 u_n, \quad x_{as}^*(0, \ldots, 0) = n^2 v_n,$$
$$x_{br}^*(0, \ldots, 0) = -nv_n, \quad x_{bs}^*(0, \ldots, 0) = nu_n,$$
$$x_{cr}^*(0, \ldots, 0) = S_n^{-1}[u_{n+m} + u_{n-m}], \quad x_{cs}^*(0, \ldots, 0) = S_n^{-1}[v_{n+m} + v_{n-m}].$$

Alle weiteren Ableitungen zweiter Ordnung verschwinden. Entsprechend rechnet man die erforderlichen Ableitungen 3. Ordnung aus. Für die lösende Funktion x^* von Gleichung (6.353) ergibt sich:

$$\begin{aligned}
x^*(a, b, c, r, s) \ =\ & u_n r + v_n s \\
+\ & n^2 u_n ar + n^2 v_n as - nv_n br + nu_r bs \\
+\ & S_n^{-1}[u_{n+m} + u_{n-m}]cr + S_n^{-1}[v_{n+m} + v_{n-m}]cs \\
+\ & \left(\frac{3d}{4\pi}u_n + \frac{d}{4\pi 8n^2}u_{3n}\right) r^3 + \left(\frac{3d}{4\pi}v_n - \frac{d}{4\pi 8n^2}v_{3n}\right) s^3 \\
+\ & \frac{3d}{4\pi}\left(v_n + \frac{v_{3n}}{8n^2}\right) sr^2 + \frac{3d}{4\pi}\left(u_n - \frac{u_{3n}}{8n^2}\right) rs^2 + \ldots.
\end{aligned} \qquad (6.356)$$

Alle nachfolgenden Terme sind mindestens von 4. Ordnung in r und s. Fasst man nun in (6.356) geeignete Terme zusammen und setzt zur Vereinfachung der Darstellung $d = 4\pi/3$ ($d > 0$ und fixiert war vorausgesetzt), dann folgt:

$$\begin{aligned}
x^*(a, b, c, r, s) \ =\ & (1 + n^2 a + r^2 + s^2)(ru_n + sv_n) \\
+\ & bn(su_n - rv_n) \\
+\ & \frac{r}{8n^2}\left(\frac{1}{3}r^2 - s^2\right) u_{3n} + \frac{s}{8n^2}\left(r^2 - \frac{1}{3}s^2\right) v_{3n} \\
+\ & cS_n^{-1}(ru_{n-m} + sv_{n-m} + ru_{n+m} + sv_{n+m}) + \cdots.
\end{aligned} \qquad (6.357)$$

Aus dieser Darstellung für x^* ergibt sich mittels (6.354) die Struktur der Verzweigungsgleichungen. Bei der Herleitung muss man lediglich die Beziehungen $\langle u_n, v_m \rangle = 0$ und $\langle u_n, u_m \rangle = \langle v_n, v_m \rangle = \delta_{nm}$ für alle n, m beachten. Auch hier ist δ_{nm} wieder das Kroneckersymbol. Die Auswertung der Ausdrücke $\langle u_n, x^* \rangle$ und $\langle v_n, x^* \rangle$ sowie die

Berücksichtigung der Formeln (6.348) (insbesondere von $\langle u_n, u_{n-m}\rangle = -\langle u_n, u_{m-n}\rangle$, $\langle v_n, v_{n-m}\rangle = \langle v_n, v_{m-n}\rangle$) liefert das folgende System von Verzweigungsgleichungen:

$$
\begin{aligned}
V_1(r,s,a,b,c) &= r - \langle u_n, x^*(a,b,c,r,s)\rangle \\
&= r - (1 + n^2 a + r^2 + s^2)r - bns - cr\delta_{n,n-m} - cr\delta_{n,n+m} - \ldots = 0, \\
V_2(r,s,a,b,c) &= s - \langle v_n, x^*(a,b,c,r,s)\rangle \\
&= s - (1 + n^2 a + r^2 + s^2)s + bnr - cs\delta_{n,n-m} - cs\delta_{n,n+m} - \ldots = 0.
\end{aligned}
$$

Fasst man geeignete Terme zusammen, dann ergibt sich das folgende nichtlineare Gleichungssystem:

$$
\begin{aligned}
(n^2 a + r^2 + s^2 - \delta_{n,m-n}c + a_{11})r + (nb + a_{12})s &= 0, \\
(nb + a_{21})r - (n^2 a + r^2 + s^2 + c\delta_{n,m-n} + a_{22})s &= 0.
\end{aligned}
\tag{6.358}
$$

Für $m = 2n$ liefert der Term $\delta_{n,m-n}c$ den Wert c. Dies ist der zu Beginn dieses Abschnittes angesprochene „Schaukeleffekt". Die Terme a_{ij}, $i,j = 1,2$ sind Terme mindestens von der Ordnung drei in r und s, kurz $a_{ij} = 0_3(s,r)$. Einige Terme in den a_{ij} enthalten die Größen a, b, c als Faktor. Diese Beobachtung ergibt sich aus der Darstellung (6.357) für $x^*(a,b,c,r,s)$ und der Skalarproduktbildung $\langle u_n, x^*\rangle$ bzw. $\langle v_n, x^*\rangle$.

Zur Behandlung nichtlinearer Gleichungssysteme sind in den letzten Jahrzehnten umfangreiche Methoden entwickelt worden. Sowohl analytische als auch topologische Methoden werden herangezogen, um Aussagen über Lösungen der Verzweigungsgleichungen zu erhalten. An dieser Stelle sollen einige Bücher erwähnt werden, in denen der Leser weiterführendes Material zu dieser Thematik findet. Als Standardwerke über Bifurkation und dynamische Systeme seien hier die Bücher von Zeidler [129], Chow und Hale [16] und Guckenheimer und Holmes [37] erwähnt. Ausführlich auf das Lösen von Verzweigungsgleichungen gehen u. a. auch die Bücher von Wainberg und Trenogin [123] und Krasnoselski [61] ein.

Das Ziel unserer Untersuchungen ist es nun, das System der Verzweigungsgleichungen (6.358) zu lösen. Der Leser kann erahnen, welcher enorme Aufwand bei der Lösung solcher nichtlinearer Gleichungssysteme entstehen kann. Hier wird lediglich nach der Existenz periodischer Lösungen der Differenzialgleichung (6.347) gefragt. Es steht auch nicht die Frage nach allen periodischen Lösungen dieser Gleichung. Insofern reicht die Vorgehensweise, wie sie nachfolgend beschrieben wird, zum Nachweis mindestens einer periodischen Lösung aus. Diesen Existenznachweis vermag nur die Bifurkationstheorie oder eine ihr angepasste Methode zu leisten.

Betrachtet man (6.358) als „lineares homogenes Gleichungssystem in den Variablen r und s", dann besitzt (6.358) nichttriviale Lösungen (r,s), falls die Determinante der Koeffizientenmatrix verschwindet. Diese lautet:

$$
\begin{aligned}
&((n^2 a + r^2 + s^2) - c\,\delta_{n,m-n} + a_{11})((n^2 a + r^2 + s^2) + c\,\delta_{n,m-n} + a_{22}) \\
&+ (nb + a_{12})(nb + a_{21}) = 0
\end{aligned}
$$

bzw.

$$(n^2a + r^2 + s^2)^2 - c^2\delta_{n,m-n} + (n^2a + r^2 + s^2)(a_{11} + a_{22}) +$$
$$+ c(a_{11} - a_{22})\delta_{n,m-n} + a_{11}a_{22} + n^2b^2 + nb(a_{12} + a_{21}) + a_{12}a_{21} = 0. \qquad (6.359)$$

Beachtet man nun, dass die a_{ij} mindestens von dritter Ordnung in r und s sind, dann lässt sich (6.359) in der Form

$$(n^2a + r^2 + s^2)^2 - c^2\,\delta_{n,m-n} + n^2b^2 - 0_3(r,s) = 0 \qquad (6.360)$$

schreiben.

Die aus der Operatorgleichung (6.353) resultierende Lösung x^* existiert in einer Nullumgebung von (a,b,c,r,s). Wegen der Analytizität der Lösung und $x^*(0,\ldots,0) = 0$ sind für $\|x^*\|$ auch die Zahlen $r = \langle u_n, x^* \rangle$ und $s = \langle v_n, x^* \rangle$ klein. Für $m = 2n$ und kleine r und s folgt somit aus (6.360) die Abschätzung:

$$c^2 > n^4a^2 + n^2b^2. \qquad (6.361)$$

Nun wird $b > 0$ fixiert und eine Variablentransformation durchgeführt. Wir setzen $\gamma := c^2 - n^2b^2$. Für kleines γ gilt:

$$c = \pm nb \left(1 + \frac{\gamma}{b^2n^2}\right)^{1/2} = \pm nb(1 + 0(\gamma)).$$

Damit entsteht aus (6.360) für $m = 2n$ die Gleichung:

$$(n^2a + r^2 + s^2)^2 - \gamma + 0_3(r,s) = 0. \qquad (6.362)$$

Berücksichtigt man noch, dass einige Terme in $0_3(r,s)$ den Faktor c bzw. c^2 enthalten, dann ergibt sich aus (6.362) die Darstellung:

$$\gamma = (n^2a + r^2 + s^2)^2 + (1 + 0(\gamma))0_3(r,s). \qquad (6.363)$$

Schreibt man vorübergehend (6.363) in der Form

$$F(a,r,s,\gamma) := \gamma - (n^2a + r^2 + s^2)^2 - (1 + 0(\gamma))0_3(r,s) = 0, \qquad (6.364)$$

dann stellt man fest, dass γ eindeutig für kleine a,s,r bestimmt ist. Das implizite Funktionentheorem liefert $F(0,0,0,0) = 0$, F ist analytisch und $F_\gamma(0,0,0,0) = 1 \neq 0$. Somit existiert in einer Nullumgebung von a,r und s genau eine eindeutig bestimmte Funktion $\gamma = \gamma^*(a,r,s)$ mit $\gamma^*(0,0,0) = 0$ und $F(a,s,r,\gamma^*(a,r,s)) = 0$ für hinreichend kleine a,r und s. Dieses $\gamma^*(a,r,s)$ sichert das Verschwinden der Determinanten der Koeffizientenmatrix des Systems (6.358). Substituiert man

$$c = c(a,r,s) = \pm nb(1 + \frac{\gamma^*(a,s,r)}{b^2n^2})^{1/2} = \pm nb(1 + 0(\gamma^*)),$$

dann ist mit diesem $c(a,r,s)$ ebenfalls die Determinante der Koeffizientenmatrix Null. Setzt man dieses $c(a,r,s)$ in das Gleichungssystem (6.358) ein, dann genügt es, die erste Gleichung in (6.358) zu betrachten. Man fasst die linke Seite als eine gegebene Funktion

$$F_1(a,r,s) := \left(n^2 a + r^2 + s^2 - nb\sqrt{1 + \frac{\gamma^*(a,r,s)}{b^2 n^2}} + a_{11} \right) r + (nb + a_{12})s = 0 \quad (6.365)$$

auf und wendet auf die Funktion F_1 wieder den Auflösungssatz an. Man beachte, dass $F_{1,s}(0,0,0) = nb \neq 0$ ist und somit genau eine eindeutig bestimmte Funktion $s = s^*(a,r)$ mit $s^*(0,0) = 0$ existiert. Ermittelt man die Anfangsglieder von $s^*(a,r)$ in der üblichen Weise, dann ergibt sich

$$s^*(a,r) = r + 0_2(a,r).$$

Mit den Größen $\gamma^*(a,r,s)$ und $s^*(a,r)$ erhält man nun für $c > 0$ die eindeutig bestimmte Lösung ($b > 0$ fest gewählt):

$$x^*(a,r,s^*(a,r)) = x^*(a,r) = [(1 + n^2 a + nb)\sin nt + (1 + n^2 a - nb)\cos nt]\,\frac{r}{\sqrt{\pi}} + 0_2(a,r)$$

und:

$$c(a,r) = n^2 b^2 + \gamma^*(a, s^*(a,r), r) = n^2 b^2 + \gamma^*(a,r) = n^2 b^2 + n^4 a^2 + \bar{\gamma}(a,r).$$

Damit ist unter den vorliegenden Bedingungen die Existenz einer periodischen Lösung von (6.347) mit dem gewünschten Effekt nachgewiesen. Die hier dargestellte Methode ist eine Möglichkeit, den Existenznachweis für periodische Lösungen der gegebenen Differenzialgleichung (6.349) zu führen. Mit numerischen Untersuchungen ist dieser Nachweis nicht ohne weiteres zu erbringen.

Kapitel 7

Untersuchung nichtlinearer Netzwerke mittels Bifurkationstheorie

Im Abschnitt 6.3.5 wurde erläutert, wie man mittels Schmidtschen Operators eine Bifurkationsgleichung gewinnt. Neben dieser sogenannten Schmidtschen Variante gibt es noch die Projektionsmethode, die auf Ljapunov zurückgeht. Am Beispiel der van-der-Polschen Differenzialgleichung (5.202) wurde diese Methode bereits in [115] erläutert. Hier soll die Methode für die Duffinggleichung durchgeführt werden. Dazu werden Resultate über den Operator T aus dem Abschnitt 6.3.4 übernommen.

Die Behandlung der Duffingschen Differenzialgleichung erfolgt mit den hier bereitgestellten funktionalanalytischen Hilfsmitteln. In der Literatur (siehe z. B. [37], [79], [126], [121]) finden sich noch weitere mathematische Methoden, um die Duffingsche Differenzialgleichung zu behandeln. Unser Ziel ist es jedoch, für die Gl. (7.6) periodische Lösungen nachzuweisen. Dabei handelt es sich um Fragen der globalen Bifurkationstheorie.

Der Leser sollte beachten, dass es auch geschlossene Lösungen in der x-y-Phasenebene gibt, die nicht periodisch sind. Dazu muss man als Beispiel nur das heteronome System

$$\dot{x} = 2ty, \qquad \dot{y} = -2tx$$

betrachten, welches Lösungen der Form

$$x(t) = \alpha \cos t^2 + \beta \sin t^2, \qquad y(t) = -\alpha \sin t^2 + \beta \cos t^2$$

besitzt, deren Phasenkurven geschlossen, jedoch nicht periodisch sind. Im autonomen Fall sind geschlossene Phasenkurven stets periodisch.

In einem weiteren Abschnitt werden einige Fragestellungen der lokalen Bifurkationstheorie abgehandelt. Dabei geht es darum, für die Synthese, den Entwurf und den Aufbau neuartiger elektronischer Schaltungen mit nichtlinearen Eigenschaften grundlegende mathematische Modelle der Sattel-Knoten-, der transkritischen und der Gabel (Pitchfork)-Bifurkation sowie der Falten-Bifurkation bereit zu stellen und die dazugehörigen Ergebnisse zu präsentieren. Eine umfassende Behandlung ist auch hier nicht möglich. Weiterführende Darlegungen findet der Leser jedoch in den Büchern [37], [16] und [126].

7.1   Die Duffinggleichung

7.1.1   Einführung

Die Duffingsche Gleichung leitet sich aus dem elektrotechnischen Problem der erzwungenen Schwingung eines ungedämpften Schwingkreises mit einer nichtlinearen Kapazität her. Fügt man in die Reihenschaltung noch einen ohmschen Widerstand ein, dann gelangt man zur erweiterten Duffingschen Gleichung, die in normierter Form der Gleichung (7.3) entspricht. Wegen ihres breiten Anwendungsfeldes spielt diese Gleichung in der Elektrotechnik eine überaus wichtige Rolle und gehört zum Standardausbildungsprogramm für Elektrotechniker. Hier wird diese Gleichung aufgegriffen, um mit Hilfe der Bifurkationstheorie Aussagen über die Existenz und die Anzahl der Lösungen zu machen. Um auch Studenten der Fachrichtungen Maschinenbau und Mechatronik diese Gleichung zugänglich zu machen und sie insbesondere in die mathematischen Methoden zur Behandlung solcher Gleichungen einzubeziehen, wird die Herleitung an einem Modell aus der Mechanik (Federpendel, siehe Bild 7.1) ausgeführt.

Eines der einfachsten dynamischen Systeme, das ein chaotisches Verhalten zeigt, wird durch

$$\ddot{x} + \gamma\dot{x} + x^3 = F_0 \cos \Omega t \tag{7.1}$$

beschrieben. Man kann diese Differenzialgleichung als ein Modell für einen Massenpunkt mit der Masse m betrachten, der sich unter der Einwirkung einer Feder hin und her bewegt (siehe Bild 7.1).

Die Gleichgewichtslage, in der die Feder weder gedehnt, noch gestaucht ist, wird mit $x = 0$ bezeichnet. Die Kraft F der Feder sei in negativer x-Richtung definiert. Im Allgemeinen wird die Kraft F eine komplizierte Funktion von x sein, die von den elastischen Eigenschaften der Feder abhängt. In $x = 0$ muss $F(0) = 0$ sein, da in der Gleichgewichtslage $x = 0$ die Kraft der Feder gleich Null sein muss. Ansonsten soll sich die Feder bei Kompression genauso verhalten wie bei Expansion. D. h., dass F eine ungerade Funktion ist, also $-F(x) = F(-x)$. Als gute Näherung um $x = 0$ kann $F(x) \approx \alpha x + \beta x^3$ verwendet werden, da der x^2-Term Null sein muss. Die exakte Differenzialgleichung der Bewegung lautet

$$m\frac{\mathrm{d}^2 x}{\mathrm{d}t^2} = m\ddot{x} = -F(x).$$

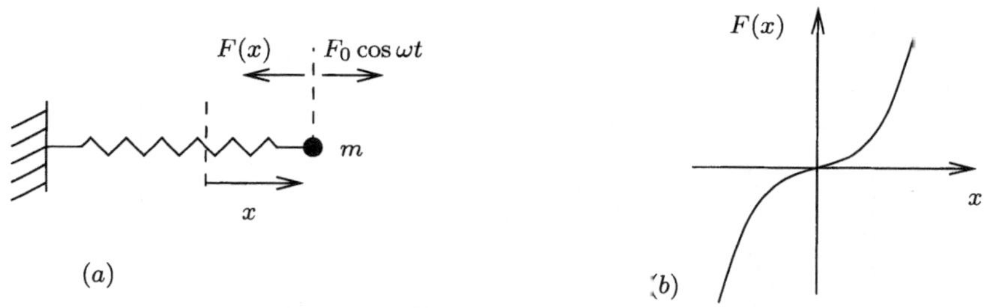

Bild 7.1: (a) Ein Federpendel, (b) Ein oft vorkommender Zusammenhang zwischen der Kraft $F(x)$ einer Feder und deren Auslenkung x von der Gleichgewichtslage

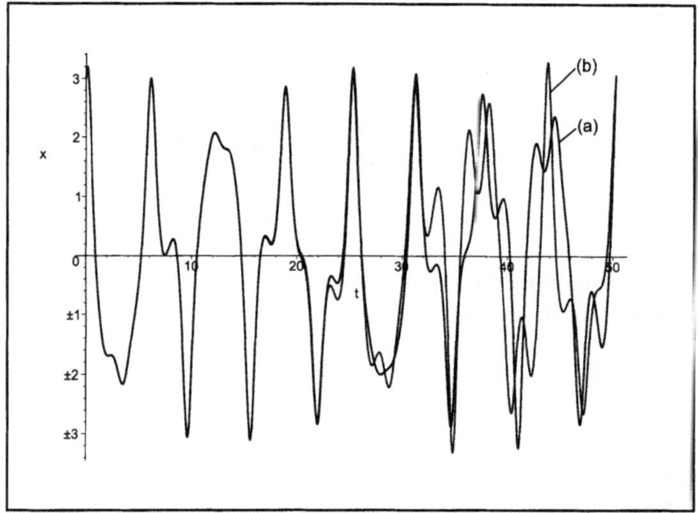

Bild 7.2: Numerische Lösung von (7.1) mit $\gamma = 0{,}05$, $\omega = 1$, $F_0 = 7{,}5$ und den Anfangswerten (a) $x(0) = 3$, $\dot{x}(0) = 3$ bzw. (b) $x(0) = 3$, $\dot{x}(0) = 3{,}003$

Ein typischer Verlauf für die Kraft F ist $F(x) = k_1 x + k_2 x^3$. Zusätzlich nehmen wir an, dass der Massenpunkt zur Federkraft F durch eine äußere Kraft $F_0 \cos \omega t$ angeregt wird. Die Bewegungsdifferenzialgleichung lautet danach:

$$\ddot{x} + k_1 x + k_2 x^3 = F_0 \cos \omega t. \tag{7.2}$$

Nimmt man noch weiter an, dass die Masse in Bild 7.1 eine Reibung erfährt, die proportional zur Geschwindigkeit der Masse m ist, dann führt dies zu einer zusätzlichen Kraft $-\gamma \dot{x}$ in positiver x-Richtung mit positiver Konstanten γ. Dies ergibt die Differenzialgleichung:

$$\ddot{x} + \gamma \dot{x} + k_1 x + k_2 x^3 = F_0 \cos \omega t. \tag{7.3}$$

Wählt man in (7.3) $k_1 = 0$, dann ergibt sich bereits eines der „einfachsten" dynamischen

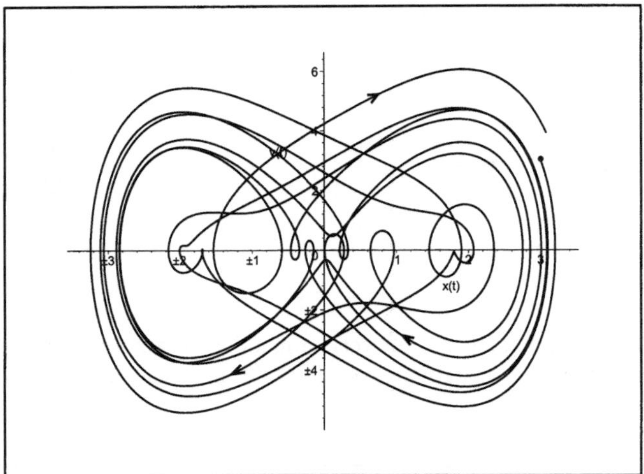

Bild 7.3: Die chaotische Oszillation aus Bild 7.2 (a), dargestellt im x-$\dot{x}$-Phasendiagramm

Systeme, das ein chaotisches Verhalten zeigt. Die Gleichung

$$\ddot{x} + \gamma\dot{x} + x^3 = F_0 \cos\omega t \tag{7.4}$$

besitzt bereits diese chaotischen Oszillationen (siehe Bild 7.2), die sich durch zwei wesentliche Besonderheiten auszeichnen.

Als erstes sieht man zunächst einen unregelmäßigen, scheinbar zufälligen Kurvenverlauf, da trotz periodischer Erregung keine sich wiederholenden Muster entstehen. Zweitens zeigen diese Lösungen eine extreme Empfindlichkeit gegenüber kleinen Änderungen der Anfangsbedingungen. Die dünnere Linie in Bild 7.2 ist die Lösung von (7.4) mit den Anfangsbedingungen (b), die sich von den Anfangsbedingungen (a) in einem einzigen Anfangswert nur um ein Promille unterscheiden. Beide Lösungen sind zunächst augenscheinlich gleich. Aber bereits nach 5 Oszillationen der erregenden Kraft $F_0 \cos\omega t$ sieht man zwei deutlich verschiedene chaotische Kurven. Der chaotische Funktionsverlauf ist in Bild 7.3 im x-$\dot{x}$-Koordinatensystem dargestellt.

In [115], S. 83ff., wurde der van-der-Pol-Oszillator hergeleitet. Für den normierten Strom x ergab sich dort als bestimmende Differenzialgleichung die van-der-Polsche Differenzialgleichung:

$$\ddot{x} + x = \varepsilon(1 - x^2)\,\dot{x}, \tag{7.5}$$

wobei ϵ eine positive Konstante ist.

Setzt man $\varepsilon = 0$, dann besteht das Phasenportät nur aus konzentrischen Kreisen (vgl. Bild 7.4). Das dazugehörige nichtlineare System (7.5) mit $\varepsilon \neq 0$ hat folgende bemerkenswerte Eigenschaft. Startet man in einem Punkt, der kein Gleichgewichtspunkt des Systems (7.5) ist, dann endet man in einer periodischen Lösung mit einer bestimmten Amplitude und Frequenz, die von den Anfangsbedingungen unabhängig ist (siehe Bild

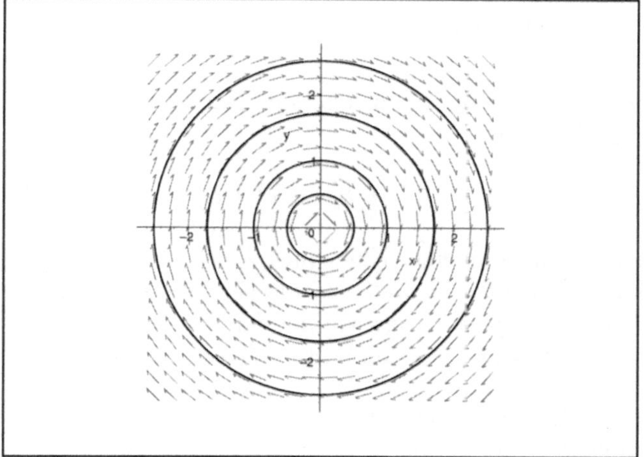

Bild 7.4: Ausgewählte Lösungskurven von $\ddot{x} + x = 0$ im Phasenraum

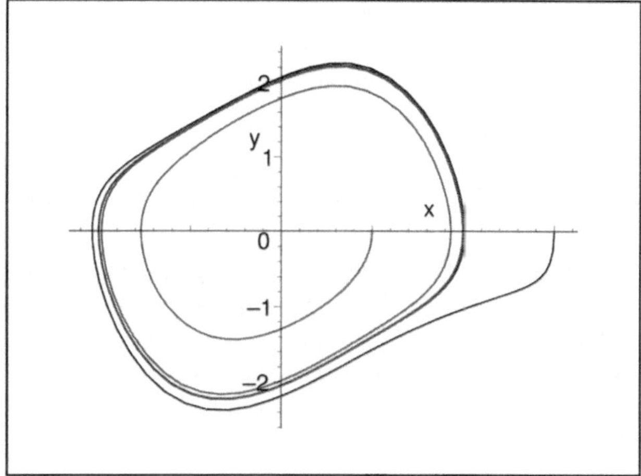

Bild 7.5: Ein periodischer Orbit (Grenzzyklus), zu dem alle Lösungskurven „hinlaufen"

7.5). Außerdem hat sich das Phasenportät qualitativ komplett geändert. Man spricht dann auch von *Bifurkation des Phasenportäts* bzw. *des Vektorfeldes*.

Diese beiden Beispiele zeigen, dass nichtlineare Systeme in unterschiedlicher Weise oszillieren können, selbst wenn am Parametersatz nichts geändert wird. Die Anfangsbedingungen sind dann für das beobachtete Verhalten verantwortlich, wie Bild 7.2 gezeigt hat.

7.1.2 Existenz und Anzahl periodischer Lösungen

In diesem Abschnitt konzentrieren wir uns auf den Nachweis 2π-periodischer Lösungen der Duffinggleichung der Form

$$\ddot{x} + x = \lambda_1 x + \lambda_2 \dot{x} - x^3 + \lambda_3 \cos t \tag{7.6}$$

und führen die Betrachtungen in einer Umgebung $\lambda = 0$, $\lambda := (\lambda_1, \lambda_2, \lambda_3) \in \mathbb{R}^3$ durch. Setzt man gedanklich einmal die rechte Seite von (7.6) gleich Null, dann ergibt sich in der Phasenebene ein Phasenportät, das wie bei der van-der-Polschen Gleichung (7.5) für $\varepsilon = 0$ nur aus konzentrischen Kreisen besteht (Bild 7.4).

Wir können nun die rechte Seite von (7.6) als eine nichtlineare Störung der klassischen Schwingungsgleichung $\ddot{x} + x = 0$ auffassen, wobei diese auch noch explizit von der Zeit t abhängt, und fragen, wie viele periodische Lösungen der Periode 2π bei verschiedenen Parameterkonstellationen „übrig bleiben". An dieser Stelle sei gesagt, dass das Phasenportät bereits bei Einwirkung der Nichtlinearität $f(x, \lambda_1, \lambda_2) := \lambda_1 x + \lambda_2 \dot{x} - x^3$ sein Aussehen komplett verändert. Man spricht dann wieder von einer Bifurkation des Vektorfeldes. Andererseits ist damit auch klar, dass man die Gleichung (7.6) nicht einfach durch Linearisierung in bezug auf die Zustandsvariable x studieren kann. Wir formen nun die Gleichung (7.6) in ein System um:

$$\begin{pmatrix} \dot{x} \\ \dot{y} \end{pmatrix} = \begin{pmatrix} 0 & 1 \\ -1 + \lambda_1 & \lambda_2 \end{pmatrix} \begin{pmatrix} x \\ y \end{pmatrix} + \begin{pmatrix} 0 \\ -x^3 \end{pmatrix} + \lambda_3 \begin{pmatrix} 0 \\ \cos t \end{pmatrix}. \tag{7.7}$$

Im Weiteren geht es darum, (7.7) als eine entsprechende Operatorgleichung in 2π-periodischen Funktionenräumen aufzufassen, um die Existenz 2π-periodischer Lösungen nachzuweisen. Bei dieser Vorgehensweise ist klar, dass die Ljapunov-Schmidt-Methode stets problembezogen eingesetzt werden muss. Es wird also nur nach 2π-periodischen Lösungen „Ausschau gehalten", während alle weiteren Lösungen, die (7.7) erfüllen, ausgeblendet sind.

Die Anwendung der Ljapunov-Schmidt-Methode auf die Gleichung (7.7) erfordert einige Vorbereitungen, die jetzt durchgeführt werden sollen. Dabei geht es um die Gewinnung der Bifurkationsgleichung, damit die Anzahl der auftretenden 2π-periodischen Lösungen bestimmt werden kann. Wir knüpfen an die Ausführungen des Abschnittes 6.3.6 an, in dem wir mittels Projektionsmethode ein zu (7.7) äquivalentes System herleiten, das aus einer eindeutig auflösbaren Gleichung und den Bifurkationsgleichungen besteht. Der Grundgedanke der Projektionsmethode liegt in der Zerlegung des Urbild- und Bildraumes des Operators $T := \ddot{x} + x$ (linke Seite der Gleichung (7.6)) in eine direkte Summe „orthogonaler" Teilräume. Insbesondere werden Nullraum $N(T)$ und Bildraum $R(T)$ des Operators T benötigt. Die Berechnung von $R(T)$ erfolgt in einem etwas allgemeineren Rahmen.

Wir suchen 2π-periodische Lösungen der linearen homogenen Gleichung

$$\dot{x} = A(t)x, \quad A(t) \ 2\pi\text{-periodisch und stetig}, \quad x \in \mathbb{R}^n \tag{7.8}$$

und seiner linearen inhomogenen Gleichung

$$\dot{x} = A(t)x + f(t), \quad f \mid \mathbb{R} \to \mathbb{R}^n, \quad f(t) \; 2\pi\text{-periodisch und stetig}. \tag{7.9}$$

Wir werden zur Formulierung der Lösbarkeitsbedingung auch die formal adjungierte Gleichung

$$-\dot{y} = A^T(t)y \tag{7.10}$$

in die Betrachtungen einbeziehen. Wir führen die Banachräume

$$\mathbf{C}^0_{2\pi}(\mathbb{R}, \mathbb{R}^n) := \{x \mid \mathbb{R} \to \mathbb{R}^n \mid x \text{ ist stetig und } 2\pi\text{-periodisch}\},$$

$$\mathbf{C}^1_{2\pi}(\mathbb{R}, \mathbb{R}^n) := \{x \mid \mathbb{R} \to \mathbb{R}^n \mid \dot{x} \in \mathbf{C}^0_{2\pi}(\mathbb{R}, \mathbb{R}^n)\},$$

$$\mathbf{C}^2_{2\pi}(\mathbb{R}, \mathbb{R}^n) := \{x \mid \mathbb{R} \to \mathbb{R}^n \mid \ddot{x} \in \mathbf{C}^0_{2\pi}(\mathbb{R}, \mathbb{R}^n)\}$$

ein, die mit der üblichen Topologie ausgestattet sind:

$$\|x\|_{\mathbf{C}^0_{2\pi}} := \sup\{\|x(t)\| \mid t \in \mathbb{R}\}, \quad \|x\|_{\mathbf{C}^1_{2\pi}} := \sup\{\|x(t)\| + \|\dot{x}(t)\| \mid t \in \mathbb{R}\},$$

$$\|x\|_{\mathbf{C}^2_{2\pi}} := \sup\{\|x(t)\| + \|\dot{x}(t)\| + \|\ddot{x}(t)\| \mid t \in \mathbb{R}\}.$$

Die Gleichungen (7.8) und (7.10) lassen sich als lineare Operatorgleichungen auffassen, wenn man den linearen beschränkten Operator

$$U \mid \mathbf{C}^1_{2\pi} \to \mathbf{C}^0_{2\pi}, \quad x(\cdot) \mapsto (Ux)(\cdot) := \frac{\mathrm{d}x(\cdot)}{\mathrm{d}t} - A(\cdot)x(\cdot)$$

und seinen formal adjungierten Operator

$$U^* \mid \mathbf{C}^1_{2\pi} \to \mathbf{C}^0_{2\pi}, \quad y(\cdot) \mapsto (U^*y)(\cdot) := -\frac{\mathrm{d}y(\cdot)}{\mathrm{d}t} - A^T(\cdot)y(\cdot)$$

einführt. Es soll gezeigt werden, dass U ein Fredholmoperator ist. Dies erfordert die Bestimmung von Nullraum und Wertevorrat von U. Dazu wird die folgende Bilinearform über $\mathbf{C}^0_{2\pi}$ erklärt:

$$\langle x, y \rangle := \int_0^{2\pi} (x(t), y(t))\, \mathrm{d}t, \quad \forall\, x, y \in \mathbf{C}^0_{2\pi}, \tag{7.11}$$

wobei $(\cdot, \cdot)$ das gewöhnliche Skalarprodukt im $\mathbb{R}^n$ bezeichnet. Wir benötigen im Weiteren einige elementare Resultate aus der Theorie der gewöhnlichen Differenzialgleichungen. Die rechte Seite von (7.8) und (7.9) ist stetig in (t, x) und aufgrund der Linearität in x auch Lipschitz-stetig in x. Zusammen mit der Anfangsbedingung $x(t_0) = x_0$ besitzt (7.9) eine eindeutig bestimmte Lösung für alle $(t_0, x_0) \in \mathbb{R} \times \mathbb{R}^n$ und die Lösung ist aus der Klasse $\mathbf{C}^1$ für alle $t \in \mathbb{R}$. Dieses grundlegende Existenz- und Eindeutigkeitsresultat, welches auf Picard und Lindelöf zurückgeht, hat mehrere Konsequenzen. Falls wir mit $\Phi(t, t_0)$ die Matrixlösung von (7.8) bezeichnen, die $\Phi(t_0, t_0) = I$ (I ist die Einheitsmatrix) erfüllt, dann ist $\Phi(t, t_0)$ nichtsingulär für alle $t, t_0 \in \mathbb{R}$ und wir erhalten die folgenden Relationen:

$$\Phi(t_0, t_0) = I, \ \forall t_0 \in \mathbb{R}, \quad \Phi(t, t_1)\Phi(t_1, t_0) = \Phi(t, t_0), \ \forall\, t, t_0, t_1 \in \mathbb{R}.$$

Die Abbildung $\Phi \mid \mathbb{R} \times \mathbb{R} \to \mathbf{L}(\mathbb{R}^n)$ ($\mathbf{L}(\mathbb{R}^n)$ Banachraum der linearen Operatoren von $\mathbb{R}^n$ in $\mathbb{R}^n$) wird Übergangsmatrix für die Gleichung (7.8) genannt. Tatsächlich erfüllt die Lösung von (7.8) die Anfangsbedingung $x(t_0) = x_0$ und ist durch

$$x(t; t_0, x_0) = \Phi(t, t_0) x_0 \tag{7.12}$$

und die entsprechende Lösung von (7.9) durch die sogenannte Variation der konstanten Formel

$$x(t; t_0, x_0) = \Phi(t, t_0) x_0 + \int_{t_0}^{t} \Phi(t, s) f(s) \, \mathrm{d}s \tag{7.13}$$

gegeben. Die adjungierte Gleichung (7.10) hat entsprechende Eigenschaften, ihre Übergangsmatrix ist durch

$$\Psi(t, t_0) = \Phi^T(t_0, t) = [\Phi^{-1}(t, t_0)]^T \tag{7.14}$$

gegeben.

Nun wird ein Kriterium für die Periodizität der Lösung, das aus der Eindeutigkeit der Lösung der Gleichung (7.8) folgt, angegeben. Eine Lösung $t \mapsto x(t)$ von (7.8) oder (7.9) ist 2π-periodisch genau dann, wenn $x(0) = x(2\pi)$ ist. Benutzt man die Lösungsdarstellung (7.12), dann ergibt sich die folgende Bedingung für die Anfangswerte einer periodischen Lösung von (7.8):

$$x_0 = x(0) \equiv x(0; 0, x_0) = \Phi(0, 0) x_0 = x(2\pi) = \Phi(2\pi, 0) x_0,$$

also $x_0 = C x_0$, wobei $C := \Phi(2\pi, 0)$ die Monodromiematrix von (7.8) bezeichnet. Nun können wir schließen, dass der Nullraum von U das folgende Aussehen hat:

$$N(U) = \{x(\cdot) = \Phi(\cdot, 0) x_0 \mid x_0 \in N(I - C)\}.$$

Da die Monodromiematrix für die adjungierte Gleichung (7.10) durch

$$C^* = \Psi(2\pi, 0) = \Phi^T(0, 2\pi) = (C^T)^{-1} \tag{7.15}$$

gegeben ist, ergibt sich für den Nullraum von U^* die Darstellung:

$$\begin{aligned} N(U^*) &= \{y(\cdot) = \Phi^T(0, \cdot) y_0 \mid y_0 \in N(I - C^*)\} \\ &= \{y(\cdot) = \Phi^T(0, \cdot) y_0 \mid y_0 \in N(I - C^T)\}. \end{aligned} \tag{7.16}$$

Außerdem ist die Dimension der Nullräume $N(I - C)$ und $N(I - C^T)$ gleich und somit folgt:

$$\dim N(U) = \dim N(U^*) \leq n, \quad n \in \mathbb{N}. \tag{7.17}$$

Für die lineare inhomogene Gleichung (7.9) ergibt sich die Periodizität durch die Benutzung der Variation der konstanten Formel (siehe (7.13)):

$$x(0) = x_0 = x(2\pi) = C x_0 + \int_{0}^{2\pi} \Phi(2\pi, s) f(s) \, \mathrm{d}s. \tag{7.18}$$

Nun muss untersucht werden, wann die Gleichung (7.18) eine Lösung $x_0 \in \mathbb{R}^n$ besitzt. Gemäß Fredholmscher Alternative besitzt das lineare Gleichungssystem $Ax = b$ genau dann eine Lösung x, wenn $b^T y = 0$ für alle Lösungen y der linearen homogenen adjungierten Gleichung $A^T y = 0$ gilt. Für unsere Gleichung (7.18) heißt dies:

$$(I - C)x_0 = \int_0^{2\pi} \Phi(2\pi, s)\, f(s)\, \mathrm{d}s$$

besitzt genau dann eine Lösung $x_0 \in \mathbb{R}^n$, falls

$$\left(y_0, \int_0^{2\pi} \Phi(2\pi, s)\, f(s)\, \mathrm{d}s \right) = 0, \qquad \forall\, y_0 \in N(I - C^T) \tag{7.19}$$

gilt. Mit $\Phi(2\pi, s) = \Phi(2\pi, 0)\Phi(0, s) = C\Phi(0, s)$ und $C^T y_0 = y_0$ ergibt sich aus (7.19):

$$\begin{aligned}
0 &= (y_0, \int_0^{2\pi} \Phi(2\pi, s)\, f(s)\, \mathrm{d}s) = \int_0^{2\pi} (y_0, \Phi(2\pi, 0)\Phi(0, s)\, f(s))\, \mathrm{d}s \\
&= \int_0^{2\pi} (C^T y_0, \Phi(0, s)\, f(s))\, \mathrm{d}s = \int_0^{2\pi} (y_0, \Phi(0, s)\, f(s))\, \mathrm{d}s\,.
\end{aligned}$$

Somit gilt auch

$$\int_0^{2\pi} (y_0, \Phi(0, s)f(s))\, \mathrm{d}s = \int_0^{2\pi} (\Phi^T(0, s)y_0, f(s))\, \mathrm{d}s = 0, \quad \forall\, y_0 \in N(I - C^T)\,.$$

Benutzt man die Charakterisierung (7.16) von $N(U^*)$, dann erhält man die Bedingung:

$$\langle y, f \rangle = 0, \qquad \forall\, y \in N(U^*). \tag{7.20}$$

Somit ist (7.20) eine notwendige und hinreichende Bedingung dafür, dass $f \in R(U)$ ist.

Anmerkung:
1. Für die Gleichung (7.9) wurde ein Resultat der Fredholmschen Alternative direkt nachgerechnet: $f \in R(U)$ gilt genau dann, wenn $\langle y, f \rangle = 0$, $\forall\, y \in N(U^*)$. Führt man die Bezeichnung

$$N(U^*)^{\perp} := \{ f \in Y \mid \langle y^*, f \rangle = 0,\ \forall\, y^* \in N(U^*) \}$$

ein, dann haben wir gezeigt, dass $R(U) = N(U^*)^{\perp}$ gilt. Dies stellt ein Teilresultat des bekannten „closed range theorem" dar, das u. a. folgende Aussage macht: Es seien $\mathbf{X}$ und $\mathbf{Y}$ Banachräume über $\mathbf{K}$ und $U \mid \mathbf{X} \to \mathbf{Y}$ ein linearer stetiger Operator. Dann sind die folgenden vier Bedingungen äquivalent:

(i) $R(U)$ ist abgeschlossen.

(ii) $R(U^*)$ ist abgeschlossen.

(iii) $R(U) = N(U^*)^\perp$.

(iv) $R(U^*) = {}^\perp N(U) := \{x^* \in \mathbf{X}^* \mid \langle x^*, x \rangle = 0 \ \forall x \in N(U)\}$.

2. Die Aussage (iii) stellt die verallgemeinerte Fredholmsche Alternative dar. Sie besagt: Falls der Wertevorrat von U abgeschlossen ist (in unserem konkreten Beispiel ist dies der Fall), so besitzt die Gleichung $Ux = f$ eine Lösung $x \in \mathbf{X}$ genau dann, wenn $\langle y^*, f \rangle = 0$ ist, für alle Lösungen y^* der adjungierten Gleichung $U^* y^* = 0$ (in unserem Fall der formal adjungierten Gleichung (7.10)).

3. Der bei der Betrachtung der Gleichung (7.9) beschrittene Weg benötigt nicht die Dualräume von $\mathbf{C}^0$ und $\mathbf{C}^1$. Hier wurde die Gleichheit $R(U) = N(U^*)^\perp$ direkt nachgewiesen. Außerdem ergibt sich aus dieser Beziehung auch:

$$\operatorname{codim} R(U) = \operatorname{codim} N(U^*)^\perp = \dim N(U^*).$$

Aus der Indexdefinition eines Fredholmoperators

$$\operatorname{ind} U := \dim N(U) - \operatorname{codim} R(U)$$

folgt wegen $\dim N(U^*) = \dim N(U)$ nun $\operatorname{ind}(U) = 0$.

Wir geben jetzt explizite Formeln für die Projektoren $P \in U(\mathbf{C}^1, \mathbf{C}^1)$ und $Q \in U(\mathbf{C}^0, \mathbf{C}^0)$ an. Seien $\dim N(U) = \dim N(U^*) = p \le n$ und $\{\varphi_1, \ldots, \varphi_p\}$, $\{\psi_1, \ldots, \psi_p\}$ Basen für $N(U)$ bzw. $N(U^*)$. Da $\langle \cdot, \cdot \rangle$ eine positiv definite symmetrische Bilinearform über $\mathbf{C}^0$ (und somit auch über $\mathbf{C}^1$) darstellt, können wir annehmen, dass die $\{\varphi_i \mid i = 1, \ldots, p\}$ und $\{\psi_i \mid i = 1, \ldots, p\}$ ein Orthonormalsystem bilden, so dass

$$\langle \varphi_i, \varphi_j \rangle = \langle \psi_i, \psi_j \rangle = \delta_{ij}, \qquad \forall i, j = 1, \ldots, p$$

gilt. Dann kann man P und Q wie folgt definieren:

$$Px := \sum_{i=1}^p \langle \varphi_i, x \rangle \varphi_i, \ \forall x \in \mathbf{C}^1, \qquad Qz := \sum_{i=1}^p \langle \psi_i, z \rangle \psi_i, \ \forall z \in \mathbf{C}^0. \tag{7.21}$$

Es ist leicht nachzurechnen, dass P und Q tatsächlich lineare stetige Projektoren auf $\mathbf{C}^1$ bzw. $\mathbf{C}^0$ sind. Sie zerlegen die Räume $\mathbf{C}^1$ und $\mathbf{C}^0$ in die folgenden direkten Summen:

$$
\begin{aligned}
\mathbf{C}^1(\mathbb{R}, \mathbb{R}^n) &= P(\mathbf{C}^1) \oplus (I - P)(\mathbf{C}^1) = R(P) \oplus N(P) \\
&= N(U) \oplus N(P),
\end{aligned}
\tag{7.22}
$$

$$
\begin{aligned}
\mathbf{C}^0(\mathbb{R}, \mathbb{R}^n) &= Q(\mathbf{C}^0) \oplus (I - Q)(\mathbf{C}^0) = R(Q) \oplus N(Q) \\
&= R(Q) \oplus R(U).
\end{aligned}
\tag{7.23}
$$

Beispiel 1:
Es wird die lineare inhomogene skalare Differenzialgleichung 2. Ordnung der Form

$$\ddot{x} + x = f(t) \tag{7.24}$$

betrachtet, wobei f 2π-periodisch und stetig ist. Als Banachräume werden die bereits eingeführten Räume $\mathbf{C}_{2\pi}^0$ und $\mathbf{C}_{2\pi}^2$ verwendet. (7.24) bekommt mit

$$U \mid \mathbf{C}_{2\pi}^2 \to \mathbf{C}_{2\pi}^0\,, \quad (Ux)(\cdot) := \ddot{x}(\cdot) + x(\cdot) \tag{7.25}$$

die Form:

$$Ux = f. \tag{7.26}$$

Schreibt man (7.24) als zwei skalare Gleichungen 1. Ordnung

$$\begin{pmatrix} \dot{x}_1 \\ \dot{x}_2 \end{pmatrix} = \begin{pmatrix} 0 & 1 \\ -1 & 0 \end{pmatrix} \begin{pmatrix} x_1 \\ x_2 \end{pmatrix} + \begin{pmatrix} 0 \\ f(t) \end{pmatrix},$$

dann sieht man, dass (7.25) formal selbstadjungiert ist. Somit gilt für die Nullräume:

$$N(U) = N(U^*) = \{\, a\cos(\cdot) + b\sin(\cdot) \mid (a,b) \in \mathbb{R}^2 \,\} \tag{7.27}$$

und den Wertevorrat:

$$R(U) = \{ f \in \mathbf{C}_{2\pi}^0 \mid \int\limits_0^{2\pi} f(t)\cos t\,\mathrm{d}t = \int\limits_0^{2\pi} f(t)\sin t\,\mathrm{d}t = 0\}. \tag{7.28}$$

Zur Definition von P und Q (siehe Gl. (7.21)) kann man nehmen:

$$\varphi_1(t) = \psi_1(t) = \frac{1}{\sqrt{\pi}}\sin t, \quad \varphi_2(t) = \psi_2(t) = \frac{1}{\sqrt{\pi}}\cos t. \tag{7.29}$$

Damit folgt für P und Q die Darstellung:

$$\begin{aligned}
(Px)(t) &:= \frac{1}{\pi}\sin t \int\limits_0^{2\pi} x(s)\,\sin s\,\mathrm{d}s + \frac{1}{\pi}\cos t \int\limits_0^{2\pi} x(s)\,\cos s\,\mathrm{d}s\,, \\
(Qx)(t) &:= \frac{1}{\pi}\sin t \int\limits_0^{2\pi} x(s)\,\sin s\,\mathrm{d}s + \frac{1}{\pi}\cos t \int\limits_0^{2\pi} x(s)\,\cos s\,\mathrm{d}s\,.
\end{aligned} \tag{7.30}$$

Mit den Projektoren P und Q ergeben sich die Zerlegungen

$$\begin{aligned}
\mathbf{C}_{2\pi}^0 &= R(Q) \oplus N(Q) = R(Q) \oplus R(U)\,, \\
\mathbf{C}_{2\pi}^2 &= R(P) \oplus N(P) = N(U) \oplus N(P)\,.
\end{aligned} \tag{7.31}$$

Die Zerlegung der Räume $\mathbf{C}_{2\pi}^0$ und $\mathbf{C}_{2\pi}^2$ kann aufgrund des gleichen Aufbaus von P und Q nur mit P erfolgen. Diese Vereinfachung stellt sich wegen der Struktur von U ein. $\qquad\qquad\qquad\qquad\qquad\qquad\qquad\qquad\qquad\qquad\qquad\qquad\qquad\quad \Box$

Nun wird am Beispiel der Duffinggleichung (7.6) gezeigt, wie mit Hilfe der Projektoren P und Q das zu

$$Tx = F(j\,x,\lambda) \tag{7.32}$$

äquivalente Gleichungssystem gewonnen wird. Wir erklären die Operatoren in (7.32):

$$T \mid \mathbf{C}_{2\pi}^2 \to \mathbf{C}_{2\pi}^0, \quad F \mid \mathbf{C}_{2\pi}^1 \times \mathbb{R}^3 \to \mathbf{C}_{2\pi}^0, \quad j \mid \mathbf{C}_{2\pi}^2 \to \mathbf{C}_{2\pi}^1,$$

$$Tx := \ddot{x} + x, \quad F(x,\lambda) := \lambda_1 x + \lambda_2 \dot{x} - x^3 + \lambda_3 \cos(\cdot), \tag{7.33}$$

$$j\,x := x. \quad \text{(Einbettungsoperator)}$$

Zunächst wird $x \in \mathbf{C}_{2\pi}^2$ zerlegt in $x = x_1 + x_2$ mit $x_1 := Px$, $x_2 := (I - P)x$. Hierbei ist $x_1 \in R(P) = N(T)$ und $x_2 \in N(P)$. Die Gleichung

$$G(x,\lambda) := Tx - F(j\,x,\lambda) = 0 \quad \text{mit} \quad G \mid \mathbf{C}_{2\pi}^2 \times \mathbb{R}^3 \to \mathbf{C}_{2\pi}^0 \tag{7.34}$$

geht über in:

$$G(x_1 + x_2, \lambda) = T(x_1 + x_2) - F(j(x_1 + x_2), \lambda) = Tx_2 - F(j(x_1 + x_2), \lambda) = 0.$$

Nun wird diese Gleichung mittels Q in die entsprechenden Teilräume (siehe 7.31) projiziert:

$$\begin{aligned}
(I - Q)\left[Tx_2 - F(j(x_1 + x_2), \lambda) \right] &= 0, \\
Q\left[Tx_2 - F(j(x_1 + x_2), \lambda) \right] &= 0.
\end{aligned} \tag{7.35}$$

Betrachtet man den Operator T auf $N(P) = (I - P)(\mathbf{C}_{2\pi}^2)$, dann bildet er auf seinen Wertevorrat $R(T) = (I - Q)(\mathbf{C}_{2\pi}^0)$ ab, ist außerdem injektiv und besitzt deshalb nach einem Satz von Banach eine lineare stetige Inverse $T^{-1} \mid R(T) \to (I - P)(\mathbf{C}_{2\pi}^2)$. Somit geht (7.35) wegen $QTx_2 = 0$ über in

$$\begin{aligned}
x_2 &= T^{-1}(I - Q)F(j(x_1 + x_2), \lambda), \tag{7.36} \\[4pt]
0 &= QF(j(x_1 + x_2), \lambda). \tag{7.37}
\end{aligned}$$

Die Gleichungen (7.36) und (7.37) sind äquivalent zur Ausgangsgleichung (7.32). Wie bereits erwähnt, ist (7.36) eindeutig nach x_2 in Abhängigkeit von x_1 und λ (bei kleiner Norm $\|x_1\|$, $\|\lambda\|$) auflösbar. Diese Lösung $x_2 = x_2^*(x_1, \lambda)$ mit $\|x_1\| \leq r_1$ und $\|\lambda\| \leq r_2$, $r_1, r_2 > 0$, in Gl. (7.37) eingesetzt, liefert das System der Bifurkationsgleichungen. In unserem Fall zerfällt (7.37) wegen (7.30) in zwei nichtlineare Gleichungen der Form:

$$\begin{aligned}
\langle u_1, F(j(x_1 + x_2^*(x_1, \lambda)), \lambda) \rangle &= 0, \\
\langle v_1, F(j(x_1 + x_2^*(x_1, \lambda)), \lambda) \rangle &= 0,
\end{aligned} \tag{7.38}$$

mit $u_1(\cdot) = (1/\sqrt{\pi}) \sin(\cdot)$ und $v_1(\cdot) = (1/\sqrt{\pi}) \cos(\cdot)$. Als Berechnungsvorschrift für die Skalarprodukte in (7.38) dient (7.11).

Nun wird der Nachweis erbracht, dass (7.32) periodische Lösungen besitzt. Nach den bisherigen Ausführungen müssen nunmehr noch die beiden Gleichungen (7.38) für den Nachweis 2π-periodischer Lösungen der Gleichung (7.34) untersucht werden. Gemäß (7.31) kann jedes $x \in \mathbf{C}_{2\pi}^2$ in der Form

$$x(t) = r_1 \cos t + r_2 \sin t + y(t)$$

mit $r_1, r_2 \in \mathbb{R}$ und $y \in N(P)$ dargestellt werden. Eine kleine Rechnung zeigt, dass ebenfalls die Darstellung

$$x(t) = r \cos(t - \varphi) + y(t) \tag{7.39}$$

mit Konstanten $r \in \mathbb{R}$ und $\varphi \in [-\pi/2, pi/2]$ gilt. Mit der Substitution $t = \tau + \varphi$ ergibt sich aus (7.39):

$$x(\tau + \varphi) = r \cos \tau + y(\tau + \varphi)$$

und mit $\tilde{x}(\tau) := x(\tau + \varphi)$, $\tilde{y}(\tau) := y(\tau + \varphi)$ aus (7.6) die Differenzialgleichung:

$$\ddot{\tilde{x}}(\tau) + \tilde{x}(\tau) = \lambda_1 \tilde{x}(\tau) + \lambda_2 \dot{\tilde{x}}(\tau) - \tilde{x}^3(\tau) + \lambda_3 \cos(\tau + \varphi).$$

Wir bezeichnen $\tilde{x}$ und $\tilde{y}$ wieder mit x und y und erhalten (7.6) in der Form:

$$\ddot{x} + x = \lambda_1 x + \lambda_2 \dot{x} - x^3 + \lambda_3 \cos(\tau + \varphi) \quad \left(\text{''.''} = \frac{\mathrm{d}}{\mathrm{d}\tau} \right). \tag{7.40}$$

Wäre $\lambda_3 = 0$, also (7.40) eine autonome Differenzialgleichung, dann hätte der Ansatz $x(t) = r \cos t + y(t)$ genügt, da φ lediglich den Startpunkt auf der periodischen Lösung festlegt und bei dieser Aufgabenstellung keinen Einfluss auf die weiteren Rechnungen gehabt hätte.

Mit der Substitution $x = r \cos \tau + y$ ($y \in (I - P)(\mathbf{C}_{2\pi}^2)$, $Py = 0$) und Projektor Q geht (7.40) über in das äquivalente System:

$$Ty - (I - Q)\left[F(r \cos \tau + y, \lambda) \right] = 0, \tag{7.41}$$
$$QT(r \cos \tau + y) - Q\left[F(r \cos \tau + y, \lambda) \right] = 0. \tag{7.42}$$

Wir schreiben zunächst die Gleichung (7.41) ausführlich auf. Zieht man $(I - Q) \cos(\cdot + \varphi) = 0$ heran, dann ergibt sich

$$\begin{aligned} \ddot{y} + y = {} & (I - Q)\left[\lambda_1(r \cos \tau + y) + \lambda_2(-r \sin \tau + \dot{y}) \right. \\ & \left. - (r \cos \tau + y)^3 \right]. \end{aligned} \tag{7.43}$$

Wiederum wegen $(I - Q) \cos(\cdot) = (I - Q) \sin(\cdot) = 0$ und $Qy = Q\dot{y} = 0$ folgt aus (7.43):

$$\ddot{y} + y = \lambda_1 y + \lambda_2 \dot{y} - (I - Q)(r \cos \tau + y)^3 \tag{7.44}$$

Wegen $QT(r \cos \tau + y) = 0$ ergibt sich nun das zu (7.35) äquivalente System:

$$\ddot{y} + y = \lambda_1 y + \lambda_2 \dot{y} - (I - Q)(r \cos \tau + y)^3, \tag{7.45}$$
$$QF(r \cos \tau + y, \lambda) = 0. \tag{7.46}$$

Die Gleichung (7.45) ist mittels impliziten Funktionentheorems eindeutig nach y in Abhängigkeit von r, λ_1 und λ_2 auflösbar. Danach existieren reelle Zahlen $\delta > 0$ und $\delta' > 0$, so dass für $|r| < \delta$ und $|\lambda_1| + |\lambda_2| < \delta'$ die Gleichung (7.45) eine einzige Lösung $y = y^*(r, \lambda_1, \lambda_2)$ mit $y^* \in (I - Q)(\mathbf{C}_{2\pi}^2)$ besitzt. Die Lösung y^* von (7.45) ist in einer Umgebung von $(r, \lambda_1, \lambda_2) = 0$ analytisch, d.h. in eine Potenzreihe nach Potenzen in r, λ_1 und λ_2 entwickelbar. Aus der eindeutigen Lösbarkeit der Gleichung (7.45) folgt weiter, dass $y^*(0, \lambda_1, \lambda_2) = 0$ für alle λ mit $|\lambda_1| + |\lambda_2| < \delta'$ gilt, da $y = 0$ eine Lösung von (7.45) ist. Wegen

$$(I - Q)(r^3 \cos^3 \tau) = r^3 \cos^3 \tau - \frac{3}{4} r^3 \cos \tau = \frac{r^3}{4} \cos 3\tau$$

kann die Gleichung in (7.45) auch in der Form

$$\ddot{y} + y \;=\; \lambda_1 y + \lambda_2 \dot{y} - \frac{r^3}{4} \cos 3\tau - (I - Q)\left[\, 3(r \cos \tau)^2 y \right. \\ \left. + 3(r \cos \tau) y^2 + y^3 \,\right] \tag{7.47}$$

geschrieben werden. Die Lösung $y^*(r, \lambda_1, 0)$ ist eine gerade Funktion in τ, was man sowohl an (7.47) als auch an (7.45) sofort sieht. Desweiteren folgt aus (7.45) für $\lambda_2 = 0$, dass $-y^*(-r, \lambda_1, 0)$ ebenfalls eine Lösung ist. Wegen der Eindeutigkeit der Lösung folgt: $y^*(r, \lambda_1, 0) = -y^*(-r, \lambda_1, 0)$, d. h. y^* ist für $\lambda_2 = 0$ eine ungerade Funktion in r. Da $y^*(r, \lambda_1, \lambda_2)$ eindeutig bestimmt ist, folgt, dass $x = r \cos \tau + y \in \mathbf{C}^2_{2\pi}$ eine Lösung von (7.45) und (7.46) ist, falls der Vektor $(r, \lambda_1, \lambda_2, \lambda_3, \varphi)$ das System

$$Q\left[\, \lambda_1(r \cos \tau + y^*(r, \lambda_1, \lambda_2)) + \lambda_2(-r \sin \tau + \ddot{y}^*(r, \lambda_1, \lambda_2)) \right. \\ \left. -(r \cos \tau + y^*(r, \lambda_1, \lambda_2))^3 + \lambda_3 \cos(\tau + \varphi) \,\right] = 0 \tag{7.48}$$

löst. Die Gleichung (7.48) zerfällt wegen (7.30) in die beiden Gleichungen:

$$G_1(r, \lambda, \varphi) := \lambda_2 r + \lambda_3 \sin \varphi + \frac{1}{\pi} \int_0^{2\pi} [\, r \cos s + y^*(r, \lambda_1, \lambda_2)(s) \,]^3 \sin s \, ds = 0,$$

$$G_2(r, \lambda, \varphi) := \lambda_1 r + \lambda_3 \cos \varphi - \frac{1}{\pi} \int_0^{2\pi} [\, r \cos s + y^*(r, \lambda_1, \lambda_2)(s) \,]^3 \cos s \, ds = 0. \tag{7.49}$$

Man kann auch die Form

$$G_1(r, \lambda, \varphi) \;=\; \lambda_2 r + \lambda_3 \sin \varphi + \frac{1}{\pi} \int_0^{2\pi} [\, 3 \,(r \cos s)^2 \, y^*(s) \right. \\ \left. + 3 \,(r \cos s)\, y^{*^2}(s) + y^{*^3}(s) \,] \sin s \, ds = 0,$$

$$G_2(r, \lambda, \varphi) \;=\; \lambda_1 r + \lambda_3 \cos \varphi - \frac{3}{4} r^3 - \frac{1}{\pi} \int_0^{2\pi} [\, 3 \,(r \cos s)^2 \, y^*(s) \right. \\ \left. + 3 \,(r \cos s)\, y^{*^2}(s) + y^{*^3}(s) \,] \cos s \, ds = 0 \tag{7.50}$$

untersuchen.

Wir betrachten in (7.50) die integralen Terme

$$\bar{g}_1(r, \lambda_1, \lambda_2) := \frac{1}{\pi} \int_0^{2\pi} [\, 3 \,(r \cos s)^2 \, y^*(s) + 3 \,(r \cos s)\, y^{*^2}(s) + y^{*^3}(s) \,] \sin s \, ds,$$

$$\bar{g}_2(r, \lambda_1, \lambda_2) := -\frac{1}{\pi} \int_0^{2\pi} [\, 3 \,(r \cos s)^2 \, y^*(s) + 3 \,(r \cos s)\, y^{*^2}(s) + y^{*^3}(s) \,] \cos s \, ds.$$

Da $y^*(r, \lambda_1, 0)$ eine gerade Funktion in s ist, verschwindet $\bar{g}_1(r, \lambda_1, 0)$, denn der Integrand besteht aus einer ungeraden Funktion. Also kann man aus $\bar{g}_1(r, \lambda_1, \lambda_2)$ mindestens den Faktor λ_2 ausklammern. Wegen der Ungeradheit von y^* in r kann auch noch der Faktor r aus $\bar{g}_1(r, \lambda_1, \lambda_2)$ ausgeklammert werden, so dass wir ingesamt für G_1 die folgende Darstellung bekommen:

$$G_1(r, \lambda, \varphi) = \lambda_2 r + \lambda_3 \sin \varphi + r \lambda_2 \cdot g_1(r, \lambda_1, \lambda_2). \tag{7.51}$$

Eine analoge Betrachtung liefert uns für die Funktion G_2 in (7.50) den Ausdruck:

$$G_2(r, \lambda, \varphi) = \lambda_1 r + \lambda_3 \cos \varphi - \frac{3}{4} r^3 + r \cdot g_2(r, \lambda_1, \lambda_2). \tag{7.52}$$

Um die Lösungen der Bifurkationsgleichungen (7.49) bzw. (7.50) zu bestimmen, benötigen wir weitere Aussagen über die Funktion $y^*(r, \lambda_1, \lambda_2)$, die nun hergeleitet werden. Da die Funktion $y^*(r, \lambda_1, \lambda_2)$ die Gleichung (7.45) in eindeutiger Weise löst und (7.45) für $r = 0$ nur die triviale Lösung besitzt, gilt

$$y^*(0, \lambda_1, \lambda_2) = 0 \tag{7.53}$$

für alle hinreichend kleinen λ_1, λ_2. Wir entwickeln nun die Funktion $y^*(r, \lambda_1, \lambda_2)$ nach Potenzen von r, für $y^*(r, \lambda_1, \lambda_2)$ schreiben wir vorübergehend $y(r, \lambda_1, \lambda_2)$. Die Taylorentwicklung dieser Funktion lautet wegen (7.53):

$$\begin{aligned} y(r, \lambda_1, \lambda_2) &= \frac{1}{1!} \frac{\partial y}{\partial r}(0, \lambda_1, \lambda_2)\, r + \frac{1}{3!} \frac{\partial^3 y}{\partial r^3}(0, \lambda_1, \lambda_2)\, r^3 \\ &\quad + \frac{1}{5!} \frac{\partial^5 y}{\partial r^5}(0, \lambda_1, \lambda_2)\, r^5 + \mathcal{O}(|r|^7; \lambda_1, \lambda_2). \end{aligned} \tag{7.54}$$

Die Glieder gerader Ordnung in r sind Null, da die Gleichung (7.45) mit $y(r, \lambda_1, \lambda_2)$ auch die Lösung $-y(-r, \lambda_1, \lambda_2)$ besitzt. Wegen der eindeutigen Lösbarkeit der Gleichung (7.45) gilt: $y(r, \lambda_1, \lambda_2) = -y(-r, \lambda_1, \lambda_2)$. Die Terme $\partial^k y / \partial r^k$, $k = 1, 3, 5$, können aus der Gleichung (7.45) berechnet werden. Differenziert man (7.45) nach r, setzt $r = 0$ und beachtet $y(0, \lambda_1, \lambda_2) = 0$, dann folgt:

$$\ddot{y}_r + y_r = \lambda_1 y_r + \lambda_2 \dot{y}_r. \tag{7.55}$$

Diese Bestimmungsgleichung für $y_r(0, \lambda_1, \lambda_2)$ besitzt für $\lambda_1 \neq 0$ und $\lambda_2 \neq 0$ keine nicht triviale 2π-periodische Lösung, also folgt: $y_r(0, \lambda_1, \lambda_2) = 0$. In analoger Weise geht man bei der Bestimmung der Terme $\partial^3 y / \partial r^3$ und $\partial^5 y / \partial r^5$ vor. Im Einzelnen ergeben sich:

$$\frac{\partial^3 y}{\partial r^3}(0, \lambda_1, \lambda_2) = b_1 \cos 3\tau + b_2 \sin 3\tau, \tag{7.56}$$

$$\frac{\partial^5 y}{\partial r^5}(0, \lambda_1, \lambda_2) = c_1 \cos 3\tau + c_2 \sin 3\tau + c_3 \cos 5\tau + c_4 \sin 5\tau \tag{7.57}$$

mit

$$
\begin{aligned}
b_1 &:= b_1(\lambda_1,\lambda_2) = \frac{3}{2}\frac{8+\lambda_1}{(8+\lambda_1)^2+9\lambda_2^2}, \\[2mm]
b_2 &:= b_2(\lambda_1,\lambda_2) = \frac{9}{2}\frac{\lambda_2}{(8+\lambda_1+9\lambda_2^2)}, \\[2mm]
c_1 &:= c_1(\lambda_1,\lambda_2) = \frac{55}{2}\frac{(8+\lambda_1)^2-9\lambda_2^2}{(8+\lambda_1)^2+9\lambda_2^2}, \\[2mm]
c_2 &:= c_2(\lambda_1,\lambda_2) = 165\frac{(8+\lambda_1)\,\lambda_2}{(8+\lambda_1)^2+9\lambda_2^2}, \\[2mm]
c_3 &:= c_3(\lambda_1,\lambda_2) = \frac{55}{4}\frac{(8+\lambda_1)\,(24+\lambda_1)-15\lambda_2^2}{(24+\lambda_1)^2+25\lambda_2^2}, \\[2mm]
c_4 &:= c_4\lambda_1,\lambda_2) = 110\frac{(14+\lambda_1)\,\lambda_2}{(24+\lambda_1)^2+25\lambda_2^2}.
\end{aligned}
\tag{7.58}
$$

Nun setzen wir die Entwicklung (7.54) von $y(r,\lambda_1,\lambda_2)$ in die Bifurkationsgleichungen (7.50) ein. Wir können mit den bisher gewonnenen Informationen die Gleichungen (7.50) bis zum Glied r^7 exakt aufschreiben. Auf die Einzelheiten der Rechnungen verzichten wir hier. Es ergeben sich für die Funktionen G_1 und G_2 die folgenden Darstellungen:

$$
G_1(r,\lambda,\varphi) = \lambda_2 r + \lambda_3\sin\varphi + \frac{b_2}{8}\,r^5 + \frac{c_2}{160}\,r^7 + \mathcal{O}(|r|^9;\lambda_1,\lambda_2),
\tag{7.59}
$$

$$
\begin{aligned}
G_2(r,\lambda,\varphi) = {}&\lambda_1 r + \lambda_3\cos\varphi - \frac{3}{4}\,r^3 - \frac{b_1}{8}\,r^5 \\[2mm]
&-\left(\frac{b_1^2+b_2^2}{24}+\frac{c_1}{160}\right)r^7 + \mathcal{O}(|r|^9;\lambda_1,\lambda_2).
\end{aligned}
\tag{7.60}
$$

Es folgt nun die Untersuchung der Nullstellen des nichtlinearen Gleichungssystems:

$$
G_1(r,\lambda,\varphi) = G_2(r,\lambda,\varphi) = 0.
\tag{7.61}
$$

Jede Lösung $(r,\lambda)\in K(0,\delta)$, $\delta>0$, und gegebenem φ erzeugt einerseits eine Lösung $x(r,\lambda,\varphi)(t) = r\cos(t-\varphi) + y^*(r,\lambda,\varphi)(t)$ der Gleichung (7.40) und auch umgekehrt erzeugt jede Lösung der Duffinggleichung (7.40) eine Lösung des Systems (7.45), (7.46).

Wir betrachten zunächst die ungedämpfte Duffinggleichung, d. h., wir setzen in (7.40) $\lambda_2 = 0$. Dann können wir für die ungedämpfte Gleichung

$$
\ddot{x} + x = \lambda_1 x + -x^3 + \lambda_3\cos\tau
\tag{7.62}
$$

folgendes Resultat aus [16], S. 303 ableiten.

Satz 7.1 *Es gibt eine Umgebung $U\subset\mathbb{R}^2$ von $(\lambda_1,\lambda_3) = (0,0)$ und eine Umgebung $V\subset\mathbf{C}_{2\pi}^2$ von $x=0$, so dass die einzigen 2π-periodischen Lösungen in V der Gleichung*

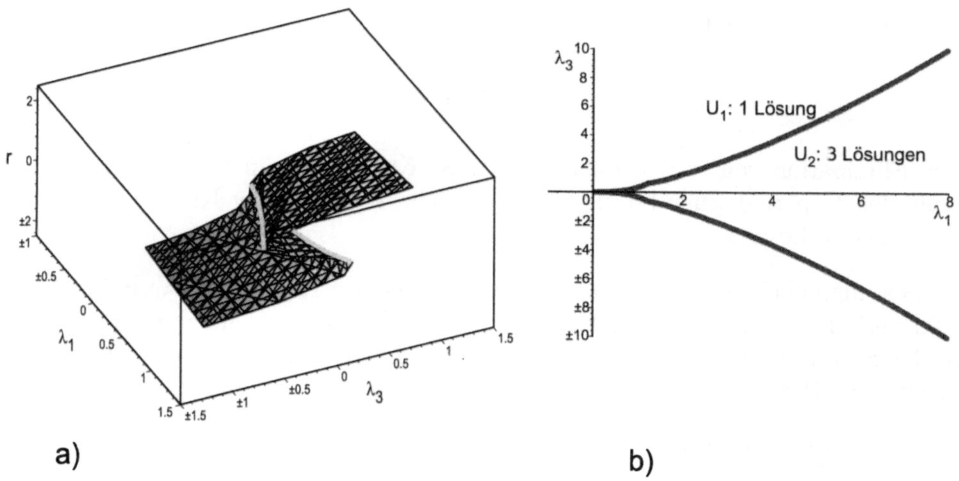

Bild 7.6: a) Die verkürzte Gleichung $\lambda_1 r + \lambda_3 - \frac{3}{4} r^3 = 0$. b) Anzahl der 2τ-periodischen Lösungen der Gleichung (7.62)

(7.62) gerade Funktionen in τ für $\lambda_3 \neq 0$ sind. Des Weiteren gibt es eine Kurve $\Gamma \subset U$, die näherungsweise durch $\lambda_3^2 = (16/81)\lambda_1^3$ gegeben ist, so dass $U\backslash\Gamma = U_1 \cup U_2$, $U_1 \cup U_2 = \emptyset$ und die Gleichung (7.62) eine Lösung in V für $(\lambda_1, \lambda_3) \in U_1$ und drei Lösungen in V für $(\lambda_1, \lambda_3) \in U_2$ besitzt (siehe Bild 7.6 a)).

Beweis: Aus der Gleichung (7.44) folgt für $\lambda_2 = 0$ die Geradheit der Lösung y^* in τ, wie bereits gezeigt wurde.

Nun werden Lösungen der Bifurkationsgleichungen (7.50) gesucht. Wegen der Darstellung (7.51) erfüllen $\lambda_2 = 0$ und $\varphi = 0$ die Gleichung $G_1(r, \lambda, \varphi) = 0$. Für die Berechnung der Anzahl der Lösungen der Gleichung (7.62) genügt es nun,

$$G_2(r, \lambda_1, 0, \lambda_3, 0) = \lambda_1 r + \lambda_3 - \frac{3}{4} r^3 + r \cdot g_2(r, \lambda_1, 0) = 0 \qquad (7.63)$$

zu untersuchen. Das Bild 7.6 a) zeigt die verkürzte Gleichung $\lambda_1 r + \lambda_3 - \frac{3}{4} r^3 = 0$. Eine Änderung der Lösungsanzahl der Gleichung (7.63) tritt nur für die Parameter $(r, \lambda_1, \lambda_3)$ ein, die $\partial G_2(r, \lambda_1, 0, \lambda_3, 0)/\partial r = 0$ erfüllen. Die Gleichungen

$$G_2(r, \lambda_1, 0, \lambda_3, 0) = 0, \quad \partial G_2(r, \lambda_1, 0, \lambda_3, 0)/\partial r = 0 \qquad (7.64)$$

definieren eine Kurve Γ, die näherungsweise durch

$$\bar{\Gamma} := \{ (\lambda_1, \lambda_3) \in U \mid \lambda_3^2 = \frac{16}{81} \lambda_1^3 \}$$

(siehe Bild 7.6 b)) gegeben ist. Die Näherungskurve entsteht durch Weglassen des Terms $r \cdot g_2(r, \lambda_1, \lambda_2)$ in der Gleichung (7.52) und ergibt sich aus den beiden Bedingungen:

$$\lambda_1 r + \lambda_3 - \frac{3}{4} r^3 = 0, \qquad \lambda_1 - \frac{9}{4} r^2 = 0$$

durch Elimination von r. Überquert man diese Kurve $\bar{\Gamma}$, dann tritt ein Wechsel der Anzahl der 2π-periodischen Lösungen um zwei ein. Links von der Kurve $\bar{\Gamma}$ gibt es eine 2π-periodische Lösung, rechts davon drei.

Nun muss man noch nachweisen, dass der vernachlässigte Term $r \cdot g_2(r, \lambda_1, 0)$ die Anzahl der 2π-periodischen Lösungen nicht beeinflusst. Dies sieht man, indem man nachprüft, dass das System (7.64) eindeutig nach λ_1 und λ_3 in Abhängigkeit von r auflösbar ist. Eine einfache Rechnung zeigt, dass für die Funktionaldeterminante

$$\frac{\partial(G_2, \partial G_2/\partial r)}{\partial(\lambda_1, \lambda_3)} = \det \begin{pmatrix} r + r g_{2,r} & 1 \\ 1 + g_{2,\lambda_1} + r g_{2,r\lambda_1} & 0 \end{pmatrix}_{\big|(r, \lambda_1, 0, \lambda_3, 0)} \neq 0$$

gilt, falls $(r, \lambda_1, \lambda_3)$ aus einer hinreichend kleinen Nullumgebung sind. Der Auflösungssatz liefert dann das gewünscht Ergebnis und der Nachweis ist erbracht. $\quad\square$

Nun müssen die Gleichungen (7.59), (7.60) für (r, λ, φ) und insbesondere für $(\lambda_2, \varphi) \neq (0, 0)$ untersucht werden. Für solche nichtlinearen Gleichungssysteme sind in der Literatur, siehe beispielsweise [16], [37], [126], [123], umfangreiche Untersuchungsmethoden begründet worden, auf die wegen ihrer Komplexität hier nicht eingegangen werden kann.

Statt dessen werden wir jetzt noch eine andere Methode zum Auffinden periodischer Lösungen bei nichtlinearen Schwingungsgleichungen am Beispiel der Duffinggleichung vorstellen.

7.1.3   Die Mittelungsmethode

Wie bereits erwähnt, besitzen nichtlineare Differenzialgleichungen, die Schwingungssysteme mit von außen erregter periodischer Kraft repräsentieren, ein vielfältiges Lösungsverhalten. Wir wollen die Duffinggleichung (7.6) nun in der Form:

$$\ddot{x} + \varepsilon \mu \dot{x} + x - \varepsilon x^3 = \varepsilon h \cos \omega t \qquad (7.65)$$

mit den Parametern $\varepsilon \neq 0$, $\mu \geq 0$ und $h > 0$ auf periodische Lösungen der Periode $2\pi/\omega$ der Erregung untersuchen. Weiter nehmen wir an, dass die Erregung nahe 2π stattfindet. Demzufolge können wir

$$\omega^{-2} = 1 - \varepsilon \beta$$

mit $\beta = \text{const.}$ setzen. Der Unterschied zu (7.6) besteht jetzt darin, dass die Dämpfung, die Nichtlinearität und die Erregung mit dem Parameter ε behaftet sind. Diese Struktur der Gleichung (7.65) ermöglicht später den Einsatz der Mittelungsmethode. Wir setzen noch $\omega t = \tau - \psi$ und erhalten mit $dx/d\tau = x'$ aus (7.65) die Gleichung:

$$
\begin{aligned}
x'' + x \;\; &= \varepsilon\beta x - \varepsilon\mu(1 - \varepsilon\beta)^{1/2}x' - \varepsilon(1 - \varepsilon\beta)x^3 \\
&\quad + \varepsilon(1 - \varepsilon\beta)\,h\cos(\tau - \psi) \\
&=: \varepsilon g(x, x', \varepsilon, \mu, h, \beta, \psi)(\tau).
\end{aligned}
\tag{7.66}
$$

Für diese Gleichung sind 2π-periodische Lösungen mit den Anfangswerten $x(0) = a(\varepsilon)$, $x'(0) = 0$ gesucht. Der Anfangswert a und der Parameter ψ müssen so gewählt werden, dass wir eine 2π-periodische Lösung der Gleichung (7.66) in τ bekommen. Mit Hilfe der Variation der Konstanten finden wir, dass das Anfangswertproblem (7.66) äquivalent zu der Integralgleichung

$$
x(\tau) = c_1 \cos\tau + c_2 \sin\tau + \varepsilon \int_0^\tau (\sin\tau \cos s - \cos\tau \sin s)\, g(x, x', \varepsilon, \mu, h, \beta, \psi)(s)\, ds
$$

ist. Bestimmung der Konstanten c_1 und c_2 und Ausnutzung eines Additionstheorems für trigonometrische Funktionen liefert:

$$
x(\tau) = a(\varepsilon) \cos\tau + \varepsilon \int_0^\tau \sin(\tau - s)\, g(x, x', \varepsilon, \mu, h, \beta, \psi)(s)\, ds.
$$

Für 2π-periodische Lösungen gilt: $x(\tau) = x(\tau + 2\pi)$ für alle $\tau \in \mathbb{R}$. Dies liefert uns die Periodizitätsbedingung:

$$
\int_\tau^{\tau+2\pi} \sin(\tau - s)\, g(x, x', \varepsilon, \mu, h, \beta, \psi)(s)\, ds = 0, \qquad \forall\, \tau \in \mathbb{R}.
\tag{7.67}
$$

Wegen der linearen Unabhängigkeit der Funktionen $\sin\tau$ und $\cos\tau$ zerfällt (7.67) in zwei unabhängige Bedingungen:

$$
\begin{aligned}
F_1(a, \psi, \varepsilon, \mu, h, \beta, \psi) \;\; &:= \; \int_0^{2\pi} \sin s\, g(x, x', \varepsilon, \mu, h, \beta, \psi)(s)\, ds = 0, \\
F_2(a, \psi, \varepsilon, \mu, h, \beta, \psi) \;\; &:= \; \int_0^{2\pi} \cos s\, g(x, x', \varepsilon, \mu, h, \beta, \psi)(s)\, ds = 0.
\end{aligned}
\tag{7.68}
$$

Für $\varepsilon \neq 0$ hängt die periodische Lösung auch von a und ψ ab. Man kann nun fragen, ob die Gleichungen (7.68) eindeutig nach a und ψ auflösbar sind. Dies sichert die Existenz genau einer periodischen Lösung. Nach dem impliziten Funktionentheorem ist das System in einer Umgebung von $\varepsilon = 0$ eindeutig lösbar, falls die Determinante der dazugehörigen Jacobimatrix nicht verschwindet, d. h.

$$
\det \frac{\partial(F_1, F_2)}{\partial(a, \psi)} \neq 0.
\tag{7.69}
$$

Da die Lösungen in einer Umgebung von $\varepsilon = 0$ in eine Potenzreihe entwickelbar sind, kann man schreiben:

$$
\begin{aligned}
a(\varepsilon) &= \sum_{n=0}^{\infty} a_n \, \varepsilon^n, \qquad \psi(\varepsilon) = \sum_{n=0}^{\infty} \psi_n \, \varepsilon^n, \\
x(\tau) &= a_0 \cos \tau + \sum_{n=1}^{\infty} \gamma_n(\tau) \, \varepsilon^n.
\end{aligned}
\tag{7.70}
$$

Unter Benutzung dieser Entwicklungen erhält g in (7.66) die Darstellung:

$$
g(x, x', \varepsilon, \mu, h, \beta, \psi)(\tau) = \beta a_0 \cos \tau + \mu a_0 \sin \tau + a_0^3 \cos^3 \tau + h \cos(\tau - \psi_0) + \varepsilon \cdots.
$$

Die Koeffizienten von $\sin \tau$ und $\cos \tau$ lauten:

$$
\mu a_0 + h \sin \psi_0 = 0, \qquad \beta a_0 + h \cos \psi_0 + \frac{3}{4} a_0^3 = 0.
\tag{7.71}
$$

Dieses System ist eindeutig lösbar, falls (7.69) erfüllt ist. Somit muss

$$
\mu \sin \psi_0 + \beta \cos \psi_0 + \frac{9}{4} a_0^2 \cos \psi_0 \neq 0
\tag{7.72}
$$

gelten.

Wie auch im vorigen Abschnitt ist das Anfangswertproblem (7.66) ohne Dämpfung, also $\mu = 0$, einfacher. In diesem Falls ist $\psi_0 = 0$ oder π und die möglichen Werte für a_0 folgen aus der Gleichung $\beta a_0 \pm h + \frac{3}{4} a_0^3 = 0$. Die Eindeutigkeit der periodischen Lösung folgt aus (7.72) und lautet für diesen Fall: $\beta + 9/4\, a_0^2 \neq 0$.

Falls für gegebene Werte von μ, h und β die Koeffizienten a_0 und ψ_0 bestimmt sind, ergibt sich für die periodische Lösung in erster Näherung:

$$
x(t) = a_0 \cos(\omega t + \psi_0) + 0(\varepsilon).
$$

Für eine genauere Darstellung der Lösung benötigt man weitere Terme in den Entwicklungen (7.70). Diese Lösung kann durch eine konvergente Potenzreihe in ε für $0 \leq \varepsilon < \varepsilon_0$, $\varepsilon_0 > 0$ repräsentiert werden. Wir weisen noch einmal darauf hin, dass die Bedingung (7.69) i. a. nur schwer verifiziert werden kann, da die Ausdrücke für F_1 und F_2 die unbekannte periodische Lösung enthalten.

Wir wollen an der Gleichung (7.65) die Mittelungsmethode studieren. Einen guten Überblick über diese Methode liefern [97] und [121]. Wir betrachten das Differenzialgleichungssystem:

$$
\dot{x} = \varepsilon f(t, x) + \varepsilon^2 g(t, x, \varepsilon), \quad x \in \mathbf{D} \subset \mathbb{R}^n, \ t \geq 0.
\tag{7.73}
$$

Es seien $f(\cdot, x)$ und $g(\cdot, x, \varepsilon)$ T-periodische Funktionen in t. Separat betrachten wir auch noch in $\mathbf{D}$ die gemittelte Gleichung

$$
\dot{y} = \varepsilon f^0(y), \qquad f^0(y) := \frac{1}{T} \int_0^T f(t, y)\, \mathrm{d}t.
\tag{7.74}
$$

Unter bestimmten Voraussetzungen stellt sich heraus, dass Gleichgewichtslösungen der gemittelten Gleichung mit T-periodischen Lösungen der Gleichung (7.73) korrespondieren. Wir zitieren aus [121] die beiden folgenden Sätze.

Satz 7.2 *Die Differenzialgleichung (7.73) möge folgende Voraussetzungen erfüllen:*

(i) *Die Vektorfunktionen f, g, $\partial f/\partial x$, $\partial^2 f/\partial x^2$ und $\partial g/\partial x$ sind auf $[0,\infty) \times D$ definiert, stetig und beschränkt durch eine Konstante M, die unabhängig von ε, $0 \leq \varepsilon \leq \varepsilon_0$, ist,*

(ii) *f und g sind T-periodische Funktionen in t (T unabhängig von ε),*

(iii) *Der Punkt p sei ein kritischer Punkt der gemittelten Gleichung (7.74), d. h., es gilt: $f^0(p) = 0$ und $\det(\partial f^0(y)/\partial y)|_{y=p} \neq 0$.*

Dann existiert eine T-periodische Lösung $\phi(t,\varepsilon)$ der Gleichung (7.73), die in der Nähe von p liegt und für die gilt:

$$\lim_{\varepsilon \to 0} \phi(t,\varepsilon) = p. \tag{7.75}$$

Hat man periodische Lösungen der Gleichung (7.73) in einer Umgebung des Punktes p nachgewiesen, dann kann man in einigen Fällen die Stabilität der Lösung begründen.

Satz 7.3 *Wir betrachten die Gleichung (7.73) und setzten voraus, dass die Bedingungen (i)-(iii) aus Satz 7.2 erfüllt sind. Falls die Eigenwerte des kritischen Punktes $y = p$ der linearisierten gemittelten Gleichung (7.74) alle einen negativen Realteil besitzen, dann ist die korrespondierende Lösung $\phi(t,\varepsilon)$ der Gleichung (7.73) für hinreichend kleine ε asymptotisch stabil. Falls einer der Eigenwerte einen positiven Realteil besitzt, dann ist $\phi(t,\varepsilon)$ instabil.*

Die Beweise beider Sätze können in [121] nachgelesen werden.

Beispiel 2:

Wir wollen die Anwendung der Sätze 7.2 und 7.3 demonstrieren und betrachten die Duffinggleichung in der Form (7.65). Jetzt sind $\mu \geq 0$ und $h > 0$ Konstanten; wir setzen wieder $\omega^{-2} = 1 - \varepsilon\beta$. Wir suchen periodische Lösungen mit der Periode $2\pi/\omega$. Dazu transformieren wir $\omega t = s$ und die Gleichung geht über (analoge Vorgehensweise wie bei der Herleitung der Gleichung (7.66)) in

$$\frac{d^2x}{ds^2} + x = \varepsilon\beta x - \varepsilon(1-\varepsilon\beta)^{1/2}\mu\,\frac{dx}{ds} + \varepsilon(1-\varepsilon\beta)x^3 + \varepsilon(1-\varepsilon\beta)h\cos s\,. \tag{7.76}$$

Nun führen wir eine sogenannte Amplitude-Phase-Transformation

$$x(s) = r(s)\cos(\omega s + \psi(s))$$
$$\dot{x}(s) = -r(s)\,\omega\sin(\omega s + \psi(s))$$

in (7.76) durch und erhalten das System:

$$\frac{\mathrm{d}r}{\mathrm{d}s} = -\varepsilon \sin(s+\psi)\,[\,\beta r \cos(s+\psi) + \mu r \sin(s+\psi)$$
$$+ r^3 \cos^3(s+\psi) + h \cos s\,] + 0(\varepsilon^2)$$
$$\frac{\mathrm{d}\psi}{\mathrm{d}s} = -\varepsilon \cos(s+\psi)\,[\,\beta \cos(s+\psi) + \mu \sin(s+\psi)$$
$$+ r^2 \cos^3(s+\psi) + \frac{h}{r} \cos s\,] + 0(\varepsilon^2).$$

$$(7.77)$$

Die rechte Seite von (7.77) ist 2π-periodisch in s und die Mittelung liefert:

$$\frac{\mathrm{d}r_a}{\mathrm{d}s} = -\frac{1}{2}\,\varepsilon \mu r_a - \frac{1}{2}\,\varepsilon h \sin\psi_a$$
$$\frac{\mathrm{d}\psi_a}{\mathrm{d}s} = -\frac{1}{2}\,\varepsilon\beta - \frac{3}{8}\,\varepsilon r_a^2 - \frac{1}{2}\,\varepsilon\frac{h}{r_a}\,\cos\psi_a. \qquad (7.78)$$

Die kritischen Punkte der gemittelten Gleichungen (7.78) erfüllen die transzendenten Gleichungen:

$$\mu r_a = -h \sin\psi_a, \qquad \beta + \frac{3}{4}\,r_a^2 = -\frac{h}{r_a}\,\cos\psi_a. \qquad (7.79)$$

Diese kritischen Punkte korrespondieren mit periodischen Lösungen der Gleichung (7.76), falls

$$\mu \sin\psi_a + \beta \cos\psi_a + \frac{9}{4}\,r_a^2 \cos\psi_a \neq 0$$

gilt. Diese Bedingung ergibt sich, wenn man überprüfen möchte, ob die rechte Seite von (7.78) eindeutig nach r_a und ψ_a in Abhängigkeit von ε, μ, β und h auflösbar ist. Die Bedingungen (7.79) hatten wir bereits in (7.71) erhalten.

Um die Stabilität der periodischen Lösung zu untersuchen, benutzen wir Satz 7.3 und berechnen die Eigenwerte der Linearisierung des Systems (7.78) in dem kritischen Punkt $p = (r_a, \psi_a)$. Dies liefert die Matrix

$$\left(\begin{array}{cc} -\dfrac{1}{2}\varepsilon\mu & -\dfrac{1}{2}h\varepsilon\cos\psi_a \\[2mm] -\dfrac{3}{4}\varepsilon r_a + \dfrac{1}{2}\dfrac{h}{r_a^2}\varepsilon\cos\psi_a & \dfrac{1}{2}\dfrac{h}{r_a}\varepsilon\sin\psi_a \end{array}\right)\Bigg|_p = \left(\begin{array}{cc} -\dfrac{1}{2}\varepsilon\mu & \dfrac{1}{2}\varepsilon(\beta r_a + \dfrac{3}{4}r_a^3) \\[2mm] -\dfrac{9}{8}\varepsilon r_a - \dfrac{\varepsilon}{2r_a}\beta & -\dfrac{1}{2}\varepsilon\mu \end{array}\right).$$

Die Berechnung der Eigenwerte führt auf

$$\lambda_{1,2} = -\frac{1}{2}\,\varepsilon\mu \pm \frac{1}{2}\,\varepsilon\left[-\left(\beta + \frac{9}{4}\,r_a^2\right)\left(\beta + \frac{3}{4}\,r_a^2\right)\right]^{1/2}.$$

Falls beispielsweise $\mu > 0$ und $\beta \geq 0$ sind, liegt für die periodische Lösung asymptotische Stabilität vor. $\qquad\qquad\Box$

Der Stabilitätsbegriff für Lösungen von Differenzialgleichungen wird in Abschnitt 7.2.1 noch einmal aufgegriffen.

7.2 Bifurkationen in skalaren Differenzialgleichungen

Einige Fragestellungen der lokalen Bifurkationstheorie wurden bereits in den Abschnitten 6.3.6 und 7 abgehandelt. In diesem Kapitel werden für die Synthese ([70], S. 9-22), den Entwurf und den Aufbau neuartiger elektronischer Schaltungen mit nichtlinearen Eigenschaften grundlegende mathematische Modelle der Sattel-Knoten-, der transkritischen und der Gabel- (Pitchfork)-Bifurkation benötigt. Diese werden nun bereitgestellt, um die auftretenden Phänomene in den Schaltungen zu verstehen. Für eine ausführliche mathematische Darstellung sei auf das Buch von B. Aulbach [3] verwiesen.

Einen wichtigen mathematischen Untersuchungsgegenstand für die sich anschließende Synthese von Schaltungen mit Bifurkationsverhalten bildet das parameterabhängige Differenzialgleichungssystem:

$$\dot{x} = f(x, \mu), \qquad x \in \mathbf{D} \subset \mathbb{R}^n, \mu \in \mathbb{R} , \tag{7.80}$$

wobei $\mathbf{D}$ eine offene Teilmenge des $\mathbb{R}^n$ und f stetig differenzierbares Vektorfeld in beiden Variablen x und μ ist, und zwar so oft, wie es für die weiteren Untersuchungen benötigt wird. Es wird gefragt, wie sich das qualitative Verhalten der Lösung der DGL (7.80) ändert, wenn der Parameter μ variiert wird. Wir betrachten f in einer Umgebung einer Ruhelage (auch Fixpunkt genannt) $(x_0, \mu_0) \in \mathbf{D} \times \mathbb{R}$, d. h., es gilt: $f(x_0, \mu_0) = 0$, und untersuchen, ob es weitere Ruhelagen in der Nähe des Wertes μ_0 gibt und von welchem Stabilitätstyp sie sind. Wir beschränken uns bei unseren Untersuchungen auf Differenzialgleichungen:

$$\dot{x} = f(x, \mu), \qquad x \in \mathbf{D} \subset \mathbb{R}, \mu \in \mathbb{R}. \tag{7.81}$$

Definition 7.1 *Als* Bifurkation *der Gleichung* (7.80) *an einem Fixpunkt* (x_0, μ_0) *bezeichnen wir qualitative Lösungsänderungen als eine Folge kleinster Parameterwechsel. Der Punkt* (x_0, μ_0) *heißt dann auch Bifurkationspunkt von* (7.81).

Kleinste Änderungen in den Größen der eingesetzten Bauelemente einer Schaltung können zum Überschreiten der Bifurkationspunkte führen und somit qualitative Änderungen im Verhalten der Schaltung hervorrufen. Deshalb wird in diesem Kapitel die mathematische Untersuchung der bereits genannten Grundtypen der Bifurkation behandelt. Der Schaltungsentwurf solcher elektronischer Schaltungen, die die einzelnen Bifurkationstypen wiedergeben, erfolgt in den nachfolgenden Kapiteln. Es werden in diesem Kapitel diejenigen mathematischen Grundlagen über Differenzialgleichungen bereitgestellt, welche für die Synthese des Bifurkationsverhaltens von nichtlinearen dynamischen Netzwerken erforderlich sind. Alles Weitere würde den Rahmen eines Grundlagenbuches überschreiten.

7.2.1 Stabilität von Differenzialgleichungen

Im Folgenden werden zunächst Differenzialgleichungssysteme der Form:

$$\dot{x} = f(x), \quad x \in \mathbf{D} \subset \mathbb{R}^n, \tag{7.82}$$

$\mathbf{D}$ offene Teilmenge des $\mathbb{R}^n$, $f|\mathbf{D} \to \mathbb{R}^n$, $n \geq 1$, $f \in C^r$, $r \geq 1$, zusammen mit dem Anfangswertproblem

$$\dot{x} = f(x), \quad x(t_0) = x_0, \quad x_0 \in \mathbf{D} \tag{7.83}$$

betrachtet. Die nachfolgenden Begriffsbildungen werden für (7.82) bzw. (7.83) geprägt, obwohl im weiteren Verlauf nur eine Differenzialgleichung der Form

$$\dot{x} = f(x), \quad x(t_0) = x_0$$

mit $x \in \mathbf{D} \subset \mathbb{R}^1$, also eine skalare Differenzialgleichung, betrachtet wird. Die Begriffsbildungen sind unabhängig von der Größe der natürlichen Zahl n. Die Gleichung (7.82) stellt ein autonomes Differenzialgleichungssystem dar. (Das Vektorfeld f ist von der Zeit t unabhängig.) Ist f auch zeitabhängig, dann heißt (7.82) heteronom. In unserem Fall (7.82) hängt also der Prozessverlauf nur vom Anfangszustand ab, aber nicht vom Anfangszeitpunkt. Wir wollen als nächstes den Existenz- und Eindeutigkeitssatz von Picard und Lindelöf anführen, dessen Beweis man in (fast) jedem Buch über gewöhnliche Differenzialgleichungen nachlesen kann.

Definition 7.2 *Eine Funktion $f \mid \mathbf{D} \subset \mathbb{R}^n \to \mathbb{R}^n$ heißt* Lipschitzstetig *auf dem Gebiet* $\mathbf{D}$, *falls dort eine Konstante $L > 0$ existiert, so dass für alle $x_1, x_2 \in D$ die Ungleichung gilt:*

$$\|f(x_1) - f(x_2)\| \leq L\|x_1 - x_2\|.$$

Die Lipschitzstetigkeit einer Funktion f in x impliziert die Stetigkeit in x, die Umkehrung ist nicht immer wahr. Jede C^r-Funktion mit $r \geq 1$ ist Lipschitzstetig.

Satz 7.4 *Es sei f Lipschitzstetig auf $\mathbf{D} \subset \mathbb{R}^n$. Dann besitzt für jeden Anfangswert $x_0 \in D$ das Anfangswertproblem (7.83) genau eine Lösung $\varphi(t; x_0)$ mit maximalem Existenzintervall $I_{max}(x_0) \subset \mathbb{R}$.*

Dieser Satz impliziert, dass sich zwei Lösungen mit verschiedenen Anfangspunkten nicht in endlicher Zeit schneiden können. Anschaulich können wir uns diese Situation gut vorstellen, wenn wir den Begriff des Flusses einer autonomen Differenzialgleichung (oder eines Systems) einführen. Wir betrachten zunächst das Anfangswertproblem (AWP):

$$\dot{x} = Ax, \quad x(t_0) = x_0 \tag{7.84}$$

mit $A \in \mathbb{R}^{n \times n}$ (reelle $n \times n$-Matrix). Dann ist die Lösung des AWPs (7.84) durch

$$\varphi(t; t_0, x_0) = e^{(t - t_0)A} x_0$$

gegeben. Ohne Beschränkung der Allgemeinheit sei $t_0 = 0$. Dann kann die Abbildung $e^{tA} \mid \mathbb{R}^n \to \mathbb{R}^n$ angesehen werden als die Beschreibung der Bewegung des Punktes $x_0 \in \mathbb{R}^n$ entlang des Orbits $\gamma(x_0)$ durch den Punkt x_0 zum Zeitpunkt $t_0 = 0$. Hierbei ist: $\gamma(x_0) = \{\varphi(t; 0, x_0) \mid t \in \mathbb{R}\}$. Die Abbildung

$$x_0 \mapsto \Phi_t(x_0) \quad \text{mit} \quad \Phi_t(x_0) := \varphi(t; 0, x_0), \ x_0 \in \mathbb{R}^n$$

heißt linearer Fluss des linearen Systems $\dot{x} = Ax$. Er besitzt bemerkenswerte Eigenschaften:

(i) $\Phi_0(x) = x$ für alle $x \in \mathbb{R}^n$,

(ii) $\Phi_t(\Phi_s(x)) = \Phi_s(\Phi_t(x)) = \Phi_{s+t}(x)$ für alle $t, s \in \mathbb{R}$ und $x \in \mathbb{R}^n$.

Anschaulich beschreibt der Fluss $\Phi_t = e^{tA}$ die Bewegung eines Punktes $x_0 \in \mathbb{R}^n$ entlang des Orbits $\gamma(x_0)$. Der Begriff des Flusses lässt sich auf nichtlineare Differenzialgleichungssysteme vom Typ

$$\dot{x} = f(x)$$

unter Erhaltung der oben genannten Eigenschaften übertragen. Wir betrachten hierzu auch das AWP:

$$\dot{x} = f(x), \quad x(t_0) = x_0 \tag{7.85}$$

Mit $f \in \mathbf{C}^1$ gilt der Existenz- und Eindeutigkeitssatz für (7.85). Für die Lösung $\varphi(t; t_0, x_0)$ von (7.85) können wir wieder definieren (O. B. d. A. sei $t_0 = 0$):

$$\Phi_t(x_0) := \varphi(t; 0, x_0), \quad t \in I_{max} \subset \mathbb{R},$$

x_0 liegt im Definitionsbereich von f. Man spricht auch vom lokalen Fluss (wegen der Lokalität der Lösung). Die Eigenschaften (i) und (ii) des linearen Flusses lassen sich auch hier wieder beweisen. Die Menge aller Orbits von $\dot{x} = f(x)$ bildet das Phasenportät. Die Orbits sind genau die Kurven, die auf das Vektorfeld passen.

Um nichtlineare Differenzialgleichungssysteme der Form (7.82) qualitativ zu untersuchen, beschreibt man das Verhalten von (7.82) in der Nähe eines Gleichgewichtspunktes (auch Fixpunkt genannt).

Definition 7.3 *Ein Punkt $x_0 \in \mathbf{D} \subset \mathbb{R}^n$ heißt* Gleichgewichts- oder Fixpunkt *von* (7.82), *falls $f(x_0) = 0$ gilt. Ein Gleichgewichtspunkt x_0 heißt* hyperbolischer Fixpunkt *von* (7.82), *falls keiner der Eigenwerte der Jacobimatrix $\mathrm{D}f(x_0)$ den Realteil Null besitzt. Das lineare System*

$$\dot{x} = Ax \tag{7.86}$$

mit der Matrix $A := \mathrm{D}f(x_0)$ heißt Linearisierung *von* (7.82) *im Fixpunkt x_0.*

Falls $x_0 = 0$ ein Fixpunkt von (7.82) ist, dann ist $f(0) = 0$ und das Taylorsche Theorem gestattet die Entwicklung:

$$f(x) = \mathrm{D}f(0)x + \frac{1}{2}\mathrm{D}^2 f(0)(x,x) + \ldots \tag{7.87}$$

Es taucht nun die Frage auf, wann das Lösungsverhalten des nichtlinearen Systems (7.82) durch seine erste Approximation (7.86) nahe $x_0 = 0$ beschrieben werden kann. Man erhält das fundamentale Resultat: Ist $x_0 = 0$ ein hyperbolischer Fixpunkt, dann hat die Lösung von (7.82) in einer Umgebung von x_0 qualitativ das gleiche Verhalten wie die Lösung des linearisierten Problems (7.86). D. h., durch die nichtlinearen kleinen Störungen $1/2\,\mathrm{D}^2 f(0)(x,x) + \ldots$ (siehe (7.87)) wird die Lösung nur geringfügig deformiert.

Die Formulierung dieses Zusammenhangs, der von P. Hartmann 1959 gefunden wurde, soll nun genauer dargelegt werden. Wir betrachten die beiden DGL-Systeme $\dot{x} = f(x)$ und $\dot{x} = Ax$ mit $f \in \mathbf{C}^1(D,\mathbb{R}^n)$, $\mathbf{D} \subset \mathbb{R}^n$ offen, $0 \in D$, $f(0) = 0$ und $A := Df(0)$. Die Lösungen dieser Systeme sind $\varphi(t;0,x_0)$ bzw. $e^{tA}x_0$ in bezug auf die Anfangswertprobleme $x(0) = x_0$. Weiter wird angenommen, dass $x = 0$ ein hyperbolischer Fixpunkt sei. Dann existiert ein Homöomorphismus H (Das ist eine bijektive Abbildung, die in beiden Richtungen stetig ist.), der auf einer offenen Umgebung U von $x = 0$ definiert ist, und ein offenes Intervall $I_0 \subset \mathbb{R}$ mit $0 \in I_0$, so dass für alle $x_0 \in U$ und $t \in I_0$ die Beziehung

$$H \circ \varphi(t;x_0) = e^{tA} \circ H(x_0)$$

gilt. D. h., H bildet Orbits von $\dot{x} = f(x)$ nahe des Ursprungs auf Orbits von $\dot{x} = Ax$ nahe des Ursprungs ab und bewahrt die Parametrisierung (siehe Bild 7.7).

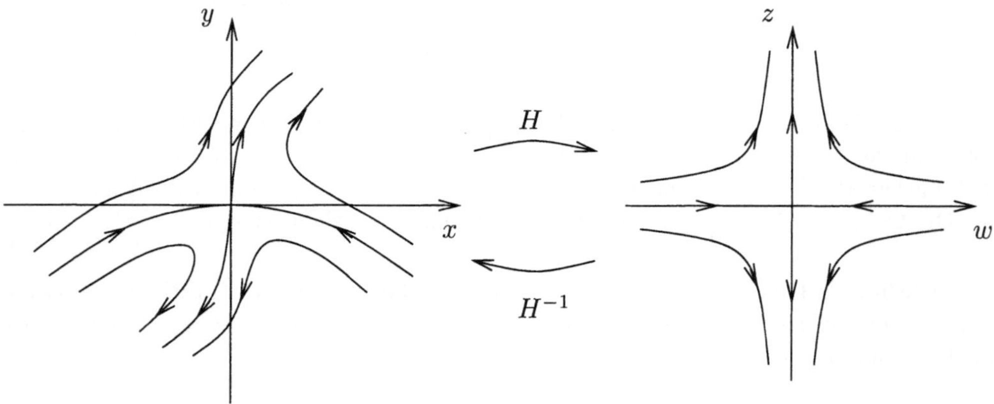

Bild 7.7: Zum Theorem von Hartmann

Man spricht von struktureller Stabilität. Eine exakte Formulierung und der Beweis dieser Aussage kann z. B. in [79] nachgelesen werden.

Von besonderem Interesse ist das Stabilitätsverhalten des stationären Punktes $x_0 = 0$. Dazu betrachten wir wieder das autonome System (7.82) zusammen mit (7.86).

Definition 7.4 *Der Gleichgewichtspunkt x_0 von (7.82) heißt stabil, falls es zu jeder Umgebung V von x_0 eine Umgebung U von x_0 gibt, so dass jede Trajektorie, die zur Zeit $t = t_0$ in U startet, für alle Zeiten $t \geq t_0$ in V bleibt. Der Fixpunkt x_0 von (7.82) heißt asymptotisch stabil, falls er stabil ist und eine Konstante $a > 0$ existiert, derart, dass $\lim_{t \to \infty} \|\varphi(t; x) - x_0\| = 0$ für $\|x - x_0\| < a$ gilt.*

Es besteht kein mathematischer Grund, die Definition auf einen Fixpunkt der Differenzialgleichung $\dot{x} = f(x)$ einzuschränken. Für unser weiteres Vorgehen genügt die hier gegebene Definition 7.4. Eine Lösung, die nicht stabil ist, nennen wir instabil. Stabile und asymptotisch stabile Gleichgewichtszustände sind in Bild 7.8 veranschaulicht.

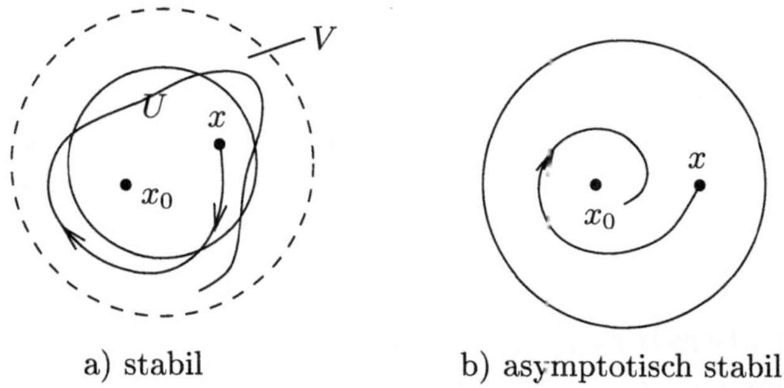

Bild 7.8: Verschiedene Gleichgewichtszustände

Ein Gleichgewichtspunkt $x_0 = 0$ der DGL (7.86) wird Zentrum genannt, wenn A nur rein imaginäre Eigenwerte besitzt. In einem solchen Fixpunkt (siehe Bild 7.9) liegt stabiles Verhalten vor, d.h., die Orbits, die in einer hinreichend kleinen Umgebung von $x_0 = 0$ starten, bleiben in der Nähe von $x_0 = 0$. Das Zentrum ist nicht strukturell stabil. Durch eine geringfügige Störung kann es in einen Spiralpunkt (siehe Bild 7.9) übergehen. Die strukturelle Instabilität eines Zentrums spiegelt in der Natur die Tatsache wider, dass es periodische Vorgänge gibt, z. B. Bewegung eines harmonischen Oszillators, die durch geringste Störungen ihre Periodizität verlieren. Ein Sattelpunkt (wenigstens ein Realteil negativ und ein Realteil der Eigenwerte der Linearisierung positiv) ist stets instabil (siehe Bild 7.9).

Dort gibt es Punkte, die von dem stationären Punkt $(0,0)$ angezogen werden und solche, die abgestoßen werden.

Für die Stabilitätsuntersuchung von Fixpunkten gilt folgendes fundamentale Resultat:

(i) Liegen alle Eigenwerte von $Df(0)$ links von der imaginären Achse (d.h., alle Realteile der Eigenwerte der Linearisierung von (7.82) sind negativ), dann ist der Fixpunkt $x_0 = 0$ asymptotisch stabil.

(ii) Liegt ein Eigenwert von $Df(0)$ rechts von der imaginären Achse (d.h., ein Realteil ist positiv), dann ist $x_0 = 0$ in (7.82) nicht stabil.

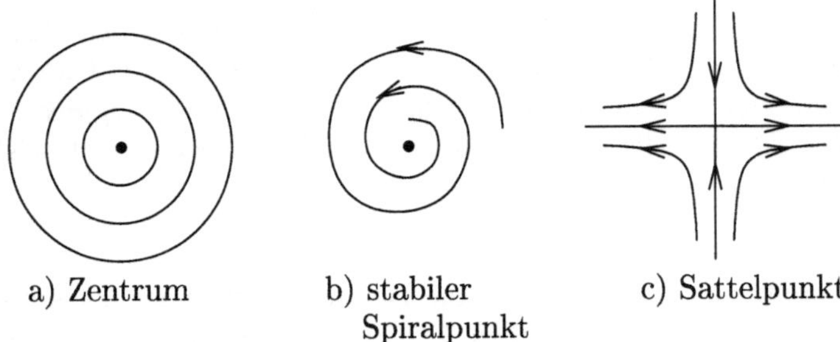

Bild 7.9: Charakterisierung von Fixpunkten

Im Fall, dass die Realteile der Eigenwerte der Linearisierung verschwinden, müssen Untersuchungen unter Einbeziehung der Nichtlinearitäten erfolgen. Ein Hilfsmittel sind z. B. die Ljapunov-Funktionen. Bei unseren skalaren Differenzialgleichungen können die verschiedenen Bifurkationsszenarien elementar durchgeführt werden.

7.2.2 Parameterabhängige Differenzialgleichungen und deren Bifurkationsverhalten

Enthält eine Differenzialgleichung freie Koeffizienten, so bezeichnet man die Gleichung als parameterabhängig. Autonome, einparametrige Gleichungen erster Ordnung haben im Allgemeinen die Form:

$$\dot{x} = f(x, \mu), \quad x(t_0) = x_0, \ x, \mu \in \mathbb{R}, \quad f \mid \mathbb{R} \times \mathbb{R} \to \mathbb{R}, \ f \in C^r, \ r \geq 1. \tag{7.88}$$

Der Parameter μ kann nun verschiedene Werte annehmen. Entsprechend der Auswahl von μ wird sich ein spezielles Lösungsverhalten der Differenzialgleichung einstellen. Für den Entwurfsprozess stellt sich die Aufgabe, dass die rechte Seite $f(x, \mu)$ des zu synthetisierenden Systems bestimmten Bedingungen genügen muss. Diese werden im Wesentlichen vom gewünschten Bifurkationstyp bestimmt.

Speziell der Fall der verschwindenden rechten Seite $f(x, \mu) = 0$ im Gleichgewichtszustand ist für die Synthese des Bifurkationsverhaltens von großem Interesse. Diese notwendige Bedingung für das Auftreten von Bifurkationen ist eine Vorgabe für die Funktion $f(x, \mu)$, die im Entwurfsprozess berücksichtigt werden muss.

Sind die Eigenschaften der Differenzialgleichungen zu untersuchen, so kann man das Lösungsverhalten mittels Parameterstudien grafisch veranschaulichen. Als Beispiel soll das Lösungsverhalten der nichtlinearen Differenzialgleichung

$$\dot{x} = f(x, \mu) = \mu + x - x^3, \qquad x(t_0) = x_0 \tag{7.89}$$

untersucht werden. Für die numerische Integration von Anfangswertproblemen wird stets das Programm IVPS verwendet. Dieses Programm weist eine Reihe von Vorzügen auf, beispielsweise eine hohe Rechengeschwindigkeit, viele implementierte Integrationsverfahren, eine Skriptsteuerung und einen frei verfügbaren Quellcode.

In Bild 7.10 ist für ausgewählte Parameterwerte μ von (7.89) das zugehörige Lösungsverhalten dargestellt. Für die Betrachtung des zeitlichen Verhaltens werden unterschiedliche Anfangswerte x_0 gewählt und die zugehörigen Trajektorien berechnet. Die Lage und Stabilität vorhandener Gleichgewichtszustände lässt sich somit näherungsweise ermitteln.

Vorhandene Zentren sind durch eine gepunktete Linie gekennzeichnet. Der instabile Gleichgewichtszustand für $\mu = 0$ ist mittels einer gestrichelten Linie gekennzeichnet. Rechts neben den Bildern für das Zeitverhalten ist das jeweilige Phasenportät dargestellt. Die Punkte geben dabei die Lage der Gleichgewichtszustände an, die Pfeile die Bewegungsrichtungen der Trajektorien.

Diese Diagramme sind durch mehrere Auffälligkeiten gekennzeichnet. Für die Parameterwerte $\mu = 2$ und $\mu = 1$ ist das Lösungsverhalten ähnlich; es tritt jeweils eine Senke auf. Man könnte diese beiden Diagramme scheinbar durch eine zeitliche Stauchung aufeinander abbilden. Vergleicht man die Diagramme für $\mu = 1$ und $\mu = 0.3849$ bzw. $\mu = 0.3849$ und $\mu = 0$, so ist das Lösungsverhalten nicht mehr ähnlich, da eine unterschiedliche Anzahl von Gleichgewichtszuständen vorliegt. Dies trifft auch auf die Diagramme für $\mu = 0$ und $\mu = +0.3849$ bzw. $\mu = -0.3849$ und $\mu = -1$ zu.

Untersucht man mittels Parameterstudien das qualitative Verhalten, so findet man die interessanten Punkte $\mu = \pm 2/3\sqrt{1/3} \approx \pm 0.3849$. Dies sind die Bifurkationspunkte der Differenzialgleichung. Nur für diese Parameterwerte treten zwei Gleichgewichtszustände auf; jede kleinste Veränderung von μ führt zu einer Änderung der Anzahl von Gleichgewichtszuständen und somit zu qualitativen Veränderungen im Lösungsverhalten.

Wichtig bei diesen Betrachtungen ist, dass die Lage der Gleichgewichtszustände von einem Parameter abhängt. Verändert man den Parameter, so können sich Gleichgewichtszustände aufeinander zu bewegen und im Bifurkationspunkt verschmelzen bzw. plötzlich neu auftreten und sich voneinander weg bewegen. Je nach Bifurkationstyp können dies zwei, drei oder noch mehr Gleichgewichtszustände verschiedener Stabilität sein. Ist der Bifurkationspunkt überschritten, kann sich die Anzahl der Gleichgewichtszustände je nach Bifurkationstyp verringern, konstant bleiben oder erhöhen.

Für den Entwurfsprozess besteht somit die Aufgabe, die parameterabhängige Lage von Gleichgewichtszuständen mit jeweiligen Stabilitätseigenschaften zu modellieren. An gewünschten Bifurkationspunkten muss sich die Anzahl oder Stabilität der Gleichgewichtszustände gezielt verändern lassen.

In diesem Abschnitt werden drei Bifurkationstypen beschrieben, die in einparametrigen, skalaren Differenzialgleichungen in der Nähe von Gleichgewichtszuständen auftreten können. Zunächst ist jedoch der Begriff „Bifurkation" genauer zu definieren. Dazu erfolgt die Betrachtung der Umgebung von Gleichgewichtszuständen bei Parameteränderung.

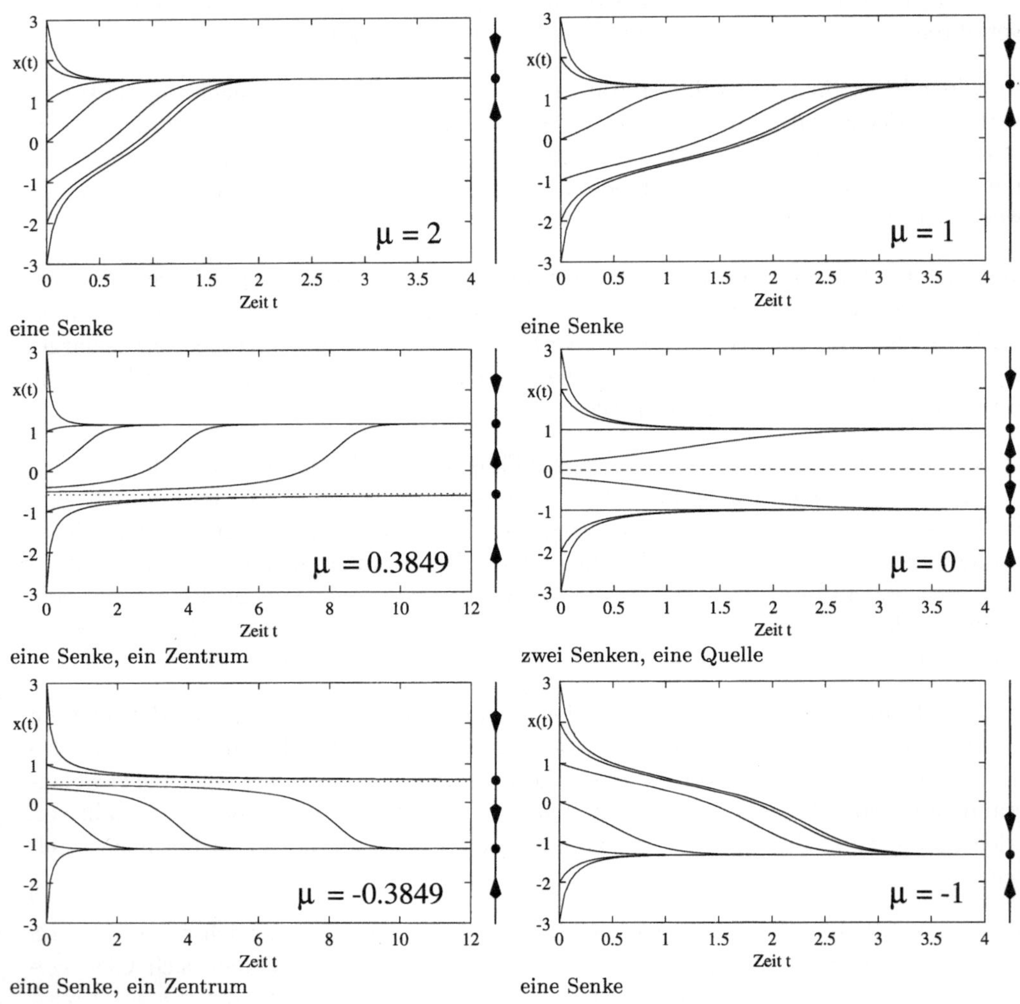

Bild 7.10: Lösungsverhalten bei Parameteränderung

Definition 7.5 *Ein Gleichgewichtszustand $x = \xi(\mu)$ einer parameterabhängigen, skalaren Differenzialgleichung entsprechend (7.88) wird im Punkt $\mu = \mu_0$ zum Bifurkationspunkt, wenn für eine Umgebung $U(\mu_0)$ und $\mu \in U(\mu_0)$ gilt, dass sich das Lösungsverhalten der Differenzialgleichung in der Umgebung von μ_0 qualitativ vom Verhalten im Punkt $x_0 = \xi(\mu_0)$ unterscheidet.*

In einparametrigen skalaren Differenzialgleichungen können

- die transkritische,

- die Sattel-Knoten- und

- die Gabel-Bifurkation, auch Pitchfork-Bifurkation genannt,

auftreten. Der Begriff Bifurkation wird genutzt, um die Aufspaltung von Gleichgewichtslösungen in parameterabhängigen Differenzialgleichungen $\dot{x} = f(x, \mu)$ zu beschreiben. Die Gleichgewichtszustände werden mittels $f(x, \mu) = 0$ bestimmt. Wird nun ein bestimmter Wert $\bar{\mu}$ vorgegeben, so kann man über die implizit gegebene Funktion $f(x, \mu) = 0$ die zugehörigen Gleichgewichtszustände $\bar{x}$ ermitteln. Mit dem impliziten Funktionentheorem (IFT) (siehe Abschnitt 6.3.4, Satz 6.15), lässt sich lokal (in einer Umgebung U) ein funktioneller Zusammenhang $\xi(\mu)$ bestimmen:

$$f(\bar{x}, \bar{\mu}) = 0, \ \frac{\partial f(\bar{x}, \bar{\mu})}{\partial x} \neq 0 \ \overset{IFT}{\Longrightarrow} \ \exists\, \xi(\mu), \bar{x} = \xi(\bar{\mu}) \ \exists\, U(\bar{\mu}) \ \forall\, \mu \in U(\bar{\mu}) \ : \ f(\xi(\mu), \mu) = 0. \tag{7.90}$$

Die Funktion $\xi(\mu)$ wird auch Zweig von Gleichgewichtszuständen der Gleichung (7.88) genannt. In dem Punkt (ξ_0, μ_0), für den die Ableitung $df(\xi, \mu)/d\xi$ verschwindet, können mehrere Zweige $\xi_1(\mu), \xi_2(\mu), \ldots, \xi_n(\mu)$ aneinander stoßen und man bezeichnet den Punkt (ξ_0, μ_0) als Bifurkationspunkt. Für den Bifurkationspunkt gelten somit folgende notwendige Voraussetzungen:

$$f(\xi_0, \mu_0) = 0, \ \frac{\partial f(\xi_0, \mu_0)}{\partial x} = 0. \tag{7.91}$$

Die in der Bild 7.10 dargestellten Diagramme veranschaulichen, dass sich das Lösungsverhalten in der Umgebung der Bifurkationspunkte vom Verhalten in den Bifurkationspunkten $\mu_0 = \pm 0.3849$ qualitativ unterscheidet.

Unsere zu betrachtenden DGLn sind skalar, d. h.:

$$\dot{x} = f(x, \mu), \ x \in (a, b) \subset \mathbb{R}, \ \mu \in \mathbb{R}. \tag{7.92}$$

Die drei genannten Haupttypen von Bifurkationen fallen in diese Klasse von skalaren DGLn. Die Fixpunkte sind alle nicht hyperbolisch. Insofern handelt es sich um strukturell instabile Systeme von DGLn, die in Abhängigkeit vom Parameter μ ihr qualitatives Lösungsverhalten ändern. Da die Begriffe Sattel und Knoten bei skalaren DGLn keinen Sinn ergeben, wäre die Bezeichnung irreführend. Sie wird jedoch sofort verständlich, wenn man zu der Gleichung (7.92) z. B. die Gleichung $\dot{y} = -y$ hinzufügt und das Ganze als zweidimensionales System betrachtet. Im zweidimensionalen Phasenraum sind dann wieder Sattel- bzw. Knotenpunkte erkennbar.

Sattel-Knoten-Bifurkation

Wir betrachten sowohl die skalare Gleichung:

$$\dot{x} = \mu - x^2 \tag{7.93}$$

als auch (wie soeben erklärt) das ebene System:

$$\dot{x} = \mu - x^2, \ \dot{y} = -y, \ \mu \in \mathbb{R}. \tag{7.94}$$

Die Fixpunkte ergeben sich aus dem Lösen der Gleichungen $\dot{x} = \dot{y} = 0$. Somit hat (7.94) (i) keinen, (ii) einen oder (iii) zwei Fixpunkte, die von den Werten von μ abhängen. Wir betrachten die drei Fälle separat.

Fall (i): Falls $\mu < 0$ ist, dann gibt es keine reellen Fixpunkte in der Ebene und der Fluss fließt von „rechts nach links", da $\dot{x} < 0$ ist. Die Sprechweise „der Fluss fließt von rechts nach links" wird sofort klar, wenn man sich das eindimensionale Phasenportät (siehe Bild 7.11) ansieht. Es entsteht einfach durch Weglassen der zweiten Gleichung in (7.94). Der Fluss ist invariant entlang der x–Achse.

$$\mu < 0 \qquad\qquad \mu = 0 \qquad\qquad \mu > 0$$

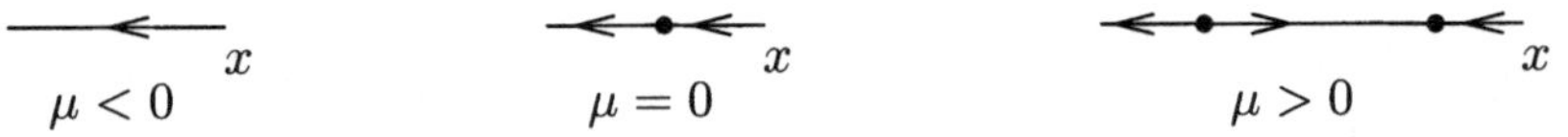

Bild 7.11: Phasenportät für $\dot{x} = \mu - x^2$, $x, \mu \in \mathbb{R}$

Fall (ii): Falls $\mu = 0$ ist, dann gibt es genau einen kritischen Punkt im Ursprung. Die Lösungskurven für den Phasenraum ergeben sich aus der Phasendifferenzialgleichung:

$$\frac{\mathrm{d}y}{\mathrm{d}x} = \frac{y}{x^2}.$$

Diese separierbare DGL hat die Lösung:

$$y(x) = Ce^{-1/x}, \ C \in \mathbb{R}, \ C = const.$$

Es ist $\dot{x} < 0$ für alle $x \in \mathbb{R}\backslash\{0\}$. Im eindimensionalen Phasenraum ist der Fluss wieder nach links gerichtet (siehe Bild 7.11 für $\mu = 0$) und ist wieder invariant entlang der x-Achse.

Fall (iii): Falls $\mu > 0$, dann gibt es zwei reelle Fixpunkte $x_0 = \sqrt{\mu}$ und $x_1 = -\sqrt{\mu}$. Durch die Kurve $\mu - x^2 = 0$ wird die Position der kritischen Punkte der DGL $\dot{x} = \mu - x^2$ bestimmt. Den eindimensionalen Phasenverlauf entnehmen wir wieder Bild 7.11 für $\mu > 0$.

Das System (7.94) wird jetzt an den Fixpunkten linearisiert:

$$\mathrm{D}f(\pm\sqrt{\mu}, 0) = \begin{pmatrix} \mp 2\sqrt{\mu} & 0 \\ 0 & -1 \end{pmatrix}.$$

Die Eigenwerte und Eigenvektoren im Fall des Fixpunktes $(\sqrt{\mu}, 0)$ lauten: $\lambda_1 = -2\sqrt{\mu}$, $v_1 = (1, 0)^T$ und $\lambda_2 = -1$, $v_2 = (0, 1)^T$. Der Fixpunkt $(\sqrt{\mu}, 0)$ ist ein stabiler Knoten. Für den Fixpunkt $(-\sqrt{\mu}, 0)$ erhalten wir nach entsprechender Betrachtung einen Sattel. Aus dem eindimensionalen Phasenraum (siehe Bild 7.11) ergibt sich das zweidimensionale Phasenportät wie folgt: Man trage in den Fixpunkten der Abbildung 7.11 jeweils eine „stabile y-Richtung" an (siehe Bild 7.12).

Aus den drei Bildern in Bild 7.12 kann man auch ein dreidimensionales Phasenportät zeichnen, indem man die drei Bilder entlang der μ-Achse „übereinanderlegt" (siehe Bild

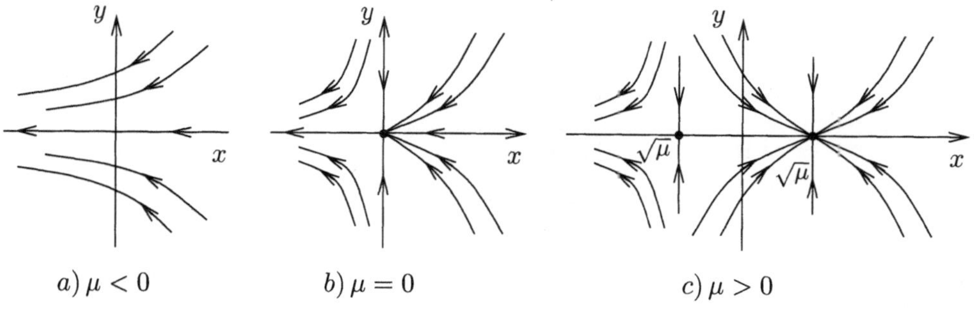

Bild 7.12: Phasenbilder des Systems (7.94)

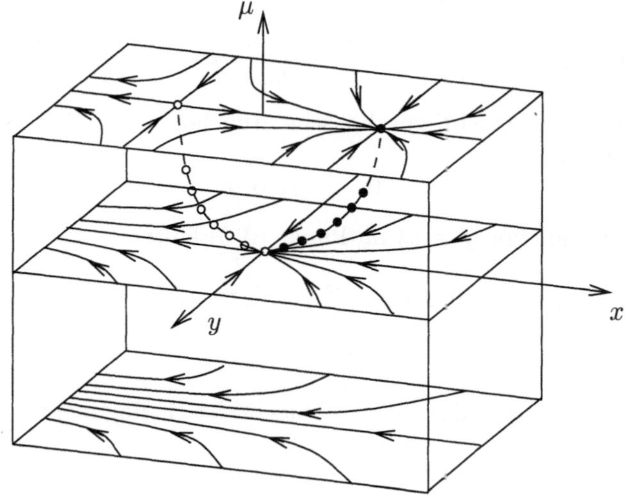

Bild 7.13: Veranschaulichung der Sattel-Knoten-Bifurkation

7.13). Man erkennt deutlich die Bifurkationsparabel $\mu = x^2$ mit dem stabilen und dem instabilen Zweig (verschiedene Punktdarstellungen).

Das Bifurkationsgeschehen kann man in folgendem Bifurkationsdiagramm kurz und knapp festhalten (siehe Bild 7.14). Falls $\mu < 0$ ist, dann gibt es keine Fixpunkte und wenn μ durch den Nullpunkt geht, wechselt das qualitative Lösungsverhalten. Es zweigen zwei Gleichgewichtspunkte vom Ursprung ab, die sich mit wachsendem μ immer weiter voneinander entfernen. Dies ist klar, da die Fixpunkte die Gleichung $\mu = x^2$ erfüllen und das Bifurkationsdiagramm die Form einer Parabel hat. Der durchgezogene Zweig ist der stabile, der gestrichelte Zweig der instabile Fixpunkt (siehe Bild 7.14).

Allgemein kann man an einer skalaren parameterabhängigen DGL $\dot{x} = f(x, \mu)$ ihren Sattel-Knoten-Charakter wie folgt erkennen. Die hinreichenden Bedingungen dafür

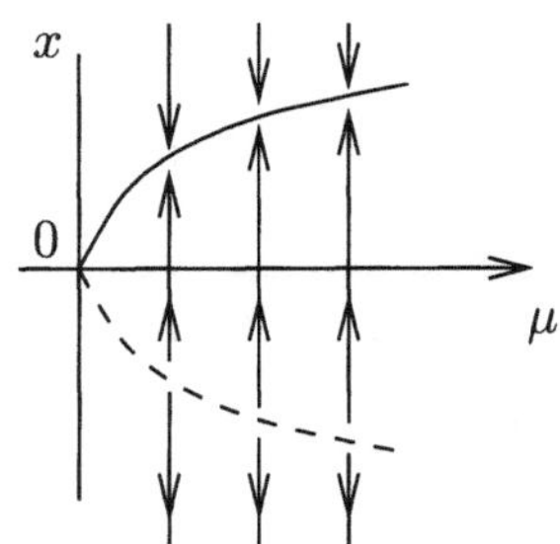

Bild 7.14: Sattel-Knoten-Bifurkationsdiagramm

lauten:

$$f(0,0) = 0, \quad \frac{\partial f(0,0)}{\partial x} = 0, \quad \frac{\partial f(0,0)}{\partial \mu} \neq 0, \quad \frac{\partial^2 f(0,0)}{\partial x^2} \neq 0. \tag{7.95}$$

Zunächst sollte $(0,0)$ eine nichthyperbolische Ruhelage sein. Dies ist gewährleistet durch die Bedingungen:

$$f(0,0) = 0, \qquad f_x(0,0) = 0.$$

Die Taylorapproximation von $f(x,\mu)$ im Punkt $(0,0)$ lautet:

$$f(x,\mu) = \quad f_\mu(0,0)\mu + \tfrac{1}{2}[f_{xx}(0,0)x^2 + 2f_{x\mu}(0,0)x\mu +$$

$$f_{\mu\mu}(0,0)\mu^2] + \text{ Rest }(x,\mu).$$

Man kann sich nun überlegen, dass das Erfülltsein der Bedingungen

$$f_\mu(0,0) \neq 0, \qquad f_{xx}(0,0) \neq 0$$

das Auftreten einer Sattel-Knoten-Bifurkation sichert. Kennt man das Vorzeichen von $f_{xx}(0,0)$, dann kann man Aussagen über die Stabilität der beiden Ruhelagen machen. Bei der skalaren DGL $\dot{x} = f(x)$ kann man aus den Ableitungen der rechten Seite an einem Fixpunkt x_0 auf die Stabilität dieser Ruhelagen schließen:

$$f'(x_0) < 0 \;\Rightarrow\; x_0 \text{ asymptotisch stabil}$$

$$f'(x_0) > 0 \;\Rightarrow\; x_0 \text{ instabil}.$$

Im Fall $f'(x_0) = 0$ müssen höhere Ableitungen herangezogen werden, wie wir im Fall der Sattel-Knoten-Bifurkation gesehen haben.

Transkritische Bifurkation

Wir betrachten das eindimensionale System:

$$\dot{x} = \mu x - x^2, \; \mu \in \mathbb{R} \tag{7.96}$$

und aus den uns bekannten Gründen der besseren Veranschaulichung das zweidimensionale System:

$$\dot{x} = \mu x - x^2, \ \mu \in \mathbb{R},$$
$$\dot{y} = -y. \tag{7.97}$$

Die kritischen Punkte von (7.96) sind $x = 0$ und $x = \mu$. Für $\mu = 0$ gibt es nur einen Fixpunkt $x = 0$ und dieser ist nicht hyperbolisch, da $D_x f(0,0) = 0$ gilt. Das Vektorfeld $f(x) = -x^2$ ist strukturell instabil und $\mu = 0$ ist ein Bifurkationspunkt. Das Bifurkationsdiagramm ist in Bild 7.15 gezeichnet. Man sieht, dass im Fixpunkt $x = 0$ ($\mu = 0$), der gleichzeitig Bifurkationspunkt ist, ein Stabilitätswechsel stattfindet. Der Verlust der Stabilität im Ursprung führt zur Bifurkation der DGL (7.96). Ein wichtiges Ziel der Bifurkationstheorie ist es, dieses Prinzip für so viele Situationen wie möglich zu rechtfertigen. Bei der Sattel-Knoten-Bifurkation hatte dieses Prinzip ebenfalls seine Gültigkeit für $\mu = 0$ am Fixpunkt $x = 0$ gezeigt.

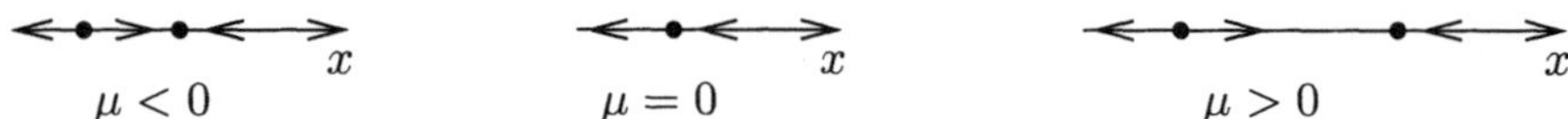

Bild 7.15: Phasenportät für die DGL (7.96)

Etwas anschaulicher wird das Phasenportät, wenn wir die Gleichung $\dot{y} = -y$ hinzunehmen. Man denke sich also wieder eine stabile Mannigfaltigkeit in den Fixpunkten parallel zur y-Achse angetragen (siehe Bild 7.16). Falls $\mu < 0$, dann ist der Ursprung ein stabiler Knoten und $x = \mu$ ist ein Sattel. Falls $\mu = 0$, dann ist $x = 0$ ein nichthyperbolischer Fixpunkt. Die Lösungskurven genügen der Phasendifferenzialgleichung:

$$\frac{dy}{dx} = \frac{y}{x^2}, \qquad x \neq 0,$$

die die Lösung $y(x) = Ce^{-1/x}$ mit $C = const.$ besitzt. Im Fall $\mu > 0$ ist der Ursprung ein Sattel und $x = \mu$ ist ein stabiler Knoten (siehe Bild 7.16). Das Stabilitätsverhalten hat also im Ursprung wieder gewechselt.

Das Bifurkationsdiagramm veranschaulicht in Analogie zu Bild 7.14 die Situation. Durchgezogene und gestrichelte Linien geben wieder das Stabilitäts- bzw. Instabilitätsverhalten der Fixpunkte an (Bild 7.17).

Die Pitchfork-Bifurkation

Wir betrachten sowohl das eindimensionale System:

$$\dot{x} = \mu x - x^3, \quad \mu \in \mathbb{R}, \tag{7.98}$$

als auch das zweidimensionale System

$$\dot{x} = \mu x - x^3, \quad \dot{y} = -y, \mu \in \mathbb{R}. \tag{7.99}$$

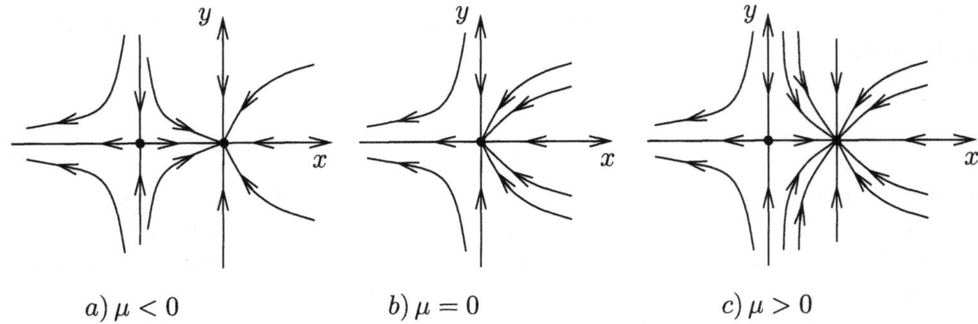

Bild 7.16: Phasenportät der DGL (7.97) bei verschiedenen Parameterwerten

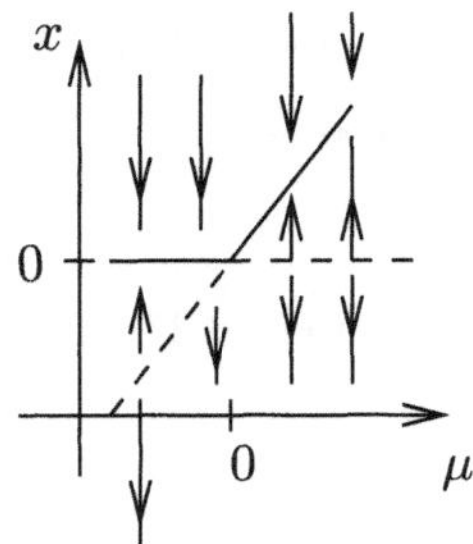

Bild 7.17: Transkritische Bifurkation

Eine einfache Rechnung zeigt (setze $\dot{x} = 0$ in (7.98)), dass sowohl (7.98) als auch (7.99) entweder einen Fixpunkt oder drei Fixpunkte besitzt. Für $\mu \leq 0$ ist $x = 0$ einziger Fixpunkt, für $\mu > 0$ gibt es drei Fixpunkte: $x = 0$ und $x = \pm\sqrt{\mu}$. Für $\mu = 0$ ist $x = 0$ nichthyperbolischer Fixpunkt, da $\mathrm{D}f(0,0) = 0$ ist. Das Vektorfeld $f(x) = -x^3$ ist strukturell instabil. Kleinste Störungen können das Phasenportät verändern (siehe Bild 7.18).

Folglich ist $\mu = 0$ ein Bifurkationspunkt. Das Phasenportät ist in Bild 7.19 aufgezeichnet.

Das Bifurkationsdiagramm ist in Bild 7.20 zu sehen und der Typ der Bifurkation ist treffend Pitchfork-Bifurkation (Heugabelbifurkation) genannt.

Allgemein ist die Pitchfork-Bifurkation durch folgende hinreichende Bedingungen charakterisiert:

$$f(0,0) = 0\,, \qquad \frac{\partial f(0,0)}{\partial x} = 0\,, \qquad \frac{\partial f(0,0)}{\partial \mu} = 0\,,$$

$$\frac{\partial^2 f(0,0)}{\partial x^2} = 0\,, \qquad \frac{\partial^2 f(0,0)}{\partial x \partial \mu} \neq 0\,, \qquad \frac{\partial^3 f(0,0)}{\partial x^3} \neq 0\,.$$

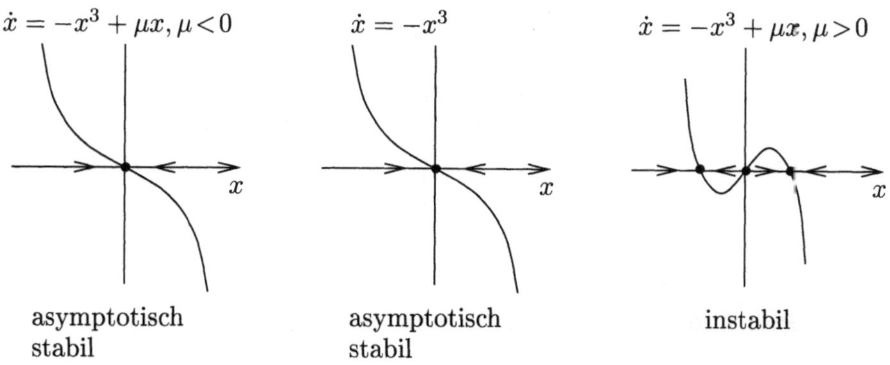

Bild 7.18: Zur strukturellen Instabilität der trivialen Ruhelage bei skalaren DGLn vom Typ $\dot{x} = -x^3$ unter Störungen

Bild 7.19: Phasenportät für die DGL (7.98)

Nun kann man sich das Phasenbild von (7.99) ansehen (vgl. Bild 7.21). Für $\mu = 0$ erhalten wir aus

$$\frac{\mathrm{d}y}{\mathrm{d}x} = \frac{y}{x^3}$$

die Lösungen $y(x) = C e^{-1/(2x^2)}$ mit $C = const.$ Der Fixpunkt $x = 0$ ist für $\mu \leq 0$ ein stabiler Knoten. Für $\mu > 0$ haben wir die 3 Fixpunkte $(0,0)$ und $(\pm\sqrt{\mu}, 0)$. Der Ursprung ist jetzt ein Sattelpunkt und $(\pm\sqrt{\mu}, 0)$ sind stabile Knoten.

Die Sattel-Knoten-, transkritische- und Pitchfork-Bifurkation sind sicherlich die häufigsten Typen von Bifurkationen, die in eindimensionalen Systemen auftreten können. Hier ist nur an gewissen Typen ihr Bifurkationsverhalten erklärt worden. Diese Situationen lassen sich auch verallgemeinern und durch Bedingungen an die Ableitungen des Vektorfeldes $f(x, \mu)$ charakterisieren, so wie es im Fall der Sattel-Knoten-Bifurkation beschrieben ist. Z. B. tritt die transkritische Bifurkation mit ihrem typischen Bifurkationsdiagramm (siehe Bild 7.17) stets dann ein, wenn folgende hinreichende Bedingungen an f erfüllt sind:

$$f(0,0) = 0, \quad \frac{\partial f(0,0)}{\partial x} = 0, \quad \frac{\partial f(0,0)}{\partial \mu} = 0, \quad \frac{\partial^2 f(0,0)}{\partial x^2} \neq 0, \quad \frac{\partial^2 f(0,0)}{\partial x \partial \mu} \neq 0. \quad (7.100)$$

Hieran erkennt man sofort, dass es sich um ein anderes Verzweigungsproblem handelt als bei der Sattel-Knoten-Bifurkation. Dort wurde $f_\mu(0,0) \neq 0$ vorausgesetzt. Unter diesen Voraussetzungen kann bis auf Homöomorphie stets das Bifurkationsdiagramm in Bild 7.17 nachgewiesen werden. Die stabilen und instabilen Zweige sind lediglich eine Frage der Vorzeichen der Ableitungen. Auch für die Heugabel-Bifurkation ist eine

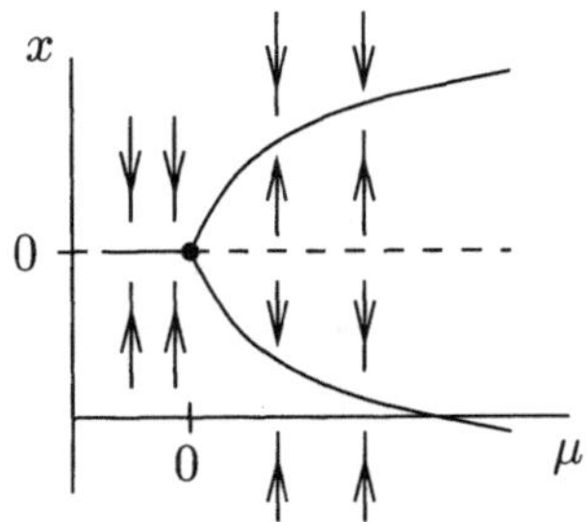

Bild 7.20: Bifurkationsdiagramm für die Pitchfork-Bifurkation

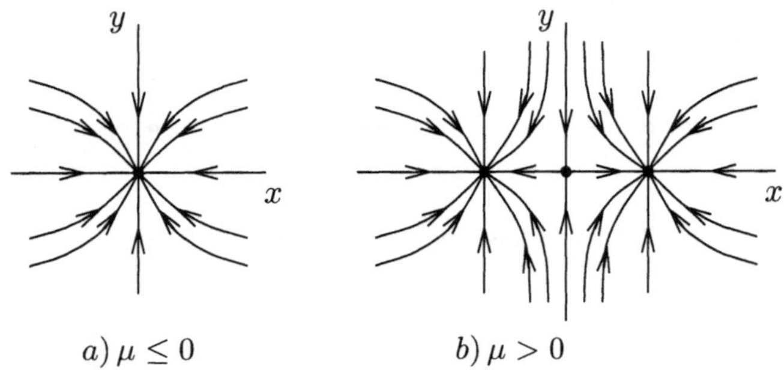

$$a)\,\mu \le 0 \qquad\qquad b)\,\mu > 0$$

Bild 7.21: Phasenportät für (7.99)

solche Betrachtungsweise möglich. Es sei hier noch einmal auf Aulbach [3] verwiesen, wo diese verschiedenen Bifurkationsphänomene theoretisch schön ausgearbeitet wurden.

In eindimensionalen Differenzialgleichungen können auch noch andere Bifurkationstypen als die drei beschriebenen auftreten. Falls $\mathrm{D}f(0,0) = \ldots = \mathrm{D}^{(m-1)}f(0,0) = 0$ und $\mathrm{D}^m f(0,0) \ne 0$ gilt, dann spricht man von einem Fixpunkt der Vielfachheit m in $x = 0$. In diesem Fall können höchstens m Fixpunkte zur Bifurkation des Ursprungs Anlass geben. In den Gleichungen (7.94) und (7.96) ist im Bifurkationspunkt $\mu = 0$ der Ursprung $x = 0$ ein Fixpunkt der Vielfachheit zwei, in (7.98) von der Vielfachheit drei.

Wir haben in diesem Abschnitt skalare DGLn der Form $\dot{x} = f(x,\mu)$, $\mu \in \mathbb{R}$, stets auch in Verbindung mit einer zweiten Gleichung der Form $\dot{y} = -y$ betrachtet. Dadurch waren u. a. die Charakterisierungen der Fixpunkte als Sattel, Knoten usw. verständlich. Gleichzeitig sind dies auch die einfachsten Bifurkationsphänomene ebener Systeme. All diesen Systemen ist gemeinsam, dass am Bifurkationspunkt $\mu = \mu_0$ die Linearisierung $\mathrm{D}f((x_0,y_0),\mu_0)$ einen einfachen Nulleigenwert besitzt.

Ein weiterer Typ von Bifurkation tritt auf, wenn am Bifurkationspunkt $((x_0,y_0),\mu_0)$ die Ableitung $\mathrm{D}_x f((x_0,y_0),\mu_0)$ ein einfaches Paar rein imaginärer Eigenwerte besitzt. Eine solche Bifurkation nennt man Hopfbifurkation. Dieser Bifurkationstyp wird hier

Tabelle 7.1: Bifurkationstypen in skalaren, einparametrigen Differenzialgleichungen

Bifurkationstyp	Beispiel-DGL	Bedingungen für die Koeffizienten
transkritisch	$\dot{x} = C_1\mu x + C_2 x^2 + O(x^3)$	$C_1, C_2 \in \mathbb{R}, C_1, C_2 \neq 0$
Sattel-Knoten	$\dot{x} = C_0\mu + C_2 x^2 + O(x^3)$	$C_0, C_2 \in \mathbb{R}, C_0, C_2 \neq 0$
Gabel	$\dot{x} = C_1\mu x + C_3 x^3 + O(x^4)$	$C_1, C_3 \in \mathbb{R}, C_1, C_3 \neq 0$

nicht besprochen, da im Hinblick auf unsere Anwendungen in elektrischen Netzwerken nur die drei genannten Bifurkationstypen behandelt werden.

7.3 Folgerungen für die Synthese

In skalaren, einparametrigen Differenzialgleichungen der Form $\dot{x} = f(x, \mu)$ können in der Nähe von Gleichgewichtszuständen verschiedene Typen von Bifurkationen auftreten. Voraussetzung für das Auftreten von Bifurkationen ist eine verschwindende erste Ableitung der rechten Seite $f(x,\mu)$ nach der Variablen x; dabei ist μ der Bifurkationsparameter. Die drei Typen transkritische, Sattel-Knoten- und Gabel-Bifurkation kann man jeweils durch eine normierte Differenzialgleichung und die parameterabhängige Lage zugehöriger Gleichgewichtszustände charakterisieren. Tabelle 7.1 enthält Differenzialgleichungen für diese Bifurkationstypen.

Wichtig sind die Terme höherer Ordnung in x. Die Beispiel-Differenzialgleichungen verfügen somit über eine Reihe von veränderbaren Parametern, die während des Entwurfsprozesses für den jeweils vorgegebenen Bifurkationstyp genutzt werden können. Das Verhalten von Lage und Stabilität der Gleichgewichtszustände in der Nähe des Bifurkationspunktes bei Parameteränderung kann man folgendermaßen charakterisieren:

transkritische Bifurkation: Ein stabiler und ein instabiler Gleichgewichtszustand bewegen sich aufeinander zu und im Bifurkationspunkt erfolgt ein Stabilitätsaustausch; anschließend entfernen sich die Gleichgewichtszustände voneinander.

Sattel-Knoten-Bifurkation: Ein stabiler und ein instabiler Gleichgewichtszustand bewegen sich aufeinander zu, verschmelzen und verschwinden bzw. entstehen im Bifurkationspunkt neu und entfernen sich voneinander.

Gabel-Bifurkation: Ein stabiler Gleichgewichtszustand behält seine Lage, verändert im Bifurkationspunkt jedoch sein Stabilitätsverhalten; zusätzlich entstehen bzw. verschwinden zwei Gleichgewichtszustände derselben Stabilität.

Weiterhin existieren abgewandelte Bifurkationen, die aus einer Kombination der beschriebenen Arten bestehen.

Im Kapitel 12 werden zunächst technisch begründete Einschränkungen erarbeitet, die in Vorgaben für die Termstruktur der rechten Seite $f(x, \mu)$ münden und somit die in Tabelle 7.1 angegebenen freien Parameter nutzen. Die Einschränkungen entstehen, da nur eine sehr begrenzte Auswahl geeigneter elektronischer Bauelemente mit nichtlinearen Eigenschaften zur Verfügung steht.

Es schließen sich dann Betrachtungen zur Synthese der parameterabhängigen Lage von Gleichgewichtszuständen mit vorgegebenem Stabilitätsverhalten an. Desweiteren wird die Modellierung der Veränderung der Anzahl bzw. Stabilität von Gleichgewichtszuständen in den Bifurkationspunkten entsprechend dem vorgegebenen Bifurkationstyp beschrieben.

Kapitel 8

Lagrange- und Hamilton-Formalismus

Die Kapitel 8 und 9 zeigen, wie das Entstehen einer neuen Methode bei der Klassik beginnt und in den Methoden in technischen Anwendungen endet.

Begonnen wird mit dem ältesten *Differenzialprinzip der Mechanik, dem Prinzip der virtuellen Verrückung*. Dieses Prinzip findet seit Jahrhunderten in der *Statik* Anwendung und beschreibt das Kräftegleichgewicht über virtuelle Verrückungen der *Lagekoordinate*. Die im Weiteren vorgestellte neue Methode verwendet den Begriff *erweiterte Lagekoordinate* und überführt die klassische Legendre-Transformation (für klassische Systeme) in eine solche unter der Berücksichtigung der Verluste eines technischen Systems (elektrische Netzwerke, elektronische Schaltungen, elektromechanische Anordnungen bzw. Geräte oder Systeme u. v. a.). Es wird eine Legendre-Transformation bereitgestellt, die auf eine erweiterte führt. Die theoretische Grundlage bildet das Hamilton-Prinzip.

Dieser Schritt von der Klassik in die Erweiterung ist notwendig, weil ein technisches System ohne die Einbeziehung der Verluste weder funktioniert noch über einen optimalen Aufbau verfügt.

8.1 Hamiltonsches Prinzip und Legendre-Transformation

8.1.1 Herleitung des Hamiltonschen Prinzips

Es sollen nun Massepunkte untersucht werden, die sich nur in einer Lagekoordinate bewegen können. Damit werden später in der Elektrotechnik *Zweipole* dargestellt, die sich in einem Zweig eines elektrischen Netzwerkes (Systems) befinden.

Die Massepunkte sind über *Zwangsbedingungen* miteinander verkoppelt, die zu jedem
Zeitpunkt erfüllt sein müssen. In der Elektrotechnik werden diese Zwangsbedingungen
durch die Maschen- und Knotengleichungen des Netzwerks verkörpert. Die virtuellen
Verrückungen δq sind gedachte Verrückungen der Lagekoordinaten, die bei festgehalte-
ner Zeit ausgeführt werden und die ebenfalls den Zwangsbedingungen gehorchen müssen. Damit kann man das Kräftegleichgewicht in der Form

$$\boldsymbol{F} \cdot \delta \boldsymbol{q} = \sum_{k=1}^{f} F_k \delta q_k = 0 \tag{8.1}$$

darstellen. f ist die Anzahl der Freiheitsgrade. Dies stellt gleichzeitig ein Energiegleich-
gewicht dar, denn die einzelnen Terme sind die bei einer virtuellen Verrückung umge-
setzten Energien. Bei Zugrundelegung eines kartesischen Koordinatensystems wird bei
der Ausführung dieses Skalarprodukts jede Kraft mit der Verrückung der ihr zugehörigen Koordinate multipliziert.

Die von außen auf das System wirkende Kraft $\boldsymbol{F}$ entsteht durch die Gradientenbildung
eines Potenzialfeldes, so dass

$$\boldsymbol{F} = -\nabla V \tag{8.2}$$

gilt. Hierbei steht für den Nablaoperator

$$\nabla(*) := g^k \frac{\delta(*)}{\delta q_k} \tag{8.3}$$

in Analogie zum Gradienten. Die Darstellbarkeit dieser Kraft durch ein Potenzialfeld
der potenziellen Energie ist eine notwendige Bedingung für die Anwendbarkeit der hier
beschriebenen Algorithmen. Ihre Überprüfung erfolgt in Abschnitt 9.1.4.

In einem dämpfungsfreien dynamischen Punktesystem muss diese Kraft bei nicht vorhandenem statischen Gleichgewicht des Systems mit den Beschleunigungskräften an
den Massepunkten im Gleichgewicht stehen und es gilt

$$\sum_{k=1}^{f} (m_k \ddot{q}_k - F_k) \delta q_k = 0 \quad . \tag{8.4}$$

Dies ist das *d'Alembertsche Prinzip*. Es ist das zweite Differenzialprinzip der Mechanik
und findet u. a. in der technischen Dynamik Anwendung.

Das Hamiltonsche Prinzip gehört zu den Integralprinzipien, welches unter Zugrundelegung der Variationsrechnung aus dem d'Alembertschen Prinzip hergeleitet werden kann
und das eine allgemeine Bedeutung in der Natur und insbesondere auch in der Theorie
der elektromagnetischen Felder[1] hat. Zu dessen Herleitung wird zunächst Gleichung
(8.4) über die Zeit von t_0 bis t_1 integriert:

$$\sum_{k=1}^{f} \int_{t_0}^{t_1} (m_k \ddot{q}_k \delta q_k - F_k \delta q_k)\, \mathrm{d}t = 0. \tag{8.5}$$

---

[1]Die Maxwellschen Gleichungen lassen sich darüber herleiten.

Die Erfüllung dieser Gleichung ist hinreichend, weil sie für *beliebige* Zeitintervalle Gültigkeit besitzt. Nun wird der erste Term in folgender Weise umgeschrieben:

$$\ddot{q}_k \delta q_k = \frac{\mathrm{d}}{\mathrm{d}t}(\dot{q}_k \delta q_k) - \dot{q}_k \delta \dot{q}_k = \frac{\mathrm{d}}{\mathrm{d}t}(\dot{q}_k \delta q_k) - \frac{1}{2}\delta \dot{q}^2. \tag{8.6}$$

Wenn man die Variation der kinetischen Energie

$$\delta T = \sum_{k=1}^{f} \frac{m_k}{2} \delta \dot{q}_k^2 \tag{8.7}$$

mit der Umformung (8.6) in (8.5) einsetzt, so führt das auf den Ausdruck:

$$\int_{t_0}^{t_1} \left(\delta T + \sum_{k=1}^{f} F_k \delta q_k\right) \mathrm{d}t - \sum_{k=1}^{f} m_k(\dot{q}_k \delta q_k)\Bigg|_{t_0}^{t_1} = 0. \tag{8.8}$$

In der Variationsrechnung ist festgelegt, dass die Variation (virtuelle Verrückung) in den Integrationsgrenzen verschwindet. Das bereits aufgelöste bestimmte Integral verschwindet also und man erhält:

$$\int_{t_0}^{t_1} \left(\delta T + \sum_{k=1}^{f} F_k \delta q_k\right) \mathrm{d}t = 0. \tag{8.9}$$

Wird jetzt die Gl. (8.2) für die Kraft in (8.9) eingesetzt, so erhält man

$$\int_{t_0}^{t_1} (\delta T - \delta V)\,\mathrm{d}t = 0. \tag{8.10}$$

Mit

$$L = T - V \tag{8.11}$$

kann in der Schreibweise der Variationsrechnung (die erste Variation verschwindet)

$$\delta \int_{t_0}^{t_1} (T - V)\,\mathrm{d}t = \delta \int_{t_0}^{t_1} L\,\mathrm{d}t = 0 \tag{8.12}$$

geschrieben werden. L heißt Lagrange-Funktion. Die Gl. (8.12) stellt die mathematische Formulierung des Hamiltonschen Prinzips dar. In Worten ausgedrückt heißt das, dass das Wirkungs-Funktional

$$I = \int_{t_0}^{t_1} L\,\mathrm{d}t \tag{8.13}$$

einen Extremwert annehmen muss. Dies wird erreicht, indem seine erste Variation δI gemäß (8.12) zu Null gesetzt wird. Der Variationsrechnung folgend, muss L nun den Euler-Lagrangeschen Gleichungen

$$\frac{\mathrm{d}}{\mathrm{d}t}\left(\frac{\partial L}{\partial \dot{q}_k}\right) - \frac{\partial L}{\partial q_k} = 0 \qquad ,k = 1,2,\ldots,f \tag{8.14}$$

genügen. Diese sind die (verallgemeinerten) Bewegungsgleichungen für konservative Systeme.

Der Vollständigkeit halber sei hinzuzufügen, dass das *Prinzip der kleinsten Wirkung* ein Sonderfall des Hamiltonschen Prinzips angewendet auf die Mechanik ist. Es lautet:

> *Für jedes mechanische System gibt es ein Wirkungsintegral S, das für die tatsächlich erfolgende Bewegung ein* Minimum *besitzt und die erste Variation δS deshalb verschwindet.*

Aus dieser Formulierung geht klar hervor, dass ein Sonderfall vorliegt. Das Prinzip der kleinsten Wirkung formuliert eine Minimumaussage. Beim Hamilton-Prinzip spricht man von einem Extremwert, also Minimum oder Maximum.

Wenn im Weiteren diese beiden Integralprinzipien auf elektrotechnische, im Allgemeinen auf technische Systeme zur Berechnung und Optimierung angewendet werden sollen, dann wird deren Modellierung als Variationsaufgabe vorausgesetzt. Anderenfalls ließen sich die nachfolgenden Formalismen von Lagrange und Hamilton nicht mit ihren Vorteilen nutzen.

Anmerkung:
Es werden das Funktional mit I, das Wirkungsintegral bezogen auf die Mechanik, Elektrotechnik u. a. mit S, die Lagrange-Funktion mit L, $\mathcal{L}$ und die Hamilton-Funktion mit H, $\mathcal{H}$, $\mathcal{H}^*$ bezeichnet. Die Induktivität erhält das Symbol L^*.

8.1.2   Die Legendre-Transformation

Mit dem Lagrange-Formalismus wird die Aufstellung der Lagrange-Funktion und Lösung der Euler-Lagrange-Gleichung bezeichnet. Hier sind die verallgemeinerten Lagekoordinaten q und die verallgemeinerten Geschwindigkeiten $\dot{q}$ die zentralen Größen, die bei der Behandlung eines Systems in Betracht zu ziehen sind.

Im Besonderen, wenn die im System wirkenden verallgemeinerten Kräfte von Interesse sind, ist es jedoch zweckmäßig, statt der verallgemeinerten Geschwindigkeit den verallgemeinerten Impuls als Rechengröße zu verwenden. Das erfolgt in Analogie zur Newtonschen Mechanik, wo die Ableitung des mechanischen Impulses nach der Zeit die am Massepunkt wirkende Beschleunigungskraft ergibt. Aufgrund der Ähnlichkeitstheorie ergibt sich bei der Herleitung des verallgemeinerten Impulses die verallgemeinerte Kraft. Zudem besteht der entscheidende Vorteil, dass die mit Hilfe des Impulses aufgestellten Bewegungsgleichungen zuzüglich der Beziehung zwischen Impuls und Geschwindigkeit ein Differenzialgleichungssystem erster Ordnung ergeben, welches mit den bekannten analytischen oder numerischen Standardverfahren zur Lösung führt.

Die Aufgabe besteht nun darin, eine Transformation zu finden, die den Übergang

$$\{q(t), \dot{q}(t), L(q, \dot{q})\} \mapsto \{q(t), p(t), H(q, p)\} \tag{8.15}$$

gewährleistet. Die Funktion H wird später als Hamilton-Funktion bezeichnet. Die Transformation, die diesen Übergang realisiert, heißt Legendre-Transformation und wird im Folgenden vorgestellt.

Die Legendre-Transformation gehört zur Klasse der Berührungstransformationen, die zunächst für den Fall der Ebene und später für den f-dimensionalen Fall beschrieben werden soll. Es werden im ersten Schritt eine x-y-Ebene und eine X-Y-Ebene eingeführt. Die Gleichung

$$F(x, y, X, Y) = 0 \tag{8.16}$$

ordnet einem Punkt in der x-y-Ebene eine Kurve in der X-Y-Ebene zu und heißt Æquatio directrix[2]. Damit wird einer Kurve $\{x(\lambda), y(\lambda)\}$ eine Kurvenschar

$$F(x(\lambda), y(\lambda), X, Y) = F(\lambda, X, Y) = 0 \tag{8.17}$$

zugeordnet. Die Einhüllende dieser Kurvenschar ist das Abbild der Kurve $\{x(\lambda), y(\lambda)\}$. Kurven in der x-y-Ebene, die sich berühren, haben mindestens einen gemeinsamen Punkt. Das heißt, dass die Bilder in der X-Y-Ebene mindestens eine gemeinsame Kurve haben. Dies wiederum heißt, dass sich die Enveloppen (einhüllenden Kurven) der Abbilder der $\{x(\lambda), y(\lambda)\}$-Kurven ebenfalls berühren müssen. Deshalb heißt diese Klasse von Transformationen Berührungstransformationen.

Indem gesetzt wird:

$$\frac{\partial F}{\partial \lambda} = 0 \tag{8.18}$$

können die Enveloppen der X-Y-Scharen ermittelt werden. Das heißt, wenn F sich in einem Punkt nur mit X und Y, nicht aber mit λ ändert, beschreibt die Funktion in diesem Punkt ein infinitesimales Kurvenstück anstatt einer Kurvenschar. Hier muss der Rand der Kurvenschar erreicht sein, weil die Kurve durch λ-Änderung nicht mehr weitergeschoben werden kann. Wird λ mit Gl. (8.17) aus (8.18) eliminiert, dann folgt die Enveloppengleichung. Wegen $F = 0 = const.$ gilt:

$$\frac{\partial F}{\partial x}\mathrm{d}x + \frac{\partial F}{\partial y}\mathrm{d}y + \frac{\partial F}{\partial X}\mathrm{d}X + \frac{\partial F}{\partial Y}\mathrm{d}Y = 0, \tag{8.19}$$

für die Enveloppe nach Elimination von λ wegen $F(X, Y) = 0 = const.$:

$$\frac{\partial F}{\partial X}\mathrm{d}X + \frac{\partial F}{\partial Y}\mathrm{d}Y = 0, \tag{8.20}$$

und auch:

$$\frac{\partial F}{\partial x}\mathrm{d}x + \frac{\partial F}{\partial y}\mathrm{d}y = 0. \tag{8.21}$$

Wird

$$p = \frac{\mathrm{d}y}{\mathrm{d}x}, \tag{8.22}$$

$$P = \frac{\mathrm{d}Y}{\mathrm{d}X} \tag{8.23}$$

---

[2]„die zuordnende Gleichung"

gesetzt, so ergeben sich die Gleichungen:

$$
\begin{aligned}
F(x,y,X,Y) &= 0, \\
\frac{\partial F}{\partial x} + p\frac{\partial F}{\partial y} &= 0, \\
\frac{\partial F}{\partial X} + P\frac{\partial F}{\partial Y} &= 0.
\end{aligned}
\tag{8.24}
$$

Diese drei Gleichungen können nun nach den Variablen der Bildebene aufgelöst werden und man erhält:

$$
\begin{aligned}
X &= X(x,y,p), \\
Y &= Y(x,y,p), \\
P &= P(x,y,p).
\end{aligned}
\tag{8.25}
$$

Dies sind die Transformationsregeln der Berührungstransformation.

Die Legendre-Transformation stellt also eine spezielle Berührungstransformation mit der Æquatio directrix

$$
F(x,y,X,Y) = y + Y - xX = 0
\tag{8.26}
$$

dar. Damit gehen die Gleichungen (8.25) unter Anwendung von (8.24) in die Formen

$$
\begin{aligned}
X &= p, \\
Y &= xp - y, \\
P &= x
\end{aligned}
\tag{8.27}
$$

über. Der Übergang zum f-dimensionalen Fall wird vollzogen, indem man

$$
\begin{aligned}
x &\to x_k, \quad k = 1, 2, \ldots, f, \tag{8.28} \\
X &\to X_k, \tag{8.29} \\
y &\to y(x_1 \ldots x_f, q_1 \ldots q_f), \tag{8.30} \\
Y &\to Y(X_1 \ldots X_f, q_1 \ldots q_f) \tag{8.31}
\end{aligned}
$$

setzt. Dabei stellen die q_k eine Verallgemeinerung des λ dar, da sich nun statt Kurven höherdimensionale Gebilde ergeben. Die Æquatio directrix lautet nun:

$$
F = y(x_1 \ldots x_n, q_1 \ldots q_n) + Y(X_1 \ldots X_n, q_1 \ldots q_n) - \sum_{k=1}^{f} x_k X_k = 0.
\tag{8.32}
$$

Schließlich folgen in Analogie zu (8.27):

$$
X_k = p_k = \frac{\partial y}{\partial x_k},
\tag{8.33}
$$

$$
P_k = x_k = \frac{\partial Y}{\partial X_k},
\tag{8.34}
$$

$$
Y = \sum_{k=1}^{f} x_k p_k - y
\tag{8.35}
$$

und wegen (8.32)

$$\frac{\partial y}{\partial q_k} = -\frac{\partial Y}{\partial q_k}. \tag{8.36}$$

Dies sind die Transformationsformeln der Legendre-Transformation.

8.2 Hamilton-Funktion und kanonische Gleichungen

Der Übergang (8.15) vollzieht sich, indem die im vorigen Abschnitt gewonnenen Transformationsformeln (8.33) bis (8.36) auf die im Abschnitt 8.1.1 eingeführte Lagrange-Funktion angewendet werden. Dazu setzt man:

$$x_k \;\rightarrow\; \dot{q}_k, \qquad k = 1, 2, \ldots, f, \tag{8.37}$$

$$y \;\rightarrow\; L, \tag{8.38}$$

$$Y \;\rightarrow\; H, \tag{8.39}$$

wobei H als Hamilton-Funktion bezeichnet wird. Die Gleichung (8.35) geht über in die Form:

$$H(q_k, p_k) = \sum_{k=1}^{f} (p_k \dot{q}_k) - L(q_k, \dot{q}_k). \tag{8.40}$$

Die Zeit ist ein Parameter, von dem alle Variablen abhängen und der von der Legendre-Transformation unberührt bleibt. Mit Gleichung (8.33) kann man sofort schreiben:

$$p_k = \frac{\partial L}{\partial \dot{q}_k}. \tag{8.41}$$

Die p_k heißen Impulse (der untere Index k weist hier nicht auf die kontravariante Größe hin). Diese Gleichung wird später dazu benutzt, um die $\dot{q}_k$ aus (8.40) zu eliminieren. Wenn man diesen Impuls in die Gl. (8.14) einsetzt, so erhält man:

$$\dot{p}_k = \frac{\partial L}{\partial q_k}. \tag{8.42}$$

Wegen (8.36) ergibt sich daraus:

$$\dot{p}_k = -\frac{\partial H}{\partial q_k} \tag{8.43}$$

und wegen $X_k = p_k$ und (8.34) folgt:

$$\dot{q}_k = \frac{\partial H}{\partial p_k}. \tag{8.44}$$

Diese $2f$ gewöhnlichen Differenzialgleichungen erster Ordnung heißen kanonische Gleichungen. Sie beschreiben die Bewegung eines konservativen Systems.

8.3 Dissipations- und erweiterte Hamilton-Funktion

Nachdem sich die vorangegangenen Abschnitte dieses Kapitels ausschließlich mit konservativen Systemen beschäftigt haben, müssen nun Verluste mit in Betracht gezogen werden. Dabei werden auch von außen eingeprägte Kräfte mit berücksichtigt, da sie negative Verluste darstellen.

Die Gleichung (8.14) stellt das Gleichgewicht zwischen den Beschleunigungskräften $\dot{p}_k$ und den äußeren Kräften aufgrund des Potenzials V dar. Bei verlustbehafteten Systemen müssen zur Aufstellung des Kräftegleichgewichts noch die Kräfte hinzugenommen werden, die durch Dämpfungen entstehen. Formal schreiben kann man

$$\frac{\mathrm{d}}{\mathrm{d}t}\frac{\partial L}{\partial \dot{q}_k} - \frac{\partial L}{\partial q_k} + F_{Dk} = 0. \tag{8.45}$$

Die Kraft F_D ist dabei die verallgemeinerte Dämpfungs- oder Reibungkraft, die der verallgemeinerten Geschwindigkeit eine Verlustleistung zuordnet bzw. die eingeprägte Kraft. Man könnte nun die Dämpfungskraft explizit in die Euler-Lagrange-Gleichung übernehmen, indem man bei bekannter Kraft-Geschwindigkeits-Kennlinie

$$F_{Dk} = F_{Dk}(\dot{q}_k) \tag{8.46}$$

als zusätzlichen Term in die Gleichung übernimmt. Soll jedoch ein System in verschiedenen Koordinatensystemen untersucht werden, ist es wünschenswert, wenn Gleichung (8.45) ihre Form beibehält, d. h., forminvariant gegenüber dem Koordinatensystem ist. In der Darstellungsweise (8.45) ist dies jedoch nicht zwingend der Fall. Deshalb wird eine solche Darstellung gewählt, bei der die Forminvarianz erhalten bleibt. Dazu wird die Dämpfungskraft über die Beziehung

$$F_{Dk} = \frac{\partial D}{\partial \dot{q}_k} \tag{8.47}$$

definiert. Die Funktion D heißt Dissipationsfunktion. Sie wird auch als Rayleighsche Funktion bezeichnet. Sie verkörpert den Inhalt (content) der Kraft-Geschwindigkeits-Kennlinie eines Dämpfers.

Bei einem linearen Dämpfer erhält man wegen $F_D = K_D \dot{q}$ den D-Term:

$$D = \int\limits_0^{\dot{q}} K_D \tilde{\dot{q}}\, \mathrm{d}\tilde{\dot{q}} = \frac{K_D}{2}\dot{q}^2 \tag{8.48}$$

oder bei einer unabhängigen, zeitlich konstanten Kraftquelle (in der später verwendeten Ladungsformulierung ist die eine Spannungsquelle)

$$D = \int\limits_0^{\dot{q}} F_0\, \mathrm{d}\tilde{\dot{q}} = F_0 \dot{q}. \tag{8.49}$$

Somit kann (8.45) nun als

$$\frac{\mathrm{d}}{\mathrm{d}t}\frac{\partial L}{\partial \dot{q}_k} - \frac{\partial L}{\partial q_k} + \frac{\partial D}{\partial \dot{q}_k} = 0 \tag{8.50}$$

geschrieben werden. Diese Gleichung heißt erweiterte Euler-Lagrange-Gleichung. Diese Gleichung ist gegenüber dem Wechsel des Koordinatensystems forminvariant.

Nun folgt hieraus eine erweiterte Hamilton-Funktion $\mathcal{H}$, die mit der kanonischen Gleichung (8.43) genau die erweiterte Euler-Lagrange-Gleichung ergibt:

$$\mathcal{H} = \sum_{k=1}^{f}(p_k \dot{q}_k) - L + \sum_{k=1}^{f} q_k \frac{\partial D}{\partial \dot{q}_k}. \tag{8.51}$$

Dabei berechnet sich p_k nach wie vor aus (8.41), jedoch $\mathcal{H}$ nicht aus (8.40). Deshalb handelt es sich bei dieser Vorgehensweise nicht mehr um eine Legendresche Transformation. Der nachfolgende Abschnitt bietet eine Methode an, welche die Anwendung der Legendre-Transformation auch im dissipativen Fall erlaubt.

8.4 Legendre-Transformation, Verluste und dissipative Impulse

8.4.1 Legendre-Transformation und Verluste

Zur Berücksichtigung der Verluste in technischen Systemen ist eine Funktion $\mathcal{L}$ (dissipative Zustandsfunktion) zu finden, die bei Anwendung der Legendreschen Transformation genau die erweiterte Hamilton-Funktion gemäß (8.51) ergibt. Die neue Funktion $\mathcal{L}$ muss demnach der Gleichung

$$\mathcal{H} = \sum_{k=1}^{f}\frac{\partial \mathcal{L}}{\partial \dot{q}_k}\dot{q}_k - \mathcal{L} = \sum_{k=1}^{f}\frac{\partial L}{\partial \dot{q}_k}\dot{q}_k - L + \sum_{k=1}^{f} q_k \frac{\partial D}{\partial \dot{q}_k} \tag{8.52}$$

genügen. Hierbei ist sofort erkennbar, dass ein Term in $\mathcal{L}$ der klassischen Lagrange-Funktion L entsprechen muss. Also besteht die gesuchte Funktion aus zwei Summanden

$$\mathcal{L} = L + P \tag{8.53}$$

mit:

$$\sum_{k=1}^{f}\frac{\partial P}{\partial \dot{q}_k}\dot{q}_k - P = \sum_{k=1}^{f} q_k \frac{\partial D}{\partial \dot{q}_k}. \tag{8.54}$$

f bezeichnet die Anzahl der Freiheitsgrade. Gleichung (8.54) ist immer erfüllt, wenn

$$\frac{\partial P}{\partial \dot{q}_k}\dot{q}_k - P_k = q_k \frac{\partial D}{\partial \dot{q}_k}, \qquad k = 1,\ldots,f \tag{8.55}$$

gesetzt wird. Die P_k bezeichnen die Terme, die von $\dot{q}_k$ abhängig sind. Hierbei muss der zweite Term auf der linken Seite dieser Gleichung sich mit einem Term wegheben, der bei der Differenziation des ersten Terms entsteht. Deshalb wird für P ein Produktansatz der Form

$$P_k = u(\dot{q})v(\dot{q}) \tag{8.56}$$

gewählt. Bei Zugrundelegung der Differenziationsvariablen $\dot{q}_k$ geht (8.55) in den Ausdruck

$$(u'v + v'u)\dot{q}_k - uv = q_k \frac{\partial D}{\partial \dot{q}_k} \tag{8.57}$$

über. Da die q_k bezüglich der Differenziation nach den $\dot{q}_k$ als Konstante anzusehen sind, kann man zunächst

$$v = q_k w \tag{8.58}$$

setzen. Damit entsteht:

$$(u'w + w'u)\dot{q}_k - uw = \frac{\partial D}{\partial \dot{q}_k}. \tag{8.59}$$

Um nun eine Differenzialgleichung mit nur einer Variablen zu erhalten und gleichzeitig den „unerwünschten" Term $-uw$ zu eliminieren, wird jetzt $w = \dot{q}_k$ gesetzt. Es ergibt sich aus Gl. (8.59) die Gleichung:

$$u'\dot{q}_k^2 + \dot{q}_k u - u\dot{q}_k = \frac{\partial D}{\partial \dot{q}_k} \tag{8.60}$$

und somit:

$$u' = \frac{\frac{\partial D}{\partial \dot{q}_k}}{\dot{q}_k^2}. \tag{8.61}$$

Mit

$$u = \int \frac{\frac{\partial D}{\partial \dot{q}_k}}{\dot{q}_k^2}\, d\dot{q}_k \quad \text{und} \quad v = q_k \dot{q}_k \tag{8.62}$$

folgt für die P_k aus (8.56) der Ausdruck:

$$P_k = uv = q_k \dot{q}_k \int \frac{\frac{\partial D}{\partial \dot{q}_k}}{\dot{q}_k^2}\, d\dot{q}_k. \tag{8.63}$$

Damit ergibt sich für die *erweiterte Lagrange-Funktion*: (8.53)

$$\mathcal{L} = L + \sum_{k=1}^{f} q_k \dot{q}_k \int \frac{\frac{\partial D}{\partial \dot{q}_k}}{\dot{q}_k^2}\, d\dot{q}_k. \tag{8.64}$$

Die Funktion $\mathcal{L}$ kann nicht zur Variation des Wirkungsintegrals verwendet werden, weil sie keine Lagrange-Funktion im Sinne der Variationsrechnung ist. Wird $\mathcal{L}$ nun

Legendre-transformiert, dann folgt die erweiterte Hamilton-Funktion $\mathcal{H}$ in der Form:

$$\mathcal{H} = \sum_{k=1}^{f} \frac{\partial \mathcal{L}}{\partial \dot{q}_k} \dot{q}_k - \mathcal{L} = \sum_{k=1}^{f} p_k^* \dot{q}_k - \mathcal{L} \tag{8.65}$$

$$= \sum_{k=1}^{f} \left(\frac{\partial L}{\partial \dot{q}_k} + q_k \int \frac{\frac{\partial D}{\partial \dot{q}_k}}{\dot{q}_k^2} \, \mathrm{d}\dot{q}_k + \frac{q_k}{\dot{q}_k} \frac{\partial D}{\partial \dot{q}_k} \right) \dot{q}_k - L - \sum_{k=1}^{f} q_k \dot{q}_k \int \frac{\frac{\partial D}{\partial \dot{q}_k}}{\dot{q}_k^2} \, \mathrm{d}\dot{q}_k \tag{8.66}$$

$$= \sum_{k=1}^{f} \frac{\partial L}{\partial \dot{q}_k} \dot{q}_k - L + \sum_{k=1}^{f} q_k \frac{\partial D}{\partial \dot{q}_k}. \tag{8.67}$$

Die $\dot{q}_k$ werden in $\mathcal{H}$ später als Funktion der p_k^* substituiert. Dies wird über die Beziehung

$$p_k^* = \frac{\partial \mathcal{L}}{\partial \dot{q}_k} = f(\dot{q}_k) \tag{8.68}$$

unter Verwendung der inversen Funktionen

$$\dot{q}_k = f^{-1}(p_k^*) \tag{8.69}$$

vorgenommen, die in linearen Systemen und für die meisten nichtlinearen Fälle aufgestellt werden können.

Gemäß Berührungstransformation gilt: $\mathcal{H} = \mathcal{H}(p_k^*, q_k, t)$, weil ein Punkt in $\{q_k, \dot{q}_k, \mathcal{L}\}$ auf eine Kurve in $\{q_k, p_k^*, \mathcal{H}\}$ abgebildet wird. Nach der Legendre-Transformation (8.36) muss nun

$$-\frac{\partial \mathcal{H}}{\partial q_k} = \frac{\partial \mathcal{L}}{\partial q_k} = \frac{\partial L}{\partial q_k} + \dot{q}_k \int \frac{\frac{\partial D}{\partial \dot{q}_k}}{\dot{q}_k^2} \, \mathrm{d}\dot{q}_k \tag{8.70}$$

sein. Im nächsten Schritt wird eine kanonische Gleichung gefunden, die weitgehend mit der klassischen kanonischen Gleichung in der Form

$$\dot{p}_k = -\frac{\partial H}{\partial q_k} \tag{8.71}$$

übereinstimmt. Um dabei konsequent die Legendre-Transformation anzuwenden, werden dabei die Impulse

$$p_k^* = \frac{\partial \mathcal{L}}{\partial \dot{q}_k} \tag{8.72}$$

eingesetzt, die aber zunächst nicht wie in (8.67) durch Vereinfachung heraus gekürzt werden, um eine allgemeine Darstellung zu ermöglichen und die Bildung spezieller Formen von (8.69) zu vermeiden.

Mit der erweiterten Euler-Lagrange-Gleichung (8.50) und der Gleichung (8.72) folgt:

$$p_k^* = \frac{\partial L}{\partial \dot{q}_k} + q_k \int \frac{\frac{\partial D}{\partial \dot{q}_k}}{\dot{q}_k^2} \, \mathrm{d}\dot{q}_k + \frac{q_k}{\dot{q}_k} \frac{\partial D}{\partial \dot{q}_k} \tag{8.73}$$

und es kann nun

$$\frac{\partial L}{\partial \dot{q}_k} = p_k^* - \left(q_k \int \frac{\frac{\partial D}{\partial \dot{q}_k}}{\dot{q}_k^2} \, d\dot{q}_k + \frac{q_k}{\dot{q}_k} \frac{\partial D}{\partial \dot{q}_k} \right) = p_k^* - \alpha_k \tag{8.74}$$

geschrieben und weiter kann mit Hilfe von (8.50)

$$\frac{\partial L}{\partial q_k} = \frac{d}{dt}(p_k^* - \alpha_k) + \frac{\partial D}{\partial \dot{q}_k} = \dot{p}_k^* - \dot{\alpha}_k + \frac{\partial D}{\partial \dot{q}_k} \tag{8.75}$$

gesetzt werden. Damit geht (8.70) in den Ausdruck

$$-\frac{\partial \mathcal{H}}{\partial q_k} = \frac{\partial \mathcal{L}}{\partial q_k} = \dot{p}_k^* - \dot{\alpha}_k + \frac{\partial D}{\partial \dot{q}_k} + \dot{q}_k \int \frac{\frac{\partial D}{\partial \dot{q}_k}}{\dot{q}_k^2} \, d\dot{q}_k \tag{8.76}$$

über. Wenn nun

$$\dot{\alpha}_k = \dot{q}_k \int \frac{\frac{\partial D}{\partial \dot{q}_k}}{\dot{q}_k^2} \, d\dot{q}_k + q_k \frac{\frac{\partial D}{\partial \dot{q}_k}}{\dot{q}_k^2} \ddot{q}_k + \frac{\partial D}{\partial \dot{q}_k} + q_k \left(-\frac{1}{\dot{q}_k^2} \frac{\partial D}{\partial \dot{q}_k} + \frac{1}{\dot{q}_k} \frac{\partial^2 D}{\partial \dot{q}_k^2} \right) \ddot{q}_k \tag{8.77}$$

$$= \dot{q}_k \int \frac{\frac{\partial D}{\partial \dot{q}_k}}{\dot{q}_k^2} \, d\dot{q}_k + \frac{\partial D}{\partial \dot{q}_k} + \frac{q_k}{\dot{q}_k} \frac{\partial^2 D}{\partial \dot{q}_k^2} \ddot{q}_k \tag{8.78}$$

eingesetzt wird, so heben sich einige Terme weg und man erhält:

$$-\frac{\partial \mathcal{H}}{\partial q_k} = \frac{\partial \mathcal{L}}{\partial q_k} = \dot{p}_k^* - \frac{q_k}{\dot{q}_k} \frac{\partial^2 D}{\partial \dot{q}_k^2} \ddot{q}_k. \tag{8.79}$$

Dies ist eine „dissipative" kanonische Gleichung, die immer noch der Legendre-Transformation genügt. Die andere kanonische Gleichung behält ihre ursprüngliche Form bei, weil sie ausschließlich auf der Legendre-Transformation beruht:

$$\dot{q}_k = \frac{\partial \mathcal{H}}{\partial p_k^*} \, . \tag{8.80}$$

Damit wurde ein Vorgehen nachgewiesen, das unter Beibehaltung der Legendreschen Transformation beschritten werden kann.

Um nun die $\dot{p}_k^*$ in Gl. (8.79) zu substituieren, wird die Gl. (8.74) nach der Zeit abgeleitet. Es entsteht der Ausdruck:

$$\dot{p}_k^* = \frac{d}{dt} \frac{\partial L}{\partial \dot{q}_k} + \dot{\alpha}. \tag{8.81}$$

Jetzt kann $\dot{\alpha}$ mit Hilfe der Gl. (8.78) substituiert werden und es ergibt sich die Ableitung der erweiterten Hamilton-Funktion:

$$-\frac{\partial \mathcal{H}}{\partial q_k} = \frac{\partial \mathcal{L}}{\partial q_k} = \frac{\partial L}{\partial q_k} + \dot{q}_k \int \frac{\frac{\partial D}{\partial \dot{q}_k}}{\dot{q}_k^2} \, d\dot{q}_k \tag{8.82}$$

$$= \dot{p}_k^* - \frac{q_k}{\dot{q}_k} \frac{\partial^2 D}{\partial \dot{q}_k^2} \ddot{q}_k \tag{8.83}$$

$$= \frac{d}{dt} \frac{\partial L}{\partial \dot{q}_k} + \dot{\alpha} - \frac{q_k}{\dot{q}_k} \frac{\partial^2 D}{\partial \dot{q}_k^2} \ddot{q}_k \tag{8.84}$$

$$= \frac{d}{dt} \frac{\partial L}{\partial \dot{q}_k} + \dot{q}_k \int \frac{\frac{\partial D}{\partial \dot{q}_k}}{\dot{q}_k^2} \, d\dot{q}_k + \frac{\partial D}{\partial \dot{q}_k} + \frac{q_k}{\dot{q}_k} \frac{\partial^2 D}{\partial \dot{q}_k^2} \ddot{q}_k - \frac{q_k}{\dot{q}_k} \frac{\partial^2 D}{\partial \dot{q}_k^2} \ddot{q}_k. \tag{8.85}$$

Ohne die sich weghebenden Terme erhält man wieder die erweiterte Euler-Lagrange-Gleichung (8.50). Bei konservativen Systemen gilt wegen $H = T + U$ und dem Energieerhaltungssatz

$$\frac{dH}{dt} = 0. \tag{8.86}$$

Für die zeitliche Ableitung der erweiterten Hamilton-Funktion folgt der Ausdruck

$$\frac{d\mathcal{H}}{dt} = \sum_{k=1}^{f} \left(\frac{\partial \mathcal{H}}{\partial q_k} \dot{q}_k + \frac{\partial \mathcal{H}}{\partial p_k^*} \dot{p}_k^* \right) = \sum_{k=1}^{f} \left(\left[-\dot{p}_k^* + \frac{q_k}{\dot{q}_k} \frac{\partial^2 D}{\partial \dot{q}_k^2} \ddot{q}_k \right] \dot{q}_k + \dot{q}_k \dot{p}_k^* \right) = \sum_{k=1}^{f} q_k \frac{\partial^2 D}{\partial \dot{q}_k^2} \ddot{q}_k. \tag{8.87}$$

Die Richtigkeit des allgemeinen Ergebnisses kann überprüft werden, indem die erweiterte Hamilton-Funktion (8.67) total nach der Zeit abgeleitet wird:

$$\frac{d\mathcal{H}}{dt} = \sum_{k=1}^{f} \frac{d}{dt} \left(\frac{\partial L}{\partial \dot{q}_k} \dot{q}_k - L + q_k \frac{\partial D}{\partial \dot{q}_k} \right) \tag{8.88}$$

$$= \sum_{k=1}^{f} \left[\underbrace{\frac{d}{dt} \left(\frac{\partial L}{\partial \dot{q}_k} \right) \dot{q}_k}_{a} + \frac{\partial L}{\partial \dot{q}_k} \ddot{q}_k - \underbrace{\frac{\partial L}{\partial q_k} \dot{q}_k - \frac{\partial L}{\partial \dot{q}_k} \ddot{q}_k}_{b} + \underbrace{\dot{q}_k \frac{\partial D}{\partial \dot{q}_k}}_{c} + q_k \frac{\partial^2 D}{\partial \dot{q}_k^2} \ddot{q}_k \right] \tag{8.89}$$

$$= \sum_{k=1}^{f} q_k \frac{\partial^2 D}{\partial \dot{q}_k^2} \ddot{q}_k. \tag{8.90}$$

Die Summe der Terme a, b, c ist Null, weil sie die mit $\dot{q}_k$ erweiterte Gleichung (8.50) beinhaltet.

Hier wurde eine Funktion $\mathcal{L}$ konstruiert, welche bei vollständiger Auflösung nach den $\dot{q}_k$ und q_k die erweiterte Hamilton-Funktion ergibt. Nur ist es möglich, mittels $\mathcal{H}$ und $\mathcal{L}$ gleichzeitig kanonische Gleichungen aufzustellen, die in ihrer Form den herkömmlichen kanonischen Gleichungen (8.43) und (8.44) für konservative Systeme entsprechen. Diese Gleichungen genügen allerdings nicht der Legendre-Transformation, wie in Abschnitt 8.3 erläutert wurde. Zu deren Aufstellung muss aus der erweiterten Hamilton-Funktion der Impuls p_k^* wie in (8.67) eliminiert werden. Ist dies geschehen, so kann man

$$\dot{p}_k = -\frac{\partial \mathcal{H}}{\partial q_k} \tag{8.91}$$

mit dem herkömmlichen Impuls

$$p_k = \frac{\partial L}{\partial \dot{q}_k} \tag{8.92}$$

schreiben. Im dissipativen Fall gilt jedoch:

$$p_k \neq p_k^*, \tag{8.93}$$

da es sich hier nicht mehr um die Impulse im Sinne der Legendreschen Transformation handelt.

8.4.2 Der dissipative Impuls

Im Folgenden wird dargestellt, dass sich bei der Substitution der verallgemeinerten Geschwindigkeiten $\dot{q}_k$ durch die Impulse p_k^* bei den dissipativen Elementen eine Besonderheit ergibt. Durch die neue Funktion $\mathcal{L}$, welche auch dissipative Elemente berücksichtigt, entstehen für dissipative Elemente Impulse p_k^*. Sie haben andere Eigenschaften als die klassischen Impulse p_k, die sich aus der Ableitung der kinetischen Energie nach der Geschwindigkeit ergeben.

Die klassischen Impulse

$$p_k = \frac{\partial L}{\partial \dot{q}_k} \tag{8.94}$$

von verallgemeinerten Massen[3] ergeben bei ihrer Ableitung nach der Zeit stets die am betreffenden Element wirkende verallgemeinerte Kraft[4]. Die Kraft an resistiven Elementen hängt ebenfalls von der verallgemeinerten Geschwindigkeit (im Regelfall linear) ab. Allerdings kann man hier nicht von einem Impuls im physikalischen Sinne sprechen, da im dissipativen Falle eine Verlustleistung und keine gespeicherte Energie mit der Geschwindigkeit verknüpft ist. Deshalb hat für dissipative Elemente der Begriff „Impuls", der sich über die Gleichung (8.72) ergibt, eine allgemeine mathematische Bedeutung. Er verdeutlicht den Bezug zur Legendreschen Transformation.

Aufgrund der Struktur von $\mathcal{L}$ entspricht bei einem rein reaktiven Element der sich ergebende Impuls p_k^* dem klassischen Impuls p_k. Die Aufstellung des dissipativen Impulses sei am Beispiel eines ohmschen Widerstandes demonstriert.

Beispiel 1:
Der D-Term für einen linearen Widerstand lautet in Analogie zu Gl. (8.48) mit $\dot{q}$ als elektrischem Strom:

$$D = \frac{R\dot{q}^2}{2}. \tag{8.95}$$

Damit folgt für die Funktion $\mathcal{L}$:

$$\mathcal{L} = q\dot{q} \int \frac{1}{\dot{q}^2} \frac{\partial D}{\partial \dot{q}}\, \mathrm{d}\dot{q} = q\dot{q} \int \frac{R}{\dot{q}}\, \mathrm{d}\dot{q} = Rq\dot{q}\ln\dot{q}. \tag{8.96}$$

Jetzt kann mittels Gl. (8.72) der Impuls p^* aufgestellt werden:

$$p^* = \frac{\partial \mathcal{L}}{\partial \dot{q}} = qR\ln\dot{q} + qR = qR(\ln\dot{q} + 1). \tag{8.97}$$

Um in der erweiterten Hamilton-Funktion $\dot{q}$ durch p^* zu ersetzen, muss diese Funktion

$$\dot{q} = e^{\left(\frac{p^*}{qR} - 1\right)} \tag{8.98}$$

---

[3] z. B. Induktivitäten in Ladungsformulierung oder Kapazitäten in Flussformulierung
[4] z. B. Spannungen in Ladungsformulierung oder Strom in Flussformulierung

invertiert werden. Die erweiterte Hamilton-Funktion führt nach der Legendre-Transformation und durch Substitution von Gl. (8.98) auf den Ausdruck

$$\mathcal{H} = \frac{\partial \mathcal{L}}{\partial \dot{q}}\dot{q} - \mathcal{L} = p^*\dot{q} - Rq\dot{q}\ln\dot{q} = p^*e^{\left(\frac{p^*}{qR}-1\right)} - Rqe^{\left(\frac{p^*}{qR}-1\right)}\left(\frac{p^*}{qR}-1\right) \tag{8.99}$$

$$= Rqe^{\left(\frac{p^*}{qR}-1\right)}. \tag{8.100}$$

Nun kann die Richtigkeit der dissipativen kanonischen Gleichungen (8.79) und (8.80) überprüft werden. Dabei ist Gleichung (8.80) wieder identisch erfüllt, da sie allein aus der Legendreschen Transformation hervorgeht:

$$\frac{\partial \mathcal{H}}{\partial p^*} = \frac{Rq}{Rq}e^{\left(\frac{p^*}{qR}-1\right)} = \dot{q}. \tag{8.101}$$

Die Gleichung (8.79) muss die Bewegungsgleichung des Systems ergeben. Es gilt:

$$-\frac{\partial \mathcal{H}}{\partial q} = -\left(Re^{\left(\frac{p^*}{qR}-1\right)} - \frac{Rqp^*}{Rq^2}e^{\left(\frac{p^*}{qR}-1\right)}\right) = -Re^{\left(\frac{p^*}{qR}-1\right)} + \frac{p^*}{q}e^{\left(\frac{p^*}{qR}-1\right)}. \tag{8.102}$$

Diese Gleichung genügt der Legendreschen Transformation, was durch Rücksubstitution von $\dot{q}$ gezeigt werden kann:

$$-\frac{\partial \mathcal{H}}{\partial q} = -R\dot{q} + R\dot{q}(\ln\dot{q}+1) = R\dot{q}\ln\dot{q} \tag{8.103}$$

$$= \frac{\partial \mathcal{L}}{\partial q}. \tag{8.104}$$

Werden nun auf der rechten Seite dieser Gleichung die aus der erweiterten Euler-Lagrange-Gleichung gewonnenen Terme gemäß (8.79) eingesetzt, so entsteht die Bewegungsgleichung. Zuerst muss dazu $\dot{p}^*$ gebildet werden:

$$\dot{p}^* = \frac{\partial p^*}{\partial q}\dot{q} + \frac{\partial p^*}{\partial \dot{q}}\ddot{q} = R\dot{q}(\ln\dot{q}-1) + \frac{Rq}{\dot{q}}\ddot{q}. \tag{8.105}$$

Dieses Ergebnis in Gl. (8.79) eingesetzt ergibt die Bewegungsgleichung:

$$-\frac{\partial \mathcal{H}}{\partial q} = R\dot{q}\ln\dot{q} = \dot{p}^* - \frac{q}{\dot{q}}\frac{\partial^2 D}{\partial \dot{q}^2}\ddot{q} = R\dot{q}(\ln\dot{q}+1) + \frac{Rq}{\dot{q}}\ddot{q} - \frac{Rq}{\dot{q}}\ddot{q} \tag{8.106}$$

und somit

$$R\dot{q} = 0. \tag{8.107}$$

Das ist die „Bewegungsgleichung" eines kurzgeschlossenen ohmschen Widerstandes. Diese sagt aus, dass sich nichts „bewegt". Diese Behandlungsweise ist prinzipiell für alle resistiven Elemente möglich. Bei einer Reihe nichtlinearer Resistoren kann es jedoch vorkommen, dass (8.68) nicht invertierbar ist. In diesem Fall muss die Kennlinie des betreffenden Resistors durch solch eine Funktion approximiert werden, die eine algebraische Invertierung von Gl. (8.68) erlaubt. $\qquad\qquad\square$

Kapitel 9

$\{L, D\}$-Modelle von Bauelementen erster und höherer Ordnung

9.1 Aufstellung von $\{L, D\}$-Modellen

9.1.1 Grundlagen der Ähnlichkeitstheorie

Das Hauptanliegen der Ähnlichkeitstheorie ist es, verschiedene physikalische oder technische Sachverhalte auf gemeinsame Eigenschaften hin zu untersuchen und so eine möglichst allgemeine und einheitliche mathematische Behandlung der verschiedensten Phänomene zu ermöglichen. Dies ist ein umfangreiches Gebiet, dessen ausführliche Behandlung den Rahmen dieses Buches sprengen würde. Deshalb soll an dieser Stelle nur ein kurzer Überblick über die grundlegenden Sachverhalte gegeben werden, der zum Verständnis der folgenden Darlegungen erforderlich ist.

Das Ziel in diesem Kapitel besteht in der Ausdehnung des Prinzips der extremalen Wirkung (Hamiltonsches Prinzip) auf elektrische und elektromechanische Systeme, um so eine konsistente Behandlung elektrischer Schaltungen im Zusammenspiel mit mechanischen Komponenten zu erreichen.

Damit besteht die Aufgabe, mit Hilfe der Ähnlichkeitstheorie adäquate Algorithmen für die Elektrotechnik zu entwickeln. Zunächst sollen die in der Ähnlichkeitstheorie üblichen Bezeichnungsweisen anhand eines Beispiels eingeführt werden.

Es sind zwei Differenzialgleichungen auf Ähnlichkeit hin zu untersuchen. Dabei bezeichnet O stets das Original und M das Modell:

$$O: \qquad \frac{\mathrm{d}z_O}{\mathrm{d}t_O} + a_O z_O = b_O \frac{\mathrm{d}x_O}{\mathrm{d}t_O} + c_O x_O, \tag{9.1}$$

$$M: \qquad \frac{\mathrm{d}z_M}{\mathrm{d}t_M} + a_M z_M = b_M \frac{\mathrm{d}x_M}{\mathrm{d}t_M} + c_M x_M. \tag{9.2}$$

Im ersten Schritt werden diese beiden Gleichungen normiert, indem sie durch $a_0 z_0$ bzw. $a_M z_M$ dividiert werden. Somit entsteht:

$$O: \qquad \frac{\mathrm{d}z_O}{\mathrm{d}t_O} \cdot \frac{1}{a_O z_O} + 1 = \frac{b_O}{a_O z_O} \frac{\mathrm{d}x_O}{\mathrm{d}t_O} + \frac{c_O}{a_O z_O} x_O, \tag{9.3}$$

$$M: \qquad \frac{\mathrm{d}z_M}{\mathrm{d}t_M} \cdot \frac{1}{a_M z_M} + 1 = \frac{b_M}{a_M z_M} \frac{\mathrm{d}x_M}{\mathrm{d}t_M} + \frac{c_M}{a_M z_M} x_M. \tag{9.4}$$

Mit den Ähnlichkeitskonstanten C in der Form

$$\begin{aligned} C_z = \frac{z_O}{z_M} \quad C_t = \frac{t_O}{t_M} \quad C_x = \frac{x_O}{x_M} \\[2mm] C_a = \frac{a_O}{a_M} \quad C_b = \frac{b_O}{b_M} \quad C_c = \frac{c_O}{c_M} \end{aligned} \tag{9.5}$$

kann man nun die Modellvariablen durch die Originalvariablen substituieren, indem man $(*)_M = (*)_O / C_{(*)}$ setzt. Danach stellt sich die Modellgleichung als

$$\underbrace{\frac{C_t C_a C_z}{C_z}}_{\Lambda_1} \cdot \frac{\mathrm{d}z_O}{\mathrm{d}t_O} \cdot \frac{1}{a_O z_O} + 1 = \underbrace{\frac{C_t C_a C_z}{C_b C_x}}_{\Lambda_2} \cdot \frac{\mathrm{d}x_O}{\mathrm{d}t_O} \cdot \frac{b_O}{a_O z_O} + \underbrace{\frac{C_a C_z}{C_c C_x}}_{\Lambda_3} \cdot \frac{c_O x_O}{a_O z_O} \tag{9.6}$$

dar. Die Λ_n heißen Ähnlichkeitsindikatoren. Um nun für das Modell die gleiche Gleichung wie für das Original zu erhalten, muss jetzt nur noch

$$\Lambda_n \overset{!}{=} 1 \; \forall n \tag{9.7}$$

gesetzt werden. Die dabei entstehenden Gleichungen Π_n, die die Größen des Originals und des Modells verknüpfen, werden Ähnlichkeitskriterien genannt. Im Falle von Λ_1 folgen:

$$\Lambda_1 \quad : \qquad \frac{t_O a_O}{t_M a_M} = 1, \tag{9.8}$$

$$\Pi_1 \quad : \qquad a_O t_O = a_M t_M. \tag{9.9}$$

Man schreibt auch:

$$\Pi_1 = at = \text{idem}. \tag{9.10}$$

Analog dazu müssen auch die anderen Ähnlichkeitskriterien erfüllt sein.

Mit Hilfe dieser Methode ist es also möglich, Modelle von einem technischen oder physikalischen Sachverhalt aufzustellen, die in praxi eine vollkommen andere Struktur haben können. Mittels Ähnlichkeitskriterien kann man nun das Modell eindeutig auf das Original abbilden. Zum Beispiel kann zu jedem elektrischen Netzwerk auf diese Weise ein duales Netzwerk gebildet werden, indem die Maschen im Originalnetzwerk Knoten im Modellnetzwerk entsprechen. Dabei werden dann Spulen zu Kondensatoren und umgekehrt. Diese Methode soll dazu benutzen werden, um die aus der Mechanik bekannten Begriffe der kinetischen und potenziellen Energie auf die Elektrotechnik zu übertragen.

9.1.2 Ladungs- und Flussformulierung

Es darf die Lagrange-Funktion eines beweglichen Massepunktes vorausgesetzt werden. Analog zur potenziellen und kinetischen Energie eines Teilchens bzw. einer Punktmasse kann man diese Energiearten auch für diskrete elektrische Bauelemente definieren.

Dabei spielt es zunächst keine Rolle, ob diese Energie etwas mit einer Geschwindigkeit oder mit einem Kräftepotenzial zu tun hat. Entscheidend ist vielmehr die konsequente Anwendung der eben beschriebenen Ähnlichkeitstheorie auf den entsprechenden Sachverhalt. So ist ohne weiteres die elektrische Spannung als verallgemeinerte Geschwindigkeit einzuführen, wodurch aufgrund der Ähnlichkeitstheorie der Fluss ([Vs]) zum verallgemeinerten Ort wird:

$$W_{\text{kin}} = \frac{m}{2}v^2, \tag{9.11}$$

$$W_{\text{C}} = \frac{C}{2}u^2, \tag{9.12}$$

$$x = \int v\,\mathrm{d}t, \tag{9.13}$$

$$\Psi = \int u\,\mathrm{d}t. \tag{9.14}$$

Die Energie eines Kondensators, die bekanntlich von der Spannung abhängt, wäre in diesem Falle eine kinetische Energie. Weil der Fluss Ψ in diesem Falle dem Ort in der Mechanik entspricht und somit zum verallgemeinerten Ort wird, nennt man die Anwendung dieser Gleichungen Flussformulierung. Für Induktivitäten erhält man anlog:

$$W_{\text{pot}} = \frac{k}{2}x^2, \tag{9.15}$$

$$W_{\text{L}} = \frac{1}{2L}\Psi^2 \tag{9.16}$$

für die potenzielle Energie. Aufgrund der Definition der Induktivität entspricht sie hier allerdings dem Kehrwert der Nachgiebigkeit k einer Feder. Gemäß den Gleichungen

$$F = \frac{\mathrm{d}W_{\text{pot}}}{\mathrm{d}x}, \tag{9.17}$$

$$i = \frac{\mathrm{d}W_{\text{L}}}{\mathrm{d}\Psi} = \frac{\Psi}{L} \tag{9.18}$$

entspricht der Strom der verallgemeinerten Kraft. Für dissipative Elemente erkennt man über:

$$F_D = Dv, \tag{9.19}$$

$$i = \frac{u}{R}, \tag{9.20}$$

dass der Widerstand dem Kehrwert der Dämpfungskonstanten entspricht.

Beispiel 1:
Es soll mit dem bekannten harmonischen mechanischen Oszillator begonnen werden. Er besitzt die Lagrange-Funktion

$$L_O = T_O - V_O = \frac{1}{2}m\dot{x}^2 - \frac{k}{2}x^2. \tag{9.21}$$

Dieser schwingende Massepunkt ist nun durch einen Schwingkreis in Flussformulierung zu modellieren. Seine Lagrange-Funktion lautet nach dem Voranstehenden:

$$L_M = T_M - U_M = \frac{C^*}{2}\dot{\Psi}^2 - \frac{1}{2L^*}\Psi^2. \tag{9.22}$$

Jetzt können die Ähnlichkeitskonstanten aufgestellt werden:

$$C_m = \frac{m}{C^*}, \quad C_k = kL^*, \quad C_L = \frac{L_O}{L_M},$$
$$C_x = \frac{x}{\Psi}, \quad C_t = \frac{t_{\mathrm{mech}}}{t_{\mathrm{el}}}. \tag{9.23}$$

Wenn man nun beide Lagrange-Funktionen dimensionslos gestaltet, so folgt:

$$\frac{2L_O}{kx^2} = \frac{m\dot{x}^2}{kx^2} - 1, \tag{9.24}$$

$$\frac{2L_M L^*}{\Psi^2} = \frac{C^* L^* \dot{\Psi}^2}{\Psi^2} - 1. \tag{9.25}$$

Mit Hilfe der Ähnlichkeitskonstanten kann nun Gleichung (9.24) durch Gleichung (9.25) dargestellt werden. Es ergibt sich:

$$\underbrace{\frac{C_k C_x^2}{C_L}}_{\Lambda_1} \frac{2L_O}{kx^2} = \underbrace{\frac{C_k C_t^2}{C_m}}_{\Lambda_2} \frac{m\dot{x}^2}{kx^2} - 1. \tag{9.26}$$

Somit erhält man für die Ähnlichkeitsindikatoren:

$$\Lambda_1 \quad : \quad \frac{kL^* x^2 L_M}{\Psi^2 L_O} \overset{!}{=} 1, \tag{9.27}$$

$$\Lambda_2 \quad : \quad \frac{kL^* t_{\mathrm{mech}}^2 C^*}{t_{\mathrm{el}}^2 m} \overset{!}{=} 1. \tag{9.28}$$

Diese Vorgehensweise wird das Zeitverhalten *und* den energetischen Zustand des harmonischen Oszillators mit Hilfe des Schwingkreises modellieren. Nach Aufstellung der Euler-Lagrange-Gleichung für beide Systeme kann man das Modell nun eindeutig auf das Original durch Auflösung der Ähnlichkeitskriterien nach den gewünschten Variablen abbilden.

Soll nur die zeitliche Bewegung modelliert werden, so kann man als Grundlage die Bewegungsgleichung des harmonischen mechanischen Oszillators

$$m\ddot{x} + kx = 0 \tag{9.29}$$

modellieren. In diesem Falle erhält man nur einen Ähnlichkeitsindikator, der mit Λ_2 identisch ist. Der Leser möge dies selbst überprüfen. $\qquad\square$

Ähnlich verhält es sich bei der Betrachtung der Ladung als verallgemeinerte Koordinate. Hier sind kinetische und potenzielle Energie gerade umgekehrt Spule (Induktivität) und Kondensator (Kapazität) zugeordnet. Man kann

$$W_{\mathrm{kin}} = \frac{m}{2}v^2, \tag{9.30}$$

$$W_{\mathrm{L}} = \frac{L}{2}\dot{q}^2, \tag{9.31}$$

$$x = \int v\,\mathrm{d}t, \tag{9.32}$$

$$q = \int \dot{q}\,\mathrm{d}t \tag{9.33}$$

schreiben und für die potenzielle Energie die Ausdrücke

$$W_{\mathrm{pot}} = \frac{k}{2}x^2, \tag{9.34}$$

$$W_{\mathrm{L}} = \frac{1}{2C}q^2 \tag{9.35}$$

aufstellen. Für die Kraft bzw. die verallgemeinerte Kraft u ergeben sich

$$F = \frac{\mathrm{d}W_{\mathrm{pot}}}{\mathrm{d}x}, \tag{9.36}$$

$$u = \frac{\mathrm{d}W_{\mathrm{C}}}{\mathrm{d}q} = \frac{q}{C} \tag{9.37}$$

Im Vergleich zur Flussformulierung entspricht hier der Widerstand der Dämpfungskonstante gemäß:

$$F_D = Dv, \tag{9.38}$$

$$u = Ri. \tag{9.39}$$

Wenn im Folgenden die Begriffe „kinetisch" und „potenziell" verwendet werden, so beziehen sie sich auf diese Ähnlichkeit. Es werden allgemeine Variablen verwendet:

F für die verallgemeinerte Kraft und q für den verallgemeinerten Ort. Aufgrund der Ähnlichkeit der Gleichungen bei der Aufstellung der Energie und der Kräfte kann man das Hamiltonsche Prinzip analog auf elektrische Systeme anwenden.

Anmerkung:
Die Variable q steht also nur im Sonderfall der Ladungsformulierung für die elektrische Ladung.

9.1.3 Zweipole und ihre $\{L, D\}$-Modelle

Da wir die zu betrachtenden Systeme mit Hilfe der Energiebeziehungen untersuchen wollen, scheint es zunächst zweckmäßig, die einzelnen Bauelemente nach ihren energiespeichernden Eigenschaften einzuteilen. Demzufolge unterscheiden wir zwischen energieverbrauchenden und energiespeichernden Elementen. Mischformen kann man sich als Reihen- bzw. Parallelschaltungen dieser beiden Bauelementetypen vorstellen.

Energieverbrauchende Elemente

Energieverbrauchende Elemente werden als dissipative Elemente bezeichnet, weil sie nur zur D-Funktion des Systems beitragen. Mit anderen Worten, sie geben die ihnen zugeführte Energie sofort über die Systemgrenzen hinaus ab und speichern sie nicht. Dazu gehören in der Elektrotechnik alle resistiven Elemente wie Widerstände, Varistoren, Dioden, Heißleiter, Kaltleiter usw.

Die Tabelle 9.1 zeigt jene Terme, die solche Elemente zur D-Funktion des Systems in allgemeiner bzw. in linearer Form beisteuern.

Tabelle 9.1: D-Terme resistiver Elemente

Elementebeziehung	D-Term
$Q_i = f(\dot{q}_i)$	$\displaystyle\int_0^{\dot{q}_i} f(\dot{\tilde{q}}_i)\, \mathrm{d}\dot{\tilde{q}}_i$
$Q_i = k\dot{q}_i$	$\dfrac{k}{2}\dot{q}_i^2$

Der zweite Term ist nur eine Konkretisierung des ersten für lineare Widerstände. Im Allgemeinen kann die Funktion f für träge Elemente, wie z. B. Varistoren im oberen Frequenzbereich, auch explizit von der Zeit t abhängen.

Beispiel 2:
Die Strom-Spannungs-Kennlinie einer Diode kann durch die Formel

$$I = I_s \left(e^{\frac{U}{U_T}} - 1 \right) \tag{9.40}$$

approximiert werden. Wurde nun zur Analyse des Netzwerkes, das die Diode enthält, die Ladungsformulierung gewählt, so entspricht die Spannung der verallgemeinerten Kraft und der Strom der verallgemeinerten Geschwindigkeit. Somit erhalten wir durch Umstellen von (9.40) nach U die Kraft-Geschwindigkeits-Kennline, die wir zur Berechnung des D-Terms brauchen:

$$U = f(I) = Q = f(\dot{q}) = U_T \ln\left(\frac{\dot{q}}{I_s} + 1\right). \tag{9.41}$$

Die Integration von Gl. (9.41) führt auf einen D-Term:

$$D = \int_0^{\dot{q}_i} f(\tilde{\dot{q}_i})\, d\tilde{\dot{q}_i} = U_T \left\{ (\dot{q} + I_s)\ln\left(\frac{\dot{q}}{I_s} + 1\right) - \dot{q} \right\}. \tag{9.42}$$

Bei Verwendung der Flussformulierung hätte die Spannung der verallgemeinerten Geschwindigkeit und der Strom der verallgemeinerten Kraft entsprochen, so dass man in diesem Falle sofort (9.40) integrieren könnte. $\qquad\qquad\square$

Energiespeichernde Elemente

Zu dieser Gruppe zählen Bauelemente, die in der Lage sind, elektrische (magnetische) Energie durch den Aufbau elektrischer (magnetischer) Felder zu speichern und zu einem späteren Zeitpunkt wieder an das System abzugeben. Sie heißen deshalb auch reaktive (rückwirkende) Elemente. Es sind elektrische Bauelemente, deren Energiezustand vom verallgemeinerten Ort oder der verallgemeinerten Geschwindigkeit abhängt und deren gespeicherte Energie mit einer *Änderung* dieser Größen einhergeht. Die einfachsten Elemente dieser Art sind lineare Spulen und Kondensatoren, die in allgemeiner Formulierung die Tabelle 9.2 wiedergibt.

Tabelle 9.2: L-Terme reaktiver Elemente

Elementebeziehung	L-Term
$Q_i = f(q_i)$	$-\int_0^{q_i} f(\tilde{q}_i)\, d\tilde{q}_i$
$Q_i = k q_i$	$-\dfrac{k}{2} q_i^2$
$Q_i = \dot{f}(\dot{q}_i)$	$\int_0^{\dot{q}_i} f(\tilde{\dot{q}_i})\, d\tilde{\dot{q}_i}$
$Q_i = k\ddot{q}_i$	$\dfrac{k}{2}\dot{q}_i^{\,2}$

Hierbei handelt es sich gemäß (8.11) und

$$U = \int Q \, \mathrm{d}q \qquad (9.43)$$

sowie

$$T = \int p \, \mathrm{d}\dot{q} \qquad (9.44)$$

im ersten Fall um eine potenzielle und im zweiten Fall um eine kinetische Energie. Damit stellt die Funktion f im Falle der kinetischen Energie keine Kraft, sondern den verallgemeinerten Impuls dar.

Beispiel 3:

Eine Spule mit Eisenkern hat aufgrund der Magnetisierungseigenschaften des Eisens eine nichtlineare ψ-i-Kennlinie. Diese Kennlinie kann in guter Näherung durch ein unvollständiges Polynom

$$i = a\psi + b\psi^9 \qquad (9.45)$$

approximiert werden. Bei dieser Form der Kennlinienapproximation muss die Wahl auf die Flussformulierung fallen, da hier der Strom die verallgemeinerte Kraft darstellt und die Integration von (9.45) auf das Ergebnis:

$$L = -\int\limits_0^{\psi} i(\tilde{\psi}) \, \mathrm{d}\tilde{\psi} = -\frac{a}{2}\psi^2 - \frac{b}{10}\psi^{10} \qquad (9.46)$$

führt. Die magnetisch gespeicherte Energie ist hier eine potenzielle Energie. Bei der Ladungsformulierung entspricht der Strom der verallgemeinerten Geschwindigkeit und die magnetische Feldenergie ist somit kinetisch. Um die verallgemeinerte Kraft $\dot{\psi}(i)$ analytisch darstellen zu können, müsste man (9.45) nach ψ umstellen, dies ist jedoch aus analytischen Gründen nicht möglich. $\qquad \Box$

Quellen

Unter Quellen seien Kraftquellen im allgemeinen Sinne verstanden, d. h. Elemente, an denen – abhängig von der Zeit oder *anderen* Koordinaten – eine Kraft wirkt. Bei Elementen, deren Kraftkomponente von der Ortskoordinate bzw. Geschwindigkeit mit dem gleichen Index abhängt, spricht man von potenzieller bzw. kinetischer Energie. Es entsteht die folgende Einteilung.

Freie Quellen

Freie Quellen sind „Kraftgeber" die nur von der Zeit abhängen. Man könnte nun einen speziellen L-Term bilden, der bei Einsetzen in die Euler-Lagrange-Gleichung die eingeprägte Kraft ergibt.

Gemäß Abschnitt 8.3 sind eingeprägte Kräfte als negative Verluste anzusehen. Deshalb werden sie über die Bildung eines D-Terms erfasst, der bei Ableitung nach der entsprechenden verallgemeinerten Geschwindigkeit die eingeprägte Kraft ergibt. Tabelle 9.3 gibt diesen Sachverhalt wieder.

Tabelle 9.3: Darstellung freier Quellen

Elementebeziehung	D-Term
$Q_i = f(t)$	$\dot{q}_i f(t)$

Gesteuerte Quellen

Bei dieser Art der Kraftquellen hängt die auftretende Kraft vom Ort oder der Geschwindigkeit einer anderen Koordinate ab. In einem elektrischen Netzwerk stellen sie z. B. gesteuerte Strom- und Spannungsquellen dar, die für Ersatzschaltbilder aktiver Elemente wie Transistoren und OPV unentbehrlich sind.

Bei der Aufstellung der L- und D-Terme besteht das Problem, dass die in die L- bzw. D-Funktion einfließenden Terme im gesteuerten Zweig (der gesteuerten Koordinate) die geforderte Kraft einbringen müssen, jedoch den steuernden Zweig nicht beeinflussen dürfen. Wenn die Steuerfunktion f zweimal stetig differenzierbar ist, ist dies ohne weiteres möglich, wie das Einsetzen der Terme aus Tabelle 9.4 in die erweiterte Euler-Lagrange-Gleichung zeigt. Hierbei sind linear gesteuerte Quellen wieder der Sonderfall.

Tabelle 9.4: L- und D-Terme gesteuerter Quellen

Elementebeziehung	L-Term	D-Term
$Q_i = f(q_j)$		$\dot{q}_i f(q_j)$
$Q_i = kq_j$		$k\dot{q}_i q_j$
$Q_i = f(\dot{q}_j)$	$\dfrac{-q_i}{2}f(\dot{q}_j)$	$\dfrac{\dot{q}_i}{2}f(\dot{q}_j) + \dfrac{q_i}{2}\ddot{q}_j f'(\dot{q}_j)$
$Q_i = k\dot{q}_j$	$\dfrac{-kq_i\dot{q}_j}{2}$	$\dfrac{k\dot{q}_i\dot{q}_j}{2}$

Anmerkung:

Bei der Darstellung der linear geschwindigkeitsgesteuerten Quelle ist der D-Term, welcher nur von q_i und $\dot{q}_j$ abhängt, weggelassen, weil er keinen Beitrag zur Euler-Lagrange-Gleichung leistet. Diese Quellenart ist auch die in Ersatzschaltbildern meistverwendete, da Strom und Spannung jeweils verallgemeinerte Geschwindigkeiten darstellen.

Beispiel 4:

Ein idealer Operationsverstärker kann sehr einfach unter Zuhilfenahme einer spannungsgesteuerten Spannungsquelle modelliert werden. Die Tabelle 9.4 führt jedoch

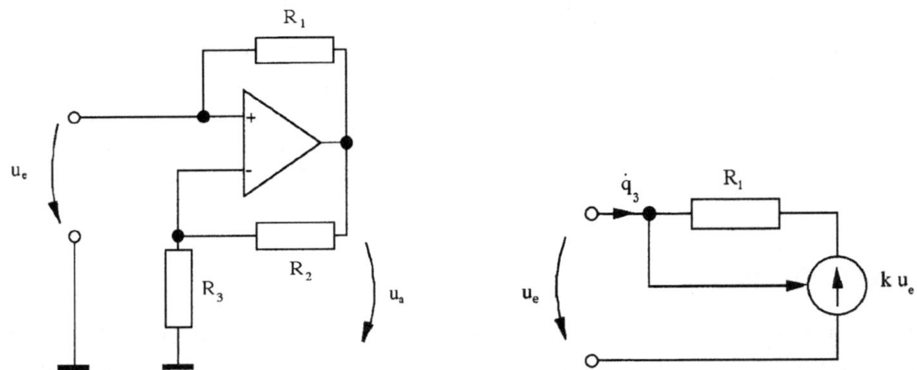

Bild 9.1: OPV-Schaltung mit definierter Verstärkung (links) und vereinfachte OPV-Schaltung (rechts)

einen solchen Fall, bei dem die verallgemeinerte Kraft durch eine andere Kraft gesteuert wird, nicht auf. Es besteht der Ausweg, die steuernde Kraft (Spannung) durch die ihr eindeutig zugeordnete Geschwindigkeit (Strom) zu ersetzen und erst dann nach Tabelle 9.4 zu verfahren.

Nun soll gezeigt werden, wie durch Zusammenfassung kleinerer Schaltungsteile eine starke Vereinfachung erzielt werden kann. Das Bild 9.1 enthält die Schaltung eines OPV, dessen Verstärkung durch den Rückkopplungszweig eingestellt wird.

Die OPV-Schaltung soll näher untersucht werden. Dazu wird der OPV als ideal angesehen, d. h., er stellt eine spannungsgesteuerte Spannungsquelle mit einer unendlichen Verstärkung dar. Dies ist zumindest im Bereich unterhalb der Betriebsspannung in guter Näherung erfüllt.

Nach Bild 9.1 gilt:

$$u_a = v u_e - v u_a \frac{R_3}{R_3 + R_2} \tag{9.47}$$

oder umgeformt:

$$\frac{u_a}{v} = u_e - u_a \frac{R_3}{R_2 + R_3} \ . \tag{9.48}$$

Für den idealen OPV folgt dem Grenzübergang $v \to \infty$:

$$0 = u_e - u_a \frac{R_3}{R_2 + R_3} \tag{9.49}$$

oder:

$$u_a = \frac{R_2 + R_3}{R_3} u_e = k u_e. \tag{9.50}$$

Somit wurden zwei Widerstände und ein Operationsverstärker (OPV) in eine spannungsgesteuerte Spannungsquelle überführt. Das vereinfachte Schaltbild hierzu ist in Bild 9.1 rechts zu sehen.

Jetzt muss noch die steuernde Spannung (Kraft) durch den Strom im betrachteten Zweig dargestellt werden. In unserem Falle sind aber steuernder und gesteuerter Zweig identisch, so dass eine *„selbstgesteuerte"* Quelle entsteht. Eine selbstgesteuerte Quelle ist jedoch nichts anderes als ein resistives Element.

Hierzu ist noch der Zusammenhang zwischen Kraft (Spannung) und Geschwindigkeitsänderung zu suchen, um mit Hilfe der Tabelle 9.1 den D-Term aufstellen zu können. Für diesen Zweipol gilt:

$$u_e = iR_1 + ku_e, \tag{9.51}$$

oder:

$$u_e = \frac{R_1}{1 - k}\dot{q}_3 . \tag{9.52}$$

Damit folgt aus der Tabelle 9.1 der D-Term zu:

$$D_{\mathrm{OPV}} = \frac{R_1}{2(1 - k)}\dot{q}_3^2. \tag{9.53}$$

Diese Schaltung stellt damit nichts anderes als einen negativen Widerstand dar, der zum Beispiel zur Entdämpfung eines Schwingkreises benutzt werden könnte. $\square$

9.1.4 Wandler in verallgemeinerten Koordinate

In technischen, insbesondere in elektromechanischen Systemen nehmen Wandler eine besondere Rolle bei der Modellierung ein, die elektrische, mechanische und andere physikalische bzw. technische Größen miteinander verkoppeln. Dabei ist es bei der Aufstellung von $\{L, D\}$-Modellen für Wandler wichtig, als Beschreibungsform eine möglichst allgemeine Darstellungsweise zu wählen.

Wandler sind somit Bauelemente, die als Black Box betrachtet, verallgemeinerte Kräfte als Ausgangsgrößen in Abhängigkeit von den verallgemeinerten Lagekoordinaten und Geschwindigkeiten an den Eingängen haben. Hier sollen vorerst nur Zweitore betrachtet werden, denn sie sind für die Synthese von Bedeutung.

Sie besitzen genau einen Ein- und einen Ausgang und sind im allgemeinen Fall nicht rückwirkungsfrei. Rückwirkungsfreie Wandler sind z. B. gesteuerte Quellen, für die bereits $\{L, D\}$-Modelle existieren (Abschnitt 9.1.3).

Der bekannteste Wandler in der Elektrotechnik ist der Transformator. Da hier verallgemeinerte Koordinaten Verwendung finden, kommen als Wandler ebenso gut Gyratoren, Zirkulatoren, Traditoren, Transistoren aber auch Elektromagnete, Piezoschwinger, Optokoppler u. a. in Betracht. Weil ein Wandler prinzipiell ein Subsystem mit eigenen *Zwangsbedingungen* (Verknüpfungen zwischen den Koordinaten) darstellt, ist seine Beschreibung auch sehr allgemein. Sie wird hier dadurch vereinfacht, dass vorerst Wandler als Zweitore behandelt wurden. Tabelle 9.5 zeigt die Beziehungen für Wandler in allgemeiner Form.

Tabelle 9.5: L- und D-Terme für Wandler in allgemeiner Form

Nr.	Elementebeziehung	L-Term	D-Term	Bedingung
1	$Q_i = \dfrac{\mathrm{d}}{\mathrm{d}t} f_i(\dot{q}_i, \dot{q}_j)$ $Q_j = \dfrac{\mathrm{d}}{\mathrm{d}t} f_j(\dot{q}_i, \dot{q}_j)$	$\displaystyle\int_{0,0}^{\dot{q}_i,\dot{q}_j} \mathbf{f}\,\mathrm{d}\tilde{\dot{\mathbf{q}}}$		$\dfrac{\partial f_i}{\partial \dot{q}_j} - \dfrac{\partial f_j}{\partial \dot{q}_i} = 0$
2	$Q_i = \dfrac{\mathrm{d}}{\mathrm{d}t}(k\dot{q}_j)$ $Q_j = \dfrac{\mathrm{d}}{\mathrm{d}t}(k\dot{q}_j)$	$k\dot{q}_i\dot{q}_j$		
3	$Q_i = f_i(\dot{q}_i, \dot{q}_j)$ $Q_j = f_j(\dot{q}_i, \dot{q}_j)$		$\displaystyle\int_{0,0}^{\dot{q}_i,\dot{q}_j} \mathbf{f}\,\mathrm{d}\tilde{\dot{\mathbf{q}}}$	$\dfrac{\partial f_i}{\partial \dot{q}_j} - \dfrac{\partial f_j}{\partial \dot{q}_i} = 0$
4	$Q_i = k\dot{q}_j$ $Q_j = k\dot{q}_j$		$k\dot{q}_i\dot{q}_j$	
5	$Q_i = f_i(q_i, q_j)$ $Q_j = f_j(q_i, q_j)$	$-\displaystyle\int_{0,0}^{q_i,q_j} \mathbf{f}\,\mathrm{d}\tilde{\mathbf{q}}$		$\dfrac{\partial f_i}{\partial q_j} - \dfrac{\partial f_j}{\partial q_i} = 0$
6	$Q_i = kq_j$ $Q_j = kq_j$	$-kq_iq_j$		
7	$Q_i = \dfrac{\mathrm{d}}{\mathrm{d}t} f_i(\dot{q}_i, q_j)$ $Q_j = -f_j(\dot{q}_i, q_j)$	$\displaystyle\int_{0,0}^{\dot{q}_i,q_j} \mathbf{f}\,\mathrm{d}(\tilde{\dot{q}}_i, \tilde{q}_j)^T$		$\dfrac{\partial f_i}{\partial q_j} - \dfrac{\partial f_j}{\partial \dot{q}_i} = 0$
8	$Q_i = \dfrac{\mathrm{d}}{\mathrm{d}t}(kq_j)$ $Q_j = -k\dot{q}_j$	$k\dot{q}_iq_j$		

In der Tabelle 9.5 wird die vektorielle Schreibweise verwendet, weil die Energie im Idealfall ein Potenzialfeld im Raum der verallgemeinerten Orts- und Geschwindigkeitskoordinaten darstellt. In diesem Idealfall spricht man von einem holonomen Wandler. Die meisten Wandler in der Praxis sind holonom.

Der Ausdruck $f = (f_i, f_j)^T$ bezeichnet ein Vektorfeld, aus dem die L- und D-Terme des Wandlers über ein Kurvenintegral gewonnen werden. So gesehen sind die Bedingungen, die für die Realisierbarkeit des $\{L, D\}$-Modells angegeben sind, Integrabilitätsbedingungen, die ein Gradientenfeld sicherstellen. Ist nun f ein Gradientenfeld (Potenzialfeld), so ist das Kurvenintegral wegunabhängig und man kann zur Integration den Weg der einfachsten Lösung entlang der Koordinatenachsen wählen, weil man so die Einführung eines Kurvenparameters vermeidet. Es ergibt sich demnach:

$$\int\limits_{0,0}^{q_i,q_j} \mathbf{f}\,\mathrm{d}\tilde{\mathbf{q}} = \int\limits_0^{q_i} f_i\Big|_{\tilde{q}_j=0}\,\mathrm{d}\tilde{q}_i + \int\limits_0^{q_j} f_j\Big|_{\tilde{q}_i=q_i}\,\mathrm{d}\tilde{q}_j. \tag{9.54}$$

Dies gilt analog für alle Kurvenintegrale in Tabelle 9.5.

Die Integrabilitätsbedingungen sind für reziproke Wandler stets erfüllt. Im Folgenden Abschnitt wird gezeigt, dass die Reziprozität eines Wandlers (im Allgemeinen eines n-Tores) die Erfüllung der Integrabilitätsbedingungen impliziert.

Reziprozität von Wandlern

Ein elektrisches Netzwerk kann nach Abschnitt 4.3.3 reziprok oder nicht reziprok sein. Diesen Begriff wollen wir auf Wandler mit verallgemeinerten Koordinaten erweitern.

Wenn bei einem n-Tor zwei beliebige Tore T_1 und T_2 herausgegriffen werden und dabei an T_1 die Spannung u_1 anlegt wird, so misst man bei kurzgeschlossenem Tor T_2 den Strom i_2 in T_2. Legt man nun die Spannung $u_2 = u_1$ an T_2 an, so misst man bei kurzgeschlossenem T_1 den Strom i_1 in T_1. Ist das Netzwerk reziprok, so ist $i_1 = i_2$.

Im Falle linearer Netzwerke sind Ströme und Spannungen zueinander proportional, man kann also schreiben:

$$\frac{u_1}{i_2} = \frac{u_2}{i_1}. \tag{9.55}$$

Dies ist die Reziprozitätsbedingung. Man sieht sofort, dass dies

$$\frac{\partial u_1}{\partial i_2} - \frac{\partial u_2}{\partial i_1} = 0 \tag{9.56}$$

nach sich zieht. Dabei ist nicht zufällig (9.56) gerade eine Integrabilitätsbedingung, die für alle möglichen Kombinationen der n Tore erfüllt sein muss. Bei Wandlern, die Zweitore darstellen, gibt es natürlich nur eine Kombination, die in Tabelle 9.5 als Integrabilitätsbedingung angegeben ist. Mit anderen Worten, reziproke Wandler bzw. Netzwerke sind stets integrabel.

Die Integrabilitätsbedigungen müssen erfüllt sein, weil bei der Herleitung des Hamiltonschen Prinzips ein Gradientenfeld (integrables Feld) für die Gewinnung der Kraft vorausgesetzt wurde (siehe Abschnitt 8.1.1). Die Beschleunigungskräfte und die kinetische Energie werden mit in Betracht gezogen.

Von reziproken Netzwerken kann man mit Sicherheit sagen, dass die Integrabilitätsbedingungen erfüllt sind, weil die Reziprozität die Integrabilität nach sich zieht. Lineare und nur aus Zweipolen bestehende Netzwerke sind stets reziprok, weil

a) alle verallgemeinerten Ortskoordinaten (Ladungen, Flüsse) durch die Kirchhoffschen Sätze *additiv* miteinander verknüpft sind und somit bei der Substitution von q_i durch q_j und Ableitung nach dem Substitut der gleiche Wert erhalten wird wie umgekehrt (Integrabilitätsbedingung),

b) alle Teilnetzwerke eines linearen Netzwerkes bis „hinunter" zum Zweipol ebenfalls linear und somit integrabel sind (Linearität und Integrabilität der Elemente).

Netzwerke, die nur aus hysteresefreien Zweipolen (d. h. solchen mit eindeutiger Kennlinie) bestehen, sind stets integrabel, weil Bedingung a) nach wie vor erfüllt ist und die Nichtlinearität die Reziprozität nur in eine „differenzielle Reziprozität" abschwächt, die aber nach wie vor die Integrabilitätsbedingungen erfüllt. Wenn das Netzwerk hysteresebehaftete Zweipole enthält, wäre die Forderung nach der Integrabilität aller Elemente verletzt.

Beispiel 5:
Bei einem Transformator (Typ 2 in Tabelle 9.5) können die Integrabilitätsbedingungen aufgrund der nichtlinearen Eigenschaften des Eisenkerns verletzt werden. Bei einem idealen Transformator gilt jedoch: $M_{12} = M_{21} = M$. Er ist damit linear und wegen

$$\begin{pmatrix} u_1 \\ u_2 \end{pmatrix} = \begin{pmatrix} L_1 & M_{12} \\ M_{21} & L_2 \end{pmatrix} \cdot \begin{pmatrix} \ddot{q}_1 \\ \ddot{q}_2 \end{pmatrix} \tag{9.57}$$

reziprok sowie integrabel, da die Induktivitätsmatrix symmetrisch ist. Bei Verwendung eines Eisenkerns und Vernachlässigung der Hysterese ist $\mu = f(|\boldsymbol{B}|)$ und somit

$$M_{ij} = g_i(\Psi_j) = h_i(\dot{q}_j) \tag{9.58}$$

wegen $\Psi = \Psi(\dot{q})$.

Ist der Transformator nun vollkommen symmetrisch (d. h. auch mit gleichen Windungszahlen) aufgebaut, so ist er immer noch integrabel, weil die Abbildungsvorschriften h_1 und h_2 identisch sind. Bei Berücksichtigung der Hysterese oder verschiedener Windungszahlen (respektive verketteter Flüsse) ginge die Integrabilität allerdings verloren. In der Praxis werden Übertrager durch Einfügung eines Luftspalts linearisiert, d. h., die Magnetisierung des Eisenkerns erfolgt nicht bis zur Sättigung und es kann die lineare Beziehung $\boldsymbol{B} = \mu\boldsymbol{H}$ verwendet werden. $\qquad\square$

Nichtintegrable Wandler

Sind die Integrabilitätsbedingungen erfüllt, dann spricht man in der Mechanik von einem holonomen System. Dies lässt sich, da elektrische Netzwerke ebenfalls dem Hamiltonschen Prinzip folgen, auf elektrische Netzwerke übertragen. Liegt also ein holonomes

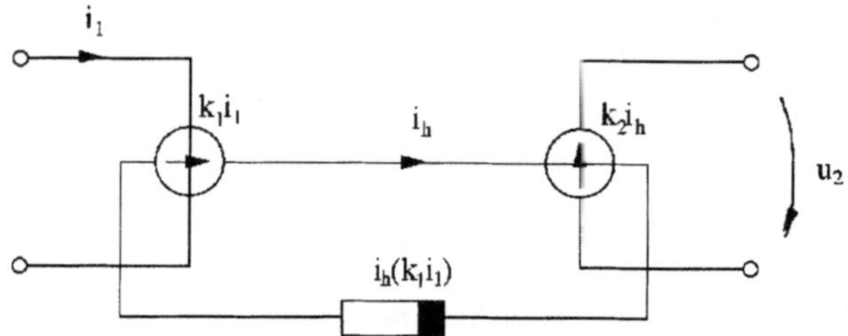

Bild 9.2: Gesteuerte Quelle mit Hilfsmasche

System vor, so existiert für die verallgemeinerte Kraft ein eindeutiges Potenzialfeld und die Bewegungsgleichungen können unmittelbar gewonnen werden.

Bei nichtholonomen Systemen, d. h., die Integrabilitätsbedingungen sind nicht erfüllt, existieren zusätzliche Zwangsbedingungen für die $\dot{q}_k$ und die Integrabilitätsbedingungen sind nicht erfüllt. In diesem Falle beschreitet man in der Mechanik den Weg, zusätzliche Freiheitsgrade einzuführen, die dann die zusätzlichen Zwangsbedingungen erfüllen. Eine solche Zwangsbedingung für die verallgemeinerten Geschwindigkeiten in der Elektrotechnik ergibt sich aus der Abhängigkeit der Gegeninduktivität vom verketteten Fluss infolge der nichtlinearen Magnetisierungskennlinie des Eisens im Beispiel des Transformators.

Die Verkettung der $\dot{q}_k$ lässt sich in diesem Fall nicht durch Integration auf eine Verkettung der q_k zurückführen, wie es zum Beispiel bei den Knotengleichungen eines Netzwerks der Fall wäre.

Welche Möglichkeiten bestehen, nichtintegrable Wandler in Form eines $\{L, D\}$-Modells darzustellen? Eine Form nichtintegrabler Wandler haben wir bereits kennengelernt, es sind die gesteuerten Quellen. Hierbei wird die D-Funktion zu Hilfe genommen, die an der Variation der L-Funktion originär nicht beteiligt ist. Werden durch Hinzufügen der Ableitung der D-Funktion zur Euler-Lagrange-Gleichung die Bedingungen des d'Alembertschen Prinzips (aus dem das Hamiltonsche Prinzip hervorgegangen ist) erfüllt, dann ergeben sich die korrekten Bewegungsgleichungen. Im Falle der gesteuerten Quellen ist dies durch geschickte Überlegung und Formelumstellung noch möglich (siehe Tabelle 9.4).

Reale Wandler sind im Gegensatz zu gesteuerten Quellen stets rückwirkungsbehaftet. Dann muss zuerst herausgefunden werden, ob es sich um einen reziproken, also integrablen Wandler handelt. Ist dies nicht der Fall, so kann ein Weg beschritten werden, der von der Einführung eines zusätzlichen Freiheitsgrades Gebrauch macht.

Eine nichtlineare gesteuerte Quelle kann z. B. durch zwei lineare gesteuerte Quellen und einen „Hilfskreis" mit einem nichtlinearen Element (Bild 9.2) dargestellt werden.

Der nichtlineare Hilfszweipol bestimmt dabei die Kennlinie der gesteuerten Quelle $u_2(i_1) = k_2 i_h(k_1 i_1)$. Dies ist jedoch einfacher durch das $\{L, D\}$-Modell aus Tabelle 9.4 darstellbar.

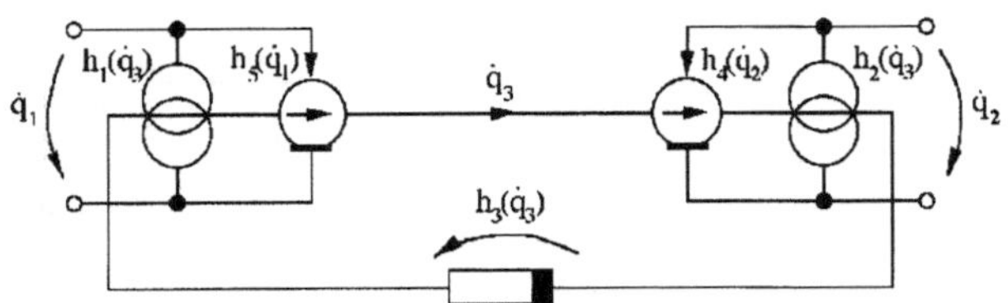

Bild 9.3: Rückwirkungsbehafteter Wandler mit Hilfsmasche

Da uns rückwirkungsbehaftete Wandler interessieren, soll diese Methode nun verallgemeinert werden. Hierzu werden sowohl dem Eingang als auch dem Ausgang je zwei gesteuerte Quellen zugeordnet. Eine, die das jeweils andere Tor steuert und eine, die die Rückwirkung des anderen Tores einprägt. Das Ergebnis zeigt die Schaltung in Bild 9.3.

Es kommen sowohl stromgesteuerte Stromquellen als auch spannungsgesteuerte Spannungsquellen zum Einsatz. Bei Verwendung der Fluss- oder Ladungsformulierung würden diese Bauelemente keine gesteuerten Quellen, sondern nichtreziproke (multiplikative) Verknüpfungen zwischen verallgemeinerten Geschwindigkeiten darstellen. Deshalb wird in diesem Beispiel die gemischte Formulierung, wobei die gesteuerte Größe jeweils im komplementären Teil des Gerüstes bzw. Co-Gerüstes mit der komplementären Formulierung liegt, verwendet. Zum Verständnis an dieser Stelle ist zunächst jedoch nur wichtig, dass in der Hilfsmasche die Ladung den Ort (und somit die Spannung die Kraft) darstellt und an den Toren der Fluss den Ort (und somit der Strom die Kraft) darstellt. Also sind die Geschwindigkeiten $\dot{q}_1$ und $\dot{q}_2$ Spannungen und $\dot{q}_3$ ein Strom.

In diesem als Subsystem zu betrachtenden Wandler wirkt nun eine Zwangsbedingung der Art:

$$h_3(\dot{q}_3) + h_4(\dot{q}_2) + h_5(\dot{q}_1) = 0. \tag{9.59}$$

Das ist eine durch die Topologie des Netzwerkes gegebene Maschengleichung. Diese Zwangsbedingung muss zu jedem Zeitpunkt erfüllt sein und sie vermindert die Anzahl der Freiheitsgrade (3 : q_1, q_2, q_3) um Eins, da beim Aufstellen der Bewegungsgleichungen

$$\dot{q}_3 = h_3^{-1}(-h_4(\dot{q}_2) - h_5(\dot{q}_1)) \tag{9.60}$$

gilt. Zunächst sollen die Kräfteverhältnisse am Wandler, die sich aus dem d'Alembertschen Prinzip ergeben, aufgestellt werden. Hierbei und auch im Folgenden gilt die Summationskonvention, die festlegt, dass über Indizes, die doppelt auftreten, summiert wird:

$$x_\nu y_\nu = \sum_{i=1}^{f} x_i y_i, \tag{9.61}$$

wobei f die Anzahl der Freiheitsgrade angibt. Mit dieser Vereinbarung können nun die Kräfte Q_1 und Q_2 am Wandler und die Kraft Q_3 im Wandler wie folgt dargestellt werden:

$$\boldsymbol{Q} = \begin{pmatrix} Q_1 \\ Q_2 \\ Q_3 \end{pmatrix} = \begin{pmatrix} \dfrac{\mathrm{d}}{\mathrm{d}t}\dfrac{\partial L}{\partial \dot{q}_1} - \dfrac{\partial L}{\partial q_1} + \dfrac{\partial D}{\partial \dot{q}_1} \\[2ex] \dfrac{\mathrm{d}}{\mathrm{d}t}\dfrac{\partial L}{\partial \dot{q}_2} - \dfrac{\partial L}{\partial q_2} + \dfrac{\partial D}{\partial \dot{q}_2} \\[2ex] \dfrac{\mathrm{d}}{\mathrm{d}t}\dfrac{\partial L}{\partial \dot{q}_3} - \dfrac{\partial L}{\partial q_3} + \dfrac{\partial D}{\partial \dot{q}_3} \end{pmatrix} = \begin{pmatrix} \dfrac{\partial D}{\partial \dot{q}_1} + \ddot{q}_\nu \dfrac{\partial \frac{\partial L}{\partial \dot{q}_1}}{\partial \dot{q}_\nu} + \dot{q}_\nu \dfrac{\partial \frac{\partial L}{\partial \dot{q}_1}}{\partial q_\nu} - \dfrac{\partial L}{\partial q_1} \\[3ex] \dfrac{\partial D}{\partial \dot{q}_2} + \ddot{q}_\nu \dfrac{\partial \frac{\partial L}{\partial \dot{q}_2}}{\partial \dot{q}_\nu} + \dot{q}_\nu \dfrac{\partial \frac{\partial L}{\partial \dot{q}_2}}{\partial q_\nu} - \dfrac{\partial L}{\partial q_2} \\[3ex] \dfrac{\partial D}{\partial \dot{q}_3} + \ddot{q}_\nu \dfrac{\partial \frac{\partial L}{\partial \dot{q}_3}}{\partial \dot{q}_\nu} + \dot{q}_\nu \dfrac{\partial \frac{\partial L}{\partial \dot{q}_3}}{\partial q_\nu} - \dfrac{\partial L}{\partial q_3} \end{pmatrix}$$

$$\stackrel{!}{=} \begin{pmatrix} h_1(\dot{q}_3) \\ h_2(\dot{q}_3) \\ h_3(\dot{q}_3) + h_4(\dot{q}_2) + h_5(\dot{q}_1) \end{pmatrix}. \tag{9.62}$$

Dabei muss die dritte Koordinate des Kraftvektors gemäß der Maschengleichung (9.59) verschwinden. Hier gelangt nun ein Ansatz für die L-Funktion zum Einsatz, der alle Koeffizienten von $\ddot{q}$ zu Null werden lässt:

$$L = \dot{q}_\nu g_\nu(\boldsymbol{q}) + g_0(\boldsymbol{q}). \tag{9.63}$$

Auf diese Weise befindet sich keine kinetische Energie im Wandler (z. B. in Ladungsformulierung keine Induktivitäten) und es kann keine Resonanz in Wechselwirkung mit der potenziellen Energie (Kapazitäten) auftreten. Es gilt:

$$\frac{\partial \frac{\partial L}{\partial \dot{q}_\mu}}{\partial q_\nu} = \frac{\partial g_\mu(\boldsymbol{q})}{\partial q_\nu}. \tag{9.64}$$

Um im Folgenden die Schreibweise zu vereinfachen, wird der Begriff des *Kommutators* eingeführt. Er findet hauptsächlich in der Quantenmechanik Verwendung[1] und verknüpft zwei im Regelfall nicht kommutative Operatoren U und V durch:

$$< U, V >= UV - VU. \tag{9.65}$$

Für diese Kommutatoren gelten eine Reihe von Rechenregeln, die aber an dieser Stelle nicht angegeben werden, da sie für die weiteren Ausführungen keine Bedeutung haben. Es gibt außerdem eine Formulierung der Hamiltonschen Theorie, die von sogenannten Poissonklammern Gebrauch macht. Für sie gelten die gleichen Rechenregeln wie für Kommutatoren. Da sie aber nur eine andere Formulierung der Hamiltonschen Theorie ist, wird sie im Weiteren nicht behandelt. Im Folgenden wird der Kommutator angewendet, der den Operator „wähle den Index μ aus" $W(\mu)$ verknüpft:

$$< W(\mu), W(\nu) > \frac{\partial}{\partial q}\, g = \frac{\partial}{\partial q_\mu}\, g_\nu - \frac{\partial}{\partial q_\nu}\, g_\mu = d_{\mu\nu}. \tag{9.66}$$

---

[1]Schmutzer, E.: Grundlagen der Theoretischen Physik, Teil II. VEB Deutscher Verlag der Wissenschaften, Berlin, 1989, S. 1147 (Kommutatoren und ihre Rechenregeln).

Es ist also:

$$d_{12} = \frac{\partial g_2}{\partial q_1} - \frac{\partial g_1}{\partial q_2},$$

$$d_{23} = \frac{\partial g_3}{\partial q_2} - \frac{\partial g_2}{\partial q_3}, \qquad (9.67)$$

$$d_{31} = \frac{\partial g_1}{\partial q_3} - \frac{\partial g_3}{\partial q_1}.$$

Mit diesen Abkürzungen wird (9.62) zu:

$$\frac{\partial D}{\partial \dot{q}_1} - \dot{q}_2 d_{12} + \dot{q}_3 d_{31} - \frac{\partial g_0}{\partial q_1} = h_1(\dot{q}_3), \qquad (9.68)$$

$$\frac{\partial D}{\partial \dot{q}_2} + \dot{q}_1 d_{12} - \dot{q}_3 d_{23} - \frac{\partial g_0}{\partial q_2} = h_2(\dot{q}_3), \qquad (9.69)$$

$$\frac{\partial D}{\partial \dot{q}_3} - \dot{q}_1 d_{31} + \dot{q}_2 d_{23} - \frac{\partial g_0}{\partial q_3} = h_3(\dot{q}_3) + h_4(\dot{q}_2) + h_5(\dot{q}_1). \qquad (9.70)$$

Aus (9.68) kann durch die Integration nach $\dot{q}_1$ die D-Funktion gewonnen werden. Es ergibt sich:

$$D = \dot{q}_1 \dot{q}_2 d_{12} - \dot{q}_1 \dot{q}_3 d_{31} + \dot{q}_1 \frac{\partial g_0}{\partial q_1} + \dot{q}_1 h_1(\dot{q}_3) + g_4(\dot{q}_2, \dot{q}_3, \boldsymbol{q}). \qquad (9.71)$$

Hierbei ist $g_4(\dot{q}_2, \dot{q}_3, \boldsymbol{q})$ eine Integrationskonstante, weil sie nicht von $\dot{q}_1$ abhängt. Die so erhaltene D-Funktion kann nun nach $\dot{q}_2$ abgeleitet und in (9.69) eingesetzt werden. Die neue Gleichung (9.69) lautet dann:

$$2\dot{q}_1 d_{12} + \frac{\partial g_4}{\partial \dot{q}_2} - \dot{q}_3 d_{23} - \frac{\partial g_0}{\partial q_2} = h_2(\dot{q}_3). \qquad (9.72)$$

Die linke Seite dieser Gleichung darf nur von $\dot{q}_3$ abhängig sein, d. h.:

$$d_{12} = 0 \qquad \text{und} \qquad \frac{\partial g_0}{\partial q_2} = \text{const.} \qquad (9.73)$$

Zunächst sei $d_{12} = 0$ Null gesetzt. Im nächsten Schritt wird (9.72) durch Integration nach $\dot{q}_2$ nach g_4 aufgelöst und es folgt die Formel:

$$g_4 = \dot{q}_2 \dot{q}_3 d_{23} + \dot{q}_2 \frac{\partial g_0}{\partial q_2} + \dot{q}_2 h_2(\dot{q}_3) + g_5(\dot{q}_3, \boldsymbol{q}), \qquad (9.74)$$

wobei g_5 ebenfalls eine Integrationskonstante darstellt. Nun werden (9.73) und (9.74) in (9.71) eingesetzt, dann wird (9.71) nach $\dot{q}_3$ abgeleitet und in (9.70) eingesetzt. Am Ende dieser Substitutionskette nimmt (9.70) die Form

$$[-2d_{31}+h_1'(\dot{q}_3)]\dot{q}_1 + [2d_{23}+h_2'(\dot{q}_3)]\dot{q}_2 + \frac{\partial g_5(\dot{q}_3, \boldsymbol{q})}{\partial \dot{q}_3} - \frac{\partial g_0}{\partial q_3} = h_3(\dot{q}_3) + h_4(\dot{q}_2) + h_5(\dot{q}_1) \qquad (9.75)$$

an. Die linke Seite von (9.75) darf also nur noch aus drei Termen bestehen, die nur von $\dot{q}_1$, $\dot{q}_2$ und $\dot{q}_3$ abhängen. Also müssen die Koeffizienten der Geschwindigkeiten in (9.75) konstant sein. Das wiederum heißt, dass $h'_1(\dot{q}_3)$ und $h'_2(\dot{q}_3)$ konstant sein müssen, also lineare Funktionen von $\dot{q}_3$ sind. Somit gilt:

$$h_1 = H_1\dot{q}_3, \tag{9.76}$$

$$h_2 = H_2\dot{q}_3, \tag{9.77}$$

$$h_4 = H_4\dot{q}_2, \tag{9.78}$$

$$h_5 = H_1\dot{q}_1, \tag{9.79}$$

$$\frac{\partial g_0}{\partial q_3} = \text{const.} \tag{9.80}$$

Daraus und aus (9.75) gehen noch die Ausdrücke

$$d_{31} = \frac{H_1 - H_5}{2}, \tag{9.81}$$

$$d_{23} = \frac{H_4 - H_2}{2}, \tag{9.82}$$

$$g_5 = \int h_3(\dot{q}_3)\, d\dot{q}_3 + \dot{q}_3 \frac{\partial g_0}{\partial q_3} + g_6(\boldsymbol{q}) \tag{9.83}$$

hervor. Man beachte, dass g_6 wegen (9.74) nicht von $\dot{q}_1$ und $\dot{q}_2$ abhängen darf, obwohl dies bei formaler Integration möglich wäre. Wird nun (9.74) und (9.76) bis (9.83) in (9.71) eingesetzt, so erhält man die Lösung für den Beitrag des Wandlers zur D-Funktion

$$D = \frac{H_1 + H_5}{2}\dot{q}_1\dot{q}_3 + \frac{H_2 + H_4}{2}\dot{q}_2\dot{q}_3\dot{q}_\nu \frac{\partial g_0}{\partial q_\nu} + \int h_3(\dot{q}_3)\, d\dot{q}_3 + g_6(\boldsymbol{q}). \tag{9.84}$$

Ohne Verlust der Gültigkeit der Gleichungen (9.76) bis (9.83) kann man nun g_0 und g_6 zu Null setzen, weil sie Integrationskonstanten darstellen.

Zur Gewinnung der L-Terme müssen die $d_{\mu\nu}$ herangezogen werden. Am Anfang wurde vereinbart, dass keine geschwindigkeitsabhängigen Terme existieren. Schreibt man die $d_{\mu\nu}$ in (9.73), (9.81) und (9.82) aus, so stellt man fest, dass diese Operatoren den Rotor des Vektorfeldes $\boldsymbol{g}$ im kartesischen Koordinatensystem mit den q_i als Koordinaten darstellen:

$$\begin{pmatrix} d_{23} \\ d_{31} \\ d_{12} \end{pmatrix} = \begin{pmatrix} \dfrac{H_4 - H_2}{2} \\[2mm] \dfrac{H_1 - H_5}{2} \\[2mm] 0 \end{pmatrix} = \begin{pmatrix} \dfrac{\partial g_3}{\partial q_2} - \dfrac{\partial g_2}{\partial q_3} \\[2mm] \dfrac{\partial g_1}{\partial q_3} - \dfrac{\partial g_3}{\partial q_1} \\[2mm] \dfrac{\partial g_2}{\partial q_1} - \dfrac{\partial g_1}{\partial q_2} \end{pmatrix} = \text{rot}\,\boldsymbol{g}. \tag{9.85}$$

Somit ist $\boldsymbol{g}$ nichts anderes als ein Vektorpotenzial für das homogene (ortsunabhängige) Feld $(d_{23}, d_{31}, d_{12})^T$. Die Lösung besteht wie bei jeder Differenzialgleichung aus einem inhomogenen Teil (einer beliebigen speziellen Lösung) und einem homogenen Teil (der allgemeinen Lösung für rot $g = 0$). Die einfachste spezielle Lösung hat die Form:

$$\begin{pmatrix} g_1^* \\ g_2^* \\ g_3^* \end{pmatrix} = \begin{pmatrix} 0 \\ 0 \\ g_3^*(q_1, q_2) \end{pmatrix} . \tag{9.86}$$

Nach dem Einsetzen in (9.85) gelangt man zu dem Ausdruck:

$$\frac{\partial g_3^*}{\partial q_2} = \frac{H_4 - H_2}{2} , \tag{9.87}$$

$$\frac{\partial g_3^*}{\partial q_1} = -\frac{H_1 - H_5}{2} , \tag{9.88}$$

woraus

$$g_3^* = q_2 \frac{H_4 - H_2}{2} - q_1 \frac{H_1 - H_5}{2} \tag{9.89}$$

folgt. Wegen rot grad $u = 0$ kann der speziellen Lösung nun noch ein beliebiger Gradient als wirbelfreie Komponente hinzugefügt werden. Die allgemeinste Form für g lautet deshalb:

$$\begin{pmatrix} g_1 \\ g_2 \\ g_3 \end{pmatrix} = \begin{pmatrix} g_1^* \\ g_2^* \\ g_3^* \end{pmatrix} + \mathrm{grad}\, u = \begin{pmatrix} \dfrac{\partial u}{\partial q_1} \\[2ex] \dfrac{\partial u}{\partial q_2} \\[2ex] g_3^* + \dfrac{\partial u}{\partial q_3} \end{pmatrix} . \tag{9.90}$$

Wenn man nun $h_3(\dot{q}_3) = 0$ und

$$u = q_3 q_1 \frac{H_1 - H_5}{2} + q_3 q_2 \frac{H_2 - H_4}{2} \tag{9.91}$$

wählt, so erkennt man die lineare wechselseitige Kopplung zwischen den Zweigen, wie sie auch aus Tabelle 9.4 gewonnen werden kann. Wird jedoch $u = 0$ gewählt, so ist $g = g^*$ und (9.85) ist nach wie vor gültig. Da dies die einfachste Form von g ist, verwenden wir sie auch, wenn wir g in (9.63) einsetzen. Das war der Ausgangspunkt. Schließlich verifiziert sich das Ergebnis:

$$L = \dot{q}_3 \left(q_2 \frac{H_4 - H_2}{2} - q_1 \frac{H_1 - H_5}{2} \right) , \tag{9.92}$$

$$D = \frac{H_1 + H_5}{2} \dot{q}_1 \dot{q}_3 + \frac{H_2 + H_4}{2} \dot{q}_2 \dot{q}_3 + \int h_3(\dot{q}_3)\, d\dot{q}_3 . \tag{9.93}$$

Dieses $\{L, D\}$-Modell kann eine weite Palette nichtlinearer Wandler beschreiben. Sie müssen gemäß Bild 9.3 nur in der Form

$$i_1 = H_1 h_3^{-1}(-H_5 u_1 - H_4 u_2), \tag{9.94}$$

$$i_2 = H_2 h_3^{-1}(-H_5 u_1 - H_4 u_2) \tag{9.95}$$

darstellbar sein. Man setzt dabei $h_3^{-1} = f$ und invertiert die Funktion f erst später bei der Realisierung. Da es sich um verallgemeinerte Lage- und Geschwindigkeitskoordinaten handelt, können für u und i auch nicht elektrische Größen eingesetzt werden.

9.2 Elemente höherer ganzzahliger Ordnung

Die Ziele dieses Abschnittes bestehen darin, dem Leser die Theorie der Elemente höherer Ordnung vorzustellen und eine Eingliederung der bekannten Zweipolelemente von Elektrotechnik und Mechanik in diese Theorie vorzunehmen.

Die Elemente höherer Ordnung eröffnen in der Elektrotechnik neue Möglichkeiten. Sie ermöglichen es, neue Charakteristiken darzustellen oder bekannte auf anderem Wege nachzubilden. Beispiele hierfür sind die Nachbildung des Verhaltens eines Bipolartransistors und der Einsatz von Elementen höherer Ordnung als Korrekturglieder in technischen Anordnungen.

Superinduktivitäten und Superkapazitäten, beides Elemente zweiter Ordnung, finden in der Filtertechnik Anwendung.

Im Folgenden wird die Theorie der Elemente höherer Ordnung anschaulich dargestellt und in den Lagrange- und Hamilton-Formalismus integriert. Es werden die $\{L, D\}$-Modelle für lineare und nichtlineare Elemente höherer Ordnung aufgestellt und die Analyse mittels dieser Modelle demonstriert.

9.2.1 Definition und theoretische Grundlagen der Elemente höherer ganzzahliger Ordnung

Grundelemente der Elektrotechnik und Mechanik

Den Anfang bilden die Beschreibungsgleichungen für die Grundelemente von Elektrotechnik und Mechanik. In der Elektrotechnik sind das

- der elektrische Widerstand R:

$$u = R\,i = R\frac{\mathrm{d}^0}{\mathrm{d}t^0}\,i, \tag{9.96}$$

- die Induktivität L^*:

$$u = L^*\frac{\mathrm{d}i}{\mathrm{d}t} = L^*\frac{\mathrm{d}^1}{\mathrm{d}t^1}\,i, \tag{9.97}$$

- und die Kapazität C:

$$u = \frac{1}{C}\int i\,\mathrm{d}t = \frac{1}{C}\frac{\mathrm{d}^{-1}}{\mathrm{d}t^{-1}}\,i. \tag{9.98}$$

In der Mechanik sind es

- die Dämpfung D^*:

$$F = D^*v = D^*\frac{\mathrm{d}^0}{\mathrm{d}t^0}\,v, \tag{9.99}$$

- die Masse m:

$$F = m \frac{\mathrm{d}}{\mathrm{d}t} v = m \frac{\mathrm{d}^1}{\mathrm{d}t^1} v, \tag{9.100}$$

- und die Federkonstante k^*:

$$F = k^* \int v \, \mathrm{d}t = k^* \frac{\mathrm{d}^{-1}}{\mathrm{d}t^{-1}} v. \tag{9.101}$$

Allgemeine Definitionsgleichung der Elemente höherer Ordnung

Mit den Gleichungen (9.96) bis (9.101) wird deutlich, dass die Elementebeziehungen bzw. Zweipolrelationen derjenigen Elemente mittels zeitlicher Ableitungen bzw. Integrale der jeweiligen Zustandsgröße (in der Elektrotechnik - elektrischer Strom i; in der Mechanik - mechanische Geschwindigkeit v) darstellbar sind. Beschränkt man die Ableitungen nach der Zeit t nicht auf 1, -1 und 0, sondern lässt sie die ganzen Zahlen von -n bis n durchlaufen, so führt das zu den Elementen höherer ganzzahliger Ordnung.

Später wird die Beschränkung auf ganzzahlige Elemente höherer Ordnung aufgehoben. Durch die Anwendung der fraktionalen Differenzial- und Integralrechnung können α und β rationale Zahlen formell auch irrationale Zahlen durchlaufen bzw. komplex sein. Dieser Kalkül, bekannt auch unter dem Begriff *„fraktionale Differenziation"*, führt wiederum zu neuen Elementen höherer nicht ganzzahliger Ordnung und angewendet zu wesentlich genaueren Approximationsfunktionen realer Kennlinien.

Die Definitionsgleichung für Elemente höherer Ordnung in normierter Form lautet:

$$p^{\beta} y = f\left(p^{\alpha} x\right), \tag{9.102}$$

wobei α, β ganzzahlig sind, f eine n-mal stetig differenzierbare Funktion ist und der Differenzialoperator p folgendermaßen festgelegt ist.

n natürliche Zahl:

$$p^n(.) = \frac{\mathrm{d}^n(.)}{\mathrm{d}\tau^n} = T_0^n \frac{\mathrm{d}^n(.)}{\mathrm{d}t^n}, \tag{9.103}$$

$n < 0$, ganzzahlig:

$$p^n(.) = \int\limits_{\tau_0}^{\tau_1} \int\limits_{\tau_0}^{\tau_2} \dots \int\limits_{\tau_0}^{\tau_n} (\cdot) \, \mathrm{d}\tau_1 \dots \mathrm{d}\tau_n. \tag{9.104}$$

Da Gleichung (9.102) eine normierte Form darstellt, bestehen verschiedene Möglichkeiten der Entnormierung. Findet Gleichung (9.102) in der Elekrotechnik Anwendung, bestehen zwei grundsätzliche Varianten. Entnormiert man mit $x = i/I_0$ und $y = u/U_0$, so liegt die *Ladungsformulierung* $(i = \dot{q})$ vor. Setzt man für $x = u/U_0$ und $y = i/I_0$, so spricht man von der *Flussformulierung* $(u = \dot{\psi})$. Unter Verwendung der Ladungsformulierung erhält man für die $\{\alpha, \beta\}$ - Paare: (0,0), (0,-1) und (-1,0) die elektrischen Grundzweipole: elektrischer Widerstand R, Induktivität L^* und Kapazität C.

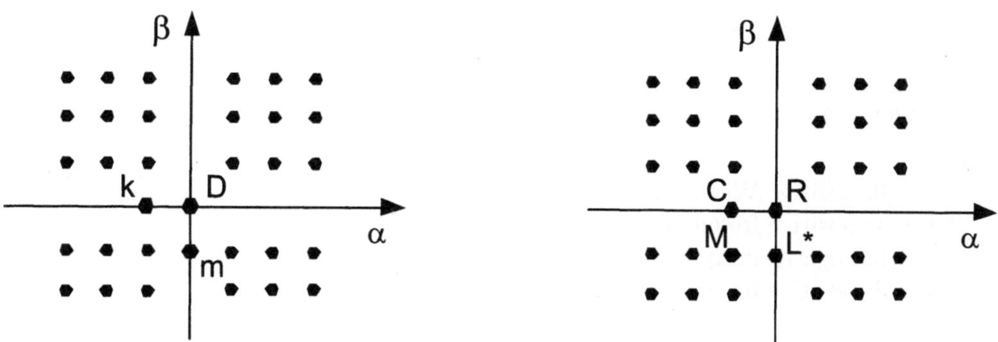

Bild 9.4: Übersicht für Elemente höherer ganzzahliger Ordnung der Elektrotechnik (rechts) und der Mechanik (links)

Aus $\alpha = \beta = -1$ resultiert das erste und einfachste Element höherer Ordnung - der *Memristor* - „*memory resistor*" - „*speichernder Widerstand*".

Findet Gleichung (9.102) in der Mechanik Anwendung, so gibt es auch hier zwei grundsätzliche Entnormierungsmöglichkeiten. Wird für $x = v/v_0$ und $y = F/F_0$ gesetzt, spricht man von der Wegformulierung und mit der Entnormierung $x = F/F_0$ und $y = v/v_0$ von der Impulsformulierung.

Bei der Verwendung der Wegformulierung ergeben sich für die $\{\alpha, \beta\}$ - Paare: (0,0), (0,-1) und (-1,0) die mechanischen Grundelemente: mechanische Dämpfung D^*, Masse m und Federkonstante k^*. Der Vektorcharakter von Kraft und Bewegung wird hier vorerst außer Betracht gelassen.

Lässt man nun α und β ganzzahlig abzählbar unbegrenzt laufen, so führt das auf eine abzählbare Menge neuer Elemente. Jedes Zweipolelement mit $|\alpha| \geq 1$ oder $|\beta| \geq 1$ heißt Element höherer Ordnung. Eine Darstellungsform für α und β und den daraus resultierenden Elementen höherer Ordnung geben die Bilder 9.4 wieder.

Bei einem linearen Kennlinienverlauf kann die Gleichung (9.102) immer explizit nach x bzw. y aufgelöst werden. Aus (9.102) folgt dann

$$y = p^{-\beta} f(p^\alpha x) = \int_{t_0}^{t_1} \int_{t_0}^{t_2} \dots \int_{t_0}^{t_\beta} f(p^\alpha x)\, dt_1 \dots dt_\beta, \tag{9.105}$$

so dass sich mit

$$f(p^\alpha x) = K p^\alpha x \tag{9.106}$$

die Formen

$$y = p^{-\beta} K p^\alpha x = K p^{\alpha-\beta} x = K p^k x \qquad \text{bzw.} \qquad x = \frac{1}{K} p^{-k} y \tag{9.107}$$

ergeben. Aus den Gleichungen (9.107) ist weiter zu entnehmen:

Solange sich die Elemente im Bild 9.4 auf einer Geraden mit $\alpha - \beta = const.$ befinden, tragen sie den gleichen Charakter.

Für Elemente der Elektrotechnik gilt mit $k = \alpha - \beta$:

$k = 0$: positive Widerstände,
$k = 1$: positive frequenzabhängige Induktivitäten,
$k = 2$: negative frequenzabhängige Widerstände,
$k = 3$: positive frequenzabhängige Kapazitäten.

Für Elemente der Mechanik gilt mit $k = \alpha - \beta$:

$k = 0$: positive Dämpfung,
$k = 1$: positive frequenzabhängige Masse,
$k = 2$: negative frequenzabhängige Dämpfung,
$k = 3$: positive frequenzabhängige Federkonstante.

Erhöht man k weiter, so ist eine periodische Wiederkehr dieser vier verschiedenen Charakteristiken erkennbar.

Betrag und Phasenverhalten der Elemente höherer Ordnung der Elektrotechnik

Die Elemente höherer Ordnung werden in verschiedene Gruppen unterteilt. Analog zu den Grundelementen ist die Art der Kennlinie ein wesentliches Unterscheidungsmerkmal. So kann man diese in lineare und nichtlineare Elemente höherer Ordnung unterteilen. Nichtlineare Elemente höherer Ordnung werden durch den Verlauf der Kennlinie $f(.)$ und die Zeitoperatorexponenten α und β charakterisiert. Im linearen Fall wird die Kennlinie durch eine Konstante repräsentiert, wobei die Differenz der Zeitoperatorexponenten $k = \alpha - \beta$ zur Charakterisierung des Zeitverhaltens ausreicht. Die Differenz $k = \alpha - \beta$ beinhaltet ebenso die Ordnung des Elementes.

Ein allgemeiner Zweipol wird durch die anliegende Spannung und den fließenden Strom eindeutig bestimmt. Man unterscheidet hierbei zwischen *stromgesteuertem* und *spannungsgesteuertem Zweipol*. Von Bedeutung sind diese besonders bei der Realisierung von Elementen höherer Ordnung.

Aus dem Strom-Spannungs-Verhalten lässt sich auch die Übertragungsfunktion der Elemente höherer Ordnung bestimmen. So wird ein linearer stromgesteuerter Zweipol durch eine Impedanzfunktion, sowie ein linearer spannungsgesteuerter Zweipol durch eine Admittanzfunktion beschrieben. Die für einen linearen stromgesteuerten Zweipol lautet:

$$H_Z(p^*) = \frac{A(p^*)}{E(p^*)} = \frac{U(p^*)}{I(p^*)} = Z(p^*) = Kp^{*k} \qquad \text{mit} \qquad [K] = \frac{V}{A}s^k, \qquad (9.108)$$

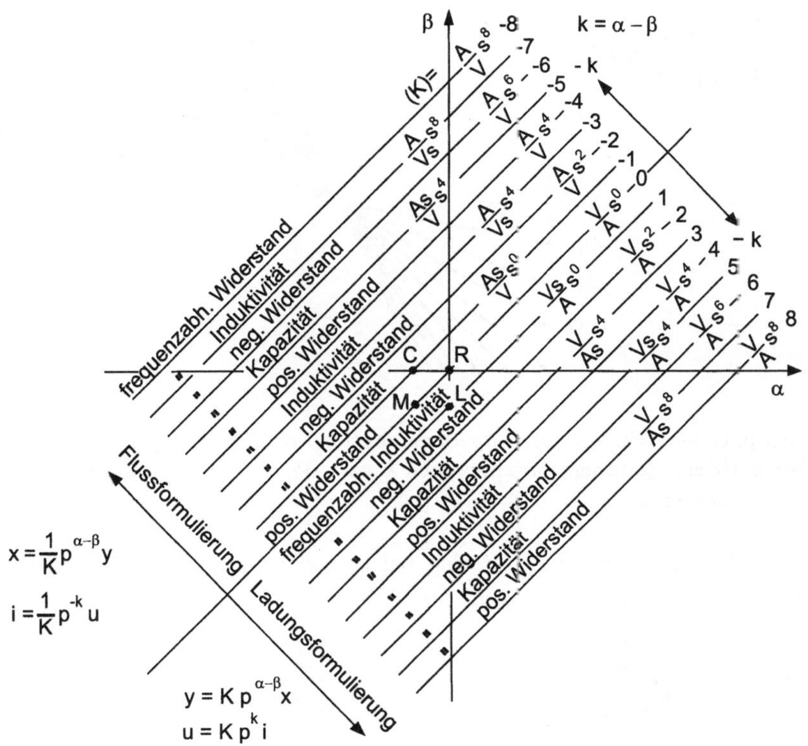

$$x = \frac{1}{K} p^{\alpha-\beta} y$$

$$i = \frac{1}{K} p^{-k} u$$

$$y = K p^{\alpha-\beta} x$$

$$u = K p^{k} i$$

Bild 9.5: Elementeübersicht für $k = -8$ bis $k = +8$

für einen linearen spannungsgesteuerten Zweipol:

$$H_Y(p^*) = \frac{A(p^*)}{E(p^*)} = \frac{I(p^*)}{U(p^*)} = Y(p^*) = \frac{1}{K} p^{*-k} \qquad \text{mit} \qquad [K] = \frac{A}{V} \varepsilon^{-k}. \tag{9.109}$$

Nun sollen die Elemente höherer Ordnung miteinander und mit den Grundelementen verglichen werden. Hierzu werden Betrag und Phase des komplexen Widerstandes bzw. Leitwertes herangezogen.

Mit der Bezugsgröße $z_0 = K\omega_0^k$ erhält man aus Gleichung (9.108) das logarithmische Amplitudenmaß (9.110) der Impedanzfunktion , sowie mit $y_0 = 1/K\omega_0^{-k}$ und (9.109) das logarithmische Amplitudenmaß (9.111) der Admittanzfunktion:

$$\left. \frac{|z|}{|z_0|} \right|_{\text{dB}} = 20\,k \lg\left(\frac{\omega}{\omega_0}\right), \tag{9.110}$$

$$\left. \frac{|y|}{|y_0|} \right|_{\text{dB}} = -20\,k \lg\left(\frac{\omega}{\omega_0}\right). \tag{9.111}$$

Dabei ist das entscheidende Kriterium der Anstieg der Amplitudenkurve. So vergrößert sich bei induktivem Amplitudenverhalten der Betrag des komplexen Widerstandes

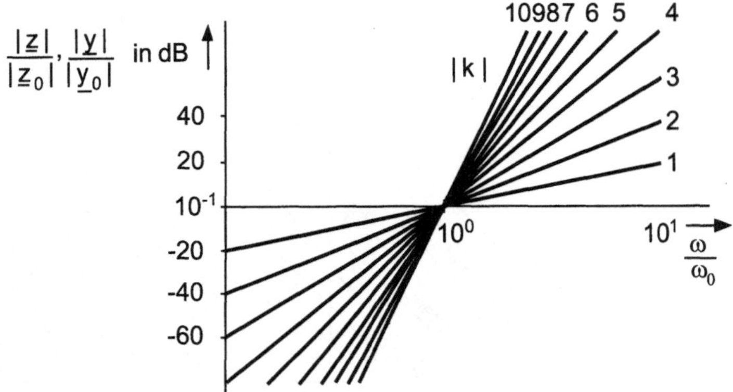

Bild 9.6: Amplitudenverhalten der Impedanzfunktion von Elementen höherer ganzzahliger Ordnung mit positiven Zeitoperatorexponenten k bzw. der Admittanzfunktion mit negativen Zeitoperatorexponenten k

mit steigender Frequenz, während er sich bei kapazitivem Verhalten verringert. Eine Aussage hierzu geben die Gleichungen:

$$\frac{\mathrm{d}\frac{|z|}{|z_0|}}{\mathrm{dlg}\left(\frac{\omega}{\omega_0}\right)} = 20\,k \qquad \text{und} \qquad \frac{\mathrm{d}\frac{|y|}{|y_0|}}{\mathrm{dlg}\left(\frac{\omega}{\omega_0}\right)} = -20\,k. \tag{9.112}$$

Daraus folgt:

- Ist der Zeitoperatorexponent der Impedanzfunktion eines Elementes höherer Ordnung positiv ($k > 0$), so folgt ein induktives Amplitudenverhalten.

- Ist der Zeitoperatorexponent der Impedanzfunktion eines Elementes höherer Ordnung negativ ($k < 0$), so folgt ein kapazitives Amplitudenverhalten. (Entsprechend verhält sich der Betrag des komplexen Leitwertes, wobei das Vorzeichen beachtet werden muss.)

Aus den Gleichungen (9.108) und (9.109) lassen sich die Beziehungen zur Bestimmung der Phasenlage ableiten. Es gelten:

$$\phi = \arg(z) = \arg(K\,(j)^k\,(\omega)^k) \tag{9.113}$$

und

$$\phi = \arg(y) = \arg\left(\frac{1}{K}\,(j)^{-k}\,(\omega)^{-k}\right). \tag{9.114}$$

Der Phasenwinkel ϕ drückt das „Voreilen" der Spannung gegenüber dem Strom am betreffenden Element höherer Ordnung aus (Bild 9.8).

Aus der Darstellung im Bild 9.8 wird deutlich, dass Elemente höherer Ordnung induktives, kapazitives, reelles oder negativ reelles Phasenverhalten aufweisen können. Im

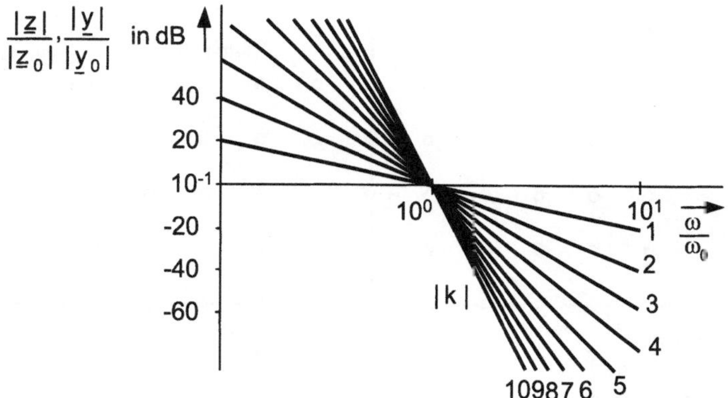

Bild 9.7: Amplitudenverhalten der Impedanzfunktion von Elementen höherer Ordnung mit negativen Zeitoperatorexponenten k bzw. der Admittanzfunktion mit positiven Zeitoperatorexponenten k

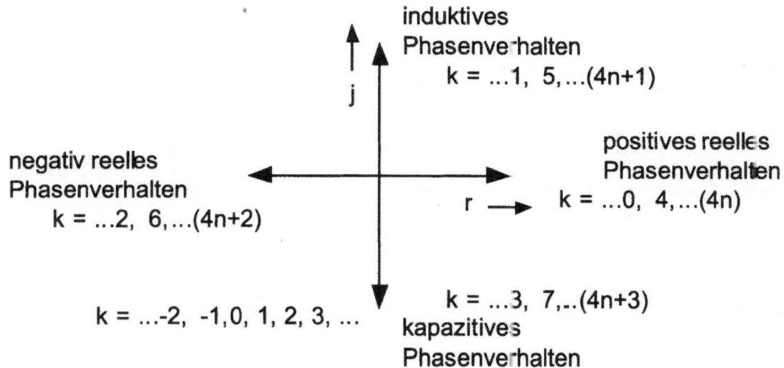

Bild 9.8: Phasenlage in Abhängigkeit vom Zeitoperatorexponenten k

Gegensatz zu den Grundelementen kann jedoch zu jeder Phasenlage nur ein induktives bzw. kapazitives Amplitudenverhalten höherer Ordnung gehören.

Im Bild 9.9 werden die Elemente höherer (ganzzahliger) Ordnung entsprechend ihrem Amplituden- und Phasenverhalten in das Elementeschema eingefügt. Deutlich wird hierbei die Vielfalt ihrer Charakteristiken.

9.2.2 Realisierung von Elementen höherer Ordnung

Eine mögliche Realisierung von Elementen höherer Ordnung erfolgt durch die Reihenschaltung von Integrierern, wobei deren Anzahl die Ordnung des Elementes bestimmt. Die Struktur eines spannungsgesteuerten Elementes höherer Ordnung ist im Bild (9.10) dargestellt.

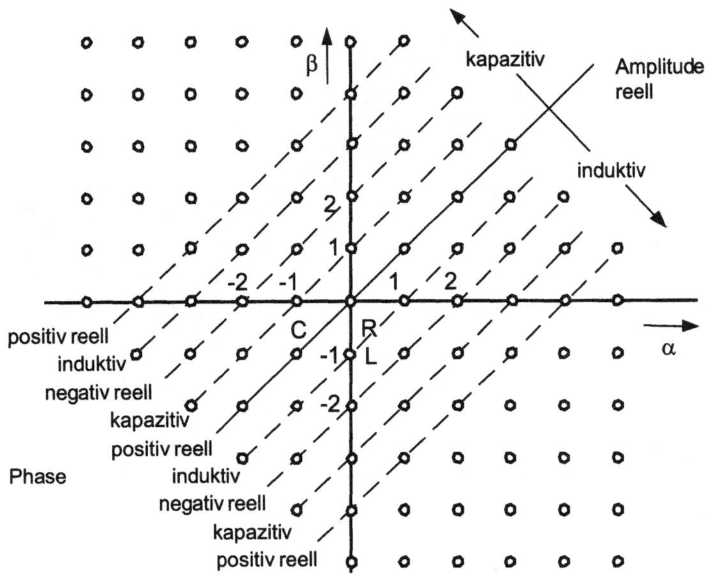

Bild 9.9: Elementeschema unter Berücksichtigung des Phasen- und Amplitudenverhaltens

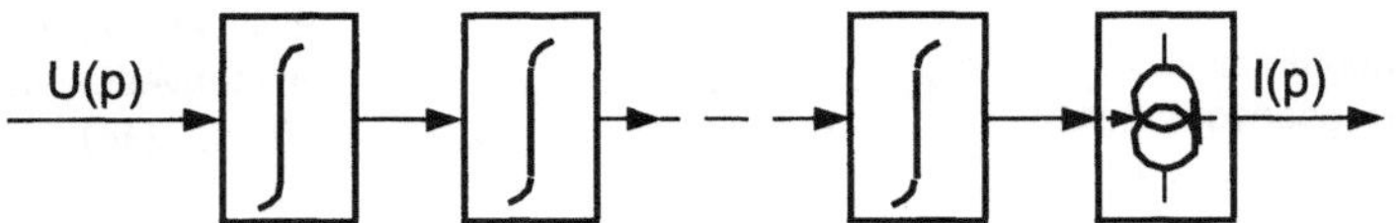

Bild 9.10: Struktur eines spannungsgesteuerten Elementes höherer Ordnung

Die dazugehörige Übertragungsfunktion berechnet man durch die Multiplikation der Übertragungsfunktionen der realen Integrierer:

$$H(p^*) = \frac{V_{i_1}}{(T_1 p^* + 1)} \cdot \frac{V_{i_2}}{(T_2 p^* + 1)} \cdot \ldots \cdot \frac{V_{i_n}}{(T_n p^* + 1)} V_Q. \qquad (9.115)$$

Hierbei sind V_{i_1} - V_{i_n} die Verstärkungsfaktoren und T_1 - T_n die Zeitkonstanten des 1. bis n-ten Integrierers. V_Q ist die Steilheit der gesteuerten Stromquelle.

Wird $T_1 = T_2 = \ldots = T_n$ angenommen, so vereinfacht sich die Gleichung (9.115) zu:

$$H(p^*) = \frac{I(p^*)}{U(p^*)} = \frac{V_s}{(1 + p^* T)^n} . \qquad (9.116)$$

V_s beinhaltet die gesamte Verstärkung. Aus dieser resultierenden Übertragungsfunktion $H(p^*)$ berechnet sich der Widerstand des Elementes höherer Ordnung aus dem Ausdruck:

$$Z(p^*) = \frac{U(p^*)}{I(p^*)} = \frac{(1 + p^* T)^n}{V_s} , \qquad (9.117)$$

oder umgeformt:

$$U(p^*) = \frac{(1 + p^* T)^n}{V_s} I(p^*).$$ (9.118)

Bei der Benutzung der Binomialkoeffizienten entsteht im Bildbereich der Ausdruck:

$$U(p^*) = \frac{1}{V_s}\left[\binom{n}{0} + \binom{n}{1}p^* T + \binom{n}{2}p^{*2}T^2 + \ldots + \binom{n}{n}p^{*n}T^n\right] I(p^*).$$ (9.119)

Diese führt zurücktransformiert in den Originalbereich auf die Form:

$$u = \frac{1}{V_s}\left[\binom{n}{0} + \binom{n}{1}T\frac{di}{dt} + \binom{n}{2}T^2\frac{d^2i}{dt^2} + \ldots + \binom{n}{n}T^n\frac{d^n i}{dt^n}\right],$$ (9.120)

oder mit Koeffizienten versehen auf

$$u = a_n i + a_{n-1}\frac{di}{dt} + a_{n-2}\frac{d^2i}{dt^2} + \ldots + a_0\frac{d^n i}{dt^n}.$$ (9.121)

Seine normierte Form lautet mit $y = u/U_0$, $x = i/I_0$ und $\tau = \omega t$:

$$y = \binom{n}{0}x + \binom{n}{1}\frac{dx}{d\tau} + \binom{n}{2}\frac{d^2x}{d\tau^2} + \ldots + \binom{n}{n}\frac{d^n x}{d\tau^n}.$$ (9.122)

Die Gleichung (9.121) beschreibt ein reales Element n-ter Ordnung. Gegenüber der Darstellungsform (9.102) eines idealen Elementes höherer Ordnung sind in Gleichung (9.121) die Verluste mit berücksichtigt. Diese Beschreibungsgleichung 9.120 lässt sich in zwei Teile aufspalten:

$$\text{Teil 1:} \quad u = a_0\frac{d^n i}{dt^n} = \frac{T^n}{V_s}\frac{d^n i}{dt^n},$$ (9.123)

$$\text{Teil 2:} \quad u = \frac{1}{V_s}\left[\binom{n}{0}i + \binom{n}{1}T\frac{di}{dt} + \ldots + \binom{n}{n-1}T^{n-1}\frac{d^{n-1}i}{dt^{n-1}}\right].$$ (9.124)

Der Teil 1 beschreibt das ideale Element höherer Ordnung und seine Charaktristik. Der Teil 2 ist ein Dämpfungsglied und beschreibt die Verluste in diesem Element. Hierbei erkennt man, dass die Verluste in einem solchen Element einer komplizierten Funktion entsprechen.

Beispiel 1:
Für ein stromgesteuertes Element m-ter Ordnung möge der Leser die Beschreibungs-gleichung herleiten, wenn man eine Struktur dual zu der im Bild 9.10 wählt.

Lösung:

$$i = b_m u + b_{m-1}\frac{du}{dt} + b_{m-2}\frac{d^2u}{dt^2} + \ldots + b_0\frac{d^m u}{dt^m}$$

bzw. in normierter Form mit $x = i/I_0$, $y = u/U_0$, $\tau = \omega t$:

$$x = \binom{m}{0}y + \binom{m}{1}\frac{dy}{d\tau} + \binom{m}{2}\frac{d^2y}{d\tau^2} + \ldots + \binom{m}{m}\frac{d^m y}{d\tau^m}.$$

$\square$

9.2.3 Haupteigenschaften der Elemente höherer ganzzahliger Ordnung

Mit den Elementen höherer Ordnung (α-β-Elemente) in der Elektrotechnik werden neue Zweipole definiert, die nicht auf Grundelemente zurückgeführt werden können. Diese neuen Zweipole besitzen drei Haupteigenschaften:

1. Abgeschlossenheit der linearisierten $\alpha - \beta$ - Elemente
   Es sei ein Zweipol, der aus einer willkürlichen Zusammenschaltung von resistiven bzw. induktiven bzw. kapazitiven Elementen beliebiger Ordnung besteht, gegeben. Alle inneren Elemente werden um bestimmte Arbeitspunkte ausgesteuert und als linearisierte Elemente behandelt. Diese sind dann frequenzabhängige Widerstände bzw. Induktivitäten oder Kapazitäten.

   Dann ist der linearisierte Zweipol durch eine frequenzabhängige Widerstandsfunktion $R(\omega)$ bzw. Induktivitätsfunktion $L^*(\omega)$ oder Kapazitätsfunktion $C(\omega)$ charakterisiert.

2. Abgeschlossenheit der nichtlinearen $\alpha - \beta$ - Elemente
   Es sei eine beliebige endliche Anzahl von Elementen höherer Ordnung des gleichen Typs, d. h. solche mit gleichem α, β, in willkürlicher Zusammenschaltung gegeben. Jede Zusammenschaltung dieser Elemente führt stets wieder auf ein Element höherer Ordnung gleichen Typs.

   Diese Eigenschaft leitet sich unmittelbar aus der Definitionsgleichung (9.102) ab. Bei festen Paaren α, β für alle Elemente der Zusammenschaltung kann hinsichtlich der α-fachen, β-fachen Differenziation (Integration) keine Veränderung auftreten, so dass der gleiche Elementetyp entstehen muss.

   Anmerkung:
   Der Verlauf der nichtlinearen Kennlinie eines jeden Elementes, ausgedrückt durch den mathematischen Verlauf der Funktion f in (9.102), ist unabhängig vom Elementetyp. Die Kennlinienverläufe sind unter Beibehaltung gewisser Stetigkeits- und Differenzierbarkeitsforderungen ohne jegliche Auswirkung auf den Elementetyp veränderbar, um eine Anpassung an das technische Problem zu erzielen.

3. Unabhängigkeitseigenschaften der nichtlinearen α-β-Elemente
   Im Bild 9.9 ist jedem α-β-Element ein durch α und β genau ein Punkt zugeordnet. Damit liegen die Differenziationen bzw. Integrationen fest. Die die nichtlineare Funktion enthaltende Definitionsgleichung (9.102) kann für jedes einzelne Element in die implizite Form

$$f_{\alpha\beta}(p^\beta y, p^\alpha x) = 0 \qquad (9.125)$$

geschrieben werden. Da für verschiedene Paare (α, β) auch die Differenziationen (Integrationen) verschieden sind, gilt: Kein Element, welches durch eine nichtlineare Kennlinie der Form (9.125) charakterisiert wird, kann durch eine Kombination anderer α-β-Elemente synthetisiert werden.

9.3 $\{L, D\}$-Modelle für Elemente höherer ganzzahliger Ordnung

Um Netzwerke, Bausteine, Geräte und Systeme mit Elementen höherer Ordnung mit Hilfe des Lagrange-Formalismus beschreiben zu können, sind ihre $\{L, D\}$-Modelle notwendig. Zu einem solchen Modell gehören, wie bereits dargelegt, die Lagrange-Funktion und die Dissipationsfunktion des jeweiligen Elementes. Aus dem Unterabschnitt 8.1.1 ist bekannt, dass dem Lagrange-Formalismus die Euler-Lagrange-Differenzialgleichung zugrunde liegt. Durch die bekannte Euler-Lagrange-Differenzialgleichung werden jedoch nur Elemente nullter und erster Ordnung beschrieben. Das fordert: Um Elemente höherer Ordnung in den Lagrange-Formalismus einbeziehen zu können, muss die Euler-Lagrange-Differenzialgleichung um Terme höherer zeitlicher Ableitungen der verallgemeinerten Koordinaten erweitert werden. Das führt wiederum auf ein hinsichtlich der Ordnung erweitertes Variationsproblem. Das Variationsproblem umfasst jetzt die Ermittlung der Extremwerte des Funktionals:

$$I = \int_{t_0}^{t_1} f(t, q_k, \dot{q}_k, \ddot{q}_k, \ldots, \overset{(n)}{q_k}) \, \mathrm{d}t \overset{!}{=} \text{Extremum}, \qquad k = 1, 2, \ldots, f \tag{9.126}$$

mit den Randbedingungen

$$q_k(t_0) = q_{k0}; \quad \dot{q}_k(t_0) = \dot{q}_{k0}; \quad \ldots \quad \overset{(n-1)}{q_k}(t_0) = \overset{(n-1)}{q_{k0}} \tag{9.127}$$

und

$$q_k(t_1) = q_{k1}; \quad \dot{q}_k(t_1) = \dot{q}_{k1}; \quad \ldots \quad \overset{(n-1)}{q_k}(t_1) = \overset{(n-1)}{q_{k1}}. \tag{9.128}$$

Die Euler-Lagrange-Differenzialgleichung lautet nach [9]:

$$f_{q_k} - \frac{\mathrm{d}}{\mathrm{d}t} f_{\dot{q}_k} + \frac{\mathrm{d}^2}{\mathrm{d}t^2} f_{\ddot{q}_k} + \ldots + (-1)^n \frac{\mathrm{d}^n}{\mathrm{d}t^n} f_{\overset{(n)}{q_k}} = 0 \tag{9.129}$$

bzw.

$$\sum_{l=1}^{n} (-1)^{l-1} \frac{\mathrm{d}^l}{\mathrm{d}t^l} \frac{\partial L}{\partial \overset{(l)}{q_k}} - \frac{\partial L}{\partial q_k} = 0. \tag{9.130}$$

Handelt es sich um ein nichtkonservatives System, sind verallgemeinerte äußere Kräfte F_k auf der rechten Seite in (9.131)

$$\sum_{l=1}^{n} (-1)^{l-1} \frac{\mathrm{d}^l}{\mathrm{d}t^l} \frac{\partial L}{\partial \overset{(l)}{q_k}} - \frac{\partial L}{\partial q_k} = F_k \qquad k = 1, 2, \ldots, f \tag{9.131}$$

zu berücksichtigen. Die Kräfte F_k werden additiv zerlegt, indem Anteile mit bestimmten Eigenschaften abgespalten werden. Es soll formal

$$\sum_{l=0}^{n} (-1)^{l+1} \frac{\mathrm{d}^l}{\mathrm{d}t^l} \frac{\partial L}{\partial \overset{(l)}{q_k}} = F_k^{(1)} + F_k^{(2)} \tag{9.132}$$

gelten. Hierbei seien die $F_k^{(1)}$ selbst wie folgt additiv zerlegbar:

$$F_k^{(1)} = F_k^{(1,1)}(\dot{q}_k) + F_k^{(1,2)}(\overset{(3)}{q}_k) + \ldots + F_k^{(1,n)}(\overset{(2n-1)}{q}_k).\tag{9.133}$$

Die Kräfte $F_k^{(1,i)}$ seien durch Dissipationsfunktionen in folgender Form darstellbar:

$$F_k^{(1,1)}(\dot{q}_k) \quad := \quad -\frac{\partial}{\partial \dot{q}_k} D(\dot{q}_k, \ddot{q}_k, \ldots, \overset{(n)}{q}_k) \quad \Rightarrow \quad D = -\int^{\dot{q}_k} F_k^{(1,1)}(\dot{q}_k)\,\mathrm{d}\dot{q}_k$$

$$F_k^{(1,2)}(\overset{(3)}{q}_k) \quad := \quad -\frac{\mathrm{d}}{\mathrm{d}t}\frac{\partial}{\partial \ddot{q}_k} D(\dot{q}_k, \ddot{q}_k, \ldots, \overset{(n)}{q}_k) \quad \Rightarrow \quad D = -\int^{\ddot{q}_k}\!\!\int^{t} F_k^{(1,2)}(\overset{(3)}{q}_k)\,\mathrm{d}t\,\mathrm{d}\ddot{q}_k$$

$$\vdots$$

$$F_k^{(1,n)}(\overset{(2n-1)}{q}_k) \quad := \quad (-1)^n \frac{\mathrm{d}^{n-1}}{\mathrm{d}t^{n-1}} \frac{\partial}{\partial \overset{(n)}{q}_k} D(\dot{q}_k, \ddot{q}_k, \ldots, \overset{(n)}{q}_k)$$

$$\Rightarrow \quad D = (-1)^n \int^{\overset{(n)}{q}_k}\!\!\int^{t_{n-1}}\!\!\ldots\int^{t_1} F_k^{(1,n)}(\overset{(2n-1)}{q}_k)\,\mathrm{d}t_1 \cdots \mathrm{d}t_{n-1}\,\mathrm{d}\overset{(n)}{q}_k,\tag{9.134}$$

weil daraus die dazugehörigen Dissipationsfunktionen folgen. Hierbei gilt, dass die $\overset{(j)}{q}_k$ mit $(j \in 1, \ldots, n)$ maximal quadratisch in der Dissipationsfunktion D auftreten. Auch dürfen keine gemischten Terme der $\overset{(j)}{q}_k$ in D auftreten, das heißt, die einzelnen Terme der $\overset{(j)}{q}_k$ sind additiv miteinander verknüpft. Die Dissipationsfunktion hat dann die Form

$$D = D(\dot{q}_k, \ddot{q}_k, \ldots, \overset{(n)}{q}_k) = D_1(\dot{q}_k) + D_2(\ddot{q}_k) + \ldots + D_n(\overset{(n)}{q}_k).\tag{9.135}$$

Bringt man die $F_k^{(1)}$ auf die linke Seite der Gleichung (9.132), so folgt eine Beschreibungsform

$$\sum_{l=0}^{n}(-1)^{l+1}\frac{\mathrm{d}^l}{\mathrm{d}t^l}\frac{\partial L}{\partial \overset{(l)}{q}_k} + \sum_{s=0}^{m}(-1)^s\frac{\mathrm{d}^s}{\mathrm{d}t^s}\frac{\partial D}{\partial \overset{(s+1)}{q}_k} = Q_k\tag{9.136}$$

nichtkonservativer Systeme höherer Ordnung.

Im Weiteren sollen die $\{L, D\}$-Modelle von Elementen höherer Ordnung aufgestellt werden. Dazu ist es erforderlich, die Beschreibungsgleichungen, welche aus der Definitionsgleichung sowie aus der Realisierung folgen, zu vergleichen. Die Definitionsgleichung (9.102) sagt aus, dass ein Element höherer Ordnung durch einen einzigen Term, der die jeweilige beschreibende zeitliche Ableitung der verallgemeinerten Koordinate enthält, beschrieben wird. Solche Elemente heißen im Folgenden *ideale* Elemente höherer Ordnung.

In Kapitel 9.2.2 wurde eine Realisierungsmöglichkeit von Elementen höherer Ordnung vorgestellt. Die daraus resultierende Beschreibungsgleichung (9.120) weist eine viel kompliziertere Struktur auf. Neben dem Term, der die höchste und somit charakteristische zeitliche Ableitung der verallgemeinerten Koordinate enthält, treten weiter Terme niedrigerer zeitlicher Ableitungen der verallgemeinerten Koordinate auf, welche die Verluste des Elementes höherer Ordnung beschreiben.

Das heißt, die Beschreibungsgleichung eines durch Integrierer realisierten Elementes höherer Ordnung repräsentiert eine kompliziertere Struktur als die Definitionsgleichung der idealen Elemente höherer Ordnung. Die aus der Realisierung resultierenden Elemente höherer Ordnung sollen im Folgenden *reale* Elemente höherer Ordnung genannt werden. Daraus folgt die Unterscheidung der $\{L, D\}$-Modelle von *idealen* und *realen* Elementen höherer Ordnung.

9.3.1 $\{L, D\}$-Modelle von idealen linearen Elementen höherer Ordnung

Wenn die L- und D-Funktion eines technischen Systems in die Euler-Lagrange-Differenzialgleichung eingesetzt und die Variationsableitungen gebildet werden, dann folgen die Bewegungsgleichungen. Jeder Term der Bewegungsgleichungen repräsentiert die Zweipolrelation des jeweiligen Elementes. Für ideale Elemente höherer Ordnung beinhaltet die Definitionsgleichung diese Zweipolrelation. Das bedeutet, wenn man das $\{L, D\}$-Modell eines Elementes höherer Ordnung in die erweiterte Euler-Lagrange-Differenzialgleichung einsetzt und die Variationsableitung bildet, so ergibt sich die Zweipolrelation des jeweiligen Elementes höherer Ordnung.

Der umgekehrte Weg über den Termvergleich zwischen der erweiterten Euler-Lagrange-Differenzialgleichung und der Definitionsgleichung erlaubt den Schluss auf das $\{L, D\}$-Modell des Elementes höherer Ordnung. An einem Beispiel soll die Vorgehensweise zum Aufstellen eines solchen Modells gezeigt werden.

Beispiel 1:
Es sei ein lineares ideales Element fünfter Ordnung gewählt. Seine Definitionsgleichung hat nach 9.102 die Form (x entspricht bei der Ladungsformulierung dem elektrischen Strom $i = \dot{q}$ und y der elektrischen Spannung u.):

$$y = p^5 x \tag{9.137}$$

und somit die Zweipolrelation:

$$u = \frac{\mathrm{d}^5}{\mathrm{d}t^5} f(\dot{q}) = K \frac{\mathrm{d}^5}{\mathrm{d}t^5} \dot{q} = K \frac{\mathrm{d}^3}{\mathrm{d}t^3} \overset{(3)}{q} \; . \tag{9.138}$$

Der Vergleich von Gleichung (9.138) mit den Termen der erweiterten Euler-Lagrange-Differenzialgleichung (9.136) führt auf den Ausdruck:

$$K \frac{\mathrm{d}^3}{\mathrm{d}t^3} \overset{(3)}{q} \equiv \frac{\mathrm{d}^3}{\mathrm{d}t^3} \frac{\partial L}{\partial \overset{(3)}{q}} . \tag{9.139}$$

Wird die Gleichung (9.139) nach der Lagrange-Funktion L umgestellt, dann lautet das $\{L, D\}$-Modell des idealen Elementes fünfter Ordnung:

$$L = \frac{K}{2} \overset{(3)}{q}{}^2 , \qquad (9.140)$$

wobei die mathematisch formal bei der Integration auftretende quadratische Funktion in t Null zu setzen ist. $\qquad \square$

Für ideale lineare Elemente höherer Ordnung folgt also für das $\{L, D\}$-Modell jeweils nur ein Term, der dieses Element charakterisiert. Je nach Ordnung des Elementes ergibt sich entweder eine L- oder D-Funktion.

Die Zuordnung spezifischer Größen aus verschiedenen Wissenschaften bzgl. der verallgemeinerten Koordinate liefert konkrete Aussagen über die Charakteristik des jeweiligen zu beschreibenden Elementes. Für das vorangegangene Beispiel bedeutet das in den verschiedenen Formulierungen:

Beispiel 2:

1. Ladungsformulierung: $q = q$ (elektrische Ladung)

$$\text{Zweipolrelation:} \quad u \;=\; K_1 \frac{d^5}{dt^5} \dot{q} = K_1 \frac{d^3}{dt^3} \overset{(3)}{q} \qquad (9.141)$$

$$\{L, D\}\text{-Modell:} \quad L \;=\; \frac{K_1}{2} (\overset{(3)}{q})^2 \quad \Rightarrow \quad K_1 = L^*(f) \qquad (9.142)$$

$$L^*(f) \quad - \quad \text{frequenzabhängige Induktivität}$$

2. Flussformulierung: $q = \psi$ (verketteter magnetischer Fluss)

$$\text{Zweipolrelation:} \quad i \;=\; K_2 \frac{d^5}{dt^5} \dot{\psi} = K_2 \frac{d^3}{dt^3} \overset{(3)}{\psi} \qquad (9.143)$$

$$\{L, D\}\text{-Modell:} \quad L \;=\; \frac{K_2}{2} (\overset{(3)}{\psi})^2 \quad \Rightarrow \quad K_2 = C(f) \qquad (9.144)$$

$$C(f) \quad - \quad \text{frequenzabhängige Kapazität}$$

3. Wegformulierung: $q = x$ (Weg)

$$\text{Zweipolrelation:} \quad F \;=\; K_3 \frac{d^5}{dt^5} \dot{x} = K_3 \frac{d^3}{dt^3} \overset{(3)}{x} \qquad (9.145)$$

$$\{L, D\}\text{-Modell:} \quad L \;=\; \frac{K_3}{2} (\overset{(3)}{x})^2 \quad \Rightarrow \quad K_3 = m(f) \qquad (9.146)$$

$$m(f) \quad - \quad \text{frequenzabhängige Masse}$$

4. Impulsformulierung: $q = p$ (mechanischer Impuls)

$$\text{Zweipolrelation:} \quad v \;=\; K_4 \frac{d^5}{dt^5} \dot{p} = K_4 \frac{3}{t^3} \overset{(3)}{p} \qquad (9.147)$$

$$\{L, D\}\text{-Modell:} \quad L \;=\; \frac{K_4}{2} (\overset{(3)}{p})^2 \quad \Rightarrow \quad K_4 = k^*(f) \qquad (9.148)$$

$$k^*(f) \quad - \quad \text{frequenzabhängige Richtgröße einer Schwingung}$$

$\square$

In den Tabellen A.1 bis A.5 in Anhang A.1 sind die Zweipolrelationen und die $\{L, D\}$-Modelle für Elemente erster bis achter Ordnung im Allgemeinen, sowie für die Elektrotechnik und Mechanik spezifiziert, zusammengestellt. Betrachtet man die L- und D-Funktionen der Elemente erster bis achter Ordnung, so ist eine Gesetzmäßigkeit in deren Struktur erkennbar. Hieraus leitet sich eine allgemeine Bildungsvorschrift zum Aufstellen der L- und D-Funktionen idealer Elemente höherer Ordnung ab. Sie beruht einzig und allein auf der Ordnung des Elementes und lautet für L und D:

$$L \;=\; (-1)^{\frac{1}{2}(k+3)} \frac{K}{2} \left(\frac{\left(\frac{k}{2}+\frac{1}{2}\right)}{q} \right)^2 , \qquad k \text{ ungerade}, \qquad (9.149)$$

$$D \;=\; (-1)^{\frac{k}{2}} \frac{K}{2} \left(\frac{\left(\frac{k}{2}+1\right)}{q} \right)^2 , \qquad k \text{ gerade}. \qquad (9.150)$$

Weiter ist aus Kapitel 9.2.1 bekannt, dass die Charakteristik eines Elementes von seiner Ordnung abhängt. Damit kann von der Ordnung des Elementes auf dessen Charakteristik geschlossen werden. Dazu werden zusätzlich die Maßeinheiten herangezogen. Damit gilt:

$$[K] = \frac{[L]}{\left[\left(\frac{\left(\frac{k}{2}+\frac{1}{2}\right)}{q} \right)^2 \right]} \qquad k = 1, 3, 5, \ldots, n \qquad (9.151)$$

und

$$[K] = \frac{[D]}{\left[\left(\frac{\left(\frac{k}{2}+1\right)}{q} \right)^2 \right]} \qquad k = 0, 2, 4, \ldots, m \qquad (9.152)$$

Aus diesen Untersuchungen lässt sich eine periodische Wiederkehr charakteristischer Merkmale ableiten. Für die vier verschiedenen Formulierungen sind die Charakteristiken in den Tabellen 9.6 und 9.7 zusammengefasst.

9.3.2 $\{L, D\}$-Modelle realer linearer Elemente höherer Ordnung

Die Modellierung realer Elemente höherer Ordnung ist in Kapitel 9.2.2 wiedergegeben. Nun steht die Aufgabe, $\{L, D\}$-Modelle für verlustbehaftete Elemente höherer Ordnung aufzustellen. Die Vorgehensweise wird hier für Elemente in Ladungsformulierung erläutert. Die Ergebnisse sind ohne Weiteres auf Elemente in Flussformulierung zu übertragen. Die Beschreibung verlustbehafteter Elemente höherer Ordnung in Ladungsformulierung erfolgt durch Gleichung (9.120). Will man nun das $\{L, D\}$-Modell aufstellen, vergleicht man wieder jeden Term der Beschreibungsgleichung (9.120) des

Tabelle 9.6: Charakteristik bei periodischem Verhalten in Ladungs- bzw. in Flussformulierung

Ladungsformulierung		
Periode	Charakteristik	Maßeinheit
$k = 2n$	resistiv $R_{\mathrm{neg}}(k) = R_-(4n+2)$ $R_{\mathrm{pos}}(k) = R_+(4n)$	$[K] = [R] = \frac{V}{A}s^k$
$k = 4n+1$	induktiv $L^*(k) = L^*(4n+1)$	$[K] = [L^*] = \frac{Vs}{A}s^{k-1}$
$k = 4n+3$	kapazitiv $C(k) = C(4n+3)$	$[K] = [1/C] = \frac{V}{As}s^{k+1}$
Flussformulierung		
$k = 2n$	Leitwert $G_{\mathrm{neg}}(k) = G_-(4n+2)$ $G_{\mathrm{pos}}(k) = G_+(4n)$	$[K] = [G] = \frac{A}{V}s^k$
$k = (4n+1)$	kapazitiv $C(k) = C(4n+1)$	$[K] = [C] = \frac{As}{V}s^{k-1}$
$k = 4n+3$	induktiv $L^*(k) = L^*(4n+3)$	$[K] = [1/L^*] = \frac{A}{Vs}s^{k+1}$

Elementes höherer Ordnung mit den Termen der erweiterten Euler-Lagrange-Differenzialgleichung (9.136). So kann man für jeden Term der Beschreibungsgleichung einen L- bzw. D-Term aufstellen. Werden alle L- bzw. D-Terme zur Lagrange- und Dissipationsfunktion aufsummiert, erhält man das $\{L, D\}$-Modell dieses Elementes.

Beispiel 3:

Die Beschreibungsgleichung eines realen Elementes zweiter Ordnung sei:

$$u = \frac{1}{V_s}\dot{q} + \frac{2T}{V_s}\frac{\mathrm{d}}{\mathrm{d}t}\dot{q} + \frac{T^2}{V_s}\frac{\mathrm{d}^2}{\mathrm{d}t^2}\dot{q} = \frac{1}{V_s}\dot{q} + \frac{2T}{V_s}\frac{\mathrm{d}}{\mathrm{d}t}\dot{q} + \frac{T^2}{V_s}\frac{\mathrm{d}}{\mathrm{d}t}\ddot{q}. \qquad (9.153)$$

Die hier benötigte Form der erweiterten Euler-Lagrange-Differenzialgleichung hat die Form:

$$\frac{\mathrm{d}}{\mathrm{d}t}\frac{\partial L}{\partial \dot{q}} - \frac{\partial L}{\partial q} - \frac{\mathrm{d}}{\mathrm{d}t}\frac{\partial D}{\partial \ddot{q}} + \frac{\partial D}{\partial \dot{q}} = 0. \qquad (9.154)$$

Der Vergleich der einzelnen Terme von Gleichung (9.153) mit den Termen der erweiterten Euler-Lagrange-Differenzialgleichung (9.154) und das Auflösen nach den Lagrange-

Tabelle 9.7: Charakteristik bei periodischem Verhalten in Weg- bzw. in Impulsformulierung

Wegformulierung		
Periode	Charakteristik	Maßeinheit
$k = 2n$	dämpfend $D_{\text{neg}}^*(k) = D_-^*(4n + 2)$ $D_{\text{pos}}^*(k) = D_+^*(4n)$	$[K] = [D^*] = \frac{kg}{s}\,s^k$
$k = 4n + 1$	Masse $m(k) = m(4n + 1)$	$[K] = [m] = kg\,s^{k-1}$
$k = 4n + 3$	Feder $k^*(k) = k^*(4n + 3)$	$[K] = [k^*] = \frac{kg}{s^2}s^{k+1}$
Impulsformulierung		
$k = 2n$	dämpfend $D_{\text{neg}}^*(k) = D_-^*(4n + 2)$ $D_{\text{pos}}^*(k) = D_+^*(4n)$	$[K] = [1/D^*] = \frac{s}{kg}\,s^k$
$k = (4n + 1)$	Feder $k^*(k) = k^*(4n + 1)$	$[K] = [1/k^*] = \frac{s^2}{kg}s^{k-1}$
$k = 4n + 3$	Masse $m(k) = m(4n + 3)$	$[K] = [1/m] = \frac{1}{kg}s^{k+1}$

und Dissipationstermen liefert:

$$\textbf{1.} \qquad \frac{1}{V_s}\,\dot{q} \equiv \frac{\partial D}{\partial \dot{q}} \qquad \Rightarrow \qquad D_1 = \frac{1}{2V_s}\,\dot{q}^2, \tag{9.155}$$

$$\textbf{2.} \qquad \frac{2T}{V_s}\frac{\mathrm{d}}{\mathrm{d}t}\,\dot{q} \equiv \frac{\mathrm{d}}{\mathrm{d}t}\frac{\partial L}{\partial \dot{q}} \qquad \Rightarrow \qquad L_1 = \frac{T}{V_s}\,\dot{q}^2, \tag{9.156}$$

$$\textbf{3.} \qquad \frac{T^2}{V_s}\frac{\mathrm{d}}{\mathrm{d}t}\,\ddot{q} \equiv -\frac{\mathrm{d}}{\mathrm{d}t}\frac{\partial D}{\partial \ddot{q}} \qquad \Rightarrow \qquad D_2 = -\frac{T^2}{2V_s}\,\ddot{q}^2. \tag{9.157}$$

Die bei der Integration bezüglich der Zeit t auftretenden Integrationskonstanten werden aufgrund gewählter Anfangsbedingungen Null gesetzt. Die Gesamt-Lagrange- und Gesamt-Dissipationsfunktion und somit das $\{L, D\}$-Modell des Elementes zweiter Ordnung lautet dann:

$$L = L_1 = \frac{T}{V_s}\,\dot{q}^2 \tag{9.158}$$

$$D = D_1 + D_2 = \frac{1}{2V_s}\,\dot{q}^2 - \frac{T^2}{2V_s}\,\ddot{q}^2. \tag{9.159}$$

$\square$

In Anhang A.2, Tabelle A.6 sind die $\{L, D\}$-Modelle für verlustbehaftete Elemente erster bis achter Ordnung zusammengefasst.

9.3.3 $\{L, D\}$-Modelle für nichtlineare Elemente höherer Ordnung

Die Untersuchungen zum Aufstellen der $\{L, D\}$-Modelle werden im Weiteren auf nichtlineare Elemente höherer Ordnung ausgedehnt. Die Grundlage hierfür bildet die Definitionsgleichung (9.102). In Abschnitt 9.3.1 wurde eine Bildungsvorschrift angegeben, die es erlaubt, nur auf der Grundlage der Ordnung des Elementes ($k = \alpha - \beta$) die L- bzw. D-Funktion aufzustellen. Für nichtlineare Elemente höherer Ordnung ist das Aufstellen des $\{L, D\}$-Modelles nicht ohne Weiteres möglich. Hier ist es notwendig, dass die Variable x als zeitabhängige Funktion gegeben ist, ansonsten ist es nicht oder nur in ganz speziellen Fällen möglich, ein $\{L, D\}$-Modell zu finden. Dies bedeutet weiter, dass für ein nichtlineares Element höherer Ordnung nicht nur ein $\{L, D\}$-Modell gefunden werden kann, sondern, dass eine Vielzahl solcher existieren, abhängig von der Art der zeitabhängigen Funktion x bzw. $\dot{q}(t)$. Um für Elemente höherer Ordnung aus der allgemeinen Elementebeziehung (Definitionsgleichung) das $\{L, D\}$-Modell aufzustellen, wird generell ein Termvergleich mit der erweiterten Euler-Lagrange-Differenzialgleichung (9.136) in der jeweiligen Formulierung durchgeführt.

Wenn zwischen den Exponenten α und β der Definitionsgleichung ein spezieller Zusammenhang besteht, dann ist es möglich, unabhängig von der konkreten zeitabhängigen Funktion der Variablen x bzw. $\dot{q}$ das $\{L, D\}$-Modell aufzustellen.

1. Sonderfall : $\beta = -\alpha$

Unter dieser Bedingung lautet die Definitionsgleichung:

$$u = p^{-\beta} f(p^{\alpha+1} q) = p^\alpha f(p^{\alpha+1} q) = \frac{\mathrm{d}^\alpha}{\mathrm{d}t^\alpha} f(\overset{(\alpha+1)}{q}). \tag{9.160}$$

Aus dem Vergleich mit der erweiterten Euler-Lagrange-Differenzialgleichung (9.136) folgt mit $\alpha = s$ die Gleichung:

$$\frac{\mathrm{d}^\alpha}{\mathrm{d}t^\alpha} f(\overset{(\alpha+1)}{q}) = \frac{\mathrm{d}^s}{\mathrm{d}t^s} f(\overset{(s+1)}{q}) = (-1)^s \frac{\mathrm{d}^s}{\mathrm{d}t^s} \frac{\partial D}{\partial \overset{(s+1)}{q}}, \tag{9.161}$$

und daraus der Ausdruck:

$$f(\overset{(s+1)}{q}) = (-1)^s \frac{\partial D}{\partial \overset{(s+1)}{q}}, \tag{9.162}$$

wobei die analoge Festlegung zur Gleichung (9.140) gilt. Die Gl. (9.162) kann nun integriert und nach der Dissipations-Funktion D aufgelöst werden:

$$D = (-1)^s \int f(\overset{(s+1)}{q}) \, \mathrm{d}\overset{(s+1)}{q}. \tag{9.163}$$

Dieser Gleichung lässt sich entnehmen, dass für Elemente der gleichen Ordnung eine Vielfalt von Dissipationsfunktionen existieren, je nach Gestalt der Funktion $f(\overset{(s+1)}{q})$.

Die Ordnung k der nichtlinearen Elemente berechnet sich analog der der nichtlinearen Elemente aus der Differenz zwischen α und β. Für diesen Sonderfall lautet k:

$$k = \alpha - (-\alpha) = 2\alpha. \tag{9.164}$$

Im Bild 9.11 sind diese Punkte im Elementeschema eingezeichnet. Sie liegen alle auf einer Geraden durch den Koordinatenursprung mit dem Anstieg -1. Das Bild 9.11 bestätigt, dass die Dissipationsfunktionen dieser nichtlinearen Elemente wiederum nur verlustbehaftete Elemente höherer Ordnung beschreiben.

2. Sonderfall: $\beta = -(\alpha + 1)$

In diesem Fall lautet die Definitionsgleichung:

$$u = p^{-\beta} f(p^{\alpha+1} q) = p^{\alpha+1} f(p^{\alpha+1} q) = \frac{\mathrm{d}^{\alpha}+1}{\mathrm{d}t^{\alpha+1}} f(\overset{(\alpha+1)}{q}). \tag{9.165}$$

Der Vergleich mit der erweiterten Euler-Lagrange-Differenzialgleichung (9.136) liefert mit $l = \alpha + 1$:

$$\frac{\mathrm{d}^{\alpha+1}}{\mathrm{d}t^{\alpha+1}} f(\overset{(\alpha+1)}{q}) = \frac{\mathrm{d}^l}{\mathrm{d}t^l} f(\overset{(l)}{q}) = (-1)^{l+1} \frac{\mathrm{d}^l}{\mathrm{d}t^l} \frac{\partial L}{\partial \overset{(l)}{q}} \tag{9.166}$$

bzw.

$$f(\overset{(l)}{q}) = (-1)^{l+1} \frac{\partial L}{\partial \overset{(l)}{q}}, \tag{9.167}$$

wobei die analoge Festlegung bezüglich der Integrationsterme in t wie bei Gleichung (9.140) gilt. Nach der Integration führt das auf die Form:

$$L = (-1)^{l+1} \int f(\overset{(l)}{q}) \, \mathrm{d}\overset{(l)}{q}. \tag{9.168}$$

Hier zeigt sich ebenso wie bei dem Sonderfall 1, dass für ein nichtlineares Element der gleichen Ordnung in Abhängigkeit vom Verlauf der Funktion $f(\overset{(l)}{q})$ eine Vielfalt von Lagrange-Funktionen existiert. Der Ausdruck für die Ordnung k dieses Elementes lautet:

$$k = \alpha - \beta = \alpha - (-(\alpha + 1)) = 2\alpha + 1 \quad . \tag{9.169}$$

Aufgrund der Definition der Lagrange-Funktion werden durch sie nur konservative Elemente erfasst, was auch hier wieder seine Bestätigung findet. Im Bild 9.11 sind diese Punkte markiert. Sie liegen alle auf einer Geraden mit dem Anstieg -1 und sind um -1 auf der Ordinate gegenüber dem Koordinatenursprung verschoben.

Variabler Zusammenhang zwischen α und β

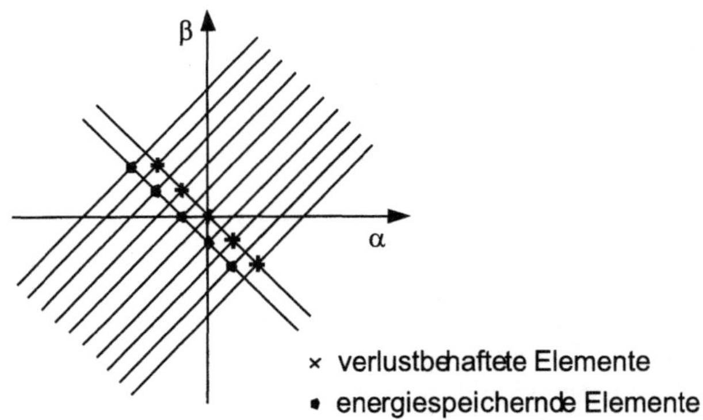

Bild 9.11: Elementeschema

Wenn zwischen den Exponenten der Definitionsgleichung α und β kein spezieller, sondern ein beliebiger Zusammenhang besteht, so ist es nicht möglich, Lagrange- und Dissipations-Funktionen von Elementen höherer Ordnung, unabhängig von der zeitlichen Funktion der Variablen x bzw. $\dot{q}$, aufzustellen. Der Grund hierfür ist die Tatsache, dass beim Termvergleich der erweiterten Euler-Lagrange-Differenzialgleichung mit der Elementebeziehung für das Auflösen nach der Lagrange- und Dissipations-Funktion die zeitliche Integration der Funktion nicht umgangen werden kann. Eine Einschränkung ist noch bezüglich der Funktion, die nach der Integration nach dt entsteht, zu machen. Sie darf nur einen Typ der verallgemeinerten Koordinate bzw. deren zeitlicher Ableitungen enthalten, so z. B. entweder nur q oder nur $\dot{q}$ oder verallgemeinert nur $\overset{(i)}{q}$, $i = 0, 1, \ldots, n$. Treten gemischte Terme auf, ist das Aufstellen der Lagrange- bzw. Dissipations-Funktion über einen Termvergleich nicht möglich. Es folgen einige Beispiele.

Beispiel 4:
Es sei ein nichtlineares Element höherer Ordnung gegeben, welches durch den Ausdruck

$$p^{-1}y = \int y\,\mathrm{d}t = f(p^2 x) = K \ln\left|\frac{\mathrm{d}^2}{\mathrm{d}t^2}x\right| \qquad (\alpha = 2;\ \beta = -1) \tag{9.170}$$

beschrieben wird und zu der die Elementebeziehung (Zweipolrelation)

$$y = \frac{\mathrm{d}}{\mathrm{d}t}K \ln\left|\frac{\mathrm{d}^2}{\mathrm{d}t^2}x\right| = \frac{\mathrm{d}}{\mathrm{d}t}K \ln\left|\frac{\mathrm{d}^2}{\mathrm{d}t^2}\dot{q}\right| \tag{9.171}$$

gehört. Ausgenommen sind die Werte Null vom Argument. Wird für x bzw. $\dot{q}$ (verallgemeinerte Geschwindigkeit) ein sinusförmiger Verlauf

$$x = \hat{X}\sin(\omega t) = \dot{q} \tag{9.172}$$

angenommen, so verifiziert sich nach Ausführung aller Differenziationen der Ausdruck:

$$y = \frac{\mathrm{d}}{\mathrm{d}t}K \ln\left|\frac{\mathrm{d}^2}{\mathrm{d}t^2}\left(\hat{X}\sin(\omega t)\right|\right. = K\frac{\omega\cos(\omega t)}{\sin(\omega t)} = K\frac{\dot{x}}{x} = K\frac{\ddot{q}}{\dot{q}}\,. \tag{9.173}$$

Der Vergleich dieses Terms mit den Termen der erweiterten Euler-Lagrange-Differenzialgleichung (9.136) liefert vorerst keine Übereinstimmung. Man integriert nun die Gleichung (9.173) einmal nach dt und erhält:

$$\int K \, \frac{\omega \, \cos(\omega t)}{\sin(\omega t)} \, dt = K \, \ln |\sin(\omega t)| = K \, \ln |\dot{q}| \, . \tag{9.174}$$

Nach Berücksichtigung dieser Integration und dem Vergleich von Gleichung (9.174) mit Gleichung (9.136) resultiert

$$\frac{\partial L}{\partial \dot{q}} = K \, \ln |\dot{q}|, \tag{9.175}$$

und man erhält als L-Funktion:

$$L = \int K \, \ln |\dot{q}| \, d\dot{q} = K \, (\dot{q} \, \ln |\dot{q}| - \dot{q}). \tag{9.176}$$

Weil keine weiteren Terme in (9.173) vorhanden sind, lautet das vollständige $\{L, D\}$-Modell für sinusförmige Aussteuerungen:

$$\{L, D\} = L = K \, (\dot{q} \, \ln |\dot{q}| - \dot{q}). \tag{9.177}$$

Dieses nichtlineare Element höherer Ordnung ist ein rein konservatives Element. Durch α und β wird der Charakter des Elementes bestimmt:

$$k = \alpha - \beta = 3 \tag{9.178}$$

Je nach Formulierung ergibt sich der physikalische Inhalt:

Ladungsformulierung	-	nichtlineare Kapazität,
Flussformulierung	-	nichtlineare Induktivität,
Wegformulierung	-	nichtlineare Federkonstante,
Impulsformulierung	-	nichtlineare Masse.

$\square$

Beispiel 5:
Das nichtlineare Element höherer Ordnung wird durch die Definitionsgleichung (mit $\alpha = 5$, $\beta = 3$)

$$p^3 y = f(p^5 x) = K \, (p^5 x)^3 \tag{9.179}$$

beschrieben. Die Elementebeziehung lautet dafür:

$$y = \iiint K \left(\frac{d^5}{dt^5} x\right)^3 dt \, dt \, dt = \iiint K \left(\frac{d^5}{dt^5} \dot{q}\right)^3 dt \, dt \, dt. \tag{9.180}$$

Für x bzw. $\dot{q}$ wird wieder ein sinusförmiger Verlauf nach Gleichung (9.172) angesetzt. Nach Ausführung der drei Integrationen ($x = \hat{X} \sin \omega t$) folgt:

$$\begin{aligned} y &= -\frac{7 K \hat{X}^3 \omega^{12}}{9} \sin \omega t + \frac{K \hat{X}^3 \omega^{12}}{27} \sin^3 \omega t \\ &= -\frac{7 K \hat{X}^2 \omega^{12}}{9} \hat{X} \sin \omega t + \frac{K \omega^{12}}{27} \hat{X} \sin^3 \omega t \quad . \end{aligned} \tag{9.181}$$

Die bei der Integration auftretenden Konstanten sind, wie früher gezeigt, Null zu setzen. Mit

$$\hat{X}\,\sin\omega t = \dot{q} \tag{9.182}$$

ergibt sich als Elementebeziehung:

$$F = -\frac{7\,\hat{X}^2 K\omega^{12}}{9}\,\dot{q} + \frac{K\omega^{12}}{27}\,\dot{q}^3. \tag{9.183}$$

Aus dem Vergleich von Gleichung (9.183) mit den Termen der erweiterten Euler-Lagrange-Differenzialgleichung (9.135) folgt die Zwischenform:

$$\frac{\partial D}{\partial \dot{q}} = -\frac{7\,\hat{X}^2 K\omega^{12}}{9}\,\dot{q} + \frac{K\omega^{12}}{27}\,\dot{q}^3 \tag{9.184}$$

und damit die Dissipationsfunktion nach einer Integration nach $\dot{q}$:

$$D = -\frac{7\,\hat{X}^2 K\omega^{12}}{9}\,\frac{\dot{q}^2}{2} + \frac{K\omega^{12}}{27}\,\frac{\dot{q}^4}{4} = -\frac{7\,\hat{X}^2 K\omega^{12}}{18}\,\dot{q}^2 + \frac{K\omega^{12}}{108}\,\dot{q}^4. \tag{9.185}$$

Das vollständige $\{L, D\}$-Modell ist dann für sinusförmige Aussteuerung:

$$\{L, D\} = D = -\frac{7\,\hat{X}^2 K\omega^{12}}{18}\,\dot{q}^2 + \frac{K\omega^{12}}{108}\,\dot{q}^4. \tag{9.186}$$

Dieses Element höherer Ordnung ist ein verlustbehaftetes Element. Aus den Werten für α und β lässt sich der Charakter des Elementes ermitteln:

$$k = \alpha - \beta = 5 - 3 = 2 \tag{9.187}$$

Je nach Formulierung lautet der physikalische Inhalt:

Ladungsformulierung   -   nichtlinearer Widerstand,
Flussformulierung   -   nichtlinearer Leitwert,
Wegformulierung   -   nichtlineare Dämpfung,
Impulsformulierung   -   nichtlineare Dämpfung.

$\square$

Beispiel 6:
Es ist ein Element mit $\alpha = 2$, $\beta = 1$ und der nichtlinearen Funktion

$$p^1 y = f(p^2 x) = K_1(p^2 x) + \frac{K_2}{3}(p^2 x)^3 \tag{9.188}$$

gegeben. Die Elementebeziehung lautet dann:

$$y = \int \left[K_1\left(\frac{\mathrm{d}^2}{\mathrm{d}t^2}\,x\right) + \frac{K_2}{3}\left(\frac{\mathrm{d}^2}{\mathrm{d}t^2}\,x\right)^3 \right]\mathrm{d}t = \int \left[K_1\left(\frac{\mathrm{d}^2}{\mathrm{d}t^2}\,\dot{q}\right) + \frac{K_2}{3}\left(\frac{\mathrm{d}^2}{\mathrm{d}t^2}\,\dot{q}\right)^3 \right]\mathrm{d}t. \tag{9.189}$$

Mit Gleichung (9.172) folgt das Ergebnis:

$$y = K_1\,\omega\hat{X}\cos\omega t + \frac{K_2\omega^5\hat{X}^3}{3}\cos\omega t - \frac{K_2\omega^5\hat{X}^3}{9}\cos^3\omega t \tag{9.190}$$

oder eingesetzt

$$y = K_1\ddot{q} + \frac{K_2\omega^4\hat{X}^2}{3}\ddot{q} - \frac{K_2\omega^2}{9}\ddot{q}^3 = K_1\frac{\mathrm{d}}{\mathrm{d}t}\dot{q} + \frac{K_2\omega^4\hat{X}^2}{3}\frac{\mathrm{d}}{\mathrm{d}t}\dot{q} - \frac{K_2\omega^2}{9}\left(\frac{\mathrm{d}}{\mathrm{d}t}\dot{q}\right)^3. \tag{9.191}$$

Vergleicht man die Terme mit der erweiterten Euler-Lagrange-Differenzialgleichung (9.136), so folgt:

$$L_1 = \frac{K_1}{2}\dot{q}^2 \quad\text{und}\quad L_2 = \frac{K_2\omega^4\hat{X}^2}{6}\dot{q}^2. \tag{9.192}$$

Um für den dritten Term der Gleichung (9.191) den Lagrange-Term aufzustellen, ist es notwendig, diesen Term nach dt zu integrieren:

$$-\int\left[\frac{K_2\omega^5\hat{X}^3}{9}\cos^3\omega t\right]\mathrm{d}t = -\frac{K_2\omega^4\hat{X}^3}{9}\sin\omega t + \frac{K_2\omega^4\hat{X}^3}{27}\sin^3\omega t \tag{9.193}$$

oder

$$-\int\left[\frac{K_2\omega^2}{9}\left(\frac{\mathrm{d}}{\mathrm{d}t}\dot{q}\right)^3\right]\mathrm{d}t = -\frac{K_2\omega^4\hat{X}^2}{9}\dot{q} + \frac{K_2\omega^4}{27}\dot{q}^3. \tag{9.194}$$

Der Vergleich von Gleichung (9.194) mit der erweiterten Euler-Lagrange-Differenzialgleichung (9.136) liefert für den L-Term:

$$L_3 = -\frac{K_2\omega^4\hat{X}^2}{18}\dot{q}^2 + \frac{K_2\omega^4}{108}\dot{q}^4. \tag{9.195}$$

Das $\{L, D\}$-Modell (hier reduziert es sich auf die Lagrange-Funktion L) dieses Elementes höherer Ordnung hat die Form:

$$\{L, D\} = L = L_1 + L_2 + L_3 = \frac{K_1}{2}\dot{q}^2 + \frac{K_2\,\omega^4\hat{X}^2}{9}\dot{q}^2 + \frac{K_2\omega^4}{108}\dot{q}^4. \tag{9.196}$$

Dieses Element höherer Ordnung repräsentiert ein energiespeicherndes Element. Aus α und β resultiert der Charakter des Elementes:

$$k = \alpha - \beta = 2 - 1 = 1. \tag{9.197}$$

Je nach Formulierung gilt:

Ladungsformulierung	-	nichtlineare Induktivität,
Flussformulierung	-	nichtlineare Kapazität,
Wegformulierung	-	nichtlineare Masse,
Impulsformulierung	-	nichtlineare Federkonstante.

$\square$

Anmerkung:
Diese drei Beispiele zeigen, dass diese Elemente ideale Elemente verkörpern. Auch wenn Nichtlinearitäten auftreten, wird die Charaktristik dieser Elemente allein durch die Werte von α und β bestimmt. Die jeweilige Formulierung legt den physikalischen Inhalt dieser Elemente fest. Die {L, D}-Modelle bestätigen das, da sie jeweils nur aus einer L- bzw. D-Funktion bestehen.

9.3.4   Übersicht zu den Formulierungsarten

Zusammenfassend sollen in einer Übersicht die bisher behandelten Formulierungen - Ladungsformulierung, Flussformulierung, Wegformulierung, Impulsformulierung und Wärmemengenformulierung - behandelt werden. Die Tabelle 9.8 enthält dazu neben den verallgemeinerten Koordinaten und verallgemeinerten Geschwindigkeiten deren Dimensionen sowie grob umrissen die Anwendungsgebiete. Da der Lagrange- bzw. Hamilton-Formalismus Energie und Leistung (z. B. Verlustleistungen) zugrunde legen, lassen sich mit diesen Formulierungen elektrische, mechanische und wärmetechnische Probleme miteinander verbinden, ohne über Analogiebetrachtungen die Größen „transformieren" zu müssen.

Tabelle 9.8: Übersicht zur Ladungs-, Fluss-, Weg-, Impuls- und Wärmemengenformulierung

Bezeichnung der Formulierung	verallgemeinerte Lagekoordinate	Dimension	verallgemeinerte Geschwindigkeit	Dimension	Anwendungsgebiete
	$q_k, k = 1, \ldots, f$ f: Freiheitsgrad		$\dot{q}_k, k = 1, \ldots, f$ f: Freiheitsgrad		
Ladungs-formulierung	elektrische Ladung q_k	As	elektrischer Strom $\dot{q}_k = i_k$	A	Elektrotechnik (elektr. Feld, el. Netzwerk)
Fluss-formulierung	magnetischer Fluss ψ_k	Vs	elektrische Spannung $\dot{\psi}_k = u_k$	V	Elektrotechnik (magn. Feld, el. Netzwerke)
Weg-formulierung	Ort x_k	m	Geschwindigkeit $\dot{x}_k = v_k$	$\dfrac{m}{s}$	Mechanik
Impuls-formulierung	mechanischer Impuls p_k	$\dfrac{kg\,m}{s}$	Kraft $\dot{p}_k = F_k$	$\dfrac{kg\,m}{s^2}$	Mechanik
Wärmemengen-formulierung	Wärmemenge q_{th_k}	VAs	Wärmestrom $\dot{q}_{th_k} = \phi$	VA	Wärmetechnik

9.4   Hamilton-Funktion für Systeme mit Elementen höherer Ordnung

Eine weitere Möglichkeit zur Beschreibung allgemeiner Systeme bieten neben dem Lagrange-Formalismus die Hamilton-Funktion und die daraus folgenden kanonischen

Bewegungsgleichungen. Erzeugt der Lagrange-Formalismus f Differenzialgleichungen 2. Ordnung, so beruht der Hamilton-Formalismus mit seinen kanonischen Bewegungsgleichungen auf einem System von $2f$ Differenzialgleichungen 1. Ordnung. Treten in Systemen nun Elemente mit höheren zeitlichen Ableitungen (Elemente höherer Ordnung) auf, so besteht auch hier prinzipiell die Möglichkeit des Aufstellens der konservativen Hamilton-Funktion und den zugehörigen kanonischen Bewegungsgleichungen.

Die Definition der erweiterten konservativen Hamilton-Funktion und der kanonischen Bewegungsgleichungen wurde 1850 von Ostrogradski[2] vorgenommen. Dabei treten verallgemeinerte Koordinaten und Impulse höherer Ordnung auf, die durch eine spezielle Bezeichnung gekennzeichnet sind - $^j q_k$, $^j p_k$ -, wobei j von 1 bis n (höchste zeitliche Ableitung) und k von 1 bis f (f-Freiheitsgrad des Systems) läuft. Die Hamilton-Funktion (Hamilton-Funktion n-ter Ordnung) lautet dann

$$H^n = H^n(q_k, p_k, t) = \sum_{j=1}^{n} \sum_{k=1}^{f} {}^j p_k \, \overset{(j)}{q}_k - L^n. \tag{9.198}$$

Anmerkung:
Für $n = j = 1$ geht (9.198) in die klassische Hamilton-Funktion über. Sie ist in dieser Bezeichnungsart eine Hamilton-Funktion erster Ordnung.

Mit der Ordnung der Funktion nimmt die Anzahl der verallgemeinerten Koordinaten und Impulse zu, wobei die Beziehungen

$$^j q_k = \frac{\mathrm{d}^{j-1}}{\mathrm{d}t^{j-1}} q_k \qquad \text{und} \qquad {}^j p_k = \sum_{r=j}^{n} (-1)^{r-j} \frac{\mathrm{d}^{r-j}}{\mathrm{d}t^{r-j}} \frac{\partial L^n}{\partial \overset{(r)}{q}_k} \tag{9.199}$$

für sie gelten. Die jeweiligen ersten zeitlichen Ableitungen der Impulse und Koordinaten lauten

$$\frac{\mathrm{d}}{\mathrm{d}t} {}^j q_k = {}^j \dot{q}_k = \frac{\partial H^n}{\partial^j p_k} \qquad \text{und} \qquad \frac{\mathrm{d}}{\mathrm{d}t} {}^j p_k = {}^j \dot{p}_k = -\frac{\partial H^n}{\partial^j q_k}. \tag{9.200}$$

Es gilt weiter der Zusammenhang, dass die j-te Koordinate gleich der ersten zeitlichen Ableitung der $(j-1)$-ten Koordinate ist. Somit liegt ein Zusammenhang zwischen allen Koordinaten und Impulsen vor. Die Ordnung der zeitlichen Ableitung der verallgemeinerten Koordinate in der Hamilton-Funktion gibt auch die Anzahl der verallgemeinerten Impulse und Koordinaten an. Tritt in der Hamilton-Funktion als höchste die k-te Ableitung der verallgemeinerten Koordinate auf, so wird das System durch k Koordinaten und k Impulse beschrieben.

Die Ausführungen werden mit dem Aufstellen der kanonischen Bewegungsgleichungen für nicht konservative Systeme höherer Ordnung fortgesetzt, weil sich dadurch eine neue

---

[2]Ostrogradski, Michail Wassiljewitsch (1801-1862): wirkte in St. Petersburg, Arbeitsgebiete: Integralrechnung, Variationsrechnung, Theorie der Wärmeleitung, Elastomechanik; Mémoires sur les équations différentielles relatives aux problèmes des isopèrimetres. Mém. Acad. sc. St. Petersburg, 6, 1850, S. 385-517.

Methode in der Technik begründet. Die neue Methode versteht sich als Analysemethode sowie als Grundlage zur Modellierung nichtkonservativer Systeme mit Elementen höherer Ordnung. Da bei der Berechnung solcher Systeme nicht nur der konservative Fall auftritt, sondern Verluste ebenso enthalten sind, sollen diese nun in den Hamilton-Formalismus einbezogen werden.

Die klassische Hamilton-Funktion ist eine rein konservative Funktion und demzufolge können die Verluste nur in den kanonischen Bewegungsgleichungen berücksichtigt werden. Es bieten sich zwei Varianten zur Einbeziehung der Verluste an.

Variante 1:

Die erste Variante berücksichtigt die Verluste in nur *einer* kanonischen Gleichung der Impulse - $^{j}\dot{p}_k$ - nach Gleichung (9.201). Nachteilig hierbei ist das Auftreten höherer zeitlicher Ableitungen der verallgemeinerten Koordinate in den kanonischen Gleichungen (9.202).

Variante 2:

Bei dieser definiert man die verallgemeinerten Impulse neu. Dabei treten Verlustanteile in der „Hamilton-Funktion" auf, so dass man nicht mehr von einer Hamilton-Funktion im klassischen Sinne sprechen kann. Die neu entstehende Funktion wird mit H^{*n} bezeichnet und ist Gleichung (9.205) zu entnehmen. Der Vorteil dieser Darstellungsweise ist das Auftreten der ersten zeitlichen Ableitung der verallgemeinerten Koordinaten in *nur einer* der kanonischen Bewegungsgleichungen $^{j}\dot{p}_k$. Höhere zeitliche Ableitungen der verallgemeinerten Koordinaten treten in Gl. (9.207) nicht mehr auf.

9.4.1   Hamilton-Funktion mit der klassischen Definition verallgemeinerter Impulse

Die verallgemeinerten Koordinaten und Impulse seien durch (9.196) definiert. Daraus folgen die klassische Hamilton-Funktion nach Gleichung (9.198) und die kanonischen Bewegungsgleichungen in der Form:

$$^{j}\dot{q}_k = \frac{\partial H^n}{\partial\, ^{j}p_k} \tag{9.201}$$

mit

$$^{j}\dot{p}_k \;=\; {}^{1}\dot{p}_k = -\frac{\partial H^n}{\partial q_k} - \sum_{s=0}^{m}(-1)^s \frac{\mathrm{d}^s}{\mathrm{d}t^s}\frac{\partial D^n}{\partial\, \overset{(s+1)}{q_k}}, \qquad j = 1 \tag{9.202}$$

$$^{j}\dot{p}_k \;=\; -\frac{\partial H^n}{\partial\, ^{j}q_k}, \qquad j \geq 2. \tag{9.203}$$

Die Hamilton-Funktion beinhaltet den konservativen Teil des Systems, während in die kanonischen Bewegungsgleichungen die Verluste eingehen.

9.4.2 Die Funktion H^{*n} und die Neudefinition der verallgemeinerten Impulse

Auf der Grundlage von Gl. (9.136) werden die verallgemeinerten Impulse neu definiert. Bei äußeren Kräften $F_k = 0$ gilt für den k-ten Impuls j-ter Ordnung:

$$^j p_k := \sum_{r=j}^{n} (-1)^{r-j} \frac{\mathrm{d}^{r-j}}{\mathrm{d}t^{r-j}} \frac{\partial L^n}{\partial \overset{(r)}{q}_k} + \sum_{r=j+1}^{n} (-1)^{r-j} \frac{\mathrm{d}^{r-j-1}}{\mathrm{d}t^{r-j-1}} \frac{\partial D^n}{\partial \overset{(r)}{q}_k} \,. \tag{9.204}$$

Die verallgemeinerten Koordinaten ergeben sich entsprechend der Definition (9.199). Die Funktion H^{*n} besitzt dann die Form:

$$H^{*n} = H^{*n}(q_k, p_k, t) = \sum_{j=1}^{n} \sum_{k=1}^{f} {}^j p_k \overset{(j)}{q}_k - L^n, \quad k = 1, 2, \ldots, f \tag{9.205}$$

und die kanonischen Bewegungsgleichungen liefern die Formeln:

$$^j \dot{q}_k = \frac{\partial H^{*n}}{\partial\, ^j p_k}, \qquad j = 1, 2, \ldots, n; \qquad k = 1, 2, \ldots, f \tag{9.206}$$

und

$$^j \dot{p}_k = -\frac{\partial H^{*n}}{\partial\, ^j q_k} - \frac{\partial D^n}{\partial\, ^j \dot{q}_k} \,. \tag{9.207}$$

Jetzt beinhaltet auch die Funktion H^{*n} einen Teil der Verluste des Systems. Nur der Anteil der Verluste, die sich nicht in der Funktion H^{*n} erfassen lassen, wird als additiver Term den $^j \dot{p}_k$ hinzugefügt. Bei Systemen höherer Ordnung bilden die $^j \dot{p}_k$ ein System von k Differenzialgleichungen.

Die Funktion H^{*n} besteht aus zwei Teilen. Sie setzt sich aus der klassischen Hamilton-Funktion und einem dissipativen Anteil des Systems zusammen. Der Vorteil dieser Darstellung ist in seiner mathematischen Struktur begründet. Aufgrund der adäquaten Definition des konservativen und dissipativen Anteils der Impulse $^j p_k$ entsteht ein Gleichungssystem, welches nur von $^j p_k$, $^j q_k$ und $^j \dot{q}_k$ abhängt. Bei der klassischen Definition der verallgemeinerten Impulse nach Gleichung (9.199) treten auch höhere zeitliche Ableitungen der verallgemeinerten Koordinate auf.

Anmerkung:
Bei dem Versuch, den Term $\partial D^n / \partial\, ^j \dot{q}_k$ in die Funktion H^{*n} zu integrieren, führt die Lösung des Differenzialgleichungssystems zur Bedingung einer linearen Dissipationsfunktion D^n. Da dieses bei technischen Systemen nicht der Fall sein muss, bleibt der Term $\partial D^n / \partial\, ^j \dot{q}_k$ separat in den Gleichungen der $^j \dot{p}_k$ stehen.

Der Index k an den verallgemeinerten Lagekoordinaten q_k bzw. den verallgemeinerten Impulsen p_k (bis n-ter Ordnung) steht nur im Summationsindex.

9.5 Analyse, Analogien und Anwendungen

Die Berechnung elektrischer Systeme mit Elementen höherer Ordnung erfolgt im Weiteren mittels Lagrange- und Hamilton-Formalismus. Bei den klassischen Berechnungsmethoden muss im Hinblick auf das zu wählende Verfahren nach linearem oder nichtlinearem Verhalten unterschieden werden. Sowohl der Lagrange- als auch der erweiterte Hamilton-Formalismus kennen keinen Unterschied hinsichtlich der Linearität bzw. Nichtlinearität bei der Aufstellung der Bewegungsgleichungen.

Da bei beiden nur solche Aufgabenstellungen betrachtet werden, die sich als Variationsproblem modellieren lassen, liegen als notwendige Bedingungen für ein Extremum die Bewegungsgleichungen zugrunde, die unabhängig von einem ganz bestimmten Koordinatensystem (nicht Bezugssystem, z. B. Inertialsystem) gelten. Es kann somit eine Transformation von einem Koordinatensystem in ein beliebiges anderes erfolgen. Eine nichtlinear erscheinende Gesamtheit von Bewegungsgleichungen muss nicht zwingend nichtlinear sein. Durch den Übergang zu einem entsprechenden Koordinatensystem kann in solch einem Fall die Gesamtheit der Bewegungsgleichungen in ihre ursprüngliche lineare Form übergehen. Die Wahl der Lösungsverfahren fällt dann angepasst aus.

Zur Demonstration dieser Methode wurden ausschließlich Systeme mit konzentrierten Elementen betrachtet.

Jedes beliebige physikalische oder technische System enthält energiespeichernde Bauelemente und solche, in denen ein Leistungsumsatz stattfindet. Diese werden durch eine Energie- bzw. Leistungsfunktion beschrieben. Dazu wird für jedes energiespeicherndes Element eine Lagrange-Funktion und für jedes verlustbehaftete Element eine Dissipationsfunktion aufgestellt. Diese Funktionen sind zur Gesamt-Lagrange-Funktion und Gesamt-Dissipationsfunktion aufzusummieren, wobei die Eigenschaft der Additivität der Lagrange- bzw. Dissipations-Funktion ausgenutzt wird. Beide Funktionen bilden das $\{L, D\}$-Modell, und dieses beschreibt das System vollständig.

Werden die Lagrange- und die Dissipationsfunktion anschließend in die Euler-Lagrange-Differenzialgleichung eingesetzt und die Variationsableitung gebildet, so folgen die Bewegungsgleichungen des Systems. Ebenso kann aus der Lagrange- und Dissipationsfunktion die Hamilton-Funktion aufgestellt werden, aus der über die kanonischen Gleichungen ebenfalls die Bewegungsgleichungen hervorgehen.

9.5.1 Stabilität linearer oder linearisierter Systeme

Zur Analyse von Systemen, vor allem bei Schaltungen mit idealen und realen Elementen höherer Ordnung, ist eine Stabilitätsanalyse erforderlich. Um charakteristische Aussagen über das prinzipielle Verhalten von Elementen höherer Ordnung in elektrischen

Schaltungen treffen zu können, sollen zur Beurteilung des Stabilitätsverhaltens vorrangig lineare Systeme betrachtet werden. Die Grundlage linearer Stabilitätsuntersuchungen bildet die charakteristische Gleichung des Systems, die aus dem beschreibenden linearen Differenzialgleichungssystem

$$\frac{\mathrm{d}x_\nu}{\mathrm{d}t} = a_{\nu 1}x_1 + a_{\nu 2}x_2 + \ldots + a_{\nu n}x_n, \qquad \nu = 1, 2, \ldots, n \tag{9.208}$$

(n Differenzialgleichungen erster Ordnung mit konstanten Koeffizienten) resultiert. Nach der Theorie linearer gewöhnlicher Differenzialgleichungen ist dieses Differenzialgleichungssystem exakt lösbar. Mit dem Ansatz

$$x_\nu = C_\nu e^{\lambda t}, \qquad \nu = 1, 2, \ldots, n \tag{9.209}$$

und dessen Ableitung geht man in die Differenzialgleichung (9.208) ein und dividiert diese durch $e^{\lambda t} \neq 0$, dann erhält man nach wenigen Umformungen das algebraische Gleichungssystem:

$$
\begin{aligned}
(a_{11} - \lambda)\,C_1 + a_{12}\,C_2 + a_{13}\,C_3 + \ldots + a_{1n}\,C_n &= 0, \\
a_{21}\,C_1 + (a_{22} - \lambda)\,C_2 + a_{23}\,C_3 + \ldots + a_{2n}\,C_n &= 0, \\
&\vdots \\
a_{n1}\,C_1 + a_{n2}\,C_2 + a_{n3}\,C_3 + \ldots + (a_{nn} - \lambda)\,C_n &= 0.
\end{aligned}
\tag{9.210}
$$

Dieses Gleichungssystem zur Bestimmung der Koeffizienten C_ν hat nur dann von Null verschiedene nichttriviale Lösungen, wenn der Wert der Koeffizientendeterminate gleich Null ist:

$$
D(\lambda) =
\begin{vmatrix}
a_{11} - \lambda & a_{12} & a_{13} & \cdots & a_{1n} \\
a_{21} & a_{22} - \lambda & a_{23} & \cdots & a_{2n} \\
\vdots & \vdots & \vdots & & \vdots \\
a_{n1} & a_{n2} & a_{n3} & \cdots & a_{nn} - \lambda
\end{vmatrix}
= 0. \tag{9.211}
$$

Die Gleichung (9.211) bzw.

$$D(\lambda) = a_0 \lambda^n + \ldots + a_{n-1}\lambda + a_n = 0 \tag{9.212}$$

heißt *charakteristische Gleichung* des Differenzialgleichungssystems (9.208). Diese algebraische Gleichung n-ten Grades in λ besitzt n verschiedene Wurzeln λ_i, wobei Mehrdeutigkeiten auftreten können. Die notwendige Bedingung für die Stabilität eines beliebigen linearen Systems lautet:

Satz 9.1 *Ist in der charakteristischen Gleichung (9.212) mit $a_0 > 0$ mindestens einer der Koeffizienten Null (d. h. fehlt eine Potenz) oder negativ, so liegt wenigstens eine Nullstelle auf oder rechts der imaginären Achse.*

Unter der Voraussetzung n verschiedener Wurzeln lautet die Lösung des Differenzialgleichungssystems (9.208)

$$x_\nu = C_{\nu 1} e^{\lambda_1 t} + C_{\nu 2} e^{\lambda_2 t} + \ldots + C_{\nu i} e^{\lambda_i t} + \ldots + C_{\nu n} e^{\lambda_n t}. \tag{9.213}$$

Aus den Anfangsbedingungen (9.211) werden die Konstanten $C_{\nu i}$ bestimmt. Aus der Lösung (9.213) des Systems lassen sich zwei wesentliche Schlussfolgerungen über dessen Stabilität ziehen:

- Wenn alle Wurzeln λ_i der charakteristischen Gleichung (9.212) negative Realteile besitzen, ist das lineare System asymptotisch stabil.

- Wenn unter den Wurzeln nur eine mit positivem Realteil ist, existiert in der Lösung von Gleichung (9.213) ein Term, der mit wachsender Zeit immer weiter wächst, was Instabilität bedeutet.

Zur besseren Abschätzung des Stabilitätsbereichs können mehrere Stabilitätskriterien herangezogen werden. Sie beruhen alle auf der Auswertung der charakteristischen Gleichung. Das sollen das *Hurwitz[3]-Kriterium* und das *Kriterium von Cremer-Leonhardt* (in der russischen Literatur *Michailow-Leonhardt*) sein.

Das Hurwitz-Kriterium

Zuerst werden die Koeffizienten des charaktristischen Polynoms

$$a_0\lambda^n + a_1\lambda^{n-1} + a_2\lambda^{n-2} + \ldots + a_n\lambda^0 = 0 \tag{9.214}$$

in ein Matrixschema eingeordnet:

$$\begin{pmatrix} a_1 & a_3 & a_5 & a_7 & \cdots & 0 & 0 & 0 \\ a_0 & a_2 & a_4 & a_6 & \cdots & 0 & 0 & 0 \\ 0 & a_1 & a_3 & a_5 & \cdots & 0 & 0 & 0 \\ \multicolumn{8}{c}{\dotfill} \\ 0 & 0 & 0 & 0 & \cdots & a_{n-2} & a_n & 0 \\ 0 & 0 & 0 & 0 & \cdots & a_{n-3} & a_{n-1} & 0 \\ 0 & 0 & 0 & 0 & \cdots & a_{n-4} & a_{n-2} & a_n \end{pmatrix}. \tag{9.215}$$

Bildet man nun die Unterdeterminanten von Gl. (9.215), bezogen auf das Element a_1 der ersten Zeile und Spalte, dann ergeben sich:

$$H_1 = a_1, \tag{9.216}$$

$$H_2 = \begin{vmatrix} a_1 & a_3 \\ a_0 & a_2 \end{vmatrix}, \tag{9.217}$$

$$H_3 = \begin{vmatrix} a_1 & a_3 & a_5 \\ a_0 & a_2 & a_4 \\ 0 & a_1 & a_3 \end{vmatrix} \tag{9.218}$$

u. s. w. bis zur Determinante H_n von Gl. (9.215) selbst. Diese Determinanten heißen *Hurwitz-Determinanten*. Es gilt das folgende Stabilitätskriterium:

---

[3]Hurwitz, Adolf (26.3.1859 - 18.11.1919). Mathematiker. Wirkte hauptsächlich in Zürich. Bedeutende Arbeiten auf vielen Teilgebieten der Algebra und Funktionentheorie.

Satz 9.2 (Stabilitätskriterium nach Hurwitz) *Sind alle Determinanten H_1 bis H_n positiv, so liegen alle Nullstellen der charakteristischen Gleichung links der imaginären Achse, während andernfalls mindestens eine Nullstelle auf oder rechts der imaginären Achse gelegen ist. Ein System ist somit genau dann asymptotisch stabil, wenn alle H_ν, $\nu = 1, \ldots, n$ positiv sind.*

Kriterium von Cremer-Leonhardt

In dem nach *L. Cremer* und *A. Leonhardt* benannten Stabilitätskriterium wird in der charakteristischen Gleichung λ durch $p = j\omega$ ersetzt, um eine Darstellung in der komplexen Ebene zu erhalten. Es folgt aus (9.214)

$$a_0(j\omega)^n + a_1(j\omega)^{n-1} + a_2(j\omega)^{n-2} + \ldots + a_{n-1}(j\omega) + a_n = G(j\omega) \qquad (9.219)$$

und nach der Trennung in Real- und Imaginärteil:

$$G(j\omega) = U(\omega) + jV(\omega). \qquad (9.220)$$

Zur Stabilität des Systems muss die Ortskurve $G(j\omega)$ folgende Bedingungen erfüllen:

1. Die Kurve $G(j\omega)$ verläuft nicht durch den Ursprung der komplexen Ebene und es gilt: $G(j\omega) > 0)$ für $\omega = 0$.

2. Der komplexe Vektor $G(j\omega)$ muss nacheinander n Quadranten im mathematisch positiven Sinn durchlaufen, wenn ω die Werte von Null nach plus Unendlich durchläuft.
   Dies ist gewährleistet, wenn

   - die Ausdrücke $U(\omega) = 0$ und $V(\omega) = 0$ nur relle Wurzeln besitzen,
   - die Ausdrücke $U(\omega)$ und $u'(\omega) = du(\omega)/d\omega$ für $\omega = 0$ gleiche Vorzeichen besitzen und die Nulldurchgänge von $U(\omega)$ und $V(\omega)$ mit wachsendem ω einander abwechseln.

Der Vorteil des Kriteriums von *Cremer-Leonhardt* gegenüber dem *Hurwitzkriterium* liegt im geringeren rechnerischen Aufwand bei steigender Ordnung der charakteristischen Gleichung.

9.5.2 Berechnung elektrischer Systeme mit Elementen höherer Ordnung

Untersuchungen zu Netzwerken mit idealen Elementen höherer Ordnung

Es soll mit der Untersuchung des qualitativen Verhaltens eines idealen Elementes höherer Ordnung gemäß der Schaltung im Bild 9.12 begonnen werden:

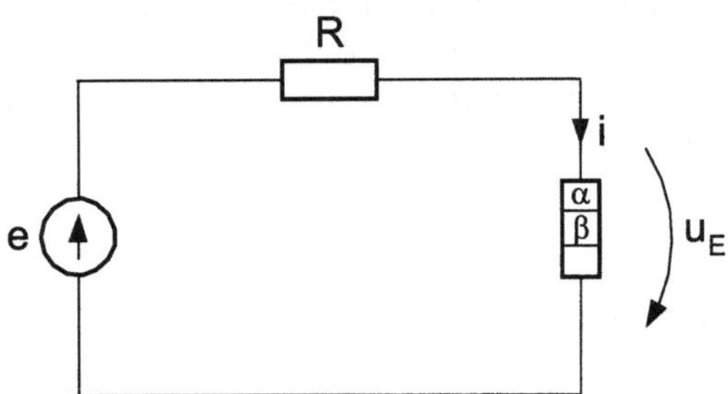

Bild 9.12: Elektrisches Netzwerk mit einem idealen Element höherer Ordnung

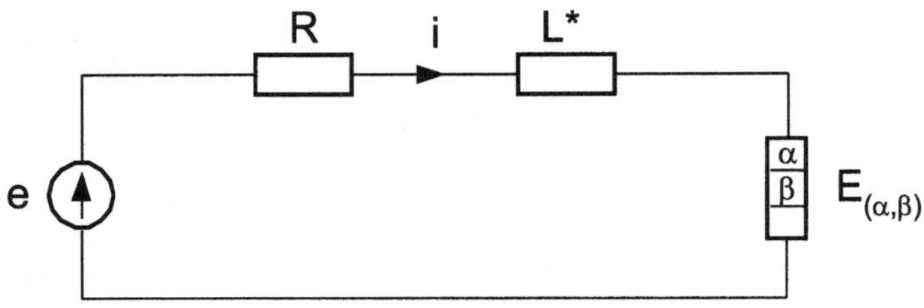

Bild 9.13: Netzwerk mit idealem Element höherer Ordnung und Induktivität

Für das Element höherer Ordnung (lineares ideales Element k-ter Ordnung) gelte die Definitionsgleichung:

$$u_E = K \frac{\mathrm{d}^k i}{\mathrm{d}t^k}. \tag{9.221}$$

Die der Stabilitätsuntersuchung zugrunde liegende charakteristische Gleichung hat die Form:

$$R + K\lambda^k = 0. \tag{9.222}$$

Die notwendige Bedingung für die Stabilität eines Systems besagt, dass die charakteristische Gleichung als vollständiges Polynom vorliegen muss. Sobald eine Potenz fehlt, wird dasselbe instabil. Sobald $k > 1$ wird, geht das stabile Verhalten in ein instabiles Verhalten über.

Schaltet man zum Widerstand R noch eine Induktivität L^* in Reihe hinzu (Bild 9.13), so wechselt das Stabilitätsverhalten erst für $k > 2$ zum Instabilen über.

Nun ist zu untersuchen, inwieweit ideale Elemente höherer Ordnung das Stabilitätsverhalten von Schaltungen mit realen Netzwerkelementen beeinflussen. Die Ausgangsschaltung hierfür ist dem Bild 9.14 zu entnehmen.

Mit den Werten $R_1 = 100\ \Omega$, $R_2 = 1\ \mathrm{k}\Omega$, $R_3 = 2\ \mathrm{k}\Omega$, $C = 3{,}3\ \mathrm{nF}$, $L^* = 50\ \mu\mathrm{H}$ lautet die charakteristische Gleichung dieser Schaltung:

$$8{,}66 \cdot 10^{12} + 2{,}2 \cdot 10^7 \lambda + \lambda^2 = 0\ . \tag{9.223}$$

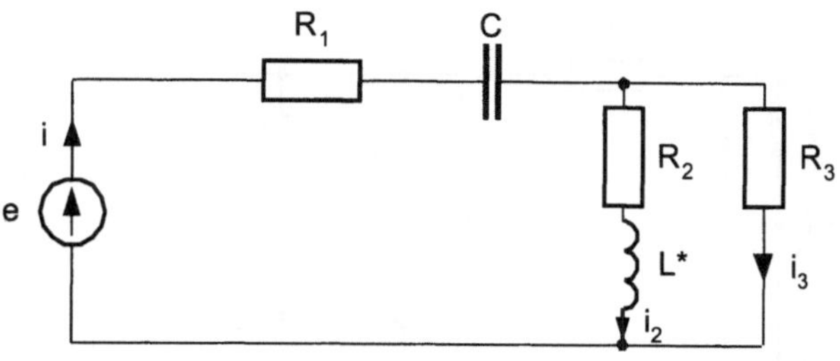

Bild 9.14: Erweitertes Netzwerk mit realen Netzwerkelementen

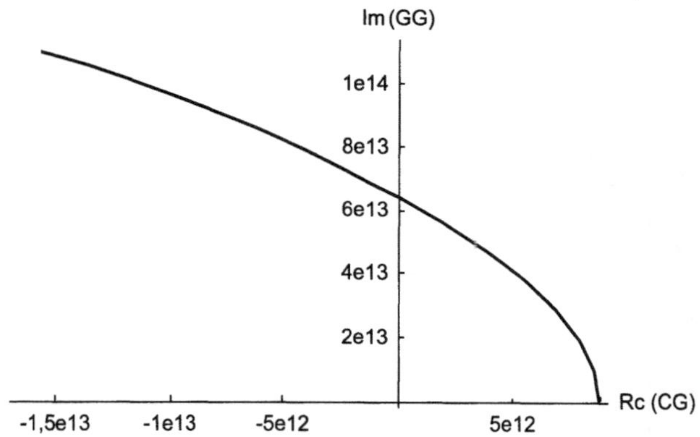

Bild 9.15: Ortskurve der Schaltung

Sie beinhaltet die negativen Wurzeln:

$$\lambda_1 = -399924 \qquad \text{und} \qquad \lambda_2 = -2{,}16491 \cdot 10^7. \tag{9.224}$$

Das System arbeitet stabil, weil nach Gl. (9.213) nur Summanden auftreten, die mit $t \rightarrow +\infty$ gegen Null streben. Mit dem Stabilitätskriterium nach *Cremer-Leonhardt* ist aus dem Verlauf der Ortskurve (2 Quadranten sind notwendig und werden auch durchlaufen) das stabile Arbeiten der Schaltung erkennbar (Bild 9.15).

Wird nun zum Widerstand R_3 im Bild 9.14 ein ideales Element höherer Ordnung mit $K = 1$ und $k = 3$ parallelgeschaltet, so folgt die Schaltung im Bild 9.16.

Die charakteristische Gleichung besitzt für dieses elektrische Netzwerk die Form:

$$\lambda^5 + 2{,}21 \cdot 10^7 \, \lambda^4 + 8{,}66 \cdot 10^{12} \, \lambda^3 + 95{,}24 \, \lambda^2 + 2{,}19 \cdot 10^9 \lambda + 5{,}77 \cdot 10^{15} = 0 \tag{9.225}$$

mit den Werten für die Wurzeln:

$$\begin{aligned}
\lambda_1 &= -2{,}16 \cdot 10^7 \;\; ; \;\; \lambda_2 = -399924 \;\; ; \;\; \lambda_3 = -8{,}74 \\
\lambda_{4,5} &= 4{,}37 \pm 7{,}57 \, j \;\; , \;\; Re(\lambda_{4,5}) > 0.
\end{aligned} \tag{9.226}$$

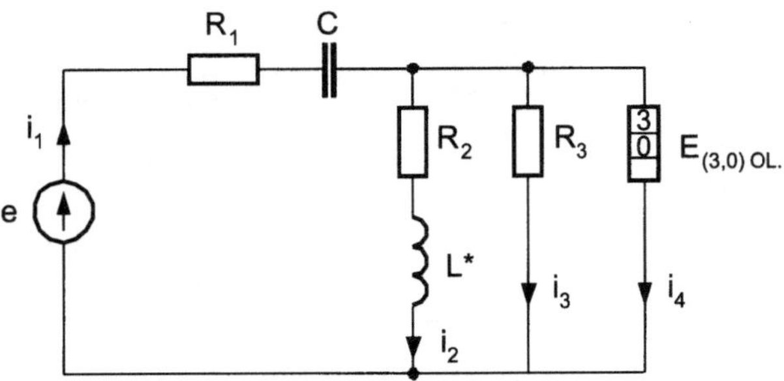

Bild 9.16: Erweitertes Netzwerk mit einem idealen Element dritter Ordnung

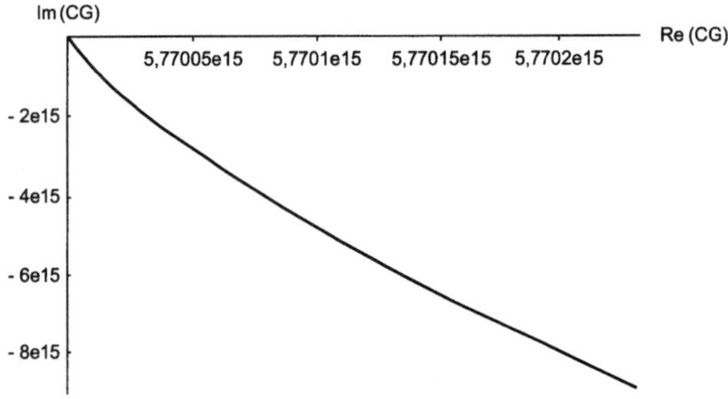

Bild 9.17: Ortskurve der Schaltung

Aus dem Realteil von $\lambda_{4,5}$ leitet sich die Instabilität dieses Systems ab, weil der Realteil größer als Null ist. Ein Vergleich mit dem Stabilitätskriterium nach *Cremer-Leonhardt* zeigt, dass die Ortskurve hier nur zwei Quadranten durchläuft, wo jedoch fünf Quadranten erforderlich sind. Auch durch eine Veränderung der anderen Bauelementewerte kann nicht der theoretisch geforderte Ortskurvenverlauf realisiert werden (Bild 9.17).

Diese Ergebnisse zeigen, dass Netzwerke mit idealen Elementen höherer Ordnung mit Ausnahmen der Sonderfälle $k = 1$ bzw. $k = 2$ in Zusammenschaltungen mit einem Widerstand bzw. einer Induktivität kein stabiles Verhalten aufweisen. Da solche idealen Elemente höherer Ordnung schaltungstechnisch auch nicht technisch realisierbar sind, ist zu Untersuchungen mit realen Elementen überzugehen.

Das Netzwerk mit realen linearen Elementen höherer Ordnung

Für ein Netzwerk mit realen Elementen höherer Ordnung sollen nun die Bewegungsgleichungen aufgestellt werden. Dazu bieten sich zwei neue Methoden an. Das vorgegebene Netzwerk ist in Bild 9.18 dargestellt.

Aufstellen der Bewegungsgleichungen über die erweiterte Euler-Lagrange-Differenzialgleichung

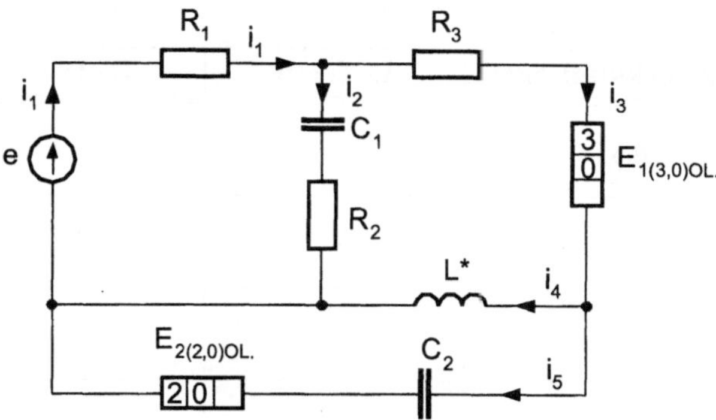

Bild 9.18: Netzwerk mit linearem Element höherer Ordnung in realer Formulierung

Der erste Weg führt über den erweiterten Lagrange-Formalismus. Die Voraussetzung dazu bilden die $\{L, D\}$-Modelle der einzelnen Netzwerkelemente. Diese werden zum Gesamt-$\{L, D\}$-Modell des Systems aufsummiert und dann in die erweiterte Euler-Lagrange-Differenzialgleichung eingesetzt. Die Bildung der Variationsableitungen ergibt die Bewegungsgleichungen. In Tabelle 9.9 sind den Netzwerkelementen die $\{L, D\}$-Modelle zugeordnet. Dabei ist zu erkennen, dass die Bauelemente mit den Bezeichnungen E_1 und E_2 sowohl einen L- als auch einen D-Term besitzen. Die unabhängige Quelle wurde mit q_1 multipliziert und dem L-Term zugefügt. Sie ist aber auch in der Euler-Lagrange-Differenzialgleichung auf der rechten Seite als äußere Kraft erfassbar.

Mit den Knotengleichungen

$$i_1 = i_2 + i_3 \quad \text{und} \quad i_4 = i_3 - i_5 \tag{9.227}$$

lautet das vollständige $\{L, D\}$-Modell dieser Schaltung:

$$L = u_Q(q_2 + q_3) - \frac{1}{2C_1} q_2^2 - \frac{1}{2C_2} q_5^2 + \frac{L^*}{2}(\dot{q}_3 - \dot{q}_5)^2 + \frac{3T}{2V_s} \dot{q}_3^2$$

$$- \frac{T^3}{2V_s} \ddot{q}_3^2 + \frac{T}{2V_s} \dot{q}_5^2, \tag{9.228}$$

$$D = \frac{R_1}{2}(\dot{q}_2 + \dot{q}_3)^2 + \frac{R_2}{2} \dot{q}_2^2 + \frac{R_3}{2} \dot{q}_3^2 + \frac{1}{2V_s} \dot{q}_3^2 - \frac{3T^2}{2V_s} \ddot{q}_3^2 + \frac{1}{2V_s} \dot{q}_5^2 - \frac{T^2}{2V_s} \ddot{q}_5^2.$$

Nach Einsetzen dieser Funktionen in die erweiterte Euler-Lagrange-Differenzialgleichung (9.136) und dem Ausführen aller Differenziationen folgen die Maschengleichungen des Netzwerkes:

$$\text{bzgl. } q_2 \quad : \quad -u_Q + \frac{1}{C_1} q_2 + R_1(\dot{q}_2 + \dot{q}_3) + R_2\dot{q}_2 = 0, \tag{9.229}$$

$$\text{bzgl. } q_3 \quad : \quad \frac{T^3}{V_s} \overset{(4)}{q_3} + \frac{3T^2}{V_s} \overset{(3)}{q_3} + \frac{3T}{V_s} \ddot{q}_3 + \frac{1}{V_s} \dot{q}_3 + L^*(\ddot{q}_3 - \ddot{q}_5) - u_Q$$

$$+ R_1(\dot{q}_2 - \dot{q}_3) + R_3\dot{q}_3 = 0, \tag{9.230}$$

$$\text{bzgl. } q_5 \quad : \quad \frac{T^2}{V_s} \overset{(3)}{q_5} + \frac{T}{V_s} \ddot{q}_5 + \frac{1}{V_s} \dot{q}_5 + \frac{1}{C_2} q_5 - L^*(\ddot{q}_3 - \ddot{q}_5) = 0. \tag{9.231}$$

Tabelle 9.9: Netzwerkelemente und deren L- und D-Terme

Netzwerkelemente	L-Term	D-Term
u_Q	$u_Q\, q_1$	
R_1		$\dfrac{R_1}{2}\, \dot{q}_1^2$
R_2		$\dfrac{R_2}{2}\, \dot{q}_2^2$
R_2		$\dfrac{R_3}{2}\, \dot{q}_3^2$
C_1	$-\dfrac{1}{2C_1}\, q_2^2$	
C_1	$-\dfrac{1}{2C_2}\, q_5^2$	
L^*	$\dfrac{L^*}{2}\, \dot{q}_4^2$	
E_1	$\dfrac{3T}{2V_s}\, \dot{q}_3^2 - \dfrac{T^3}{2V_s}\, \ddot{q}_3^2$	$\dfrac{1}{2V_s}\, \dot{q}_3^2 - \dfrac{3T^2}{2V_s}\, \ddot{q}_3^2$
E_2	$\dfrac{T}{2V_s}\, \dot{q}_5^2$	$\dfrac{1}{2V_s}\, \dot{q}_5^2 - \dfrac{T^2}{2V_s}\, \ddot{q}_5^2$

Aufstellung der Bewegungsgleichungen über die Hamilton-Funktion

Die Hamilton-Funktion nach (9.198) wird aus den verallgemeinerten Koordinaten, den verallgemeinerten Impulsen und der Lagrange-Funktion aufgebaut. Die Ordnung des Netzwerkes beträgt hier maximal drei. Daraus folgen zwei verallgemeinerte Koordinaten und zwei verallgemeinerte Impulse. Sie lauten nach Gleichung (9.199):

$$^1q_k = q_k, \qquad ^2q_k = \dot{q}_k, \qquad (k = 2, 3, 5) \tag{9.232}$$

und

$$^1p_2 \;=\; 0, \tag{9.233}$$

$$^1p_3 \;=\; L^*(\dot{q}_3 - \dot{q}_5) + \frac{3T}{V_s}\, \dot{q}_3 + \frac{T^3}{V_s}\, \overset{(3)}{q_3}, \tag{9.234}$$

$$^1p_5 \;=\; -L^*(\dot{q}_3 - \dot{q}_5) + \frac{T}{V_s}\, \dot{q}_5 \tag{9.235}$$

mit

$$^2p_2 \;=\; {}^2p_5 = 0, \tag{9.236}$$

$$^2p_3 \;=\; -\frac{T^3}{V_s}\, \ddot{q}_3 \qquad \Rightarrow \qquad \ddot{q}_3 = -\frac{V_s}{T^3}\, {}^2p_3. \tag{9.237}$$

Anmerkung:

Die ^jp_k bauen sich nach Gleichung (9.199) auf.

Die Hamilton-Funktion nach Gleichung (9.198) erhält für $n = 2$ durch das Einsetzen der ^jq_k, ^jp_k und der Ausführung der Summation somit folgende Form:

$$
\begin{aligned}
H^2 &= H^2(^1p_k,\,^2p_k,\,^1q_k,\,^2q_k,\,t) \\
&= {}^1p_3\,{}^2q_3 + {}^1p_5\,{}^2q_5 - \frac{V_s}{2T^3}\,{}^2p_3^2 - u_Q(^1q_2 + {}^1q_3) + \frac{1}{2C_1}\,{}^1q_2^2, \qquad (9.238) \\
&\quad + \frac{1}{2C_2}\,{}^1q_5^2 - \frac{L^*}{2}(^2q_3 - {}^2q_5)^2 - \frac{3T}{2V_s}\,{}^2q_3^2 - \frac{T}{2V_s}\,{}^2q_5^2.
\end{aligned}
$$

Das System der kanonischen Gleichungen baut sich dann nach den Gleichungen (9.201), (9.202) und (9.203) wie folgt auf:

$$
\begin{aligned}
^1\dot{q}_2 &= 0, \\
^1\dot{q}_3 &= {}^2q_3, \\
^1\dot{q}_5 &= {}^2q_5, \qquad\qquad (9.239) \\
^2\dot{q}_2 &= {}^2\dot{q}_5 = 0, \\
^2\dot{q}_3 &= -\frac{V_s}{T^3}\,{}^2p_3.
\end{aligned}
$$

Für die Impulse erster Ordnung gilt:

$$
\begin{aligned}
^1\dot{p}_2 &= u_Q - \frac{1}{C_1}\,{}^1q_2 - R_1(^2q_2 + {}^2q_3) - R_2\,{}^2q_2, \\
^1\dot{p}_3 &= u_Q + \frac{3T^2}{V_s}\,{}^2\ddot{q}_3 - R_1(^2q_2 + {}^2q_3) - R_3\,{}^2q_3 - \frac{1}{V_s}\,{}^2q_3, \qquad (9.240) \\
^1\dot{p}_5 &= -\frac{1}{C_2}\,{}^1q_5 - \frac{1}{V_s}\,{}^2q_5 - \frac{T^2}{V_s}\,\ddot{q}_5.
\end{aligned}
$$

Für die Impulse zweiter Ordnung gilt:

$$
\begin{aligned}
^2\dot{p}_2 &= 0, \\
^2\dot{p}_3 &= -{}^1p_3 + L^*(^2q_3 + {}^2q_5) + \frac{3T}{2V_s}\,{}^2q_3, \qquad (9.241) \\
^2\dot{p}_5 &= -{}^1p_5 - L^*(^2q_3 - {}^2q_5) + \frac{T}{V_s}\,{}^2q_5.
\end{aligned}
$$

Werden die Gleichungen (9.235) nach der Zeit t abgeleitet und in die Gleichungen (9.241) eingesetzt, so folgen wieder die Bewegungsgleichungen nach (9 231).

Aufstellung der Bewegungsgleichungen über die Funktion H^{*n} und Neudefinition der Impulse

Jetzt sollen die Unterschiede bei der Aufstellung der Bewegungsgleichungen mit der in 9.4.2 definierten Funktion H^{*n} am selben Beispiel erläutert werden. Werden die neu definierten verallgemeinerten Impulse nach Gleichung (9.204) verwendet, dann folgen:

$$
\begin{aligned}
{}^1p_2 &= 0, \\
{}^1p_3 &= L^*(\dot{q}_3 - \dot{q}_5) + \frac{3T}{V_s}\,\dot{q}_3 + \frac{3T^2}{V_s}\,\ddot{q}_3, \\
{}^1p_5 &= -L^*(\dot{q}_3 - \dot{q}_5) + \frac{T}{V_s}\,\dot{q}_5 + \frac{T^2}{V_s}\,\ddot{q}_5
\end{aligned}
\tag{9.242}
$$

und

$$
\begin{aligned}
{}^2p_2 &= {}^2p_5 = 0, \\
{}^2p_3 &= -\frac{T^3}{V_s}\,\ddot{q}_3.
\end{aligned}
\tag{9.243}
$$

Setzt man diese Impulse ein, dann führt das auf die Funktion H^{*2} und auf die Form:

$$
\begin{aligned}
H^{*2} &= H^{*2}({}^1p_k, {}^2p_k, {}^1q_k, {}^2q_k, t) \\
&= {}^1p_3\,{}^2q_3 + {}^1p_5\,{}^2q_5 - \frac{V_s}{2T^3}\,{}^2p_3^2 - u_Q({}^1q_2 + {}^1q_3) + \frac{1}{2C_1}\,{}^1q_2^2, \\
&\quad + \frac{1}{2C_2}\,{}^1q_5^2 - \frac{L^*}{2}({}^2q_3 - {}^2q_5)^2 - \frac{3T}{2V_s}\,{}^2q_3^2 - \frac{T}{2V_s}\,{}^2q_5^2.
\end{aligned}
\tag{9.244}
$$

Aus Gleichung (9.245) leiten sich dann die modifizierten kanonischen Bewegungsgleichungen ab, indem die Funktion H^{*2} nach den neu definierten verallgemeinerten Impulsen abgeleitet wird und so die kanonischen Bewegungsgleichungen ${}^j\dot{q}_k$ nach Gleichung (9.206) ergeben, bzw. indem die Funktion H^* und die Dissipations-Funktion D nach den verallgemeinerten Koordinaten und den jeweiligen Ableitungen der verallgemeinerten Koordinaten nach Gleichung (9.207) abgeleitet werden. Es ergeben sich die Ausdrücke:

$$
\begin{aligned}
{}^1\dot{q}_2 &= 0, \\
{}^1\dot{q}_3 &= {}^2q_3, \\
{}^1\dot{q}_5 &= {}^2q_5, \\
{}^2\dot{q}_2 &= {}^2\dot{q}_5 = 0, \\
{}^2\dot{q}_3 &= -\frac{V_s}{T^3}\,{}^2p_3
\end{aligned}
\tag{9.245}
$$

und

$$
\begin{aligned}
{}^1\dot{p}_2 &= u_Q - \frac{1}{C_1}\,{}^1q_2 - R_1({}^2q_2 + {}^2q_3) - R_2\,{}^2q_2, \\
{}^1\dot{p}_3 &= u_Q - R_1({}^2q_2 + {}^2q_3) - R_3\,{}^2q_3 - \frac{1}{V_s}\,{}^2q_3, \\
{}^1\dot{p}_5 &= -\frac{1}{C_2}\,{}^1q_5 - \frac{1}{V_s}\,{}^2q_5
\end{aligned}
\tag{9.246}
$$

sowie

$$^2\dot{p}_2 \;=\; 0,$$

$$^2\dot{p}_3 \;=\; -\,^1p_3 + L^*\left(^2q_3 + \,^2q_5\right) + \frac{3T}{V_s}\,^2q_3 + \frac{3T^2}{V_s}\,^2\dot{q}_3,$$ (9.247)

$$^2\dot{p}_5 \;=\; -\,^1p_5 - L^*\left(^2q_3 - \,^2q_5\right) + \frac{T}{V_s}\,^2q_5 + \frac{T^2}{V_s}\,^2\dot{q}_5.$$

An dieser Herleitung lassen sich mehrere Vorteile erkennen: Es entsteht ein Gleichungssystem, das *maximal* die erste zeitliche Ableitung der verallgemeinerten Koordinaten enthält. Im Vergleich zur klassischen Definition der verallgemeinerten Impulse nach Gleichung (9.199) erscheinen dort mehrfache zeitliche Ableitungen der verallgemeinerten Koordinaten in den kanonischen Bewegungsgleichungen. Dadurch gestaltet sich die mathematische Struktur wesentlich komplizierter. Der Vorteil der Neudefinition der verallgemeinerten Impulse nach Gleichung (9.204) besteht also in einfacheren modifizierten kanonischen Bewegungsgleichungen $^j\dot{p}_k$.

Berechnung der Zweigströme der Schaltung

Zum Zweck der Analyse werden nun die Zweigströme durch die Bauelemente des Netzwerkes im Bild 9.18 mit den Werten für die Bauelemente:

$$R_1 = 100\ \Omega, \qquad C_1 = 33\ \text{nF}, \qquad T = 59 \cdot 10^{-4}\ \text{s},$$
$$R_2 = 1\ \text{k}\Omega, \qquad C_2 = 3{,}3\ \text{nF}, \qquad V_s = 10^{-6}\ \text{A/V},$$
$$R_3 = 2\ \text{k}\Omega, \qquad L^* = 5\ \text{mH},$$
$$u_Q = 10\ \text{V}\ \sin\omega t, \qquad f = 50\ \text{Hz}$$

berechnet. Aus den Bewegungsgleichungen gemäß Gl. (9.229), (9.230) und (9.231) des Systems resultiert mit den neuen Variablen

$$x_1 \;=\; i_2 = \dot{q}_2, \qquad x_2 = i_3 = \dot{q}_3, \qquad x_3 = i_5 = \dot{q}_5$$

$$x_4 \;=\; \frac{\mathrm{d}i_3}{\mathrm{d}t}, \qquad x_5 = \frac{\mathrm{d}^2 i_3}{\mathrm{d}t^2}, \qquad x_6 = \frac{\mathrm{d}i_5}{\mathrm{d}t}, \qquad x_7 = \frac{\mathrm{d}^2 i_5}{\mathrm{d}t^2}$$ (9.248)

ein Differenzialgleichungssystem siebter Ordnung in der Form:

$$\dot{x}_1 \;=\; -2{,}75 \cdot 10^4\, x_1 - 9{,}09 \cdot 10^{-2}\, x_2 + 2{,}86\,\sin(2\pi f t),$$
$$\dot{x}_2 \;=\; x_4,$$
$$\dot{x}_3 \;=\; x_6,$$
$$\dot{x}_4 \;=\; x_5,$$ (9.249)
$$\dot{x}_5 \;=\; -4{,}87 \cdot 10^2\, x_1 - 4{,}88 \cdot 10^6\, x_2 - 8{,}62 \cdot 10^4\, x_4 - 5{,}08 \cdot 10^2\, x_5,$$
$$\qquad\qquad +\,2{,}43\,10^{-2}\, x_6 + 48{,}69\,\sin(2\pi f t),$$
$$\dot{x}_6 \;=\; x_7,$$
$$\dot{x}_7 \;=\; -8{,}71 \cdot 10^6\, x_3 + 1{,}44 \cdot 10^{-4}\, x_5 - 2{,}87 \cdot 10^4\, x_6 - 3{,}39 \cdot 10^2\, x_7.$$

Der Lösung des Differenzialgleichungssystems geht eine Stabilitätsuntersuchung voraus, denn bei instabilem Verhalten erübrigen sich weitere Schritte. Die charakteristische Gleichung dieses Systems lautet

$$\lambda^7 \; + \; 2{,}84 \cdot 10^4 \, \lambda^6 + 2{,}36 \cdot 10^7 \, \lambda^5 + 7{,}97 \cdot 10^9 \lambda^4 + 1{,}59 \cdot 10^{12} \lambda^3 + 2{,}37 \cdot 10^{14} \lambda^2$$
$$+ \; 2{,}46 \cdot 10^{16} \, \lambda + 1{,}17 \cdot 10^{18} = 0. \tag{9.250}$$

Die Wurzeln der charakteristischen Gleichungen bestimmt man z. B. mit dem Programm MATHEMATICA:

$$\begin{aligned}
\lambda_1 &= -27548{,}2, & \lambda_3 &= -159{,}64 - 18{,}79\,i, & \lambda_6 &= -3{,}72 - 162{,}0\,i, \\
\lambda_5 &= -331{,}53, & \lambda_4 &= -159{,}64 + 18{,}79\,i, & \lambda_7 &= -3{,}72 + 162{,}0\,i, \quad (9.251) \\
\lambda_2 &= -191{,}19.
\end{aligned}$$

Da alle Realteile der Wurzeln negativ sind, arbeitet das System für diese Bauelementewerte stabil.

Die Lösungen für die Zweigströme i_1 bis i_5, berechnet mit den bekannten Methoden zur Lösung linearer Differenzialgleichungen, lautet:

$$\begin{aligned}
i_1 &= -0{,}1\,\mathrm{mA}\, e^{-\frac{t}{\tau_1}} + 0{,}08\,\mathrm{mA}\, e^{-\frac{t}{\tau_3}} - 0{,}08\,\mathrm{mA}\, \cos(18{,}79\,t/s)\, e^{-\frac{t}{\tau_4}} \\
&\quad +0{,}16\,\mathrm{mA}\, \sin(18{,}79\,t/s)\, e^{-\frac{t}{\tau_4}} + 0{,}1\,\mathrm{mA}\, \cos(2\pi ft) \\
i_2 &= -0{,}1\,\mathrm{mA}\, e^{-\frac{t}{\tau_1}} + 0{,}1\,\mathrm{mA}\, \cos(2\pi ft) \\
i_3 &= 0{,}08\,\mathrm{mA}\, e^{-\frac{t}{\tau_3}} - (0{,}08\,\mathrm{mA}\, \cos(18{,}79\,t/s) - 0{,}16\,\mathrm{mA}\, \sin(18{,}79\,t/s))\, e^{-\frac{t}{\tau_4}} \\
&\quad -1{,}07\,\mu\mathrm{A}\, \sin(2\pi ft) \tag{9.252} \\
i_4 &= 0{,}08\,\mathrm{mA}\, e^{-\frac{t}{\tau_3}} - (0{,}08\,\mathrm{mA}\, \cos(18{,}79\,t/s) - 0{,}16\,\mathrm{mA}\, \sin(18{,}79\,t/s))\, e^{-\frac{t}{\tau_4}} \\
&\quad -1{,}07\,\mu\mathrm{A}\, \sin(2\pi ft) \\
i_5 &= -2{,}04 \cdot 10^{-12}\,\mathrm{A}\, e^{-\frac{t}{\tau_2}} + 4{,}88 \cdot 10^{-11}\,\mathrm{A}\, e^{-\frac{t}{\tau_3}} - 4{,}76 \cdot 10^{-11}\,\mathrm{A}\, \cos(18{,}79\,t/s)\, e^{-\frac{t}{\tau_4}} \\
&\quad +5{,}61 \cdot 10^{-11}\,\mathrm{A}\, \sin(18{,}79\,t/s)\, e^{-\frac{t}{\tau_4}} \approx 0
\end{aligned}$$

mit den Zeitkonstanten

$$\begin{aligned}
\tau_1 &= 3{,}63 \cdot 10^{-5}\,\mathrm{s}, & \tau_2 &= 3{,}02 \cdot 10^{-3}\,\mathrm{s}, & \tau_3 &= 5{,}23 \cdot 10^{-3}\,\mathrm{s}, \\
\tau_4 &= 6{,}3 \cdot 10^{-3}\,\mathrm{s}, & \tau_5 &= 2{,}68\,10^{-1}\,\mathrm{s}.
\end{aligned}$$

Im Bild 9.19 sind die Zeitverläufe der Zweigströme grafisch dargestellt.

Netzwerk mit einem nichtlinearen Element höherer Ordnung

In das nachfolgende Beispiel wird nun ein nichtlineares Element höherer Ordnung einbezogen. Die Elementebeziehung dieses nichtlinearen Elementes soll so verlaufen, dass sich das $\{L, D\}$-Modell ohne Kenntnis des zeitlichen Verlaufes des Stromes aufstellen lässt. Diese Forderung erfüllen nur ganz spezielle Elemente höherer Ordnung. Hierzu wird auf 9.3.3 verwiesen.

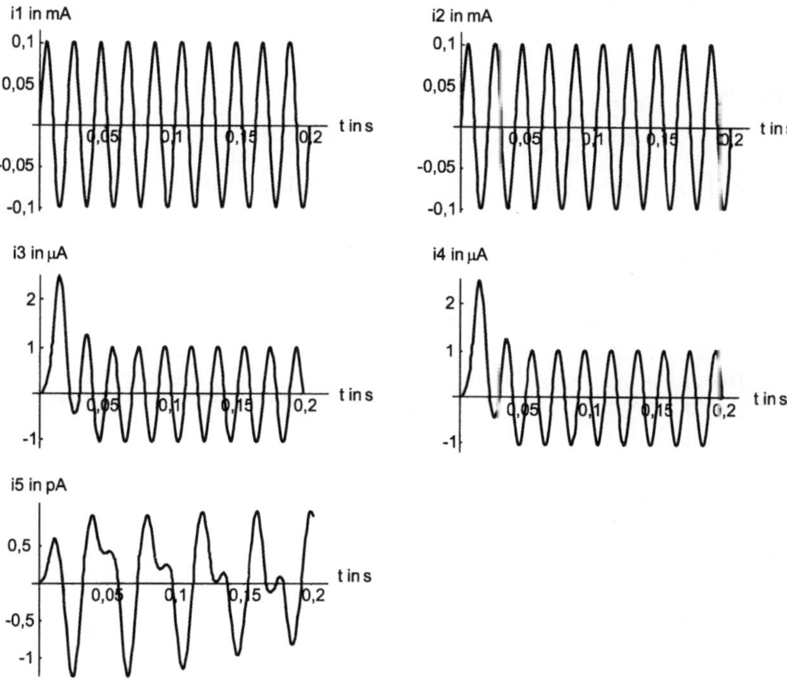

Bild 9.19: Verlauf der Zweigströme i_1 bis i_5 des Netzwerkes

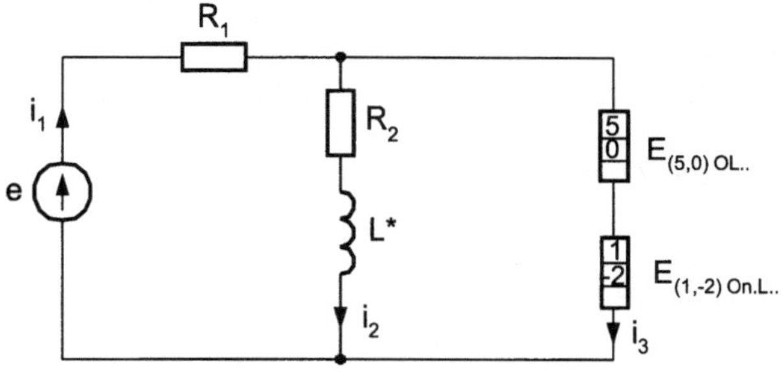

Bild 9.20: Netzwerk mit dem nichtlinearen Element höherer Ordnung

1. Aufstellung der Bewegungsgleichungen über die Euler-Lagrange-Differenzialgleichung

Im ersten Schritt wird mit der Aufstellung der Bewegungsgleichung begonnen. Neben den Elementen Widerstand, Induktivität und Spannungsquelle sind in der Schaltung ein lineares Element 5. Ordnung ($\alpha = 5, \beta = 0$) und ein nichtlineares Element 3. Ordnung mit $\alpha = 1$ und $\beta = -2$ und somit $k = \alpha - \beta = 3$ enthalten. Das $\{L, D\}$-Modell des linearen Elementes 5. Ordnung ist der Tabelle A.2 in Anlage A.1 zu entnehmen.

Für das nichtlineare Element höherer Ordnung nach Gl. (9.102) und Entnormierung nach Spannung und Strom folgt mit $\alpha = 1$ und $\beta = -2$:

$$p^{-2}u = f(p^1 i) \quad \Rightarrow \quad u = p^2 f(p^1 i) \tag{9.253}$$

oder umgeformt:

$$u = \frac{\mathrm{d}^2}{\mathrm{d}t^2} f(\frac{\mathrm{d}}{\mathrm{d}t}\dot{q})^2 = \frac{\mathrm{d}^2}{\mathrm{d}t^2} f(\ddot{q})^2 = K \frac{\mathrm{d}^2}{\mathrm{d}t^2}\ddot{q}^2. \tag{9.254}$$

Aus $\beta = -(\alpha + 1)$ resultiert nach Abschnitt 9.3.3, Gl. (9.168):

$$L_{E_{(1,-2)nl.}} = (-1)^3 \int f(\ddot{q})\,\mathrm{d}\ddot{q} = -\int K\,\ddot{q}^2\,\mathrm{d}\ddot{q} = -\frac{K}{3}\ddot{q}^3. \tag{9.255}$$

Tabelle 9.10: Netzwerkelemente und deren L- und D-Terme

Elemente	L-Term	D-Term
u_Q	$u_Q\, q_1$	
R_1		$\dfrac{R_1}{2}\dot{q}_1^2$
R_2		$\dfrac{R_2}{2}\dot{q}_2^2$
L^*	$\dfrac{L^*}{2}\dot{q}_2^2$	
$E_{(1,-2)nl.}$	$-\dfrac{K}{3}\ddot{q}_3^3$	
$E_{(5,0)l.}$	$\dfrac{5T}{2V_s}\dot{q}_3^2 - \dfrac{5T^3}{V_s}\ddot{q}_3^2 + \dfrac{T^5}{2V_s}(\overset{(3)}{q_3})^2$	$\dfrac{1}{2V_s}\dot{q}_3^2 - \dfrac{5T^2}{V_s}\ddot{q}_3^2 + \dfrac{5T^4}{2V_s}(\overset{(3)}{q_3})^2$

Mit der Beziehung für die Zweigströme:

$$\dot{q}_1 = \dot{q}_2 + \dot{q}_3 \tag{9.256}$$

lautet das $\{L, D\}$-Modell des Netzwerkes:

$$L = u_Q(q_2 + q_3) + \frac{L^*}{2}\dot{q}_2^2 - \frac{K}{3}\ddot{q}_3^3 + \frac{5T}{2V_s}\dot{q}_3^2 - \frac{5T^3}{V_s}\ddot{q}_3^2 + \frac{T^5}{2V_s}(\overset{(3)}{q_3})^2, \tag{9.257}$$

$$D = \frac{R_1}{2}(\dot{q}_2 + \dot{q}_3)^2 + \frac{R_2}{2}\dot{q}_2^2 + \frac{1}{2V_s}\dot{q}_3^2 - \frac{5T^2}{V_s}\ddot{q}_3^2 + \frac{5T^4}{2V_s}(\overset{(3)}{q_3})^2. \tag{9.258}$$

Nach dem Einsetzen in die erweiterte Euler-Lagrange-Differenzialgleichung (9.136) und der Ausführung der Differenziationen bzgl. q_2 und q_3 folgen die zwei Bewegungsgleichungen:

$$q_2 \quad : \quad -u_Q + L\ddot{q}_2 + R_1(\dot{q}_2 + \dot{q}_3) + R_2\dot{q}_2 = 0, \tag{9.259}$$

$$q_3 \quad : \quad -u_Q + K\frac{\mathrm{d}^2}{\mathrm{d}t^2}\ddot{q}_3^2 + R_1(\dot{q}_2 + \dot{q}_3) + \frac{1}{V_s}\dot{q}_3 + \frac{5T}{V_s}\ddot{q}_3 + \frac{10T^2}{V_s}\overset{(3)}{q_3}$$

$$+ \frac{10T^3}{V_s}\overset{(4)}{q_3} + \frac{5T^4}{V_s}\overset{(5)}{q}_3 + \frac{T^5}{V_s}\overset{(6)}{q_3} = 0, \tag{9.260}$$

die mit den Maschengleichungen des Netzwerkes identisch sind.

2. Aufstellung der Bewegungsgleichungen über die Hamilton-Funktion

Mit Gleichung (9.199) ergeben sich für die Lagrange-Funktion (9.256) drei verallgemeinerte Impulse und drei verallgemeinerte Koordinaten. Hierfür wird die Lagrange-Funktion L^3 in die Gleichung (9.199) eingesetzt und es werden die Differenziationen und Summationen ausgeführt. Da in der Lagrange-Funktion maximal die dritte zeitliche Ableitung der verallgemeinerten Koordinate enthalten ist, ergeben sich dementsprechend drei verallgemeinerte Impulse. Dabei muss beachtet werden, dass die Anzahl der verallgemeinerten Koordinaten und Impulse stets gleich ist. Die verallgemeinerten Koordinaten sind

$$^1q_k = q_k, \qquad ^2q_k = \dot{q}_k, \qquad ^3q_k = \ddot{q}_k \tag{9.261}$$

und die verallgemeinerten Impulse lauten

$$
\begin{aligned}
^1p_2 &= L^*\dot{q}_2, \\
^1p_3 &= \frac{5T}{V_s}\dot{q}_3 + K\frac{\mathrm{d}}{\mathrm{d}t}\ddot{q}_3^2 + \frac{10T^3}{V_s}\overset{(3)}{q_3} + \frac{T^5}{V_s}\overset{(5)}{q_3}, \\
^2p_2 &= 0, \\
^2p_3 &= -K\ddot{q}_3^2 - \frac{10T^3}{V_s}\ddot{q}_3 - \frac{T^5}{V_s}\overset{(4)}{q_3}, \\
^3p_2 &= 0, \\
^3p_3 &= \frac{T^5}{V_s}\overset{(3)}{q_3} \quad \Rightarrow \quad \overset{(3)}{q_3} = \frac{V_s}{T^5}\,^3p_3.
\end{aligned}
\tag{9.262}
$$

Die Impulse $^2p_2$ und $^3p_2$ sind Null, da in der Lagrange-Funktion L^3 keine verallgemeinerten Koordinaten $\ddot{q}_2$ und $\overset{(3)}{q_2}$ enthalten sind, nach denen hätte differenziert werden müssen.

Die Bildung der Hamilton-Funktion führt nach (9.198) auf den Ausdruck:

$$
\begin{aligned}
H^3 &= H^3(\,^1p_2, \,^1p_3, \,^2p_2, \,^2p_3, \,^3p_2, \,^3p_3, \,^1q_2, \,^1q_3, \,^2q_2, \,^2q_3, \,^3q_2, \,^3q_3, t\,) \\
&= \,^1p_2\,^2q_2 + \,^1p_3\,^2q_3 + \,^2p_2\,^3q_2 + \,^2p_3\,^3q_3 + \frac{V_s}{2T^5}\,^3p_3^2 - u_Q(\,^1q_2 + \,^1q_3) \\
&\quad - \frac{L^*}{2}\,^2q_2^2 + \frac{K}{3}\,^3q_3^3 - \frac{5T^2}{2V_s}\,^2q_3^2 + \frac{5T^3}{V_s}\,^3q_3^2.
\end{aligned}
\tag{9.263}
$$

Das System der kanonischen Gleichungen findet man über die Gleichung (9.200) in der Form

$$
\begin{aligned}
^1\dot{q}_2 &= \,^2q_2, \qquad ^2\dot{q}_2 = \,^3q_2, \qquad ^3\dot{q}_2 = 0, \\
^1\dot{q}_3 &= \,^2q_3, \qquad ^2\dot{q}_3 = \,^3q_3, \qquad ^3\dot{q}_3 = \frac{V_s}{T^5}\,^3p_3
\end{aligned}
\tag{9.264}
$$

und

$$
\begin{aligned}
{}^{1}\dot{p}_2 &= u_Q - R_1({}^{2}q_2 + {}^{2}q_3) - R_2\,{}^{2}q_2, \\
{}^{1}\dot{p}_3 &= u_Q - R_1({}^{2}q_2 + {}^{2}q_3) - \frac{1}{V_s}\,{}^{2}q_3 - \frac{10T^2}{V_s}\,{}^{3}\dot{q}_3 - \frac{5T^4}{V_s}\,{}^{3}\overset{(3)}{q}_3, \\
{}^{2}\dot{p}_2 &= -{}^{1}p_2 + L^*\,{}^{2}q_2, \\
{}^{2}\dot{p}_3 &= -{}^{1}p_3 + \frac{5T^2}{V_s}\,{}^{2}q_3, \\
{}^{3}\dot{p}_2 &= -{}^{2}p_2, \\
{}^{3}\dot{p}_3 &= -{}^{2}p_3 - K\,{}^{3}q_3^2 - \frac{10T^3}{V_s}\,{}^{3}q_3.
\end{aligned}
\tag{9.265}
$$

Die kanonischen Gleichungen beschreiben die Bewegung im elektrischen Netzwerk vollständig.

Leitet man zur Kontrolle des Ergebnisses die ersten beiden Gleichungen aus (9.261) nach der Zeit t ab und setzt sie in die ersten beiden Gleichungen von (9.265) ein, so folgen wieder die Maschengleichungen (9.258). Beide Methoden führen auf verschiedenen Wegen zu denselben Bewegungsgleichungen.

3. Aufstellung der kanonischen Bewegungsgleichungen über die Funktion H^{*n} mit der Neudefinition der Impulse

Mit der Neudefinition der verallgemeinerten Impulse bietet sich nach Gleichung (9.204) ein dritter Weg an, bei dem alle Informationen zur Berechnung der unbekannten Zweigströme in einer Funktion enthalten sind. Es wird zur Aufstellung der Impulse höherer Ordnung wie folgt vorgegangen:

$$
\begin{aligned}
{}^{1}p_2 &= L^*\dot{q}_2, \\
{}^{1}p_3 &= \frac{5T}{V_s}\dot{q}_3 + K\frac{\mathrm{d}}{\mathrm{d}t}\ddot{q}_3^2 + \frac{10T^3}{V_s}\overset{(3)}{q}_3 + \frac{T^5}{V_s}\overset{(5)}{q}_3 + \frac{10T^2}{V_s}\dddot{q}_3 + \frac{5T^4}{V_s}\overset{(4)}{q}_3, \\
{}^{2}p_2 &= 0, \\
{}^{2}p_3 &= -K\ddot{q}_3^2 - \frac{10T^3}{V_s}\dddot{q}_3 - \frac{T^5}{V_s}\overset{(4)}{q}_3 - \frac{5T^4}{V_s}\overset{(3)}{q}_3, \\
{}^{3}p_2 &= 0, \\
{}^{3}p_3 &= \frac{T^5}{V_s}\overset{(3)}{q}_3.
\end{aligned}
\tag{9.266}
$$

Die Funktion H^{*3} lautet:

$$
\begin{aligned}
H^{*3} &= H^{*3}\left({}^{1}p_2, {}^{1}p_3, {}^{2}p_2, {}^{2}p_3, {}^{3}p_2, {}^{3}p_3, {}^{1}q_2, {}^{1}q_3, {}^{2}q_2, {}^{2}q_3, {}^{3}q_2, {}^{3}q_3, t\right) \\
&= {}^{1}p_2\,{}^{2}q_2 + {}^{1}p_3\,{}^{2}q_3 + {}^{2}p_3\,{}^{3}q_3 + \frac{V_s}{2T^5}\,{}^{3}p_3^2 - u_Q({}^{1}q_2 + {}^{1}q_3) - \frac{L^*}{2}\,{}^{2}q_2^2 \\
&\quad + \frac{K}{3}\,{}^{3}q_3^3 - \frac{5T^2}{2V_s}\,{}^{2}q_3^2 + \frac{5T^3}{V_s}\,{}^{3}q_3^2.
\end{aligned}
\tag{9.267}
$$

Hieraus leiten sich die modifizierten kanonischen Bewegungsgleichungen aus den Gleichungen (9.206) und (9.207) in den Formen:

$$^1\dot{q}_2 = {}^2q_2, \qquad {}^2\dot{q}_2 = {}^3q_2, \qquad {}^3\dot{q}_2 = 0, \tag{9.268}$$

$$^1\dot{q}_3 = {}^2q_3, \qquad 2\dot{q}_3 = {}^3q_3, \qquad {}^3\dot{q}_3 = \frac{V_s}{T^5}\,{}^3p_3$$

und

$$
\begin{aligned}
^1\dot{p}_2 &= u_Q - R_1({}^2q_2 + {}^2q_3) - R_2\,{}^2q_2,\\[1mm]
^1\dot{p}_3 &= u_Q - R_1({}^2q_2 + {}^2q_3) - \frac{1}{V_s}\,{}^2q_3,\\[1mm]
^2\dot{p}_2 &= -{}^1p_2 + L^*\,{}^2q_2,\\[1mm]
^2\dot{p}_3 &= -{}^1p_3 + \frac{5T^2}{V_s}\,{}^2q_3 + \frac{10T^2}{V_s}\,{}^3q_3,\\[1mm]
^3\dot{p}_2 &= -{}^2p_2,\\[1mm]
^3\dot{p}_3 &= -{}^2p_3 - K\,{}^3q_3^2 - \frac{10T^3}{V_s}\,{}^3q_3 - \frac{5T^4}{V_s}\,{}^3\dot{q}_3
\end{aligned}
\tag{9.269}
$$

ab. Im Gegensatz zu den kanonischen Bewegungsgleichungen nach Gleichung (9.202) und (9.203), bei denen nur in den Impulsen $^1\dot{p}_k$ die im System auftretenden Verluste enthalten sind, beinhalten auch die Bewegungsgleichungen der Impulse $^j\dot{p}_k$ höherer Ordnung Verluste.

Anmerkung:
Diese Methode bietet auch bei nichtlinearen, nicht konservativen Systemen den Vorteil, dass die zeitlichen Ableitungen der verallgemeinerten Koordinaten nur in der ersten zeitlichen Ableitung auftreten und diese nur in den $^3\dot{p}_k$, also in den höchsten Impulsableitungen vorkommen. Allgemein geschrieben haben die modifizierten kanonischen Bewegungsgleichungen die mathematische Struktur:

$$^j\dot{q}_k = {}^j\dot{q}_k({}^jq_k) \tag{9.270}$$

und

$$^{1,2}\dot{p}_k = {}^{1,2}\dot{p}_k({}^1p_k, {}^2p_k, {}^3p_k, {}^1q_k, {}^2q_k, {}^3q_k,). \tag{9.271}$$

Nur die $^3\dot{p}_k$ enthalten die Abhängigkeiten von $^3\dot{q}_k$ (also die höchste der Impulsableitungsgleichungen):

$$^3\dot{p}_k = {}^3\dot{p}_k({}^1p_k, {}^2p_k, {}^3p_k, {}^1q_k, {}^2q_k, {}^3q_k, {}^3\dot{q}_k). \tag{9.272}$$

4. Berechnung der Zweigströme

Für die angegebenen Bauelementewerte wird die Lösung des Systems berechnet:

$$
\begin{aligned}
R_1 &= 100\,\Omega, & V_s &= 10^{-6}\ \text{A/V},\\
u_Q &= 10\,\text{V}\sin(\omega t), & f &= 50\,\text{Hz},\\
R_2 &= 10\,\text{k}\Omega, & T &= 59\cdot 10^{-4}\,\text{s},\\
L^* &= 5\,\text{mH}, & K &= 1\,(\text{Vs})^4/\text{A}^2.
\end{aligned}
$$

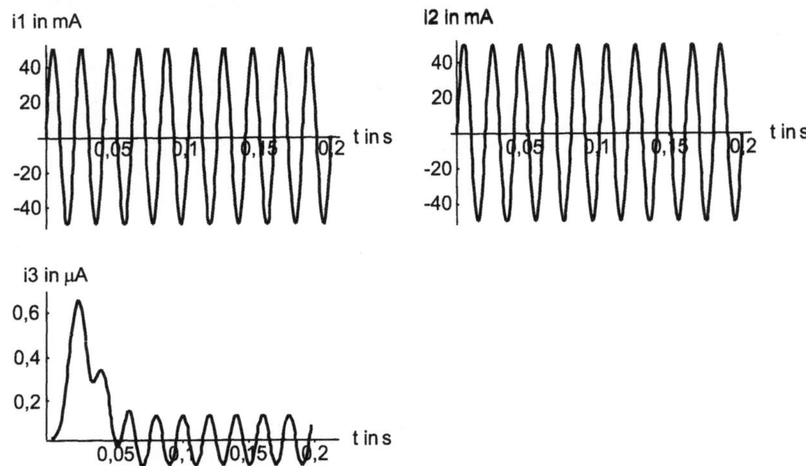

Bild 9.21: Verlauf der Ströme i_1, i_2 und i_3 des Netzwerkes im Bild 9.20

Das im Bild 9.20 dargestellte Netzwerk führt auf ein nichtlineares Gleichungssystem sechster Ordnung. Aus den Maschengleichungen (9.258) folgt nach Umformungen, Einsetzen der Bauelementewerte und der Normierung

$$\dot{q}_2 = i_2 = x_1, \quad \dot{q}_3 = i_3 = x_2, \quad \frac{\mathrm{d}i_3}{\mathrm{d}t} = x_3, \quad \frac{\mathrm{d}^2 i_3}{\mathrm{d}t^2} = x_4, \quad \frac{\mathrm{d}^3 i_3}{\mathrm{d}t^3} = x_5, \quad \frac{\mathrm{d}^4 i_3}{\mathrm{d}t^4} = x_6$$

$$(9.273)$$

das Differenzialgleichungssystem sechster Ordnung:

$$
\begin{aligned}
\dot{x}_1 &= 2{,}0 \cdot 10^3 \sin(100\,\pi\,t) - 4{,}0 \cdot 10^3 x_1 - 2{,}0 \cdot 10^3 x_2, \\
\dot{x}_2 &= x_3, \\
\dot{x}_3 &= x_4, \\
\dot{x}_4 &= x_5, \\
\dot{x}_5 &= x_6, \\
\dot{x}_6 &= 1{,}4 \cdot 10^6 \sin(\omega\,t) - 1{,}39 \cdot 10^7 x_1 - 1{,}4 \cdot 10^{11} x_2 - 4{,}13 \cdot 10^9 x_3 - 4{,}87 \cdot 10^7 x_4, \\
& \quad -2{,}87 \cdot 10^5 x_5 - 8{,}47 \cdot 10^2 x_6 - 2{,}8 \cdot 10^5 x_4^2 - 2{,}8 \cdot 10^5 x_3 x_5.
\end{aligned}
$$

$$(9.274)$$

Im Bild 9.21 sind die numerisch berechneten Lösungen für die Ströme i_1, i_2 und i_3 dargestellt.

Die voranstehenden Beispiele zeigen die Anwendung sowohl des Lagrange-Formalismus als auch des modifizierten Hamilton-Formalismus zur Aufstellung der Bewegungsgleichungen für Systeme mit linearen bzw. nichtlinearen Elementen höherer Ordnung. Die drei Methoden liefern gleiche Ergebnisse.

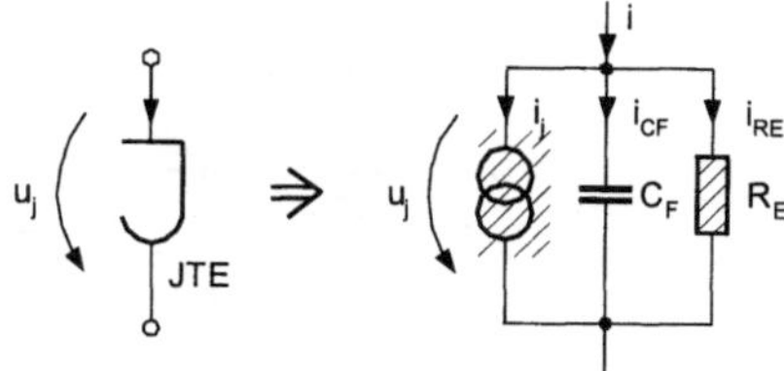

Bild 9.22: Josephson-Tunnelelement und sein Ersatzschaltbild

9.6 Elektrotechnische Anwendungen

In diesem Abschnitt werden zwei elektrotechnische Anwendungen für Elemente höherer Ordnung vorgestellt. Zum einen benutzt man diese Elemente zur besseren Beschreibung des Verhaltens von Schaltungen in der Kryoelektronik und zum anderen gewinnen die Elemente höherer Ordnung als spezielle Bauelemente in der Nachrichtentechnik, insbesondere in der Filtertechnik an Bedeutung. Sie treten dort tatsächlich als Elemente höherer Ordnung, wenn auch anders begrifflich bezeichnet, auf.

9.6.1 SQUID (Superconducting Quantum Interference Device)

Aufbau eines Zwei-Element-SQUIDs und seine Ersatzschaltbilder

SQUIDs sind supraleitende Strukturen, welche wesentlich schneller als Halbleiteranordnungen arbeiten und sich durch eine äußerst geringere Leistungsaufnahme auszeichnen. SQUIDs gibt es in verschiedenen Varianten und für unterschiedlichste Aufgaben, z. B. als hochempfindliche Messfühler zum Messen kleinster Magnetfelder, als schnelle Zähler, als A/D-Wandler sowie als Speicherelemente. Diese Strukturen zeigen in Abhängigkeit ihres Arbeitspunktes und ihrer Aussteuerung supra- oder normalleitendes Verhalten. Diese beiden grundsätzlich verschiedenen Zustände bilden die Grundlage für ihre Anwendungen in den verschiedensten Formen.

Ein SQUID besteht aus der Zusammenschaltung von einem oder mehreren Josephson-Tunnelelementen (JTE) und supraleitenden Streifenleitungen. Für die Beschreibung eines JTE wird das RCSJ-Modell (resistive and capacitive shunted junction) genutzt. Der Strom durch das JTE wird in drei Teilströme aufgespalten. Im Bild 9.22 ist ein JTE und sein Ersatzschaltbild wiedergegeben.

Die physikalische Detailbeschreibung der Supraleitung und des RCSJ-Modells des JTEs spielt hinsichtlich der Anwendung von Elementen höherer Ordnung hier eine untergeordnete Rolle. Dazu sei auf die einschlägige Fachliteratur verwiesen.

Zur Aufstellung der Bewegungsgleichungen und der Berechnung sind einige Voraussetzungen anzugeben. Es gelten folgende Bedingungen für ein SQUID:

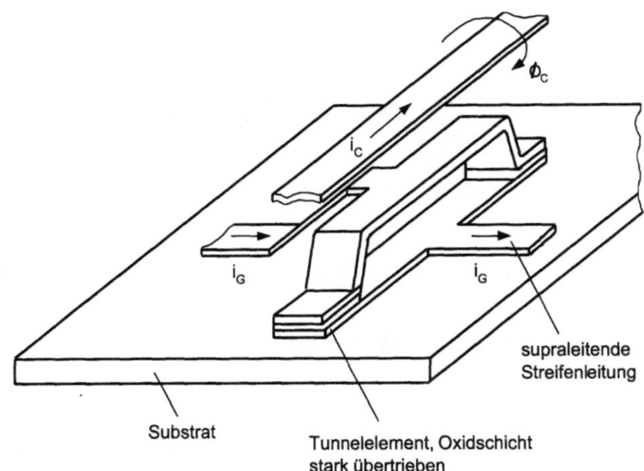

Bild 9.23: Schematischer Aufbau eines Zwei-Elemente-SQUIDs

Die Streifenleitungen werden als ideale Induktivitäten angenommen. Ihr Material ist so
ausgewählt, dass sie bei Betriebstemperatur stets supraleitendes Verhalten zeigen. In
den Induktivitäten treten deshalb keine ohmschen Verluste auf. Dieses Verhalten wird
auch nicht durch die beiden unterschiedlichen Zustände der JTE beeinflusst. Das Tunnelelement und die Induktivität sind in Reihe geschaltet. Durch die Parallelschaltung
zweier solcher Anordnungen erhält man einen DJ-SQUID (double junction SQUID =
Zwei-Elemente-SQUID; hier wird im Weiteren nur die deutsche Bezeichnung benutzt).
Bild 9.23 zeigt schematisch einen möglichen Aufbau eines Zwei-Elemente-SQUIDs und
das Bild 9.24 dessen Ersatzschaltbild.

Die beiden Knoten dieser Zusammenschaltung im Bild 9.24 sind mit der Stromquelle
i_g verbunden, welche einen Strom liefert, der supraleitend durch das SQUID fließt
($i_g < i_k$ - kritischer Strom). Mit einem weiteren Strom i_c wird ein Steuerfluss Φ_c in
das SQUID eingekoppelt. Dieser gestattet den gezielten Einfluss auf die Größe des
verlustfrei fließenden Stromes i_g.

Zur Vereinfachung der Berechnung des gesteuerten SQUIDs wird die Gegeninduktivität zwischen den Streifenleitungen durch einen entsprechend dem Kopplungsverhältnis
transformierten Strom i_c ersetzt.

Schaltungstransformation mit Josephson-Tunnelelementen

Im Unterschied zu gewöhnlichen elektrischen Netzwerken werden zur Berechnung supraleitender Netzwerke der Knotensatz und der Phasensatz herangezogen. Da im statischen Zustand alle Spannungen im supraleitenden Netzwerk verschwinden, liefert der
Kirchhoffsche Maschensatz keine Aussage. Der Phasensatz sagt aus, dass die Summe
der Phasendifferenzen aller Netzwerkelemente in der n-ten Masche $n \cdot 2\pi$ mit $n \in G$
beträgt.

Damit supraleitende Netzwerke mittels Ladungs- bzw. Flussformulierung beschrieben
werden können, ist es erforderlich, den Phasensatz in die Form des Kirchhoffschen

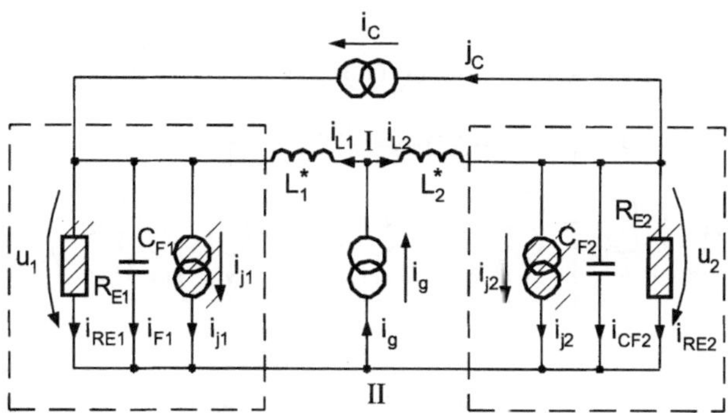

Bild 9.24: Elektrisches Ersatzschaltbild eines DJ-SQUIDs

Maschensatzes zu überführen. Diese Forderung lässt sich genau dann erfüllen, wenn das Netzwerk einer Transformation unterzogen wird. Diese erfolgt so, dass jede im Original-Netzwerk auftretende Phasendifferenz a_i einer entsprechenden elektrischen Spannung u_i im transformierten Netzwerk entspricht. In diesem Fall erhält der Phasensatz die Gestalt des Kirchhoffschen Maschensatzes. Die Ladungs- bzw. Flussformulierung kann angewendet werden.

Zu beachten ist, dass die Netzwerkelemente bei der Transformation ihren Charakter verändern. Ihre u'-i-Beziehung unterscheidet sich wesentlich von ihrer ursprünglichen u-i-Beziehung. Während sich im Original-Netzwerk die elektrische Spannung u an einer gewöhnlichen linearen Induktivität L^* proportional zur zeitlichen Ableitung des hindurchfließenden Stromes i verhält, herrscht nach der Transformation Proportionalität zwischen u' und i. Das entspricht dem Verhalten eines Widerstandes R'. In analoger Weise verwandelt sich ein Widerstand in eine Kapazität. Bei der Transformation einer Kapazität entsteht ein Element zweiter Ordnung. Die Bestimmung der Werte der transformierten Netzwerkelemente erfolgt durch Multiplikation mit bzw. Division durch die Größe T_0 mit $T_0 = \Phi_0/2\pi U_0$. Es gilt somit

$$R' = \frac{L^*}{T_0}, \qquad C' = \frac{T_0}{R}, \qquad E_{2.O.} = T_0 C_F. \tag{9.275}$$

Die Stromquellen bleiben bei der Transformation unberührt. Sie ändern sich nur insofern, dass die Phase a durch die Spannung u in ihren Beschreibungsgleichungen ersetzt wird.

Je nach Anwendungsgebiet der SQUIDs wird nur in ganz bestimmten Bereichen der u-i-Kennlinie der JTE (z. B. im Bereich $u < u_g$) gearbeitet, so dass ein linearer Verlauf der Kennlinie zur Berechnung angenommen werden kann. Es ist somit zulässig, den nichtlinearen Widerstand R_E im Bild 9.22 durch einen linearen Widerstand im RCSJ-Modell zu ersetzen. Das transformierte Netzwerk des SQUIDs aus dem Bild 9.24 ist im Bild 9.25 dargestellt.

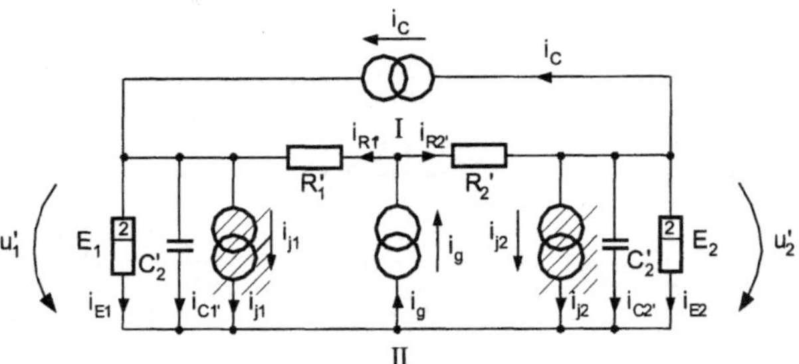

Bild 9.25: Transformiertes Netzwerk

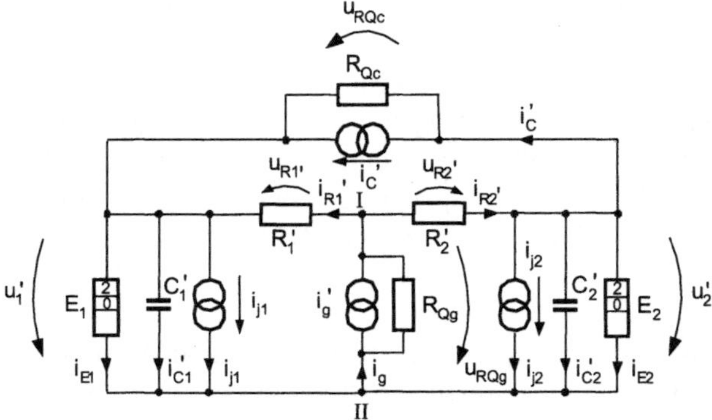

Bild 9.26: Transformiertes Netzwerk unter Berücksichtigung der Innenwiderstände der Quellen

Der Behandlung von Netzwerken mittels Lagrange-Formalismus liegen unter anderem reale Quellen zugrunde, so dass der Innenwiderstand der Quelle in der Schaltung nicht vernachlässigbar ist. Somit müssen zur Behandlung dieses Netzwerkes mittels Lagrange-Formalismus die Stromquellen i_c und i_g als reale Quellen angenommen werden.

Das transformierte Netzwerk nimmt dann eine Gestalt nach dem Bild 9.26 an.

Transformiertes Netzwerk eines Zwei-Elemente-SQUIDs

Zur Analyse des Netzwerks im Bild 9.26 bietet sich die Flussformulierung an, weil mehr Knoten als Maschen mit mehr als drei Elementen im Netzwerk auftreten. In der Tabelle 9.11 sind die Netzwerkelemente, ihre Elementebeziehungen sowie ihre L- bzw. D-Terme zusammengestellt. Im Einzelnen wird zur Aufstellung der L- und D-Terme auf die vorangestellten Kapitel bzw. auf die Beispiele verwiesen.

Die Stromquellen i_{j1} und i_{j2} sind nicht in einem L- bzw. D-Term erfassbar. Sie werden als verallgemeinerte Kräfte F_k auf der rechten Seite der Euler-Lagrange-Differenzial-

Tabelle 9.11: Elementebeziehungen, L- und D-Terme in Flussformulierung

Element	Elementebeziehung	L-Term	D-Term
R_1'	$i_{R_1'} = \dfrac{1}{R_1'} u_{R_1'}$		$\dfrac{1}{2R_1'} \dot{\psi}_{R_1'}^2$
R_2'	$i_{R_2'} = \dfrac{1}{R_2'} u_{R_2'}$		$\dfrac{1}{2R_2'} \dot{\psi}_{R_2'}^2$
R_{Q_g}	$i_{R_{Q_g}} = \dfrac{1}{R_{Q_g}} u_{R_{Q_g}}$		$\dfrac{1}{2R_{Q_g}} \dot{\psi}_{R_{Q_g}}^2$
R_{Q_c}	$i_{R_{Q_c}} = \dfrac{1}{R_{Q_c}} u_{R_{Q_c}}$		$\dfrac{1}{2R_{Q_c}} \dot{\psi}_{R_{Q_c}}^2$
E_1	$i_{E_1} = E_1 \dfrac{\mathrm{d}^2}{\mathrm{d}t^2} u_1'$		$-\dfrac{E_1}{2} \ddot{\psi}_1'^{\,2}$
E_2	$i_{E_2} = E_2 \dfrac{\mathrm{d}^2}{\mathrm{d}t^2} u_2'$		$-\dfrac{E_2}{2} \ddot{\psi}_2'^{\,2}$
C_1'	$i_{C_1}' = C_1' \dfrac{\mathrm{d}}{\mathrm{d}t} u_1'$	$\dfrac{C_1'}{2} \dot{\psi}_1'^{\,2}$	
C_2'	$i_{C_2}' = C_2' \dfrac{\mathrm{d}}{\mathrm{d}t} u_2'$	$\dfrac{C_2'}{2} \dot{\psi}_2'^{\,2}$	
i_c'	i_c'	$i_c' \psi_{R_{Q_c}}$	
i_g'	i_g'	$i_g' \psi_{R_{Q_g}}$	

gleichung zusammengefasst. Für die Stromquellen im Bild 9.26 werden die Funktionen

$$F_{u_1}' \;=\; -J_{0_1} \sin\left(\frac{u_1'}{u_0}\right), \tag{9.276}$$

$$F_{u_2}' \;=\; -J_{0_2} \sin\left(\frac{u_2'}{u_0}\right) \tag{9.277}$$

angenommen. Mit den Spannungsbeziehungen

$$\begin{aligned}
u_{R_{Q_c}} &= u_1' - u_2', \\
u_{R_1}' &= u_{R_{Q_g}} - u_1', \\
u_{R_2}' &= u_{R_{Q_g}} - u_2'
\end{aligned} \tag{9.278}$$

folgt das $\{L, D, F\}$-Modell des SQUIDs in der Form:

$$L = \frac{C_1'}{2}\dot\psi_1'^2 + \frac{C_2'}{2}\dot\psi_2'^2 + i_c'(\psi_1' - \psi_2') + i_g'\psi_{R_{Q_g}} \tag{9.279}$$

$$D = \frac{1}{2R_1'}(\dot\psi_{R_{Q_g}} - \dot\psi_1')^2 + \frac{1}{2R_2'}(\dot\psi_{R_{Q_g}} - \dot\psi_2')^2 + \frac{1}{2R_{Q_g}}\dot\psi_{R_{Q_g}}^2 + \frac{1}{2R_{Q_c}}(\dot\psi_1' - \dot\psi_2')^2$$

$$- \frac{E_1}{2}\ddot\psi_2'^2 - \frac{E_2}{2}\ddot\psi_2'^2 \tag{9.280}$$

$$F_k = -J_{0_1}\sin\left(\frac{u_1'}{u_0}\right) - J_{0_2}\sin\left(\frac{u_2'}{u_0}\right). \tag{9.281}$$

Nach dem Einsetzen in die Euler-Lagrange-Differenzialgleichung (9.136) und die Bildung der Variationsableitungen folgen die Bewegungsgleichungen für die Ersatzschaltung im Bild 9.26 bezüglich

$$u_1': \ C_1'\ddot\psi_1' - i_c' - \frac{1}{R_1'}(\dot\psi_{R_{Q_g}} - \dot\psi_1') + \frac{1}{R_{Q_c}}(\dot\psi_1' - \dot\psi_2') + E_1\overset{(3)}{\psi_1'} = -J_0\sin\left(\frac{u_1'}{u_0}\right),$$

$$u_2': \ C_2'\ddot\psi_2' + i_c' - \frac{1}{R_2'}(\dot\psi_{R_{Q_g}} - \dot\psi_2') - \frac{1}{R_{Q_c}}(\dot\psi_1' - \dot\psi_2') + E_2\overset{(3)}{\psi_2'} = -J_0\sin\left(\frac{u_2'}{u_0}\right),$$

$$u_{R_{Q_g}}: \ -i_g' + \frac{1}{R_1'}(\dot\psi_{R_{Q_g}} - \dot\psi_1') + \frac{1}{R_2'}(\dot\psi_{R_{Q_g}} - \dot\psi_2') + \frac{1}{R_{Q_g}}\dot\psi_{R_{Q_g}} = 0. \tag{9.282}$$

Dieses Gleichungssystem lässt sich mit den bekannten Methoden bzw. durch Zuhilfenahme geeigneter Mathematik-Programme, wie z. B. MATHEMATICA oder MATLAB, lösen.

Beispiel 1:
Zeigen Sie, dass man über die Transformationsbeziehungen und die Beziehungen der zeitlichen Änderung der Phase

$$\frac{da_1}{dt} = \frac{2\pi}{\Phi_0}u_1 \qquad \text{und} \qquad \frac{da_2}{dt} = \frac{2\pi}{\Phi_0}u_2 \tag{9.283}$$

die aus der Literatur bekannten Modellgleichungen eines Zwei-Elemente-SQUIDs

$$\frac{du_1}{dt} = \frac{1}{C_{F_2}}\left(-\frac{1}{R_1}u_1 + i_{j_1} + i_c + \frac{a_2 - a_1}{2\pi L^*}\Phi_0 + \frac{L_2^*}{L^*}i_g\right),$$

$$\frac{du_2}{dt} = \frac{1}{C_{F_2}}\left(-\frac{1}{R_2}u_2 + i_{j_2} - i_c - \frac{a_2 - a_1}{2\pi L^*}\Phi_0 + \frac{L_1^*}{L^*}i_g\right) \tag{9.284}$$

unter Zuhilfenahme von

$$i_{L_1^*} = \frac{a_2 - a_1}{2\pi L^*}\Phi_0 + \frac{L_2^*}{L^*}i_g, \qquad (L^* = L_1^* + L_2^*),$$

$$i_{L_2^*} = \frac{a_1 - a_2}{2\pi L^*}\Phi_0 + \frac{L_1^*}{L^*}i_g, \qquad (L^* = L_1^* + L_2^*) \tag{9.285}$$

erhält.

Lösung: Mit den Gleichungen (9.275) und (9.278) erhält man die Knotengleichungen des Original-Netzwerkes nach Bild 9.24:

$$\frac{1}{R_1}u_1 - i_c - i_{L_1^*} + C_{F_1}\frac{\mathrm{d}u_1}{\mathrm{d}t} - i_{j_1} = 0,$$

$$\frac{1}{R_2}u_2 - i_c - i_{L_2^*} + C_{F_2}\frac{\mathrm{d}u_2}{\mathrm{d}t} - i_{j_2} = 0,$$

$$-i_g + i_{L_11^*} + i_{L_2^*} = 0. \tag{9.286}$$

Die Ströme $i_{L_1^*}$ und $i_{L_2^*}$ werden durch die Beziehung (9.285) ersetzt. Dies führt auf die Ausdrücke (9.284). $\qquad\square$

Für eine Schaltung mit einem Zwei-Elemente-SQUID ist ein elektrisches Ersatzschaltbild gefunden worden, wobei bei dessen Transformation Elemente zweiter Ordnung entstehen. Die Bewegungsgleichungen können mit Hilfe des Lagrange-Formalismus in Flussformulierung aufgestellt werden. Eine gesonderte Modellierung der Elemente höherer Ordnung entfällt, weil aus deren Charakteristik über die Energiebeziehung unmittelbar die D-Terme folgen.

9.6.2 Filter

Elektrische Filter spielen zunehmend eine bedeutsame Rolle in Anlagen und Geräten der Nachrichten-, Mess- und Regelungstechnik. Filter (siehe auch Abschnitt 4.5) sind frequenzselektierende Netzwerke, welche Signale in einem oder mehreren Frequenzbändern übertragen bzw. sperren. Je nach Charakteristik der Übertragungsfunktion spricht man von Hoch-, Tief- und Allpässen. Die Wirkungsweise passiver Filternetzwerke beruht auf den frequenzabhängigen Eigenschaften von Spule und Kondensator. Die Untersuchung und Betrachtung von Filtern geschieht im Bildbereich. Das heißt, die zeitabhängige Beschreibungsfunktion wird über die Laplace-Transformation mit $p = \delta + j\omega$ in den Bildbereich überführt. Da hier nur der stationäre Fall betrachtet wird, reduziert sich p auf $p = j\omega$. Zur Beurteilung von Filtern und deren Charakteristik wird die Übertragungsfunktion $H(p)$ herangezogen. Sie gibt das Verhältnis von Ausgang- zu Eingangsgröße der Filterschaltung

$$H(p) = \frac{A(p)}{E(p)} \tag{9.287}$$

an. In Filterschaltungen sind die Eingangs- und Ausgangsgrößen die Eingangs- und Ausgangsspannung $U_2(p)$ und $U_1(p)$, die dann die Übertragungsfunktion

$$H(p) = \frac{U_2}{U_1} \tag{9.288}$$

ergeben. Durch die Entwicklung mikroelektronisch realisierbarer Netzwerke besteht in vielen Fällen die Notwendigkeit, LC-Filter in den Schaltungen zu eliminieren. Das wird durch den Einsatz aktiver Filter, bestehend aus Kombinationen von ohmschem Widerstand, Kapazität und gesteuerten Quellen technisch vorgenommen. Dadurch werden technisch schwer realisierbare Induktivitäten umgangen.

Aktive Filternetzwerke erreichen vergleichbare oder bessere Filtercharakteristiken als LC-Filter im klassischen Sinne. Eine Entwurfsmethode aktiver Filter besteht in der LC-Filter-Simulation. Hierbei wird die ursprüngliche Filterstruktur durch den Einsatz allgemeiner Impedanzkonverter (General Impedanz Converter, GIC), frequenzabhängigen Widerständen und sogenannten Superkapazitäten (Elemente zweiter Ordnung) transformiert.

Bruton-Transformation

Bei der unter diesem Namen bekannt gewordenen Transformation wird die Übertragungsfunktion $H(p)$ einer passiven RLC-Filterschaltung mit dem dimensionslosen Faktor $(p\tau)^{-1}$ im Zähler und Nenner erweitert. Die Zeitkonstante τ ist dabei eine frei wählbare Normierungsgröße, deren Wert unter praktischen Aspekten festgelegt werden kann. Die so entstehende Übertragungsfunktion $H(p)$ weist das gleiche Frequenzverhalten wie die Ausgangsübertragungsfunktion auf. Die einzelnen Terme der Funktion $H(p)$ werden danach jeweils neuen Bauelementen zugeordnet. Dabei entsteht ein Element zweiter Ordnung.

Die durch die Bruton-Transformation neu entstehenden Impedanzen sind wie folgt charakterisiert:

ohmsche Impedanz:

$$R \xrightarrow{\frac{1}{j\omega\tau}} \frac{R}{j\omega\tau} = \frac{1}{j\omega\frac{\tau}{R}} = \frac{1}{j\omega C^*}, \qquad \text{(kapazitives Verhalten)}. \qquad (9.289)$$

Der ohmsche Widerstand geht durch diese Transformation in eine Kapazität über.

Induktive Impedanz:

$$L^* \xrightarrow{\frac{1}{j\omega\tau}} \frac{L^*}{\tau} = R^*, \qquad \text{(frequenzunabhängiger reeller Widerstand)}. \quad (9.290)$$

Kapazitive Impedanz:

$$C \xrightarrow{\frac{1}{j\omega\tau}} -\frac{1}{\omega^2\tau C} = -\frac{1}{\omega^2 D^*}. \qquad (9.291)$$

Die Gleichung (9.291) stellt die Impedanz eines Elementes zweiter Ordnung mit der Charakteristik eines frequenzabhängigen, negativen Widerstandes (frequency dependent negative resistor, FDNR) dar.

Beispiel 2:
Die Übertragungsfunktion des passiven RLC-Tiefpasses im Bild 9.27 soll aufgestellt werden.

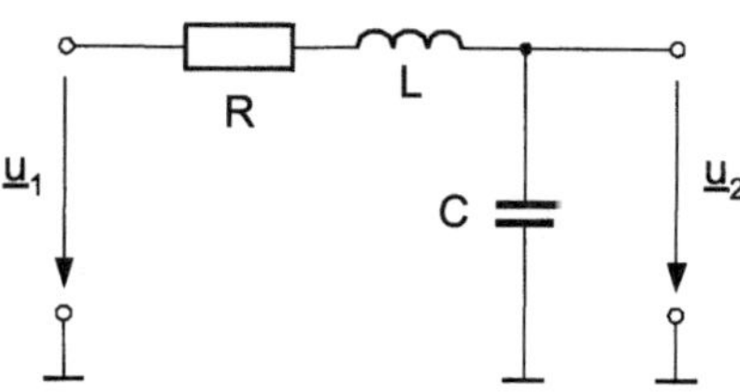

Bild 9.27: RLC-Tiefpass (passiv)

Lösung: Da die Spannungsabfälle U_1 und U_2 proportional zur Impedanz sind, stellt das Aufstellen der Übertragungsfunktion $H(p)$ kein Problem dar. Zur Spannung $U_2(p)$ gehört die Impedanz $Z_2 = 1/pC$, sowie zur Spannung $U_1(p)$ gehört die von der Reihenschaltung von R, C und L^* gebildete Impedanz $Z_1 = R + 1/pC + pL^*$. Somit ergibt sich die Übertragungsfunktion:

$$H(p) = \frac{U_2(p)}{U_1(p)} = \frac{\dfrac{1}{pC}}{R + \dfrac{1}{pC} + pL^*} \; . \tag{9.292}$$

Durch die *Bruton-Transformation* geht diese dann in den Ausdruck

$$H(p) = \frac{\dfrac{1}{p^2\tau C}}{\dfrac{R}{p\tau} + \dfrac{1}{p^2\tau C} + \dfrac{L^*}{\tau}} \; , \tag{9.293}$$

oder mit $p = j\omega$ in die Form

$$H(j\omega) = \frac{-\dfrac{1}{\omega^2 D^*}}{\dfrac{1}{j\omega C^*} - \dfrac{1}{\omega^2 D^*} + R^*} \tag{9.294}$$

über. Die Schaltung mit den transformierten Bauelementen gibt das Bild 9.28 wieder. Sie enthält keine Induktivitäten mehr, aber ein frequenzabhängiges Element zweiter Ordnung. Aus dem passiven Tiefpass wurde ein aktiver Tiefpass. $\qquad\square$

Technische Realisierung eines Elementes zweiter Ordnung und Berechnung des Filters

Die elektrotechnische Realisierung des Elementes zweiter Ordnung erfolgt durch einen allgemeinen Impedanzkonverter nach Bild 9.29.

Die Impedanz des Elementes zweiter Ordnung im Bild 9.29 hat die Form

$$Z_{D^*} = -\frac{1}{\omega^2 D^*} = \frac{R_4}{\omega^2 C_2 C_6 R_3 R_5} \; . \tag{9.295}$$

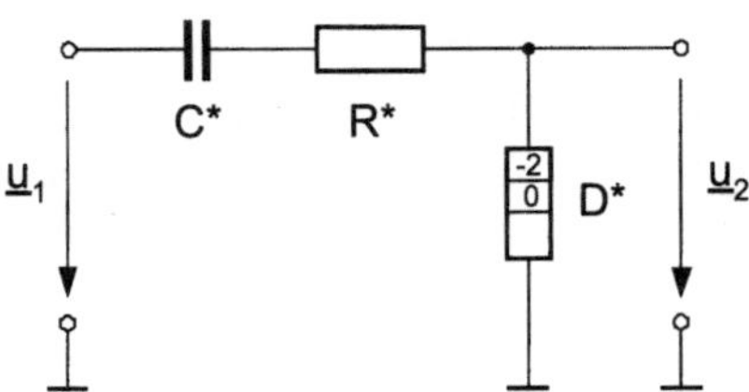

Bild 9.28: Nach *Bruton* transformierter aktiver Tiefpass mit einem aktiven frequenzabhängigen Element zweiter Ordnung

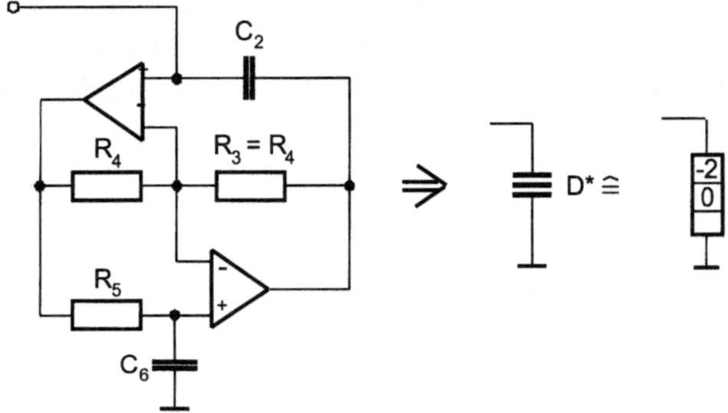

Bild 9.29: Impedanzkonverter zur Realisierung eines Elementes zweiter Ordnung

Für die konkreten Werte des RLC-Tiefpasses: $R = 141,42\,\Omega$, $L^* = 20\,\mu\mathrm{H}$, $C = 2\,\mathrm{pF}$ folgen die transformierten Netzwerkelemente (mit $\tau = 1\,\mathrm{s}$ und der Skalierung $K = 10^7$, $C^* = 0,0707\,\mathrm{nF}$, $R^* = 200\,\Omega$, $D^* = 2 \cdot 10^{-16}\,\mathrm{As}^2/\mathrm{V}$. Aus dem errechneten Wert für $D^* = 2 \cdot 10^{-16}\,\mathrm{As}^2/\mathrm{V}$ ergeben sich für die Widerstände nach Bild 9.29 die Bauelementewerte $R_3 = R_4 = R_5 = 200\,\Omega$ und die Kapazitäten $C_2 = C_6 = 1\,\mathrm{nF}$. In dem Bild 9.30 sind die Beträge der Übertragungsfunktion $H(p)$ sowie die Phasengänge der passiven bzw. aktiven Filterschaltung dargestellt. Aus ihnen geht hervor, dass sowohl die Übertragungs- als auch die Phasencharakteristik erhalten bleiben.

Durch Änderung der Werte von R^* und D^* (über R_1, R_3, R_5, C_2, C_6) sind so verschiedene Filtercharakteristiken realisierbar. Dazu sind in Tabelle 9.12 einige Werte für aktive Tiefpassschaltungen zusammengestellt.

Die aus diesen Bauelementeparametern resultierenden Übertragungs- bzw. Phasencharakteristiken veranschaulicht Bild 9.31.

Vergleich von passivem und aktivem Hochpass

In einer zweiten Schaltungsanordnung soll ein passiver Hochpass mit einem Hochpass, der ein Element zweiter Ordnung ($k = +2$) enthält, verglichen werden. Die zugehörigen Schaltungen sind im Bild 9.32 zu sehen.

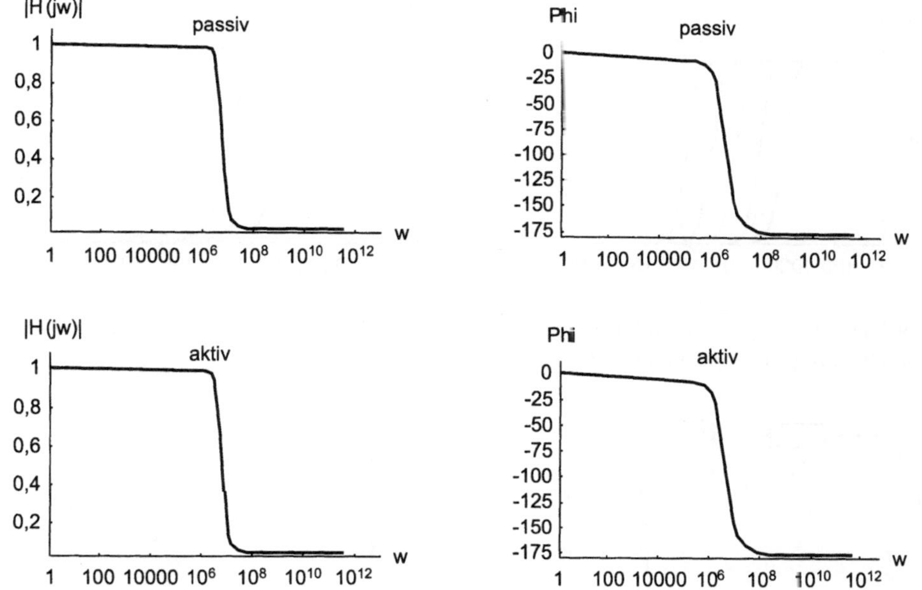

Bild 9.30: Amplituden- und Phasengang der passiven bzw. aktiven Filterschaltung (Tiefpass)

Tabelle 9.12: Bauelementeparameter des aktiven Tiefpasses

Kurve	R^* in Ω	C^* in As/V	D^* in As²/V
1	40000	$5 \cdot 10^{-10}$	$60 \cdot 10^{-15}$
2	4000	$5 \cdot 10^{-10}$	$6 \cdot 10^{-15}$
3	400	$5 \cdot 10^{-10}$	$600 \cdot 10^{-18}$
4	40	$5 \cdot 10^{-10}$	$60 \cdot 10^{-18}$
5	4	$5 \cdot 10^{-10}$	$6 \cdot 10^{-18}$

Die Übertragungsfunktion des passiven Hochpasses lautet gemäß den Gl. (9.115) bis (9.118):

$$H(p) = \frac{U_2(p)}{U_1(p)} = \frac{pL^*}{R_1 + \frac{1}{pC_1} + pL^*}, \tag{9.296}$$

die des aktiven Hochpasses:

$$H(p) = \frac{U_2(p)}{U_1(p)} = \frac{\frac{1}{V_s}(1+pT)^2}{R_2 + \frac{1}{pC_2} + \frac{1}{V_s}(1+pT)^2}, \tag{9.297}$$

und das Element zweiter Ordnung wird nach Gleichung (9.118) durch den Ausdruck

$$F(p) = \frac{1}{V_s}(1+pT)^2 \tag{9.298}$$

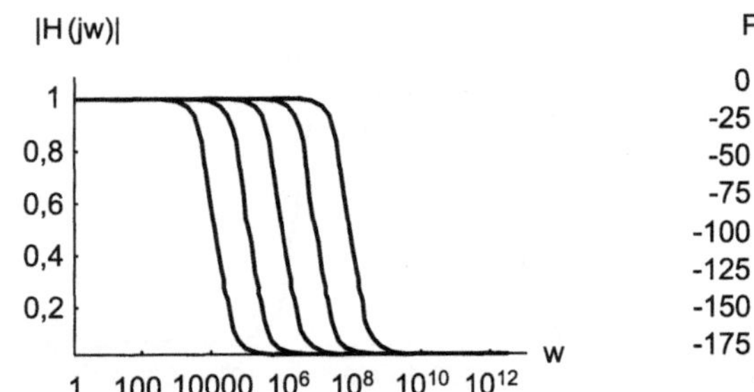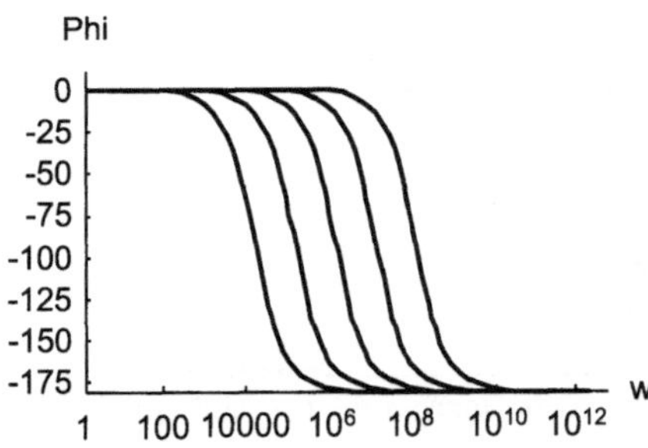

Bild 9.31: Übertragungs- und Phasencharakteristiken eines Tiefpasses mit einem Element zweiter Ordnung für verschiedene Bauelementewerte

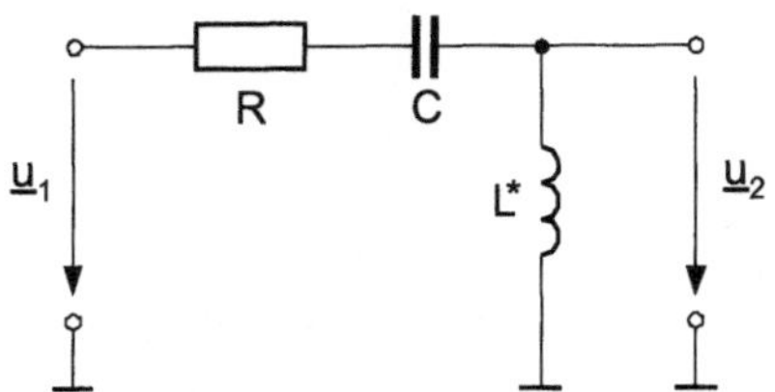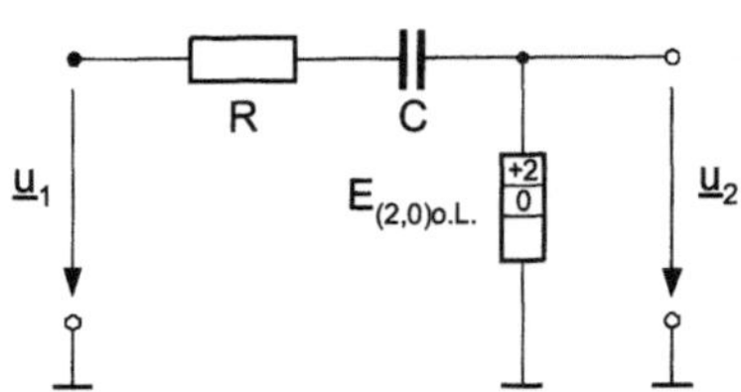

Bild 9.32: Passiver (links) und aktiver (rechts) Hochpass

approximiert. Der Vergleich der Gleichungen (9.296) und (9.297) führt auf ein unterschiedliches Phasenverhalten beider Schaltungen. Über den Verlauf der Übertragungsfunktion $H(p)$ lässt sich feststellen, dass der Durchlassbereich des Filters mit dem Element zweiter Ordnung „schneller" bezüglich der Frequenz ω erreicht wird, denn in der Übertragungsfunktion $H(p)$ geht der Operator p mit der zweiten Potenz ein, weshalb der Ausdruck schneller wächst und gegen 1 konvergiert. Für die folgenden Werte

<table>
<tr><td>RLC-Hochpasses:</td><td>Element zweiter Ordnung:</td></tr>
<tr><td>$R_1 = 200\,\Omega$</td><td>$R_2 = 200\,\Omega$</td></tr>
<tr><td>$L^* = 50\,\mu\mathrm{H}$</td><td>$C_2 = 500\,\mathrm{nF}$</td></tr>
<tr><td>$C_1 = 10\,\mathrm{nF}$</td><td>$V_s = 10^{-6}\,\mathrm{A/V}$</td></tr>
<tr><td></td><td>$T = 59 \cdot 10^{-4}\,\mathrm{s}$</td></tr>
</table>

sind der Verlauf des Betrages der Übertragungsfunktion sowie die Phasencharakteristik beider Hochpassschaltungen berechnet und im Bild 9.33 wiedergegeben.

Kurve 1 stellt die Charakteristik des RLC-Hochpassfilters und Kurve 2 die des Hochpasses mit dem Element zweiter Ordnung dar. Das Bild 9.33 verdeutlicht, dass der Durchlassbereich beim Filter mit dem Element zweiter Ordnung schon bei sehr niedrigen Frequenzen erreicht wird und der Übergangsbereich sehr schmal verläuft ($\approx 100\,\mathrm{Hz}$). Während der prinzipielle Verlauf der Übertragungsfunktion beider Hochpassschaltungen adäquat ist, haben beide ein völlig anderes Phasenverhalten. Gegenüber einer Phasendrehung von 180° beim RLC-Filter steht die Phasendrehung von nur 90° bei dem

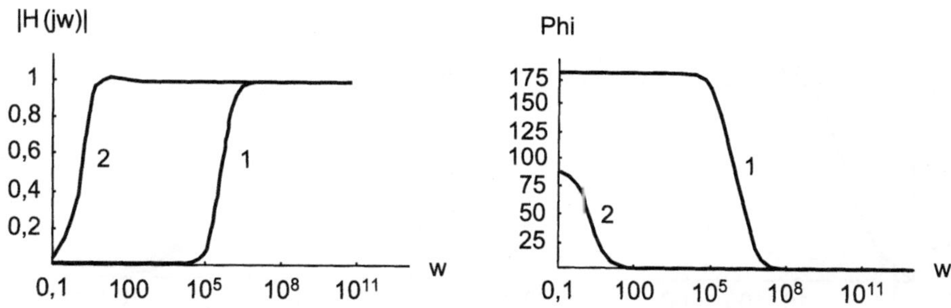

Bild 9.33: Übertragungsfunktion und Phasencharakteristik des RLC-Hochpasses und des Hochpasses mit dem Element zweiter Ordnung

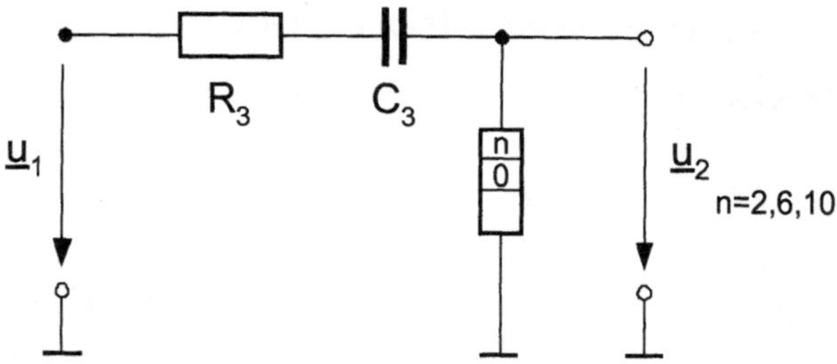

Bild 9.34: Hochpass mit einem Element zweiter, sechster bzw. zehnter Ordnung

Filter mit dem Element zweiter Ordnung. Die geringe Phasendrehung hat seine Ursache in der schaltungstechnischen Realisierung dieses Elementes.

Welchen Einfluss hat nun eine Erhöhung der Ordnung des Elementes auf das Phasen- und das Übertragungsverhalten eines Filters? Um Aussagen zu diesem Problem herzuleiten, werden nacheinander Filter mit einem realen Element zweiter, sechster bzw. zehnter Ordnung untersucht (Bild 9.34).

Die Beträge der Übertragungsfunktion $H(p)$ und die Phasengänge gibt Bild 9.35 wieder.

Schlussfolgerung Werden Elemente der ganzzahligen Ordnung $n > 2$ in Filterschaltungen eingebaut, so verbessert sich die Übertragungscharakteristik (Betrag und Phase) nur in sehr geringem Maße. Eine Erhöhung der Ordnung $n > 2$ zieht einen höheren schaltungstechnischen Aufwand nach sich. Um einen steileren Übergangsbereich zu realisieren, ist der Einsatz eines Elementes zweiter Ordnung gegenüber der Ausgangsschaltung vorerst ausreichend.

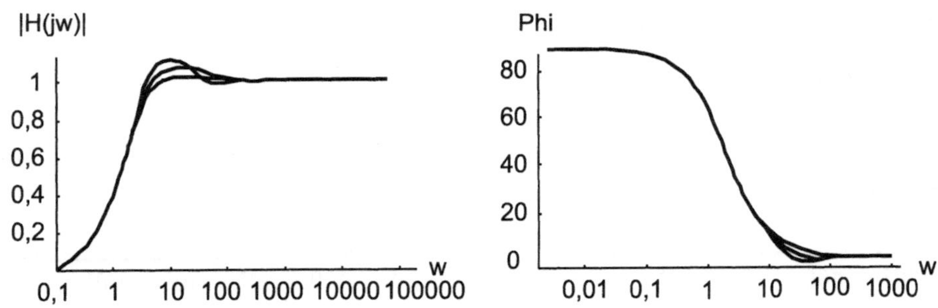

Bild 9.35: Übertragungsfunktion und Phasenverhalten der Hochpässe mit einem realen Element zweiter, sechster bzw. zehnter Ordnung

9.7 Anpassung des Hamilton-Formalismus an den Tensorkalkül

Die Vorteile der Tensorrechnung zur Behandlung und Berechnung technischer Aufgabenstellungen nutzend, soll in diesem Abschnitt eine Umformung der Hamilton-Funktion unter Berücksichtigung ganzzahliger Elemente höherer Ordnung vollzogen werden.

In den nachfolgenden Rechnungen treten tiefgestellte Indizes gemäß der Tensorrechnung als kovariante und hochgestellt als kontravariante auf. Sie bezeichnen dann kovariante und kontravariante verallgemeinerte Lagekoordinaten, Impulse und andere. Die an den physikalischen bzw. technischen Größen vorangestellte obere Index gibt die Ordnung der Größe an und steht mit dem Tensorkalkül nicht in Verbindung. Indizes in runden Klammern bezeichnen die Anzahl der Ableitungen. In $H = H(^j p_k, \overset{(j)}{q}{}^k, t)$ ist der Impulse $^j p_k$ eine kovariante Größe und die verallgemeinerte Lagekoordinate $(j = 0)$ und Gschwindigkeit $(j = 1)$, etc. eine kontravariante Größe. Auch bei elektrotechnischen Systemen mit Elementen höherer Ordnung besteht die Aufgabe, die Hamilton-Funktion der Form $H = H(^j p_k, \overset{(j)}{q}{}^k, t)$, in der noch die zeitlichen Ableitungen der kontravarianten verallgemeinerten Koordinaten explizit enthalten sind, in die Form $H = H(^j p_k, {}^j q^k, t)$ zu überführen. Es zeigt sich, dass bei der Anwendung der Tensorrechnung diese Umformung effizient und elegant erfolgt.

Das Vorgehen sei an einem elektrischen Netzwerk mit drei Elementen 3. Ordnung im Bild 9.36 vorgestellt. Im Anschluss daran wird der Übergang zu Systemen mit Elementen n-ter Ordnung vollzogen.

Die Strom-Spannungs-Beziehung und die dann daraus herleitbaren Lagrange- und

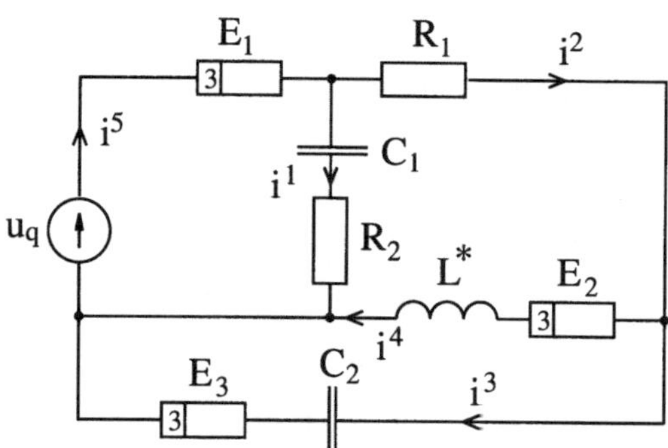

Bild 9.36: Elektrisches Netzwerk mit drei Elementen dritter Ordnung

Dissipationsfunktionen für ein Element 3. Ordnung lautet:

$$E_{3.O}: \qquad u_{E.3.O} = \sum_{i=1}^{4} A_i \, \overset{(i)}{q}^k \quad \rightarrow \quad \begin{cases} L = \frac{1}{2} \sum_{i=1}^{2} (-1)^{i+1} A_{2i} (\overset{(i)}{q}^k)^2 \,, \\[2mm] D = \frac{1}{2} \sum_{i=1}^{2} (-1)^{i+1} A_{2i-1} (\overset{(i)}{q}^k)^2 \,. \end{cases} \tag{9.299}$$

Neben drei Elementen dritter Ordnung, für welche die Konstanten A_i mit K_i, N_i, P_i festgelegt werden, sollen zusätzlich im elektrischen Netzwerk zwei ohmsche Widerstände R_1 und R_2, eine Induktivität L^*, zwei Kapazitäten C_1 und C_2 sowie eine Konstantspannungsquelle u_q enthalten sein. Unter Anwendung des Knotensatzes erhält man die im System fließenden unabhängigen Ströme $\dot{q}^1, \dot{q}^2, \dot{q}^3$. Die Gesamt-Lagrange- und -Dissipationsfunktion des Systems, die in dem sogenannten $\{L, D\}$-Modell zusammengefasst werden, lauten für dieses elektrische System mit drei Elementen höherer Ordnung unter Beachtung der Knotengleichungen $\dot{q}^4 = \dot{q}^2 - \dot{q}^3$ und $\dot{q}^5 = \dot{q}^1 + \dot{q}^2$:

$$\begin{aligned} L = {} & \frac{K_2}{2}(\dot{q}^1 + \dot{q}^2)^2 - \frac{K_4}{2}(\ddot{q}^1 + \ddot{q}^2)^2 + \frac{N_2}{2}(\dot{q}^2 - \dot{q}^3)^2 - \frac{N_4}{2}(\ddot{q}^2 - \ddot{q}^3)^2 \\[2mm] & + \frac{P_2}{2}(\dot{q}^3)^2 - \frac{P_4}{2}(\ddot{q}^3)^2 + \frac{L^*}{2}(\dot{q}^2 - \dot{q}^3)^2 - \frac{1}{2C_1}(q^1)^2 - \frac{1}{2C_2}(q^3)^2 + u_q(q^1 + q^2) \\[3mm] D = {} & \frac{K_1}{2}(\dot{q}^1 + \dot{q}^2)^2 - \frac{K_3}{2}(\ddot{q}^1 + \ddot{q}^2)^2 + \frac{N_1}{2}(\dot{q}^2 - \dot{q}^3)^2 - \frac{N_3}{2}(\ddot{q}^2 - \ddot{q}^3)^2 \\[2mm] & + \frac{P_1}{2}(\dot{q}^3)^2 - \frac{P_3}{2}(\ddot{q}^3)^2 + \frac{R_1}{2}(\dot{q}^2)^2 + \frac{R_2}{2}(\dot{q}^1)^2 \,. \end{aligned} \tag{9.300}$$

Zum Zwecke des Übergangs zur Hamilton-Funktion werden die verallgemeinerten Koordinaten und Impulse nach Gl. (9.199) gebildet:

$$\begin{aligned} {}^1 p_k &= \frac{\partial L}{\partial \dot{q}^k} - \frac{\mathrm{d}}{\mathrm{d}t}\frac{\partial L}{\partial \ddot{q}^k}, \qquad & {}^1 q^k &= q^k \\[2mm] {}^2 p_k &= \frac{\partial L}{\partial \ddot{q}^k} & {}^2 q^k &= \dot{q}^k \end{aligned} \tag{9.301}$$

und haben eingesetzt die Form

$$^1p_1 = K_2(\dot{q}^1 + \dot{q}^2) + K_4(\overset{(3)}{q}{}^1 + \overset{(3)}{q}{}^2),$$

$$^1p_2 = K_2(\dot{q}^1 + \dot{q}^2) + K_4(\overset{(3)}{q}{}^1 + \overset{(3)}{q}{}^2) + N_2(\dot{q}^2 - \dot{q}^3) + N_4(\overset{(3)}{q}{}^2 - \overset{(3)}{q}{}^3) + L^*(\dot{q}^2 - \dot{q}^3),$$

$$^1p_3 = -N_2(\dot{q}^2 - \dot{q}^3) - N_4(\overset{(3)}{q}{}^2 - \overset{(3)}{q}{}^3) + P_2\dot{q}^3 + P_4\overset{(3)}{q}{}^3 - L^*(\dot{q}^2 - \dot{q}^3) \tag{9.302}$$

sowie

$$^2p_1 = -K_4(\ddot{q}^1 + \ddot{q}^2) = -K_4(^2\dot{q}^1 + {}^2\dot{q}^2),$$

$$^2p_2 = -K_4(\ddot{q}^1 + \ddot{q}^2) - N_4(\ddot{q}^2 - \ddot{q}^3) = -K_4(^2\dot{q}^1 + {}^2\dot{q}^2) - N_4(^2\dot{q}^2 - {}^2\dot{q}^3),$$

$$^2p_3 = N_4(\ddot{q}^2 - \ddot{q}^3) - P_4\ddot{q}^3 = N_4(^2\dot{q}^2 - {}^2\dot{q}^3) - P_4^2\dot{q}^3. \tag{9.303}$$

Für die Hamilton-Funktion H folgt der Ausdruck:

$$\begin{aligned}
H &= {}^1p_k\,{}^1\dot{q}^k + {}^2p_k\,{}^2\dot{q}^k - L(^1q^k, {}^2q^k, {}^2\dot{q}^k) \\
&= {}^1p_k\,{}^2q^k + {}^2p_k\,{}^2\dot{q}^k - L(^1q^k, {}^2q^k, {}^2\dot{q}^k) \\
&= {}^1p_k\,{}^2q^k + {}^2p_k\,\ddot{q}^k - L(^1q^k, {}^2q^k, \ddot{q}^k)\,.
\end{aligned} \tag{9.304}$$

Zeitliche Ableitungen findet man nun nur noch bei den höchsten Ableitungen nach der Zeit der Koordinate q^k in Gl. (9.304). Werden die Gleichungen (9.303) in Gl. (9.304) eingesetzt und entsprechende Terme zusammengefasst, erhält man:

$$\begin{aligned}
H = {}&^1p_1\,{}^2q^1 + {}^1p_2\,{}^2q^2 + {}^1p_3\,{}^2q^3 \\
&- \frac{K_2}{2}(^2q^1 + {}^2q^2)^2 - \frac{N_2}{2}(^2q^2 - {}^2q^3)^2 - \frac{P_2}{2}(^2q^3)^2 - \frac{K_4}{2}(\ddot{q}^1)^2 - K_4\ddot{q}^1\ddot{q}^2 - \frac{K_4}{2}(\ddot{q}^2)^2 \\
&+ N_4\ddot{q}^2\ddot{q}^3 - \frac{N_4}{2}(\ddot{q}^2)^2 - \frac{N_4}{2}(\ddot{q}^3)^2 - \frac{P_4}{2}(\ddot{q}^3)^2 - \frac{L^*}{2}(^2q^2 - {}^2q^3)^2 + \frac{1}{2C_1}(^1q^1)^2 \\
&+ \frac{1}{2C_2}(^1q^3)^2 - u_q(^1q^1 + {}^1q^2)\,.
\end{aligned} \tag{9.305}$$

In dieser Gleichung ist nur noch die höchste zeitliche Ableitung der verallgemeinerten Koordinate q^k enthalten, während alle anderen zeitlichen Ableitungen über die Beziehung (9.301) (2. Gleichungspaar) ersetzt wurden.

Fasst man den Teil der Gleichung (9.305), welcher nur die neu eingeführten Variablen $^1q^k, {}^2q^k, {}^1p_k$ enthält, in

$$\begin{aligned}
\mathcal{A} = {}&^1p_1\,{}^2q^1 + {}^1p_2\,{}^2q^2 + {}^1p_3\,{}^2q^3 - \frac{K_2}{2}(^2q^1 + {}^2q^2)^2 - \frac{N_2}{2}(^2q^2 - {}^2q^3)^2 - \frac{P_2}{2}(^2q^3)^2 \\
&- \frac{L^*}{2}(^2q^2 - {}^2q^3)^2 + \frac{1}{2C_1}(^1q^1)^2 + \frac{1}{2C_2}(^1q^3)^2 - u_q(^1q^1 + {}^1q^2)
\end{aligned} \tag{9.306}$$

zusammen, so kann man

$$H = \mathcal{A} + \frac{1}{2}\,M_{ij}\,\ddot{q}^i\ddot{q}^j, \qquad i,j = 1,2,3 \tag{9.307}$$

schreiben. Die Koeffizienten M_{ij} sind in der Matrix

$$(M_{ij}) = \begin{pmatrix} -K_4 & -K_4 & 0 \\ -K_4 & (K_4 + N_4) & N_4 \\ 0 & N_4 & -(N_4 + P_4) \end{pmatrix} \tag{9.308}$$

angeordnet. Um die Hamilton-Funktion in Abhängigkeit der Impulse 2. Ordnung ^2p_k darstellen zu können, müssen die Gl. (9.303) nach den $\ddot{q}^i$ in Abhängigkeit der ^2p_i umgestellt werden, was mit einer Invertierung der regulären Matrix (M_{ij}) einhergeht, um so die Ausdrücke der $\ddot{q}^k$ in Gl. (9.307) zu eliminieren.

Mit

$$(M_{ij})^{-1} = (M^{ij}) = \frac{1}{\Delta} \begin{pmatrix} K_4N_4 + K_4P_4 + N_4P_4 & -K_4(N_4 + P_4) & -K_4N_4 \\ -K_4(N_4 + P_4) & K_4(N_4 + P_4) & K_4N_4 \\ -K_4N_4 & K_4N_4 & K_4N_4 \end{pmatrix} \tag{9.309}$$

und $\Delta = -K_4N_4P_4$ lautet die Hamilton-Funktion höherer Ordnung:

$$H = \mathcal{A} + \frac{1}{2\Delta}\, M^{ij}\, {}^2p_i\, {}^2p_j\,. \tag{9.310}$$

Es handelt sich in Gl. (9.307) und (9.310) um dieselbe Hamilton-Funktion, wobei in Gl. (9.310) die $\ddot{q}^k$ durch die ^2p_k ersetzt wurden. Damit resultiert aus (9.307) und (9.310) die Beziehung:

$$\frac{1}{2} M_{ij}\, \ddot{q}^i\, \ddot{q}^j = \frac{1}{2} M^{ij}\, {}^2p_i\, {}^2p_j, \qquad i,j = 1,2,3. \tag{9.311}$$

Die M_{ij} lassen sich aus der Lagrange-Funktion in der Form:

$$M_{ij} = \frac{\partial^2 p_i}{\partial \ddot{q}^j} = \frac{\partial}{\partial \ddot{q}^j}\frac{\partial L}{\partial \ddot{q}^i} \tag{9.312}$$

ableiten. In Matrixform kann man nun

$$M_{ij} = \left(\frac{\partial^2 p_i}{\partial \ddot{q}^j}\right) = \left(\frac{\partial}{\partial \ddot{q}^j}\frac{\partial L}{\partial \ddot{q}^i}\right) \tag{9.313}$$

schreiben. Die Bewegungsgleichungen berechnen sich aus den bekannten Beziehungen für Systeme mit Elementen höherer Ordnung:

$$^j\dot{q}^k = \frac{\partial H}{\partial\, ^jp_k} \qquad \text{und} \qquad {}^j\dot{p}_k = -\frac{\partial H}{\partial\, ^jq^k} - \frac{\partial D}{\partial\, ^j\dot{q}^k}\,. \tag{9.314}$$

Die Hamilton-Funktion $H(^ip_k, {}^iq^k, t)$ ist nun eine Funktion in Abhängigkeit der neu definierten Impulse (höherer Ordnung) und der verallgemeinerten Koordinaten.

Im Zuge des Aufstellens der Hamilton-Funktion treten aufgrund der inneren Struktur nur noch Terme mit der zeitlichen Ableitung der höchsten verallgemeinerten Koordinate auf. Diese gilt es durch die Funktion der Impulse (höherer Ordnung) zu eliminieren.

Um den Übergang von den verallgemeinerten Geschwindigkeiten höchster Ordnung zu den verallgemeinerten Impulsen zu vollziehen, nutzt man die Koeffizientenmatrix (M^{ij}), die durch Inversenbildung aus der Koeffizientenmatrix (M_{ij}) hervorgeht. Diese Inverse ist für die hier zu untersuchenden Systeme stets aufstellbar.

Anmerkung:
Sind die Bauelemente so dimensioniert, dass die Matrix singulär wird, kann mathematisch durch eine Projektion der Koordinaten $q^1 \ldots q^i$ auf neue Koordinaten $q^{*1} \ldots q^{*i-1}$ das Problem auf eine reguläre ($\{i\text{-}1\}$, $\{i\text{-}1\}$)-Matrix reduziert werden.

An diesem Beispiel wurde die Methode für ein System mit maximal zweiter Ableitung der verallgemeinerten Geschwindigkeiten vorgeführt. Dieser Algorithmus ist auf Systeme mit Elementen beliebiger Ordnung erweiterbar. Damit kann die allgemeine Bildungsvorschrift zum Aufstellen der Hamilton-Funktion in Abhängigkeit der verallgemeinerten Koordinaten und Impulse hergeleitet werden:

Aus der Hamilton-Gleichung höherer Ordnung

$$H = \sum_{j=1}^{n} {}^{j}p_k \, \overset{(j)}{q}{}^k - L = \sum_{j=1}^{n} {}^{j}p_k \, {}^{j}\dot{q}^k - L = \sum_{j=1}^{n} {}^{j}p_k \, {}^{j+1}q^k - L, \qquad k = 1, \ldots, f \quad (9.315)$$

lassen sich unter Benutzung der Koordinaten des Tensors $\mathbf{M_{ij}}$ der Ausdruck:

$$H = \sum_{j=1}^{n} {}^{j-1}p_k \, {}^{j}q^k + \mathbf{M_{lm}} \overset{(n)}{q}{}^l \, \overset{(n)}{q}{}^m - \frac{1}{2}\mathbf{M_{lm}} \overset{(n)}{q}{}^l \, \overset{(n)}{q}{}^m - L(q^k, \dot{q}^k, \ldots, \overset{(n-1)}{q}{}^k, t),$$

$$k = 1, \ldots, f, \qquad l, m = 1, \ldots, n \tag{9.316}$$

und somit

$$H = \sum_{j=1}^{n} {}^{j-1}p_k \, {}^{j}q^k + \frac{1}{2}\mathbf{M_{lm}} \overset{(n)}{q}{}^l \, \overset{(n)}{q}{}^m - L(q^k, \dot{q}^k, \ldots, \overset{(n-1)}{q}{}^k, t) \tag{9.317}$$

bzw.

$$H = \sum_{j=1}^{n} {}^{j-1}p_k \, {}^{j}q^k + \frac{1}{2}(\mathbf{M^{lm}}) \, {}^{n}p_l \, {}^{n}p_m - L({}^{1}q^k, {}^{2}q^k, \ldots, {}^{(n)}q^k, t) \tag{9.318}$$

angeben. Die mathematischen Ausdrücke der $\mathbf{M_{ij}}$ und $\mathbf{M^{ij}}$ transformieren sich deshalb in Übereinstimmung mit der Tensorrechnung wie folgt:

$$\frac{1}{2}\mathbf{M_{lm}} \overset{(n)}{q}{}^l \, \overset{(n)}{q}{}^m = \frac{1}{2}\mathbf{M^{lm}} \, {}^{n}p_l \, {}^{n}p_m \, . \tag{9.319}$$

Die Koeffizienten M_{lm} sind aus der Lagrange-Funktion ableitbar und es gilt:

$$M_{lm} = \frac{\partial^n p_l}{\partial \overset{(n)}{q}{}^m} = \frac{\partial}{\partial \overset{(n)}{q}{}^m} \frac{\partial L}{\partial \overset{(n)}{q}{}^l} \, . \tag{9.320}$$

Mit den Gleichungen (9.319) und (9.320) ist ein Weg gefunden, direkt aus der Lagrange-Gleichung die geforderte Form der Hamilton-Funktion in Abhängigkeit der verallgemeinerten Impulse und Koordinaten höherer Ordnung aufzustellen. Lange Rechnungen entfallen damit.

Kapitel 10

Wandler und ihre Behandlung als Variationsaufgabe

Eine Aufgabe zur Berechnung oder zur Synthese von elektrischen Netzwerken, elektromechanischen Systemen oder allgemein von technischen Systemen genügt dann einer Variationsaufgabe, wenn das dazugehörige $\{L, D\}$-Modell, d. h., die gesuchte Lagrange-Funktion sowie bei nichtkonservativen Systemen die Dissipationsfunktion vorliegt. Die Bildung der Variationsableitung liefert dann die verallgemeinerten Bewegungsgleichungen. Mit dem $\{L, D\}$-Modell kann unter weiteren Voraussetzungen der Übergang zur Hamilton-Funktion und damit zum Hamilton-Formalismus vollzogen werden. Sämtliche Funktionen zur Aufstellung von solchen Modellen und deren Weiterverarbeitung im Lagrange-Formalismus sollen der Klasse C^2, also den zweimal stetig differenzierbaren Funktionen angehören.

Dieser Entwicklung folgend bedarf es in Fortführung der umfangreichen Herleitungen der systematischen Aufstellung der $\{L, D\}$-Modelle für lineare und nichtlineare Wandler. Dieses Kapitel enthält die $\{L, D\}$-Modelle der gebräuchlichsten Wandler in ihrer Eigenschaft als Bauelement oder Baugruppe der Elektrotechnik, Elektronik, Elektromechanik oder Mechatronik. Hierzu zählen Zwei- bzw. Mehrtore in Form von gesteuerten Quellen, Transistoren der verschiedensten Typen, ideale Übertrager, Gyratoren, Zirkulatoren, Operationsverstärker, „ohmsche Zweitore" (linear resistive two-port [17]) und viele andere. Den hergeleiteten $\{L, D\}$-Modellen liegt, wenn nicht anders angegeben, die erweiterte Euler-Lagrange-Differenzialgleichung zugrunde.

Da wir zwischen kovarianten und kontravarianten Größen unterscheiden, beziehen wir uns auf die kontravarianten. Unter gewissen Voraussetzungen lassen sich diese in kovariante Größen umrechnen [14].

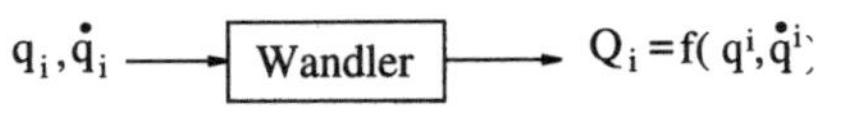

$$q_i, \dot{q}_i \longrightarrow \boxed{\text{Wandler}} \longrightarrow Q_i = f(q^i, \dot{q}^i)$$

Bild 10.1: Darstellung eines Wandlers als Black-Box

10.1 Systematisierung der Wandler

Wandler werden wie folgt erklärt:

Definition 10.1 Wandler *sind Bauelemente oder Bauelementegruppen, die elektri-sche, magnetische, mechanische oder andere physikalische Größen energetisch mitein-ander verkoppeln.*

Sie können ohne den Bezug auf einen konkreten Wandler als Black-Box dargestellt werden (Bild 10.1), wobei die verallgemeinerten Kräfte als Ausgangsgrößen von den verallgemeinerten Lagekoordinaten bzw. Geschwindigkeiten an den Eingängen abhän-gen sollen.

Wandler sind also Bauelemente oder Zusammenschaltungen von mehreren Bauelemen-ten oder Bausteinen mit mehr als zwei Anschlussklemmen (Polen) und im Allgemeinen nicht rückwirkungsfrei. Gesteuerte Quellen als rückwirkungsfreie Wandler stellen ein wichtiges Modell für verschiedene Anwendungen dar.

Von besonderem Vorteil bei der Behandlung von technischen Systemen einschließlich Wandlern als Variationsproblem ist die Tatsache, dass sowohl beim Lagrange- als auch beim Hamilton-Formalismus kein Unterschied bezüglich der Linearität und Nichtlinea-rität besteht. Es muss jedoch hinsichtlich der Integrabilität und Nichtintegrabilität unterschieden werden.

Definition 10.2 *Unter der* Integrabilität *versteht man „Reziprozität" von elektrotech-nischen Wandlern, d. h., für die Z-Parameter des Vierpols muss gelten:*

$$Z_{21} = u_2/i_1 = u_1/i_2 = Z_{12}. \tag{10.1}$$

Gleiches gilt für alle möglichen Kombinationen der n-Tore. Sind die Integrabilitäts-bedingungen erfüllt, dann handelt es sich um ein *holonomes System*, es existiert ein eindeutiges Potenzialfeld für die verallgemeinerte Kraft und man gelangt unmittelbar zu den Bewegungsgleichungen.

Sind die Integrabilitätsbedingungen nicht erfüllt, spricht man von *nichtholonomen Sy-stemen* und es existieren zusätzliche Zwangsbedingungen für die $\dot{q}^k$. Bei einigen nichtin-tegrablen Wandlern, beispielsweise bei gesteuerten Quellen, wird die Dissipationsfunk-tion zu Hilfe genommen, die an der Variation der Lagrange-Funktion ursprünglich

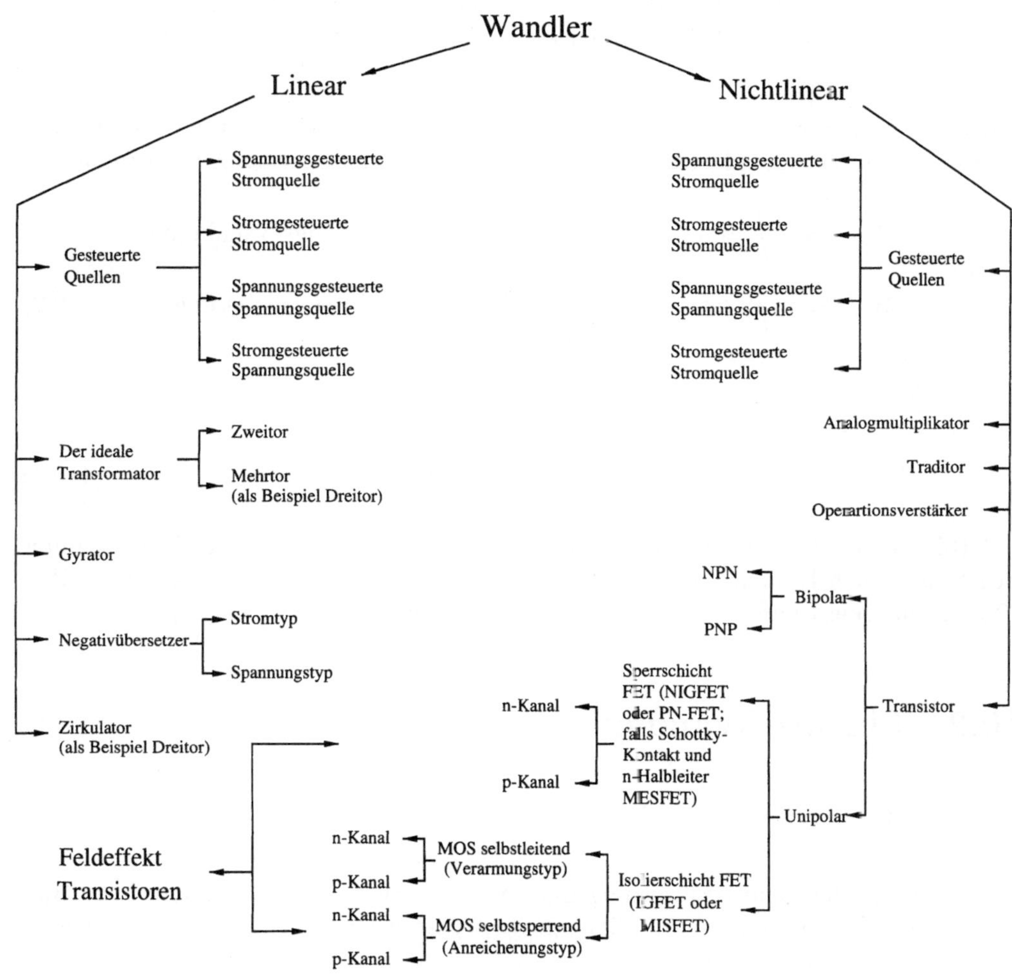

Bild 10.2: Übersicht zu elektronischen Wandlern

nicht beteiligt ist. Durch Hinzufügen der Ableitung der Dissipationsfunktion zur Euler-Lagrange-Gleichung werden die Bedingungen des d'Alembertschen Prinzips, welches aus dem das Hamiltonsche Prinzip hervorgegangen ist, erfüllt. Daraus erhalten wir die korrekten Bewegungsgleichungen. „Bei realen, rückwirkungsbehafteten Wandlern, muss zuerst herausgefunden werden, ob es sich um einen reziproken, also integrablen Wandler handelt. Ist dies nicht der Fall, so kann ein Weg beschritten werden, der von der Einführung eines zusätzlichen Freiheitsgrades Gebrauch macht" [1].

Verschiedene Ansätze können zu unterschiedlichen $\{L, D\}$-Modellen führen. Bei manchen Wandlern kann man die Dissipationsfunktion vernachlässigen oder das $\{L, D\}$-Modell besteht nur aus Dissipationsfunktionen, wenn es sich beispielsweise nur um zeitlich abgeleitete Terme handelt. Also können für ein und den selben Wandler verschiedene $\{L, D\}$-Modelle existieren. Auch für elektronische Wandler wird hier von kontravarianten Koordinaten bzw. Größen ausgegangen, damit bei Anwendung in einer Schaltung, wenn möglich zwischen ko- und kontravarianten Größen umgerechnet werden kann.

Für elektrische und magnetische Teile der Schaltung oder des elektrotechnischen Systems werden folgende allgemeinen Energie- bzw. Leistungsbeziehungen verwendet:

$$W_{el} \;=\; \int u \, dq; \qquad D_{el} = \int u \, d\dot{q} \qquad \text{bei Ladungsformulierung,}$$

$$W_{el} \;=\; \int i \, d\psi; \qquad D_{el} = \int i \, d\dot{\psi} \qquad \text{bei Flussformulierung,} \qquad (10.2)$$

bzw.

$$W_{mag} \;=\; \int V \, d\Phi; \qquad D_{mag} = \int V \, d\dot{\Phi}. \qquad (10.3)$$

Mit Hilfe dieser Beziehungen ist man in der Lage, für die meisten Bauelemente unter Beachtung seiner Elementarfunktion den L-Term bzw. den D-Term zu bestimmen. Bild 10.2 enthält eine Übersicht zu verschiedenen Gruppen von Wandlern [14].

10.2   Lineare Wandler

10.2.1   Gesteuerte Quellen

Gesteuerte Quellen sind rückwirkungsfreie Wandler. Sie lassen sich entsprechend Bild 10.3 in vier Typen einteilen. Bei linearen gesteuerten Quellen sind die Koeffizienten g, l, n und r Konstanten. Falls $g = g(u^1)$, $l = l(u^1)$, $n = n(i^1)$ und $r = r(i^1)$ Funktionen der jeweiligen Variablen sind, dann handelt es sich um nichtlineare gesteuerte Quellen, die in Abschnitt 10.3 behandelt werden.

Die Beschreibungsgleichungen für diese vier Typen als Vierpole haben die folgenden Matrixdarstellungen:

a) die spannungsgesteuerte Stromquelle bei Verwendung des Gegenwirkleitwertes:

$$\begin{pmatrix} i^1 \\ i^2 \end{pmatrix} = \begin{pmatrix} 0 & 0 \\ g & 0 \end{pmatrix} \begin{pmatrix} u^1 \\ u^2 \end{pmatrix} = \mathbf{A} \begin{pmatrix} u^1 \\ u^2 \end{pmatrix}. \qquad (10.4)$$

b) die spannungsgesteuerte Spannungsquelle in der Hybrid-2-Form:

$$\begin{pmatrix} i^1 \\ u^2 \end{pmatrix} = \begin{pmatrix} 0 & 0 \\ l & 0 \end{pmatrix} \begin{pmatrix} u^1 \\ i^2 \end{pmatrix} = \mathbf{B} \begin{pmatrix} u^1 \\ i^2 \end{pmatrix}. \qquad (10.5)$$

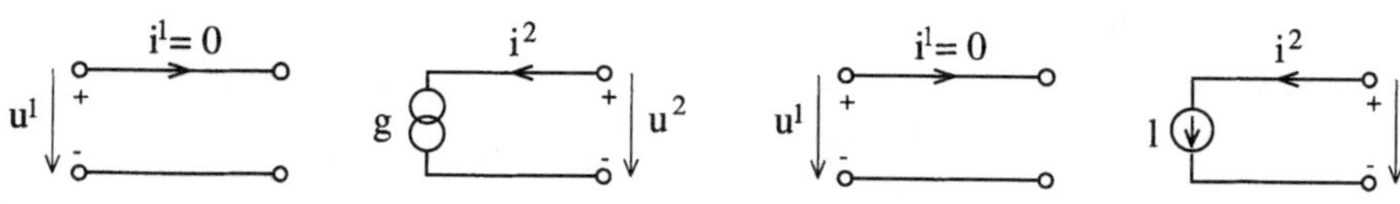

g: Gegenleitwert ; g = const.
a) Spannungsgesteuerte Stromquelle

l: Spannungsverstärkungsfaktor ; l = const.
b) Spannungsgesteuerte Spannungsquelle

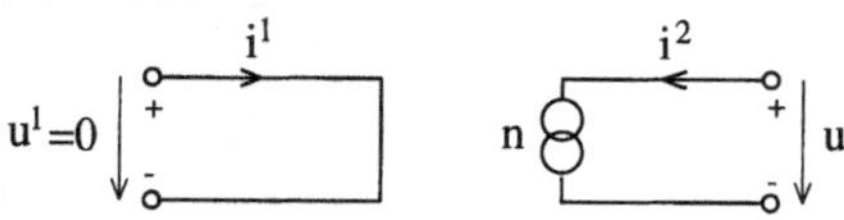

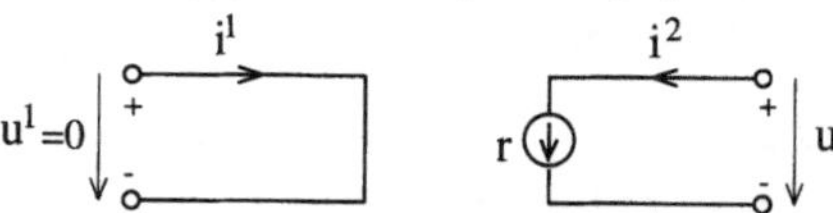

n: Stromverstärkungsfaktor ; n = const.
c) Stromgesteuerte Stromquelle

r: Gegenwirkwiderstand ; r = const.
d) Stromgesteuerte Spannungsquelle

Bild 10.3: Varianten gesteuerter Quellen

c) die stromgesteuerte Stromquelle in der Hybrid-1-Form:

$$\begin{pmatrix} u^1 \\ i^2 \end{pmatrix} = \begin{pmatrix} 0 & 0 \\ n & 0 \end{pmatrix} \begin{pmatrix} i^1 \\ u^2 \end{pmatrix} = \mathbf{C} \begin{pmatrix} i^1 \\ u^2 \end{pmatrix} . \tag{10.6}$$

d) die stromgesteuerte Spannungsquelle bei Verwendung des Gegenwirkwiderstandes:

$$\begin{pmatrix} u^1 \\ u^2 \end{pmatrix} = \begin{pmatrix} 0 & 0 \\ r & 0 \end{pmatrix} \begin{pmatrix} i^1 \\ i^2 \end{pmatrix} = \mathbf{D} \begin{pmatrix} i^1 \\ i^2 \end{pmatrix} . \tag{10.7}$$

Die vier Beschreibungsgleichungen können jeweils nur in der einen Form angegeben werden, da die Determinanten der Matrizen $\mathbf{A}$, $\mathbf{B}$, $\mathbf{C}$ und $\mathbf{D}$ Null sind und somit die Inversion nicht möglich ist.

In Tabelle 10.1 sind die aus den Beschreibungsgleichungen abgeleiteten $\{L, D\}$-Modelle in der Fluss- bzw. Ladungsformulierung zusammengefasst.

Lineare gesteuerte Quellen gehören zu den idealen Koppelelementen in elektronischen Schaltungen und werden vorteilhaft zur Modellbildung von elektronischen Bauelementen bzw. Schaltungen verwendet. Bei Ersatzschaltbildern von aktiven Elementen, wie Transistoren und Operationsverstärkern u. a., sind sie unentbehrlich.

Lineare gesteuerte Quellen erfüllen nicht die Reziprozitätsbedingungen, d. h., sie sind nicht holonom, also nichtintegrable Wandler. Falls

$$u^1 = 0, \qquad i^2 = n(t)\, i^1,$$
$$u^1 = 0, \qquad u^2 = r(t)\, i^1$$

gilt, wobei $n(t)$ und $r(t)$ gegebene Funktionen der Zeit sind, dann handelt es sich um eine lineare zeitveränderliche stromgesteuerte Strom- bzw. Spannungsquelle.

Tabelle 10.1: $\{L, D\}$-Modelle gesteuerter Quellen

		Elemente-beziehung	Formulierung	L-Term	D-Term
a)	spannungsgesteuerte Stromquelle	$i^2 = gu^1$	Ladung	$-\dfrac{1}{2g}\dot{q}^2 q^1$	$\dfrac{1}{2g}\dot{q}^2 \dot{q}^1$
			Fluss	$-\dfrac{g}{2}\dot{\psi}^1\psi^2$	$\dfrac{g}{2}\dot{\psi}^1\dot{\psi}^2$
b)	spannungsgesteuerte Spannungsquelle	$u^2 = lu^1$	Ladung	$-\dfrac{l}{2}u^1 q^2$	$\dfrac{l}{2}u^1\dot{q}^2$
c)	stromgesteuerte Stromquelle	$i^2 = ni^1$	Fluss	$-\dfrac{n}{2}i^1\psi^2$	$\dfrac{n}{2}i^1\dot{\psi}^2$
d)	stromgesteuerte Spannungsquelle	$u^2 = ri^1$	Fluss	$-\dfrac{1}{2r}\psi^1\dot{\psi}^2$	$\dfrac{1}{2r}\dot{\psi}^1\dot{\psi}^2$
			Ladung $\dot{q}^1 = i^1$	$-\dfrac{r}{2}\dot{q}^1 q^2$	$\dfrac{r}{2}\dot{q}^1\dot{q}^2$

10.2.2 Der ideale Transformator

Zweitor-Transformator

Der ideale Transformator ist ein ideales Zweitor, das weder Energie speichert noch verbraucht. Er ist durch die folgenden Gleichungen charakterisiert:

$$\frac{u^1}{u^2} = n = -\frac{i^2}{i^1} \quad \Rightarrow \quad u^1 = nu^2 \quad \text{und} \quad i^2 = -ni^1, \tag{10.8}$$

wobei n Windungsverhältnis heißt.

Für ein Paar gekoppelter Spulen mit den Induktivitäten L_1^*, L_2^* und der Gegeninduktivität M gelten mit der in Bild 10.4 eingezeichneten symmetrischen Bepfeilung die Gleichungen:

$$\begin{pmatrix} u^1 \\ u^2 \end{pmatrix} = \begin{pmatrix} L_1^* & M_{12} \\ M_{21} & L_2^* \end{pmatrix} \begin{pmatrix} \dfrac{\mathrm{d}i^1}{\mathrm{d}t} \\ \dfrac{\mathrm{d}i^2}{\mathrm{d}t} \end{pmatrix}, \tag{10.9}$$

mit $M_{12} = M_{21} = M$. Für die Ladungsformulierung entsteht das $\{L, D\}$-Modell in der Tabelle 10.2.

Bei der Verwendung der Flussformulierung gelten für den idealen Transformator die Beziehungen nach Gl. (10.10)

$$\dot{\psi}^j = L_j^* \frac{\mathrm{d}i^j}{\mathrm{d}t} + M \frac{\mathrm{d}i^k}{\mathrm{d}t}, \qquad j,k = 1,2; \quad j \neq k. \tag{10.10}$$

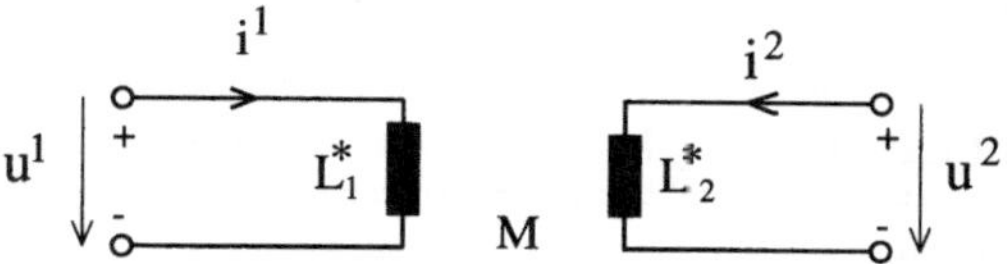

Bild 10.4: Idealer Zweitor-Transformator

Daraus folgt für die magnetischen Flüsse durch die Integration nach der Zeit:

$$\psi^j = \int \dot{\psi}^j \, \mathrm{d}t = L_j^* i^j + M i^k, \qquad j,k = 1,2; \quad j \neq k. \tag{10.11}$$

Von Integrationskonstanten wird abgesehen, weil diese bei der Bildung der Variations-ableitung wieder entfallen. In Flussformulierung gelten zum Aufstellen der Bewegungs-gleichungen wegen der Differenziationen die Beziehungen:

$$i^1 = \frac{\psi^1 - M i^2}{L_1^*}, \qquad i^2 = \frac{\psi^1 - L_1^* i^1}{M} \tag{10.12}$$

und

$$i^1 = \frac{\psi^2 - L_2^* i^2}{M}, \qquad i^2 = \frac{\psi^2 - M i^1}{L_2^*} \, . \tag{10.13}$$

Das dazugehörige $\{L, D\}$-Modell enthält die Tabelle 10.2, wobei sich je nach Betrach-tung verschiedene Terme ergeben.

Dreitor-Transformator

In nachrichtentechnischen oder messtechnischen Systemen können sogenannte „Gabel-übertrager" enthalten sein, die weder Energie speichern noch verbrauchen. Ein Gabel-übertrager ist ein Multitor mit mehr als zwei Wicklungen. Hier wird nur der ideale Dreiwicklungsübertrager untersucht. Diesen Transformator charakterisieren drei Glei-chungen:

$$\begin{aligned}
f^1(u^1, u^2, u^3, i^1, i^2, i^3) &= \frac{u^1}{n_1} - \frac{u^3}{n_3} = 0, \\
f^2(u^1, u^2, u^3, i^1, i^2, i^3) &= \frac{u^2}{n_2} - \frac{u^3}{n_3} = 0, \\
f^3(u^1, u^2, u^3, i^1, i^2, i^3) &= n_1 i^1 + n_2 i^2 + n_3 i^3 = 0.
\end{aligned} \tag{10.14}$$

Die Ladungsformulierung für Spannungen u^1, u^2, u^3 und die Flussformulierung für Strö-me i^1, i^2, i^3 liefern das $\{L, D\}$-Modell für den Dreitor-Übertrager in der Form nach Tabelle 10.3.

Tabelle 10.2: $\{L, D\}$-Modelle des idealen Zweitor-Transformators

Elementebeziehung	L-Term	D-Term	Bedingung
Ladungsformulierung:			
$u^1 = L_1^* \dfrac{d\dot{q}^1}{dt} + M \dfrac{d\dot{q}^2}{dt}$ $u^2 = L_2^* \dfrac{d\dot{q}^2}{dt} + M \dfrac{d\dot{q}^1}{dt}$	$\dfrac{L_j^*}{2}\left(\dot{q}^j\right)^2 + M\dot{q}^1\dot{q}^2$ $j = 1,2$		$\dfrac{\partial u^1}{\partial \dot{q}^2} - \dfrac{\partial u^2}{\partial \dot{q}^1} = 0$
Flussformulierung:			
nach ψ^1 $i^1 = \dfrac{\psi^1 - Mi^2}{L_1^*}$	wenn ψ^1, i^2 bekannt $-\dfrac{(\psi^1)^2 - 2\psi^1 Mi^2}{2L_1^*}$		$\dfrac{\partial \psi^1}{\partial i^2} - \dfrac{\partial \psi^2}{\partial i^1} = 0$
nach ψ^2 $i^2 = \dfrac{\psi^1 - L_1^* i^1}{M}$	wenn ψ^1, i^1 bekannt $-\dfrac{(\psi^1 - L_1^* i^1)}{M}\psi^2$		$\dfrac{\partial \psi^1}{\partial i^2} - \dfrac{\partial \psi^2}{\partial i^1} = 0$
nach ψ^1 $i^1 = \dfrac{\psi^2 - L_2^* i^2}{M}$	wenn ψ^2, i^2 bekannt $-\dfrac{(\psi^2 - L_2^* i^2)}{M}\psi^1$		$\dfrac{\partial \psi^1}{\partial i^2} - \dfrac{\partial \psi^2}{\partial i^1} = 0$
nach ψ^2 $i^2 = \dfrac{\psi^2 - Mi^1}{L_2^*}$	wenn ψ^2, i^1 bekannt $-\dfrac{(\psi^2)^2 - 2\psi^2 Mi^1}{2L_2^*}$		$\dfrac{\partial \psi^1}{\partial i^2} - \dfrac{\partial \psi^2}{\partial i^1} = 0$

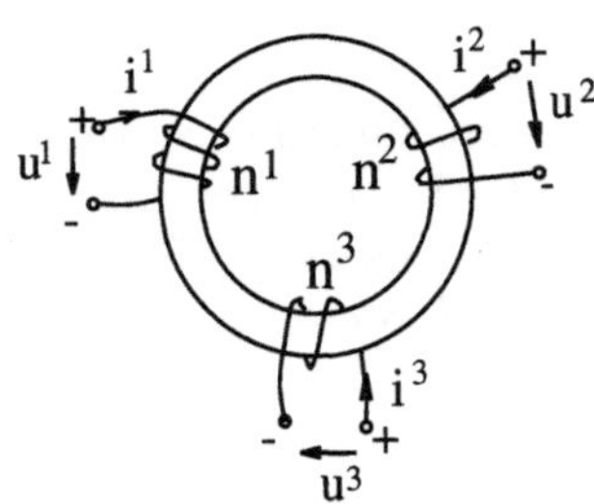

Bild 10.5: Idealer Dreitor-Transformator

Die Bauelementegleichungen lauten in Hybridform

$$\begin{pmatrix} u^1 \\ u^2 \\ i^3 \end{pmatrix} = \begin{pmatrix} 0 & 0 & \dfrac{n_1}{n_3} \\ 0 & 0 & \dfrac{n_2}{n_3} \\ -\dfrac{n_1}{n_3} & -\dfrac{n_2}{n_3} & 0 \end{pmatrix} \begin{pmatrix} i^1 \\ i^2 \\ u^3 \end{pmatrix} = \mathbf{E} \begin{pmatrix} i^1 \\ i^2 \\ u^3 \end{pmatrix}. \tag{10.15}$$

Tabelle 10.3: $\{L, D\}$-Modell des Dreitor-Transformators

Elementebeziehung	L-Term	D-Term
Ladungsformulierung:		
$u^1 = \dfrac{n_1}{n_3}u^3$	nach u^1, falls u^3 bekannt $-\dfrac{n_1}{n_3}q^1 u^3$	
	nach u^3, falls u^1 bekannt $-\dfrac{n_3}{n_1}q^3 u^1$	
$u^2 = \dfrac{n_2}{n_3}u^3$	nach u^2, falls u^3 bekannt $-\dfrac{n_2}{n_3}q^2 u^3$	
	nach u^3, falls u^2 bekannt $-\dfrac{n_3}{n_2}q^3 u^2$	
Flussformulierung:		
$i^3 = -\dfrac{n_1}{n_3}i^1 - \dfrac{n_2}{n_3}i^2$	nach i^3, falls i^1, i^2 bekannt $\left(\dfrac{n_1}{n_3}i^1 + \dfrac{n_2}{n_3}i^2\right)\psi^3$	
	nach i^1, falls i^2, i^3 bekannt $\left(\dfrac{n_2}{n_1}i^2 + \dfrac{n_3}{n_1}i^3\right)\psi^1$	
	nach i^2, falls i^1, i^3 bekannt $\left(\dfrac{n_1}{n_2}i^1 + \dfrac{n_3}{n_2}i^3\right)\psi^2$	

Die Inverse zur obigen Form existiert ebenfalls nicht, weil $\det \mathbf{E} = 0$ ist.

10.2.3 Gyrator

Ein Gyrator nach Bild 10.6 stellt ein ideales Zweitor-Element dar, welches weder Energie speichern noch verbrauchen kann. Er wird mit den folgenden Gleichungen:

$$\begin{aligned} i^1 &= Gu^2, \\ i^2 &= -Gu^1, \end{aligned} \tag{10.16}$$

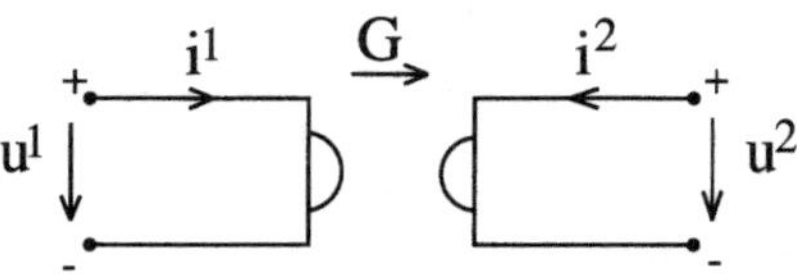

G: Gyratorleitwert

Bild 10.6: Gyrator

bzw. in Matrixform

$$\begin{pmatrix} i^1 \\ i^2 \end{pmatrix} \begin{pmatrix} 0 & G \\ -G & 0 \end{pmatrix} \begin{pmatrix} u^1 \\ u^2 \end{pmatrix} = \mathbf{G} \begin{pmatrix} u^1 \\ u^2 \end{pmatrix} \tag{10.17}$$

beschrieben. Die angegebenen Gleichungen bilden die spannungsgesteuerte Form. In der stromgesteuerten Form lauten sie:

$$\begin{aligned} u^1 &= -\frac{1}{G} i^2, \\ u^2 &= \frac{1}{G} i^1, \qquad G \neq 0, \end{aligned} \tag{10.18}$$

bzw.

$$\begin{pmatrix} u^1 \\ u^2 \end{pmatrix} \begin{pmatrix} 0 & -\dfrac{1}{G} \\ \dfrac{1}{G} & 0 \end{pmatrix} \begin{pmatrix} i^1 \\ i^2 \end{pmatrix} = \mathbf{R} \begin{pmatrix} i^1 \\ i^2 \end{pmatrix}. \tag{10.19}$$

Wenn am Ausgang des Gyrators ein Widerstand R_L angeschlossen wird, verhält sich der Eingang wie ein linearer Widerstand mit dem Wert G_L/G^2, wobei $G_L = 1/R_L$ ist. Falls sich am Ausgang ein Kondensator befindet, dann verhält sich der Eingang wie eine Induktivität. Damit ist der Gyrator zur Anwendung beim Entwurf von Filtern ohne Induktivitäten vorteilhaft. Ist am Ausgang ein stromgesteuerter Widerstand angeschlossen, d. h., $u^2 = f(-i^2)$, dann wird der Eingang zum spannungsgesteuerten Widerstand. Beispielsweise erhält man aus Gl. (10.16) für $G = 1$

$$i^1 = u^2 = f(-i^2) = f(u^1). \tag{10.20}$$

Die Tabelle 10.4 zeigt die $\{L, D\}$-Modelle in Fluss- und Ladungsformulierung.

10.2.4 Dreitor-Zirkulator

Der Zirkulator in Bild 10.7 verkörpert ein Bauelement, welches in nachrichtentechnischen Systemen sowie zu Messzwecken Anwendung findet. Der ideale Zirkulator ist ein lineares Netzwerkelement, dass die Leistung am Tor 1 an Tor 2, die Leistung vom Tor 2 an Tor 3 und die Leistung am Tor 3 an Tor 1 weiterleitet. Die Leistungen werden

Tabelle 10.4: $\{L, D\}$-Modelle eines Gyrators

Zweipolrelation	L-Term	Bedingung
Flussformulierung:		
$i^1 = G\dot{\psi}^2$	$-G\psi^1\dot{\psi}^2$	
$i^2 = -G\dot{\psi}^1$	$G\psi^2\dot{\psi}^1$	$\dfrac{\partial \dot{\psi}^2}{\partial i^1} + \dfrac{\partial \dot{\psi}^1}{\partial i^2} = 0$
Ladungsformulierung:		
$u^1 = -\dfrac{1}{G}\dot{q}^2$	$\dfrac{1}{G}q^1\dot{q}^2$	
$u^2 = \dfrac{1}{G}\dot{q}^1$	$-\dfrac{1}{G}\dot{q}^1 q^2$	$\dfrac{\partial u^1}{\partial \dot{q}^2} + \dfrac{\partial u^2}{\partial \dot{q}^1} = 0$

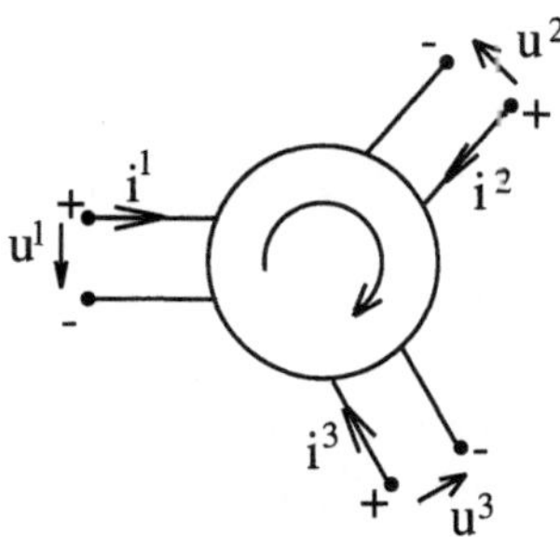

Bild 10.7: Dreitor-Zirkulator

ohne Verluste unter der Bedingung weitergeleitet, dass an alle Tore Widerstände angeschlossen sind und diese den Wert des Bezugswiderstandes R besitzen. Der Zirkulator ist ebenfalls nicht in der Lage, Energie zu speichern oder zu verbrauchen.

Den Dreitor-Zirkulator beschreiben folgende Gleichungen mit R als Bezugswiderstand:

$$
\begin{aligned}
f^1(u^1, u^2, u^3, i^1, i^2, i^3) &= u^1 - Ri^2 + Ri^3 = 0, \\
f^2(u^1, u^2, u^3, i^1, i^2, i^3) &= u^2 + Ri^1 - Ri^3 = 0, \\
f^3(u^1, u^2, u^3, i^1, i^2, i^3) &= u^3 - Ri^1 + Ri^2 = 0.
\end{aligned}
\tag{10.21}
$$

In Matrizenform ausgedrückt gilt

$$
\begin{pmatrix} u^1 \\ u^2 \\ u^3 \end{pmatrix}
\begin{pmatrix} 0 & R & -R \\ -R & 0 & R \\ R & -R & 0 \end{pmatrix}
\begin{pmatrix} i^1 \\ i^2 \\ i^3 \end{pmatrix}
= \mathbf{R}
\begin{pmatrix} i^1 \\ i^2 \\ i^3 \end{pmatrix}.
\tag{10.22}
$$

Diese Beziehung heißt stromgesteuerte Form. Da die Inverse der Matrix $\mathbf{R}$ wegen $\det \mathbf{R} = 0$ nicht existiert, gibt es keine spannungsgesteuerte Form. Die Ladungsformulierung liefert für die Gleichungen (10.22) die $\{L, D\}$-Modelle in der Tabelle 10.5.

Tabelle 10.5: $\{L, D\}$-Modell eines Dreitor-Zirkulators in Ladungsformulierung

Zweipolrelation	L-Term	D-Term	Bedingung
$u^1 = R(\dot{q}^2 - \dot{q}^3)$	$-\dfrac{R}{2}(\dot{q}^2 - \dot{q}^3)q^1$	$\dfrac{R}{2}(\dot{q}^2 - \dot{q}^3)\dot{q}^1$	$\dfrac{\partial u^1}{\dot{q}^2} + \dfrac{\partial u^2}{\dot{q}^1} = 0$
$u^2 = R(-\dot{q}^1 + \dot{q}^3)$	$-\dfrac{R}{2}(-\dot{q}^1 + \dot{q}^3)q^2$	$\dfrac{R}{2}(-\dot{q}^1 + \dot{q}^3)\dot{q}^2$	$\dfrac{\partial u^1}{\dot{q}^3} + \dfrac{\partial u^3}{\dot{q}^1} = 0$
$u^3 = R(\dot{q}^1 - \dot{q}^2)$	$-\dfrac{R}{2}(\dot{q}^1 - \dot{q}^2)q^3$	$\dfrac{R}{2}(\dot{q}^1 - \dot{q}^2)\dot{q}^3$	$\dfrac{\partial u^2}{\dot{q}^3} + \dfrac{\partial u^3}{\dot{q}^2} = 0$

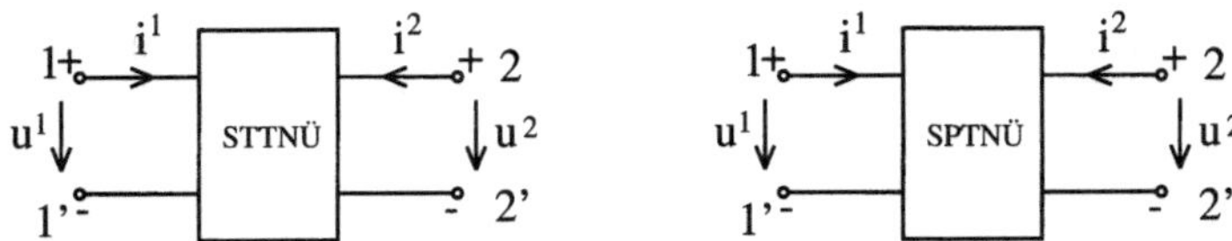

Bild 10.8: Stromtyp- und Spannungstyp-Negativübersetzer

10.2.5 Negativübersetzer

Negativübersetzer sind Zweitore, die am Ausgang den Widerstand R und am Eingang den negativen Widerstand $-R$ haben. Negativübersetzer können keine Energie speichern oder verbrauchen. Es existieren zwei verschiedene Typen.

Die Definitionsgleichungen eines *Stromtyp-Negativübersetzers* haben die Form:

$$\begin{aligned} i^1 &= i^2, \\ u^1 &= u^2. \end{aligned} \tag{10.23}$$

Die Definitionsgleichungen für den *Spannungstyp-Negativübersetzer* lauten:

$$\begin{aligned} u^1 &= -u^2, \\ i^1 &= -i^2. \end{aligned} \tag{10.24}$$

Die entsprechenden $\{L, D\}$-Modelle sind in der Tabelle 10.6 aufgeführt.

10.3 Nichtlineare Wandler

Wir wenden uns nun der Herleitung von $\{L, D\}$-Modellen für nichtlineare Wandler zu. Nichtlineare Wandler sind solche, deren Strom- bzw. Ladungs-Spannungs-Kennlinien nichtlineare Beziehungen darstellen. Eine Auswahl elektronischer nichtlinearer Wandler wird nun beschrieben, um darauf aufbauend ihre $\{L, D\}$-Modelle zu gewinnen.

Tabelle 10.6: $\{L, D\}-$Modelle des Negativübersetzers

Zweipolrelation	L-Term	D-Term	Bedingung
Stromtyp-Negativübersetzer, Flussformulierung:			
$i^1 = i^2$	nach i^1, falls i^2 bekannt $-\psi^1 i^2$		$\dfrac{\partial \dot\psi^1}{\partial i^2} - \dfrac{\partial \dot\psi^2}{\partial i^1} = 0$
$i^2 = i^1$	nach i^2, falls i^1 bekannt $-\psi^2 i^1$		
Stromtyp-Negativübersetzer, Ladungsformulierung:			
$u^1 = u^2$	nach u^1, falls u^2 bekannt $-q^1 u^2$		$\dfrac{\partial u^1}{\partial \dot q^2} - \dfrac{\partial u^2}{\partial \dot q^1} = 0$
$u^2 = u^1$	nach u^2, falls u^1 bekannt $-q^2 u^1$		
Spannungstyp-Negativübersetzer, Flussformulierung:			
$i^1 = -i^2$	nach i^1, falls i^2 bekannt $\psi^1 i^2$		$\dfrac{\partial \dot\psi^1}{\partial i^2} - \dfrac{\partial \dot\psi^2}{\partial i^1} = 0$
$i^2 = -i^1$	nach i^2, falls i^1 bekannt $\psi^2 i^1$		
Spannungstyp-Negativübersetzer, Ladungsformulierung:			
$u^1 = -u^2$	nach u^1, falls u^2 bekannt $q^1 u^2$		$\dfrac{\partial u^1}{\partial \dot q^2} - \dfrac{\partial u^2}{\partial \dot q^1} = 0$
$u^2 = -u^1$	nach u^2, falls u^1 bekannt $q^2 u^1$		

10.3.1 Nichtlineare gesteuerte Quellen

Als Verallgemeinerung der Elemente in Abschnitt 10.2.1 lassen sich wieder vier verschiedene Arten gesteuerter Quellen unterscheiden, die in Bild 10.9 dargestellt sind.

a) Spannungsgesteuerte Stromquelle Entsprechend der Schaltung in Bild 10.9 hat die Spannung-Strom-Beziehung die Form:

$$i^2 = f(u^1). \tag{10.25}$$

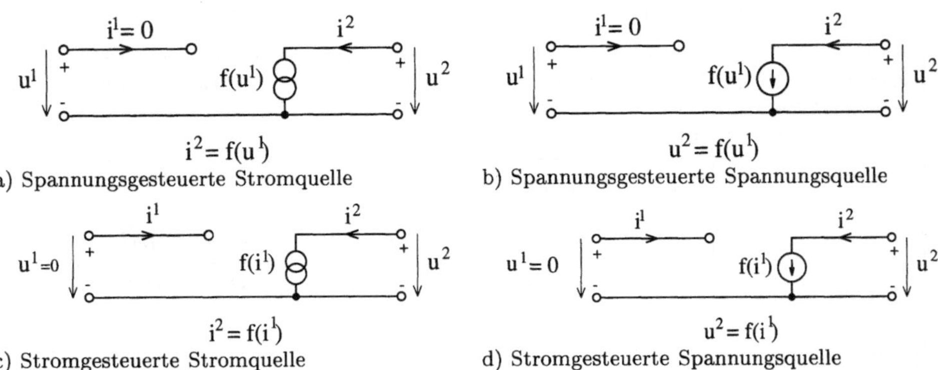

Bild 10.9: Varianten nichtlinearer gesteuerter Quellen

Das $\{L, D\}$-Modell enthält sowohl einen L-Term als auch einen D-Term (siehe Tabelle 10.7). Unabhängig davon kann innerhalb des Tensorkalküls auch zu ko- und kontravarianten Koordinaten übergegangen werden. f' im D-Term bedeutet die Ableitung nach $\dot{\psi}^1$ im Unterschied zu $\dot{\psi}^1 = d\psi^1/dt$. Die Ladungsformulierung ist nur bei einer invertierbaren Funktion $i^k = f(\dot{\psi}^j)$ möglich.

b) Spannungsgesteuerte Spannungsquelle Ist die Spannungsquelle von der Eingangsspannung des Vierpols gesteuert:

$$u^2 = f(u^1), \tag{10.26}$$

so ist nur die Ladungsformulierung für das $\{L, D\}$-Modell möglich (Tabelle 10.7).

c) Stromgesteuerte Stromquelle Analog zu b) existiert für die stromgesteuerte Stromquelle

$$i^2 = f(i^1) \tag{10.27}$$

nur die Flussformulierung des $\{L, D\}$-Modells (Tabelle 10.7).

d) Stromgesteuerte Spannungsquelle Gesteuert wird diese variable Spannungsquelle durch den Strom am Eingang des Vierpols. Ihre mathematische Beziehung beschreibt:

$$u^2 = f(i^1). \tag{10.28}$$

Daraus folgt die Ladungsformulierung des $\{L, D\}$-Modells nach Tabelle 10.7 und die Flussformulierung bei einer invertierbaren Funktion $f(i^1)$.

10.3.2 Analogmultiplikatoren

Die Herleitung des $\{L, D\}$-Modells eines Analogmultiplikators setzt das von gesteuerten Quellen voraus.

Tabelle 10.7: $\{L, D\}$-Modelle nichtlinearer Quellen

Elementebeziehung	L-Term	D-Term
Spannungsgesteuerte Stromquelle in Flussformulierung:		
$i^2 = f(\dot\psi^1)$	$-\dfrac{\psi^2}{2}f(\dot\psi^1)$	$\dfrac{\dot\psi^2}{2}f(\dot\psi^1) + \dfrac{\psi^2}{2}\ddot\psi^1 f'(\dot\psi^1)$
Spannungsgesteuerte Stromquelle in Ladungsformulierung:		
$u^1 = f^{-1}(\dot q^2)$	$-\dfrac{q^1}{2}f^{-1}(\dot q^2)$	$\dfrac{\dot q^1}{2}f^{-1}(\dot q^1) + \dfrac{q^1}{2}\ddot q^2 (f^{-1})'(\dot q^2)$
Spannungsgesteuerte Spannungsquelle in Ladungsformulierung:		
$u^2 = f(\dot\psi^1)$	$-\dfrac{q^2}{2}f(\dot\psi^1)$	$\dfrac{\dot q^2}{2}f(\dot\psi^1) + \dfrac{q^2}{2}\ddot q^1 f'(\dot\psi^2)$
Stromgesteuerte Stromquelle in Flussformulierung:		
$i^2 = f(i^1)$	$-\dfrac{\psi^2}{2}f(i^1)$	$\dfrac{\dot\psi^2}{2}f(i^1) + \dfrac{\psi^2}{2}\ddot\psi^1 f'(i^1)$
Stromgesteuerte Spannungsquelle in Ladungsformulierung:		
$u^2 = f(\dot q^1)$	$-\dfrac{q^2}{2}f(\dot q^1)$	$\dfrac{\dot q^2}{2}f(\dot q^1) + \dfrac{q^2}{2}\ddot q^1 f'(\dot q^1)$
Stromgesteuerte Spannungsquelle in Flussformulierung:		
$i^1 = f^{-1}(\dot\psi^2)$	$-\dfrac{\psi^1}{2}f^{-1}(\dot\psi^2)$	$\dfrac{\dot\psi^1}{2}f^{-1}(\dot\psi^1) + \dfrac{\psi^1}{2}\ddot\psi^2 (f^{-1})'(\dot\psi^2)$

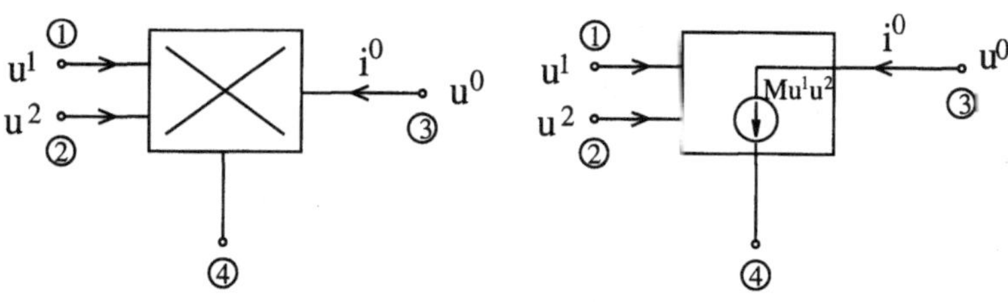

(a) Symbol für einen Analogmultiplikator

(b) Zweieingang gesteuertes Quellenmodell für Analogmultiplikator

Bild 10.10: Analogmultiplikator

Für niedrige Operationsfrequenzen folgt die Ersatzschaltung von Analogmultiplikatoren durch eine mit zwei Eingängen versehene nichtlineare gesteuerte Spannungsquelle nach Bild 10.10. Dafür gelten die Gleichungen Gl. (10.29):

$$i^1 = 0, \qquad i^2 = 0, \qquad u^0 = Mu^1u^2, \tag{10.29}$$

wobei u^1, u^2, u^0 die Knotenspannungen bezogen auf den Pol 4 und M einen Multipli-

Tabelle 10.8: $\{L, D\}$-Modell von Analogmultiplikatoren in gemischter Formulierung

Elementebeziehung	L-Term	D-Term
$i^1 = 0$	$\dfrac{\psi^1}{2}$	$\dfrac{\dot\psi^1}{2}$
$i^2 = 0$	$\dfrac{\psi^2}{2}$	$\dfrac{\dot\psi^2}{2}$
$u^0 = M u^1 u^2$	$-\dfrac{q^0}{2} M u^1 u^2$	$\dfrac{\dot q^0}{2} M u^1 u^2$

kator darstellen. Für die Wertebereiche der Spannungen gilt $-10\,\mathrm{V} \le u^1$, $u^2 \le 10\,\mathrm{V}$. Mit einem Multiplikator $M \approx 1/10$ folgt $-10\,\mathrm{V} \le u^0 \le 10\,\mathrm{V}$.

Die Flussformulierung für die Ströme und die Ladungsformulierung für die Spannung liefern das $\{L, D\}$-Modell über die erweiterte Euler-Lagrange-Gleichung mit seinen L- und D-Termen in der Tabelle 10.8 mit:

$$\frac{\mathrm{d}q^0}{\mathrm{d}t} = \dot q^0 = i^0. \tag{10.30}$$

10.3.3 Der Traditor

Der Traditor bezeichnet ein Bauelement ohne die Fähigkeit Energie zu speichern. Es wird in folgender Weise mathematisch beschrieben:

$$\begin{aligned}
u^1 &= -\alpha q^2 i^3, \\
u^2 &= -\alpha q^1 i^3, \\
u^3 &= \alpha(q^2 i^1 + q^1 i^2), \qquad \alpha = \mathrm{const.}, \\
q^j &= q^{j0} + \int i^j(\tau)\,\mathrm{d}\tau, \qquad j = 1, 2, 3.
\end{aligned} \tag{10.31}$$

Er verkörpert ein dynamisches Bauelement. Eine Anwendung des Traditors besteht darin, dass man mit seiner Hilfe lineare Reaktanzen, nichtlineare Kapazitäten bzw. Induktivitäten erzeugen kann, wobei die nichtlinearen Terme durch Polynome beschrieben werden[1].

Für die Ladungsformulierung gibt die Tabelle 10.9 das $\{L, D\}$-Modell unter Anwendung der erweiterten Euler-Lagrange-Gleichung für die jeweiligen Elementebeziehungen an. Durch Einsetzen und Differenzieren lassen sich die aufgeführten Integrabilitätsbedingungen überprüfen.

---

[1] Mathis, W.: Theorie nichtlinearer Netzwerke, Springer Verlag, Berlin, 1987, S. 243-246

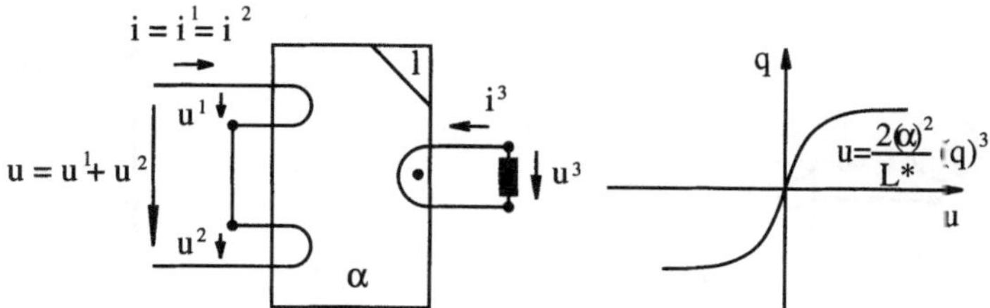

(a) Traditor - Netzwerk   (b) Kennlinie

Bild 10.11: (a) Traditor-Netzwerk und seine Kennlinie (b) mit dem Parameter α

Tabelle 10.9: $\{L, D\}$-Modell des Traditors in Ladungsformulierung

Elementebeziehung	L-Term	D-Term	Bedingung
$u^1 = -\alpha q^2 \dot{q}^3$	$\dfrac{\alpha}{2} q^1 q^2 \dot{q}^3$	$-\dfrac{\alpha}{2} \dot{q}^1 q^2 \dot{q}^3$	$\dfrac{\partial u^1}{\partial \dot{q}^3} + \dfrac{\partial u^3}{\partial \dot{q}^1} = 0$
$u^2 = -\alpha q^1 \dot{q}^3$	$\dfrac{\alpha}{2} q^1 q^2 \dot{q}^3$	$-\dfrac{\alpha}{2} q^1 \dot{q}^2 \dot{q}^3$	$\dfrac{\partial u^1}{\partial \dot{q}^2} + \dfrac{\partial u^2}{\partial \dot{q}^1} = 0$
$u^3 = \alpha(\dot{q}^1 q^2 + q^1 \dot{q}^2)$	$-\dfrac{\alpha}{2} q^3(\dot{q}^1 q^2 + q^1 \dot{q}^2)$	$\dfrac{\alpha}{2} q^3(\dot{q}^1 q^2 + q^1 \dot{q}^2)$	$\dfrac{\partial u^2}{\partial \dot{q}^3} + \dfrac{\partial u^3}{\partial \dot{q}^2} = 0$

Der Traditor kann nicht mit Hilfe der Flussformulierung untersucht werden. Bei der Flussformulierung ($i^1 = i^2 = \dot{\psi}^3/\alpha(q^1 + q^2)$ und $i^3 = -\dot{\psi}^1/\alpha q^2 = -\dot{\psi}^2/\alpha q^1$) kommen in den Gleichungen integrierte äußere Kräfte, gemeint sind solche $q^k = \int i^k \, dt$, $k = 1, 2$, vor. Diese erfüllen nicht die erweiterte Euler-Lagrange-Gleichung.

10.3.4 Der Operationsverstärker

Ein idealer Operationsverstärker besitzt durch den verschiedenen Eingangsstrom (d. h. unendlich hoher Eingangswiderstand) einen unendlich hohen Verstärkungsfaktor. Die Übertragungseigenschaften $f(u^d)$ des idealen Operationsverstärkers werden durch eine stückweise linearisierte dreiteilige Kurve angenähert. Die drei Operationsbereiche heißen lineare Bereiche, der positive Sättigungsbereich und der negative Sättigungsbereich.

Bei Niederfrequenzanwendungen verhält sich der OPV wie ein nichtlinearer Widerstand, der als ideales OPV-Modell dargestellt werden kann. Das bedeutet, er repräsentiert eine spannungsgesteuerte Spannungsquelle mit unendlicher Verstärkung v. Bei kleinen Aussteuerungen trifft das in guter Näherung zu.

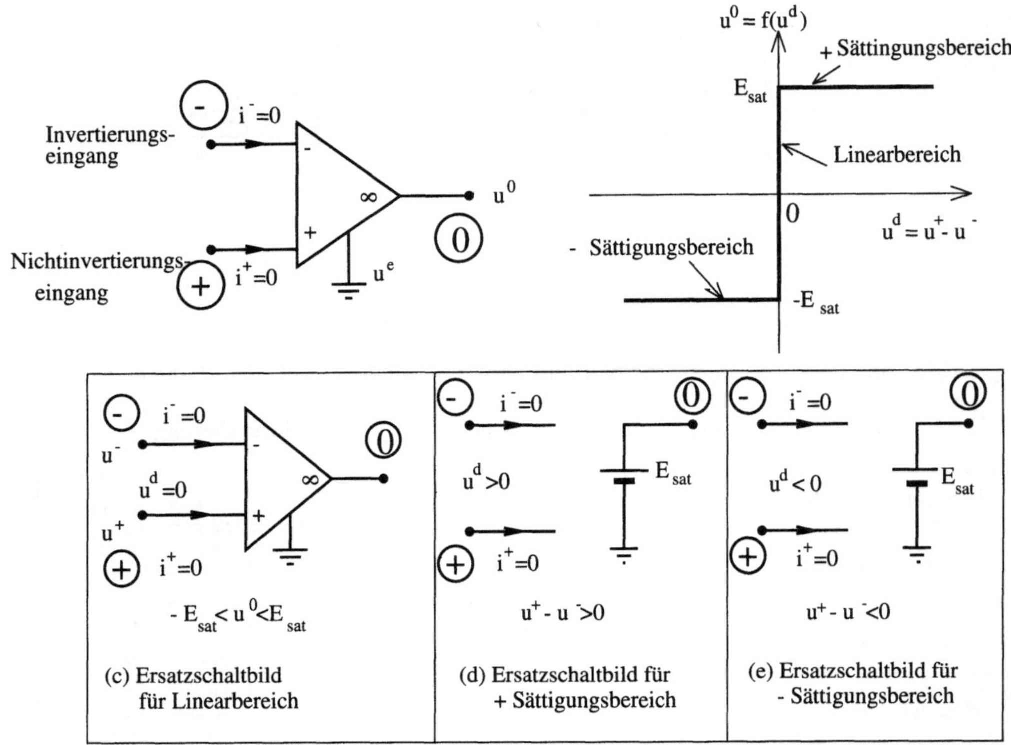

Bild 10.12: Idealer Operationsverstärker: Schaltsymbol und Ersatzschaltbilder

Die Gleichungen für das ideale OPV-Modell haben die Form

$$
\begin{aligned}
i^- &= 0, \\
i^+ &= 0, \\
u^0 &= E_{sat}\frac{|u^d|}{u^d}, \qquad u^d \neq 0 \\
u^d &= 0, \qquad -E_{sat} < u^0 < E_{sat}.
\end{aligned}
\tag{10.32}
$$

Da diese Gleichungen analytisch nicht geschlossen zu handhaben sind, wird jeder Bereich durch ein einfaches Ersatzschaltbild ersetzt. Diese Ersatzschaltbilder enthalten die gleichen Informationen wie die Gl. (10.32). Sowohl für die eine als auch für die andere Variante befindet sich ein $\{L, D\}$ -Modell in der Tabelle 10.10.

Der OPV ist als nichtlinearer Widerstand erfassbar und das $\{L, D\}$-Modell besteht nur aus einer Dissipationsfunktion in Abhängigkeit vom Quadrat der verallgemeinerten Geschwindigkeit:

$$
D_{\text{OPV}} = \frac{R}{2(1 - K)}(\dot{q})^2.
\tag{10.33}
$$

Tabelle 10.10: $\{L, D\}$-Modell vom idealen Operationsverstärker in gemischter Formulierung

Elementebeziehung	L-Term	D-Term
$i^- = 0$	$-\dfrac{\psi^-}{2}$	$\dfrac{\dot{\psi}^-}{2}$
$i^+ = 0$	$-\dfrac{\psi^+}{2}$	$\dfrac{\dot{\psi}^+}{2}$
$u^0 = E_{sat}\dfrac{\lvert u^d\rvert}{u^d}\,,\ \ u^d \neq 0\,,$ $u^d = 0,\ \ -E_{sat} < u^0 < E_{sat}$ wobei $u^d = u^+ - u^-$	$-\dfrac{q^0}{2}u^0$	$\dfrac{\dot{q}^0}{2}u^0$

10.4 Transistoren

Transistoren können als Wandler, als gesteuerte Quellen oder als Schalter eingesetzt
werden. Man teilt sie in Bipolar- und in Unipolar-Transistoren ein. Bipolar-Transistoren
lassen sich als PNP- oder als NPN-Transistoren aufbauen. Unipolar-Transistoren sind
als Sperrschicht-FET und als Isolierschicht-FET bekannt. Bei Isolierschicht-FET Transistoren wird zwischen MOS-selbstleitenden Typen (Verarmungstyp) und MOS-selbst-
sperrenden Typen (Anreicherungstyp) unterschieden. Die Unipolar-Transistoren liegen
entweder als n-Kanal oder p-Kanal vor.

10.4.1 Bipolar-Transistoren (Injektionstransistoren)

Der Bipolar-Transistor setzt sich aus zwei pn-Übergängen zusammen. Die Bezeichnung
„bipolarer Transistor" rührt daher, weil zwei Ladungsträgerarten die entscheidende Rolle inne haben. Unterteilt werden sie in zwei Klassen: NPN- und PNP-Typen. NPN- und
PNP- Transistoren sind in verallgemeinerter Bezeichnung dreipolstromgesteuerte nichtlineare Widerstände. Es existieren mehrere Ersatzschaltbilder für Bipolartransistoren.
Dazu zählen:

a) das Ebers-Moll-Modell,

b) das Ladungssteuermodell von Beatoy-Sparkes,

c) das Linvill-Modell.

Ein Beispiel stellt das Ersatzschaltbild für das Kleinsignalverhalten eines Bipolar-
Transistors im Bild 10.13 dar. Das $\{L, D\}$-Modell enthält sowohl einen L- als auch

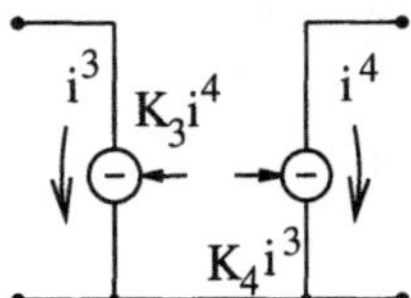

Bild 10.13: Ersatzschaltbild eines Transistors

Tabelle 10.11: $\{L, D\}$-Modell eines Bipolar-Transistors in Ladungsformulierung

Elementebeziehung	L-Term	D-Term
$K_3\dot{q}^4$	$-\dfrac{K_3}{2}q^3\dot{q}^4$	$\dfrac{K_3}{2}\dot{q}^3\dot{q}^4$
$K_4\dot{q}^3$	$-\dfrac{K_4}{2}q^4\dot{q}^3$	$\dfrac{K_4}{2}\dot{q}^3\dot{q}^4$

einen D-Term. Der Beweis seiner Richtigkeit erfolgt über das Einsetzen dieses Modelles in die Variationsableitung. Das kann auch im Zusammenhang mit einer Schaltung geschehen.

Ein genaueres Modell des Bipolartransistors ist das Ersatzschaltbild nach Giacoletto in Bild 10.14.

Es handelt sich um ein Kleinsignalersatzschaltbild bei eingestelltem Arbeitspunkt. Die Beschaltung zur Arbeitspunktestabilisierung wird nicht mit betrachtet. In dieser Schaltung fehlen die Induktivitäten. Deshalb kommen nur die Kapazitäten als trägheitsbehaftete Elemente in Frage. Für die Flussformulierung sprechen außerdem die vorhandenen Stromquellen sowie die vielen Parallelschaltungen. Letztere können zu gemeinsamen Zweigen zusammengefasst werden.

Das $\{L, D\}$-Modell für das Gesamtnetzwerk nach Bild 10.14 (gestrichelte Umrandung) in Flussformulierung lautet:

$$
\begin{aligned}
L &= \frac{C_{CB}}{2}(\dot{\psi}^1)^2 + \frac{C_C}{2}(\dot{\psi}^2)^2 + \frac{C_{CE}}{2}(\dot{\psi}^3)^2 + \frac{C_e}{2}(\dot{\psi}^2 + \dot{\psi}^3)^2 - \frac{S}{2}(\dot{\psi}^2 + \dot{\psi}^3)\psi^3, \\
D &= \frac{G_C}{2}(\dot{\psi}^2)^2 + \frac{G_{CE}}{2}(\dot{\psi}^3)^2 + \frac{1}{2R_L}(\dot{\psi}^3)^2 + \frac{S}{2}(\dot{\psi}^2 + \dot{\psi}^3)\dot{\psi}^3 \\
&\quad + \frac{1}{2R_i}(\dot{\psi}^1 + \dot{\psi}^3)^2 - i(t)(\dot{\psi}^1 + \dot{\psi}^3) + \frac{1}{2R_b}(\dot{\psi}^1 + \dot{\psi}^2)^2 + \frac{1}{2R_e}(\dot{\psi}^2 + \dot{\psi}^3)^2 \, .
\end{aligned}
\tag{10.34}
$$

Eine andere Möglichkeit zur Aufstellung eines $\{L, D\}$-Modells für einen Bipolar-Transistor wäre das Ebers-Moll-Ersatzschaltbild im Kleinsignalverhalten. Wir ziehen für unsere Zwecke das stark vereinfachte Ebers-Moll-Modell des Kleinsignalverhaltens im Bild 10.15 heran.

Die Exponentialterme $-I_{ES}[exp(-u^{eb}/U_T) - 1]$ und $-I_{CS}[exp(-u^{cb}/U_T) - 1]$ werden durch Dioden dargestellt. Für die zwei stromgesteuerten Stromquellen nimmt man die

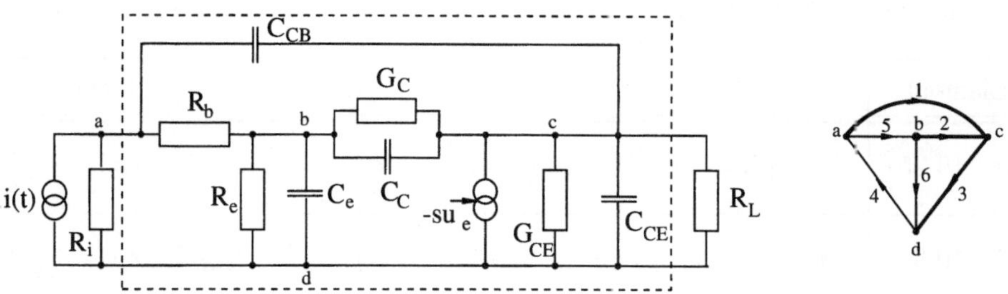

Bild 10.14: Ersatzschaltbild des Transistors nach Giacoletto und zugehöriger Graph (die Gerüstzweige sind durch stärkere Zweige gekennzeichnet)

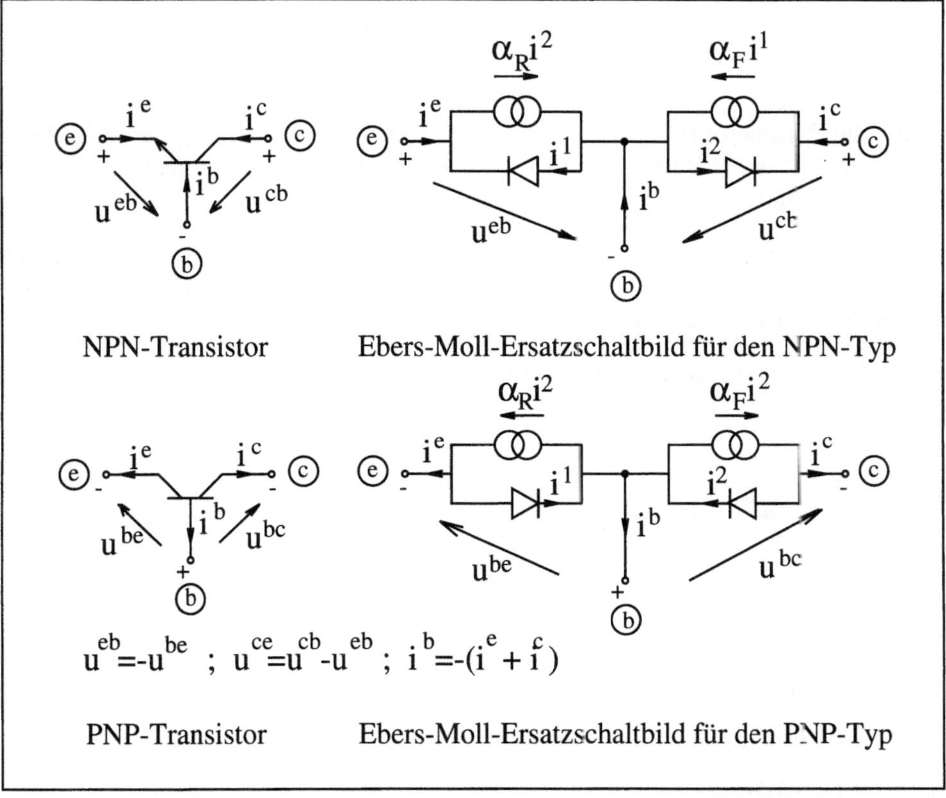

Bild 10.15: Symbol und Ebers-Moll-Ersatzschaltbild für NPN und PNP

Funktionen $\alpha_F I_{CS}[exp(-u^{cb}/U_T) - 1]$ und $\alpha_F I_{ES}[exp(-u^{eb}/U_T) - 1]$ an, welche die Wechselwirkung zwischen den zwei Dioden beschreiben.

Tabelle 10.12: $\{L, D\}$-Modell eines Bipolar-Transistors in Flussformulierung

Element	L-Term	D-Term
Gl. (10.35)	$-\psi^{eb}\left[I_{ES} + \alpha_R I_{CS}\,exp\left(-\frac{-\psi^{cb}}{U_T}\right) - \alpha_R I_{CS}\right]$	$I_{ES}U_T\,exp\left(-\frac{\psi^{eb}}{U_T}\right)$
Gl. (10.35)	$-\psi^{cb}\left[I_{CS} + \alpha_F I_{ES}\,exp\left(-\frac{-\psi^{eb}}{U_T}\right) - \alpha_F I_{ES}\right]$	$I_{CS}U_T\,exp\left(-\frac{\psi^{cb}}{U_T}\right)$

Eine gute Annäherung für NF- Anwendungen, sowohl für den NPN-Typ als auch PNP-Typ, ist durch die Gleichungen von Ebers-Moll[2] gegeben:

$$i^e = -I_{ES}\left[exp\left(\frac{-u^{eb}}{U_T}\right) - 1\right] + \alpha_R I_{CS}\left[exp\left(\frac{-u^{cb}}{u_T}\right) - 1\right],$$

$$i^c = \alpha_F I_{ES}\left[exp\left(\frac{-u^{eb}}{U_T}\right) - 1\right] - I_{CS}\left[exp\left(\frac{-u^{cb}}{u_T}\right) - 1\right], \qquad (10.35)$$

wobei für die Parameter $0{,}5 \leq \alpha_R \leq 0{,}8$, $\alpha_F = 0{,}99$, $10^{-12}\,\text{A} \leq I_{ES} \leq 10^{-10}\,\text{A}$ (25°C), $10^{-12}\,\text{A} \leq I_{CS} \leq 10^{-10}\,\text{A}$ (25°C) und $U_T \approx 26\,\text{mV}$ (25°C, U_T: Temperaturspannung) typische Werte sind.

Für die Flussformulierung sind die L- und D-Terme in der Tabelle 10.12 wiedergegeben. Dabei werden die geschwindigkeitsabhängigen Terme als D-Terme, die anderen als L-Terme und die Ströme als äußere Kräfte erfasst.

Wenn die Gln. (10.35) nach den Spannungen umgestellt werden, nehmen sie folgende Form an:

$$u^{eb} = -U_T \ln \frac{I_{ES} - i^e + \alpha_R I_{CS}\left(e^{\frac{-u^{cb}}{U_T}} - 1\right)}{I_{ES}},$$

$$u^{cb} = -U_T \ln \frac{I_{CS} - i^c + \alpha_F I_{ES}\left(e^{\frac{-u^{eb}}{U_T}} - 1\right)}{I_{CS}}. \qquad (10.36)$$

Hieraus leitet sich das $\{L, D\}$-Modell bei Ladungsformulierung in der Tabelle 10.13 ab.

10.4.2   Unipolar-Transistoren (Feldeffekttransistoren)

Der Wirkungsweise von Feldeffekttransistoren (FET) liegt die Steuerung des Stromflusses von Majoritätsträgern mit Hilfe eines elektrischen Feldes zugrunde. Alle Feldeffekttransistoren (Unipolartransistoren) unterteilt man in n- und p-Kanal-Typen. Es

---

[2]Ebers, I.I.; Moll, I.B.: Large-signal behaviour of junction transistors „Proc. IRE"; 1954, v.42, No:12, p. 1761-1772.

Tabelle 10.13: $\{L, D\}$-Modell eines Bipolar-Transistors in Ladungsformulierung

Elementebeziehung	L-Term	D-Term
Linke Gl. von Gl. (10.36)	$-q^e U_T \ln I_{ES}$	$U_T \left[I_{ES} - \dot{q}^e + \alpha_R I_{CS} \left(exp \left(-\frac{u^{cb}}{U_T} \right) - 1 \right) \right] \cdot$ $\cdot \ln \left[I_{ES} - \dot{q}^e + \alpha_R I_{CS} \left(exp \left(-\frac{u^{cb}}{U_T} \right) - 1 \right) \right]$ $-U_T \left[I_{ES} - \dot{q}^e + \alpha_R I_{CS} \left(exp \left(-\frac{u^{cb}}{U_T} \right) - 1 \right) \right]$
Rechte Gl. von Gl. (10.36)	$-q^c U_T \ln I_{CS}$	$U_T \left[I_{CS} - \dot{q}^c + \alpha_F I_{ES} \left(exp \left(-\frac{u^{eb}}{U_T} \right) - 1 \right) \right] \cdot$ $\cdot \ln \left[I_{CS} - \dot{q}^c + \alpha_F I_{ES} \left(exp \left(-\frac{u^{eb}}{U_T} \right) - 1 \right) \right]$ $-U_T \left[I_{CS} - \dot{q}^c + \alpha_F I_{ES} \left(exp \left(-\frac{u^{eb}}{U_T} \right) - 1 \right) \right]$

wird unterschieden zwischen Sperrschicht-FET (NIGFET oder PN-FET; falls Schottky-Kontakt und n-Halbleiter verwendet werden, MESFET genannt) und Isolierschicht-FET oder MISFET (**M**etall-**I**nsolator-**S**emiconductor-FET), MOSFET (**M**etal-**O**xide-**S**emiconductor-FET) bzw. IGFET (**I**nsolated **G**ate-FET), sowie zwischen selbstleitendem (Verarmungstyp) und selbstsperrendem (Anreicherungstyp) MOSFET. Der MOSFET wurde mit der VLSI-Technologie als eines der wichtigsten Schaltungselemente der Mikroelektronik entwickelt. Es existieren zwei verschiedene Typen von MOSFET-Transistoren, die sich wiederum in n-Kanal sowie in p-Kanal-Typen unterteilen lassen:

1. Verarmungstyp: p-Kanal, n-Kanal

2. Anreicherungstyp: p-Kanal, n-Kanal

Der wesentliche Unterschied zwischen dem Verarmungstyp und dem Anreicherungstyp liegt in ihren Ausgangseigenschaften. Beim Verarmungstyp ist der Strom i^d groß für $u^{gs} = 0$, während beim Anreichungstyp i^d ungefähr Null für $u^{gs} = 0$ wird. U_p bezeichnet die sogenannte „Pinch-off-" oder Abschnürspannung (Sperrschicht-FET) bzw. die Schwellenspannung des Isolierschicht-FET, d. h. die Spannung, ab der sich ein leitender Kanal ausbilden kann.

Im Folgenden werden für die einzelnen Typen von Feldeffekttransistoren aus dem Übertragungsverhalten die entsprechenden Ersatzschaltbilder in Bild 10.16 abgeleitet und die $\{L, D\}$-Modelle angegeben.

a) n-Kanal-Sperrschicht-Feldeffekttransistor Die Gleichung

$$i^d = i^{dss} \left(\frac{u^{gs}}{U_p} + 1 \right)^2 \qquad \text{für} \qquad u^{ds} \geq u^{gs} - U_p \qquad (10.37)$$

Tabelle 10.14: Symbole und Kennlinien für verschiedene Unipolar-Transistoren (Feldeffekt-transistoren)

Typ	Schaltzeichen	U_p	u^{ds}, i^d	Übertragungskennlinie
n-Kanal Sperrschicht FET	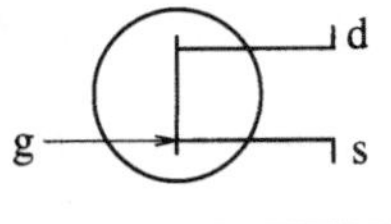	< 0	> 0	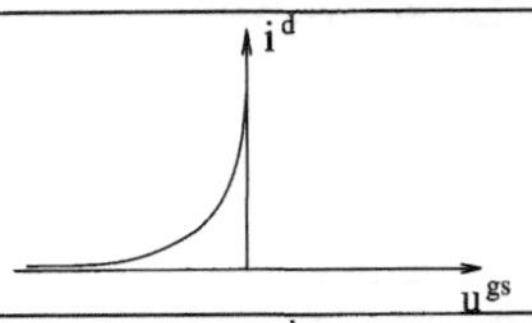
n-Kanal MOS selbstleitend (Verarmungstyp)	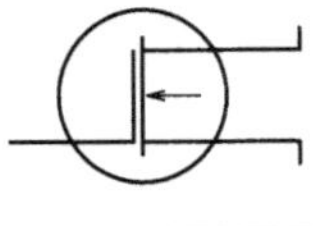	< 0	> 0	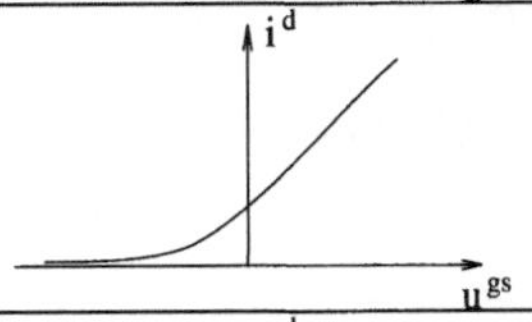
n-Kanal MOS selbstsperrend (Anreicherungstyp)	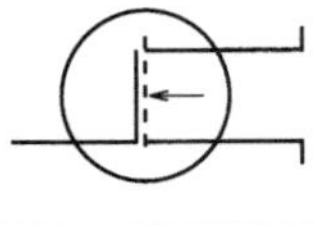	≥ 0	> 0	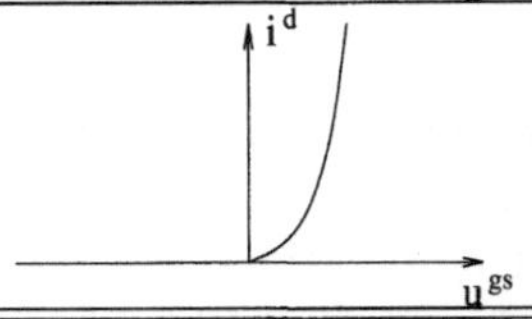
p-Kanal Sperrschicht FET	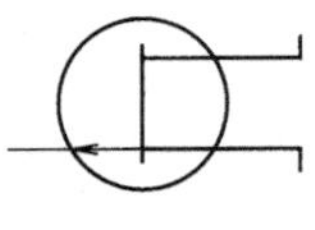	> 0	< 0	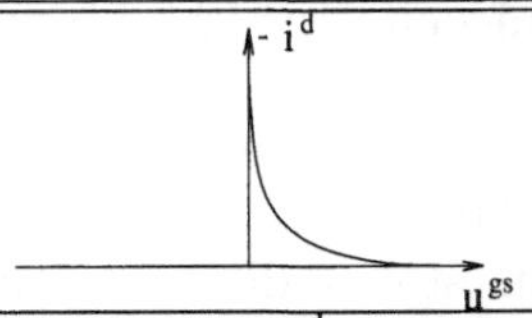
p-Kanal MOS selbstleitend (Verarmungstyp)	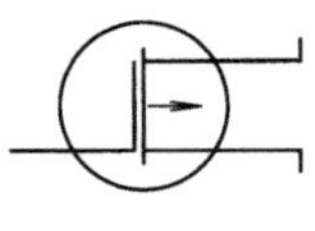	> 0	< 0	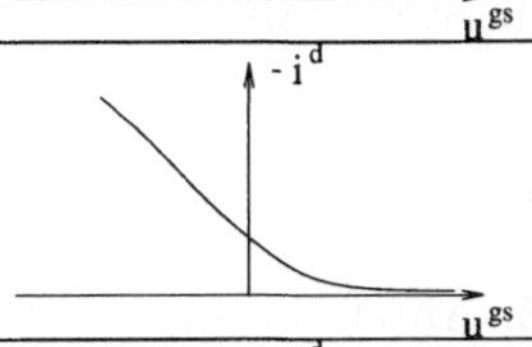
p-Kanal MOS selbstsperrend (Anreicherungstyp)	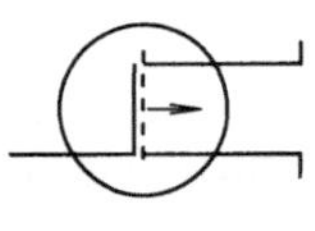	≤ 0	< 0	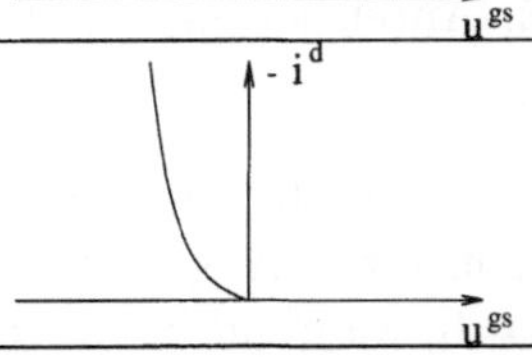

beschreibt das Übertragungsverhalten, wobei i^{dss} den Drainstrom bei $u^{gs} = 0$ bezeichnet. Das Ersatzschaltbild ist somit eine nichtlineare spannungsgesteuerte Stromquelle.

Die Ladungsformulierung existiert nicht nach u^{ds}, da $i^d \neq f(u^{ds})$ ist, sondern nach der Spannung u^{gs}, weil $i^d = f(u^{gs})$ gilt. Die Gl. (10.37) wird nach u^{gs} umgestellt

$$u^{gs} = U_P \left(\sqrt{\frac{i^d}{i^{dss}}} - 1 \right). \tag{10.38}$$

Hierfür kommt zur Bestimmung des $\{L, D\}$-Modells als Ersatzschaltbild eine nichtlineare stromgesteuerte Spannungsquelle zum Einsatz. Demnach besteht das

$\{L, D\}$-Modell in Ladungsformulierung nur aus einem L-Term.

	Elementebeziehung	L-Term	D-Term
Fluss-formulierung	$i^d = i^{dss} \left(\dfrac{\dot{\psi}^{gs}}{U_p} + 1 \right)^2$ für $\dot{\psi}^{ds} \geq \dot{\psi}^{gs} - U_P$	$-i^{dss} \left(\dfrac{\dot{\psi}^{gs}}{U_p} + 1 \right)^2 \psi^{ds}$	
Ladungs-formulierung	$u^{gs} = U_P \left(\sqrt{\dfrac{i^d}{i^{dss}}} - 1 \right)$	$-q^g U_P \left(\sqrt{\dfrac{i^d}{i^{dss}}} - 1 \right)$	

b) p-Kanal-Sperrschicht-Feldeffekttransistor Sein Übertragungsverhalten lässt sich mathematisch durch die quadratische Gleichung

$$i^d = i^{dss} \left(1 - \frac{u^{gs}}{U_P} \right)^2 \qquad \text{für } u^{ds} \leq u^{gs} - U_P \qquad (10.39)$$

approximieren. Der Strom i^{dss} charakterisiert den Drainstrom bei $u^{gs} = 0$. Es wird als Ersatzschaltbild eine nichtlineare spannungsgesteuerte Stromquelle angesetzt.

Die Ladungsformulierung kann hier nicht hinsichtlich u^{ds} aufgestellt werden, weil $i^d \neq f(u^{ds})$ ist und $i^d = f(u^{gs})$ gilt. Das Umstellen von Gl. (10.39) nach u^{gs} liefert den Ausdruck:

$$u^{gs} = U_P \left(1 - \sqrt{\frac{i^d}{i^{dss}}} \right). \qquad (10.40)$$

Diese Gleichung führt auf ein Ersatzschaltbild mit einer nichtlinearen stromgesteuerten Spannungsquelle.

	Elementebeziehung	L-Term	D-Term
Fluss-formulierung	$i^d = i^{dss} \left(1 - \dfrac{u^{gs}}{U_P} \right)^2$ für $u^{ds} \leq u^{gs} - U_P$	$-i^{dss} \left(1 - \dfrac{u^{gs}}{U_P} \right)^2 \psi^{ds}$	
Ladungs-formulierung	$u^{gs} = U_P \left(1 - \sqrt{\dfrac{i^d}{i^{dss}}} \right)$	$-q^g U_P \left(1 - \sqrt{\dfrac{i^d}{i^{dss}}} \right)$	

c) n-Kanal-Verarmungstyp-MOS-Feldeffekttransistor Das Übertragungsverhalten wird durch die Gleichung

$$i^d = \frac{\gamma}{2} \left(1 + \frac{u^{gs}}{U_P} \right)^2 \qquad \text{mit} \qquad \gamma = K U_P^2 \qquad (10.41)$$

approximiert. Hierfür kommt eine nichtlineare spannungsgesteuerte Stromquelle als Ersatzschaltbild und die Flussformulierung zur Anwendung.

nichtlineare spannungsgesteuerte Stromquelle　　　　nichtlineare stromgesteuerte Spannungsquelle

a) n-Kanal Sperrschicht Feldeffekt-Transistor:

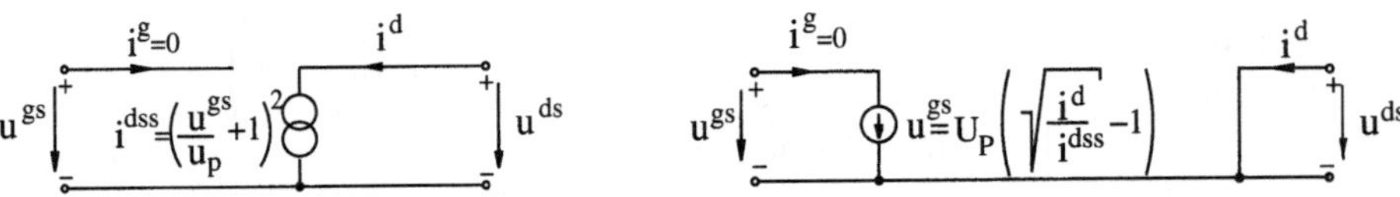

b) p-Kanal-Sperrschicht Feldeffekttransistor:

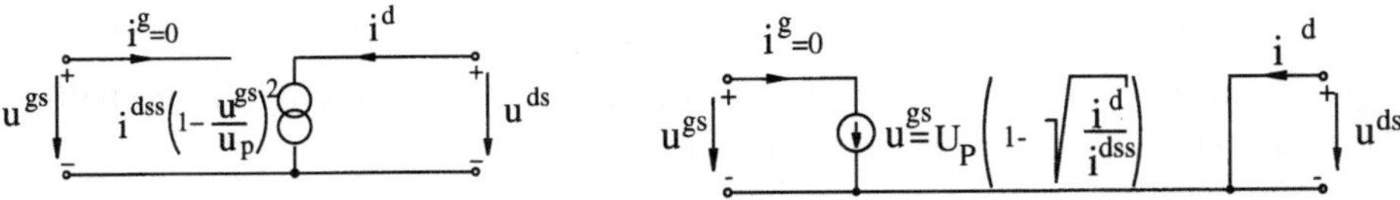

c) n-Kanal-Verarmungstyp MOS-Feldeffekttransistor:

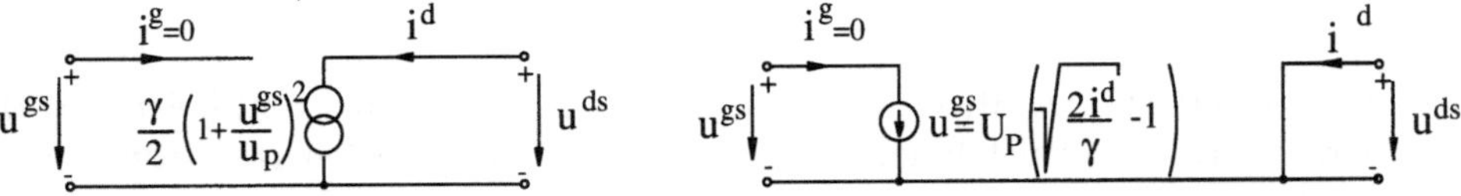

d) p-Kanal-Verarmungstyp MOS-Feldeffekttransistor:

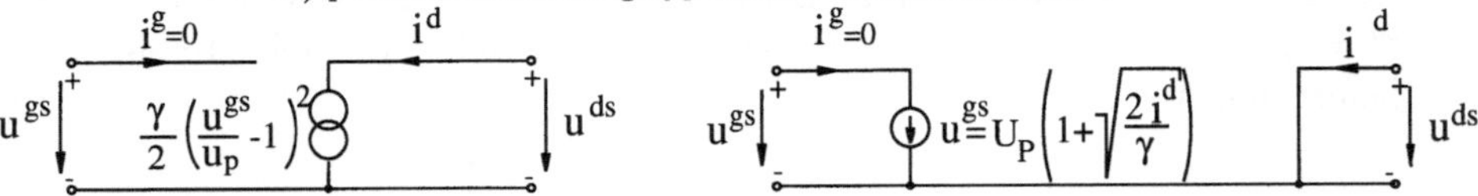

e) p-Kanal Anreicherungstyp MOS-Feldeffekttransistor:

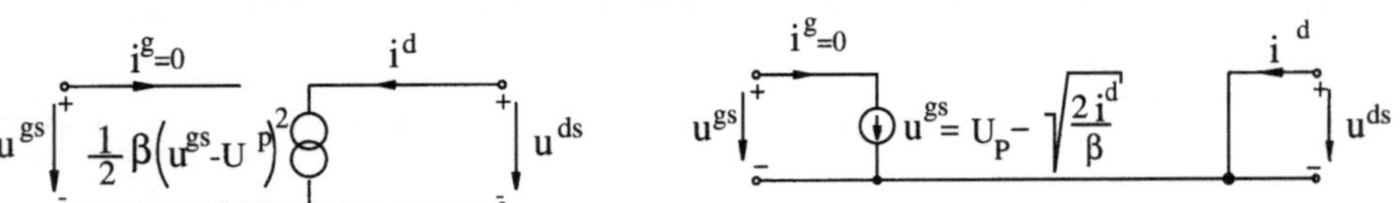

f) n-Kanal-Anreicherungstyp MOS-Feldeffekttransistor:

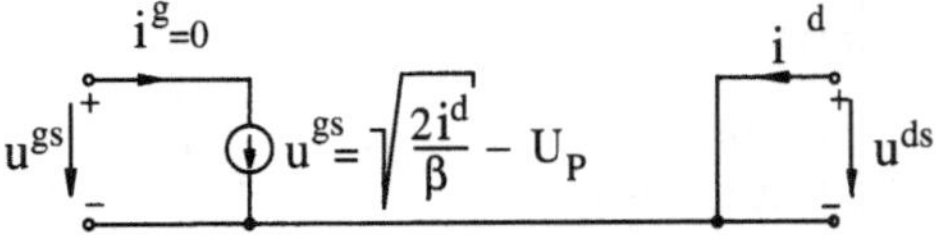

Bild 10.16: Modelle für einen n-Kanal Sperrschicht Feldeffekt-Transistor

In der Ladungsformulierung hängt das $\{L, D\}$-Modell nicht von u^{ds}, sondern von u^{gs} ab, da $i^d \neq f(u^{ds})$ gilt und $i^d = f(u^{gs})$ ist. Die Gl. (10.41) lautet dann umgeformt in die Form $u^{gs} = f^{-1}(i^d)$ in Gl. (10.42):

$$u^{gs} = U_P \left(\sqrt{\frac{2i^d}{\gamma}} - 1 \right). \tag{10.42}$$

Deshalb nimmt man eine nichtlineare stromgesteuerte Spannungsquelle an.

	Elementebeziehung	L-Term	D-Term
Fluss-formulierung	$i^d = \dfrac{\gamma}{2}\left(1 + \dfrac{u^{gs}}{U_P}\right)^2$	$-\dfrac{\gamma}{2}\psi^{ds}\left(1 + \dfrac{u^{gs}}{U_P}\right)^2$	
Ladungs-formulierung	$u^{gs} = U_P\left(\sqrt{\dfrac{2i^d}{\gamma}} - 1\right)$	$-q^g U_P\left(\sqrt{\dfrac{2i^d}{\gamma}} - 1\right)$	

d) p-Kanal-Verarmungstyp-MOS-Feldeffekttransistor Die Gleichung

$$i^d = \frac{\gamma}{2}\left(\frac{u^{gs}}{U_P} - 1\right)^2 \tag{10.43}$$

mit $\gamma = KU_P^2$ beschreibt das Übertragungsverhalten. Dies entspricht einer nichtlinearen spannungsgesteuerten Stromquelle mit dem $\{L, D\}$-Modell in Flussformulierung.

Die Ladungsformulierung führt hier nicht auf einen L-Term in Abhängigkeit von u^{ds}, weil der Strom i^d von u^{gs} in der Form $i^d = f(u^{gs})$ abhängt. Gl. (10.43) lautet umgestellt nach u^{gs}:

$$u^{gs} = U_P\left(1 + \sqrt{\frac{2i^d}{\gamma}}\right). \tag{10.44}$$

Das ist die Gleichung einer nichtlinearen stromgesteuerten Spannungsquelle.

	Elementebeziehung	L-Term	D-Term
Fluss-formulierung	$i^d = \dfrac{\gamma}{2}\left(\dfrac{u^{gs}}{U_P} - 1\right)^2$	$-\dfrac{\gamma}{2}\psi^{ds}\left(\dfrac{u^{gs}}{U_P} - 1\right)^2$	
Ladungs-formulierung	$u^{gs} = U_P\left(1 + \sqrt{\dfrac{2i^d}{\gamma}}\right)$	$-q^g U_P\left(1 + \sqrt{\dfrac{2i^d}{\gamma}}\right)$	

e) n-Kanal-Anreicherungstyp-MOS-Feldeffekttransistor Die Beschreibungsgleichung für einen n-Kanal-Anreicherungstyp MOS-Feldeffekttransistor lautet[3]:

$$i^d = \frac{1}{2}\beta(u^{gs} - U_P)^2 \qquad \text{für} \quad u^{ds} \geq g^{gs} - U_P. \tag{10.45}$$

Sie enthält einen nichtlinearen Term, der als nichtlineare spannungsgesteuerte Stromquelle modelliert wird.

---

[3]Chua, L.O.; Desoer, C.A.; Kuh, E.S.: Linear and Nonlinear Circuits McGraw-Hill Book Comp., New York, 1990. S.151-152

Im linearen Bereich erfolgt die Modellierung nach Chua, u. a. mit Hilfe des Ausdruckes

$$i^d = f(u^{gs}, u^{ds}) \approx \beta \left[(u^{gs} - U_P)u^{ds} - \frac{1}{2}(u^{ds})^2 \right] \quad \text{für } u^{ds} < u^{gs} - U_P. \quad (10.46)$$

Darin sind β ein Parameter, der von den Werten des Elementes abhängt, und U_P die Schwellenspannung. Folglich hat das $\{L, D\}$-Modell in Flussformulierung die Form in der Tabelle 10.15.

Die Umstellung der Gl. (10.45) und Gl. (10.46) ergibt:

$$u^{gs} = U_P - \sqrt{\frac{2i^d}{\beta}} \quad \text{für} \quad u^{ds} \geq u^{gs} - U_P,$$

$$u^{gs} = f^{-1}(i^d) \approx \left(\frac{i^d}{\beta} + \frac{(u^{ds})^2}{2} \right) \frac{1}{u^{ds}} + U_P \quad \text{sonst.} \quad (10.47)$$

Das führt auf eine nichtlineare stromgesteuerte Spannungsquelle. Daraus folgt in Ladungsformulierung das $\{L, D\}$-Modell der Tabelle 10.15.

f) p-Kanal-Anreicherungstyp-MOS-Feldeffekttransistor Die Gln. (10.45) und (10.46) sindb eim p-Kanal-Typ nach den Kennlinien der Unipolar Transistoren in Tabelle 10.14 an der i^d-Achse zu spiegeln. Das führt auf die Gleichungen

$$i^d = \frac{1}{2}\beta(-u^{gs} + U_P)^2 \quad \text{für} \quad u^{ds} \geq -u^{gs} + U_P,$$

$$i^d = f(u^{gs}, u^{ds}) \approx \beta \left[(-u^{gs} + U_P)u^{ds} + \frac{1}{2}(u^{ds})^2 \right] \quad \text{sonst.} \quad (10.48)$$

Hieraus erhält man in Flussformulierung das $\{L, D\}$-Modell entsprechend der Tabelle 10.16.

Die Ladungsformulierung kann nicht in Abhängigkeit von u^{ds} gestaltet werden, weil i^d keine Funktion der Spannung u^{ds}, sondern der Spannung u^{gs} ist. Die Gl. (10.48) lautet umgestellt:

$$u^{gs} = \sqrt{\frac{2i^d}{\beta}} - U_P \quad \text{für} \quad u^{ds} \leq u^{gs} - U_P,$$

$$u^{gs} = f(i^d) \approx \left(-\frac{i^d}{\beta} + \frac{(u^{ds})^2}{2} \right) \frac{1}{u^{ds}} + U_P \quad \text{sonst.} \quad (10.49)$$

So erhält man als Modell eine nichtlineare stromgesteuerte Spannungsquelle mit dem $\{L, D\}$-Modell in Tabelle 10.16.

Anmerkung:
Aus Gründen einer Wiederholung verweisen wir hinsichtlich durchgerechneter Anwendungen auf die Bände 2 und 3 sowie auf Civelek, C.: Berechnung von elektrotechnischen Systemen mit Wandlern mittels erweitertem Lagrange- und Hamilton-Formalismus. Wissenschaftsverlag Ilmenau, Ilmenau, 2001, S. 97-128.

Tabelle 10.15: $\{L, D\}$-Modell des n-Kanal-Anreicherungstyp MOS-Feldeffekttransistors

Elementebeziehung	L-Term	D-Term
Flussformulierung:		
$i^d = \dfrac{1}{2}\beta(u^{gs} - U_P)^2$ für $u^{ds} \geq u^{gs} - U_P$ nichtlinearer Bereich	$-\dfrac{\psi^{ds}}{4}\beta(u^{gs} - U_P)^2$	$-\dfrac{\dot\psi^{ds}}{4}\beta(u^{gs} - U_P)^2$
$i^d = f(u^{gs}, u^{ds})$ $\approx \beta\left[(u^{gs}-U_P)u^{ds} - \dfrac{(u^{ds})^2}{2}\right]$ für $u^{ds} \leq u^{gs} - U_P$ linearer Bereich	$-\dfrac{\psi^{ds}}{2}\beta\left[(u^{gs} - U_P)\dot\psi^{ds} - \dfrac{1}{2}(\dot\psi^{ds})^2\right]$	$\dfrac{\dot\psi^{ds}}{2}\beta\left[(u^{gs} - U_P)\dfrac{\dot\psi^{ds}}{2} - \dfrac{1}{2}\dfrac{(\dot\psi^{ds})^2}{3}\right]$
Ladungsformulierung:		
$u^{gs} = U_P - \sqrt{\dfrac{2i^d}{\beta}}$ für $u^{ds} \geq u^{gs} - U_P$ nichtlinearer Bereich	$-q^g\left(U_P - \sqrt{\dfrac{2i^d}{\beta}}\right)$	
$u^{gs} = f(i^d)$ $\approx \left(\dfrac{i^d}{\beta} + \dfrac{(u^{ds})^2}{2}\right)\dfrac{1}{u^{ds}} + U_P$ für $u^{ds} < u^{gs} - U_P$ linearer Bereich	$-q^g\left[\dfrac{\dfrac{i^d}{\beta} + \dfrac{(u^{ds})^2}{2}}{u^{ds}} + U_P\right]$	

Tabelle 10.16: $\{L, D\}$-Modell des p-Kanal-Anreicherungstyp MOS-Feldeffekttransistors

Elementebeziehung	L-Term	D-Term
Flussformulierung:		
$i^d = \frac{1}{2}\beta(-u^{gs} + U_P)^2$ für $u^{ds} \geq -u^{gs} + U_P$ nichtlinearer Bereich	$-\dfrac{\psi^{ds}}{4}\beta(-u^{gs} - U_P)^2$	$\dfrac{\dot\psi^{ds}}{4}(-u^{gs} - U_P)^2$
$i^d \approx \beta\left[(-u^{gs}+U_P)u^{ds}+\dfrac{(u^{ds})^2}{2}\right]$ für $u^{ds} < -u^{gs} + U_P$ linearer Bereich	$-\beta\left[(-u^{gs} - U_P)\dot\psi^{ds} + \dfrac{1}{2}(\dot\psi^{ds})^2\right]\dfrac{\psi^{ds}}{2}$	$\left[(-u^{gs} + U_P)\dfrac{\dot\psi^{ds}}{2} + \dfrac{1}{2}\dfrac{(\dot\psi^{ds})^2}{3}\right]\dfrac{\dot\psi^{ds}}{2}$
Ladungsformulierung:		
$u^{gs} = U_P - \sqrt{\dfrac{2i^d}{\beta}}$ für $u^{ds} \geq u^{gs} - U_P$ nichtlinearer Bereich	$-q^g\left(U_P - \sqrt{\dfrac{2i^d}{\beta}}\right)$	
$u^{gs} = f(i^d)$ $\approx \left(-\dfrac{i^d}{\beta} + \dfrac{(u^{ds})^2}{2}\right)\dfrac{1}{u^{ds}} + U_P$ für $u^{ds} < u^{gs} - U_P$ linearer Bereich	$-q^g\left[\dfrac{\dfrac{i^d}{\beta} + \dfrac{(u^{ds})^2}{2}}{u^{ds}} + U_P\right]$	

Kapitel 11

Synthese analoger Schaltungen

11.1 Syntheseproblem und die Syntheseetappen

Unter Synthese von Systemen versteht man das Problem, vorgegebene bzw. geforderte Verhaltensweisen durch technische Systeme zu realisieren. Im Gegensatz zur Analyse ist das Syntheseproblem nicht eindeutig. Zur Realisierung von Verhaltensweisen kann man demzufolge mehrere Systeme konstruieren, die sich hinsichtlich anderer Eigenschaften unterscheiden. Es hängt von den Nebenbedingungen ab, welche Variante ausgewählt wird. Bei solchen Nebenbedingungen handelt es sich beispielsweise um Forderungen an die Zuverlässigkeit, an Grenzen für Volumen, Gewicht oder Preis sowie um Einschränkungen der Existenzbereiche der Systemvariablen.

Bei analogen Schaltungen hat sich folgende systematische Herangehensweise als vorteilhaft erwiesen.

a) *Mathematische Synthese:* Approximation vorgegebener Systemeigenschaften mit Hilfe mathematischer Funktionen und deren Umformung zur Bildung der Beschreibungs- bzw. Bewegungsgleichungen des zu realisierenden Systems.

b) *Struktursynthese:* Überführen der Bewegungsgleichungen in eine für das Syntheseproblem geeignete Form und ihre Aufspaltung in Verhaltensgleichungen von Teilsystemen und Strukturgleichungen des Gesamtsystems, die sich mit vorhandenen technischen Mitteln realisieren lassen. Das Ergebnis sind die Topologie, Bauelementetypen, Kennlinienfunktionen und Wandlerelemente (Mehrpole, häufig Dreipole).

c) *Äquivalenzetappe:* Bestimmung äquivalenter Systeme, die es gestatten, ein gefundenes System durch ein anderes mit gleichen Eigenschaften, aber technisch günstigeren Bedingungen zu ersetzen.

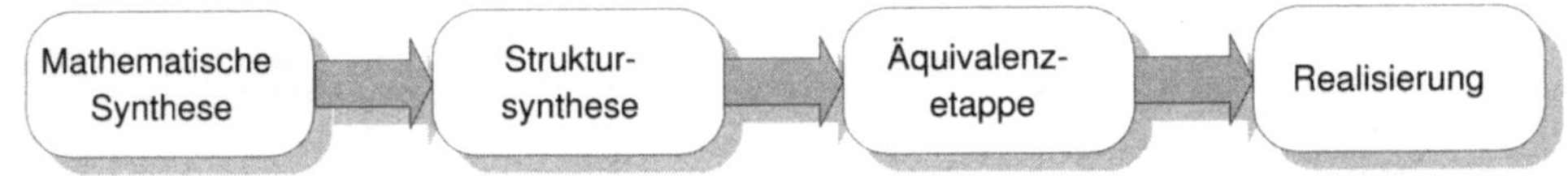

Bild 11.1: Teilaufgaben der Synthese

d) *Realisierung:* Aufbau des physikalisch – technisch realisierbaren Gesamtsystems
   mit Hilfe der geometrischen und physikalischen Deutung der Strukturgleichungen
   und der bekannten Zuordnung von verfügbaren Teilsystemen zu den auftretenden
   Verhaltensgleichungen.

Die nachfolgenden Methoden bzw. Verfahren gehören zur Gruppe der Synthese analoger
Systeme mit konzentrierten Parametern. Es findet also keine Synthese digitaler elektrischer Systeme (z. B. digitaler Schaltungen) statt. Boolsche Gleichungen, Wahrheits-
tabellen, Signaldiagramme, Automatentabellen u. a. sind nicht der Ausgangspunkt der
Syntheseaufgaben dieses Kapitels, da sie auf kombinatorische und sequenzielle Schaltungen (Schaltwerke, Automaten) führen.

Die Synthese analoger Systeme mit konzentrierten Parametern schließt jedoch nicht
aus, dass z. B. Feldberechnungen vorgenommen werden müssen, um die Kennlinienverläufe einzelner Bauelemente festzulegen. Dieser Fall ist nicht selten, da Geometrie und
Feldverlauf die Kennlinien der entscheidenden nichtlinearen Bauelemente bestimmen.
Sind Feldberechnungsmethoden (auf der Grundlage verteilter Parameter) nicht verfügbar, so helfen erprobte Näherungen. Diese schließen jedoch eine Optimierung über die
Geometrie und das Feld des Systems oder Teilsystems nicht aus.

Im Verlauf der Synthese werden Analyseberechnungen durchgeführt, z. B. bei der Optimierung der Geometrie des Systems (letztendlich eine energetische Optimierung). Diese
Analyse kann während jeder Syntheseetappe erfolgen und dient der Kontrolle der bis
dahin erzielten Ergebnisse. Die Kontrolle erstreckt sich meist auf die Übereinstimmung
des geforderten mit dem tatsächlichen Signalverlauf (z. B. Lösungsfunktion des mathematischen Modells) und auf den Funktionsverlauf der Kennlinien einzelner Bauelemente
bzw. Wandler. Die Feldbereiche und die Materialparameter beeinflussen wiederum die
Bauelementekennlinien und diese die tatsächliche Signalform. Somit kann sich die Synthese komplexer analoger Systeme in mehreren Näherungsschritten in Wechselwirkung
mit der Analyse bis hin zur technisch optimalen Realisierung vollziehen. Ob die Analyse durch direkte Integration der Beschreibungsgleichung, durch einen Reihenansatz,
numerisch oder gar experimentell erfolgt, ist nicht vordergründig und unterliegt neben methodischen Gründen auch solchen der Zweckmäßigkeit. Letztendlich entstehen
immer Parameterbereiche, die auch in Toleranzaussagen einmünden können.

In den nachfolgenden Abschnitten werden Methoden zur Synthese nichtlinearer Systeme dargestellt, in denen der lineare Teil als von außen mit nichtlinearen Elementen
beschaltet aufgefasst wird. Mit linearen Methoden erfolgt dann die Synthese (Schaltungssynthese, Äquivalenzuntersuchungen). Die Synthese von RLC-Netzwerken liegt

ausgearbeitet vor und geht auf W. Cauer zurück. Cauer gibt die Syntheseetappen an und zeigt auf, unter welchen Bedingungen eine Funktion $F(z)$ einer komplexen Veränderlichen z eine zulässige Funktion eines passiven Zweipolnetzwerkes ist. Brune führt zwei notwendige Bedingungen an: Erstens ist die Funktion $F(z)$ eine rationale Funktion und zweitens ist sie positiv. Die darauf fußende Zweipolsynthese (Partialbruchzerlegung) wird von einer Vielzahl von Standardwerken wiedergegeben. Gleiches gilt für die Synthese von Vierpolen durch Schaltungen mit positiven Elementen bei vorgeschriebenem Betriebsübertragungsfaktor. Die Synthese von Vierpolen (mit konzentrierten linearen passiven Elementen) lässt sich auf die Synthese von Zweipolen zurückführen.

11.2 Mathematische Synthese

11.2.1 Deterministische Modelle

Man spricht von deterministischen Modellen technischer Vorgänge, wenn die Systemgrößen vorhersagbar sind.

Definition 11.1 *Das Modell eines irreversiblen Vorgangs (Prozesses) heißt deterministisch, wenn aus dem Zustand $x(\tau_0)$ zu einem beliebigen Zeitpunkt τ_0 der Zustand $x(\tau)$ zu einem späteren Zeitpunkt $\tau > \tau_0$ eindeutig berechnet werden kann (x ist der Vektor der normierten physikalisch-technischen Größe eines Vorgangs).*

Unter der Annahme eines eindeutigen stetigen Übergangs von $x(\tau)$ nach $x(\tau + \Delta\tau)$ kann man diesen Zusammenhang durch die Taylorreihenentwicklung

$$x(\tau + \Delta\tau) = g(x(\tau), s(\tau), \Delta\tau) = x + f(x(\tau), s(\tau))\Delta\tau + O(\Delta\tau^2) \qquad (11.1)$$

ausdrücken. Durch Umformung in einen Differenzenquotienten erhält man

$$\frac{x(\tau + \Delta\tau) - x(\tau)}{\Delta\tau} = f(x(\tau), s(\tau)) + O(\Delta\tau). \qquad (11.2)$$

Der dabei auftretende Fehlerterm $O(\cdot)$, dessen Argument die minimale Potenz der Variablen darstellt, verschwindet beim Grenzübergang $\Delta\tau \to 0$ schneller als die Funktion f. Damit gilt das System gewöhnlicher Differenzialgleichungen:

$$\frac{dx}{d\tau} = f(x(\tau), s(\tau)) \qquad (11.3)$$

bzw.

$$\dot{x}_i = f_i(x_1, \ldots, x_n, s_1, \ldots, s_m), \qquad i = 1, \ldots, n. \qquad (11.4)$$

Die Funktionen $s(\tau)$ verkörpern in technischen Systemen die Erregung bzw. die Störfunktionen. Sie sollen den gleichen Stetigkeits- und Differenzierbarkeitseigenschaften

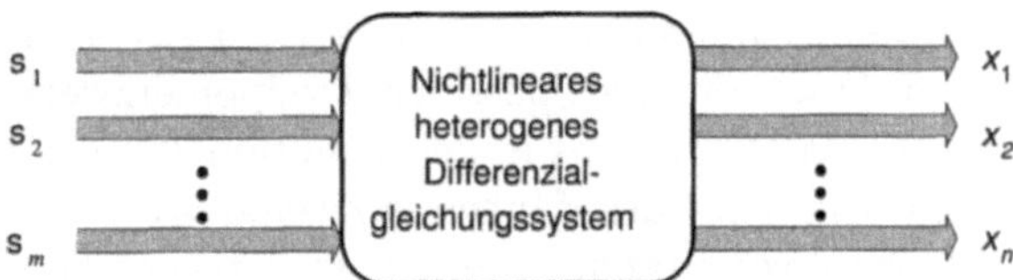

Bild 11.2: Darstellung technischer Systeme

genügen wie die Funktion f, die für die Existenz und Eindeutigkeit der Lösungen $x_i(\tau)$ nötig sind.

Das mathematische Modell bildet den inneren Zustand (statisch, stationär, dynamisch) des Systems ab. In der Praxis ist jedoch meist nicht sein innerer Zustand, sondern hauptsächlich das funktionelle Verhalten von Interesse, d. h. die Eingangs- und Ausgangsgrößen (Bild 11.2).

Das mathematische Modell kann auch Integralanteile enthalten. Es ist auch der Fall zugelassen, bei dem sich das mathematische Modell nicht explizit nach den $\dot{x}_i$ auflösen lässt.

Beispiel 1:
Beim Vorliegen einer Störfunktion und einer normierten Größe $x(\tau)$ gelangt man zu den elektrotechnisch bedeutsamen nichtlinearen Einrichtungen. Als mathematisches Modell gilt die heteronome Differenzialgleichung:

$$\ddot{x} - \varepsilon \left(\gamma - (\delta x)^2 - (\mu \dot{x})^2 \right) \dot{x} + x + T(x, \dot{x}) = B \cos(s\tau). \tag{11.5}$$

Der Term $T(x, \dot{x})$ setzt sich aus all den Funktionsabhängigkeiten zusammen, die in den anderen Summanden nicht ausgewiesen sind. Sie werden technisch als Rückstellterme, Dämpfungsterme u. a. zur Erzielung besonderer Verhaltensweisen interpretiert.   □

Die nichtlinearen Einrichtungen in Tabelle 11.1 sind nach dem Arbeitsprinzip eingeteilt und lassen sich mit einem allgemeinen mathematischen Modell

$$\ddot{x} + g(x, \dot{x})\dot{x} + h((x, \dot{x}) = f(\tau) \tag{11.6}$$

beschreiben. Die Funktionen g und h erfüllen bestimmte Stetigkeitseigenschaften und sind differenzierbar. Während $g(x, \dot{x})$ Dämpfungsfunktion heißt und Aussagen über die Stabilität gibt, beinhaltet $h(x, \dot{x})$ die Rückstellkraft und übt wesentlichen Einfluss auf das gewünschte Verhalten (z. B. Kurvenverlauf im eingeschwungenen Zustand) der nichtlinearen Schaltung aus. Durch die Funktion $f(\tau)$ werden äußere Kräfte in nicht autonomen Systemen erfasst.

Tabelle 11.1: Einteilung nichtlinearer Einrichtungen

	nichtlineare Einrichtung	Elektrotechnischer Inhalt	
		$\sigma(\tau)$	$x(\tau)$
1	Frequenz-teiler	$\cos(s\tau)\longrightarrow$ FT	$\longrightarrow\cos(\tau+\varphi)$
2	Stabilisation	$A\cos\tau\longrightarrow$ STAB	$\longrightarrow\hat{X}\cos(\tau+\varphi)$
3	Chaos-generierung	$\cos(s\tau)\longrightarrow$ CG	$\longrightarrow\cos\tau,\{X(\tau)\}$
4	Frequenzver-vielfachung	$\cos(\tau)\longrightarrow$ FV	$\longrightarrow\cos(s\tau+\varphi)$
5	Sinus-oszillator	SOSZ	$\longrightarrow\sin\tau$
6	Gleich-richter	$\cos(\tau)\longrightarrow$ GL	$\longrightarrow 1$
7	Amplituden-modulator	$F(\tau)\longrightarrow$ AM	$\longrightarrow F(\tau)\cos\tau$
8	Amplituden-demodulator	$F(\tau)\cos\tau\longrightarrow$ ADM	$\longrightarrow F(\tau)$
9	Funktions-umwandlung	$\cos\tau\longrightarrow$ FUW	$\longrightarrow\sum\limits_{n=1}^{N}(a_n\cos(n\tau)+b_n\sin(n\tau))$

11.2.2 Umformungen der Bewegungsgleichungen

Die notwendigen Eigenschaften des zu schaffenden Systems seien durch geeignete funktionelle Abhängigkeiten der Systemvariablen von Raum- und Zeitkoordinaten bzw. zwischen den Systemvariablen approximiert. Ein in solcher allgemeiner Weise formuliertes System von Gleichungen, das die Systemeigenschaften explizit oder implizit beschreibt, lässt sich ganz allgemein als eine Form von Bewegungsgleichungen des zu realisierenden Systems auffassen.

Die Entscheidung, ob die vorliegende Form der Bewegungsgleichungen zur Durchführung der Struktursynthese geeignet ist, hängt nur davon ab, ob eine Realisierung des gesuchten Systems mit dem zur Verfügung stehenden Vorrat an Teilsystemen möglich ist. Dies ist die Schlüsselfrage während der Durchführung der mathematischen Synthese. Sind die auftretenden Funktionen oder Operationen nicht als Teilsysteme vorhanden, so müssen die Systemvariablen, die Operatorgleichungen oder die gesamten Gleichungen mathematischen Operationen unterworfen werden, um die nicht zu realisierenden Terme durch geeignete zu ersetzen. Die mathematischen Umformungen können schrittweise durchgeführt werden, um wiederholt mit den bereitgestellten Teilsystemen verglichen werden zu können.

Funktionen, die Abhängigkeiten der Systemvariablen von den Ortskoordinaten oder der Zeit beschreiben, können als Verhaltensfunktionen von Teilsystemen angesehen werden. Sind diese nicht im Elementevorrat enthalten, müssen die expliziten Abhängigkeiten so umgeformt werden, dass Beziehungen zwischen Systemvariablen entstehen.

In vielen Fällen erreicht man solche Veränderungen durch ein- oder mehrmalige Differenziation. Die zu differenzierende Funktion muss dabei wenigstens stückweise stetig sein. Unstetigkeiten führen zu Rändern (Grenzen) der Existenzbereiche der Systemvariablen. An diesen Rändern müssen spezielle Differenzialoperatoren angewendet werden, z. B. durch Betrachtung der Normalen- und Tangentenkomponenten.

Oftmals schwieriger durchzuführen ist die Integration der Bewegungsgleichung, die jedoch bezüglich der Stabilität bessere Eigenschaften aufweist. Ebenfalls sind Kombination beider Wege in Verbindung mit Variablensubstitutionen möglich.

Bei der Anwendung dieser Operationen müssen die Nebenbedingungen der Syntheseaufgabe beachtet werden. Dürfen beispielsweise nur einmaschige Netzwerke entstehen, sind nur Operatorkoeffizienten mit maximal dreifacher Differenziation bzw. Integration zulässig.

Ein wirksames Mittel zur Umformung von Bewegungsgleichungen ist die *Zerlegung und Zusammenfassung von Operatoren*. Insbesondere lassen sich damit Nebenbedingungen zur Anzahl bestimmter Teilsysteme oder zur Anzahl von Maschen berücksichtigen.

Durch die Aufspaltung in Summanden oder Faktoren dürfen jedoch nur solche Operatorkoeffizienten entstehen, die in den Verhaltensgleichungen der verfügbaren Teilsysteme vorkommen. Sind im Vorrat der Teilsysteme solche enthalten, die durch mehrere Operatorkoeffizienten oder gar mehrere Gleichungen mit mehreren Operatorkoeffizienten beschrieben werden, z. B. Vierpole, so müssen bei der Verwendung dieser Teilsysteme natürlich auch alle Koeffizienten in den Bewegungsgleichungen auftreten.

Neben den bisher besprochenen Möglichkeiten, die Bewegungsgleichungen umzuwandeln, gibt es noch weitere Varianten. Gerade in diesem Schritt zeigt sich ein wesentliches schöpferisches Element der Systemsynthese. Es wird sozusagen im Rahmen der mathematischen Synthese mit dem Modell „experimentiert". Dabei sind alle Umwandlungen zulässig, die auf der Anwendung mathematischer Regeln beruhen.

Beispiel 2:
Nicht immer stehen Teilsysteme zu Verfügung, die das Produkt zweier Systemvariablen bilden können. Dann können mit Hilfe der binomischen Formel

$$(x^1 \pm x^2)^2 = (x^1)^2 \pm 2x^1x^2 + (x^2)^2 \tag{11.7}$$

die Umformungen

$$y^p = Ax^1x^2 = \tfrac{A}{2}\left((x^1 + x^2)^2 - (x^1)^2 - (x^2)^2\right)$$

$$y^p = \tfrac{A}{2}\left((x^1)^2 + (x^2)^2 - (x^1 - x^2)^2\right) \tag{11.8}$$

$$y^p = \tfrac{A}{4}\left((x^1 + x^2)^2 - (x^1 - x^2)^2\right)$$

durchgeführt werden, wobei $x^3 = x^1 + x^2$ und $x^4 = x^1 - x^2$ neue Systemvariablen darstellen. $\square$

Beispiel 3:

Zur Auflösung des Produktes einer Nichtlinearität und einer Ableitung

$$y^q = g(x^j)\frac{\mathrm{d}}{\mathrm{d}\tau}x^j \tag{11.9}$$

wird die Kettenregel der Differenzialrechnung verwendet:

$$\frac{\mathrm{d}}{\mathrm{d}\tau}f(x) = \frac{\mathrm{d}f}{\mathrm{d}x}\frac{\mathrm{d}x}{\mathrm{d}\tau} =: y^q. \tag{11.10}$$

Ein Koeffizientenvergleich ergibt die gesuchte Funktion $f(x^j)$ bzw. y^q

$$f(x^j) = \int g(x^j)\,\mathrm{d}x^j \qquad \text{bzw.} \qquad y^q = \frac{\mathrm{d}}{\mathrm{d}\tau}\int g(x^j)\,\mathrm{d}x^j. \tag{11.11}$$

Damit ist das ursprüngliche Produkt in eine Differenziation nach einer Nichtlinearität aufgelöst. $\qquad\qquad\Box$

11.2.3 Tschebyscheff-Polynome als mathematisches Modell

Im Abschnitt 11.2.1 wurden nichtlineare Einrichtungen vorgestellt, für die es mittels der mathematischen Synthese (mindestens) ein mathematisches Modell zu finden gilt. Eine Möglichkeit dazu bieten die Tschebyscheffschen Polynome. Die Gleichungen, die mit ihnen entwickelt werden, führen über die anderen Syntheseetappen zu frequenzwandelnden Netzwerken, wie Frequenzvervielfacher oder Frequenzteiler.

Die Aufgabe der Frequenzvervielfachung besteht darin, aus einer Eingangsgröße (Spannung oder Strom) $x = \hat{X}\cos(\omega t)$ eine Ausgangsgröße (Spannung oder Strom) der Form $y = \hat{Y}\cos(n\omega t)$ zu erzeugen, wobei n eine beliebige natürliche Zahl ist. Das bedeutet, dass keine weiteren, meist störenden, Frequenzen, z. B. Oberwellen, entstehen sollen.

Zur Aufstellung der mathematischen Zusammenhänge geht man zweckmäßig von den normierten Gleichungen

$$\xi = \frac{x}{\hat{X}} = \cos\tau \qquad \text{und} \qquad \sigma = \frac{y}{\hat{Y}} = \cos(n\tau) \tag{11.12}$$

aus und fasst beide Gleichungen durch Einsetzen zusammen:

$$\sigma = \sigma(\xi) = \cos(n\arccos\xi) =: T_n(\xi). \tag{11.13}$$

Die Beschreibungsgleichung dieses Systems genügt der Definition der Tschebyscheffschen Polynome T_n. Es handelt sich um Polynome, weil sich die Funktion $\cos(n\tau)$ aus Potenzen von $\xi = \cos\tau$ zusammensetzt. Dies lässt sich durch die Additionstheoreme der trigonometrischen Funktionen oder eleganter mit Hilfe der eulerschen Formel im Komplexen zeigen:

$$\sigma = \cos(n\tau) = \Re\{e^{-jn\tau}\} = \Re\{\cos\tau + j\sin\tau\}^n. \tag{11.14}$$

Ausführlich geschrieben haben die ersten Tschebyscheffschen Polynome folgende Form:

$$
\begin{aligned}
T_0(\xi) &= & 1, \\
T_1(\xi) &= \cos\tau = & \xi, \\
T_2(\xi) &= \cos(2\tau) = & 2\xi^2 - 1, \\
T_3(\xi) &= \cos(3\tau) = & 4\xi^3 - 3\xi, \\
T_4(\xi) &= \cos(4\tau) = & 8\xi^4 - 8\xi^2 + 1, \\
T_5(\xi) &= \cos(5\tau) = & 16\xi^5 - 20\xi^3 + 5\xi.
\end{aligned}
\tag{11.15}
$$

Frequenzvervielfacher stellen Vierpole dar, die Kennlinien der Form nach Gl. (11.15) besitzen. Sie werden durch nichtlineare kapazitive Brücken, mittels Halbleiterbauelementen oder unter Verwendung von gesättigten magnetischen Kreisen realisiert.

11.2.4   Netzwerke mit vorgeschriebener Zeitfunktion

Im Folgenden wird eine Synthesemethode vorgestellt, mit der aus einem vorgegebenen zeitlichen Verlauf ein nichtlineares Netzwerk hervorgeht. Eine Netzwerkgröße repräsentiert den gewünschten Zeitverlauf. Die Methode berücksichtigt

- die Stabilität der Schaltung,

- den Verlauf des stationären, d. h. eingeschwungenen, Zustands und

- den Verlauf des nicht stationären Übergangsvorgangs.

Ausgehend vom analytisch vorliegenden Zeitverlauf oder einer Messwerttabelle sind unter Berücksichtigung dieser drei Aspekte in ein oder mehreren Differenzialgleichungen deren Terme zu bestimmen. Aus ihnen ist mindestens eine Schaltung zu finden, die das gewollte Verhalten aufweist. Man spricht in diesem Zusammenhang von einer Methode durch Formung der Differenzialgleichung.

Die Synthese der beschreibenden Differenzialgleichung

Periodische Funktionen $x(\tau)$ (τ sei die normierte Zeit) lassen sich in folgende vier Gruppen einteilen. Das sind periodische Zeitfunktionen

1. mit nur einem Extremwert je Halbperiode und bezüglich der Scheitelachse symmetrisch,

2. mit nur einem Extremwert je Halbperiode, aber unsymmetrisch hinsichtlich der Scheitelachse,

3. mit mehreren Extremwerten je Halbperiode, aber ohne Vorzeichenwechsel von $x(\tau)$ während der Halbperiode und

4. mit mehreren Extremwerten je Halbperiode und Vorzeichenwechsel in der Halbperiode.

Die Zeitfunktionen vom Typ 1 und 2 können durch Differenzialgleichungen 2. Ordnung, die des Typs 3 und 4 durch Differenzialgleichungen 3. und höherer Ordnung beschrieben werden. Die Zeitfunktionen der letzten beiden Typen lassen sich in die ersten durch ein- oder mehrfache Integration überführen. Nach durchgeführter Netzwerksynthese gehen die ursprünglichen Zeitfunktionen durch Differenziation aus den integrierten Zeitfunktionen hervor.

Die Differenzialgleichung, die als Modell für den periodischen Vorgang dient, soll folgende zwei Bedingungen erfüllen:

1. Die Differenzialgleichung soll möglichst niedriger Ordnung sein (Einfachheit).

2. Die Summanden der Differenzialgleichung sollen eine Struktur der Form

$$T_y = y = p^\gamma g \left[p^{-\beta} f(p^\alpha x) \right] \tag{11.16}$$

aufweisen, wobei α, β, γ natürliche Zahlen sind, x, y normierte Größen, z. B. normierte elektrische Spannungen oder Ströme und τ die normierte Zeit darstellen und $p^\alpha := \mathrm{d}^\alpha/\mathrm{d}\tau^\alpha$, $p^{-\beta} := \int \overset{\beta}{\dots} \int \mathrm{d}\tau \dots \mathrm{d}\tau$ allgemeine Differenzialoperatoren sind. Die Funktionen $g()$ und $f()$ dienen der Wiedergabe der Nichtlinearität. Sie erfüllen die geforderten Stetigkeits- bzw. Differenzierbarkeitseigenschaften.

Die während der mathematischen Synthese häufig auftretenden Terme der Struktur

$$T = f(x)g \left(\frac{\mathrm{d}x}{\mathrm{d}\tau} \right) \tag{11.17}$$

sind demzufolge nicht zugelassen. In diesen Fällen muss überprüft werden, ob sich der Term mit Hilfe der Kettenregel des Differenzierens, wie im Beispiel aus Abschnitt 11.2.2, in eine Struktur nach Gl. (11.16) überführen lässt. Dann ergibt sich:

$$T = \frac{\mathrm{d}}{\mathrm{d}\tau} \int f(x) \, \mathrm{d}x. \tag{11.18}$$

Aus der Analyse elektrischer Schaltungen mit periodischem Schwingungsverlauf geht hervor, dass die beschreibende Differenzialgleichung im einfachen Fall mindestens 2. Ordnung sein muss. Für den nichtlinearen Fall gilt dann allgemein die Form:

$$\frac{\mathrm{d}^2 x}{\mathrm{d}\tau^2} + f(x, \dot{x}) = 0, \tag{11.19}$$

in der die Funktion $f(x, \dot{x})$ durch den Synthesevorgang in Abhängigkeit vom gewünschten Signalverlauf aufzubauen ist. Mit der Substitution

$$y := \frac{\mathrm{d}x}{\mathrm{d}\tau} = \dot{x} \tag{11.20}$$

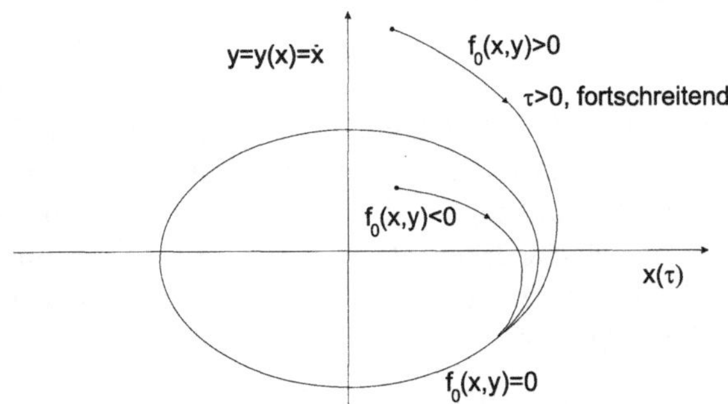

Bild 11.3: Stabile periodische Schwingung in der Phasenebene

folgt:

$$\frac{\mathrm{d}^2x}{\mathrm{d}\tau^2} = \frac{\mathrm{d}y}{\mathrm{d}\tau} = \frac{\mathrm{d}y}{\mathrm{d}x} \cdot \frac{\mathrm{d}x}{\mathrm{d}\tau} = \frac{\mathrm{d}y}{\mathrm{d}x} \cdot y \tag{11.21}$$

und somit geht die Differenzialgleichung in

$$\frac{\mathrm{d}y}{\mathrm{d}x} = -\frac{f(x,y)}{y} \tag{11.22}$$

über. In dieser Form ist die Betrachtung in der Phasenebene bzw. im Phasenraum x-y möglich.

Eine stabile periodische Lösung besitzt in der Phasenebene einen Grenzzyklus. Dies ist eine geschlossene Kurve $f_0(x,y) = 0$ (siehe Bild 11.3). Auf dem Grenzzyklus verläuft die verallgemeinerte Bewegung im eingeschwungenen Zustand mit fortschreitender Zeit.

Die Funktion $f(x,y)$ in Gleichung (11.19) bestimmt den Trajektorienverlauf eines Bewegungspunktes in der Phasenebene vom Startpunkt $P_0(x_0,y_0)$ als Anfangsbedingung bis zum Grenzzyklus. Die mathematische Synthese hat hier zum Ziel, durch die Gestaltung der Funktion $f(x,y)$ das gewünschte periodische Verhalten unter Berücksichtigung von Stabilität, stationärer Lösung und Einschwingvorgang zu erreichen. Das erfordert eine Aufspaltung dieser in unterschiedliche Terme:

$$\frac{\mathrm{d}^2x}{\mathrm{d}\tau^2} + f(x,y) = \frac{\mathrm{d}^2x}{\mathrm{d}\tau^2} + \varepsilon f_0(x,y)y + f_s(x,y). \tag{11.23}$$

Der Term $\varepsilon f_0(x,y)$ bestimmt die Stabilitätseigenschaften des Grenzzyklus, der Term $f_s(x,y)$ die Kennlinienform im eingeschwungenen Zustand.

Stabilität Als Bedingung für einen stabilen Grenzzyklus (siehe Bild 11.3) muss die Differenzialgleichung (11.19) einen Dämpfungsterm der Form $T = f_0(x,y)\cdot y$ enthalten, für den gilt:

$$\left.\begin{array}{ll} f_0(x,y) > 0 & \text{außerhalb} \\ f_0(x,y) = 0 & \text{auf} \\ f_0(x,y) < 0 & \text{innerhalb} \end{array}\right\} \text{ des Grenzzyklus,} \tag{11.24}$$

und der andere, entgegengesetzt wirkende Terme übertrifft, die zur Kennlinienformung oder zur Beeinflussung des Einschwingvorgangs Verwendung finden.

Einschwingzeit Die Bewertung der Dauer des Einschwingens erfolgt durch den Bewertungsfaktor ε am Dämpfungsterm

$$T = \varepsilon f_0(x,y)y. \tag{11.25}$$

Große ε ziehen einen schnellen Einschwingvorgang, kleine ε einen langsamen nach sich.

Stationärer Zustand Im eingeschwungenen Zustand ist $f_0(x,y) = 0$ und die verallgemeinerte Bewegung auf dem Grenzzyklus geht in den folgenden Ausdruck über:

$$\frac{\mathrm{d}^2 x}{\mathrm{d}\tau^2} + f_s(x,y) = 0. \tag{11.26}$$

Die Funktion $f_s(x,y)$ wird in die Summe

$$f_s(x,y) = f_1(x) + f_2(x)y \tag{11.27}$$

überführt, wobei sich mit Gl. (11.18) der rechte Summand in einen zugelassenen Term umwandeln lässt.

Die vollständige Differenzialgleichung Entsprechend Gl. (11.23) lautet die vollständige Differenzialgleichung

1. für eine Schwingung mit einem Extremwert in der Halbperiode und einem symmetrischen Verlauf hinsichtlich des Scheitels:

$$\frac{\mathrm{d}^2 x}{\mathrm{d}\tau^2} + \varepsilon f_0(x,y)y + f_1(x) = 0, \tag{11.28}$$

2. für eine Schwingung mit einem Extremwert in der Halbperiode und einem zum Scheitel unsymmetrischen Verlauf:

$$\frac{\mathrm{d}^2 x}{\mathrm{d}\tau^2} + \varepsilon f_0(x,y)y + f_1(x) + f_2(x)y = 0. \tag{11.29}$$

Die Terme $f_0(x,y)y$ und $f_2(x)y$ erfüllen die Forderung nach Stabilität, die Terme $f_1(x)$ und $f_2(x)$ verleihen der stationären Lösung den gewünschten Verlauf und der Parameter ε bestimmt sowohl die Dauer des Einschwingvorganges als auch die Sicherung der Stabilität, wenn der Term $f_2(x)y$ entgegengesetzt zu $f_0(x,y)y$ wirkt. Der Term $f_2(x)$ und ε erfüllen also Doppelrollen.

Im Fall, dass die Terme $f_2(x)$ und $f_0(x,y)$ entgegengesetzt wirken, d. h., wenn $f_2(x) > 0$ innerhalb des Grenzzyklus und $f_2(x) < 0$ außerhalb desselben gilt, muss der Faktor ε der Bedingung

$$\varepsilon f_0(x,y) > f_2(x) \tag{11.30}$$

genügen.

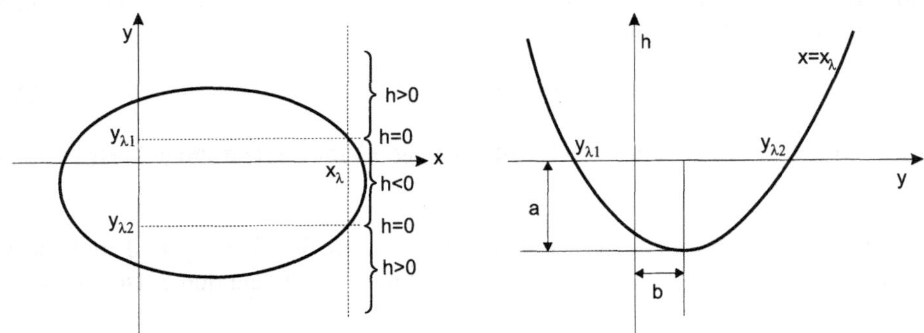

Bild 11.4: Grafische Bestimmung des Dämpfungsterms aus dem Grenzzyklus, approximiert durch eine Parabel

Bestimmung der Terme der Differenzialgleichung

Während der mathematischen Synthese sind die Funktionen $f_0(x,y)$, $f_1(x)$ und $f_2(x)$ so festzulegen, dass die gewünschte stabile periodische Schwingung die Lösung der Differenzialgleichung (11.29) ist. Als Funktion $f_0(x,y)$ kann jede Funktion benutzt werden, die für alle Punkte des Grenzzyklus Null wird. Dies gilt in erster Linie für die Gleichung des stabilen Grenzzyklus in Bild 11.3 selbst, also:

$$f_0(x,y) = h(x,y) = 0. \tag{11.31}$$

Aber auch jede andere Funktion H, die Null wird, wenn $h(x,y) = 0$ ist, kann für $f_0(x,y)$ benutzt werden:

$$f_0(x,y) = H\left[h(x,y)\right]_{h(x,y)=0} = 0. \tag{11.32}$$

Zur Bestimmung von $h(x,y)$ wird der Grenzzyklus in Bild 11.4 betrachtet. Damit die Bedingung für Stabilität erfüllt ist, muss bei einem festen $x = x_\lambda$ und veränderlichen y die Gl. (11.24) gelten. Zur Approximation der Dämpfungsfunktion $h(x,y)$ bei festem x_λ wird eine gerade Funktion verwendet, z. B. eine Parabel (Bild 11.4):

$$h(x_\lambda, y) = (y - b)^2 - a. \tag{11.33}$$

Aus den zwei Werten auf dem Grenzzyklus können die Konstanten a und b bestimmt werden:

$$a = \frac{(y_{\lambda_1} - y_{\lambda_2})^2}{4}, \qquad b = \frac{y_{\lambda_1} + y_{\lambda_2}}{2}. \tag{11.34}$$

Die Werte a und b sind abhängig von der Position x_λ. Die Funktionen $a = a(x)$ und $b = b(x)$ müssen analytisch approximiert werden.

Für die Ermittlung der Funktionen $f_1(x)$ und $f_2(x)$ geht man von der Differenzialgleichung (11.29) im eingeschwungenen Zustand aus. In diesem Fall ist $h(x,y) = 0$ und die verbleibende Gleichung lautet:

$$\frac{\mathrm{d}^2 x}{\mathrm{d}\tau^2} + f_2(x)\frac{\mathrm{d}x}{\mathrm{d}\tau} + f_1(x) = 0. \tag{11.35}$$

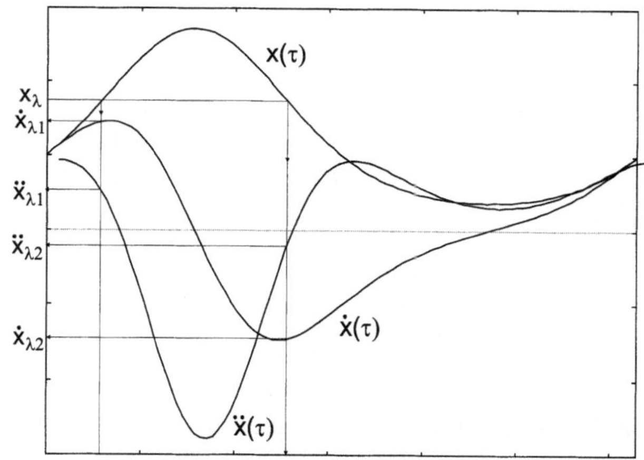

Bild 11.5: Gewünschter Zeitverlauf von $x(\tau)$ und dessen erste und zweite Ableitung

Das Bild 11.5 zeigt beispielhaft den Verlauf von x, $\dot{x} = y$ und $\ddot{x} = \dot{y}$. Ist die Ermittlung nicht analytisch möglich, so stehen zur punktweisen Approximation je Punkt genau zwei Gleichungen zur Verfügung (vgl. Bild 11.5):

$$\ddot{x}_{\lambda 1} = -f_2(x_\lambda)\dot{x}_{\lambda 1} - f_1(x_\lambda),$$

$$\ddot{x}_{\lambda 2} = -f_2(x_\lambda)\dot{x}_{\lambda 2} - f_1(x_\lambda). \tag{11.36}$$

Damit folgt für die gesuchten Funktionen:

$$f_1(x_\lambda) = \frac{\dot{x}_{\lambda 1}\ddot{x}_{\lambda 2} - \ddot{x}_{\lambda 1}\dot{x}_{\lambda 2}}{\dot{x}_{\lambda 2} - \dot{x}_{\lambda 1}}, \qquad f_2(x_\lambda) = \frac{\ddot{x}_{\lambda 1} - \ddot{x}_{\lambda 2}}{\dot{x}_{\lambda 2} - \dot{x}_{\lambda 1}}. \tag{11.37}$$

Die vollständige Differenzialgleichung lautet nach der (approximativen) Ermittlung von $f_1(x)$ und $f_2(x)$:

$$\frac{\mathrm{d}^2 x}{\mathrm{d}\tau^2} + \varepsilon\left\{\left[\frac{\mathrm{d}x}{\mathrm{d}\tau} - b(x)\right]^2 - a(x)\right\}\frac{\mathrm{d}x}{\mathrm{d}\tau} + f_2(x)\frac{\mathrm{d}x}{\mathrm{d}\tau} + f_1(x) = 0. \tag{11.38}$$

Der Sonderfall einer Scheitelsymmetrie Für scheitelsymmetrische periodische Verläufe, wie z. B. dem Sinus, gilt

$$\dot{x}_\lambda := \dot{x}_{\lambda_1} = -\dot{x}_{\lambda_2} \qquad \text{und} \qquad \ddot{x}_\lambda := \ddot{x}_{\lambda_1} = \ddot{x}_{\lambda_2}, \tag{11.39}$$

so dass sich die Konstanten der quadratischen Approximation in Gl. (11.34) vereinfachen:

$$a(x_\lambda) = \frac{(\dot{x}_{\lambda_1} - \dot{x}_{\lambda_2})^2}{4} = \dot{x}_\lambda^2 \neq 0, \qquad b(x_\lambda) = \frac{\dot{x}_{\lambda_1} + \dot{x}_{\lambda_2}}{2} = 0 \tag{11.40}$$

bzw.

$$h(x,y) = y^2 - a(x) = \dot{x}^2 - a(x).$$ (11.41)

Da weiterhin Gl. (11.37) die Form

$$f_1(x) = \frac{\dot{x}_{\lambda 1}\ddot{x}_{\lambda 2} - \ddot{x}_{\lambda 1}\dot{x}_{\lambda 2}}{\dot{x}_{\lambda 2} - \dot{x}_{\lambda 1}} = -\ddot{x}_\lambda, \qquad f_2(x) = \frac{\ddot{x}_{\lambda 1} - \ddot{x}_{\lambda 2}}{\dot{x}_{\lambda 2} - \dot{x}_{\lambda 1}} = 0$$ (11.42)

annimmt, gilt für scheitelsymmetrische Kurven die Differenzialgleichung:

$$\frac{\mathrm{d}^2 x}{\mathrm{d}\tau^2} + \varepsilon\left[\left(\frac{\mathrm{d}x}{\mathrm{d}\tau}\right)^2 - a(x)\right]\frac{\mathrm{d}x}{\mathrm{d}\tau} + f_1(x) = 0.$$ (11.43)

Synthese eines exakt sinusförmigen Oszillators

Die Aufgabe besteht in der Suche nach *mindestens* einer Differenzialgleichung nach (11.38) für die periodische Zeitfunktion $x = \sin\tau$, die dann in ein technisches System (hier Schaltung) zu überführen ist. Die Zeitfunktion

$$x(\tau) = \sin\tau$$ (11.44)

wird dazu in die Phasenebene überführt:

$$y(\tau) = \frac{\mathrm{d}x}{\mathrm{d}\tau} = \cos\tau = \cos(\arcsin x).$$ (11.45)

Die Grunddämpfungsfunktion $f_0(x,y)$ erhält man über

$$y^2 = \cos^2(\arcsin x) = 1 - \sin^2(\arcsin x) = 1 - x^2,$$ (11.46)

also mit der auf dem Grenzzyklus verschwindenden Funktion $h(x,y)$:

$$h(x,y) = x^2 + y^2 - 1,$$ (11.47)

bzw. mit der Bewertung mit ε den Ausdruck

$$H(x,y) = \varepsilon h(x,y) = -\varepsilon[1 - x^2 - y^2].$$ (11.48)

Da die normierte Zeitfunktion scheitelsymmetrisch verläuft, verschwinden die Terme $b(x)$ und $f_2(x)$ und es gilt: $a(x) = y^2 = 1 - x^2$. Über Gl. (11.42) erhält man den verbleibenden Term $f_1(x) = -\ddot{x}$. Die vollständige Differenzialgleichung unter Berücksichtigung des gewünschten Schwingungsverlaufs, der Stabilität und des Einschwingverhaltens hat somit die Form:

$$\frac{\mathrm{d}^2 x}{\mathrm{d}\tau^2} - \varepsilon\left[1 - x^2 - \left(\frac{\mathrm{d}x}{\mathrm{d}\tau}\right)^2\right]\frac{\mathrm{d}x}{\mathrm{d}\tau} + x = 0,$$ (11.49)

bzw. ausmultipliziert:

$$\frac{\mathrm{d}^2 x}{\mathrm{d}\tau^2} - \varepsilon\frac{\mathrm{d}x}{\mathrm{d}\tau} + \varepsilon x^2\frac{\mathrm{d}x}{\mathrm{d}\tau} + \varepsilon\left(\frac{\mathrm{d}x}{\mathrm{d}\tau}\right)^3 + x = 0.$$ (11.50)

Der dritte Summand ist für die Schaltungssynthese nicht zugelassen und wird gemäß Gl. (11.18) mit $f = x^2$ umgeformt, so dass dieser Summand in

$$T_3 = \varepsilon x^2 \frac{\mathrm{d}x}{\mathrm{d}\tau} = \varepsilon \frac{\mathrm{d}}{\mathrm{d}\tau} \int x^2 \, \mathrm{d}x = \frac{\varepsilon}{3} \frac{\mathrm{d}}{\mathrm{d}\tau} x^3 \qquad (11.51)$$

übergeht und die Differenzialgleichung

$$\frac{\mathrm{d}^2 x}{\mathrm{d}\tau^2} + \varepsilon \frac{\mathrm{d}}{\mathrm{d}\tau} \left(\frac{x^3}{3} - x \right) + \varepsilon \left(\frac{\mathrm{d}x}{\mathrm{d}\tau} \right)^3 + x = 0 \qquad (11.52)$$

entsteht. Durch Einsetzen von $x = \sin \tau$ kann man sich davon überzeugen, dass diese Differenzialgleichung die exakte Sinusschwingung als Lösung besitzt. Damit ist die mathematische Synthese abgeschlossen.

Für die Realisierung durch eine elektrische Schaltung können Elemente höherer Ordnung durch Termvergleich gefunden werden. Die Variable x wird als Strom $x = i/I_0$ und Gl. (11.52) als einmaschiges Netzwerk (Reihenschaltung von vier Elementen) interpretiert. Mit dem verallgemeinerten Differenzialoperator $p = \mathrm{d}/\mathrm{d}\tau$ folgt:

$$p^2 f_1^*(x) + p f_2^*(x) + f_3^*(px) + f_4^*(x) = 0. \qquad (11.53)$$

Entsprechend Gl. (11.16) (mit $\gamma = 0$, $g = 1$) stellt der erste Term ein Element 2. Ordnung ($\alpha = 0, \beta = -2$), der zweite Term eine nichtlineare Induktivität ($\alpha = 0, \beta = -1$), der dritte ein Element 1. Ordnung ($\alpha = 1, \beta = 0$, induktiver Charakter) und der vierte einen nichtlinearen Widerstand ($\alpha = 0, \beta = 0$) dar.

Synthese von Schwingungen mit mehr als einem Extremwert in der Halbperiode

Nachdem in den vorangegangenen Abschnitten die Synthese von Signalen mit einem vorgeschriebenen Verhalten mit nur einem Extremwert je Halbperiode behandelt wurde, bleibt nun zu zeigen, wie solche mit mehr als einem Extremwert pro Halbperiode synthetisiert werden. Das Bild 11.6 zeigt ein Beispiel für einen derartigen Funktionsverlauf.

Funktionen mit mehreren Extremwerten je Halbperiode werden durch Differenzialgleichungen 3. oder höherer Ordnung beschrieben. Man kann sie jedoch durch ein- oder mehrfache Integration in Schwingungen mit einem Extremwert je Halbperiode überführen. Dadurch sind der im voranstehenden und die in den folgenden Abschnitten beschriebenen Algorithmen anwendbar (Bild 11.6).

Den Ausgangspunkt des Algorithmus für ein Extremum bildete die Differenzialgleichung (11.38) nebst Gl. (11.34) zur Bestimmung der Funktionen $a(x)$ und $b(x)$ sowie Gl. (11.37) für die Funktionen $f_1(x)$ und $f_2(x)$. Mit dem Vorliegen dieser Funktionsverläufe bzw. ihrer Approximation durch einen analytischen Ausdruck ist die mathematische Synthese abgeschlossen. Das Stabilitäts- und Einschwingverhalten fanden Berücksichtigung. Weiterhin gilt wieder der Spezialfall der in der Praxis häufig auftretenden scheitelsymmetrischen Schwingung ($b(x) = 0$; $f_2(x) = 0$) in Form von Gl. (11.43).

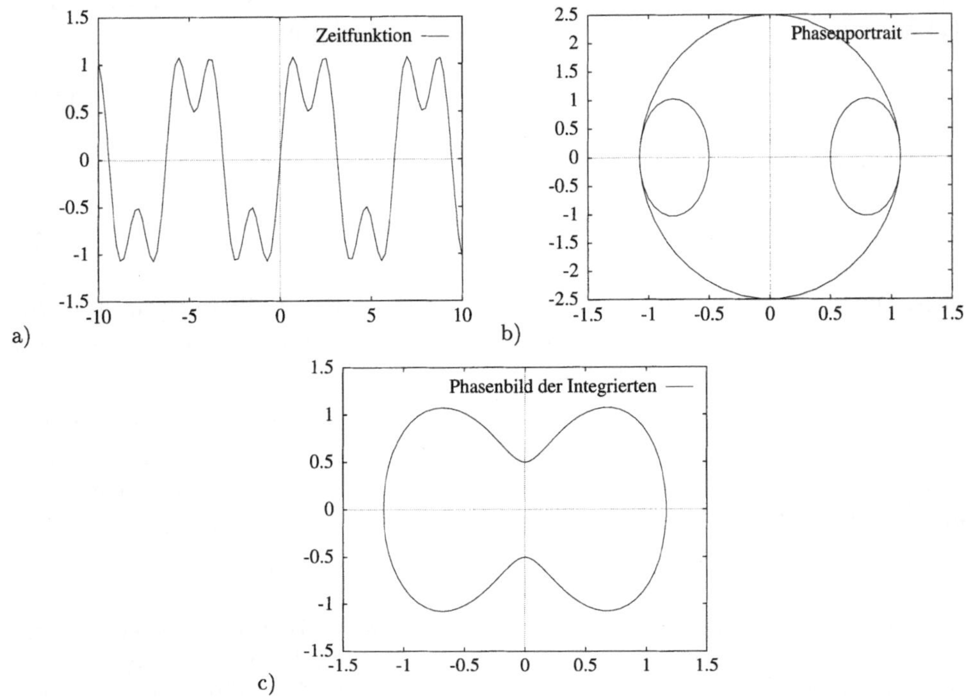

Bild 11.6: Zeitfunktion (a) und Phasenportät (b) einer periodischen Funktion mit mehreren Extrema und Vorzeichenwechsel in einer Halbperiode sowie Phasenportät der Integrierten (c)

Beispiel 4:

Es ist eine Schaltung zu finden, die eine Schwingung der Form

$$x = \sin\tau + \frac{1}{2}\sin 3\tau \qquad\qquad (11.54)$$

nachbildet (Bild 11.6 a). Über die Ableitung unserer Gleichung nach der Zeit,

$$\dot{x} = \cos\tau + \frac{3}{2}\cos 3\tau, \qquad\qquad (11.55)$$

erhält man das Phasenportät $\dot{x} = \dot{x}(x)$, welches im Bild 11.6b dargestellt ist. Das Phasenportät kennzeichnet einen Grenzzyklus mit Schleifen. Durch die Einführung der neuen Variablen

$$\xi = \int x\,\mathrm{d}x = -\cos\tau - \frac{1}{6}\cos 3\tau$$

$$\dot{\xi} = \quad x \quad = \quad \sin\tau + \frac{1}{2}\sin 3\tau \qquad\qquad (11.56)$$

entsteht ein Grenzzyklus ohne Schleifen (Bild 11.6c). Dieser kann durch eine Differenzialgleichung beschrieben werden. Wegen der Scheitelsymmetrie der Schwingung lässt sich Gl. (11.43) verwenden. Die über Gl. (11.34) und Gl. (11.37) ermittelten Verläufe der Funktionen $a(\xi)$ bzw. $f_1(\xi)$ sind im Bild 11.7 zu sehen.

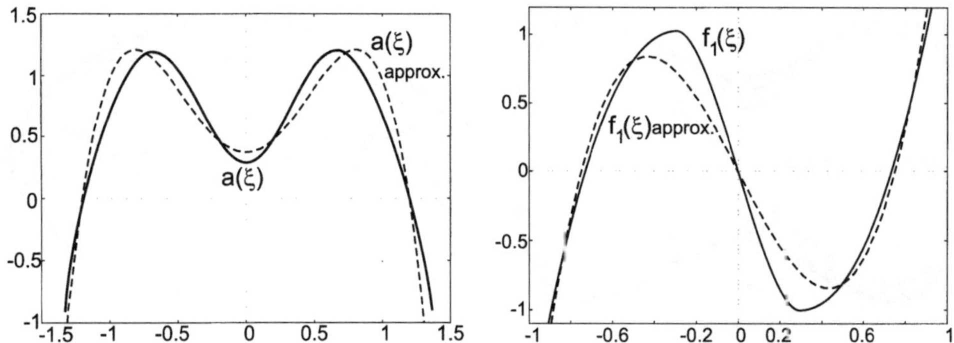

Bild 11.7: Funktionsverläufe $a(\xi)$ und $f_1(\xi)$ und ihre Approximationen

Da das Ziel eine analytische Gleichung ist, müssen die Funktionsverläufe geeignet genähert (approximiert) werden. Dabei entscheidet der Funktionstyp hauptsächlich über die erzielbare Genauigkeit sowie die Weiterverwendung. In diesem Beispiel ist wegen ihrer einfachen Differenzierbarkeit eine biquadratische bzw. eine kubische Approximationsfunktion günstig:

$$a(\xi) \approx a_0 + a_2\xi^2 + a_4\xi^4 = 0{,}375 + 2{,}55\xi^2 - 1{,}95\xi^4,$$
$$f_1(\xi) \approx \quad f_{11}\xi + f_{13}\xi^3 \quad = \quad\quad -2{,}92\xi + 5{,}19\xi^3. \tag{11.57}$$

Die Ungenauigkeiten infolge der Näherung spielen gegenüber den üblichen Bauelementetoleranzen nur eine untergeordnete Rolle. Nach dem Einsetzen entsteht die fertige Differenzialgleichung:

$$\ddot{\xi} - \varepsilon[0{,}375 + 2{,}55\xi^2 - 1{,}95\xi^4 - \dot{\xi}^2]\dot{\xi} - 2{,}92\xi + 5{,}19\xi^3 = 0. \tag{11.58}$$

Durch die numerische Integration dieser autonomen nichtlinearen Differenzialgleichung 2. Ordnung erhält man die Zeitverläufe und daraus das Phasenportät der Schwingung (Bild 11.8). Die Integration dient als Probe und illustriert deutlich den Einfluss des Parameters ε auf die Einschwingzeit (Bild 11.9).

Schaltungssynthese: Die Differenzialgleichung (11.58) geht nach Ausmultiplizieren in

$$\frac{\mathrm{d}^2\xi}{\mathrm{d}\tau^2} - \varepsilon a(\xi)\frac{\mathrm{d}\xi}{\mathrm{d}\tau} + \varepsilon\left(\frac{\mathrm{d}\xi}{\mathrm{d}\tau}\right)^3 + f_1(\xi) = 0 \tag{11.59}$$

über. Der zweite Term ist wegen dem in ihm auftretenden Produkt aus einer Nichtlinearität mit einer Ableitung technisch schwer realisierbar. Wir formen ihn deshalb entsprechend Gl. (11.9) um und erhalten:

$$\frac{\mathrm{d}^2\xi}{\mathrm{d}\tau^2} - \varepsilon\frac{\mathrm{d}}{\mathrm{d}\tau}\left(a_0\xi + \frac{a_2}{3}\xi^3 + \frac{a_4}{5}\xi^5\right) + \varepsilon\left(\frac{\mathrm{d}\xi}{\mathrm{d}\tau}\right)^3 + f_1(\xi) = 0. \tag{11.60}$$

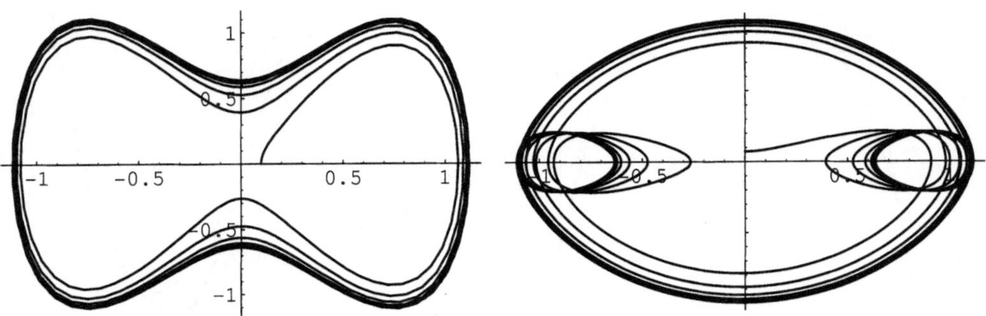

Bild 11.8: Numerisch bestimmtes Phasenportät $\dot{\xi} = \dot{\xi}(\xi)$ und $\dot{x} = \dot{x}(x)$ bei $\varepsilon = 0{,}1$ und $x(0) = 0$; $\xi(0) = 0{,}1$

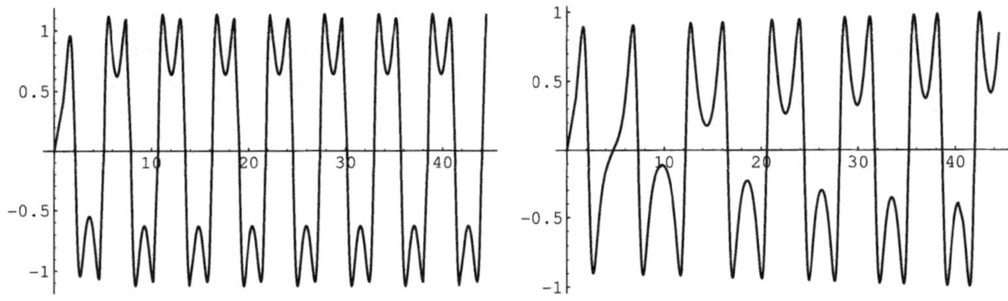

Bild 11.9: Die Zeitverläufe der Schwingung $x(t)$ bei zwei unterschiedlichen Parametern $\varepsilon = 0{,}5$; $0{,}02$ (Startbedingung $x = 0$, $\xi = 0{,}1$)

Durch die Interpretation jedes Summanden als ein Element höherer Ordnung (eingeschlossen die traditionellen Elemente 0. bzw. 1. Ordnung) entsteht unter Anwendung der Definition $p^\beta y = f_\lambda(p^\alpha x)$ die Aufteilung:

$$p^2 f_4(\xi) \qquad +p f_3(\xi) \qquad +f_2(p\,\xi) \qquad +f_1(\xi) = 0,$$

$$
\begin{array}{llll}
\alpha = 0 & \alpha = 0 & \alpha = 1 & \alpha = 0 \\
\beta = -2 & \beta = -1 & \beta = 0 & \beta = 0 \\
\text{Element} & \text{nichtlineare} & \text{Element} & \text{nichtlinearer} \\
\text{2. Ordnung} & \text{Induktivität} & \text{1. Ordnung} & \text{Widerstand.}
\end{array}
\qquad (11.61)
$$

Damit liegen die Typen der Elemente fest. Zusätzlich muss eine differenzierende stromgesteuerte Spannungsquelle eingefügt werden, da einmal integriert wurde. Das Differenzieren kann auch dadurch realisiert werden, dass von der nichtlinearen Induktivität ein Term abgespalten wird. Die Gleichung als Reihenschaltung (Entnormierung nach dem Strom) der einzelnen Elemente ist in Bild 11.10 wiedergegeben.   □

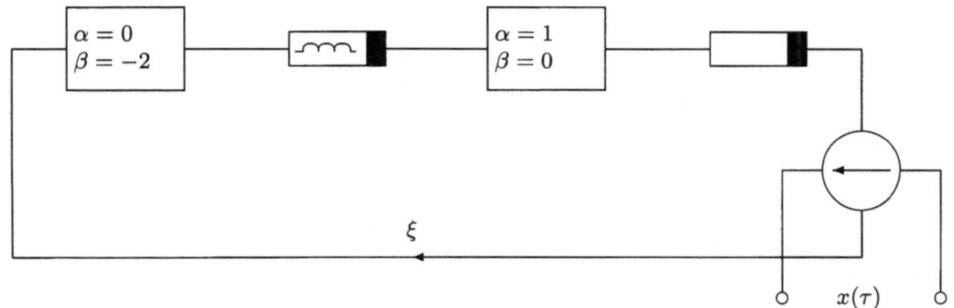

Bild 11.10: Synthetisierte Schaltung zur gesuchten Zeitfunktion

11.2.5 Frequenzteiler

Die Aufgabe der Frequenzteilung besteht darin, aus einer vorgegebenen harmonischen Eingangsgröße $\sigma(\tau) = \cos(n\tau + \varphi)$ mit der Periode $2n\pi = nT$ eine harmonische Ausgangsgröße $x(\tau) = \cos(\tau + \psi)$ mit der Periode $2\pi = T$ zu erzeugen (vgl. Tabelle 11.1). Die Größen σ und x sind entweder normierte Ströme oder normierte Spannungen in Abhängigkeit von der normierten Zeit τ.

Das exakte Modell der Frequenzteilung

Die mathematische Beschreibung der exakten Frequenzteilung wird durch heteronome Differenzialgleichungen mindestens 2. Ordnung der Form

$$\ddot{x} + F(x, \dot{x}) + x = \sigma(\tau) \qquad \text{mit} \qquad \lim_{\tau \to \infty} (x[x(0), \dot{x}(0), \tau] - \zeta) = 0 \qquad (11.62)$$

realisiert. Auf der rechten Seite geht als zeitabhängige (Stör-)funktion die Eingangsgröße $\sigma(\tau)$ ein, während die linke Seite der Differenzialgleichung die eigentliche Schwingung mit der Frequenz des Ausgangssignals erzeugt. Aus diesem Grunde werden Frequenzteiler zu den Einrichtungen gezählt, die nach dem Wirkprinzip der Schwingung arbeiten. Die Nebenbedingung gibt an, dass die Lösung $x(\tau)$ für beliebige Anfangsbedingungen $x(0), \dot{x}(0)$ nach einiger Zeit den gewünschten Zustand $\zeta(\tau)$ erreicht.

Zum Zwecke der Synthese wird die Funktion $F(x, \dot{x})$ vorteilhaft in zwei Terme aufgespalten:

$$F(x, \dot{x}) = T_d + T(x, \dot{x}) = f(x, \dot{x})\dot{x} + T(x, \dot{x}) \qquad (11.63)$$

Der erste Term T_d dient als Dämpfungsterm, d. h., er muss so beschaffen sein, dass er im Phasenraum $(x, \dot{x})$ innerhalb des Grenzzyklus kleiner Null, außerhalb größer Null wird und dass er auf dem Grenzzyklus (dem stationären Zustand) selbst verschwindet (siehe Bild 11.11) und dort die periodische Lösung nicht stört.

Im Fall der harmonischen Ausgangsgröße $x = \sin(\tau + \psi)$ mit seiner Ableitung

$$\dot{x} = \cos(\tau + \psi) = \sqrt{1 - \sin^2(\tau + \psi)} = \sqrt{1 - x^2} \qquad (11.64)$$

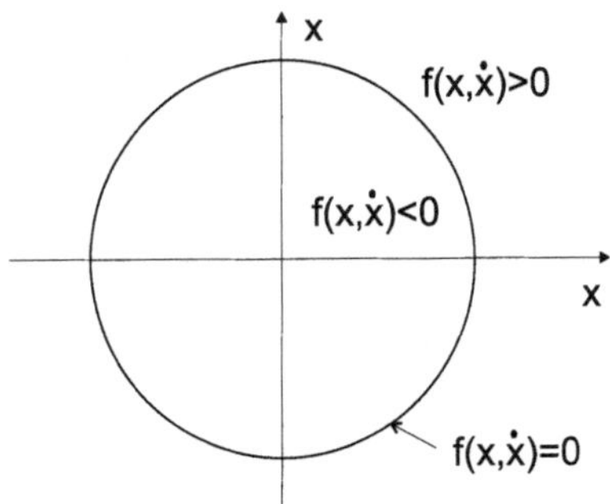

Bild 11.11: Stabilitätsbedingung und eingeschwungener Zustand im Phasenraum

ist der Grenzzyklus ein Kreis und wird durch die Differenzialgleichung

$$\dot{x}^2 + x^2 - 1 = 0 \tag{11.65}$$

beschrieben. Es ist nun offensichtlich, dass der Ausdruck

$$f(x,\dot{x}) = \varepsilon(\dot{x}^2 + x^2 - 1) \qquad \text{mit} \qquad \varepsilon > 0 \tag{11.66}$$

eine mögliche Funktion für $f(x,\dot{x})$ darstellt, welche die geforderten Bedingungen erfüllt.

Die Differenzialgleichung nimmt somit folgende Form an:

$$\ddot{x} - \varepsilon(1 - x^2 - \dot{x}^2)\dot{x} + x = \sigma(\tau) - T(x,\dot{x}). \tag{11.67}$$

Im stationären Zustand, d. h. für $x = \sin(\tau + \psi)$, verschwindet die linke Seite von Gl. (11.67), da der Dämpfungsterm extra so konstruiert wurde und die restlichen Summanden die Schwingung selbst darstellen. Damit muss auch die rechte Seite Null sein und zur Bestimmung der zweiten unbekannten Funktion $T(x,\dot{x})$ ergibt sich:

$$T(x,\dot{x}) = \sigma(\tau) = \cos(n\tau + \psi) = T_n(x,\dot{x}). \tag{11.68}$$

Hierbei handelt es sich um Tschebyscheff-Funktionen (vgl. Gl. (11.13)). Es existiert eine Vielzahl von Umformungen von einer trigonometrischen Funktion $\sigma(\tau) = \cos(n\tau+\varphi)$ in die Tschebyscheff-Funktionen $T_n(x,\dot{x})$, jedoch erfüllen nicht alle die Existenzbedingung einer stabilen subharmonischen Lösung $x(\tau) = \cos(\tau + \psi)$.

Anmerkung:
Die vielfache Wahl von Funktionen $T(x,\dot{x})$ sagt hier in prägnanter Weise aus, warum für die Synthese ein und desselben Problems mehrere Lösungen zur Konkurrenz anfallen müssen. Da unter der eben gezeigten Vielzahl von Umformungen trigonometrischer Funktionen stets welche auftreten, die zu keiner stabilen Schwingung führen, kann der gesamte Synthesevorgang schon während der mathematischen Synthese scheitern. Man ist gezwungen, mit einem neuen Ansatz zu beginnen, der den Nachteil fehlender Existenzbedingungen für eine stabile subharmonische Lösung nicht aufweist.

Wie die Synthese und Analyse wechselseitig ineinander greifen, zeigt das weitere Vorgehen. Die Funktion $T(x, \dot{x})$ hängt zwar im Allgemeinen beliebig von x und $\dot{x}$ ab, aber die Analyse nichtlinearer Schwingungen sagt aus, dass nur drei Abhängigkeiten in Frage kommen. Entweder ist sie nur eine Funktion von $x(\tau)$, weist sie die Form eines Dämpfungsterms ($f(\dot{x})$) auf oder enthält sie Produkte $x(\tau)\dot{x}(\tau)$. Zur Demonstration mehrerer Wege der Synthese werden im Folgenden alle drei Fälle näher betrachtet.

Fall 1) Die Funktion $T_n(x, \dot{x})$ enthält nur die Variable $x(\tau)$

Dieser Fall tritt immer dann auf, wenn die Eingangsgröße ein reiner Kosinus ist, also wenn die Differenzialgleichung (11.67) die Form

$$\ddot{x} - \varepsilon(1 - x^2 - \dot{x}^2)\dot{x} + T_n(x) + x = \cos(n\tau) \tag{11.69}$$

annimmt. Die Summe $T_n(x) + x$ charakterisiert einen Rückstellterm, der zur Erzeugung einer rein sinusförmigen Schwingung *ungerade* sein muss. Außerdem müssen $T_n(x)$ und x stets gleiche Vorzeichen besitzen. Diese Forderungen lauten in der mathematischen Schreibweise:

$$T_n(x) = -T_n(-x) \qquad \text{und} \qquad xT_n(x) > 0. \tag{11.70}$$

Die Tabelle 11.2 zeigt den grafischen Verlauf der ersten sechs Tschebyscheffschen Funktionen $T_n(x)$.

Offenbar erfüllen nur die Tschebyscheffschen Funktionen ungerader Ordnung $T_{2m+1}(x)$ die Bedingungen in Gl. (11.70). Die Beschreibungsgleichung für Frequenzteiler lautet also in diesem Fall:

$$\ddot{x} - \varepsilon(1 - x^2 - \dot{x}^2)\dot{x} + bT_{2m+1}(x) + x = b\cos((2m + 1)\tau), \tag{11.71}$$

wobei der neue Parameter b die Amplitude der Störfunktion erfasst. Für $b = 0$ entspricht diese Differenzialgleichung der Modellgleichung eines exakt sinusförmigen Oszillators (siehe Gl. (11.52)).

Anmerkung:
Aus Sicht der Synthese stellt der exakt sinusförmige Oszillator einen Sonderfall der Frequenzteilung dar. Diese arbeitet ohne Störfunktion, d. h. ohne äußere Kraft (hier zeitabhängige elektrische Energiequelle). Eine Teilung findet nicht statt.

Fall 2) Die Funktion $T(x, \dot{x})$ hat die Form eines Dämpfungsterms

Hat der Term $T(x, \dot{x})$ die Form eines Dämpfungsterms

$$T(x, \dot{x}) = D(x)\frac{\mathrm{d}x}{\mathrm{d}\tau}, \tag{11.72}$$

so kann man ihn wie folgt auf die Tschebyscheffschen Funktionen zurückführen. Da dieser Fall für rein sinusförmige Störfunktionen $\sigma(\tau)$ auftritt, wird der Sinus als differenzierter Kosinus interpretiert und auch die Tschebyscheff-Funktion $T_n(x)$ abgeleitet:

$$\frac{\mathrm{d}}{\mathrm{d}\tau}T_n(x) = \frac{\partial T_n(x)}{\partial x}\frac{\mathrm{d}x}{\mathrm{d}\tau}. \tag{11.73}$$

Tabelle 11.2: Tschebyscheff-Funktionen

n	$T_n(x)$ zugelassener analytischer Ausdruck	n	$T_n(x)$ nicht zugelassener analytischer Ausdruck
1	$T_1(x) = x$	2	$T_2(x) = 2x^2 - 1$
3	$T_3(x) = 4x^3 - 3x$	4	$T_4(x) = 8x^4 - 8x^2 + 1$
5	$T_5(x) = 16x^5 - 20x^3 + 5x$	6	$T_6(x) = 32x^6 - 48x^4 + 18x^2 - 1$

Durch Formvergleich und Normierung ergibt sich für die Funktion $D(x)$:

$$D(x) = D_n(x) = \frac{1}{n}\frac{\partial T_n(x)}{\partial x} \ . \tag{11.74}$$

Die Bedingung für die Störungsfreiheit sind in diesem Fall Geradheit und Positivheit, d. h.:

$$D_n(x) = D_n(-x) \qquad \text{und} \qquad D_n(x) > 0. \tag{11.75}$$

Sie führen dazu, dass ebenfalls nur Tschebyscheff-Funktionen (bzw. ihre Ableitungen) ungerader Ordnung angewandt werden können. In Tabelle 11.3 sind einige von ihnen dargestellt.

Die Ausgangsgleichung (11.67) geht letztendlich in den Ausdruck

$$\ddot{x} - \varepsilon(1 - x^2 - \dot{x}^2)\dot{x} + bD_{2m+1}(x)\dot{x} + x = -b\sin((2m + 1)\tau) \tag{11.76}$$

über.

Die Funktion $D_{2m+1}(x)\dot{x}$ erfüllt die Bedingung einer Dämpfungsfunktion in einer nichtlinearen heterogenen Differenzialgleichung 2. Ordnung. Werden die beiden Funktionen $T_{2m+1}(x)$ und $D_{2m+1}(x)\dot{x}$ gleichzeitig verwendet, dann ist auch für $\varepsilon = 0$ die synthetisierte Gleichung

$$\ddot{x} + b_1 D_{2m+1}(x)\dot{x} + b_2 T_{2m+1}(x) + x = -\hat{B}\cos((2m + 1)\tau) \tag{11.77}$$

Tabelle 11.3: Formen der abgeleiteten Tschebyscheff-Funktionen als Dämpfungsterme

n	$\sigma(\tau)$	$T(x,\dot{x}) = \frac{1}{n}\frac{\partial T_n(x)}{\partial x}\dot{x} = D_n(x)\dot{x}$	$D_n(x)$
1	$-\sin\tau$	$T(x,\dot{x}) = 1\cdot\dot{x}$	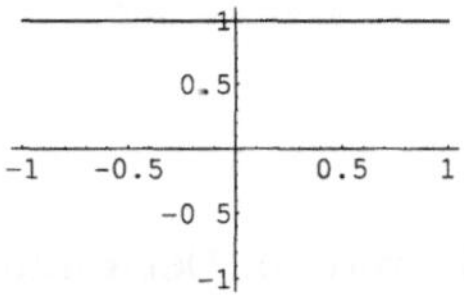
3	$-\sin(3\tau)$	$T(x,\dot{x}) = (4x^2 - 1)\dot{x}$	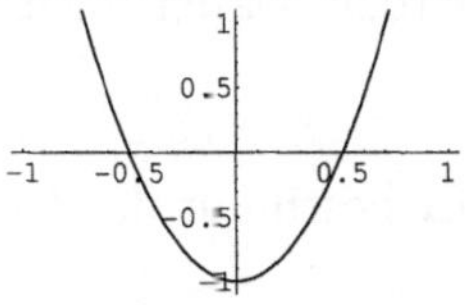
5	$-\sin(5\tau)$	$T(x,\dot{x}) = (16x^4 - 12x^2 + 1)\dot{x}$	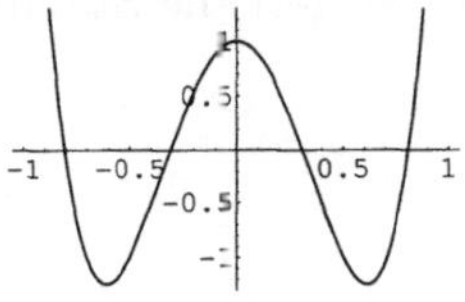
7	$-\sin(7\tau)$	$T(x,\dot{x}) = (64x^6 - 80x^4 + 24x^2 - 1)\dot{x}$	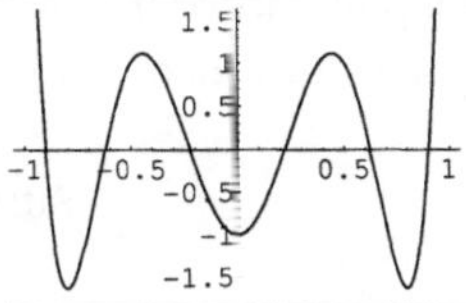

mit $\hat{B}^2 = b_1^2 + b_2^2$ ein Modell der exakten Frequenzteilung.

Wird nun weiterhin $b_2 = 0$ gesetzt, so liegt für $D_{2m+1} < 0$ an den Stellen $|x| < \delta$ ein fast exaktes Modell der Frequenzteilung vor, z. B. führt $m = 1$ auf den Ausdruck:

$$\ddot{x} + b(1 - 4x^2)\dot{x} + x = -b\sin(3\tau). \tag{11.78}$$

Fall 3) Die Funktion $T(x,\dot{x})$ enthält Produkte der Form $x\dot{x}$

Mit der Festlegung

$$T_n(x,\dot{x}) = T_n^s(x,\dot{x}) = (h(\dot{x})\dot{x})x \tag{11.79}$$

folgt für diesen Fall das mathematische Modell:

$$\ddot{x} - \varepsilon(1 - x^2 - \dot{x}^2)\dot{x} + (1 + bh(\dot{x})\dot{x})x = b\sigma(\tau) \tag{11.80}$$

oder

$$\ddot{x} - \varepsilon\left(1 - x^2 - \dot{x}^2 - \frac{bh(\dot{x})x}{\varepsilon}\right)\dot{x} + x = b\sigma(\tau). \tag{11.81}$$

Ein genaue Betrachtung der beiden Gleichungen ergibt, dass die Funktion $T_n^s(x, \dot{x})$ wegen des Produkts der Variablen $x, \dot{x}$ sowohl den Rückstellterm als auch den Dämpfungsterm beeinflusst. Um den Einfluss auf den Rückstellterm zu verhindern, muss neben der linearen Bedingung von $T_n^s(x, \dot{x})$ in x noch die Bedingung

$$\text{sign}(h(\dot{x})\dot{x})\Big|_{|x|>\delta} = \text{sign}\, x \qquad (11.82)$$

gestellt werden. Der Einfluss des Dämpfungsterms kann durch den Parameter ε verändert werden. Dabei spielt ε eine doppelte Rolle.

a) Er bestimmt das Übergangsverhalten der Schwingung (langsam oder schnell).

b) Er sichert die Stabilität der Lösung $x(\tau)$, wenn gilt:

$$\text{sign}(h(\dot{x})\dot{x}) \neq \text{sign}\, f(x, \dot{x}). \qquad (11.83)$$

Als Beispiele werden die Eingangsfunktionen $\sigma(\tau)$ untersucht, die bisher noch nicht erfasst wurden, also $\sigma(\tau) = \sin(2m\tau)$. Für m=1 folgt:

$$\sin(2\tau) = 2\cos\tau\sin\tau = 2\dot{x}x = T_2^s(x, \dot{x}). \qquad (11.84)$$

Der Index „s" bedeutet, dass die Funktion $T_n(x, \dot{x})$ unter der Annahme $x = \sin\tau$ hergeleitet wurde. Der Ansatz $x = \cos\tau$ ist dagegen erfolglos, wie das Beispiel m=2 zeigt. Hier gilt:

$$\sin(4\tau) = -\frac{1}{4}\frac{d}{d\tau}\cos(4\tau) = -\frac{1}{4}\frac{d}{d\tau}(8x^4 - 8x^2 + 1) = -(8x^3 - 4x)\dot{x} = T_4^c(x, \dot{x}). \quad (11.85)$$

Diese Funktion stellt aber eine nicht geeignete Funktion von x dar. Dagegen führt die Auflösung nach den Sinus auf:

$$\sin(4\tau) = (8\cos^3\tau - 4\cos\tau)\sin\tau = (8\dot{x}^2 - 4)\dot{x}x = T_4^s(x, \dot{x}) = (h_4(\dot{x})\dot{x})x. \quad (11.86)$$

Das Bild 11.12 vergleicht die Funktionen $H_2(\dot{x}) = h_2(\dot{x})\dot{x} = 2\dot{x}$ und $H_4(\dot{x}) = h_4(\dot{x})\dot{x} = (8\dot{x}^2 - 4)\dot{x}$ sowie den Rückstellterm $T_r = x$.

Offensichtlich sind die Funktionen $H_2(\dot{x})$ und $H_4(\dot{x})$ zugelassen, da

$$\text{sign}H_2(\dot{x})\Big|_{|\dot{x}|>0} = \text{sign}H_4(\dot{x})\Big|_{|\dot{x}|>\delta} = \text{sign}\, x \qquad (11.87)$$

erfüllt ist. Die allgemeine Modellgleichung lautet im dritten Fall:

$$\ddot{x} - \varepsilon(1 - x^2 - \dot{x}^2)\dot{x} + T_{2m}^s(x, \dot{x}) + x = b\sin(2m\tau). \qquad (11.88)$$

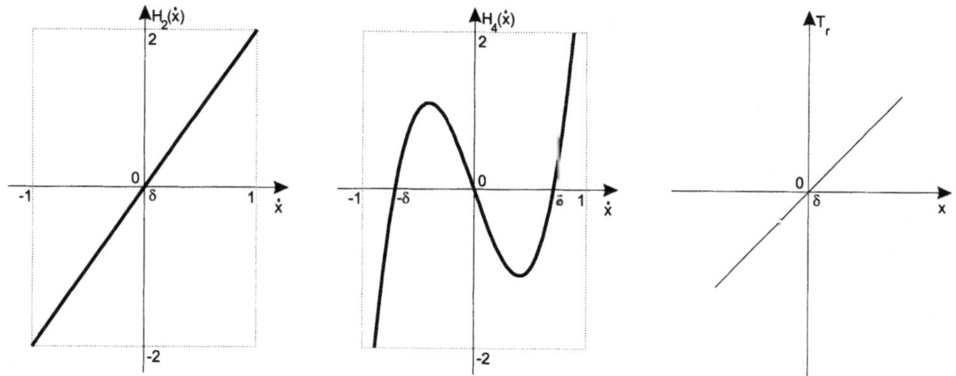

Bild 11.12: Beispiele für zugelassene Funktionen $H_{2m}(\dot{x})$ und der Rückstellterm $T_r = x$

Zusammenfassung der Modellgleichungen zur exakten Frequenzteilung

Zum Zweck eines besseren Vergleichs seien alle vier unter Verwendung Tschebyscheffscher Polynome gefundenen mathematischen Modelle der exakten Frequenzteilung gegenübergestellt:

$$\ddot{x} - \varepsilon(1 - x^2 - \dot{x}^2)\dot{x} + bT_{2m+1}(x) + x = b\cos((2m+1)\tau),$$

$$\ddot{x} - \varepsilon(1 - x^2 - \dot{x}^2)\dot{x} + bD_{2m+1}(x)\dot{x} + x = -b\sin((2m+1)\tau),$$

$$\ddot{x} + b_1 D_{2m+1}(x)\dot{x} + b_2 T_{2m+1}(x) + x = -\sqrt{b_1^2 + b_2^2}\cos((2m+1)\tau),$$

$$\ddot{x} - \varepsilon(1 - x^2 - \dot{x}^2)\dot{x} + T_{2m}^s(x, \dot{x}) + x = b\sin(2m\tau). \tag{11.89}$$

Erweiterte Modelle gerader Ordnung bei neuen Variablen

Im Folgenden wird noch einmal der Fall $m = 1$ aus dem voranstehenden Abschnitt betrachtet. Aus Gl. (11.84) folgt die Differenzialgleichung

$$\ddot{x} - \varepsilon(1 - x^2 - \dot{x}^2)\dot{x} + 2bx\dot{x} + x = b\sin(2\tau). \tag{11.90}$$

Die gefundene Differenzialgleichung wird nun modifiziert, indem zur Variablen ein Gleichwert (Offset) hinzugefügt wird. Diese Variablensubstitution

$$v = x - B_0 \tag{11.91}$$

ergibt in Gl. (11.90) eingesetzt:

$$\ddot{v} - \varepsilon(1 - [v^2 - 2B_0(v - B_0) - B_0^2] - \dot{v}^2)\dot{v} + 2b(v - B_0)\frac{\mathrm{d}}{\mathrm{d}\tau}v^2 + v = b\sin(2\tau) + B_0. \tag{11.92}$$

Die Gleichung wurde bereits so umgestellt, dass sie sich für $B_0 = b/\varepsilon$ vereinfacht, so dass

$$\ddot{v} - \varepsilon(1 + B_0^2 - v^2 - \dot{v}^2)\dot{v} + v = b\sin(2\tau) + B_0 \qquad (11.93)$$

gilt. Die Lösung der auf diese Weise erweiterten Differenzialgleichung lautet weiterhin $v = B_0 + x = B_0 + \sin\tau$, lässt sich jedoch gegenüber der Ausgangsgleichung (11.90) einfacher realisieren.

Beispiel 5:
Für den Fall $m = 2$ soll aus Gl. (11.86) und Gl. (11.89) die Modellgleichung mit der Lösung $v = x - B_0 = \sin\tau - B_0$ hergeleitet werden ($B_0 = 2b/\varepsilon$). Das Ergebnis der synthetisierten Gleichung lautet:

$$\ddot{v} - \varepsilon(1 + B_0^2 - v^2 - (1 + 4B_0^2)\dot{v}^2)\dot{v} + 8b\dot{v}^3 v + v = b\sin(4\tau) - B_0. \qquad (11.94)$$

□

Anwendung Tschebyscheffscher Mehrfachfunktionen

Wie man sich leicht vorstellen kann, entstehen bei höheren Frequenzteilungsfaktoren Nichtlinearitäten, die technisch schwer zu realisieren sind. Eine Möglichkeit, diesen Umstand zu umgehen, bietet eine mögliche Faktorenzerlegung des Teilungsfaktors.

Definition 11.2 *Es seien $T_{n_i}(x)$ Tschebyscheffsche Funktionen n_i-ter Ordnung und $N = n_1 n_2 \cdots n_k$, wobei alle Faktoren n_i ungerade sind. Dann ist die* Tschebyscheffsche Mehrfachfunktion T_n *durch*

$$T_n = T_{n_1}\{T_{n_2}[\ldots(T_{n_k})\cdots]\} \qquad (11.95)$$

gegeben.

Beispiel 6:
Für $N = 9 = 3 \cdot 3$ ergibt sich entsprechend Abschnitt 11.2.3 die Tschebyscheff-Funktion:

$$T_3(x) = T_{n_1}(x) = T_{n_2}(x) = 4x^3 - 3x. \qquad (11.96)$$

Nach dem Einsetzen entsteht die Gleichung:

$$T_9(x) = T_{n_1}[T_{n_2}(x)] = T_3[T_3(x)] = 4(4x^3 - 3x)^3 - 12(4x^3 - 3x). \qquad (11.97)$$

Diese Funktion erfüllt die Bedingungen (11.70) der Rückstellkraft. Das mathematische Modell gemäß Gl. (11.89) lautet:

$$\ddot{x} - \varepsilon(1 - x^2 - \dot{x}^2)\dot{x} + bT_3[T_3(x)] + x = b\cos(9\tau). \qquad (11.98)$$

Damit liegt das synthetisierte mathematische Modell einer neunfachen Frequenzteilung vor. Wie später im Kapitel Struktursynthese noch gezeigt wird, sind bei Modellen wie diesem gesteuerte Quellen zu verwenden. Die nichtlineare kubische Kennlinie muss man wegen Gl. (11.97) selbst in die dritte Potenz erheben.   □

Gerade N erzeugen wegen des Auftretens von $\dot{x}$ ein aufwändigeres mathematisches Modell und erschweren somit von vornherein die weiteren Syntheseetappen.

Parametrische Modelle der Frequenzteilung

Man spricht von parametrischen Differenzialgleichungen, von parametrischen mathematischen Modellen, von parametrischen Bauelementen, wenn in diesen die Zeit (hier normierte Zeit) *explizit* auftritt. Der zeitliche Einfluss von Störfunktionen bleibt dabei unberücksichtigt. Die Parameterabhängigkeit wird auf die rechte Seite geschrieben.

Für den Fall einer Frequenzteilung $1:2$ besteht neben den bisher beschriebenen ein weiteres exaktes Modell, das der parametrischen Differenzialgleichungen. Der Ausgangspunkt ist eine Differenzialgleichung der Form:

$$\ddot{x} - f(x)\dot{x} + x = F(x(\tau), \sigma(\tau)), \tag{11.99}$$

wobei folgende Bedingungen vorausgesetzt werden:

$$f(x) = f(-x) \qquad \text{(Symmetrie)}, \tag{11.100}$$

$$f(x) = \begin{cases} > 0 & \text{für } |x| > \delta, \\ < 0 & \text{für } |x| < \delta, \end{cases} \tag{11.101}$$

$$F[x(\tau + \lambda), \sigma(\tau + \lambda)] = F[x(\tau), \sigma(\tau)] \qquad \text{(Periodizität mit der Periode } \lambda). \tag{11.102}$$

Eine der einfachsten Funktionen, die diese Bedingungen erfüllen, ist:

$$f(x) = \varepsilon(1 - ax^2), \qquad a > 0. \tag{11.103}$$

In die Differenzialgleichung eingesetzt, ergibt sich:

$$\ddot{x} - \varepsilon(1 - ax^2)\dot{x} + x = F(x, \sigma) \tag{11.104}$$

bzw.

$$\ddot{x} + \frac{\mathrm{d}}{\mathrm{d}\tau}\left[\varepsilon x\left(\frac{a}{3}x^2 - 1\right)\right] + x = F(x, \sigma). \tag{11.105}$$

Es folgt die Bestimmung der Funktion $F(x, \sigma)$. Wegen der Forderung einer exakten Lösung sowie der Periodizität gilt $\ddot{x} + x = 0$ und es verbleibt:

$$\frac{\mathrm{d}}{\mathrm{d}\tau}\left[\varepsilon x\left(\frac{a}{3}x^2 - 1\right)\right] = F(x, \sigma). \tag{11.106}$$

In diesem Fall wurde ein Frequenzverhältnis 1:2 vorgegeben. Mit der Wahl von $a = 6$ erhält man mit der trigonometrischen Beziehung $\cos(2\tau) = \cos^2 \tau - \sin^2 \tau = 2\cos^2 \tau - 1$ für die Funktion F:

$$F = \frac{\mathrm{d}}{\mathrm{d}\tau}\left[\varepsilon x(2x^2 - 1)\right] = \frac{\mathrm{d}}{\mathrm{d}\tau}(\varepsilon x\sigma). \tag{11.107}$$

Offensichtlich ist auch für die Funktion $F(x, \sigma)$ die Bedingung der Periodizität mit der Periode $\lambda = 2\pi$ erfüllt.

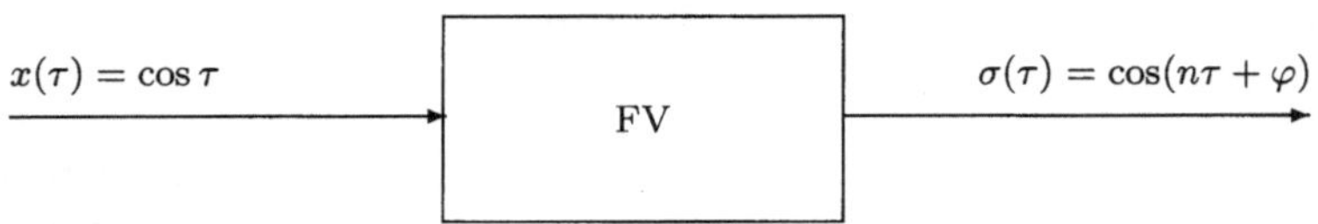

Bild 11.13: Black-box-Modell der Frequenzvervielfachung

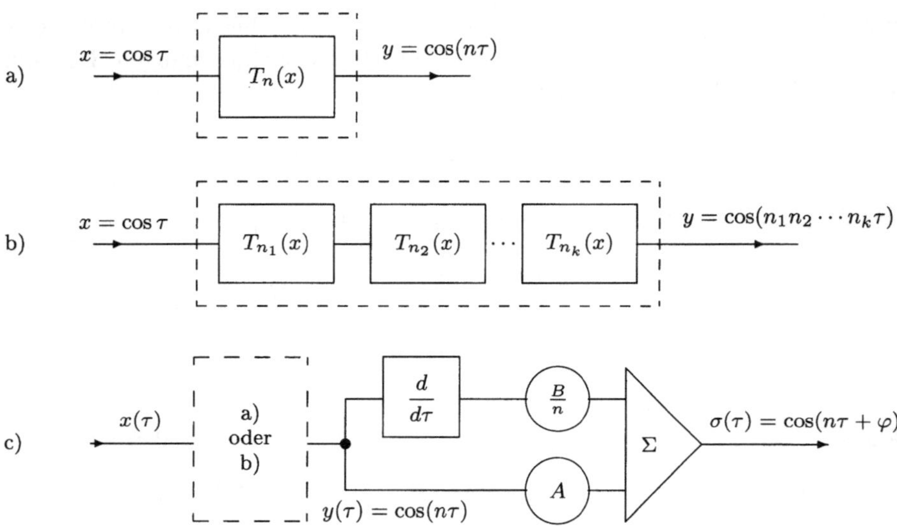

Bild 11.14: Blockschaltbild der Frequenzvervielfachung

11.2.6 Frequenzvervielfachung

Man erhält Frequenzvervielfachung durch Vertauschen der Eingangs- und Ausgangs-größen von Frequenzteilern (Abschnitt 11.2.5). Damit entsteht ein System nach Bild 11.13 mit der Beschreibungsgleichung:

$$\ddot{x} - \varepsilon(1 - x^2 - \dot{x}^2)\dot{x} + T(x, \dot{x}) + x = \sigma(\tau), \tag{11.108}$$

die zu Gl. (11.67) Formgleichheit aufweisen muss, weil die Vorgänge Frequenzteilung und Frequenzvervielfachung zueinander invers verlaufen.

Setzt man die Eingangangsfunktion $x = \cos\tau$ in die Beschreibungsgleichung ein, so ergeben die verbleibenden Terme die Bestimmung der Tschebyscheff-Funktion:

$$T(x, \dot{x}) = \sigma(\tau) = \cos\varphi\cos(n\tau) - \sin\varphi\sin(n\tau)$$

$$= A\cos(n\tau) + \frac{B}{n}\frac{\mathrm{d}}{\mathrm{d}t}\cos(n\tau) = AT_n(x) + \frac{B}{n}\frac{\mathrm{d}}{\mathrm{d}t}T_n(x), \tag{11.109}$$

wobei $T_n(x)$ ein Tschebyscheff-Polynom n-ten Grades ist. Damit lassen sich n-fache Frequenzvervielfacher aufbauen. Die Verwendung der nur von x abhängigen Funktionen T_n

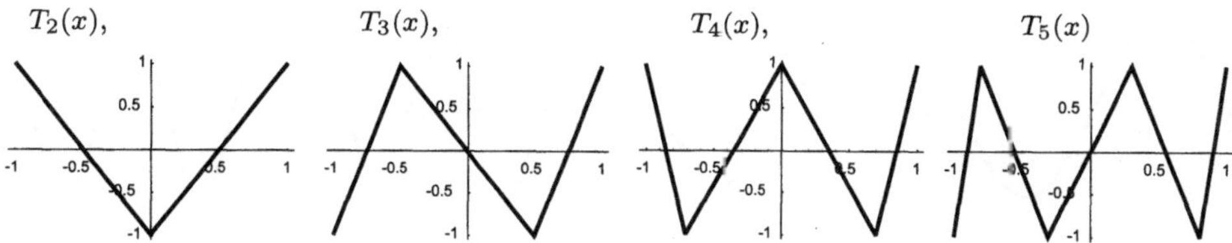

Bild 11.15: Linearisierte Kennlinien zur Nachbildung Tschebyscheffscher Polynome

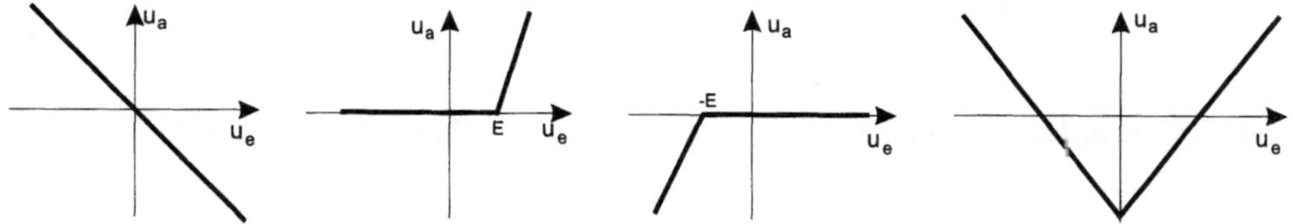

Bild 11.16: Grundkennlinien zur Gewinnung zusammengesetzter Kennlinien

gestattet die Kettenschaltung von Frequenzvervielfachern kleiner Faktoren $n_1, \ldots, n_k$ zur Konstruktion eines Frequenzvervielfachers mit großem Faktor $n = n_1 \cdots n_k$. Das Blockschaltbild ist leicht aus der Beziehung (11.109) zu entnehmen, siehe Bild 11.14.

Die Funktionen $T_n(x)$, siehe Tabelle 11.2, können z. B. mit analogen Multiplikationsschaltungen oder durch linearisierte Kennlinien realisiert werden. Die linearisierten Kennlinien zeigt Bild 11.15 für $n = 2$ bis 5.

Die in Bild 11.15 enthaltenen Übertragungskennlinien sehen erst einmal eckig und unnatürlich aus. Sie besitzen jedoch den Vorteil, dass sie sich aus wenigen und vor allem einfach zu realisierenden Grundkennlinien zusammensetzen (Bild 11.16).

Die Grundkennlinien lassen sich durch Operationsverstärkerschaltungen realisieren. Für eine bessere Qualität des Ausgangssignals bietet sich die Möglichkeit an, die sinusförmige Eingangsspannung in eine Dreiecksspannung zu formen und die frequenzvervielfachte Dreiecksspannung zurück zum Sinus umzuwandeln. Diesen Vorgang veranschaulicht Bild 11.17.

11.2.7   Ideale Gleichrichtung

Wieder ausgehend vom Modell für die Frequenzteilung bestimmt man die Tschebyscheffsche Funktion $T(x, \dot{x})$ aus Gl. (11.67) für $x = \sin \tau$ und $\sigma = 1$ durch die Festlegung:

$$T(x, \dot{x}) = \sigma = 1 = \sin^2 \tau + \cos^2 \tau = x^2 + \dot{x}^2. \tag{11.110}$$

Damit geht aus einer sinusförmigen Größe x eine konstante Größe σ hervor und es liegt eine ideale Gleichrichtung vor.

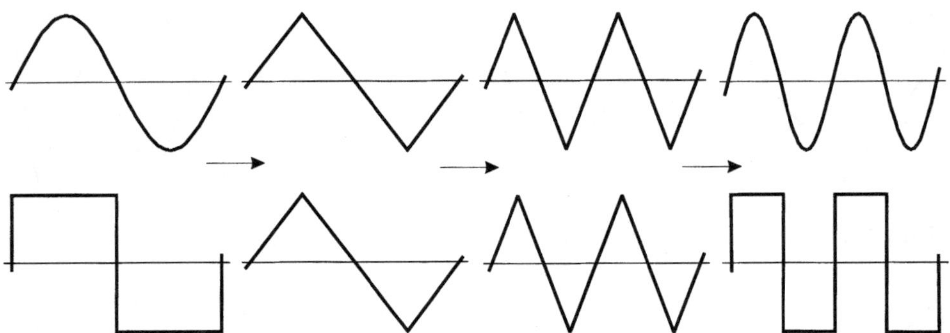

Bild 11.17: Schritte zur analogen bzw. digitalen Umwandlung für frequenzvervielfachende Netzwerke

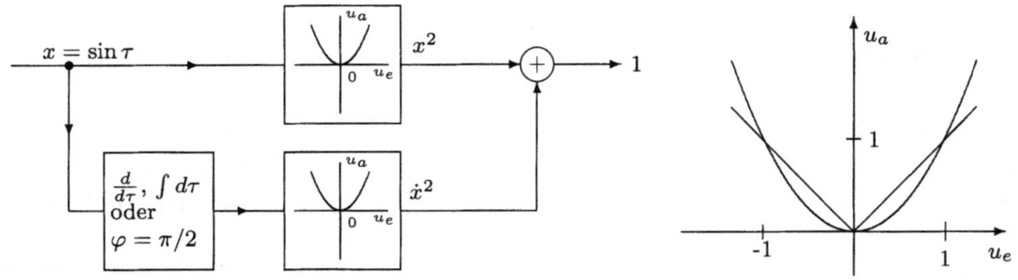

Bild 11.18: Realisierung eines idealen Gleichrichters und Approximation der quadratischen Kennlinie

Weitere und damit anders realisierbare Ausdrücke für $T(x, \dot{x})$ erhält man durch Umformung des Kosinusterms in einen Sinusterm:

$$x^2 + \left(\int x \, d\tau\right)^2 = 1; \qquad x^2 + \left(x\left(\tau + \frac{\pi}{2}\right)\right)^2 = 1, \tag{11.111}$$

die zu Gl. (11.110) äquivalent sind. Eine der möglichen schaltungstechnischen Realisierungen wird in Bild 11.18 illustriert.

11.2.8 Ideale Amplitudendemodulation

Der Amplitudendemodulator extrahiert aus der Eingangsgröße $E(\tau)$, d. h. einem Produktsignal eines Nutzsignals $F(\tau)$ mit einer sinusförmigen Trägergröße $x(\tau) = \sin\tau$, das informationstragende Nutzsignal. Die Herleitung eines mathematischen Modells beginnt wieder mit dem allgemeinen Modell der Frequenzteilung und setzt die Ausgangsfunktion als Nutzsignal $\sigma(\tau) = F(\tau)$. Jetzt muss die Funktion T nicht nur von x, $\dot{x}$ sondern ebenfalls von $E(\tau)$ abhängen. Für die Funktion T gilt also:

$$T(E(\tau), x, \dot{x}) = F(\tau) = F(\tau)(\sin^2\tau + \cos^2\tau) = F(\tau)(x^2 + \dot{x}^2) = E(\tau)x + F(\tau)\dot{x}^2. \tag{11.112}$$

Bild 11.19: Amplitudendemodulator

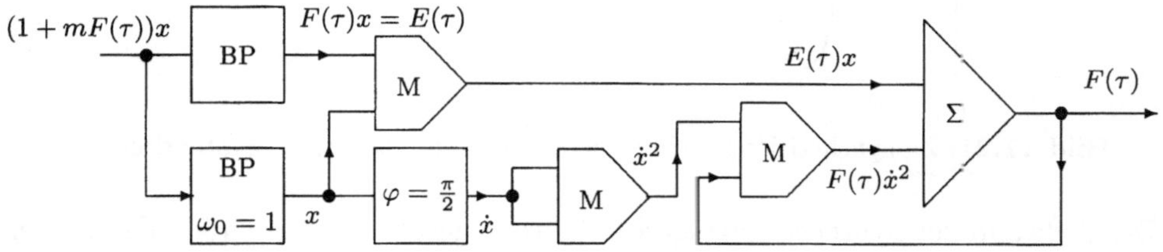

Bild 11.20: Blockschaltbild eines idealen Amplitudendemodulators (BP = Bandpass, M = Multiplikator)

Da in diesem synthetisierten mathematischen Modell der Amplitudendemodulation sowohl Eingangsgrößen als auch Ausgangsgrößen auftreten, enthält die Schaltung (siehe Bild 11.20) eine Rückkopplung. Den Frequenzträger erhält man durch ein auf dessen Frequenz abgestimmten Bandpass. Darüber hinaus enthält die Schaltung analoge Multiplikatoren.

11.2.9 Umformung periodischer Funktionen

Das Ziel ist, aus einer sinusförmigen Eingangsgröße $x(\tau) = \cos\tau$ eine Schwingung mit einem gewünschten Verlauf $\sigma(\tau)$ zu synthetisieren. Die zu synthetisierende Funktion muss sich dazu in eine Fourierreihe entwickeln lassen. Die Grundfrequenz der Fourierreihe sei die unserer Eingangsschwingung. Dann können alle Summanden der Reihe durch eine Frequenzvervielfachung und deren Wichtung gewonnen werden.

Über Tschebyscheffsche Polynome erhält man die höherfrequenten Sinus- bzw. Kosinusfunktionen:

$$\cos(n\tau) = T_n(x),$$

$$\sin(n\tau) = -\frac{1}{n}\frac{\mathrm{d}}{\mathrm{d}\tau}\cos(n\tau) = \frac{1}{n}\frac{\mathrm{d}T_n(x)}{\mathrm{d}x}\frac{\mathrm{d}x}{\mathrm{d}\tau} = -D_n(x)\dot{x}. \tag{11.113}$$

Die Funktion $T(x,\dot{x})$ aus Gl. (11.108) nimmt damit die Form

$$T(x,\dot{x}) = \frac{a_0}{2} + \sum_{n=1}^{\infty}(a_n T_n(x) - b_n D_n(x)\dot{x}) \tag{11.114}$$

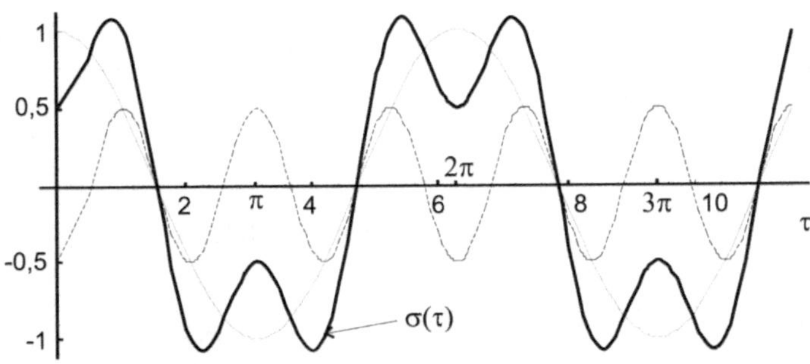

Bild 11.21: Zu synthetisierende Schwingung und ihre additiven Bestandteile

an. Der Aufwand der Synthese verringert sich, wenn gerade oder ungerade Funktionen synthetisiert werden sollen. Bei geraden Funktionen entfallen alle Sinusterme (alle $b_i = 0$), bei ungeraden alle Kosinusterme ($a_i = 0$).

Beispiel 7:

Aus einer Sinusgröße $x = \cos\tau$ soll die Schwingung in Bild 11.21 synthetisiert werden. Die Approximation der gegebenen Funktion durch Fourieranalyse ergibt die Gleichung:

$$\sigma(\tau) = \cos\tau - 0{,}5\cos(3\tau) \qquad (11.115)$$

Setzt man die Tschebyscheffschen Polynome entsprechend Gl. (11.15) ein, so ergibt sich:

$$\sigma(\tau) = x - 0{,}5(4x^3 - 3x) = 2{,}5x - 2x^3. \qquad (11.116)$$

Diese Schwingung weist die Periode 2π auf. $\qquad\square$

Beispiel 8:
Die Aufgabe besteht in der mathematischen Synthese der Schwingung:

$$\sigma(\tau) = 0{,}8\sin\tau + 0{,}5\sin(2\tau) \qquad (11.117)$$

aus einer Sinusschwingung $x = \sin\tau$ (Bild 11.22). Durch Umformung ergibt sich die Lösung:

$$\sigma(\tau) = 0{,}8\sin\tau + \sin\tau\cos\tau = 0{,}8x + x\dot{x} = 0{,}8x + 0{,}5\frac{\mathrm{d}}{\mathrm{d}t}x^2. \qquad (11.118)$$

$\qquad\square$

Beispiel 9:
Die mehrdeutige Übertragungskennlinie liege in grafischer Form nach Bild 11.23 (links) vor. Die Aufgabe bestehe in der Suche nach einem analytischen Ausdruck beim Anliegen der sinusförmigen Eingangsgröße $x(\tau)$.

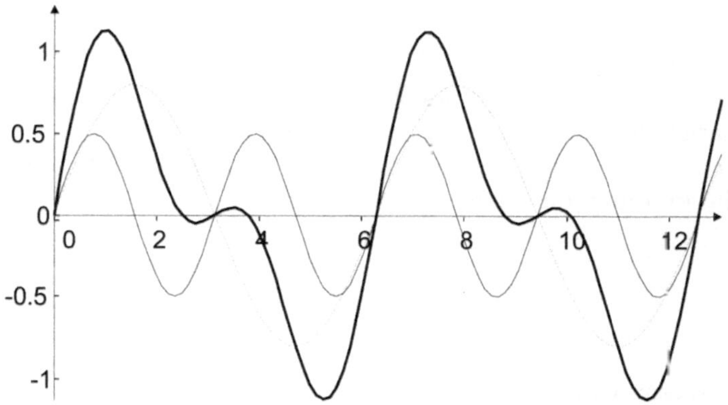

Bild 11.22: Grafische Darstellung der Ausgangsgröße $\sigma(\tau)$

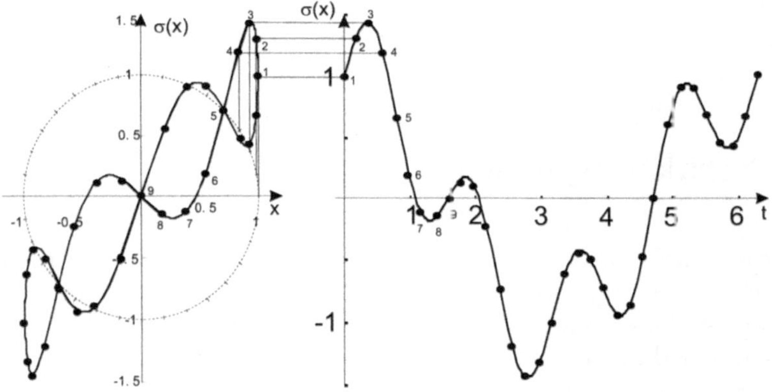

Bild 11.23: Mehrdeutige Übertragungskennline $\sigma(x)$ und Zeitfunktion $\sigma(t)$

Wenn die Kennlinie $\sigma(x)$ von einer Größe $x = \cos\tau$ ausgesteuert wird, erhält man die zeitabhängige Funktion $\sigma(\tau)$ in Bild 11.23. Sie kann einer harmonischen Analyse (Fourieranalyse) unterzogen werden. Im Einzelnen geschieht das wie folgt. Man ergänzt das Bild der Übertragungskennlinie um den Einheitskreis und teilt diesen in gleiche Teile (hier im Bild sind es 32 Teile). Die Anzahl der Teile bestimmt die Anzahl der Teilintervalle $\Delta\tau$ und damit die Genauigkeit der Fourieranalyse. Bei einer bestimmten Zahl von Werten können Rechenvorteile genutzt werden, z. B. FFT bei $n = 2^i$ Werten. Durch die Kreisteilpunkte werden vertikale Linien gezogen und deren Schnittpunkte mit der Kennlinie ergeben die Funktionswerte $\sigma(k\Delta\tau)$.

In unserem Beispiel folgt aus der Fourieranalyse der abgelesenen Werte:

$$\sigma(\tau) = \cos\tau + 0{,}5\sin(4\tau) = \cos\tau - \frac{1}{8}\frac{\mathrm{d}}{\mathrm{d}\tau}\cos(4\tau). \tag{11.119}$$

Mit den Tschebyscheffschen-Polynomen aus Gl. (11.15) folgt die Modellgleichung:

$$\sigma(\tau) = x - \frac{1}{8}\frac{d}{d\tau}(8x^4 - 8x^2 + 1) = x - (4x^3 - 2x)\dot{x}. \tag{11.120}$$

Für die Simulation dieser Gleichung muss die in ihr auftretende Differenziation beachtet werden. Kann die nicht durchgeführt werden, dafür jedoch eine Integration, so lässt sich die Differenziation durch die Umformung

$$\dot{x} = -\sin\tau = -\int\limits_0^\tau \cos\tau\,d\tau = -\int\limits_0^\tau x\,d\tau \tag{11.121}$$

umgehen. Für diesen Fall hat die Modellgleichung die Form

$$T(x,\dot{x}) = \sigma(\tau) = \frac{a_0}{2} + \sum_{n=1}^{\infty}\left(a_n T_n(x) + b_n D_n(x)\int\limits_0^\tau x\,dx\right). \tag{11.122}$$

$\square$

11.3 Struktursynthese

Den Ausgangspunkt für die Struktursynthese bilden Bewegungsgleichungen, die entweder durch eine vorangegangene mathematische Synthese entstanden sind oder durch die Aufgabenstellung vorgegeben werden. In beiden Fällen besteht die Aufgabe der Struktursynthese darin, den vorliegenden Bewegungs(differenzial)gleichungen in systematischer Weise ein realisierbares, physikalisch-technisches System zuzuordnen.

Dazu sind aus den Bewegungsgleichungen eine Topologie, der Typ eines jeden Bauelements und ihr Kennlinienverlauf zu entwickeln. Die Struktursynthese wird in der Literatur häufig auch als Schaltungssynthese bezeichnet.

Die Systemvariablen in den Bewegungsgleichungen stellen in vielen Fällen normierte (dimensionslose) Größen dar. Um entsprechend der Aufgabenstellung realisierbare, physikalisch-technische Systeme zu entwerfen, muss an dieser Stelle der physikalische Charakter der Systemvariablen festgelegt werden. Das bedeutet, anhand eines gewählten Maßsystems sind die Einheiten der Systemvariablen festzulegen.

Im gleichen Sinne ist auch die erforderliche Entnormierung der Systemvariablen in den Verhaltensgleichungen der verfügbaren Teilsysteme zu sehen. Hierbei ist allerdings zu beachten, dass normalerweise bereits mit der Auswahl der verfügbaren Teilsysteme in der Aufgabenstellung der Synthese auch der physikalische Charakter der Teilsysteme festgelegt ist. Es ist die Entnormierung der Verhaltensgleichungen der Teilsysteme natürlich derart vorzunehmen, dass der vorgegebene physikalische Charakter dieser Teilsysteme wieder erscheint.

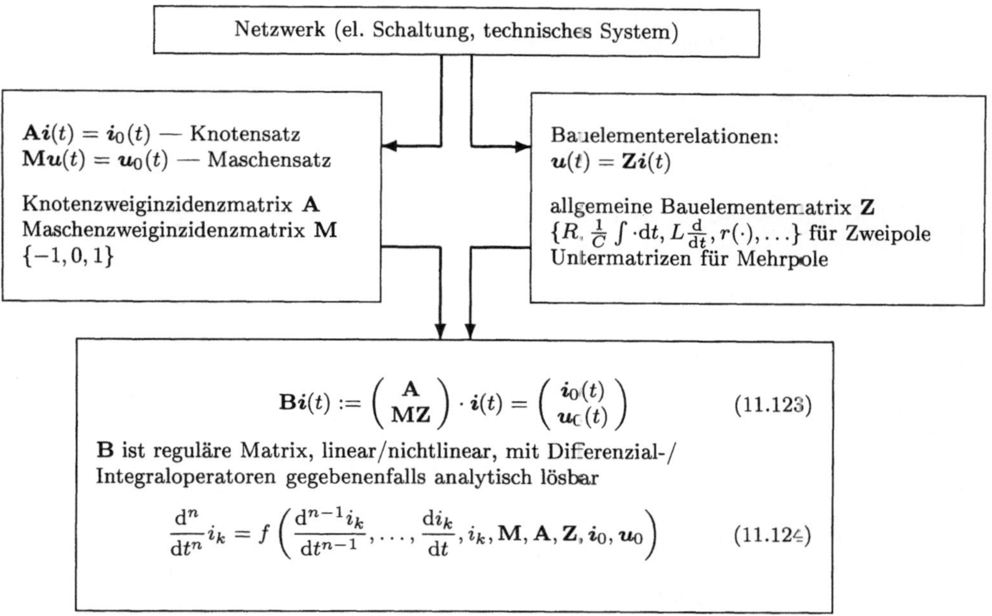

Bild 11.24: Ablauf der Analyse mit Hilfe der Kirchhoffschen Sätze (hier zur Ermittlung eines Stromes in den Beschreibungsgleichungen)

11.3.1 Synthese von Differenzialgleichungen über Topologie und Bauelemente

Vorgehensweise, Begriffe und Definitionen

Die Analyse elektrischer Netzwerke, die beliebige, also auch nichtlineare Elemente enthalten können, beruht auf den Kirchhoffschen Sätzen. Ein prinzipieller Ablauf ist in Bild 11.24 illustriert. Die Idee eines Verfahrens der Systemsynthese besteht darin, entgegengesetzt zur Analyse vorzugehen. Besondere Bedeutung kommt dabei einem formalisierbaren Algorithmus und allgemeinen Aussagen zur prinzipiellen Realisierbarkeit einer gegebenen Beschreibungsgleichung zu. Der Ablauf der Schaltungssynthese mit dieser Herangehensweise lässt sich in mehrere Teilschritte entsprechend Bild 11.25 aufteilen.

Ausgangspunkt dieser Methode der Struktursynthese ist eine Beschreibungsgleichung nach Gl. (11.124), die aus *konzentrierten Parametern* besteht und in der alle nichtlinearen Terme, Ableitungen beliebiger Ordnung, Integro-Anteile, parametrische Summanden etc. enthalten sind. Systeme von Beschreibungsgleichungen müssen sich zu einer einzigen Gleichung zusammenfassen lassen. Die mathematische Synthese gilt als abgeschlossen.

Der gegebenen (normierten) Differenzialgleichung wird sowohl ein Strukturgraph, als auch elektrische Größen bzw. Bauelemente zugeordnet. Dazu bringt man die Differen-

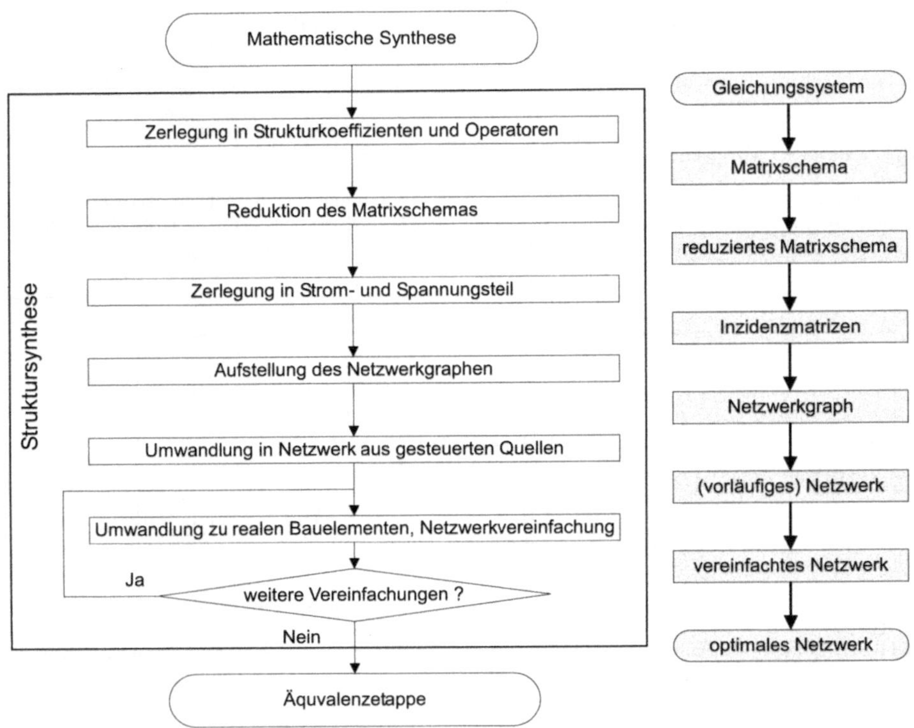

Bild 11.25: Schematische Darstellung des Ablaufs der Struktursynthese

zialgleichung in eine Form, in der die Variablen (physikalische Größen) über Struktur-koeffizienten C_k^j (Repräsentanten der Inzidenzmatrizen $\mathbf{M}, \mathbf{A}$) und über Operatoren T_i^i (Repräsentanten für die Bauelemente $\mathbf{Z}$) verbunden sind.

Unter der *Zerlegung einer Beschreibungsgleichung* versteht man die Aufspaltung der Gleichungskoeffizienten, so dass jeder Operator durch ein Bauelement aus dem Bau-elementevorrat beschrieben wird. Da zu Beginn der Synthese noch keine konkreten Realisierungsvarianten für die Operatoren T_i^i vorliegen, werden diese zuerst als gesteu-erte Quellen aufgefasst.

Als *Quellenkombination vom Typ A* wird die Anordnung Spannungsquelle – Strom-quelle nach Bild 11.26 links bezeichnet. Unter einer *Quellenkombination vom Typ B* versteht man dagegen die Anordnung von Strom – Spannungsquellen wie rechts darge-stellt.

Der Sonderfall, bei dem der Steuerstrom der gesteuerten Spannungsquelle gleich dem Zweigstrom, also dem Strom durch die Spannungsquelle ist, führt auf den Begriff der selbstgesteuerten Spannungsquelle (analog die selbstgesteuerte Stromquelle). Ei-ne stromgesteuerte Spannungsquelle (Bild 11.27) nennt man *selbstgesteuert*, wenn sie

Bild 11.26: Quellenkombination vom Typ A (links) und B (rechts)

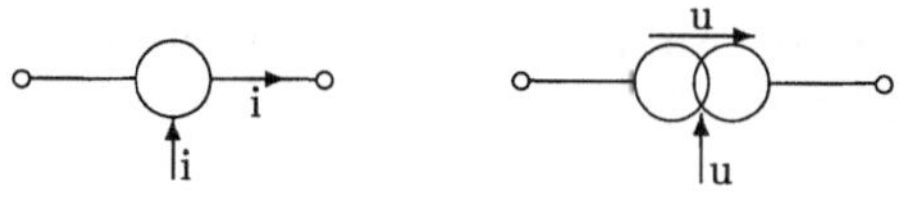

Bild 11.27: Selbstgesteuerte Quellen

durch den Strom gesteuert wird, der die Spannungsquelle durchfließt. Eine spannungsgesteuerte Stromquelle heißt *selbstgesteuert*, wenn sie durch die an ihr anliegende Spannung gesteuert wird.

Alle selbstgesteuerten Quellen sind im Weiteren ideale und leistungslos gesteuerte Quellen. Selbstgesteuerte Quellen besitzen eine besondere Bedeutung, da aus ihnen Zweipole
entstehen.

Zerlegung der Beschreibungsgleichungen in Strukturkoeffizienten und Operatoren

Aus Sicht der nichtlinearen Elektrotechnik kann die Zerlegung der Beschreibungsgleichungen in Struktur- und Bauelementeinformationen nur im Originalbereich (Zeitbereich) erfolgen, da die Nichtlinearitäten die Verwendung einer Integraltransformation
ausschließen. Eine Trennung in nichtlineare und lineare Anteile wird deshalb während
der Netzwerksynthese nicht vorgenommen. Die Zerlegung soll mit dem Ziel einer einfachen Schaltung zwei Forderungen an das zu synthetisierende Netzwerk berücksichtigen.

1. *Die Anzahl der Bauelemente soll minimal sein.*

2. *Die Realisierung soll mit Zweipolelementen erfolgen. Ist dies prinzipiell nicht
   möglich, so ist die Anzahl der Mehrpole (gesteuerte Quellen) zu minimieren.*

Weil die zweite Forderung zu Beginn der Schaltungssynthese noch nicht auswertbar
ist, muss die Entscheidung, ob eine nichtlineare Zweipolschaltung entsteht, während
der Zerlegung getroffen werden.

Für die Erfüllung der Zielstellung sind eine Reihe notwendiger Bedingungen, sogenannte Zerlegungsvorschriften, einzuhalten [112].

ZV1 Um einem Beschreibungsgleichungssystem ein nur aus Zweipolelementen beste-
     hendes Netzwerk zuzuordnen, ist es notwendig, dass alle Operatoren Spannungen
     in Ströme bzw. Ströme in Spannungen überführen.

ZV2 Jeder Summand der Beschreibungsgleichung wird in die kleinstmögliche gerade Operatorzahl zerlegt.

ZV3 Jeder Operator darf nur in einer seiner *dualen* Formen auftreten.

ZV4 Gleiche nichtlineare Operatorkoeffizienten überführen ein und dieselbe Variable in eine andere Variable und haben gleiches Vorzeichen.

ZV5 Gleiche lineare Operatoren sind entweder eingangs- oder ausgangsseitig miteinander verknüpft und haben gleiche Vorzeichen.

ZV2 und ZV3 folgen aus der Forderung nach minimaler Bauelementezahl. Die minimale Operatoranzahl pro Summand wird durch das Bauelement und die Form des Summanden (Ordnung, nichtlineare Funktion) festgelegt. Zwei Arten der Darstellung eines Operators haben immer zwei verschiedene (duale) Bauelemente zur Folge.

Mit ZV4 wird ausgedrückt, dass bei Nichtlinearitäten das Superpositionsprinzip nicht verwendet werden darf. Bei einer Schaltungsvereinfachung durch die Weiterverwendung eines der gleichen nichtlinearen Operatoren und unterschiedlicher Eingangsvariablen tritt am verbleibenden Operatoreingang eine Summation der Variablen auf. Das ist bei unverändertem Ausgang nur bei linearen Operatoren zulässig. Die Vorschrift ZV5 beinhaltet die Gültigkeit des Superpositionsprinzips.

Bei der Zerlegung der Beschreibungsgleichung ist wie folgt vorzugehen:

1. Die Variablen werden fortlaufend von 1 bis n, die Operatoren von $n + 1$ bis m nummeriert. Gleiche Variablen erhalten denselben Index. Die Strukturkoeffizienten verknüpfen die Variablen und die Tensoren, indem sie die Indizes vermitteln.
2. Der Variablen wird eine Spannung u oder ein Strom i zugewiesen.
3. Man sucht die Summanden, die die größte Anzahl Nichtlinearitäten und Ableitungen enthalten.
4. Im Rahmen des gegebenen Bauelementevorrates werden diese Summanden in Operatorprodukte zerlegt, so dass die einzelnen Summanden Spannungen bzw. Ströme darstellen und somit die Gleichung als Maschen- bzw. Knotengleichung interpretiert wird. Dabei werden gleichartige Operatoren, die in den verschiedenen Operatorprodukten mit maximaler Operatorzahl an gleicher Stelle stehen, auch gleich angesetzt.
5. Die zur Realisierung der Summanden der größten Operatorenzahl notwendigen Operatoren werden so lange unter Einbehaltung der Reihenfolge und ihres Inhalts als Strom- und Spannungsquelle kombiniert, wie das ohne Wiederholung möglich ist. Operatoren, die im Zusammenhang mit einer Funktion als höher indizierte Operatoren auftreten, werden gemeinsam als Summe zur Variablen dieser Funktion aufgefasst.
6. Treten Operatorprodukte auf, die keinen gemeinsamen Operator enthalten und liegt kein Operatorprodukt mit größerer Operatorzahl vor, das die Operatoren gemeinsam enthält, so müssen diese Produkte zu zusätzlichen Operatorprodukten zusammengefügt werden. Dabei muss der Bezugsoperator als höchst indizierte Quelle auftreten. Wird diese Kombination zu OPmax, so ist der Bezugsoperator wählbar

zwischen den höchst indizierten Quellen der zusammenzufassenden Operatorprodukte.

7. Sind beim Vergleich mit der gegebenen Gleichung aufgrund der Struktur alle erforderlichen Summanden mit entsprechenden Ableitungen und Nichtlinearitäten vorhanden, so ist eine Realisierung durch Zweipole garantiert und es wird mit 8. fortgesetzt.

8. Sind nicht alle erforderlichen Summanden in der gegebenen Gleichung vorhanden, ist mit dieser Zerlegung keine Realisierung durch Zweipole möglich. Damit wird die Forderung nach einer Zerlegung mit minimaler Quellenzahl hinzugefügt.

9. Zuordnungsverfahren

10. Die Ausgangsgleichung wird entnormiert und ein Koeffizientenvergleich mit der zerlegten Gleichung durchgeführt. Dabei ergeben sich Forderungen an die Bauelementekennlinien und -werte.

11. Wenn die Summanden mit maximaler Operatorenzahl in anderer Weise zerlegt werden können (besonders bei Summanden mit ungerader Anzahl von Ableitungen und Nichtlinearitäten), können weitere realisierende Strukturen erzeugt werden. Es ist dafür bei 4. fortzufahren.

12. Die gegebene Gleichung wird so lange differenziert oder integriert, bis sich die Variable ohne Operator separieren lässt.

Dieser Algorithmus ist sowohl für homogene als auch inhomogene Gleichungen anwendbar. Bei Letzteren wird die Störfunktion (Inhomogenität) als Quelle in die Synthese integriert.

Die zerlegte Gleichung kann auch als Matrixschema dargestellt werden, z. B. Tabelle 11.6.

Reduktion des Matrixschemas

Nachdem das Matrixschema aufgestellt wurde, ergibt sich unter bestimmten Umständen die Möglichkeit, seine Ordnung zu reduzieren. So lässt sich das Schema vereinfachen, wenn gleiche Operatorkoeffizienten mehrfach vorhanden sind. Das entspricht dem Fall, dass mehrere Maschen das Element dieses Operators durchlaufen. Den Ablauf der Reduktion veranschaulicht Tabelle 11.4.

Sind die Strukturkoeffizienten der Spalten i, j gleich, so kann die j-te Spalte und j-te Zeile gestrichen werden, wenn zuvor die Strukturkoeffizienten der j-ten Zeile in die i-te Zeile übernommen wurden. Analog können die j-te Spalte und j-te Zeile gestrichen werden, wenn die Strukturkoeffizienten der i-ten und j-ten Zeile übereinstimmen und nachdem die j-te Spalte in die i-te Spalte eingetragen wurde.

Für den weiteren Ablauf der Schaltungssynthese ist es weiterhin erforderlich, dass alle Spalten gestrichen werden, die keine Operatoren enthalten. Muss die i-te Spalte gestrichen werden, so werden alle ihre Strukturkoeffizienten zu den Zeilen hinzugefügt, in denen die i-te Spalte einen Strukturkoeffizienten enthält (siehe Tabelle 11.5). Dabei sind eventuelle Vorzeichenwechsel zu berücksichtigen.

Tabelle 11.4: Reduktion eines Matrixschemas durch Zusammenfassen gleicher Operatoren

	1	2	3	4	5	6	7
1		-1		-1		-1	
2		$\mathbf{T_2^2}$	1				
3	1		T_3^3				
4				$\mathbf{T_2^2}$	1		
5	1				T_5^5		
6						T_6^6	1
7	1						T_3^3

	1	2	3	5	6	7
1		-1			-1	
2		T_2^2	1	$\boxed{1}$		
3	1		$\mathbf{T_3^3}$			
5	1			T_5^5		
6					T_6^6	1
7	1					$\mathbf{T_3^3}$

	1	2	3	5	6
1		-1			-1
2		T_2^2	1	1	
3	1		T_3^3		
5	1			T_5^5	
6			$\boxed{1}$		T_6^6

Tabelle 11.5: Reduktion des Matrixschemas durch Entfernen der Spalten ohne Operator

	1	2	3	5	6
1		-1			-1
2		T_2^2	1	1	
3	1		T_3^3		
5	1			T_5^5	
6			1		T_6^6

	2	3	5	6
1	-1			-1
2	T_2^2	1	1	
3	$\boxed{-1}$	T_3^3		$\boxed{-1}$
5	$\boxed{-1}$		T_5^5	$\boxed{-1}$
6		1		T_6^6

Eine Reduzierung des Matrixschemas nach den beschriebenen Verfahren ist nicht möglich, wenn in ihrem Ergebnis das Matrixschema Elemente enthält, die weder 1, 0 oder -1 sind.

Erzeugung der Inzidenzmatrizen

Der Graph der Schaltung (die Topologie) geht aus den Inzidenzmatrizen hervor. Um diese zu synthetisieren, werden die Strom- und Spannungsgrößen getrennt. Dies stellt den eigentlichen Entnormierungsvorgang dar, denn die Typen der Bauelemente (Operatoren T_k^k) werden festgelegt.

Die Aufteilung des reduzierten Matrixschemas beginnt bei der Entnormierung der Variablen x. Damit ist ihr physikalischer Charakter festgelegt. Alle Spalten, in denen in der ersten Zeile ein Strukturkoeffzient (±1) steht, besitzen dann denselben physikalischen Charakter, da Strukturkoeffizienten diesen nicht ändern. Dagegen bewirken die Operatoren T_k^k einen Wechsel, weil das Hauptziel unseres Verfahrens Zweipolnetzwerke sind. Schrittweise werden so aus den Zeilen und Spalten mit bekanntem Charakter über die Strukturkoeffizienten und Operatoren die anderen Spalten bzw. Zeilen festgelegt.

Zuletzt können alle Zeilen und Spalten, die Ströme enthalten, nebst ihrer Strukturkoeffizienten herausgezogen werden, die dann die Teilmatrix $\mathbf{C}_i$ bilden. Ebenso erzeugt der Spannungsteil die Matrix $\mathbf{C}_u$.

Aus der Netzwerktheorie (siehe Abschnitt 4.1.2) ist bekannt, dass das Produkt von Knotenzweiginzidenzmatrix und Maschenzweiginzidenzmatrix stets eine Nullmatrix ist $(\mathbf{A}\mathbf{M}^T = \mathbf{0})$. Um diese Bedingung zu erfüllen, wird die Knotenzweiginzidenzmatrix aus der Teilmatrix $\mathbf{S}_i$ und die Maschenzweiginzidenzmatrix aus der transponierten Spannungsteilmatrix $\mathbf{S}_u^T$ gebildet.

Um aus den Teilmatrizen Inzidenzmatrizen zu erzeugen, müssen sie um einige Spalten erweitert werden, damit alle Zweige enthalten sind. Es handelt sich dabei gerade um die Spalten mit den Nummern der Zeilen. Das bedeutet, dass an die Teilmatrix $\mathbf{C}_i$ eine negative und an die transponierte $\mathbf{C}_u^T$ eine positive Einheitsmatrix angefügt werden (vgl. Tabelle 11.9).

Die Topologie eines Netzwerkes lässt sich durch einen gerichteten Graphen abbilden. Demzufolge muss jeder Matrix der Tabelle 11.9 ein gerichteter Graph zugeordnet werden. Das bedeutet, dass beide Matrizen so umzuformen sind, dass in jeder Spalte genau einmal +1 und genau einmal -1 vorkommt (vgl. Tabelle 11.10 und 11.11).

Die Umformung der Matrizen für Strom und Spannung in die entsprechenden Inzidenzmatrizen erzeugt eine zusätzliche Zeile. Aus der Analyse elektrischer Netzwerke ist bekannt, dass die Knoten-Zweig-Inzidenzmatrix durch die Multiplikation mit dem Stromvektor die Kirchhoffschen Knotengleichungen ergibt. Diese Gleichungen sind linear abhängig und werden unabhängig, wenn eine von ihnen herausgenommen wird. Das entspricht der Streichung einer Zeile der Knoten-Zweig-Inzidenzmatrix. Der umgekehrte Vorgang wurde bei diesem Syntheseverfahren im letzten Schritt durchgeführt.

Anmerkung:
Durch die Streichung einer beliebigen Zeile in einer Inzidenz-Matrix (Für beliebige Matrizen gilt das nicht!) geht keine Information über das Netzwerk verloren, da die Zeilen der Matrix linear abhängig sind. Die reduzierte Matrix kann stets um eine Zeile ergänzt werden, die aus ihren anderen Zeilen durch Addition gebildet wird. Diese Tatsache wird bei der Synthese zielgerichtet ausgenutzt, um einer Beschreibungsgleichung eine Topologie zuzuordnen. Die Summe der Elemente jeder Spalte einer Inzidenzmatrix muss aber stets Null sein.

Ermittlung von Netzwerkgraphen und Netzwerk

Liegen die Inzidenzmatrizen (in tabellarischer Form) vor, so ist es leicht, sie in Form eines anschaulichen Graphen darzustellen. Jede Zeile entspricht einem Knoten und die von Null verschiedenen Einträge jeder Zeile einer Verbindung zwischen den jeweiligen Knoten, wobei die Richtung bereits durch die Vorzeichen feststeht (vgl. Bild 11.28).

Zur Vereinigung der Teilgraphen von Spannung und Strom zu einer einzigen Schaltung wird jedem gemeinsamen Zweig der Teilgraphen eine gesteuerte Spanungs- oder Stromquelle zugeordnet. Der verbleibende nur einfach auftretende Ast gehört zum Bezugselement (vgl. Bild 11.29).

Beispiel 1:
Für die nichtlineare normierte Differenzialgleichung

$$\ddot{x} + f_1(\dot{x}) + \frac{\mathrm{d}}{\mathrm{d}\tau}f_2(x) + f_3(x) + x = 0 \tag{11.125}$$

soll mit der Methode der Zerlegung in Quellenkombinationen ein realisierendes Netzwerk gefunden werden. Bei allen Entnormierungen gilt die Voraussetzung, dass eine Topologie gesucht ist, die die Kennlinienrelationen in den Operatoren enthalten und sich adäquat bei anderen Variablen nachbilden lassen.

Mit den Zerlegungsvorschriften ZV1 bis ZV5 und ohne auf die speziellen Inhalte der Operatoren T_i^i einzugehen, folgt bei Interpretation der Variablen x als *Spannung*:

$$u^1 = C_2^1 T_2^2 C_3^2 T_3^3 C_1^3 u^1 + C_4^1 T_4^4 C_5^4 T_5^5 C_1^5 u^1 + C_6^1 T_6^6 C_7^6 T_7^7 C_1^7 u^1 + C_8^1 T_8^8 C_9^8 T_9^9 C_1^9 u^1. \tag{11.126}$$

Unter Verzicht auf eine konkrete Angabe der Operatoren führt die weitere Behandlung auf eine Schaltung, bei der alle Bauelemente unterschiedlich sein können. Zur Erfüllung der ZV1 wird in der Gl. (11.126) die Zerlegung in zwei Operatoren je Summand vorgenommen. Zum Beispiel wird im ersten Summanden auf der rechten Seite die Spannung u^1 durch den Operator T_3^3 in einen Strom und dieser Strom wieder mittels des Operators T_2^2 in eine Spannung überführt. Die ZV2 fordert, dass nicht mehr als zwei Operatoren auftreten. Wegen des Verzichts auf konkrete Operatorangabe entfällt die Beachtung von ZV3, 4 und 5.

Tabelle 11.6: Aus der Beschreibungsgleichung abgeleitetes Matrixschema mit der Zuordnung von Strom und Spannung in den Zeilen und Spalten

		u 1	u 2	i 3	u 4	i 5	u 6	i 7	u 8	i 9
u	1		-1		-1		-1		-1	
i	2		T_2^2	1						
u	3	1		T_3^3						
i	4				T_4^4	1				
u	5	1				T_5^5				
i	6						T_6^6	1		
u	7	1						T_7^7		
i	8								T_8^8	1
u	9	1								T_9^9

Zur weiteren Bearbeitung werden die Operatoren T_k^k und die Strukturkoeffizienten C_j^i in das Matrixschema in Tabelle 11.6 eingetragen. Dabei gibt der obere Index die Zeile und der untere die Spalte an. Die Vorzeichen werden in Übereinstimmung mit Gl.

(11.125) und Gl. (11.126) festgelegt. Die Vorzeichenfestlegung bestimmt die Richtung der Zweige unseres späteren Graphen. Die Zweige $3, 5, 7, 9$ sollen hier gleiche Richtung haben, ebenso die Zweige $2, 4, 6, 8$. Nullelemente werden hier und später nicht mitgeschrieben.

Im Beispiel treten keine gleichen Operatoren auf, so dass nur die erste Spalte eliminiert werden muss. Damit ergibt sich das reduzierte Matrixschema in Tabelle 11.7.

Tabelle 11.7: Reduziertes Matrixschema

	2	3	4	5	6	7	8	9
1	-1		-1		-1		-1	
2	T_2^2	1						
3	-1	T_3^3	-1		-1		-1	
4			T_4^4	1				
5	-1		-1	T_5^5	-1		-1	
6					T_6^6	1		
7	-1		-1		-1	T_7^7	-1	
8							T_8^8	1
9	-1		-1		-1		-1	T_9^9

Die Gl. (11.126) wurde nach einer Spannung entnormiert, so dass die erste Zeile des Matrixschemas einer Spannung zuzuordnen ist. Deshalb sind die Spalten 2, 4, 6 und 8 des Matrixschemas als Strom charakterisiert. Die Operatoren $T_2^2, T_4^4, T_6^6, T_6^6$ legen anschließend die Zeilen 2, 4, 6 und 8 als Spannung fest. Das bewirkt über die Strukturkoeffizienten dieser Zeilen für die Spalten 3, 5, 7 und 9 eine Spannungszuordnung. Mit den verbleibenden Operatoren sind die Zeilen 3, 5, 7, 9 Ströme. Die aus dieser Zuordnung (Tabelle 11.6) entstandenen Teilmatrizen sind in Tabelle 11.8 zu sehen.

Tabelle 11.8: Matrizen für die Strukturkoeffizienten der Ströme und Spannungen

$\mathbf{C}_i$	3	5	7	9
2	1			
4		1		
6			1	
8				1

$\mathbf{C}_u$	2	4	6	8
1	-1	-1	-1	-1
3	-1	-1	-1	-1
5	-1	-1	-1	-1
7	-1	-1	-1	-1
9	-1	-1	-1	-1

Die Erweiterung der Matrizen mit dem Ziel der Erstellung von Inzidenzmatrizen ist in Tabelle 11.9 dargestellt.

Um die Forderungen der Topologie eines Netzwerkes zu erfüllen, wird jeder Zeile je eine neue Zeile hinzugefügt. Tabelle 11.10 enthält das Ergebnis.

Tabelle 11.9: Erweiterte Matrizen für Strom und Spannung

C_i^*	3	5	7	9	2	4	6	8
2	1				-1			
4		1				-1		
6			1				-1	
8				1				-1

C_u^*	1	3	5	7	9	2	4	6	8
2	-1	-1	-1	-1	-1	1			
4	-1	-1	-1	-1	-1		1		
6	-1	-1	-1	-1	-1			1	
8	-1	-1	-1	-1	-1				1

Tabelle 11.10: Ergänzte Matrizen für Strom und Spannung

C_i^{**}	3	5	7	9	2	4	6	8	
2	1				-1				
	-1				1				↑ +
4		1				-1			
		-1				1			↑ +
6			1				-1		
			-1				1		↑ +
8				1				-1	
				-1				1	↑ +

C_u^{**}	1	3	5	7	9	2	4	6	8	
2	-1	-1	-1	-1	-1	1				
	1	1	1	1	1	-1				↑ +
4	-1	-1	-1	-1	-1		1			
	1	1	1	1	1		-1			↑ +
6	-1	-1	-1	-1	-1			1		
	1	1	1	1	1			-1		↑ +
8	-1	-1	-1	-1	-1				1	
	1	1	1	1	1				-1	↑ +

Durch das formale Hinzufügen von Zeilen, die negativ zu den ursprünglichen sind, entstehen zwei Besonderheiten. Erstens können wie bei C_u^{**} mehr als ein Element $+1$ bzw. -1 pro Spalte auftreten und zweitens würden unverbundene Graphen entstehen. Das ist bei C_i^{**} deutlich sichtbar. Beides kann durch Addition von Zeilen (wie gekennzeichnet) reguliert werden. Im Ergebnis entstehen die Inzidenzmatrizen in Tabelle 11.11.

Tabelle 11.11: Inzidenzmatrizen für Strom und Spannung

S_i	3	5	7	9	2	4	6	8	
2	1				-1				a
4	-1	1			1	-1			b
6		-1	1			1	-1		c
8			-1	1			1	-1	d
				-1				1	e

S_u	1	3	5	7	9	2	4	6	8	
2	-1	-1	-1	-1	-1	1				f
4							-1	1		g
6						-1	1			h
8								-1	1	i
	1	1	1	1	1				-1	j

Zu den beiden Inzidenzmatrizen S_u und S_i aus Tabelle 11.11 gehören die Netzwerkgraphen in den Bildern in Bild 11.28.

Die beiden Graphen setzen sich zu einer die Gleichung (11.125) realisierenden Schaltung zusammen. Die Zahlen 2 bis 9 in Bild 11.29 stehen für die Operatoren in der Gleichung (11.125).

Aus dem Vergleich von Gl. (11.125) mit dem Inhalt des Bildes 11.29 erkennt man die Interpretation der Ausgangsgleichung als Maschengleichung. Jeder Summand reprä-

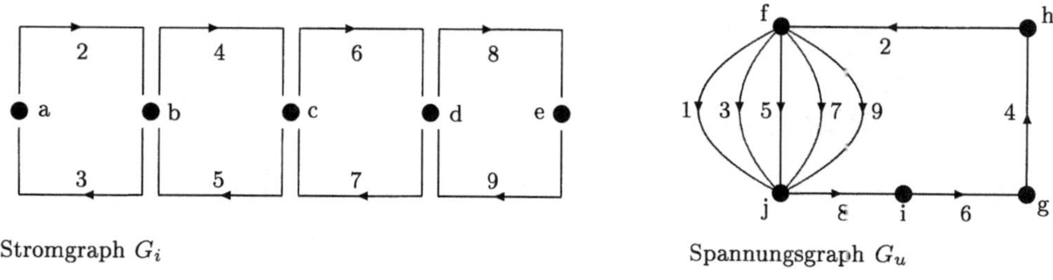

Bild 11.28: Stromgraph G_i (li.) und Spannungsgraph G_u (re.)

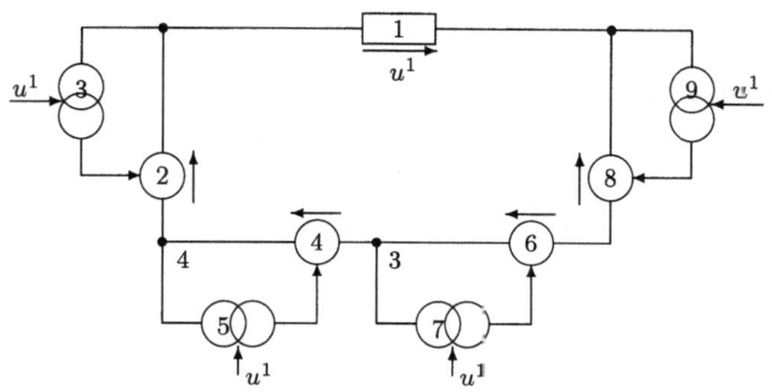

Bild 11.29: Unvereinfachte Schaltung

sentiert einen Spannungsabfall in dieser Masche, der durch eine gesteuerte Spannungsquelle realisiert werden kann. Die Stromquellen werden alle durch die Spannung u^1 am Element 3 mit dem Operator T_3^3 gesteuert. □

ν-fache Quellenkombinationen

Um auch Beschreibungsgleichungen n-ter Ordnung einbeziehen zu können, muss von den einfachen zur ν-fachen Quellenkombination übergegangen werden.

Beispiel 2:
Die Zerlegung von

$$f_1(\ddot{x}) + \dot{x} + a_2\dot{x} + f_2(x) + x = 0, \tag{11.127}$$

unter Beachtung der angegebenen Zerlegungsvorschriften, führt in Analogie zum vorangegangenen Beispiel auf den Ausdruck:

$$\begin{aligned} u^1 = {} & C_2^1 T_2^2 C_3^2 T_3^3 C_4^3 T_4^4 C_5^4 T_5^5 C_1^5 u^1 + C_6^1 T_6^6 C_7^6 T_7^7 C_1^7 u^1 \\ & + C_8^1 T_8^8 C_9^8 T_9^9 C_1^9 u^1 + C_{10}^1 T_{10}^{10} C_{11}^{10} T_{11}^{11} C_1^{11} u^1. \end{aligned} \tag{11.128}$$

Der erste Summand ist dritter Ordnung und muss zur Erfüllung der ZV1 und ZV2 in vier Operatoren aufgespalten werden. Ein Summand in linearer vierter Ableitung wird über vier Operatoren realisierbar, der Summand $f(x^{(4)})$ hätte unter Einhaltung von ZV1 und ZV2 sechs Operatoren zur Folge.

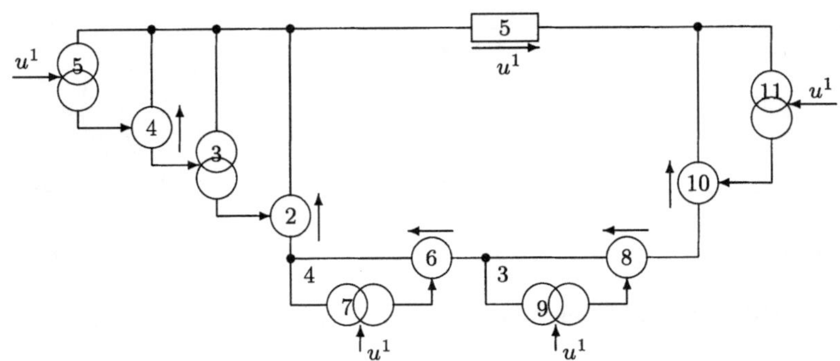

Bild 11.30: Unvereinfachte Schaltung mit doppelter Quellenkombination

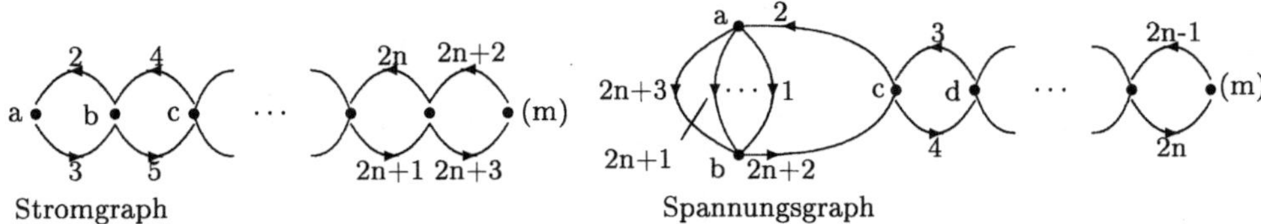

Bild 11.31: Stromgraph und Spannungsgraph

Man erhält die Struktur in Bild 11.30, in der eine doppelte Quellenkombination auftritt.
$\square$

Ohne auf den konkreten Inhalt der Operatoren und die Gleichungsstruktur einzugehen, folgt aus den vorangegangenen Darstellungen die Verallgemeinerung:

Satz 11.1 *Ein Summand, der in 2ν Operatoren zerlegt werden muss, führt auf eine ν-fache Quellenkombination.*

Da jeder Summand auf eine Quellenkombination in der Masche des Netzwerkes führt, genügt es, ohne Beschränkung der Allgemeinheit von der Gleichung

$$u^1 \;=\; C_2^1 T_2^2 C_3^2 T_3^3 C_4^3 T_4^4 \ldots C_{2n}^{2n-1} T_{2n}^{2n} C_{2n+1}^{2n} T_{2n+1}^{2n+1} C_1^{2n+1} u^1 \;+$$
$$C_{2n+2}^1 T_{2n+2}^{2n+2} C_{2n+3}^{2n+2} T_{2n+3}^{2n+3} C_1^{2n+3} u^1 \tag{11.129}$$

auszugehen. Mit dem Verfahren erhält man das Matrixschema in Tabelle 11.12 und ohne Angabe der Zwischenschritte den Strom- und den Spannungsgraphen in Bild 11.31 sowie nach deren Zusammenfassung bei Einführung der Operatorkoeffizienten das realisierende Netzwerk in Bild 11.32.

Die Anzahl der Operatorkoeffizienten im linken Summanden der Gl. (11.129) ist $2n$, weil der größte Index des mehrfachen Operatorproduktes $2n+1$ lautet und die Indizierung mit 2 beginnt. Nach der Aussage in Bild 11.32 führt dieses Operatorprodukt auf eine n-fache Quellenkombination. Damit gilt die Behauptung.

Tabelle 11.12: Matrixschema zu Gleichung (11.129)

	1	2	3	4	$\cdots$	$2n$	$2n+1$	$2n+2$	$2n+3$
1		-1						-1	
2		T_2^2	1						
3			T_3^3	1					
4				T_4^4					
$\vdots$					$\ddots$				
$2n$						T_{2n}^{2n}	1		
$2n+1$	1						T_{2n+1}^{2n+1}		
$2n+2$								T_{2n+2}^{2n+2}	1
$2n+3$	1								T_{2n+3}^{2n+3}

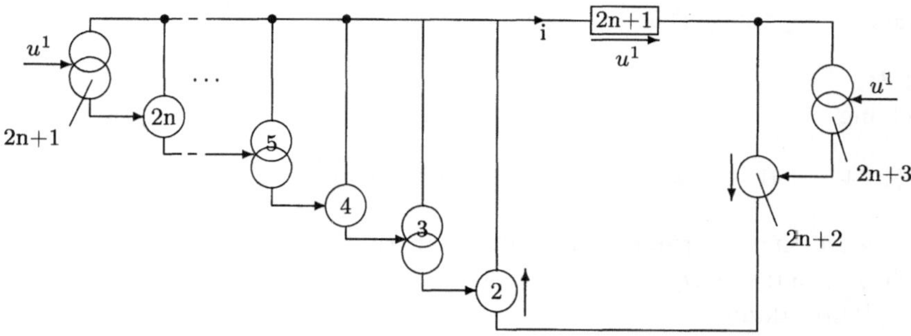

Bild 11.32: Netzwerk

Das Verfahren setzt das Vorhandensein einer Variablen in linearer expliziter Form in jeder Beschreibungsgleichung voraus. Diese Voraussetzung ist immer erfüllbar. In der vorgeführten Herleitung betrifft es die Größe x bzw. die Spannung u^1. Diese Spannung fällt an einem sogenannten Bezugselement ab, welches in der Realisierung der äußersten von u gesteuerten – steuernden Stromquelle – der umfangreichsten Quellenkombination entspricht. Der Bezugsoperator wird durch die folgende Zerlegungsvorschrift definiert.

ZV6 Der *Bezugsoperator* ist durch den höchstindizierten Operator im Operatorprodukt mit der größten Operatorenzahl gegeben. Sind mehrere Summanden mit der gleichen maximalen Anzahl von Operatoren vorhanden, so ist als Bezugsoperator der höchstindizierte Operator mit dem häufigsten Auftreten zu wählen.

Gibt es mehrere dieser Beziehung gleichwertige Operatoren, so kann ein beliebiger herausgegriffen werden. Es ergibt sich dadurch eine Parallelschaltung dieser gleichgestellten Elemente (Operatoren), an der die Bezugsspannung anliegt.

Die Betrachtungen sind im dualen Fall genauso gültig, wobei die normierte Größe x als Strom interpretiert wird.

Zuordnung von Bauelementeklassen zu den Operatoren

Beim Ablauf der Struktursynthese in umgekehrter Reihenfolge zur Analyse mit den Kirchhoffschen Sätzen (Bild 11.24) steht neben der bisher durchgeführten Graphenbildung die Bauelementezuordnung. Den Ausgangspunkt für diese Zuordnung bildet die in Strukturkoeffizienten und allgemeine Operatoren zerlegte Differenzialgleichung, z. B. Gl. 11.126 sowie die bereits durchgeführte Entnormierung der Variablen.

Die Wahl der Operatoren geschieht nicht zufällig. Ihr liegen dem Prinzip der Einfachheit folgend die zwei Forderungen aus Abschnitt 11.3.1 zugrunde. Die Realisierung der zu konstruierenden Schaltung soll, wenn möglich, nur mit passiven linearen oder nichtlinearen Zweipolen vorgenommen werden und mit einer Minimalzahl von Bauelementen auskommen.

Beispiel 3:
Zur Gleichung

$$\dot{x} + f(x) + x = 0 \qquad \Longrightarrow \qquad u^1 = C_2^1 T_2^2 C_3^2 T_3^3 C_1^3 u^1 + C_4^1 T_4 C_5^4 T_5 C_1^5 u^1 \qquad (11.130)$$

mit $x \longrightarrow u$ ist eine Zuordnung gesucht. Die Strukturkoeffizienten entfallen für diese Betrachtung und die Operatoren werden nur noch einfach indiziert. Die optimale Zuordnung lautet dann:

$$u^1 = [R]_2 \left[C \frac{\mathrm{d}}{\mathrm{d}t} \right]_3 u^1 + [R]_4 [g(*)]_5 u^1. \qquad (11.131)$$

$\square$

Bei der Bildung der Gleichung der Operatoren und Strukturkoeffizienten wurde bereits berücksichtigt, dass Zweipole stets Spannungen in Ströme und umgekehrt umwandeln und dass deshalb stets eine durch Zwei teilbare Anzahl Operatoren pro Summand gewählt wird (Forderung nach Zweipolen).

Die Bauelementetypen sowie deren Kennlinien findet man aus der Gleichungsstruktur (zeitliche Ableitungen, Nichtlinearitäten). Zeitableitungen ordnet man dem rechten Operator eines Summanden zu und legt den Charakter des Elements entsprechend der Entnormierung fest. Im obigen Beispiel wandelt ein (linearer) Kondensator die Spannung in einen Strom um. Damit verbleibt für den linken Operator eine dimensionsbehaftete Konstante, welche auf einen linearen Widerstand führt. Ebenso führt die Nichtlinearität wegen der Entnormierung nach einer Spannung auf einen nichtlinearen Leitwert als rechten Operator und einen linearen Widerstand als linken.

Die Forderung nach minimaler Anzahl von Elementen führt dazu, dass vor allem die „Dimensionswandler"-Operatoren, aber auch Ableitungsoperatoren möglichst gleichen

Typs sein sollten, wenn mehrere auftreten. Im Beispiel kann der Operator $[\,]_4$ wie $[\,]_2$ gleich gewählt werden.

Die Beträge aller Operatoren (hier R, C, $g()$) sind wählbar aufeinander und auf die Ausgangsgleichung abzustimmen. Passive Bauelemente müssen positive Zahlenwerte tragen.

Für die Schaltung sind Strom-Spannungs-Elemente auch in Verbindung mit Fluss- oder Ladungszuordnungen zugelassen. Der vorläufige Bauelementevorrat besteht aus den in der Tabelle 11.13 angegebenen Typen.

Tabelle 11.13: Übersicht zum Bauelementevorrat

Schaltzeichen	Bezeichnung	Operator
	linearer ohmscher Widerstand, linearer ohmscher Leitwert	$u \xleftarrow{[R]} i$ $i \xleftarrow{[G]} u$
	nichtlinearer Widerstand, nichtlinearer Leitwert	$u \xleftarrow{[r()]} i$ $i \xleftarrow{[g()]} u$
	lineare Kapazität	$u \xleftarrow{[\frac{1}{C}\int()\mathrm{d}t]} i$ $i \xleftarrow{[C\frac{\mathrm{d}}{\mathrm{d}t}]} u$
	lineare Induktivität	$u \xleftarrow{[L\frac{\mathrm{d}}{\mathrm{d}t}]} i$ $i \xleftarrow{[\frac{1}{L}\int()\mathrm{d}t]} u$
	nichtlineare stromgesteuerte Spannungsquelle (Sonderfall linear)	$u \xleftarrow{[f_{ui}()]} i$
	nichtlineare spannungsgesteuerte Spannungsquelle (Sonderfall linear)	$u \xleftarrow{[f_{uu_1}()]} u_1$
	nichtlineare spannungsgesteuerte Stromquelle (Sonderfall linear)	$i \xleftarrow{[f_{iu}()]} u$
	nichtlineare stromgesteuerte Stromquelle (Sonderfall linear)	$i \xleftarrow{[f_{ii_1}()]} i_1$

Die Induktivitäten und Kapazitäten lassen sich im Allgemeinen auf nichtlineare Induktivitäten bzw. nichtlineare Kapazitäten erweitern.

Bei den Quellen sind einfach differenzierende und integrierende Quellen zugelassen, da sie selbst wieder durch einen differenzierenden Zweipol und eine Quelle bzw. durch einen integrierenden Zweipol und eine Quelle ersetzt werden können. Alle Quellen werden als ideale Quellen angesehen. Die Steuerung der Quellen erfolgt leistungslos. Zu ihnen gehören auch die Strom- und Spannungsquellen zur Realisierung von Störgrößen in inhomogenen Beschreibungsgleichungen. Es sind also rein zeitabhängige Quellen.

Wie die Bauelemente verwirklicht werden, bleibt für die Netzwerksynthese zunächst ohne Belang. Dafür können technisch real existierende Bauelemente verwendet werden.

Vereinfachungsregeln

In der Abarbeitung unseres Algorithmus ist zu einer vorgegebenen Gleichung eine Schaltung entstanden, die aus gesteuerten Spannungs- und Stromquellen besteht, deren Bauelementecharakter feststeht. Es geht nun um die Aufgabe, diese Schaltung so zu verändern, dass die realen Bauelemente als Zweipolelemente eingebunden sind und die Schaltung ihre einfachste Form annimmt. Eine weitere Zielstellung besteht darin, schon zu Beginn der Schaltungssynthese Aussagen über die Realisierbarkeit durch Zweipolelemente und die Bauelementetypen zu geben.

> **VR 1:** Ist eine Spannungsquelle selbstgesteuert, so wird sie durch ein Zweipolelement ersetzt, das durch den gleichen Operator beschrieben wird.

Beispiel 4:
Zur Gleichung (11.131) des Beispiels in Abschnitt 11.3.1 ist eine vereinfachte Schaltung zu finden.

Mit den Ergebnissen des vorletzten Abschnittes folgt sofort ohne die Beachtung der Operatorform die Schaltungsstruktur in Bild 11.33a. Als Bezugsoperator ist sowohl der Operator 5 als auch 3 wählbar. Die Bauelementecharakteristiken stehen bereits fest.

Der Operator 3 sei das Bezugselement. Deshalb wird mit der Quellenkombination der Operatoren 2 und 3 begonnen. Der Strom der steuernden Quelle 3, welche mit dem Operator $[C\,\mathrm{d}/\mathrm{d}t]_3$ beschrieben wird, berechnet sich nach:

$$i_{q3} = \left[C\frac{\mathrm{d}}{\mathrm{d}t}\right]_3 u_1. \qquad (11.132)$$

Das bedeutet, dass die Bezugsspannung u_1 an einem Kondensator abfällt, durch den dann ein Strom $i = i_{q3}$ fließt. Die Spannungsquelle $[R]_2$ (ausführlich: die durch den Operator $[R]_2$ beschriebene Spannungsquelle) wird vom Strom i_{q3} gesteuert. Da wegen unserer Wahl des Bezugselementes $i_{q3} = i$ gilt und i den in der Masche fließenden Strom darstellt, ist die Spannungsquelle $[R]_2$ selbstgesteuert und kann durch einen ohmschen Widerstand ersetzt werden, welcher der analytischen Beschreibung:

$$u_{R2} = [R]_2 i_{q3} = [R]_2 i = Ri \qquad (11.133)$$

genügt. Das Netzwerk vereinfacht sich durch diesen Schritt zu dem in Bild 11.33b.

Die Operatoren $[R]_2$ und $[R]_4$ in Gl. (11.131) sind gleich. Am Maschensatz der großen Masche kann folgende Umformung durchgeführt werden:

$$u_1 + u_{R2} + u_{R4} = u_1 + Ri + R([g(*)]u) = u_1 + R(i + [g(*)]u). \qquad (11.134)$$

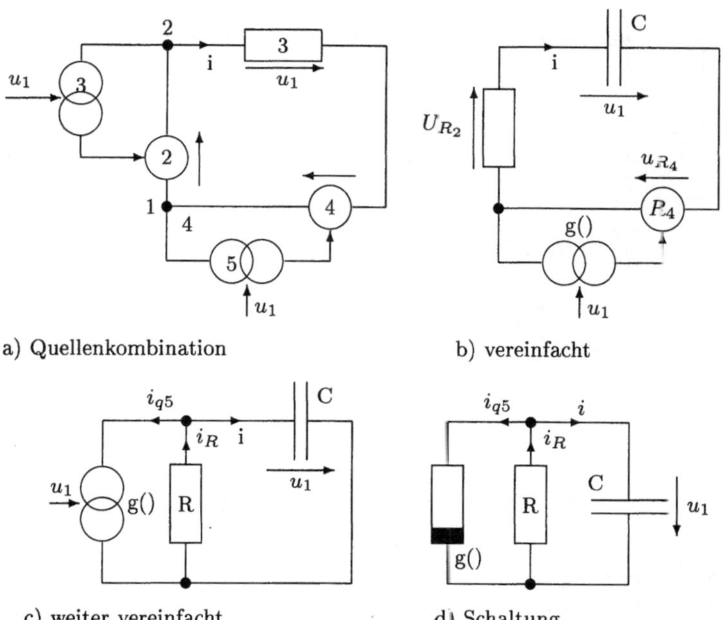

Bild 11.33: Vereinfachung des Beispielnetzwerkes ausgehend von der Quellenform bis zu konkreten Bauelementen

Durch R fließt also die Summe der beiden Teilströme. Die Elemente $[R]_2$ und $[R]_4$ können deshalb zusammengefasst werden, wobei die Stromquelle $[g(*)]_5$ der Summe wegen parallel geschaltet wird (siehe Bild 11.33c).

Die Stromquelle $[g(*)]_5$ ist offensichtlich selbstgesteuert im Sinne der Definition, so dass sich mit VR1 eine Schaltung ergibt, die ausschließlich aus Zweipolelementen besteht und die in Bild 11.33d dargestellt wird. $\qquad\qquad$ □

Entsprechend der obenstehenden Fortsetzung des Beispiels kann die zweite Vereinfachungsregel, *gültig nur für lineare Operatoren* wie in Gl. (11.134), formuliert werden.

> **VR 2:** Ist ein Zweipolelement im Grundstromkreis enthalten, das der Spannungsquelle einer einfachen Quellenkombination oder der niedrigst indizierten Spannungsquelle einer mehrfachen Quellenkombination entspricht, so wird die (niedrigst indizierte) Stromquelle zu diesem Zweipolelement parallel geschaltet. Die Spannungsquelle entfällt, da der Spannungsabfall durch den zusätzlichen Stromanteil durch das Zweipolelement realisiert wird.

Die Vereinfachungen für mehrfache Quellenkombinationen sollen ebenfalls an einem Beispiel demonstriert werden.

Beispiel 5:
Zur Gleichung

$$\overset{(3)}{x} + a_2\ddot{x} + a_1\dot{x} + f(x) + x = 0 \tag{11.135}$$

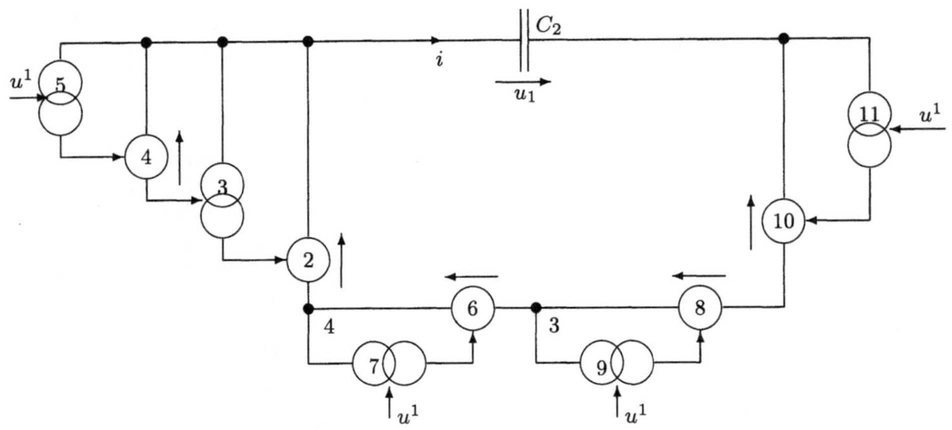

Bild 11.34: Unvereinfachtes Netzwerk

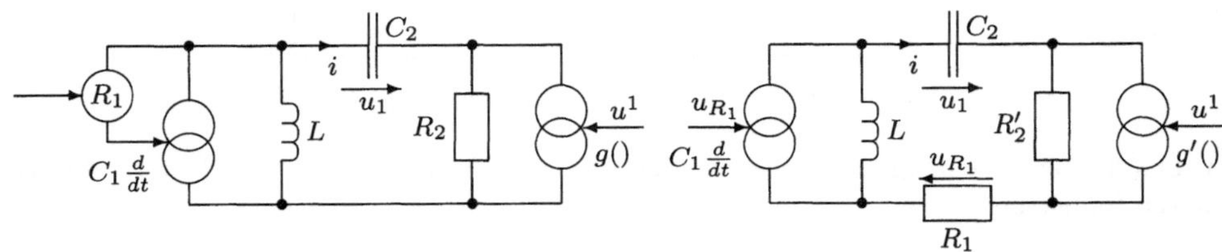

Bild 11.35: Vereinfachtes Netzwerk; links: mit VR1 und VR2 vereinfacht; rechts: weiter mit VR3 vereinfacht

soll für $x \longrightarrow u$ eine Schaltung gefunden werden. Die Zerlegung

$$0 = u_1 + \left[L\frac{\mathrm{d}}{\mathrm{d}t}\right]_2 \left[C_1\frac{\mathrm{d}}{\mathrm{d}t}\right]_3 [R_1]_4 \left[C_2\frac{\mathrm{d}}{\mathrm{d}t}\right]_5 u_1 + \left[L\frac{\mathrm{d}}{\mathrm{d}t}\right]_6 \left[C_2\frac{\mathrm{d}}{\mathrm{d}t}\right]_7 u_1$$

$$+ [R_2]_8 \left[C_2\frac{\mathrm{d}}{\mathrm{d}t}\right]_9 u_1 + [R_2]_{10}[g(*)]_{11}u_1 \tag{11.136}$$

genügt den notwendigen Bedingungen in Abschnitt 11.3.1 und führt auf das unvereinfachte Netzwerk in Bild 11.34.

Die Quellen $[L\,\mathrm{d}/\mathrm{d}t]_6$ und $[R_2]_8$ sind nach VR1 selbstgesteuert, Stromquelle $[g(*)]_{11}$ wird zur Zusammenfassung von $[R_2]_8$ und $[R_2]_{10}$ parallel geschaltet (VR2), ebenso können $[L\,\mathrm{d}/\mathrm{d}t]_2$ und $[L\,\mathrm{d}/\mathrm{d}t]_6$ zusammengefasst werden. Der durch die Stromquelle $[C_2\,\mathrm{d}/\mathrm{d}t]_5$ eingespeiste Strom i_{q5} entspricht dem Strom i durch das Bezugselement C_2. Damit gelangt man zu dem Netzwerk in Bild 11.35.

Durch die Aufspaltung

$$[R_2]_8 \left[C_2\frac{\mathrm{d}}{\mathrm{d}t}\right]_9 = [R_2']_8 \left[C_2\frac{\mathrm{d}}{\mathrm{d}t}\right]_9 + [R_1]_{12} \left[C_2\frac{\mathrm{d}}{\mathrm{d}t}\right]_{13} \tag{11.137}$$

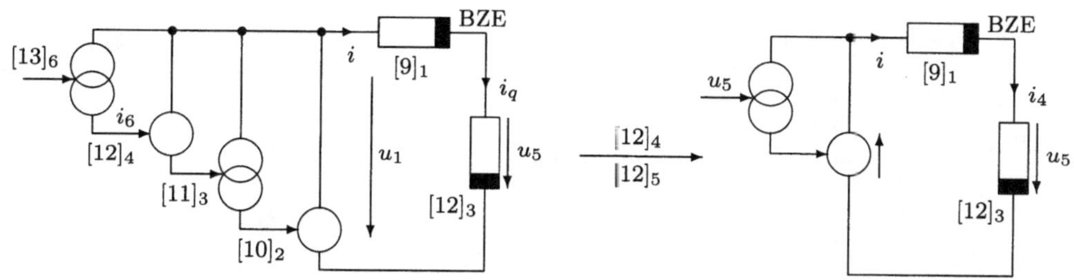

Bild 11.36: Abbau der höchst indizierten Quellenkombination vom Typ A

wird aus der gesteuerten Spannungsquelle $[R_1]_4$ ein Zweipolelement. Damit ist auch $[R_2^2]_{10}[g(*)]_{11}$ in $[R_2']_{10}[g(*)]_{11}$ zu überführen. Die am Zweipolelement $[R_1]_{12}$ abfallende Spannung wird zur Steuerung der Stromquelle $[C_1\,d/dt]_3$ genutzt. Diese Umformungen ergeben das Netzwerk Bild 11.35 rechts. $\qquad\qquad\square$

Die Bilder 11.34 und 11.35 demonstrieren den Abbau einer mehrfachen Quellenkombination. Die Vereinfachungsregel ohne Einschränkung bezüglich nichtlinearer Operatoren lautet:

VR 3: Die am höchsten indizierte Quellenkombination vom Typ A in einer mehrfachen Quellenkombination lässt sich abbauen, falls die steuernde Stromquelle den Strom i_q erzeugt und weiterhin ein Zweipolelement existiert, das durch den gleichen Operator wie die mit i_q gesteuerte Spannungsquelle beschrieben und von i_q durchflossen wird. Dann entfällt die höchst indizierte Quellenkombination und der Spannungsabfall am Zweipolelement wird zur Steuerung der nächstniedriger indizierten Stromquelle benutzt (Bild 11.36).

Ohne Herleitung sei die vierte Vereinfachungsregel angegeben:

VR 4: Gibt es in einem Zweig mehrere Elemente, zu denen die gleiche Stromquelle parallel liegt, dann ist die Stromquelle zur Reihenschaltung dieser Elemente parallel zu schalten (Bild 11.37).

Eine weitere Netzwerkvereinfachung zieht die Superposition gleicher, aber von verschiedenen Spannungen gesteuerten Stromquellen, nach sich. Links im Bild 11.38 sind n gleiche gesteuerte Stromquellen parallel geschaltet. Diese beinhaltet Vereinfachungsregel 5.

VR 5: Liegen mehrere gleiche gesteuerte *lineare* Stromquellen parallel, die von verschiedenen Spannungen gesteuert werden, so entspricht das einer Stromquelle, die durch die Summe der Spannungen gesteuert wird.

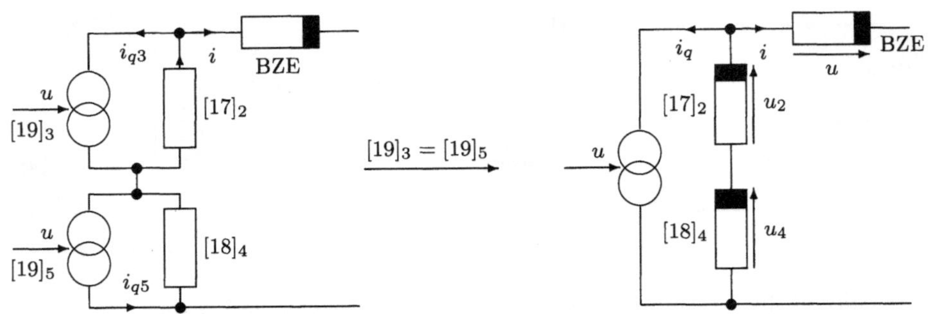

Bild 11.37: Vereinfachung nach Regel VR4

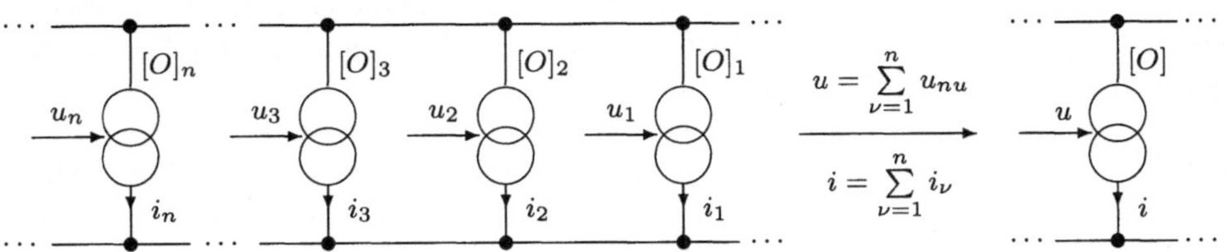

Bild 11.38: Zusammenfassung gleicher parallel liegender gesteuerter Stromquellen

Bisher wurden Vereinfachungen von Netzwerken behandelt, die aus $x \longrightarrow u$ entstanden sind. Entsprechende Regeln entstehen für die andere Entnormierung $x \longrightarrow i$. Da die Überlegungen für diese (dualen) Fälle denen der Vereinfachungsregeln 1 bis 5 entsprechen, wird auf die Herleitung verzichtet.

VR 6: Eine selbstgesteuerte Stromquelle kann durch ein Zweipolelement ersetzt werden, das durch deren Operator beschrieben wird (siehe Bild 11.39).

VR 7: Eine gesteuerte Stromquelle kann eliminiert werden, wenn sie zu einem gleichen Zweipolelement parallel liegt, indem die steuernde Spannungsquelle zu diesem Zweipolelement in Reihe geschaltet wird (das gilt ebenso für die niedrigst indizierte Quellenkombination einer mehrfachen Quellenkombination; vgl. Bild 11.40).

VR 8: Die am höchsten indizierte Quellenkombination vom Typ B in einer mehrfachen Quellenkombination lässt sich abbauen, falls die steuernde Spannungsquelle die Spannung u_q erzeugt und außerdem ein Zweipolelement existiert, das durch den gleichen Operator wie die mit u_q gesteuerte Stromquelle beschrieben wird und an dem die Spannung u_q abfällt. Die höchst indizierte Quellenkombination entfällt dann und der Strom durch das Zweipolelement steuert die nächstniedriger indizierte Spannungsquelle (siehe Bild 11.41).

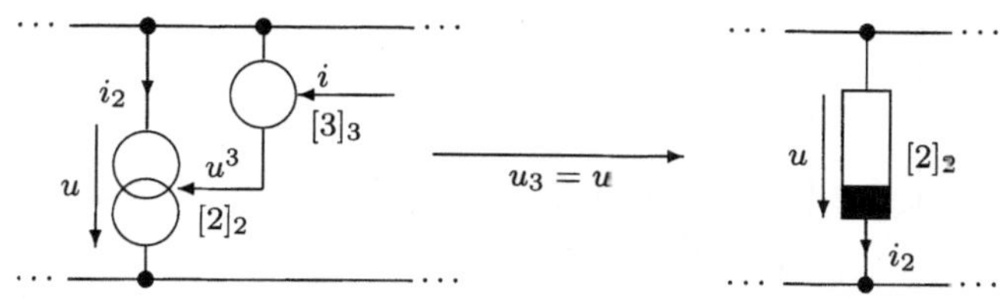

Bild 11.39: Vereinfachung nach Regel VR6

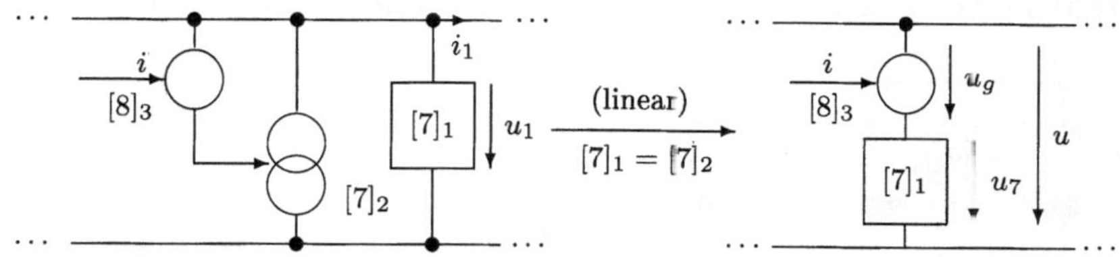

Bild 11.40: Zusammenfassung von Zweipolelement und Stromquelle

VR 9: Gibt es in mehreren parallel liegenden Zweigen mit unterschiedlichen Elementen die vom selben Strom gesteuerte Spannungsquelle, dann ist die Spannungsquelle zur Parallelschaltung dieser Elemente in Reihe zu schalten.

Diese Vereinfachungsregel stellt die Anwendung des Satzes von der Kompensation auf nichtlineare Zweige mit gesteuerten Quellen dar. In die Zweige auf der linken Seite wird je eine entgegengesetzt gerichtete gesteuerte Quelle derselben Charakteristik so eingebaut, dass sich das Potenzial am Knoten 1 um die Spannung der gesteuerten Quelle senkt. Dadurch ist die auf der rechten Seite in Bild 11.42 verbleibende Quelle erforderlich.

VR 10: Sind gleiche gesteuerte *lineare* Spannungsquellen in Reihenschaltung angeordnet, dann ist diese durch eine dieser Quellen zu ersetzen, wobei als Steuerstrom die Summe der Steuerströme der Spannungsquellen wirkt (siehe Bild 11.43).

Diese Regel folgt entsprechend zu VR5 aus der Gültigkeit des Superpositionsprinzips.

VR 11: Ist in zwei Zweigen in Reihe mit einer im Zweig vorhandenen Induktivität jeweils eine differenzierende Quelle geschaltet, die durch den gleichen Operator beschrieben und jeweils durch den Strom des anderen Zweiges gesteuert wird, so können diese Quellen als Gegeninduktivität interpretiert werden.

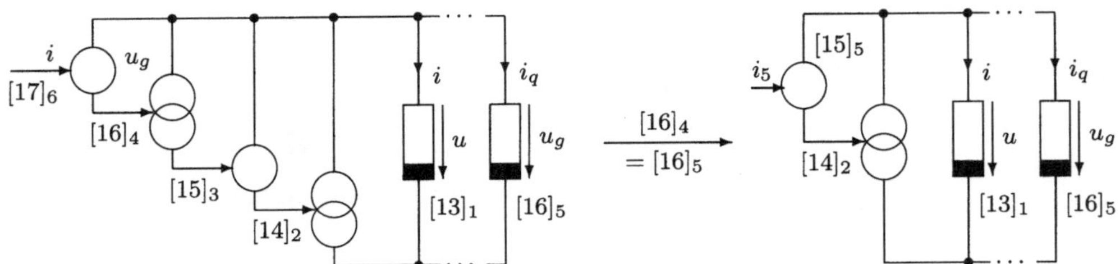

Bild 11.41: Abbau der höchst indizierten Quellenkombination vom Typ B

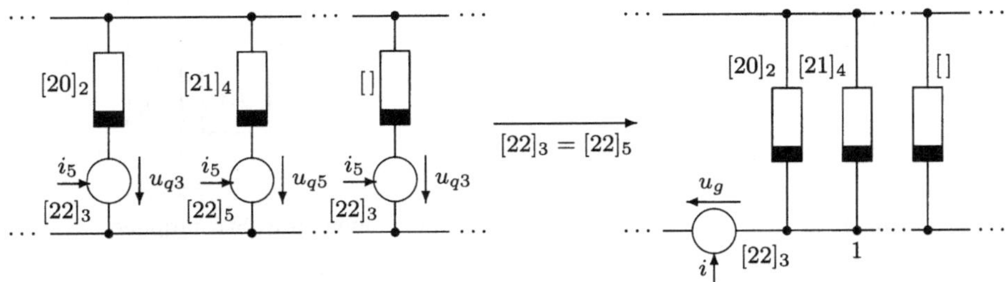

Bild 11.42: Dualer Fall zu VR4

Zu dieser Vereinfachung ist kein dualer Fall erklärt, da sie auf einem speziellen physikalischen Phänomen, dem der Gegeninduktivität, beruht. Sie ist daher auch nur in Spezialfällen, die der angegebenen Beschreibung genügen, anwendbar. Die Spannungen u_1 und u_2 werden durch die Gleichungen (11.138) bezogen auf Bild 11.44 beschrieben.

$$u_1 = L_1 \frac{\mathrm{d}}{\mathrm{d}t} i_1 \pm L_3 \frac{\mathrm{d}}{\mathrm{d}t} i_2 = L_1 \frac{\mathrm{d}}{\mathrm{d}t} i_1 \pm M \frac{\mathrm{d}}{\mathrm{d}t} i_2,$$
$$u_2 = L_2 \frac{\mathrm{d}}{\mathrm{d}t} i_2 \pm L_3 \frac{\mathrm{d}}{\mathrm{d}t} i_1 = L_2 \frac{\mathrm{d}}{\mathrm{d}t} i_2 \pm M \frac{\mathrm{d}}{\mathrm{d}t} i_1. \tag{11.138}$$

Das Vorzeichen von M und damit die Kopplung der Induktivitäten wurde entsprechend der Darstellung in Bild 11.44 festgelegt.

Bisher traten in den Netzwerken keine spannungsgesteuerten Spannungsquellen und keine stromgesteuerten Stromquellen auf. Nach dem Bauelementevorrat sind sie zugelassen. Da ein Ziel dieses Abschnitts Aussagen über eine Realisierung von nichtlinearen Beschreibungsgleichungen durch Zweipolelemente sind, also ohne gesteuerte Quellen, wird auf diese Probleme nicht weiter eingegangen.

Notwendiges und hinreichendes Kriterium zur Zweipolsynthese

Während Vereinfachungsregeln immer Netzwerke verändern, sind Zerlegungsvorschriften Anweisungen zur Aufspaltung der Gleichungskoeffizienten und deshalb geht die

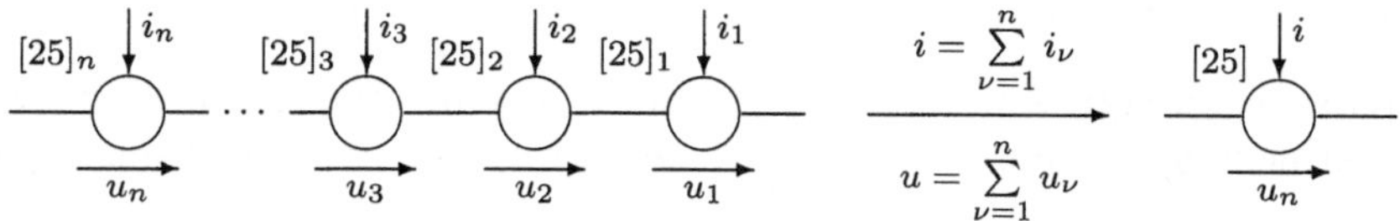

Bild 11.43: Zusammenfassung gleicher, linearer, in Reihenschaltung angeordneter gesteuerter Spannungsquellen

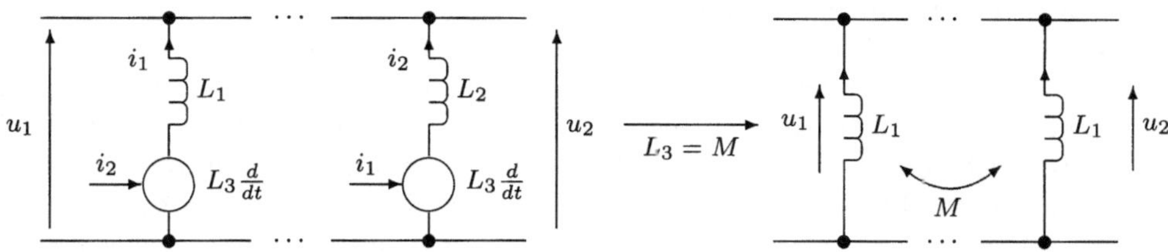

Bild 11.44: Erfassung der Gegeninduktivität

Zerlegung der Vereinfachung zeitlich voran. Trotzdem können aus den im letzten Abschnitt beschriebenen Vereinfachungsregeln für Netzwerke weitere Zerlegungsvorschriften abgeleitet werden. So führen VR 1 bzw. 6 auf die folgenden Zerlegungsvorschriften.

ZV7 Die höchst indizierten Operatoren eines jeden Operatorproduktes sind, soweit es die Gleichungssummanden zulassen, auf die Form des Bezugsoperators zu bringen.

ZV8 Es ist die Aufspaltung von Summanden, die auf selbstgesteuerte Elemente führen, so durchzuführen, dass sich weitere Zweipolelemente ergeben, die durch die gleichen Operatoren wie dazu in Reihe auftretende niedrig indizierte Spannungsquellen von Quellenkombinationen Typ A beschrieben werden. Dual dazu gibt es Quellenkombinationen vom Typ B.

ZV9 Es sind über die Zerlegung selbstgesteuerte Quellen zu erzeugen, die den höchst indizierten Spannungsquellen mehrfacher Quellenkombinationen entsprechen, wobei diese Quellen durch den Strom des Bezugsoperators gesteuert werden.

ZV10 Wird eine Stromquelle von einer Summe von Spannungen gesteuert, die ungleich der anliegenden Spannung ist, so sind durch Aufspaltung von Summanden, deren Struktur es gestattet, die fehlenden Anteile gemäß dem Kirchhoffschen Maschensatz zu erzeugen. Analog sind fehlende Stromanteile bei der Steuerung einer Spannungsquelle durch Aufteilung geeigneter Summanden so zu erzeugen, dass gemäß dem Knotensatz die Summe der Steuerströme den durchfließenden Strom darstellt.

ZV11 Gleiche Summanden oder Teile davon sind als Operatoren gleich zu kennzeichnen. Weitere gleiche Operatoren sind einzuführen, um entsprechende Summanden damit zu erfassen.

ZV12 Die bei der Zerlegung einmal festgelegte Operatorenreihenfolge ist beizubehalten.

ZV13 Treten in Zweigen einfach differenzierende Spannungsquellen in Reihe zu Zweipolelementen auf, die jeweils durch den Strom des anderen Zweiges gesteuert werden, so ist die Zerlegung so durchzuführen, dass diese beiden Quellen durch den gleichen Operator beschrieben werden.

Ergeben sich Summanden, die wiederum in mehr als zwei Summanden zerlegt werden müssen, so ist der Abbau einmal durch Anwendung von VR 2 nach Befolgung von ZV8 möglich. Zum anderen kann VR 3 angewandt werden, die besagt, dass der Spannungsabfall an einem Zweipolelement, das durch den gleichen Operator wie die höchst indizierte Quelle einer Quellenkombination beschrieben und von dem die Quelle steuernden Strom durchflossen wird, als Steuerspannung für die nächstniedriger indizierte Stromquelle verwendet wird. Die zu steuernde Quelle entfällt damit. Sollen Zweipole zu diesem Zweck erzeugt werden, ist nach ZV9 vorzugehen.

Durch ZV9 ist die Anwendung der VR 4 abgesichert. Wenn gleiche nichtlineare Operatoren mit derselben Eingangsgröße verknüpft sind, müssen ZV 4 und 8 beachtet werden. Das gilt auch für gleiche lineare Operatoren, die eingangsseitig miteinander verknüpft sind (siehe ZV5).

Gleiche lineare Operatoren, die ausgangsseitig miteinander verknüpft sind, führen auf eine Zusammenfassung gemäß VR 5. Die Erzeugung von selbstgesteuerten Quellen und damit Zweipolelementen ist bei linearen Elementen auch dadurch gegeben, dass die Steuerung durch eine Summe von Spannungen oder Strömen (VR 5 bzw. 10) vorliegt, die nach den Kirchhoffschen Sätzen der anliegenden Spannung bzw. dem durchfließenden Strom entspricht. Diese Vereinfachung kommt bei nichtlinearen Summanden zur Anwendung, wenn die Ausgangsgleichung die Funktion einer Summe im Sinne von

$$\ldots + f(x + a_1\dot{x} + a_2\ddot{x} + \ldots) + \ldots = 0 \qquad (11.139)$$

enthält. Das wird mit ZV10 erreicht. Die richtige Anwendung dieser Vorschrift wird bei komplizierten Summanden zu Beginn der Zerlegung erschwert. Aus dem resultierenden Netzwerk sind die fehlenden Anteile zu ersehen und die ZV10 ist in diesem Fall nachträglich vorzunehmen.

ZV11 trifft z. B. für Gleichungen mit Ableitungen größer zweiter Ordnung zu, bei denen je nach Ordnung mehrere gleichartige Blindelemente zur Realisierung herangezogen werden.

Beispiel 6:
Zur Erläuterung der Ergebnisse wird der nichtlinearen Gleichung

$$\underbrace{a_5\frac{\mathrm{d}^2}{\mathrm{d}\tau^2}f\left(\frac{\mathrm{d}x}{\mathrm{d}\tau}\right)}_{\mathrm{I}} + \underbrace{a_4\frac{\mathrm{d}^3}{\mathrm{d}\tau^3}x}_{\mathrm{II}} + \underbrace{a_3\frac{\mathrm{d}^2}{\mathrm{d}\tau^2}x}_{\mathrm{III}} + \underbrace{a_2f\left(\frac{\mathrm{d}x}{\mathrm{d}\tau}\right)}_{\mathrm{IV}} + \underbrace{a_1\frac{\mathrm{d}}{\mathrm{d}\tau}x}_{\mathrm{V}} + \underbrace{x}_{\mathrm{VI}} = 0 \qquad (11.140)$$

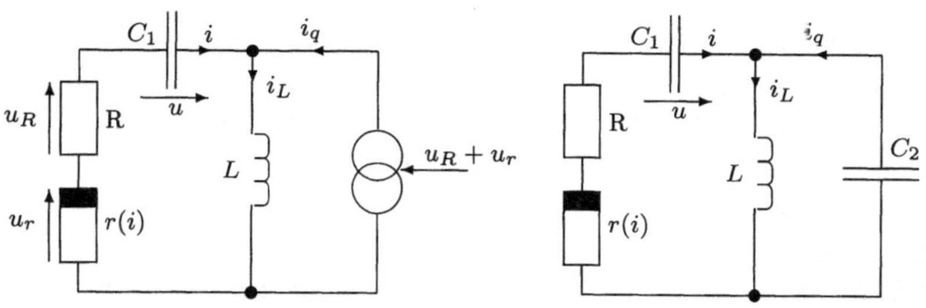

Bild 11.45: Netzwerk zum Beispiel

für $x \to u$ ein Zweipolnetzwerk mit minimaler Bauelementezahl zugeordnet. Bei der Abarbeitung der Zerlegungsvorschriften ZV1...5 werden zuerst die Glieder höchster Ordnung gesucht:

$$\text{I}: \qquad [L\frac{\mathrm{d}}{\mathrm{d}t}]_2[C_2\frac{\mathrm{d}}{\mathrm{d}t}]_3[r()]_4[C_1\frac{\mathrm{d}}{\mathrm{d}t}]_5u,$$

$$\text{II}: \qquad [L\frac{\mathrm{d}}{\mathrm{d}t}]_6[C_2\frac{\mathrm{d}}{\mathrm{d}t}]_7[R]_8[C_1\frac{\mathrm{d}}{\mathrm{d}t}]_9u. \tag{11.141}$$

Nach ZV6 ist $[C_1 d/d\tau]$ der Bezugsoperator. Die vollständige Operatorgleichung lautet dann:

$$[L\frac{\mathrm{d}}{\mathrm{d}t}]_2[C_2\frac{\mathrm{d}}{\mathrm{d}t}]_3[r()]_4[C_1\frac{\mathrm{d}}{\mathrm{d}t}]_5u + [L\frac{\mathrm{d}}{\mathrm{d}t}]_6[C_2\frac{\mathrm{d}}{\mathrm{d}t}]_7[R]_8[C_1\frac{\mathrm{d}}{\mathrm{d}t}]_9u$$

$$+[L\frac{\mathrm{d}}{\mathrm{d}t}]_{10}[C_1\frac{\mathrm{d}}{\mathrm{d}t}]_{11}u + [r()]_{12}[C_1\frac{\mathrm{d}}{\mathrm{d}t}]_{13}u + [R]_{14}[C_1\frac{\mathrm{d}}{\mathrm{d}t}]_{15}u = 0 \qquad . \tag{11.142}$$

Die Zerlegungsvorschriften ZV8 und 9 sind ohne weitere Maßnahmen erfüllt. Als Realisierung ergibt sich das in Bild 11.45 links gezeigte Netzwerk.

In diesem Netzwerk befindet sich noch eine lineare gesteuerte Quelle. Damit ist die Zweipolforderung noch nicht erfüllt. Die ZV9 zieht die Aufspaltung des Summanden III in die Form

$$[L\frac{\mathrm{d}}{\mathrm{d}t}]_{10}[C_1\frac{\mathrm{d}}{\mathrm{d}t}]_{11}u = [L\frac{\mathrm{d}}{\mathrm{d}t}]_{10}[C_1\frac{\mathrm{d}}{\mathrm{d}t}]_{11}u + [L\frac{\mathrm{d}}{\mathrm{d}t}]_{16}[C_2\frac{\mathrm{d}}{\mathrm{d}t}]_{17}u \tag{11.143}$$

nach sich. Da die Zerlegung allgemein erfolgt, wird die mit der Aufspaltung verbundene Änderung der Bauelementekennwerte nicht gekennzeichnet. So erhält die durch $[C_2 d/dt]$ beschriebene Stromquelle eine zusätzliche Steuerspannung. Die Summe der steuernden Spannungen entspricht nun der anliegenden Spannung:

$$u_{C_2} = u_1 + u_R + u_r. \tag{11.144}$$

Damit ist auch diese Quelle selbstgesteuert und durch ein Zweipolelement ersetzbar. Das reine Zweipolnetzwerk gibt das Bild 11.45 rechts wieder. $\qquad\square$

Aus der Gesamtheit der Zerlegungsvorschriften, von denen einige notwendigen Charakter (ZV1...5) besitzen, folgt ein notwendig und hinreichendes Kriterium zur Synthese von nichtlinearen Zweipolnetzwerken. Es gibt an, ob und wie einer nichtlinearen Beschreibungsgleichung n-ter Ordnung ein Zweipolnetzwerk zugeordnet werden kann. Die Zerlegung der Beschreibungsgleichung ist dann auf systematischem Wege möglich und beginnt bei den Summanden, die aufgrund ihrer Konsistenz in die größte Anzahl von Operatoren aufzuspalten sind. Die Formulierung dieses Kriteriums lautet:

Satz 11.2 *Es liegen die Zerlegungsvorschriften ZV1...13 zugrunde. Alle nach Konsistenz und Stellung in den Operatorprodukten mit maximaler Operatoranzahl gleichen Operatoren repräsentieren dasselbe Bauelement. Mit den in diesen Operatorprodukten enthaltenen Operatoren sind unter Beachtung der Reihenfolge und der zugeordneten Eigenschaften als Spannungs- oder Stromquellen alle möglichen Zusammenstellungen zu bilden. Es sind Operatorprodukte mit größerer Operatorenzahl aufzustellen, wenn es solche gibt, die keinen gemeinsamen Operator besitzen und nicht in einem Operatorprodukt größerer Operatorenzahl enthalten sind. Sind Nichtlinearitäten der nullten oder ersten Ableitung der Variablen gegeben, so sind diese mit derselben Eingangsgröße zu verknüpfen. Bei Nichtlinearitäten als Funktion von Ableitungen höherer Ordnung ist die Zusammenstellung so auszuführen, dass alle Operatoren, die im selben Zusammenhang mit der Nichtlinearität als höher indizierte Operatoren auftreten, in eine Klammer gesetzt, in der Summe als Variable der Funktion auftreten. Das gilt ebenso, wenn mehrere Operatoren gleichberechtigt als Bezugsoperatoren auftreten, für die die Realisierung einer Nichtlinearität die Funktion der ersten Ableitung ist. Genau dann, wenn alle zur Erstellung der gefundenen Zerlegung erforderlichen Summanden in der Ausgangsgleichung vorhanden sind, ist ihre Realisierung ein Zweipolnetzwerk.*

11.4 Synthese nichtlinearer Schaltungen mit linearen Methoden

11.4.1 Voraussetzungen

In diesem Abschnitt wird eine weitere Methode zur Schaltungssynthese vorgestellt, die sich von der in Abschnitt 11.3.1 stark unterscheidet. Der Ausgangspunkt ist jedoch derselbe: Das mathematische Modell liegt in Form einer nichtlinearen gewöhnlichen Differenzialgleichung m-ter Ordnung

$$\frac{\mathrm{d}^m x}{\mathrm{d}\tau^m} + f\left(x, \frac{\mathrm{d}x}{\mathrm{d}\tau}, \frac{\mathrm{d}^2 x}{\mathrm{d}\tau^2}, \ldots, \frac{\mathrm{d}^{m-1} x}{\mathrm{d}\tau^{m-1}}, \tau\right) = 0 \tag{11.145}$$

vor. Die Differenzialgleichung wird im Weiteren so umgeformt, dass Verfahren der linearen Netzwerksynthese Anwendung finden können. Damit liegt mit dem Ziel der Nutzung ihrer Vorteile ein direkter Zusammenhang zwischen der nichtlinearen Schaltungssynthese und der ausgebauten linearen Synthese vor [122]. Durch neue Unterscheidungen folgen weitere Realisierungskriterien in Form von notwendigen oder hinreichenden Bedingungen.

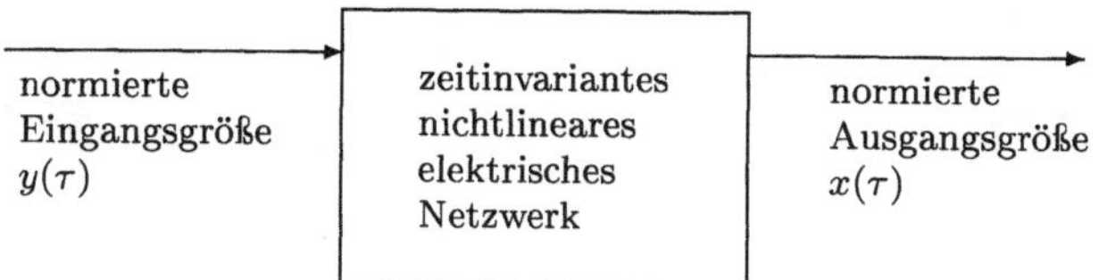

Bild 11.46: Blockschaltbild eines nichtlinearen Netzwerks

Werden parametrische Bauelemente ausgeschlossen, so lässt sich die allgemeine Differenzialgleichung (11.145) aufspalten in:

$$D_p[y(\tau)] = g\left(x, \frac{dx}{d\tau}, \frac{d^2x}{d\tau^2}, \ldots, \frac{d^{m-1}x}{d\tau^{m-1}}, \frac{d^mx}{d\tau^m}\right). \tag{11.146}$$

In der Funktion $g(\cdot)$ tritt die normierte Zeit nicht mehr explizit auf. Die Größe y stellt eine zeitabhängige Störfunktion und D_p einen linearen Differenzialoperator dar. Für das elektrische Netzwerk bedeutet y eine eingeprägte zeitvariable elektrische Größe in normierter Form. Daher kann als Blockschaltbild des nichtlinearen Netzwerkes die Darstellung 11.46 angegeben werden.

Für die nachfolgenden Betrachtungen sei Gl. (11.146) in die Form

$$D_p[y(\tau)] = D_0[x] + \sum_{\nu=1}^{n} D_\nu[f_\nu(B_\nu[x])] \tag{11.147}$$

überführbar. Die Differenzialoperatoren besitzen dabei die Gestalt:

$$D_\nu[\cdot] = \sum_{\mu=0}^{m_\nu} a_{\nu\mu} \frac{d^\mu}{d\tau^\mu}[\cdot] \qquad \text{und} \qquad B_\nu[\cdot] = \sum_{\lambda=0}^{l_\nu} b_{\nu\lambda} \frac{d^\lambda}{d\tau^\lambda}[\cdot], \tag{11.148}$$

wobei $\nu = 1, \ldots, n, p$ gilt. Die Koeffizienten $a_{\nu\mu}$ und $b_{\nu\lambda}$ sind reelle Konstanten und $f_\nu(\cdot)$ beliebige reelle Funktionen von reellen Veränderlichen.

Die Betrachtungen dieses Abschnittes stehen unter den folgenden fünf Voraussetzungen:

1. Untersucht werden solche deterministischen Systeme mit ausschließlich konzentrierten Parametern, die sich durch eine Gleichung der Form von Gl. (11.147) beschreiben lassen.

2. Die mathematische Synthese ist abgeschlossen und Gl. (11.147) liegt vor.

3. Der Variablen x wird eine der Größen Strom $i = I_0 x$, Spannung $u = U_0 x$, Ladung $q = Q_0 x$ oder Fluss $\psi = \Psi_0 x$ zugeordnet. Für die Eingangsgröße (Störfunktion) $y(\tau)$ sei aus schaltungstechnischen Gründen nur die Zuordnung einer Spannung $u_p = U_0 y$ oder eines Stroms $i_p = I_0 y$ zugelassen, die durch ideale Quellen realisiert werden. Die Zeit wird durch $t = \tau/\omega_0$ entnormiert.

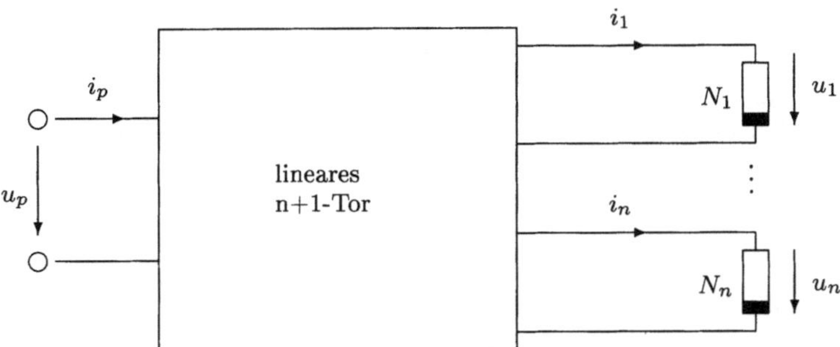

Bild 11.47: Mehrpolstruktur zur DGL

4. Zugelassene Bauelemente sind

   (a) lineare passive Elemente: ohmscher Widerstand R, Kapazität C, Induktivität L, idealer Übertrager Ü, Gegeninduktivität M,

   (b) lineare aktive Elemente: ideale strom- oder spannungsgesteuerte Stromquelle, ideale strom- oder spannungsgesteuerte Spannungsquelle,

   (c) nichtlineare Zweipole: Widerstand $u_R = f(i_R)$, Leitwert $i_G = f(u_G)$, Kapazität $u_C = f(q_C)$ oder $q_C = f(u_C)$, Induktivität $i_L = f(\psi_L)$ oder $\psi_L = f(i_L)$,

   (d) nichtlineare, leistungslos gesteuerte Quellen: ideale gesteuerte Stromquelle $i_\mu = f(i_\nu)$ oder $i_\mu = f(u_\nu)$, ideale gesteuerte Spannungsquelle $u_\mu = f(i_\nu)$ oder $u_\mu = f(u_\nu)$.

5. Jede Funktion $f_\nu(\cdot)$ in der Differenzialgleichung (11.147) lässt sich durch ein Element aus 4c oder 4d mit entsprechender Kennlinie realisieren.

11.4.2 Realisierungskriterien

Der entscheidende Ansatz dieser Struktursynthesemethode bildet die Realisierung von Gl. (11.147) durch eine *Mehrpolstruktur* (Bild 11.47).

Die Grundidee der Methode besteht in der Umkehrung der bei der Analyse nichtlinearer Netzwerke angewandten Methode, bei der die nichtlinearen Elemente aus dem Gesamtnetzwerk herausgetrennt und als Beschaltung eines linearen Netzes angesehen werden.

Nach Voraussetzung 5 werden die in der Differenzialgleichung enthaltenen n nichtlinearen Funktionen durch genau n nichtlineare Bauelemente $N_1, \ldots, N_n$ realisiert. Es besteht nun die Aufgabe, die Beschreibungsgleichungen für das die restlichen Elemente enthaltende lineare $n + 1$-Tor zu finden.

Lineare Mehrpole sind im komplexen Frequenzbereich in bekannter Weise mittels der Widerstandsmatrix $\underline{\mathbf{Z}}$, der Leitwertmatrix $\underline{\mathbf{Y}}$ oder der Kettenmatrix $\underline{\mathbf{A}}$ beschreibbar.

Die Vorgehensweise lässt sich in vier Schritte entsprechend Bild 11.48 unterteilen.

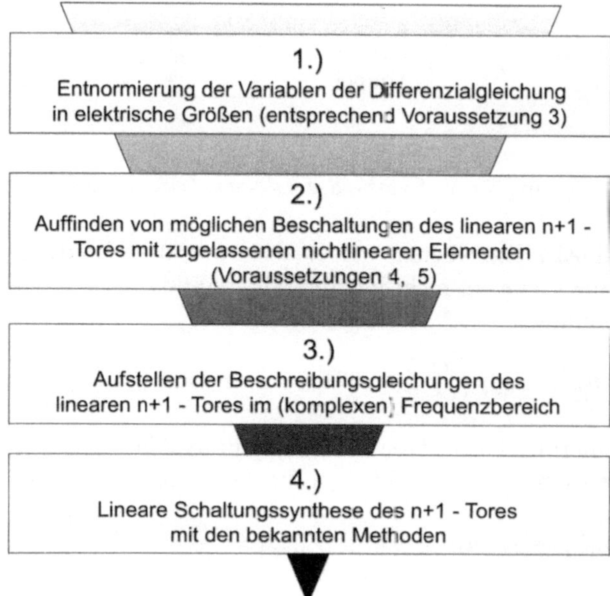

Bild 11.48: Vorgehensweise der Struktursynthese

11.4.3 Synthese für eine Differenzialgleichung mit einer nichtlinearen Funktion

Zuerst soll der einfachste Fall mit nur einer Nichtlinearität in der Differenzialgleichung und $B_1 = 1$ untersucht werden. Die allgemeine Gleichung (11.147) vereinfacht sich demnach auf den Ausdruck:

$$D_p[y] = D_0[x] + D_1[f_1(x)]. \tag{11.149}$$

Dieser einfache Fall ist von besonderer Bedeutung, weil sich folgender Satz beweisen lässt.

Satz 11.3 *Die Differenzialgleichung (11.149) ist unter den Voraussetzungen 1 bis 5 stets durch endlich viele elektrische Netzwerke der Grundschaltung in Bild 11.49 realisierbar.*

Beweis: Wegen der Voraussetzung 3 muss eine Fallunterscheidung für acht Zuordnungen der Variablen x und y durchgeführt werden.

Fall 1: x — Strom; y — Spannung
Die entnormierte Differenzialgleichung nimmt dann die Form

$$D_p\left[\frac{u_p}{U_0}\right] = D_0\left[\frac{i_p}{I_0}\right] + D_1\left[f_1\left(\frac{i_p}{I_0}\right)\right] \qquad \text{mit} \qquad D_\nu[\cdot] = \sum_{\mu=0}^{m_\nu} a_{\nu\mu}\omega_0^{-\mu}\frac{\mathrm{d}^\mu}{\mathrm{d}t^\mu}[\cdot] \tag{11.150}$$

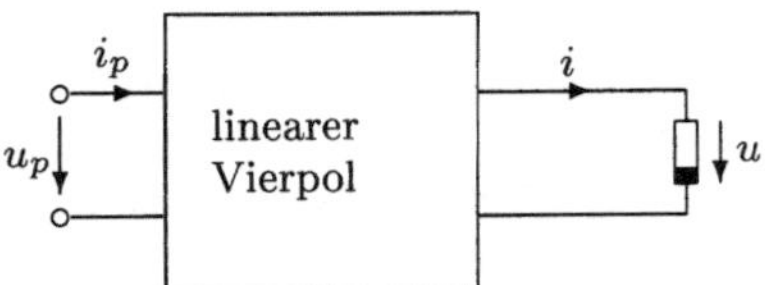

Bild 11.49: Grundschaltung für die Synthese eines Netzwerks mit genau einer Nichtlinearität

an. Für das nichtlineare Bauelement zur Realisierung der Funktion $f(i/I_0)$ kommen wegen Voraussetzung 4 nur ein nichtlinearer Widerstand oder eine nichtlineare Induktivität mit den Kennlinien

$$u_R = U_0 f_1\left(\frac{i_R}{I_0}\right) \qquad \text{bzw.} \qquad \psi_L = \Psi_0 f_1\left(\frac{i_L}{I_0}\right) \tag{11.151}$$

in Frage. Die Normierungskonstanten können nun aus den linearen Differenzialoperatoren herausgezogen werden. So erhält man für die beiden Möglichkeiten:

$$D_p[u_p] = \frac{U_0}{I_0} D_0[i_R] + D_1[u_R] \quad \text{bzw.} \quad D_p[u_p] = \frac{U_0}{I_0} D_0[i_L] + \frac{U_0}{\Psi_0} D_1[\psi_L]. \tag{11.152}$$

In der rechten Gleichung lässt sich der zweite Summand folgendermaßen umformen, wenn man die Vertauschbarkeit von Differenzialoperatoren verwendet:

$$D_1[\psi_L(i_L)] = \int \frac{\mathrm{d}}{\mathrm{d}\tau} D_1[\psi_L]\,\mathrm{d}\tau = \int D_1\left[\frac{\mathrm{d}\psi_L}{\mathrm{d}\tau}\right]\mathrm{d}\tau = D_1^*\left[\frac{\mathrm{d}\psi_L}{\mathrm{d}\tau}\right]. \tag{11.153}$$

Damit erhält die rechte Differenzialgleichung die gleiche Form wie die linke

$$D_p[u_p] = \frac{U_0}{I_0} D_0[i_L] + \frac{U_0}{\Psi_0} D_1^*[u_L] \tag{11.154}$$

und man braucht o. B. d. A. nur eine von beiden weiter zu betrachten. Im nächsten Schritt wird die linke Gleichung *Laplace-transformiert*. Dabei werden die Spannungen und der Strom wie Variablen transformiert und für die Differenzialoperatoren gelangt der Differenziationssatz der Laplace-Transformation

$$\frac{\mathrm{d}^n f(t)}{\mathrm{d}t^n} \longleftrightarrow s^n \underline{f}(s), \quad \text{hier} \quad D_\nu[\cdot] \longleftrightarrow \sum_{\mu=0}^{m_\nu} a_{\nu\mu}\left(\frac{s}{\omega_0}\right)^\mu \tag{11.155}$$

mit $s = \delta + j\omega$ zur Anwendung. Für die linke Differenzialgleichung (11.152) folgt:

$$\underline{U}_p(s) = \frac{U_0}{I_0}\,\frac{\displaystyle\sum_{\mu=0}^{m_0} a_{0\mu}\left(\frac{s}{\omega_0}\right)^\mu}{\displaystyle\sum_{\mu=0}^{m_p} a_{p\mu}\left(\frac{s}{\omega_0}\right)^\mu}\,\underline{I}_R(s) + \frac{\displaystyle\sum_{\mu=0}^{m_1} a_{0\mu}\left(\frac{s}{\omega_0}\right)^\mu}{\displaystyle\sum_{\mu=0}^{m_p} a_{p\mu}\left(\frac{s}{\omega_0}\right)^\mu}\,\underline{U}_R(s). \tag{11.156}$$

Vergleicht man diese Gleichung mit der ersten der *Kettengleichungen* eines allgemeinen Vierpols:

$$\begin{aligned}
\underline{U}_1(s) &= A_{11}(s)\underline{U}_2 + A_{12}(s)\underline{I}_2, \\
\underline{I}_1(s) &= A_{21}(s)\underline{U}_2 + A_{22}(s)\underline{I}_2,
\end{aligned} \tag{11.157}$$

so stellt man eine strukturelle Übereinstimmung fest.

Der Beweis der Behauptung wird durch die notwendige und hinreichende Bedingung für Vierpole geliefert, die Rupprecht wie folgt angibt: *Die Elemente der Kettenmatrix gehören genau dann zu einem allgemeinen linearen Vierpol, wenn sie gebrochen rationale Funktionen mit konstanten reellen Koeffizienten der komplexen Frequenz s sind.* In Gl. (11.156) erfüllen beide Brüche diese Bedingung. Die Elemente A_{21} und A_{22} sind in unserem Fall beliebig wählbar, da für sie keine Einschränkungen aufgetreten sind. Damit ist es stets möglich, endlich viele Vierpole für diese Matrixelemente zu finden, wenn sie mit einem nichtlinearen Widerstand abgeschlossen sind.

Bei der Variante von Gl. (11.154) ändert sich nur A_{11} zu

$$A_{11} = \frac{\sum\limits_{\mu=0}^{m_1} a_{1\mu} \left(\frac{s}{\omega_0}\right)^{\mu-1}}{\sum\limits_{\mu=0}^{m_p} a_{p\mu} \left(\frac{s}{\omega_0}\right)^{\mu}} . \qquad (11.158)$$

Damit können auch endlich viele lineare Vierpole, die mit einer nichtlinearen Induktivität abgeschlossen sind, gefunden werden.

Fall 2 bis 8: Äquivalent zum ersten Fall ist es auch für die anderen Entnormierungen stets möglich, aus der Differenzialgleichung eine Form zu erzeugen, die einer der beiden Kettengleichungen 11.157 entspricht.

Die Richtigkeit des Satzes 11.3 für alle acht Entnormierungsmöglichkeiten wurde bewiesen, indem die nichtlineare Differenzialgleichung auf einen linearen Vierpol zurückgeführt wurde. Die Herleitungen ergeben neben der äußeren Beschaltung des linearen Vierpols auch die Beschreibungsgleichung für den linearen Teil der Schaltung in Form der Kettenmatrixelemente. $\square$

11.4.4 Synthesevorschriften bei vorgeschriebener Bauelementekombination

Bei der Zerlegung eines Netzwerkes in einen linearen und einen nichtlinearen Teil existieren für die in Voraussetzung 4 zugelassenen Bauelementetypen prinzipiell sechs verschiedene Varianten der Bauelementekombinationen mit unterschiedlichem Allgemeinheitsgrad (siehe Tabelle 11.14).

Man kann bei einer anderen Spezifizierung der Bauelemente noch weitere Untervarianten angeben. Für technische Anwendungen erweist sich aber diese Einteilung als ausreichend praktisch. Im Folgenden werden deshalb hauptsächlich die Varianten 1 bis 3 weiter untersucht, Synthesevorschriften und Realisierungskriterien hergeleitet.

Tabelle 11.14: Bauelementekombinationen

Variante	Bauelemente des synthetisierten Netzwerks	
	linearer Teil	nichtlinearer Teil
1	nur passive Elemente	nur Zweipole
2	nur passive Elemente	Zweipole und gesteuerte Elemente
3	nur passive Elemente	nur gesteuerte Elemente
4	passive und gesteuerte Elemente	nur Zweipole
5	passive und gesteuerte Elemente	nur gesteuerte Elemente
6	passive und gesteuerte Elemente	Zweipole und gesteuerte Elemente

11.4.5 Netzwerke mit nur passiven nichtlinearen Elementen

Eine Nichtlinearität und $B_1 = 1$

Im Abschnitt 11.4.3 wurde für diesen Fall eine allgemeine Synthesevorschrift hergeleitet, indem für jede mögliche Zuordnung der Variablen x und y die Elemente der Kettenmatrix eines linearen Vierpols bestimmt wurden. Jetzt sollen weitere Realisierungskriterien folgen, wobei wieder die lineare Schaltungssynthese zugrunde liegt.

Satz 11.4 *Die zweireihige quadratische Matrix* $\mathbf{A}$ *ist genau dann Kettenmatrix eines* reziproken passiven RLC-Übertragungsvierpols, *wenn folgende Bedingungen erfüllt sind:*

1. *Alle Elemente* $A_{ik}(s)$ *sind reelle rationale Funktionen von* s.
2. *Die Determinante der Matrix ist stets Eins* $(\det(\mathbf{A}) \equiv 1)$.
3. *Drei der folgenden Quotienten (und damit auch alle vier)*
   A_{21}/A_{11}, A_{22}/A_{21}, A_{12}/A_{11}, A_{12}/A_{22}
   sind positiv und reell, d. h. passive Zweipolfunktionen oder Null. Verschwindet eine solche Funktion, dann gilt $A_{11}A_{22} = 1$.
4. *Wenn* $A_{21} \not\equiv 0$, *gilt stets:*

$$\Re\left(\frac{A_{11}(j\omega)}{A_{21}(j\omega)}\right)\Re\left(\frac{A_{22}(j\omega)}{A_{21}(j\omega)}\right) - \left[\Re\left(\frac{1}{A_{21}(j\omega)}\right)\right]^2 \geq 0, \qquad (11.159)$$

und gleichwertig dazu:

$$\Re\left(\frac{A_{11}(j\omega)}{A_{12}(j\omega)}\right)\Re\left(\frac{A_{22}(j\omega)}{A_{12}(j\omega)}\right) - \left[\Re\left(\frac{1}{A_{12}(j\omega)}\right)\right]^2 \geq 0. \qquad (11.160)$$

Bisher wurden nur zwei Matrixelemente aufgestellt, z. B. in Gl. (11.156). Die zwei weiteren folgen somit aus den vier Bedingungen. Für diese Untersuchungen erweist es sich als günstiger, von der Kettenmatrix $\mathbf{A}$ zur Leitwertmatrix $\mathbf{Y}$ bzw. zur Widerstandsmatrix $\mathbf{Z}$ überzugehen. Für einen *reziproken* Vierpol gelten bekannterweise die Beziehungen :

$$Y_{22}(s) = \frac{A_{11}(s)}{A_{12}(s)}, \qquad Y_{12}(s) = Y_{21} = -\frac{1}{A_{12}}. \tag{11.161}$$

Der vorangegangene Satz geht damit über in die Form:

Satz 11.5 *Die Realisierbarkeit der Leitwertmatrix* $\mathbf{Y}$ *durch einen reziproken passiven RLC-Übertragungsvierpol ist dann und nur dann gewährleistet, wenn die zweireihige Matrix symmetrisch ist und folgenden Bedingungen genügt.*

1. *Alle Elemente* $Y_{ik}(s)$ *sind reelle rationale Funktionen von* s *und für* $\Re(s) > 0$ *polfrei.*

2. *Alle auf der* j*-Achse (einschließlich* $s \to \infty$*) gelegenen Pole der Elemente* $Y_{ik}(s)$ *müssen einfach sein. Ist* $k_{ik}^{(\nu)}$ *das Residuum eines dieser Pole (mit der Frequenz* ω_ν*), dann gilt*

$$k_{11}^{(\nu)} \geq 0, \qquad k_{22}^{(\nu)} \geq 0, \qquad k_{11}^{(\nu)} k_{22}^{(\nu)} - \left[k_{12}^{(\nu)}\right]^2 \geq 0. \tag{11.162}$$

3. *Es gilt stets*

$$\Re\left(Y_{11}(j\omega)\right) \Re\left(Y_{22}(j\omega)\right) - \left[\Re\left(Y_{21}(j\omega)\right)\right]^2 \geq 0, \tag{11.163}$$

$$\Re\left(Y_{11}(j\omega)\right) \geq 0, \qquad \Re\left(Y_{22}(j\omega)\right) \geq 0. \tag{11.164}$$

Anmerkung:
Zum Inhalt des Begriffes „Residuum" gelangt man über die Laurent-Reihe. Eine komplexe Funktion $f(z) = f(x + jy)$ sei in der Umgebung eines Punktes z_0 analytisch, nicht aber in z_0 selbst. z_0 heißt dann isolierte singuläre Stelle der Funktion $f(z)$. Die Funktion $f(z)$ lässt sich in der Umgebung von z_0 in die Laurent-Reihe

$$f(z) = \sum_{n=-\infty}^{\infty} a_n (z - z_0)^n \tag{11.165}$$

entwickeln. Den Koeffizienten a_{-1} des Summanden $(z - z_0)^{-1}$ in der Laurent-Entwicklung von $f(z)$ bezeichnet man als Residuum der Funktion $f(z)$ im singulären Punkt z_0 und es gilt:

$$a_{-1} = \operatorname{Res} f(z)|_{z=z_0} = \frac{1}{2\pi j} \oint_l f(\xi)\, \mathrm{d}\xi. \tag{11.166}$$

Mittels der Residuen berechnet sich der Wert eines Integrals, der isolierte singuläre Punkte umschließt. Hierfür gilt der Residuensatz:

Satz 11.6 *Ist die Funktion $f(z)$ in einem einfach zusammenhängenden Gebiet G, welches von der geschlossenen Kurve l begrenzt wird, mit Ausnahme endlich vieler Punkte $z_0, z_1, \ldots, z_n$ eindeutig und analytisch, dann ist der Wert des im Uhrzeigersinn über den geschlossenen Weg gewonnenen Integrals gleich dem Produkt aus $2\pi j$ und der Summe der Residuen aller singulären Punkte:*

$$\oint_l f(z)\,dz = 2\pi j \sum_{k=0}^{n} Res f(z)|_{z=z_k}. \tag{11.167}$$

Im Folgenden wird die Übereinstimmung beider Sätze nachgewiesen. Die Elemente der Kettenmatrix folgen aus den Laplace-transformierten Operatoren D_ν. Das bedeutet, dass die Elemente verschiedene Nullstellen besitzen, denn sonst könnte in der Differenzialgleichung (11.147) ein Differenzial entfernt werden. Zwei allgemeine Ansätze für die Koeffizienten Y_{11}, Y_{12} lauten:

$$Y_{11} = \frac{Z_1(s)}{N_1(s)}, \qquad Y_{12} = -\frac{Z_2(s)}{N_1(s)} \tag{11.168}$$

oder

$$Y_{11} = \frac{Z_1(s)}{N_1(s)N_2(s)} = \frac{Z_1(s)}{N_3(s)}, \qquad Y_{12} = \frac{Z_2(s)}{N_1(s)}, \tag{11.169}$$

wobei Z_1, Z_2, N_1, N_2 und N_3 Polynome in s mit dem Grad z_1, z_2, n_1, n_2 bzw. n_3 sind. Es wird zunächst der erste Fall behandelt.

Beide Bedingungen 1 der Sätze stimmen bzgl. der rationalen Funktionen überein. Mit Forderung nach Polstellenfreiheit im Satz 11.5 gilt auch die Nullstellenfreiheit von N_1 für $\Re(s) > 0$. Aus der Residuenbedingung Gl. (11.162) rechts folgt, dass die Elemente Y_{11} und Y_{22} mindestens alle Pole auf der j-Achse enthalten müssen, die Y_{12} besitzt und die einfach sein müssen. Demnach dürfen die Polynome $Z_1(s)$ und $N_1(s)$ keine gemeinsamen Nullstellen haben und der Quotient $Z_1(s)/N_1(s)$ ist positiv reell.

Für die Ungleichung (11.162) wird der Fall der Gleichheit betrachtet. Stets lässt sich der Koeffizient $Y_{11}(s)$ als Summe einer LC-Zweipolfunktion und einer Funktion minimaler Phase $Y_{11}^M(s)$ darstellen:

$$Y_{11}(s) = \sum_{\nu} \frac{\left(\frac{k_{12}(\nu)}{k_{22}(\nu)}\right)^2 s}{s^2 + \omega_\nu^2} + \frac{\left(\frac{k_{12}(0)}{k_{22}(0)}\right)^2}{s} + \frac{k_{12}(\infty)^2}{k_{22}(\infty)}s + Y_{11}^M(s). \tag{11.170}$$

Werden von Y_{11}, Y_{12}, Y_{22} nach Gl. (11.162) alle rein imaginären Pole abgespalten, so kann Bedingung 3 des zweiten Satzes 11.5 für die Restfunktion untersucht werden, da bei LC-Zweipolfunktionen $\Re(Y(j\omega)) \equiv 0$ gilt. Durch die Abspaltung bleibt garantiert, dass der Grad des Nenners von Y_{22} und Y_{12} größer oder gleich dem jeweiligen Zählergrad ist. Für die Grade z_1^*, z_2^*, n_1^* der reduzierten Polynome $Z_1^*(s)$, $Z_2^*(s)$, $N_1^*(s)$ gilt:

$$n_1^* - 1 \leq z_1^* \leq n_1^* \qquad \text{und} \qquad z_2^* \leq n_1. \tag{11.171}$$

Die Realteile von $Y_{22}^M(j\omega)$ und $Y_{12}^M(j\omega)$ ergeben sich dann zu:

$$\Re(Y_{22}^M(j\omega)) = \frac{\Re(Z_1^*(j\omega))\Re(N_1^*(j\omega)) + \Im(Z_1^*(j\omega))\Im(N_1^*(j\omega))}{\Re(N_1^*(j\omega))^2 + \Im(N_1^*(j\omega))^2}$$

$$= \frac{f_{22}(\omega^2)}{N(\omega^2)} \tag{11.172}$$

$$\Re(Y_{12}^M(j\omega)) = \frac{\Re(Z_2^*(j\omega))\Re(N_1^*(j\omega)) + \Im(Z_2^*(j\omega))\Im(N_1^*(j\omega))}{\Re(N_1^*(j\omega))^2 + \Im(N_1^*(j\omega))^2}$$

$$= \frac{f_{12}(\omega^2)}{N(\omega^2)}. \tag{11.173}$$

Da $Y_{11}^M(s)$ eine Zweipolfunktion minimaler Phase darstellt und deshalb einen endlichen Realteil besitzt, folgt aus den letzten Gleichungen und Gl. (11.163)

$$\infty > A_{11}^M = k_{11}^{MAX} \geq \frac{f_{12}^2(\omega^2)}{N(\omega^2)f_{22}(\omega^2)} \geq 0 \tag{11.174}$$

für alle reellen ω. Dabei muss k_{11}^{MAX} stets positiv sein, da N und f_{12}^2 Quadrate sind und f_{22} wegen Gl. (11.164) nie negativ wird. Weiterhin ist das Polynom $N(\omega^2)$ für reelle ω nullstellenfrei, weil Y_{22}^M eine Zweipolfunktion ist. Für die Erfüllung der Ungleichung (11.174) ergeben sich damit die notwendigen Bedingungen:

1. Alle reellen Nullstellen ω_ν von f_{22} sind Nullstellen von f_{12}.
2. $2\mathrm{Grad}(f_{12}+) \leq \mathrm{Grad}(N) + \mathrm{Grad}(f_{22})$.

Die zweite Forderung ist stets erfüllt, wenn die Grade von z_1^* und n_1^* gleich sind. Für $z_1^* = n_1^* - 1$ ergibt sich der Grad von f_{22} nach Gl. (11.172):

$$\mathrm{Grad}(f_{22}) = 2n_1^* - 2. \tag{11.175}$$

Aus den zwei letzten Gleichungen folgt:

$$\mathrm{Grad}(f_{12}) \leq 2n_1^* - 1 \leq \mathrm{Grad}(f_{22}) \tag{11.176}$$

und damit lässt sich die zweite Forderung durch

$$z_2^* \leq z_1^* \tag{11.177}$$

ersetzen.

Mit dem zweiten Ansatz in Gl. (11.169) ergibt sich nach analogen Untersuchungen die Bedingung $z_1^* - 1 \leq z_2^*$. Dabei ist hierbei mit $N_2(s) \equiv 1$ der erste Fall enthalten. Zusammenfassend folgt:

Satz 11.7 *Damit die Y_{22} und Y_{12} Elemente eines reziproken passiven Vierpols sind, ist notwendig und hinreichend:*
  1. *Das Polynom $N_1(s)$ ist für $\Re(s) > 0$ nullstellenfrei.*

2. *Der Quotient $Z_1(s)/N_1(s)N_2(s)$ ist positiv reell, alle imaginären Pole von Z_2/N_1 sind einfach, die Residuen sind reell.*

3. *Die Polynome $Z_1(s)$ und $N_1(s)$ haben keine gemeinsamen Nullstellen auf der imaginären Achse.*

4. *Der Term $[\Re(Z_2/N_1)]^2$ enthält alle reellen Nullstellen von $\Re(Z_1/N_1N_2)$.*

5. *Für die Grade gilt $z_1^* \geq z_2^*$ und $z_1 \geq z_2 + n_2$.*

Aus diesem Satz und den Ableitungen in Abschnitt 11.4.2 (8 Zuordnungsmöglichkeiten für x, y) folgt der für die Realisierung einer Differenzialgleichung mit einem nichtlinearen Term der Satz:

Satz 11.8 *Eine nichtlineare Differenzialgleichung der Form (11.149) lässt sich genau dann unter den Voraussetzungen 1 bis 5 durch eine Schaltung nach Bild 11.47 realisieren, die ausschließlich aus passiven linearen Elementen (gemäß Voraussetzung 4a) und nichtlinearen Zweipolen (Vor. 4c) besteht, wenn für mindestens eine Zeile der Tabelle 11.15 die Polynome $Z_1(s)$, $Z_2(s)$, $N_1(s)$ und $N_2(s)$ den Bedingungen des Satzes 11.3 genügen.*

Tabelle 11.15: Zuordnungsmöglichkeiten der Laplace-transformierten Operatoren d zu den Polynomen $Z_1(s)$, $Z_2(s)$, $N_1(s)$ und $N_2(s)$

	Z_1	Z_2	N_1	N_2
1	d_1	d_p	d_0	1
2	d_0	d_p	d_1	1
3	sd_1	sd_p	d_0	1
4	d_0	d_p	d_1	s
5	sd_0	sd_p	d_1	1
6	d_1	d_p	d_0	s

Eine Nichtlinearität und $B_1 \neq 1$

Wird in der Gleichung (11.147) der Fall $B_1 \neq 1$ zugelassen, so ergibt sich

$$D_p[y] = D_0[x] + D_1[f_1(B_1[x])], \tag{11.178}$$

aus der mit der Substitution

$$\xi = B_1[x] \tag{11.179}$$

und anschließender Anwendung des Operators B_1 auf die Differenzialgleichung eine Gleichung entsteht, die der Differenzialgleichung (11.149) mit $B_1 = 1$ entspricht:

$$B_1[D_p[y]] = D_0[\xi] + B_1[D_1[f_1(\xi)]]. \tag{11.180}$$

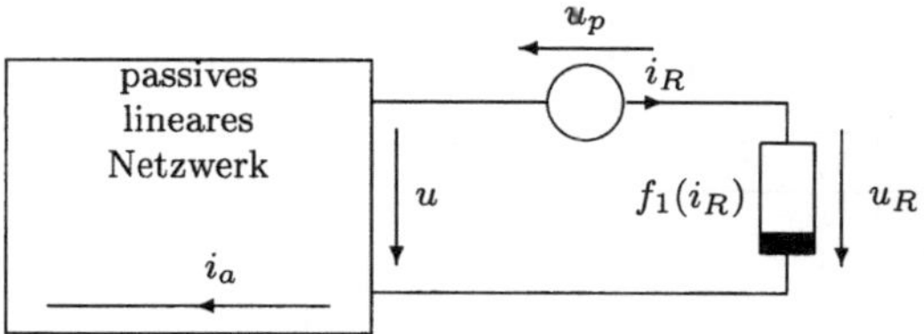

Bild 11.50: Mögliche Grundstruktur zur DGL

Damit liegen in diesem Fall die gleiche Grundschaltung und die gleichen Zuordnungs-möglichkeiten zu elektrischen Größen wie im vorangegangenen Abschnitt vor. Darüber hinaus muss die Schaltung aber auch der Gl. (11.179) genügen. Im Folgenden soll eine Zuordnung genauer untersucht werden:

$$\xi = i_R, \qquad x = i_a, \qquad y = u_a, \qquad u_R = f_1(i_R). \tag{11.181}$$

Die elektrischen Größen seien normiert und der nichtlineare Term wird durch einen nichtlinearen Widerstand realisiert, wobei die nichtlineare Funktion noch weiter einge-schränkt ist. Unsere Differenzialgleichung nimmt damit folgende Form an:

$$i_R = B_1[i_a] \qquad \text{und} \qquad B_1[D_p[u_p]] = D_0[i_R] + B_1[D_1[u_R]]. \tag{11.182}$$

Die linke Gleichung repräsentiert die Substitution. Zwischen den Strömen i_R und i_a liegt also stets ein Zusammenhang linearer Differenzialoperatoren vor.

Es sei nun angenommen, das Netzwerk enthalte z Zweige und k Knoten. Aus der Netz-werktheorie ist bei einfachem Zusammenhang bekannt, dass die z Zweigströme aus $\alpha = z - k + 1$ unabhängigen Maschengleichungen und $\beta = k - 1$ unabhängigen Knoten-gleichungen folgen. O. B. d A. wird dazu ein Co-Gerüst $H(G)$ so in das Netzwerk gelegt, dass sowohl der Zweig der Nichtlinearität als auch die Einspeisung u_p ein Verbindungs-zweig ist, damit beide Terme nur in jeweils einer Maschengleichung auftreten. Für die Bestimmung von i_R und i_a reichen $z - 1$ Gleichungen aus. Der Zusammenhang ist aber nur dann in der Form von Gl. (11.182) links angebbar, wenn $u_p \equiv 0$ ist (Widerspruch zur rechten Bedingung) oder wenn die Quelle und das nichtlineare Element im selben Zweig liegen. Die entsprechende Grundstruktur zeigt Bild 11.50.

Wird das lineare passive Netzwerk als Zweipol realisiert, so folgt somit für die Ein-gangsklemmen $D_{p1}[u] = D_{p2}[i_R]$ und für die gesamte Grundstruktur die Differenzial-gleichung:

$$D_{p1}[u_p] = D_{p2}[i_R] + D_{p1}[f_1(i_R)]. \tag{11.183}$$

Die angegebene Grundschaltung ist demnach nur bei speziellen Typen der Gl. (11.178) anwendbar.

In der vorangegangenen Betrachtungen wurde vorausgesetzt, dass zur Berechnung des Zusammenhangs der Ströme i_a und i_R unbedingt $z - 1$ Gleichungen notwendig sind. Im anderen Fall, wenn also $m \leq z - 2$ Gleichungen ausreichen, sind m unabhängige Gleichungen mit $k + 2$ Strömen angebbar. Werden die Knotengleichungen so gewählt,

Tabelle 11.16: Untermatrix

	i_a i_1 $\cdots$ i_{m-1}	i_R	i_m $\cdots$ i_k	u_p
1		1	0 $\cdots$ 0	0
2		0		
$\vdots$	Untermatrix	$\vdots$	$\vdots$ $\ddots$ $\vdots$	$\vdots$
m		0	0 $\cdots$ 0	0
$m+1$				
$\vdots$				
k				

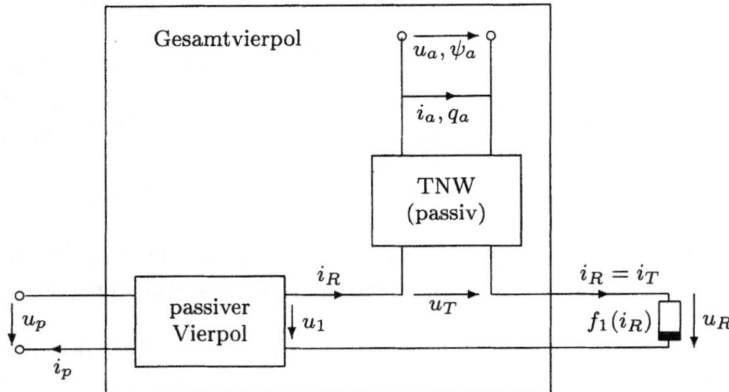

Bild 11.51: Grundstruktur, wenn ξ einen Strom oder eine Ladung darstellt

dass der Strom i_R nur einmal auftritt, enthält die Gesamtheit der Knoten- und Maschengleichungen, dargestellt in Matrixform, eine Untermatrix nach Tabelle 11.16.

Die Untermatrix verkörpert offenbar ein Teilnetzwerk TNW mit dem Strom i_R als Einspeisung. Da der Strom i_R durch das nichtlineare Element fließt und die Spannung u_p eingeprägt wird, ergibt sich eine mögliche Grundstruktur zur Realisierung von Differenzialgleichung (11.178) nach Bild 11.51.

Eine zweite Grundstruktur lässt sich auf analoge Weise entwickeln, wenn man der Variablen ξ in der Gl. (11.180) eine Spannung zuordnet. Die Schaltung gibt das Bild 11.52 wieder.

Insgesamt gibt es 32 verschiedene Zuordnungen elektrischer Größen zu den Variablen x, y, ξ und zu den zugelassenen Nichtlinearitäten. Aus Gl. (11.178) folgen damit 48 verschiedene Differenzialgleichungen für das elektrische Netzwerk. Dabei ergibt die Zuordnung eines Stromes oder einer Ladung zur Variablen ξ die Grundschaltung in Bild 11.51. Ist ξ eine Spannung oder ein Fluss, so folgt die Schaltung in Bild 11.52. Die Zuordnung zur Variablen y legt fest, welche Ausgangsgröße im Teilnetzwerk TNW auftritt.

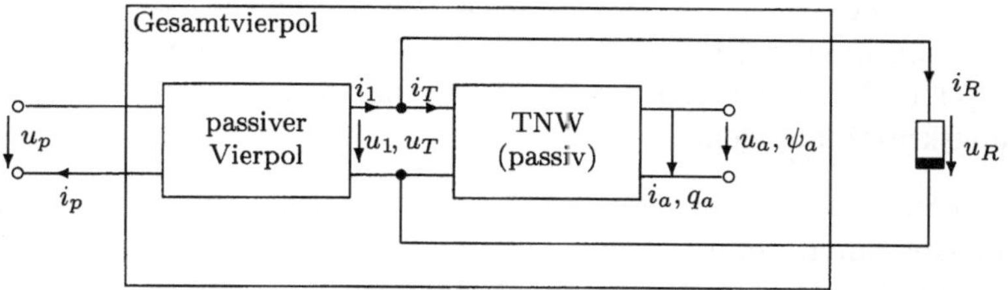

Bild 11.52: Grundstruktur, wenn ξ Spannung oder Fluss ist

Im nächsten Schritt werden die Beschreibungsgleichungen zu den eben ermittelten Grundstrukturen aufgestellt. Mit den Vorschriften aus den ersten Abschnitten dieses Kapitels lassen sich aus der Gl. (11.182) die Kettenmatrixelemente (A_{11}^G, A_{12}^G, A_{21}^G, A_{22}^G) des Gesamtvierpols bestimmen. Aus diesen lassen sich Beziehungen für die Kettenmatrizen des Vierpols 1 und des TNW angeben.

So gilt für die Grundschaltung in Bild 11.51 das komplexe Gleichungssystem:

$$\begin{aligned}
\underline{U}_p &= A_{11}^1 \underline{U}_R + A_{12}^1 \underline{I}_R + A_{11}^1 (A_{11}^T \underline{U}_a + A_{12}^T \underline{I}_a), \\
\underline{I}_p &= A_{21}^1 \underline{U}_R + A_{22}^1 \underline{I}_R + A_{21}^1 (A_{11}^T \underline{U}_a + A_{12}^T \underline{I}_a).
\end{aligned}$$
(11.184)

Wird der Variablen x ein Strom oder eine Ladung zugeordnet, so kann $\underline{U}_a \equiv 0$ angesetzt werden und es gilt:

$$\underline{I}_R = \underline{I}_T = A_{22}^T \underline{I}_a.$$
(11.185)

Das Gleichungssystem (11.184) geht damit in die Form

$$\begin{aligned}
\underline{U}_p &= A_{11}^1 \underline{U}_R + \left(A_{12}^1 + \frac{A_{11}^1 A_{12}^T}{A_{22}^T} \right) \underline{I}_R, \\
\underline{I}_p &= A_{21}^1 \underline{U}_R + \left(A_{22}^1 + \frac{A_{21}^1 A_{12}^T}{A_{22}^T} \right) \underline{I}_R
\end{aligned}$$
(11.186)

über, welche die Kettengleichungen des Gesamtvierpols darstellt. Beim Koeffizientenvergleich wird abgelesen:

$$\begin{aligned}
A_{11}^G &= A_{11}^1, \\
A_{12}^G &= A_{12}^1 + \frac{A_{11}^1 A_{12}^T}{A_{22}^T},
\end{aligned}$$
(11.187)

$$\begin{aligned}
A_{21}^G &= A_{21}^1, \\
A_{22}^G &= A_{22}^1 + \frac{A_{21}^1 A_{12}^T}{A_{22}^T}.
\end{aligned}$$
(11.188)

Wie im Abschnitt 11.4.3 hergeleitet wurde, sind für die gewählte Variablenzuordnung aus der gegebenen Differenzialgleichung nur entweder die Elemente A_{11}^G, A_{12}^G, A_{22}^T oder aber A_{21}^G, A_{22}^G, A_{22}^T eindeutig bestimmbar. Aus den Gln. (11.187) und (11.188) gehen daraus A_{11}^1 bzw. A_{21}^1 eindeutig hervor, während $A_{12}^1 A_{12}^T$ bzw. $A_{12}^1 A_{12}^T$ frei wählbar sind. Die Wahl der einzelnen Elemente muss nun so erfolgen, dass beide Teilvierpole durch passive lineare Elemente realisierbar sind. Diese Forderung ist nicht trivial, auch wenn Gl. (11.182) mit der neuen Variablen ξ und den Operatoren D_p, D_0, D_1 dem Realisierungskriterium 1 genügt.

Für die anderen Zuordnungsmöglichkeiten der Variablen x, y und ξ können adäquate Untersuchungen durchgeführt werden. Die Ergebnisse seien in Form eines notwendigen Kriteriums zur Realsierbarkeit zusammengefasst:

Satz 11.9 *Eine nichtlineare Differenzialgleichung der Form (11.182) ist unter den Voraussetzungen 1-5 durch eine Schaltung realisierbar, die ausschließlich passive lineare Elemente (gemäß Voraussetzung 4a) und nichtlinearer Zweipole (4c) enthält, wenn gilt:*

1. *Die DGL (11.182) mit der Variablen ξ und den neuen Laplace-transformierten Operatoren*

$$d_p := b_1 d_p, \qquad d_0 := d_0, \qquad d_1 := b_1 d_1$$

   genügt den Bedingungen des Satzes 11.8.
2. *Der Ausdruck s^j/b_1 $(j = -1, 0, 1)$ ist die Funktion eines passiven Vierpols.*

Um diesen Satz in ein notwendig und hinreichendes Kriterium zur Schaltungssynthese zu überführen, müssen weitere einschränkende Bedingungen angenommen werden.

n Nichtlinearitäten und $B_\nu = 1$

Für die Differenzialgleichung, die nach Gl. (11.147) die Form

$$D_p[y(\tau)] = D_0[x] + \sum_{\nu=1}^{n} D_\nu[f_\nu(x)] \tag{11.189}$$

besitzt, gilt der folgende Satz:

Satz 11.10 *Die Gleichung (11.189) ist unter den Voraussetzungen 1, 2, 3, 4a, 4c und 5 bei paarweise verschiedenen Operatoren D_ν $(\nu = 1, \ldots, n)$ durch ein elektrisches Netzwerk nicht realisierbar.*

Beweis: (indirekt): Mit der Zuordnung eines Stromes für x ergeben sich für die Differenzialgleichung zwei Varianten:

$$D_p[u_p] = D_0[i] + \sum_{\nu=1}^{n} D_\nu[f_\nu(i)]; \qquad D_p[i_p] = D_0[i] + \sum_{\nu=1}^{n} D_\nu[f_\nu(i)]. \tag{11.190}$$

Angenommen wird die Existenz einer Schaltung. Sie besitzt dann die Struktur aus Bild 11.47. Als nichtlineare Elemente kommen wegen der Stromzuordnung nur Widerstände oder Induktivitäten in Frage (siehe Voraussetzung 4c). O. B. d. A. ordnet man

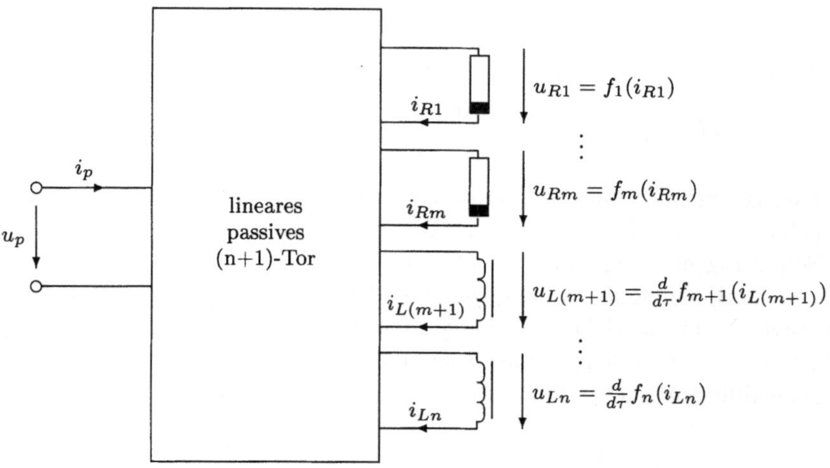

Bild 11.53: Grundstruktur bei $x = i$, $y = u_p, i_p$

den nichtlinearen Widerständen die ersten Indizes $1 \ldots m$ zu, den nichtlinearen Induktivitäten die $n - m$ höheren Indizes und erhalten die in Bild 11.53 dargestellte Struktur.

Existiert eine Schaltung, dann gibt es eine quadratische Leitwertmatrix $\mathbf{Y}$ für das passive (n+1)-Tor, für die gilt:

$$\begin{pmatrix} -i_{R1} \\ \vdots \\ -i_{Rm} \\ \hline -i_{L(m+1)} \\ \vdots \\ -i_{Ln} \\ \hline i_p \end{pmatrix} = \mathbf{Y} \cdot \begin{pmatrix} u_{R1} \\ \vdots \\ u_{Rm} \\ \hline u_{L(m+1)} \\ \vdots \\ u_{Ln} \\ \hline u_p \end{pmatrix}. \tag{11.191}$$

Nach der Voraussetzung Gl. (11.190) sind alle Nichtlinearitäten vom gleichen Strom

$$i_{R1} = \ldots = i_{Rm} = i_{L(m+1)} = \ldots = i_{Ln} = i \tag{11.192}$$

abhängig. Diese Gleichheit muss auch dann bestehen bleiben, wenn für alle Funktionen $f_\nu(i) = 0$ gilt. Daraus folgt:

$$-i_{R\nu} = Y_{\nu(n+1)} u_p = Y_p u_p, \qquad \nu = 1, \ldots n. \tag{11.193}$$

Werden des Weiteren zwei beliebige Zeilen aus Gl. (11.191), hier Zeile j und k ($j \neq k$), unter Berücksichtigung der Gln. (11.192) und (11.193) voneinander subtrahiert, ergibt sich:

$$0 \;=\; (Y_{k1} - Y_{j1})f_1(i) + \ldots + (Y_{km} - Y_{jm})f_m(i)$$
$$+ (Y_{k(m+1)} - Y_{j(m+1)})\frac{\mathrm{d}f_{m+1}(i)}{\mathrm{d}\tau} + \ldots + (Y_{kn} - Y_{jn})\frac{\mathrm{d}f_n(i)}{\mathrm{d}\tau}. \qquad (11.194)$$

Diese Gleichung sagt aus, dass der Strom i unabhängig von der Eingangsspannung u_p ist, also auch $u_p \equiv 0$ gewählt werden kann. Das nutzt man bei der folgenden Überlegung aus. Die Schaltung des Mehrtores ist unabhängig von den speziellen Kennlinien der nichtlinearen Zweipole (sondern hängt nur von der Form der Differenzialgleichung ab). Im Fall passiver Nichtlinearitäten ist die gesamte Schaltung passiv. Deshalb müssen für $u_p \equiv 0$ (bzw. $i_p \equiv 0$) alle Ströme und Spannungen im Netzwerk verschwinden. Damit Gl. (11.194) erfüllt wird, muss für alle $\nu = 1, \ldots, n$

$$Y_{j\nu} - Y_{k\nu} = 0 \qquad \text{bzw.} \qquad Y_{j\nu} = Y_{k\nu} = Y_\nu \qquad (11.195)$$

gelten. Demzufolge und wegen Gl. (11.193) vereinfacht sich die Matrix $\mathbf{Y}$ zu:

$$\mathbf{Y} = \left(\begin{array}{ccc|c} Y_1 & \cdots & Y_n & Y_p \\ \vdots & \ddots & \vdots & \vdots \\ Y_1 & \cdots & Y_n & Y_p \\ \hline Y_{(n+1)1} & \cdots & Y_{(n+1)n} & Y_{(n+1)(n+1)} \end{array} \right). \qquad (11.196)$$

Eine Leitwertmatrix passiver linearer Vielpole ist stets symmetrisch. Für die Matrix verbleibt demnach die Form:

$$\mathbf{Y} = \left(\begin{array}{ccc|c} Y_1 & \cdots & Y_1 & Y_p \\ \vdots & \ddots & \vdots & \vdots \\ Y_1 & \cdots & Y_1 & Y_p \\ \hline Y_p & \cdots & Y_p & Y_{(n+1)(n+1)} \end{array} \right). \qquad (11.197)$$

Das Gleichungssystem (11.191) besteht damit nur aus zwei verschiedenen Gleichungen:

$$-i \;=\; Y_1\left(\sum_{\nu=1}^{m} f_\nu(i) + \sum_{\nu=m+1}^{n} \frac{\mathrm{d}f_\nu(i)}{\mathrm{d}\tau} \right) + Y_p u_p, \qquad (11.198)$$

$$i_p \;=\; Y_p\left(\sum_{\nu=1}^{m} f_\nu(i) + \sum_{\nu=m+1}^{n} \frac{\mathrm{d}f_\nu(i)}{\mathrm{d}\tau} \right) + Y_{(n+1)(n+1)} u_p$$

bzw.

$$u_p \;=\; -\frac{1}{Y_p} i + \frac{Y_1}{Y_p}\left(\sum_{\nu=1}^{m} f_\nu(i) + \sum_{\nu=m+1}^{n} \frac{\mathrm{d}f_\nu(i)}{\mathrm{d}\tau} \right), \qquad (11.199)$$

$$i_p \;=\; -\frac{Y_{(n+1)(n+1)}}{Y_p} i + \left(Y_p + \frac{Y_{(n+1)(n+1)}}{Y_p} \right)\left(\sum_{\nu=1}^{m} f_\nu(i) + \sum_{\nu=m+1}^{n} \frac{\mathrm{d}f_\nu(i)}{\mathrm{d}\tau} \right).$$

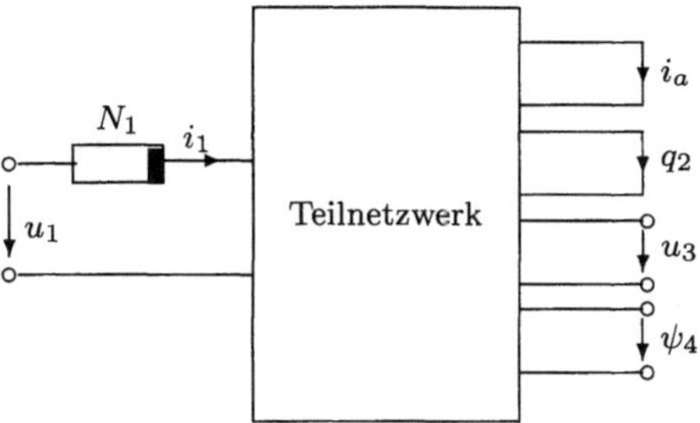

Bild 11.54: Mögliche Grundstruktur im allgemeinen Fall

Diese Gleichungen können nur dann mit Gl. (11.190) übereinstimmen, wenn für die jeweils ersten Gleichungen die Beziehungen

$$D_0 \;=\; -\frac{1}{Y_p}$$

$$D_\nu \;=\; -\frac{Y_1}{Y_p} \;=:\; D_1 \qquad \text{für} \quad \nu = 1,\dots,m \qquad (11.200)$$

$$D_\nu \;=\; -\frac{\mathrm{d}}{\mathrm{d}\tau} D_1 \qquad \nu = m+1,\dots,n$$

und die zweiten Gleichungen

$$D_0 \;=\; -\frac{Y_{(n+1)(n+1)}}{Y_p}$$

$$D_\nu \;=\; Y_p + \frac{Y_{(n+1)(n+1)}}{Y_p} \;=:\; D_1 \qquad \text{für} \quad \nu = 1,\dots,m \qquad (11.201)$$

$$D_\nu \;=\; -\frac{\mathrm{d}}{\mathrm{d}\tau} D_1 \qquad \nu = m+1,\dots,n$$

Gültigkeit haben. Aus diesen Bedingungen geht hervor, dass die entsprechenden Operatoren gleich sein müssen, was einen Widerspruch zur Annahme darstellt.

Im Fall der Zuordnung einer anderen elektrischen Größe zu x ergeben sich analoge Aussagen. Damit ist es bei verschiedenen Operatoren D_ν nicht möglich, eine Schaltung zu finden und der Satz ist bewiesen. $\qquad\square$

n Nichtlinearitäten und $B_\nu \neq 1$

Für die Zuordnung $x \to i_a$ und $y \to u_p$ ergibt sich, dass nach Voraussetzung 4c die Argumente der nichtlinearen Funktionen Spannungen, Ströme, Ladungen oder Flüsse sein können. Daraus geht also ein Netzwerk mit einer Grundstruktur wie in Bild 11.54 hervor.

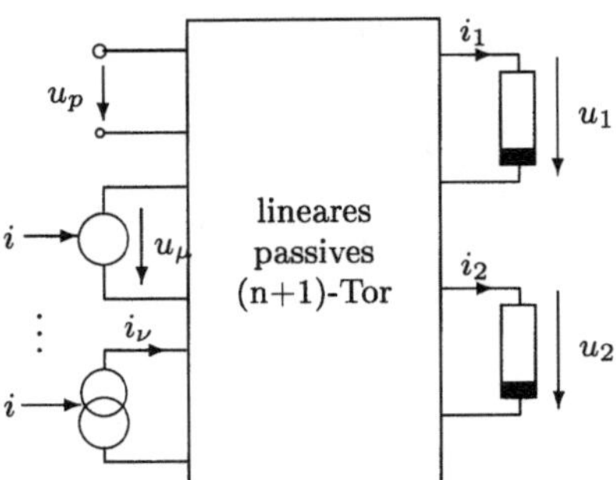

Bild 11.55: Grundstruktur des Netzwerkes mit zwei nichtlinearen Zweipolen und n-2 gesteuerten Quellen

11.4.6 Existenz von nichtlinearen gesteuerten Elementen

Es wird der Fall untersucht, dass in der Grundschaltung nach Bild 11.47 im Mehrtor der linearen Elemente nur Zweipole und unter den n nichtlinearen Elementen m Zweipole bzw. $n - m$ gesteuerte Nichtlinearitäten nach Voraussetzung 4d auftreten.

Zwei nichtlineare Zweipole

Die Differenzialoperatoren D_ν und B_ν seien paarweise verschieden, ansonsten ließen sie sich zusammenfassen. Dann gilt der Satz:

Satz 11.11 *Die Gl. (11.147) ist bei $B_\nu = 1(\nu = 1,\ldots,n)$ unter den Voraussetzungen 1-5 durch ein elektrisches Netzwerk, das zwei oder mehr nichtlineare Zweipolelemente enthält, nicht realisierbar.*

Beweis: (indirekt) Es wird angenommen, ein Netzwerk liegt vor, welches die Differenzialgleichung (11.147) unter den getroffenen Voraussetzungen realisiert und das genau zwei nichtlineare Zweipolelemente enthält. Wenn die Variable x einen Strom und die Störfunktion y eine Spannung repräsentiert, dann muss das Netzwerk die in Bild 11.55 dargestellte Grundstruktur besitzen.

Die innere Beschaltung des (n+1)-Tores ist unabhängig von der Art der nichtlinearen Funktionen. Deshalb muss auch der Fall $f_\nu(i) \equiv 0$ für $\nu = 3,\ldots,n$ möglich sein, in dem die Stromquellen kurzgeschlossen und die Spannungsquellen entfernt werden. Die dadurch entstehende Grundstruktur entspricht der im Satz 11.10. Eine Realisierung ist also nicht möglich, was der Annahme widerspricht.

Werden mehr als zwei nichtlineare Zweipole zugelassen oder andere Zuordnungen zu den Variablen x bzw. y getroffen, folgt nach analogen Überlegungen die gleiche Aussage. Damit ist der Satz 11.11 bewiesen.   □

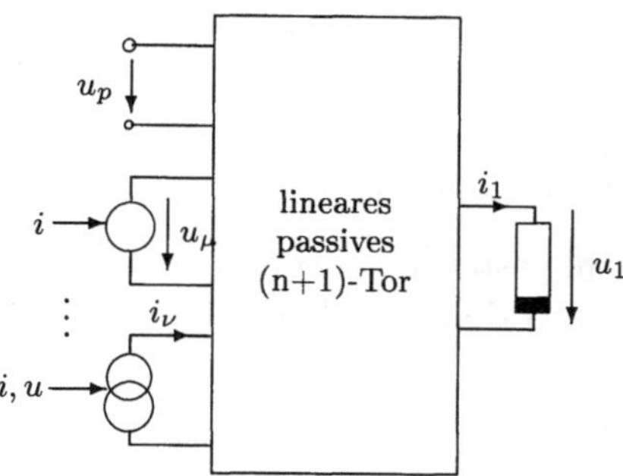

Bild 11.56: Grundstruktur des Netzwerkes mit einem nichtlinearen Zweipol und n-1 gesteuerten nichtlinearen Quellen

Ein nichtlinearer Zweipol

Der Fall genau eines nichtlinearen Zweipols führt zu einer Realisierungsaussage. Es sollen deshalb die Grundstruktur, Synthesevorschriften und Realisierbarkeitskriterien angeben werden. Falls eine Realisierung möglich ist, muss sie die Grundstruktur aus Bild 11.56 besitzen.

Zuerst wird der Fall $B_\nu = 1$ mit der Zuordnung $x \longrightarrow u_p$ und $y \longrightarrow i_R$ untersucht. Der außen angeschaltete nichtlineare Zweipol gehöre zum Term $u_R = f_1(i_R)$ und kann wegen Voraussetzung 4c ein Widerstand oder eine Induktivität sein. Die Abhandlung wird mit dem nichtlinearen Widerstand durchgeführt. Alle anderen nichtlinearen Terme sollen durch gesteuerte Spannungsquellen (Voraussetzung 4d) $u_\mu = f_\mu(i_R)$ realisiert werden.

Bei diesen Zuordnungen zerfällt Gl. (11.147) in:

$$D_p[u_p] = D_0[i_R] + D_1[u_R] - \sum_{\mu=2}^{n} D_\mu[u_\mu]. \tag{11.202}$$

Durch Laplace-Transformation geht diese Differenzialgleichung mit $n+1$ Variablen bei verschwindenden Anfangsbedingungen über in :

$$I_R(s) = -\frac{d_1}{d_0}U_R(s) - \sum_{\mu=2}^{n}\frac{d_\mu}{d_0}U_\mu(s) + \frac{d_p}{d_0}U_p(s), \tag{11.203}$$

wobei die d_μ die Transformierten zu D_μ sind. Man setzt

$$I_R(s) = -I_1(s), \qquad U_R(s) = U_1(s), \qquad U_p = U_{n+1} \tag{11.204}$$

und kann damit Gl. (11.203) als Zeile der Leitwertmatrix eines linearen (n+1)-Tores interpretieren. Die Matrix enthält dann die Elemente[1]:

$$Y_{1\nu}(s) = \frac{d_\mu}{d_0}, \qquad Y_{1(n+1)}(s) = -\frac{d_p}{d_0}, \qquad \nu = 1,\ldots,n. \tag{11.205}$$

---

[1] Im Fall einer nichtlinearen Induktivität statt des nichtlinearen Widerstands würde für das Element $Y_{11}(s) = d_1/sd_0$ gelten.

Alle anderen Matrixelemente sind unbestimmt und deshalb frei wählbar.

Eine Ladungs- oder Flusszuordnung zur Variablen x ist nicht möglich, denn es müssten die n-1 Terme durch ladungs- oder flussgesteuerte Quellen realisiert werden. Diese sind aber nach Voraussetzung 4d nicht zugelassen.

Im Folgenden werden sowohl gesteuerte Strom- als auch gesteuerte Spannungsquellen verwendet. Dazu wird Gl. (11.147) in der Form

$$D_p[y] - \sum_{\nu=2}^{n} D_\nu[f_\nu(y)] = D_0[y] + D_1[f_1(y)] \qquad (11.206)$$

dargestellt und $f_1(y)$ soll wieder durch einen nichtlinearen Zweipol realisiert werden. Bei allen möglichen Zuordnungen zu x und y lässt sich diese Gleichung wie folgt schreiben:

$$\sum_{\nu=1}^{n} D_{0\nu}[q_{p\nu}] = D_i[i_A] + D_u[u_A]. \qquad (11.207)$$

Die Operatoren D_i bzw. D_u sind D_0 oder D_1, die $D_{0\nu}$ entsprechen D_ν ($\nu = 2, \ldots, n$) und D_p. Das Symbol $q_{p\nu}$ steht für die gesteuerten Quellen und die Eingangsquelle. Damit enthält die linke Seite von Gl. (11.207) alle aktiven Elemente. Nach erfolgter Laplace-Transformation erhält man aus Gl. (11.207):

$$\sum_{\nu=1}^{n} d_{0\nu} Q_{p\nu} = d_i I_A(s) + d_u U_A(s). \qquad (11.208)$$

Die Synthese dieser Gleichung lässt sich auf die Synthese von Vierpolen zurückführen. Dazu wird von der in [107] angegebenen Zerlegung ausgegangen. Bei dieser werden n lineare Vierpole ausgangsseitig zusammengeschaltet. Jeder Vierpol ν wird durch eine Strom- oder Spannungsquelle $Q_{s\nu}$ der Form

$$Q_{s\nu} = \frac{M_\nu d_u}{d_{0\nu}} U_\nu + \frac{N_\nu d_i}{d_{0\nu}} I_\nu \qquad (11.209)$$

angesteuert. Die Größen haben folgende Bedeutung: $M_\nu, N_\nu \in (0, 1)$ reelle Konstanten, U_ν, I_ν Ausgangsspannung und -strom. Handelt es sich um einen Spannungsquelle, sind für die Kettenmatrix

$$A_{11}^\nu = \frac{M_\nu d_u}{d_{0\nu}}, \qquad A_{12}^\nu = \frac{N_\nu d_i}{d_{0\nu}} \qquad (11.210)$$

vorgeschrieben, bei einer Stromquelle:

$$A_{21}^\nu = \frac{N_\nu d_i}{d_{0\nu}}, \qquad A_{22}^\nu = \frac{M_\nu d_u}{d_{0\nu}}. \qquad (11.211)$$

Die ausgangsseitige Zusammenschaltung der n Vierpole ist frei wählbar und bestimmt die Konstanten M_ν und N_ν. So addieren sich bei der Reihenschaltung von r Vierpolen bei gleichen Ausgangsströmen die Ausgangsspannungen und für $M_1 = \cdots = M_r$ gilt:

$$U_\nu = \sum_{\nu=1}^{r} U_\nu^* = \frac{1}{M_r d_u} \left(\sum_{\nu=1}^{r} d_{0\nu} Q_{p\nu} - d_i I_r^* N_r \right) \quad \text{mit} \quad N_r = \sum_{\nu=1}^{r} N_\nu^*. \qquad (11.212)$$

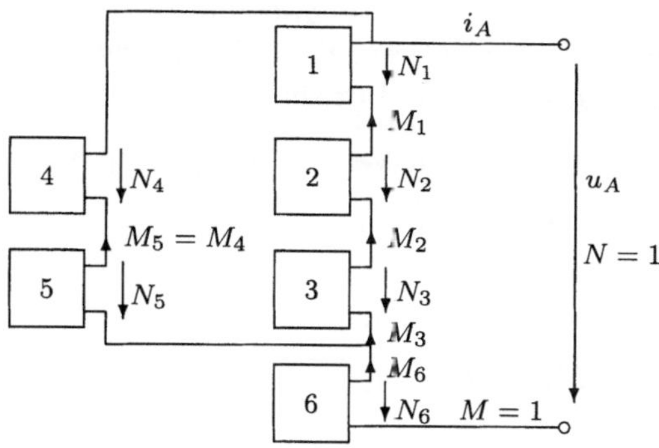

Bild 11.57: Schaltungsstruktur der Vierpole aus dem Beispiel

Sind alle n Vierpole in Reihe geschaltet, gilt: $M_r = N_r = 1$.

Bei der Parallelschaltung von l Vierpolen addieren sich bei gleicher Ausgangsspannung die Ausgangsströme zu:

$$i_\nu = \sum_{\nu=1}^{l} I_\nu^* = \frac{1}{N_l d_i} \left(\sum_{\nu=1}^{l} d_{0\nu} Q_{p\nu} - d_u U_l^* M_l \right) \quad \text{mit} \quad M_l = \sum_{\nu=1}^{l} M_\nu^* \qquad (11.213)$$

mit $N_1 = \cdots = N_r$. Auch hier gilt für n parallele Vierpole $M_l = N_l = 1$.

Eine beliebige Zusammenschaltung der n Vierpole ergibt für die Konstanten M_ν und N_ν folgende Bedingungen:

1. $\sum_{\mu=1}^{RS} N_{r\mu} = 1$, wenn RS Vierpole in Reihe geschaltet sind.
2. $\sum_{\mu=1}^{PS} M_{l\mu} = 1$, wenn PS Vierpole parallel geschaltet sind.
3. Bei in Reihe geschalteten Vierpolen sind deren Konstanten M_ν gleich.
4. Bei parallelen Vierpolen sind deren Konstanten N_ν gleich.

Die Bedingungen 1 bis 4 sind erfüllbar, wenn man unter den Konstanten N_ν Spannungen versteht und auf die Ausgangsspannung U_A normiert bzw. die M_ν als Teilströme auffasst und diese auf den Ausgangsstrom I_A normiert. In diesem Fall entsprechen diese Bedingungen den Kirchhoffschen Sätzen.

Beispiel 1:

Gegeben sei nach Gl. (11.207) die Gleichung

$$\sum_{\nu=1}^{6} d_{0\nu} Q_{p\nu} = d_i I_A(s) + d_u U_A(s). \qquad (11.214)$$

Die sechs Vierpole können durch aktive Zweipole realisiert werden, die die Quellen $Q_{p\nu}$ enthalten und beispielsweise wie in Bild 11.57 verschaltet sind. Die Kirchhoffschen Sätze ergeben für die Konstanten die Beziehungen

$$
\begin{aligned}
N_4 + N_5 &= N_1 + N_2 + N_3, \\
N_4 + N_5 + N_6 &= 1, \\
M_4 &= M_5, \\
M_1 &= M_2 = M_3, \\
M_1 + M_4 + M_6 &= 1.
\end{aligned}
$$

$\square$

Realisierbarkeitskriterien

Ab Abschnitt 11.4.4 wurden Synthesevorschriften für die Realisierung der Gleichung (11.147) durch eine Schaltung nach Variante 2 abgeleitet, wenn nur Strom- und Spannungsquellen zugelassen sind. Die Synthesevorschriften schreiben für das lineare $(n+1)$-Tor sowohl die äußere Beschaltung als auch die Elemente einer Zeile der Y- oder Z-Matrix vor.

Für Matrizen von Mehrtoren gilt: *Eine symmetrische Widerstandsmatrix* $\mathbf{Z}$ *oder Leitwertmatrix* $\mathbf{Y}$ *m-ter Ordnung ist genau dann durch ein m-Tor-Netzwerk (RLCMÜ-Netzwerk) realisierbar, wenn die Matrix positiv reell ist.* Darin ist als notwendige Bedingung enthalten, dass die Untermatrizen zweiter Ordnung

$$
(\underline{Z}_{1j}) = \begin{pmatrix} \underline{Z}_{11} & \underline{Z}_{1j} \\ \underline{Z}_{1j} & \underline{Z}_{jj} \end{pmatrix}; \qquad j = 2, \ldots, m \tag{11.215}
$$

positiv reell sein müssen. Das gilt analog auch für die Y-Matrix. Da die Synthesevorschriften die Elemente $\underline{Z}_{jj}$ bzw. $\underline{Y}_{jj}$ $(j = 2, \ldots, n + 1)$ nicht vorschreiben, wird die eben genannte notwendige Bedingung erfüllt, wenn die bekannten Elemente der Untermatrizen, also die Paare $\underline{Z}_{11}$ und $\underline{Z}_{1j}$ bzw. $\underline{Y}_{11}$ und $\underline{Y}_{1j}$ für alle $j = 2, \ldots, n + 1$ den Bedingungen des Satzes 11.7 genügen. Die Darstellung der Elemente hat nach der in diesem Satz angewandten Form zu erfolgen. Wird die notwendige Bedingung erfüllt, so kann nach dem im voranstehenden Abschnitt beschriebenen Verfahren (Realisierung mit gesteuerten Strom- und Spannungsquellen) immer ein $(n + 1)$-Tor, welches aus der ausgangsseitigen Zusammenschaltung von $n + 1$ linearen passiven Vierpolen besteht, synthetisiert werden. Die erste Zeile der $(\underline{Z})$- oder $(\underline{Y})$-Matrix dieses $(n + 1)$-Tors besitzen die gewünschten Elemente. Als Quellen $Q_{p\nu}$ sind nur Spannungs- oder Stromquellen zu verwenden.

Die oben angegebene notwendige Bedingung ist daher für diesen Fall hinreichend für die Realisierbarkeit. Bei der Herleitung der Synthesevorschriften wurde willkürlich angenommen, dass der erste nichtlineare Term $f_1(y)$ durch ein nichtlineares Zweipolelement realisiert wird. Um eine allgemeine Aussage über die Realisierbarkeit ableiten zu können, muss vorausgesetzt werden, dass ein beliebiger der n nichtlinearen Terme durch ein nichtlineares Zweipolelement realisiert wird. Zusammenfassend folgt:

Satz 11.12 *Notwendig und hinreichend für die Realisierbarkeit der Gl. (11.147) mit $B_\nu = 1$, unter den Voraussetzungen 1 bis 5 und bei Verwendung von $n-1$ gesteuerten Quellen eines Typs durch eine Schaltung nach Variante 2 ist, dass mindestens ein Index m $(1 \leq m \leq n)$ und eine Zeile der Tabelle 11.17 existieren, so dass die Polynome $\underline{Z}_1$, $\underline{Z}_2$, $\underline{N}_1$ und $\underline{N}_2$ für alle aufgegebenen Zuordnungsfälle in dieser Zeile den Bedingungen des Satzes 11.7 genügen.*

Tabelle 11.17: Zuordnung der Laplace-transformierten Operatoren zu den Polynomen $\underline{Z}_1$, $\underline{Z}_2$, $\underline{N}_1$ und $\underline{N}_2$; $(1 \leq m \leq n;\ \nu = 1,\ldots,n;\ \nu \neq m)$

	$\underline{Z}_1$	$\underline{Z}_2$	$\underline{N}_1$	$\underline{N}_2$
1	$\underline{d}_m$	$\underline{d}_\nu$	$\underline{d}_0$	1
2	$\underline{d}_0$	$\underline{d}_\nu$	$\underline{d}_m$	$\underline{s}$
3	$\underline{d}_0$	$\underline{d}_\nu$	$\underline{d}_m$	1
4	$\underline{d}_0\underline{s}$	$\underline{d}_\nu\underline{s}$	$\underline{d}_m$	1

Ist dieses Realisierungskriterium für eine vorgegebene Differenzialgleichung erfüllt ist, dann gibt der Index m an, dass der m-te nichtlineare Term durch einen Zweipol zu realisieren ist.

Verwendung gesteuerter Strom-, Spannungsquellen bei $B_\nu = 1$

In Abschnitt 11.4.6 wurde wegen der Zuordnungsvielfalt bei der Verwendung von gesteuerten Strom- und Spannungsquellen auf die alle Fälle enthaltende Gl. (11.207) bzw. Gl. (11.208) übergegangen. Eine Realisierung für diese Gleichung wurde angegeben. Aus den Gleichungen (11.210) und (11.211) lassen sich notwendige und hinreichende Bedingungen für die Realisierbarkeit der Gl. (11.207) nach der dort gezeigten Methode ableiten. Damit folgt für die nichtlineare Differenzialgleichung (11.147):

Satz 11.13 *Hinreichend für die Realisierbarkeit der Gl. (11.147) mit $B_\nu = 1$ unter den Voraussetzungen 1 bis 5 und bei Verwendung von $n-1$ gesteuerten Strom- und Spannungsquellen durch eine Schaltung nach Variante 2 ist:*

1. Es muss mindestens eine zugehörige Gleichung die Form von Gl. (11.207) besitzen.

2. Die Gl. (11.207) ist realisierbar, wenn die Polynome $\underline{Z}_1$, $\underline{Z}_2$, $\underline{N}_1$ bei $\underline{N}_2 = 1$ in allen Zuordnungsfällen zu $\underline{Z}_2 = \underline{d}_{0\mu}$ $(\mu = 1,\ldots,n)$ für

$$\begin{aligned} \underline{Z}_1 &= \underline{d}_\mu \\ \underline{N}_1 &= \underline{d}_i \end{aligned} \qquad oder \qquad \begin{aligned} \underline{Z}_1 &= \underline{d}_1 \\ \underline{N}_1 &= \underline{d}_\mu \end{aligned} \qquad\qquad (11.216)$$

oder in beiden Fällen den Bedingungen des Satzes 11.3 genügen.

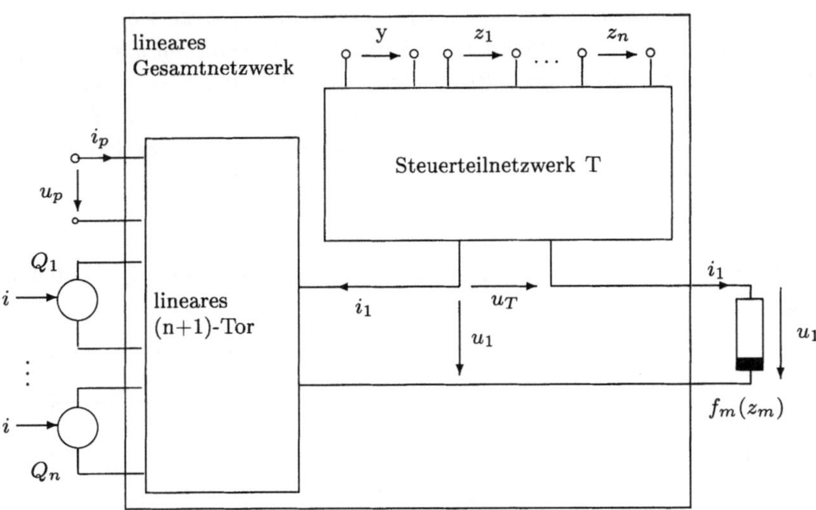

Bild 11.58: Grundstruktur bei $z_m = i_n$ oder $\overline{z}_m = q_n$ (Q_ν ist nichtlineare Strom- oder Spannungsquelle)

Aus diesem Kriterium ist abzulesen, dass eine gesteuerte Spannungs- bzw. Stromquelle für den μ-ten Term zu verwenden ist, wenn die Zuordnung nach Gl. (11.216) den Satz 11.3 erfüllt.

11.4.7 Variante 3 – nur gesteuerte nichtlineare Elemente

Alle nichtlinearen Terme in der Gl. (11.147) sollen durch nichtlineare gesteuerte Quellen realisiert werden. Die Synthese kann auf die Variante 2 zurückgeführt werden. Man geht von der Gl. (11.147) aus und fügt zu ihr einen nichtlinearen Term hinzu:

$$D_p[y] = D_0[x] + \sum_{\nu=1}^{n} D_\nu[f_\nu(B_\nu[x])] + D_{n+1}[f_{n+1}(y)]. \tag{11.217}$$

Der neue Term wird durch ein nichtlineares Zweipolelement realisiert. Dann gilt die allgemeine Grundstruktur nach Bild 11.56, 11.58 oder 11.59.

Mit $f_{n+1}(y) \equiv 0$ entsteht aus der Gl. (11.217) die Gl. (11.154). Dies bedeutet aber, dass bei Ladungs- oder Stromzuordnung zur Variablen x das nichtlineare Zweipolelement in den Grundstrukturen durch einen Kurzschluss zu ersetzen bzw. bei Fluss oder Spannungszuordnung wegzulassen ist. Zur Synthese der Gl. (11.147) wird also auf die Gl. (11.217) übergegangen, die dann nach der Variante 2 zu synthetisieren ist. Da $f_{n+1}(y) \equiv 0$ gilt, kann der hinzuzufügende Operator $D_n + 1$ beliebig gewählt werden. Die Realisierbarkeit der Gl. (11.147) nach Variante 3 ist dann gewährleistet, wenn dieser Operator so bestimmbar ist, dass die Realisierbarkeitskriterien für Variante 2 in der Gl. (11.217) erfüllt werden. Da z.B. die Bedingungen, wonach der Quotient $\underline{d}_{n+1}/\underline{d}_0$ positiv reell sein muss, durch die Wahl von D_{n+1} stets erfüllt werden kann, gelingt eine Realisierung nach Variante 3 eher als nach Variante 2.

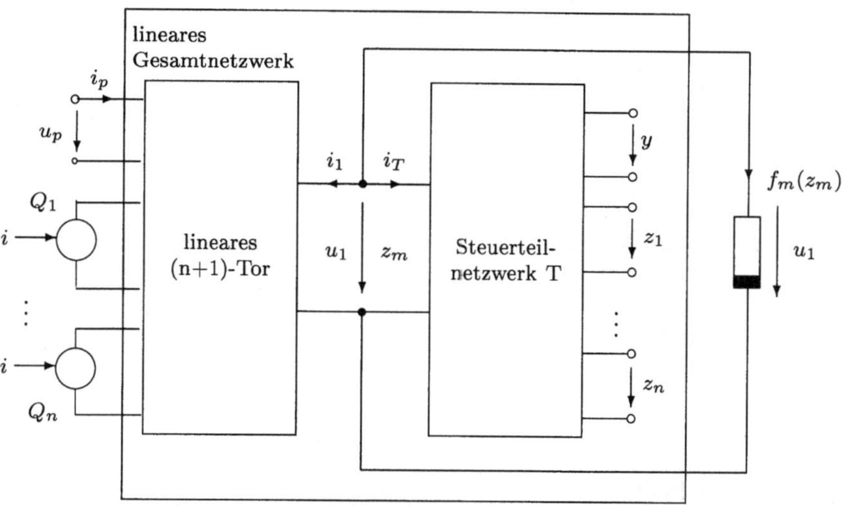

Bild 11.59: Grundstruktur bei $z_m = u_n$ oder $\overline{z}_m = \psi_n$ (Q_ν ist nichtlineare Strom- oder Spannungsquelle)

11.4.8 Schaltungssynthese im Fall gesteuerter Elemente im linearen Teil

Die Schaltungssynthese nach den Varianten 4, 5 und 6 lässt an linearen Elementen auch gesteuerte Quellen oder allgemein aktive lineare Elemente zu. Für die Grundstruktur im Bild 11.47 bedeutet dies ein aktives lineares (n+1)-Tor. Dann entfallen die Bedingungen nach Satz 11.7 für die Elemente der (Y)- bzw. (Z)-Matrix des Vieltors bis auf die Forderung, dass die Matrixelemente gebrochen rationale Funktionen der komplexen Frequenz $\underline{s}$ sein müssen. Diese Forderung erfüllen die beschriebenen Synthesemethoden *stets.*

Die Synthese der Gl. (11.147) nach den Varianten 4, 5 und 6 führt deshalb stets auf eine realisierbare Schaltung. Prinzipiell wird bei der Synthese wie bei der Realisierung nach den Varianten 1 bis 3 vorgegangen. Die Schaltungen nach der Variante 2 lassen sich z. B. durch den Austausch gesteuerter nichtlinearer Quellen gemäß Bild 11.60 in Schaltungen der Variante 4 oder 6 überführen.

Bei der Synthese nach Variante 6 gibt es weit mehr äußere Beschaltungsmöglichkeiten des linearen Vieltors. Für die Anwendung der hergeleiteten Methode ist es hier sinnvoll, von Anfang an eine Zuordnung zu den Variablen festzulegen, die mit den Bauelementetypen der nichtlinearen Terme übereinstimmt. Danach kann die eigentliche Synthese für den gewählten speziellen Fall erfolgen.

11.4.9 Zur prinzipiellen Realisierbarkeit

Bisher wurde zur Realisierbarkeit einer gegebenen nichtlinearen Differenzialgleichung davon ausgegangen, dass deren Koeffizienten fest vorgeschrieben sind. Dementspre-

nichtlineare stromgesteuerte Spannungsquelle:

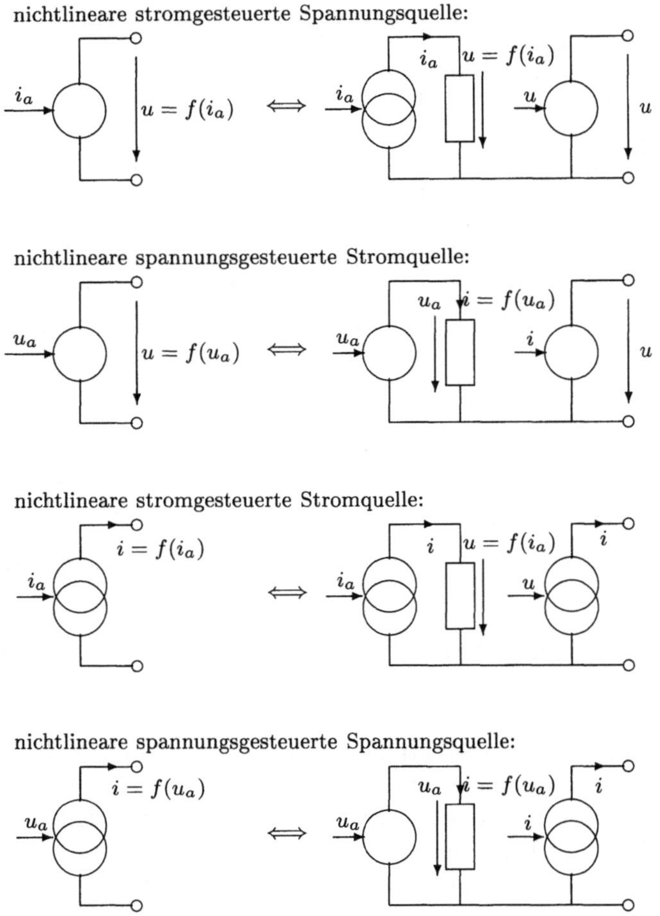

nichtlineare spannungsgesteuerte Stromquelle:

nichtlineare stromgesteuerte Stromquelle:

nichtlineare spannungsgesteuerte Spannungsquelle:

Bild 11.60: Ersetzen gesteuerter nichtlinearer Quellen durch lineare gesteuerte Quellen und nichtlineare Zweipole

chend führen die bis hierher hergeleiteten Synthesevorschriften auf Beschreibungsgleichungen des linearen Teils der Schaltung mit ebenfalls konkreten Werten der Koeffizienten sowie auf Schaltungen mit Bauelementen, die bis auf die Normierungsgrößen in ihren Werten bestimmt sind.

Unter prinzipieller Realisierbarkeit sollen die Bedingungen verstanden werden, die an eine gegebene Differenzialgleichung zur Realisierung durch eine Schaltung zu stellen sind, wenn deren Koeffizienten beliebige reelle Konstanten sind.

Der Satz 11.7 bildet die Grundlage für die Untersuchung. Da die Koeffizienten der Polynome $\underline{Z}_1$, $\underline{Z}_2$, $\underline{N}_1$ in diesem Satz den Koeffizienten der gegebenen Differenzialgleichung entsprechen, sind die einzelnen Bedingungen des Satzes also für beliebige reelle Koeffizienten zu betrachten. Ausgenommen werden muss die Wahl allgemein vorgeschriebener Koeffizienten zu Null. In diesem Fall würden Differenzialgleichungsterme entfallen und damit ändert sich ihre Grundform.

Zuerst soll der Fall mit $\underline{N}_2(\underline{s}) \equiv 1$ diskutiert werden. Die Polynome $\underline{Z}_1$, $\underline{N}_1$, $\underline{Z}_2$ haben die Form:

$$\underline{Z}_1(\underline{s}) = \sum_{\nu=0}^{z_1} a_\nu \underline{s}^\nu; \qquad \underline{N}_1(\underline{s}) = \sum_{\nu=0}^{n_1} b_\nu \underline{s}^\nu; \qquad \underline{Z}_2(\underline{s}) = \sum_{\nu=0}^{z_2} c_\nu \underline{s}^\nu. \qquad (11.218)$$

Das Polynom $\underline{N}_1(\underline{s})$ und damit nach Bedingung 2 in Satz 11.7 auch das Polynom $\underline{Z}_1(\underline{s})$ müssen für $\Re(\underline{s}) > 0$ nullstellenfrei sein. Weiterhin sind wegen der Bedingung 2 alle Koeffizienten reell, so dass $\underline{N}_1(\underline{s})$ bzw. $\underline{Z}_1(\underline{s})$ als Produkt der reellen (R), der konjugiert komplexen (K) und der konjugiert imaginären (I) Nullstellen in folgender Form darstellbar ist:

$$\text{R:} \qquad (\underline{s} + c)\,c \geq 0,$$
$$\text{I :} \qquad (\underline{s}^2 + d^2)\,d^2 > 0, \qquad (11.219)$$
$$\text{K:} \qquad (\underline{s}^2 + e\underline{s} + f)\,ef > 0.$$

Die Forderungen an c, d, e, f folgen aus der Bedingung 1 des Satzes 11.7. Damit gilt für alle Koeffizienten in $\underline{Z}_1(\underline{s})$ und $\underline{N}_1(\underline{s})$:

$$a_\nu \geq 0 \qquad \text{bzw.} \qquad b_\nu \geq 0. \qquad (11.220)$$

Aus der oben beschriebenen Produktdarstellung geht hervor, dass die Koeffizienten nur dann Null sein können, wenn nur konjugiert imaginäre Nullstellen (einschließlich $\underline{s} = 0$) oder mehrfache Nullstellen bei $\underline{s} = 0$ auftreten. Da mehrfache Nullstellen oder Pole bei $\underline{s} = 0$ in positiv reellen Funktionen nicht auftreten, sind folgende Fälle für die Koeffizienten von $\underline{N}_1(\underline{s})$ und $\underline{Z}_1(\underline{s})$ möglich:

$$\begin{aligned}
&\text{1.} \quad a_0 > 0, \quad a_\nu > 0 \qquad \text{und} \quad b_0 \geq 0, \quad b_\nu > 0 \quad (a_0 \neq 0), \\
&\text{2.} \quad a_{2\nu} > 0, \quad a_{2\nu+1} = 0 \quad \text{und} \quad b_{2\nu} = 0, \quad b_{2\nu+1} > 0, \qquad (11.221) \\
&\text{3.} \quad a_{2\nu} = 0, \quad a_{2\nu+1} > 0 \quad \text{und} \quad b_{2\nu} > 0, \quad b_{2\nu+1} = 0.
\end{aligned}$$

Weiterhin gilt für die Grade:

$$|z_1 - n_1| \leq 1. \qquad (11.222)$$

Diese notwendigen Bedingungen nach Gl. (11.221) und Gl. (11.222) sind auch hinreichend dafür, dass der Quotient $\underline{Z}_1/\underline{N}_1$ eine Zweipolfunktion für mindestens eine Wahl der Koeffizienten ist. Denn für den ersten Fall nach Gl. (11.221) können die Koeffizienten stets so gewählt werden, dass in $\underline{Z}_1$ und $\underline{N}_1$ nur reelle Nullstellen auftreten und deshalb der Quotient $\underline{Z}_1/\underline{N}_1$ eine RC- oder RL-Zweipolfunktion ist.

Im 2. und 3. Fall können die konjugiert imaginären Nullstellen so bestimmt werden, dass $\underline{Z}_1/\underline{N}_1$ eine Reaktanzfunktion wird. Noch zu untersuchen bleibt, welche Bedingungen für das Polynom $\underline{Z}_2$ gelten. Die Bedingung 5 des Satzes 11.7 gilt weiterhin.

Zur Forderung 4 sind weitere Unterteilungen erforderlich und drei Fälle für Koeffizienten nach der ersten der Gl. (11.221) zu unterscheiden:

1. $\underline{Z}_1$ und $\underline{N}_1$ haben die gleichen Grade, $a_0 \neq 0$.
   Da $\underline{Z}_1/\underline{N}_1$ positiv reell ist, gilt

$$\Re\left(\frac{\underline{Z}_1(j\omega)}{\underline{N}_1(j\omega)}\right) \geq 0, \qquad \text{d. h.,} \qquad \Re\left(\frac{\underline{Z}_1}{\underline{N}_1}\right) + K > 0 \qquad (11.223)$$

für $K > 0$. Durch die Addition einer Konstanten K wird die Form des Polynoms $\underline{Z}_1$ nicht geändert, wenn $a_0 \neq 0$ ist. Wird $\underline{Z}_1$ also von vornherein entsprechend gewählt, ist Bedingung 4 stets erfüllt.

2. $z_1 < n_1$.
   Wie im ersten Fall sind die Koeffizienten so wählbar, dass

$$\Re\left(\frac{\underline{N}_1(j\omega)}{\underline{Z}_1(j\omega)}\right) \geq 0 \qquad (11.224)$$

gilt. Damit ist auch $\Re(\underline{Z}_1(j\omega)/\underline{N}_1(j\omega)) \geq 0$, ausgenommen $\omega \to \infty$. Da Bedingung 5 von Satz 11.7 bereits gilt, ist die Bedingung 4 ebenfalls erfüllt.

3. $z_1 = n_1$ und $a_0 = 0$.
   Von $\underline{N}_1/\underline{Z}_1$ wird der Pol bei $\underline{s} = 0$ abgespalten und die Restfunktion derart gewählt, dass ihr Realteil stets größer Null ist. Damit hat $\Re(\underline{Z}_1(j\omega)/\underline{N}_1(j\omega)) \geq 0$ nur eine doppelte Nullstelle für $\omega = 0$. Zur Erfüllung der vierten Bedingung muss im Polynom $\underline{Z}_2 = 0$ auch $c_0 = 0$ sein.

Zwei weitere Möglichkeiten aus Gl. (11.221) lassen sich auf diese drei Fälle zurückführen. Sind die Koeffizienten in einer dieser Formen angegeben, dann ist $\underline{Z}_1/\underline{N}_1$ eine Reaktanzfunktion und $\Re(\underline{Z}_1(j\omega)/\underline{N}_1(j\omega)) \equiv 0$, d. h., dass $\underline{Z}_2$ gerade sein muss, wenn $\underline{N}_1$ ungerade ist, oder umgekehrt. Außerdem gilt die Bedingung 5.

Im Falle der prinzipiellen Realisierbarkeit sind in den Realisierbarkeitskriterien die Bedingungen des Satzes 11.7 durch die folgenden zu ersetzen:

1. Die Polynome $\underline{Z}_1$, $\underline{N}_1$ haben Koeffizienten nach Gl. (11.221).

2. Für die Grade gilt: $|z_1 - (n_1 + n_2)| \leq 1$ und $z_1 \geq z_2 + n_2$.

3. Bei $a_0 = 0$ ist auch $c_0 = 0$.

4. Gilt in Gl. (11.221) die zweite oder dritte Form, dann hat $\underline{Z}_2$ die entsprechende Form wie $\underline{Z}_1$.

Mit den entsprechenden Sätzen und diesen vier Bedingungen kann sofort ausgesagt werden, ob eine gegebene nichtlineare Differenzialgleichung durch eine Schaltung mit ausschließlich passiven linearen inneren Elementen realisierbar ist.

Beispiel 2:
Die Gleichung

$$a_{03}\frac{\mathrm{d}^3 x}{\mathrm{d}\tau^3} + a_{02}\frac{\mathrm{d}^2 x}{\mathrm{d}\tau^2} + a_{01}\frac{\mathrm{d}x}{\mathrm{d}\tau} + a_{13}\frac{\mathrm{d}^3 f_1(x)}{\mathrm{d}\tau^3} + a_{12}\frac{\mathrm{d}^2 f_1(x)}{\mathrm{d}\tau^2} + a_{10}f_1(x) = y \qquad (11.225)$$

ist nach Variante 1 nicht realisierbar, weil $a_{11} = 0$ ist. $\qquad\square$

Beispiel 3:
Auch die nichtlineare Differenzialgleichung

$$a_{02}\frac{\mathrm{d}^2 x}{\mathrm{d}\tau^2} + a_{00}x + a_{11}\frac{\mathrm{d}^2 f_1(x)}{\mathrm{d}\tau} + a_{10}f_1(x) = y \qquad (11.226)$$

ist nicht nach Variante 1 realisierbar, da $\underline{d}_0$ gerade und $\underline{d}_1$ ungerade ist. $\qquad\square$

11.4.10 Synthese einer Stabilisatorschaltung

Dieser elektrotechnischen Syntheseaufgabe wird die normierte Differenzialgleichung des Ferroresonanzstabilisators in der Form:

$$x = a_{03}\frac{\mathrm{d}^3 y}{\mathrm{d}\tau^3} + a_{02}\frac{\mathrm{d}^2 y}{\mathrm{d}\tau^2} + a_{01}\frac{\mathrm{d}y}{\mathrm{d}\tau} + a_{11}\frac{\mathrm{d}f_1(y)}{\mathrm{d}\tau} + a_{10}f_1(y) \qquad (11.227)$$

mit $f_1(y) = ay + by^9$ und $x = \hat{X}\sin(\tau + \varphi)$ zugrunde gelegt. Die numerische Lösung dieser Differenzialgleichung zeigt für bestimmte Koeffizienten $a_{\nu\mu}$, a, b einen fast sinusförmigen Verlauf. Die Differenzialgleichung wird als Modell zur Beschreibung einer Stabilisation angewandt, weil die Amplitude der Schwingung durch Schwankungen der Amplitude der Störfunktion kaum beeinflusst wird.

Zunächst wird untersucht, ob die Differenzialgleichung prinzipiell durch eine Schaltung realisierbar ist. Dazu werden die allgemeinen Koeffizienten entsprechend Gl. (11.147) eingeführt:

$$D_p = 1,$$
$$D_0 = a_{03}\frac{\mathrm{d}^3}{\mathrm{d}\tau^3} + a_{02}\frac{\mathrm{d}^2}{\mathrm{d}\tau^2} + a_{01}\frac{\mathrm{d}}{\mathrm{d}\tau},$$
$$D_1 = a_{11}\frac{\mathrm{d}}{\mathrm{d}\tau} + a_{10}, \qquad (11.228)$$
$$B_1 = 1,$$

bzw. in Laplace-transformierter Form:

$$d_p = 1,$$
$$d_0 = a_{03}s^3 + a_{02}s^2 + a_{01}s,$$
$$d_1 = a_{11}s + a_{10}, \qquad (11.229)$$
$$b_1 = 1.$$

Aus der Zuordnung elektrischer Größen zu den Variablen

$$
\begin{array}{c|cl}
x & y & \\
\hline
\boxed{u_s} & \boxed{\psi} & \text{oder} \quad q \\
i_s & \psi & \text{oder} \quad q
\end{array}
\qquad (11.230)
$$

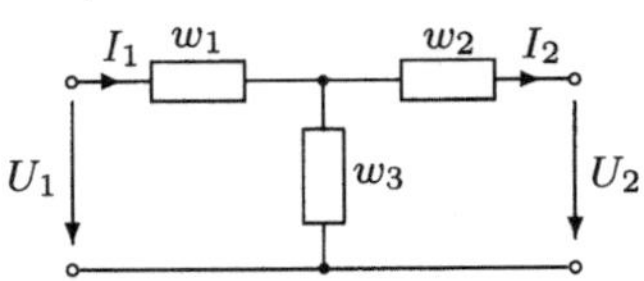

Bild 11.61: Allgemeine T-Schaltung

folgt, dass bei einer Schaltungsrealisierung das nichtlineare Zweipolelement entweder auf eine nichtlineare Induktivität der Form $i_L = f_L(\psi_L)$ oder auf eine nichtlineare Kapazität der Form $u_C = f_C(q_C)$ führt.

Die gegebene Differenzialgleichung weist gute Stabilitätseigenschaften auf, wenn für die Koeffizienten folgende Werte gelten:

$$
\begin{array}{lll}
a_{03} = 2{,}5 & a_{11} = 2{,}5 & a = 0{,}25 \\
a_{02} = 1{,}25 & a_{10} = 0{,}25 & b = 0{,}75 \\
a_{01} = 1{,}1. & &
\end{array}
\qquad (11.231)
$$

Weiterhin wird die in der Zuordnung (11.230) markierte Variante Flusszuordnung zu y und Spannungszuordnung zu x gewählt. Damit entstehen die Elemente der Kettenmatrix:

$$
A_{11}(s) = \frac{\displaystyle\sum_{\mu=0}^{m_0} a_{0\mu}\left(\frac{s}{\omega_0}\right)^{\mu-1}}{\displaystyle\sum_{\mu=0}^{m_s} a_{s\mu}\left(\frac{s}{\omega_0}\right)^{\mu}} = 2{,}5s^2 + 1{,}25s + 1{,}1
$$

$$
A_{12}(s) = \frac{U_0}{I_0}\frac{\displaystyle\sum_{\mu=0}^{m_1} a_{1\mu}\left(\frac{s}{\omega_0}\right)^{\mu}}{\displaystyle\sum_{\mu=0}^{m_s} a_{s\mu}\left(\frac{s}{\omega_0}\right)^{\mu}} = 2{,}5s + 0{,}25.
$$

$$(11.232)$$

Weil die Elemente A_{11} und A_{12} der Kettenmatrix niederen Grades sind, bietet sich eine Schaltungsrealisierung mittels einer T-Schaltung (Bild 11.61) an.

Für diese Schaltung sind die Kettenmatrixelemente in Abhängigkeit von den Bauelementen allgemein bekannt:

$$
\begin{aligned}
A_{12} &= w_1 + w_2\left(1 + \frac{w_1}{w_3}\right) \\
A_{11} &= 1 + \frac{w_1}{w_3}.
\end{aligned}
\qquad (11.233)
$$

Wird hierbei $w_2 = 0$ gewählt, so lassen sich diese Gleichungen nach den Zweipolgrößen w_1, w_3 umstellen. Mit den berechneten Werten für die Matrixelemente kommt man auf:

$$
\begin{aligned}
w_1 &= 2{,}5s + 0{,}25 \\
\frac{1}{w_3} &= \frac{2{,}5s^2 + 1{,}25s + 0{,}1}{2{,}5s + 0{,}2s} = s + 0{,}4.
\end{aligned}
\qquad (11.234)
$$

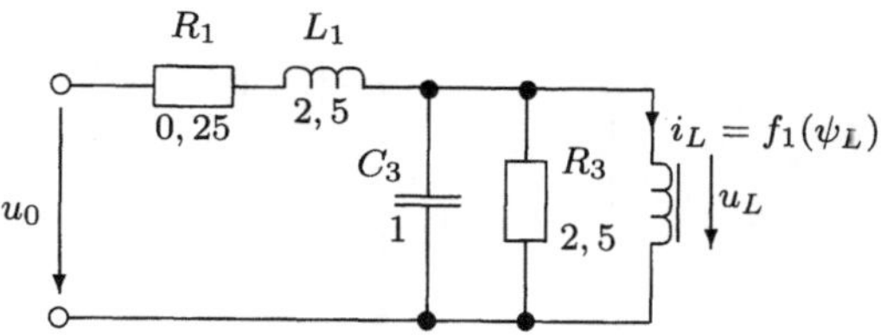

Bild 11.62: Realisierung mit einer nichtlinearen Induktivität (normierte Bauelemente)

Die Polynome w_1 und w_3 sind erster Ordnung. Es kann eine normierte Grundschaltung mit einfachen Zweipolelementen angegeben (Bild 11.62) werden.

Die Schaltung soll weiter konkretisiert werden, indem für die Schaltung in Bild 11.62 folgende Werte vorgegeben werden:

$$\hat{U}_L = 100\,\text{V} \qquad f_0 = 50\,\text{Hz} \qquad \text{und} \qquad P_{R_3} = 200\,\text{W}. \tag{11.235}$$

Damit lässt sich der Widerstand R_3 bestimmen:

$$R_3 = \frac{\hat{U}_L^2}{P_{R_3}} = 50\,\Omega. \tag{11.236}$$

Über die Normierungsgleichung $R_3 = R_{3norm}R_0$ ergibt sich der Bezugswiderstand $R_0 = 20\,\Omega$. Mit ihm sich die anderen Elemente der Schaltung berechnen:

$$\begin{aligned} R_1 &= R_{1norm}R_0 &&= 5\,\Omega, \\ L_1 &= L_{1norm}\frac{R_0}{\omega_0} &&= 0{,}159\,\text{H}, \\ C_3 &= C_{3norm}\frac{1}{\omega_0 R_0} &&= 159\,\mu\text{F}. \end{aligned} \tag{11.237}$$

Die angenommene Näherungslösung in normierter Form $y = \sin\tau = \psi/\Psi_0$ ergibt wegen $U_L = \hat{\Psi}_0\omega_0$ den Fluss

$$\hat{\Psi}_0 = 0{,}318\,\text{Vs} \tag{11.238}$$

und über den Bezugswiderstand den Strom durch die Nichtlinearität:

$$I_0 = \frac{U_L}{R_0} = 5\,\text{A}. \tag{11.239}$$

Damit steht auch die Kennlinie der nichtlinearen Induktivität fest:

$$i_l = I_0 f_1\left(\frac{\Psi}{\hat{\Psi}_0}\right) = 3{,}93\,\text{A}\,\frac{\Psi}{\text{Vs}} + 1{,}15\cdot 10^5\,\text{A}\,\frac{\Psi^9}{(\text{Vs})^9}. \tag{11.240}$$

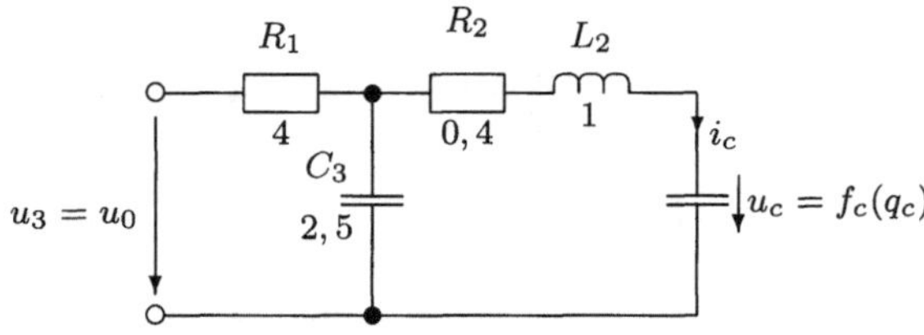

Bild 11.63: Realisierung mit einer nichtlinearen Kapazität (normierte Bauelemente)

Realisierung mittels nichtlinearer Kapazität

Es werden die gleichen Koeffizienten wie bisher verwendet und wieder die Spannungszuordnung für x gewählt. Die Kettenmatrixelemente nehmen dann die folgende Form an:

$$A_{11}(s) = \cfrac{\sum\limits_{\mu=0}^{m_1} a_{1\mu}\left(\frac{s}{\omega_0}\right)^{\mu}}{\sum\limits_{\mu=0}^{m_s} a_{s\mu}\left(\frac{s}{\omega_0}\right)^{\mu}} = 2{,}5s + 0{,}25$$

$$A_{12}(s) = \frac{U_0}{I_0}\cfrac{\sum\limits_{\mu=0}^{m_0} a_{0\mu}\left(\frac{s}{\omega_0}\right)^{\mu-1}}{\sum\limits_{\mu=0}^{m_s} a_{s\mu}\left(\frac{s}{\omega_0}\right)^{\mu}} = 2{,}5s^2 + 1{,}25s + 1{,}1.$$

$$(11.241)$$

Die Realisierung soll wieder mit einer T-Schaltung erfolgen. Demzufolge gilt:

$$A_{11} = 1 + \frac{w_1}{w_3} = 2{,}5s + 0{,}25 \qquad \longrightarrow \qquad \frac{w_1}{w_3} = 2{,}5s - 0{,}75. \tag{11.242}$$

Diese Forderung kann jedoch nicht erfüllt werden, da w_1 und w_2 als passive Zweipole realisiert werden sollen. Um trotzdem zu einer Schaltung zu gelangen, wird die Erweiterung $\hat{x} = 4x$ der Ausgangsgleichung vorgenommen, was zu den Kettenmatrixelementen

$$A_{11} = 10s + 1 \qquad A_{12} = 10s^2 + 5s + 4{,}4 \tag{11.243}$$

führt. Die Schaltung gibt Bild 11.63 wieder.

Da hier der Strom i_c stabilisiert wird, ist auch u_{R_2} konstant und damit kann R_2 als Ersatzwiderstand eines Verbrauchers angesehen werden.

Es seien wieder folgende konkrete Werte vorgegeben:

$$\hat{U}_{R_2}L = 200\,\text{V} \qquad f_0 = 50\,\text{Hz} \qquad \text{und} \qquad P_{R_3} = 200\,\text{W}, \tag{11.244}$$

woraus sich analog zum Rechengang der nichtlinearen Induktivität folgende Bauelementedaten ergeben:

$$R_1 = 500\,\Omega, \qquad R_2 = 50\,\Omega, \qquad L_2 = 0{,}398\,\text{H}, \qquad C_3 = 63{,}3\mu\text{F}. \tag{11.245}$$

Die Kennlinie der nichtlinearen Kapazität führt auf den Ausdruck:

$$u_c = f_c(q) = 981\,\frac{V}{As}q + 12{,}71 \cdot 10^{21}\,\frac{V}{(As)^9}q^9. \tag{11.246}$$

Wegen der hohen Verluste über R_1 und R_2 ist diese Anordnung als Stabilisatorschaltung ungeeignet.

11.5 Die Äquivalenzetappe

11.5.1 Äquivalenz nichtlinearer Netzwerke

Zur Untersuchung der Äquivalenz nichtlinearer Netzwerke ist zwischen der unbedingten und der bedingten Äquivalenz zu unterscheiden.

Definition 11.3 *Zwei nichtlineare Schaltungen sind genau dann* unbedingt äquivalent *(kurz äquivalent), wenn sie sich an den von außen zugänglichen $2n$ Polklemmen in ihren elektrischen Eigenschaften nicht unterscheiden, d. h., wenn sie durch dieselben Beschreibungsgleichungen charakterisiert werden.*

Die Definition 11.3 ist sowohl für nichtlineare als auch für lineare äquivalente Schaltungen gültig. Durch die Abschwächung der Forderungen erhält man:

Definition 11.4 *Zwei nichtlineare Schaltungen sind genau dann* bedingt äquivalent, *wenn sie an den von außen zugänglichen $2n$ Polklemmen bezüglich bestimmter wesentlicher elektrischer Eigenschaften gleich sind.*

Die Untersuchung bedingt äquivalenter Schaltungen ist sowohl für lineare als auch für nichtlineare Fälle von Interesse. Oftmals steht die Forderung, eine oder mehrere Eigenschaften elektrischer Größen durch verschiedene Schaltungen zu realisieren. Dabei gibt es meist eine Vielzahl von Schaltungen, die strukturell und bzgl. ihrer Bauelemente völlig unterschiedlich sein können, aber genau die geforderten Charakteristiken aufweisen. Die Menge dieser Schaltungen wird als bedingt äquivalent bezeichnet. Liegt eine Beschreibungsgleichung in normierter Form vor, so kann die normierte Netzwerkvariable als Spannung, Strom, Ladung oder Fluss interpretiert werden. Schaltungen, die durch verschiedene Entnormierungen gewonnen werden, sind in der Struktur und der Bauelementeart unterschiedlich. Alle haben jedoch gemeinsam, dass sie das gleiche Zeitverhalten der Beschreibungsgleichungen realisieren. Diese Netzwerke sind im Zeitverhalten gleich, also bedingt äquivalent.

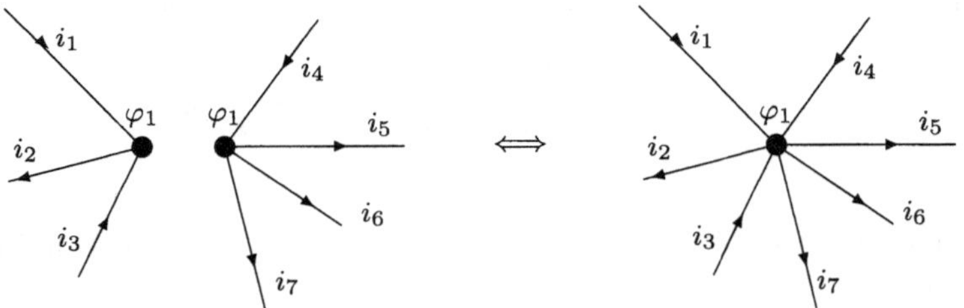

Bild 11.64: Darstellung zu bekannten Sätzen der Netzwerktheorie

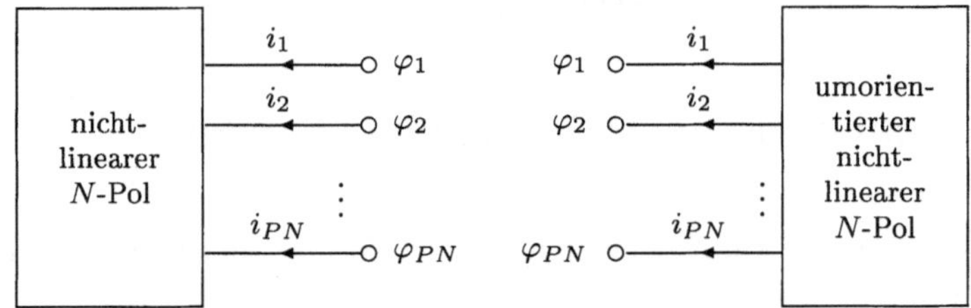

Bild 11.65: N-Pol und umorientierter N-Pol mit Zuleitungen

11.5.2 Umwandlung von Mehrpolen in Zweipole

Die Verallgemeinerung des Satzes der Kompensation auf nichtlineare Mehrpole lautet:

Satz 11.14 *Jeder beliebige nichtlineare N-Pol ist äquivalent durch $N-1$ abstrakte Zweipole ersetzbar, die maschenlos alle N Anschlussklemmen des Mehrpols verbinden.*

Ein abstrakter Zweipol umfasst sowohl Zweipole mit zwei Anschlussklemmen als auch gesteuerte Zweipole (z. B. gesteuerte Quellen).

Die Grundlage des Beweises sind zwei evidente Sätze aus der Netzwerktheorie. Zum einen *können Knotenpunkte mit gleichem Potenzial zusammengelegt werden, ohne dass sich die Strom- bzw. Potenzialverhältnisse im Netzwerk ändern* (Bild 11.64). Für die Auftrennung von Knoten gilt der folgende Satz: *Ist die Menge der in einem Knotenpunkt eines Netzwerkes vereinten Ströme so in Teilmengen zerlegbar, dass für die Teilmengen der Kirchhoffsche Knotensatz gilt* (im Bild 11.64: $i_1 - i_2 - i_3 = 0$ und $i_4 - i_5 - i_6 - i_7 = 0$), *dann kann dieser Knoten aufgeteilt werden, ohne dass sich die Strom- bzw. Potenzialverhältnisse im Netzwerk ändern. Alle neu entstehenden Teilknoten besitzen dabei das gleiche Potenzial.*

Diese zwei Sätze sollen auf auf eine Schaltung mit einem beliebigen N-Pol im Bild 11.65 angewendet werden, der durch die Potenziale $\varphi_P = (\varphi_{P1}, \ldots, \varphi_{PN})^T$ an seinen Polen und durch die Ströme $i_P = (i_{P1}, \ldots, i_{PN})^T$ in seinen Leitungen zur restlichen Schaltung zu jedem Zeitpunkt eindeutig charakterisiert ist.

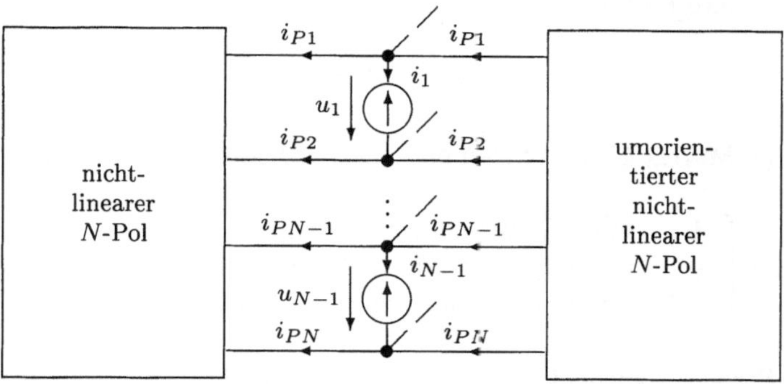

Bild 11.66: Zusammenschaltung der entgegengesetzt orientierten N-Pole

Dem nichtlinearen N-Pol wird gedanklich ein umorientierter nichtlinearer N-Pol zugeordnet, dessen Klemmen die gleichen Zeitverläufe der Ströme und Potenziale besitzen, bei dem aber eine entgegengesetzte Orientierung der Ströme vorliegt. Zwischen den N Anschlussklemmen des umorientierten Mehrpols werden $N-1$ EMK so eingefügt, dass sie alle Klemmen miteinander verbinden, aber keine Masche bilden.

Die Ströme durch die EMK und die Spannungen über ihnen sind in den Vektoren $\boldsymbol{i} = (i_1, \ldots, i_{N-1})^T$ und $\boldsymbol{u} = (u_1, \ldots, u_{N-1})^T$ zusammengefasst. Die EMK seien so dimensioniert, dass die Zusammenschaltung des umorientierten N-Pols mit dem ursprünglichen N-Pol die Strom- und Potenzialverhältnisse in der Schaltung nicht ändern (Bild 11.66). Das ist nach den Vorbemerkungen dann der Fall, wenn

1. die Knotenpotenziale des EMK-Netzwerkes gleich den Potenzialen des N-Pols im Bild 11.65 sind und

2. die Ströme des EMK-Netzwerkes dem Kirchhoffschen Knotensatz genügen.

Die erste Bedingung ist genau dann erfüllt, wenn den Knotenpunkten des EMK-Netzwerkes wie in Bild 11.66 die entsprechenden Potenziale des N-Pols des ursprünglichen N-Pols zugeordnet werden. Die Spannungsabfälle an den EMKs sind damit durch die Relation

$$\boldsymbol{u} = \mathbf{C}^T \cdot \boldsymbol{\varphi}_P, \quad \text{mit} \quad \mathbf{C} = \begin{pmatrix} 1 & 0 & 0 & \cdots & 0 & 0 \\ -1 & 1 & 0 & \cdots & 0 & 0 \\ 0 & -1 & 1 & \cdots & 0 & 0 \\ & & & \ddots & & \\ 0 & 0 & 0 & \cdots & -1 & 1 \end{pmatrix}, \tag{11.247}$$

mit folgenden Elementen der Matrix $\mathbf{C}$

$$c_{pq} = \begin{cases} 1 & \text{wenn die } q\text{-te EMK zum } p\text{-ten Knoten hinwirkt,} \\ 0 & \text{wenn die } q\text{-te EMK nicht mit Knoten } p \text{ verbunden ist,} \\ -1 & \text{wenn die } q\text{-te EMK vom } p\text{-ten Knoten wegwirkt,} \end{cases} \tag{11.248}$$

bestimmt. Die zweite Bedingung wird durch die Gleichung

$$i_P = \mathbf{C} \cdot i \tag{11.249}$$

erfüllt, wobei die Matrix $\mathbf{C}$ der obigen entspricht. Das ist äquivalent zu:

$$c_{pq} = \begin{cases} 1 & \text{wenn } i_q \text{ aus dem } p\text{-ten Knoten fließt,} \\ 0 & \text{wenn } i_q \text{ nicht durch den Knoten } p \text{ fließt,} \\ -1 & \text{wenn } i_q \text{ in den } p\text{-ten Knoten fließt.} \end{cases} \tag{11.250}$$

Da jedoch die Ströme i gesucht sind, muss die Gl. (11.249) invertiert werden. Das ist wegen der besonderen Form der Matrix C mit der Methode von Gauß-Jordan stets in einem Schritt möglich. Wir erhalten damit für die Ströme i:

$$i = \mathbf{D}^T \cdot i_P, \qquad \mathbf{D} = \begin{pmatrix} 1 & 0 & \cdots & 0 \\ 1 & 1 & \cdots & 0 \\ & & \ddots & \\ 1 & 1 & \cdots & 1 \end{pmatrix}. \tag{11.251}$$

Diese Gleichungen kann man auch als Satz unabhängiger Schnittgleichungen interpretieren, wobei sich die Matrix $\mathbf{D}$ wie folgt verhält:

$$d_{pq} = \begin{cases} 1 & \text{wenn } i_p \text{ mit umgekehrter Orientierung wie } i_q, \\ & \text{die Schnittfläche von } i_q \text{ durchströmt,} \\ 0 & \text{wenn } i_p \text{ die Schnittfläche von } i_q \text{ nicht durchfließt,} \\ -1 & \text{wenn } i_p \text{ die Schittfläche von } i_q \text{ mit gleicher} \\ & \text{Orientierung durchfließt.} \end{cases} \tag{11.252}$$

Dann gilt

$$\varphi_P = \mathbf{D} \cdot u. \tag{11.253}$$

Mit der Dimensionierung der Spannungsquellen wurde erreicht, dass die Zusammenschaltung mit dem ursprünglichen N-Pol (aus Bild 11.65) die Strom- und Potenzialverhältnisse im umorientierten N-Pol sowie im ursprünglichen N-Pol nicht ändert. Nach dem zweiten vorangestellten Satz über die Teilung von Knoten werden jetzt der ursprüngliche (kompensierte) N-Pol und der umorientierte N-Pol abgetrennt. Es verbleiben die EMKs als *Ersatznetzwerk* in der Schaltung, die nach dem Satz von der Kompensation durch nichtlineare Zweipole ersetzt werden können (Bild 11.67).

Die Ersatzgrößen u und i werden aus den Mehrpolgrößen φ_P und i_P mit Hilfe der Gleichungen (11.247) und (11.251) berechnet. Für die Rücktransformation werden Gl. (11.249) bzw. (11.253) verwendet. Im Allgemeinen sind die Ströme bzw. Spannungen der abstrakten Ersatzzweipole voneinander abhängig.

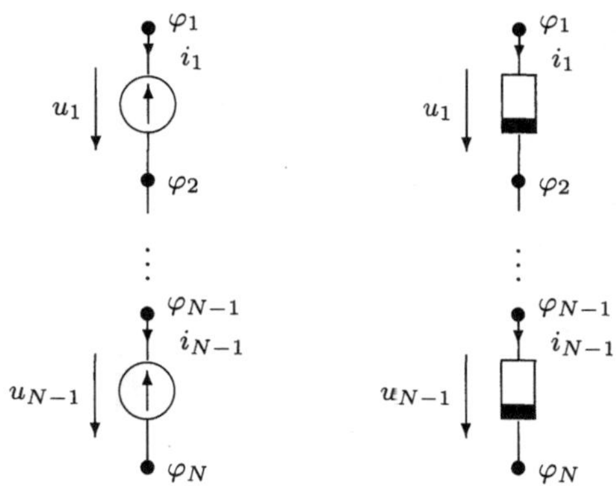

Bild 11.67: Ersatzschaltungen für einen N-Pol

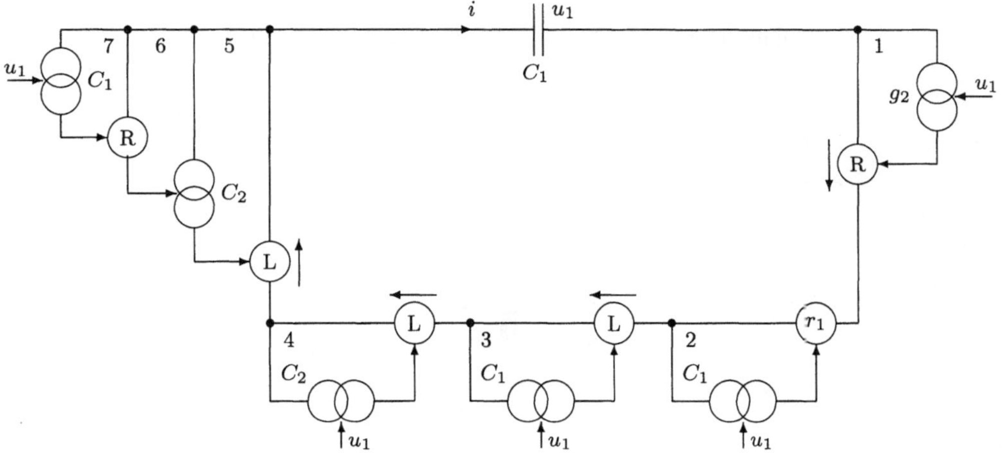

Bild 11.68: Struktur zum Beispiel der Dualität in der Spannungsentnormierung

Satz zur Invarianz bezüglich der Dualität

Die zu zeigende Gesetzmäßigkeit wird zuerst an einem Beispiel vorgeführt. Nach Anwendung der Zerlegungsvorschriften aus Abschnitt 11.3.1 wird von der $x \longrightarrow u$ entnormierten Gleichung

$$L\frac{\mathrm{d}}{\mathrm{d}t}C_2\frac{\mathrm{d}}{\mathrm{d}t}RC_1\frac{\mathrm{d}}{\mathrm{d}t}u_1+L\frac{\mathrm{d}}{\mathrm{d}t}C_2\frac{\mathrm{d}}{\mathrm{d}t}u_1+L\frac{\mathrm{d}}{\mathrm{d}t}C_1\frac{\mathrm{d}}{\mathrm{d}t}u_1+r_1\left(C_1\frac{\mathrm{d}}{\mathrm{d}t}u_1\right)+Rg_2(u_1)+u_1=0 \quad (11.254)$$

mit der dazugehörigen allgemeinen Struktur in Bild 11.68 ausgegangen.

Im Folgenden wird das Netzwerk vereinfacht und spezifiziert. Die einfachen Quellenkombinationen 2 und 3 sind selbstgesteuert und ergeben damit nach VR1 Zweipolelemente. Die Quellenkombination 4 muss zu dem aus der QK 3 entstandenen Zweipolelement parallel geschaltet werden (VR2). Ihre Stromquelle liefert den Strom i, der auch

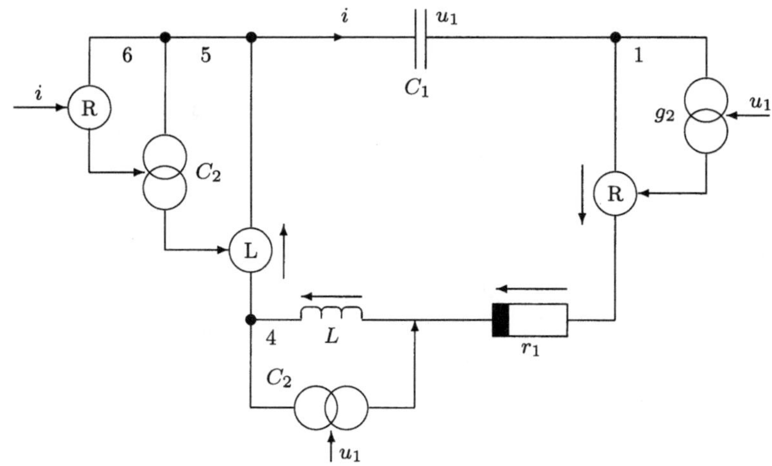

Bild 11.69: Erste Vereinfachung der Grundstruktur

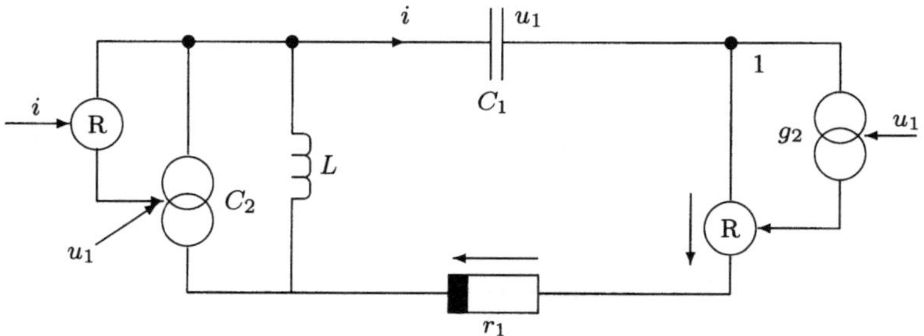

Bild 11.70: Netzwerk vereinfacht

durch das Bezugselement Kondensator C_1 fließt. Die soweit vereinfachte Schaltung ist in Bild 11.69 dargestellt.

Da die gesteuerten linearen Spannungsquellen der Quellenkombinationen 4 und 5 in Reihe liegen, können sie nach VR10 durch eine ersetzt werden. Ohne eine weitere Aufspaltung des vierten Summanden in der Gl. (11.254) ist keine Vereinfachung mehr möglich. Es entsteht die vereinfachte Schaltung in Bild 11.70.

Im Vergleich zum Vorangegangenen wird die Variable x jetzt als Strom i entnormiert. Die Gleichung lautet damit

$$C\frac{\mathrm{d}}{\mathrm{d}t}L_2\frac{\mathrm{d}}{\mathrm{d}t}GL_1\frac{\mathrm{d}}{\mathrm{d}t}i_1 + C\frac{\mathrm{d}}{\mathrm{d}t}L_2\frac{\mathrm{d}}{\mathrm{d}t}i_1 + C\frac{\mathrm{d}}{\mathrm{d}t}L_1\frac{\mathrm{d}}{\mathrm{d}t}i_1 + g_1\left(L_1\frac{\mathrm{d}}{\mathrm{d}t}i_1\right) + Gr_2(i_1) + i_1 = 0. \quad (11.255)$$

Die Struktur der entsprechenden Schaltung ist in Bild 11.71 dargestellt.

Die einfachen Quellenkombinationen 2 und 3 sind wieder selbstgesteuert und ergeben nach VR6 Zweipolelemente. Die Quellenkombination 4 ist zum Zweipolelement

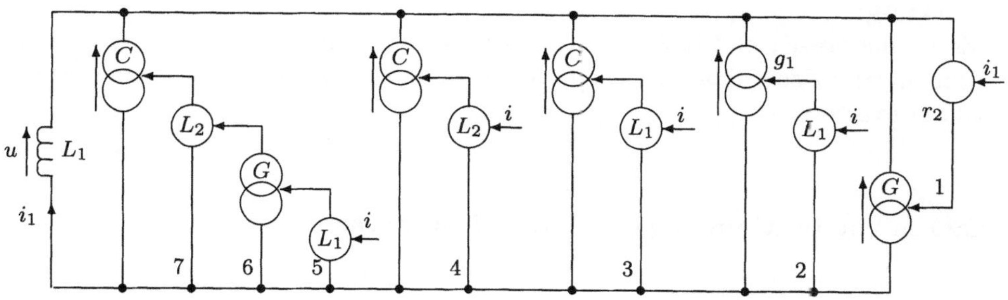

Bild 11.71: Struktur des Netzwerkes aus der nach dem Strom entnormierten Gleichung

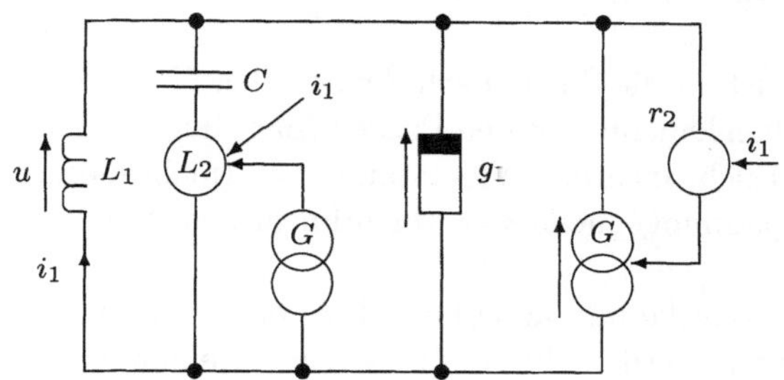

Bild 11.72: Vereinfachtes Netzwerk nach einer Entnormierung bezüglich des Stromes

aus QK3 parallel zu schalten (VR7) usw. Es entsteht das vereinfachte Netzwerk in
Bild 11.72.

Die Netzwerke in den Bildern 11.70 und 11.72 heißen zueinander *dual.* Im Beispiel wurden beide duale Schaltungen auf der Basis der Zerlegungsvorschriften ZV1, ..., ZV12
über die Vereinfachungsregeln VR1, ..., VR10 konstruiert. Der Name *dual* entstammt
der Art und Weise, bei der man beide Schaltungen über rein topologische Methoden
ineinander überführt.

Ausgangspunkt beider Netzwerke war eine normierte Differenzialgleichung. Deshalb ist
das Zeitverhalten der Spannung u in der ersten Schaltung gleich dem des Stromes i
in der zweiten. Die Schaltungen sind demzufolge *bedingt äquivalent* im Sinne der Definition 11.4. Die getroffenen Aussagen lassen sich auf beliebige Differenzialgleichungen
verallgemeinern, da es für beide Entnormierungen (nach i bzw. u) analoge Operatoren,
Zerlegungsvorschriften und Vereinfachungsregeln gibt.

Da einerseits die Konstruktion von dualen Schaltungen für beliebige Beschreibungsgleichungen gilt und andererseits jedes planare Netzwerk mit topologischen Verfahren
in sein duales Netzwerk überführt werden kann, gilt der folgende Satz:

Satz 11.15 *Die Zerlegungsvorschriften ZV1, ..., ZV12 und der Satz 11.2 sind bei
einer Entnormierung $x \longrightarrow i$ bzw. $x \longrightarrow u$ invariant gegenüber der Dualität.*

Anmerkung:
Die Zerlegungsvorschrift VR13 und die Vereinfachungsregel VR11 können keinen Beitrag zur Invarianz gegenüber der Dualität geben, da kein duales Element zur Gegeninduktivität existiert.

Verfahren zur Bestimmung des dualen Netzwerkes

Wenn eine gegebene Modellgleichung durch Entnormierung der Systemvariablen nach Strom und Spannung zu zwei dualen Netzwerken synthetisiert worden ist, geht es im Folgenden um die Anwendung der Dualität.

Das Verfahren teilt sich in die Suche nach dem dualen Graphen sowie in die Überführung der einzelnen Bauelemente mit den Paaren (nichtlineare) Induktivität $\Longleftrightarrow$ (nichtlineare) Kapazität, (nichtlinearer) Widerstand $\Longleftrightarrow$ (nichtlinearer) Leitwert, (nichtlineare, gesteuerte) Spannungsquelle $\Longleftrightarrow$ (nichtlineare, gesteuerte) Stromquelle auf.

In jede unabhängige Masche und außerhalb des Netzwerkes werden je ein Knoten eingezeichnet. Die Knoten werden durch Zweige so miteinander verbunden, dass jeder neue Zweig durch ein Bauelement führt. Existiert im Netzwerk beispielsweise eine Reihenschaltung von n Elementen, entstehen n Parallelzweige und umgekehrt. In jedem neuen Zweig wird daraufhin das vorhandene Bauelement durch sein duales Element ersetzt. Bei gesteuerten Quellen müssen wir darauf achten, dass die Steuergrößen und das Bezugselement ersetzt werden.

Beispiel 1:
Durch die Zerlegungsvorschriften und Vereinfachungsregeln entsteht aus der erweiterten van der Polschen Differenzialgleichung:

$$\ddot{x} + (\dot{x}^2 + x^2 - 1)\dot{x} + x = 0 \tag{11.256}$$

bei der Entnormierung $x \longrightarrow u$ das linke Netzwerk in Bild 11.73. Aus der Anwendung des beschriebenen Verfahrens folgt das dazu duale Netzwerk auf der rechten Seite.

$\square$

Zur Erzeugung bedingt äquivalenter Schaltungen kann man neben den verschiedenen Entnormierungen der zu realisierenden Beschreibungsgleichung und anschließender Synthese auch das wesentlich einfachere Verfahren zur Erzeugung von dualen Netzwerken benutzen. Beide Methoden führen auf die gleiche Schaltung.

Anmerkung:
Die Umwandlung einer Schaltung in ihre duale wird dann erforderlich, wenn der Bauelementevorrat bestimmte Einschränkungen auferlegt oder wenn zur messtechnischen Untersuchung einer Schaltung ein gemeinsamer Messpunkt (Erde) für alle gesteuerten Quellen sinnvoll erscheint (vgl. Bild 11.71).

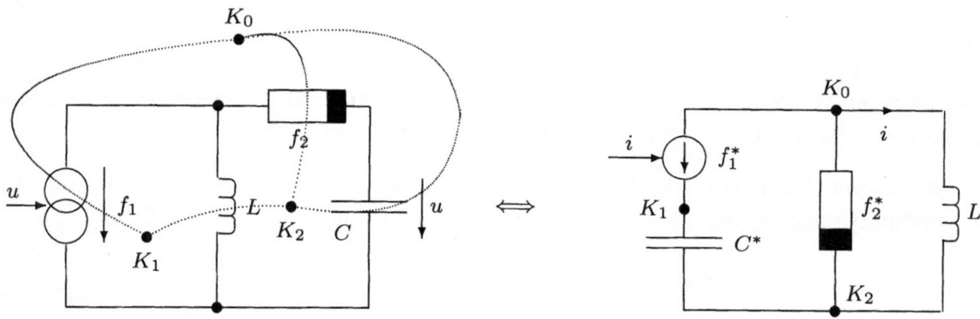

Bild 11.73: Konstruktion des dualen Netzwerks am Beispiel des Netzwerkes zur erweiterten van der Polschen Differenzialgleichung

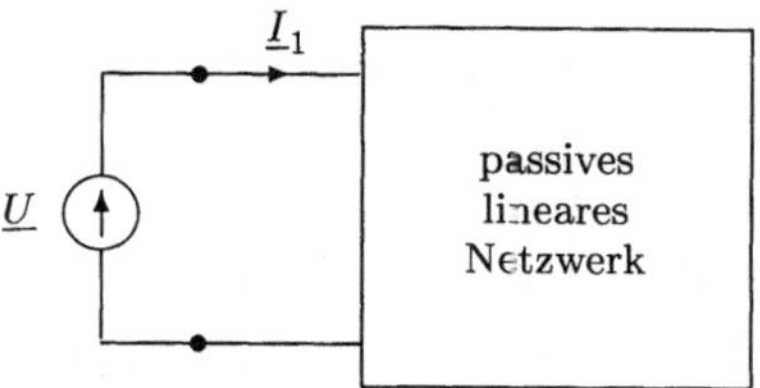

Bild 11.74: EMK mit passivem linearen Zweipol

11.5.3 Verfahren der Maschenimpedanzmatrix

Nachdem in den letzten Abschnitten einige wichtige Sätze zur Äquivalenz von Schaltungen vorgestellt wurden, wird jetzt ein Verfahren der linearen Äquivalenz zur Erzeugung äquivalenter Schaltungen vorgestellt und auf nichtlineare Schaltungen angewendet.

Das lineare Maschenimpedanzmatrixverfahren

Es sei ein lineares passives Zweipolnetzwerk gegeben, welches an den von außen zugänglichen Zweipolklemmen an einen aktiven Zweig geschaltet wird (Bild 11.74).

Für das Netzwerk lässt sich ein Gerüst (Baum) aufstellen und die Maschenstromanalyse durchführen. Es entsteht das Gleichungssystem:

$$\mathbf{M} \cdot \underline{\mathbf{Z}} \cdot \underline{I} = \underline{\mathbf{Z}}^M \cdot \underline{I} = \underline{E}, \tag{11.257}$$

wobei $\mathbf{M}$ die Maschen-Zweig-Inzidenzmatrix, $\underline{\mathbf{Z}}$ die Zweig-Impedanzmatrix, $\underline{I}$ der Vektor der Maschenströme und $\underline{E}$ der Vektor der EMKs des Netzwerks sind. Ausführlich geschrieben:

$$\begin{aligned}
\underline{E} &= \underline{Z}_{11}^M \underline{I}_1 + \underline{Z}_{12}^M \underline{I}_2 + \cdots + \underline{Z}_{1n}^M \underline{I}_n, \\
0 &= \underline{Z}_{21}^M \underline{I}_1 + \underline{Z}_{22}^M \underline{I}_2 + \cdots + \underline{Z}_{2n}^M \underline{I}_n, \\
\vdots \quad &\quad \vdots \qquad \vdots \qquad \qquad \vdots \\
0 &= \underline{Z}_{n1}^M \underline{I}_1 + \underline{Z}_{n2}^M \underline{I}_2 + \cdots + \underline{Z}_{nn}^M \underline{I}_n.
\end{aligned} \tag{11.258}$$

Für die weiteren Betrachtungen ist bei Zweipolnetzwerken stets symmetrische Maschenimpedanzmatrix $\underline{\mathbf{Z}}^M$ wesentlich. Da in jedem Netzwerk zu dessen Graphen unterschiedliche Bäume existieren, gibt es verschiedene Gleichungssysteme und damit auch verschiedene Matrizen $\underline{\mathbf{Z}}^M$. Aus der Verschiedenheit mehrerer Maschenimpedanzmatrizen folgt also nicht die Verschiedenheit der dazu gehörigen Schaltungen.

Ein Kennwert der Schaltung, der ebenfalls vom gewählten Baum abhängt, ist die Impedanzfunktion $\underline{Z}(\underline{p})$ der Eingangsklemmen. Sie berechnet sich aus der Beziehung:

$$\underline{Z}(\underline{p}) = \frac{\underline{E}}{\underline{I}_1} = \frac{\det(\underline{\mathbf{Z}}^M)}{\det(\underline{\mathbf{Z}}^M_{11})}, \qquad (11.259)$$

also als Quotient der Determinante der Maschenimpedanzmatrix und der Adjunkte $\underline{\mathbf{Z}}^M_{11}$ des Elementes $\underline{Z}^M_{11}$ der Maschenimpedanzmatrix.

Unter Berücksichtigung der aus der Mathematik bekannten Determinantensätze, gilt der Satz:

Satz 11.16 *Ohne dass sich die Impedanzfunktion $\underline{Z}(\underline{p})$ ändert, kann die Maschenimpedanzmatrix $\underline{\mathbf{Z}}^M$ Linearkombinationen, d. h. folgenden Operationen, unterworfen werden:*
   1. Multiplikation einer Zeile oder Spalte (außer der ersten Zeile bzw. Spalte) mit einem Faktor,
   2. Addition einer Zeile (Spalte) zu einer anderen Zeile (Spalte).

Dabei ist zu beachten, dass jede Operation, die mit einer Zeile durchgeführt wird, auch auf die dazugehörige Spalte angewendet wird. Sonst entstünden unsymmetrische Matrizen, die nicht mehr als Maschenimpedanzmatrix eines Netzwerkes gedeutet werden können. Im Ergebnis einer solchen Transformation entsteht eine Matrix, aus der sofort das zugehörige Netzwerk aufgezeichnet werden kann. Dieses Netzwerk ist dem zur Ausgangsmatrix gehörenden Netzwerk bedingt äquivalent.

Erweiterung des Verfahrens auf lineare aktive 2n-Pole

Die Gl. (11.259) beschreibt die Impedanzfunktion $\underline{Z}(\underline{p})$ eines passiven linearen Zweipols. Voraussetzung ist, dass die Impedanzfunktion durch ein „vermaschtes" Zweipolnetzwerk realisiert ist. Transformationen entsprechend dem Satz 11.16, die Einfluss auf die Bauelementeart sowie auf deren Kennwerte haben, ändern jedoch nicht die Impedanzfunktion $\underline{Z}(\underline{p})$.

Jeder Zweipol kann als kurzgeschlossener Vierpol angesehen werden, wenn die Klemmen 3 und 4 (Bild 11.75) direkt verbunden sind. Auf diese Art und Weise kann man jeden beliebigen Zweipol in einen Vierpol umwandeln, um ihn dann mit der Vierpoltheorie zu erfassen. Für den Vierpol in Bild 11.75 gilt:

$$\underline{U}_2 = 0V, \qquad \underline{I}_2 = \underline{I}_k = \underline{i}_1. \qquad (11.260)$$

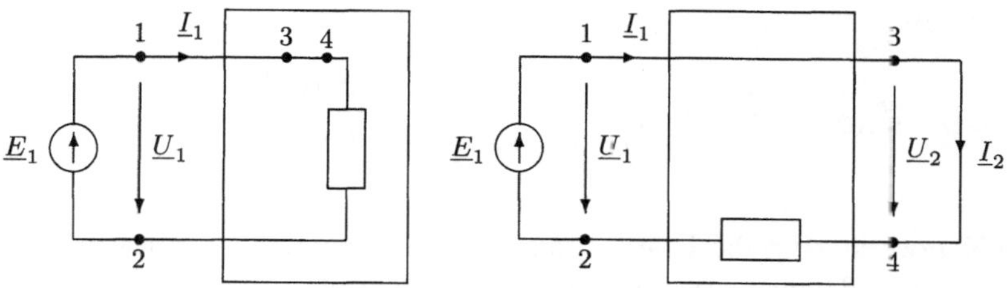

Bild 11.75: a) passiver Zweipol; b) als Vierpol dargestellter Zweipol von a)

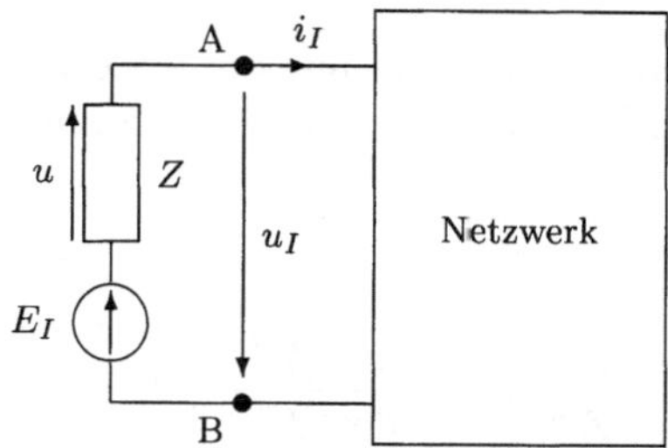

Bild 11.76: Netzwerk mit Eingangsbeschaltung

In Zusammenhang zu Gl. (11.259) wird häufig mit der Admittanzfunktion $\underline{Y}(\underline{p})$

$$\underline{Y}(\underline{p}) = \frac{1}{\underline{Z}(\underline{p})} = \frac{\det(\mathbf{Z}_{11}^{M})}{\det(\mathbf{Z}^{M})} = \frac{\underline{I}_1}{\underline{E}_1} \qquad (11.261)$$

gerechnet. Der Vergleich dieses Quotienten mit den Leitwertformen der Vierpolgleichungen (s. a. [81]),

$$\underline{Y}_{11} = \left.\frac{\underline{I}_1}{\underline{U}_1}\right|_{\underline{U}_2=0}, \qquad \underline{Y}_{22} = \left.\frac{\underline{I}_2}{\underline{U}_2}\right|_{\underline{U}_1=0}, \qquad \underline{Y}_{21} = \left.\frac{\underline{I}_2}{\underline{U}_1}\right|_{\underline{U}_2=0} \qquad (11.262)$$

ergibt die Übereinstimmung der Admittanzfunktion des passiven Zweipols mit der eines Vierpols bei kurzgeschlossenem Ausgang.

Für die Berechnung von Wechselstromnetzwerken gelten nach dem Übergang in die komplexe Ebene weiterhin die Kirchhoffschen Gesetze und die darauf beruhenden aus der Gleichstromtechnik bekannten Netzwerkberechnungsmethoden.

Deshalb ist es möglich, ein lineares Netzwerk beliebiger Struktur an zwei Punkten A, B aufzutrennen und nach der Zweipoltheorie zwischen den beiden Punkten einen Ersatzwiderstand $\underline{Z}_{AB}$ und eine Ersatzspannungsquelle $\underline{E}_{AB}$ anzugeben. Die Punkte A, B seien so gewählt, dass zwischen ihnen nur ein Zweig und auf der anderen Seite das übrige Netzwerk liegt (siehe Bild 11.76).

Zur Berechnung des Ersatzwiderstandes werden in der üblichen Art und Weise alle EMK kurzgeschlossen. Ist das restliche Netzwerk passiv, so gilt für dessen Eingangswiderstand $\underline{Z}_{AB}$:

$$\underline{Z}_{AB} = \frac{\underline{U}_I}{\underline{I}_I} = \frac{\underline{E}_I - \underline{U}}{\underline{I}_I} = \frac{\underline{E}_I}{\underline{I}_I} - \underline{Z}' = \frac{\det(\mathbf{\underline{Z}}^M)}{\det(\mathbf{\underline{Z}}_{11}^M)} - \underline{Z}'. \tag{11.263}$$

Für aktive Netzwerke sind die Überlegungen komplizierter. Zuerst bestimmt man den Strom $\underline{I}_I$ über die allgemeine Netzwerkelemente-Relation:

$$(\underline{I}) = \mathbf{\underline{Y}}(\underline{U}) = \mathbf{\underline{Z}}^{M\,-1}(\underline{U}). \tag{11.264}$$

Von dieser Matrizengleichung interessiert nur die erste Zeile (der Strom $\underline{I}_I$). Die Inversion der Impedanzmatrix $\mathbf{\underline{Z}}^M$ führt man am besten mit der Cramerschen Regel aus und erhält:

$$\underline{I}_I = \left(\frac{\det(\mathbf{\underline{Z}}_{11}^M)}{\det(\mathbf{\underline{Z}}^M)}, \frac{\det(\mathbf{\underline{Z}}_{12}^M)}{\det(\mathbf{\underline{Z}}^M)}, \cdots, \frac{\det(\mathbf{\underline{Z}}_{1n}^M)}{\det(\mathbf{\underline{Z}}^M)} \right) \begin{pmatrix} \sum^{(I)} \underline{E}_{\nu I} \\ \sum^{(II)} \underline{E}_{\nu II} \\ \vdots \\ \sum^{(n)} \underline{E}_{\nu(n)} \end{pmatrix}. \tag{11.265}$$

Hierbei sind die $\underline{E}_{n(i)}$ die in den selbständigen Maschen $I, II, \ldots, (n)$ auftretenden EMK. Laut den Bedingungen für lineare Zweipole dürfen in Baumzweigen keine Quellen enthalten sein, d. h., $\sum^{(i)} \underline{E}_{B(i)} = 0$ bzw. die Summe der EMKs des i-ten Baumes ist Null und mit

$$\underline{E}_{(i)} + \overset{(i)}{\sum} \underline{E}_{B(i)} = \overset{(i)}{\sum} \underline{E}_{\nu(i)} \tag{11.266}$$

folgt für den Strom

$$\underline{I}_I = \frac{\underline{E}_I \det(\mathbf{\underline{Z}}_{11}^M)}{\det(\mathbf{\underline{Z}}^M)} - \frac{\underline{E}_{II} \det(\mathbf{\underline{Z}}_{21}^M)}{\det(\mathbf{\underline{Z}}^M)} \pm \ldots + \frac{\underline{E}_{(n)} \det(\mathbf{\underline{Z}}_{n1}^M)}{\det(\mathbf{\underline{Z}}^M)}. \tag{11.267}$$

Damit ergibt sich für den Eingangswiderstand $\underline{Z}_{AB}$

$$\underline{Z}_{AB} = \frac{\underline{E}_I}{\underline{I}_I} - \underline{Z}' = \cfrac{1}{\frac{\det(\mathbf{\underline{Z}}_{11}^M)}{\det(\mathbf{\underline{Z}}^M)} - \frac{\underline{E}_{II}}{\underline{E}_I}\frac{\det(\mathbf{\underline{Z}}_{21}^M)}{\det(\mathbf{\underline{Z}}^M)} \pm \ldots + \frac{\underline{E}_{(n)}}{\underline{E}_I}\frac{\det(\mathbf{\underline{Z}}_{n1}^M)}{\det(\mathbf{\underline{Z}}^M)}} - \underline{Z}'. \tag{11.268}$$

Was bewirken diese Umformungen im Sinne der Netzwerktransformation? Die auf das Ausgangsnetzwerk anzuwendenden Transformationen müssen den Eingangswiderstand $\underline{Z}_e$ unverändert lassen. Der Widerstand $\underline{Z}'$ bleibt bei Umformungen invariant und kann deshalb in den Eingangswiderstand $\underline{Z}_e$ durch

$$\underline{Z}_e = \underline{Z}_{AB} + \underline{Z}' \tag{11.269}$$

einbezogen werden. Da in allen weiteren Summanden in Gl. (11.268) die Widerstandsdeterminante $\det(\mathbf{\underline{Z}}^M)$ auftritt, müssen alle Operationen, die mit der Determinante oder einer Adjunkte durchgeführt werden, auch mit allen in den anderen Summanden enthaltenen Adjunkten durchgeführt werden.

Sind alle Summanden in Gl. (11.268) enthalten, so ist deshalb keine der zugelassenen Operationen (11.16) ausführbar. Das ist genau dann der Fall, wenn sich im elektrischen Netzwerk in jedem selbständigen Zweig mindestens eine EMK befindet. Im Gegensatz dazu kann eine Äquivalenzoperation dann und nur dann durchgeführt werden, wenn ein selbständiger Zweig keine EMK enthält.

Um ein Netzwerk mit aktiven Elementen zu behandeln, zieht man alle aktiven Elemente aus der Schaltung heraus und betrachtet diese als äußere Beschaltung. Das Restnetzwerk stellt dann einen passiven $2n$-Pol dar (11.65). Er soll außer einem vollständigen Baum mindestens eine Masche enthalten.

Zusammengefasst ergeben diese Erkenntnisse den Satz:

Satz 11.17 *Existieren in einem linearen aktiven Netzwerk ein passiver Baum und mindestens eine selbständige passive Masche, so lassen sich genau dann die linearen Äquivalenztransformationen auf die Maschenimpedanzmatrix des passiven Teils des Netzwerkes ausführen.*

Transformation der Maschenimpedanzmatrix bei nichtlinearen Netzwerken

Wenn ein Netzwerk mit nichtlinearen Elementen äquivalent transformiert werden soll, so geht man analog zu den aktiven Netzwerken vor. Der passive lineare Teil des Netzwerkes wird als $2n$-Pol angesehen. In den äußeren Beschaltungelementen treten sowohl alle zweipoligen Spannungs- und Stromquellen, die linear oder nichtlinear sein können, als auch alle nichtlinearen Widerstände, Kapazitäten und Induktivitäten auf. Damit erweitert sich der Satz 11.17:

Satz 11.18 *Existieren in einem nichtlinearen aktiven Netzwerk ein linearer passiver Baum und mindestens eine lineare selbständige Masche, so lassen sich genau dann die linearen Äquivalenztransformationen auf die Maschenimpedanzmatrix des passiven Teils des Netzwerkes anwenden.*

Der Beweis dieses Satzes entspricht der Herleitung im vorangegangenen Abschnitt, da nichtlineare Zweipolelemente nach dem Satz von der Kompensation stets als gesteuerte nichtlineare Spannungsquellen $\underline{E}(x)$ ($x \ldots$ Netzwerksvariable) betrachtet werden können, die Spannungen realisieren, die den Spannungsabfällen über den nichtlinearen Elementen entsprechen und die den gleichen Zeitverlauf aufweisen.

Die Eingangsimpedanz $\underline{Z}_e$ eines Netzwerkes, an dessen Klemmen A und B sich eine gesteuerte Quelle $\underline{E}_{AB}(x)$ befindet, berechnet sich dann wie folgt:

$$\underline{Z}_e = \frac{\det(\underline{\mathbf{Z}}^M)}{\det(\underline{\mathbf{Z}}_{11}^M) - \frac{\underline{E}_{II}}{\underline{E}_I}\det(\underline{\mathbf{Z}}_{21}^M) \pm \ldots \pm \frac{\underline{E}_I}{\underline{E}_{AB}(x)}\det(\underline{\mathbf{Z}}_{AB1}^M) \mp \ldots \pm \frac{\underline{E}_{(n)}}{\underline{E}_I}\det(\underline{\mathbf{Z}}_{n1}^M)} \, .$$

$$(11.270)$$

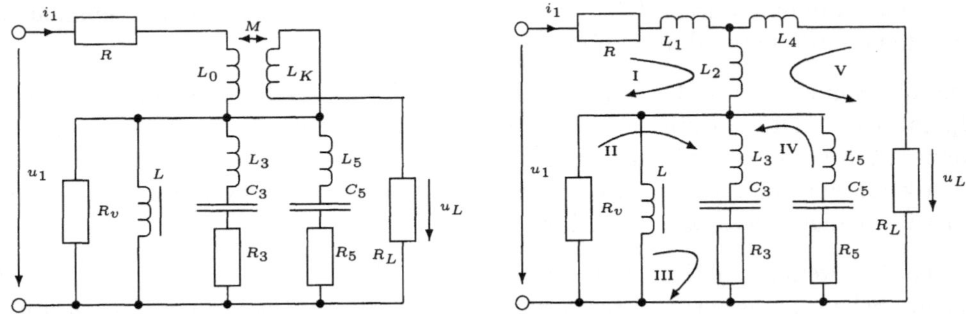

Bild 11.77: Oberwellenarmer Ferroresonanzstabilisator; links: Originalschaltung, rechts: Schaltung mit Induktivitätsstern statt einem Übertrager und Festlegung der Maschenumläufe

Anwendung der Äquivalenzetappen auf einen Ferroresonanzstabilisator

Als Beispiel für ein nichtlineares Netzwerk soll der in Bild 11.77 dargestellte ferromagnetische Spannungsstabilisator untersucht werden.

Für die rechnerische Behandlung der Schaltung ist es von Vorteil, den Übertrager in einen Induktivitätsstern umzuwandeln. Diese Transformation kann später in den äquivalenten Schaltungen wieder rückgängig gemacht werden.

Das nichtlineare, einfach zusammenhängende Netzwerk besitzt drei Knoten und somit zwei Gerüstezweige. Für die Spannung u_1 wird die EMK $e = u_1$ eingeführt, um einen vollständigen Eingangszweig zu erhalten. Das Netzwerk hat insgesamt 7 Zweige. Einer davon enthält ein nichtlineares Element. Damit übersteigt die Anzahl der passiven linearen Zweige die der Baumzweige und es ist ein passiver linearer Baum möglich. Aus diesem Grund kann das Netzwerk äquivalent transformiert werden.

Der Baum sei so gewählt, dass er durch die Elemente L_2, L_3, C_3 und R_3 verläuft, weil

- der Baum den Zweig mit der Nichtlinearität nicht enthalten soll,

- R_v und L reale Bauelemente darstellen,

- R_L die Last am Ausgang ist und

- R, e, L_1 Elemente des Eingangskreises sind.

Nach der Wahl des Baumes legen wir die vier unabhängigen Maschen fest, deren Umlaufsinn das Bild 11.77 rechts wiedergibt. Die Maschenimpedanzmatrix erhält man nach den Regeln der Maschenstromanalyse: Die Hauptdiagonalelemente sind die Summe der Maschenimpedanzen. Die anderen Elemente ergeben sich aus den entsprechenden Koppelimpedanzen, wobei gleicher Umlaufsinn ein positives, entgegengesetzter Umlaufsinn ein negatives Vorzeichen bewirkt. Weil die Matrix stets symmetrisch ist, genügt es, eine Dreiecksmatrix zu betrachten. Unter Beachtung einer verkürzenden Schreibweise $R_\nu + j\omega L_\nu + 1/j\omega C_\nu =: Z_\nu$ resultiert die Matrix:

$$\underline{\mathbf{Z}}^M = \begin{pmatrix} R+X_{L1}+X_{L2}+R_v & -R_v & 0 & 0 & X_{L2} \\ & R_v+Z_3 & Z_3 & Z_3 & 0 \\ & & X_L & Z_3 & 0 \\ & & & Z_3+Z_5 & -Z_5 \\ & & & & X_{L4}+X_{L2}+R_L+Z_5 \end{pmatrix}. \quad (11.271)$$

Die Schaltung soll nun durch Ausführen von Linearkombinationsoperationen auf $\underline{\mathbf{Z}}^M$ verändert werden. Die 4. Spalte wird halbiert (dabei die 4. Zeile nicht vergessen!) und desweiteren wird die neue 4. Spalte zur 5. Spalte addiert, wobei auch diese Operation auf die entsprechenden Zeilen Anwendung findet. Die neue Matrix lautet dann:

$$\underline{\tilde{\mathbf{Z}}}^M = \begin{pmatrix} R+X_{L1}+X_{L2}+R_v & -R_v & 0 & 0 & X_{L2} \\ & R_v+Z_3 & Z_3 & \tfrac{1}{2}Z_3 & \tfrac{1}{2}Z_3 \\ & & X_L & \tfrac{1}{2}Z_3 & \tfrac{1}{2}Z_3 \\ & & & \tfrac{1}{4}(Z_3+Z_5) & \tfrac{1}{4}(Z_3-Z_5) \\ & & & & \tfrac{1}{4}Z_3 + X_{L4}+X_{L2}+R_L \end{pmatrix}.$$

$$(11.272)$$

Leichter verläuft die Rücktransformation zum Netzwerk. Man geht dazu von gleichbleibenden Maschen aus, wobei jedoch die einzelnen Impedanzen neue Werte erhalten. Dabei werden nur die Matrixelemente verglichen, die sich durch die Operationen verändert haben. Zuerst die Koppelelemente:

24:    $\underline{Z_3' = \tfrac{1}{2}Z_3},$

34:    $\overline{Z_3' = \tfrac{1}{2}Z_3}$ $\sqrt{}$,

25:    neues Element: $Z_1' = \tfrac{1}{2}Z_3$ (gleiche Richtung der Maschen),

35:    neues Element: $\overline{Z_1' = \tfrac{1}{2}Z_3}$ $\sqrt{}$,

45:    $\underline{-Z_5' = \tfrac{1}{4}(Z_3 - Z_5)}.$

Es kommt also ein Netzwerkelement hinzu und bildet einen neuen Zweig für die Maschen II, III und V. Man muss es demzufolge bei den Hauptdiagonalelementen berücksichtigen:

44:    $Z_3' + Z_5' = \tfrac{1}{4}(Z_5 - Z_3)$ $\sqrt{}$,

55:    $X_{L4} + X_{L2} + R_L + Z_5' + Z_1' = X_{L4} + X_{L2} + R_L + \tfrac{1}{4}(Z_5 + Z_3)$ $\sqrt{}$.

Einige dieser Bedingungen bestimmen die neuen Elemente (unterstrichen), andere dienen mehr der Kontrolle (mit $\sqrt{}$ gekennzeichnet). Die Schaltung mit den veränderten Elementen zeigt Bild 11.78.

Aus den obengenannten Bedingungen 24 bis 55 ergeben sich weiterhin die konkreten Bauelementegrößen:

$$\begin{aligned} R_1' = \tfrac{1}{2}R_3, \qquad & R_3' = \tfrac{1}{2}R_3, \qquad && R_5' = \tfrac{1}{4}(R_5 - R_3), \\ C_1' = 2C_3 \qquad & C_3' = 2C_3, \qquad && C_5' = 4C_3C_5/(C_3 - C_5), \\ L_1' = \tfrac{1}{2}L_3, \qquad & L_3' = \tfrac{1}{2}L_3, \qquad && L_5' = \tfrac{1}{4}(L_5 - L_3). \end{aligned} \qquad (11.273)$$

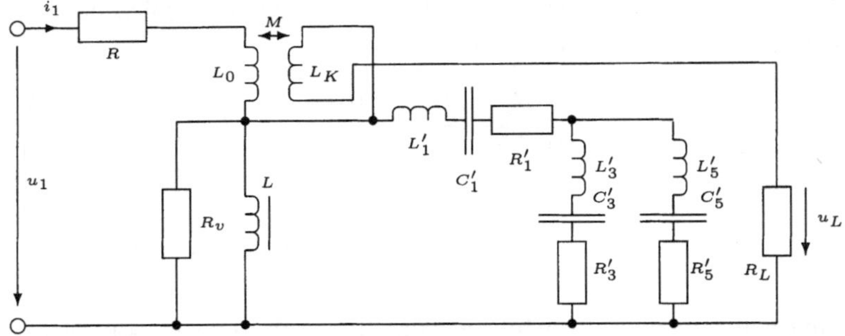

Bild 11.78: Äquivalenter Stabilisator

Aus diesen Bauelementemodifikationen hebt sich auch der Sinn von Äquivalenzuntersuchungen aus praktischen Gründen deutlich hervor. Nach der Transformation sind die Werte der Induktivitäten verkleinert (hier halbiert) worden.

Algorithmus zur Äquivalenztransformation

Bei der Ausführung der Äquivalenztransformation in einem Netzwerk ist eine Anzahl von Schritten abzuarbeiten und es sind Fragen bezüglich der Durchführbarkeit zu beantworten. Zur besseren Übersicht ist der Algorithmus der Äquivalenztransformation über die Maschenimpedanzmatrix in Bild 11.79 als Programmablaufplan angegeben.

Zur Bestimmung mehrerer äquivalenter Netzwerke zu einem Netz kann versucht werden, verschiedene Gerüste aufzustellen oder zu einem gewählten Gerüst qualitativ verschiedene Transformationen auf die Maschenimpedanzmatrix anzuwenden.

Nichtlineare Netzwerke mit Mehrpolen

Treten im zu transformierenden Netzwerk Mehrpole auf, so bestehen zwei Möglichkeiten ihrer Erfassung.

Man kann die Mehrpole, wie in Abschnitt 11.5.2 beschrieben, in Zweipole umwandeln. Dann entsteht ein Zweipolnetzwerk, das sich wie vorn besprochen behandeln lässt.

Andererseits können wir das Verfahren der Maschenimpedanzmatrix direkt auf das Netzwerk anwenden. Dazu sucht man entsprechend den Sätzen 11.17 und 11.18 das passive lineare Teilnetzwerk und beschaltet es dann „von außen" mit den vorhandenen Mehrpolen (Nichtlinearitäten und aktiven Elementen).

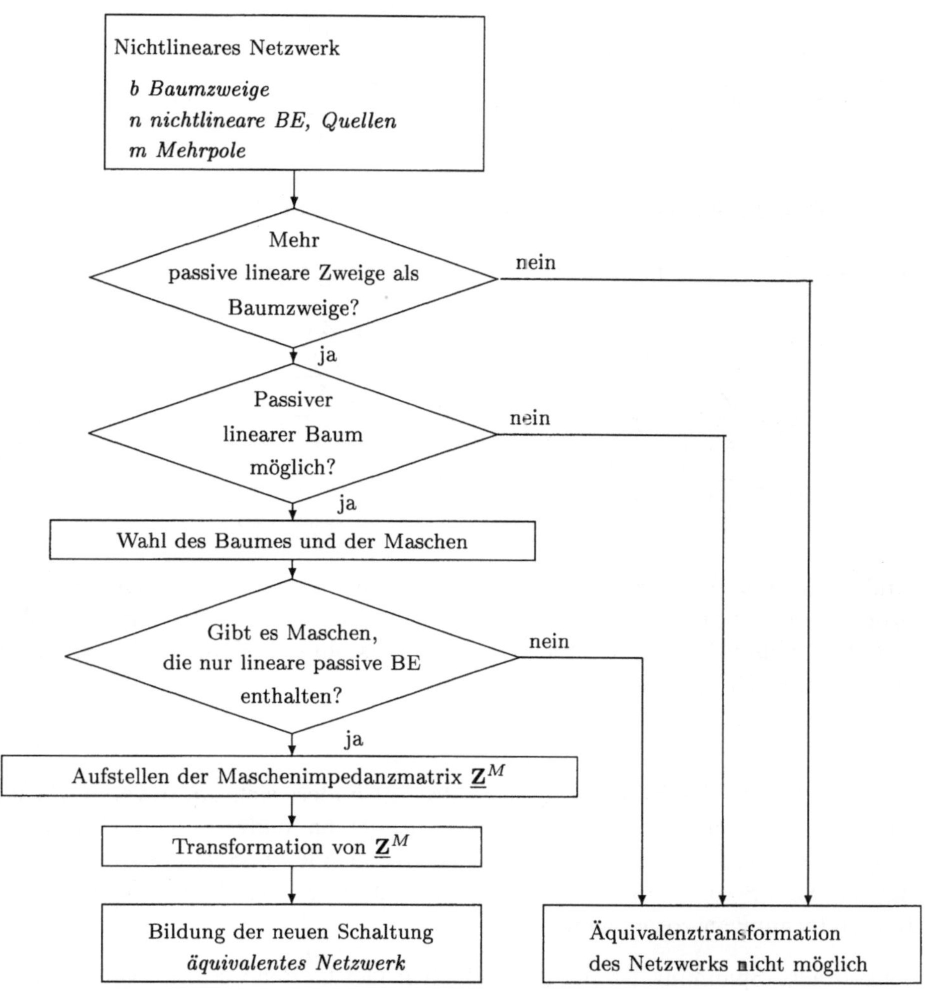

Bild 11.79: Algorithmus zur Äquivalenztransformation von Netzwerken mit nichtlinearen Bauelementen

11.5.4 Nichtlineare Widerstandszweipole

In diesem Abschnitt werden einige Aussagen über Serien-Parallel-Schaltungen von nichtlinearen Zweipolen getroffen. Zwei lineare passive Zweipole sind genau dann äquivalent, wenn ihre Grundschaltungen die Form von Bild 11.80 besitzen und wenn einerseits die Elemente $\underline{Z}_1$, $\underline{Z}_2$, $\underline{Z}'_1$, $\underline{Z}'_2$ und andererseits die Elemente $\underline{Z}_3$ und $\underline{Z}'_3$ gleiche Elementetypen sind. Eine Transformation dieser Art wird zur Verringerung der Bauelementezahl n angewandt. Wenn beispielsweise zur linken Kombination ein Element vom Typ $\underline{Z}_1$ parallel liegt, so kann es nach der Transformation mit $\underline{Z}'_1$ zusammengefasst werden.

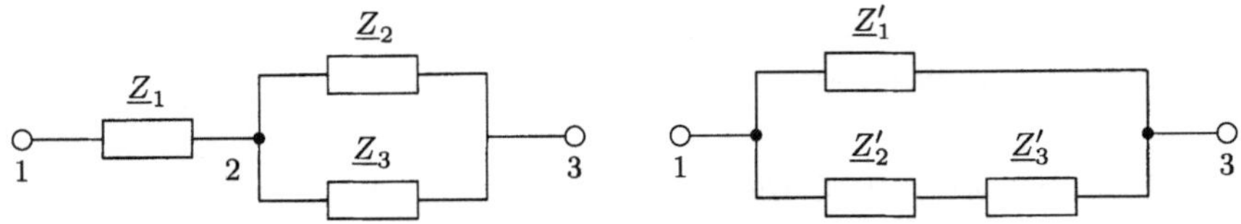

Bild 11.80: Zweipolstrukturen, die äquivalent transformierbar sind

Die Transformationsbeziehungen für diese Umrechnung lauten:

$$\underline{Z}_1' = \underline{Z}_1 + \underline{Z}_2, \qquad\qquad \underline{Z}_1 = \frac{\underline{Z}_1' \underline{Z}_2'}{\underline{Z}_1' + \underline{Z}_2'},$$

$$\underline{Z}_2' = \frac{\underline{Z}_1}{\underline{Z}_2}\left(\underline{Z}_1 + \underline{Z}_2\right), \qquad\qquad \underline{Z}_2 = \frac{\underline{Z}_1'^2}{\underline{Z}_1' + \underline{Z}_2'}, \qquad (11.274)$$

$$\underline{Z}_3' = \underline{Z}_3 \frac{\left(\underline{Z}_1 + \underline{Z}_2\right)^2}{\underline{Z}_2^2}, \qquad\qquad \underline{Z}_3 = \underline{Z}_3' \frac{\underline{Z}_1'^2}{\left(\underline{Z}_1' + \underline{Z}_2'\right)^2}.$$

Wie ändert sich nun der Sachverhalt, wenn in die Transformation nichtlineare Elemente einbezogen werden? Diskutiert sei der Fall, dass $\underline{Z}_1$ ein nichtlinearer ohmscher Widerstand $R_1(i)$ ist und die anderen Elemente ebenfalls ohmsch sind. Die Spannung über dem Widerstand $R_1(i)$ lautet:

$$-u_{12} = -u_{12}(i) = R_1(i) \cdot i. \qquad (11.275)$$

Nach dem Satz von der Kompensation (Satz 2.2) ändert sich am äußeren Verhalten des Gesamtzweipols nichts, wenn man den nichtlinearen Widerstand $R_1(i)$ durch eine nichtlineare selbstgesteuerte Spannungsquelle ersetzt, die die Spannung $e_1(i) = u_{12}(i)$ erzeugt und vom Strom i durchflossen wird. Damit lassen sich die in Bild 11.81 dargestellten Umformungen vornehmen.

Die eingeprägte Spannung ist bei allen Quellen gleich. Beim Schritt von d) nach e) muss man jedoch beachten, dass sich der Steuerstrom der Quellen e_3 und e_4 ändert. Nach der Stromteilerregel gilt:

$$i_2 = \frac{R_3}{R_2 + R_3} i = k_2 i, \qquad\qquad i_3 = \frac{R_2}{R_2 + R_3} i = k_3 i. \qquad (11.276)$$

Die Änderung des Steuerstromes ist also eine lineare Operation und kann in die Spannungsquellen einbezogen werden, so dass

$$e_4(i) \equiv e_3(i) \equiv e_4'(i_2) \equiv e_3'(i_3) \equiv e_1(i) \qquad (11.277)$$

gilt.

Auf analogem Weg erfolgt die Transformation des Zweipols, wenn in ihm statt eines nichtlinearen Widerstandes eine nichtlineare Induktivität oder Kapazität enthalten ist. Die Spannungsquellen sind in diesen Fällen differenzierende bzw. integrierende nichtlineare Spannungsquellen.

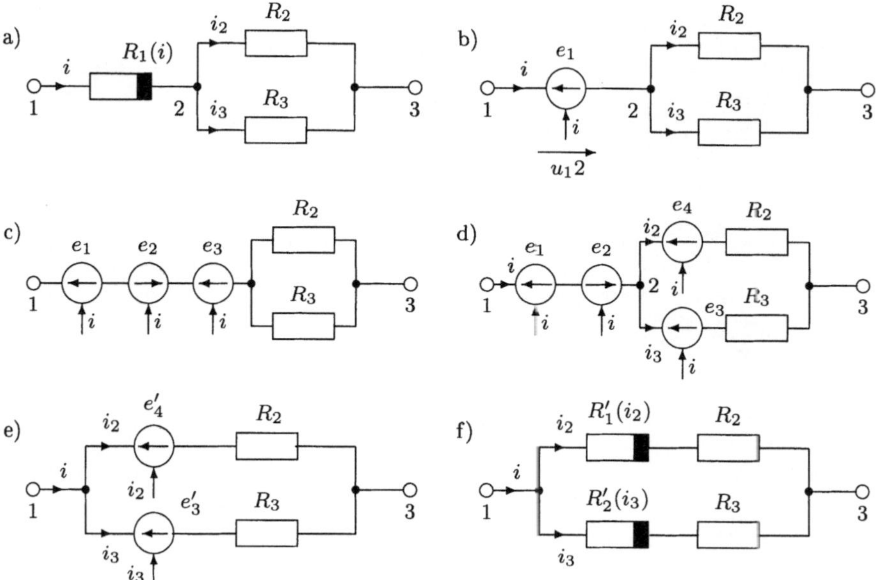

Bild 11.81: Äquivalenztransformation von Widerstandszweipolen unter Anwendung des Satzes von der Kompensation; a) Grundschaltung, b) Ersetzen des Widerstandes $R_1(i)$ durch eine selbstgesteuerte nichtlineare Spannungsquelle, c) Kompensation der Spannungsquellen $e_2' \equiv e_2 \equiv e_1$, d) Auftrennung der Quelle auf beide Zweige, e) Überführung der Quellen in selbstgesteuerte und Kompensation der Spannungsquellen e_1 und e_2, f) Rückführung auf äquivalenten Widerstandszweipol in Parallelschaltung

Kapitel 12

Synthese von Schaltungen für vorgegebenes Bifurkationsverhalten

Dieses Kapitel enthält eine *Theorie und die Grundlagen einer Methode zur Synthese* von elektronischen Schaltungen mit einem bestimmten Bifurkationsverhalten, die elektrotechnisch mit wenig Aufwand realisierbar sind. Es bleibt dabei ohne Belang, ob ein solches Verhalten gesucht, vorgegeben, gewünscht oder auf andere Art und Weise in einer Aufgabenstellung beschrieben steht.

Die Vorarbeiten im Kapitel 7 gehören zur Etappe der mathematischen Synthese. Wir zeigen mit Hilfe der Funktionalanalysis auf, welche Gleichungsstruktur nach Ordnung, Term und Potenz eine Beschreibungsgleichung aufweisen muss, damit eine transkritische Bifurkation, eine Sattel-Knoten-Bifurkation oder eine Gabel-Bifurkation aus mathematischer Sicht grundsätzlich auftreten kann. Nur so ist es sinnvoll, alle weiteren Schritte durchzuführen. Eine technische Realsierung ist dann möglich. Folgende Sachverhalte sind bei der Synthese von Interesse:

Das parametrische Lösungsverhalten der gewonnenen Differenzialgleichungen ist als nächstes notwendiges Ziel der mathematischen Synthese numerisch zu berechnen (AUTO; CONTENT; BIFPACK; CANDYS/QUA; GATO) und dies führt auf die Bifurkationsdiagramme. Gewünschte Eigenschaften wie die Lage und Stabilität von Gleichgewichtspunkten, die gewünschten Bifurkationstypen, die Einzugsbereiche asymptotisch stabiler Gleichgewichtslagen u. a. können vorgegeben und dafür entsprechende geänderte Differenzialgleichungen hergeleitet werden.

Die innerhalb der Etappe Struktursynthese gewonnenen Schaltungen mit ihren noch freien Parametern lassen sich einfach in elektronische Schaltungen umsetzen und im

Rahmen der Äquivalenzetappe ist die Gewinnung von Schaltungen mit gleichen Eigenschaften möglich.

In den realisierten Schaltungen sind Toleranz- sowie Drifteigenschaften der verwendeten Bauelemente berücksichtigt. Dies ermöglicht Aussagen über ihre Robustheit.

Die Komplexheit des Gesamtsynthesevorhabens vollzieht sich praxisadäquat in Syntheseetappen entsprechend Bild 11.1 bzw. Abschnitt 11.1. Sie sind schrittweise und oftmals in mehreren Iterationen abzuarbeiten. Die Ergebnisse sind mittels Analysemethoden wiederholt auf ihre Richtigkeit unter Beachtung der Genauigkeit zu überprüfen.

1. Als Ergebnis der mathematischen Synthese liegen nichtlineare Differenzialgleichungen für die transkritische Bifurkation, für die Sattel-Knotenbifurkation und für die Gabel-Bifurkation mit mathematisch freien Parametern zur numerischen Berechnung der Bifurkationsdiagramme vor.

2. Die Schaltungssynthese erlaubt nun, Schaltungen mit noch wählbaren Bauelementeparametern zu entwickeln, so dass ihre elektrotechnische Umsetzbarkeit möglich erscheint.

   Andernfalls, d. h., es finden sich nach Typ, Bauelementecharakteristik und Definitionsbereich nebst dem Wertebereich keine Bauelemente, droht der Abbruch der Synthese an dieser Stelle. Das hat zumindest einen Neubeginn mit geänderten Nebenbedingungen zur Folge.

3. Die nachzubildenden Kennlinienfunktionen der einzusetzenden Bauelemente während der Äquivalenzetappe führen zur Maßnahme, die wenigen praktisch zur Verfügung stehenden nichtlinearen Bauelemente mit linearen Bauelementen (Scherung von Kennlinien) zu kombinieren, um die nichtlinearen Beziehungen zwischen Strömen und Spannungen bzw. die zwischen Strömen und/oder auf Spannungen ausgeführten Zeitoperationen zu verbinden. Das betrifft vor allem qualitative Eigenschaften, wie Monotonie, Wendepunkte, Symmetrieeigenschaften, aktives bzw. passives Verhalten, aber auch quantitative Kenngrößen, was nachfolgend noch gezeigt wird.

4. Die Suche nach der optimalen Schaltung aus mehreren möglichen erfordert Bewertungskriterien.

Die abstrakte Synthesetheorie und die aus ihr begleiteten Methoden verfügen aus Anwendersicht über Nachteile. Ein Nachteil besteht darin, dass man für die exakte Realisierung der den Netzwerken zugrunde liegenden Differenzialgleichungen eine große Anzahl von gesteuerten Quellen und Transformationsvierpolen benötigt. Das realisierte Steuerverhalten bzw. die modellierte Übertragungsfunktion entsprechen jedoch oftmals nur mit begrenzter Genauigkeit dem theoretisch entworfenen Verhalten. Jedes der verwendeten Bauelemente weist Toleranzen und Temperaturabhängigkeiten auf und erfordert einen individuellen Abgleich von Teilschaltungen. Je mehr Bauelemente zur Formung einer nichtlinearen Kennlinie bzw. eines bestimmten Steuerverhaltens erforderlich sind, desto größer werden die Abweichungen zwischen der gewünschten und der realisierten Funktion. Gerade beim Aufbau von Schaltungen, die Bifurkationsverhalten aufweisen sollen, ist eine solche Vorgehensweise nur eingeschränkt praktikabel. Um diesen Nachteil zu umgehen, schließen sich die Autoren dem Entwurfsvorgang nach Mohr[70] an.

12.1 Entwurf von Schaltungen mit Bifurkationsverhalten

12.1.1 Synthese von Netzwerken unter Einschränkungen

Der ingenieurtechnische Ansatz dieses Vorgehens besteht darin, eine einfache Realisierbarkeit der im Abschnitt 7.2 gewonnenen Differenzialgleichung anzustreben. Daher erfolgt bereits für die theoretische Synthese eine Einschränkung auf bestimmte Kennlinienfunktionen und geeignete Analog-Rechenschaltungen. Vorhandene freie Parameter im Syntheseprozess werden so genutzt, dass gezielt nur bestimmte nichtlineare Kennlinienformen und eine eingeschränkte Anzahl mathematischer Operationen in den noch zu bildenden Differenzialgleichungen verwendet werden. Die zu entwerfenden Netzwerke werden bereits bei der Verwendung realer Netzlisten der eingesetzen Bauelemente in ihren Beschreibungsgleichungen von dem Verhalten der entworfenen Differenzialgleichungen abweichen, was zu berücksichtigen ist. In den Synthesevorgang sollen außerdem Bauelementestreuungen und/oder Abweichungen durch Alterung derselben einbezogen werden, denn diese könnten die Zielstellung bei den praktischen Aufbauten gefährden. Weiterhin wird begründet, in welchen Punkten eine möglichst exakte Übereinstimmung erforderlich ist und wann begrenzte Abweichungen zwischen den theoretischen Ergebnissen und dem Verhalten der elektronischen Schaltung zugelassen sind.

Denn nur so gelangt man zu einem ausgewogenen Verhältnis zwischen mathematischem Anspruch (Anzahl der Differenzialgleichungen, Termstruktur, nichtlineare Kennlinienform), Anforderungen an die Genauigkeit der aufzubauenden Schaltungen, Robustheit, Flexibilität und technischem Aufwand zur Realisierung von elektronischen Schaltungen bei vorgegebenem Bifurkationsverhalten.

Das Vorgehen weist einen richtungsweisenden Vorteil auf. Die Synthese ist nicht auf die Analyse und die praktische Umsetzung spezieller Differenzialgleichungen fixiert. Diese grundlegende Feststellung stimmt mit dem übergeordneten Ziel der Autoren überein, über die Funktionalanalysis grundlegende Erkenntnisse und Ergebnisse für die nichtlineare Elektrotechnik herzuleiten. Die Detailstrukturen der Differenzialgleichung kann die Funktionalanalysis als abstrakte mathematische Disziplin nicht liefern. Sie entstehen als Folge des schrittweise abzuarbeitenden Entwurfsprozesses in Übereinstimmung mit den Angaben zum Synthesevorhaben.

Nichtlineare Eigenschaften der Bauelemente

Gemäß der Zielstellung sollen zum Aufbau der elektronischen Schaltungen nur verfügbare Standardbauelemente eingesetzt werden, wobei zur Realisierung nichtlinearer Schaltungseigenschaften im Wesentlichen folgende Bauelementetypen:

- nichtlineare Wirkwiderstände:

    - temperaturabhängige Widerstände (Thermowiderstände),

    - Sperrschichtelemente (Dioden),

    - nichtlineare Halbleiterwiderstände (Varistoren),

- gesteuerte nichtlineare Wirkwiderstände (Transistoren),

- nichtlineare kapazitive Elemente,

- nichtlineare induktive Elemente

zur Verfügung stehen.

Anmerkung:

Bauelemente, wie Thermowiderstände sowie nichtlineare kapazitive/induktive Elemente werden oftmals in Einzelexemplaren gefertigt und sind im praktischen Einsatz umständlich zu handhaben. Vorgegebene nichtlineare Übertragungsfunktionen sind nur aufwendig und mit großen Abweichungen zu realisieren.

In den einfach aufgebauten Schaltungen verbleiben neben den passiven Bauelementen Transistoren, Varistoren und Dioden. Transistoren verfügen über aktive Kennlinienbereiche, sind aber als Vierpolelemente nur mit zusätzlicher äußerer Beschaltung zur Einstellung der Arbeitspunkte einsetzbar. Von Nachteil ist auch, dass in den Handbüchern nur typische Bauelementeparameter, zum Beispiel Verstärkungsfaktoren, Restwiderstände sowie maximale Ströme und Spannungen, aufgeführt sind. Die hier interessierenden nichtlinearen Steuercharakteristiken sind nur für hochwertige Bauelemente in Form von Diagrammen angegeben. Für die Ermittlung der funktionalen Zusammenhänge zwischen Ein- und Ausgangsgrößen sind die Transistoren zumeist individuell zu vermessen und die erhaltenen Verläufe mittels geeigneter Funktion zu approximieren. Für Varistoren sind in Handbüchern nur typischen Anwendungen (Hochspannungsableiter, Blitzschutz) zugehörige Kenndaten wie Maximalspannungen, Transientenenergie oder Stoßstrom aufgeführt. Diesen Anwendungen entsprechend verringert sich der differenzielle Widerstand bei Überschreitung einer bestimmten Spannung sehr stark. Die Kennlinien weisen einen beinahe knickförmigen Verlauf auf. Die hier erforderlichen interessanten nichtlinearen Kenndaten, wie Nichtlinearitätsexponent α bzw. Nichtlinearitätskoeffizient β, können nur typischen Messkurven entnommen werden, d. h., Varistoren stehen nur unter Einschränkungen als nichtlineare Bauelemente zur Verfügung.

Die nichtlinearen Kennlinien von Silizium-, Germanium- und Schottky-Dioden lassen sich durch Exponential-Funktionen beschreiben:

$$i(u) = I_S(T) \left(e^{u / m U_T(T)} - 1\right) \text{ mit: } U_T(T) = \frac{k}{e_0} T = \frac{1{,}38 \cdot 10^{-23}}{1{,}60 \cdot 10^{-19}} T \ . \tag{12.1}$$

Die Temperaturspannung U_T beträgt bei Zimmertemperatur $(20\,°C)$ ca. $26\,\text{mV}$. Der Korrekturfaktor m berücksichtigt die Abweichung von der einfachen Shockleyschen Diodenapproximation und liegt zwischen eins und zwei. Der Sperrstrom I_S ist temperaturabhängig und verdoppelt sich proportional zu $10\,\text{K}$ Temperaturerhöhung. Der temperaturabhängige Verlauf der Kennlinie kann aber kompensiert werden.

Typische Daten für Silizium-, Germaniumsignaldioden und Schottky-Dioden enthält die Tabelle 12.1.

Tabelle 12.1: Kenndaten verschiedener Dioden

Typ	Sättigungsstrom	Temperaturspannung	Maximalstrom
Germaniumdiode	$I_S = 100\,\text{nA}$	$mU_T = 30\,\text{mV}$	$I_\text{max} = 100\,\text{mA}$
Siliziumdiode	$I_S = 10\,\text{pA}$	$mU_T = 30\,\text{mV}$	$I_\text{max} = 100\,\text{mA}$
Schottky-Diode	I_S im μA-Bereich $I_S = f(u)$	$mU_T = 26\ldots 40\,\text{mV}$	$I_\text{max} = 100\,\text{mA}$

Für die Durchlass-Spannung bei einem Strom von $0{,}1\,I_\text{max}$ erhält man für die Germaniumdiode den Wert $U_D = 0{,}35\,\text{V}$ und für die Siliziumdiode $U_D = 0{,}62\,\text{V}$.

Die Gl. (12.1) gilt nur in Durchlassrichtung und für nicht allzu große Ströme. Der reale Betrag des Sperrstroms ist größer als I_S und nimmt mit der Sperrspannung zu.

Für sehr kurze Schaltzeiten im Piko-Sekunden Bereich kann man wegen der kleineren gespeicherten Ladung Schottky-Dioden verwenden. Diese besitzen statt eines pn-Übergangs einen Metall-Halbleiter-Übergang. Die Durchlass-Spannung beträgt für Schottky-Dioden etwa $U_D = 0{,}3\,\text{V}$.

Zur Verbesserung der dynamischen Eigenschaften zuzüglich einer geringeren Durchlass-Spannung werden Schottky-Dioden bevorzugt. Eine messtechnisch erstellte Spannungs-Strom-Kennlinie für eine Diode vom Typ BAT 43 gibt Bild 12.1 wieder. Aus den Messpunkten folgt durch Approximation die Funktion nach Gl. (12.1):

$$i(u) = 29\,\mu\text{A} \left(e^{u / 63\,\text{mV}} - 1\right) . \tag{12.2}$$

Der Wert für den Sättigungsstrom I_S entspricht in etwa den technischen Angaben, der Wert für die Temperaturspannung mU_T liegt etwas darüber.

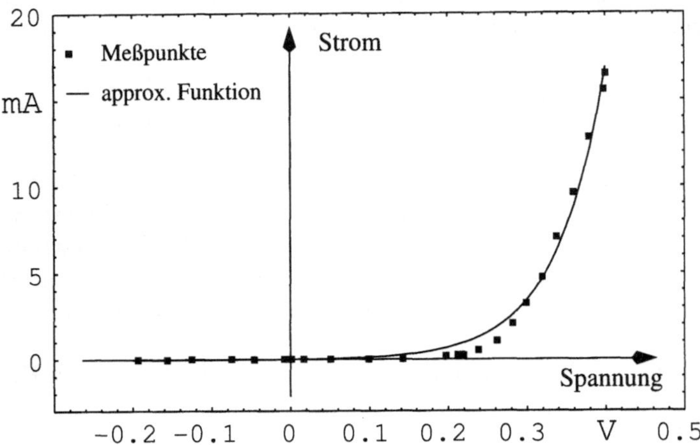

Bild 12.1: Kennlinie einer Schottky-Diode und ihre Approximation

Die ermittelten Werte für I_S und mU_T sind während der Entwurfsphase der elektronischen Schaltungen als Richtwerte zu berücksichtigen, da in den aufzubauenden elektronischen Schaltungen stets Dioden von diesem Typ verwendet werden sollen.

Aus diesen Betrachtungen folgt, dass für den Aufbau von einfachen Schaltungen mit nichtlinearen Elementen nur Dioden mit Exponentialkennlinien zur Verfügung stehen. Durch Kombination von möglichst wenigen Dioden und Bauelementen mit linearen Eigenschaften kann man bestimmte Funktionsverläufe für begrenzte Bereiche approximieren. Dazu zählen monotone Kennlinien im ersten oder im dritten Quadranten der Strom-Spannungskennlinie, Wurzelfunktionen oder bestimmte polynomiale Verläufe. Andere Kennlinien wie trigonometrische oder hyperbolische Funktionen sind nur für kleine Bereiche und mit hohem schaltungstechnischen Aufwand approximierbar.

Damit liegen für den Synthesevorgang erste technisch begründete Einschränkungen vor. Alle zu entwerfenden nichtlinearen Übertragungsfunktionen sollen in normierter Form einen exponentiellen Verlauf der Form:

$$y(x) \;=\; C_1\left(e^{C_2\,x} - 1\right) \text{ mit } C_1, C_2 \in \mathbb{R}^+, \qquad (12.3)$$

$$y(x) \;=\; -C_1\left(e^{-C_2\,x} - 1\right) \text{ mit } C_1, C_2 \in \mathbb{R}^+ \qquad (12.4)$$

aufweisen. Die Funktionen in den Gleichungen 12.3 und 12.4 sind entsprechend der Polung der Dioden auszuwählen.

Für reale elektronische Schaltungen mit Dioden ist zu berücksichtigen, dass wegen des exponentiell ansteigenden Verlaufs des Stroms als Funktion der Spannung bereits bei geringem Überschreiten der Durchlass-Spannung U_D große Ströme fließen. Dies führt zu erhöhtem Leistungsverbrauch, unerwünschten Erwärmungen der Bauteile und zu Sättigungserscheinungen vorhandener Quellen. Die Ausgangsspannungen und -ströme von Operationsverstärkern sind stets begrenzt. Wird ein solcher Schaltkreis übersteuert, resultiert dies in unerwünschten Sättigungserscheinungen in der Übertragungsfunktion.

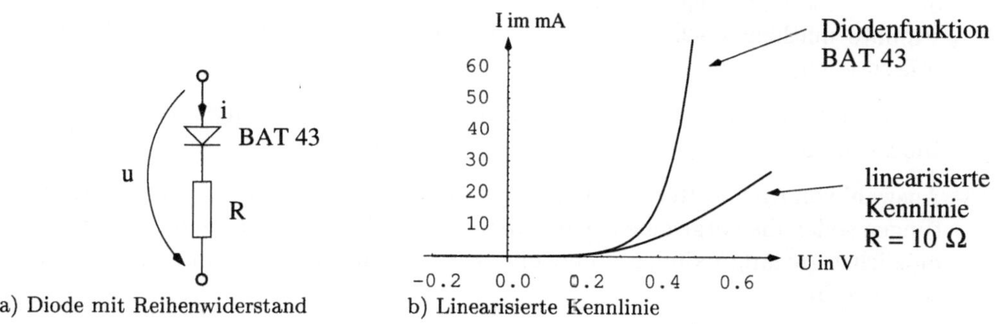

Bild 12.2: Linearisierung der Diodenkennlinie durch Reihenwiderstand

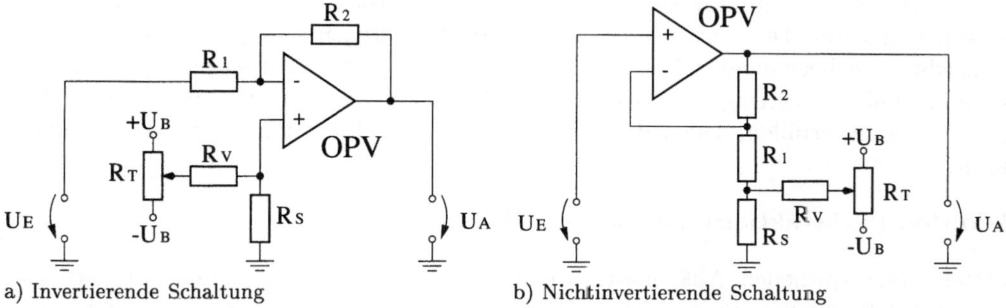

Bild 12.3: Addition/Subtraktion konstanter Faktoren durch Offsetbeschaltung

Um Sättigungserscheinungen zu vermeiden, ohne den nichtlinearen Charakter der Übertragungsfunktion aufzuheben, kann zur Diode ein Widerstand in Reihe geschaltet und somit die stark nichtlineare Diodenfunktion *linearisiert* werden.

Im Bild 12.2 sind die Verläufe einer Dioden-Kennlinie nach Gleichung (12.2) und einer linearisierten Kennlinie mit einem Reihenwiderstand von $R = 10\,\Omega$ dargestellt. Für den Spannungs-Strom-Zusammenhang der Diode mit Reihenwiderstand nach Abbildung 12.2 (a) folgt die implizite Gleichung:

$$i(u) = I_S \left(e^{(u - R\,i)\,/\,m U_T} - 1 \right). \tag{12.5}$$

Eine linearisierte Kennlinie lässt sich über einen größeren Spannungsbereich aussteuern, weil der Widerstand eine Strombegrenzung bewirkt.

Geeignete Analog-Rechenschaltungen

Sind die im Syntheseanlaufprozess gewonnenen Differenzialgleichungen als elektronische Schaltungen zu realisieren, so kann man dazu die Methode der blockorientierten Modellierung nutzen durch:

1. die Vorgabe eines begrenzten Vorrats von Blocksymbolen, die jeweils eine bestimmte mathematische Operation oder nichtlineare Übertragungsfunktion repräsentieren,

2. die Aufstellung eines auf der Differenzialgleichung basierenden Strukturbildes aus Blocksymbolen,

3. Auswahl von Analog-Rechenschaltungen für die Blocksymbole. Diese Grundschaltungen sollen die vorgegebene Übertragungsfunktion des jeweiligen Blocksymbols möglichst gut approximieren und mit relativ wenig technischem Aufwand realisierbar sein,

4. Zusammenfügen der elektronischen Schaltung entsprechend dem Strukturbild.

Zuerst werden die einschränkenden Bedingungen vorhandener Analog-Rechenschaltungen erarbeitet. Der Entwurf der Differenzialgleichungen erfolgt danach unter Berücksichtigung begründeter Nebenbedingungen. Um weitere Forderungen, wie Rückwirkungsfreiheit, Verringerung von thermischer Drift oder frequenzunabhängige Eigenschaften zu erfüllen, sollen den Grundschaltungen Operationsverstärker zugrunde liegen.

Addition (Subtraktion) konstanter Faktoren

Mittels einer speziellen Außenbeschaltung kann man bei Operationsverstärkern die Ausgangs-Offsetspannung abgleichen. Hierbei führt man einem Eingang des Verstärkers eine Gleichspannung geeigneter Polarität zu. Mit einer Beschaltung für die Offseteinstellung lässt sich eine Analog-Rechenschaltung zur Addition bzw. zur Subtraktion konstanter Faktoren aufbauen. Dazu sind die Schaltungsvarianten der Abbildungen 12.3 üblich. Für die Ausgangsspannungen gehen folgende Beziehungen hervor:

$$\text{Invertierende Schaltung:} \quad u_A = -\frac{R_2}{R_1}\, u_E + C_1^* \quad \text{bzw.}$$

$$\text{Nichtinvertierende Schaltung:} \quad u_A = \left(\frac{R_2}{R_1} + 1\right) u_E + C_1^* . \tag{12.6}$$

Die normierten Funktionen lauten:

$$y(x) \;=\; -C_1\, x + C_2 \;, \qquad C_1 \in \mathbb{R}^+, C_2 \in \mathbb{R} \tag{12.7}$$

$$y(x) \;=\; (C_1 + 1)\, x + C_2 \;, \qquad C_1 \in \mathbb{R}^+, C_2 \in \mathbb{R}. \tag{12.8}$$

Die Spannungsquelle für den Trimmwiderstand R_T muss eine hohe Konstanz aufweisen. Für die Widerstandswerte R_1 und R_2 ist ein Optimum zu wählen. Zum einen sollten diese Widerstände ein Minimum an Leistung in Wärme umsetzen, um Erwärmungsprobleme zu vermeiden (d.h. möglichst große Widerstandswerte). Zum anderen ist das thermische Rauschen gering zu halten. Das bedeutet, dass diese Widerstände möglichst kleine Werte annehmen müssen, da die effektive Leerlauf-Rauschspannung durch $U_{R,\,\text{eff}} = \sqrt{4\,k\,T\,B\,R}$ (k Boltzmannkonstante, T absolute Temperatur, B Bandbreite) berechnet wird. Hier sei daher für R_1 und R_2 ein Richtwert von $1\,\text{k}\Omega$ vorgegeben.

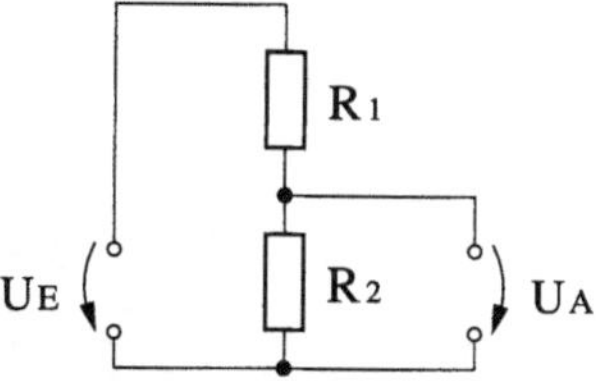

Bild 12.4: Passiver Spannungsteiler

Die nichtinvertierende Schaltung besitzt den Vorteil eines sehr hohen Eingangswiderstandes, jedoch den Nachteil, dass nur Verstärkungsfaktoren größer eins realisierbar sind. Der Eingangswiderstand der invertierenden Schaltung beträgt R_1. Mit einer invertierenden Schaltung sind Verstärkungsfaktoren im Bereich: $-\infty < V < 0$ realisierbar.

Die im Bild 12.3 vorgestellten Schaltungsvarianten arbeiten weitgehend rückwirkungsfrei und sind deshalb für den praktischen Einsatz gut geeignet.

Skalierung mit konstantem Faktor

Der passive Spannungsteiler im Bild 12.4 erlaubt die Multiplikation einer Eingangsspannung mit einem konstanten Faktor kleiner eins.

Für die Ausgangsspannung gilt nach der Spannungsteilerregel:

$$u_A = \frac{R_2}{R_1 + R_2}\, u_E \tag{12.9}$$

und in normierter Form:

$$y(x) = C_1\, x\ , \qquad 0 \le C_1 \le 1. \tag{12.10}$$

Der passive Spannungsteiler bleibt nicht rückwirkungsfrei, weil die Spannungsquelle am Ausgang u_A über einen Innenwiderstand verfügt. Der passive Spannungsteiler skaliert Spannungen. Soll eine Skalierung zwischen Strömen und Spannungen erfolgen, so erfolgt dies mittels eines Widerstands nach der Beziehung: $u = R\,i$.

Addier- und Subtrahier-Schaltungen

Für die Addition mehrerer Spannungen eignet sich ein als Umkehrverstärker beschalteter Operationsverstärker im Bild 12.5 an.

Als Ausgangsspannung erhält man für die zwei Eingangsspannungen die Formel:

$$\begin{aligned}
u_A &= -R_N\left(i_{E_1} + i_{E2}\right) \\
&= -\left(\frac{R_N}{R_1}U_1 + \frac{R_N}{R_2}U_2\right)\ .
\end{aligned} \tag{12.11}$$

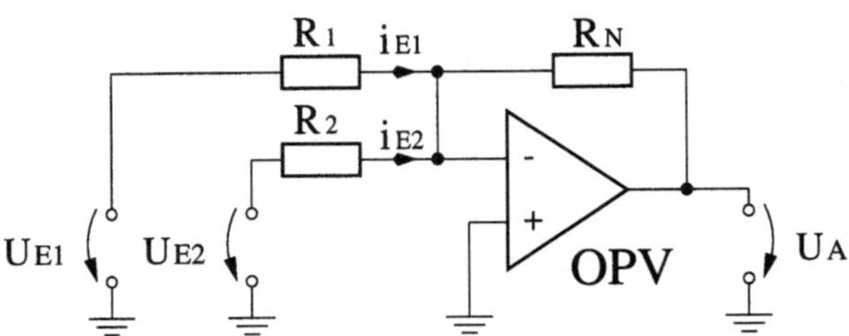

Bild 12.5: Umkehraddierer für mehrere Spannungen

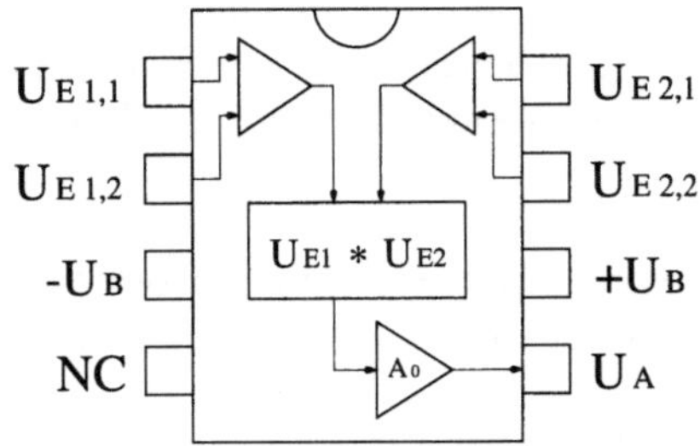

Bild 12.6: Schaltkreis zur Spannungsmultiplikation

In normierter Form gilt dafür:

$$y(x_1, x_2) = -\left(C_1\, x_1 + C_2\, x_2\right)\ , \qquad C_1, C_2 \in \mathbb{R}^+ \ . \tag{12.12}$$

Über dieser Grundschaltung folgt durch die zusätzliche Beschaltung des nichtinvertierenden Eingangs am Operationsverstärker eine Subtrahier-Schaltung. Für die Widerstände R_1, R_2 und R_N wird ein Richtwert von $1\,k\mathit{Omega}$ vorgegeben. Mit dieser Schaltung kann man bei relativ geringem Aufwand Spannungen oder Ströme mit hoher Genauigkeit addieren bzw. subtrahieren.

Multiplikation

Ein Analogmultiplizierer liefert eine Ausgangsgröße proportional zum Produkt von zwei oder mehreren Eingangsgrößen. Es existieren dazu verschiedene Grundschaltungen, die separat nur mit relativ hohem Aufwand aufzubauen sind. Deshalb werden hier integrierte Schaltungen zur Realisierung der Multiplikation verwendet.

Als Beispiel kann man die ICs AD 734 (10 MHz) und AD 834 (500 MHz) einsetzen. Eine schematische Darstellung des Funktionsprinzips dieser Schaltkreise enthält das Bild 12.6.

Die Übertragungsfunktion eines $AD\,734$ bzw. $AD\,834$ genügt dem Ausdruck:

$$u_A = A_0\left(u_{E\,1,1} - u_{E\,1,2}\right)\left(u_{E\,2,1} - u_{E\,2,2}\right) \text{ mit } A_0 = 0{,}1 \tag{12.13}$$

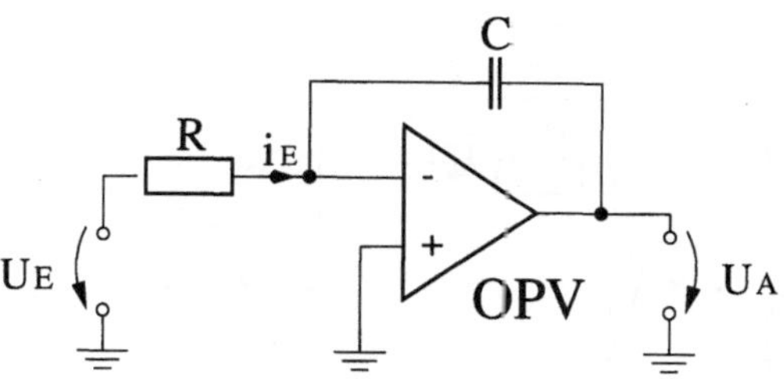

Bild 12.7: Umkehrintegrator

oder in normierter Form:

$$y(x_{1,1}, x_{1,2}, x_{2,1}, x_{2,2}) = 0.1\,(x_{1,1} - x_{1,2})\,(x_{2,1} - x_{2,2})\ . \tag{12.14}$$

Mit den in den Datenblättern angegebenen Beschaltungen lassen sich aus diesen Schaltkreisen die Operationen Multiplikation, Division, Quadrierung und Radizierung mit hoher Präzision realisieren. Der Aufbau von nichtlinearen Funktionsnetzwerken mit polynomialen Kennlinien ist möglich und diese eignen sich zur Realisierung von quadratischen Termen der Form: $A_0\,x\,x$.

Zur Senkung der relativ hohen finanziellen Aufwendungen für diese Schaltkreise ist zu prüfen, ob speziell die Polynome mit nichtlinearen Funktionen von Diodennetzwerken nach Gl. (12.3) und Gl. (12.4) mit ausreichender Genauigkeit approximieren können.

Integration

Sollen Differenzialgleichungen durch Analog-Rechenschaltungen nachgebildet werden, dann sind Schaltungen mit differenzierenden Eigenschaften notwendig. Zur Vermeidung von Stabilitätsproblemen formt man die Differenzialgleichung so um, dass man ausschließlich Integratoren verwendet. Daher werden zu praktischen Zwecken nur integrierende Analog-Rechenschaltungen zur Ausführung der Zeitoperatoren verwendet.

Zum Integrator gehören der Ausdruck:

$$u_A(t_1) = C_1 \int_{t_0}^{t_1} u_E(t)\,\mathrm{d}t + u_{A,0}, \qquad u_{A,0} = u_A(t_0),\ C_1 \in \mathbb{R}. \tag{12.15}$$

Aus elektrotechnischen Gründen (endliche Verstärkung, begrenzte Bandbreite) eignet sich zum Aufbau einer intergierenden Schaltung besonders der im Bild 12.7 gezeigte Umkehrintegrator.

Die Ausgangsspannung ist mit der Eingangsspannung über das Integral

$$u_A(t_1) = -\frac{1}{C} \int_{t_0}^{t_1} i_E(t)\,\mathrm{d}t = -\frac{1}{C} \int_{t_0}^{t_1} \frac{u_E(t)}{R}\,\mathrm{d}t + u_{A,0}, \qquad u_{A,0} = u_A(t_0) \tag{12.16}$$

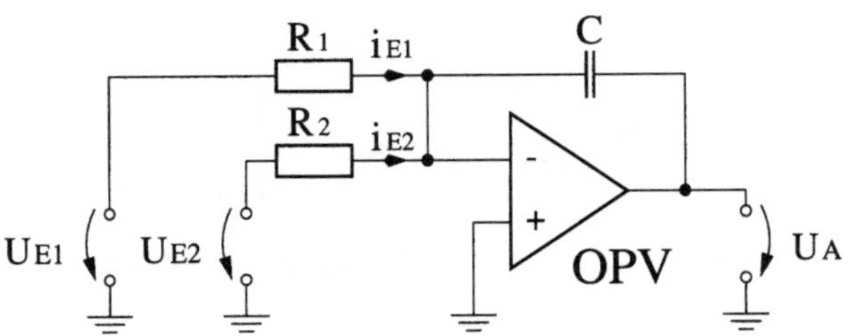

Bild 12.8: Summations-Integrator

verbunden. Die Konstante $u_{A,0}$ steht für eine Anfangsbedingung und wird durch zusätzliche Maßnahmen auf einen definierten Wert gesetzt. Der Umkehrintegrator lässt sich mit geringem Aufwand und hoher Präzision aufbauen. Durch zusätzliche Eingänge lässt sich diese Grundschaltung zum Summations-Integrator in Abbildung 12.8 erweitern.

Die Ausgangsspannung eines Summations-Integrators mit zwei Eingangsspannungen ergibt sich darum zu:

$$u_A(t_1) \;=\; -\frac{1}{C} \int\limits_{t_0}^{t_1} \left(i_{E1}(t) + i_{E2}(t) \right) \, \mathrm{d}t + u_{A,0}$$

$$u_A(t_1) \;=\; -\frac{1}{C} \int\limits_{t_0}^{t_1} \left(\frac{u_{E1}(t)}{R_1} + \frac{u_{E2}(t)}{R_2} \right) \, \mathrm{d}t + u_{A,0}, \qquad u_{A,0} = u_A(t_0). \quad (12.17)$$

Die Eingangs-Ausgangs-Relation hat bei mehr als zwei Eingangsgrößen die Form:

$$y(t_1) \;=\; -C_1 \int\limits_{t_0}^{t_1} \left(x_1(t) + x_2(t) + \ldots + x_n(t) \right) \, \mathrm{d}t + C_2,$$

$$\text{mit } C_1 \in \mathbb{R}^+, C_2 \in \mathbb{R}, C_2 = y(t_0) \, . \qquad (12.18)$$

Für die praktische Anwendung ist das Frequenzverhalten von entscheidender Bedeutung. Entsprechend verhält sich ein Integrator nur im Frequenzbereich:

$$\frac{1}{2\pi C R V_0} \ll f \ll f_0 \qquad (12.19)$$

ideal. Die Größe V_0 bezeichnet die Leerlaufverstärkung und f_0 das Verstärkungs-Bandbreite-Produkt des Operationsverstärkers. Aus dieser Gleichung ist ersichtlich, dass für einen gut arbeitenden Integrator möglichst große Widerstände und eine große Kapazität zu wählen sind. Um das thermische Rauschen der Widerstände möglichst gering zu halten, werden daher Widerstandsgrößen im Bereich von $100\,\Omega$ und Kapazitätsgrößen von $100\,\mathrm{pF}$ als Richtwerte für die Schaltungsaufbauten vorgegeben. Die Termstuktur der zu entwerfenden Differenzialgleichungen sollte möglichst nur Additionen sowie Additionen und Multiplikationen mit konstanten Faktoren aufweisen. Die Multiplikation von nicht mehr als zwei Eingangsgrößen ist mit erhöhtem Hardwareaufwand möglich. Für die Bildung von Zeitoperatoren sollte stets nur die Integration gewählt werden.

Die Tabelle 12.2 gibt die hier relevanten nichtlinearen Funktionen und mathematischen Zusammenhänge der eingesetzten Analog-Rechenschaltungen in normierter Form wieder.

Tabelle 12.2: Funktionen nichtlinearer Elemente und Analog-Rechenschaltungen

Bezeichnung	Funktion	Einschränkungen
Exponentialfunktion 1	$y = C_1 \left(e^{C_2 x} - 1 \right)$	$C_1, C_2 \in \mathbb{R}^+$
Exponentialfunktion 2	$y = -C_1 \left(e^{-C_2 x} - 1 \right)$	$C_1, C_2 \in \mathbb{R}^+$
Inverter mit Addition einer Konstanten	$y = -C_1 x + C_2$	$C_1 \in \mathbb{R}^+, C_2 \in \mathbb{R}$
Verstärker mit Addition einer Konstanten	$y = (C_1 + 1) x + C_2$	$C_1 \in \mathbb{R}^+, C_2 \in \mathbb{R}$
Skalierung durch Spannungsteiler	$y = C_1 x$	$0 \leq C_1 \leq 1$
Skalierung Widerstand	$y = C_1 x$	$C_1 \in \mathbb{R}^+$
Addierer	$y = -\sum_{i=1}^{n} C_i x_i$	$C_i \in \mathbb{R}^+$
Multiplikation	$y = 0{,}1 \left(x_{1,1} - x_{1,2} \right) \left(x_{2,1} - x_{2,2} \right)$	
Summations-Integrator	$y(t_1) = -\int_{t_0}^{t_1} \left[\sum_{i=1}^{n} C_i x_i(t) \right] \mathrm{d}t + y_0$	$C_i \in \mathbb{R}^+, y_0 \in \mathbb{R}$

Die noch zu entwerfenden elektronischen Schaltungen bauen auf den zwei Übertragungsfunktionen und diesen sechs Grundschaltungen auf.

Für die mathematische Synthese stehen die in der zweiten Spalte der Tabelle 12.2 aufgeführten mathematischen Funktionen unter den in der Spalte 3 genannten Einschränkungen zur Verfügung.

Elektrotechnische Anforderungen an die Schaltungen

Zur Beschreibung des Verhaltens von realen Bauelementen kommen Modelle mit einem begrenzten Arbeitsbereich zum Einsatz. Je nach geforderter Genauigkeit hat deshalb eine Anzahl parasitärer Elemente einen entscheidenden Einfluss auf das Schaltungsverhalten.

Damit das Rauschverhalten und die thermischen Eigenschaften berücksichtigt werden können, sind zusätzliche Komponenten in den beschreibenden Netzlisten erforderlich. Weiterhin verändern sich die Eigenschaften der realen Bauelemente durch Alterungsprozesse. Beim Zusammenschalten der einzelnen Bauelemente kommen Laufzeiteffekte und Probleme der elektromagnetischen Verträglichkeit hinzu.

Da das entworfene Bifurkationsverhalten über die modellierten Differenzialgleichungen mittels elektronischer Schaltungen realisiert werden soll, bleiben das Rauschverhalten, die thermischen Abhängigkeiten, Alterungsprozesse und Laufzeiteffekte der eingesetzten Bauelemente während des Syntheseverlaufs zunächst unberücksichtigt. Der Einfluss dieser unerwünschten Effekte kann durch einen sorgfältigen Aufbau reduziert werden.

Ein weiterer Vorteil besteht in der ausschließlichen Verwendung von Serien-Bauelementen für die Schaltungsaufbauten. Als Standard-Operationsverstärker wird der Typ μA 741 verwendet. Dieser sehr einfach aufgebaute und preiswerte Operationsverstärker verfügt über relativ große Offsetspannungen und -ströme, große Temperaturabhängigkeiten der Parameter, eine hohe Rauschzahl sowie eine geringes Verstärkungs-Bandbreiteprodukt von 1 MHz. Dieser Schaltkreis ist gewählt worden, um eine *Robustheit der Schaltungsaufbauten* zu erreichen. Sind für bestimmte Anwendungen spezielle Anforderungen an das Systemverhalten vorgegeben, so sind ohne Einschränkung der entworfenen Funktionalität die verwendeten Schaltkreise durch höherwertige Präzisions-Operationsverstärker ersetzbar.

Die Realisierung von elektronischen Schaltungen mit einem vorgegebenen Bifurkationsverhalten setzt ein ausgewogenes Verhältnis zwischen dem mathematischen Anspruch, der Genauigkeit der Realisierung, der Flexibilität und des elektrotechnischen Aufwands voraus. Für die dimensionierten elektronischen Schaltungen gilt deshalb:

- Die Schaltungen bestehen aus konzentrierten Elementen.

- Die Systemvariablen sind kontinuierlich in der Zeit.

- Es wird vorausgesetzt, dass sich die synthetisierten Differenzialgleichungen als Netzwerke darstellen lassen und so blockorientiert modelliert sind.

- Alle zu entwerfenden nichtlinearen Übertragungsfunktionen weisen einen exponentiellen Verlauf auf oder sind aus einer Kombination von linearen und exponentiellen Kennlinien zu realisieren.

- Die Terme der zu entwerfenden Differenzialgleichungen enthalten nur die mathematischen Operationen: Addition konstanter Faktoren, Skalierung mit konstanten Faktoren, Addition von Variablen und die Multiplikation von maximal zwei Variablen. Die Bildung von Zeitoperatoren erfolgt stets mittels Summations-Integratoren.

12.1.2 Kriterien für den Schaltungsentwurf

Notwendige und nachgeordnete Kriterien

In den Schaltungen sind die *notwendigen* Kriterien exakt umzusetzen. Dazu zählen eine geforderte Anzahl und das Stabilitätsverhalten von Gleichgewichtszuständen oder ein gewünschter Typ der Bifurkation. *Nachgeordnete* Kriterien bezeichnen Eigenschaften, die qualitativ zu erfüllen sind. Von ihren Werten dürfen sie bei der Realisierung in bestimmten Grenzen abweichen. Das entworfene Verhalten muss jedoch qualitativ erhalten bleiben. Solche Kriterien sind zum Beispiel die Lage von Gleichgewichtszuständen oder die Größe von Einzugsbereichen asymptotisch stabiler Lösungen.

Weiterhin gibt es noch *quantitative* Kriterien. Vorhandene freie Parameter der bereits erarbeiteten Gleichungen werden so ausgenutzt, dass man die quantitativen Kriterien möglichst gut erfüllt. Beispiele für solche Kriterien sind schnelles Einschalten oder kurze transiente Übergangsphasen bei Parameteränderung. Dazu kommen noch weitere *quantitative* Kriterien hinzu, die für die angestrebte praktische Realisierung von Bedeutung sind. Eine solche Forderung mit relativ großer Gewichtung ist die möglichst einfache Realisierbarkeit der gewonnenen Differenzialgleichungen.

Trotz der nicht zu vermeidenden Abweichungen durch Bauelementetoleranzen oder nicht exakt approximierbare Übertragungskennlinien soll das entworfene Verhalten qualitativ erhalten bleiben. Die Differenzialgleichungen müssen daher eine bestimmte Robustheit aufweisen. Aus diesen praktischen Ansprüchen entstehen Anforderungen, die ebenfalls während des Entwurfs zu berücksichtigen sind. Die notwendigen und die nachgeordneten Kriterien enthalten dabei zumeist eine logische aufeinander aufbauende Abfolge, die während der Abarbeitung einzuhalten ist. Für die quantitativen Kriterien ist eine Prioritätenliste vorzugeben, um eine Gewichtung vornehmen zu können. Der Entwurfsprozess beginnt mit der Vorgabe einer möglichst einfachen Struktur der Gleichungen, die eine erste notwendige Bedingung erfüllen und sonst über keine weiteren freien Parameter verfügen. Anschließend ergänzt man schrittweise die Terme, die das ursprüngliche Verhalten nicht verändern, aber eine ausreichende Anzahl freier Parameter für den Einbau weiterer Kriterien zulassen.

Die Aufgabe des Entwurfs ist somit die Erstellung von Beschreibungsgleichungen, deren Lösungsverhalten alle notwendigen Kriterien exakt, die nachgeordneten Kriterien mit ausreichender Genauigkeit und die quantitativen Kriterien möglichst gut erfüllt. Dafür sind die in Tabelle 12.3 aufgeführten Kriterien zu berücksichtigen.

Die beiden ersten Zeilen enthalten notwendige Kriterien. Kommt es zu Abweichungen zwischen dem modellierten und deren realisierten Verhalten, so ist das Entwurfsziel verfehlt. Die Synthese ist neu zu beginnen. Die Kriterien 3 bis 6 geben nachgeordnete Forderungen an. Abweichungen innerhalb vorgegebener Grenzen der später anzufertigenden Schaltungen sind zulässig. Die restlichen Kriterien sind quantitativer Art. Vorhandene Parameterbereiche sind auszuschöpfen, um Vorgaben dieser Art möglichst gut zu erfüllen. Die Kriterien 1 bis 6 enthalten darüber hinaus Abhängigkeiten für die Abfolge des Entwurfsprozesses.

Tabelle 12.3: Kriterien für den Entwurfsprozess

Nr.	Art	Kriterium
1	N	Bifurkationstyp
2	N	Anzahl und Stabilität von Gleichgewichtszuständen
3	NA	Lage von Gleichgewichtszuständen
4	NA	Lage von Bifurkationen
5	NA	Größe von Einzugsbereichen asymptotisch stabiler Gleichgewichtszustände
6	NA	Einschaltzustand
7	Q	Einschaltverhalten
8	Q	Lösungsverhalten bei langsamer, kontinuierlicher Parameteränderung
9	Q	zeitabhängiges Lösungsverhalten in der Nähe von Bifurkationspunkten
10	Q	möglichst einfache Realisierung
11	Q	Robustheit der Gleichungen

N: notwendige Kriterien, NA: nachgeordnete Kriterien, Q: quantitative Kriterien

Abfolge des Entwurfsprozesses und Reihung der Kriterien

Die in Tabelle 12.3 zusammengefassten Kriterien sind entsprechend ihrer Bedeutung angeordnet. Der logische Aufbau für einen schrittweise abzuarbeitenden Entwurfsprozess weicht jedoch von dieser Reihung ab. Für die Abarbeitung ist daher eine andere begründete Abfolge aufzustellen. Eine notwendige Bedingung für das Auftreten von Bifurkationen im Lösungsverhalten nichtlinearer parameterabhängiger Differenzialgleichungen erster Ordnung besteht darin, dass sich die Anzahl oder das Stabilitätsverhalten von Gleichgewichtszuständen beim Überschreiten bestimmter Parameterwerte, die für die Bifurkationspunkte entscheidend sind, qualitativ ändert.

Zur Synthese von Bifurkationen ist es erforderlich, dass man die Lage und die Stabilität von Gleichgewichtszuständen gezielt in einem *ersten* und *zweiten* Schritt des Entwurfsprozesses bestimmt.

Im *dritten* Schritt werden den so entstandenen Differenzialgleichungen Parameter hinzugefügt, so dass ein funktionaler Zusammenhang zwischen Lage von Gleichgewichtszuständen und vorgegebenen Parametergrößen entsteht. Mit den gewonnenen Ergebnissen wird in einem *vierten* Schritt der gezielte Entwurf von Bifurkationstypen möglich. Denn anhand der im Bifurkationspunkt neu hinzukommenden oder verschwindenden Gleichgewichtszustände bzw. deren Stabilitätsveränderung kann man die Bifurkationstypen klassifizieren. Enthält die nichtlineare Differenzialgleichung mehrere asymptotisch stabile Gleichgewichtszustände, zum Beispiel beim Auftreten einer Gabel-Bifurkation, so sind in einem *fünften* Schritt die Einzugsbereiche für die asymptotisch stabilen Lösungen festzulegen.

Während des Einschaltmomentes, der durch Rauscheinflüsse oder Restenergien schwanken kann, befindet sich das zu entwerfende System in einem Anfangszustand. Nach dem Einschalten mit einer möglichst kurzen transienten Übergangsphase stellt sich ein vorhandener asymptotisch stabiler Arbeitspunkt ein. Enthält ein nichtlineares System mehrere stabile Arbeitspunkte, so hängt das Lösungsverhalten vom Einschaltzustand ab. In einem *sechsten* Schritt ist somit ein eindeutiger Einschaltzustand mit einem ausreichend großen Einzugsbereich zu generieren.

Quantitative Kriterien

Die quantitativen Kriterien der Tabelle 12.3 lassen sich unter praktischen Gesichtspunkten in zwei Gruppen einteilen:

a) Kriterien der praktischen Realisierung (möglichst einfache Realisierung, angestrebte Robustheit der Aufbauten)

b) Kriterien im Zeitbereich, wie das Einschaltverhalten, das zeitabhängige Lösungsverhalten bei langsamer, kontinuierlicher Parameteränderung und das zeitabhängige Lösungsverhalten in der Nähe von Bifurkationspunkten

Entsprechend den Zielen dieser Arbeit wird den Kriterien der praktischen Realisierung eine höhere Priorität als den Kriterien im Zeitbereich zugeordnet.

Übersicht des Entwurfsprozesses

Als Ergebnis erhält man den in Tabelle 12.4 zusammengestellten Ablauf für den Entwurfsprozess. Diese Reihung ist so zu verstehen, dass nach jedem Abschnitt weitere Erkenntnisse über die Struktur der schrittweise zu entwickelnden Differenzialgleichungen vorliegen. Die Kriterien für die praktische Realisierung (möglichst einfache Realisierung, Robustheit der Gleichungen) sind in Tabelle 12.4 extra aufgeführt, da am Ende jedes Entwurfsschrittes eine Bewertung im Hinblick auf die angestrebte Realisierung erfolgt.

Tabelle 12.4: Abfolge des Entwurfsprozesses

Schritt	Aufgabe
1	Lage von Gleichgewichtszuständen modellieren
2	Stabilität von Gleichgewichtszuständen modellieren
3	parameterabhängige Lage von Gleichgewichtszuständen bei unverändertem Stabilitätsverhalten modellieren
4	Bifurkationstyp modellieren
5	Größe der Einzugsbereiche asymptotisch stabiler Gleichgewichtszustände modellieren
6	eindeutigen und asymptotisch stabilen Einschaltzustand synthetisieren
7	Einschaltverhalten modellieren
8	Lösungsverhalten bei Parameteränderung verbessern
9	zeitabhängiges Lösungsverhalten in der Nähe von Bifurkationspunkten verbessern
1 - 9	ergeben eine einfache Realisierbarkeit und Robustheit der entworfenen Differenzialgleichungen überprüfen

12.2 Gleichgewichtszustände und deren charakteristische Eigenschaften

12.2.1 Die Lage von Gleichgewichtszuständen

Die Aufgabe besteht im Entwurf einer nichtlinearen Differenzialgleichung der Form $\dot{x} = f(x)$, die in vorgegebenen Punkten $\xi_1, \xi_2, \ldots, \xi_n$ Gleichgewichtszustände aufweist. Um diese Vorgaben zu erfüllen, ist ein bestimmter Verlauf der rechten Seite $f(x)$ zu synthetisieren.

Für die Gl. (7.84) (für $n = 1$) gelten für stabile Gleichgewichtszustände die Bedingungen:

$$f(\xi_S) = 0, \quad \frac{\mathrm{d}f(\xi_S)}{\mathrm{d}x} < 0, \text{ da gefordert wird: } A < 0 \qquad (12.20)$$

und für instabile:

$$f(\xi_U) = 0, \quad \frac{\mathrm{d}f(\xi_U)}{\mathrm{d}x} > 0, \text{ da gefordert wird: } A > 0. \qquad (12.21)$$

Da die Differenzialgleichung $\dot{x} = f(x)$ in den Punkten ξ_i Gleichgewichtszustände aufweisen muss, sind also zwei notwendige Bedingungen zu erfüllen. Die Funktion $f(x)$ muss

1. in den Gleichgewichtszuständen ξ_i Null sein,
2. eine von Null verschiedene Ableitung nach x in den Punkten ξ_i aufweisen.

Zur Synthese der Lage mehrerer Gleichgewichtszustände $\xi_1, \xi_2, \cdots, \xi_n$ verwendet man ein Polynom in Nullstellendarstellung. Die Differenzialgleichung hat daher die Form:

$$\dot{x} = f(x) = C_1 (x - \xi_1)(x - \xi_2) \ldots (x - \xi_n), \quad x \in \mathbb{R}, C_1 \neq 0 . \tag{12.22}$$

Es ist für das weitere Vorgehen von grundsätzlicher Bedeutung, da die nachfolgenden Entwurfsschritte entsprechend Tabelle 12.4 diese Gleichung schrittweise formen. Zu dieser Differenzialgleichung werden nun aufeinander aufbauende Aussagen in Form mathematischer Sätze angegeben. Diese Differenzialgleichung muss eine solche Struktur aufweisen, damit im Lösungsverhalten nur instabile bzw. asymptotisch stabile Gleichgewichtszustände auftreten.

Satz 12.1 *Es sei eine Differenzialgleichung entsprechend Gl. (12.22) gegeben. Unter der Voraussetzung, dass die Ableitungen nach x in den Nullstellen $x_1 = \xi_1$, $x_2 = \xi_2$ bis $x_n = \xi_n$ der rechten Seite $f(x)$ alle ungleich Null sind, folgt:*

$$x_1 \neq x_2 \neq \cdots \neq x_n , \tag{12.23}$$

d. h., alle Nullstellen sind paarweise voneinander verschieden.

Beweis: Der Beweis ist einfach. Für eine Nullstelle k_k der Vielfalt m ergibt sich:

$$f(x) = C_1(x - x_1)(x - x_2) \ldots (x - x_k)^m \ldots (x - x_n) . \tag{12.24}$$

Als Ableitung nach x erhält man:

$$\begin{aligned}
\frac{\mathrm{d}f(x)}{\mathrm{d}x} = {} & f'(x) = C_1[(x - x_2) \cdots (x - x_k)^m \cdots (x - x_n) + \ldots \\
& + (x - x_1)(x - x_2) \cdots m(x - x_k)^{m-1} \cdots (x - x_n) + \ldots \\
& + (x - x_1)(x - x_2) \cdots (x - x_k)^m \cdots (x - x_{n-1})] .
\end{aligned} \tag{12.25}$$

Die Ableitung $f'(x)$ ist somit an der Stelle $x = x_k$ stets Null für alle $m \geq 2$. Daraus folgt, dass nur dann Nullstellen $x_1, x_2, \ldots, x_m, \ldots, x_n$ von Gl. (12.24) voneinander verschieden sind (bzw. die Vielfachheit eins aufweisen), wenn $m = 1$ ist. $\square$

Mit elektrischen Mitteln lässt sich das Polynom der Gl. (12.22) nur sehr aufwendig realisieren. Dies ist begründet in der Multiplikation der Terme. Die Polynome lassen sich mittels Diodenkennlinien approximieren und die Addition der einzelnen Terme ist mit einer Addier-Schaltung realisierbar. Die Nullstellendarstellung ist jedoch nicht eindeutig. Das Vorzeichen der Konstanten C_1 bestimmt das Stabilitätsverhalten der Gleichgewichtszustände.

12.2.2   Stabilitätsverhalten

Die Zeile 2 in der Tabelle 12.4 dient zur Gewinnung des Stabilitätsverhaltens von Gleichgewichtszuständen zu. Ohne Einschränkung der Allgemeinheit kann man die Faktoren von $f(x)$ der Gl. (12.22) in eine aufsteigende Folge umordnen. Mit der Aussage von Satz 12.1 gilt:

$$\xi_1 < \ldots < \xi_n, \qquad n \geq 2. \tag{12.26}$$

Für die Synthese des Stabilitätsverhaltens gelten jedoch noch weitere Einschränkungen.

Satz 12.2 *Es sei eine Differenzialgleichung nach Gl. (12.22) gegeben. Unter der Voraussetzung, dass man die Terme von $f(x)$ in eine Form von geordneten Nullstellen: $x_1 < x_2 < x_3 \cdots < x_n$, reiht, folgt, dass die zugehörigen Ableitungen von aufeinanderfolgenden Nullstellenpaaren ein verschiedenes Vorzeichen aufweisen.*

Beweis: Für die Ableitung nach x der Gl. (12.22) folgt das Polynom:

$$\begin{aligned}
\frac{\mathrm{d}f(x)}{\mathrm{d}x} = f'(x) \;\; = \;\; & C_1[(x - x_2)(x - x_3) \cdots (x - x_n) \\
& + (x - x_1)(x - x_3) \cdots (x - x_n) + \ldots \\
& + (x - x_1)(x - x_2) \cdots (x - x_{n-1})] \; .
\end{aligned} \tag{12.27}$$

Für zwei aufeinanderfolgende Nullstellen x_k und x_{k+1} erhält man dann:

$$\begin{aligned}
f'(x_k) \;\; &= \;\; C_1[(x_k - x_1) \cdots (x_k - x_{k+1}) \cdots (x_k - x_n)] \\
f'(x_{k+1}) \;\; &= \;\; C_1[(x_{k+1} - x_1) \cdots (x_{k+1} - x_k) \cdots (x_{k+1} - x_n)]
\end{aligned} \tag{12.28}$$

und die Quozientenbildung in (12.28) liefert K_0:

$$\begin{aligned}
\frac{f'(x_k)}{f'(x_{k+1})} \;\; &= \;\; K_0 \frac{(x_k - x_{k+1})}{(x_{k+1} - x_k)} \qquad \text{mit} \qquad K_0 \in \mathbb{R}^+ \tag{12.29} \\
&= \;\; -K_0 \frac{(x_{k+1} - x_k)}{(x_{k+1} - x_k)} \\
&= \;\; -K_0 \; . \tag{12.30}
\end{aligned}$$

Damit kann diese Gleichung nur erfüllt werden, wenn die Ableitungen von aufeinanderfolgenden, geordneten Nullstellenpaaren $f'(x_k)$ und $f'(x_{k+1})$ verschiedene Vorzeichen aufweisen. $\qquad\qquad\square$

Dieser Beweis sagt aus, dass sich stabile und instabile Gleichgewichtszustände einer Differenzialgleichung nach Gl. (12.22), die zusätzlich der Bedingung in Gl. (12.26) genügt, abwechseln müssen.

Legt man die Lage stabiler Gleichgewichtszustände fest, ist zu beachten, dass jeweils zwischen zwei benachbarten stabilen Gleichgewichtszuständen ein instabiler Gleichgewichtszustand vorhanden sein muss.

Für die Synthese des Stabilitätsverhaltens sei ein Gleichgewichtszustand ξ_m in der geordneten Folge von Nullstellen der Gl. (12.26) mit der Position $1 < m < n$ betrachtet. An dieser Stelle soll die Größe der Ableitung durch den Wert A_m und das Stabilitätsverhalten vorgegeben werden. Wir erhalten:

$$\frac{\mathrm{d}f(\xi_m)}{\mathrm{d}x} = C_1 \left(\xi_m - \xi_1\right) \left(\xi_m - \xi_2\right) \cdots \left(\xi_m - \xi_{m-1}\right)\left(\xi_m - \xi_{m+1}\right) \cdots \left(\xi_m - \xi_n\right) \overset{!}{=} A_m. \quad (12.31)$$

Damit folgt aus dieser Bedingung die Konstante C_1. Das Stabilitätsverhalten der übrigen Gleichgewichtszustände ergibt sich gemäß der Aussage des Satzes 12.2.

Es sei als Beispiel eine Differenzialgleichung mit zwei stabilen Gleichgewichtszuständen und einem instabilen Gleichgewichtszustand synthetisiert. Die vorzugebenen Positionen sind: $\xi_{S1} = 1$: stabil, $\xi_U = 2$: instabil, $\xi_{S2} = 3$: stabil. Mit dem Ansatz aus Gl. (12.22) gilt für $f(x)$:

$$\begin{aligned} f(x) &= C_1 \left(x - \xi_{S1}\right)(x - \xi_U)(x - \xi_{S2}) \\ &= C_1 \left(x - 1\right)(x - 2)(x - 3) = C_1 \left(x^3 - 6x^2 + 11x - 6\right). \end{aligned} \quad (12.32)$$

Die Konstante C_1 folgt aus der Stabilität im Gleichgewichtszustand ξ_{S1}:

$$\frac{\mathrm{d}f(x)}{\mathrm{d}x} < 0 \qquad \text{für} \qquad x = \xi_{S1}. \quad (12.33)$$

Die Ableitung der rechten Seite nach der Variablen x ergibt:

$$\begin{aligned} \frac{\mathrm{d}f(x)}{\mathrm{d}x} &= \frac{\mathrm{d}[C_1(x - \xi_{S1})(x - \xi_U)(x - \xi_{S2})]}{\mathrm{d}x} \\ &= C_1(\xi_{S1} - \xi_{S2})(\xi_{S1} - \xi_U) \overset{!}{<} 0 \qquad \text{für} \qquad x = \xi_{S1}. \end{aligned} \quad (12.34)$$

Damit gilt die Einschränkung $C_1 < 0$. Als Ergebnis der mathematischen Synthese mit $C_1 = -1$ resultiert die Differenzialgleichung 1. Ordnung:

$$\dot{x} = 6 - 11\,x + 6\,x^2 - x^3. \quad (12.35)$$

Das zugehörige Zeitverhalten für unterschiedliche Anfangsbedingungen und dem Funktionsverlauf der rechten Seite von $f(x)$ gibt das Bild 12.9 wieder.

Mit einem solchen Polynom der rechten Seite $f(x)$ kann man den Wert der Ableitung in den Nullstellen nicht unabhängig voneinander synthetisieren. Die Synthese eines gewünschten Stabilitätsverhaltens schränkt nur das Vorzeichen der Konstanten C_1 ein. Die Wahl der Größe von C_1 steht noch für nachfolgende Entwurfsschritte zur Verfügung. Weiterhin können in den Ansatz in Gl. (12.22) konjugiert komplexe Nullstellen hinzugefügt werden, ohne die bisher modellierte Anzahl und die Stabilität der Gleichgewichtszustände zu verändern.

Zur Realisierung der Gl. (12.35) wird das Polynom dritter Ordnung mittels Diodenkennlinien approximiert. Der quadratische Term lässt sich nur mit hohem Aufwand

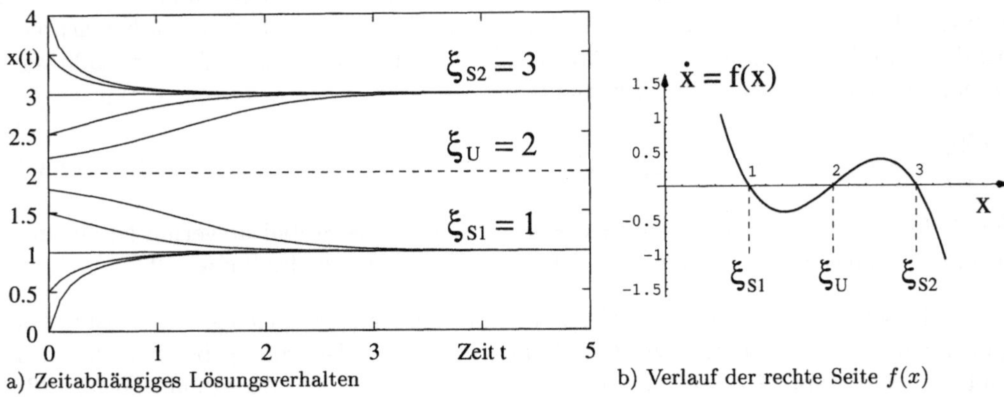

a) Zeitabhängiges Lösungsverhalten   b) Verlauf der rechte Seite $f(x)$

Bild 12.9: Lösungsverhalten einer synthetisierten Differenzialgleichung

mittels einer Multiplikation: $x^2 = x \times x$ aufbauen. Für die Realisierung ist zu untersuchen, ob man für eine einfache Schaltung die Gl. (12.35) in eine Form ohne den quadratischen Term umstellen kann:

$$\dot{x} = 6 - 11\,x + 6\,x^2 - x^3 = x - 2 - (x - 2)^3. \tag{12.36}$$

Um diese Differenzialgleichung weiter den Anforderungen einer einfachen Realisierbarkeit entsprechend den technisch vorhandenen Möglichkeiten der Tabelle 12.2 anzupassen, wird der kubische Term durch eine normierte Exponentialfunktionen entsprechend Gl. (12.3) und Gl. (12.4)

$$-(x - 2)^3 \approx - \left[C_1 \left(e^{C_2\,(x-2)} - 1 \right) - C_1 \left(e^{-C_2\,(x-2)} - 1 \right) \right] \tag{12.37}$$

nachgebildet. Die Differenzialgleichung mit den freien Konstanten C_0, C_1 und C_2 hat dann die Form

$$\dot{x} = C_0\,(x - 2) - C_1 \left(e^{C_2\,(x-2)} - 1 \right) + C_1 \left(e^{C_2(-(x-2))} - 1 \right). \tag{12.38}$$

Mit den Konstanten $C_0 = 3{,}8$, $C_1 = 1$ und $C_2 = 1{,}4$ erhält man das in Abbildung 12.10 dargestellte Lösungsverhalten.

Die Werte der Konstanten resultieren aus der Vorgabe, dass die Lagen der Nullstellen von Gl. (12.35) und von Gl. (12.38) möglichst übereinstimmen und das Stabilitätsverhalten der Gleichgewichtszustände erhalten bleibt (Bilder 12.9 und 12.10).

Man kann mittels Parameterstudien den Einfluss der Konstanten C_0, C_1 und C_2 auf das Lösungsverhalten ermitteln. Die Konstante C_1 bestimmt den Anstieg der Tangente von $f(x)$ an der Stelle ξ_U. Die Lage der stabilen Gleichgewichtszustände wird von allen drei Werten C_0, C_1 und C_3 beeinflusst. Mit dem Term $(x - x_T)$, $x_T = 2$ aus Gl. (12.38) kann man eine Translation der rechten Seite von $f(x)$ auf der x-Achse ausführen.

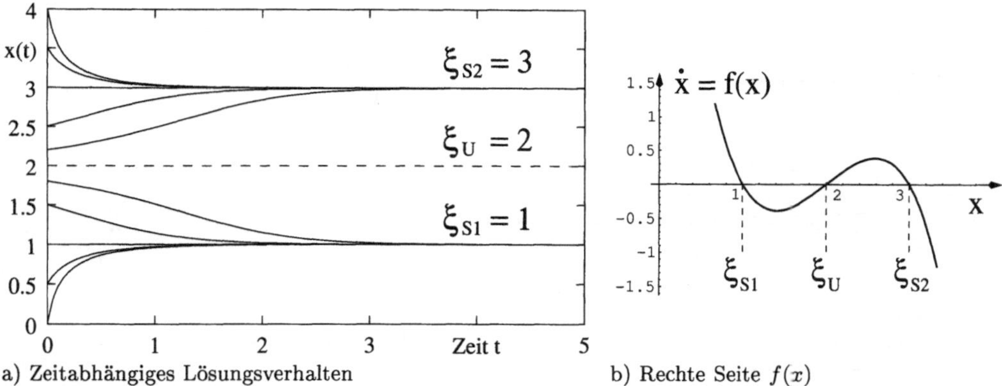

a) Zeitabhängiges Lösungsverhalten   b) Rechte Seite $f(x)$

Bild 12.10: Lösungsverhalten einer realisierbaren Differenzialgleichung

Für die Robustheit der Realisierung ist zu fordern, dass die Extrema des synthetisierten Polynoms hinreichend weit von der Geraden $f(x) = 0$ entfernt sind, siehe dazu Bild 12.10 (b).

Für die praktischen Aufbauten ist durch eine Abschätzung sicherzustellen, dass vorhandene Toleranzen in den Bauteilegrößen oder Störgrößen diese Extrema nicht über die Gerade $f(x) = 0$ verschieben. Die Lage der Nullstellen und Extrema kann sich deshalb in bestimmten Grenzen verändern, ohne qualitative Abweichungen zwischen synthetisiertem und realisiertem Verhalten nach sich zu ziehen.

12.2.3 Parameterabhängigkeit der Lage von Gleichgewichtszuständen

Im dritten Entwurfsschritt (3. Zeile der Tabelle 12.4) wird der Differenzialgleichung (12.22) ein Parameter μ hinzugefügt, so dass ein funktioneller Zusammenhang zwischen der Lage von Gleichgewichtszuständen $\xi_m(\mu)$ und der vorgegebenen Parametergröße μ vorliegt.

Als Ansatz zur Synthese der parameterabhängigen Lage eines Gleichgewichtszustands $\xi_m(\mu)$ dient die Gl. (12.22) in der Form:

$$\dot{x} = f(x, \mu) = C_1 (x - \xi_1)(x - \xi_2) \ldots (x - g_m(\mu)) \ldots (x - \xi_n), \ \mu \in \mathbb{R}, \ C_1 \neq 0. \quad (12.39)$$

Für den Zweig von Gleichgewichtszuständen folgt somit: $\xi_m(\mu) = g_m(\mu) \ \forall \ g_m(\mu) \in \mathbb{R}$. Die Konstante C_1 wird entsprechend den Stabilitäts-Betrachtungen des vorherigen Abschnitts bestimmt. Zu beachten ist die erforderliche Begrenzung von $g_m(\mu)$. Wird die Funktion $g_m(\mu)$ zu stark verändert, dann kann es zu einer Berührung und Verschmelzung von zwei Gleichgewichtszuständen kommen. In diesem Fall verändert sich die Stabilität vorhandener Gleichgewichtszustände und eine notwendige Bedingung des Entwurfsprozesses wäre verletzt (siehe Tabelle 12.3).

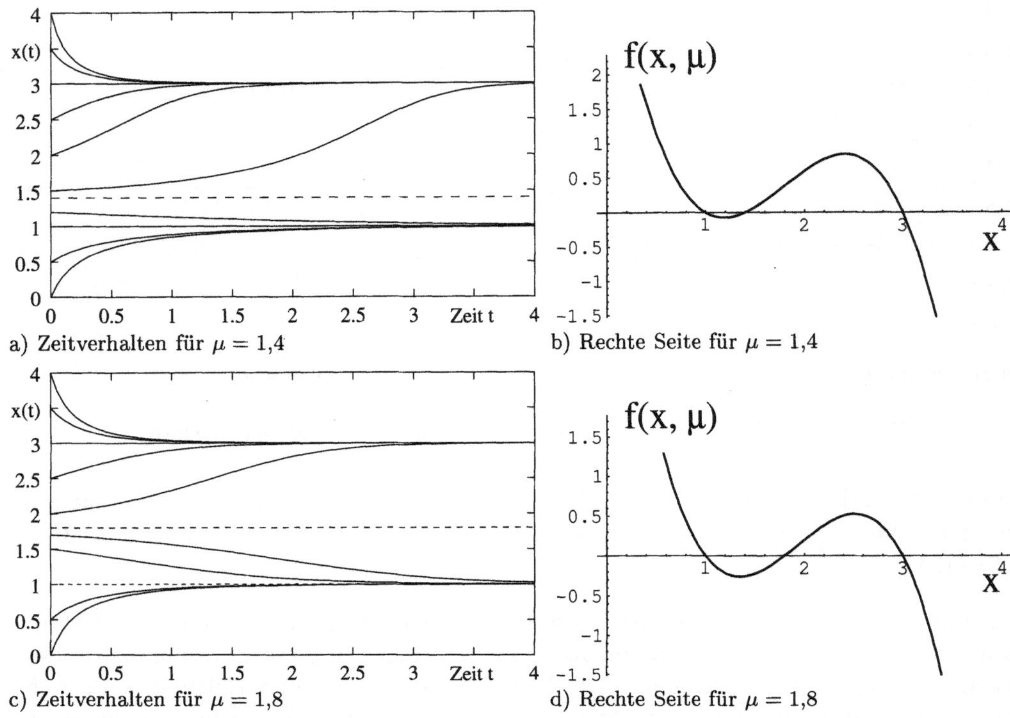

a) Zeitverhalten für $\mu = 1{,}4$ b) Rechte Seite für $\mu = 1{,}4$

c) Zeitverhalten für $\mu = 1{,}8$ d) Rechte Seite für $\mu = 1{,}8$

Bild 12.11: Parameterabhängiges Lösungsverhalten (1)

Geht man in Gl. (12.39) in Analogie zu Gl. (12.26) von einer geordneten Folge von Gleichgewichtszuständen aus, so gelten als Einschränkung für die Funktion $g_m(\mu)$:

$$\begin{aligned}
m = 1: &\quad -\infty < g_1(\mu) < \xi_2, \\
1 < m < n: &\quad \xi_{m-1} < g_m(\mu) < \xi_{m+1}, \\
m = n: &\quad \xi_{n-1} < g_n(\mu) < \infty.
\end{aligned} \tag{12.40}$$

Zum Zwecke der Erläuterung der Methode wird die Lage eines instabilen Gleichgewichtszustands als linear abhängige Funktion von μ synthetisiert: $g_m(\mu) = \mu$. Mit den vorgegebenen Lagen der zwei stabilen Gleichgewichtszustände $\xi_{S1} = 1$ und $\xi_{S2} = 3$ und der Wahl von $C_1 = -1$ liefert der Ansatz nach Gl. (12.39) die Differenzialgleichung:

$$\begin{aligned}
\dot{x} &= f(x,\mu) = -(x-1)(x-\mu)(x-3) \\
&= 3\mu - 3x - 4\mu x + 4x^2 + \mu x^2 - x^3 \quad \text{mit} \quad 1 < \mu < 3 \,.
\end{aligned} \tag{12.41}$$

Es werden verschiedene Parameter μ gewählt und dann das zugehörige Lösungsverhalten ermittelt. Die Ergebnisse sind im Bild 12.11 wiedergegeben. In diesen Darstellungen ist die parameterabhängige Lage des instabilen Gleichgewichtszustands gestrichelt gekennzeichnet.

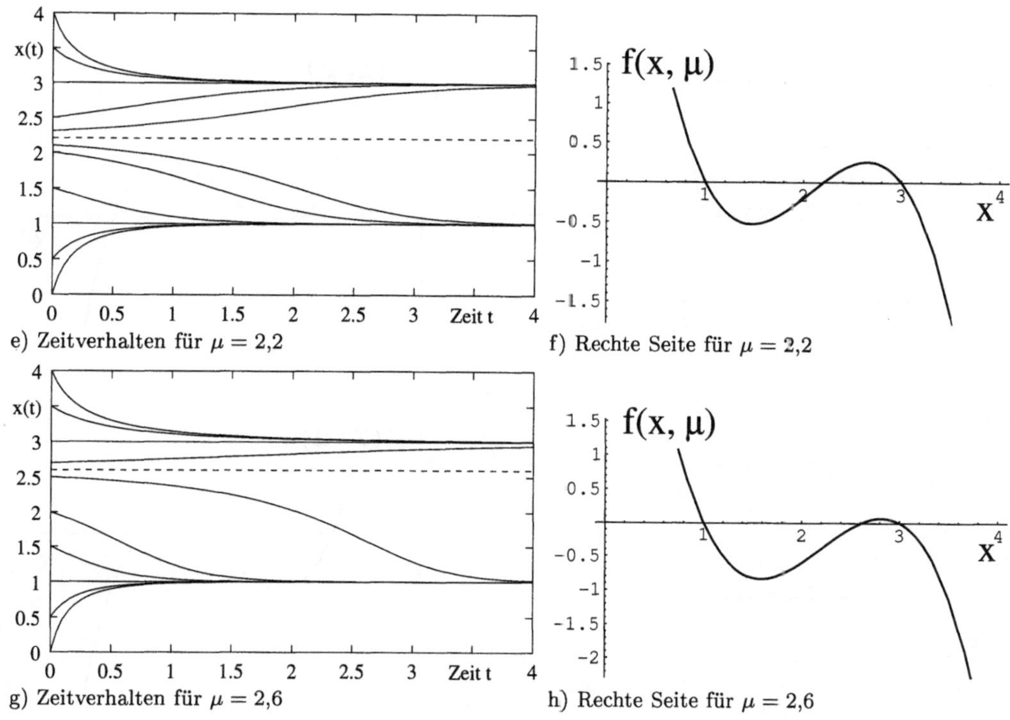

e) Zeitverhalten für $\mu = 2{,}2$ f) Rechte Seite für $\mu = 2{,}2$

g) Zeitverhalten für $\mu = 2{,}6$ h) Rechte Seite für $\mu = 2{,}6$

Bild 12.12: Parameterabhängiges Lösungsverhalten (2)

In den Schaltungsaufbauten sind wegen der erforderlichen Multiplikation die gemischten Terme $\mu^k x^l$ nur aufwendig zu realisieren (siehe dazu Unterabschnitt 12.1.1). Es ist zu prüfen, welche dieser Terme man vereinfachen oder weglassen kann, ohne das synthetisierte Verhalten qualitativ zu verändern.

In Analogie zur Gl. (12.38) soll durch Addition eines Parameters μ die stark vereinfachte Differenzialgleichung zur Nachbildung des parameterabhängigen Lösungsverhaltens von Gl. (12.41) verwendet werden:

$$\dot{x} = f(x, \mu) = -\mu + C_1(x - 2) - \left(e^{C_2\,(x-2)} - 1 \right) + \left(e^{C_2(-(x-2))} - 1 \right) . \qquad (12.42)$$

Das Lösungsverhalten dieser Differenzialgleichung mit den Werten $C_1 = 3{,}8$ sowie $C_2 = 1{,}4$ für ausgewählte Parameterwerte μ zeigt das Bild 12.13.

Das Lösungsverhalten praxisangepasster Differenzialgleichungen ist qualitativ (Anzahl und Stabilitätsverhalten der Gleichgewichtszustände) gleich. Wegen der verbesserten Realisierbarkeit ist Gl. (12.42) für den praktischen Aufbau zu bevorzugen.

12.3 Synthese durch die Formung der Differenzialgleichung für verschiedene Bifurkationstypen

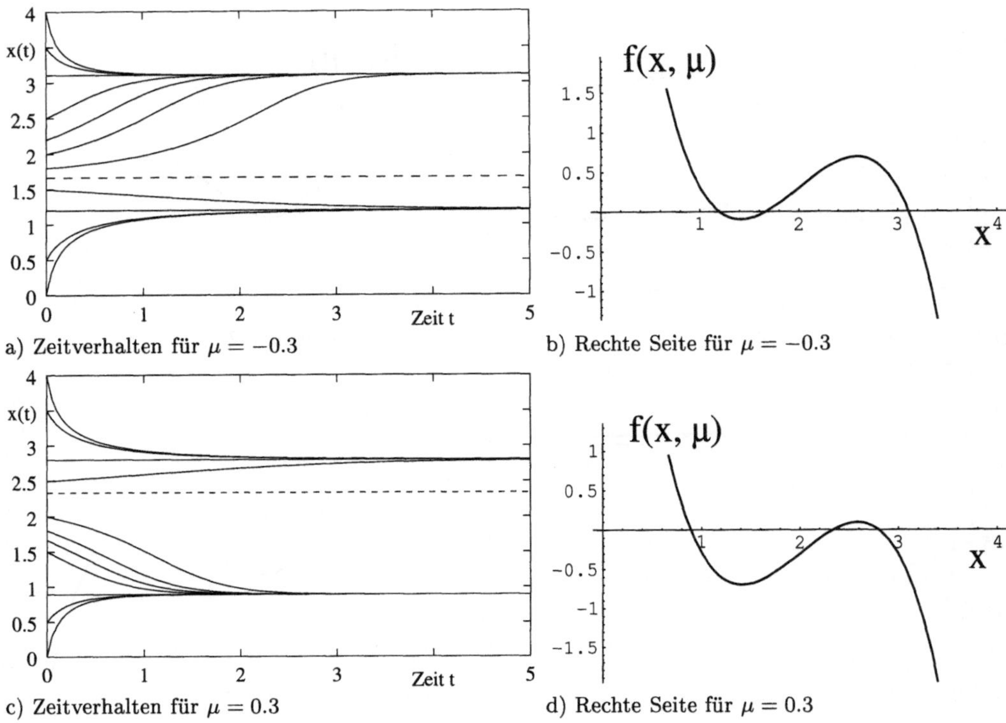

a) Zeitverhalten für $\mu = -0.3$

b) Rechte Seite für $\mu = -0.3$

c) Zeitverhalten für $\mu = 0.3$

d) Rechte Seite für $\mu = 0.3$

Bild 12.13: Parameterabhängiges Lösungsverhalten einer einfach realisierbaren Differenzialgleichung

Schrittweise erfolgt eine Anpassung an das tatsächlich geforderte dynamische Verhalten durch Analyse des erzielten Standes. Die so synthetisierte Differenzialgleichung weist parameterabhängige Gleichgewichtszustände einer vorgegebenen Stabilität auf. In dem vierten Schritt des Entwurfsprozesses ist nun nach der Tabelle 12.4 das Bifurkationsverhalten zu synthetisieren.

Für den gezielten Entwurf des Bifurkationsverhaltens sei zunächst gezeigt, wie man eine transkritische-, eine Sattel-Knoten- oder eine Gabel-Bifurkation synthetisieren kann. Es schließen sich dann Beispiele für den Entwurf kombinierter Bifurkationen an.

Von den Methoden zur Synthese analoger Schaltungen wird nun die *Methode durch Formung der Differenzialgleichung* herangezogen.

12.3.1 Mathematische Synthese der transkritischen Bifurkation

Bei der transkritischen Bifurkation bewegen sich bei Parameteränderung ein stabiler Gleichgewichtszustand $\xi_{m,1}(\mu)$ und ein instabiler Gleichgewichtszustand $\xi_{m,2}(\mu)$ aufeinander zu und im Bifurkationspunkt erfolgt ein Austausch der Stabilität. Anschließend entfernen sich die Gleichgewichtszustände $\xi_{m,3}(\mu)$ und $\xi_{m,4}(\mu)$ voneinander. Den

Austausch der Stabilität zweier parameterabhängiger Gleichgewichtszustände veranschaulicht Bild 7.17.

Die Modellierung einer Differenzialgleichung, die in einem vorgegebenen Punkt:

$$(x, \mu) = (\xi_m, \mu_m)$$

eine transkritische Bifurkation aufweist, beginnt bei der Gl. (7.100). Die ersten zwei Gleichungen:

$$f(\xi_m, \mu_m) = 0, \quad \frac{\partial f(\xi_m, \mu_m)}{\partial x} = 0$$

sowie die Vorgabe:

$$\frac{\partial f(\xi_m, \mu_m)}{\partial \mu} = 0$$

erfordern eine Nullstelle der rechten Seite und eine verschwindende Ableitung nach x bzw. μ im Bifurkationspunkt. Damit die vierte Gleichung

$$\frac{\partial^2 f(\xi_m, \mu_m)}{\partial x^2} \neq 0$$

erfüllt wird, muss die Funktion $f(x, \mu)$ (die rechte Seite der zu entwerfenden Differenzialgleichung) in der Umgebung des Bifurkationspunktes einen parabelförmigen Verlauf in x-Richtung aufweisen. Dies erfordert einen Term der x^2-Form. Die Gleichung

$$\frac{\partial^2 f(\xi_m, \mu_m)}{\partial x \partial \mu} \neq 0$$

besitzt einen Term der Form μx, somit folgt ein sattelförmiger Verlauf von $f(x, \mu)$.

Zur Veranschaulichung ist in Abbildung 12.14 die rechte Seite der Differenzialgleichung:

$$\dot{x} = f(x, \mu) = \mu x - x^2$$

dargestellt. Die Gleichgewichtszustände erhält man für die Schnittebene $f(x, \mu) = 0$.

Wenn man die in Abbildung 12.14 dargestellte Fläche für ausgewählte Werte von μ schneidet, so folgen die Verläufe in Abbildung 12.15. Zu beachten ist der Stabilitätsaustausch der Gleichgewichtszustände im Bifurkationspunkt $(x, \mu) = (0, 0)$.

Die Gleichgewichtszustände ξ_1 und ξ_4 sind stabil, da die Ableitungen von $f(x, \mu)$ nach x in diesen Punkten kleiner als Null sind. Die Gleichgewichtszustände ξ_2 und ξ_3 sind instabil. Ausgehend von Gl. (12.39) ist für eine zu synthetisierende transkritische Bifurkation im vorgegebenen Punkt (ξ_m, μ_m) als Ansatz eine Differenzialgleichung der Form:

$$\dot{x} = f(x, \mu) = C_1 \left[g_{m,1}(\mu) - (x - \xi_m)\right] \left[g_{m,2}(\mu) - (x - \xi_m)\right], \quad C_1 \neq 0 \qquad (12.43)$$

zu verwenden. Als Zweige aus Gleichgewichtszuständen resultieren für diesen Ansatz:

$$\xi_{m,1}(\mu) = g_{m,1}(\mu) + \xi_m \; \forall \mu < \mu_m, \; \xi_{m,2}(\mu) = g_{m,2}(\mu) + \xi_m \; \forall \mu < \mu_m,$$

$$\xi_{m,3}(\mu) = g_{m,1}(\mu) + \xi_m \; \forall \mu > \mu_m \text{ und } \xi_{m,4}(\mu) = g_{m,2}(\mu) + \xi_m \; \forall \mu > \mu_m \; . \qquad (12.44)$$

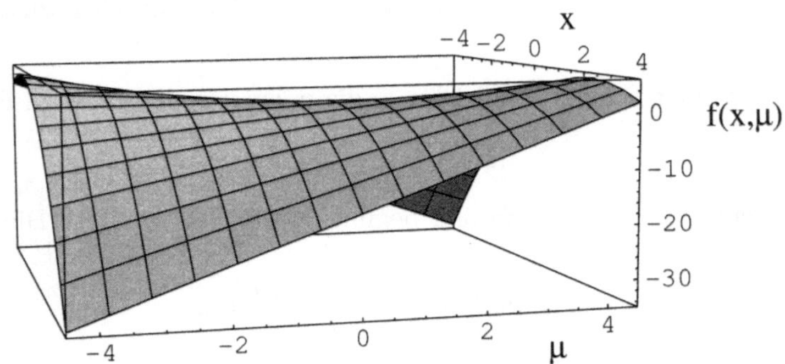

Bild 12.14: Parameterabhängigkeit der rechten Seite $f(x, \mu)$ einer Differenzialgleichung mit einer transkritischen Bifurkation im Punkt $(x, \mu) = (0, 0)$

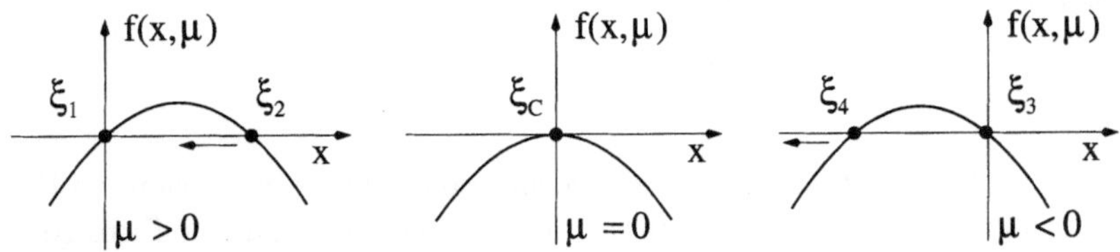

Bild 12.15: Parameterabhängigkeit einer transkritischen Bifurkation

Im Bifurkationspunkt erfolgt ein Stabilitätsaustausch zwischen den Zweigen $\xi_{m,1}$ und $\xi_{m,3}$ bzw. $\xi_{m,2}$ und $\xi_{m,4}$.

Die erste Bedingung $f(\xi_m, \mu_m) = 0$ wird von Gl. (12.43) durch Einschränkungen der Funktionen $g_{m,1}(\mu)$: $g_{m,1}(\mu_m) = 0$ bzw. $g_{m,2}(\mu)$: $g_{m,2}(\mu_m) = 0$ erfüllt.

Die zweite Gleichung: $\partial f(\xi_m, \mu_m)/\partial x = 0$ gilt unter diesen Einschränkungen ebenfalls, denn als Ableitung von Gl. (12.43) nach x folgt:

$$
\begin{aligned}
\frac{\partial f(x, \mu)}{\partial x} &= C_1 \left[g_{m,2}(\mu) - (x - \xi_m) + g_{m,1}(\mu) - (x - \xi_m) \right] \\
&= 0 \text{ für } x = \xi_m, \; g_{m,1}(\mu_m) = 0 \text{ und } g_{m,2}(\mu_m) = 0 \; .
\end{aligned}
\tag{12.45}
$$

Die dritte Gleichung von (7.100): $\partial f(\xi_m, \mu_m)/\partial \mu = 0$ ist mit differenzierbaren Funktionen $g_{m,1}(\mu)$ und $g_{m,2}(\mu)$ im Punkt μ_m erfüllt:

$$
\begin{aligned}
\frac{\partial f(x, \mu)}{\partial \mu} &= C_1 \left\{ \frac{\mathrm{d}g_{m,1}(\mu)}{\mathrm{d}\mu} \left[g_{m,2}(\mu) - (x - \xi_m) \right] + \frac{\mathrm{d}g_{m,2}(\mu)}{\mathrm{d}\mu} \left[g_{m,1}(\mu) - (x - \xi_m) \right] \right\} \\
&= 0 \text{ für } x = \xi_m, \; g_{m,1}(\mu_m) = 0 \text{ und } g_{m,2}(\mu_m) = 0 \; .
\end{aligned}
\tag{12.46}
$$

Die vierte Gleichung von (7.100): $\partial^2 f(\xi_m, \mu_m)/\partial x^2 \neq 0$ gilt elementar, denn mit der zweimaligen Ableitung von Gl. (12.43) nach x ergibt sich:

$$
\frac{\partial^2 f(x, \mu)}{\partial x^2} = C_1 \; .
\tag{12.47}
$$

Aus der fünften Gleichung von (7.100): $\partial^2 f(\xi_m, \mu_m)/\partial x \partial \mu \neq 0$ resultiert eine weitere Einschränkung $\mathrm{d}g_{m,1}(\mu)/\mathrm{d}\mu \neq -\mathrm{d}g_{m,2}(\mu)/\mathrm{d}\mu$ für $\mu = \mu_m$, denn die gemischte Ableitung von Gl. (12.43) nach x und μ zieht den Ausdruck:

$$\frac{\partial^2 f(x,\mu)}{\partial x \partial \mu} = C_1 \left[\frac{\mathrm{d}g_{m,1}(\mu)}{\mathrm{d}\mu} + \frac{\mathrm{d}g_{m,2}(\mu)}{\mathrm{d}\mu} \right]$$

$$\neq 0 \text{ für } \frac{\mathrm{d}g_{m,1}(\mu_m)}{\mathrm{d}\mu} \neq -\frac{\mathrm{d}g_{m,2}(\mu_m)}{\mathrm{d}\mu} \tag{12.48}$$

nach sich. Als Einschränkungen für $g_{m,1}$ und $g_{m,2}$ bestehen die Bedingungen:

$$g_{m,1}(\mu_m) = 0, \; g_{m,1}(\mu) \quad \text{ist in } \mu_m \text{ differenzierbar,}$$

$$g_{m,2}(\mu_m) = 0, \; g_{m,2}(\mu) \quad \text{ist in } \mu_m \text{ differenzierbar,}$$

$$\frac{\mathrm{d}g_{m,1}(\mu)}{\mathrm{d}\mu} \neq -\frac{\mathrm{d}g_{m,2}(\mu)}{\mathrm{d}\mu} \quad \text{für} \quad \mu = \mu_m. \tag{12.49}$$

Ist eine Differenzialgleichung mit mehreren parameterunabhängigen Gleichgewichtszuständen sowie eine transkritische Bifurkation im Punkt $(x, \mu) = (\xi_m, \mu_m)$ zu synthetisieren, dann bietet sich folgender Ansatz an:

$$\dot{x} = f(x,\mu) = C_1 (x - \xi_1) \cdots$$
$$\cdot [g_{m,1}(\mu) - (x - \xi_m)][g_{m,2}(\mu) - (x - \xi_m)] \cdots (x - \xi_n), \; C_1 \neq 0. \tag{12.50}$$

Satz 12.3 *Der Bifurkationspunkt (ξ_m, μ_m) einer transkritischen Bifurkation und eine Differenzialgleichung der Form (12.50) seien gegeben. Unter den Voraussetzungen:*

V1: $\xi_1 < \ldots < g_{m,1}(\mu) + \xi_m, \; g_{m,2}(\mu) + \xi_m < \ldots < \xi_n$ (geordnete Folge von Gleichgewichtslagen entsprechend (Gl. 12.26) und (Gl. 12.40))

V2: $g_{m,1}(\mu) = 0$ und $g_{m,2}(\mu) = 0$ für $\mu = \mu_m$ (entsprechend (Gl. 12.45))

V3: $\dfrac{\mathrm{d}g_{m,1}(\mu)}{\mathrm{d}\mu} \neq -\dfrac{\mathrm{d}g_{m,2}(\mu)}{\mathrm{d}\mu}$ für $\mu = \mu_m$ (entsprechend (Gl. 12.48))

V4: $g_{m,1}(\mu)$ und $g_{m,2}(\mu)$ in μ_m differenzierbar (entsprechend (Gl. 12.46))

tritt im Punkt (ξ_m, μ_m) eine transkritische Bifurkation auf.

Beweis: Im Beweis ist zu prüfen, ob für die Differenzialgleichung (12.50) die Bedingungen von Gl. (7.100) für das Auftreten einer transkritischen Bifurkation im Punkt (ξ_m, μ_m) gelten.

$$f(\xi_m, \mu_m) \overset{!}{=} 0 \; (1. \, Bedingung)$$
$$f(x,\mu) = C_1 (x - \xi_1) \cdots [g_{m,1}(\mu) - (x - \xi_m)][g_{m,2}(\mu) - (x - \xi_m)] \cdots (x - \xi_n)$$
$$f(\xi_m, \mu_m) = C_1 (\xi_m - \xi_1) \cdots [g_{m,1}(\mu_m) - (\xi_m - \xi_n)][g_{m,2}(\mu_m) - (\xi_m - \xi_m)] \cdots (\xi_m - \xi_n)$$
$$= 0, \tag{12.51}$$

$$\frac{\partial f(\xi_m, \mu_m)}{\partial x} \overset{!}{=} 0 \quad (2.\, Bedingung)$$

$$\frac{\partial f(x, \mu)}{\partial x} = C_1 \left\{ (x-\xi_2) \cdots [g_{m,1}(\mu) - (x-\xi_m)] \, [g_{m,2}(\mu) - (x-\xi_m)] \cdots (x-\xi_n) + \cdots \right.$$

$$+ (x-\xi_1)(x-\xi_2) \cdots [g_{m,2}(\mu) - (x-\xi_m)] \cdots (x-\xi_n) + \cdots$$

$$+ (x-\xi_1)(x-\xi_2) \cdots [g_{m,1}(\mu) - (x-\xi_m)] \cdots (x-\xi_n) + \cdots$$

$$\left. + (x-\xi_2) \cdots [g_{m,1}(\mu) - (x-\xi_m)] \, [g_{m,2}(\mu) - (x-\xi_m)] \cdots (x-\xi_{n-1}) \right\}$$

$$\frac{\partial f(\xi_m, \mu_m)}{\partial x} = 0, \tag{12.52}$$

$$\frac{\partial f(\xi_m, \mu_m)}{\partial \mu} \overset{!}{=} 0 \quad (3.\, Bedingung)$$

$$\frac{\partial f(x, \mu)}{\partial \mu} = C_1 (x - \xi_1)(x - \xi_2) \cdots \left\{ \frac{\mathrm{d}g_{m,1}(\mu)}{\mathrm{d}\mu} [g_{m,2}(\mu) - (x - \xi_m)] \right.$$

$$\left. + \frac{\mathrm{d}g_{m,2}(\mu)}{\mathrm{d}\mu} [g_{m,1}(\mu) - (x - \xi_m)] \right\} \cdots (x - \xi_n)$$

$$\frac{\partial f(\xi_m, \mu_m)}{\partial \mu} = 0, \tag{12.53}$$

$$\frac{\partial^2 f(\xi_m, \mu_m)}{\partial x^2} \overset{!}{\neq} 0 \quad (4.\, Bedingung)$$

$$\frac{\partial^2 f(x, \mu)}{\partial x^2} = 2\,C_1 \{ \ldots + (x-\xi_1)(x-\xi_2) \cdots (x-\xi_{m-1})(x-\xi_{m+1}) \cdots (x-\xi_n) + \ldots \}$$

$$\frac{\partial^2 f(\xi_m, \mu_m)}{\partial x^2} = 2\,C_1 \{ (\xi_m-\xi_1)(\xi_m-\xi_2) \cdots (\xi_m-\xi_{m-1})(\xi_m-\xi_{m+1}) \cdots (\xi_m-\xi_n) \}$$

$$\neq 0, \tag{12.54}$$

$$\frac{\partial^2 f(\xi_m, \mu_m)}{\partial x \partial \mu} \overset{!}{\neq} 0 \quad (5.\, Bedingung)$$

$$\frac{\partial^2 f(x, \mu)}{\partial x \partial \mu} = C_1 \left\{ (x-\xi_1)(x-\xi_2) \cdots \left[\frac{\mathrm{d}g_{m,1}(\mu)}{\mathrm{d}\mu} + \frac{\mathrm{d}g_{m,2}(\mu)}{\mathrm{d}\mu} \right] \cdots (x-\xi_n) \right\}$$

$$\frac{\partial^2 f(\xi_m, \mu_m)}{\partial x \partial \mu} = C_1 \left\{ (\xi_m-\xi_1)(\xi_m-\xi_2) \cdots \left[\frac{\mathrm{d}g_{m,1}(\mu_m)}{\mathrm{d}\mu} + \frac{\mathrm{d}g_{m,2}(\mu_m)}{\mathrm{d}\mu} \right] \cdots (\xi_m-\xi_n) \right\}$$

$$\neq 0. \tag{12.55}$$

Damit ist der Beweis für das Erfüllen der fünf Bedingungen von Gl. (7.100) im Bifurkationspunkt (ξ_m, μ_m) erbracht. $\square$

Zur Erläuterung der Methode soll eine nichtlineare Differenzialgleichung mit einer transkritischen Bifurkation im Punkt $(\xi_m, \mu_m) = (0, 0)$ synthetisiert werden. Zusätzlich ist vorgegeben, dass die Lagen der parameterabhängigen Gleichgewichtszustände linear von μ abhängen. Für $\mu < 0$ sei der obere Gleichgewichtszustand stabil.

Als Ansatz für die rechte Seite $f(x, \mu)$ der zu entwerfenden Differenzialgleichung wählt man nach Gl. (12.43):

$$\dot{x} = f(x, \mu) = C_1 \, (x - \mu) \, (x + 0.2 \, \mu) \, . \tag{12.56}$$

Das Vorzeichen von C_1 geht aus der Forderung für das Stabilitätsverhalten des Gleichgewichtszustands $x = -0{,}2 \, \mu$ für $\mu < 0$ hervor:

$$\begin{aligned}
\frac{\partial f(x, \mu)}{\partial x} &= C_1 \, [(x - \mu) + (x + 0{,}2 \, \mu)] \\
&= C_1 \, (-1{,}2 \, \mu) \overset{!}{<} 0 \quad \text{für} \quad x = -0{,}2 \, \mu \text{ und } \mu < 0. \tag{12.57}
\end{aligned}$$

Mit der Wahl $C_1 = -1$ liegt die vollständige Differenzialgleichung:

$$\dot{x} = -(x - \mu) \, (x + 0.2 \, \mu) \tag{12.58}$$

vor. Als Funktionen für die Zweige von Gleichgewichtszuständen gelten nun:

$$\begin{aligned}
\xi_{m,1}(\mu) &= -0{,}2 \, \mu \;\; \forall \; \mu < 0, \; stabil \\
\xi_{m,2}(\mu) &= \mu \;\; \forall \; \mu < 0, \; instabil \\
\xi_{m,3}(\mu) &= -0{,}2 \, \mu \;\; \forall \; \mu > 0, \; stabil \\
\xi_{m,4}(\mu) &= \mu \;\; \forall \; \mu > 0, \; instabil \, . \tag{12.59}
\end{aligned}$$

Diese Differenzialgleichung erfüllt alle Forderungen von Gl. (7.100) eines transkritischen Bifurkationspunktes.

Mit AUTO wurde das zugehörige Bifurkationsdiagramm gemäß Abbildung 12.16 berechnet. Als Ergebnis erhält man eine Wertetabelle mit den Lösungszweigen und den Koordinaten des Bifurkationspunktes (BP=Branch Point / Verzweigungspunkt).

Die entworfene Differenzialgleichung $\dot{x} = -(x - \mu) \, (x + 0{,}2 \, \mu)$ ist für den schaltungstechnischen Aufbau besonders gut geeignet, weil alle mathematischen Operationen dieser Gleichung (Integration, Multiplikation, Addition, Skalierung mit einem konstanten Faktor) einfach mit den beschriebenen Analog-Rechenschaltungen zu realisieren sind.

12.3.2   Sattel-Knoten-Bifurkationen in ihrer Synthese

Die Sattel-Knoten-Bifurkation zeichnet sich dadurch aus, dass bei einer Parameteränderung ein stabiler und ein instabiler Gleichgewichtszustand sich aufeinander zu bewegen, verschmelzen und schließlich verschwinden. Bei entgegengesetzter Veränderung des Parameters ergeben sich im Bifurkationspunkt zwei neue sich voneinander entfernende Gleichgewichtszustände. Mathematische Grundlagen für diesen Bifurkationstyp sowie Aussagen zur Ermittlung des Stabilitätsverhaltens enthält Unterabschnitt 7.2.2.

TY	LAB	PAR(1)	U(1)
EP	1	-1.000000	-1.000000
	2	-0.377746	-0.377746
BP	3	0.000000	0.000000
	4	0.318198	0.318198
EP	5	1.025305	1.025305

TY	LAB	PAR(1)	U(1)
	6	0.776638	-0.155327
EP	7	1.021783	-0.204356

TY	LAB	PAR(1)	U(1)
	8	-0.776638	0.155327
EP	9	-1.021783	0.204356

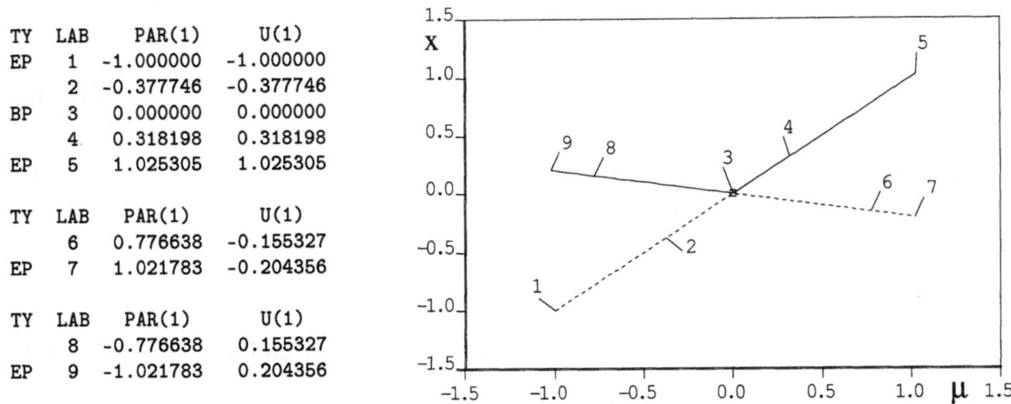

Bild 12.16: Bifurkationsdiagramm

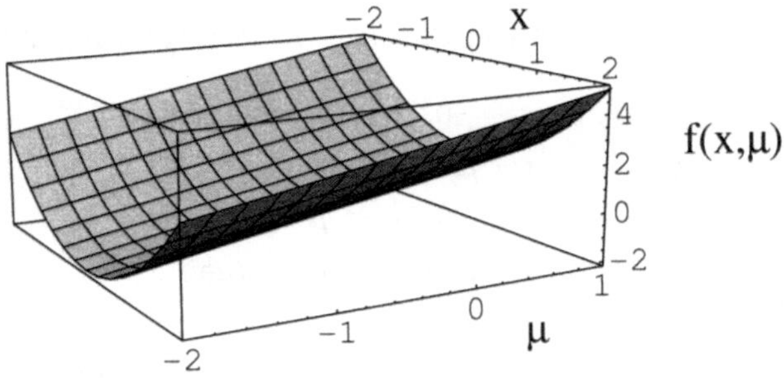

Bild 12.17: Parameterabhängigkeit der Funktion $f(x, \mu)$ einer Differenzialgleichung mit einer Sattel-Knoten-Bifurkation im Punkt $(x, \mu) = (0, 0)$

Ist eine Differenzialgleichung zu synthetisieren, die im Punkt $(x, \mu) = (\xi_m, \mu_m)$ eine Sattel-Knoten-Bifurkation aufweist, so muss die rechte Seite $f(x, \mu)$ im Bifurkationspunkt die Gln. (7.95) erfüllen.

Die ersten beiden Gleichungen: $f(\xi_m, \mu_m) = 0$, $\partial f(\xi_m, \mu_m)/\partial x = 0$ erfordern eine Nullstelle und eine verschwindende Ableitung im Bifurkationspunkt. Die dritte Gleichung mit der partiellen Ableitung $\partial f(\xi_m, \mu_m)/\partial \mu \neq 0$ muss einen Term in μ und die vierte Gleichung $\partial^2 f(\xi_m, \mu_m)/\partial x^2 \neq 0$ einen Term der x^2 - Form aufweisen. Die Abhängigkeit der Funktion $f(x, \mu)$ von den zwei Variablen x und μ einer Differenzialgleichung $\dot{x} = \mu + x^2$ mit einer Sattel-Knoten-Bifurkation im Punkt $(x, \mu) = (0, 0)$ ist im Bild 12.17 dargestellt.

Für ausgewählte Werte von μ enthält das Bild 12.18 Verläufe für die Funktion $f(x, \mu)$.

Der Gleichgewichtszustand ξ_1 bleibt stabil, weil die Ableitung von $f(x, \mu)$ nach x in diesem Punkt negativ ist. Der zweite Gleichgewichtszustand ξ_2 ist instabil.

Die mathematische Synthese einer Sattel-Knoten-Bifurkation im vorgegebenen Punkt (ξ_m, μ_m) erfolgt über die Modifikation des Ansatzes von Gl. (12.39). Dazu sind bei

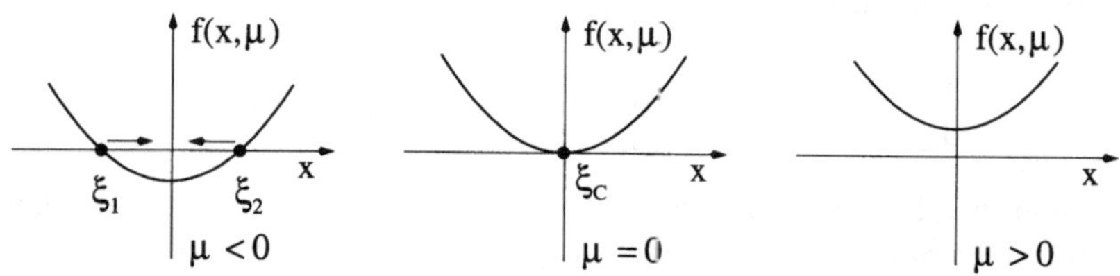

Bild 12.18: Parameterabhängigkeit einer Sattel-Knoten Bifurkation

der Sattel-Knoten-Bifurkation noch Paare von konjugiert komplexen Nullstellen zu synthetisieren. Das bewältigt der Ansatz:

$$\dot{x} = f(x,\mu) = C_1 \left[(x - \xi_m)^2 - g_m(\mu)\right], \; C_1 \neq 0 \; . \tag{12.60}$$

Die Nullstellen von Gl. (12.60) sind:

$$x_{m,1}(\mu) = \xi_m + \sqrt{g_m(\mu)} \; \text{und} \; x_{m,2}(\mu) = \xi_m - \sqrt{g_m(\mu)} \; . \tag{12.61}$$

Bei $g_m(\mu) > 0$ existieren die beiden Zweige von Gleichgewichtszuständen $\xi_{m,1}(\mu) = x_{m,1}(\mu)$ und $\xi_{m,2}(\mu) = x_{m,2}(\mu)$ mit unterschiedlichem Stabilitätsverhalten. Im Punkt $g_m(\mu_m) = 0$ tritt eine Sattel-Knoten-Bifurkation ein, denn in diesem Punkt verändert sich das Lösungsverhalten qualitativ (Übergang von zwei konjugiert komplexen Nullstellen über eine doppelte Nullstelle zu zwei reellen Nullstellen). Die Gleichung:

$$g_m(\mu) = 0 \; \text{für} \; \mu = \mu_m \tag{12.62}$$

ist somit eine erste Einschränkung der Funktion $g_m(\mu)$. Für $g_m(\mu) < 0$ existieren keine Gleichgewichtszustände $\xi_{m,1}$ und $\xi_{m,2}$. Es folgt somit für die Lage der Gleichgewichtszustände:

$$\xi_{m,1}(\mu) = \xi_m + \sqrt{g_m(\mu)}, \quad \xi_{m,2}(\mu) = \xi_m - \sqrt{g_m(\mu)} \quad \forall \, g_m(\mu) > 0. \tag{12.63}$$

Nun sind die Bedingungen aus Abschnitt 7.2.2 zu überprüfen: Der Ansatz in Gl. (12.60) erfüllt die erste Gleichung von (7.95): $f(\xi_m, \mu_m) = 0$ unter der Voraussetzung: $g_m(\mu) = 0$ für $\mu = \mu_m$. Die zweite Gleichung: $\partial f(\xi_m, \mu_m)/\partial x = 0$ ist ebenfalls erfüllt, denn es gilt:

$$\frac{\partial f(x,\mu)}{\partial x} = 2\,C_1\,(x - \xi_m) = 0 \; \text{für} \; x = \xi_m. \tag{12.64}$$

Die dritte Gleichung: $\partial f(\xi_m, \mu_m)/\partial \mu \neq 0$ resultiert eine weitere Einschränkung an $g_m(\mu)$: $\mathrm{d}g_m(\mu)/\mathrm{d}\mu \neq 0$ mit:

$$\frac{\partial f(x,\mu)}{\partial \mu} = C_1 \frac{\mathrm{d}g_m(\mu)}{\mathrm{d}\mu}$$

$$= \neq 0 \; \text{für} \; \frac{\mathrm{d}g_m(\mu)}{\mathrm{d}\mu} \neq 0 \; \text{im Punkt} \; \mu = \mu_m. \tag{12.65}$$

Deshalb gelten als Einschränkungen für $g_m(\mu)$:

$$g_m(\mu) = 0, \quad \frac{\mathrm{d}g_m(\mu)}{\mathrm{d}\mu} \neq 0 \quad \text{für } \mu = \mu_m \text{ und } g_m(\mu) \text{ in } \mu_m \text{ differenzierbar.} \quad (12.66)$$

Wenn eine Differenzialgleichung mit mehreren parameterunabhängigen Gleichgewichtszuständen mit einer Sattel-Knoten-Bifurkation im Punkt $(x, \mu) = (\xi_m, \mu_m)$ zu synthetisieren ist, führt der Ansatz nach Gl. (12.67):

$$\dot{x} = f(x, \mu) = C_1 \, (x - \xi_1)(x - \xi_2) \cdots \left[(x - \xi_m)^2 - g_m(\mu)\right] \cdots (x - \xi_n),\, C_1 \neq 0 \quad (12.67)$$

auf die gesuchten Ergebnisse.

Satz 12.4 *Der Bifurkationspunkt (ξ_m, μ_m) einer Sattel-Knoten-Bifurkation und eine Differenzialgleichung der Form (12.67) seien gegeben. Unter den Voraussetzungen*

V1: $\xi_1 < \dots < \xi_m - \sqrt{g_m(\mu)},\, \xi_m + \sqrt{g_m(\mu)} < \dots < \xi_n$ (Folge von geordneten Gleichgewichtszuständen entsprechend Gl. (12.26) und Gl. (12.40))

V2: $g_m(\mu) = 0$ für $\mu = \mu_m$ (entsprechend Gl. (12.62))

V3: $\dfrac{\mathrm{d}g_m(\mu)}{\mathrm{d}\mu} \neq 0$ für $\mu = \mu_m$ (entsprechend Gl. (12.65))

V4: $g_m(\mu)$ differenzierbar (entsprechend Gl. (12.65))

tritt im Punkt (ξ_m, μ_m) eine Sattel-Knoten-Bifurkation auf.

Beweis: Im Beweis ist zu prüfen, ob für die Differenzialgleichung (12.67) die Bedingungen von Gl. (7.95) für eine Sattel-Knoten-Bifurkation im Punkt (ξ_m, μ_m) gelten:

$$\begin{aligned}
f(\xi_m, \mu_m) &\overset{!}{=} 0 \ (1.\,Bedingung) \\
f(x, \mu) &= C_1 \, (x - \xi_1) \dots \left[(x - \xi_m)^2 - g_m(\mu)\right] \dots (x - \xi_n) \\
f(\xi_m, \mu_m) &= C_1 \, (\xi_m - \xi_1) \dots \left[(\xi_m - \xi_m)^2 - g_m(\mu_m)\right] \dots (\xi_m - \xi_n) \\
&= 0, \quad (12.68)
\end{aligned}$$

$$\begin{aligned}
\frac{\partial f(\xi_m, \mu_m)}{\partial x} &\overset{!}{=} 0 \ (2.\,Bedingung) \\
\frac{\partial f(x, \mu)}{\partial x} &= C_1\{(x - \xi_2) \dots \left[(x - \xi_m)^2 - g_m(\mu)\right] \dots (x - \xi_n) + \dots \\
&\quad + (x - \xi_1)\,(x - \xi_2) \dots \left[2\,(x - \xi_m)\right] \dots (x - \xi_n) + \dots \\
&\quad + (x - \xi_2) \dots \left[(x - \xi_m)^2 - g_m(\mu)\right] \dots (x - \xi_{n-1})\} \\
\frac{\partial f(\xi_m, \mu_m)}{\partial x} &= 0, \quad (12.69)
\end{aligned}$$

$$\frac{\partial f(\xi_m, \mu_m)}{\partial \mu} \overset{!}{\neq} 0 \ (3.\,Bedingung)$$

$$\frac{\partial f(x, \mu)}{\partial \mu} = C_1 \left\{ (x - \xi_1)(x - \xi_2)\ldots - \frac{dg_m(\mu)}{d\mu}\ldots(x - \xi_n) \right\}$$

$$\frac{\partial f(\xi_m, \mu_m)}{\partial \mu} \neq 0, \tag{12.70}$$

$$\frac{\partial^2 f(\xi_m, \mu_m)}{\partial x^2} \overset{!}{\neq} 0 \ (4.\,Bedingung)$$

$$\frac{\partial 2 f(x, \mu)}{\partial x^2} = C_1\{\ldots + (\xi_m - \xi_1)(\xi_m - \xi_2)\ldots 2 \ldots(x - \xi_n) + \ldots\}$$

$$\frac{\partial^2 f(\xi_m, \mu_m)}{\partial x^2} = 2 C_1(\xi_m - \xi_1)(\xi_m - \xi_2)\ldots(\xi_m - \xi_{m-1})(\xi_m - \xi_{m+1})\ldots(x - \xi_n)$$

$$\neq 0. \tag{12.71}$$

Der Beweis liefert das Vorliegen einer Sattel-Knoten-Bifurkation im Punkt (ξ_m, μ_m).
□

Im Fortgang der mathematischen Synthese erfolgt eine Formung der Terme, damit die Differenzialgleichung im Punkt $(\xi_m, \mu_m) = (0, 0)$ eine Sattel-Knoten-Bifurkation aufweist. Zusätzlich ist zu fordern, dass sich die Parabel nach links öffnet und der stabile Zweig unter dem instabilen liegt.

Mit dem Ansatz nach Gl. (12.63) und den Einschränkungen in Gl. (12.66) wählt man zum Beispiel $g_m(\mu_m) = -\mu$ und erhält:

$$\xi_{m,1}(\mu) = \xi_m + \sqrt{-\mu + \mu_m}, \ \xi_{m,2}(\mu) = \xi_m - \sqrt{-\mu + \mu_m}$$
$$\xi_{m,1}(\mu) = \sqrt{-\mu}, \ \xi_{m,2}(\mu) = -\sqrt{-\mu}. \tag{12.72}$$

Mit dem Ansatz gemäß Gl. (12.60) resultiert die Differenzialgleichung:

$$\dot{x} = f(x, \mu) = C_1 \left(\mu + x^2 \right). \tag{12.73}$$

Die Konstante C_1 geht aus der Forderung hervor, dass der untere Parabelast mit der Funktion $x = -\sqrt{-\mu}$ stabil sein soll:

$$\frac{\partial f(x, \mu)}{\partial x} = 2 C_1 x$$

$$= -2 C_1 \sqrt{-\mu} \overset{!}{<} 0 \text{ für } x = -\sqrt{-\mu} \text{ und } \mu < 0. \tag{12.74}$$

Mit der Wahl $C_1 = 1$ gewinnt man als vollständige Differenzialgleichung:

$$\dot{x} = f(x, \mu) = \mu + x^2. \tag{12.75}$$

Das Bifurkationsdiagramm für diese Gleichung gibt das Bild 12.19 wieder.

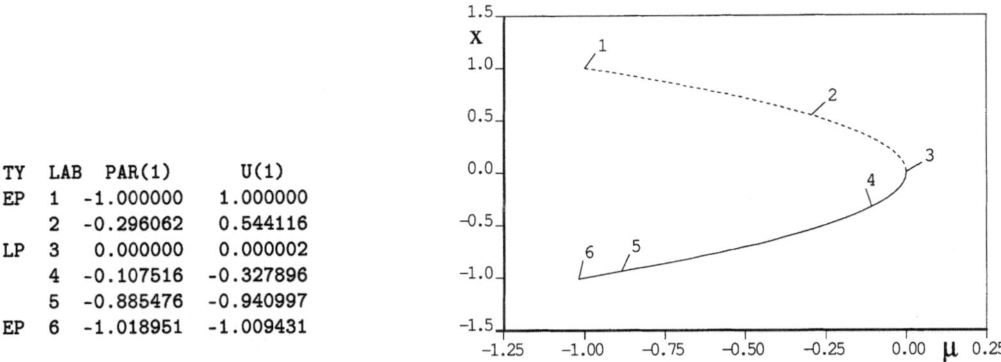

TY	LAB	PAR(1)	U(1)
EP	1	-1.000000	1.000000
	2	-0.296062	0.544116
LP	3	0.000000	0.000002
	4	-0.107516	-0.327896
	5	-0.885476	-0.940997
EP	6	-1.018951	-1.009431

Bild 12.19: Bifurkationsdiagramm einer entworfenen Sattel-Knoten-Bifurkation

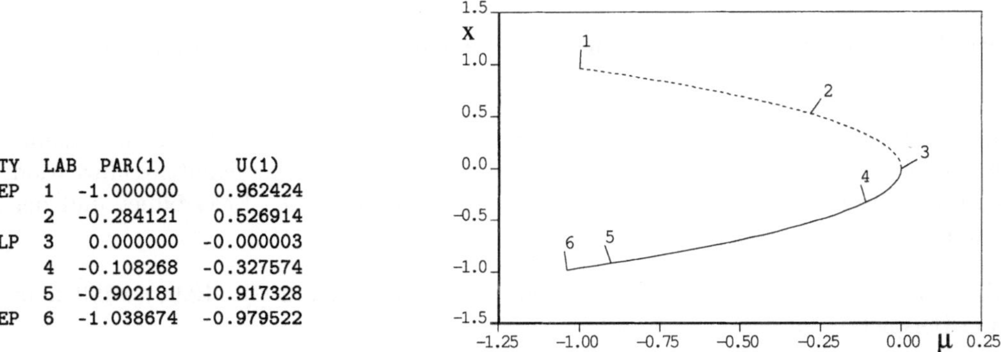

TY	LAB	PAR(1)	U(1)
EP	1	-1.000000	0.962424
	2	-0.284121	0.526914
LP	3	0.000000	-0.000003
	4	-0.108268	-0.327574
	5	-0.902181	-0.917328
EP	6	-1.038674	-0.979522

Bild 12.20: Diagramm der Sattel-Knoten-Bifurkation

Für den praktischen Schaltungsaufbau zur Differenzialgleichung (12.75) wird erprobt, wie der quadratische Term mittels Exponentialfunktionen aus der Tabelle 12.2 zu approximieren ist. Dazu verwendet man eine normierte Exponentialfunktion entsprechend Gl. (12.3). Als Differenzialgleichung folgt die Formel:

$$\dot{x} = f(x,\mu) = \mu + (e^x - 1) + (e^{-x} - 1) \,. \tag{12.76}$$

Das Bifurkationsdiagramm für die modifizierte Differenzialgleichung gibt das Bild 12.20 wieder.

Der Vergleich der beiden Bifurkationsdiagramme zeigt eine sehr gute Übereinstimmung für den dargestellten Parameterbereich. Die qualitativen Kriterien wie das Bifurkations- und Stabilitätsverhalten stimmen zwischen der entworfenen Gleichung (12.75) und der praxisangepassten Differenzialgleichung (12.76) überein. Die nichtlinearen Kennlinien der Exponentialfunktionen sind jedoch wesentlich einfacher zu realisieren. Für den Aufbau von Anwendungen mit Sattel-Knoten-Bifurkationen ist die Gl. (12.76) deshalb zu bevorzugen.

12.3.3   Synthese von Gabel-Bifurkationen

Bei der Gabel-Bifurkation weist bei Parameteränderung ein Zweig von Gleichgewichtszuständen eine konstante Lage auf, die im Bifurkationspunkt seine Stabilität ändert. Zusätzlich entstehen bzw. verschwinden im Bifurkationspunkt zwei zusätzliche Zweige von Gleichgewichtszuständen derselben Stabilität. Ein Bifurkationsdiagramm für diesen Typ von Bifurkation zeigt das Bild 7.20.

Gilt es, eine Differenzialgleichung $\dot{x} = f(x,\mu)$ zu synthetisieren, die in dem Punkt $(x,\mu) = (\xi_m,\mu_m)$ eine Gabel-Bifurkation aufweist, so muss die Funktion der rechten Seite $f(x,\mu)$ im Bifurkationspunkt die Gln.(7.2.2) erfüllen.

Die ersten vier Gleichungen:

$$f(\xi_m,\mu_m) = 0, \quad \frac{\partial}{\partial\mu}\, f(\xi_m,\mu_m) = 0, \quad \frac{\partial}{\partial x}\, f(\xi_m,\mu_m) = 0, \quad \frac{\partial^2}{\partial x^2}\, f(\xi_m,\mu_m) = 0$$

erfordern eine Nullstelle, eine verschwindende Ableitung der rechten Seite nach μ sowie eine verschwindende erste und zweite Ableitung nach x. Die fünfte Gleichung:

$$\frac{\partial^2 f(\xi_m,\mu_m)}{\partial x\,\partial\mu} \neq 0$$

erfüllt ein Term der Form $x\cdot\mu$, also ein sattelförmiger Verlauf von $f(x,\mu)$. Die sechste Gleichung:

$$\frac{\partial^3 f(\xi_m,\mu_m)}{\partial x^3} \neq 0$$

ist ein Term der Form x^3. Die Abhängigkeit von der Funktion $f(x,\mu)$ der Differenzialgleichung $\dot{x} = f(x,\mu) = \mu x - x^3$ mit einer Gabel-Bifurkation im Punkt $(x,\mu) = (0,0)$ gibt das Bild 12.21 wieder. Mit ausgewählten Werten von μ folgen für die Funktion $f(x,\mu)$ die Verläufe von Abbildung 12.22.

Die Auswahl der Gleichgewichtszustände in den Punkten ξ_1, ξ_3 ergibt Stabilität und in ξ_2 Instabilität. Der Zustand in ξ_C weist einen Zentrumspunkt auf.

Aufgrund der Gl. (12.39) kann man für eine zu synthetisierende Gabel-Bifurkation im vorgegebenen Punkt (ξ_m,μ_m) folgenden Ansatz für die Differenzialgleichung verwenden:

$$\begin{aligned}
\dot{x} = f(x,\mu) &= C_1\,(x-\xi_m)\left[g_m(\mu) - (x-\xi_m)^2\right], \\
&= C_1\left[g_m(\mu)\,(x-\xi_m) - (x-\xi_m)^3\right]. \quad C_1 \neq 0 \quad\quad (12.77)
\end{aligned}$$

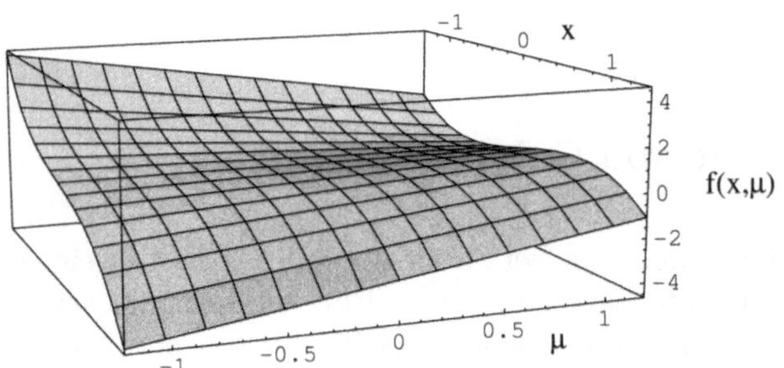

Bild 12.21: Parameterabhängigkeit von $f(x,\mu)$ einer Differenzialgleichung mit Gabel-Bifurkation im Punkt $(x,\mu) = (0,0)$

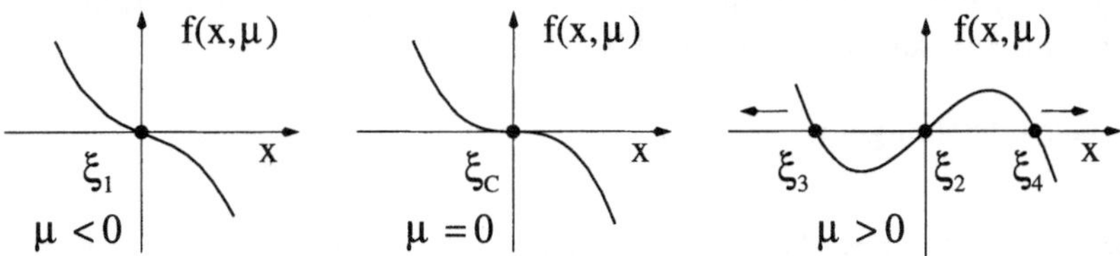

Bild 12.22: Gabel-Bifurkationen infolge Parameteränderung

Für die Zweige von Gleichgewichtszuständen gelten:

$$\xi_{m,1}(\mu) = \xi_m \ \forall \ \mu < \mu_m, \ \xi_{m,2}(\mu) = \xi_m - \sqrt{g_m(\mu)} \ \forall \ g_m(\mu) > 0,$$

$$\xi_{m,3}(\mu) = \xi_m \ \forall \ \mu > \mu_m \ \text{und} \ \xi_{m,4}(\mu) = \xi_m + \sqrt{g_m(\mu)} \ \forall \ g_m(\mu) > 0. \quad (12.78)$$

Dieser Ansatz erfüllt im Punkt (ξ_m, μ_m) die erste Gleichung von (7.2.2). Für die Ableitung von Gl. (12.77) nach μ folgt:

$$\begin{aligned}
\frac{\partial f(x,\mu)}{\partial \mu} &= C_1 \frac{\mathrm{d}g_m(\mu)}{\mathrm{d}\mu} (x - \xi_m) \\
&= 0 \ \text{für} \ x = \xi_m \ \text{und} \ g_m(\mu) \ \text{im Punkt} \ \mu_m \ \text{differenzierbar} \ . \quad (12.79)
\end{aligned}$$

Die Ableitung nach x ergibt die Formel:

$$\begin{aligned}
\frac{\partial f(x,\mu)}{\partial x} &= C_1 \left[g_m(\mu) - 3 (x - \xi_m)^2 \right] \\
&= 0 \ \text{für} \ x = \xi_m \ \text{und} \ g_m(\mu) = 0 \ \text{im Punkt} \ \mu = \mu_m \ . \quad (12.80)
\end{aligned}$$

Die erneute Ableitung nach x liefert:

$$\begin{aligned}
\frac{\partial^2 f(x,\mu)}{\partial x^2} &= 6\,C_1 (x - \xi_m) \\
&= 0 \qquad \text{für} \ x = \xi_m \quad (12.81)
\end{aligned}$$

und für die gemischte Ableitung erhält man:

$$\frac{\partial^2 f(x,\mu)}{\partial x \partial \mu} \;=\; C_1 \frac{\mathrm{d}g_m(\mu)}{\mathrm{d}\mu}$$

$$\neq \;\; 0 \text{ für } \frac{\mathrm{d}g_m(\mu)}{\mathrm{d}\mu} \neq 0 \text{ im Punkt } \mu = \mu_m \;. \tag{12.82}$$

Die letzte Bedingung in Gl. (7.2.2) ist elementar erfüllt, denn es gilt:

$$\frac{\partial^3 f(x,\mu)}{\partial x^3} = 6\,C_1 \;. \tag{12.83}$$

Als Einschränkungen für $g_m(\mu)$ wird somit die Bedingung gewonnen:

$$g_m(\mu) = 0,\; \frac{\mathrm{d}g_m(\mu)}{\mathrm{d}\mu} \neq 0 \text{ für } \mu = \mu_m \text{ und } g_m(\mu) \text{ in } \mu_m \text{ differenzierbar} \;. \tag{12.84}$$

Ist eine Differenzialgleichung mit mehreren parameterunabhängigen Gleichgewichtszuständen sowie einer Gabel-Bifurkation im Punkt $(x,\mu) = (\xi_m, \mu_m)$ zu formen, dann verwendet man nach dem Gesagten den Ansatz:

$$\dot{x} = f(x,\mu) = C_1\,(x - \xi_1)\ldots\left[g_m(\mu)\,(x - \xi_m) - (x - \xi_m)^3\right]\ldots(x - \xi_n),\; C_1 \neq 0 \;. \tag{12.85}$$

Es gilt der Satz:

Satz 12.5 *Der Bifurkationspunkt (ξ_m, μ_m) einer Gabel-Bifurkation und eine Differenzialgleichung der Form (12.85) seien gegeben. Unter den Voraussetzungen*

V1: $\xi_1 < \ldots < \xi_m, \xi_m - \sqrt{g_m(\mu)}, \xi_m + \sqrt{g_m(\mu)} < \ldots < \xi_n$ (geordnete Folge von Gleichgewichtszuständen entsprechend Gl. (12.26) und Gl. (12.40))

V2: $g_m(\mu) = 0$ für $\mu = \mu_m$ (entsprechend Gl. (12.80))

V3: $\mathrm{d}g_m(\mu)\,/\,\mathrm{d}\mu \neq 0$ für $\mu = \mu_m$ (entsprechend Gl. (12.82))

V4: $g_m(\mu)$ in μ_m differenzierbar (entsprechend Gl. (12.79))

tritt im Punkt (ξ_m, μ_m) eine Gabel-Bifurkation auf.

Beweis: Im Beweis ist zu zeigen, ob für die Gl. (12.85) die Bedingungen von Gl. (7.2.2) für das Auftreten einer Gabel-Bifurkation im Punkt (ξ_m, μ_m) gelten.

Diese Bedingungen führen auf folgende Ergebnisse:

$$f(\xi_m, \mu_m) \;\overset{!}{=}\; 0 \;(1.\,Bedingung)$$

$$f(x,\mu) \;=\; C_1\,(x - \xi_1)\cdots\left[g_m(\mu)\,(x - \xi_m) - (x - \xi_m)^3\right]\cdots(x - \xi_n)$$

$$f(\xi_m, \mu_m) \;=\; C_1\,(\xi_m - \xi_1)\cdots\left[g_m(\mu_m)\,(\xi_m - \xi_m) - (\xi_m - \xi_m)^3\right]\cdots(\xi_m - \xi_n)$$

$$=\; 0 \tag{12.86}$$

$$\frac{\partial f(\xi_m,\mu_m)}{\partial x} \;\overset{!}{=}\; 0 \quad (2.\,Bedingung)$$

$$\frac{\partial f(x,\mu)}{\partial x} = C_1 \left\{ (x-\xi_2)\cdots\left[g_m(\mu)\,(x-\xi_m)-(x-\xi_m)^3\right]\cdots(x-\xi_n)+\ldots \right.$$

$$+(x-\xi_1)\,(x-\xi_2)\cdots\left[g_m(\mu)-3\,(x-\xi_m)^2\right]\cdots(x-\xi_n)+\ldots$$

$$\left. +(x-\xi_2)\cdots\left[g_m(\mu)\,(x-\xi_m)-(x-\xi_m)^3\right]\cdots(x-\xi_{n-1})\right\}$$

$$\frac{\partial f(\xi_m,\mu_m)}{\partial x} = 0, \tag{12.87}$$

$$\frac{\partial f(\xi_m,\mu_m)}{\partial \mu} \;\overset{!}{=}\; 0 \quad (3.\,Bedingung)$$

$$\frac{\partial f(x,\mu)}{\partial \mu} = C_1 \left\{ (x-\xi_1)\,(x-\xi_2)\cdots\frac{dg_m(\mu)}{d\mu}\,(x-\xi_m)\cdots(x-\xi_n)\right\}$$

$$\frac{\partial f(\xi_m,\mu_m)}{\partial \mu} = 0, \tag{12.88}$$

$$\frac{\partial^2 f(\xi_m,\mu_m)}{\partial x^2} \;\overset{!}{=}\; 0 \quad (4.\,Bedingung)$$

$$\frac{\partial^2 f(x,\mu)}{\partial x^2} = C_1 \left\{ \ldots + (x-\xi_1)\,(x-\xi_2)\cdots 6\,(x-\xi_m)\cdots(x-\xi_n)+\ldots\right\}$$

$$\frac{\partial^2 f(\xi_m,\mu_m)}{\partial x^2} = 0, \tag{12.89}$$

$$\frac{\partial^2 f(\xi_m,\mu_m)}{\partial x\partial \mu} \;\overset{!}{\neq}\; 0 \quad (5.\,Bedingung)$$

$$\frac{\partial^2 f(x,\mu)}{\partial x\partial \mu} = C_1 \left\{ (x-\xi_1)\,(x-\xi_2)\cdots\frac{dg_m(\mu)}{d\mu}\,(x-\xi_m)\cdots(x-\xi_n)+\ldots \right.$$

$$+(x-\xi_1)\,(x-\xi_2)\cdots\frac{dg_m(\mu)}{d\mu}\cdots(x-\xi_n)+\ldots$$

$$\left. +(x-\xi_1)\,(x-\xi_2)\cdots\frac{dg_m(\mu)}{d\mu}\,(x-\xi_m)\cdots(x-\xi_{n-1})\right\}$$

$$\frac{\partial^2 f(\xi_m,\mu_m)}{\partial x\partial \mu} = C_1 \left\{ (\xi_m-\xi_1)\,(\xi_m-\xi_2)\cdots\frac{dg_m(\mu_m)}{d\mu}\cdots(\xi_m-\xi_n)\right\}$$

$$\neq 0, \tag{12.90}$$

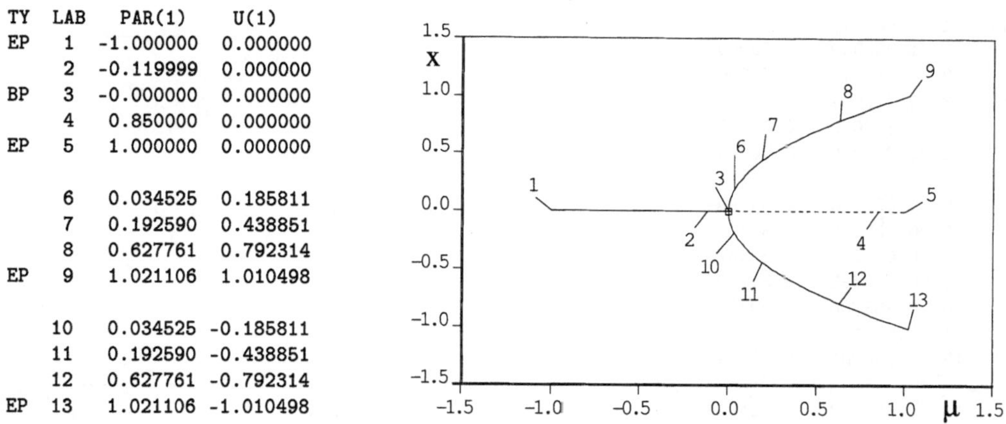

Bild 12.23: Bifurkationsdiagramm zur mathematisch synthetisierten Gabel-Bifurkation

$$\frac{\partial^3 f(\xi_m, \mu_m)}{\partial x^3} \;\overset{!}{\neq}\; 0 \;\; (6.\,Bedingung)$$

$$\frac{\partial^3 f(x, \mu)}{\partial x^3} = C_1\{\ldots + (\xi_m - \xi_1)(\xi_m - \xi_2)\cdots 6 \cdots (x - \xi_n) + \ldots\}$$

$$\frac{\partial^3 f(\xi_m, \mu_m)}{\partial x^3} = 6\,C_1(\xi_m - \xi_1)(\xi_m - \xi_2)\cdots(\xi_m - \xi_{m-1})(\xi_m - \xi_{m+1})\cdots(x - \xi_n)$$

$$\neq\; 0. \tag{12.91}$$

Die sechs Bedingungen für die Gl. (12.85) im Bifurkationspunkt (ξ_m, μ_m) sind erfüllt.

$\square$

Innerhalb der mathematischen Synthese (nur hinreichend) soll nach der Formung der Terme eine Differenzialgleichung entworfen werden, welche im Punkt $(\xi_m, \mu_m) = (0, 0)$ eine Gabel-Bifurkation mit nach rechts geöffneter Gabel aufweist. Bei einer angenommenen linearen Parameterabhängigkeit $g_m(\mu) = \mu$ und dem Ansatz entsprechend Gl. (12.78) folgen:

$$\xi_{m,1}(\mu) = 0 \;\forall\; \mu < \mu_m, \;\; \xi_{m,2}(\mu) = -\sqrt{\mu} \;\forall\; \mu > \mu_m,$$
$$\xi_{m,3}(\mu) = 0 \;\forall\; \mu > \mu_0 \;\text{und}\; \xi_{m,4}(\mu) = \sqrt{\mu} \;\forall\; \mu > \mu_m\,. \tag{12.92}$$

Als Differenzialgleichung geht damit Gl. (12.93):

$$\dot{x} = f(x, \mu) = C_1\left(\mu\,x - x^3\right) \tag{12.93}$$

hervor. Die Stabilitätsuntersuchungen ergeben ein positives Vorzeichen für C_1:

$$\dot{x} = f(x, \mu) = \mu\,x - x^3\,. \tag{12.94}$$

Das zugehörige Bifurkationsdiagramm enthält das Bild 12.23.

```
TY  LAB    PAR(1)      U(1)
EP   1  -1.000000   0.000000
     2  -0.119999   0.000000
BP   3   0.020000   0.000000
     4   0.870000   0.000000
EP   5   1.020000   0.000000

     6   0.022288   0.814995
     7   0.032936   1.814934
     8   0.059071   2.814573
     9   0.118683   3.812696
    10   0.253736   4.803024
    11   0.549181   5.756117
EP  12   1.000395   6.473245

    13   0.022288  -0.814995

    14   0.032936  -1.814934
    15   0.059071  -2.814573
    16   0.118683  -3.812696

    17   0.253736  -4.803024
    18   0.549181  -5.756117
EP  19   1.000395  -6.473245
```

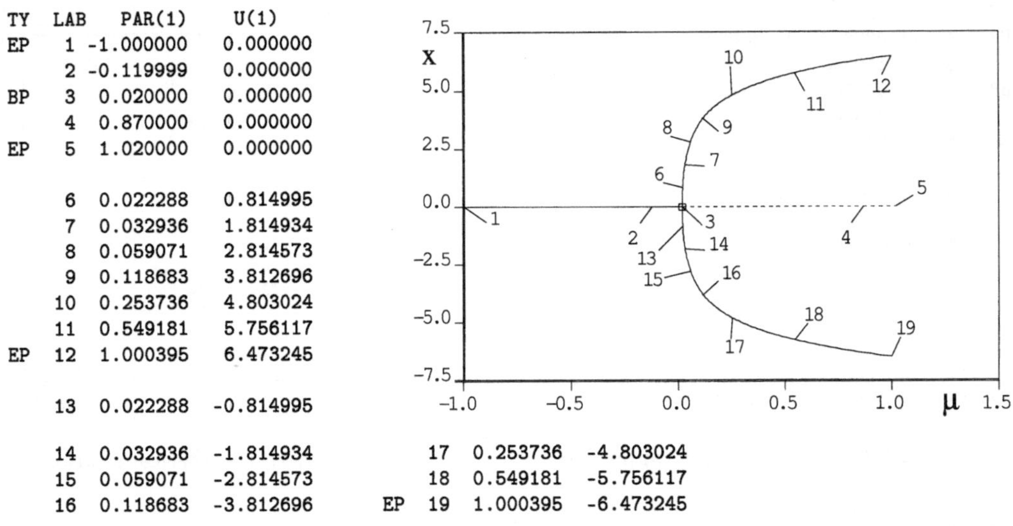

Bild 12.24: Bifurkationsdiagramm einer Gabel-Bifurkation mit praxisangepasster Differenzialgleichung

Zur Realisierung der Gl. (12.94) ist zu untersuchen, auf welche Weise man den quadratischen Term mittels Exponentialfunktionen nach Tabelle 12.2 approximiert. Dazu verwendet man vorzugsweise Exponentialfunktionen entsprechend Gl. (12.3) und Gl. (12.4):

$$y = C_1\left(e^{C_2\,x} - 1\right),$$
$$y = -C_1\left(e^{-C_2\,x} - 1\right)$$

und erhält die Differenzialgleichung:

$$\dot{x} = f(x,\mu) = \mu\,x - C_1\left(e^{C_2\,x} - 1\right) + C_1\left(e^{-C_2\,x} - 1\right). \tag{12.95}$$

Das Bifurkationsdiagramm für diese modifizierte Differenzialgleichung mit den vorgegebenen Werten $C_1 = 0{,}01$ und $C_2 = 1$ gibt das Bild 12.24 wieder. Das Bifurkationsdiagramm der praxisangepassten Differenzialgleichung weist im Vergleich zum Bifurkationsverhalten vom Bild 12.23 der originalen Gleichung (12.94) quantitative Unterschiede auf.

Die Bifurkationspunkte $(x,\mu) = (0,0)$ der Gl. (12.94) bzw. $(x,\mu) = (0,0{,}2)$ von Gl. (12.95) weichen geringfügig voneinander ab. Die Gabel der praxisangepassten Gleichung öffnet sich zudem etwa stärker als die Gabel von Gl. (12.94). Diese Unterschiede beeinflussen jedoch nicht das qualitativ synthetisierte Lösungsverhalten. Die notwendigen Stabilitätskriterien für die Gleichgewichtszustände und für diesen Bifurkationstyp entsprechend der Tabelle 12.3 bleiben unverändert und sind somit tolerierbar.

Für den elektrotechnischen Aufbau ist wegen der wesentlich einfacheren Realisierbarkeit die Gl. (12.95) vorzuziehen. Diese Gleichung weist die mathematischen Operationen

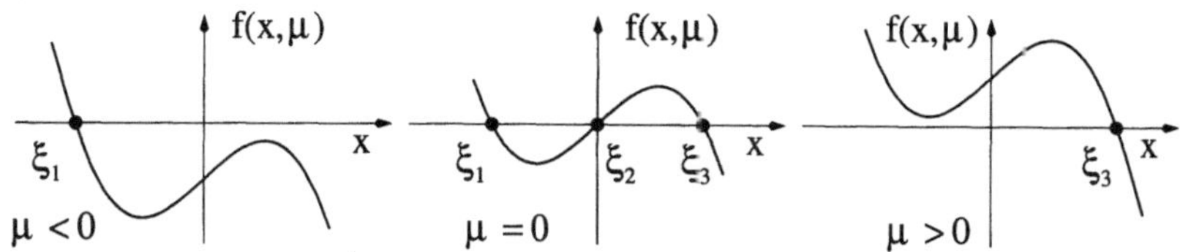

Bild 12.25: Parameterabhängige Gleichgewichtszustände einer Falten-Bifurkation

Integration, Multiplikation, Addition sowie eine nichtlineare Kennlinie mit exponentiellem Verlauf auf. Diese Operationen sind mit einfachen Analogschaltungen aus dem Unterabschnitt 12.1.1 mit hoher Präzision elektrotechnisch umsetzbar.

12.3.4 Synthese und Realisierungsmöglichkeiten kombinierter Bifurkationen

Hier wird anhand von Beispielen gezeigt, wie die Synthese der parameterabhängigen Lage von Gleichgewichtszuständen mehrerer Bifurkationen in einer Differenzialgleichung vor sich geht. Das erste Beispiel behandelt eine Falten-Bifurkation, welche für den Aufbau von elektronischen Schaltungen mit sprunghaften Übergängen im Lösungsverhalten bei kontinuierlicher Parameteränderung von besonderem Interesse ist.

Den Ausgangspunkt für die Synthese bildet die normierte Differenzialgleichung in der Form:

$$\dot{x} = f(x, \mu) = \mu + x - x^3, \; x(t_0) = x_0 \ .$$

Für die praktische Realisierung soll der kubische Term mittels Exponentialfunktionen nach Gl. (12.3), Gl. (12.4) approximiert werden:

$$\dot{x} = f(x,\mu) = \mu + C_0\,x - C_1\left(e^{C_2\,x} - 1\right) + C_1\left(e^{-C_2\,x} - 1\right) \ . \tag{12.96}$$

Nach der Wahl von $C_0 = 2{,}2$, $C_1 = 1$ und $C_2 = 1$ kann man für ausgewählte Parameterwerte μ die Funktion $f(x, \mu)$ dieser Differenzialgleichung darstellen.

Die Gleichgewichtszustände ξ_1 und ξ_3 im Bild 12.25 sind stabil, der Zustand ξ_2 ist instabil. Das Bifurkationsdiagramm für Gl. (12.96) enthält das Bild 12.26.

Für die Bifurkationspunkte wurden mit dem Programm AUTO die Werte $(x, \mu) = (0{,}059, -0{,}44)$ und $(x, \mu) = (-0{,}059, 0{,}44)$ berechnet.

Aus diesem Bifurkationsdiagramm folgt die Synthese zur Realisierung einer elektronischen Schaltung mit sprunghaften Übergängen im Lösungsverhalten bei allerkleinsten Parameteränderungen. Das System befindet sich auf dem unteren stabilen Lösungszweig kurz vor dem Bifurkationspunkt $\mu = 0{,}059$. Dann führt eine kleine Parametervergrößerung zur Überschreitung des Bifurkationspunktes und das Lösungsverhalten

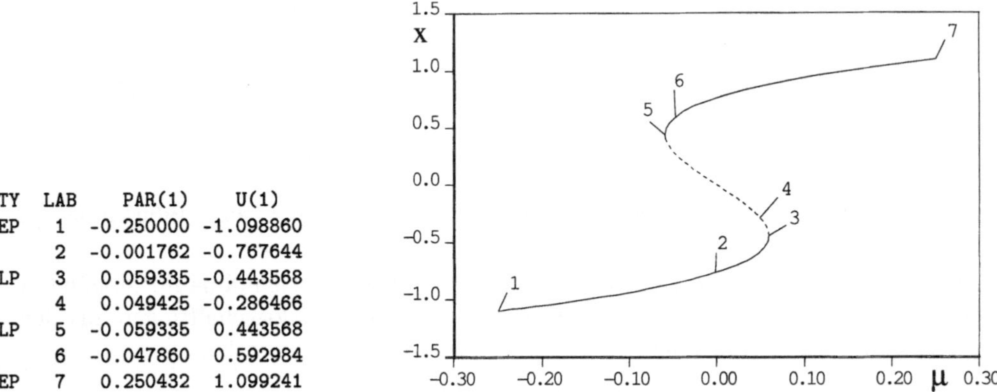

TY	LAB	PAR(1)	U(1)
EP	1	-0.250000	-1.098860
	2	-0.001762	-0.767644
LP	3	0.059335	-0.443568
	4	0.049425	-0.286466
LP	5	-0.059335	0.443568
	6	-0.047860	0.592984
EP	7	0.250432	1.099241

Bild 12.26: Bifurkationsdiagramm einer Falten-Bifurkation

verändert sich qualitativ. Nach einer kurzen transienten Übergangsphase (sprungförmiger Übergang) befindet sich das System in dem verbleibenden stabilen Lösungszweig. Dieser sprunghafte Übergang kann zur Detektion allerkleinster Parameteränderungen genutzt werden.

In einem zweiten Beispiel sind transkritische Bifurkationen kombiniert. Dieses Beispiel zeigt in hervorragender Weise auf, wie man durch die Anwendung des Ansatzes von Gl. (12.50) mehrere transkritische Bifurkationen in einer Gleichung synthetisieren kann.

Man gibt zweimal zwei Geraden von Gleichgewichtszuständen vor, welche sich im Punkt $(x, \mu) = (1, 2)$ kreuzen:

$$\dot{x} = f(x, \mu) = (0{,}5\,\mu - x)\,(0{,}5\,\mu - 2 + x) \ . \tag{12.97}$$

Entsprechend dieses Ansatzes erhält man als Funktionen für die Zweige von Gleichgewichtszuständen $x = 0{,}5\,\mu$ und $x = -0{,}5\,\mu + 2$. Im Punkt $(x, \mu) = (1, 2)$ tritt eine transkritische Bifurkation auf. Anschließend werden noch zwei weitere Geraden mit parameterunabhängigen Lagen hinzugefügt:

$$\begin{aligned} \dot{x} &= f(x, \mu) = (x - 0{,}5)\,(x - 1{,}5)\,(0{,}5\,\mu - x)\,(0{,}5\,\mu - 2 + x) \\ &= -0{,}75\,\mu + 0{,}1875\,\mu^2 + 1{,}5\,x + 2\,\mu\,x - 0{,}5\,\mu^2\,x - 4{,}75\,x^2 - \mu\,x^2 + \\ &\quad\ 0{,}25\,\mu^2\,x^2 + 4\,x^3 - x^4 \ . \end{aligned} \tag{12.98}$$

Insgesamt enthält das unter Verwendung von AUTO im Bild 12.27 dargestellte Bifurkationsdiagramm vier sich in fünf Punkten schneidende Geraden. An diesen Punkten tritt jeweils eine transkritische Bifurkation auf.

Die rechte Seite der resultierenden Differenzialgleichung (12.98) besteht aus einer Summe von Polynomen in μ und x und aus gemischten Termen der Form $\mu^k\,x^l$. Da dieses Beispiel nur zur Demonstration der Anwendung des Ansatzes von Gl. (12.50) dient, sind keine weiteren Untersuchungen zu einer möglichen Vereinfachung dieser Gleichung vorgenommen worden.

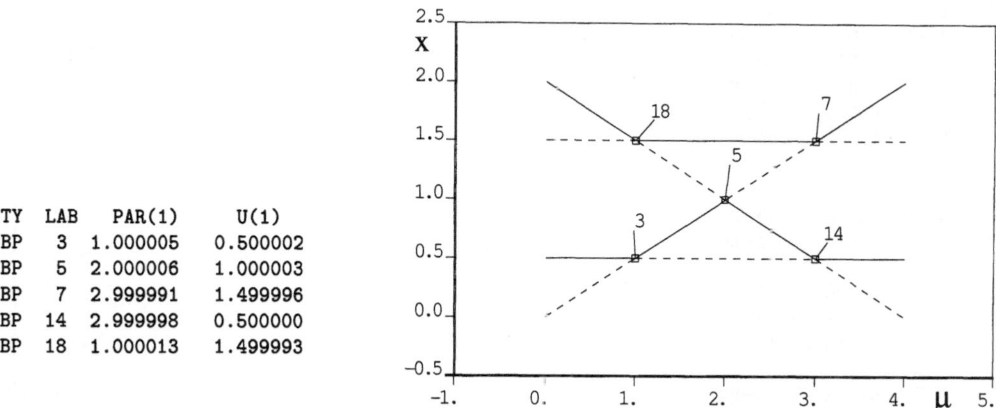

TY	LAB	PAR(1)	U(1)
BP	3	1.000005	0.500002
BP	5	2.000006	1.000003
BP	7	2.999991	1.499996
BP	14	2.999998	0.500000
BP	18	1.000013	1.499993

Bild 12.27: Bifurkationsdiagramm kombinierter transkritischer Bifurkationen

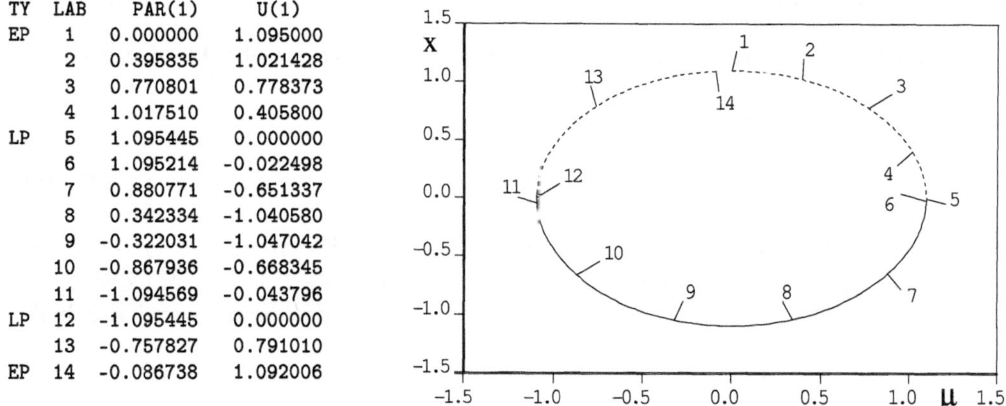

TY	LAB	PAR(1)	U(1)
EP	1	0.000000	1.095000
	2	0.395835	1.021428
	3	0.770801	0.778373
	4	1.017510	0.405800
LP	5	1.095445	0.000000
	6	1.095214	-0.022498
	7	0.880771	-0.651337
	8	0.342334	-1.040580
	9	-0.322031	-1.047042
	10	-0.867936	-0.668345
	11	-1.094569	-0.043796
LP	12	-1.095445	0.000000
	13	-0.757827	0.791010
EP	14	-0.086738	1.092006

Bild 12.28: Bifurkationsdiagramm kombinierter Sattel-Knoten-Bifurkationen

Es können auch Bifurkationen durch die Vorgabe von Funktionen für die Zweige von Gleichgewichtszuständen synthetisiert werden. Als Beispiel sei ein kreisförmiges Bifurkationsdiagramm mit dem Radius r zu entwerfen. In den rechten und linken Extrempunkten des Kreises tritt jeweils eine Sattel-Knoten- Bifurkation auf.

Mit dem gewählten Ansatz:

$$\dot{x} = f(x,\mu) = x^2 + \mu^2 - r^2 \tag{12.99}$$

folgt für den Wert von $r = 1{,}095$ das im Bild 12.28 dargestellte Bifurkationsdiagramm. Die resultierende Differenzialgleichung (12.99) ist mit geringem Aufwand schaltungstechnisch umsetzbar. Die quadratischen Terme können mittels Exponentialfunktionen, in 12.3.4, approximiert werden.

Das folgende Beispiel weist drei Gabel-Bifurkationen in den Punkten $(x,\mu) = (0,0)$, $(1,1)$ und $(-1,1)$ auf. Mit dem Ansatz wird mittels Gl. (12.77) eine Gabel-Bifurkation

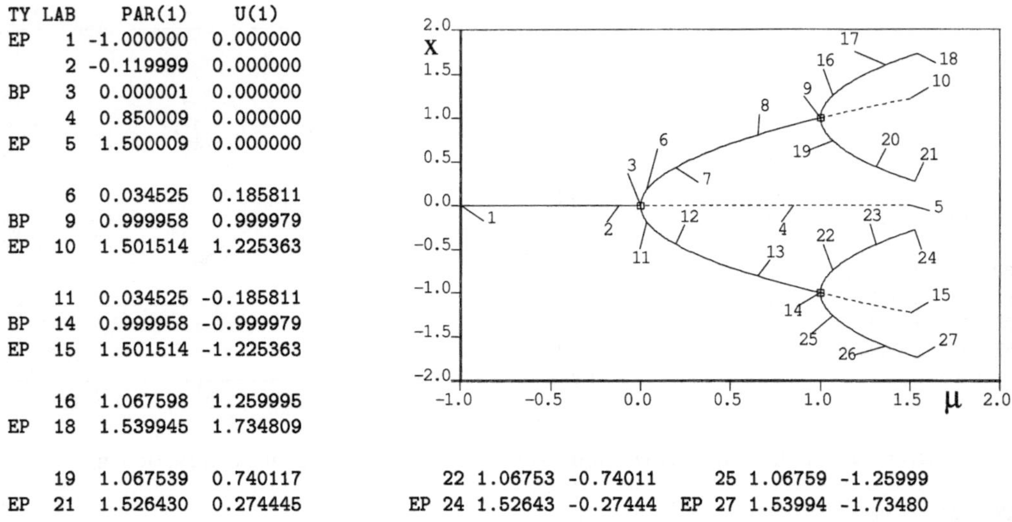

TY LAB	PAR(1)	U(1)
EP 1	-1.000000	0.000000
2	-0.119999	0.000000
BP 3	0.000001	0.000000
4	0.850009	0.000000
EP 5	1.500009	0.000000
6	0.034525	0.185811
BP 9	0.999958	0.999979
EP 10	1.501514	1.225363
11	0.034525	-0.185811
BP 14	0.999958	-0.999979
EP 15	1.501514	-1.225363
16	1.067598	1.259995
EP 18	1.539945	1.734809
19	1.067539	0.740117
EP 21	1.526430	0.274445

22	1.06753	-0.74011	25	1.06759	-1.25999
EP 24	1.52643	-0.27444	EP 27	1.53994	-1.73480

Bild 12.29: Bifurkationsdiagramm verschiedener kombinierter Gabel-Bifurkationen

im Punkt $(x, \mu) = (0, 0)$ synthetisiert:

$$\dot{x} = f(x, \mu) = x\left(\mu - x^2\right) \ . \tag{12.100}$$

Die Zweige von Gleichgewichtszuständen sind gemäß Gl. (12.78): $\xi_1 = 0$, $\xi_2 = -\sqrt{(\mu)}$, $\xi_3 = 0$ und $\xi_4 = \sqrt{(\mu)}$. In den Punkten $(x, \mu) = (1, 1)$, $(-1, 1)$, die auf den Zweigen ξ_2 bzw. ξ_4 liegen, sollen zwei Gabel-Bifurkationen hinzukommen und das heißt mathematisch:

$$\begin{aligned}
\dot{x} &= f(x, \mu) = x\left(\mu - x^2\right)\left[(\mu - 1) - (x - 1)^2\right]\left[(\mu - 1) - (x + 1)^2\right] \\
&= 4\,\mu\,x - 4\,\mu^2\,x + \mu^3\,x - 4\,x^3 + 4\,\mu\,x^3 - 3\,\mu^2\,x^3 + 3\,\mu\,x^5 - x^7 \ . \tag{12.101}
\end{aligned}$$

Das Bifurkationsdiagramm gibt das Bild 12.29 wieder.

12.4 Einzugsbereiche, Einschaltzustand und Einschaltverhalten

12.4.1 Einzugsbereiche asymptotisch stabiler Gleichgewichtszustände

In diesem Abschnitt wird der fünfte Schritt des Entwurfsprozesses entsprechend Tabelle 12.4 fortgesetzt. Diese hat das Ziel, mathematisch synthetisierte Differenzialgleichungen mit vorhandenem Bifurkationsverhalten so zu modifizieren, dass asymptotisch stabile Gleichgewichtszustände für einen festen Parameterwert μ_m über ausreichend große Einzugsbereiche verfügen.

Wenn eine parameterabhängige nichtlineare Differenzialgleichung: $\dot{x} = f(x, \mu)$ für einen bestimmten Parameterwert μ_m mehrere stabile Gleichgewichtszustände enthält, dann können sich in Abhängigkeit von den Anfangsbedingungen verschiedene Lösungen einstellen. Jedem asymptotisch stabilen Gleichgewichtszustand ξ_S kann man einen Einzugsbereich $W(\xi_S)$ mit einer Menge von Anfangswerten x_0 zuordnen. Für diesen Bereich gilt:

$$W(\xi_S) = \{x_0 : \lim_{t \to \infty} x(t) = \xi_S, x(t_0) = x_0\} . \tag{12.102}$$

Aus dem Satz 12.1 geht hervor, wie man den Bereich $W(\xi_S)$ vorhandener Gleichgewichtszustände ξ_S von Differenzialgleichungen nach Gl. (12.39) synthetisieren kann.

Satz 12.6 *Es sei eine parameterabhängige Differenzialgleichung der Form*

$$\dot{x} = f(x, \mu) = C_1 (x - \xi_1)(x - \xi_2) \ldots (x - g_m(\mu)) \ldots (x - \xi_n),\ C_1 \neq 0 \tag{12.103}$$

entsprechend Gl. (12.39) gegeben. Unter den Voraussetzungen

V1: $g_m(\mu) \in \mathbb{R}$ *(reelle Nullstelle),*

V2: $\xi_1 < \xi_2 < \ldots g_m(\mu) \ldots < \xi_n$ *(geordnete Folge von Nullstellen entsprechend Gl. (12.26) und Gl. (12.40)),*

V3: $\partial f(x, \mu)/\partial x < 0$ *für* $x = g_m(\mu)$ *(stabiler Gleichgewichtszustand $x = g_m(\mu)$)*

existieren in den Punkten ξ_1, ξ_2, ..., $\xi_m(\mu) = g_m(\mu)$, ..., ξ_n Gleichgewichtszustände und $\xi_m(\mu)$ ist asymptotisch stabil mit dem Einzugsbereich:

$$W(\xi_m(\mu)) = \{x_0 : \xi_{m-1} < \xi_m(\mu) < \xi_{m+1}\} . \tag{12.104}$$

Beweis: Mit den Voraussetzungen folgt:

$$\begin{aligned}
\dot{x} = f(x, \mu) &> 0 \text{ für } x_{m-1} < x < g_m(\mu), \\
\dot{x} = f(x, \mu) &= 0 \text{ für } x = g_m(\mu), \\
\dot{x} = f(x, \mu) &< 0 \text{ für } g_m(\mu) < x < x_{m+1}.
\end{aligned} \tag{12.105}$$

Ein Anfangswert aus dem Bereich $x_{m-1} < x < g_m(\mu)$ zieht eine Bewegung in positive x-Richtung nach sich, denn für diesen Bereich erhält man den Differenzenquotienten $(x_2 - x_1)/(t_2 - t_1) > 0$ für $t_2 > t_1$. Für einen Anfangswert aus dem Bereich $g_m(\mu) < x < x_{m+1}$ erfolgt eine Bewegung in negative x-Richtung, denn für diesen Bereich gilt: $(x_2 - x_1)/(t_2 - t_1) < 0$ für $t_2 > t_1$. Dann konvergieren alle Trajektorien mit einem Anfangswert aus dem Bereich $x_{m-1} < x < x_{m+1}$ gegen den Punkt $x_m(\mu)$ und der asymptotisch stabile Gleichgewichtszustand $\xi_m(\mu)$ verfügt über den Einzugsbereich $W(\xi_m(\mu)) = \{x_0 : \xi_{m-1} < \xi_m(\mu) < \xi_{m+1}\}$. $\qquad \square$

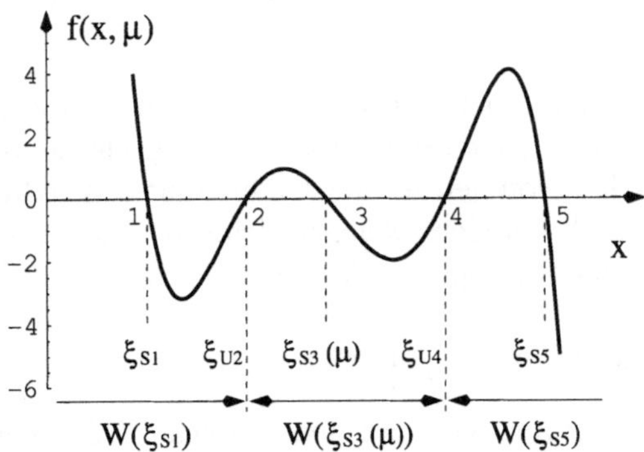

Bild 12.30: Modellierung der Einzugsbereiche stabiler Gleichgewichtszustände

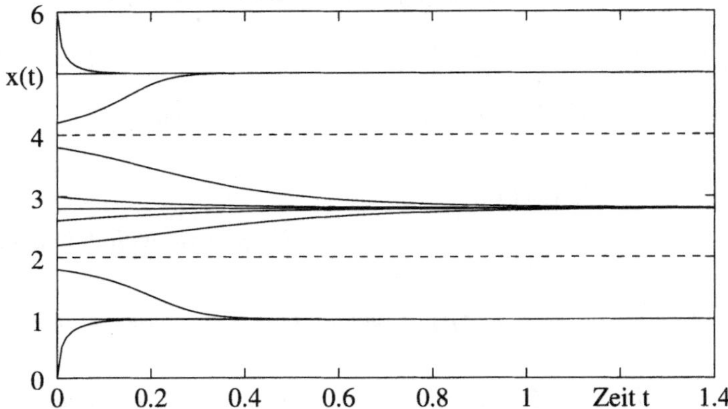

Bild 12.31: Lösungsverhalten in Abhängigkeit von den Anfangsbedingungen

Die Gleichgewichtszustände ξ_{m-1} und ξ_{m+1} sind entsprechend dem Satz 12.1 instabil. Die Größe der Einzugsbereiche eines asymptotisch stabilen Gleichgewichtszustands ξ_m bestimmt somit die Lage der benachbarten instabilen Gleichgewichtszustände ξ_{m-1} und ξ_{m+1}. Aus dem allgemeinen Ansatz in Gl. (12.39) modelliert man zuerst die Lagen der stabilen Gleichgewichtszustände und ergänzt die instabilen Gleichgewichtszustände entsprechend den vorgegebenen Größen der Einzugsbereiche und gelangt zur Gl. (12.106):

$$f(x,\mu) = -(x-1)(x-2)(x-\mu)(x-4)(x-5),\ x(t_0) = x_0,\ 2 < \mu < 4 . \tag{12.106}$$

Das Bild 12.30 gibt den Verlauf dieser Funktion für den Wert $\mu = 2{,}800$ wieder.

Wählt man in Gl. (12.106) unterschiedliche Werte für x_0 und berechnet die zugehörigen Trajektorien, so erhält man das von den Anfangswerten abhängige Lösungsverhalten. In der Abbildung 12.31 sind die instabilen Gleichgewichtszustände durch gestrichelte Linien gekennzeichnet.

Die stabilen Gleichgewichtszustände von Gl. (12.106) besitzen die Einzugsbereiche:

$$
\begin{aligned}
W(\xi_{S1}) &= -\infty < x_0 < \xi_{U2} \\
&= -\infty < x_0 < 2, \\
W(\xi_{S3}(\mu)) &= \xi_{U2} < x_0 < \xi_{U4} \\
&= 2 < x_0 < 4, \\
W(\xi_{S5}) &= \xi_{U4} < x_0 < \infty \\
&= 4 < x_0 < \infty.
\end{aligned}
\tag{12.107}
$$

Diese Ergebnisse sollen nun zur Synthese eines eindeutigen und asymptotisch stabilen Einschaltzustands mit einem ausreichend großen Einzugsbereich verwendet werden.

12.4.2 Berücksichtigung des Einschaltzustands

Durch den sechsten Schritt des Entwurfsprozesses nach der Tabelle 12.4 wird das Einschaltverhalten der bereits vorhandenen Differenzialgleichung eingearbeitet. Es werden elektrotechnische Anforderungen vorgegeben und gezeigt, wie daraus mehrere mathematische Kriterien hervorgehen.

Weil die Beschreibungsgleichungen von elektrotechnischen Systemen im Allgemeinen Näherungen darstellen und durch Rauscheinflüsse sowie durch vorhandene Restenergien zusätzliche Störungen hinzukommen, lässt sich ihr Zustand im Einschaltmoment nicht exakt definieren. Vielmehr existiert eine Gesamtheit möglicher Anfangsbedingungen mit der zugehörigen Wahrscheinlichkeit ihres Auftretens. Deshalb ist es erforderlich, zu einem vorgegebenen stabilen Einschaltzustand einen ausreichend großen Einzugsbereich festzulegen. In technischen Anwendungen nimmt der Systemzustand nach dem Einschalten und einer transienten Übergangsphase einen bestimmten Einschaltzustand ein. Dieser Zustand sollte eindeutig und asymptotisch stabil sein. Weiterhin ist das Systemverhalten so zu dimensionieren, dass die transiente Übergangsphase bis zum Erreichen des Einschaltzustands eine minimale Dauer anstrebt.

Aus der Theorie der Differenzialgleichungen her ist bekannt, dass die Trajektorie einer systembeschreibenden Differenzialgleichung durch den Anfangswert $x(t_0) = x_0$ eindeutig ist. Da in nichtlinearen Systemen mehrfache stabile Zustände auftreten können, ist für das Systemverhalten der Anfangszustand im Moment des Einschaltens von Bedeutung.

Die Vorgabe bei dem Entwurf besagt damit, dass die zu synthetisierende parameterabhängige Differenzialgleichung einen asymptotisch stabilen Gleichgewichtszustand $\xi_S(\mu_0)$ im Punkt $(x, \mu) = (0, \mu_0)$ aufweist. Daraus lassen sich mathematische Vorgaben für Funktionen $f(x, \mu)$

$$
\dot{x} = f(x, \mu) = 0\,, \frac{\partial f(x, \mu)}{\partial x} < 0 \quad \text{für} \quad (x, \mu) = (0, \mu_0)
\tag{12.108}
$$

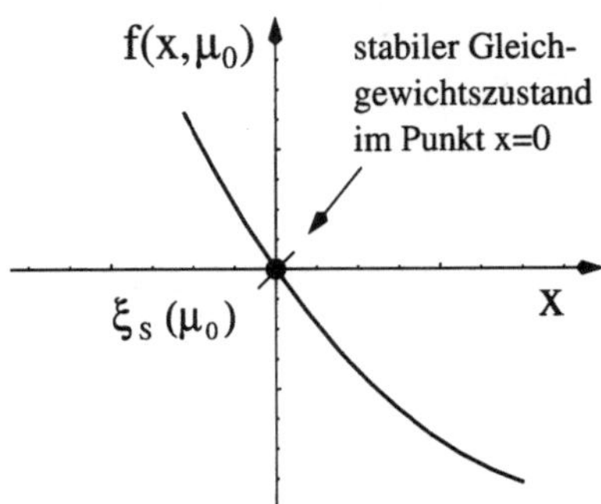

Bild 12.32: Geeigneter Verlauf der rechten Seite $f(x,\mu)$ einer Differenzialgleichung für den Einschaltzustand

herleiten. Einen qualitativen Verlauf, der diese Forderungen in der Umgebung von $\xi_S(\mu_0)$ erfüllt, zeigt die Abbildung 12.32.

Ein parameterabhängiges System mit einem solchen optimalen Verlauf wird nach dem Einschalten den interessanten asymptotisch stabilen Zustand $(x,\mu) = (0,\mu_0)$ sofort und ohne Übergangsphase einnehmen. Dieses System wird sofort einsatzbereit sein.

Während des Einschaltmomentes befindet sich das System jedoch nicht stets exakt im selben Zustand. Denn das System unterliegt Schwankungen, die durch die Dimensionierung eines ausreichend großen Einzugsbereichs von $\xi_S(\mu_0)$ berücksichtigt werden müssen. Zunächst sind mögliche Schwankungen mit einem Wert für maximale Abweichungen AB_{max} nach oben abzuschätzen. Für den Einzugsbereich $W(\xi_S(\mu_0))$ gilt dann:

$$W(\xi_S(\mu_0)) = -AB_{max} < \xi_S(\mu_0) < AB_{max}. \tag{12.109}$$

Für die Synthese der beschreibenden Differenzialgleichung folgt, dass nach Satz 12.1 in diesem Bereich kein instabiler Gleichgewichtszustand vorhanden sein darf. In dem Bild 12.33 ist ein möglicher Einzugsbereich für den bereits synthetisierten stabilen Einschaltzustand $\xi_S(\mu_0)$ veranschaulicht.

Wenn im Einschaltmoment der Zustand vom Punkt $\xi_S(\mu_0)$ abweicht, dann ist das System erst nach einer transienten Übergangsphase einsatzbereit. Deshalb ist folgerichtig zu untersuchen, wie man den Verlauf von $f(x,\mu_0)$ im Bereich $-AB_{max} < x < AB_{max}$ verbessert, um die Zeitdauer der Übergangsphase zu verringern.

12.4.3　Beeinflussung des Einschaltverhaltens

Die vorliegende Differenzialgleichung weist Gleichgewichtszustände vorgegebener Stabilität, ein gewünschtes Bifurkationsverhalten sowie einen eindeutigen Einschaltzustand mit einem ausreichend großen Einzugsbereich auf. Im siebenten Schritt nach der Tabelle 12.4 des Entwurfsprozesses ist das Einschaltverhalten so zu verbessern, damit sich

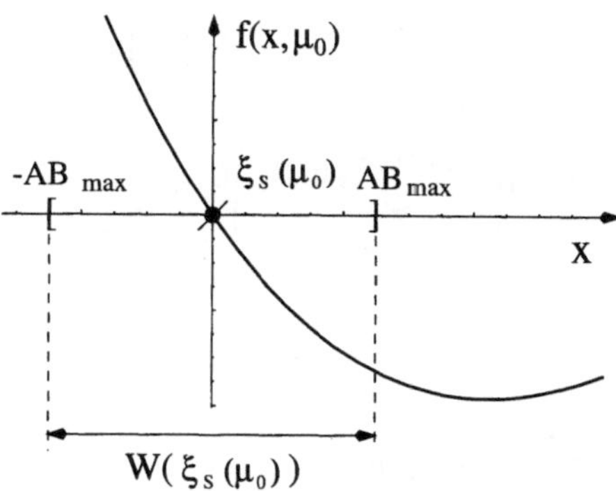

Bild 12.33: Einzugsbereich der stabilen Lösung des Einschaltzustands

der asymptotisch stabile Einschaltzustand nach möglichst kurzer Zeit einstellt. Für die Aussagen zur Verbesserung der rechten Seite ziehen wir einen Abschätzungssatz für Differenzial-Ungleichungen heran.

Die Aufgabe besteht darin, für eine Umgebung von $\xi_S(\mu_0)$ eine komplizierte rechte Seite $f(x,\mu)$ der originalen Differenzialgleichung so abzuändern, dass sich diese vereinfacht und sich von der gegebenen rechten Seite doch nur wenig unterscheidet. Die so synthetisierte lineare Vergleichs-Differenzialgleichung ist analytisch lösbar und erlaubt quantitative Aussagen zur Verbesserung des Zeitverhaltens. Die Abschätzungssätze für Differenzial-Ungleichungen ermöglichen eine Übertragung der analytisch gewonnenen Aussagen auf die originale Differenzialgleichung. In der Literatur findet man eine Reihe von wichtigen Abschätzungssätzen zu Differenzial-Ungleichungen mit den zugehörigen mathematischen Beweisen vor. Danach gilt der folgende Satz.

Satz 12.7 *Die Funktionen $f(x,t)$ und $g(x,t)$ seien auf dem Gebiet $\sigma(x,t)$ stetig und erfüllen dort die Ungleichung:*

$$f(x,t) \geq g(x,t). \tag{12.110}$$

Sind $\varphi(t)$ und $\psi(t)$ zwei Lösungskurven (Trajektorien) der Differenzialgleichungen:

$$\dot{\varphi}(t) = f(\varphi(t),t), \tag{12.111}$$
$$\dot{\psi}(t) = g(\psi(t),t)$$

mit den Anfangswerten $\varphi_0 \geq \psi_0$ zum Zeitpunkt $t = t_0$, so ist:

$$\varphi(t) \geq \psi(t) \quad \textit{für} \quad t \geq t_0. \tag{12.112}$$

Die Aussage dieses Satzes ist im Bild 12.34 veranschaulicht. In dieser Abbildung sind die qualitativen Verläufe der rechten Seiten der Original-Differenzialgleichung:

$$\dot{x} = f(x,\mu_0), \qquad x(t_0,\mu_0) = \varphi_0 \tag{12.113}$$

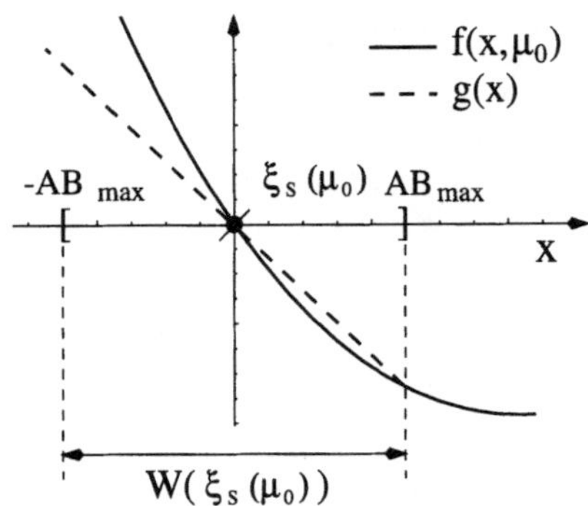

Bild 12.34: Konstruktion von linearen Vergleichs-Differenzialgleichungen

und der linearen Vergleichs-Differenzialgleichung:

$$\dot{x} = g(x), \qquad x(t_0) = \psi_0 \tag{12.114}$$

dargestellt und es gelten die Abschätzungen:

$$f(x,\mu_0) \geq g(x) \qquad \forall \; -AB_{max} < x \leq \xi_S(\mu_0)$$
$$f(x,\mu_0) \leq g(x) \qquad \forall \; \xi_S(\mu_0) \leq x < AB_{max} \; . \tag{12.115}$$

Mit den angenommenen Anfangswerten $\varphi_0 \leq \psi_0$ folgen nach Gl. (12.112) für die Trajektorien die Ungleichungen:

$$\varphi(t) \leq \psi(t) \qquad \forall \; -AB_{max} < \varphi_0, \psi_0 \leq \xi_S(\mu_0) \text{ und } t > t_0$$
$$\varphi(t) \geq \psi(t) \qquad \forall \; \xi_S(\mu_0) \leq \varphi_0, \psi_0 < AB_{max} \text{ und } t > t_0 \; . \tag{12.116}$$

Sie sagen aus, dass die Lösungen der nichtlinearen Differenzialgleichung $\dot{x} = f(x,\mu_0)$ stets schneller gegen $\xi_S(\mu_0)$ konvergieren als die Lösungen der linearen Differenzialgleichung $\dot{x} = g(x)$.

Die Aussage des Satzes 12.7 verdeutlicht das nachfolgende Beispiel. Für die Abschätzung des Lösungsverhaltens einer nichtlinearen Differenzialgleichung:

$$\dot{x} = f(x,\mu) = -x\,(x - \mu)\,(x - 4)$$

mit $\mu = \mu_0 = 2$ wird eine lineare Vergleichs-Differenzialgleichung $\dot{x} = g(x) = -3\,x$ konstruiert. Für den Wertebereich $-1 < x < 1$ und den gemeinsamen stabilen Gleichgewichtszustand $\xi_S = 0$ gelten für die Differenzialgleichungen die Voraussetzungen in Gl. (12.115). Gibt man für den Anfangszeitpunkt $t_0 = 0$ verschiedene Anfangsbedingungen $\varphi_0 = \psi_0$ aus dem Bereich $W(\xi_S, \mu_0) = -1, \ldots, +1$ vor, so lassen sich die zugehörigen Trajektorien ermitteln und im Bild 12.35 darstellen. Deshalb gelten für den angenommen Bereich die Ungleichungen:

$$\varphi(t) \leq \psi(t) \qquad \forall \; -1 < \varphi_0, \psi_0 < 0$$
$$\varphi(t) \geq \psi(t) \qquad \forall \; 0 \leq \varphi_0, \psi_0 < 1 \; . \tag{12.117}$$

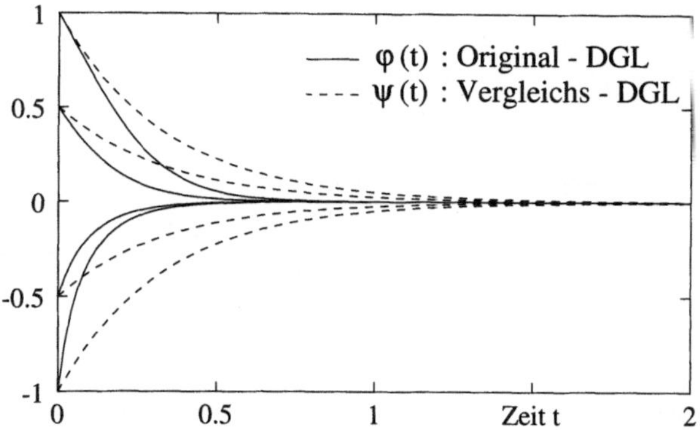

Bild 12.35: Lösungsverhalten von Original- und Vergleichs-Differenzialgleichung

Die Trajektorien beider Differenzialgleichungen konvergieren gegen den gemeinsamen stabilen Gleichgewichtszustand $\xi_S = 0$, wobei $\varphi(t)$ für den angegebenen Bereich stets schneller gegen ξ_S konvergiert als $\psi(t)$. Nun ist abzuschätzen, wie schnell die Trajektorien der nichtlinearen Differenzialgleichung gegen den stabilen Zustand ξ_S konvergieren. Dafür kann man die analytische Lösung $\psi(t) = \psi_0\, e^{-3\,t}$ der linearen Vergleichs-Differenzialgleichung heranziehen und die gewonnenen Aussagen auf die Eigenschaften der nichtlinearen Differenzialgleichung übertragen. Die lineare Vergleichs-Differenzialgleichung $\dot{x} = g(x)$ ist im allgemeinen Fall so zu konstruieren, dass die Bedingungen in Gln. (12.115) gelten. Durch stückweise lineare Funktionen $g_1(x), g_2(x), \ldots, g_n(x)$ verbessert sich die Genauigkeit der Approximation der nichtlinearen Funktion $f(x, \mu_0)$.

Nun wird aufgezeigt, wie man Aussagen zum Lösungsverhalten der linearen Vergleichs-Differenzialgleichung $\dot{x} = g(x)$ verwendet, um den Verlauf der rechten Seite $f(x, \mu_0)$ der zu synthetisierenden Differenzialgleichung mit dem Ziel möglichst kurzer transienter Übergangsphasen zu verbessern. Das heißt, die Trajektorien sollen möglichst schnell gegen vorhandene asymptotisch stabile Gleichgewichtszustände konvergieren.

In Übereinstimmung mit Bild 12.34 wird für die lineare Vergleichs-Differenzialgleichung der Ansatz:

$$\dot{x} = g(x) = -m\,x + n, \quad x(0) = \psi_0 \text{ mit}$$

$$m = \frac{f(AB_{max})}{AB_{max} - \xi_S(\mu_0)}, \quad n = m\,\xi_S(\mu_0), \quad m \in \mathbb{R}^+ \tag{12.118}$$

gemacht, deren Lösung die Form:

$$x(t) = \xi_S(\mu_0) - \xi_S(\mu_0)\,e^{-m\,t} + \psi_0\,e^{-m\,t} \tag{12.119}$$

besitzt. Aus dem größer werdenden Betrag von m geht hervor, dass die Trajektorien schneller gegen den Punkt $\xi_S(\mu_0)$ konvergieren.

Aus diesem qualitativen Ergebnis schließt man nun auf eine geeignete Synthesevorschrift für die Original-Differenzialgleichung: Die rechte Seite $f(x, \mu_0)$ soll mit größer

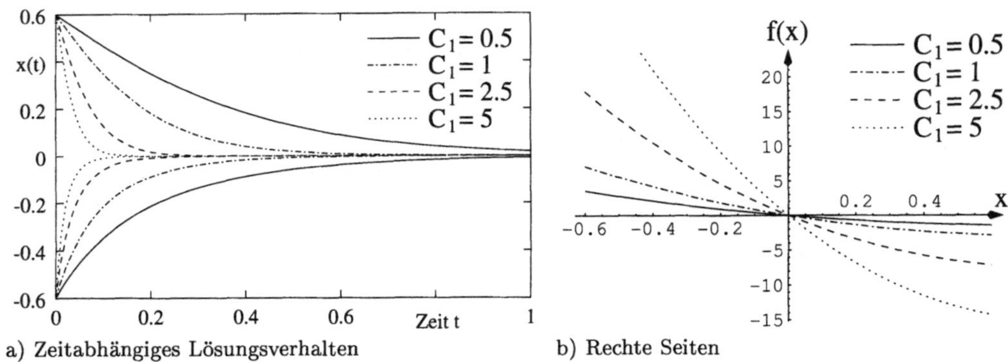

a) Zeitabhängiges Lösungsverhalten   b) Rechte Seiten

Bild 12.36: Verbesserung einer rechten Seite für schnelles Einschaltverhalten

werdendem Abstand von $\xi_S(\mu_0)$ möglichst schnell große Werte annehmen. Das kann man mathematisch folgendermaßen formulieren:

$$f(x, \mu_0) \text{ strebt gegen } C_1 \;\; \forall \, x < \xi_S(\mu_0) \text{ mit } C_1 \in \mathbb{R}^+, \, C_1 \text{ möglichst groß}$$

$$f(x, \mu_0) = 0 \text{ für } x = \xi_S(\mu_0) \tag{12.120}$$

$$f(x, \mu_0) \text{ strebt gegen } C_2 \;\; \forall \, x > \xi_S(\mu_0) \text{ mit } C_2 \in \mathbb{R}^-, \, C_2 \text{ möglichst klein} \, .$$

Neben diesen qualitativen Aussagen gewährleistet die Lösung der linearen Vergleichs-Differenzialgleichung auch eine vor allem technisch interessante quantitative Abschätzung der Einschaltzeit. Zur asymptotisch stabilen Gleichgewichtslage $\xi_S(\mu_0)$ ist eine kleine Umgebung $U(\xi_S(\mu_0))$ vorzugeben. Die Berechnung der Einschaltzeit t_E bis zum Erreichen dieser kleinen Umgebung stellt man mit der Gl. (12.119) in der Form:

$$U(\xi_S(\mu_0)) + \xi_S(\mu_0) = \xi_S(\mu_0) + e^{(m\,t_E)}(\psi_0 - \xi_S(\mu_0))$$

$$t_E = \left| \frac{1}{m} \right| \ln \left| \frac{U(\xi_S(\mu_0))}{\psi_0 - \xi_S(\mu_0)} \right| \tag{12.121}$$

dar. Die so berechnete Zeit t_E gibt eine Abschätzung nach oben an. Die Trajektorien der originalen Differenzialgleichung erreichen die Umgebung $U(\xi_S(\mu_0))$ mindestens gleich schnell. Zur Veranschaulichung der Aussagen von Gl. (12.121) sind im Bild 12.36 für die Differenzialgleichung $\dot{x} = f(x) = -C_1\, x\,(x-2)\,(x-4)$ die rechten Seiten und das zeitabhängige Lösungsverhalten für verschiedene Werte C_1 wiedergegeben.

Aus diesem Bild folgen für große Werte von C_1 kurze Einschaltzeiten. Diese Vorgabe muss bei der Synthese von Differenzialgleichungen einfließen.

12.4.4 Kontinuierliche Parameteränderung und das Lösungsverhalten

In Zusammenhang mit dem achten Entwurfsschritt der Tabelle 12.4 soll gezeigt werden, wie man die Funktion $f(x, \mu(t))$ so gestaltet, damit das dynamische Systemverhalten

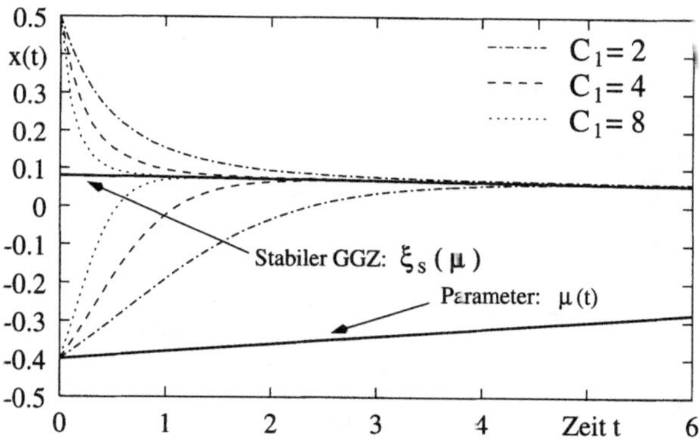

Bild 12.37: Lösungsverhalten bei langsamer, kontinuierlicher Parameteränderung

bei langsamer und kontinuierlicher Parameteränderung mit dem bisher synthetisierten Verhalten der autonomen Differenzialgleichungen möglichst gut übereinstimmt. Befindet sich ein System in einem asymptotisch stabilen Zustand, so verschiebt sich die Lage dieses Zustands infolge einer Parameteränderung und das System geht nach einer transienten Übergangsphase in einen neuen stabilen Zustand über.

Bei der kontinuierlichen und sehr langsamen Veränderung der Lage eines stabilen Gleichgewichtszustands werden die Trajektorien der inhomogenen Differenzialgleichung $\dot{x} = f(x, \mu(t))$, solange keine Bifurkationspunkte überschritten werden, gegen die stabilen Gleichgewichtszustände der autonomen Gleichung $\dot{x} = f(x, \mu)$ konvergieren. Infolge einer sehr langsamen Parameteränderung nähert sich die Lösung dem stabilen Gleichgewichtszustand sehr dicht. Das bisherige Verhalten der Differenzialgleichungen bei einer schrittweisen Parameteränderung kann sich daher mit einer bestimmten Genauigkeit, soweit man zunächst Bifurkationspunkte ausschließt, auf Systeme mit sehr langsamer und kontinuierlicher Parameteränderung übertragen.

Die Aussagen von Gl. (12.121) seien auf die Differenzialgleichung

$$\dot{x} = f(x, \mu(t)) = -C_1\,(x - 1{,}5\,\mu(t))\,(x + 0{,}2\,\mu(t)) \tag{12.122}$$

übertragen und das zeitabhängige Lösungsverhalten untersucht. Bei einer Wahl von $\mu(t) = 0{,}02\,t - 0{,}4$ geht als Ergebnis für verschiedene neue Werte C_1 die Parameterstudie des Bildes 12.37 hervor.

In diesem Bild sind die zeitabhängige Funktion für $\mu(t)$, der stabile parameterabhängige Zweig von Gleichgewichtslagen $\xi_S(\mu) = -0{,}004\,\mu + 0{,}08$ sowie Trajektorien für verschiedene Werte von C_1 aufgezeichnet. Für große Werte von C_1 konvergieren die Trajektorien schneller gegen die anziehende Lösung $\xi_S(\mu)$.

Die Kurven im Bild 12.37 veranschaulichen, dass sich mit der Wahl betragsgroßer Werte für C_1 das dynamische Verhalten der Beispiel-Differenzialgleichung so verbessert und sich die Trajektorien sehr dicht den stabilen Gleichgewichtszuständen nähern. Somit ist das modellierte Verhalten bei schrittweiser Parameteränderung qualitativ auf das dynamische Verhalten bei langsamer, kontinuierlicher Parameteränderung übertragbar.

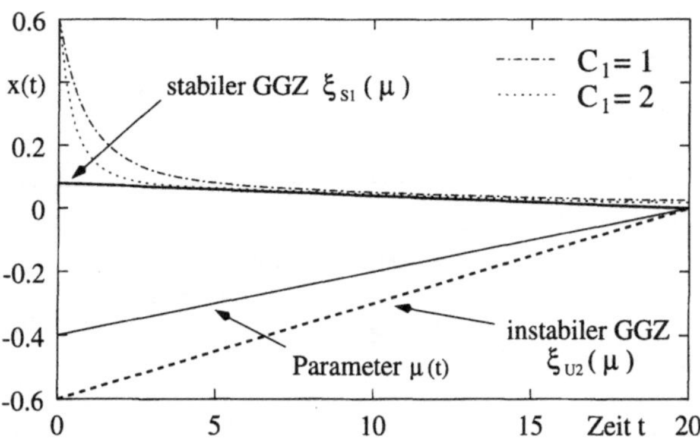

Bild 12.38: Lösungsverhalten in der Nähe des Bifurkationspunktes

12.4.5 Zeitabhängiges Lösungsverhalten in der Umgebung von Bifurkationspunkten

Bei der Untersuchung des zeitabhängigen Lösungsverhaltens in der Nähe von Bifurkationspunkten (neunter Schritt in Tabelle 12.4) ist weiterhin zu berücksichtigen, dass sich die Geschwindigkeit der Lösungsänderung wegen der verschwindenden Ableitung dort verringert. Nachfolgend wird jetzt das Lösungsverhalten einer gewählten Differenzialgleichung, die eine transkritische Bifurkation aufweist, bei langsamer, kontinuierlicher Parameteränderung veranschaulicht und diskutiert.

Zur Veranschaulichung ist das Verhalten der Lösung einer gewählten Beispiel-Differenzialgleichung:

$$\dot{x} = f(x, \mu(t)) = -C_1 (x - 1{,}5\,\mu(t)) (x + 0{,}2\,\mu(t)), \quad \mu(t) = 0{,}02\,t - 0{,}4 \qquad (12.123)$$

in der Nähe des Bifurkationspunktes $(x, \mu) = (0, 0)$ für zwei spezielle Werte von C_1 zu untersuchen.

Infolge der transienten Übergangsphase nach Bild 12.38 befindet sich die Lösung in der Nähe des stabilen Gleichgewichtszustands ξ_{S1}. Der Abstand zwischen der Lösung $x(t)$ und dem stabilen Zweig $\xi_{S1}(\mu)$ vergrößert sich ab dem Zeitpunkt $t > 15$. Das lässt sich damit begründen, dass der Betrag der rechten Seite $f(x, \mu(t))$ von Gl. (12.123) in der Nähe des Bifurkationspunktes kleine Werte annimmt. Im Bifurkationspunkt (Schnittpunkt der beiden Geraden $\xi_{S1}(\mu)$ und $\xi_{U2}(\mu)$ zum Zeitpunkt $t = 20$ in Abbildung 12.38) ist der Wert $f(x, \mu(t)) = 0$. Nach der Überschreitung des Bifurkationspunktes konvergieren die Trajektorien (Bild 12.38) gegen den stabilen Zweig $\xi_{S4}(\mu)$.

Im Ergebnis bleibt bei langsamer und kontinuierlicher Parameteränderung das synthetisierte Verhalten qualitativ erhalten. Dem Bild 12.39 ist außerdem zu entnehmen, dass sich die Trajektorien für $C_1 = 2$ stets näher an den stabilen Gleichgewichtszuständen befinden als die Trajektorien für $C_1 = 1$. Zur Verbesserung des zeitabhängigen Lösungsverhaltens sind deshalb große Betragswerte für C_1 zu wählen.

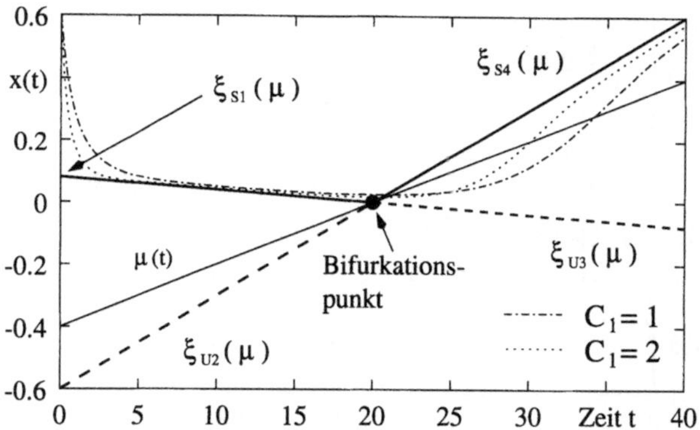

Bild 12.39: Lösungsverhalten in der Nähe einer transkritischen Bifurkation

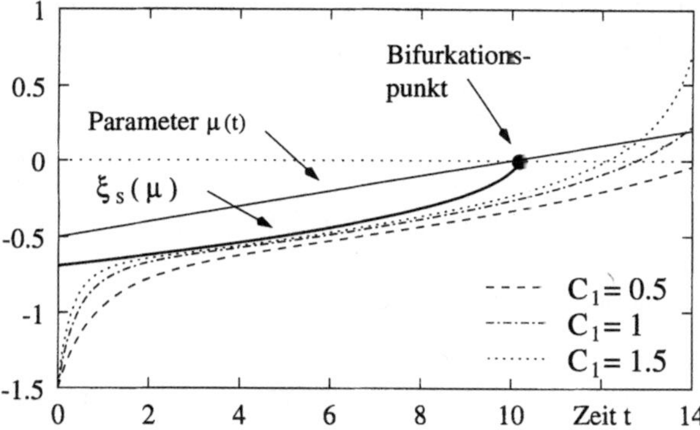

Bild 12.40: Lösungsverhalten in der Nähe einer Sattel-Knoten-Bifurkation

Das Lösungsverhalten bei langsamer, kontinuierlicher Parameteränderung wird in der Umgebung einer Sattel-Knoten-Bifurkation anhand der Differenzialgleichung (12.76) mit einer zeitabhängigen Parameterfunktion:

$$\dot{x} = f(x, \mu(t)) = C_1 \left[\mu + (e^x - 1) + (e^{-x} - 1) \right], \; \mu(t) = 0{,}05\,t - 0{,}5 \qquad (12.124)$$

untersucht. Als Ergebnis einer Parameterstudie mit verschiedenen Werten für C_1 folgen die Kurven in Abbildung 12.40.

Die Trajektorien konvergieren bei den vorgegebenen Anfangswerten gegen den stabilen Zweig von Gleichgewichtszuständen. In der Nähe des Bifurkationspunktes $(x, \mu) = (0, 0)$ sinkt die Bewegungsgeschwindigkeit und die Abstände zwischen dem stabilen Zweig $\xi_S(\mu)$ und den Trajektorien vergrößern sich. Nach Überschreitung des Bifurkationspunktes existieren keine stabilen Zustände mehr und die Lösungen streben gegen ∞. Das synthetisierte Verhalten bleibt für langsame, kontinuierliche Parameteränderung qualitativ erhalten. Durch die Wahl großer Betragswerte für C_1 lässt sich das dynamische Verhalten verbessern.

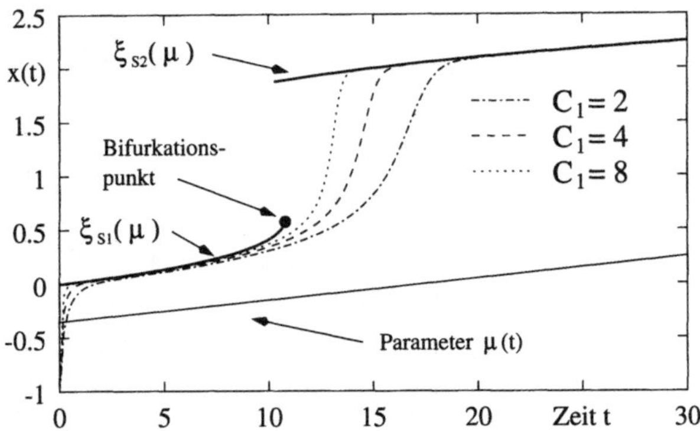

Bild 12.41: Zeitabhängiges Lösungsverhalten einer Falten-Bifurkation

Nun sei noch das zeitliche Lösungsverhalten in der Umgebung einer Falten-Bifurkation untersucht. Dazu wird Gl. (12.96) mit $C_0 = 2{,}2$, $C_1 = 1$ und $C_2 = 1$:

$$\dot{x} = \mu + 2{,}2\,x - (e^x - 1) + (e^{-x} - 1)$$

in der Form:

$$\dot{x} = C_1 \left[\mu - 2 + 2{,}2\,x - (e^{x-1} - 1) + \left(e^{-(x-1)} - 1\right) \right] \tag{12.125}$$

modifiziert. Für verschiedene Werte von C_1 findet man dann die Parameterstudie im Bild 12.41.

Die Trajektorien konvergieren gegen den Zweig von stabilen Gleichgewichtszuständen ξ_{S1}. Im Bifurkationspunkt verschwindet dann dieser Zweig und die Trajektorien konvergieren gegen den verbleibenden Zweig ξ_{S2}. In diesem Beispiel nähern sich die Lösungen für größere Werte von C_1 der anziehenden Lösung schneller. Das synthetisierte Verhalten bleibt für das Beispiel der Falten-Bifurkation ebenfalls qualitativ erhalten.

Im Hinblick auf die angestrebte Realisierung mittels elektronischer Schaltungsaufbauten lässt sich die Multiplikation bei festem C_1 der entworfenen Differenzialgleichung mit Hilfe einer einfachen Verstärkerschaltung umsetzen.

12.4.6 Überblick des Entwurfsprozesses

Zusammenfassend sind die neun Schritte des Entwurfsprozesses zusammengestellt.

1. *Synthese der Lage von Gleichgewichtszuständen*
   Als Ansatz für die zu synthetisierende Differenzialgleichung ist die Funktion:
   $f(x) = C_1(x - x_1)(x - x_2) \ldots (x - x_n)$ mit $x_1 < x_2 < \ldots < x_n$ gewählt. Diese Gleichung weist in den Punkten $\xi_1 = x_1, \xi_2 = x_2, \ldots, \xi_n = x_n$ Gleichgewichtszustände auf. Für die Schaltungsentwicklung bleibt zu überprüfen, ob man die entworfene Gleichung in Übereinstimmung mit den vorhandenen technischen Möglichkeiten in der Tabelle 12.2 vereinfachen kann.

2. *Synthese der Stabilität der Gleichgewichtszustände*
Für das Stabilitätsverhalten der synthetisierten Gleichgewichtszustände ist das Vorzeichen der Konstante $\pm C_1$ von wesentlicher Bedeutung. Ist die Ableitung der Funktion $f(x)$ nach x im Gleichgewichtszustand negativ, so ist der Zustand stabil. Instabile Gleichgewichtszustände weisen eine positive Ableitung auf. Als Folge von geordneten Gleichgewichtszuständen $\xi_1 < \xi_2 < \ldots < \xi_n$ wechseln sich asymptotisch stabile und instabile Gleichgewichtszustände ab.

3. *Parameterabhängige Lage von Gleichgewichtszuständen*
Für die Parameterabhängigkeit sind bei der Ausgangs-Differenzialgleichung Terme der Form $f(x,\mu) = (x - x_1) \ldots (x - x_{m-1})(x - g_m(\mu))(x - x_{m+1}) \ldots (x - x_n)$ zu ergänzen. Für $g_m(\mu) \in \mathbb{R}$ enthält diese Differenzialgleichung einen parameterabhängigen Gleichgewichtszustand mit dem Zusammenhang $\xi_m(\mu) = g_m(\mu)$. Für die Funktion $g_m(\mu)$ gilt die Begrenzung $x_{m-1} < g_m(\mu) < x_{m+1}$.

4. *Synthese des Bifurkationsverhaltens*
Zur Synthese des Bifurkationsverhaltens werden Terme der Struktur:

- transkritische Bifurkation: $[g_{m,1}(\mu) - (x - \xi_m)][g_{m,2}(\mu) - (x - \xi_m)]$,
- Sattel-Knoten-Bifurkation: $[(x - \xi_m)^2 - g_m(\mu)]$ bzw. für die
- Gabel-Bifurkation: $(x - \xi_m)[g_m(\mu) - (x - \xi_m)^2]$

ergänzt. Die Funktionen $g_m, g_{m,1}, g_{m,2}$ unterliegen dabei gewissen Vorgaben. Die entstehenden Bifurkationen sind unter Einschränkungen miteinander kombinierbar.

5. *Festlegung der Einzugsbereiche asymptotisch stabiler Lösungen*
Jeder asymptotisch stabile Gleichgewichtszustand $\xi_{m,S}(\mu)$ der synthetisierten Differenzialgleichung verfügt über einen Einzugsbereich:

$$W(\xi_m(\mu)) = \{x_0 : \xi_{m-1} < \xi_{m,S}(\mu) < \xi_{m+1}\}.$$

Mit der Lage der benachbarten instabilen Gleichgewichtszustände ξ_{m-1} und ξ_{m+1} ist die Größe des Bereichs $W(\xi_m(\mu))$ festzulegen.

6. *Berücksichtigung des Einschaltzustands*
Der Einschaltzustand soll stets asymptotisch stabil sein, d. h., es müssen die Forderungen $f(x,\mu) = 0$ und $\partial f(x,\mu)/\partial x < 0$ für $(x,\mu) = (0,\mu_0)$ erfüllt werden. Mit einer Abschätzung für mögliche Anfangswerte AB_{max} ist ein ausreichend großer Einzugsbereich des Einschaltzustands $W(\xi_S(\mu_0)) = -AB_{max} < \xi_S(\mu_0) < AB_{max}$ festlegbar. Man erzielt dies mit einer geeigneten Modellierung der Lage benachbarter instabiler Gleichgewichtszustände.

7. *Einschaltverhalten und seine Synthese*
Die Funktion $f(x,\mu)$ der synthetisierten Differenzialgleichung ist so zu modifizieren, dass sich der stabile Einschaltzustand $\xi_S(\mu_0)$ für Anfangswerte x_0 aus dem Bereich $-AB_{max} < x_0 < AB_{max}$ nach möglichst kurzer transienter Übergangsphase einstellt. Dazu sollte die rechte Seite $f(x,\mu_0)$ in der Umgebung von $\xi_S(\mu_0)$ einen möglichst steil abfallenden Verlauf aufweisen.

8. *Berechnung des Lösungsverhaltens bei kontinuierlicher Parameteränderung*
   Das bisherige Verhalten für eine schrittweise Parameteränderung bleibt bei langsamer, kontinuierlicher Parameteränderung, soweit man Bifurkationspunkte nicht überschreitet, qualitativ erhalten. Die Trajektorien aus dem Anziehungsbereich vorhandener stabiler Arbeitspunkte nähern sich den stabilen Gleichgewichtszuständen bis auf einen bestimmten Abstand. Diesen Abstand kann man durch große Beträge für C_1 verkleinern.

9. *Das zeitabhängige Lösungsverhalten in der Nähe von Bifurkationspunkten*
   Wegen der verschwindenden Ableitung in der Nähe der Bifurkationspunkte verlangsamt sich die Bewegung der Trajektorien. Bei der Synthese ist zu beachten, dass die Trajektorien stets im Anziehungsbereich vorhandener stabiler Gleichgewichtszustände verbleiben und somit das Verhalten qualitativ erhalten bleibt.

12.5   Schaltungssynthese

Dieser Abschnitt enthält die Untersuchung des tatsächlichen Verhaltens der entworfenen Differenzialgleichungen und die Synthese der Schaltungen. Aus den bereits vorliegenden Differenzialgleichungen sind die Topologie und die Bauelemente (Typ, Dimension) für die aufzubauenden Schaltungen zu konstruieren. Wegen der hohen Forderungen an die Genauigkeit sind Simulationsstudien einzufügen, die auf der blockorientierten Modellierung beruhen. Aus den Beschreibungsgleichungen, hier gewöhnliche, nichtlineare, parameterbehaftete Differenzialgleichungen, geht unter der strikten Beibehaltung ihrer Strukturen ein Simulationsmodell hervor, aus dem direkt der modulare Schaltaufbau folgt. Die Haupteigenschaft der Differenzialgleichung für vorgegebenes Bifurkationsverhalten wird durch eine begrenzte Anzahl von *Strukturbildern* (*Kostenoptimierung*) in die tatsächliche Schaltungsstruktur nach Topologie, Bauelementetypen und -parametern überführt.

Die Vorgabe des Bifurkationsverhaltens, die mathematische Synthese der dazu adäquaten Beschreibungsgleichungen, die Schaltungssynthese, die Simulationsvorgänge, die Bewertung der Messergebnisse und die Vorwegnahme der im Detail ermittelten wesentlichen Schaltungseigenschaften (Eindeutigkeit der Einschaltzustände, Robustheit der Schaltung) bilden letztlich eine im Synthesevorgang zusammengefasste Einheit.

12.5.1   Simulation des dynamischen Verhaltens

Die geforderten elektrotechnischen Parameter, gebunden an die hohe Genauigkeit, erzwingen die Untersuchung der synthetisierten Differenzialgleichung durch Simulationsstudien. Zur Ausführung dieser dient das Programmpaket SIMULINK. Es bearbeitet die blockorientierte Modellierung mathematischer Modelle. Den einzelnen Operationen (nichtlineare Funktionsbildung, Addition, Integration) der entworfenen Differenzialgleichungen sind Blocksymbole mit einem bestimmten Übertragungsverhalten zugeordnet.

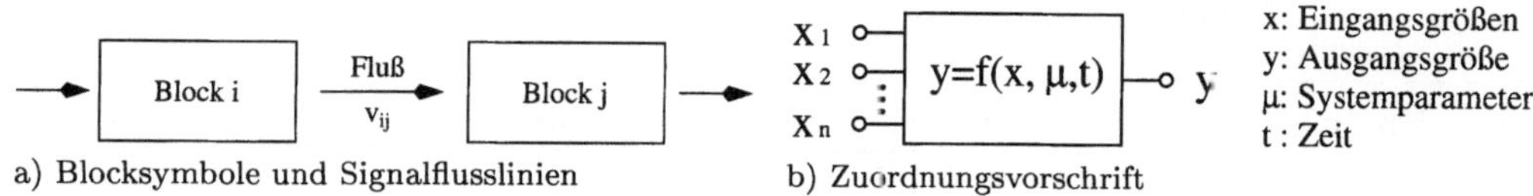

Bild 12.42: Blockdarstellung und Signalflusslinien

Die Signalflüsse zwischen den Blöcken zeigen Signalflusslinien an. Die verwendeten Blöcke verfügen über einen oder mehrere Eingänge und einen Ausgang sowie über eine Zuordnungsvorschrift, siehe Bild 12.42.

Die blockorientierte Modellierung hat die Nachbildung der Struktur von Differenzialgleichungen mittels einer schematischen Darstellung zum Ziel als Ausgangspunkt für die Durchführung von Simulationsrechnungen. Das Strukturbild ist eine allgemeingültige grafische Darstellung eines mathematischen Modells mit dem Vorteil, dass weder Amplituden- noch Zeittransformationen erforderlich sind.

Zuerst wurden zur Überprüfung des Lösungsverhaltens der entworfenen normierten Differenzialgleichungen die hergeleiteten Strukturbilder mittels SIMULINK nachgebildet und die Rechenergebnisse bewertet. Die Parameter des Simulationsmodells dienen dem optimierten Verhalten. Anschließend sind den dimensionslosen Variablen der Differenzialgleichungen die elektrischen Größen Strom und/oder Spannung zugeordnet und die normierten Konstanten ermittelt worden. Daraus folgen praxisnahe Strukturbilder, zur Überführung in elektronische Schaltungen. Im Abschnitt 12.1 sind im Hinblick auf die Kriterien für den Entwurfsprozess Teilschaltungen vorangestellt. Verfügt die als Strukturbild nachgebildete Differenzialgleichung im Ergebnis der Simulationsrechnungen über das gesuchte Verhalten, dann wird jedem Blocksymbol eine geeignete elektronische Teilschaltung mit möglichst rückwirkungsfreier Arbeitsweise zugeordnet.

Diese Teilschaltungen bilden eine Modul-Bibliothek für alle entworfenen elektronischen Schaltungen. Unter Verwendung des Strukturbildes werden dann die Grundschaltungen zu einer funktionierenden Gesamtschaltung zusammengefügt. Das Verhalten der Gesamtschaltung ist zu messen und an den Vorgaben des theoretischen Entwurfsprozesses sowie an den Simulationsergebnissen zu bewerten. Der Vorteil besteht im systematischen Entwurf für eine begrenzte Anzahl von Grundschaltungen. Der Aufbau von elektronischen Schaltungen wird deutlich vereinfacht und beschleunigt.

Die Simulation gestattet es, Änderungen von Systemvariablen und Parametern im verwendeten Modell vorzunehmen. Die vorhandene praxisangepasste Struktur der entworfenen Differenzialgleichungen wird für die blockorientierte Modellierung genutzt. Für jede mathematische Operation in der Tabelle 12.2 entsteht ein Blocksymbol für die jeweilige Operation.

Die Blocksymbole in der Tabelle 12.5 sind die Grundlage für die Struktursynthese. Alle Strukturbilder für diese modellierten Differenzialgleichungen gründen sich auf den Blocksymbolen für die Exponentialfunktionen und den sechs Blocksymbolen für die mathematischen Operationen.

Tabelle 12.5: Blocksymbole und ihr mathematischer Inhalt

Bezeichnung	Blocksymbol	Funktion
Exponentialfunktion 1		$y = C_1 \left(e^{C_2 x} - 1 \right)$
Exponentialfunktion 2		$y = -C_1 \left(e^{-C_2 x} - 1 \right)$
Inverter mit Addition einer Konstanten		$y = -C_1 x + C_2$
Verstärker mit der Addition einer Konstanten		$y = (C_1 + 1)x + C_2$
Skalierer		$y = C_1 x$
Addierer		$y = -\sum_{i=1}^{n} C_i\, x_i$
Multiplizierer		$y = 0{,}1\,(x_1 - x_2)(x_3 - x_4)$
Summations-Integrator		$y(t) = -\int \left[\sum_{i=1}^{n} C_i x_i(\tilde{t}) \right] \mathrm{d}\tilde{t} + y_0$
Funktionsgenerator		$y = f(t)$

12.5.2   Vom Strukturbild zum Schaltungsaufbau

In diesem Abschnitt werden als Teil der Struktursynthese die Strukturbilder der fünf synthetisierten Differenzialgleichungen entwickelt. Die erste Differenzialgleichung generiert eine Lösung mit mehreren parameterabhängigen Gleichgewichtszuständen. Die anderen vier Gleichungen zeigen als Lösungsverhalten transkritische Bifurkation, Sattel-Knoten-, Gabel- und Faltenbifurkationen. Die Entwicklung der funktionsfähigen Schaltungen gliedert sich in die Schritte:

1. Entnormierung der Differenzialgleichungen mit der Zuordnung der elektrotechnischen Größen Strom und/oder Spannung zu den normierten Größen der Differenzialgleichungen und der Zuordnung von Widerständen oder Kapazitäten zu vorhandenen Konstanten.

2. Entwicklung der Strukturbilder für die entnormierten Differenzialgleichungen gemäß der Blocksymbole in der Tabelle 12.5. Aufstellung weiterer Strukturbilder für die Überprüfung der Funktionen $f(x,\mu)$ in den entworfenen Differenzialgleichungen. Vergabe von festen Parameterwerten $\mu_1,\ldots,\mu_n$ und die Ermittlung der Abhängigkeit der Funktion $f(x,\mu_1)$, ..., $f(x,\mu_n)$ von x.

3. Ausführung der Simulationen und der Optimierungsrechnungen mit dem Programmpaket SIMULINK. Berücksichtigung praktisch begründeter Einschränkungen für die Analog-Rechenschaltungen nach Tabelle 12.2 und Untersuchung des Einflusses von Systemvariablen und Parametern auf das Verhalten des Modells.

4. Schaltungsentwurf: Den entwickelten Blocksymbolen werden die Analog-Rechenschaltungen nach der Tabelle 12.5 zugeordnet und diese zu einer Schaltung zusammengefügt.

5. Messprogramm: Messung von Bifurkationsdiagrammen, den parameterabhängigen Verläufen der Funktion in den Differenzialgleichungen, Messung des Zeitverhaltens der elektronischen Schaltungen und Bewertung der Messergebnisse.

6. Überprüfung: Praktische Überprüfung der Eindeutigkeit des Einschaltzustands und der Robustheit der Schaltungen.

Die Simulationsstudien dienen der Überprüfung der Messergebnisse und der Feststellung, ob die entworfenen Differenzialgleichungen die Entwurfsvorgaben der theoretischen Modelle erfüllen. Es ist gezeigt, dass die einfach aufgebauten robusten Schaltungen das vorgegebene Bifurkationsverhalten aufweisen. Somit wurde die Bestätigung der Praktikabilität des erarbeiteten Entwurfsprozesses erbracht. Als Ergebnis dieses Abschnitts stehen einfache elektronische Schaltungen mit gewünschtem Bifurkationsverhalten für Anwendungen zur Verfügung. Der Einfluss von Parametern und Systemvariablen der Schaltungsaufbauten ist übersichtlich dargestellt und somit lassen sich erforderliche Modifikationen oder Anpassungen einfach durchführen.

Berücksichtigung praktischer Aspekte

Für die numerische Integration der Differenzialgleichungen können im Programm SIMULINK verschiedene Parameter vorgegeben werden. Bei den Simulationsstudien wurde, wenn nicht anders angegeben, das Integrationsverfahren vom Typ Dormand-Prince 4/5 mit einer automatischen Schrittweitensteuerung, einer automatischen absoluten Toleranzsteuerung und einer relativen Toleranz von 10^{-10} benutzt.

Für den Schaltungsentwurf werden nur Standardbauelemente und für Grundschaltungen mit vorgegebenen Richtwerten für Operationsverstärkertypen, Widerstands- oder Kapazitätsgrößen gemäß 12.1.1 eingesetzt. Die Simulation erfordert die Vorgabe eines Anfangswerts u_0. Für die Messungen des Lösungsverhaltens in Abhängigkeit von den Anfangswerten ist der Kondensator des Integrators in Bild 12.43 mittels einer potenzialfreien Spannungsquelle auf eine bestimmte Anfangsspannung aufzuladen. Nach

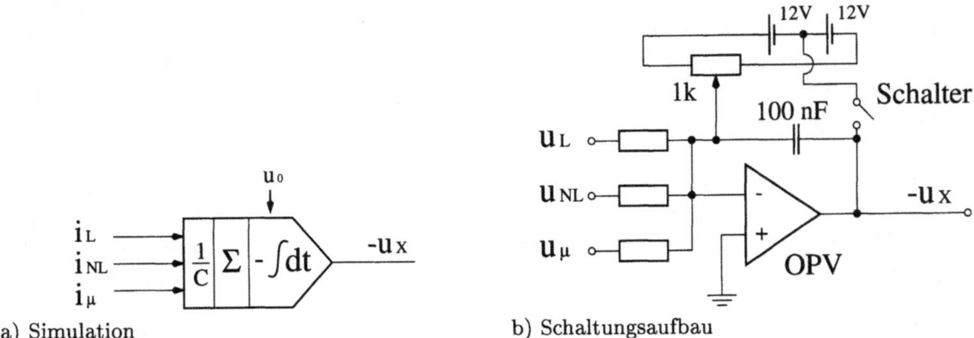

Bild 12.43: Die Anfangswerte des Summations-Integrators

dem Öffnen des Schalters stellt sich nach einer kurzen transienten Übergangsphase ein asymptotisch stabiler Zustand der Ausgangsspannung u_x ein.

Die Dauer der transienten Übergangsphase bestimmt im wesentlichen den Wert der Kapazität. Für $C = 100\,\text{nF}$ beträgt die transiente Übergangsphase ungefähr $100\,\mu s$. Dieser relativ große Wert liegt in den mechanischen Eigenschaften des Schalters begründet. Er soll innerhalb weniger Mikrosekunden zuverlässig und ohne zu prellen öffnen. Prellt dieser, dann treten nach dem Öffnen der Kontakte kurze, unerwünschte Spannungsimpulse auf, die in auftretenden Überspannungen vorhandener induktiver Elemente begründet sind. Die Messwertaufnahme der transienten Spannungsverläufe erfolgt mit dem „Single Shot" Modus des Oszilloskops. Dazu wurde ein bestimmter Spannungs-Schwellwert und eine steigende bzw. fallende Flanke vorgegeben. Überschreitet die Messspannung diesen Wert, so erfolgt für einen vorgegebenen Zeitraum die Messwertaufnahme.

Die Robustheit der Schaltungen basiert auf dem Austausch toleranzbehafteter Bauelemente. Dazu wurde das Verhalten der Schaltungen bei verschiedenen Kombinationen von Operationsverstärkern, von Widerständen mit einem Toleranzbereich von $\pm 5\%$, Kapazitäten (Toleranzbereich $\pm 10\,\%$) und Dioden getestet.

Schaltungen mit parameterabhängigem Lösungsverhalten

Die Synthese einer elektronischen Schaltung mit parameterabhängigem Lösungsverhalten beginnt bei der Gl. (12.42). Diese Gleichung liefert für bestimmte Werte von μ zwei stabile und eine instabile Gleichgewichtslage. Das Bild 12.13 zeigt für verschiedene μ das Lösungsverhalten.

Um die Gl. (12.42) durch eine einfache elektronische Schaltung zu realisieren, erfolgt eine Umformung:

$$\dot{x} = -\mu - C_1(2 - x) + \left[-e^{-C_2\,(2-x)} - 1\right] + \left[e^{C_2(2-x)} - 1\right], \quad x(t_0) = x_0. \quad (12.126)$$

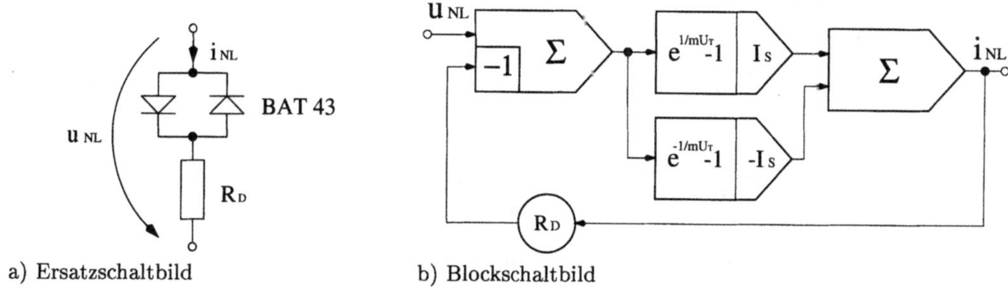

a) Ersatzschaltbild   b) Blockschaltbild

Bild 12.44: Linearisierung der Diodenkennlinien

Die Exponentialfunktionen bildet man durch zwei entgegengesetzt geschaltete Dioden nach. Um die nichtlinearen Kennlinien über einen größeren Bereich auszusteuern, werden die Diodenkennlinien durch den Reihenwiderstand R_D gemäß Bild 12.44 (a) linearisiert. Die realen Werte für den Sättigungsstrom $I_S = 29\,\mu$A und die Temperaturspannung $mU_T = 63\,$mV sind gemäß Tabelle 12.1 festgelegt.

Ist an das Diodennetzwerk vom Bild 12.44 (a) eine Spannung u_{NL} angelegt, dann fließt ein Strom i_{NL}. Die Simulation dieses Spannungs-Strom-Zusammenhangs gibt das Blockschaltbild in Bild 12.44 (b) wieder. Die implizite Spannungs-Strom-Funktion für das Ersatzschaltbild in Bild 12.44 (a) hat die Form:

$$i_{NL} = f(u_{NL}, i_{NL}) = -I_S \left[e^{-(u_{NL} - R_D\,i_{NL})/mU_T} \right] + I_S \left[e^{(u_{NL} - R_D\,i_{NL})/mU_T} \right].$$

$$(12.127)$$

Zur Synthese des Strukturbildes wird die Gl. (12.126) in die Integralform überführt:

$$x = \int_{t_0}^{t_1} \left\{ -\mu - C_1(2 - x) + \left[-e^{-C_2(2-x)} - 1 \right] + \left[e^{C_2(2-x)} - 1 \right] \right\} dt + x_0, \quad x(t_0) = x_0.$$

$$(12.128)$$

Diese Gleichung besteht aus zwei linearen und zwei nichtlinearen Termen, die summiert und anschließend integriert werden. Eine Analog-Rechenschaltung liefert der Summations-Integrator im Bild 12.8.

Das Verhalten dieser Schaltung beschreibt man mit Gl. (12.17) in der Form:

$$u = -\frac{1}{C} \int_{t_0}^{t_1} (i_1 + i_2 + \ldots + i_n)\, dt + u_0, \quad u(t_0) = u_0. \qquad (12.129)$$

Die Entnormierung der Gl. (12.128) erfolgt durch Spannungs- und Stromzuordnung. Mit der impliziten Spannungs-Strom-Funktion zur Nachbildung der nichtlinearen Terme in Gl. (12.127) kommt man wegen Gl. (12.129) zur Gleichung:

$$u_x = -\frac{1}{C} \int_{t_0}^{t_1} (i_\mu + i_L - i_{NL})\, \mathrm{d}t + u_0, \, u_x(t_0) = u_0 \tag{12.130}$$

$$\text{mit } i_\mu = \frac{u_\mu}{R_\mu}, \; i_L = \frac{2V - u_x}{R_L}, \; i_{NL} = f(2V - u_x, i_{NL}).$$

Damit leitet sich die parameterabhängige Integralgleichung:

$$u_x = \int_{t_0}^{t_1} f(u_x, u_\mu)\, \mathrm{d}t + u_0, \; u_x(t_0) = u_0,$$

$$u_x = \frac{1}{C} \int_{t_0}^{t_1} \left\{ -\frac{u_\mu}{R_\mu} - \frac{2V - u_x}{R_L} - I_S \left[e^{-(2V - u_x - R_D i_{NL})/mU_T} \right] \right.$$

$$\left. + I_S \left[e^{(2V - u_x - R_D i_{NL})/mU_T} \right] \right\} \mathrm{d}t + u_0 \tag{12.131}$$

her. Sie verfügt über die vorgegebenen Konstanten I_S, mU_T sowie über die Widerstandsgrößen R_μ, R_L, R_D und die Kapazität C des Summations-Integrators. Die Spannung u_x ist die Systemgröße und die Spannung u_μ bezeichnet den Parameterwert.

Mit dem Simulationsmodell im Bild 12.45 (a) ist nun das zeitliche Verhalten von Gl. (12.131) zu ermitteln. Zur Untersuchung des Verlaufs der rechten Seite von Gl. (12.131):

$$f(u_x, u_\mu) = -\left[-R_R (i_\mu + i_L - i_{NL}) \right]$$

$$= R_R \left\{ -\frac{u_\mu}{R_\mu} - \frac{2V - u_x}{R_L} - I_S \left[e^{-(2V - u_x - R_D i_{NL})/mU_T} \right] \right.$$

$$\left. + I_S \left[e^{(2V - u_x - R_D i_{NL})/mU_T} \right] \right\} \tag{12.132}$$

wird das Strukturbild im Bild 12.45 (a) modifiziert und in das im Bild 12.45 (b) überführt.

Für die beiden Strukturbilder sind elektronische Schaltungen entworfen und aufgebaut worden. Jedem Blocksymbol der Strukturbilder wurde eine geeignete Analog-Rechenschaltung entsprechend Tabelle 12.5 zugeordnet. Das Ergebnis stellen die im Bild 12.46 wiedergegebenen Schaltungen dar.

Der Betrag des Widerstandes $R_L = 142\,\Omega$ folgt aus einer Simulationsstudie. Als Optimierungsziel wird die Lage der stabilen Gleichgewichtszustände $\xi_{S1} = 1$, $\xi_{S2} = 3$ vorgegeben und der zugehörige Wert für R_L ermittelt. Diese Optimierungsvariable wählt man deshalb, weil die Lage der Gleichgewichtszustände linear von diesem Wert abhängt, im Unterschied zur nichtlinearen Abhängigkeit der Widerstandsgröße R_D. Toleranzschwankungen im Widerstandswert von R_L beeinflussen somit auch nur innerhalb bestimmter Grenzen die Lage der Gleichgewichtszustände.

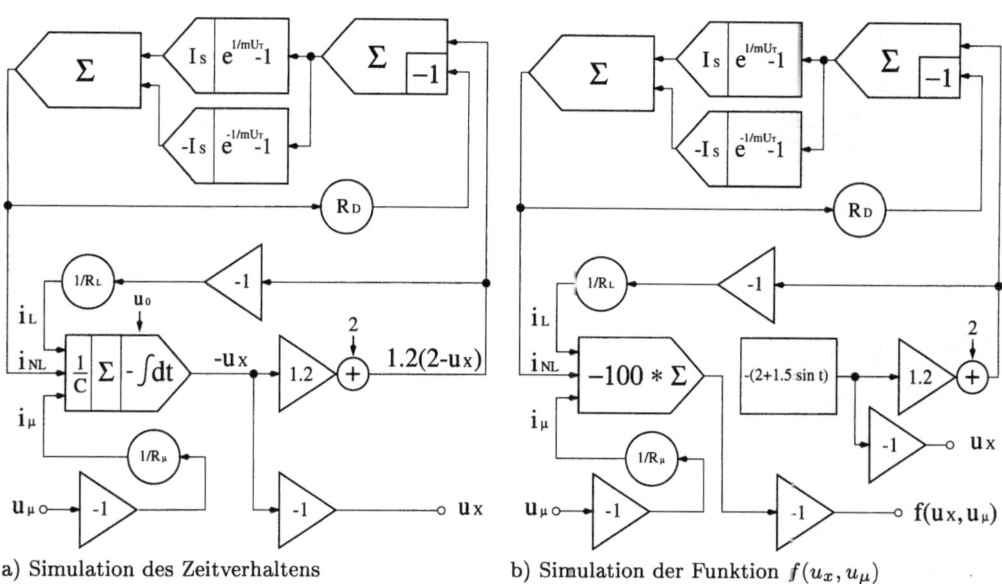

Bild 12.45: Strukturbilder zur Simulation des Lösungsverhaltens

Eine erste Simulation untersucht das zeitliche Verhalten der synthetisierten Differenzialgleichung. Ein Vergleich der im Bild 12.47 dargestellten Simulationsresultate mit den theoretischen Ergebnissen des Bildes 12.10 ergab in den Hauptkriterien Lage und Stabilität der Gleichgewichtszustände $\xi_{S1} = 1$, $\xi_U = 2$ und $\xi_{S2} = 3$ eine fast exakte Übereinstimmung. Die Einzugsbereiche der stabilen Lösungen sind ausreichend groß und stimmen ebenfalls überein.

Nach der Überprüfung des theoretischen Modells durch eine Simulationsrechnung folgten Schaltungen im Bild 12.46 (a). Das Messergebnis des zeitlichen Verlaufs der Ausgangsspannung u_x gibt das Bild 12.47 (b) wieder.

Für die Simulationsrechnungen gibt man die Anfangswerte u_0 zum Zeitpunkt $t_0 = 0$ entsprechend dem Bild 12.47 (a) vor. Bei den praktischen Messungen wird eine konstante Anfangsspannung u_x mit der in Bild 12.43 (b) dargestellten Schaltung eingestellt und der Schalter zum Zeitpunkt $t_0 \approx 160\,\mu s$ geöffnet. Der Verlauf der rechten Seite $f(u_x, u_\mu)$ für den Wert $u_\mu = 0$ ist mit einem Simulationsmodell nach dem Bild 12.45 (b) berechnet bzw. mit dem Schaltungsaufbau im Bild 12.46 (b) gemessen worden und in Bild 12.48 dargestellt.

Die in beiden Schaltungen gemessenen Ausgangswerte $f(u_x, u_\mu)$ mit $u_\mu = 0\,V$ sind als Funktion der Eingangswerte u_x aufgezeichnet. Besonderer Wert ist auf die Lage der Nullstellen der Funktion $f(u_x, u_\mu)$ zu legen. Denn die Nullstellen dieser Funktion bestimmen die Lage der Gleichgewichtszustände der Differenzialgleichung. Weiterhin sind die Gradienten $df(u_x, u_\mu)/du_x$ in den Nullstellen für das Stabilitätsverhalten von Bedeutung. Ein negativer Anstieg im Nulldurchgang kennzeichnet einen stabilen, ein

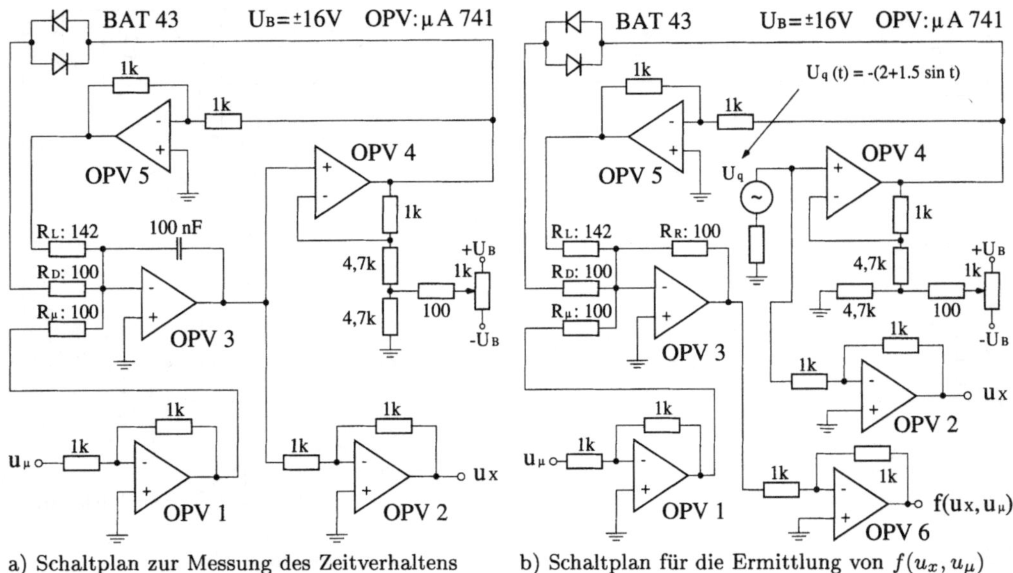

a) Schaltplan zur Messung des Zeitverhaltens   b) Schaltplan für die Ermittlung von $f(u_x, u_\mu)$

Bild 12.46: Schaltpläne zur Messung des Lösungsverhaltens der aufgebauten parameterabhängigen Differenzialgleichung (Widerstandswerte in Ω bzw. kΩ)

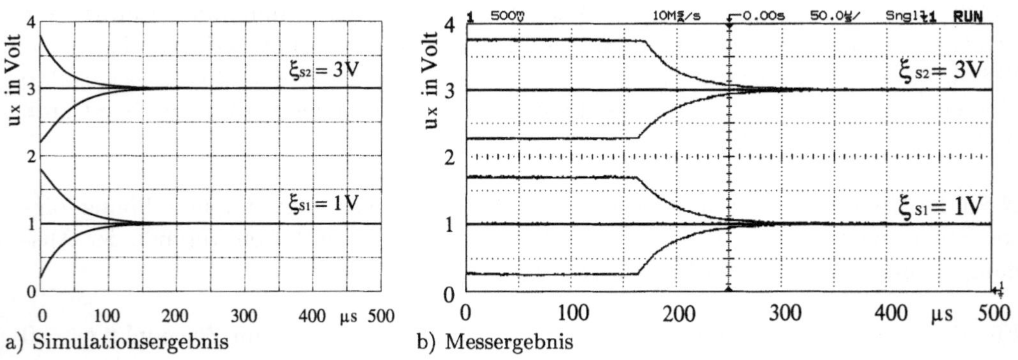

a) Simulationsergebnis   b) Messergebnis

Bild 12.47: Simulation und Messung des Zeitverhaltens

positiver Anstieg einen instabilen Gleichgewichtszustand. Die Simulations- und Messergebnisse bestätigen die theoretischen Synthesevorgaben.

Im Anschluss an die Bestätigung der theoretischen Ergebnisse für den Parameterwert $u_\mu = 0\,\text{V}$ erfolgt die Simulation und Messung der parameterabhängigen Lage der Gleichgewichtszustände. Dazu ist das Zeitverhalten bei veränderbarem u_μ aufzunehmen.

Die Resultate enthalten die Bilder 12.50 und 12.49. Die theoretischen Ergebnisse, man vergleiche dazu auch das Bild 12.13, sind experimentell bestätigt.

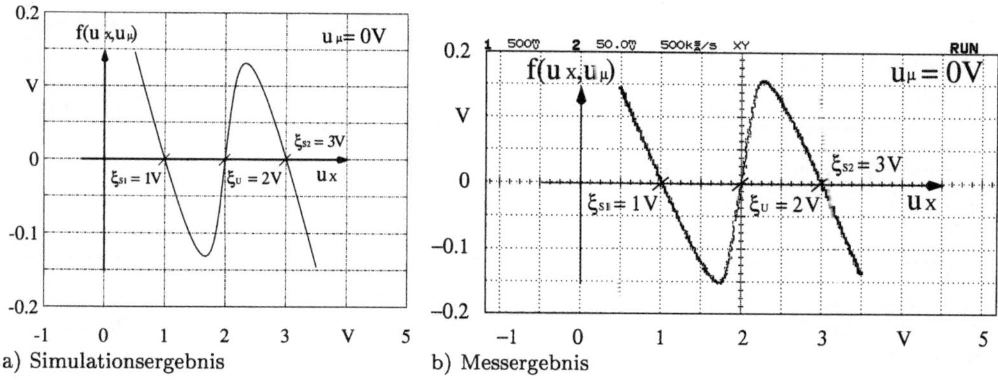

Bild 12.48: Simulation und Messung des Verlaufs der rechte Seite

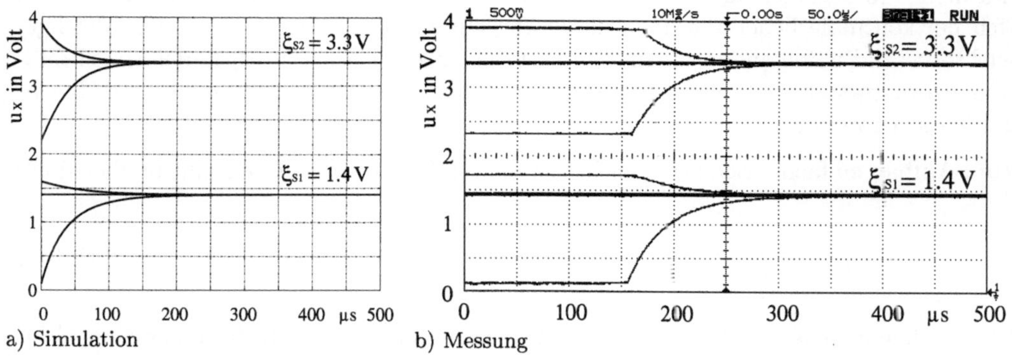

Bild 12.49: Parameterabhängiges Lösungsverhalten für den Parameter $u_\mu = -0{,}1\,\mathrm{V}$

Die Überprüfung der Robustheit der Schaltungen gewährleistet der Austausch toleranz-behafteter Bauelemente. Das Ergebnis dieser Messreihen besteht darin, dass die Lage der Gleichgewichtszustände im Bereich einiger Millivolt um die Werte $\xi_{S1} = 1\,\mathrm{V}$ bzw. $\xi_{S2} = 3\,\mathrm{V}$ schwankt. Das konzipierte Lösungsverhalten bleibt jedoch stets qualitativ erhalten.

12.5.3 Schaltungssynthese für verschiedene Bifurkationstypen

Transkritische Bifurkation und ihre Synthese

Als Ausgangspunkt der Schaltungssynthese und damit für den späteren Aufbau einer elektronischen Schaltung mit transkritischer Bifurkation dient die Gl. (12.58) in der Form:

$$\dot{x} = f(x,\mu) = -(x - \mu)\,(x + 0{,}2\,\mu), \quad x(t_0) = x_0 \qquad (12.133)$$

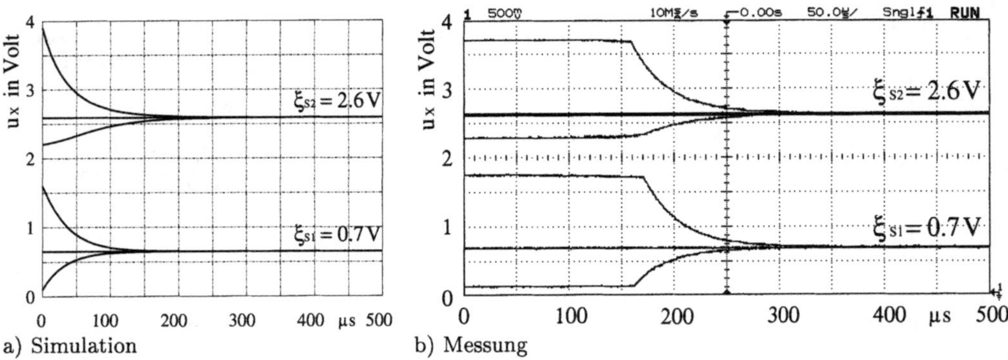

a) Simulation   b) Messung

Bild 12.50: Parameterabhängiges Lösungsverhalten für den Parameter $u_\mu = 0{,}1\,\text{V}$

mit dem Bifurkationsdiagramm im Bild 12.16. Bei dieser Differenzialgleichung bewegen sich bei kontinuierlicher Parameteränderung ein stabiler und ein instabiler Gleichgewichtszustand aufeinander zu. Im Bifurkationspunkt $(x, \mu) = (0, 0)$ findet ein Stabilitätsaustausch statt. Bei weiterer Parameteränderung von μ entfernen sich die Gleichgewichtszustände voneinander.

Zum Aufbau einfacher Schaltungen wird die Gl. (12.133) in die Integralform überführt:

$$x = \int\limits_{t_0}^{t_1} \left[(x - \mu)\,(-x - 0{,}2\,\mu)\right] \mathrm{d}t + x_0, \quad x(t_0) = x_0. \tag{12.134}$$

Die mathematische Struktur von Gl. (12.134) enthält nur noch die Operationen Integration, Multiplikation und Addition. Da diese Operationen durch den Einsatz der Analog-Rechenschaltungen mit einer hohen Präzision realisierbar sind, erfordert es keine weiteren Umformungen. Den Ausgangspunkt zur Entnormierung der Gl. (12.134) bildet ein Umkehr-Integrator, der nach der Gl. (12.16) den Strom zeitlich integriert:

$$
\begin{aligned}
u_A(t_1) &= -\frac{1}{C} \int\limits_{t_0}^{t_1} i_E(t)\,\mathrm{d}t + u_{A,0} \quad \text{mit} \quad u_A(t_0) = u_{A,0} \\
&= -\frac{1}{C} \int\limits_{t_0}^{t_1} \frac{u_E(t)}{R_i}\,\mathrm{d}t + u_{A,0}.
\end{aligned}
$$

Mit den Parametern u_μ folgt als entnormierte Integralgleichung:

$$
\begin{aligned}
u_x &= \int\limits_{t_0}^{t_1} f(u_x, u_\mu)\,\mathrm{d}t + u_0, \quad u_x(t_0) = u_0 \\
&= \frac{1}{C} \int\limits_{t_0}^{t_1} \left[\frac{1}{R_i}(u_x - u_\mu)\,(-u_x - 0{,}2\,u_\mu)\right]\mathrm{d}t + u_0. \tag{12.135}
\end{aligned}
$$

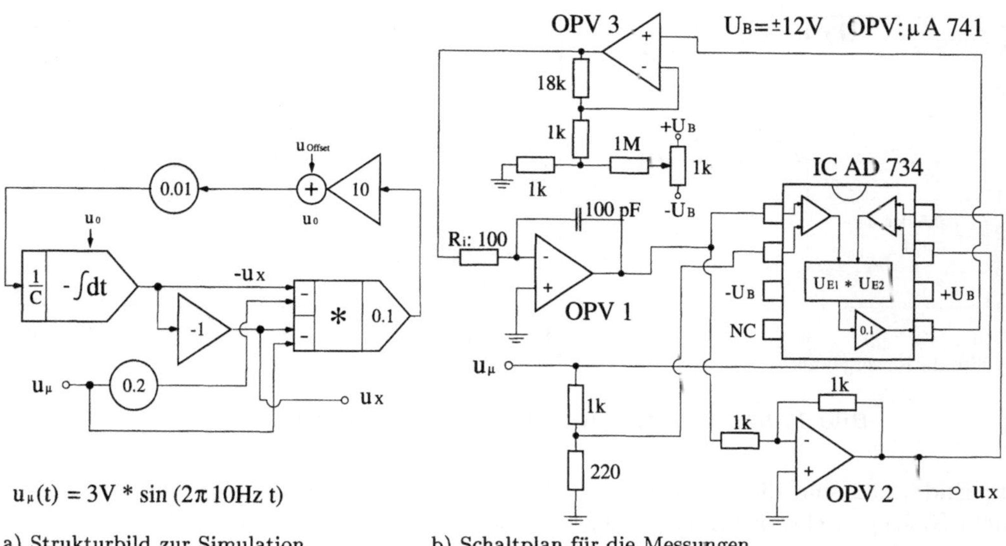

a) Strukturbild zur Simulation   b) Schaltplan für die Messungen

Bild 12.51: Strukturbild und Messplan einer Schaltung mit transkritischer Bifurkation

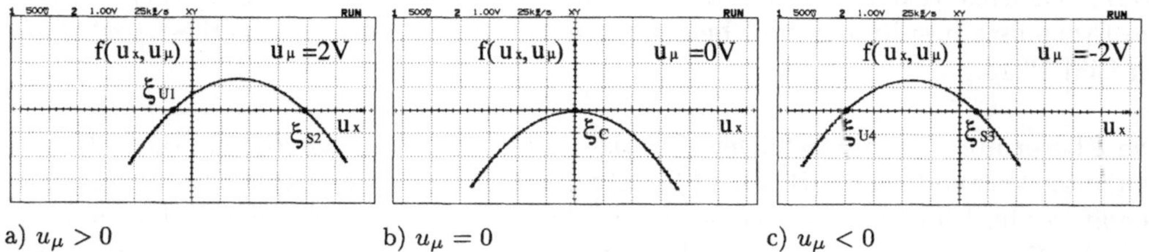

a) $u_μ > 0$ b) $u_μ = 0$ c) $u_μ < 0$

Bild 12.52: Darstellung der Messergebnisse bei parameterabhängigem Verlauf von $f(u_x, u_μ)$

Ein dazugehöriges Strukturbild gibt das Bild 12.51 (a) wieder. Die zugehörige elektronische Schaltung enthält das Bild 12.51 (b).

Ersetzt man in der Schaltung vom Bild. 12.51 (b) die Kapazität des Umkehr-Integrators durch einen Widerstand der Größe $R_R = 100\,\Omega$ und invertiert die Ausgangsspannung von OPV 1, so arbeitet OPV 1 als Umkehraddierer. Der Ausgang vom OPV 1 ist nun vom Eingang des Multiplikator-Schaltkreises abzutrennen, um dort eine sinusförmige Spannung niedriger Frequenz einzuspeisen. Für verschiedene fest vorgegebene $u_μ$ kann man die Abhängigkeit der realisierten Funktion $f(u_x, u_μ)$ in Gl. (12.135) durch die Funktion:

$$f(u_x, u_μ) = -\left\{ -R_R \left[\frac{1}{R_i}(u_x - u_μ)(-u_x - 0{,}2\,u_μ) \right] \right\} \tag{12.136}$$

in Abhängigkeit von u_x ermitteln. Die gemessenen Ergebnisse für ausgewählte Parameterwerte $u_μ$ geben die Bilder 12.52 a, b, c wieder.

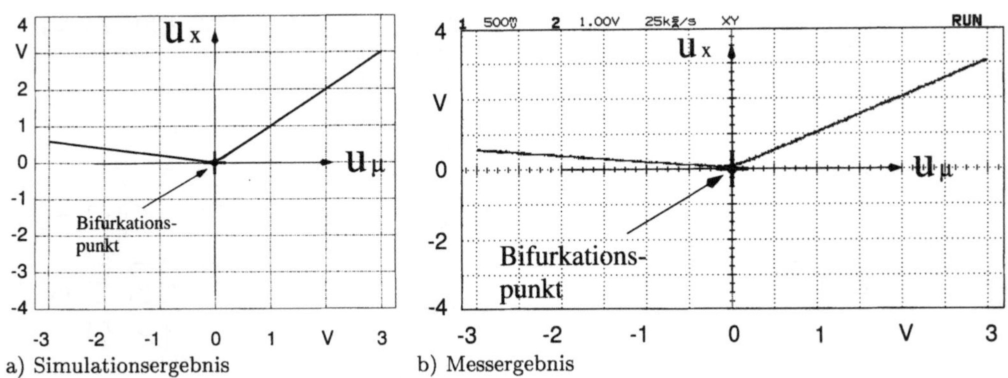

Bild 12.53: Simulation und Messung des Bifurkationsdiagramms

Im Bild 12.52 sind die Lagen des stabilen Gleichgewichtszustands ξ_S und des instabilen Gleichgewichtszustands ξ_U eingezeichnet. Für positive Werte des Parameters u_μ verbleibt der instabile Gleichgewichtszustand in der Nähe des Bifurkationspunktes und der stabile Gleichgewichtszustand entfernt sich für große Werte von u_μ. Nach Überschreitung des Bifurkationspunktes (negative Werte des Parameters u_μ) verbleibt der stabile Gleichgewichtszustand in der Nähe des Bifurkationspunktes. Die experimentellen Ergebnisse bestätigten die Übereinstimmung der theoretischen Syntheseergebnisse im Bild 12.15.

Die Überprüfung des tatsächlichen Bifurkationsverhaltens zeigen Simulationsrechnungen unter Verwendung des Bildes 12.51 (a) mit anschließend durchgeführten Messungen gemäß der im Bild 12.51 (b) dargestellten Schaltung. Für diese Simulationsrechnungen und die Experimente wird für die Ermittlung des zeitabhängigen Lösungsverhaltens eine Eingangsspannung mit der Funktion $u_\mu(t) = 3\,\text{V}\sin(2\pi\,10\,\text{Hz}\,t)$ vorgegeben. Der Kapazitätswert des Umkehr-Integrators beträgt $C = 100\,\text{Hz}$. Diese Kapazität kann aber auch für die Frequenz von 10 Hz bis in den pF-Bereich verkleinert werden, ohne dass sich das Lösungsverhalten wesentlich verändert. Der Widerstandswert $R_i = 100\,\Omega$ wird nach den Ergebnissen in 12.1.1 festgelegt. Da der Ausgang des Multiplikator-Schaltkreises nur geringe Stromwerte liefert, wird ein weiterer nichtinvertierender Verstärker (OPV 3 im Bild 12.51 (b)) erforderlich.

Zur Bewertung der simulierten Ergebnisse sei zunächst das Bifurkationsverhalten der Modellgleichung überprüft. Dazu wird die ermittelte Ausgangsgröße u_x als Funktion der Eingangsgröße u_μ dargestellt. So liegen das Bifurkationsdiagramm vom Bild 12.53 (a) mit den Messergebnissen im Bild 12.53 (b) vor.

Im simulierten wie experimentell nachgewiesenen Bifurkationspunkt $(u_x, u_\mu) = (0,0)$ vollzieht sich der geforderte Stabilitätsaustausch. Die qualitative Veränderung des Lösungsverhaltens ist auch im Zeitbereich veranschaulichbar. Dazu wird eine Simulationsrechnung ausgeführt und das Messergebnis mit einem Oszilloskop aufgezeichnet. Die Ergebnisse geben die Bilder 12.54(a), (b) wieder.

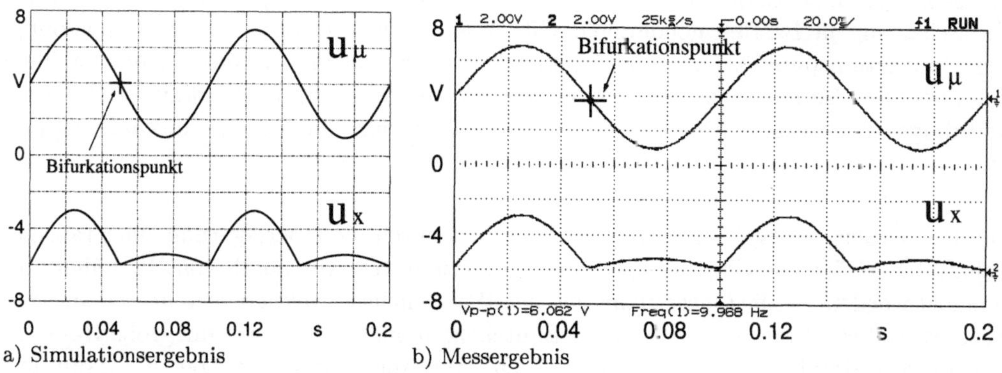

a) Simulationsergebnis b) Messergebnis

Bild 12.54: Qualitative Veränderung des Lösungsverhaltens im Zeitbereich

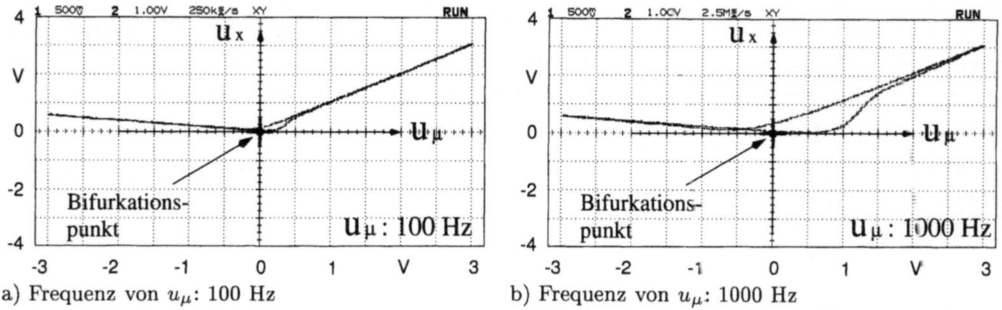

a) Frequenz von u_μ: 100 Hz b) Frequenz von u_μ: 1000 Hz

Bild 12.55: Von der Frequanz abhängiges Lösungsverhalten in der Nähe des Bifurkations-punktes

Diese Funktionen zeigen, dass sich der glatte sinusförmige Verlauf der Eingangsgröße u_μ im Bifurkationspunkt $(u_x, u_\mu,) = (0,0)$ verändert. Das Vorzeichen der Amplitude der Ausgangsgröße u_x wird gewechselt und selbige stark verkleinert. Erhöht man die Frequenz der Eingangsspannung u_μ, so kommt es zu abweichendem Verhalten. Für die Messungen wurden zwei Frequenzen für u_μ vorgegeben und das resultierende Verhalten gemessen (Bild 12.55(a),(b)).

Für größere Frequenzen von u_μ ist ersichtlich, dass die zeitabhängige Lösung u_x nach dem Überschreiten des Bifurkationspunktes $(u_x, u_\mu) = (0,0)$ zunächst in der Umgebung des instabilen Gleichgewichtszustands $\xi_U(\mu) = -0{,}2\,\mu$ kurz verharrt. Die instabilen Zweige kann man nicht direkt messen und sind daher nicht in den experimentell ermittelten Bifurkationsdiagrammen enthalten. Numerisch sind stabile wie instabile Gleichgewichtszustände jedoch berechenbar (Bild 12.16). Erst für größere Werte u_μ konvergiert die Lösung u_x zunächst langsam und dann immer schneller gegen den stabilen Lösungszweig. Toleriert man die geringen Abweichungen im Bifurkationspunkt nach dem Bild 12.55 (a), verfügt die Schaltung über eine Grenzfrequenz von etwa 100 Hz.

Zur Überprüfung des eindeutigen Einschaltzustands wird der Kondensator des Summations-Integrators entladen. Das bedeutet, mit der Anfangsbedingung $u_x(t_0) = 0\,\text{V}$ wird die Schaltung in Betrieb genommen. Gibt man Parameterwerte aus der Umgebung des Bifurkationspunktes $u_\mu = 0$ vor, so weist die Schaltung in verschiedenen Fällen ein instabiles Verhalten auf. Für eine korrekt justierte Offset-Spannung stellte sich allerdings für betragsgroße Parameterwerte u_μ stets derselbe stabile Einschaltzustand ein.

Die Robustheit der synthetisierten Schaltung ist durch die Überlagerung einer rauschbehafteten Größe zur Eingangsspannung u_μ sowie durch Austausch von Bauteilen untersucht worden. Ist die Offsetspannung am OPV 3 nicht korrekt eingestellt, so kann die aufgebaute Schaltung bei bestimmten Bauteilekombinationen sowie für große Rauschleistungen instabiles Verhalten aufweisen. Die Ausgangsspannung u_x beträgt dann unabhängig von u_μ ca. $-11\,\text{V}$. Dies entspricht der Sättigungsspannung von OPV 2. Mittels einer sorgfältigen Justierung der Offsetspannung von OPV 3 kann jedoch stets ein stabiles Verhalten erzielt werden. Die synthetisierte Schaltung erfüllt die Forderung sehr gut. Die Anzahl und die Stabilität der vorhandenen Gleichgewichtszustände sowie der experimentell bestätigte Bifurkationstyp erfüllen die Vorgaben exakt. Die parameterabhängige Lage der Gleichgewichtszustände, die Lage des Bifurkationspunktes $(u_x, u_\mu) = (0, 0)$ sowie die Größe der Einzugsbereiche der asymptotisch stabilen Lösungen erfüllen sowohl theoretische Vorgaben als auch die gemessenen Ergebnisse innerhalb geringer Abweichungen.

Schaltungen für Sattel-Knoten-Bifurkation

Die Aufgabe besteht darin, für die Differenzialgleichung in Gl. (12.76) eine Schaltung, welche bei einer Parameterveränderung eine Sattel-Knoten-Bifurkation aufweist, zu entwerfen:

$$\dot{x} = f(x, \mu) = \mu + (\mathrm{e}^x - 1) + (\mathrm{e}^{-x} - 1), \qquad x(t_0) = x_0.$$

Ihr Bifurkationsverhalten ist dadurch gekennzeichnet, dass für Parameterwerte $\mu < 0$ ein stabiler (Knoten) und eine instabiler Gleichgewichtszustand (auch als Sattel bezeichnet) existieren. Im Bifurkationspunkt $(x, \mu) = (0, 0)$ verschmelzen beide Zustände und verschwinden. Für Parameterwerte $\mu > 0$ streben die Trajektorien der Lösung gegen ∞.

Die Entnormierung erfolgt mit der Gl. (12.17) des Summations-Integrators:

$$u_x = -\frac{1}{C} \int_{t_0}^{t_1} (i_\mu + i_{NL})\,\mathrm{d}t + x_0, \qquad u_x(t_0) = x_0$$

$$\text{mit } i_\mu = -\frac{u_\mu}{R_\mu}, \quad i_{NL} = -I_S\left(\mathrm{e}^{u_x / mU_T} - 1\right) - I_S\left(\mathrm{e}^{-u_x / mU_T} - 1\right). \tag{12.137}$$

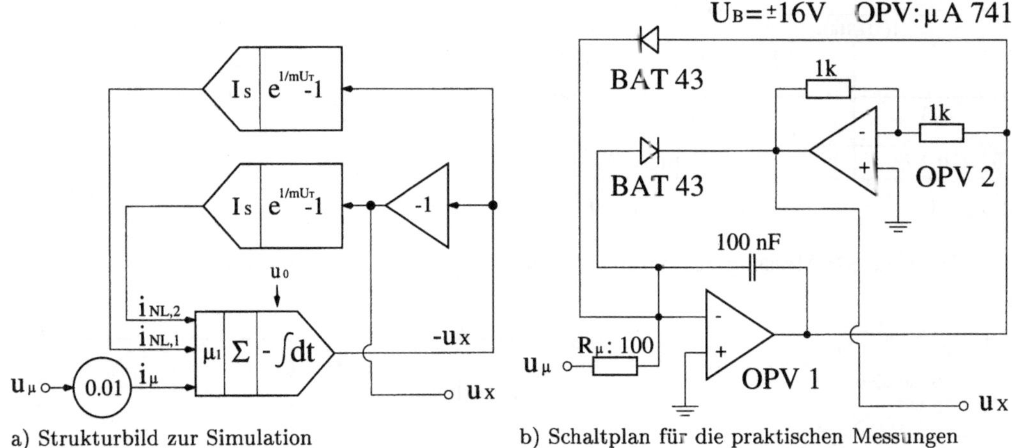

a) Strukturbild zur Simulation   b) Schaltplan für die praktischen Messungen

Bild 12.56: Strukturbild und Schaltung mit einer Sattel-Knoten-Bifurkation

Als Grundlage zur Synthese von elektronischen Schaltungen mit einer Sattel-Knoten-Bifurkation dient die Integralgleichung:

$$u_x = \int_{t_0}^{t_1} f(u_x, u_\mu)\,\mathrm{d}t + x_0, \qquad u_x(t_0) = u_0$$

$$= \frac{1}{C} \int_{t_0}^{t_1} \left[\frac{u_\mu}{R_\mu} + I_S \left(\mathrm{e}^{u_x / mU_T} \right) + I_S \left(\mathrm{e}^{-u_x / mU_T} \right) \right] \mathrm{d}t + x_0. \quad (12.138)$$

Für den Widerstand R_μ wird nach den vorn dargestellten Festlegungen ein Wert von $100\,\Omega$ festgelegt. Die Kapazität des Summations-Integrators beträgt $C = 100\,\mathrm{pF}$. Für die Gl. (12.138) können nun nacheinander das Strukturbild und der Schaltplan im Bild 12.56 entworfen werden.

Zuerst überprüft man die parameterabhängige Lage der Gleichgewichtszustände. Dazu wird die Kapazität des Summations-Integrators durch einen Widerstand mit einem Wert von $R_R = 100\,\Omega$ ersetzt. Der OPV 1 arbeitet somit als Umkehraddierer. Die Ausgangsspannung wird invertiert und der OPV 1 vom OPV 2 abgetrennt. In den Eingang von OPV 2 speist man eine sinusförmige Wechselspannung mit einer Amplitude von $400\,\mathrm{mV}$ und einer Frequenz von $100\,\mathrm{Hz}$ ein. Für u_μ werden die Gleichspannungen -$200\,\mathrm{mV}$, $0\,\mathrm{V}$ und $100\,\mathrm{mV}$ vorgegeben und das zeitliche Verhalten der Ausgangsspannung mit einem Oszilloskop aufgezeichnet. Daraus folgt für feste Werte u_μ die Abhängigkeit der Funktion

$$f(u_x, u_\mu) = -\left\{ -R_R \left[\frac{u_\mu}{R_\mu} + I_S \left(\mathrm{e}^{u_x / mU_T} \right) + I_S \left(\mathrm{e}^{-u_x / mU_T} \right) \right] \right\} \quad (12.139)$$

von der Variablen u_x. Die Messergebnisse enthält die Bild 12.57.

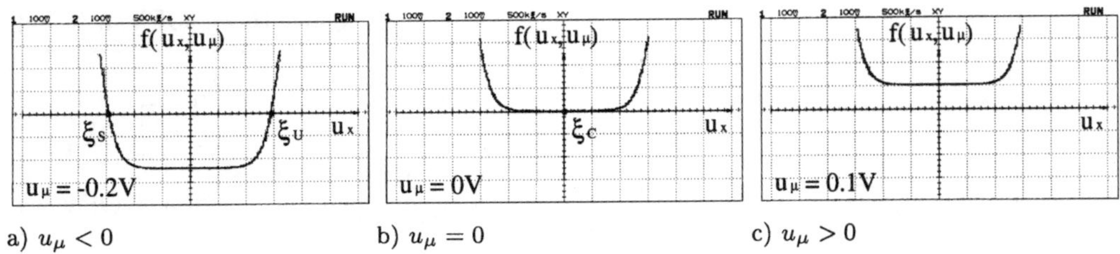

a) $u_\mu < 0$ b) $u_\mu = 0$ c) $u_\mu > 0$

Bild 12.57: Messung zur parameterabhängigen Lage der Gleichgewichtszustände

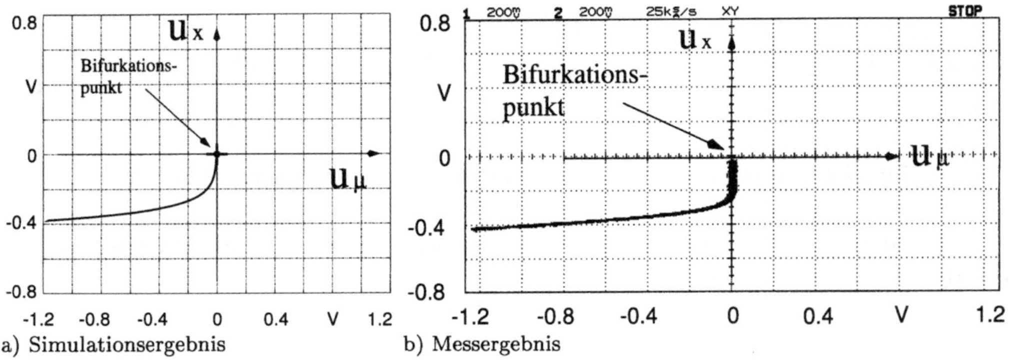

a) Simulationsergebnis   b) Messergebnis

Bild 12.58: Simulation und Messung der Bifurkationsdiagramme einer Sattel-Knoten-Bifurkation

Für Werte $u_\mu < 0\,\text{V}$ existieren ein stabiler (ξ_S) und ein instabiler Gleichgewichtszustand (ξ_U). Bei einer Vergrößerung von u_μ bewegen sich diese Zustände aufeinander zu und verschmelzen für den Spannungswert $u_\mu = 0\,\text{V}$. Das ist der Bifurkationspunkt der Schaltung. Für Spannungen größer als Null Volt gibt es keinen Schnittpunkt der Funktion $f(u_x, u_\mu)$ mit der u_x-Achse. Somit weist die zugehörige Differenzialgleichung (12.138) für Werte $u_\mu > 0$ keine Gleichgewichtszustände auf. Die Bilder veranschaulichen somit das Bifurkationsverhalten einer Sattel-Knoten-Bifurkation im Punkt $(u_x, u_\mu) = (0, 0)$. Der Vergleich zwischen theoretisch synthetisiertem Verhalten und dem gemessenen Verhalten zeigt das Bild 12.18. Das zeitabhängige Lösungsverhalten gibt das Bild 12.59 wieder.

Wenn sich die Eingangsspannung u_μ dem Bifurkationspunkt $u_\mu = 0\,\text{V}$ nähert, dann erreicht die Ausgangsspannung u_x fast den Wert $u_x = 0\,\text{V}$. Eine geringfügige Erhöhung der Spannung u_μ führt dazu, dass u_x den Bifurkationspunkt überschreitet und instabil wird.

Befindet sich die Schaltung in einem stabilen Arbeitspunkt der Schaltung ($u_\mu \ll 0\,\text{V}$), dann bleibt sie robust gegen Störspannungen. Fügt man zu u_μ eine rauschbehaftete Spannung mit kleinem Effektivwert hinzu, dann verändert sich das Stabilitätsverhalten nicht. Der Austausch von toleranzbehafteten Bauteilen verändert das Verhalten der Schaltung nur minimal. Für stabile Arbeitspunkte ist der Einschaltzustand stets eindeutig.

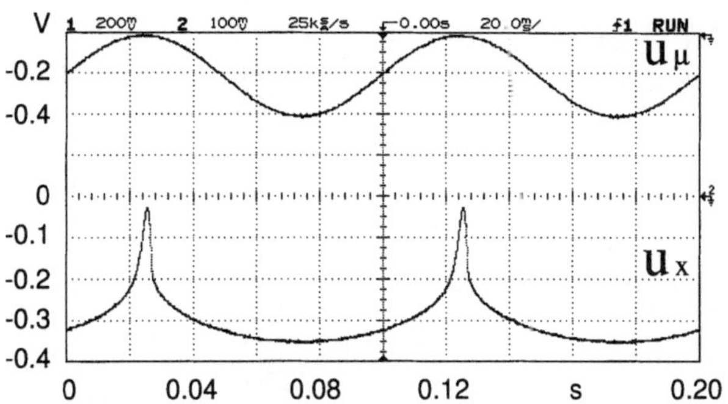

Bild 12.59: Messergebnis zur Ermittlung des zeitabhängigen Lösungsverhaltens

Synthese von Schaltungen mit Gabel-Bifurkation

Nun wird mit den vorn hergeleiteten Ergebnissen eine elektronische Schaltung synthetisiert, die bei Parameteränderung eine Gabel-Bifurkation aufweist. Den Ausgangspunkt bildet die mathematisch synthetisierte Gl. (12.95):

$$\dot{x} = f(x,\mu) = \mu x - e^x + e^{-x}, \qquad x(t_0) = x_0.$$

Das Bifurkationsverhalten dieser Differenzialgleichung zeigt für Parameterwerte $\mu < 0$ einen einzigen stabilen Gleichgewichtszustand auf. Im Bifurkationspunkt $(x,\mu) = (0,0)$ entstehen zwei zusätzliche stabile Zweige von Gleichgewichtszuständen. Trägt man die stabilen Zweige in ein Bifurkationsdiagramm, so findet man einen gabelförmigen Verlauf (Bild 12.24) vor.

Für die Entnormierung wird die Gl. (12.17) des Summations-Integrators:

$$u_x \;=\; -\frac{1}{C} \int\limits_{t_0}^{t_1} (i_{\mu,x} + i_{NL}) \, \mathrm{d}t + x_0, \qquad u_x(t_0) = x_0$$

mit

$$i_{\mu,x} = \frac{-u_\mu\, u_x}{R_M} \qquad \text{und} \qquad i_{NL} = f(-u_x) \tag{12.140}$$

nach Gl. (12.127) verwendet, so dass sich als Basis für das Strukturbild und den Aufbau der elektronischen Schaltung die Integralgleichung:

$$u_x \;=\; \int\limits_{t_0}^{t_1} f(u_x, u_\mu)\, \mathrm{d}t + x_0, \qquad u_x(t_0) = u_0$$

$$= \; \frac{1}{C} \int\limits_{t_0}^{t_1} \left\{ \frac{u_\mu\, u_x}{R_M} - I_S \left[e^{(u_x - R_D\, i_{NL})\,/\,mU_T} \right] \right.$$

$$\left. + I_S \left[e^{(-u_x - R_D\, i_{NL})\,/\,mU_T)} \right] \right\} \, \mathrm{d}t + x_0. \tag{12.141}$$

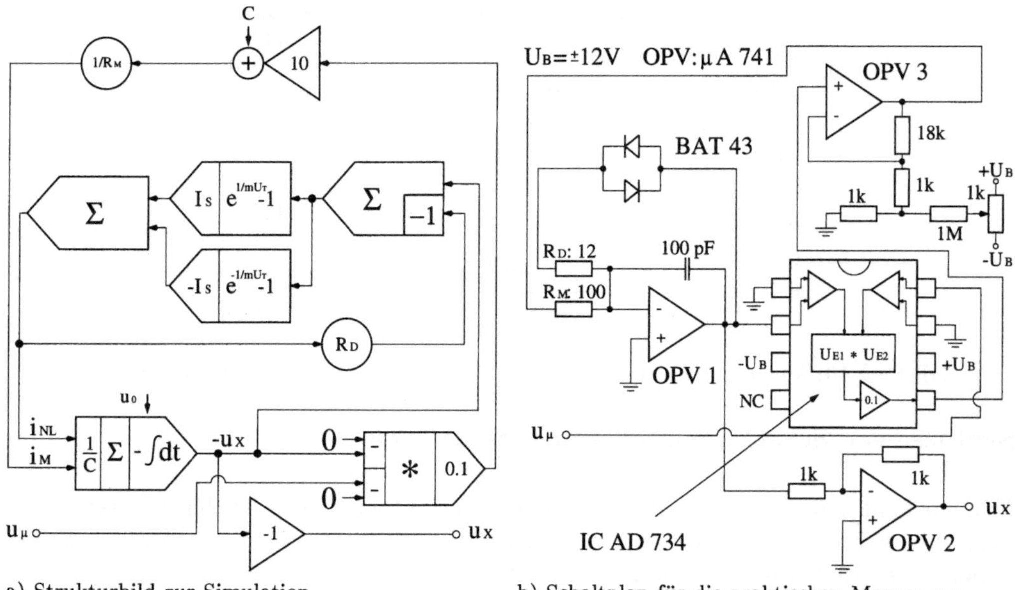

a) Strukturbild zur Simulation   b) Schaltplan für die praktischen Messungen

Bild 12.60: Strukturbild und Schaltplan für eine Schaltung mit einer Gabel-Bifurkation

ergibt. Für den Widerstand R_M werden $100\,\Omega$, für die Kapazität des Summations-Integrators $C = 100\,\text{pF}$ vorgegeben. Daraus folgt in herkömmlicher Weise das Strukturbild und die Schaltung im Bild 12.60.

Der OPV 3 dient der Verstärkung des Ausgangssignals am Analog-Multiplizierer. Zusätzlich werden mit diesem Operationsverstärker unerwünschte Offsetspannungen abgeglichen.

Zur Überprüfung des parameterabhängigen Lösungsverhaltens ist der Verlauf der Funktion $f(u_x, u_\mu)$ in Gl. (12.141) aufzuzeichnen. Dazu ist die Schaltung der Bild 12.60 (b) modifiziert worden. Die Kapazität des Umkehr-Integrators (OPV 1) wird durch einen Widerstand der Größe $R_R = 100\,\Omega$ ersetzt und es erfolgt eine Invertierung der Ausgangsspannung des OPV 1. Der Ausgang von OPV 1 wird vom Eingang des Multiplikator-Schaltkreises abgetrennt und eine sinusförmige Spannung niedriger Frequenz eingespeist. Mit der Vorgabe verschiedener Gleichspannungen u_μ kann man den Verlauf der Funktion:

$$f(u_x, u_\mu) = R_R \left\{ \frac{u_\mu u_x}{R_M} - I_S \left[e^{(u_x - R_D\, i_{NL})\,/\,mU_T} \right] + I_S \left[e^{(-u_x - R_D\, i_{NL})\,/\,mU_T)} \right] \right\}$$

$$(12.142)$$

messen. Die Ergebnisse für ausgewählte Parameterwerte u_μ gibt das Bild 12.61 wieder.

Diese Bilder veranschaulichen deutlich die Verzweigung der stabilen Lösungszweige im Bifurkationspunkt $(u_x, u_\mu) = (0, 0)$. Der Vergleich mit der theoretischen Synthese nach Bild 12.22 zeigt eine sehr gute Übereinstimmung mit den praktischen Messwerten.

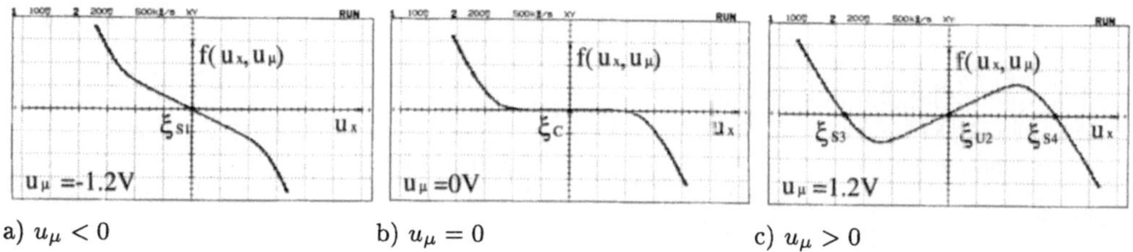

a) $u_\mu < 0$ b) $u_\mu = 0$ c) $u_\mu > 0$

Bild 12.61: Messung des parameterabhängigen Verlaufs der rechten Seite

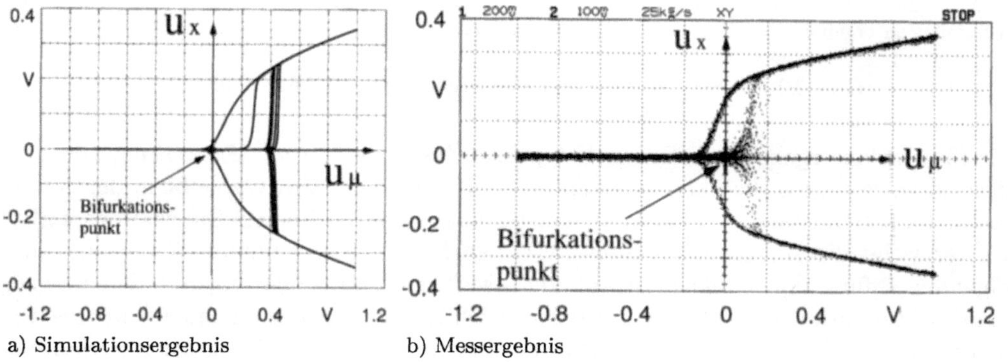

a) Simulationsergebnis b) Messergebnis

Bild 12.62: Gabel-Bifurkationsdiagramme

Die Bestätigung erfolgt über die Simulation des Zeitverhaltens. Die Spannung u_μ wird mit der zeitabhängigen Funktion: $u_\mu = 1\,\mathrm{V}\ \sin(2\pi\,50\,\mathrm{Hz}\,t)$ geändert. Für die numerische Integration der Differenzialgleichung wird ein Verfahren vom Typ ODE23tb (stiff/TR - BDF2) mit einer maximalen Schrittweite von 0,002, einer relativen Toleranz von 10^{-10}, einer automatischen Schrittweitensteuerung sowie einer automatischen Toleranzsteuerung benutzt.

Im Ergebnis der numerischen Integration als Funktion von der Eingangsgröße u_μ erhält man das Bifurkationsdiagramm im Bild 12.62 (a). Der wegen der mathematischen Synthese erwartete gabelförmige Verlauf der stabilen Lösungszweige liegt klar vor.

Bei der Überschreitung des Bifurkationspunktes für Werte im Intervall $0 < u_\mu < 200\,\mathrm{mV}$ verbleibt die Lösung zunächst in der Nähe des instabilen Zustands $\xi_U = 0$. Bei weiterer Vergrößerung konvergiert die Ausgangsgröße für bestimmte Schwellspannungen u_μ gegen eine der beiden stabilen Lösungen bzw. verbleibt in der Umgebung von $\xi_U = 0$.

Die Messergebnisse im Bild 12.60 zeigen auch die Verzweigung der stabilen Lösungen im Bifurkationspunkt. Die Ausgangsspannung u_x verbleibt für $u_\mu > 0$ in der Nähe von $\xi_U = 0$, konvergiert dann aber sehr schnell, im Unterschied zu den Simulationsergebnissen, stets gegen eine der beiden stabilen Lösungen. Zusätzlich zeigt dieses Messergebnis ein hysteretisches Verhalten auf. Das liegt in den frequenzabhängigen Eigenschaften der Schaltung begründet. Das zeitliche Lösungsverhalten ist im Bild 12.63 veranschaulicht.

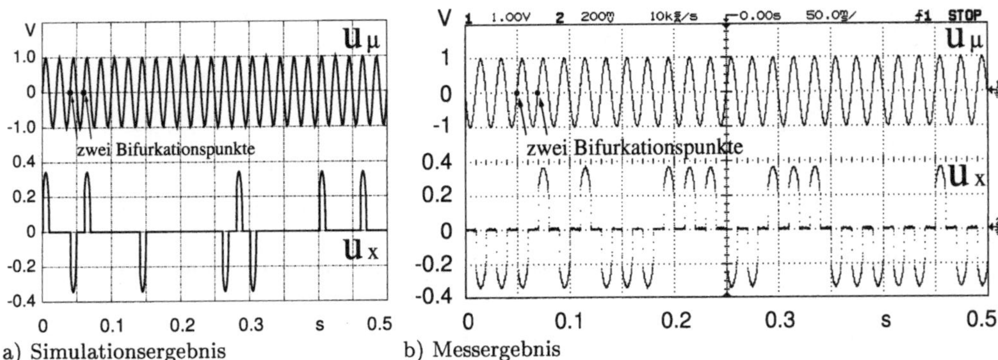

Bild 12.63: Simulations- und Messergebnisse des Zeitverhaltens

Die Simulationsergebnisse liefern drei typische Zustände von u_x. Die Lösung konvergiert entweder gegen die obere oder untere stabile Lösung bzw. verbleibt in der Nähe des instabilen Zustands $\xi_U = 0$. In den beiden gekennzeichneten Bifurkationspunkten verzweigt die Ausgangsspannung im ersten Punkt in den unteren Zweig und im folgenden Bifurkationspunkt in den oberen Zweig. Kleinste Änderungen in den Vorgaben des Integrationsverfahrens (zum Beispiel Veränderung der maximalen Schrittweite oder veränderte Toleranzvorgaben) bzw. die Verwendung anderer Integrationsverfahren führen zu abweichenden Simulationsergebnissen.

Das Auftreten dieser drei Lösungszustände bzw. die Größe der Schwellspannung für den Übergang von der instabilen Lösung zu einer der beiden stabilen Lösungen ist zufällig verteilt, weil die Messungen die zufällige Verteilung der Ausgangsgröße u_x bestätigten. Der Verlauf von u_x ist in mehreren Messreihen aufgezeichnet und untereinander bewertet worden. Es zeigt sich, dass das gemessene Verhalten von u_x nicht reproduzierbar ist. Im Unterschied zu den Simulationsergebnissen traten für $u_\mu > 0$ in den Messungen nur die beiden stabilen Lösungen auf. Da die Einzugsgebiete der beiden stabilen Lösungen im instabilen Punkt $\xi_U = 0$ aneinander grenzen, führen kleinste Störungen von u_μ zur Konvergenz der Lösung u_x gegen eine der beiden stabilen Lösungen.

Beim Schaltungsaufbau sind die Spannungsgrößen stets rauschbehaftet. Für die Simulationsrechnungen wird zur Überprüfung dieses Verhaltens zur Eingangsgröße u_μ eine normalverteilte Rauschgröße $u_{\mu,R}$ mit dem Mittelwert Null hinzugefügt. Das Ergebnis gibt das Bild 12.64 wieder. Im Unterschied zu den im Bild 12.63 (a) dargestellten Ergebnissen konvergiert nun auch in den Simulationsstudien die Ausgangsgröße u_x stets gegen eine der beiden stabilen Lösungen.

Hier besteht ein abweichendes Verhalten bei einer Erhöhung der Frequenz der Eingangsspannung u_x. Bei weiteren Messungen wurden zwei Frequenzen für u_μ vorgegeben und das resultierende Verhalten bestimmt. Die Ergebnisse zeigt das Bild 12.65. Daraus ist zu erkennen, dass für größere Frequenzen von u_μ die zeitabhängige Lösung $u_x(t)$ nach Überschreiten des Bifurkationspunktes $(u_x, u_\mu) = (0, 0)$ zunächst in der Umgebung des instabilen Gleichgewichtszustands $\xi_U = 0$ verharrt und erst für größere Werte u_μ

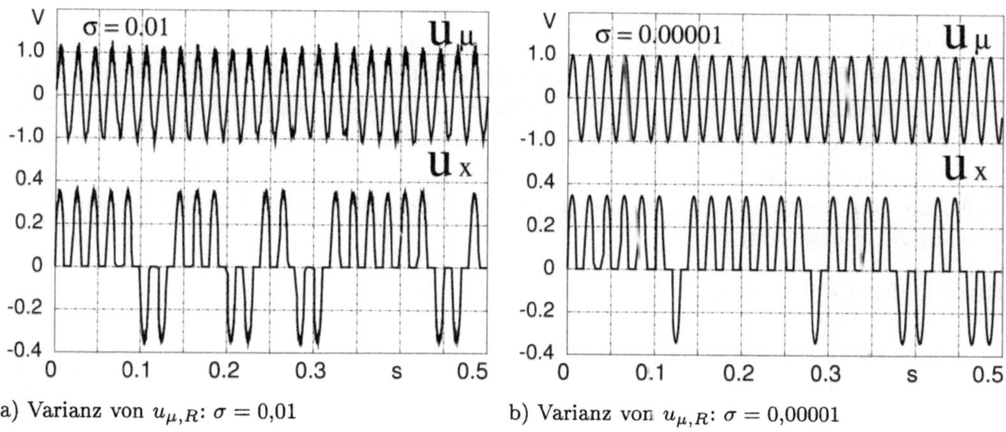

a) Varianz von $u_{\mu,R}$: $\sigma = 0{,}01$

b) Varianz von $u_{\mu,R}$: $\sigma = 0{,}00001$

Bild 12.64: Simulationsergebnis für drei rauschbehafteten Eingangsgröße u_μ

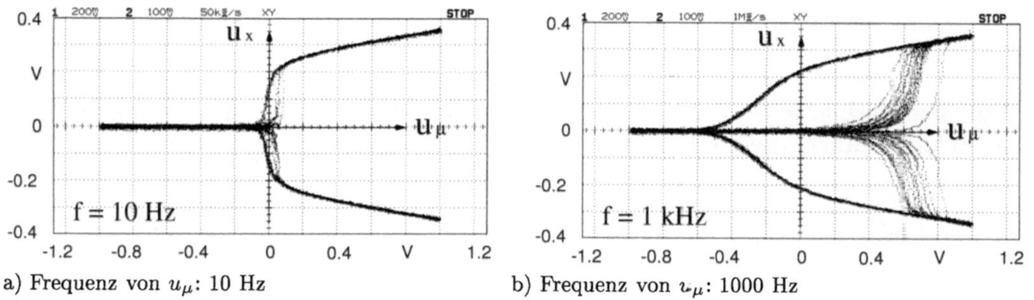

a) Frequenz von u_μ: 10 Hz

b) Frequenz von u_μ: 1000 Hz

Bild 12.65: Frequenzabhängiges Lösungsverhalten in der Nähe des Bifurkationspunktes

zunächst langsam und dann immer schneller gegen den stabilen Lösungszweig konvergiert.

Die Funktion der Schaltung wies direkt nach dem Einschalten den gemessenen zufälligen Verlauf der Ausgangsspannung auf. Nach einer kurzer Erwärmungsphase war jedoch eine Justierung des Potenziometers des OPV 3 erforderlich. Weitere Untersuchungen der Robustheit der Schaltung zeigten, dass die Offset-Einstellung des OPV 3 sehr genau zu erfolgen hat. Das Auftreten von Fehlerspannungen der Operationsverstärker resultiert sonst in einer ungleichen Verteilung des Auftretens des unteren bzw. oberen Lösungszweigs.

Schaltungssynthese für Falten-Bifurkation

Die Synthese wird für eine Schaltung mit Falten-Bifurkation bei Parameteränderung und den Anfangsbedingungen nach Gl. (12.96):

$$\dot{x} = f(x,\mu) = \mu + 2{,}2\,x - \left(e^x - 1\right) + \left(e^{-x} - 1\right), \qquad x(t_0) = x_0$$

fortgesetzt. Das Bifurkationsdiagramm für diese Gleichung ist im Bild 12.26 dargestellt. Diese Differenzialgleichung weist drei charakteristische Lösungsbereiche auf. Bei kontinuierlicher Parameteränderung existiert zunächst eine einzige stabile Lösung. Nach Überschreitung des ersten Bifurkationspunktes treten drei Lösungen (zwei stabil, eine instabil) auf. Bei weiterer Veränderung verschmelzen und verschwinden eine stabile und eine instabile Lösung und es verbleibt eine einzige stabile Lösung. Die Übergänge zwischen den Lösungen vollziehen sich in der Nähe der Bifurkationspunkte innerhalb sehr kurzer Zeitabschnitte.

Diese Differenzialgleichung geht durch formale Integration in die Form:

$$x = \int\limits_{t_0}^{t_1} \left(\mu + 2{,}2\,x - \mathrm{e}^x + \mathrm{e}^{-x} \right) \mathrm{d}t + x_0, \qquad x(t_0) = x_0 \tag{12.143}$$

über. Die nichtlinearen Terme werden mittels entgegengesetzt geschalteter Dioden realisiert. Als Kennlinie fungiert gemäß Gl. (12.127) mit $R_D = 0$ der Ausdruck:

$$i_{NL} = f(u_{NL}) = -I_S \left[\mathrm{e}^{-(u_{NL}/mU_T)} \right] + I_S \left[\mathrm{e}^{u_{NL}/mU_T} \right]. \tag{12.144}$$

Das Strukturbild folgt über den Summations-Integrator, welcher die Ströme aufsummiert und zeitlich integriert. Es gilt:

$$u_x \;=\; -\frac{1}{C} \int\limits_{t_0}^{t_1} \left(i_\mu + i_L + i_{NL} \right) \mathrm{d}t + x_0, \qquad u_x(t_0) = u_0$$

$$\text{mit } i_\mu = \frac{-u_\mu}{R_\mu}, \; i_L = \frac{-u_x}{R_L}, \; i_{NL} = f(-u_x) \text{ aus Gl. (12.144)} \tag{12.145}$$

und es entsteht die Integralgleichung:

$$u_x = \int\limits_{t_0}^{t_1} f(u_x, u_\mu)\, \mathrm{d}t + x_0, \qquad u_x(t_0) = u_0$$

oder eingesetzt:

$$u_x = \frac{1}{C} \int\limits_{t_0}^{t_1} \left\{ \frac{u_\mu}{R_\mu} - \frac{-u_x}{R_L} - I_S \left[\mathrm{e}^{u_x/(mU_T)} \right] + I_S \left[\mathrm{e}^{-u_x/(mU_T)} \right] \right\} \mathrm{d}t + x_0. \tag{12.146}$$

Zu den Simulationsrechnungen sei eine zeitabhängige Parameteränderung durch die Funktion $u_\mu(t) = 300\,\mathrm{mV}\sin(2\pi\,100\,\mathrm{Hz}\,t)$ vorgegeben. Der Kapazitätswert des Summations-Integrators beträgt $C = 100\,\mathrm{nF}$ und der von $R_\mu = 100\,\Omega$. Eine Verkleinerung dieser Kapazität verändert für die gewählte Frequenz von $100\,\mathrm{Hz}$ das Lösungsverhalten nur unwesentlich. Das Ziel der Simulationsrechnung besteht nun in der Bestimmung von R_L für die vorgegebenen Bifurkationspunkte $u_{\mu,1} = -200\,\mathrm{mV}$ und $u_{\mu,2} = 200\,\mathrm{mV}$. Als Widerstandswert folgt im Ergebnis der Wert von $R_L = 82\,\Omega$.

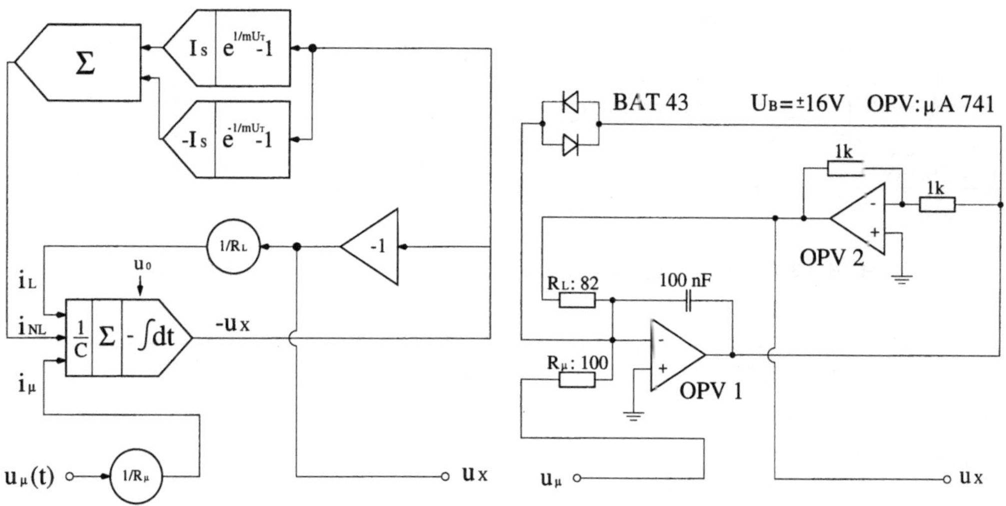

$$u_\mu(t) = 300\text{mV} * \sin(2\pi\,100\text{Hz}\,t) \qquad\qquad u_\mu(t) = 300\text{mV} * \sin(2\pi\,100\text{Hz}\,t)$$

a) Strukturbild zur Simulation des Zeitverhaltens   b) Schaltplan zur Messung des Zeitverhaltens

Bild 12.66: Strukturbild und Schaltplan einer Schaltung mit Falten-Bifurkation

Das für die Simulations- bzw. Optimierungsrechnungen verwendete Strukturbild für Gl. (12.146) ist im Bild 12.66 (a) enthalten. Eine dazu gehörige Schaltung zeigt das Bild 12.66 (b).

Für die invertierende Schaltung mit dem Operationsverstärker 2 werden Widerstandswerte von $1\,\text{k}\Omega$ gewählt. Ersetzt man in der Schaltung vom Bild 12.66 (b) die Kapazität des Umkehr-Integrators durch einen Widerstand von $R_R = 100\,\Omega$ und invertiert die Ausgangsspannung von OPV 1, trennt den Ausgang von OPV 1 vom Eingang des zweiten Operationsverstärkers bzw. der Diodenschaltung ab und speist an diesem Eingang eine sinusförmige Spannung niedriger Frequenz ein, so kann man für verschiedene Gleichspannungen u_μ die Abhängigkeit der Funktion:

$$f(u_x, u_\mu) = R_R \left\{ \frac{u_\mu}{R_\mu} - \frac{-u_x}{R_L} - I_S \left[e^{u_x / mU_T} \right] + I_S \left[e^{(-u_x / mU_T)} \right] \right\} \qquad (12.147)$$

von der Eingangsspannung u_μ berechnen. Die Messergebnisse für ausgewählte Parameterwerte u_μ gibt das Bild 12.67 wieder. Daraus erkennt man die Lagen der stabilen Gleichgewichtszustände ξ_{S1}, ξ_{S2} und des instabilen Gleichgewichtszustands ξ_U. Für negative Spannungen u_μ existiert nur der asymptotisch stabiler Gleichgewichtszustand ξ_{S1}. Bei einer weiteren Erhöhung von u_μ kommen im ersten Bifurkationspunkt $(u_x, u_\mu) \approx (220\,\text{mV}, -200\,\text{mV})$ ein instabiler Gleichgewichtszustand ξ_U und ein stabiler Gleichgewichtszustand ξ_{S2} hinzu. Bei noch weiterer Erhöhung verschmelzen im zweiten Bifurkationspunkt $(u_x, u_\mu) \approx (-220\,\text{mV}, 200\,\text{mV})$ die Zustände ξ_{S1} und ξ_U und verschwinden schließlich.

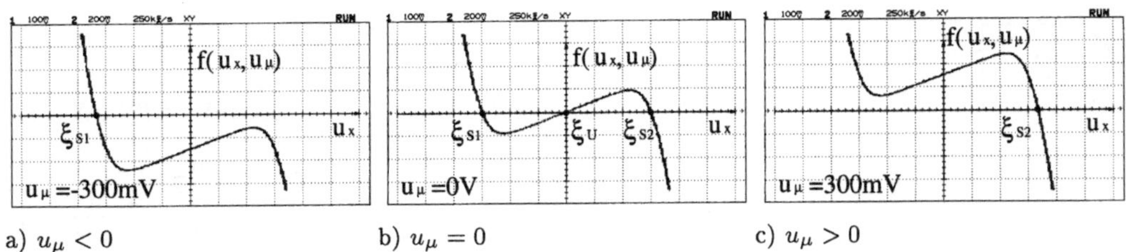

a) $u_\mu < 0$　　　　　　b) $u_\mu = 0$　　　　　　c) $u_\mu > 0$

Bild 12.67: Messung der parameterabhängigen Funktion $f(u_x, u_\mu)$

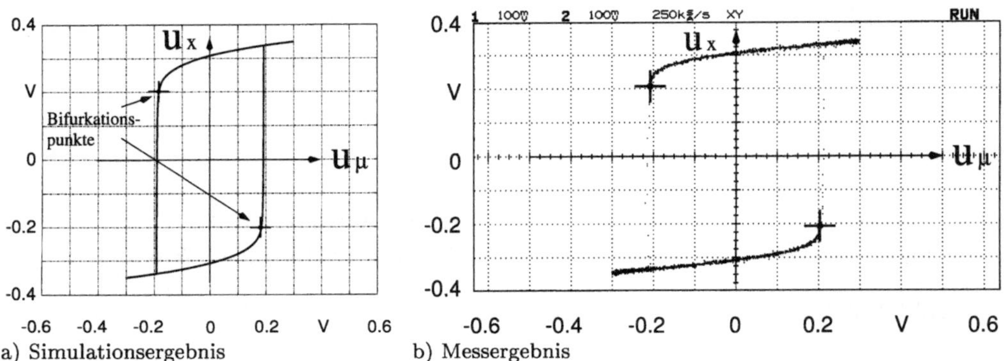

a) Simulationsergebnis　　　　　　b) Messergebnis

Bild 12.68: Vergleich der Simulationsrechnung und der Messungen bei Falten-Bifurkationsverhalten

Die Messergebnisse bestätigten in qualitativ guter Übereinstimmung die im Bild 12.25 wiedergegebenen Synthesevorgaben. Zur Überprüfung des Bifurkationsverhaltens werden Simulationsrechnungen mit dem Modell im Bild 12.66 (a) ausgeführt und anschließend Messungen an der im Bild 12.66 (b) abgebildeten Schaltung überprüft.

Die Simulationsergebnisse bestätigen auch hier das in dem Bild 12.26 numerisch berechnete Bifurkationsdiagramm. Der instabile Lösungszweig kann mit dem Simulationsmodell nicht direkt ermittelt werden und ist daher nicht eingezeichnet. In den Bifurkationspunkten erfolgen tatsächlich die erwarteten sprunghaften Übergänge zwischen den stabilen Lösungen.

Dieses *Sprungverhalten* kann man sehr anschaulich im Zeitbereich darstellen und es ist im Bild 12.69 wiedergegeben. In den gekennzeichneten Bifurkationspunkten vollzieht sich für eine kontinuierlich verlaufende Eingangsspannung eine sprunghafte Veränderung der Ausgangsgröße u_x der Schaltung bei ca. 600 mV.

Die Untersuchungen zur Robustheit der Schaltung bestätigten die vorliegenden Entwurfsziele. Der Austausch von toleranzbehafteten Bauteilen verändert das Lösungsverhalten nur quantitativ (Schwankung der Bifurkationspunkte und Spannungsamplituden um einige Millivolt), während das qualitativ entworfene Verhalten erhalten bleibt.

Die einfach aufgebaute Schaltung weist das synthetisierte Bifurkationsverhalten in sehr guter Übereinstimmung mit den Entwurfsvorgaben auf. Die Schaltung arbeitet stabil

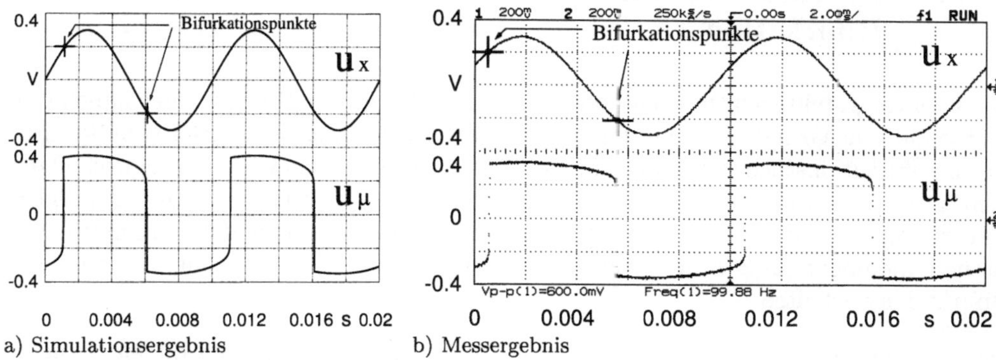

Bild 12.69: Simulation und Messung des Zeitverhaltens bei Falten-Bifurkation

und die entworfenen sprunghaften Übergänge sind im Lösungsverhalten deutlich ersichtlich.

Zusammenfassung der Ergebnisse und Anwendungen

Für die vier Bifurkationsarten - transkritische Bifurkation, Sattel-Knoten-, Gabel- und Falten-Bifurkation sind in einem geschlossenen Synthesevorgang, welcher den systematischen Entwurf einschließt, nichtlineare Schaltungen mit einer begrenzten Anzahl von Grundschaltungen konstruiert worden. Das gesuchte Verhalten kann mit rückwirkungsfreien Schaltungen effizient und kostengünstig realisiert werden. Durch einen modularen Schaltungsaufbau sind nach verschiedenen Optimierungskriterien (dynamisches Verhalten, Minimierung des Energieverbrauchs, Temperaturverhalten, Rauschverhalten, Synthese integrierter Schaltungen, Gesamtpreis) Prototypen mit austauschbaren Teilschaltungen aufbaubar, ohne das gesuchte Verhalten qualitativ zu verändern.

Folgende Anwendungen sind möglich:

1. Parameteranhängige Gleichrichtung von Spannungen oder Strömen durch Schaltungen mit transkritischer Bifurkation.

2. Detektion von Spannungsspitzen auf der Grundlage der Sattel-Knoten-Bifurkation.

3. Aufbau eines wertdiskreten Zufallszahlen-Generators mittels Bausteinen mit Gabel-Bifurkation.

4. Detektion kleinster Spannungsänderungen mit Schaltungen, die eine Falten-Bifurkation aufweisen (hysteretische Schwellwertschalter).

12.5.4 Synthese eines Zufallszahlen-Generators mittels Gabel-Bifurkation

Die vorn vorgestellte Synthesemethode für mehrere Typen von Bifurkationen haben ihre mathematische Grundlage in der Funktionalanalysis. Die über sie hergeleiteten Resultate zur Bifurkationstheorie werden zur Lösung von gewöhnlichen Differenzialgleichungen genutzt und aus technischer Sicht auf besonders wichtige nichtlineare Schwingungsgleichungen angewendet. Bifurkationen in skalaren Gleichungen bilden dann das mathematische Fundament zur Synthese von elektronischen Schaltungen mit charakteristischem Bifurkationsverhalten.

Den Ausgangspunkt für die Synthese von Zufallszahlen-Generatoren bilden parametrische Differenzialgleichungen mit zufälligem Lösungsverlauf nach Gl. (12.141). Dies liefert eine Gabel-Bifurkation für den Punkt$(u_x, u_\mu) = (0, 0)$. Es existiert für $u_\mu > 0$ eine einzige stabile Lösung über und zwei neue stabile Lösungszweige kommen hinzu. Für $u_\mu > 0$ konvergiert die Ausgangsgröße der dazu gehörigen Schaltung (Bild 12.63) wahlweise nicht vorhersagbar gegen einen der beiden stabilen Zustände.

Der Verlauf einer zufallsbehafteten Variable nach Bild 12.63 wird zur Synthese einer elektronischen Schaltung als Zufallszahlen-Generator genutzt. Für ihn gelten folgende Kriterien bzw. Größen:

- der Typ der Verteilungsfunktion (beispielsweise eine Gleichverteilung),
- die Art der Ereignisgrößen (diskret oder stetig),
- die Anzahl der zufälligen Ereignisse pro Zeiteinheit (für diskrete Ereignisgrößen) sowie
- die Ausgangsleistung.

Mit den vorhandenen Ergebnissen aus dem Unterabschnitt 12.5.3 sind Aussagen zu den Eigenschaften der entworfenen Schaltung im Bild 12.60 hinsichtlich der Anwendung als Zufallszahlen-Generator zu treffen. Die Ausgangsspannung u_x der Schaltung weist als charakteristische Zustände die Spannungen größer bzw. kleiner als 0 V auf. Die Ausgangsspannung u_x ist als gleichverteilte Zufallsgröße mit zwei Zuständen aufzufassen. Die zeitliche Anzahl der zufälligen Ereignisse hängt direkt von der Frequenz der Eingangsspannung u_μ ab. Die Ausgangsleistungsanpassung bestimmt man über die Wahl der Bauteile.

Die Ziele sollen hier ein möglichst einfacher Schaltungsaufbau eines zeitdiskreten und binären Zufallszahlen-Generators mit gleichverteilten Ausgangsgrößen, einer anpassbaren Ausgangsleistung sowie einer variabel einstellbaren Anzahl von zufälligen Ereignissen pro Zeiteinheit sein. Die Grundstruktur von Gl. (12.141) wird für den Aufbau eines Zufallszahlen-Generators beinhalten. Damit man für den nachfolgenden Schaltungsaufbau Eigenschaften wie die zeitliche Abfolge der binären zufallsbehafteten Ereignisse oder die Ausgangsleistung möglichst einfach einstellen kann, gelten die Konstanten dieser Gleichung als allgemeine Parameter.

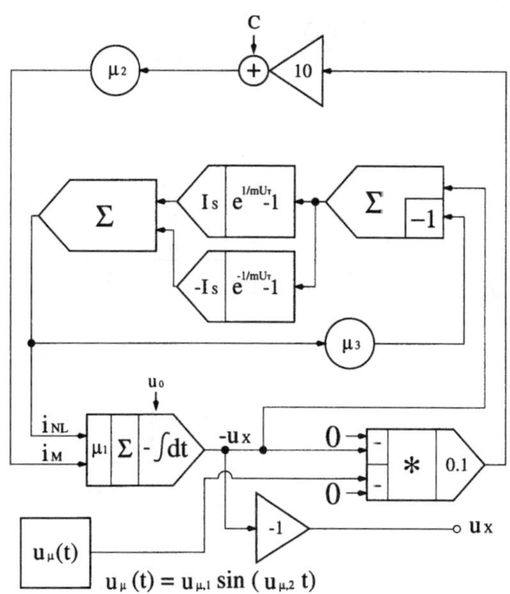

Bild 12.70: Strukturbild eines Zufallszahlen-Generators gemäß Gl. (12.149)

Nach der Erweiterung der Gl. (12.141) folgt als parameterabhängige Integralgleichung mit $u_\mu(t) = u_{\mu 1} \sin(u_{\mu,2} t)$:

$$u_x = \int_{t_0}^{t_1} f(u_x, u_\mu, \mu_1, \mu_2, \mu_3)\, \mathrm{d}t + u_0, \qquad u_x(t_0) = u_0 \tag{12.148}$$

$$= \mu_1 \int_{t_0}^{t_1} \left\{ \mu_2\, u_\mu\, u_x - I_S \left[e^{(u_x - \mu_3 i_{NL})/(mU_T)} \right] + I_S \left[e^{(-u_x - \mu_3 i_{NL})/(mU_T)} \right] \right\} \mathrm{d}t + u_0$$

mit den Einschränkungen $\mu_1, \mu_2, \mu_3 > 0$. Der Parameter μ_1 entspricht dem inversen Wert der Kapazität des Summations-Integrators: $\mu_1 = 1/C$. Die Parameter μ_2 und μ_3 stehen für die Widerstandsgrößen $\mu_2 = 1/R_M$ bzw. $\mu_3 = R_D$. Die Spannungen $u_{\mu 1}$ und $u_{\mu 2}$ charakterisieren den Zeitverlauf der Spannung. Für diese Integralgleichung ist das Strukturbild im Bild 12.70 dargestellt.

Aus diesen Ergebnissen folgen für den Einfluss der einzelnen Parameter $u_{\mu_1}, u_{\mu_2}, \mu_1, \mu_2$ und μ_3 auf das Lösungsverhalten der Integralgleichung (12.149) die qualitativen Aussagen:

$u_{\mu,1}$: Dieser Parameter beeinflusst die Amplitude der Ausgangsspannung u_x.

$u_{\mu,2}$: Der Parameter u_{μ_2} (Frequenz von u_μ) bestimmt die zeitliche Abfolge der beiden stabilen Ausgangszustände von u_x. Diese Aussage gilt unter der Voraussetzung, dass sich für ausreichend große Parameterwerte $u_\mu > 0$ stets einer der beiden stabilen Zustände einstellt.

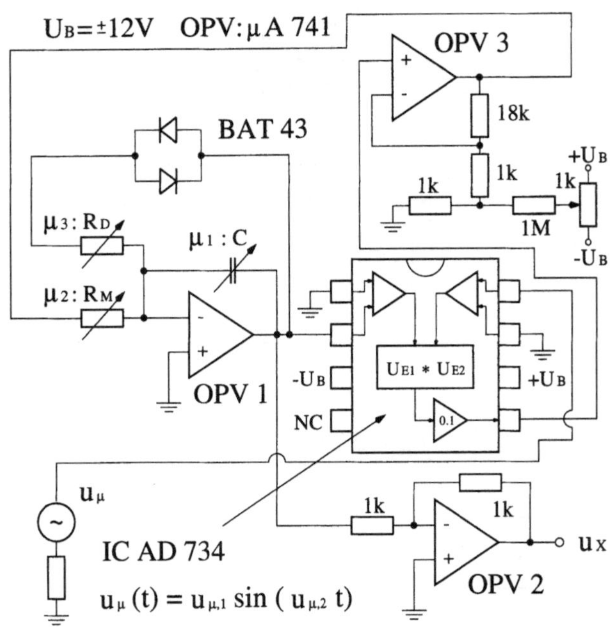

Bild 12.71: Schaltung eines Zufallszahlen-Generators

μ_1: Von diesem Parameter hängt das dynamische Verhalten des Zufallszahlen-Generators gemäß Unterabschnitt 12.5.3 ab. Je größer dieser ist, desto schneller konvergieren die Trajektorien gegen die stabilen Gleichgewichtszustände.

μ_2, μ_3: Mit diesen Parametern wird die Lage der beiden stabilen Lösungszweige für $u_\mu > 0$ eingestellt. Diese Parameter beeinflussen damit auch die Amplitude der Ausgangsspannung u_x.

Zum Strukturbild nach Bild 12.70 gehört die Schaltung im Bild 12.71.

Da die Größe der Ausgangsspannung von den drei Parametern u_{μ_2}, μ_2 und μ_3 abhängt, soll nur der Einfluss der Amplitude der Eingangsspannung u_μ auf die Ausgangsspannung untersucht werden. Denn die Ausgangsleistung der Schaltung ist ohne Bauteileveränderung, die wegen Veränderung der Parameter μ_2 und μ_3 erforderlich wäre, einstellbar. Die Parameter μ_2 und μ_3 bleiben für alle Messungen konstant: $\mu_2 = 1/R_M = 0{,}01\,1/\Omega$ und $\mu_3 = R_D = 12\,\Omega$. Neben den bereits in Bild 12.60 angegebenen Werten für die Bauteilegrößen sollen die Richtwerte $u_\mu = 1\,\mathrm{V}\sin(2\pi\,100\,\mathrm{Hz}\,t)$ und $\mu_1 : C = 100\,\mathrm{nF}$ gelten. Der Einfluss der einzelnen Parameterwerte auf das Verhalten der aufgebauten Schaltung lässt sich messtechnisch überprüfen. In einer ersten Messung wird die Amplitude von u_μ verändert. Zwei Messergebnisse gibt das Bild 12.72 wieder. Die Ausgangsspannung erhöht sich bei einer Vergrößerung von $u_{\mu,1}$. Mit einer einfachen Veränderung der Amplitude der Eingangsspannung u_μ ist die Ausgangsleistung der Schaltung variabel einstellbar. Die maximale Ausgangsspannung beträgt für

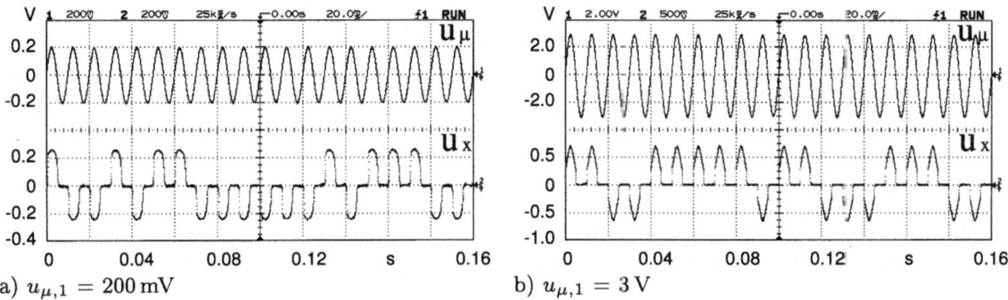

a) $u_{\mu,1} = 200\,\mathrm{mV}$ b) $u_{\mu,1} = 3\,\mathrm{V}$

Bild 12.72: Messergebnisse zur Veränderung der Amplitude von u_μ

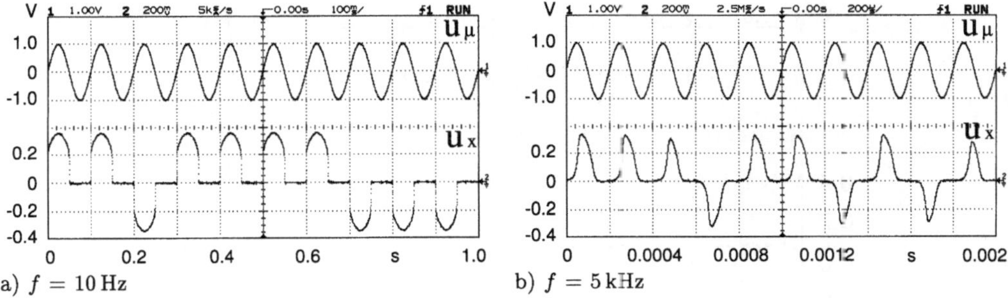

a) $f = 10\,\mathrm{Hz}$ b) $f = 5\,\mathrm{kHz}$

Bild 12.73: Messergebnisse zur Veränderung der Frequenz von u_μ

die gewählten Bauteileparameter entsprechend Bild 12.71 etwa $\pm 0{,}8\,\mathrm{V}$. Mit der Veränderung von μ_2 und μ_3 lassen sich ähnliche Ergebnisse erzielen. In einer zweiten Messung wird die Abhängigkeit des Lösungsverhaltens der aufgebauten Schaltung von der Frequenz der Eingangsspannung u_μ nach Bild 12.73 ermittelt.

Aus diesen Messergebnissen geht hervor, dass man die zeitabhängige Abfolge der zufälligen Ereignisse direkt mit der Frequenz f der Eingangsspannung u_μ vorgeben kann. Für höhere Fequenzen sind die Maximalwerte von u_x nicht mehr konstant. Sie werden kleiner. Die Grenzfrequenz beträgt etwa $8\,\mathrm{kHz}$. Weiterhin ist erkennbar, dass für $u_\mu > 0\,\mathrm{V}$ die Ausgangsspannung zunächst in der Nähe des Werts $u_x = 0\,\mathrm{V}$ verbleibt und nach einem unterschiedlichen Zeitintervall steil ansteigt. Lässt man sich die Ausgangsspannung u_x als Funktion der Eingangsspannung u_μ darstellen, so resultiert daraus ein Diagramm, das mit dem im Bild 12.65 vergleichbar ist. Diese Zeitdifferenz der Übergänge von dem Spannungswert $0\,\mathrm{V}$ bis zum Überschreiten eines bestimmten Schwellwertes, zum Beispiel $\pm 200\,\mathrm{mV}$, ist ebenfalls zufällig. Diese Zeitspanne unterliegt daher einer kontinuierlichen Verteilungsfunktion. Sie lässt sich für die Erzeugung von Zufallssignalen nutzen und man kann diese Eigenschaft zum Aufbau von Zufallszahlen-Generatoren mit einer kontinuierlich verteilten Ausgangsgröße verwenden.

In einer dritten Messung wird die Kapazität des Summations-Integrators verändert und das resultierende Verhalten im Bild 12.74 dargestellt.

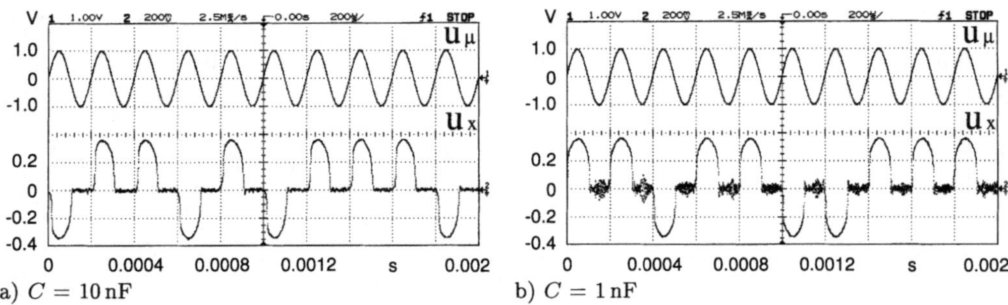

a) $C = 10\,\mathrm{nF}$ b) $C = 1\,\mathrm{nF}$

Bild 12.74: Messergebnisse bei einer Veränderung der Kapazität des Summations-Integrators

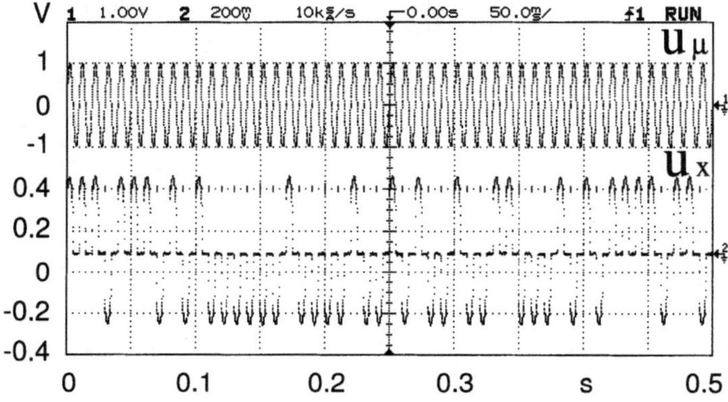

Bild 12.75: Messungen zur Überprüfung der Gleichverteilung

Die Auswertung ergibt, dass das dynamische Verhalten der Ausgangsspannung umso besser wird, je größer die Werte von C (d. h. kleine Kapazitätswerte) gewählt werden. Die obere Grenzfrequenz beträgt für Kapazitätswerte $C = 10\,\mathrm{nF}$ etwa $40\,\mathrm{kHz}$ und für $C = 1\,\mathrm{nF}$ etwa $90\,\mathrm{kHz}$.

Von besonderer Bedeutung für einen Zufallszahlen-Generator mit einem zweiwertigen Ausgangssignal ist die Kontrolle der statistischen Unabhängigkeit der Ausgangsgröße. Sie erfolgt mit Hilfe eines statistischen Tests (Prüfung mit einer H-Hypothese). Als Grundlage für einen solchen Test dient das im Bild 12.75 wiedergegebene Messergebnis. Ordnet man den Ausgangsspannungen diskrete Werte zu (Signalwerte größer Null: $X = 1$ und Signalwerte kleiner Null: $X = 0$), so kann man die gemessene Spannung u_x in einer Folge von Nullen und Einsen:

$$X = \{1110\,1110\,1010\,0000\,0100\,0010\,0101\,0010\,0110\,0010\,1011\,1101\,10\} \qquad (12.149)$$

angeben. Diese Stichprobe umfasst 50 Elemente. Nun wird getestet, ob diese Folge eine zufällige zeitliche Abfolge der beiden Zustände Null und Eins darstellt. Dazu ist zu überprüfen, ob die auftretenden Ereignisse einer Gleichverteilung genügen. Es ist ein Test vorzunehmen, der die statistische Hypothese nachprüft, ob die betrachtete Stichprobe X dem Gesetz der Gleichverteilung unterliegt. Ein solcher Test ist der χ^2-Anpassungstest mit der Testgröße:

$$\chi^2_{\text{ber}} = \sum_{i=1}^{k} \frac{h_i{}^2}{n\,p_i} - n \ . \tag{12.150}$$

In dieser Gleichung sind k die Menge der möglichen Ereignisse bzw. Anzahl der Klassen, h_i die absolute Häufigkeit der i-ten Klasse, n der Umfang der Stichprobe und p_i die angenommene Wahrscheinlichkeit, dass die Merkmalswerte in der i-ten Klasse liegen. Der Test sagt nun aus: Ist die Aussage H wahr, so ist diese Testgröße χ^2_{ber} asymptotisch χ^2-verteilt mit $m = k-1$ Freiheitsgraden. Da χ^2 ein Maß für die Abweichung der wahren Verteilung von der hypothetischen angibt, ist eine Hypothese abzulehnen, wenn der aus einer konkreten Stichprobe gemäß Gl. (12.149) berechnete Wert einen kritischen Wert überschreitet. Diesen kritischen Wert χ^2_α (auch als Quantil bezeichnet) findet man zu einem vorgegebenen Signifikanzniveau α (oder auch Irrtumswahrscheinlichkeit) und $m = k - 1$ Freiheitsgraden in mathematischen Tabellen. Ist $\chi^2_{\text{ber}} \leq \chi^2_{1-\alpha}$, so wird die angenommene Hypothese H nicht abgelehnt.

Für die sich anschließenden Tests sei stets ein Signifikanzniveau von 0,05 vorgegeben. In einem ersten Test ist zu untersuchen, ob die Anzahl der Nullen und Einsen der Stichprobe der Zahlenfolge in (12.149) einer Gleichverteilung genügt. Die Hypothese für den ersten Test lautet:

$$P(X = 0) = P(X = 1) = \frac{1}{2}. \tag{12.151}$$

Mit der Anzahl der auftretenden Ereignisse $h_0 = 27$ und $h_1 = 23$ kann man die Testgröße zu:

$$\begin{aligned}
\chi^2_{\text{ber}} &= \sum_{i=1}^{2} \frac{h_i{}^2}{50\frac{1}{2}} - 50 \\
&= \frac{1}{25}\,(27^2 + 23^2) - 50 = 0{,}32
\end{aligned} \tag{12.152}$$

berechnen. Das Quantil mit dem Freiheitsgrad $m = k-1 = 1$ und dem Signifikanzniveau $\alpha = 0{,}05$ lautet nach Tabelle $\chi^2_{1,1-\alpha} = 3{,}84$. Somit gilt die Ungleichung:

$$\chi^2_{\text{ber}} = 0{,}32 < \chi^2_{1,\,0{,}95} = 3{,}84. \tag{12.153}$$

Die angenommene Hypothese der Gleichverteilung ist nicht abgelehnt.

In zwei weiteren Tests wird die Stichprobe in Zweier- bzw. Dreiergruppen unterteilt. Diese Stichprobenfunktionen werden ebenfalls auf Gleichverteilung untersucht. Teilt man die Zahlenfolge nach (12.149) in Zweiergruppen, so erhält man die Häufigkeiten:

$h_{00} = 13$, $h_{01} = 13$, $h_{10} = 14$ und $h_{00} = 9$. Die Hypothese lautet: $P(X = 00) = \ldots = P(X = 11) = 1/4$. Als Testgröße ergibt sich:

$$\chi^2_{\text{ber}} \;=\; \sum_{i=1}^{4} \frac{h_i{}^2}{49\frac{1}{4}} - 49$$

$$\;=\; \frac{4}{49}\,(13^2 + 13^2 + 14^2 + 9^2) - 49 = 1{,}20. \qquad (12.154)$$

Das zugehörige Quantil beträgt $\chi^2_{3,\,0,95} = 7{,}82$. Die angenommene Hypothese der Gleichverteilung der Zweiergruppen wird durch das Resultat, $\chi^2_{3,\,0,95} = 1{,}20 < \chi^2_{ber} = 7{,}82$ ebenfalls nicht abgelehnt.

Für die Dreiergruppen folgt: $h_{000} = 7$, $h_{001} = 6$, $h_{010} = 9$, $h_{011} = 4$, $h_{100} = 6$, $h_{101} = 7$, $h_{110} = 5$ und $h_{111} = 4$. Die Hypothese lautet: $P(X = 000) = \ldots = P(X = 111) = 1/8$. Als Ergebnis resultiert:

$$\chi^2_{\text{ber}} \;=\; \sum_{i=1}^{8} \frac{h_i{}^2}{48\frac{1}{8}} - 48$$

$$\;=\; \frac{1}{6}\,(49 + 36 + 81 + 16 + 36 + 49 + 25 + 16) - 48 = 3{,}33 \qquad (12.155)$$

und somit:

$$\chi^2_{\text{ber}} = 3{,}33 < \chi^2_{7,\,0,95} = 14{,}1. \qquad (12.156)$$

Die Ergebnisse der drei Tests bestätigen die Gleichverteilung der Testgröße aus der Gl. (12.149).

In weiteren Tests kann die Gleichverteilung von Vierergruppen oder noch größeren Gruppen getestet werden. Dazu sind jedoch umfangreichere Stichproben erforderlich.

Dann wurde die Spannung $u_x(t)$ über einen längeren Zeitraum gemessen und daraus die Autokorrelationsfunktion[59] bestimmt. Die Autokorrelationsfunktion ist ein Maß für die (lineare) Abhängigkeit zweier Momentanwerte der reellen Zeitfunktion $u_x(t)$ im zeitlichen Abstand τ:

$$\psi_{xx}(\tau) = \lim_{T \to \infty} \frac{1}{T} \int_T u_x(t)\, u_x(t + \tau)\, \mathrm{d}t. \qquad (12.157)$$

Für ein zufälliges Signal sollte $\psi_{xx}(\tau)$ für den Wert $\tau = 0$ ein Maximum aufweisen und für Werte verschieden von Null minimal sein. Man geht wie folgt vor: Die transiente Ausgangsspannung $u_x(t)$ wird für eine bestimmte Eingangsspannung, z. B. $u_\mu = 1\,\mathrm{V}\,\sin(2\pi\,100\,\mathrm{Hz}\,t)$, innerhalb eines Zeitraums von zwei Sekunden aufgezeichnet und danach die Autokorrelationsfunktion nach Gl. (12.157) berechnet. Das Ergebnis gibt das Bild 12.76 wieder.

Die Autokorrelationsfunktion ψ_{xx} weist den erwarteten Verlauf eines zufallsbehafteten Signals auf.

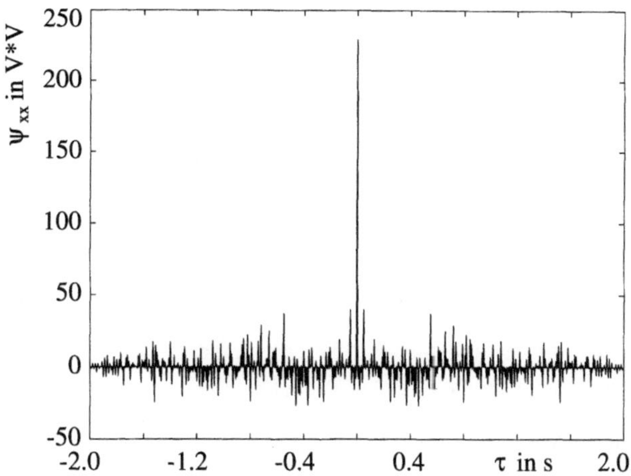

Bild 12.76: Die Autokorrelationsfunktion für $u_\mu = 1\,\mathrm{V}\sin(2\pi\,100\,\mathrm{Hz}\,t)$ eines Messergebnisses

Zusammengefasst kann man wegen dieser Ergebnisse aussagen, dass sich mit der vorgestellten einfachen Schaltung ein Zufallszahlen-Generator mit einer binären, gleichverteilten Ausgangsgröße aufbauen lässt. Eigenschaften, wie beispielsweise die Anzahl der zufälligen Ereignisse pro Zeiteinheit oder die Ausgangsleistung, kann man vorgeben.

Realisierung:

Die vorgestellte einfache Grundschaltung lässt sich an spezielle Anwendungen anpassen und modifizieren. So kann man durch die Kombination mehrerer Gabel-Bifurkationen eine Differenzialgleichung synthetisieren, die über mehr als zwei diskrete Ausgangszustände verfügt. Die Basis bildet die Gl. (12.101). Diese Gleichung zeigt drei Gabel-Bifurkationen.

Der modulare Schaltungsaufbau und die durch den systematischen Entwurf begründete Unabhängigkeit der Parameter ermöglichen eine Anpassung der Schaltung für spezielle Applikationen. Mögliche Optimierungskriterien sind ein verbessertes Zeitverhalten, die Verwendung preiswerter Bauelemente oder aber eine Minimierung des Leistungsverbrauchs.

Anhang A

$\{L, D\}$-Modelle

A.1 Modelle in verallgemeinerten Koordinaten

Tabelle A.1: L- und D-Funktionen für Elemente erster bis achter Ordnung mit verallgemeinerten Koordinaten

	Zweipolrelation	L-Term	D-Term
1	$F = K_1 \frac{\mathrm{d}}{\mathrm{d}t}\dot{q}$	$L = \frac{K_1}{2}\dot{q}^2$	
2	$F = K_2 \frac{\mathrm{d}^2}{\mathrm{d}t^2}\dot{q} = K_2 \frac{\mathrm{d}}{\mathrm{d}t}\ddot{q}$		$D = -\frac{K_2}{2}\ddot{q}^2$
3	$F = K_3 \frac{\mathrm{d}^3}{\mathrm{d}t^3}\dot{q} = K_3 \frac{\mathrm{d}^2}{\mathrm{d}t^2}\ddot{q}$	$L = -\frac{K_3}{2}\ddot{q}^2$	
4	$F = K_4 \frac{\mathrm{d}^4}{\mathrm{d}t^4}\dot{q} = K_4 \frac{\mathrm{d}^2}{\mathrm{d}t^2}\overset{(3)}{q}$		$D = \frac{K_4}{2}\overset{(3)}{q}{}^2$
5	$F = K_5 \frac{\mathrm{d}^5}{\mathrm{d}t^5}\dot{q} = K_5 \frac{\mathrm{d}^3}{\mathrm{d}t^3}\overset{(3)}{q}$	$L = \frac{K_5}{2}\overset{(3)}{q}{}^2$	
6	$F = K_6 \frac{\mathrm{d}^6}{\mathrm{d}t^6}\dot{q} = K_6 \frac{\mathrm{d}^3}{\mathrm{d}t^3}\overset{(4)}{q}$		$D = -\frac{K_6}{2}\overset{(4)}{q}{}^2$
7	$F = K_7 \frac{\mathrm{d}^7}{\mathrm{d}t^7}\dot{q} = K_7 \frac{\mathrm{d}^4}{\mathrm{d}t^4}\overset{(4)}{q}$	$L = -\frac{K_7}{2}\overset{(4)}{q}{}^2$	
8	$F = K_8 \frac{\mathrm{d}^8}{\mathrm{d}t^8}\dot{q} = K_8 \frac{\mathrm{d}^4}{\mathrm{d}t^4}\overset{(5)}{q}$		$D = \frac{K_8}{2}\overset{(5)}{q}{}^2$

Tabelle A.2: L- und D-Funktionen für Elemente erster bis achter Ordnung in Ladungsformulierung

	Zweipolrelation	L-Term	D-Term	Bezeichnung
1	$u = K_1 \frac{\mathrm{d}}{\mathrm{d}t}\dot{q}$	$L = \frac{K_1}{2}\dot{q}^2$		Induktivität
2	$u = K_2 \frac{\mathrm{d}^2}{\mathrm{d}t^2}\dot{q}$		$D = -\frac{K_2}{2}\ddot{q}^2$	neg. freq.-abh. Widerstand
3	$u = K_3 \frac{\mathrm{d}^3}{\mathrm{d}t^3}\dot{q}$	$L = -\frac{K_3}{2}\dddot{q}^2$		freq.-abh. Kapazität
4	$u = K_4 \frac{\mathrm{d}^4}{\mathrm{d}t^4}\dot{q}$		$D = \frac{K_4}{2}\overset{(3)}{q}{}^2$	freq.-abh. Widerstand
5	$u = K_5 \frac{\mathrm{d}^5}{\mathrm{d}t^5}\dot{q}$	$L = \frac{K_5}{2}\overset{(3)}{q}{}^2$		freq.-abh. Induktivität
6	$u = K_6 \frac{\mathrm{d}^6}{\mathrm{d}t^6}\dot{q}$		$D = -\frac{K_6}{2}\overset{(4)}{q}{}^2$	neg. freq.-abh. Widerstand
7	$u = K_7 \frac{\mathrm{d}^7}{\mathrm{d}t^7}\dot{q}$	$L = -\frac{K_7}{2}\overset{(4)}{q}{}^2$		freq.-abh. Kapazität
8	$u = K_8 \frac{\mathrm{d}^8}{\mathrm{d}t^8}\dot{q}$		$D = \frac{K_8}{2}\overset{(5)}{q}{}^2$	freq.-abh. Widerstand

Tabelle A.3: L- und D-Funktionen für Elemente erster bis achter Ordnung in Flussformulierung

	Zweipolrelation	L-Term	D-Term	Bezeichnung
1	$i = K_1 \frac{\mathrm{d}}{\mathrm{d}t}\dot{\psi}$	$L = \frac{K_1}{2}\dot{\psi}^2$		Kapazität
2	$i = K_2 \frac{\mathrm{d}^2}{\mathrm{d}t^2}\dot{\psi}$		$D = -\frac{K_2}{2}\ddot{\psi}^2$	neg. freq.-abh. Leitwert
3	$i = K_3 \frac{\mathrm{d}^3}{\mathrm{d}t^3}\dot{\psi}$	$L = -\frac{K_3}{2}\dddot{\psi}^2$		freq.-abh. Induktivität
4	$i = K_4 \frac{\mathrm{d}^4}{\mathrm{d}t^4}\dot{\psi}$		$D = \frac{K_4}{2}\overset{(3)}{\psi}{}^2$	freq.-abh. Leitwert
5	$i = K_5 \frac{\mathrm{d}^5}{\mathrm{d}t^5}\dot{\psi}$	$L = \frac{K_5}{2}\overset{(3)}{\psi}{}^2$		freq.-abh. Kapazität
6	$i = K_6 \frac{\mathrm{d}^6}{\mathrm{d}t^6}\dot{\psi}$		$D = -\frac{K_6}{2}\overset{(4)}{\psi}{}^2$	neg. freq.-abh. Leitwert
7	$i = K_7 \frac{\mathrm{d}^7}{\mathrm{d}t^7}\dot{\psi}$	$L = -\frac{K_7}{2}\overset{(4)}{\psi}{}^2$		freq.-abh. Induktivität
8	$i = K_8 \frac{\mathrm{d}^8}{\mathrm{d}t^8}\dot{\psi}$		$D = \frac{K_8}{2}\overset{(5)}{\psi}{}^2$	freq.-abh. Leitwert

Tabelle A.4: L- und D-Funktionen für Elemente erster bis achter Ordnung in Wegformulierung

	Zweipolrelation	L-Term	D-Term	Bezeichnung
1	$F = K_1 \frac{\mathrm{d}}{\mathrm{d}t}\dot{x}$	$L = \frac{K_1}{2}\dot{x}^2$		Masse
2	$F = K_2 \frac{\mathrm{d}^2}{\mathrm{d}t^2}\dot{x}$		$D = -\frac{K_2}{2}\ddot{x}^2$	neg. freq.-abh. Dämpfung
3	$F = K_3 \frac{\mathrm{d}^3}{\mathrm{d}t^3}\dot{x}$	$L = -\frac{K_3}{2}\dddot{x}^2$		freq.-abh. Richtgröße
4	$F = K_4 \frac{\mathrm{d}^4}{\mathrm{d}t^4}\dot{x}$		$D = \frac{K_4}{2}\overset{(3)}{x}{}^2$	freq.-abh. Dämpfung
5	$F = K_5 \frac{\mathrm{d}^5}{\mathrm{d}t^5}\dot{x}$	$L = \frac{K_5}{2}\overset{(3)}{x}{}^2$		freq.-abh. Masse
6	$F = K_6 \frac{\mathrm{d}^6}{\mathrm{d}t^6}\dot{x}$		$D = -\frac{K_6}{2}\overset{(4)}{x}{}^2$	neg. freq.-abh. Dämpfung
7	$F = K_7 \frac{\mathrm{d}^7}{\mathrm{d}t^7}\dot{x}$	$L = -\frac{K_7}{2}\overset{(4)}{x}{}^2$		freq.-abh. Richtgröße
8	$F = K_8 \frac{\mathrm{d}^8}{\mathrm{d}t^8}\dot{x}$		$D = \frac{K_8}{2}\overset{(5)}{x}{}^2$	freq.-abh. Dämpfung

Tabelle A.5: L- und D-Funktionen für Elemente erster bis achter Ordnung in Impulsformulierung

	Zweipolrelation	L-Term	D-Term	Bezeichnung
1	$v = K_1 \frac{\mathrm{d}}{\mathrm{d}t}\dot{p}$	$L = \frac{K_1}{2}\dot{p}^2$		Federkonstante
2	$v = K_2 \frac{\mathrm{d}^2}{\mathrm{d}t^2}\dot{p}$		$D = -\frac{K_2}{2}\ddot{p}^2$	neg. freq.-abh. Dämpfung
3	$v = K_3 \frac{\mathrm{d}^3}{\mathrm{d}t^3}\dot{p}$	$L = -\frac{K_3}{2}\dddot{p}^2$		freq.-abh. Masse
4	$v = K_4 \frac{\mathrm{d}^4}{\mathrm{d}t^4}\dot{p}$		$D = \frac{K_4}{2}\overset{(3)}{p}{}^2$	freq.-abh. Dämpfung
5	$v = K_5 \frac{\mathrm{d}^5}{\mathrm{d}t^5}\dot{p}$	$L = \frac{K_5}{2}\overset{(3)}{p}{}^2$		freq.-abh. Richtgröße
6	$v = K_6 \frac{\mathrm{d}^6}{\mathrm{d}t^6}\dot{p}$		$D = -\frac{K_6}{2}\overset{(4)}{p}{}^2$	neg. freq.-abh. Dämpfung
7	$v = K_7 \frac{\mathrm{d}^7}{\mathrm{d}t^7}\dot{p}$	$L = -\frac{K_7}{2}\overset{(4)}{p}{}^2$		freq.-abh. Masse
8	$v = K_8 \frac{\mathrm{d}^8}{\mathrm{d}t^8}\dot{p}$		$D = \frac{K_8}{2}\overset{(5)}{p}{}^2$	freq.-abh. Dämpfung

A.2   Modelle in Ladungsformulierung

Tabelle A.6: L- und D-Funktionen für reale Elemente erster bis achter Ordnung in Ladungsformulierung

	Zweipolrelation	**L-Term**	**D-Term**
1	$u = \frac{1}{V_s}\dot{q} + \frac{T}{V_s}\frac{\mathrm{d}}{\mathrm{d}t}\dot{q}$	$\frac{T}{2V_s}\dot{q}^2$	$\frac{1}{2V_s}\dot{q}^2$
2	$u = \frac{1}{V_s}\dot{q} + \frac{2T}{V_s}\frac{\mathrm{d}}{\mathrm{d}t}\dot{q} + \frac{T^2}{V_s}\frac{\mathrm{d}^2}{\mathrm{d}t^2}\dot{q}$	$\frac{T}{2V_s}\dot{q}^2$	$\frac{1}{V_s}\dot{q}^2 - \frac{T^2}{2V_s}\ddot{q}^2$
3	$u = \frac{1}{V_s}\dot{q} + \frac{3T}{V_s}\frac{\mathrm{d}}{\mathrm{d}t}\dot{q} + \frac{3T^2}{V_s}\frac{\mathrm{d}^2}{\mathrm{d}t^2}\dot{q} + \frac{T^3}{V_s}\frac{\mathrm{d}^3}{\mathrm{d}t^3}\dot{q}$	$\frac{3T}{2V_s}\dot{q}^2 - \frac{T^3}{2V_s}\ddot{q}^2$	$\frac{1}{2V_s}\dot{q}^2 - \frac{3T^2}{2V_s}\ddot{q}^2$
4	$u = \frac{1}{V_s}\dot{q} + \frac{4T}{V_s}\frac{\mathrm{d}}{\mathrm{d}t}\dot{q} + \frac{6T^2}{V_s}\frac{\mathrm{d}^2}{\mathrm{d}t^2}\dot{q} + \frac{4T^3}{V_s}\frac{\mathrm{d}^3}{\mathrm{d}t^3}\dot{q} + \frac{T^4}{V_s}\frac{\mathrm{d}^4}{\mathrm{d}t^4}\dot{q}$	$\frac{2T}{V_s}\dot{q}^2 - \frac{2T^3}{V_s}\ddot{q}^2$	$\frac{1}{2V_s}\dot{q}^2 - \frac{3T^2}{V_s}\ddot{q}^2 + \frac{T^4}{2V_s}\overset{(3)}{q}{}^2$
5	$u = \frac{1}{V_s}\dot{q} + \frac{5T}{V_s}\frac{\mathrm{d}}{\mathrm{d}t}\dot{q} + \frac{10T^2}{V_s}\frac{\mathrm{d}^2}{\mathrm{d}t^2}\dot{q} + \frac{10T^3}{V_s}\frac{\mathrm{d}^3}{\mathrm{d}t^3}\dot{q} + \frac{5T^4}{V_s}\frac{\mathrm{d}^4}{\mathrm{d}t^4}\dot{q} + \frac{T^5}{V_s}\frac{\mathrm{d}^5}{\mathrm{d}t^5}\dot{q}$	$\frac{5T}{2V_s}\dot{q}^2 - \frac{5T^3}{V_s}\ddot{q}^2 + \frac{T^5}{2V_s}\overset{(3)}{q}{}^2$	$\frac{1}{2V_s}\dot{q}^2 - \frac{5T^2}{V_s}\ddot{q}^2 + \frac{5T^4}{2V_s}\overset{(3)}{q}{}^2$
6	$u = \frac{1}{V_s}\dot{q} + \frac{6T}{V_s}\frac{\mathrm{d}}{\mathrm{d}t}\dot{q} + \frac{15T^2}{V_s}\frac{\mathrm{d}^2}{\mathrm{d}t^2}\dot{q} + \frac{20T^3}{V_s}\frac{\mathrm{d}^3}{\mathrm{d}t^3}\dot{q} + \frac{15T^4}{V_s}\frac{\mathrm{d}^4}{\mathrm{d}t^4}\dot{q} + \frac{6T^5}{V_s}\frac{\mathrm{d}^5}{\mathrm{d}t^5}\dot{q} + \frac{T^6}{V_s}\frac{\mathrm{d}^6}{\mathrm{d}t^6}\dot{q}$	$\frac{3T}{V_s}\dot{q}^2 - \frac{10T^3}{V_s}\ddot{q}^2 + \frac{3T^5}{V_s}\overset{(3)}{q}{}^2$	$\frac{1}{2V_s}\dot{q}^2 - \frac{15T^2}{2V_s}\ddot{q}^2 + \frac{15T^4}{2V_s}\overset{(3)}{q}{}^2 - \frac{T^6}{2V_s}\overset{(4)}{q}{}^2$
7	$u = \frac{1}{V_s}\dot{q} + \frac{7T}{V_s}\frac{\mathrm{d}}{\mathrm{d}t}\dot{q} + \frac{21T^2}{V_s}\frac{\mathrm{d}^2}{\mathrm{d}t^2}\dot{q} + \frac{35T^3}{V_s}\frac{\mathrm{d}^3}{\mathrm{d}t^3}\dot{q} + \frac{35T^4}{V_s}\frac{\mathrm{d}^4}{\mathrm{d}t^4}\dot{q} + \frac{21T^5}{V_s}\frac{\mathrm{d}^5}{\mathrm{d}t^5}\dot{q} + \frac{7T^6}{V_s}\frac{\mathrm{d}^6}{\mathrm{d}t^6}\dot{q} + \frac{T^7}{V_s}\frac{\mathrm{d}^7}{\mathrm{d}t^7}\dot{q}$	$\frac{7T}{2V_s}\dot{q}^2 - \frac{35T^3}{2V_s}\ddot{q}^2 + \frac{21T^5}{V_s}\overset{(3)}{q}{}^2 - \frac{T^7}{2V_s}\overset{(4)}{q}{}^2$	$\frac{1}{2V_s}\dot{q}^2 - \frac{21T^2}{2V_s}\ddot{q}^2 + \frac{35T^4}{2V_s}\overset{(3)}{q}{}^2 - \frac{7T^6}{2V_s}\overset{(4)}{q}{}^2$
8	$u = \frac{1}{V_s}\dot{q} + \frac{8T}{V_s}\frac{\mathrm{d}}{\mathrm{d}t}\dot{q} + \frac{28T^2}{V_s}\frac{\mathrm{d}^2}{\mathrm{d}t^2}\dot{q} + \frac{56T^3}{V_s}\frac{\mathrm{d}^3}{\mathrm{d}t^3}\dot{q} + \frac{70T^4}{V_s}\frac{\mathrm{d}^4}{\mathrm{d}t^4}\dot{q} + \frac{56T^5}{V_s}\frac{\mathrm{d}^5}{\mathrm{d}t^5}\dot{q} + \frac{28T^6}{V_s}\frac{\mathrm{d}^6}{\mathrm{d}t^6}\dot{q} + \frac{8T^7}{V_s}\frac{\mathrm{d}^7}{\mathrm{d}t^7}\dot{q} + \frac{T^8}{V_s}\frac{\mathrm{d}^8}{\mathrm{d}t^8}\dot{q}$	$\frac{4T}{V_s}\dot{q}^2 - \frac{28T^3}{2V_s}\ddot{q}^2 + \frac{28T^5}{V_s}\overset{(3)}{q}{}^2 - \frac{4T^7}{V_s}\overset{(4)}{q}{}^2$	$\frac{1}{2V_s}\dot{q}^2 - \frac{14T^2}{V_s}\ddot{q}^2 + \frac{35T^4}{V_s}\overset{(3)}{q}{}^2 - \frac{14T^6}{V_s}\overset{(4)}{q}{}^2 + \frac{T^8}{2V_s}\overset{(5)}{q}{}^2$

Literaturverzeichnis

[1] Abel, T.; Rheinhardt, M.: Lagrangesche Modelle für eine Klasse nichtlinearer Vierpole. *Wissenschaftliche Zeitschrift der TH Ilmenau*, Heft 34(1988), S. 73–80.

[2] Achieser, N.J.: *Vorlesungen über Approximationstheorie*. 2. Auflage. Akademie-Verlag, Berlin, 1977.

[3] Aulbach, B.: *Gewöhnliche Differenzialgleichungen*. Spektrum Verlag Heidelberg 1997.

[4] Battle, C.; Gomis, J.; Pons, J.M.; Roman-Roy, N.: Lagrangian and Hamiltonian constraints for second-order singular Lagrangians. *J. Phys. A (London): Math. Gen.*, **21**(1988)12, S. 1693-2703.

[5] Betten, J.: *Tensorrechnung für Ingenieure*. B.G. Teubner, Stuttgart, 1987.

[6] Bode, St.: *Realisierung einer Hysteresekompensation für Gleichstrommagneten*. Diplomarbeit, TU Ilmenau, Fak. für Maschinenbau, 2004.

[7] Bogoljubov, N. ; Mitropolski, J.: *Asymptotische Methoden in der Theorie der nichtlinearen Schwingungen*. Akademie-Verlag, Berlin 1965.

[8] Boite, R.; Neirynck, J.: *Traité d'électricité, vol. IV: Théorie des réseaux de Kirchhoff*. Editions Georgi, St-Saphorin, 1978.

[9] Bronstein, I.N.; Semendjajew, K.A.: *Teubner-Taschenbuch der Mathematik*. in zwei Teilen. 7. Auflage. Hrsg. Grosch, G.; Ziegler, V. u. a., B.G. Teubner, Stuttgart, Leipzig, 1996, 1995.

[10] Brückner, P.: *Ein Beitrag zur Realisierung und technischen Nutzung künstlicher Zweipole höherer Ordnung*. Dissertation zum Dr.-Ing., TH Ilmenau, 1980.

[11] Burg, K.; Haf, H.; Wille, F.: *Höhere Mathematik für Ingenieure. Band 1: Analysis*. 6. Auflage, B.G. Teubner, Stuttgart, 2003.

[12] Burg, K.; Haf, H.; Wille, F.: *Höherer Mathematik für Ingenieure. Band 5: Funktionalanalysis und partielle Differenzialgleichungen. 2. Auflage*. B.G. Teubner, Stuttgart, 1993.

[13] Caratheodory, C.: *Variationsrechnung und partielle Differenzialgleichungen erster Ordnung.* Band I, Teubner Verlag, Leipzig, 1956.

[14] Civelek, C.: *Berechnung von elektrotechnischen Systemen mit Wandlern mittels erweitertem Lagrange- bzw. Hamilton-Formalismus.* Dissertation zum Dr.-Ing., TU Ilmenau, 2001.

[15] Civelek, C.; Süße, R.: Diskrete Behandlung von Energie- und Dissipationsfunktion bei zeitdiskreten Prozessen. Tagungsband *48. IWK der TU Ilmenau*, 23.-26. September 2003.

[16] Chow, S.-N.; Hale, J. K.: *Methods in bifurcation theory.* Springer Verlag, 1982.

[17] Chua, L. O.; Desor, C.; Kuh, E.: *Linear and nonlinear circuits.* McGraw-Hill, New York, 1987.

[18] Chua, L. O.; Szeto, E. W.: Synthesis of higher order nonlinear circuits elements. *IEEE Transactions on Circuits and Systems CAS 31*, No. 2, February, 1984.

[19] Crandall, M.; Rabinowitz, P.: Bifurcation from simple eigenvalues. *J. Functional Analysis* 8 (1971), 321 - 340.

[20] Данилов, Л.; Филиппов, Е.; Зюссе, Р.; Ульман, Г., и.д .: *Расчет электрических чепей и электро-магнитных полей на ЕВМ.* Радио и связь, Москва, 1983.

[21] Данилов, Л.; Матханов, П.; Филиппов, Е.: *Теория нелинейных электрических чепей*, Энергоатомиздат, Ленинградцкое отделение, Ленинград, 1990.

[22] Diemar, U.: *Analyse und Synthese von Systemen mittels erweitertem Lagrange- und Hamilton-Formalismus unter Einbeziehung von Elementen höherer Ordnung.* Dissertation, TU Ilmenau, 1995.

[23] Diemar, U.; Süße, R.: The application of the extended Hamilton formalism for the analysis of electical systems with elements of higher order. *Journal of Electrical Engineering* No. 3-4, 47, S. 88–92, 1996.

[24] Dirschmidt, H.-J.: *Tensoren und Felder.* Springer-Verlag, Wien, New York, 1996.

[25] Do Trung Ta: *Zur Theorie der nichtlinearen dynamischen Systeme und ihrer Anwendung in der Elektrotechnik.* Dissertation Dr.-Ing., TH Ilmenau, 1984.

[26] Duffing, G.: *Erzwungene Schwingungen bei veränderlicher Frequenz und ihre technische Bedeutung.* Sammlung Vieweg, Braunschweig, 1918.

[27] Dumitriu, L.; Iordache, M.: *Teoria moderna a circulator electrice.* Vol.1, Fundamentare teoretica, aplicatii, algoritmi si programe de calcul. All Educational, Bucuresti, 1998.

[28] Enge, O.; Kielan, G.; Maißer, P.: Dynamiksimulation elektromechanischer Systeme. *VDI-Fortschrittsberichte Reihe 20: Rechnergestützte Verfahren,* Nr. 165, VDI Verlag, Düsseldorf, 1996.

[29] Farra, J.G.: *Ein Beitrag zur Theorie der Systeme mit subharmonischer Reaktion.* Dissertation zum Dr.-Ing., TH Ilmenau, 1989.

[30] Fettweis, A.: *Grundlagen der Theorie elektrischer Schaltungen.* Universitätsverlag Dr. N. Brockmeyer, Bochum, 1992.

[31] Floquet, G.: Sur les équations différentielles linéaires à coefficients périodiques. *Ann. de L'Ecole Norm. Sup.,* 47, S. 2-12; S. 47-88, 1883.

[32] Francaviglia, M.; Krupka, D.: The Hamiltonian formalism in higher order variational problems. *Ann. Inst. Henri Poincaré, Sect. A,* **37**(1882)3, S. 295-315.

[33] Griesbach, A.; Michalowsky, L.; Rossel, J.; Süße, R.: $\{L, D\}$-Modelle für Bauelemente mit Hysteresekennlinien und ihre Anwendung auf Schaltungen mit Ferritringkernen. *ETZ,* 13-14/2000, S. 52. VDE Verlag, Redaktion Offenbach, Offenbach, 2000.

[34] Grosche, G.; Ziegler, V.; Ziegler, D.; Zeidler, E. *Teubner - Taschenbuch der Mathematik, Teil II; 7. Auflage von Bronstein, I.N. und Semendjajew, K.A.* B.G. Teubner, Stuttgart, Leipzig, 1996.

[35] Guerrero, O.: *Der Ferroresonanzkreis mit symmetrischen nichtlinearen Magnetisierungskennlinien.* Dissertation zum Dr.-Ing., TH Ilmenau, 1992.

[36] Großmann, S.: *Funtionalanalysis im Hinblick auf Anwendungen in der Physik.* Aula-Verlag Wiesbaden 1988.

[37] Guckenheimer J.: P.Holmes: *Nonlinear oscillations, dynamical systems, and bifurcation of vector fields.* Springer-Verlag, New York, Berlin Heidelberg, Tokyo, 5. Auflage, 1997.

[38] Hayashi, Ch,: *Selected Papers on Nonlinear Oscillations.* Nippon Printing and Publishing Company, Ltd. Yoshino, Fukushima-Ku, Osaka, 1975.

[39] Hayashi, Ch.: *Nonlinear oscillations in physical systems.* Princeton Univ. Press, 1985.

[40] Hebda, P.W.: Treatment of higher-order Lagrangian via the construction of dynamical equivalent first-order Lagrangians. *J. Math. Phys.,* **31**(1990)9, S. 2116-2125.

[41] Hennig, E.: *Symbolic Approximation and Modeling Techniques for Analysis and Design of Analog Circuits.* Shaker Verlag, Aachen, 2000.

[42] Hirai, K.: Chaos in a nonlinear control system with time lag. *Proc. International Symposium on nonlinear Theory and its Applications (NOLTA 97),* S. 1089-1092, 1997.

[43] Hirai, K.; Mori, J.: A coupled chaotic system as a model of multi-agent system. *Proc. NOLTA*, S. 359-362, 1999.

[44] Hoffmann, A.; Marx, B.; Vogt, W.: *Mathematik für Ingenieure 1. Lineare Algebra, Analysis - Theorie und Numerik.* Pearson Studium München 2005.

[45] Hopf, E.: *Abzweigung einer periodischen Lösung von einer stationären Lösung eines Differenzialgleichungssystems.* Sitz. Sächs. Akad., Leipzig, Jan. 1942.

[46] Horneber, E.H.: *Simulation elektrischer Schaltungen auf dem Rechner.* Springer Verlag, Berlin, 1985.

[47] Iordache, M.; Dimitriu, L.: *Teoria moderna a circulator electrice. Vol. 2: Fundamentare teoretica, aplicatii, algoritmi si programe de calcul.* ALL EDUCATUIO-NAL, Bucuresti, 2000.

[48] Iordache, M.; Mandache, L.: *Analiza asistata de calculator a circuitelor analogice neliniare.* Editura Politechnica Press., Bucuresti, 2004.

[49] Iványi, A.: Hysteresis Models in Elektromagnetic Computation; Budapest, Akadémiai Kiadó, 1997.

[50] Jiles, D.C.; Atherton, D.L.: Theory of ferromagnetic hysteresis; Zeitschriftenaufsatz, In: Journal of Magnetism and Magnetic Materials, Nr. 61 - 1986, Seite 48-60.

[51] Kallenbach, E.: *Der Gleichstrommagnet.* Akademische Verlagsgesellschaft Geest & Portig KG, Leipzig, 1969.

[52] Kantorowitsch, L. W.; Akilow, G. P.: *Funktionalanalysis in normierten Räumen.* Akademieverlag Berlin, 1978.

[53] Kim Se Gon: *Ein Beitrag zur Analyse des Verhaltens von dynamischen Systemen der nichtlinearen Elektrotechnik mit gesättigtem Eisenkreisen.* Dissertation zum Dr.-Ing., TH Ilmenau, 1989.

[54] Klaus, G.: *Spezielle Erkenntnistheorie.* Deutscher Verlag der Wissenschaften, Berlin, 1965.

[55] Klaus, G.; Buhr, M.: *Philosophisches Wörterbuch.* 11. Auflage, Bibliographisches Institut, Leipzig, 1975.

[56] Klingbeil, E.: *Tensorrechnung für Ingenieure.* Bibliographisches Institut & F.A. Brockhaus AG, Mannheim, Wien, Zürich, 1996.

[57] Kopnin, P.: *Dialektik–Logig–Erkenntnistheorie.* Akademie-Verlag, Berlin, 1970.

[58] Krasnoselskii, M. et. al.: *Näherungsverfahren zur Lösung von Operatorgleichungen.* Akademie-Verlag, Berlin, 1973.

[59] Kreß, D; Irmer, R.: *Angewandte Systemtheorie.* Oldenburgverlag, 1990.

[60] Kreyszig, E.: *Advanced Engineering Mathematics*. J. Wiley and Sons, New York, 1988.

[61] Kron, G.: *Tensor analysis of networks*. John Wiley - Sons, Inc. New York, Macdonald & Co. (Publishers), Ltd., London, 1965.

[62] Küpfmüller, K.: *Einführung in die theoretische Elektrotechnik*. Springer-Verlag, Berlin, Göttingen, Heidelberg, 7. Auflage, 1962.

[63] Linnemann, G.: *Allgemeine Elektrotechnik*, Lehrbriefe 1 bis 8, 2. Auflage. Technische Hochschule Ilmenau, Ilmenau, 1968.

[64] Linnemann, G.; Süße, R.: Synthese elektromechanischer Systeme. Teil 2: Beitrag zur Theorie elektromechanischer Elemente höherer Ordnung. *Wissenschaftliche Zeitschrift der TH Ilmenau*, **36**(1990)4, S. 85-92.

[65] Lunze, K.: *Einführung in die Elektrotechnik*. 13. durchges. Aufl., Verl. Technik, Berlin, 1991.

[66] Maißer, P.; Steigenberger, J.: Zugang zur Theorie elektromechanischer Systeme mittels der klassischen Mechanik. Teil 1-4. *Wissenschaftliche Zeitschrift der TH Ilmenau*, **20**(1974)–**23**(1977).

[67] MathWorks: *The MathWorks, Simulink, Dynamic Systems Simulation Software*. The MathWorks, Inc. 24 Prime Park Way, Natwick, MA 01760-1500, 1994.

[68] Maxwell, J.C.: *A treatise on electricity and magnetism*. Vol. II, 1873.

[69] Michalowsky, L.;u. a.: *Magnettechnik: Grundlagen und Anwendungen*. Fachbuchverlag Leipzig-Köln, 2. Auflage, 1995.

[70] Mohr, Th.: *Modellierung von nichtlinearen Differenzialgleichungen zum Aufbau elektronischer Schaltungen bei vorgegebenem Bifurkationsverhalten*. Dissertation zum Dr.-Ing., TU Ilmenau, 2001.

[71] Mohr, Th.; Uhlmann, H.; Frank, W.: Bifurkationsverhalten am Duffing-Modell, Technische Anwendungen von Erkenntnissen der Nichtlinearen Dynamik. *VDI-Technologiezentrum Physikalische Technologien*, Düsseldorf, Februar, 1999, S. 255-258.

[72] Mohr, Th.; Büntig, W.; Uhlmann, H.: Synthesis of the jump phenomenon on Duffings Model. Tagungsband 43. IWK der TU Ilmenau, Band 3, 1998, S. 144-149.

[73] Noack, F.: *Einführung in die elektrische Energietechnik*. Fachbuchverlag Leipzig im Carl Hanser Verlag, München, Wien, 2003.

[74] Ohm, G.S.: *Die galvanische Kette, mathematisch erklärt*. Originalausgabe von 1827, Deutscher Verlag der Wissenschaften, Berlin, 1989.

[75] Ostrogradsky, M.: Mémoire sur les équations différentielles relatives aux problèmes des isopérimètres. *Mém. Acad. Sc. St. Peterburg*, (1850)6, S. 385-517.

[76] Pagani, E.; Tecchiolli, G.; Zerbini, S.: On the Problem of Stability for Higher-Order Derivative Lagrangian Systems. *Letters in Mathematical Physics*, **31**(1987)9, S. 311-319.

[77] Palotas, L. (Hrsg.): *Elektrotechnik für Ingenieure.* Friedrich Vieweg & Sohn Verlag, GWV Fachverlage GmbH, Wiesbaden, 2003.

[78] Paul, R.: *Elektrotechnik und Elektronik, Band 1: Grundgebiete der Elektrotechnik.* 2. Auflage, B.G. Teubner, Stuttgart, Leipzig, 1999.

[79] Perko, L.: *Differenzial Equations and Dynamical Systems.* Springer-Verlag, New York, 1991.

[80] Philippow, E.: Die Synthese von nichtlinearen elektrischen Netzwerken mit vorgeschriebenem periodischem Verhalten. *Z. für elektrische Informations- und Energietechnik*, Heft 5(1977), Leipzig, S. 386–399.

[81] Philippow, E.: *Grundlagen der Elektrotechnik.* Verlag Technik, Berlin, 9. Auflage, 1993.

[82] Philippow, E.; Büntig, W.: *Analyse nichtlinearer dynamischer Systeme der Elektrotechnik.* Carl Hanser Verlag, München, 1992.

[83] Pinch, E.R.: *Optimal control and the calculus of variations.* Oxford University Press, Oxford, 1993.

[84] Poincaré, H.:*Les méthodes nouvelles de la mećanique ceéleste.* Vol. 1 gauthier–Villars, Paris 1892. Reprint Dover Publicationsw Inc., New York, 1957.

[85] Pol, B. van der: *Oscillations sinusoidales et de relaxation.* L' Onde Électr. (1930).

[86] Pol, B. van der: Nonlinear Theory of Electrical Oscillations. *Proc. IRE* 22(1934): S. 1051-1086.

[87] Preisach, E.: Über die magnetische Nachwirkung. *Zeitschrift für Physik*, 94 - 1935, S. 277-302.

[88] Raschewski, P.K.: *Riemannsche Geometrie und Tensoranalysis.* VEB Deutscher Verlag der Wissenschaften, Berlin, 1959.

[89] Reitmann, U.: *Reguläre und chaotische Dynamik*, B.G. Teubner, Stuttgart, Leipzig, Wiesbaden, 1996.

[90] Riemann. B.: *Ueber die Darstellbarkeit einer Function durch eine geometrische Reihe.* Habilitation zum Dr. phil. nat. habil., Universität Göttingen, 1854.

[91] Riemann, B.: Über die Hypothese, die der Geometrie zugrunde liegt. *Göttinger Nachrichten* 13(1868).

[92] Ritz, W.: Über Variationsprobleme der mathematischen Physik. *Journal of Mathematics* 135 (1909).

[93] Rivas, J.; Zamarro, J.M.; Martin, E.; u. a.: Simple Approximation for Magnetization Curves and Hysteresis Loops. In: *IEEE Transactions on Magnetics*, vol. MAG-17, No.4, July 1981, S. 1498-1502.

[94] Roddeck, W.: *Einführung in die Mechatronik*. 2. Auflage, B.G. Teubner, Stuttgart, Leipzig, Wiesbaden, 2003.

[95] Ruskeepää, H.: *Mathematica Navigator: Mathematics, Statistics and Graphics*, Second Edition, Elsevier Academic Press, 2004.

[96] Sadowski, N,; Batistela, N.J.; Bastos, J.P.A.; Lajoie-Mazenc, M.: An Inverse Jiles-Atherton Model to Take Into Account Hysteresis in Time-Stepping Finite-Element Calculations; Zeitschriftenaufsatz, In: *IEEE Transaction on Magnetics*, Vol. 38, No. 2, March 2002, Seite 797-800.

[97] Sanders, J.A., Verhulst, F.: Averaging methods in nonlinear dynamical systems. *Appl. Math. Sciences* 59(1985), Springer-Verlag, New York.

[98] Schmutzer, E.: *Projektive einhaeitliche Feldtheorie mit Anwendungen in Kosmologie und Astrophysik, Neues Weldbild ohne Urknall?* Verlag Harri Deutsch, Frankfurt a. M., 2004.

[99] Schüßler, H.W.: *Netzwerke, Signale und Systeme*, Band 1. Springer Verlag, Berlin, 1991.

[100] Seeck, St.: *Zyklische und nichtzyklische Ummagnetisierungsvorgänge von Ferromagnetika und ihre Darstellung im Preisach-Modell*, Dissertation. Verlag Wissenschaft und Technik, Berlin, 1994.

[101] Seidel, U.; Wagner, E.: *Allgemeine Elektrotechnik. Band 1 und Band 2*, 3. Auflage, Carl Hanser Verlag. München - Wien, 2002.

[102] Simonyi, K.: *Theoretische Elektrotechnik*. VEB Deutscher Verlag der Wissenschaften, Berlin, 9. Auflage, 1989.

[103] Simonyi, K.: *Kulturgeschichte der Physik*. Übersetzt aus der 3. ungarischen Ausgabe. Akadémiai Kiadó, Budapest, 1990.

[104] Sommer, R.: Rechnergestützte symbolische Schaltungsanalyse. Werkzeuge zur Unterstützung eines systematischen Entwurfs analoger elektronischer Schaltungen. In *Elektronik*, 24 (1999) und 26 (1999).

[105] Sommerfeld, A.: *Vorlesungen über Theoretische Physik, Band I, Mechanik*. Akademische Verlagsgesellschaft Geest & Portig KG, Leipzig, 1968.

[106] Ströhla, T.: Simulation und Entwurf elektromagnetischer Systeme mit Hilfe der Netzwerkmethode, Ilmenau, Wissenschaftsverlag Ilmenau 2002.

[107] Süße, R.: *Zur Theorie der nichtlinearen Netzwerksynthese und der Äquivalenz nichtlinearer Schaltungen*. Dissertation zum Dr. sc. techn., TH Ilmenau, 1978.

[108] Süße, R.: Das Kompensationsprinzip. *Zeitschrift für elektrische Informations- und Energietechnik*, **10**(1980)5, S. 461–468.

[109] Süße, R.: Emploi de l'intégrale d'action et du formalisme de Lagrange en électrotechnique théorique. *The international conference on applied theoretical electrotechnics*. University of Craiova, Romania, 1991.

[110] Зюссе, Р.: К положению интеграла действия в теоретической электротехнике и применение функций лагранжа и гамильтона в электрических цепях с потерями. *Зарубежная радиоэлектроника.* 11/12(1994), С. 29-31.

[111] Süße, R.; Diemar, U.; Michel, G.: *Theoretische Elektrotechnik, Band 2: Netzwerke und Elemente höherer Ordnung.* VDI-Verlag, 1996. Jetzt: Wissenschaftverlag Ilmenau, Ilmenau, 1999.

[112] Süße, R. ; Kallenbach, E.; Ströhla, T.: *Theoretische Elektrotechnik, Band 3: Analyse uns Synthese elektronischer Systeme.* Wissenschaftsverlag Ilmenau, Ilmenau, 1997.

[113] Süße, R.; Ströhla, T. Calculation of linear electrical networks with metric coefficients and covariant impulses. *Journal of Electrical Engineering*, vol. 47, No. 5, 1996.

[114] Süße, R.; Civellek, C.: Analysis of engineering systems by means of Lagrange and Hamilton formalism depending on contravariant, covariant tensoriell variables. *Forschung im Ingenieurwesen*, **67**(2003), Springer-Verlag, Heidelberg, Berlin, 2003.

[115] Süße, R.; Marx B.: *Theoretische Elektrotechnik, Band 5: Elektrische Netzwerke – Berechnung und Synthese von Schaltungen für vorgegebenes Bifurkationsverhalten.* 2. Auflage, Wissenschaftsverlag Ilmenau, Ilmenau, 2004.

[116] Süße, R.; Domhardt, A.; Reinhard, M.: Calculation of electrical circuits with fractional cahracteristics on construction elements. *Forschung im Ingenieurwesen*, **69**(2005), Springer-Verlag, Heidelberg, Berlin, 2005.

[117] Topan, D.: *Circuits électriques.* Editura Universitaria Craiova, 1996.

[118] Tung, M.J.; Chang, W.C.; Lui, C.S.: Study of Loss Mechanisms of Mn-Zn-Ferrites in the Frequency from 1 MHz to 10 MHz. In: *IEEE Transactions on Magnetics*, vol. 29, No. 6, 1993, S. 3526-3528.

[119] Uhlmann, H.: *Grundlagen der elektrischen Modellierung und Simulation.* Akademische Verlagsgesellschaft Geest & Portig K.G., Leipzig, 1977.

[120] Unbehaun, R.: *Grundlagen der Elektrotechnik*, Band 1. Springer Verlag, Berlin, 1999.

[121] Verhulst, F.: *Nonlinear differential equations and dynamical systems.* Second Edition. Springer Verlag, Berlin, 1996.

[122] Vielhauer, P.: *Lineare Netzwerke.* Verlag Technik, Berlin, 1982.

[123] Wainberg, M. M.; Trenogin, W. A.: *Theorie der Lösungsverzweigung bei nichtlinearen Gleichungen.* Akademie-Verlag, Berlin, 1973.

[124] Walther, H.; Nägler, G.: *Graphen, Algorithmen, Programme.* Fachbuchverlag Leipzig, Leipzig, 1987.

[125] Weiss, A. von and Kleinwächter, H.: Übersicht über die theoretische Elektrotechnik. Zweiter Teil: Ausgewählte Kapitel und Aufgaben. Akademische Verlagsgesellschaft Geest & und Portig KG, Leipzig, 1956

[126] Wiggins, S.: *Introduction to Applied Nonlinear Dynamical Systems and Chaos.* Springer Verlag, New York, 1990.

[127] Wolfram, S.: *The Mathematica Book.* Fifth Edition, Wolfram Media / Cambridge University Press, Champaign, USA, 2003.

[128] Wong, C.C.: A Dynamic Hysteresis Model. In: *IEEE Transactions on Magnetics,* vol. MAG-24, No 2, 1988, S. 1966-1968.

[129] Zeidler, E.: *Nonlinear Functional Analysis and its Applications I. Fixed-Point Theorems.* Springer-Verlag, New York, 1986.

[130] Zeidler, E.: *Applied Functional Analysis - Applications to Mathematical Physics* (Applied Mathematical Sciences. Vol. 108). Springer Verlag, New York, 1995.

[131] Zurmühl, R.; Falk, S.: *Matrizen und ihre Anwendungen,* Teil 1: Grundlagen. 7. Auflage, Springer-Verlag, Berlin, 1997.

Index

Teubner Lehrbücher: einfach clever

Mrozynski, Gerd
Elektromagnetische Feldtheorie
Eine Aufgabensammlung

2003. XIV, 306 S. Br. € 27,90
ISBN 3-519-00439-9

Strassacker, Gottlieb / Süße, Roland
Rotation, Divergenz und Gradient
Leicht verständliche Einführung in die elektromagnetische Feldtheorie

5., überarb. u. erw. Aufl. 2003. XII, 284 S. Br. € 26,90
ISBN 3-519-40101-0

Weber, Hubert
Laplace-Transformation
für Ingenieure der Elektrotechnik

7., überarb. u. erg. Aufl. 2003. VIII, 202 S. mit 111 Abb.und 125 Beispielaufg. (Teubner Studienbücher Technik) Br. € 18,90
ISBN 3-519-10141-6

Ivers-Tiffée, Ellen / Münch, Waldemar von
Werkstoffe der Elektrotechnik

9., vollst. neubearb. Aufl. 2004. VIII, 220 S. Br. € 24,90
ISBN 3-519-30115-6

Stand August 2005.
Änderungen vorbehalten.
Erhältlich im Buchhandel
oder beim Verlag.

B. G. Teubner Verlag
Abraham-Lincoln-Straße 46
65189 Wiesbaden
Fax 0611.7878-400
www.teubner.de